AF312402

OEUVRES

COMPLÈTES

DE BUFFON

—

TOME II

IMPRIMERIE
JULES CLAYE ET Ce
Rue Saint-Benoît, 7.

ŒUVRES

COMPLÈTES

DE BUFFON

AVEC LA NOMENCLATURE LINNÉENNE ET LA CLASSIFICATION DE CUVIER

Revues sur l'édition in-4° de l'Imprimerie Royale

ET ANNOTÉES

PAR

M. FLOURENS

SECRÉTAIRE PERPÉTUEL DE L'ACADÉMIE DES SCIENCES, MEMBRE DE L'ACADÉMIE FRANÇAISE
PROFESSEUR AU MUSÉUM D'HISTOIRE NATURELLE, ETC.

TOME SECOND

L'HOMME — LES QUADRUPÈDES

PARIS

GARNIER FRÈRES, LIBRAIRES

6, RUE DES SAINTS-PÈRES

MDCCCLIII

HISTOIRE NATURELLE

DE L'HOMME. [1]

DE LA NATURE DE L'HOMME.

Quelque intérêt que nous ayons à nous connaître nous-mêmes, je ne sais si nous ne connaissons pas mieux tout ce qui n'est pas nous. Pourvus par la nature d'organes uniquement destinés à notre conservation, nous ne les employons qu'à recevoir les impressions étrangères, nous ne cherchons qu'à nous répandre au dehors et à exister hors de nous; trop occupés à multiplier les fonctions de nos sens et à augmenter l'étendue extérieure de notre être, rarement faisons-nous usage de ce sens intérieur qui nous réduit à nos vraies dimensions et qui sépare de nous tout ce qui n'en est pas; c'est cependant de ce sens dont il faut nous servir, [2] si nous voulons nous connaître; c'est le seul par lequel nous puissions nous juger; mais comment donner à ce sens son activité et toute son étendue? comment dégager notre âme dans laquelle il réside de toutes les illusions de notre esprit? Nous avons perdu l'habitude de l'employer, elle est demeurée sans exercice au milieu du tumulte de nos sensations corporelles, elle s'est desséchée par le feu de nos passions; le cœur, l'esprit, les sens, tout a travaillé contre elle.

Cependant inaltérable dans sa substance, impassible par son essence, elle est toujours la même; sa lumière offusquée a perdu son éclat sans rien perdre de sa force; elle nous éclaire moins, mais elle nous guide aussi sûrement : recueillons pour nous conduire ces rayons qui parviennent encore jusqu'à nous, l'obscurité qui nous environne diminuera, et si la route n'est pas également éclairée d'un bout à l'autre, au moins aurons-nous un flambeau avec lequel nous marcherons sans nous égarer.

Le premier pas, et le plus difficile que nous ayons à faire pour parvenir à la connaissance de nous-mêmes, est de reconnaître nettement la nature

---

1. Cette première partie de l'HISTOIRE NATURELLE DE L'HOMME forme la seconde partie du second volume de l'édition in-4° de l'Imprimerie royale, volume publié en 1749.

2. « C'est cependant *de* ce sens *dont* il faut nous servir. » Irrégularité de langage, déjà remarquée. (Voyez la note de la page 9, dans le Ier volume.)

des deux substances qui nous composent[1] : dire simplement que l'une est inétendue, immatérielle, immortelle, et que l'autre est étendue, matérielle et mortelle, se réduit à nier de l'une ce que nous assurons de l'autre; quelle connaissance pouvons-nous acquérir par cette voie de négation? ces expressions privatives ne peuvent représenter aucune idée réelle et positive; mais dire que nous sommes certains de l'existence de la première, et peu assurés de l'existence de l'autre, que la substance de l'une est simple, indivisible, et qu'elle n'a qu'une forme, puisqu'elle ne se manifeste que par une seule modification qui est la pensée, que l'autre est moins une substance qu'un sujet capable de recevoir des espèces de formes relatives à celles de nos sens, toutes aussi incertaines, toutes aussi variables que la nature même de ces organes, c'est établir quelque chose, c'est attribuer à l'une et à l'autre des propriétés différentes, c'est leur donner des attributs positifs et suffisants pour parvenir au premier degré de connaissance de l'une et de l'autre, et commencer à les comparer.

Pour peu qu'on ait réfléchi sur l'origine de nos connaissances, il est aisé de s'apercevoir que nous ne pouvons en acquérir que par la voie de la comparaison; ce qui est absolument incomparable est entièrement incompréhensible; Dieu est le seul exemple que nous puissions donner ici, il ne peut être compris parce qu'il ne peut être comparé; mais tout ce qui est susceptible de comparaison, tout ce que nous pouvons apercevoir par des faces différentes, tout ce que nous pouvons considérer relativement, peut toujours être du ressort de nos connaissances; plus nous aurons de sujets de comparaison, de côtés différents, de points particuliers sous lesquels nous pourrons envisager notre objet, plus aussi nous aurons de moyens pour le connaître et de facilité à réunir les idées sur lesquelles nous devons fonder notre jugement.

L'existence de notre âme nous est démontrée, ou plutôt nous ne faisons qu'un cette existence et nous : être et penser sont pour nous la même chose[2]; cette vérité est intime et plus qu'intuitive, elle est indépendante de nos sens, de notre imagination, de notre mémoire et de toutes nos autres facultés relatives. L'existence de notre corps et des autres objets extérieurs est douteuse pour quiconque raisonne sans préjugé, car cette étendue en longueur, largeur et profondeur, que nous appelons notre corps, et qui semble nous appartenir de si près, qu'est-elle autre chose sinon un rapport de nos sens? les organes matériels de nos sens, que sont-ils eux-mêmes, sinon des convenances avec ce qui les affecte? et notre sens intérieur, notre

---

1. Buffon commence comme Descartes. Toute la philosophie de Descartes roule sur la distinction précise du *métaphysique* et du *physique*, de l'*esprit* et de la *matière*, de l'*âme* et du *corps*. (Voyez mon *Histoire des travaux et des idées de Buffon*.)

2. ..... « Je ne suis donc, précisément parlant, qu'une chose qui pense..... Je ne suis point « cet assemblage de membres que l'on appelle le corps humain. » (Descartes : *Méditation seconde*.)

âme a-t-elle rien de semblable, rien qui lui soit commun avec la nature de ces organes extérieurs? la sensation excitée dans notre âme par la lumière ou par le son ressemble-t-elle à cette matière ténue qui semble propager la lumière, ou bien à ce trémoussement que le son produit dans l'air? ce sont nos yeux et nos oreilles qui ont avec ces matières toutes les convenances nécessaires, parce que ces organes sont en effet de la même nature que cette matière elle-même; mais la sensation que nous éprouvons n'a rien de commun, rien de semblable; cela seul ne suffirait-il pas pour nous prouver que notre âme est, en effet, d'une nature différente de celle de la matière?

Nous sommes donc certains que la sensation intérieure est tout à fait différente de ce qui peut la causer, et nous voyons déjà que, s'il existe des choses hors de nous, elles sont en elles-mêmes tout à fait différentes de ce que nous les jugeons, puisque la sensation ne ressemble en aucune façon à ce qui peut la causer; dès lors ne doit-on pas conclure que ce qui cause nos sensations est nécessairement et par sa nature toute autre chose que ce que nous croyons? cette étendue que nous apercevons par les yeux, cette impénétrabilité dont le toucher nous donne une idée, toutes ces qualités réunies qui constituent la matière, pourraient bien ne pas exister, puisque notre sensation intérieure, et ce qu'elle nous représente par l'étendue, l'impénétrabilité, etc., n'est nullement étendu ni impénétrable, et n'a même rien de commun avec ces qualités.

Si l'on fait attention que notre âme est souvent pendant le sommeil et l'absence des objets affectée de sensations, que ces sensations sont quelquefois fort différentes de celles qu'elle a éprouvées par la présence de ces mêmes objets en faisant usage des sens, ne viendra-t-on pas à penser que cette présence des objets n'est pas nécessaire à l'existence de ces sensations, et que par conséquent notre âme et nous pouvons exister tout seuls et indépendamment de ces objets? car dans le sommeil et après la mort notre corps existe, il a même tout le genre d'existence qu'il peut comporter, il est le même qu'il était auparavant; cependant l'âme ne s'aperçoit plus de l'existence du corps, il a cessé d'être pour nous : or je demande si quelque chose qui peut être, et ensuite n'être plus, si cette chose qui nous affecte d'une manière toute différente de ce qu'elle est, ou de ce qu'elle a été, peut être quelque chose d'assez réel pour que nous ne puissions pas douter de son existence.

Cependant nous pouvons croire qu'il y a quelque chose hors de nous, mais nous n'en sommes pas sûrs, au lieu que nous sommes assurés de l'existence réelle de tout ce qui est en nous; celle de notre âme est donc certaine, et celle de notre corps paraît douteuse[1], dès qu'on vient à penser

---

1. ..... « Je connus de là, dit Descartes,..... que ce moi, c'est-à-dire l'âme, par laquelle je « suis ce que je suis, était entièrement distincte du corps, et même qu'elle est plus aisée à con- « naître que lui... » (*Discours de la méthode*, IVᵉ partie.)

que la matière pourrait bien n'être qu'un mode de notre âme, une de ses façons de voir ; notre âme voit de cette façon quand nous veillons, elle voit d'une autre façon pendant le sommeil, elle verra d'une manière bien plus différente encore après notre mort, et tout ce qui cause aujourd'hui ses sensations, la matière en général, pourrait bien ne pas plus exister pour elle alors que notre propre corps qui ne sera plus rien pour nous.

Mais admettons cette existence de la matière, et quoiqu'il soit impossible de la démontrer, prêtons-nous aux idées ordinaires, et disons qu'elle existe, et qu'elle existe même comme nous la voyons ; nous trouverons, en comparant notre âme avec cet objet matériel, des différences si grandes, des oppositions si marquées, que nous ne pourrons pas douter un instant qu'elle ne soit d'une nature totalement différente et d'un ordre infiniment supérieur.

Notre âme n'a qu'une forme très-simple, très-générale, très-constante ; cette forme est la pensée[1] ; il nous est impossible d'apercevoir notre âme autrement que par la pensée ; cette forme n'a rien de divisible, rien d'étendu, rien d'impénétrable, rien de matériel, donc le sujet de cette forme, notre âme, est indivisible[2] et immatériel : notre corps, au contraire, et tous les autres corps, ont plusieurs formes ; chacune de ces formes est composée, divisible, variable, destructible, et toutes sont relatives aux différents organes avec lesquels nous les apercevons ; notre corps, et toute la matière, n'a donc rien de constant, rien de réel, rien de général par où nous puissions la saisir et nous assurer de la connaître. Un aveugle n'a nulle idée de l'objet matériel qui nous représente les images des corps ; un lépreux, dont la peau serait insensible, n'aurait aucune des idées que le toucher fait naître ; un sourd ne peut connaître les sons : qu'on détruise successivement ces trois moyens de sensation dans l'homme qui en est pourvu, l'âme n'en existera pas moins, ses fonctions intérieures subsisteront, et la pensée se manifestera toujours au dedans de lui-même ; ôtez, au contraire, toutes ces qualités à la matière, ôtez-lui ses couleurs, son étendue, sa solidité, et toutes les autres propriétés relatives à nos sens, vous l'anéantirez ; notre âme est donc impérissable, et la matière peut et doit périr.

Il en est de même des autres facultés de notre âme, comparées à celles de notre corps et aux propriétés les plus essentielles à toute matière. L'âme veut et commande, le corps obéit tout autant qu'il le peut ; l'âme s'unit intimement à tel objet qu'il lui plaît ; la distance, la grandeur, la figure, rien ne peut nuire à cette union ; lorsque l'âme la veut, elle se fait, et se fait

---

1. « Je reconnus de là que j'étais une substance dont toute l'essence ou la nature n'est que de « penser... » (*Discours de la méthode*, ive partie.)

2. « Je remarque ici, premièrement, qu'il y a une grande différence entre l'esprit et le corps, « en ce que le corps, de sa nature, est toujours divisible, et que l'esprit est entièrement indivi- « sible. » (Descartes : *Méditation sixième.*)

en un instant; le corps ne peut s'unir à rien, il est blessé de tout ce qui le touche de trop près, il lui faut beaucoup de temps pour s'approcher d'un autre corps : tout lui résiste, tout est obstacle, son mouvement cesse au moindre choc. La volonté n'est-elle donc qu'un mouvement corporel, et la contemplation un simple attouchement? Comment cet attouchement pourrait-il se faire sur un objet éloigné, sur un sujet abstrait? Comment ce mouvement pourrait-il s'opérer en un instant indivisible? A-t-on jamais conçu de mouvement sans qu'il y eût de l'espace et du temps? La volonté, si c'est un mouvement, n'est donc pas un mouvement matériel, et si l'union de l'âme à son objet est un attouchement, un contact, cet attouchement ne se fait-il pas au loin? ce contact n'est-il pas une pénétration? qualités abolument opposées à celles de la matière, et qui ne peuvent par conséquent appartenir qu'à un être immatériel.

Mais je crains de m'être déjà trop étendu sur un sujet que bien des gens regarderont peut-être comme étranger à notre objet : des considérations sur l'âme doivent-elles se trouver dans un livre d'histoire naturelle? J'avoue que je serais peu touché de cette réflexion, si je me sentais assez de force pour traiter dignement des matières aussi élevées, et que je n'ai abrégé mes pensées que par la crainte de ne pouvoir comprendre ce grand sujet dans toute son étendue. Pourquoi vouloir retrancher de l'histoire naturelle de l'homme l'histoire de la partie la plus noble de son être? Pourquoi l'avilir mal à propos et vouloir nous forcer à ne le voir que comme un animal, tandis qu'il est en effet d'une nature très-différente, très-distinguée et si supérieure à celle des bêtes, qu'il faudrait être aussi peu éclairé qu'elles le sont pour pouvoir les confondre?

Il est vrai que l'homme ressemble aux animaux par ce qu'il a de matériel, et qu'en voulant le comprendre dans l'énumération de tous les êtres naturels, on est forcé de le mettre dans la classe des animaux; mais, comme je l'ai déjà fait sentir, la nature n'a ni classes ni genres, elle ne comprend que des individus; ces genres et ces classes sont l'ouvrage de notre esprit, ce ne sont que des idées de convention, et lorsque nous mettons l'homme dans l'une de ces classes, nous ne changeons pas la réalité de son être, nous ne dérogeons point à sa noblesse, nous n'altérons pas sa condition, enfin nous n'ôtons rien à la supériorité de la nature humaine sur celle des brutes, nous ne faisons que placer l'homme avec ce qui lui ressemble le plus, en donnant même à la partie matérielle de son être le premier rang.

En comparant l'homme avec l'animal, on trouvera dans l'un et dans l'autre un corps, une matière organisée, des sens, de la chair et du sang, du mouvement et une infinité de choses semblables; mais toutes ces ressemblances sont extérieures et ne suffisent pas pour nous faire prononcer que la nature de l'homme est semblable à celle de l'animal : pour juger de la nature de l'un et de l'autre, il faudrait connaître les qualités intérieures de l'animal aussi bien que nous connaissons les nôtres, et comme il n'est pas possible que nous ayons jamais connaissance de ce qui se passe à l'intérieur de l'animal, comme nous ne saurons jamais de quel ordre, de quelle espèce peuvent être ses sensations relativement à celles de l'homme, nous ne pouvons juger que par les effets; nous ne pouvons que comparer les résultats des opérations naturelles de l'un et de l'autre.

Voyons donc ces résultats en commençant par avouer toutes les ressemblances particulières, et en n'examinant que les différences, même les plus générales. On conviendra que le plus stupide des hommes suffit pour conduire le plus spirituel des animaux; il le commande et le fait servir à ses usages, et c'est moins par force et par adresse que par supériorité de nature, et parce qu'il a un projet raisonné, un ordre d'actions et une suite de moyens par lesquels il contraint l'animal à lui obéir, car nous ne voyons pas que les animaux qui sont plus forts et plus adroits commandent aux autres et les fassent servir à leur usage : les plus forts mangent les plus faibles, mais cette action ne suppose qu'un besoin, un appétit, qualités fort différentes de celle qui peut produire une suite d'actions dirigées vers le même but. Si les animaux étaient doués de cette faculté, n'en verrions-nous pas quelques-uns prendre l'empire sur les autres et les obliger à leur chercher la nourriture, à les veiller, à les garder, à les soulager lorsqu'ils sont malades ou blessés? or il n'y a parmi tous les animaux aucune marque de cette subordination, aucune apparence que quelqu'un d'entre eux connaisse ou sente la supériorité de sa nature sur celle des autres; par conséquent on doit penser qu'ils sont en effet tous de même nature, et en même temps on doit conclure que celle de l'homme est non-seulement fort au-dessus de celle de l'animal, mais qu'elle est aussi tout à fait différente.

L'homme rend par un signe extérieur ce qui se passe au dedans de lui; il communique sa pensée par la parole : ce signe est commun à toute l'espèce humaine; l'homme sauvage parle comme l'homme policé, et tous deux parlent naturellement, et parlent pour se faire entendre; aucun des animaux n'a ce signe de la pensée : ce n'est pas, comme on le croit communément, faute d'organes[1]; la langue du singe a paru aux anatomistes [a] aussi parfaite que celle de l'homme; le singe parlerait donc, s'il pensait; si l'ordre de ses pensées avait quelque chose de commun avec les nôtres, il parlerait notre langue, et en supposant qu'il n'eût que des pensées de singe, il parlerait aux

---

a. Voyez les descriptions de M. Perrault dans son *Histoire des animaux.*

1. « C'est une chose bien remarquable qu'il n'y a point d'hommes si hébétés et si stupides,...
« qu'ils ne soient capables d'arranger ensemble diverses paroles, et d'en composer un discours
« par lequel ils fassent entendre leurs pensées; et qu'au contraire il n'y a point d'autre animal,
« tant parfait et tant heureusement né qu'il puisse être, qui fasse le semblable. Ce qui n'arrive
« pas de ce qu'ils ont faute d'organes..... » (Descartes, *Discours de la méthode*, v⁰ partie.)

autres singes ; mais on ne les a jamais vus s'entretenir ou discourir ensemble ; ils n'ont donc pas même un ordre , une suite de pensées à leur façon, bien loin d'en avoir de semblables aux nôtres ; il ne se passe à leur intérieur rien de suivi, rien d'ordonné, puisqu'ils n'expriment rien par des signes combinés et arrangés; ils n'ont donc pas la pensée, même au plus petit degré.

Il est si vrai que ce n'est pas faute d'organes que les animaux ne parlent pas, qu'on en connaît de plusieurs espèces auxquels on apprend à prononcer des mots, et même à répéter des phrases assez longues, et peut-être y en aurait-il un grand nombre d'autres auxquels on pourrait, si l'on voulait s'en donner la peine, faire articuler quelques sons[a] ; mais jamais on n'est parvenu à leur faire naître l'idée que ces mots expriment; ils semblent ne les répéter, et même ne les articuler, que comme un écho ou une machine artificielle les répéterait ou les articulerait : ce ne sont pas les puissances mécaniques ou les organes matériels, mais c'est la puissance intellectuelle, c'est la pensée qui leur manque.

C'est donc parce qu'une langue suppose une suite de pensées , que les animaux n'en ont aucune ; car quand même on voudrait leur accorder quelque chose de semblable à nos premières appréhensions et à nos sensations les plus grossières et les plus machinales , il paraît certain qu'ils sont incapables de former cette association d'idées, qui seule peut produire la réflexion, dans laquelle cependant consiste l'essence de la pensée; c'est parce qu'ils ne peuvent joindre ensemble aucune idée qu'ils ne pensent ni ne parlent; c'est par la même raison qu'ils n'inventent et ne perfectionnent rien ; s'ils étaient doués de la puissance de réfléchir, même au plus petit degré, ils seraient capables de quelque espèce de progrès, ils acquerraient plus d'industrie, les castors d'aujourd'hui bâtiraient avec plus d'art et de solidité que ne bâtissaient les premiers castors, l'abeille perfectionnerait encore tous les jours la cellule qu'elle habite; car si on suppose que cette cellule est aussi parfaite qu'elle peut l'être, on donne à cet insecte plus d'esprit que nous n'en avons, on lui accorde une intelligence supérieure à la nôtre, par laquelle il apercevrait tout d'un coup le dernier point de perfection auquel il doit porter son ouvrage, tandis que nous-mêmes ne voyons jamais clairement ce point, et qu'il nous faut beaucoup de réflexion , de temps et d'habitude pour perfectionner le moindre de nos arts.

D'où peut venir cette uniformité dans tous les ouvrages des animaux? pourquoi chaque espèce ne fait-elle jamais que la même chose, de la même façon, et pourquoi chaque individu ne la fait-il ni mieux ni plus mal qu'un autre individu? y a-t-il de plus forte preuve que leurs opérations ne sont que des résultats mécaniques et purement matériels? car s'ils avaient la

a. **M. Leibniz** fait mention d'un chien auquel on avait appris à prononcer quelques mots allemands et français.

moindre étincelle de la lumière qui nous éclaire, on trouverait au moins de
la variété si l'on ne voyait pas de la perfection dans leurs ouvrages , chaque
individu de la même espèce ferait quelque chose d'un peu différent de ce
qu'aurait fait un autre individu; mais non, tous travaillent sur le même
modèle, l'ordre de leurs actions est tracé dans l'espèce entière[1], il n'appartient point à l'individu , et si l'on voulait attribuer une âme aux animaux,
on serait obligé à n'en faire qu'une pour chaque espèce , à laquelle chaque
individu participerait également; cette âme serait donc nécessairement
divisible, par conséquent elle serait matérielle et fort différente de la
nôtre.

Car pourquoi mettons-nous au contraire tant de diversité et de variété
dans nos productions et dans nos ouvrages? Pourquoi l'imitation servile
nous coûte-t-elle plus qu'un nouveau dessein? c'est parce que notre âme est
à nous, qu'elle est indépendante de celle d'un autre, que nous n'avons rien
de commun avec notre espèce que la matière de notre corps, et que ce n'est
en effet que par les dernières de nos facultés que nous ressemblons aux
animaux.

Si les sensations intérieures appartenaient à la matière et dépendaient
des organes corporels, ne verrions-nous pas parmi les animaux de même
espèce, comme parmi les hommes , des différences marquées dans leurs
ouvrages? ceux qui seraient le mieux organisés ne feraient-ils pas leurs
nids, leurs cellules ou leurs coques d'une manière plus solide, plus élégante,
plus commode? et si quelqu'un avait plus de génie qu'un autre, pourrait-il
ne le pas manifester de cette façon? Or tout cela n'arrive pas et n'est jamais
arrivé, le plus ou le moins de perfection des organes corporels n'influe
donc pas sur la nature des sensations intérieures; n'en doit-on pas conclure
que les animaux n'ont point de sensations de cette espèce, qu'elles ne peuvent appartenir à la matière, ni dépendre pour leur nature des organes corporels? Ne faut-il pas par conséquent qu'il y ait en nous une substance différente de la matière, qui soit le sujet et la cause qui produit et reçoit ces
sensations?

Mais ces preuves de l'immatérialité de notre âme peuvent s'étendre encore
plus loin. Nous avons dit que la nature marche toujours et agit en tout par
degrés imperceptibles et par nuances; cette vérité, qui d'ailleurs ne souffre
aucune exception, se dément ici tout à fait; il y a une distance infinie entre
les facultés de l'homme et celles du plus parfait animal, preuve évidente
que l'homme est d'une différente nature, que seul il fait une classe à part,
de laquelle il faut descendre en parcourant un espace infini avant que d'arriver à celle des animaux, car si l'homme était de l'ordre des animaux, il y

---

1. *L'ordre de leurs actions est tracé dans l'espèce entière.* Expression heureuse et profonde.
(Voyez mon ouvrage intitulé : *De l'instinct et de l'intelligence des animaux.*)

aurait dans la nature un certain nombre d'êtres moins parfaits que l'homme et plus parfaits que l'animal, par lesquels on descendrait insensiblement et par nuances de l'homme au singe; mais cela n'est pas, on passe tout d'un coup de l'être pensant à l'être matériel, de la puissance intellectuelle à la force mécanique, de l'ordre et du dessein au mouvement aveugle, de la réflexion à l'appétit.

En voilà plus qu'il n'en faut pour nous démontrer l'excellence de notre nature, et la distance immense que la bonté du Créateur a mise entre l'homme et la bête; l'homme est un être raisonnable, l'animal est un être sans raison; et comme il n'y a point de milieu entre le positif et le négatif, comme il n'y a point d'êtres intermédiaires entre l'être raisonnable et l'être sans raison, il est évident que l'homme est d'une nature entièrement différente de celle de l'animal, qu'il ne lui ressemble que par l'extérieur, et que le juger par cette ressemblance matérielle, c'est se laisser tromper par l'apparence et fermer volontairement les yeux à la lumière qui doit nous la faire distinguer de la réalité.

Après avoir considéré l'homme intérieur, et avoir démontré la spiritualité de son âme, nous pouvons maintenant examiner l'homme extérieur et faire l'histoire de son corps; nous en avons recherché l'origine dans les chapitres précédents, nous avons expliqué sa formation et son développement, nous avons amené l'homme jusqu'au moment de sa naissance; reprenons-le où nous l'avons laissé, parcourons les différents âges de sa vie, et conduisons-le à cet instant où il doit se séparer de son corps, l'abandonner et le rendre à la masse commune de la matière à laquelle il appartient[1].

DE L'ENFANCE.

Si quelque chose est capable de nous donner une idée de notre faiblesse, c'est l'état où nous nous trouvons immédiatement après la naissance : incapable de faire encore aucun usage de ses organes et de se servir de ses sens, l'enfant qui naît a besoin de secours de toute espèce, c'est une image de misère et de douleur; il est dans ces premiers temps plus faible qu'aucun des animaux; sa vie incertaine et chancelante paraît devoir finir à chaque instant; il ne peut se soutenir ni se mouvoir; à peine a-t-il la force nécessaire pour exister et pour annoncer par des gémissements les souffrances qu'il éprouve, comme si la nature voulait l'avertir qu'il est né pour souffrir,

---

1. Tout ce qu'il y a de supérieur *par la pensée*, dans ce chapitre, vient de Descartes. Buffon, qui est au premier rang comme écrivain, n'est qu'au second comme philosophe. Ici il suit Descartes; ailleurs il suivra Locke, et s'égarera quelquefois avec lui.

et qu'il ne vient prendre place dans l'espèce humaine que pour en partager les infirmités et les peines.

Ne dédaignons pas de jeter les yeux sur un état par lequel nous avons tous commencé ; voyons-nous au berceau, passons même sur le dégoût que peut donner le détail des soins que cet état exige, et cherchons par quels degrés cette machine délicate , ce corps naissant et à peine vivant , vient à prendre du mouvement, de la consistance et des forces.

L'enfant qui naît passe d'un élément dans un autre : au sortir de l'eau qui l'environnait de toutes parts dans le sein de sa mère, il se trouve exposé à l'air, et il éprouve dans l'instant les impressions de ce fluide actif ; l'air agit sur les nerfs de l'odorat et sur les organes de la respiration ; cette action produit une secousse, une espèce d'éternuement qui soulève la capacité de la poitrine et donne à l'air la liberté d'entrer dans les poumons ; il dilate leurs vésicules et les gonfle, il s'y échauffe et s'y raréfie jusqu'à un certain degré, après quoi le ressort des fibres dilatées réagit sur ce fluide léger et le fait sortir des poumons. Nous n'entreprendrons pas d'expliquer ici les causes du mouvement alternatif et continuel de la respiration , nous nous bornerons à parler des effets ; cette fonction est essentielle à l'homme et à plusieurs espèces d'animaux : c'est ce mouvement qui entretient la vie ; s'il cessé, l'animal périt ; aussi la respiration ayant une fois commencé, elle ne·finit qu'à la mort ; et dès que le fœtus respire pour la première fois, il continue à respirer sans interruption : cependant on peut croire avec quelque fondement que le trou ovale ne se ferme pas tout à coup au moment de la naissance [1], et que par conséquent une partie du sang doit continuer à passer par cette ouverture ; tout le sang ne doit donc pas entrer d'abord dans les poumons, et peut-être pourrait-on priver de l'air l'enfant nouveau-né pendant un temps considérable, sans que cette privation lui causât la mort. Je fis il y a environ dix ans une expérience sur de petits chiens, qui semble prouver la possibilité de ce que je viens de dire ; j'avais pris la précaution de mettre la mère, qui était une grosse chienne de l'espèce des plus grands lévriers, dans un baquet rempli d'eau chaude, et l'ayant attachée de façon que les parties de derrière trempaient dans l'eau, elle mit bas trois chiens dans cette eau, et ces petits animaux se trouvèrent au sortir de leurs enveloppes dans un liquide aussi chaud que celui d'où ils sortaient ; on aida la mère dans l'accouchement, on accommoda et on lava dans cette eau les petits chiens, ensuite on les fit passer dans un plus petit baquet rempli de lait chaud, sans leur donner le temps de respirer. Je les fis mettre dans du lait au lieu de les laisser dans l'eau, afin qu'ils pussent prendre de la nourriture, s'ils en avaient besoin ; on les retint dans le lait où ils étaient

---

1. Le trou ovale ne se ferme, en effet, qu'un certain temps après la naissance. **Mes observa**tions m'ont appris que le *trou ovale* du *chien*, par exemple, ne se ferme que **23** jours après **la** naissance ; celui du *lapin* 16 ; celui du *cochon d'Inde* 12 , etc.

plongés, et ils y demeurèrent pendant plus d'une demi-heure; après quoi les ayant retirés les uns après les autres, je les trouvai tous trois vivants; ils commencèrent à respirer et à rendre quelque humeur par la gueule; je les laissai respirer pendant une demi-heure, et ensuite on les replongea dans le lait que l'on avait fait réchauffer pendant ce temps; je les y laissai pendant une seconde demi-heure, et les ayant ensuite retirés, il y en avait deux qui étaient vigoureux, et qui ne paraissaient pas avoir souffert de la privation de l'air, mais le troisième paraissait être languissant; je ne jugeai pas à propos de le replonger une seconde fois, je le fis porter à la mère; elle avait d'abord fait ces trois chiens dans l'eau, et ensuite elle en avait encore fait six autres. Ce petit chien qui était né dans l'eau, qui d'abord avait passé plus d'une demi-heure dans le lait avant d'avoir respiré, et encore une autre demi-heure après avoir respiré, n'en était pas fort incommodé, car il fut bientôt rétabli sous la mère, et il vécut comme les autres. Des six qui étaient nés dans l'air j'en fis jeter quatre, de sorte qu'il n'en restait alors à la mère que deux de ces six, et celui qui était né dans l'eau. Je continuai ces épreuves sur les deux autres qui étaient dans le lait, je les laissai respirer une seconde fois pendant une heure environ, ensuite je les fis mettre de nouveau dans le lait chaud, où ils se trouvèrent plongés pour la troisième fois; je ne sais s'ils en avalèrent ou non; ils restèrent dans ce liquide pendant une demi-heure, et lorsqu'on les en tira, ils paraissaient être presque aussi vigoureux qu'auparavant; cependant les ayant fait porter à la mère, l'un des deux mourut le même jour, mais je ne pus savoir si c'était par accident, ou pour avoir souffert dans le temps qu'il était plongé dans la liqueur et qu'il était privé de l'air; l'autre vécut aussi bien que le premier, et ils prirent tous deux autant d'accroissement que ceux qui n'avaient pas subi cette épreuve. Je n'ai pas suivi ces expériences plus loin, mais j'en ai assez vu pour être persuadé que la respiration n'est pas aussi absolument nécessaire à l'animal nouveau-né qu'à l'adulte [1], et qu'il serait peut-être possible, en s'y prenant avec précaution, d'empêcher de cette façon le trou ovale de se fermer, et de faire par ce moyen d'excellents plongeurs et des espèces d'animaux amphibies qui vivraient également dans l'air et dans l'eau.

L'air trouve ordinairement, en entrant pour la première fois dans les poumons de l'enfant, quelque obstacle causé par la liqueur qui s'est amassée dans la trachée-artère; cet obstacle est plus ou moins grand à proportion de la viscosité de cette liqueur, mais l'enfant en naissant relève sa tête qui était penchée en avant sur sa poitrine, et par ce mouvement

---

1. Il est certain que l'animal nouveau-né peut se passer de *respiration*, d'*air*, un peu plus longtemps que l'animal adulte; mais il est certain aussi que, quelque *précaution que l'on prît*, on n'arriverait ni à empêcher le *trou ovale de se fermer*, ni à faire des *animaux amphibies*, des animaux qui *vivraient également dans l'air et dans l'eau.*

il allonge le canal de la trachée-artère; l'air trouve place dans ce canal au moyen de cet agrandissement, il force la liqueur dans l'intérieur du poumon, et, en dilatant les bronches de ce viscère, il distribue sur leurs parois la mucosité qui s'opposait à son passage; le superflu de cette humidité est bientôt desséché par le renouvellement de l'air, ou si l'enfant en est incommodé, il tousse, et enfin il s'en débarrasse par l'expectoration; on la voit couler de sa bouche, car il n'a pas encore la force de cracher.

Comme nous ne nous souvenons de rien de ce qui nous arrive alors, nous ne pouvons guère juger du sentiment que produit l'impression de l'air sur l'enfant nouveau-né; il paraît seulement que les gémissements et les cris qui se font entendre dans le moment qu'il respire sont des signes peu équivoques de la douleur que l'action de l'air lui fait ressentir. L'enfant est en effet, jusqu'au moment de sa naissance, accoutumé à la douce chaleur d'un liquide tranquille, et on peut croire que l'action d'un fluide, dont la température est inégale, ébranle trop violemment les fibres délicates de son corps; il paraît être également sensible au chaud et au froid; il gémit en quelque situation qu'il se trouve, et la douleur paraît être sa première et son unique sensation.

La plupart des animaux ont encore les yeux fermés pendant quelques jours après leur naissance; l'enfant les ouvre aussitôt qu'il est né, mais ils sont fixes et ternes; on n'y voit pas ce brillant qu'ils auront dans la suite, ni le mouvement qui accompagne la vision; cependant la lumière qui les frappe semble faire impression, puisque la prunelle, qui a déjà jusqu'à une ligne et demie ou deux de diamètre, s'étrécit ou s'élargit à une lumière plus forte ou plus faible, en sorte qu'on pourrait croire qu'elle produit déjà une espèce de sentiment, mais ce sentiment est fort obtus; le nouveau-né ne distingue rien, car ses yeux même, en prenant du mouvement, ne s'arrêtent sur aucun objet; l'organe est encore imparfait, la cornée est ridée, et peut-être la rétine est-elle aussi trop molle pour recevoir les images des objets et donner la sensation de la vue distincte. Il paraît en être de même des autres sens; ils n'ont pas encore pris une certaine consistance nécessaire à leurs opérations, et lors même qu'ils sont arrivés à cet état il se passe encore beaucoup de temps avant que l'enfant puisse avoir des sensations justes et complètes. Les sens sont des espèces d'instruments dont il faut apprendre à se servir; celui de la vue, qui paraît être le plus noble et le plus admirable, est en même temps le moins sûr et le plus illusoire; ses sensations ne produiraient que des jugements faux, s'ils n'étaient à tout instant rectifiés par le témoignage du toucher; celui-ci est le sens solide, c'est la pierre de touche et la mesure de tous les autres sens, c'est le seul qui soit absolument essentiel à l'animal, c'est celui qui est universel et qui est répandu dans toutes les parties de son corps; cependant ce sens même n'est pas encore parfait dans l'enfant au moment de sa naissance; il donne, à la vérité, des signes de douleur par ses gémissements et ses cris, mais il n'a encore aucune expression pour marquer le plaisir; il ne commence à rire qu'au bout de quarante jours; c'est aussi le temps auquel il commence à pleurer, car auparavant les cris et les gémissements ne sont point accompagnés de larmes. Il ne paraît donc aucun signe des passions sur le visage du nouveau-né; les parties de la face n'ont pas même toute la consistance et tout le ressort nécessaire à cette espèce d'expression des sentiments de l'âme : toutes les autres parties du corps, encore faibles et délicates, n'ont que des mouvements incertains et mal assurés; il ne peut pas se tenir debout, ses jambes et ses cuisses sont encore pliées par l'habitude qu'il a contractée dans le sein de sa mère; il n'a pas la force d'étendre les bras ou de saisir quelque chose avec la main; si on l'abandonnait, il resterait couché sur le dos sans pouvoir se retourner.

En réfléchissant sur ce que nous venons de dire, il paraît que la douleur que l'enfant ressent dans les premiers temps, et qu'il exprime par des gémissements, n'est qu'une sensation corporelle, semblable à celle des animaux qui gémissent aussi dès qu'ils sont nés, et que les sensations de l'âme ne commencent à se manifester qu'au bout de quarante jours, car le rire et les larmes sont des produits de deux sensations intérieures, qui toutes deux dépendent de l'action de l'âme. La première est une émotion agréable qui ne peut naître qu'à la vue ou par le souvenir d'un objet connu, aimé et désiré; l'autre est un ébranlement désagréable, mêlé d'attendrissement et d'un retour sur nous-mêmes; toutes deux sont des passions qui supposent des connaissances, des comparaisons et des réflexions; aussi le rire et les pleurs sont-ils des signes particuliers à l'espèce humaine pour exprimer le plaisir ou la douleur de l'âme; tandis que les cris, les mouvements et les autres signes des douleurs et des plaisirs du corps sont communs à l'homme et à la plupart des animaux.

Mais revenons aux parties matérielles et aux affections du corps. La grandeur de l'enfant né à terme est ordinairement de vingt-un pouces[1]; il en naît cependant de beaucoup plus petits, et il y en a même qui n'ont que quatorze pouces, quoiqu'ils aient atteint le terme de neuf mois; quelques autres, au contraire, ont plus de vingt-un pouces. La poitrine des enfants de vingt-un pouces, mesurée sur la longueur du sternum, a près de trois pouces, et seulement deux lorsque l'enfant n'en a que quatorze. A neuf mois le fœtus pèse ordinairement douze livres, et quelquefois jusqu'à quatorze; la tête du nouveau-né est plus grosse à proportion que le reste du corps, et cette disproportion, qui était encore beaucoup plus grande dans le premier âge du fœtus, ne disparaît qu'après la première

---

1. Voyez la note de la page 634 du précédent volume.

enfance; la peau de l'enfant qui naît est fort fine; elle paraît rougeâtre, parce qu'elle est assez transparente pour laisser paraître une nuance faible de la couleur du sang; on prétend même que les enfants dont la peau est la plus rouge en naissant sont ceux qui dans la suite auront la peau la plus belle et la plus blanche.

La forme du corps et des membres de l'enfant qui vient de naître n'est pas bien exprimée; toutes les parties sont trop arrondies, elles paraissent même gonflées lorsque l'enfant se porte bien et qu'il ne manque pas d'embonpoint. Au bout de trois jours, il survient ordinairement une jaunisse, et dans ce même temps il y a du lait dans les mamelles de l'enfant, qu'on exprime avec les doigts; la surabondance des sucs et le gonflement de toutes les parties du corps diminuent ensuite peu à peu à mesure que l'enfant prend de l'accroissement.

On voit palpiter dans quelques enfants nouveau-nés le sommet de la tête à l'endroit de la fontanelle, et dans tous on y peut sentir le battement des sinus ou des artères du cerveau[1], si on y porte la main. Il se forme au-dessus de cette ouverture une espèce de croûte ou de gale, quelquefois fort épaisse, et qu'on est obligé de frotter avec des brosses pour la faire tomber à mesure qu'elle se sèche : il semble que cette production, qui se fait au-dessus de l'ouverture du crâne, ait quelque analogie avec celle des cornes des animaux, qui tirent aussi leur origine d'une ouverture du crâne et de la substance du cerveau. Nous ferons voir dans la suite que toutes les extrémités des nerfs deviennent solides lorsqu'elles sont exposées à l'air, et que c'est cette substance nerveuse qui produit les ongles, les ergots, les cornes[2], etc.

La liqueur contenue dans l'amnios laisse sur l'enfant une humeur visqueuse blanchâtre, et quelquefois assez tenace pour qu'on soit obligé de la détremper avec quelque liqueur douce afin de la pouvoir enlever; on a toujours dans ce pays-ci la sage précaution de ne laver l'enfant qu'avec des liqueurs tièdes; cependant des nations entières, celles même qui habitent les climats froids, sont dans l'usage de plonger leurs enfants dans l'eau froide aussitôt qu'ils sont nés, sans qu'il leur en arrive aucun mal; on dit même que les Lapones laissent leurs enfants dans la neige jusqu'à ce que le froid les ait saisis au point d'arrêter la respiration, et qu'alors elles les plongent dans un bain d'eau chaude; ils n'en sont pas même

---

1. Le *cerveau* a deux mouvements : l'un qui répond au battement des *artères*, et qui en dépend; et l'autre, beaucoup plus connu, qui répond aux mouvements de la *respiration*. Le *cerveau* s'abaisse pendant l'*inspiration*, temps où le sang *afflue* vers la poitrine; et il s'élève pendant l'*expiration*, temps où le sang *reflue* vers le cerveau. (Voyez mes **Recherches sur les mouvements du cerveau : Ann. des sc. nat. :** an. 1849, page 5.)

2. La *croûte* qui se forme au-dessus de la *fontanelle* n'a aucun rapport avec les **cornes des animaux**; les *cornes des animaux* ne tirent point leur substance du *cerveau*; et ce n'est pas la **substance nerveuse** qui produit les **ongles**, les **ergots**, les **cornes**, etc.

quittes pour être lavés avec si peu de ménagement au moment de leur
naissance, on les lave encore de la même façon trois fois chaque jour pendant la première année de leur vie, et dans les suivantes on les baigne
trois fois chaque semaine dans l'eau froide. Les peuples du Nord sont persuadés que les bains froids rendent les hommes plus forts et plus robustes,
et c'est par cette raison qu'ils les forcent de bonne heure à en contracter
l'habitude. Ce qu'il y a de vrai, c'est que nous ne connaissons pas assez
jusqu'où peuvent s'étendre les limites de ce que notre corps est capable de
souffrir, d'acquérir ou de perdre par l'habitude : par exemple, les Indiens
de l'isthme de l'Amérique se plongent impunément dans l'eau froide pour
se rafraîchir lorsqu'ils sont en sueur ; leurs femmes les y jettent quand ils
sont ivres pour faire passer leur ivresse plus promptement ; les mères se
baignent avec leurs enfants dans l'eau froide un instant après leur accouchement ; avec cet usage, que nous regarderions comme fort dangereux,
ces femmes périssent très-rarement par les suites des couches, au lieu que
malgré tous nos soins nous en voyons périr un grand nombre parmi nous.

Quelques instants après sa naissance l'enfant urine, c'est ordinairement
lorsqu'il sent la chaleur du feu ; quelquefois il rend en même temps le
meconium, ou les excréments qui se sont formés dans les intestins pendant
le temps de son séjour dans la matrice ; cette évacuation ne se fait pas
toujours aussi promptement, souvent elle est retardée, mais si elle n'arrivait pas dans l'espace du premier jour, il serait à craindre que l'enfant
ne s'en trouvât incommodé et qu'il ne ressentît des douleurs de colique ;
dans ce cas on tâche de faciliter cette évacuation par quelques moyens.
Le *meconium* est de couleur noire ; on connaît que l'enfant en est absolu-
lument débarrassé lorsque les excréments qui succèdent ont une autre
couleur ; ils deviennent blanchâtres ; ce changement arrive ordinairement
le deuxième ou le troisième jour ; alors leur odeur est beaucoup plus mauvaise que n'est celle du *meconium*, ce qui prouve que la bile et les sucs
amers du corps commencent à s'y mêler.

Cette remarque paraît confirmer ce que nous avons dit ci-devant dans
le chapitre du développement du fœtus, au sujet de la manière dont il se
nourrit ; nous avons insinué que ce devait être par intussusception, et qu'il
ne prenait aucune nourriture par la bouche ; ceci semble prouver que l'estomac et les intestins ne font aucune fonction dans le fœtus, du moins
aucune fonction semblable à celles qui s'opèrent dans la suite lorsque la
respiration a commencé à donner du mouvement au diaphragme et à toutes
les parties intérieures sur lesquelles il peut agir, puisque ce n'est qu'alors
que se fait la digestion et le mélange de la bile et du suc pancréatique avec
la nourriture que l'estomac laisse passer aux intestins ; ainsi, quoique la
sécrétion de la bile et du suc du pancréas se fasse dans le fœtus, ces
liqueurs demeurent alors dans leurs réservoirs et ne passent point dans

les intestins, parce qu'ils sont, aussi bien que l'estomac, sans mouvement et sans action, par rapport à la nourriture ou aux excréments qu'ils peuvent contenir.

On ne fait pas téter l'enfant aussitôt qu'il est né ; on lui donne auparavant le temps de rendre la liqueur et les glaires qui sont dans son estomac, et le *meconium* qui est dans ses intestins : ces matières pourraient faire aigrir le lait et produire un mauvais effet; ainsi on commence par lui faire avaler un peu de vin sucré pour fortifier son estomac et procurer les évacuations qui doivent le disposer à recevoir de la nourriture et à la digérer ; ce n'est que dix ou douze heures après la naissance qu'il doit téter pour la première fois.

A peine l'enfant est-il sorti du sein de sa mère, à peine jouit-il de la liberté de mouvoir et d'étendre ses membres, qu'on lui donne de nouveaux liens, on l'emmaillotte, on le couche la tête fixe et les jambes allongées, les bras pendants à côté du corps, il est entouré de linges et de bandages de toute espèce qui ne lui permettent pas de changer de situation; heureux! si on ne l'a pas serré au point de l'empêcher de respirer, et si on a eu la précaution de le coucher sur le côté, afin que les eaux qu'il doit rendre par la bouche puissent tomber d'elles-mêmes, car il n'aurait pas la liberté de tourner la tête sur le côté pour en faciliter l'écoulement. Les peuples qui se contentent de couvrir ou de vêtir leurs enfants, sans les mettre au maillot, ne font-ils pas mieux que nous? les Siamois, les Japonais, les Indiens, les nègres, les sauvages du Canada, ceux de Virginie, du Brésil, et la plupart des peuples de la partie méridionale de l'Amérique, couchent les enfants nus sur des lits de coton suspendus, ou les mettent dans des espèces de berceaux couverts et garnis de pelleteries. Je crois que ces usages ne sont pas sujets à autant d'inconvénients que le nôtre; on ne peut pas éviter, en emmaillottant les enfants, de les gêner au point de leur faire ressentir de la douleur; les efforts qu'ils font pour se débarrasser sont plus capables de corrompre l'assemblage de leur corps que les mauvaises situations où ils pourraient se mettre eux-mêmes s'ils étaient en liberté. Les bandages du maillot peuvent être comparés aux corps que l'on fait porter aux filles dans leur jeunesse; cette espèce de cuirasse, ce vêtement incommode qu'on a imaginé pour soutenir la taille et l'empêcher de se déformer, cause cependant plus d'incommodités et de difformités qu'il n'en prévient.

Si le mouvement que les enfants veulent se donner dans le maillot peut leur être funeste, l'inaction dans laquelle cet état les retient peut aussi leur être nuisible. Le défaut d'exercice est capable de retarder l'accroissement des membres et de diminuer les forces du corps; ainsi les enfants, qui ont la liberté de mouvoir leurs membres à leur gré, doivent être plus forts que ceux qui sont emmaillottés; c'était pour cette raison que les anciens Péru-

viens laissaient les bras libres aux enfants dans un maillot fort large; lorsqu'ils les en tiraient, ils les mettaient en liberté dans un trou fait en terre
et garni de linges, dans lequel il les descendaient jusqu'à la moitié du
corps; de cette façon ils avaient les bras libres, et ils pouvaient mouvoir
leur tête et fléchir leur corps à leur gré sans tomber et sans se blesser;
dès qu'ils pouvaient faire un pas, on leur présentait la mamelle d'un peu
loin comme un appât pour les obliger à marcher. Les petits nègres sont
quelquefois dans une situation bien plus fatigante pour téter; ils embras-
sent une des hanches de la mère avec leurs genoux et leurs pieds, et ils
la serrent si bien qu'ils peuvent s'y soutenir sans le secours des bras de la
mère; ils s'attachent à la mamelle avec leurs mains, et ils la sucent constamment sans se déranger et sans tomber, malgré les différents mouvements de la mère, qui pendant ce temps travaille à son ordinaire. Ces
enfants commencent à marcher dès le second mois, ou plutôt à se traîner sur les genoux et sur les mains; cet exercice leur donne pour la suite
la facilité de courir dans cette situation presque aussi vite que s'ils étaient
sur leurs pieds.

Les enfants nouveau-nés dorment beaucoup, mais leur sommeil est
souvent interrompu; ils ont aussi besoin de prendre souvent de la nourriture; on les fait téter pendant la journée de deux heures en deux heures,
et pendant la nuit à chaque fois qu'ils se réveillent. Ils dorment pendant
la plus grande partie du jour et de la nuit dans les premiers temps de leur
vie; ils semblent même n'être éveillés que par la douleur ou par la faim;
aussi les plaintes et les cris succèdent presque toujours à leur sommeil :
comme ils sont obligés de demeurer dans la même situation dans le berceau, et qu'ils sont toujours contraints par les entraves du maillot, cette
situation devient fatigante et douloureuse après un certain temps; ils sont
mouillés et souvent refroidis par leurs excréments, dont l'âcreté offense
la peau qui est fine et délicate, et par conséquent très-sensible. Dans cet
état, les enfants ne font que des efforts impuissants, ils n'ont dans leur
faiblesse que l'expression des gémissements pour demander du soulagement; on doit avoir la plus grande attention à les secourir, ou plutôt il faut
prévenir tous ces inconvénients en changeant une partie de leurs vêtements
au moins deux ou trois fois par jour, et même dans la nuit. Ce soin est si
nécessaire que les sauvages mêmes y sont attentifs, quoique le linge manque
aux sauvages et qu'il ne leur soit pas possible de changer aussi souvent de
pelleterie que nous pouvons changer de linge; ils suppléent à ce défaut en
mettant dans les endroits convenables quelque matière assez commune
pour qu'ils ne soient pas dans la nécessité de l'épargner. Dans la partie
septentrionale de l'Amérique, on met au fond des berceaux une bonne
quantité de cette poudre que l'on tire du bois qui a été rongé des vers, et
que l'on appelle communément vermoulu; les enfants sont couchés sur

cette poudre et recouverts de pelleteries. On prétend que cette sorte de lit est aussi douce et aussi molle que la plume; mais ce n'est pas pour flatter la délicatesse des enfants que cet usage est introduit, c'est seulement pour les tenir propres : en effet, cette poudre pompe l'humidité, et après un certain temps on la renouvelle. En Virginie on attache les enfants nus sur une planche garnie de coton, qui est percée pour l'écoulement des excréments; le froid de ce pays devrait contrarier cette pratique, qui est presque générale en Orient, et surtout en Turquie; au reste cette précaution supprime toute sorte de soins, c'est toujours le moyen le plus sûr de prévenir les effets de la négligence ordinaire des nourrices : il n'y a que la tendresse maternelle qui soit capable de cette vigilance continuelle, de ces petites attentions si nécessaires; peut-on l'espérer de nourrices mercenaires et grossières?

Les unes abandonnent leurs enfants pendant plusieurs heures sans avoir la moindre inquiétude sur leur état; d'autres sont assez cruelles pour n'être pas touchées de leurs gémissements; alors ces petits infortunés entrent dans une sorte de désespoir, ils font tous les efforts dont ils sont capables, ils poussent des cris qui durent autant que leurs forces; enfin ces excès leur causent des maladies, ou au moins les mettent dans un état de fatigue et d'abattement qui dérange leur tempérament et qui peut même influer sur leur caractère. Il est un usage dont les nourrices nonchalantes et paresseuses abusent souvent; au lieu d'employer des moyens efficaces pour soulager l'enfant, elles se contentent d'agiter le berceau en le faisant balancer sur les côtés; ce mouvement lui donne une sorte de distraction qui apaise ses cris; en continuant le même mouvement on l'étourdit, et à la fin on l'endort; mais ce sommeil forcé n'est qu'un palliatif qui ne détruit pas la cause du mal présent; au contraire, on pourrait causer un mal réel aux enfants en les berçant pendant un trop long temps, on les ferait vomir ; peut-être aussi que cette agitation est capable de leur ébranler la tête et d'y causer du dérangement.

Avant que de bercer les enfants, il faut être sûr qu'il ne leur manque rien, et on ne doit jamais les agiter au point de les étourdir; si on s'aperçoit qu'ils ne dorment pas assez, il suffit d'un mouvement lent et égal pour les assoupir; on ne doit donc les bercer que rarement, car si on les y accoutume, ils ne peuvent plus dormir autrement. Pour que leur santé soit bonne, il faut que leur sommeil soit naturel et long; cependant s'ils dormaient trop, il serait à craindre que leur tempérament n'en souffrît : dans ce cas il faut les tirer du berceau et les éveiller par de petits mouvements, leur faire entendre des sons doux et agréables, leur faire voir quelque chose de brillant. C'est à cet âge que l'on reçoit les premières impressions des sens : elles sont sans doute plus importantes que l'on ne croit pour le reste de la vie.

Les yeux des enfants se portent toujours du côté le plus éclairé de l'endroit qu'ils habitent, et s'il n'y a que l'un de leurs yeux qui puisse s'y fixer, l'autre n'étant pas exercé n'acquerra pas autant de force : pour prévenir cet inconvénient, il faut placer le berceau de façon qu'il soit éclairé par les pieds, soit que la lumière vienne d'une fenêtre ou d'un flambeau; dans cette position les deux yeux de l'enfant peuvent la recevoir en même temps, et acquérir par l'exercice une force égale : si l'un des yeux prend plus de force que l'autre, l'enfant deviendra louche, car nous avons prouvé que l'inégalité de force dans les yeux est la cause du regard louche. (Voyez les *Mémoires de l'Académie des Sciences*, année 1743 [1].)

La nourrice ne doit donner à l'enfant que le lait de ses mamelles pour toute nourriture, au moins pendant les deux premiers mois; il ne faudrait même lui faire prendre aucun autre aliment pendant le troisième et le quatrième mois, surtout lorsque son tempérament est faible et délicat. Quelque robuste que puisse être un enfant, il pourrait en arriver de grands inconvénients, si on lui donnait d'autre nourriture que le lait de la nourrice avant la fin du premier mois. En Hollande, en Italie, en Turquie, et en général dans tout le Levant, on ne donne aux enfants que le lait des mamelles pendant un an entier; les sauvages du Canada les allaitent jusqu'à l'âge de quatre ou cinq ans, et quelquefois jusqu'à six ou sept ans : dans ce pays-ci, comme la plupart des nourrices n'ont pas assez de lait pour fournir à l'appétit de leurs enfants, elles cherchent à l'épargner, et pour cela elles leur donnent un aliment composé de farine et de lait, même dès les premiers jours de leur naissance; cette nourriture apaise la faim, mais l'estomac et les intestins de ces enfants étant à peine ouverts, et encore trop faibles pour digérer un aliment grossier et visqueux, ils souffrent, deviennent malades, et périssent quelquefois de cette espèce d'indigestion.

Le lait des animaux peut suppléer au défaut de celui des femmes : si les nourrices en manquaient dans certains cas, ou s'il y avait quelque chose à craindre pour elles de la part de l'enfant, on pourrait lui donner à téter le mamelon d'un animal, afin qu'il reçût le lait dans un degré de chaleur toujours égal et convenable, et surtout afin que sa propre salive se mêlât avec le lait pour en faciliter la digestion, comme cela se fait, par le moyen de la succion, parce que les muscles qui sont alors en mouvement font couler la salive en pressant les glandes et les autres vaisseaux. J'ai connu à la campagne quelques paysans qui n'ont pas eu d'autres nourrices que des brebis, et ces paysans étaient aussi vigoureux que les autres.

Après deux ou trois mois, lorsque l'enfant a acquis des forces, on commence à lui donner une nourriture un peu plus solide ; on fait cuire de la farine avec du lait, c'est une sorte de pain qui dispose peu à peu son estomac à recevoir le pain ordinaire et les autres aliments dont il doit se nourrir dans la suite.

1. Voyez aussi le xie volume de cette édition.

Pour parvenir à l'usage des aliments solides, on augmente peu à peu la consistance des aliments liquides : ainsi, après avoir nourri l'enfant avec de la farine délayée et cuite dans du lait, on lui donne du pain trempé dans une liqueur convenable. Les enfants dans la première année de leur âge sont incapables de broyer les aliments; les dents leur manquent, ils n'en ont encore que le germe enveloppé dans des gencives si molles, que leur faible résistance ne ferait aucun effet sur des matières solides. On voit certaines nourrices, surtout dans le bas peuple, qui mâchent des aliments pour les faire avaler ensuite à leurs enfants. Avant que de réfléchir sur cette pratique, écartons toute idée de dégoût, et soyons persuadés qu'à cet âge les enfants ne peuvent en avoir aucune impression ; en effet ils ne sont pas moins avides de recevoir leur nourriture de la bouche de la nourrice que de ses mamelles ; au contraire, il semble que la nature même ait introduit cet usage dans plusieurs pays fort éloignés les uns des autres : il est en Italie, en Turquie et dans presque toute l'Asie; on le retrouve en Amérique, dans les Antilles, au Canada, etc. Je le crois fort utile aux enfants et très-convenable à leur état, c'est le seul moyen de fournir à leur estomac toute la salive qui est nécessaire pour la digestion des aliments solides : si la nourrice mâche du pain, sa salive le détrempe et en fait une nourriture bien meilleure que s'il était détrempé avec toute autre liqueur ; cependant cette précaution ne peut être nécessaire que jusqu'à ce qu'ils puissent faire usage de leurs dents, broyer les aliments et les détremper de leur propre salive.

Les dents que l'on appelle *incisives* sont au nombre de huit, quatre au-devant de chaque mâchoire; leurs germes se développent ordinairement les premiers ; communément ce n'est pas plus tôt qu'à l'âge de sept mois, souvent à celui de huit ou dix mois, et d'autres fois à la fin de la première année : ce développement est quelquefois très-prématuré; on voit assez souvent des enfants naître avec des dents assez grandes pour déchirer le sein de leurs nourrices; on a aussi trouvé des dents bien formées dans des fœtus longtemps avant le terme ordinaire de la naissance.

Le germe des dents est d'abord contenu dans l'alvéole et recouvert par la gencive; en croissant il pousse des racines au fond de l'alvéole, et il s'étend du côté de la gencive. Le corps de la dent presse peu à peu contre cette membrane et la distend au point de la rompre et de la déchirer pour passer au travers ; cette opération, quoique naturelle, ne suit pas les lois ordinaires de la nature, qui agit à tout instant dans le corps humain sans y causer la moindre douleur, et même sans exciter aucune sensation; ici il se fait un effort violent et douloureux qui est accompagné de pleurs et de cris, et qui a quelquefois des suites fâcheuses ; les enfants perdent d'abord leur gaieté et leur enjouement, on les voit tristes et inquiets : alors leur gencive est rouge et gonflée, et ensuite elle blanchit lorsque la pression est au point d'intercepter le cours du sang dans les vaisseaux; ils y portent le doigt à tout moment pour tâcher d'apaiser la démangeaison qu'ils y ressentent ; on leur facilite ce petit soulagement en mettant au bout de leur hochet un morceau d'ivoire ou de corail, ou de quelque autre corps dur et poli ; ils le portent d'eux-mêmes à leur bouche, ils le serrent entre les gencives à l'endroit douloureux : cet effort opposé à celui de la dent relâche la gencive et calme la douleur pour un instant ; il contribue aussi à l'amincissement de la membrane de la gencive, qui, étant pressée des deux côtés à la fois, doit se rompre plus aisément ; mais souvent cette rupture ne se fait qu'avec beaucoup de peine et de danger. La nature s'oppose à elle-même ses propres forces ; lorsque les gencives sont plus fermes qu'à l'ordinaire par la solidité des fibres dont elles sont tissues, elles résistent plus longtemps à la pression de la dent, alors l'effort est si grand de part et d'autre qu'il cause une inflammation accompagnée de tous ses symptômes, ce qui est, comme on le sait, capable de causer la mort : pour prévenir ces accidents on a recours à l'art, on coupe la gencive sur la dent ; au moyen de cette petite opération la tension et l'inflammation de la gencive cessent, et la dent trouve un libre passage.

Les dents canines sont à côté des incisives au nombre de quatre, elles sortent ordinairement dans le neuvième ou le dixième mois. Sur la fin de la première ou dans le courant de la seconde année, on voit paraître seize autres dents que l'on appelle *molaires* ou *mâchelières,* quatre à côté de chacune des canines. Ces termes pour la sortie des dents varient ; on prétend que celles de la mâchoire supérieure paraissent ordinairement plus tôt ; cependant il arrive aussi quelquefois qu'elles sortent plus tard que celles de la mâchoire inférieure.

Les dents incisives, les canines et les quatre premières mâchelières tombent naturellement dans la cinquième, la sixième ou la septième année, mais elles sont remplacées par d'autres qui paraissent dans la septième année, souvent plus tard, et quelquefois elles ne sortent qu'à l'âge de puberté ; la chute de ces seize dents est causée par le développement d'un second germe placé au fond de l'alvéole, qui en croissant les pousse au dehors ; ce germe manque aux autres mâchelières, aussi ne tombent-elles que par accident, et leur perte n'est presque jamais réparée [1].

Il y a encore quatre autres dents qui sont placées à chacune des deux extrémités des mâchoires ; ces dents manquent à plusieurs personnes ; leur développement est plus tardif que celui des autres dents, il ne se fait ordinairement qu'à l'âge de puberté, et quelquefois dans un âge beaucoup plus avancé : on les a nommées *dents de sagesse ;* elles paraissent successivement

1. L'homme a 32 dents. L'enfant, à deux ans, en a 20 : 8 *incisives,* 4 *canines,* et 8 *molaires.* Ces 20 dents tombent successivement vers la septième année, et sont remplacées par d'autres. Des 12 *arrière-molaires,* qui ne doivent pas tomber, il y en a 4 qui paraissent de 4 à 5 ans, et 4 de 8 à 9 ; les 4 dernières ne paraissent que beaucoup plus tard

l'une après l'autre ou deux en même temps, indifféremment en haut ou en bas, et le nombre des dents en général ne varie que parce que celui des dents de sagesse n'est pas toujours le même : de là vient la différence de vingt-huit à trente-deux dans le nombre total des dents; on croit avoir observé que les femmes en ont ordinairement moins que les hommes.

Quelques auteurs ont prétendu que les dents croissaient pendant tout le cours de la vie, et qu'elles augmenteraient en longueur dans l'homme, comme dans de certains animaux, à mesure qu'il avancerait en âge, si le frottement des aliments ne les usait pas continuellement; mais cette opinion paraît être démentie par l'expérience, car les gens qui ne vivent que d'aliments liquides n'ont pas les dents plus longues que ceux qui mangent des choses dures, et si quelque chose est capable d'user les dents, c'est leur frottement mutuel des unes contre les autres plutôt que celui des aliments; d'ailleurs on a pu se tromper au sujet de l'accroissement des dents de quelques animaux, en confondant les dents avec les défenses; par exemple, les défenses des sangliers croissent pendant toute la vie de ces animaux; il en est de même de celles de l'éléphant, mais il est fort douteux que leurs dents prennent aucun accroissement lorsqu'elles sont une fois arrivées à leur grandeur naturelle[1]. Les défenses ont beaucoup plus de rapport avec les cornes qu'avec les dents[2], mais ce n'est pas ici le lieu d'examiner ces différences; nous remarquerons seulement que les premières dents ne sont pas d'une substance aussi solide que l'est celle des dents qui leur succèdent; ces premières dents n'ont aussi que fort peu de racine, elles ne sont pas infixées dans la mâchoire, et elles s'ébranlent très-aisément.

Bien des gens prétendent que les cheveux que l'enfant apporte en naissant sont toujours bruns, mais que ces premiers cheveux tombent bientôt, et qu'ils sont remplacés par d'autres de couleur différente; je ne sais si cette remarque est vraie : presque tous les enfants ont les cheveux blonds, et souvent presque blancs; quelques-uns les ont roux, et d'autres les ont noirs, mais tous ceux qui doivent être un jour blonds, châtains ou bruns, ont les cheveux plus ou moins blonds dans le premier âge. Ceux qui doivent être blonds ont ordinairement les yeux bleus, les roux ont les yeux d'un jaune ardent, les bruns d'un jaune faible et brun; mais ces couleurs ne sont pas bien marquées dans les yeux des enfants qui viennent de naître; ils ont alors, presque tous, les yeux bleus.

Lorsqu'on laisse crier les enfants trop fort et trop longtemps, ces efforts leur causent des descentes qu'il faut avoir grand soin de rétablir promptement par un bandage, ils guérissent aisément par ce secours; mais si l'on

---

1. Les *dents ordinaires* cessent de croître, dès que leurs *racines* sont ossifiées; les *défenses* du sanglier, de l'éléphant, les *incisives* du lapin, du lièvre, etc., croissent toujours, parce que leur *racine* ne s'ossifie jamais.

2. Les *défenses* n'ont aucun rapport avec les *cornes* : ce sont de *véritables dents*.

négligeait cette incommodité, ils seraient en danger de la garder toute leur vie. Les bornes que nous nous sommes prescrites ne permettent pas que nous parlions des maladies particulières aux enfants; je ne ferai sur cela qu'une remarque, c'est que les vers et les maladies vermineuses auxquelles ils sont sujets ont une cause bien marquée dans la qualité de leurs aliments; le lait est une espèce de chyle, une nourriture dépurée qui contient par conséquent plus de nourriture réelle, plus de cette matière organique [1] et productive dont nous avons tant parlé, et qui, lorsqu'elle n'est pas digérée par l'estomac de l'enfant pour servir à sa nutrition et à l'accroissement de son corps, prend, par l'activité qui lui est essentielle, d'autres formes, et produit des êtres animés, des vers en si grande quantité que l'enfant est souvent en danger d'en périr. En permettant aux enfants de boire de temps en temps un peu de vin, on préviendrait peut-être une partie des mauvais effets que causent les vers; car les liqueurs fermentées s'opposent à leur génération, elles contiennent fort peu de parties organiques et nutritives, et c'est principalement par son action sur les solides que le vin donne des forces; il nourrit moins le corps qu'il ne le fortifie : au reste, la plupart des enfants aiment le vin, ou du moins s'accoutument fort aisément à en boire.

Quelque délicat que l'on soit dans l'enfance, on est à cet âge moins sensible au froid que dans tous les autres temps de la vie; la chaleur intérieure est apparemment plus grande; on sait que le pouls des enfants est bien plus fréquent que celui des adultes [2] : cela seul suffirait pour faire penser que la chaleur intérieure est plus grande dans la même proportion, et l'on ne peut guère douter que les petits animaux n'aient plus de chaleur que les grands par cette même raison, car la fréquence du battement du cœur et des artères est d'autant plus grande que l'animal est plus petit [3]; cela s'observe dans les différentes espèces, aussi bien que dans la même espèce; le pouls d'un enfant [4] ou d'un homme de petite stature est plus fréquent que celui d'une personne adulte ou d'un homme de haute taille; le pouls d'un bœuf est plus lent que celui d'un homme, celui d'un chien est plus fréquent,

1. Sur cette *matière organique*, qui, selon Buffon, *produit les vers*, voyez les notes 1 et 2 du précédent volume, page 600.

2. Le pouls des *enfants* est plus fréquent que celui de l'*homme adulte*, et, par suite, la *production* de la chaleur intérieure plus grande; mais la *déperdition* de cette chaleur s'opère aussi (à travers une peau si fine et des tissus si tendres) infiniment plus vite, ce qui fait que l'*enfant* est plus sensible au froid, et qu'il est plus essentiel de l'en garantir.

3. « Dans le muscardin, le pouls bat 175 fois par minute; dans le cochon d'Inde, 140; dans le « lapin, 120; dans le chat, 110;..... dans l'âne, 50; dans le cheval, 36; dans le bœuf, « 38; etc., etc. » (Burdach : *Traité de physiologie*, t. VI, page 289, traduct. franç.)

4. « Dans le fœtus, le cœur bat 150 fois par minute : le nombre des pulsations tombe à « 115 pendant la première année de la vie, à 110 durant la seconde, à 100 durant la troisième, « à 86 jusqu'à l'âge de sept ans, à 80 pendant la seconde enfance, à 75 dans la jeunesse, à 70 « et jusqu'à 65 dans l'âge avancé, à 50 dans la vieillesse. » (Burdach : *Traité de physiologie*, t. VI, page 288.)

et les battements du cœur d'un animal encore plus petit, comme d'un moineau, se succèdent si promptement qu'à peine peut-on les compter.

La vie de l'enfant est fort chancelante jusqu'à l'âge de trois ans, mais dans les deux ou trois années suivantes elle s'assure, et l'enfant de six ou sept ans est plus assuré de vivre, qu'on ne l'est à tout autre âge : en consultant les nouvelles tables [a] qu'on a faites à Londres sur les degrés de la mortalité du genre humain dans les différents âges, il paraît que d'un certain nombre d'enfants nés en même temps, il en meurt plus d'un quart dans la première année, plus d'un tiers en deux ans, et au moins la moitié dans les trois premières années. Si ce calcul était juste, on pourrait donc parier lorsqu'un enfant vient au monde qu'il ne vivra que trois ans, observation bien triste pour l'espèce humaine; car on croit vulgairement qu'un homme qui meurt à vingt-cinq ans doit être plaint sur sa destinée et sur le peu de durée de sa vie, tandis que suivant ces tables la moitié du genre humain devrait périr avant l'âge de trois ans; par conséquent tous les hommes qui ont vécu plus de trois ans, loin de se plaindre de leur sort, devraient se regarder comme traités plus favorablement que les autres par le Créateur. Mais cette mortalité des enfants n'est pas à beaucoup près aussi grande partout qu'elle l'est à Londres ; car M. Dupré de Saint-Maur s'est assuré par un grand nombres d'observations faites en France qu'il faut sept ou huit années pour que la moitié des enfants nés en même temps soit éteinte ; on peut donc parier en ce pays qu'un enfant qui vient de naître vivra sept ou huit ans. Lorsque l'enfant a atteint l'âge de cinq, six ou sept ans, il paraît par ces mêmes observations que sa vie est plus assurée qu'à tout autre âge, car on peut parier pour quarante-deux ans de vie de plus, au lieu qu'à mesure que l'on vit au delà de cinq, six ou sept ans, le nombre des années que l'on peut espérer de vivre va toujours en diminuant, de sorte qu'à douze ans on ne peut plus parier que pour trente-neuf ans, à vingt ans pour trente-trois ans et demi, à trente ans pour vingt-huit années de vie de plus, et ainsi de suite jusqu'à quatre-vingt-cinq ans qu'on peut encore parier raisonnablement de vivre trois ans. (Voyez, ci-après, les *Tables.*)

Il y a quelque chose d'assez remarquable dans l'accroissement du corps humain : le fœtus dans le sein de la mère croît toujours de plus en plus jusqu'au moment de la naissance; l'enfant au contraire croît toujours de moins en moins jusqu'à l'âge de puberté, auquel il croît, pour ainsi dire, tout à coup, et arrive en fort peu de temps à la hauteur qu'il doit avoir pour toujours. Je ne parle pas du premier temps après la conception, ni de l'accroissement qui succède immédiatement à la formation du fœtus; je prends le fœtus à un mois, lorsque toutes ses parties sont développées; il a un pouce de hauteur alors, à deux mois deux pouces un quart, à trois

---

a. Voyez les tables de M. Simpson, publiées à Londres, en 1742.

mois trois pouces et demi, à quatre mois cinq pouces et plus, à cinq mois six pouces et demi ou sept pouces, à six mois huit pouces et demi ou neuf pouces, à sept mois onze pouces et plus, à huit mois quatorze pouces, à neuf mois dix-huit pouces. Toutes ces mesures varient beaucoup dans les différents sujets, et ce n'est qu'en prenant les termes moyens que je les ai déterminées; par exemple, il naît des enfants de vingt-deux pouces et de quatorze, j'ai pris dix-huit pouces pour le terme moyen; il en est de même des autres mesures; mais quand il y aurait des variétés dans chaque mesure particulière, cela serait indifférent à ce que j'en veux conclure; le résultat sera toujours que le fœtus croît de plus en plus en longueur, tant qu'il est dans le sein de sa mère; mais s'il a dix-huit pouces en naissant, il ne grandira pendant les douze mois suivants que de six ou sept pouces au plus, c'est-à-dire qu'à la fin de la première année il aura vingt-quatre ou vingt-cinq pouces, à deux ans il n'en aura que vingt-huit ou vingt-neuf, à trois ans trente ou trente-deux au plus, et ensuite il ne grandira guère que d'un pouce et demi ou deux pouces par an jusqu'à l'âge de puberté : ainsi le fœtus croît plus en un mois, sur la fin de son séjour dans la matrice, que l'enfant ne croît en un an jusqu'à cet âge de puberté où la nature semble faire un effort pour achever de développer et de perfectionner son ouvrage, en le portant, pour ainsi dire, tout à coup au dernier degré de son accroissement.

Tout le monde sait combien il est important pour la santé des enfants de choisir de bonnes nourrices; il est absolument nécessaire qu'elles soient saines et qu'elles se portent bien; on n'a que trop d'exemples de la communication réciproque de certaines maladies de la nourrice à l'enfant, et de l'enfant à la nourrice; il y a eu des villages entiers dont tous les habitants ont été infectés du virus vénérien que quelques nourrices malades avaient communiqué en donnant à d'autres femmes leurs enfants à allaiter.

Si les mères nourrissaient leurs enfants, il y a apparence qu'ils en seraient plus forts et plus vigoureux; le lait de leur mère doit leur convenir mieux que le lait d'une autre femme, car le fœtus se nourrit dans la matrice d'une liqueur laiteuse qui est fort semblable au lait qui se forme dans les mamelles[1]; l'enfant est donc déjà, pour ainsi dire, accoutumé au lait de sa mère, au lieu que le lait d'une autre nourrice est une nourriture nouvelle pour lui, et qui est quelquefois assez différente de la première pour qu'il ne puisse pas s'y accoutumer, car on voit des enfants qui ne peuvent s'accommoder du lait de certaines femmes; ils maigrissent, ils deviennent languissants et malades; dès qu'on s'en aperçoit, il faut prendre une autre nourrice; si l'on n'a pas cette attention, ils périssent en fort peu de temps.

1. Voyez la note 1 de la page 644 du volume précédent.

Je ne puis m'empêcher d'observer ici que l'usage où l'on est de rassembler un grand nombre d'enfants dans un même lieu, comme dans les hôpitaux des grandes villes, est extrêmement contraire au principal objet qu'on doit se proposer, qui est de les conserver; la plupart de ces enfants périssent par une espèce de scorbut ou par d'autres maladies qui leur sont communes à tous, auxquelles ils ne seraient pas sujets s'ils étaient élevés séparément les uns des autres, ou du moins s'ils étaient distribués en plus petit nombre dans différentes habitations à la ville, et encore mieux à la campagne. Le même revenu suffirait sans doute pour les entretenir, et on éviterait la perte d'une infinité d'hommes qui, comme l'on sait, sont la vraie richesse d'un État.

Les enfants commencent à bégayer à douze ou quinze mois; la voyelle qu'ils articulent le plus aisément est l'A, parce qu'il ne faut pour cela qu'ouvrir les lèvres et pousser un son; l'E suppose un petit mouvement de plus, la langue se relève en haut en même temps que les lèvres s'ouvrent; il en est de même de l'I, la langue se relève encore plus, et s'approche des dents de la mâchoire supérieure; l'O demande que la langue s'abaisse et que les lèvres se serrent; il faut qu'elles s'allongent un peu, et qu'elles se serrent encore plus pour prononcer l'U. Les premières consonnes que les enfants prononcent sont aussi celles qui demandent le moins de mouvement dans les organes; le B, l'M et le P sont les plus aisées à articuler; il ne faut pour le B et le P que joindre les deux lèvres et les ouvrir avec vitesse, et pour l'M les ouvrir d'abord et ensuite les joindre avec vitesse : l'articulation de toutes les autres consonnes suppose des mouvements plus compliqués que ceux-ci, et il y a un mouvement de la langue dans le C, le D, le G, l'L, l'N, le Q, l'R, l'S et le T; il faut pour articuler l'F un son continué plus longtemps que pour les autres consonnes; ainsi, de toutes les voyelles l'A est la plus aisée, et de toutes les consonnes le B, le P et l'M sont aussi les plus faciles à articuler; il n'est donc pas étonnant que les premiers mots que les enfants prononcent soient composés de cette voyelle et de ces consonnes, et l'on doit cesser d'être surpris de ce que dans toutes les langues et chez tous les peuples les enfants commencent toujours par bégayer *baba, mama, papa;* ces mots ne sont, pour ainsi dire, que les sons les plus naturels à l'homme, parce qu'ils sont les plus aisés à articuler; les lettres qui les composent, ou plutôt les caractères qui les représentent, doivent exister chez tous les peuples qui ont l'écriture ou d'autres signes pour représenter les sons.

On doit seulement observer que les sons de quelques consonnes étant à peu près semblables, comme celui du B et du P, celui du C et de l'S, ou du K ou Q dans de certains cas, celui du D et du T, celui de l'F et du V, celui du G et du J, ou du G et du K, celui de l'L et de l'R, il doit y avoir beaucoup de langues où ces différentes consonnes ne se trouvent pas, mais

il y aura toujours un B ou un P, un C ou un S, un C ou bien un K ou un Q
dans d'autres cas, un D ou un T, un F ou un V, un G ou un J, un L ou un
R, et il ne peut guère y avoir moins de six ou sept consonnes dans le plus
petit de tous les alphabets, parce que ces six ou sept sons ne supposent pas
des mouvements bien compliqués, et qu'ils sont tous très-sensiblement
différents entre eux. Les enfants qui n'articulent pas aisément l'R y substi-
tuent L, au lieu du T ils articulent le D, parce qu'en effet ces premières
lettres supposent dans les organes des mouvements plus difficiles que les
dernières; et c'est de cette différence et du choix des consonnes, plus ou
moins difficiles à exprimer, que vient la douceur ou la dureté d'une langue; mais il est inutile de nous étendre sur ce sujet.

Il y a des enfants qui à deux ans prononcent distinctement et répètent
tout ce qu'on leur dit; mais la plupart ne parlent qu'à deux ans et demi,
et très-souvent beaucoup plus tard; on remarque que ceux qui commencent à parler fort tard ne parlent jamais aussi aisément que les autres;
ceux qui parlent de bonne heure sont en état d'apprendre à lire avant trois
ans; j'en ai connu quelques-uns qui avaient commencé à apprendre à lire
à deux ans, qui lisaient à merveille à quatre ans. Au reste, on ne peut
guère décider s'il est fort utile d'instruire les enfants d'aussi bonne heure;
on a tant d'exemples du peu de succès de ces éducations prématurées, on
a vu tant de prodiges de quatre ans, de huit ans, de douze ans, de seize
ans, qui n'ont été que des sots ou des hommes fort communs à vingt-cinq
ou à trente ans, qu'on serait porté à croire que la meilleure de toutes les
éducations est celle qui est la plus ordinaire, celle par laquelle on ne force
pas la nature, celle qui est la moins sévère, celle qui est la plus proportionnée, je ne dis pas aux forces, mais à la faiblesse de l'enfant.

DE LA PUBERTÉ.

La puberté accompagne l'adolescence et précède la jeunesse. Jusqu'alors
la nature ne paraît avoir travaillé que pour la conservation et l'accroissement de son ouvrage, elle ne fournit à l'enfant que ce qui lui est nécessaire pour se nourrir et pour croître; il vit, ou plutôt il végète d'une vie
particulière, toujours faible, renfermée en lui-même et qu'il ne peut communiquer; mais bientôt les principes de vie se multiplient, il a non-seulement tout ce qu'il lui faut pour être, mais encore de quoi donner l'existence
à d'autres; cette surabondance de vie, source de la force et de la santé,
ne pouvant plus être contenue au dedans, cherche à se répandre au dehors;
elle s'annonce par plusieurs signes: l'âge de la puberté est le printemps de
la nature, la saison des plaisirs. Pourrons-nous écrire l'histoire de cet

âge avec assez de circonspection pour ne réveiller dans l'imagination que des idées philosophiques? La puberté, les circonstances qui l'accompagnent, la circoncision, la castration, la virginité, l'impuissance, sont cependant trop essentielles à l'histoire de l'homme pour que nous puissions supprimer les faits qui y ont rapport; nous tâcherons seulement d'entrer dans ces détails avec cette sage retenue qui fait la décence du style, et de les présenter comme nous les avons vus nous-mêmes, avec cette indifférence philosophique qui détruit tout sentiment dans l'expression, et ne laissé aux mots que leur simple signification.

La circoncision est un usage extrêmement ancien et qui subsiste encore dans la plus grande partie de l'Asie. Chez les Hébreux cette opération devait se faire huit jours après la naissance de l'enfant; en Turquie on ne la fait pas avant l'âge de sept ou huit ans, et même on attend souvent jusqu'à onze ou douze; en Perse c'est à l'âge de cinq ou six ans : on guérit la plaie en y appliquant des poudres caustiques ou astringentes, et particulièrement du papier brûlé, qui est, dit Chardin, le meilleur remède; il ajoute que la circoncision fait beaucoup de douleur aux personnes âgées, qu'elles sont obligées de garder la chambre pendant trois semaines ou un mois, et que quelquefois elles en meurent.

Aux îles Maldives on circoncit les enfants à l'âge de sept ans, et on les baigne dans la mer pendant six ou sept heures avant l'opération, pour rendre la peau plus tendre et plus molle. Les Israélites se servaient d'un couteau de pierre; les Juifs conservent encore aujourd'hui cet usage dans la plupart de leurs synagogues, mais les Mahométans se servent d'un couteau de fer ou d'un rasoir.

Dans de certaines maladies on est obligé de faire une opération pareille à la circoncision. (Voyez l'*Anat. de Dionis, dém. 4.*) On croit que les Turcs, et plusieurs autres peuples chez qui la circoncision est en usage, auraient naturellement le prépuce trop long si l'on n'avait pas la précaution de le couper. La Boulaye dit qu'il a vu dans les déserts de Mésopotamie et d'Arabie, le long des rivières du Tigre et de l'Euphrate, quantité de petits garçons arabes qui avaient le prépuce si long, qu'il croit que sans le secours de la circoncision ces peuples seraient inhabiles à la génération.

La peau des paupières est aussi plus longue chez les Orientaux que chez les autres peuples, et cette peau est, comme l'on sait, d'une substance semblable à celle du prépuce; mais quel rapport y a-t-il entre l'accroissement de ces deux parties si éloignées?

Une autre circoncision est celle des filles; elle leur est ordonnée comme aux garçons en quelques pays d'Arabie et de Perse, comme vers le golfe Persique et vers la mer Rouge; mais ces peuples ne circoncisent les filles que quand elles ont passé l'âge de la puberté, parce qu'il n'y a rien d'excédant avant ce temps-là. Dans d'autres climats cet accroissement trop grand des nymphes est bien plus prompt, et il est si général chez de certains peuples, comme ceux de la rivière de Benin, qu'ils sont dans l'usage de circoncire toutes les filles, aussi bien que les garçons, huit ou quinze jours après leur naissance ; cette circoncision des filles est même très-ancienne en Afrique : Hérodote en parle comme d'une coutume des Éthiopiens.

La circoncision peut donc être fondée sur la nécessité, et cet usage a du moins pour objet la propreté, mais l'infibulation et la castration ne peuvent avoir d'autre origine que la jalousie ; ces opérations barbares et ridicules ont été imaginées par des esprits noirs et fanatiques qui, par une basse envie contre le genre humain, ont dicté des lois tristes et cruelles, où la privation fait la vertu et la mutilation le mérite.

L'infibulation pour les garçons se fait en tirant le prépuce en avant ; on le perce et on le traverse par un gros fil que l'on y laisse jusqu'à ce que les cicatrices des trous soient faites ; alors on substitue au fil un anneau assez grand qui doit rester en place aussi longtemps qu'il plaît à celui qui a ordonné l'opération, et quelquefois toute la vie. Ceux qui parmi les moines orientaux font vœu de chasteté portent un très-gros anneau pour se mettre dans l'impossibilité d'y manquer. Nous parlerons dans la suite de l'infibulation des filles : on ne peut rien imaginer de bizarre et de ridicule sur ce sujet que les hommes n'aient mis en pratique, ou par passion, ou par superstition.

Dans l'enfance il n'y a quelquefois qu'un testicule dans le scrotum, et quelquefois point du tout ; on ne doit cependant pas toujours juger que les jeunes gens qui sont dans l'un ou l'autre de ces cas soient en effet privés de ce qui paraît leur manquer ; il arrive assez souvent que les testicules sont retenus dans l'abdomen ou engagés dans les anneaux des muscles, mais souvent ils surmontent avec le temps les obstacles qui les arrêtent, et ils descendent à leur place ordinaire ; cela se fait naturellement à l'âge de huit ou dix ans, ou même à l'âge de puberté ; ainsi on ne doit pas s'inquiéter pour les enfants qui n'ont point de testicules ou qui n'en ont qu'un. Les adultes sont rarement dans le cas d'avoir les testicules cachés, apparemment qu'à l'âge de puberté la nature fait un effort pour les faire paraître au dehors ; c'est aussi quelquefois par l'effet d'une maladie ou d'un mouvement violent, tel qu'un saut ou une chute, etc. Quand même les testicules ne se manifestent pas, on n'en est pas moins propre à la génération ; on a même observé que ceux qui sont dans cet état ont plus de vigueur que les autres.

Il se trouve des hommes qui n'ont réellement qu'un testicule, ce défaut ne nuit point à la génération ; l'on a remarqué que le testicule qui est seul est alors beaucoup plus gros qu'à l'ordinaire : il y a aussi des hommes qui en ont trois ; ils sont, dit-on, beaucoup plus vigoureux et plus forts de corps que les autres. On peut voir par l'exemple des animaux combien ces parties contribuent à la force et au courage ; quelle différence entre un bœuf et un taureau, un bélier et un mouton, un coq et un chapon !

L'usage de la castration des hommes est fort ancien et assez généralement répandu : c'était la peine de l'adultère chez les Égyptiens ; il y avait beaucoup d'eunuques chez les Romains ; aujourd'hui, dans toute l'Asie et dans une partie de l'Afrique, on se sert de ces hommes mutilés pour garder les femmes. En Italie cette opération infâme et cruelle n'a pour objet que la perfection d'un vain talent. Les Hottentots coupent un testicule dans l'idée que ce retranchement les rend plus légers à la course ; dans d'autres pays les pauvres mutilent leurs enfants pour éteindre leur postérité, et afin que ces enfants ne se trouvent pas un jour dans la misère et dans l'affliction où ils se trouvent eux-mêmes lorsqu'ils n'ont pas de pain à leur donner.

Il y a plusieurs espèces de castration ; ceux qui n'ont en vue que la perfection de la voix se contentent de couper les deux testicules, mais ceux qui sont animés par la défiance qu'inspire la jalousie ne croiraient pas leurs femmes en sûreté si elles étaient gardées par des eunuques de cette espèce, ils ne veulent que ceux auxquels on a retranché toutes les parties extérieures de la génération.

L'amputation n'est pas le seul moyen dont on se soit servi ; autrefois on empêchait l'accroissement des testicules, et on les détruisait, pour ainsi dire, sans aucune incision ; l'on baignait les enfants dans l'eau chaude et dans des décoctions de plantes, et alors on pressait et on froissait les testicules assez longtemps pour en détruire l'organisation ; d'autres étaient dans l'usage de les comprimer avec un instrument : on prétend que cette sorte de castration ne fait courir aucun risque pour la vie.

L'amputation des testicules n'est pas fort dangereuse, on peut la faire à tout âge, cependant on préfère le temps de l'enfance ; mais l'amputation entière des parties extérieures de la génération est le plus souvent mortelle, si on la fait après l'âge de quinze ans, et en choisissant l'âge le plus favorable, qui est depuis sept ans jusqu'à dix, il y a toujours du danger. La difficulté qu'il y a de sauver ces sortes d'eunuques dans l'opération les rend bien plus chers que les autres ; Tavernier dit que les premiers coûtent cinq ou six fois plus que les autres en Turquie et en Perse ; Chardin observe que l'amputation totale est toujours accompagnée de la plus vive douleur, qu'on la fait assez sûrement sur les jeunes enfants, mais qu'elle est très-dangereuse passé l'âge de quinze ans, qu'il en réchappe à peine un quart, et qu'il faut six semaines pour guérir la plaie ; Pietro della Valle dit au contraire que ceux à qui on fait cette opération en Perse pour punition du viol et d'autres crimes du même genre en guérissent fort heureusement, quoique avancés en âge, et qu'on n'applique que de la cendre sur la plaie. Nous ne savons pas si ceux qui subissaient autrefois la même peine en Égypte, comme le rapporte Diodore de Sicile, s'en tiraient aussi heureusement. Selon Thévenot, il périt toujours un grand nombre des nègres que les Turcs soumettent à cette opération, quoiqu'ils prennent des enfants de huit ou dix ans.

Outre ces eunuques nègres, il y a d'autres eunuques à Constantinople, dans toute la Turquie, en Perse, etc., qui viennent pour la plupart du royaume de Golconde, de la presqu'île en deçà du Gange, des royaumes d'Assan, d'Aracan, de Pégu et de Malabar où le teint est gris, du golfe de Bengale, où ils sont de couleur olivâtre; il y en a de blancs de Géorgie et de Circassie, mais en petit nombre. Tavernier dit qu'étant au royaume de Golconde en 1657, on y fit jusqu'à vingt-deux mille eunuques. Les noirs viennent d'Afrique, principalement d'Éthiopie; ceux-ci sont d'autant plus recherchés et plus chers qu'ils sont plus horribles; on veut qu'ils aient le nez fort aplati, le regard affreux, les lèvres fort grandes et fort grosses, et surtout les dents noires et écartées les unes des autres. Ces peuples ont communément les dents belles, mais ce serait un défaut pour un eunuque noir, qui doit être un monstre hideux.

Les eunuques auxquels on n'a ôté que les testicules ne laissent pas de sentir de l'irritation dans ce qui leur reste, et d'en avoir le signe extérieur, même plus fréquemment que les autres hommes; cette partie qui leur reste n'a cependant pris qu'un très-petit accroissement, car elle demeure à peu près dans le même état où elle était avant l'opération; un eunuque, fait à l'âge de sept ans, est à cet égard à vingt ans comme un enfant de sept ans; ceux au contraire qui n'ont subi l'opération que dans le temps de la puberté ou un peu plus tard sont à peu près comme les autres hommes.

Il y a des rapports singuliers, dont nous ignorons les causes, entre les parties de la génération et celles de la gorge; les eunuques n'ont point de barbe, leur voix, quoique forte et perçante, n'est jamais d'un ton grave; souvent les maladies secrètes se montrent à la gorge. La correspondance qu'ont certaines parties du corps humain avec d'autres fort éloignées et fort différentes, et qui est ici si marquée, pourrait s'observer bien plus généralement, mais on ne fait pas assez d'attention aux effets lorsqu'on ne soupçonne pas quelles en peuvent être les causes; c'est sans doute par cette raison qu'on n'a jamais songé à examiner avec soin ces correspondances dans le corps humain, sur lesquelles cependant roule une grande partie du jeu de la machine animale : il y a dans les femmes une grande correspondance entre la matrice, les mamelles et la tête; combien n'en trouverait-on pas d'autres si les grands médecins tournaient leurs vues de ce côté-là? il me paraît que cela serait peut-être plus utile que la nomenclature de l'anatomie. Ne doit-on pas être bien persuadé que nous ne connaîtrons jamais les premiers principes de nos mouvements? les vrais ressorts de notre organisation ne sont pas ces muscles, ces veines, ces artères, ces nerfs que l'on décrit avec tant d'exactitude et de soin [1]; il réside, comme nous l'avons dit, des forces intérieures [2] dans les corps organisés, qui ne suivent point du tout les lois de la mécanique grossière que nous avons imaginée, et à laquelle nous voudrions tout réduire : au lieu de chercher à connaître ces forces par leurs effets, on a tâché d'en écarter jusqu'à l'idée, on a voulu les bannir de la philosophie, elles ont reparu cependant et avec plus d'éclat que jamais dans la gravitation, dans les affinités chimiques, dans les phénomènes de l'électricité, etc. ; mais malgré leur évidence et leur universalité, comme elles agissent à l'intérieur, comme nous ne pouvons les atteindre que par le raisonnement, comme en un mot elles échappent à nos yeux, nous avons peine à les admettre, nous voulons toujours juger par l'extérieur, nous nous imaginons que cet extérieur est tout, il semble qu'il ne nous soit pas permis de pénétrer au delà, et nous négligeons tout ce qui pourrait nous y conduire.

Les anciens, dont le génie était moins limité et la philosophie plus étendue, s'étonnaient moins que nous des faits qu'ils ne pouvaient expliquer; ils voyaient mieux la nature telle qu'elle est : une sympathie, une correspondance singulière n'était pour eux qu'un phénomène, et c'est pour nous un paradoxe dès que nous ne pouvons le rapporter à nos prétendues lois du mouvement; ils savaient que la nature opère par des moyens inconnus la plus grande partie de ses effets; ils étaient bien persuadés que nous ne pouvons pas faire l'énumération de ces moyens et de ces ressources de la nature, qu'il est par conséquent impossible à l'esprit humain de vouloir la limiter en la réduisant à un certain nombre de principes d'action et de moyens d'opération; il leur suffisait, au contraire, d'avoir remarqué un certain nombre d'effets relatifs et du même ordre pour constituer une cause.

Qu'avec les anciens on appelle sympathie cette correspondance singulière des différentes parties du corps, ou qu'avec les modernes on la considère comme un rapport inconnu dans l'action des nerfs, cette sympathie ou ce rapport existe dans toute l'économie animale, et l'on ne saurait trop s'appliquer à en observer les effets, si l'on veut perfectionner la théorie de la médecine; mais ce n'est pas ici le lieu de m'étendre sur ce sujet important. J'observerai seulement que cette correspondance entre la voix et les parties de la génération se reconnaît non-seulement dans les eunuques, mais aussi dans les autres hommes, et même dans les femmes; la voix change dans les hommes à l'âge de puberté, et les femmes qui ont la voix forte sont soupçonnées d'avoir plus de penchant à l'amour, etc.

---

1. Buffon met très-bien ici au-dessus de toute anatomie le grand et véritable objet de la physiologie : l'étude des *forces.*

2. Les vraies *forces intérieures* de l'organisation sont les *forces* du *système nerveux.* Voyez, sur le démêlement et la localisation de ces *forces*, mon ouvrage intitulé : *Recherches expérimentales sur les propriétés* et les *fonctions du système nerveux.*

Le premier signe de la puberté est une espèce d'engourdissement aux aines, qui devient plus sensible lorsque l'on marche ou lorsque l'on plie le corps en avant; souvent cet engourdissement est accompagné de douleurs assez vives dans toutes les jointures des membres; ceci arrive presque toujours aux jeunes gens qui tiennent un peu du rachitisme; tous ont éprouvé auparavant, ou éprouvent en même temps une sensation jusqu'alors inconnue dans les parties qui caractérisent le sexe; il s'y élève une quantité de petites proéminences d'une couleur blanchâtre; ces petits boutons sont les germes d'une nouvelle production, de cette espèce de cheveux qui doivent voiler ces parties; le son de la voix change, il devient rauque et inégal pendant un espace de temps assez long, après lequel il se trouve plus plein, plus assuré, plus fort et plus grave qu'il n'était auparavant; ce changement est très-sensible dans les garçons, et s'il l'est moins dans les filles c'est parce que le son de leur voix est naturellement plus aigu.

Ces signes de puberté sont communs aux deux sexes; mais il y en a de particuliers à chacun; l'éruption des menstrues, l'accroissement du sein pour les femmes; la barbe et l'émission de la liqueur séminale pour les hommes : il est vrai que ces signes ne sont pas aussi constants les uns que les autres; la barbe, par exemple, ne paraît pas toujours précisément au temps de la puberté; il y a même des nations entières où les hommes n'ont presque point de barbe; et il n'y a, au contraire, aucun peuple chez qui la puberté des femmes ne soit marquée par l'accroissement des mamelles.

Dans toute l'espèce humaine les femmes arrivent à la puberté plus tôt que les mâles; mais chez les différents peuples l'âge de puberté est différent et semble dépendre en partie de la température du climat et de la qualité des aliments; dans les villes et chez les gens aisés, les enfants accoutumés à des nourritures succulentes et abondantes arrivent plus tôt à cet état; à la campagne et dans le pauvre peuple, les enfants sont plus tardifs, parce qu'ils sont mal et trop peu nourris, il leur faut deux ou trois années de plus; dans toutes les parties méridionales de l'Europe et dans les villes, la plupart des filles sont pubères à douze ans et les garçons à quatorze; mais dans les provinces du nord et dans les campagnes, à peine les filles le sont-elles à quatorze et les garçons à seize.

Si l'on demande pourquoi les filles arrivent plus tôt à l'état de puberté que les garçons, et pourquoi dans tous les climats, froids ou chauds, les femmes peuvent engendrer de meilleure heure que les hommes, nous croyons pouvoir satisfaire à cette question en répondant que comme les hommes sont beaucoup plus grands et plus forts que les femmes, comme ils ont le corps plus solide, plus massif, les os plus durs, les muscles plus fermes, la chair plus compacte, on doit présumer que le temps nécessaire à l'accroissement de leur corps doit être plus long que le temps qui est nécessaire à l'accroissement de celui des femelles; et comme ce ne peut être qu'après cet accroissement pris en entier, ou du moins en grande partie, que le superflu de la nourriture organique commence à être renvoyé de toutes les parties du corps dans les parties de la génération des deux sexes, il arrive que dans les femmes la nourriture est renvoyée plus tôt que dans les hommes, parce que leur accroissement se fait en moins de temps, puisqu'en total il est moindre, et que les femmes sont réellement plus petites que les hommes.

Dans les climats les plus chauds de l'Asie, de l'Afrique et de l'Amérique, la plupart des filles sont pubères à dix et même à neuf ans; l'écoulement périodique, quoique moins abondant dans ces pays chauds, paraît cependant plus tôt que dans les pays froids : l'intervalle de cet écoulement est à à peu près le même dans toutes les nations, et il y a sur cela plus de diversité d'individu à individu que de peuple à peuple; car dans le même climat et dans la même nation il y a des femmes qui tous les quinze jours sont sujettes au retour de cette évacuation naturelle, et d'autres qui ont jusqu'à cinq et six semaines de libres; mais ordinairement l'intervalle est d'un mois, à quelques jours près.

La quantité de l'évacuation paraît dépendre de la quantité des aliments et de celle de la transpiration insensible. Les femmes qui mangent plus que les autres et qui ne font point d'exercice ont des menstrues plus abondantes; celles des climats chauds, où la transpiration est plus grande que dans les pays froids, en ont moins. Hippocrate en avait estimé la quantité à la mesure de deux émines, ce qui fait neuf onces pour le poids : il est surprenant que cette estimation qui a été faite en Grèce ait été trouvée trop forte en Angleterre, et qu'on ait prétendu la réduire à trois onces et au-dessous; mais il faut avouer que les indices que l'on peut avoir sur ce fait sont fort incertains; ce qu'il y a de sûr c'est que cette quantité varie beaucoup dans les différents sujets et dans les différentes circonstances; on pourrait peut-être aller depuis une ou deux onces jusqu'à une livre et plus. La durée de l'écoulement est de trois, quatre ou cinq jours dans la plupart des femmes, et de six, sept et même huit dans quelques-unes : la surabondance de la nourriture et du sang est la cause matérielle des menstrues; les symptômes qui précèdent leur écoulement sont autant d'indices certains de plénitude, comme la chaleur, la tension, le gonflement, et même la douleur que les femmes ressentent, non-seulement dans les endroits mêmes où sont les réservoirs, et dans ceux qui les avoisinent, mais aussi dans les mamelles; elles sont gonflées, et l'abondance du sang y est marquée par la couleur de leur aréole qui devient alors plus foncée; les yeux sont chargés, et au-dessous de l'orbite la peau prend une teinte de bleu ou de violet; les joues se colorent, la tête est pesante et douloureuse, et, en général, tout le corps est dans un état d'accablement causé par la surcharge du sang.

C'est ordinairement à l'âge de puberté que le corps achève de prendre son accroissement en hauteur; les jeunes gens grandissent presque tout à coup de plusieurs pouces; mais de toutes les parties du corps celles où l'accroissement est le plus prompt et le plus sensible sont les parties de la génération dans l'un et l'autre sexe; mais cet accroissement n'est dans les mâles qu'un développement, une augmentation de volume, au lieu que dans les femelles il produit souvent un rétrécissement auquel on a donné différents noms lorsqu'on a parlé des signes de la virginité.

Les hommes jaloux des primautés en tout genre ont toujours fait grand cas de tout ce qu'ils ont cru pouvoir posséder exclusivement et les premiers; c'est cette espèce de folie qui a fait un être réel de la virginité des filles. La virginité, qui est un être moral, une vertu qui ne consiste que dans la pureté du cœur, est devenue un objet physique dont tous les hommes se sont occupés; ils ont établi sur cela des opinions, des usages, des cérémonies, des superstitions, et même des jugements et des peines; les abus les plus illicites, les coutumes les plus déshonnêtes, ont été autorisés; on a soumis à l'examen de matrones ignorantes, et exposé aux yeux de médecins prévenus les parties les plus secrètes de la nature, sans songer qu'une pareille indécence est un attentat contre la virginité, que c'est la violer que de chercher à la reconnaître, que toute situation honteuse, tout état indécent dont une fille est obligée de rougir intérieurement est une vraie défloration.

Je n'espère pas réussir à détruire les préjugés ridicules qu'on s'est formés sur ce sujet; les choses qui font plaisir à croire seront toujours crues, quelque vaines et quelque déraisonnables qu'elles puissent être; cependant, comme dans une histoire on rapporte non-seulement la suite des événements et les circonstances des faits, mais aussi l'origine des opinions et des erreurs dominantes, j'ai cru que dans l'histoire de l'homme je ne pourrais me dispenser de parler de l'idole favorite à laquelle il sacrifie, d'examiner quelles peuvent être les raisons de son culte, et de rechercher si la virginité est un être réel, ou si ce n'est qu'une divinité fabuleuse.

Fallope, Vésale, Diemerbroek, Riolan, Bartholin, Heister, Ruysch, et quelques autres anatomistes, prétendent que la membrane de l'hymen est une partie réellement existante, qui doit être mise au nombre des parties de la génération des femmes, et ils disent que cette membrane est charnue, qu'elle est fort mince dans les enfants, plus épaisse dans les filles adultes, qu'elle est située au-dessous de l'orifice de l'urètre, qu'elle ferme en partie l'entrée du vagin, que cette membrane est percée d'une ouverture ronde, quelquefois longue, etc., que l'on pourrait à peine y faire passer un pois dans l'enfance et une grosse fève dans l'âge de puberté. L'hymen, selon

M. Winslow, est un repli membraneux plus ou moins circulaire, plus ou moins large, plus ou moins égal, quelquefois semi-lunaire, qui laisse une ouverture très-petite dans les unes, plus grande dans les autres, etc. Ambroise Paré, Dulaurent, Graaf, Pineus, Dionis, Mauriceau, Palfyn, et plusieurs autres anatomistes aussi fameux et tout au moins aussi accrédités que les premiers que nous avons cités, soutiennent, au contraire, que la membrane de l'hymen n'est qu'une chimère, que cette partie n'est point naturelle aux filles, et ils s'étonnent de ce que les autres en ont parlé comme d'une chose réelle et constante; ils leur opposent une multitude d'expériences par lesquelles ils se sont assurés que cette membrane n'existe pas ordinairement; ils rapportent les observations qu'ils ont faites sur un grand nombre de filles de différents âges, qu'ils ont disséquées et dans lesquelles ils n'ont pu trouver cette membrane; ils avouent seulement qu'ils ont vu quelquefois, mais bien rarement, une membrane qui unissait des protubérances charnues qu'ils ont appelées caroncules myrtiformes; mais ils soutiennent que cette membrane était contre l'état naturel. Les anatomistes ne sont pas plus d'accord entre eux sur la qualité et le nombre de ces caroncules ; sont-elles seulement des rugosités du vagin? sont-elles des parties distinctes et séparées? sont-elles des restes de la membrane de l'hymen? le nombre en est-il constant? n'y en a-t-il qu'une seule ou plusieurs dans l'état de virginité? chacune de ces questions a été faite, et chacune a été résolue différemment.

Cette contrariété d'opinions, sur un fait qui dépend d'une simple inspection, prouve que les hommes ont voulu trouver dans la nature ce qui n'était que dans leur imagination, puisqu'il y a plusieurs anatomistes qui disent de bonne foi qu'ils n'ont jamais trouvé d'hymen ni de caroncules dans les filles qu'ils ont disséquées, même avant l'âge de puberté, puisque ceux qui soutiennent, au contraire, que cette membrane et ces caroncules existent, avouent en même temps que ces parties ne sont pas toujours les mêmes, qu'elles varient de forme, de grandeur et de consistance dans les différents sujets; que souvent au lieu de l'hymen il n'y a qu'une caroncule, que d'autres fois il y en a deux ou plusieurs réunies par une membrane, que l'ouverture de cette membrane est de différente forme, etc. Quelles sont les conséquences qu'on doit tirer de toutes ces observations? qu'en peut-on conclure, sinon que les causes du prétendu rétrécissement de l'entrée du vagin ne sont pas constantes, et que lorsqu'elles existent elles n'ont tout au plus qu'un effet passager qui est susceptible de différentes modifications? L'anatomie laisse, comme l'on voit, une incertitude entière sur l'existence de cette membrane de l'hymen et de ces caroncules; elle nous permet de rejeter ces signes de la virginité, non-seulement comme incertains, mais même comme imaginaires; il en est de même d'un autre signe plus ordinaire, mais qui cependant est tout aussi équivoque, c'est le sang répandu; on a cru dans tous les temps que l'effusion de sang était une preuve réelle de la virginité; cependant il est évident que ce prétendu signe est nul dans toutes les circonstances où l'entrée du vagin a pu être relâchée ou dilatée naturellement. Aussi toutes les filles, quoique non déflorées, ne répandent pas du sang; d'autres, qui le sont en effet, ne laissent pas d'en répandre; les unes en donnent abondamment et plusieurs fois, d'autres très-peu et une seule fois, d'autres point du tout; cela dépend de l'âge, de la santé, de la conformation, et d'un grand nombre d'autres circonstances: nous nous contenterons d'en rapporter quelques-unes en même temps que nous tâcherons de démêler sur quoi peut être fondé tout ce qu'on raconte des signes physiques de la virginité.

Il arrive dans les parties de l'un et de l'autre sexe un changement considérable dans le temps de la puberté; celles de l'homme prennent un prompt accroissement, et ordinairement elles arrivent en moins d'un an ou deux à l'état où elles doivent rester pour toujours; celles de la femme croissent aussi dans le même temps de la puberté; les nymphes surtout, qui étaient auparavant presque insensibles, deviennent plus grosses, plus apparentes, et même elles excèdent quelquefois les dimensions ordinaires; l'écoulement périodique arrive en même temps, et toutes ces parties se trouvant gonflées par l'abondance du sang, et étant dans un état d'accroissement, elles se tuméfient, elles se serrent mutuellement, et elles s'attachent les unes aux autres dans tous les points où elles se touchent immédiatement; l'orifice du vagin se trouve ainsi plus rétréci qu'il ne l'était, quoique le vagin lui-même ait pris aussi de l'accroissement dans le même temps; la forme de ce rétrécissement doit, comme l'on voit, être fort différente dans les différents sujets et dans les différents degrés de l'accroissement de ces parties: aussi paraît-il, par ce qu'en disent les anatomistes, qu'il y a quelquefois quatre protubérances ou caroncules, quelquefois trois ou deux, et que souvent il se trouve une espèce d'anneau circulaire ou semi-lunaire, ou bien un froncement, une suite de petits plis; mais ce qui n'est pas dit par les anatomistes, c'est que, quelque forme que prenne ce rétrécissement, il n'arrive que dans le temps de la puberté. Les petites filles que j'ai eu occasion de voir disséquer n'avaient rien de semblable, et ayant recueilli des faits sur ce sujet, je puis avancer que, quand elles ont commerce avec les hommes avant la puberté, il n'y a aucune effusion de sang, pourvu qu'il n'y ait pas une disproportion trop grande ou des efforts trop brusques; au contraire, lorsqu'elles sont en pleine puberté et dans le temps de l'accroissement de ces parties il y a très-souvent effusion de sang pour peu qu'on y touche, surtout si elles ont de l'embonpoint et si les règles vont bien; car celles qui sont maigres ou qui ont des fleurs blanches n'ont pas ordinairement cette apparence de virginité; et ce qui prouve évidemment que ce n'est en effet qu'une apparence trompeuse, c'est qu'elle se répète même plusieurs fois, et après des intervalles de temps assez considérables ; une interruption de quelque temps fait renaître cette prétendue virginité, et il est certain qu'une jeune personne qui dans les premières approches aura répandu beaucoup de sang en répandra encore après une absence, quand même le premier commerce aurait duré pendant plusieurs mois et qu'il aurait été aussi intime et aussi fréquent qu'on le peut supposer : tant que le corps prend de l'accroissement, l'effusion de sang peut se répéter, pourvu qu'il y ait une interruption de commerce assez longue pour donner le temps aux parties de se réunir et de reprendre leur premier état ; et il est arrivé plus d'une fois que des filles qui avaient eu plus d'une faiblesse n'ont pas laissé de donner ensuite à leur mari cette preuve de leur virginité sans autre artifice que celui d'avoir renoncé pendant quelque temps à leur commerce illégitime. Quoique nos mœurs aient rendu les femmes trop peu sincères sur cet article, il s'en est trouvé plus d'une qui ont avoué les faits que je viens de rapporter ; il y en a dont la prétendue virginité s'est renouvelée jusqu'à quatre et même cinq fois dans l'espace de deux ou trois ans : il faut cependant convenir que ce renouvellement n'a qu'un temps, c'est ordinairement de quatorze à dix-sept, ou de quinze à dix-huit ans ; dès que le corps a achevé de prendre son accroissement, les choses demeurent dans l'état où elles sont, et elles ne peuvent paraître différentes qu'en employant des secours étrangers et des artifices dont nous nous dispenserons de parler.

Ces filles, dont la virginité se renouvelle, ne sont pas en aussi grand nombre que celles à qui la nature a refusé cette espèce de faveur : pour peu qu'il y ait de dérangement dans la santé, que l'écoulement périodique se montre mal et difficilement, que les parties soient trop humides et que les fleurs blanches viennent à les relâcher, il ne se fait aucun rétrécissement, aucun froncement ; ces parties prennent de l'accroissement, mais étant continuellement humectées, elles n'acquièrent pas assez de fermeté pour se réunir, il ne se forme ni caroncules, ni anneau, ni plis, l'on ne trouve que peu d'obstacles aux premières approches, et elles se font sans aucune effusion de sang.

Rien n'est donc plus chimérique que les préjugés des hommes à cet égard, et rien de plus incertain que ces prétendus signes de la virginité du corps : une jeune personne aura commerce avec un homme avant l'âge de puberté, et pour la première fois, cependant elle ne donnera aucune marque de cette virginité ; ensuite la même personne après quelque temps d'interruption, lorsqu'elle sera arrivée à la puberté, ne manquera guère, si elle se porte bien, d'avoir tous ces signes et de répandre du sang dans de nouvelles approches ; elle ne deviendra pucelle qu'après avoir perdu sa virginité, elle pourra même le devenir plusieurs fois de suite et aux mêmes conditions ; une autre au contraire qui sera vierge en effet ne sera pas pucelle, ou du moins n'en aura pas la moindre apparence. Les hommes devraient donc bien se tranquilliser sur tout cela au lieu de se livrer, comme ils le font souvent, à des soupçons injustes ou à de fausses joies, selon qu'ils s'imaginent avoir rencontré.

Si l'on voulait avoir un signe évident et infaillible de virginité pour les filles, il faudrait le chercher parmi ces nations sauvages et barbares qui, n'ayant point de sentiments de vertu et d'honneur à donner à leurs enfants par une bonne éducation, s'assurent de la chasteté de leurs filles par un moyen que leur a suggéré la grossièreté de leurs mœurs. Les Éthiopiens et plusieurs autres peuples de l'Afrique, les habitants du Pégu et de l'Arabie Pétrée, et quelques autres nations de l'Asie, aussitôt que leurs filles sont nées, rapprochent par une sorte de couture les parties que la nature a séparées, et ne laissent libre que l'espace qui est nécessaire pour les écoulements naturels ; les chairs adhèrent peu à peu à mesure que l'enfant prend son accroissement, de sorte que l'on est obligé de les séparer par une incision lorsque le temps du mariage est arrivé ; on dit qu'ils emploient pour cette infibulation des femmes un fil d'amiante, parce que cette matière n'est pas sujette à la corruption. Il y a certains peuples qui passent seulement un anneau ; les femmes sont soumises, comme les filles, à cet usage outrageant pour la vertu ; on les force de même à porter un anneau, la seule différence est que celui des filles ne peut s'ôter, et que celui des femmes a une espèce de serrure dont le mari seul a la clef. Mais pourquoi citer des nations barbares, lorsque nous avons de pareils exemples aussi près de nous ? La délicatesse dont quelques-uns de nos voisins se piquent sur la chasteté de leurs femmes est-elle autre chose qu'une jalousie brutale et criminelle ?

Quel contraste dans les goûts et dans les mœurs des différentes nations ! quelle contrariété dans leur façon de penser ! Après ce que nous venons de rapporter sur le cas que la plupart des hommes font de la virginité, sur les précautions qu'ils prennent et sur les moyens honteux qu'ils se sont avisés d'employer pour s'en assurer, imaginerait-on que d'autres peuples la méprisent, et qu'ils regardent comme un ouvrage servile la peine qu'il faut prendre pour l'ôter ?

La superstition a porté certains peuples à céder les prémices des vierges aux prêtres de leurs idoles, ou à en faire une espèce de sacrifice à l'idole même ; les prêtres des royaumes de Cochin et de Calicut jouissent de ce droit, et chez les Canarins de Goa les vierges sont prostituées de gré ou de force par leurs plus proches parents à une idole de fer, la superstition aveugle de ces peuples leur fait commettre ces excès dans des vues de religion ; des vues purement humaines en ont engagé d'autres à livrer avec empressement leurs filles à leurs chefs, à leurs maîtres, à leurs seigneurs ; les habitants des îles Canaries, du royaume de Congo, prostituent leurs filles de cette façon sans qu'elles en soient déshonorées : c'est à peu près la même chose en Turquie et en Perse, et dans plusieurs autres pays de l'Asie et de l'Afrique, où les plus grands seigneurs se trouvent trop honorés de recevoir de la main de leur maître les femmes dont il s'est dégoûté.

Au royaume d'Aracan et aux îles Philippines, un homme se croirait déshonoré s'il épousait une fille qui n'eût pas été déflorée par un autre, et ce n'est qu'à prix d'argent que l'on peut engager quelqu'un à prévenir l'époux. Dans la province de Thibet, les mères cherchent des étrangers et les prient instamment de mettre leurs filles en état de trouver des maris; les Lapons préfèrent aussi les filles qui ont eu commerce avec des étrangers; ils pensent qu'elles ont plus de mérite que les autres, puisqu'elles ont su plaire à des hommes qu'ils regardent comme plus connaisseurs et meilleurs juges de la beauté qu'ils ne le sont eux-mêmes. A Madagascar et dans quelques autres pays, les filles les plus libertines et les plus débauchées sont celles qui sont le plus tôt mariées; nous pourrions donner plusieurs autres exemples de ce goût singulier, qui ne peut venir que de la grossièreté ou de la dépravation des mœurs.

L'état naturel des hommes après la puberté est celui du mariage; un homme ne doit avoir qu'une femme, comme une femme ne doit avoir qu'un homme; cette loi est celle de la nature, puisque le nombre des femelles est à peu près égal à celui des mâles; ce ne peut donc être qu'en s'éloignant du droit naturel, et par la plus injuste de toutes les tyrannies, que les hommes ont établi des lois contraires; la raison, l'humanité, la justice, réclament contre ces sérails odieux où l'on sacrifie à la passion brutale ou dédaigneuse d'un seul homme la liberté et le cœur de plusieurs femmes dont chacune pourrait faire le bonheur d'un autre homme. Ces tyrans du genre humain en sont-ils plus heureux? Environnés d'eunuques et de femmes inutiles à eux-mêmes et aux autres hommes, ils sont assez punis, ils ne voient que les malheureux qu'ils ont faits.

Le mariage, tel qu'il est établi chez nous et chez les autres peuples raisonnables et religieux, est donc l'état qui convient à l'homme et dans lequel il doit faire usage des nouvelles facultés qu'il a acquises par la puberté, qui lui deviendraient à charge, et même quelquefois funestes, s'il s'obstinait à garder le célibat. Le trop long séjour de la liqueur séminale dans ses réservoirs peut causer des maladies dans l'un et dans l'autre sexe, ou du moins des irritations si violentes que la raison et la religion seraient à peine suffisantes pour résister à ces passions impétueuses : elles rendraient l'homme semblable aux animaux qui sont furieux et indomptables lorsqu'ils ressentent ces impressions.

L'effet extrême de cette irritation dans les femmes est la fureur utérine : c'est une espèce de manie qui leur trouble l'esprit et leur ôte toute pudeur; les discours les plus lascifs, les actions les plus indécentes, accompagnent cette triste maladie et en décèlent l'origine. J'ai vu, et je l'ai vu comme un phénomène, une fille de douze ans très-brune, d'un teint vif et fort coloré, d'une petite taille, mais déjà formée, avec de la gorge et de l'embonpoint, faire les actions les plus indécentes au seul aspect d'un homme; rien n'était capable de l'en empêcher, ni la présence de sa mère, ni les remontrances, ni les châtiments; elle ne perdait cependant pas la raison, et son accès, qui était marqué au point d'en être affreux, cessait dans le moment qu'elle demeurait seule avec des femmes. Aristote prétend que c'est à cet âge que l'irritation est la plus grande et qu'il faut garder le plus soigneusement les filles : cela peut être vrai pour le climat où il vivait, mais il paraît que dans les pays plus froids le tempérament des femmes ne commence à prendre de l'ardeur que beaucoup plus tard.

Lorsque la fureur utérine est à un certain degré, le mariage ne la calme point; il y a des exemples de femmes qui en sont mortes. Heureusement la force de la nature cause rarement toute seule ces funestes passions, lors même que le tempérament y est disposé; il faut, pour qu'elles arrivent à cette extrémité, le concours de plusieurs causes, dont la principale est une imagination allumée par le feu des conversations licencieuses et des images obscènes. Le tempérament opposé est infiniment plus commun parmi les femmes; la plupart sont naturellement froides ou tout au moins fort tranquilles sur le physique de cette passion ; il y a aussi des hommes auxquels la chasteté ne coûte rien : j'en ai connu qui jouissaient d'une bonne santé, et qui avaient atteint l'âge de vingt-cinq et trente ans sans que la nature leur eût fait sentir des besoins assez pressants pour les déterminer à les satisfaire en aucune façon.

Au reste, les excès sont plus à craindre que la continence : le nombre des hommes immodérés est assez grand pour en donner des exemples; les uns ont perdu la mémoire, les autres ont été privés de la vue, d'autres sont devenus chauves, d'autres ont péri d'épuisement : la saignée est, comme l'on sait, mortelle en pareil cas. Les personnes sages ne peuvent trop avertir les jeunes gens du tort irréparable qu'ils font à leur santé ; combien n'y en a-t-il pas qui cessent d'être hommes, ou du moins qui cessent d'en avoir les facultés, avant l'âge de trente ans! Combien d'autres prennent à quinze et à dix-huit ans les germes d'une maladie honteuse et souvent incurable!

Nous avons dit que c'était ordinairement à l'âge de puberté que le corps achevait de prendre son accroissement : il arrive assez souvent dans la jeunesse que de longues maladies font grandir beaucoup plus qu'on ne grandirait si l'on était en santé ; cela vient, à ce que je crois, de ce que les organes extérieurs de la génération étant sans action pendant tout le temps de la maladie, la nourriture organique n'y arrive pas, parce qu'aucune irritation ne l'y détermine, et que ces organes étant dans un état de faiblesse et de langueur ne font que peu ou point de sécrétion de liqueur séminale; dès lors ces particules organiques, restant dans la masse du sang, doivent continuer à développer les extrémités des os, à peu près comme il arrive dans les eunuques : aussi voit-on très-souvent des jeunes gens après de longues maladies être beaucoup plus grands, mais plus mal faits qu'ils n'étaient ; les uns deviennent contrefaits des jambes, d'autres deviennent bossus, etc., parce que les extrémités encore ductiles de leurs os se sont développées plus qu'il ne fallait par le superflu des molécules organiques, qui dans un état de santé n'aurait été employé qu'à former la liqueur séminale.

L'objet du mariage est d'avoir des enfants, mais quelquefois cet objet ne se trouve pas rempli ; dans les différentes causes de la stérilité il y en a de communes aux hommes et aux femmes, mais comme elles sont plus apparentes dans les hommes, on les leur attribue pour l'ordinaire. La stérilité est causée dans l'un et dans l'autre sexe, ou par un défaut de conformation, ou par un vice accidentel dans les organes ; les défauts de conformation les plus essentiels dans les hommes arrivent aux testicules ou aux muscles érecteurs ; la fausse direction du canal de l'urètre, qui quelquefois est détourné à côté ou mal percé, est aussi un défaut contraire à la génération, mais il faudrait que ce canal fût supprimé en entier pour la rendre impossible ; l'adhérence du prépuce par le moyen du frein peut être corrigée, et d'ailleurs ce n'est pas un obstacle insurmontable. Les organes des femmes peuvent aussi être mal conformés ; la matrice toujours fermée ou toujours ouverte serait un défaut également contraire à la génération ; mais la cause de stérilité la plus ordinaire aux hommes et aux femmes, c'est l'altération de la liqueur séminale dans les testicules ; on peut se souvenir de l'observation de Vallisnieri que j'ai citée ci-devant, qui prouve que les liqueurs des testicules des femmes étant corrompues, elles demeurent stériles ; il en est de même de celles de l'homme : si la sécrétion par laquelle se forme la semence est viciée, cette liqueur ne sera plus féconde ; et quoiqu'à l'extérieur tous les organes de part et d'autre paraissent bien disposés, il n'y aura aucune production.

Dans les cas de stérilité on a souvent employé différents moyens pour reconnaître si le défaut venait de l'homme ou de la femme : l'inspection est le premier de ces moyens, et il suffit en effet, si la stérilité est causée par un défaut extérieur de conformation ; mais si les organes défectueux sont dans l'intérieur du corps, alors on ne reconnaît le défaut des organes que par la nullité des effets. Il y a des hommes qui à la première inspection paraissent être bien conformés, auxquels cependant le vrai signe de la bonne conformation manque absolument ; il y en a d'autres qui n'ont ce signe que si imparfaitement ou si rarement, que c'est moins un signe certain de la virilité qu'un indice équivoque de l'impuissance.

Tout le monde sait que le mécanisme de ces parties est indépendant de la volonté : on ne commande point à ces organes, l'âme ne peut les régir ;

c'est du corps humain la partie la plus animale, elle agit en effet par une espèce d'instinct dont nous ignorons les vraies causes : combien de jeunes gens élevés dans la pureté, et vivant dans la plus parfaite innocence et dans l'ignorance totale des plaisirs, ont ressenti les impressions les plus vives, sans pouvoir deviner quelle en était la cause et l'objet! Combien de gens au contraire demeurent dans la plus froide langueur malgré tous les efforts de leurs sens et de leur imagination, malgré la présence des objets, malgré tous les secours de l'art de la débauche!

Cette partie de notre corps est donc moins à nous qu'aucune autre; elle agit ou elle languit sans notre participation, ses fonctions commencent et finissent dans de certains temps, à un certain âge; tout cela se fait sans nos ordres, et souvent contre notre consentement. Pourquoi donc l'homme ne traite-t-il pas cette partie comme rebelle, ou du moins comme étrangère? Pourquoi semble-t-il lui obéir? est-ce parce qu'il ne peut lui commander?

Sur quel fondement étaient donc appuyées ces lois si peu réfléchies dans le principe et si déshonnêtes dans l'exécution? Comment le congrès a-t-il pu être ordonné par des hommes qui doivent se connaître eux-mêmes et savoir que rien ne dépend moins d'eux que l'action de ces organes, par des hommes qui ne pouvaient ignorer que toute émotion de l'âme, et surtout la honte, sont contraires à cet état, et que la publicité et l'appareil seuls de cette épreuve étaient plus que suffisants pour qu'elle fût sans succès?

Au reste, la stérilité vient plus souvent des femmes que des hommes, lorsqu'il n'y a aucun défaut de conformation à l'extérieur; car, indépendamment de l'effet des fleurs blanches qui, quand elles sont continuelles, doivent causer ou du moins occasionner la stérilité, il me paraît qu'il y a une autre cause à laquelle on n'a pas fait attention.

On a vu, par mes expériences (chap. vi), que les testicules des femelles donnent naissance à des espèces de tubérosités naturelles que j'ai appelées *corps glanduleux;* ces corps qui croissent peu à peu, et qui servent à filtrer, à perfectionner et à contenir la liqueur séminale, sont dans un état de changement continuel; ils commencent par grossir au-dessous de la membrane du testicule, ensuite ils la percent, ils se gonflent, leur extrémité s'ouvre d'elle-même, elle laisse distiller la liqueur séminale pendant un certain temps, après quoi ces corps glanduleux s'affaissent peu à peu, se dessèchent, se resserrent et s'oblitèrent enfin presque entièrement; ils ne laissent qu'une petite cicatrice rougeâtre à l'endroit où ils avaient pris naissance. Ces corps glanduleux ne sont pas sitôt évanouis qu'il en pousse d'autres, et même pendant l'affaissement des premiers il s'en forme de nouveaux, en sorte que les testicules des femelles sont dans un état de travail continuel, ils éprouvent des changements et des altérations considérables; pour peu qu'il y ait donc de dérangement dans cet organe, soit par l'épaississement des liqueurs, soit par la faiblesse des vaisseaux, il ne pourra plus faire ses fonctions, il n'y aura plus de sécrétion de liqueur séminale, ou bien cette même liqueur sera altérée, viciée, corrompue, ce qui causera nécessairement la stérilité.

Il arrive quelquefois que la conception devance les signes de la puberté; il y a beaucoup de femmes qui sont devenues mères avant que d'avoir eu la moindre marque de l'écoulement naturel à leur sexe; il y en a même quelques-unes qui, sans être jamais sujettes à cet écoulement périodique, ne laissent pas d'engendrer; on peut en trouver des exemples dans nos climats sans les chercher jusque dans le Brésil, où des nations entières se perpétuent, dit-on, sans qu'aucune femme ait d'écoulement périodique : ceci prouve encore bien clairement que le sang des menstrues n'est qu'une matière accessoire à la génération, qu'elle peut être suppléée, que la matière essentielle et nécessaire est la liqueur séminale de chaque individu; on sait aussi que la cessation des règles, qui arrive ordinairement à quarante ou cinquante ans, ne met pas toutes les femmes hors d'état de concevoir; il y en a qui ont conçu à soixante et soixante et dix ans, et même dans un âge plus avancé. On regardera, si l'on veut, ces exemples, quoique assez fréquents, comme des exceptions à la règle; mais ces exceptions suffisent pour faire voir que la matière des menstrues n'est pas essentielle à la génération.

Dans le cours ordinaire de la nature, les femmes ne sont en état de concevoir qu'après la première éruption des règles, et la cessation de cet écoulement à un certain âge les rend stériles pour le reste de leur vie. L'âge auquel l'homme peut engendrer n'a pas des termes aussi marqués; il faut que le corps soit parvenu à un certain point d'accroissement pour que la liqueur séminale soit produite; il faut peut-être un plus grand degré d'accroissement pour que l'élaboration de cette liqueur soit parfaite ; cela arrive ordinairement entre douze et dix-huit ans : mais l'âge où l'homme cesse d'être en état d'engendrer ne semble pas être déterminé par la nature; à soixante ou soixante et dix ans, lorsque la vieillesse commence à énerver le corps, la liqueur séminale est moins abondante, et souvent elle n'est plus prolifique; cependant on a plusieurs exemples de vieillards qui ont engendré jusqu'à quatre-vingts et quatre-vingt-dix ans ; les recueils d'observations sont remplis de faits de cette espèce.

Il y a aussi des exemples de jeunes garçons qui ont engendré à l'âge de neuf, dix et onze ans, et de petites filles qui ont conçu à sept, huit et neuf ans; mais ces fait sont extrêmement rares, et on peut les mettre au nombre des phénomènes singuliers. Le signe extérieur de la virilité commence dans la première enfance; mais cela seul ne suffit pas, il faut de plus la production de la liqueur séminale pour que la génération s'accomplisse, et cette production ne se fait que quand le corps a pris la plus grande partie de son accroissement. La première émission est ordinairement accompagnée de quelque douleur, parce que la liqueur n'est pas encore bien fluide; elle est d'ailleurs en très-petite quantité, et presque toujours inféconde dans le commencement de la puberté.

Quelques auteurs ont indiqué deux signes pour reconnaître si une femme a conçu : le premier est un saisissement ou une sorte d'ébranlement qu'elle ressent, disent-ils, dans tout le corps au moment de la conception, et qui même dure pendant quelques jours; le second est pris de l'orifice de la matrice, qu'ils assurent être entièrement fermé après la conception; mais il me paraît que ces signes sont au moins bien équivoques, s'ils ne sont pas imaginaires.

Le saisissement qui arrive au moment de la conception est indiqué par Hippocrate dans ces termes : « Liquidò constat harum rerum peritis, quòd « mulier, ubi concepit, statim inhorrescit ac dentibus stridet, et articulum « reliquumque corpus convulsio prehendit. » C'est donc une sorte de frisson que les femmes ressentent dans tout le corps au moment de la conception selon Hippocrate, et le frisson serait assez fort pour faire choquer les dents les unes contre les autres comme dans la fièvre. Galien explique ce symptôme par un mouvement de contraction ou de resserrement dans la matrice, et il ajoute que des femmes lui ont dit qu'elles avaient eu cette sensation au moment où elles avaient conçu; d'autres auteurs l'expriment par un sentiment vague de froid qui parcourt tout le corps, et ils emploient aussi le mot d'*horror* et d'*horripilatio;* la plupart établissent ce fait, comme Galien, sur le rapport de plusieurs femmes. Ce symptôme serait donc un effet de la contraction de la matrice qui se resserrerait au moment de la conception, et qui fermerait par ce moyen son orifice, comme Hippocrate l'a exprimé par ces mots : « Quæ in utero gerunt, harum os uteri clausum « est, » ou, selon un autre traducteur : « Quæcumque sunt gravidæ, illis « os uteri connivet. » Cependant les sentiments sont partagés sur les changements qui arrivent à l'orifice interne de la matrice après la conception : les uns soutiennent que les bords de cet orifice se rapprochent de façon qu'il ne reste aucun espace vide entre eux, et c'est dans ce sens qu'ils interprètent Hippocrate; d'autres prétendent que ces bords ne sont exactement rapprochés qu'après les deux premiers mois de la grossesse, mais ils conviennent qu'immédiatement après la conception l'orifice est fermé par l'adhérence d'une humeur glutineuse, et ils ajoutent que la matrice qui, hors de la grossesse, pourrait recevoir par son orifice un corps de la grosseur d'un pois, n'a plus d'ouverture sensible après la conception, et que cette différence est si marquée qu'une sage-femme habile peut la reconnaître ; cela supposé, on pourrait donc constater l'état de la grossesse dans les premiers jours. Ceux qui sont opposés à ce sentiment disent que si l'orifice de la matrice était fermé après la conception, il serait impossible qu'il y eût de superfétation [1]. On peut répondre à cette objection qu'il est très-possible que la liqueur séminale pénètre à travers les membranes de la matrice, que même la matrice peut s'ouvrir pour la superfétation dans de certaines circonstances, et que d'ailleurs les superfétations arrivent si rarement qu'elles ne peuvent faire qu'une légère exception à la règle générale. D'autres auteurs ont avancé que le changement qui arriverait à l'orifice de la matrice ne pourrait être marqué que dans les femmes qui auraient déjà mis des enfants au monde, et non pas dans celles qui auraient conçu pour la première fois; il est à croire que dans celles-ci la différence sera moins sensible, mais quelque grande qu'elle puisse être, en doit-on conclure que ce signe est réel, constant et certain? ne faut-il pas du moins avouer qu'il n'est pas assez évident? L'étude de l'anatomie et l'expérience ne donnent sur ce sujet que des connaissances générales qui sont fautives dans un examen particulier de cette nature; il en est de même du saisissement ou du froid convulsif que certaines femmes ont dit avoir ressenti au moment de la conception : comme la plupart des femmes n'éprouvent pas le même symptôme, que d'autres assurent au contraire avoir ressenti une ardeur brûlante causée par la chaleur de la liqueur séminale du mâle, et que le plus grand nombre avouent n'avoir rien senti de tout cela, on doit en conclure que ces signes sont très-équivoques, et que lorsqu'ils arrivent c'est peut-être moins un effet de la conception que d'autres causes qui paraissent plus probables.

J'ajouterai un fait qui prouve [2] que l'orifice de la matrice ne se ferme pas immédiatement après la conception, ou bien que s'il se ferme la liqueur séminale du mâle entre dans la matrice en pénétrant à travers le tissu de ce viscère. Une femme de Charles-Town, dans la Caroline méridionale, accoucha en 1714 de deux jumeaux qui vinrent au monde tout de suite l'un après l'autre; il se trouva que l'un était un enfant nègre et l'autre un enfant blanc, ce qui surprit beaucoup les assistants. Ce témoignage évident de l'infidélité de cette femme à l'égard de son mari la força d'avouer qu'un nègre qui la servait était entré dans sa chambre un jour que son mari venait de la quitter et de la laisser dans son lit, et elle ajouta pour s'excuser que ce nègre l'avait menacée de la tuer et qu'elle avait été contrainte de le satisfaire. (Voyez *Lectures on muscular motion, by M. Parsons*. London, 1745, p. 79.) Ce fait ne prouve-t-il pas aussi que la conception de deux ou de plusieurs jumeaux ne se fait pas toujours dans le même temps? et ne paraît-il pas favoriser beaucoup mon opinion sur

---

1. Voyez la note 4 de la page 633 du Ier volume. Voyez aussi les notes de ce Ier volume touchant les erreurs, reproduites dans ce chapitre-ci, sur les *corps glanduleux*, sur la *liqueur séminale* des femelles, etc., etc.

2. *Fait qui prouve :* ce fait *prouverait* sans doute, mais il faudrait qu'il fût *prouvé*. (Voyez la note 2 de la page 601.)

la pénétration de la liqueur séminale au travers du tissu de la matrice ?

La grossesse a encore un grand nombre de symptômes équivoques auxquels on prétend communément la reconnaître dans les premiers mois, savoir, une douleur légère dans la région de la matrice et dans les lombes, un engourdissement dans tout le corps et un assoupissement continuel, une mélancolie qui rend les femmes tristes et capricieuses, des douleurs de dents, le mal de tête, des vertiges qui offusquent la vue, le rétrécissement des prunelles, les yeux jaunes et injectés, les paupières affaissées, la pâleur et les taches du visage, le goût dépravé, le dégoût, les vomissements, les crachements, les symptômes hystériques, les fleurs blanches, la cessation de l'écoulement périodique ou son changement en hémorragie, la sécrétion du lait dans les mamelles, etc. Nous pourrions encore rapporter plusieurs autres symptômes qui ont été indiqués comme des signes de la grossesse, mais qui ne sont souvent que les effets de quelques maladies.

Mais laissons aux médecins cet examen à faire; nous nous écarterions trop de notre sujet si nous voulions considérer chacune de ces choses en particulier : pourrions-nous même le faire d'une manière avantageuse, puisqu'il n'y en a pas une qui ne demandât une longue suite d'observations bien faites ? Il en est ici comme d'une infinité d'autres sujets de physiologie et d'économie animale : à l'exception d'un petit nombre d'hommes rares[a] qui ont répandu de la lumière sur quelques points particuliers de ces sciences, la plupart des auteurs, qui en ont écrit, les ont traitées d'une manière si vague et les ont expliquées par des rapports si éloignés et par des hypothèses si fausses, qu'il aurait mieux valu n'en rien dire du tout; il n'y a aucune matière sur laquelle on ait plus raisonné, sur laquelle on ait rassemblé plus de faits et d'observations; mais ces raisonnements, ces faits et ces observations sont ordinairement si mal digérés et entassés avec si peu de connaissance, qu'il n'est pas surprenant qu'on n'en puisse tirer aucune lumière, aucune utilité.

DE L'AGE VIRIL.

DESCRIPTION DE L'HOMME.

Le corps achève de prendre son accroissement en hauteur à l'âge de la puberté et pendant les premières années qui succèdent à cet âge; il y a des jeunes gens qui ne grandissent plus après la quatorzième ou la quinzième

a. Je mets dans ce nombre l'auteur de l'*Anatomie* d'Heister; de tous les ouvrages que j'ai lus sur la physiologie, je n'en ai point trouvé qui m'ait paru mieux fait et plus d'accord avec la bonne physique.

année, d'autres croissent jusqu'à vingt-deux ou vingt-trois ans; presque tous dans ce temps sont minces de corps, la taille est effilée, les cuisses et les jambes sont menues, toutes les parties musculeuses ne sont pas encore remplies comme elles le doivent être, mais peu à peu la chair augmente, les muscles se dessinent, les intervalles se remplissent, les membres se moulent et s'arrondissent, et le corps est avant l'âge de trente ans dans les hommes à son point de perfection pour les proportions de sa forme.

Les femmes parviennent ordinairement beaucoup plus tôt à ce point de perfection; elles arrivent d'abord plus tôt à l'âge de puberté; leur accroissement qui, dans le total, est moindre que celui des hommes, se fait aussi en moins de temps; les muscles, les chairs et toutes les autres parties qui composent leur corps, étant moins fortes, moins compactes, moins solides que celles du corps de l'homme, il faut moins de temps pour qu'elles arrivent à leur développement entier, qui est le point de perfection pour la forme : aussi le corps de la femme est ordinairement à vingt ans aussi parfaitement formé que celui de l'homme l'est à trente.

Le corps d'un homme bien fait doit être carré, les muscles doivent être durement exprimés, le contour des membres fortement dessiné, les traits du visage bien marqués. Dans la femme tout est plus arrondi, les formes sont plus adoucies, les traits plus fins; l'homme a la force et la majesté, les grâces et la beauté sont l'apanage de l'autre sexe.

Tout annonce dans tous deux les maîtres de la terre; tout marque dans l'homme, même à l'extérieur, sa supériorité sur tous les êtres vivants; il se soutient droit et élevé, son attitude est celle du commandement, sa tête regarde le ciel et présente une face auguste [1] sur laquelle est imprimé le caractère de sa dignité; l'image de l'âme y est peinte par la physionomie, l'excellence de sa nature perce à travers les organes matériels et anime d'un feu divin les traits de son visage; son port majestueux, sa démarche ferme et hardie annoncent sa noblesse et son rang; il ne touche à la terre que par ses extrémités les plus éloignées, il ne la voit que de loin, et semble la dédaigner; les bras ne lui sont pas donnés pour servir de piliers d'appui à la masse de son corps; sa main ne doit pas fouler la terre, et perdre par des frottements réitérés la finesse du toucher, dont elle est le principal organe; le bras et la main sont faits pour servir à des usages plus nobles, pour exécuter les ordres de la volonté, pour saisir les choses éloignées, pour écarter les obstacles, pour prévenir les rencontres et le choc de ce qui pourrait nuire, pour embrasser et retenir ce qui peut plaire, pour le mettre à portée des autres sens.

Lorsque l'âme est tranquille, toutes les parties du visage sont dans un

---

1. *Sa tête regarde le ciel et présente une face auguste....* Imitation des beaux vers d'Ovide :

Os homini sublime dedit, cœlumque tueri
Jussit, et erectos ad sidera tollere vultus.

état de repos : leur proportion, leur union, leur ensemble, marquent encore assez la douce harmonie des pensées, et répondent au calme de l'intérieur ; mais lorsque l'âme est agitée, la face humaine devient un tableau vivant où les passions sont rendues avec autant de délicatesse que d'énergie, où chaque mouvement de l'âme est exprimé par un trait, chaque action par un caractère dont l'impression vive et prompte devance la volonté, nous décèle et rend au dehors par des signes pathétiques les images de nos secrètes agitations.

C'est surtout dans les yeux qu'elles se peignent et qu'on peut les reconnaître ; l'œil appartient à l'âme plus qu'aucun autre organe, il semble y toucher et participer à tous ses mouvements, il en exprime les passions les plus vives et les émotions les plus tumultueuses, comme les mouvements les plus doux et les sentiments les plus délicats ; il les rend dans toute leur force, dans toute leur pureté, tels qu'ils viennent de naître, il les transmet par des traits rapides qui portent dans une autre âme le feu, l'action, l'image de celle dont ils partent, l'œil reçoit et réfléchit en même temps la lumière de la pensée et la chaleur du sentiment : c'est le sens de l'esprit et la langue de l'intelligence.

Les personnes qui ont la vue courte, ou qui sont louches, ont beaucoup moins de cette âme extérieure qui réside principalement dans les yeux ; ces défauts détruisent la physionomie et rendent désagréables ou difformes les plus beaux visages ; comme l'on n'y peut reconnaître que les passions fortes et qui mettent en jeu les autres parties, et comme l'expression de l'esprit et de la finesse du sentiment ne peut s'y montrer, on juge ces personnes défavorablement lorsqu'on ne les connaît pas, et quand on les connaît, quelque spirituelles qu'elles puissent être, on a encore de la peine à revenir du premier jugement qu'on a porté contre elles.

Nous sommes si fort accoutumés à ne voir les choses que par l'extérieur, que nous ne pouvons plus reconnaître combien cet extérieur influe sur nos jugements, même les plus graves et les plus réfléchis ; nous prenons l'idée d'un homme, et nous la prenons par sa physionomie qui ne dit rien, nous jugeons dès lors qu'il ne pense rien ; il n'y a pas jusqu'aux habits et à la coiffure qui n'influent sur notre jugement ; un homme sensé doit regarder ses vêtements comme faisant partie de lui-même, puisqu'ils en font en effet partie aux yeux des autres, et qu'ils entrent pour quelque chose dans l'idée totale qu'on se forme de celui qui les porte.

La vivacité ou la langueur du mouvement des yeux fait un des principaux caractères de la physionomie, et leur couleur contribue à rendre ce caractère plus marqué. Les différentes couleurs des yeux sont l'orangé foncé, le jaune, le vert, le bleu, le gris, et le gris mêlé de blanc ; la substance de l'iris est veloutée et disposée par filets et par flocons : les filets sont dirigés vers le milieu de la prunelle comme des rayons qui tendent à un centre, les flocons remplissent les intervalles qui sont entre les filets, et quelquefois les uns et les autres sont disposés d'une manière si régulière, que le hasard a fait trouver dans les yeux de quelques personnes des figures qui semblaient avoir été copiées sur des modèles connus. Ces filets et ces flocons tiennent les uns aux autres par des ramifications très-fines et très-déliées; aussi la couleur n'est pas si sensible dans ces ramifications que dans le corps des filets et des flocons, qui paraissent toujours être d'une teinte plus foncée.

Les couleurs les plus ordinaires dans les yeux sont l'orangé et le bleu, et le plus souvent ces couleurs se trouvent dans le même œil. Les yeux, que l'on croit être noirs, ne sont que d'un jaune brun ou d'orangé foncé; il ne faut, pour s'en assurer, que les regarder de près, car lorsqu'on les voit à quelque distance, ou lorsqu'ils sont tournés à contre-jour, ils paraissent noirs, parce que la couleur jaune brun tranche si fort sur le blanc de l'œil, qu'on la juge noire par l'opposition du blanc. Les yeux qui sont d'un jaune moins brun passent aussi pour des yeux noirs, mais on ne les trouve pas si beaux que les autres, parce que cette couleur tranche moins sur le blanc; il y a aussi des yeux jaunes et jaune clair : ceux-ci ne paraissent pas noirs, parce que ces couleurs ne sont pas assez foncées pour disparaître dans l'ombre. On voit très-communément dans le même œil des nuances d'orangé, de jaune, de gris et de bleu; dès qu'il y a du bleu, quelque léger qu'il soit, il devient la couleur dominante; cette couleur paraît par filets dans toute l'étendue de l'iris, et l'orangé est par flocons autour et à quelque petite distance de la prunelle; le bleu efface si fort cette couleur que l'œil paraît tout bleu, et on ne s'aperçoit du mélange de l'orangé qu'en le regardant de près. Les plus beaux yeux sont ceux qui paraissent noirs ou bleus; la vivacité et le feu qui font le principal caractère des yeux éclatent davantage dans les couleurs foncées que dans les demi-teintes de couleur; les yeux noirs ont donc plus de force d'expression et plus de vivacité, mais il y a plus de douceur et peut-être plus de finesse dans les yeux bleus; on voit dans les premiers un feu qui brille uniformément, parce que le fond, qui nous paraît de couleur uniforme, renvoie partout les mêmes reflets; mais on distingue des modifications dans la lumière qui anime les yeux bleus, parce qu'il y a plusieurs teintes de couleur qui produisent des reflets différents.

Il y a des yeux qui se font remarquer sans avoir, pour ainsi dire, de couleur, ils paraissent être composés différemment des autres : l'iris n'a que des nuances de bleu ou de gris si faibles qu'elles sont presque blanches dans quelques endroits, les nuances d'orangé qui s'y rencontrent sont si légères qu'on les distingue à peine du gris et du blanc, malgré le contraste de ces couleurs; le noir de la prunelle est alors trop marqué, parce que la couleur de l'iris n'est pas assez foncée; on ne voit, pour ainsi dire, que la prunelle.

isolée au milieu de l'œil, ces yeux ne disent rien, et le regard en paraît être fixe ou effaré.

Il y a aussi des yeux dont la couleur de l'iris tire sur le vert ; cette couleur est plus rare que le bleu, le gris, le jaune et le jaune brun ; il se trouve aussi des personnes dont les deux yeux ne sont pas de la même couleur. Cette variété qui se trouve dans la couleur des yeux est particulière à l'espèce humaine, à celle du cheval, etc. ; dans la plupart des autres espèces d'animaux, la couleur des yeux de tous les individus est la même : les yeux des bœufs sont bruns, ceux des moutons sont couleur d'eau, ceux des chèvres sont gris, etc. Aristote, qui fait cette remarque, prétend que dans les hommes les yeux gris sont les meilleurs, que les bleus sont les plus faibles, que ceux qui sont avancés hors de l'orbite ne voient pas d'aussi loin que ceux qui y sont enfoncés, que les yeux bruns ne voient pas si bien que les autres dans l'obscurité.

Quoique l'œil paraisse se mouvoir comme s'il était tiré de différents côtés, il n'a cependant qu'un mouvement de rotation autour de son centre, par lequel la prunelle paraît s'approcher ou s'éloigner des angles de l'œil, et s'élever ou s'abaisser. Les deux yeux sont plus près l'un de l'autre dans l'homme que dans tous les autres animaux ; cet intervalle est même si considérable dans la plupart des espèces d'animaux qu'il n'est pas possible qu'ils voient le même objet des deux yeux à la fois, à moins que cet objet ne soit à une grande distance.

Après les yeux, les parties du visage qui contribuent le plus à marquer la physionomie sont les sourcils : comme ils sont d'une nature différente des autres parties, ils sont plus apparents par ce contraste et frappent plus qu'aucun autre trait ; les sourcils sont une ombre dans le tableau, qui en relève les couleurs et les formes. Les cils des paupières font aussi leur effet ; lorsqu'ils sont longs et garnis, les yeux en paraissent plus beaux et le regard plus doux ; il n'y a que l'homme et le singe qui aient des cils aux deux paupières ; les autres animaux n'en ont point à la paupière inférieure, et dans l'homme même il y en a beaucoup moins à la paupière inférieure qu'à la supérieure ; le poil des sourcils devient quelquefois si long dans la vieillesse, qu'on est obligé de le couper. Les sourcils n'ont que deux mouvements qui dépendent des muscles du front, l'un par lequel on les élève, et l'autre par lequel on les fronce et on les abaisse en les approchant l'un de l'autre.

Les paupières servent à garantir les yeux et à empêcher la cornée de se dessécher ; la paupière supérieure se relève et s'abaisse, l'inférieure n'a que peu de mouvement, et quoique le mouvement des paupières dépende de la volonté, cependant l'on n'est pas maître de les tenir élevées lorsque le sommeil presse, ou lorsque les yeux sont fatigués ; il arrive aussi très-souvent à cette partie des mouvements convulsifs et d'autres mouvements involontaires, desquels on ne s'aperçoit en aucune façon ; dans les oiseaux et les quadrupèdes amphibies la paupière inférieure est celle qui a du mouvement, et les poissons n'ont de paupières ni en haut ni en bas.

Le front est une des grandes parties de la face et l'une de celles qui contribuent le plus à la beauté de sa forme ; il faut qu'il soit d'une juste proportion, qu'il ne soit ni trop rond, ni trop plat, ni trop étroit, ni trop court, et qu'il soit régulièrement garni de cheveux au-dessus et aux côtés. Tout le monde sait combien les cheveux font à la physionomie : c'est un défaut que d'être chauve ; l'usage de porter des cheveux étrangers, qui est devenu si général, aurait dû se borner à cacher les têtes chauves, car cette espèce de coiffure empruntée altère la vérité de la physionomie et donne au visage un air différent de celui qu'il doit avoir naturellement ; on jugerait beaucoup mieux les visages si chacun portait ses cheveux et les laissait flotter librement. La partie la plus élevée de la tête est celle qui devient chauve la première, aussi bien que celle qui est au-dessus des tempes ; il est rare que les cheveux qui accompagnent le bas des tempes tombent en entier, non plus que ceux de la partie inférieure du derrière de la tête. Au reste, il n'y a que les hommes qui deviennent chauves en avançant en âge : les femmes conservent toujours leurs cheveux, et, quoiqu'ils deviennent blancs comme ceux des hommes lorsqu'elles approchent de la vieillesse, ils tombent beaucoup moins ; les enfants et les eunuques ne sont pas plus sujets à être chauves que les femmes, aussi les cheveux sont-ils plus grands et plus abondants dans la jeunesse qu'ils ne le sont à tout autre âge. Les plus longs cheveux tombent peu à peu ; à mesure qu'on avance en âge, ils diminuent et se dessèchent ; ils commencent à blanchir par la pointe ; dès qu'ils sont devenus blancs, ils sont moins forts et se cassent plus aisément. On a des exemples de jeunes gens dont les cheveux, devenus blancs par l'effet d'une grande maladie, ont ensuite repris leur couleur naturelle peu à peu, lorsque leur santé a été parfaitement rétablie. Aristote et Pline disent qu'aucun homme ne devient chauve avant d'avoir fait usage des femmes, à l'exception de ceux qui sont chauves dès leur naissance. Les anciens écrivains ont appelé les habitants de l'île de Mycone têtes chauves ; on prétend que c'était un défaut naturel à ces insulaires, et comme une maladie endémique avec laquelle ils venaient presque tous au monde. (Voyez *la Description des îles de l'Archipel* par Dapper, p. 354. — Voyez aussi le second volume de l'édition de Pline par le P. Hardouin, p. 541.)

Le nez est la partie la plus avancée et le trait le plus apparent du visage ; mais comme il n'a que très-peu de mouvement et qu'il n'en prend ordinairement que dans les plus fortes passions, il fait plus à la beauté qu'à la physionomie, et à moins qu'il ne soit fort disproportionné ou très-difforme, on ne le remarque pas autant que les autres parties qui ont du mouvement, comme la bouche ou les yeux. La forme du nez et sa position plus avancée que celle de toutes les autres parties de la face sont particulières à l'espèce humaine, car la plupart des animaux ont des narines ou naseaux avec la cloison qui les sépare, mais dans aucun le nez ne fait un trait élevé et avancé; les singes même n'ont, pour ainsi dire, que des narines, ou du moins leur nez, qui est posé comme celui de l'homme, est si plat et si court qu'on ne doit pas le regarder comme une partie semblable; c'est par cet organe que l'homme et la plupart des animaux respirent et sentent les odeurs. Les oiseaux n'ont point de narines : ils ont seulement deux trous ou deux conduits pour la respiration et l'odorat, au lieu que les animaux quadrupèdes ont des naseaux ou des narines cartilagineuses comme les nôtres.

La bouche et les lèvres sont après les yeux les parties du visage qui ont le plus de mouvement et d'expression; les passions influent sur ces mouvements, la bouche en marque les différents caractères par les différentes formes qu'elle prend; l'organe de la voix anime encore cette partie et la rend plus vivante que toutes les autres ; la couleur vermeille des lèvres, la blancheur de l'émail des dents tranchent avec tant d'avantage sur les autres couleurs du visage qu'elles paraissent en faire le point de vue principal; on fixe, en effet, les yeux sur la bouche d'un homme qui parle, et on les y arrête plus longtemps que sur toutes les autres parties; chaque mot, chaque articulation, chaque son, produisent des mouvements différents dans les lèvres : quelque variés et quelque rapides que soient ces mouvements, on pourrait les distinguer tous les uns des autres; on a vu des sourds en connaître si parfaitement les différences et les nuances successives, qu'ils entendaient parfaitement ce qu'on disait en voyant comme on le disait.

La mâchoire inférieure est la seule qui ait du mouvement dans l'homme et dans tous les animaux, sans en excepter même le crocodile, quoique Aristote assure en plusieurs endroits que la mâchoire supérieure de cet animal est la seule qui ait du mouvement, et que la mâchoire inférieure à laquelle, dit-il, la langue du crocodile est attachée soit absolument immobile : j'ai voulu vérifier ce fait, et j'ai trouvé, en examinant le squelette d'un crocodile, que c'est au contraire la seule mâchoire inférieure qui est mobile, et que la supérieure est, comme dans tous les autres animaux, jointe aux autres os de la tête, sans qu'il y ait aucune articulation qui puisse la rendre mobile. Dans le fœtus humain, la mâchoire inférieure est, comme dans le singe, beaucoup plus avancée que la mâchoire supérieure; dans l'adulte, il serait également difforme qu'elle fût trop avancée ou trop reculée : elle doit être à peu près de niveau avec la mâchoire supérieure. Dans les instants les plus vifs des passions, la mâchoire a souvent un mouvement involontaire, comme dans les mouvements où l'âme n'est affectée de rien : la douleur, le plaisir, l'ennui font également bâiller, mais il est vrai qu'on bâille vivement et que cette espèce de convulsion est très-prompte dans la douleur et le plaisir, au lieu que le bâillement de l'ennui en porte le caractère par la lenteur avec laquelle il se fait.

Lorsqu'on vient à penser tout à coup à quelque chose qu'on désire ardemment ou qu'on regrette vivement, on ressent un tressaillement ou un serrement intérieur ; ce mouvement du diaphragme agit sur les poumons, les élève et occasionne une inspiration vive et prompte qui forme le soupir ; et lorsque l'âme a réfléchi sur la cause de son émotion et qu'elle ne voit aucun moyen de remplir son désir ou de faire cesser ses regrets, les soupirs se répètent, la tristesse, qui est la douleur de l'âme, succède à ces premiers mouvements, et lorsque cette douleur de l'âme est profonde et subite, elle fait couler les larmes, et l'air entre dans la poitrine par secousses : il se fait plusieurs inspirations réitérées par une espèce de secousse involontaire ; chaque inspiration fait un bruit plus fort que celui du soupir, c'est ce qu'on appelle *sangloter;* les sanglots se succèdent plus rapidement que les soupirs, et le son de la voix se fait entendre un peu dans le sanglot ; les accents en sont encore plus marqués dans le gémissement, c'est une espèce de sanglot continué dont le son lent se fait entendre dans l'inspiration et dans l'expiration ; son expression consiste dans la continuation et la durée d'un ton plaintif formé par des sons inarticulés : ces sons du gémissement sont plus ou moins longs, suivant le degré de tristesse, d'affliction et d'abattement qui les cause, mais ils sont toujours répétés plusieurs fois ; le temps de l'inspiration est celui de l'intervalle de silence qui est entre les gémissements, et ordinairement ces intervalles sont égaux pour la durée et pour la distance. Le cri plaintif est un gémissement exprimé avec force et à haute voix ; quelquefois ce cri se soutient dans toute son étendue sur le même ton : c'est surtout lorsqu'il est fort élevé et très-aigu ; quelquefois aussi il finit par un ton plus bas ; c'est ordinairement lorsque la force du cri est modérée.

Le ris est un son entrecoupé subitement et à plusieurs reprises par une sorte de trémoussement qui est marqué à l'extérieur par le mouvement du ventre qui s'élève et s'abaisse précipitamment ; quelquefois, pour faciliter ce mouvement, on penche la poitrine et la tête en avant : la poitrine se resserre et reste immobile, les coins de la bouche s'éloignent du côté des joues qui se trouvent resserrées et gonflées ; l'air, à chaque fois que le ventre s'abaisse, sort de la bouche avec bruit, et l'on entend un éclat de la voix qui se répète plusieurs fois de suite, quelquefois sur le même ton, d'autres fois sur des tons différents qui vont en diminuant à chaque répétition.

Dans le ris immodéré et dans presque toutes les passions violentes, les lèvres sont fort ouvertes ; mais dans des mouvements de l'âme plus doux et plus tranquilles, les coins de la bouche s'éloignent sans qu'elle s'ouvre, les joues se gonflent, et dans quelques personnes il se forme sur chaque joue, à une petite distance des coins de la bouche, un léger enfoncement que l'on appelle *la fossette :* c'est un agrément qui se joint aux grâces dont le souris est ordinairement accompagné. Le souris est une marque de bienveillance, d'applaudissement et de satisfaction intérieure; c'est aussi une façon d'exprimer le mépris et la moquerie, mais dans ce souris malin on serre davantage les lèvres l'une contre l'autre par un mouvement de la lèvre inférieure.

Les joues sont des parties uniformes qui n'ont par elles-mêmes aucun mouvement, aucune expression, si ce n'est par la rougeur ou la pâleur qui les couvre involontairement dans des passions différentes; ces parties forment le contour de la face et l'union des traits, elles contribuent plus à la beauté du visage qu'à l'expression des passions : il en est de même du menton, des oreilles et des tempes.

On rougit dans la honte, la colère, l'orgueil, la joie; on pâlit dans la crainte, l'effroi et la tristesse; cette altération de la couleur du visage est absolument involontaire, elle manifeste l'état de l'âme sans son consentement; c'est un effet du sentiment sur lequel la volonté n'a aucun empire; elle peut commander à tout le reste, car un instant de réflexion suffit pour qu'on puisse arrêter les mouvements musculaires du visage dans les passions, et même pour les changer, mais il n'est pas possible d'empêcher le changement de couleur, parce qu'il dépend d'un mouvement du sang occasionné par l'action du diaphragme, qui est le principal organe du sentiment intérieur [1].

La tête en entier prend dans les passions des positions et des mouvements différents; elle est abaissée en avant dans l'humilité, la honte, la tristesse; penchée à côté dans la langueur, la pitié; élevée dans l'arrogance; droite et fixe dans l'opiniâtreté; la tête fait un mouvement en arrière dans l'étonnement, et plusieurs mouvements réitérés de côté et d'autre dans le mépris, la moquerie, la colère et l'indignation.

Dans l'affliction, la joie, l'amour, la honte, la compassion, les yeux se gonflent tout à coup, une humeur surabondante les couvre et les obscurcit, il en coule des larmes; l'effusion des larmes est toujours accompagnée d'une tension des muscles du visage, qui fait ouvrir la bouche; l'humeur qui se forme naturellement dans le nez devient plus abondante, les larmes s'y joignent par des conduits intérieurs, elles ne coulent pas uniformément, et elles semblent s'arrêter par intervalles.

Dans la tristesse [a], les deux coins de la bouche s'abaissent, la lèvre inférieure remonte, la paupière est abaissée à demi, la prunelle de l'œil est élevée et à moitié cachée par la paupière, les autres muscles de la face sont relâchés, de sorte que l'intervalle qui est entre la bouche et les yeux

a. Voyez la dissertation de M. Parsons, qui a pour titre : *Human physionomy explain'd.* London, 1747.

1. Lacaze et Bordeu faisaient aussi du *diaphragme* le *principal organe du sentiment intérieur.* Le principal organe du sentiment intérieur est le *cerveau.* Ce n'est qu'à l'occasion de l'impression reçue par le *cerveau* que le *diaphragme* agit.

est plus grand qu'à l'ordinaire, et par conséquent le visage paraît allongé.

Dans la peur, la terreur, l'effroi, l'horreur, le front se ride, les sourcils s'élèvent, la paupière s'ouvre autant qu'il est possible, elle surmonte la prunelle et laisse paraître une partie du blanc de l'œil au-dessus de la prunelle, qui est abaissée et un peu cachée par la paupière inférieure; la bouche est en même temps fort ouverte, les lèvres se retirent et laissent paraître les dents en haut et en bas.

Dans le mépris et la dérision, la lèvre supérieure se relève d'un côté et laisse paraître les dents, tandis que de l'autre côté elle a un petit mouvement comme pour sourire, le nez se fronce du même côté que la lèvre s'est élevée, et le coin de la bouche recule; l'œil du même côté est presque fermé, tandis que l'autre est ouvert à l'ordinaire, mais les deux prunelles sont abaissées comme lorsqu'on regarde du haut en bas.

Dans la jalousie, l'envie, la malice, les sourcils descendent et se froncent, les paupières s'élèvent et les prunelles s'abaissent, la lèvre supérieure s'élève de chaque côté, tandis que les coins de la bouche s'abaissent un peu, et que le milieu de la lèvre inférieure se relève pour joindre le milieu de la lèvre supérieure.

Dans le ris, les deux coins de la bouche reculent et s'élèvent un peu, la partie supérieure des joues se relève, les yeux se ferment plus ou moins, la lèvre supérieure s'élève, l'inférieure s'abaisse; la bouche s'ouvre et la peau du nez se fronce dans les ris immodérés.

Les bras, les mains et tout le corps entrent aussi dans l'expression des passions; les gestes concourent avec les mouvements du visage pour exprimer les différents mouvements de l'âme. Dans la joie, par exemple, les yeux, la tête, les bras et tout le corps sont agités par des mouvements prompts et variés; dans la langueur et la tristesse les yeux sont abaissés, la tête est penchée sur le côté, les bras sont pendants et tout le corps est immobile; dans l'admiration, la surprise, l'étonnement, tout mouvement est suspendu, on reste dans une même attitude. Cette première expression des passions est indépendante de la volonté, mais il y a une autre sorte d'expression qui semble être produite par une réflexion de l'esprit et par le commandement de la volonté qui fait agir les yeux, la tête, les bras et tout le corps : ces mouvements paraissent être autant d'efforts que fait l'âme pour défendre le corps, ce sont au moins autant de signes secondaires qui répètent les passions, et qui pourraient seuls les exprimer; par exemple, dans l'amour, dans le désir, dans l'espérance, on lève la tête et les yeux vers le ciel, comme pour demander le bien que l'on souhaite; on porte la tête et le corps en avant, comme pour avancer, en s'approchant, la possession de l'objet désiré; on étend les bras, on ouvre les mains pour l'embrasser et le saisir : au contraire dans la crainte, dans la haine, dans l'horreur, nous avançons les bras avec précipitation, comme pour repousser ce qui fait l'objet de notre aversion, nous détournons les yeux et la tête, nous reculons pour l'éviter, nous fuyons pour nous en éloigner. Ces mouvements sont si prompts qu'ils paraissent involontaires; mais c'est un effet de l'habitude qui nous trompe, car ces mouvements dépendent de la réflexion, et marquent seulement la perfection des ressorts du corps humain par la promptitude avec laquelle tous les membres obéissent aux ordres de la volonté.

Comme toutes les passions sont des mouvements de l'âme, la plupart relatifs aux impressions des sens, elles peuvent être exprimées par les mouvements du corps, et surtout par ceux du visage; on peut juger de ce qui se passe à l'intérieur par l'action extérieure, et connaître à l'inspection des changements du visage la situation actuelle de l'âme; mais comme l'âme n'a point de forme qui puisse être relative à aucune forme matérielle, on ne peut pas la juger par la figure du corps ou par la forme du visage; un corps mal fait peut renfermer une fort belle âme, et l'on ne doit pas juger du bon ou du mauvais naturel d'une personne par les traits de son visage, car ces traits n'ont aucun rapport avec la nature de l'âme, aucune analogie sur laquelle on puisse fonder des conjectures raisonnables.

Les anciens étaient cependant fort attachés à cette espèce de préjugé, et dans tous les temps il y a eu des hommes qui ont voulu faire une science divinatoire de leurs prétendues connaissances en physionomie, mais il est bien évident qu'elles ne peuvent s'étendre qu'à deviner les mouvements de l'âme par ceux des yeux, du visage et du corps, et que la forme du nez, de la bouche et des autres traits, ne fait pas plus à la forme de l'âme, au naturel de la personne, que la grandeur ou la grosseur des membres fait à la pensée. Un homme en sera-t-il plus spirituel parce qu'il aura le nez bien fait? en sera-t-il moins sage parce qu'il aura les yeux petits et la bouche grande? Il faut donc avouer que tout ce que nous ont dit les physionomistes est destitué de tout fondement, et que rien n'est plus chimérique que les inductions qu'ils ont voulu tirer de leurs prétendues observations métoposcopiques.

Les parties de la tête qui font le moins à la physionomie et à l'air du visage sont les oreilles; elles sont placées à côté et cachées par les cheveux: cette partie, qui est si petite et si peu apparente dans l'homme, est fort remarquable dans la plupart des animaux quadrupèdes, elle fait beaucoup à l'air de la tête de l'animal, elle indique même son état de vigueur ou d'abattement, elle a des mouvements musculaires qui dénotent le sentiment et répondent à l'action intérieure de l'animal. Les oreilles de l'homme n'ont ordinairement aucun mouvement volontaire ou involontaire, quoiqu'il y ait des muscles qui y aboutissent; les plus petites oreilles sont, à ce qu'on prétend, les plus jolies, mais les plus grandes et qui sont en même temps bien bordées sont celles qui entendent le mieux. Il y a des peuples qui en agrandissent prodigieusement le lobe en le perçant et en y mettant des morceaux de bois ou de métal, qu'ils remplacent successivement par d'autres morceaux plus gros, ce qui fait avec le temps un trou énorme dans le lobe de l'oreille, qui croît toujours à proportion que le trou s'élargit ; j'ai vu de ces morceaux de bois qui avaient plus d'un pouce et demi de diamètre, qui venaient des Indiens de l'Amérique méridionale : ils ressemblent à des dames de trictrac. On ne sait sur quoi peut être fondée cette coutume singulière de s'agrandir si prodigieusement les oreilles ; il est vrai qu'on ne sait guère mieux d'où peut venir l'usage presque général dans toutes les nations de percer les oreilles, et quelquefois les narines, pour porter des boucles, des anneaux, etc. , à moins que d'en attribuer l'origine aux peuples encore sauvages et nus qui ont cherché à porter de la manière la moins incommode les choses qui leur ont paru les plus précieuses, en les attachant à cette partie.

La bizarrerie et la variété des usages paraissent encore plus dans la manière différente dont les hommes ont arrangé les cheveux et la barbe : les uns, comme les Turcs, coupent leurs cheveux et laissent croître leur barbe ; d'autres, comme la plupart des Européens, portent leurs cheveux ou des cheveux empruntés et rasent leur barbe ; les sauvages se l'arrachent et conservent soigneusement leurs cheveux ; les nègres se rasent la tête par figures, tantôt en étoiles, tantôt à la façon des religieux, et plus communément encore par bandes alternatives, en laissant autant de plein que de rasé, et ils font la même chose à leurs petits garçons ; les Talapoins de Siam font raser la tête et les sourcils aux enfants dont on leur confie l'éducation ; chaque peuple a sur cela des usages différents : les uns font plus de cas de la barbe de la lèvre supérieure que de celle du menton ; d'autres préfèrent celle des joues et celle du dessous du visage ; les uns la frisent ; les autres la portent lisse. Il n'y a pas bien longtemps que nous portions les cheveux du derrière de la tête épars et flottants, aujourd'hui nous les portons dans un sac ; nos habillements sont différents de ceux de nos pères : la variété dans la manière de se vêtir est aussi grande que la diversité des nations, et ce qu'il y a de singulier, c'est que de toutes les espèces de vêtements nous avons choisi l'une des plus incommodes, et que notre manière, quoique généralement imitée par tous les peuples de l'Europe, est en même temps de toutes les manières de se vêtir celle qui demande le plus de temps, celle qui me paraît être le moins assortie à la nature.

Quoique les modes semblent n'avoir d'autre origine que le caprice et la fantaisie, les caprices adoptés et les fantaisies générales méritent d'être examinés : les hommes ont toujours fait et feront toujours cas de tout ce qui peut fixer les yeux des autres hommes et leur donner en même temps des idées avantageuses de richesse, de puissance, de grandeur, etc.; la valeur de ces pierres brillantes, qui de tout temps ont été regardées comme des ornements précieux, n'est fondée que sur leur rareté et sur leur éclat éblouissant ; il en est de même de ces métaux éclatants dont le poids nous paraît si léger lorsqu'il est réparti sur tous les plis de nos vêtements pour en faire la parure : ces pierres, ces métaux sont moins des ornements pour nous que des signes pour les autres, auxquels ils doivent nous remarquer et reconnaître nos richesses ; nous tâchons de leur en donner une plus grande idée en agrandissant la surface de ces métaux, nous voulons fixer leurs yeux ou plutôt les éblouir ; combien peu y en a-t-il, en effet, qui soient capables de séparer la personne de son vêtement et de juger sans mélange l'homme et le métal !

Tout ce qui est rare et brillant sera donc toujours de mode, tant que les hommes tireront plus d'avantage de l'opulence que de la vertu, tant que les moyens de paraître considérable seront si différents de ce qui mérite seul d'être considéré : l'éclat extérieur dépend beaucoup de la manière de se vêtir ; cette manière prend des formes différentes, selon les différents points de vue sous lesquels nous voulons être regardés ; l'homme modeste, ou qui veut le paraître, veut en même temps marquer cette vertu par la simplicité de son habillement ; l'homme glorieux ne néglige rien de ce qui peut étayer son orgueil ou flatter sa vanité ; on le reconnaît à la richesse ou à la recherche de ses ajustements.

Un autre point de vue que les hommes ont assez généralement est de rendre leur corps plus grand, plus étendu : peu contents du petit espace dans lequel est circonscrit notre être, nous voulons tenir plus de place en ce monde que la nature ne peut nous en donner ; nous cherchons à agrandir notre figure par des chaussures élevées, par des vêtements renflés ; quelque amples qu'ils puissent être, la vanité qu'ils couvrent n'est-elle pas encore plus grande ? Pourquoi la tête d'un docteur est-elle environnée d'une quantité énorme de cheveux empruntés, et que celle d'un homme du bel air en est si légèrement garnie ? L'un veut qu'on juge de l'étendue de sa science par la capacité physique de cette tête dont il grossit le volume apparent, et l'autre ne cherche à le diminuer que pour donner l'idée de la légèreté de son esprit.

Il y a des modes dont l'origine est plus raisonnable : ce sont celles où l'on a eu pour but de cacher des défauts et de rendre la nature moins désagréable. A prendre les hommes en général, il y a beaucoup plus de figures défectueuses et de laids visages que de personnes belles et bien faites : les modes qui ne sont que l'usage du plus grand nombre, usage auquel le reste se soumet, ont donc été introduites, établies par ce grand nombre de personnes intéressées à rendre leurs défauts plus supportables. Les femmes ont coloré leur visage lorsque les roses de leur teint se sont flétries, et lorsqu'une pâleur naturelle les rendait moins agréables que les autres ; cet usage est presque universellement répandu chez tous les peuples de la terre ; celui de

se blanchir les cheveux [a] avec de la poudre et de les enfler par la frisure, quoique beaucoup moins général et bien plus nouveau, paraît avoir été imaginé pour faire sortir davantage les couleurs du visage et en accompagner plus avantageusement la forme.

Mais laissons les choses accessoires et extérieures, et, sans nous occuper plus longtemps des ornements et de la draperie du tableau, revenons à la figure. La tête de l'homme est à l'extérieur et à l'intérieur d'une forme différente de celle de la tête de tous les autres animaux, à l'exception du singe, dans lequel cette partie est assez semblable; il a cependant beaucoup moins de cerveau et plusieurs autres différences dont nous parlerons dans la suite. Le corps de presque tous les animaux quadrupèdes vivipares est en entier couvert de poils : le derrière de la tête de l'homme est, jusqu'à l'âge de puberté, la seule partie de son corps qui en soit couverte, et elle en est plus abondamment garnie que la tête d'aucun animal. Le singe ressemble encore à l'homme par les oreilles, par les narines, par les dents : il y a une très-grande diversité dans la grandeur, la position et le nombre des dents des différents animaux ; les uns en ont en haut et en bas, d'autres n'en ont qu'à la mâchoire inférieure; dans les uns les dents sont séparées les unes des autres, dans d'autres elles sont continues et réunies; le palais de certains poissons n'est qu'une espèce de masse osseuse très-dure et garnie d'un très-grand nombre de pointes qui font l'office de dents [b].

Dans presque tous les animaux, la partie par laquelle ils prennent la nourriture est ordinairement solide ou armée de quelques corps durs : dans l'homme, les quadrupèdes et les poissons, les dents, le bec dans les oiseaux, les pinces, les scies, etc., dans les insectes, sont des instruments d'une matière dure et solide avec lesquels tous ces animaux saisissent et broient leurs aliments; toutes ces parties dures tirent leur origine des nerfs, comme les ongles, les cornes [1], etc. Nous avons dit que la substance nerveuse prend de la solidité et une grande dureté dès qu'elle se trouve exposée à l'air : la bouche est une partie divisée, une ouverture dans le corps de l'animal ; il

<hr>

a. Les Papous, habitants de la Nouvelle-Guinée, qui sont des peuples sauvages, ne laissent pas de faire grand cas de leur barbe et de leurs cheveux, et de les poudrer avec de la chaux. Voyez *Recueil des Voyages* qui ont servi à l'établissement de la Compagnie des Indes, t. IV, page 637.

b. On trouve dans le *Journal des Savants*, année 1675, un extrait de l'*Istoria anatomica dell' ossa del corpo humano, di Bernardino Genga*, etc., par lequel il paraît que cet auteur prétend qu'il s'est trouvé plusieurs personnes qui n'avaient qu'une seule dent qui occupait toute la mâchoire, sur laquelle on voyait de petites lignes distinctes par le moyen desquelles il semblait qu'il y en eût eu plusieurs : il dit avoir trouvé, dans le cimetière de l'hôpital du Saint-Esprit de Rome, une tête qui n'avait point de mâchoire inférieure, et que dans la supérieure il n'y avait que trois dents, savoir, deux molaires dont chacune était divisée en cinq avec les racines séparées, et l'autre formait les quatre dents incisives et les deux qu'on appelle canines, page 254.

1. Voyez la note 2 de la page 14.

est donc naturel d'imaginer que les nerfs qui y aboutissent doivent prendre à leurs extrémités de la dureté et de la solidité et produire par conséquent les dents, les palais osseux, les becs, les pinces et toutes les autres parties dures que nous trouvons dans tous les animaux, comme ils produisent aux autres extrémités du corps auxquelles ils aboutissent les ongles, les cornes, les ergots, et même, à la surface, les poils, les plumes, les écailles, etc.

Le col soutient la tête et la réunit avec le corps : cette partie est bien plus considérable dans la plupart des animaux quadrupèdes qu'elle ne l'est dans l'homme ; les poissons et les autres animaux qui n'ont point de poumons semblables aux nôtres n'ont point de col. Les oiseaux sont, en général, les animaux dont le col est le plus long ; dans les espèces d'oiseaux qui ont les pattes courtes, le col est aussi assez court, et dans celles où les pattes sont fort longues, le col est aussi d'une très-grande longueur. Aristote dit que les oiseaux de proie qui ont des serres ont tous le col court.

La poitrine de l'homme est à l'extérieur conformée différemment de celle des autres animaux : elle est plus large à proportion du corps, et il n'y a que l'homme et le singe dans lesquels on trouve ces os qui sont immédiatement au-dessus du col et qu'on appelle les *clavicules* [1]. Les deux mamelles sont posées sur la poitrine : celles des femmes sont plus grosses et plus éminentes que celles des hommes, cependant elles paraissent être à peu près de la même consistance et leur organisation est assez semblable, car les mamelles des hommes peuvent former du lait comme celles des femmes ; on a plusieurs exemples de ce fait, et c'est surtout à l'âge de puberté que cela arrive. J'ai vu un jeune homme de quinze ans faire sortir d'une de ses mamelles plus d'une cuillerée d'une liqueur laiteuse, ou plutôt de véritable lait. Il y a dans les animaux une grande variété dans la situation et dans le nombre des mamelles : les uns, comme le singe, l'éléphant, n'en ont que deux qui sont posées sur le devant de la poitrine ou à côté ; d'autres en ont quatre, comme l'ours ; d'autres, comme les brebis, n'en ont que deux placées entre les cuisses ; d'autres ne les ont ni sur la poitrine, ni entre les cuisses, mais sur le ventre, comme les chiennes, les truies, etc., qui en ont un grand nombre ; les oiseaux n'ont point de mamelles, non plus que tous les autres animaux ovipares [2] ; les poissons vivipares [3], comme la baleine, le dauphin, le lamentin, etc., ont aussi des mamelles et du lait. La forme des mamelles

---

1. La *clavicule* existe dans l'*homme*, dans les *singes*, dans les *chauve-souris*, dans les *écureuils*, les *rats*, les *castors*, les *porcs-épics*, etc., etc. ; les *chiens*, les *chats*, les *belettes*, les *ours*, etc., n'ont qu'un vestige de *clavicule* suspendu dans les chairs ; la *clavicule* manque entièrement dans tous les animaux à sabots : les *éléphants*, les *pachydermes*, les *ruminants* et les *solipèdes*. Les *oiseaux* ont une *clavicule* double, etc., etc. (Voyez mon *Histoire des travaux de G. Cuvier*, au chapitre sur l'*Ostéologie comparée*.)

2. Les quadrupèdes *vivipares* ont seuls des *mamelles*. C'est pourquoi Linné (voulant les distinguer, par un nom précis, et par un seul nom, des quadrupèdes *ovipares*) les nomma *mammalia*, ou, comme nous disons en français, *mammifères*.

3. Voyez la note 1 de la page 472 du Ier volume.

varie dans les différentes espèces d'animaux et dans la même espèce, suivant les différents âges. On prétend que les femmes dont les mamelles ne sont pas bien rondes, mais en forme de poire, sont les meilleures nourrices, parce que les enfants peuvent alors prendre dans leur bouche non-seulement le mamelon, mais encore une partie même de l'extrémité de la mamelle. Au reste, pour que les mamelles des femmes soient bien placées, il faut qu'il y ait autant d'espace de l'un des mamelons à l'autre qu'il y en a depuis le mamelon jusqu'au milieu de la fossette des clavicules, en sorte que ces trois points fassent un triangle équilatéral.

Au-dessous de la poitrine est le ventre, sur lequel l'ombilic ou le nombril est apparent et bien marqué, au lieu que dans la plupart des espèces d'animaux il est presque insensible et souvent même entièrement oblitéré; les singes même n'ont qu'une espèce de callosité ou de dureté à la place du nombril.

Les bras de l'homme ne ressemblent point du tout aux jambes de devant des quadrupèdes, non plus qu'aux ailes des oiseaux; le singe est le seul de tous les animaux qui ait des bras et des mains, mais ces bras sont plus grossièrement formés et dans des proportions moins exactes que le bras et la main de l'homme; les épaules sont aussi beaucoup plus larges et d'une forme très-différente dans l'homme de ce qu'elles sont dans tous les autres animaux; le haut des épaules est la partie du corps sur laquelle l'homme peut porter les plus grands fardeaux.

La forme du dos n'est pas fort différente dans l'homme de ce qu'elle est dans plusieurs animaux quadrupèdes; la partie des reins est seulement plus musculeuse et plus forte; mais les fesses, qui sont les parties les plus inférieures du tronc, n'appartiennent qu'à l'espèce humaine : aucun des animaux quadrupèdes n'a de fesses; ce que l'on prend pour cette partie sont leurs cuisses. L'homme est le seul qui se soutienne dans une situation droite et perpendiculaire; c'est à cette position des parties inférieures qu'est relatif ce renflement au haut des cuisses qui forme les fesses.

Le pied de l'homme est aussi très-différent de celui de quelque animal que ce soit et même de celui du singe : le pied du singe est plutôt une main qu'un pied, les doigts en sont longs et disposés comme ceux de la main, celui du milieu est plus grand que les autres, comme dans la main; ce pied du singe n'a d'ailleurs point de talon semblable à celui de l'homme : l'assiette du pied est aussi plus grande dans l'homme que dans tous les animaux quadrupèdes, et les doigts du pied servent beaucoup à maintenir l'équilibre du corps et à assurer ses mouvements dans la démarche, la course, la danse, etc.

Les ongles sont plus petits dans l'homme que dans tous les autres animaux; s'ils excédaient beaucoup les extrémités des doigts, ils nuiraient à l'usage de la main. Les sauvages, qui les laissent croître, s'en servent pour déchirer la peau des animaux; mais, quoique leurs ongles soient plus forts et plus grands que les nôtres, ils ne le sont point assez pour qu'on puisse les comparer en aucune façon à la corne ou aux ergots du pied des animaux.

On n'a rien observé de parfaitement exact dans le détail des proportions du corps humain : non-seulement les mêmes parties du corps n'ont pas les mêmes dimensions proportionnelles dans deux personnes différentes, mais souvent, dans la même personne, une partie n'est pas exactement semblable à la partie correspondante : par exemple, souvent le bras ou la jambe du côté droit n'a pas exactement les mêmes dimensions que le bras ou la jambe du côté gauche, etc. Il a donc fallu des observations répétées pendant long-temps pour trouver un milieu entre ces différences, afin d'établir au juste les dimensions des parties du corps humain et de donner une idée des pro-portions qui font ce que l'on appelle la belle nature; ce n'est pas par la com-paraison du corps d'un homme avec celui d'un autre homme, ou par des mesures actuellement prises sur un grand nombre de sujets qu'on a pu acquérir cette connaissance, c'est par les efforts qu'on a faits pour imiter et copier exactement la nature, c'est à l'art du dessin qu'on doit tout ce que l'on peut savoir en ce genre; le sentiment et le goût ont fait ce que la méca-nique ne pouvait faire : on a quitté la règle et le compas pour s'en tenir au coup d'œil, on a réalisé sur le marbre toutes les formes, tous les contours de toutes les parties du corps humain, et on a mieux connu la nature par la représentation que par la nature même; dès qu'il y a eu des statues, on a mieux jugé de leur perfection en les voyant qu'en les mesurant. C'est par un grand exercice de l'art du dessin et par un sentiment exquis que les grands statuaires sont parvenus à faire sentir aux autres hommes les justes propor-tions des ouvrages de la nature. Les anciens ont fait de si belles statues, que d'un commun accord on les a regardées comme la représentation exacte du corps humain le plus parfait. Ces statues, qui n'étaient que des copies de l'homme, sont devenues des originaux, parce que ces copies n'étaient pas faites d'après un seul individu, mais d'après l'espèce humaine entière bien observée, et si bien vue qu'on n'a pu trouver aucun homme dont le corps fût aussi bien proportionné que ces statues : c'est donc sur ces modèles que l'on a pris les mesures du corps humain; nous les rapporterons ici comme les dessinateurs les ont données. On divise ordinairement la hauteur du corps en dix parties égales, que l'on appelle faces en terme d'art, parce que la face de l'homme a été le premier modèle de ces mesures; on distingue aussi trois parties égales dans chaque face, c'est-à-dire dans chaque dixième partie de la hauteur du corps; cette seconde division vient de celle que l'on a faite de la face humaine en trois parties égales. La première commence au-dessus du front à la naissance des cheveux, et finit à la racine du nez; le nez fait la seconde partie de la face, et la troisième, en commençant au-dessous du nez, va jusqu'au-dessous du menton : dans les mesures du reste du corps, on désigne quelquefois la troisième partie d'une face, ou une trentième partie de toute la hauteur, par le mot de nez ou de longueur de nez. La première face dont nous venons de parler, qui est toute la face de l'homme, ne commence qu'à la naissance des cheveux, qui est au-dessus du front : depuis ce point jusqu'au sommet de la tête, il y a encore un tiers de face de hauteur, ou, ce qui est la même chose, une hauteur égale à celle du nez ; ainsi, depuis le sommet de la tête jusqu'au bas du menton, c'est-à-dire dans la hauteur de la tête, il y a une face et un tiers de face ; entre le bas du menton et la fossette des clavicules, qui est au-dessus de la poitrine, il y a deux tiers de face ; ainsi la hauteur, depuis le dessus de la poitrine jusqu'au sommet de la tête, fait deux fois la longueur de la face, ce qui est la cinquième partie de toute la hauteur du corps ; depuis la fossette des clavicules jusqu'au bas des mamelles, on compte une face ; au-dessous des mamelles commence la quatrième face, qui finit au nombril, et la cinquième va à l'endroit où se fait la bifurcation du tronc, ce qui fait en tout la moitié de la hauteur du corps. On compte deux faces dans la longueur de la cuisse jusqu'au genou ; le genou fait une demi-face, qui est la moitié de la huitième ; il y a deux faces dans la longueur de la jambe, depuis le bas du genou jusqu'au cou-de-pied, ce qui fait en tout neuf faces et demie, et depuis le cou-de-pied jusqu'à la plante du pied, il y a une demi-face qui complète les dix faces dans lesquelles on a divisé toute la hauteur du corps. Cette division a été faite pour le commun des hommes ; mais pour ceux qui sont d'une taille haute et fort au-dessus du commun, il se trouve environ une demi-face de plus dans la partie du corps qui est entre les mamelles et la bifurcation du tronc : c'est donc cette hauteur de surplus dans cet endroit du corps qui fait la belle taille ; alors la naissance de la bifurcation du tronc ne se rencontre pas précisément au milieu de la hauteur du corps, mais un peu au-dessous. Lorsqu'on étend les bras de façon qu'ils soient tous deux sur une même ligne droite et horizontale, la distance qui se trouve entre les extrémités des grands doigts des mains est égale à la hauteur du corps. Depuis la fossette qui est entre les clavicules jusqu'à l'emboîture de l'os de l'épaule avec celui du bras, il y a une face ; lorsque le bras est appliqué contre le corps et plié en avant, on y compte quatre faces, savoir, deux entre l'emboîture de l'épaule et l'extrémité du coude et deux autres depuis le coude jusqu'à la première naissance du petit doigt, ce qui fait cinq faces, et cinq pour le côté de l'autre bras ; c'est en tout dix faces, c'est-à-dire une longueur égale à toute la hauteur du corps ; il reste cependant à l'extrémité de chaque main la longueur des doigts, qui est d'environ une demi-face, mais il faut faire attention que cette demi-face se perd dans les emboîtures du coude et de l'épaule lorsque les bras sont étendus. La main a une face de longueur, le pouce a un tiers de face ou une longueur de nez, de même que le plus long doigt du pied ; la longueur du dessous du pied est égale à une sixième partie

de la hauteur du corps en entier. Si l'on voulait vérifier ces mesures de longueur sur un seul homme, on les trouverait fautives à plusieurs égards par
les raisons que nous en avons données; il serait encore bien plus difficile de
déterminer les mesures de la grosseur des différentes parties du corps :
l'embonpoint ou la maigreur change si fort ces dimensions, et le mouvement
des muscles les fait varier dans un si grand nombre de positions, qu'il est
presque impossible de donner là-dessus des résultats sur lesquels on puisse
compter.

Dans l'enfance, les parties supérieures du corps sont plus grandes que les
parties inférieures; les cuisses et les jambes ne font pas à beaucoup près la
moitié de la hauteur du corps; à mesure que l'enfant avance en âge, ces
parties inférieures prennent plus d'accroissement que les parties supérieures, et lorsque l'accroissement de tout le corps est entièrement achevé,
les cuisses et les jambes font à peu près la moitié de la hauteur du corps.

Dans les femmes, la partie antérieure de la poitrine est plus élevée que
dans les hommes, en sorte qu'ordinairement la capacité de la poitrine, formée par les côtes, a plus d'épaisseur dans les femmes et plus de largeur
dans les hommes, proportionnellement au reste du corps; les hanches des
femmes sont aussi beaucoup plus grosses, parce que les os des hanches et
ceux qui y sont joints, et qui composent ensemble cette capacité qu'on appelle
le bassin, sont plus larges qu'ils ne le sont dans les hommes; cette différence
dans la conformation de la poitrine et du bassin est assez sensible pour être
reconnue fort aisément, et elle suffit pour faire distinguer le squelette d'une
femme de celui d'un homme.

La hauteur totale du corps humain varie assez considérablement; la
grande taille pour les hommes est depuis cinq pieds quatre ou cinq pouces
jusqu'à cinq pieds huit ôu neuf pouces; la taille médiocre est depuis cinq
pieds ou cinq pieds un pouce jusqu'à cinq pieds quatre pouces, et la petite
taille est au-dessous de cinq pieds : les femmes ont en général deux ou trois
pouces de moins que les hommes ; nous parlerons ailleurs des géants et
des nains.

Quoique le corps de l'homme soit à l'extérieur plus délicat que celui
d'aucun des animaux, il est cependant très-nerveux, et peut-être plus fort
par rapport à son volume que celui des animaux les plus forts; car si nous
voulons comparer la force du lion à celle de l'homme, nous devons considérer que cet animal étant armé de griffes et de dents, l'emploi qu'il fait de
ses forces nous en donne une fausse idée, nous attribuons à sa force ce qui
n'appartient qu'à ses armes; celles que l'homme a reçues de la nature ne
sont point offensives : heureux si l'art ne lui en eût pas mis à la main de
plus terribles que les ongles du lion !

Mais il y a une meilleure manière de comparer la force de l'homme avec
celle des animaux, c'est par le poids qu'il peut porter; on assure que les

porte-faix ou crocheteurs de Constantinople portent des fardeaux de neuf cents livres pesant; je me souviens d'avoir lu une expérience de M. Desaguliers au sujet de la force de l'homme : il fit faire une espèce de harnais par le moyen duquel il distribuait sur toutes les parties du corps d'un homme debout un certain nombre de poids, en sorte que chaque partie du corps supportait tout ce qu'elle pouvait supporter relativement aux autres, et qu'il n'y avait aucune partie qui ne fût chargée comme elle devait l'être; on portait au moyen de cette machine, sans être fort surchargé, un poids de deux milliers : si on compare cette charge avec celle que, volume pour volume, un cheval doit porter, on trouvera que comme le corps de cet animal a au moins six ou sept fois plus de volume que celui d'un homme, on pourrait donc charger un cheval de douze à quatorze milliers, ce qui est un poids énorme en comparaison des fardeaux que nous faisons porter à cet animal, même en distribuant le poids du fardeau aussi avantageusement qu'il nous est possible.

On peut encore juger de la force par la continuité de l'exercice et par la légèreté des mouvements; les hommes qui sont exercés à la course devancent les chevaux, ou du moins soutiennent ce mouvement bien plus longtemps; et même dans un exercice plus modéré, un homme accoutumé à marcher fera chaque jour plus de chemin qu'un cheval, et s'il ne fait que le même chemin, lorsqu'il aura marché autant de jours qu'il sera nécessaire pour que le cheval soit rendu, l'homme sera encore en état de continuer sa route sans en être incommodé. Les charters d'Ispahan, qui sont des coureurs de profession, font trente-six lieues en quatorze ou quinze heures. Les voyageurs assurent que les Hottentots devancent les lions à la course, que les sauvages qui vont à la chasse de l'orignal poursuivent ces animaux, qui sont aussi légers que des cerfs, avec tant de vitesse qu'ils les lassent et les attrapent. On raconte mille autres choses prodigieuses de la légèreté des sauvages à la course, et des longs voyages qu'ils entreprennent et qu'ils achèvent à pied dans les montagnes les plus escarpées, dans les pays les plus difficiles, où il n'y a aucun chemin battu, aucun sentier tracé ; ces hommes font, dit-on, des voyages de mille et douze cents lieues en moins de six semaines ou deux mois. Y a-t-il aucun animal, à l'exception des oiseaux qui ont en effet les muscles plus forts à proportion que tous les autres animaux, y a-t-il, dis-je, aucun animal qui pût soutenir cette longue fatigue ? l'homme civilisé ne connaît pas ses forces, il ne sait pas combien il en perd par la mollesse, et combien il pourrait en acquérir par l'habitude d'un fort exercice.

Il se trouve cependant quelquefois parmi nous des hommes d'une force [a]

---

[a]. « Nos quoque vidimus Athanatum nomine prodigiosæ ostentationis quingenario thorace « plumbeo indutum, cothurnisque quingentorum pondo calcatum, per scenam ingredi. » Plin., vol. II, lib. vii, p. 39.

extraordinaire, mais ce don de la nature, qui leur serait précieux s'ils étaient dans le cas de l'employer pour leur défense ou pour des travaux utiles, est un très-petit avantage dans une société policée où l'esprit fait plus que le corps, et où le travail de la main ne peut être que celui des hommes du dernier ordre.

Les femmes ne sont pas, à beaucoup près, aussi fortes que les hommes, et le plus grand usage ou le plus grand abus que l'homme ait fait de sa force, c'est d'avoir asservi et traité souvent d'une manière tyrannique cette moitié du genre humain, faite pour partager avec lui les plaisirs et les peines de la vie. Les sauvages obligent leurs femmes à travailler continuellement; ce sont elles qui cultivent la terre, qui font l'ouvrage pénible, tandis que le mari reste nonchalamment couché dans son hamac, dont il ne sort que pour aller à la chasse ou à la pêche, ou pour se tenir debout dans la même attitude pendant des heures entières; car les sauvages ne savent ce que c'est que de se promener, et rien ne les étonne plus dans nos manières que de nous voir aller en droite ligne et revenir ensuite sur nos pas plusieurs fois de suite; ils n'imaginent pas qu'on puisse prendre cette peine sans aucune nécessité, et se donner ainsi du mouvement qui n'aboutit à rien. Tous les hommes tendent à la paresse, mais les sauvages des pays chauds sont les plus paresseux de tous les hommes, et les plus tyranniques à l'égard de leurs femmes par les services qu'ils en exigent avec une dureté vraiment sauvage : chez les peuples policés, les hommes, comme les plus forts, ont dicté des lois où les femmes sont toujours plus lésées, à proportion de la grossièreté des mœurs, et ce n'est que parmi les nations civilisées jusqu'à la politesse que les femmes ont obtenu cette égalité de condition qui cependant est si naturelle et si nécessaire à la douceur de la société; aussi cette politesse dans les mœurs est-elle leur ouvrage; elles ont opposé à la force des armes victorieuses, lorsque par leur modestie elles nous ont appris à reconnaître l'empire de la beauté, avantage naturel plus grand que celui de la force, mais qui suppose l'art de le faire valoir. Car les idées que les différents peuples ont de la beauté sont si singulières et si opposées qu'il y a tout lieu de croire que les femmes ont plus gagné par l'art de se faire désirer, que par ce don même de la nature, dont les hommes jugent si différemment; ils sont bien plus d'accord sur la valeur de ce qui est en effet l'objet de leurs désirs; le prix de la chose augmente par la difficulté d'en obtenir la possession. Les femmes ont eu de la beauté, dès qu'elles ont su se respecter assez pour se refuser à tous ceux qui ont voulu les attaquer par d'autres voies que par celles du sentiment, et du sentiment une fois né la politesse des mœurs a dû suivre.

Les anciens avaient des goûts de beauté différents des nôtres; les petits fronts, les sourcils joints ou presque point séparés étaient des agréments dans le visage d'une femme : on fait encore aujourd'hui grand cas en Perse des gros sourcils qui se joignent ; dans quelques pays des Indes il faut pour être belle avoir les dents noires et les cheveux blancs , et l'une des principales occupations des femmes aux îles Mariannes est de se noircir les dents avec des herbes , et de se blanchir les cheveux à force de les laver avec de certaines eaux préparées. A la Chine et au Japon , c'est une beauté que d'avoir le visage large, les yeux petits et couverts, le nez camus et large, les pieds extrêmement petits, le ventre fort gros, etc. Il y a des peuples, parmi les Indiens de l'Amérique et de l'Asie, qui aplatissent la tête de leurs enfants en leur serrant le front et le derrière de la tête entre des planches , afin de rendre leur visage beaucoup plus large qu'il ne le serait naturellement ; d'autres aplatissent la tête et l'allongent en la serrant par les côtés, d'autres l'aplatissent par le sommet, d'autres enfin la rendent la plus ronde qu'ils peuvent ; chaque nation a des préjugés différents sur la beauté, chaque homme a même sur cela ses idées et son goût particulier ; ce goût est apparemment relatif aux premières impressions agréables qu'on a reçues de certains objets dans le temps de l'enfance, et dépend peut-être plus de l'habitude et du hasard que de la disposition de nos organes. Nous verrons, lorsque nous traiterons du développement des sens , sur quoi peuvent être fondées les idées de beauté en général que les yeux peuvent nous donner.

DE LA VIEILLESSE ET DE LA MORT.

Tout change dans la nature, tout s'altère, tout périt ; le corps de l'homme n'est pas plus tôt arrivé à son point de perfection qu'il commence à déchoir : le dépérissement est d'abord insensible ; il se passe même plusieurs années avant que nous nous apercevions d'un changement considérable : cependant nous devrions sentir le poids de nos années mieux que les autres ne peuvent en compter le nombre ; et comme ils ne se trompent pas sur notre âge en le jugeant par les changements extérieurs, nous devrions nous tromper encore moins sur l'effet intérieur qui les produit, si nous nous observions mieux, si nous nous flattions moins , et si dans tout les autres ne nous jugeaient pas toujours beaucoup mieux que nous ne nous jugeons nous-mêmes.

Lorsque le corps a acquis toute son étendue en hauteur et en largeur par le développement entier de toutes ses parties, il augmente en épaisseur ; le commencement de cette augmentation est le premier point de son dépérissement, car cette extension n'est pas une continuation de développement ou d'accroissement intérieur de chaque partie par lesquels le corps continuerait de prendre plus d'étendue dans toutes ses parties organiques , et par conséquent plus de force et d'activité , mais c'est une simple addition de matière surabondante qui enfle le volume du corps et le charge d'un poids inutile. Cette matière est la graisse qui survient ordinairement à trente-cinq ou quarante ans; et, à mesure qu'elle augmente, le corps a moins de légèreté et de liberté dans ses mouvements, ses facultés pour la génération diminuent, ses membres s'appesantissent, il n'acquiert de l'étendue qu'en perdant de la force et de l'activité.

D'ailleurs, les os et les autres parties solides du corps, ayant pris toute leur extension en longueur et en grosseur, continuent d'augmenter en solidité; les sucs nourriciers qui y arrivent, et qui étaient auparavant employés à en augmenter le volume par le développement, ne servent plus qu'à l'augmentation de la masse, en se fixant dans l'intérieur de ces parties; les membranes deviennent cartilagineuses, les cartilages deviennent osseux, les os deviennent plus solides, toutes les fibres plus dures, la peau se dessèche, les rides se forment peu à peu, les cheveux blanchissent, les dents tombent, le visage se déforme, le corps se courbe, etc. Les premières nuances de cet état se font apercevoir avant quarante ans, elles augmentent par degrés assez lents jusqu'à soixante, par degrés plus rapides jusqu'à soixante et dix; la caducité commence à cet âge de soixante et dix ans, elle va toujours en augmentant; la décrépitude suit, et la mort termine ordinairement avant l'âge de quatre-vingt-dix ou cent ans la vieillesse et la vie.

Considérons en particulier ces différents objets; et de la même façon que nous avons examiné les causes de l'origine et du développement de notre corps, examinons aussi celles de son dépérissement et de sa destruction. Les os, qui sont les parties les plus solides du corps, ne sont dans le commencement que des filets d'une matière ductile qui prend peu à peu de la consistance et de la dureté; on peut considérer les os dans leur premier état comme autant de filets ou de petits tuyaux creux revêtus d'une membrane en dehors et en dedans; cette double membrane fournit la substance qui doit devenir osseuse, ou le devient elle-même en partie [1], car le petit intervalle qui est entre ces deux membranes, c'est-à-dire entre le périoste intérieur et le périoste extérieur, devient bientôt une lame osseuse : on peut concevoir en partie comment se fait la production et l'accroissement des os et des autres parties solides du corps des animaux, par la comparaison de la manière dont se forment le bois et les autres parties solides des végétaux. Prenons pour exemple une espèce d'arbre dont le bois conserve une cavité à son intérieur, comme un figuier ou un sureau, et comparons la formation du bois de ce tuyau creux de sureau avec celle de l'os de la cuisse d'un animal, qui a de même une cavité : la première année, lorsque le bouton qui doit former la branche commence à s'étendre, ce n'est qu'une matière ductile qui par son extension devient un filet herbacé, et qui se développe

---

1. Cette *double membrane*, qui *devient osseuse*, est le *double périoste* (*externe* et *interne*). Buffon suit ici, sur la formation des os, la théorie de Duhamel, qui est la vraie. (Voyez mon ouvrage intitulé : *Théorie expérimentale de la formation des os.* — Paris, 1847.)

sous la forme d'un petit tuyau rempli de moelle; l'extérieur de ce tuyau est
revêtu d'une membrane fibreuse, et les parois intérieures de la cavité sont
aussi tapissées d'une pareille membrane : ces membranes, tant l'extérieure
que l'intérieure, sont, dans leur très-petite épaisseur, composées de plusieurs plans superposés de fibres encore molles qui tirent la nourriture
nécessaire à l'accroissement du tout; ces plans intérieurs de fibres se durcissent peu à peu par le dépôt de la sève qui y arrive, et la première année
il se forme une lame ligneuse entre les deux membranes; cette lame est
plus ou moins épaisse à proportion de la quantité de sève nourricière qui a
été pompée et déposée dans l'intervalle qui sépare la membrane extérieure
de la membrane intérieure ; mais quoique ces deux membranes soient devenues solides et ligneuses par leurs surfaces intérieures, elles conservent à
leurs surfaces extérieures de la souplesse et de la ductilité, et l'année suivante, lorsque le bouton qui est à leur sommet commun vient à prendre de
l'extension, la sève monte par ces fibres ductiles de chacune de ces membranes, et en se déposant dans les plans intérieurs de leurs fibres, et même
dans la lame ligneuse qui les sépare, ces plans intérieurs deviennent ligneux
comme les autres qui ont formé la première lame , et en même temps cette
première lame augmente en densité ; il se fait donc deux couches nouvelles
de bois, l'une à la face extérieure, et l'autre à la face intérieure de la première lame, ce qui augmente l'épaisseur du bois et rend plus grand l'intervalle qui sépare les deux membranes ductiles; l'année suivante elles s'é-
loignent encore davantage par deux nouvelles couches de bois qui se collent
contre les trois premières, l'une à l'extérieur et l'autre à l'intérieur, et de
cette manière le bois augmente toujours en épaisseur et en solidité ; la cavité
intérieure augmente aussi à mesure que la branche grossit, parce que la
membrane intérieure croît, comme l'extérieure, à mesure que tout le reste
s'étend : elles ne deviennent toutes deux ligneuses que dans la partie qui
touche au bois déjà formé. Si l'on ne considère donc que la petite branche
qui a été produite pendant la première année, ou bien si l'on prend un
intervalle entre deux nœuds, c'est-à-dire la production d'une seule année,
on trouvera que cette partie de la branche conserve en grand la même figure
qu'elle avait en petit; les nœuds qui terminent et séparent les productions
de chaque année marquent les extrémités de l'accroissement de cette partie
de la branche : ces extrémités sont les points d'appui contre lesquels se fait
l'action des puissances qui servent au développement et à l'extension des
parties contiguës qui se développent l'année suivante; les boutons supérieurs poussent et s'étendent en réagissant contre ce point d'appui, et forment une seconde partie de la branche de la même façon que s'est formée
la première, et ainsi de suite tant que la branche croît.

La manière dont se forment les os serait assez semblable à celle que je
viens de décrire, si les points d'appui de l'os au lieu d'être à ses extrémités,

comme dans le bois, ne se trouvaient au contraire dans la partie du milieu, comme nous allons tâcher de le faire entendre. Dans les premiers temps, les os du fœtus ne sont encore que des filets d'une matière ductile que l'on aperçoit aisément et distinctement à travers la peau et les autres parties extérieures, qui sont alors extrêmement minces et presque transparentes : l'os de la cuisse, par exemple, n'est qu'un petit filet fort court qui, comme le filet herbacé dont nous venons de parler, contient une cavité ; ce petit tuyau creux est fermé aux deux bouts par une matière ductile et il est revêtu à sa surface extérieure et à l'intérieur de sa cavité de deux membranes composées dans leur épaisseur de plusieurs plans de fibres toutes molles et ductiles ; à mesure que ce petit tuyau reçoit des sucs nourriciers, les deux extrémités s'éloignent de la partie du milieu : cette partie reste toujours à la même place, tandis que toutes les autres s'en éloignent peu à peu des deux côtés[1] ; elles ne peuvent s'éloigner dans cette direction opposée sans réagir sur cette partie du milieu ; les parties qui environnent ce point du milieu prennent donc plus de consistance, plus de solidité, et commencent à s'ossifier les premières : la première lame osseuse est bien, comme la première lame ligneuse, produite dans l'intervalle qui sépare les deux membranes, c'est-à-dire entre le périoste extérieur et le périoste qui tapisse les parois de la cavité intérieure, mais elle ne s'étend pas, comme la lame ligneuse, dans toute la longueur de la partie qui prend de l'extension. L'intervalle des deux périostes devient osseux, d'abord dans la partie du milieu de la longueur de l'os ; ensuite les parties qui avoisinent le milieu sont celles qui s'ossifient, tandis que les extrémités de l'os et les parties qui avoisinent ces extrémités restent ductiles et spongieuses ; et comme la partie du milieu est celle qui est la première ossifiée, et que quand une fois une partie est ossifiée elle ne peut plus s'étendre, il n'est pas possible qu'elle prenne autant de grosseur que les autres : la partie du milieu doit donc être la partie la plus menue de l'os, car les autres parties et les extrémités, ne se durcissant qu'après celle du milieu, elles doivent prendre plus d'accroissement et de volume, et c'est par cette raison que la partie du milieu des os est plus menue que toutes les autres parties, et que les têtes des os qui se durcissent les dernières et qui sont les parties les plus éloignées du milieu sont aussi les parties les plus grosses de l'os[2]. Nous pourrions suivre plus loin cette théorie sur la figure

1. Cette partie *reste toujours à la même place*, et les autres *ne s'en éloignent pas ;* elles ne *réagissent* donc pas contre elle. L'*os* ne croît en *longueur*, comme en *grosseur*, que par additions successives. Il croît en longueur par couches *juxtaposées*, comme il croît en grosseur par couches *superposées*. (Voyez mon ouvrage intitulé : *Théorie expérimentale de la formation des os.*)

2. Toutes les parties de l'os, les *têtes* comme le *milieu*, se forment, sont résorbées, se reforment plusieurs fois pendant le développement de l'os. Le vrai et merveilleux mécanisme de la *formation de l'os* est la *mutation continuelle de la matière*. (Voyez mon ouvrage sur la *formation des os.*)

des os ; mais pour ne pas nous éloigner de notre principal objet, nous nous contenterons d'observer qu'indépendamment de cet accroissement en longueur qui se fait, comme l'on voit, d'une manière différente de celle dont se fait l'accroissement du bois, l'os prend en même temps un accroissement en grosseur qui s'opère à peu près de la même manière que celui du bois, car la première lame osseuse est produite par la partie intérieure du périoste, et lorsque cette première lame osseuse est formée entre le périoste intérieur et le périoste extérieur, il s'en forme bientôt deux autres qui se collent de chaque côté de la première, ce qui augmente en même temps la circonférence de l'os et le diamètre de sa cavité, et les parties intérieures des deux périostes continuant ainsi à s'ossifier, l'os continue à grossir par l'addition de toutes ces couches osseuses produites par les périostes, de la même façon que le bois grossit par l'addition des couches ligneuses produites par les écorces.

Mais lorsque l'os est arrivé à son développement entier, lorsque les périostes ne fournissent plus de matière ductile capable de s'ossifier, ce qui arrive lorsque l'animal a pris son accroissement en entier, alors les sucs nourriciers qui étaient employés à augmenter le volume de l'os ne servent plus qu'à en augmenter la densité ; ces sucs se déposent dans l'intérieur de l'os ; il devient plus solide, plus massif, plus pesant spécifiquement, comme on peut le voir par la pesanteur et la solidité des os d'un bœuf, comparées à la pesanteur et à la solidité des os d'un veau, et enfin la substance de l'os devient avec le temps si compacte qu'elle ne peut plus admettre les sucs nécessaires à cette espèce de circulation qui fait la nutrition de ces parties ; dès lors cette substance de l'os doit s'altérer, comme le bois d'un vieil arbre s'altère lorsqu'il a une fois acquis toute sa solidité : cette altération dans la substance même des os est une des premières causes qui rendent nécessaire le dépérissement de notre corps.

Les cartilages, qu'on peut regarder comme des os mous et imparfaits [1], reçoivent, comme les os, des sucs nourriciers qui en augmentent peu à peu la densité : ils deviennent plus solides à mesure qu'on avance en âge, et dans la vieillesse ils se durcissent presque jusqu'à l'ossification, ce qui rend les mouvements des jointures du corps très-difficiles et doit enfin nous priver de l'usage de nos membres et produire une cessation totale du mouvement extérieur, seconde cause très-immédiate et très-nécessaire d'un dépérissement plus sensible et plus marqué que le premier, puisqu'il se manifeste par la cessation des fonctions extérieures de notre corps.

Les membranes, dont la substance a bien des choses communes avec celle des cartilages, prennent aussi, à mesure qu'on avance en âge, plus de den-

---

1. Expressions très-justes. Les *cartilages* sont des os *mous et imparfaits*. Il y a, dans la formation de l'os, deux degrés distincts : d'abord, le *périoste* s'épaissit, se gonfle, devient *cartilage*; et puis le cartilage se durcit, s'ossifie, devient *os*. (Voyez mon ouvrage déjà cité.)

sité et de sécheresse : par exemple, celles qui environnent les os cessent d'être ductiles de bonne heure ; dès que l'accroissement du corps est achevé, c'est-à-dire dès l'âge de dix-huit ou vingt ans, elles ne peuvent plus s'étendre, elles commencent donc à augmenter en solidité et continuent à devenir plus denses à mesure qu'on vieillit ; il en est de même des fibres qui composent les muscles et la chair : plus on vit, plus la chair devient dure ; cependant, à en juger par l'attouchement extérieur, on pourrait croire que c'est tout le contraire, car dès qu'on a passé l'âge de la jeunesse, il semble que la chair commence à perdre de sa fraîcheur et de sa fermeté, et à mesure qu'on avance en âge il paraît qu'elle devient toujours plus molle. Il faut faire attention que ce n'est pas de la chair, mais de la peau que cette apparence dépend : lorsque la peau est bien tendue, comme elle l'est en effet tant que les chairs et les autres parties prennent de l'augmentation de volume, la chair, quoique moins solide qu'elle ne doit le devenir, paraît ferme au toucher ; cette fermeté commence à diminuer lorsque la graisse recouvre les chairs, parce que la graisse, surtout lorsqu'elle est trop abondante, forme une espèce de couche entre la chair et la peau : cette couche de graisse que recouvre la peau, étant beaucoup plus molle que la chair sur laquelle la peau portait auparavant, on s'aperçoit au toucher de cette différence et la chair paraît avoir perdu de sa fermeté ; la peau s'étend et croît à mesure que la graisse augmente, et ensuite, pour peu qu'elle diminue, la peau se plisse et la chair paraît être alors fade et molle au toucher : ce n'est donc pas la chair elle-même qui se ramollit, mais c'est la peau dont elle est couverte qui, n'étant plus assez tendue, devient molle, car la chair prend toujours plus de dureté à mesure qu'on avance en âge ; on peut s'en assurer par la comparaison de la chair des jeunes animaux avec celle de ceux qui sont vieux ; l'une est tendre et délicate, et l'autre est si sèche et si dure qu'on ne peut en manger.

La peau peut toujours s'étendre tant que le volume du corps augmente ; mais lorsqu'il vient à diminuer, elle n'a pas tout le ressort qu'il faudrait pour se rétablir en entier dans son premier état ; il reste alors des rides et des plis qui ne s'effacent plus : les rides du visage dépendent en partie de cette cause, mais il y a dans leur production une espèce d'ordre relatif à la forme, aux traits et aux mouvements habituels du visage. Si l'on examine bien le visage d'un homme de vingt-cinq ou trente ans, on pourra déjà y découvrir l'origine de toutes les rides qu'il aura dans sa vieillesse ; il ne faut pour cela que voir le visage dans un état de violente action, comme est celle du ris, des pleurs, ou seulement celle d'une forte grimace : tous les plis qui se formeront dans ces différentes actions seront un jour des rides ineffaçables ; elles suivent, en effet, la disposition des muscles et se gravent plus ou moins par l'habitude plus ou moins répétée des mouvements qui en dépendent.

A mesure qu'on avance en âge, les os, les cartilages, les membranes, la chair, la peau et toutes les fibres du corps deviennent donc plus solides, plus dures, plus sèches ; toutes les parties se retirent, se resserrent, tous les mouvements deviennent plus lents, plus difficiles ; la circulation des fluides se fait avec moins de liberté, la transpiration diminue, les sécrétions s'altèrent, la digestion des aliments devient lente et laborieuse, les sucs nourriciers sont moins abondants, et, ne pouvant être reçus dans la plupart des fibres devenues trop solides, ils ne servent plus à la nutrition ; ces parties trop solides sont des parties déjà mortes, puisqu'elles cessent de se nourrir ; le corps meurt donc peu à peu et par parties, son mouvement diminue par degrés, la vie s'éteint par nuances successives, et la mort n'est que le dernier terme de cette suite de degrés, la dernière nuance de la vie.

Comme les os, les cartilages, les muscles et toutes les autres parties qui composent le corps sont moins solides et plus molles dans les femmes que dans les hommes , il faudra plus de temps pour que ces parties prennent cette solidité qui cause la mort ; les femmes, par conséquent, doivent vieillir plus que les hommes : c'est aussi ce qui arrive, et on peut observer, en consultant les tables qu'on a faites sur la mortalité du genre humain, que quand les femmes ont passé un certain âge elles vivent ensuite plus longtemps que les hommes du même âge ; on doit aussi conclure de ce que nous avons dit que les hommes, qui sont en apparence plus faibles que les autres et qui approchent plus de la constitution des femmes, doivent vivre plus longtemps que ceux qui paraissent être les plus forts et les plus robustes, et de même on peut croire que dans l'un et l'autre sexe les personnes qui n'ont achevé de prendre leur accroissement que fort tard sont celles qui doivent vivre le plus, car dans ces deux cas les os, les cartilages et toutes les fibres arriveront plus tard à ce degré de solidité qui doit produire leur destruction.

Cette cause de la mort naturelle est générale et commune à tous les animaux et même aux végétaux : un chêne ne périt que parce que les parties les plus anciennes du bois, qui sont au centre, deviennent si dures et si compactes qu'elles ne peuvent plus recevoir de nourriture ; l'humidité qu'elles contiennent, n'ayant plus de circulation et n'étant pas remplacée par une sève nouvelle, fermente, se corrompt et altère peu à peu les fibres du bois ; elles deviennent rouges, elles se désorganisent, enfin elles tombent en poussière.

La durée totale de la vie peut se mesurer en quelque façon par celle du temps de l'accroissement[1] ; un arbre ou un animal qui prend en peu de temps tout son accroissement périt beaucoup plus tôt qu'un autre auquel il

---

1. Vue très-remarquable. Un certain rapport se trouve en effet, dans chaque espèce , entre la *durée de la vie* et la *durée de l'accroissement*. Mais quel est ce rapport ? C'est ce que Buffon nous dira bientôt, ou , du moins, essaiera bientôt de nous dire.

faut plus de temps pour croître. Dans les animaux, comme dans les végétaux, l'accroissement en hauteur est celui qui est achevé le premier; un chêne cesse de grandir longtemps avant qu'il cesse de grossir : l'homme croît en hauteur jusqu'à seize ou dix-huit ans, et cependant le développement entier de toutes les parties de son corps en grosseur n'est achevé qu'à trente ans : les chiens prennent en moins d'un an leur accroissement en longueur, et ce n'est que dans la seconde année qu'ils achèvent de prendre leur grosseur. L'homme, qui est trente ans à croître, vit quatre-vingt-dix ou cent ans; le chien, qui ne croît que pendant deux ou trois ans, ne vit aussi que dix ou douze ans ; il en est de même de la plupart des autres animaux : les poissons, qui ne cessent de croître qu'au bout d'un très-grand nombre d'années, vivent des siècles[1], et comme nous l'avons déjà insinué, cette longue durée de leur vie doit dépendre de la constitution particulière de leurs arêtes, qui ne prennent jamais autant de solidité que les os des animaux terrestres. Nous examinerons dans l'histoire particulière des animaux s'il y a des exceptions à cette espèce de règle que suit la nature dans la proportion de la durée de la vie à celle de l'accroissement, et si en effet il est vrai que les corbeaux[2] et les cerfs[3] vivent, comme on le prétend, un si grand nombre d'années : ce qu'on peut dire en général, c'est que les grands animaux vivent plus longtemps que les petits, parce qu'ils sont plus de temps à croître.

Les causes de notre destruction sont donc nécessaires, et la mort est inévitable : il ne nous est pas plus possible d'en reculer le terme fatal, que de changer les lois de la nature. Les idées que quelques visionnaires ont eues sur la possibilité de perpétuer la vie par des remèdes auraient dû périr avec eux, si l'amour-propre n'augmentait pas toujours la crédulité au point de se persuader ce qu'il y a même de plus impossible, et de douter de ce qu'il y a de plus vrai, de plus réel et de plus constant ; la panacée, quelle qu'en fût la composition, la transfusion du sang et les autres moyens qui ont été proposés pour rajeunir ou immortaliser le corps, sont au moins aussi chimériques que la fontaine de Jouvence est fabuleuse.

Lorsque le corps est bien constitué, peut-être est-il possible de le faire durer quelques années de plus en le ménageant; il se peut que la modération dans les passions, la tempérance et la sobriété dans les plaisirs, contribuent à la durée de la vie, encore cela même paraît-il fort douteux; il est peut-être nécessaire que le corps fasse l'emploi de toutes ses forces, qu'il consomme tout ce qu'il peut consommer, qu'il s'exerce autant qu'il en est capable, que gagnera-t-on dès lors par la diète et par la privation? Il y a des hommes qui ont vécu au delà du terme ordinaire, et, sans parler de ces

1. Voyez la note 3 de la page 593 du Ier volume.
2. Voyez l'*Histoire du corbeau*.
3. Voyez l'*Histoire du cerf*.

deux vieillards dont il est fait mention dans les *Transactions philosophiques,* dont l'un a vécu cent soixante-cinq ans, et l'autre cent quarante-quatre, nous avons un grand nombre d'exemples d'hommes qui ont vécu cent dix, et même cent vingt ans; cependant ces hommes ne s'étaient pas plus ménagés que d'autres, au contraire, il paraît que la plupart étaient des paysans accoutumés aux plus grandes fatigues, des chasseurs, des gens de travail, des hommes en un mot qui avaient employé toutes les forces de leur corps, qui en avaient même abusé, s'il est possible d'en abuser autrement que par l'oisiveté et la débauche continuelle.

D'ailleurs si l'on fait réflexion que l'Européen, le nègre, le Chinois, l'Américain, l'homme policé, l'homme sauvage, le riche, le pauvre, l'habitant de la ville, celui de la campagne, si différents entre eux par tout le reste, se ressemblent à cet égard, et n'ont chacun que la même mesure, le même intervalle de temps à parcourir depuis la naissance à la mort; que la différence des races, des climats, des nourritures, des commodités, n'en fait aucune à la durée de la vie ; que les hommes qui ne se nourrissent que de chair crue ou de poisson sec, de sagou ou de riz, de cassave ou de racines, vivent aussi longtemps que ceux qui se nourrissent de pain ou de mets préparés; on reconnaîtra encore plus clairement que la durée de la vie ne dépend ni des habitudes, ni des mœurs, ni de la qualité des aliments, que rien ne peut changer les lois de la mécanique, qui règlent le nombre de nos années, et qu'on ne peut guère les altérer que par des excès de nourriture ou par de trop grandes diètes.

S'il y a quelque différence tant soit peu remarquable dans la durée de la vie, il semble qu'on doit l'attribuer à la qualité de l'air. On a observé que dans les pays élevés il se trouve communément plus de vieillards que dans les lieux bas; les montagnes d'Écosse, de Galles, d'Auvergne, de Suisse, ont fourni plus d'exemples de vieillesses extrêmes que les plaines de Hollande, de Flandre, d'Allemagne et de Pologne ; mais à prendre le genre humain en général, il n'y a, pour ainsi dire, aucune différence dans la durée de la vie ; l'homme qui ne meurt point de maladies accidentelles vit partout quatre-vingt-dix ou cent ans ; nos ancêtres n'ont pas vécu davantage, et depuis le siècle de David ce terme n'a point du tout varié. Si l'on nous demande pourquoi la vie des premiers hommes était beaucoup plus longue, pourquoi ils vivaient neuf cents, neuf cent trente, et jusqu'à neuf cent soixante et neuf ans, nous pourrions peut-être en donner une raison, en disant que les productions de la terre dont ils faisaient leur nourriture étaient alors d'une nature différente de ce qu'elles sont aujourd'hui. La surface du globe devait être, comme on l'a vu (volume Ier, *Théorie de la Terre*), beaucoup moins solide et moins compacte dans les premiers temps après la création qu'elle ne l'est aujourd'hui, parce que la gravité n'agissant que depuis peu de temps, les matières terrestres n'avaient pu acquérir en aussi peu d'années la consistance et la solidité qu'elles ont eues depuis ; les productions de la terre devaient être analogues à cet état ; la surface de la terre étant moins compacte, moins sèche, tout ce qu'elle produisait devait être plus ductile, plus souple, plus susceptible d'extension ; il se pouvait donc que l'accroissement de toutes les productions de la nature, et même celui du corps de l'homme, ne se fît pas en aussi peu de temps qu'il se fait aujourd'hui ; les os, les muscles, etc., conservaient peut-être plus longtemps leur ductilité et leur mollesse, parce que toutes les nourritures étaient elles-mêmes plus molles et plus ductiles : dès lors toutes les parties du corps n'arrivaient à leur développement entier qu'après un grand nombre d'années, la génération ne pouvait s'opérer par conséquent qu'après cet accroissement pris en entier, ou presque en entier, c'est-à-dire à cent vingt ou cent trente ans, et la durée de la vie était proportionnelle à celle du temps de l'accroissement, comme elle l'est encore aujourd'hui ; car en supposant que l'âge de puberté des premiers hommes, l'âge auquel ils commençaient à pouvoir engendrer fût celui de cent trente ans, l'âge auquel on peut engendrer aujourd'hui étant celui de quatorze ans, il se trouvera que le nombre des années de la vie des premiers hommes et de ceux d'aujourd'hui sera dans la même proportion, puisqu'en multipliant chacun de ces deux nombres par le même nombre, par exemple, par sept [1], on verra que la vie des hommes d'aujourd'hui étant de quatre-vingt-dix-huit ans, celle des hommes d'alors devait être de neuf cent dix ans ; il se peut donc que la durée de la vie de l'homme ait diminué peu à peu à mesure que la surface de la terre a pris plus de solidité par l'action continuelle de la pesanteur, et que les siècles qui se sont écoulés depuis la création jusqu'à celui de David, ayant suffi pour faire prendre aux matières terrestres toute la solidité qu'elles peuvent acquérir par la pression de la gravité, la surface de la terre soit depuis ce temps-là demeurée dans le même état, qu'elle ait acquis dès lors toute la consistance qu'elle devait avoir à jamais, et que tous les termes de

1. Buffon dit, à propos du *cerf* : « Comme il est cinq ou six ans à croître, il vit aussi sept fois « cinq ou six ans, c'est-à-dire trente-cinq ou quarante ans. » Il dit à propos du *cheval* : « La « durée de la vie des chevaux est, comme dans toutes les autres espèces d'animaux, propor-« tionnée à la durée du temps de leur accroissement ; l'homme, qui est quatorze ans à croître, « peut vivre six ou sept fois autant de temps, c'est-à-dire quatre-vingt-dix ou cent ans : le « cheval, dont l'accroissement se fait en quatre ans, peut vivre six ou sept fois autant, c'est-« à-dire vingt-cinq ou trente ans. »

On remarquera toutes les hésitations de Buffon. Il dit ici que l'*homme* est *quatorze ans* à croître ; il disait tout à l'heure (page 75) *seize ou dix-huit*. Il dit que le *cerf* est *cinq ou six ans* à croître, et le *cheval quatre*, et pourtant le *cerf* et le *cheval* vivent également *vingt-cinq ou trente ans*. De quoi s'agit-il ? De savoir combien de fois la *durée de l'accroissement* se trouve comprise dans la *durée de la vie*. Il fallait donc commencer par déterminer d'une manière sûre la *durée* précise de l'*accroissement* ; et c'est ce que Buffon n'a pas fait. Je m'occupe depuis plusieurs années d'une suite de recherches sur les *durées* comparées de l'*accroissement* de la *vie*, soit dans l'*homme*, soit dans quelques-uns de nos *animaux domestiques*. Ce travail, qui demande beaucoup de temps, n'est pas encore terminé.

l'accroissement de ses productions aient été fixés aussi bien que celui de la durée de la vie.

Indépendamment des maladies accidentelles qui peuvent arriver à tout âge, et qui dans la vieillesse deviennent plus dangereuses et plus fréquentes, les vieillards sont encore sujets à des infirmités naturelles, qui ne viennent que du dépérissement et de l'affaissement de toutes les parties de leur corps ; les puissances musculaires perdent leur équilibre, la tête vacille, la main tremble, les jambes sont chancelantes ; la sensibilité des nerfs diminuant, les sens deviennent obtus, le toucher même s'émousse ; mais ce qu'on doit regarder comme une très-grande infirmité, c'est que les vieillards fort âgés sont ordinairement inhabiles à la génération : cette impuissance peut avoir deux causes toutes deux suffisantes pour la produire ; l'une est le défaut de tension dans les organes extérieurs, et l'autre l'altération de la liqueur séminale. Le défaut de tension peut aisément s'expliquer par la conformation et la texture de l'organe même : ce n'est, pour ainsi dire, qu'une membrane vide, ou du moins qui ne contient à l'intérieur qu'un tissu cellulaire et spongieux, elle prête, s'étend et reçoit dans ses cavités intérieures une grande quantité de sang qui produit une augmentation de volume apparent et un certain degré de tension ; l'on conçoit bien que dans la jeunesse cette membrane a toute la souplesse requise pour pouvoir s'étendre et obéir aisément à l'impulsion du sang, et que pour peu qu'il soit porté vers cette partie avec quelque force, il dilate et développe aisément cette membrane molle et flexible ; mais à mesure qu'on avance en âge, elle acquiert, comme toutes les autres parties du corps, plus de solidité, elle perd de sa souplesse et de sa flexibilité ; dès lors en supposant même que l'impulsion du sang se fît avec la même force que dans la jeunesse, ce qui est une autre question que je n'examine point ici, cette impulsion ne serait pas suffisante pour dilater aussi aisément cette membrane devenue plus solide, et qui par conséquent résiste davantage à cette action du sang ; et lorsque cette membrane aura pris encore plus de solidité et de sécheresse, rien ne sera capable de déployer ses rides et de lui donner cet état de gonflement et de tension nécessaire à l'acte de la génération.

A l'égard de l'altération de la liqueur séminale, ou plutôt de son infécondité dans la vieillesse, on peut aisément concevoir que la liqueur séminale ne peut être prolifique que lorsqu'elle contient, sans exception, des molécules organiques renvoyées de toutes les parties du corps ; car, comme nous l'avons établi, la production du petit être organisé semblable au grand (voyez ci-devant chap. II, III, etc.) ne peut se faire que par la réunion de toutes ces molécules renvoyées de toutes les parties du corps de l'individu ; mais dans les vieillards fort âgés, les parties qui, comme les os, les cartilages, etc., sont devenues trop solides, ne pouvant plus admettre de nourriture, ne peuvent par conséquent s'assimiler cette matière nutritive, ni la renvoyer après l'avoir modelée et rendue telle qu'elle doit être. Les os et les autres parties devenues trop solides ne peuvent donc ni produire ni renvoyer des molécules organiques de leur espèce : ces molécules manqueront par conséquent dans la liqueur séminale de ces vieillards, et ce défaut suffit pour la rendre inféconde, puisque nous avons prouvé que pour que la liqueur séminale soit prolifique, il est nécessaire qu'elle contienne des molécules renvoyées de toutes les parties du corps, afin que toutes ces parties puissent, en effet, se réunir d'abord et se réaliser ensuite au moyen de leur développement.

En suivant ce raisonnement, qui me paraît fondé, et en admettant la supposition que c'est, en effet, par l'absence des molécules organiques qui ne peuvent être renvoyées de celles des parties qui sont devenues trop solides, que la liqueur séminale des hommes fort âgés cesse d'être prolifique, on doit penser que ces molécules qui manquent peuvent être quelquefois remplacées par celles de la femelle (voyez ci-devant chap. x) si elle est jeune, et dans ce cas la génération s'accomplira, c'est aussi ce qui arrive. Les vieillards décrépits engendrent, mais rarement, et lorsqu'ils engendrent ils ont moins de part que les autres hommes à leur propre production ; de là vient aussi que de jeunes personnes qu'on marie avec des vieillards décrépits, et dont la taille est déformée, produisent souvent des monstres, des enfants contrefaits, plus défectueux encore que leur père. Mais ce n'est pas ici le lieu de nous étendre sur ce sujet.

La plupart des gens âgés périssent par le scorbut, l'hydropisie, ou par d'autres maladies qui semblent provenir du vice du sang, de l'altération de la lymphe, etc. Quelque influence que les liquides contenus dans le corps humain puissent avoir sur son économie, on peut penser que ces liqueurs, n'étant que des parties passives et divisées, elles ne font qu'obéir à l'impulsion des solides, qui sont les vraies parties organiques et actives[1], desquelles le mouvement, la qualité et même la quantité des liquides doivent dépendre en entier. Dans la vieillesse, le calibre des vaisseaux se resserre, le ressort des muscles s'affaiblit, les filtres sécrétoires s'obstruent, le sang, la lymphe et les autres humeurs doivent par conséquent s'épaissir, s'altérer, s'extravaser et produire les symptômes des différentes maladies qu'on a coutume de rapporter au vice des liqueurs, comme à leur principe, tandis que la première cause est en effet une altération dans les solides, produite par leur dépérissement naturel, ou par quelque lésion et quelque dérangement accidentels. Il est vrai que, quoique le mauvais état des liquides provienne d'un vice organique dans les solides, les effets qui résultent de cette altération des

---

1. C'est un enchaînement d'*actions* réciproques. Il faut d'ailleurs distinguer. Il y a les *liquides* qui sont produits : ceux-ci dépendent de l'état des *solides* ; et il y a les *liquides* qui produisent : le *fluide nourricier*, le *sang*, par exemple. Comment douter de l'influence du *sang* sur les parties que nourrit le *sang* ?

liqueurs se manifestent par des symptômes prompts et menaçants, parce que les liqueurs étant en continuelle circulation et en grand mouvement, pour peu qu'elles deviennent stagnantes par le trop grand rétrécissement des vaisseaux, ou que par leur relâchement forcé elles se répandent en s'ouvrant de fausses routes, elles ne peuvent manquer de se corrompre et d'attaquer en même temps les parties les plus faibles des solides, ce qui produit souvent des maux sans remède, ou du moins elles communiquent à toutes les parties solides qu'elles abreuvent leur mauvaise qualité, ce qui doit en déranger le tissu et en changer la nature; ainsi les moyens de dépérissement se multiplient, le mal intérieur augmente de plus en plus et amène à la hâte l'instant de la destruction.

Toutes les causes de dépérissement que nous venons d'indiquer agissent continuellement sur notre être matériel et le conduisent peu à peu à sa dissolution; la mort, ce changement d'état si marqué, si redouté, n'est donc dans la nature que la dernière nuance d'un état précédent; la succession nécessaire du dépérissement de notre corps amène ce degré, comme tous les autres qui ont précédé; la vie commence à s'éteindre longtemps avant qu'elle s'éteigne entièrement, et dans le réel il y a peut-être plus loin de la caducité à la jeunesse, que de la décrépitude à la mort, car on ne doit pas ici considérer la vie comme une chose absolue, mais comme une quantité susceptible d'augmentation et de diminution. Dans l'instant de la formation du fœtus, cette vie corporelle n'est encore rien ou presque rien; peu à peu elle augmente, elle s'étend, elle acquiert de la consistance à mesure que le corps croît, se développe et se fortifie; dès qu'il commence à dépérir, la quantité de vie diminue; enfin lorsqu'il se courbe, se dessèche et s'affaisse, elle décroît, elle se resserre, elle se réduit à rien; nous commençons de vivre par degrés, et nous finissons de mourir comme nous commençons de vivre.

Pourquoi donc craindre la mort, si l'on a assez bien vécu pour n'en pas craindre les suites? Pourquoi redouter cet instant, puisqu'il est préparé par une infinité d'autres instants du même ordre, puisque la mort est aussi naturelle que la vie, et que l'une et l'autre nous arrivent de la même façon sans que nous le sentions, sans que nous puissions nous en apercevoir? Qu'on interroge les médecins et les ministres de l'Église, accoutumés à observer les actions des mourants et à recueillir leurs derniers sentiments; ils conviendront qu'à l'exception d'un très-petit nombre de maladies aiguës, où l'agitation causée par des mouvements convulsifs semble indiquer les souffrances du malade, dans toutes les autres on meurt tranquillement, doucement et sans douleur[1]; et même ces terribles agonies effraient plus les spectateurs qu'elles ne tourmentent le malade, car combien n'en a-t-on pas

---

1. Buffon veut prouver que l'homme *meurt tranquillement, doucement et sans douleur.* Barthez va jusqu'à dire que l'homme *goûte un certain plaisir à mourir.* (*Nouv. élém. de la sci. de l'hom.*, t. II, p. 334.) Mais qu'importe? Ce n'est pas la *douleur*, c'est l'*anéantissement* que

vu qui après avoir été à cette dernière extrémité, n'avaient aucun souvenir de ce qui s'était passé, non plus que de ce qu'ils avaient senti ! Ils avaient réellement cessé d'être pour eux pendant ce temps, puisqu'ils sont obligés de rayer du nombre de leurs jours tous ceux qu'ils ont passés dans cet état duquel il ne leur reste aucune idée.

La plupart des hommes meurent donc sans le savoir, et dans le petit nombre de ceux qui conservent de la connaissance jusqu'au dernier soupir, il ne s'en trouve peut-être pas un qui ne conserve en même temps de l'espérance, et qui ne se flatte d'un retour vers la vie ; la nature a, pour le bonheur de l'homme, rendu ce sentiment plus fort que la raison. Un malade dont le mal est incurable, qui peut juger son état par des exemples fréquents et familiers, qui en est averti par les mouvements inquiets de sa famille, par les larmes de ses amis, par la contenance ou l'abandon des médecins, n'en est pas plus convaincu qu'il touche à sa dernière heure ; l'intérêt est si grand qu'on ne s'en rapporte qu'à soi ; on n'en croit pas les jugements des autres, on les regarde comme des alarmes peu fondées ; tant qu'on se sent et qu'on pense, on ne réfléchit, on ne raisonne que pour soi, et tout est mort que l'espérance vit encore.

Jetez les yeux sur un malade qui vous aura dit cent fois qu'il se sent attaqué à mort, qu'il voit bien qu'il ne peut pas en revenir, qu'il est prêt à expirer, examinez ce qui se passe sur son visage lorsque par zèle ou par indiscrétion quelqu'un vient à lui annoncer que sa fin est prochaine en effet ; vous le verrez changer comme celui d'un homme auquel on annonce une nouvelle imprévue ; ce malade ne croit donc pas ce qu'il dit lui-même, tant il est vrai qu'il n'est nullement convaincu qu'il doit mourir ; il a seulement quelque doute, quelque inquiétude sur son état, mais il craint toujours beaucoup moins qu'il n'espère, et si l'on ne réveillait pas ses frayeurs par ces tristes soins et cet appareil lugubre qui devancent la mort, il ne la verrait point arriver.

La mort n'est donc pas une chose aussi terrible que nous nous l'imaginons, nous la jugeons mal de loin ; c'est un spectre qui nous épouvante à une certaine distance, et qui disparaît lorsqu'on vient à en approcher de près ; nous n'en avons donc que des notions fausses, nous la regardons non-seulement comme le plus grand malheur, mais encore comme un mal accompagné de la plus vive douleur et des plus pénibles angoisses ; nous avons même cherché à grossir dans notre imagination ces funestes images, et à augmenter nos craintes en raisonnant sur la nature de la douleur. Elle doit être extrême, a-t-on dit, lorsque l'âme se sépare du corps ; elle peut

l'homme redoute. Ce qu'il faut prouver à l'homme pour le fortifier contre la mort, c'est qu'il ne meurt de lui que la partie la plus misérable et la plus grossière : *enveloppe étrangère, et dont l'union*, disait naguère et disait si admirablement Buffon, *nous est inconnue et la présence nuisible*. (1er vol. p. 426.)

aussi être de très-longue durée, puisque le temps n'ayant d'autre mesure que la succession de nos idées, un instant de douleur très-vive pendant lequel ces idées se succèdent avec une rapidité proportionnée à la violence du mal, peut nous paraître plus long qu'un siècle pendant lequel elles coulent lentement et relativement aux sentiments tranquilles qui nous affectent ordinairement. Quel abus de la philosophie dans ce raisonnement! il ne mériterait pas d'être relevé s'il était sans conséquence, mais il influe sur le malheur du genre humain, il rend l'aspect de la mort mille fois plus affreux qu'il ne peut être, et n'y eût-il qu'un très-petit nombre de gens trompés par l'apparence spécieuse de ces idées, il serait toujours utile de les détruire et d'en faire voir la fausseté.

Lorsque l'âme vient s'unir à notre corps avons-nous un plaisir excessif, une joie vive et prompte qui nous transporte et nous ravisse? non, cette union se fait sans que nous nous en apercevions, la désunion doit s'en faire de même sans exciter aucun sentiment; quelle raison a-t-on pour croire que la séparation de l'âme et du corps ne puisse se faire sans une douleur extrême? quelle cause peut produire cette douleur ou l'occasionner? la fera-t-on résider dans l'âme ou dans le corps? la douleur de l'âme ne peut être produite que par la pensée, celle du corps est toujours proportionnée à sa force et à sa faiblesse; dans l'instant de la mort naturelle le corps est plus faible que jamais, il ne peut donc éprouver qu'une très-petite douleur, si même il en éprouve aucune.

Maintenant supposons une mort violente; un homme, par exemple, dont la tête est emportée par un boulet de canon, souffre-t-il plus d'un instant? a-t-il dans l'intervalle de cet instant une succession d'idées assez rapide pour que cette douleur lui paraisse durer une heure, un jour, un siècle? c'est ce qu'il faut examiner.

J'avoue que la succession de nos idées est en effet, par rapport à nous, la seule mesure du temps, et que nous devons le trouver plus court ou plus long, selon que nos idées coulent plus uniformément ou se croisent plus irrégulièrement; mais cette mesure a une unité dont la grandeur n'est point arbitraire ni indéfinie, elle est au contraire déterminée par la nature même, et relative à notre organisation : deux idées qui se succèdent, ou qui sont seulement différentes l'une de l'autre, ont nécessairement entre elles un certain intervalle qui les sépare; quelque prompte que soit la pensée, il faut un petit temps pour qu'elle soit suivie d'une autre pensée, cette succession ne peut se faire dans un instant indivisible; il en est de même du sentiment, il faut un certain temps pour passer de la douleur au plaisir, ou même d'une douleur à une autre douleur; cet intervalle de temps qui sépare nécessairement nos pensées, nos sentiments, est l'unité dont je parle : il ne peut être ni extrêmement long, ni extrêmement court, il doit même être à peu près égal dans sa durée, puisqu'elle dépend de la nature de notre âme et de l'organisation de notre corps dont les mouvements ne peuvent avoir qu'un certain degré de vitesse déterminé ; il ne peut donc y avoir dans le même individu des successions d'idées plus ou moins rapides au degré qui serait nécessaire pour produire cette différence énorme de durée qui d'une minute de douleur ferait un siècle, un jour, une heure.

Une douleur très-vive, pour peu qu'elle dure, conduit à l'évanouissement ou à la mort. Nos organes, n'ayant qu'un certain degré de force, ne peuvent résister que pendant un certain temps à un certain degré de douleur ; si elle devient excessive elle cesse, parce qu'elle est plus forte que le corps qui, ne pouvant la supporter, peut encore moins la transmettre à l'âme avec laquelle il ne peut correspondre que quand les organes agissent ; ici l'action des organes cesse, le sentiment intérieur qu'ils communiquent à l'âme doit donc cesser aussi.

Ce que je viens de dire est peut-être plus que suffisant pour prouver que l'instant de la mort n'est point accompagné d'une douleur extrême ni de longue durée ; mais pour rassurer les gens les moins courageux, nous ajouterons encore un mot. Une douleur excessive ne permet aucune réflexion, cependant on a vu souvent des signes de réflexion dans le moment même d'une mort violente ; lorsque Charles XII reçut le coup qui termina dans un instant ses exploits et sa vie, il porta la main sur son épée : cette douleur mortelle n'était donc pas excessive, puisqu'elle n'excluait pas la réflexion ; il se sentit attaqué, il réfléchit qu'il fallait se défendre, il ne souffrit donc qu'autant que l'on souffre par un coup ordinaire : on ne peut pas dire que cette action ne fût que le résultat d'un mouvement mécanique, car nous avons prouvé à l'article des passions (voyez ci-devant la *Description de l'homme*) que leurs mouvements, même les plus prompts, dépendent toujours de la réflexion, et ne sont que des effets d'une volonté habituelle de l'âme.

Je ne me suis un peu étendu sur ce sujet que pour tâcher de détruire un préjugé si contraire au bonheur de l'homme ; j'ai vu des victimes de ce préjugé, des personnes que la frayeur de la mort a fait mourir en effet, des femmes surtout que la crainte de la douleur anéantissait ; ces terribles alarmes semblent même n'être faites que pour des personnes élevées et devenues par leur éducation plus sensibles que les autres, car le commun des hommes, surtout ceux de la campagne, voient la mort sans effroi.

La vraie philosophie est de voir les choses telles qu'elles sont ; le sentiment intérieur serait toujours d'accord avec cette philosophie, s'il n'était perverti par les illusions de notre imagination et par l'habitude malheureuse que nous avons prise de nous forger des fantômes de douleur et de plaisir. Il n'y a rien de terrible ni rien de charmant que de loin, mais pour s'en assurer il faut avoir le courage ou la sagesse de voir l'un et l'autre de près.

Si quelque chose peut confirmer ce que nous avons dit au sujet de la

cessation graduelle de la vie, et prouver encore mieux que sa fin n'arrive
que par nuances, souvent insensibles, c'est l'incertitude des signes de la
mort; qu'on consulte les recueils d'observations, et en particulier celles que
MM. Winslow et Bruhier nous ont données sur ce sujet, on sera convaincu
qu'entre la mort et la vie il n'y a souvent qu'une nuance si faible, qu'on
ne peut l'apercevoir même avec toutes les lumières de l'art de la médecine
et de l'observation la plus attentive. Selon eux, « le coloris du visage, la
« chaleur du corps, la mollesse des parties flexibles, sont des signes incer-
« tains d'une vie encore subsistante, comme la pâleur du visage, le froid du
« corps, la raideur des extrémités, la cessation des mouvements et l'aboli-
« tion des sens externes sont des signes très-équivoques d'une mort cer-
« taine[1] » : il en est de même de la cessation apparente du pouls et de la
respiration, ces mouvements sont quelquefois tellement engourdis et assoupis qu'il n'est pas possible de les apercevoir; on approche un miroir ou
une lumière de la bouche du malade, si le miroir se ternit, ou si la lumière
vacille, on conclut qu'il respire encore; mais souvent ces effets arrivent par
d'autres causes, lors même que le malade est mort en effet, et quelquefois
ils n'arrivent pas, quoiqu'il soit encore vivant; ces moyens sont donc très-
équivoques : on irrite les narines par des sternutatoires, des liqueurs péné-
trantes; on cherche à réveiller les organes du tact par des piqûres, des
brûlures, etc.; on donne des lavements de fumée, on agite les membres par
des mouvements violents, on fatigue l'oreille par des sons aigus et des cris,
on scarifie les omoplates, le dedans des mains et la plante des pieds; on y
applique des fers rouges, de la cire d'Espagne brûlante, etc., lorsqu'on veut
être bien convaincu de la certitude de la mort de quelqu'un; mais il y a des
cas où toutes ces épreuves sont inutiles, et on a des exemples, surtout de
personnes cataleptiques, qui, les ayant subies sans donner aucun signe de
vie, sont ensuite revenues d'elles-mêmes, au grand étonnement des spectateurs.

Rien ne prouve mieux combien un certain état de vie ressemble à l'état
de la mort; rien aussi ne serait plus raisonnable et plus selon l'humanité,
que de se presser moins qu'on ne fait d'abandonner, d'ensevelir et d'enterrer les corps; pourquoi n'attendre que dix, vingt ou vingt-quatre heures,
puisque ce temps ne suffit pas pour distinguer une mort vraie d'une mort
apparente, et qu'on a des exemples de personnes qui sont sorties de leur
tombeau au bout de deux ou trois jours? Pourquoi laisser avec indifférence
précipiter les funérailles des personnes mêmes dont nous aurions ardemment désiré de prolonger la vie? Pourquoi cet usage, au changement duquel
tous les hommes sont également intéressés, subsiste-t-il? ne suffit-il pas

1. Le *signe de mort*, réputé aujourd'hui le moins incertain, est la cessation des *battements
du cœur*, cessation prolongée et constatée au moyen de l'*auscultation*. (Voyez le *Compte-rendu*
des séan. de l'Acad. des sci., t. XXVI, p. 565.)

qu'il y ait eu quelquefois de l'abus par les enterrements précipités , pour nous engager à les différer et à suivre les avis des sages médecins, qui nous disent[a] « qu'il est incontestable que le corps est quelquefois tellement privé « de toute fonction vitale, et que le souffle de vie y est quelquefois tellement « caché, qu'il ne paraît en rien différent de celui d'un mort; que la charité « et la religion veulent qu'on détermine un temps suffisant pour attendre « que la vie puisse, si elle subsiste encore, se manifester par des signes , «. qu'autrement on s'expose à devenir homicide en enterrant des personnes « vivantes : or, disent-ils, c'est ce qui peut arriver, si l'on en croit la plus « grande partie des auteurs, dans l'espace de trois jours naturels ou de « soixante-douze heures ; mais si pendant ce temps il ne paraît aucun signe « de vie, et qu'au contraire les corps exhalent une odeur cadavéreuse , « on a une preuve infaillible de la mort, et on peut les enterrer sans « scrupule. »

Nous parlerons ailleurs des usages des différents peuples au sujet des obsèques, des enterrements, des embaumements, etc. ; la plupart même de ceux qui sont sauvages font plus d'attention que nous à ces derniers instants ; ils regardent comme le premier devoir ce qui n'est chez nous qu'une cérémonie ; ils respectent leurs morts, ils les vêtissent, ils leur parlent, ils récitent leurs exploits, louent leurs vertus ; et nous qui nous piquons d'être sensibles, nous ne sommes pas même humains, nous fuyons, nous les abandonnons, nous ne voulons pas les voir, nous n'avons ni le courage ni la volonté d'en parler, nous évitons même de nous trouver dans les lieux qui peuvent nous en rappeler l'idée : nous sommes donc trop indifférents ou trop faibles.

Après avoir fait l'histoire de la vie et de la mort par rapport à l'individu, considérons l'une et l'autre dans l'espèce entière. L'homme, comme l'on sait, meurt à tout âge, et quoiqu'en général on puisse dire que la durée de sa vie est plus longue que celle de la vie de presque tous les animaux , on ne peut pas nier qu'elle ne soit en même temps plus incertaine et plus variable. On a cherché dans ces derniers temps à connaître les degrés de ces variations, et à établir par des observations quelque chose de fixe sur la mortalité des hommes à différents âges ; si ces observations étaient assez exactes et assez multipliées, elles seraient d'une très-grande utilité pour la connaissance de la quantité du peuple, de sa multiplication, de la consommation des denrées, de la répartition des impôts , etc. Plusieurs personnes habiles ont travaillé sur cette matière ; et en dernier lieu M. de Parcieux , de l'Académie des Sciences, nous a donné un excellent ouvrage qui servira de règle à l'avenir au sujet des tontines et des rentes viagères ; mais

a. Voyez la Dissertation de M. Winslow *sur l'incertitude des signes de la Mort* , page 84, où ces paroles sont rapportées d'après Terilli , qu'il appelle l'Esculape vénitien.

comme son projet principal a été de calculer la mortalité des rentiers, et qu'en général les rentiers à vie sont des hommes d'élite dans un État, on ne peut pas en conclure pour la mortalité du genre humain en entier ; les tables qu'il a données dans le même ouvrage sur la mortalité dans les différents ordres religieux sont aussi très-curieuses, mais étant bornées à un certain nombre d'hommes qui vivent différemment des autres, elles ne sont pas encore suffisantes pour fonder des probabilités exactes sur la durée générale de la vie. MM. Halley, Graunt, Kersboom, Sympson, etc., ont aussi donné des tables de la mortalité du genre humain, et ils les ont fondées sur le dépouillement des registres mortuaires de quelques paroisses de Londres, de Breslau, etc,; mais il me paraît que leurs recherches, quoique très-amples et d'un très-long travail, ne peuvent donner que des approximations assez éloignées sur la mortalité du genre humain en général. Pour faire une bonne table de cette espèce, il faut dépouiller non-seulement les registres des paroisses d'une ville comme Londres, Paris, etc., où il entre des étrangers, et d'où il sort des natifs, mais encore ceux des campagnes, afin qu'ajoutant ensemble tous les résultats, les uns compensent les autres; c'est ce que M. Dupré de Saint-Maur de l'Académie française a commencé à exécuter sur douze paroisses de la campagne et trois paroisses de Paris; il a bien voulu me communiquer les tables qu'il en a faites, pour les publier; je le fais d'autant plus volontiers, que ce sont les seules sur lesquelles on puisse établir les probabilités de la vie des hommes en général avec quelque certitude.

PAROISSES.	MORTS	ANNÉES DE LA VIE.					ANNÉES DE LA VIE.				
		1	2	3	4	5	6	7	8	9	10
Clemont............	1391	578	73	36	29	16	16	14	10	8	4
Brinon............	1141	441	75	31	27	10	16	9	9	8	5
Jouy..............	588	231	43	11	13	5	8	4	6	1	0
Lestiou............	223	89	16	9	7	1	4	3	1	1	1
Vendeuvre.........	672	156	58	18	19	10	11	8	10	3	2
Saint-Agil.........	954	359	64	30	21	20	11	4	7	2	7
Thury............	262	103	31	8	4	3	2	2	2	1	2
Saint-Amant.......	748	170	61	24	11	12	15	3	6	8	6
Montigny..........	833	346	57	19	25	16	21	9	7	5	5
Villeneuve........	131	14	3	5	1	1	0	0	0	0	0
Goussainville......	1615	565	184	63	38	34	21	17	15	12	8
Ivry..............	2247	686	298	96	61	50	29	34	26	13	19
Total des morts.	10805										
Séparation des 10,805 morts dans les années de la vie où ils sont décédés.		3738	963	350	256	178	154	107	99	62	59
Morts avant la fin de leur première, seconde année, etc., sur 10,805 sépultures.		3738	4701	5051	5307	5485	5639	5746	5845	5907	5966
Nombre des personnes entrées dans leur première, seconde année, etc., sur 10,805.		10805	7067	6104	5754	5498	5320	5166	5059	4960	4898
Saint-André.......	1728	201	122	94	82	50	35	28	14	8	7
Saint-Hippolyte....	2516	754	361	127	64	60	55	25	16	20	8
Saint-Nicolas......	8945	1761	932	414	298	221	162	147	111	64	40
Total des morts.	13189										
Séparation des 13,189 morts dans les années de la vie où ils sont décédés.		2716	1415	635	444	331	252	200	141	92	55
Morts avant la fin de leur première, seconde année, etc., sur 13,189 sépultures.		2716	4131	4766	5210	5541	5793	5993	6134	6226	6281
Nombre des personnes entrées dans leur première, seconde année, etc., sur 13,189.		13189	10473	9058	8423	7979	7648	7396	7196	7055	6963
Séparation de 23,994 morts sur les trois paroisses de Paris, et sur les douze villages.		6454	2378	985	700	509	406	307	240	154	114
Morts avant la fin de leur première, seconde année, etc., sur 23,994 sépultures.		6454	8832	9817	10517	11026	11432	11639	11979	12133	12247
Nombre des personnes entrées dans leur première, seconde année, etc., sur 23,994.		23994	17540	15162	14177	12477	12968	12562	12255	12015	11861

PAROISSES.	MORTS	ANNÉES DE LA VIE.					ANNÉES DE LA VIE.				
		11	12	13	14	15	16	17	18	19	20
Clemont............	1391	6	5	6	5	5	6	6	10	3	13
Brinon.............	1141	2	12	2	6	4	5	9	4	5	14
Jouy...............	588	3	0	3	3	1	6	4	4	3	5
Lestiou............	223	0	1	0	1	1	1	1	0	0	0
Vaudeuvre.........	672	1	3	3	4	5	6	3	3	4	7
Saint-Agil.........	954	3	3	3	3	5	2	7	8	5	6
Thury.............	262	0	0	0	0	1	0	1	1	1	1
Saint-Amant.......	748	4	4	2	5	1	5	3	6	1	4
Montigny..........	833	2	4	4	2	4	2	2	3	3	5
Villeneuve.........	131	0	1	0	0	1	0	2	4	0	1
Goussainville......	1615	5	5	9	5	5	2	5	10	9	10
Ivry..............	2247	9	6	4	4	8	7	4	14	10	12
Total des morts.	10805										
Séparation des 10,805 morts dans les années de la vie où ils sont décédés.		35	44	36	38	41	42	47	67	44	78
Morts avant la fin de leur 11e, 12e année, etc., sur 10,805 sépultures.		6001	6045	6081	6119	6160	6202	6249	6316	6360	6438
Nombre des personnes entrées dans leur 11e, 12e année,etc., sur 10,805.		4839	4804	4760	4724	4686	4645	4603	4556	4489	4445
Saint-André.......	1728	3	9	6	7	10	13	13	11	10	7
Saint-Hippolyte....	2516	9	9	6	7	6	5	7	9	7	3
Saint-Nicolas......	8945	34	38	25	21	33	37	37	28	44	53
Total des morts.	13189										
Séparation des 13,189 morts dans les années de la vie où ils sont décédés.		46	56	37	35	49	55	57	48	61	63
Morts avec la fin de leur 11e, 12e année, etc., sur 13,189 sépultures.		6327	6383	6420	6455	6504	6559	6616	6664	6725	6788
Nombre des personnes entrées dans leur 11e, 12e année,etc., sur 13,189.		6908	6862	6806	6769	6734	6685	6630	6573	6525	6464
Séparation des 23,994 morts sur les trois paroisses de Paris, et sur les douze villages.		81	100	73	73	90	97	104	115	105	141
Morts avant la fin de leur 11e, 12e année, etc., sur 23,994 sépultures.		12328	12428	12501	12574	12664	12761	12865	12980	13085	13226
Nombre des personnes entrées dans leur 11e, 12e année,etc., sur 23,994.		11747	11666	11566	11493	11420	11330	11233	11129	11014	10909

PAROISSES.	MORTS	ANNÉES DE LA VIE.					ANNÉES DE LA VIE.				
		21	22	23	24	25	26	27	28	29	30
Clemont...........	1391	8	9	10	7	22	9	13	10	7	24
Brinon...........	1141	8	14	7	11	24	9	7	13	6	23
Jouy.............	588	2	4	4	4	5	2	2	3	4	8
Lestiou.	223	0	0	3	0	1	1	1	3	1	1
Vaudeuvre........	672	4	6	8	6	22	3	5	10	1	28
Saint-Agil........	954	4	6	3	6	11	10	4	9	2	16
Thury...........	262	1	3	1	1	2	2	0	5	2	2
Saint-Amant.......	748	7	6	6	4	5	4	4	3	3	8
Montigny.........	833	4	3	10	8	7	3	3	3	0	6
Villeneuve.	131	1	4	1	0	1	0	2	1	1	2
Goussainville......	1615	6	10	5	6	11	9	9	8	10	10
Ivry.............	2247	6	15	10	9	10	14	5	9	5	13
Total des morts.	10805										
Séparation des 10,805 morts dans les années de la vie où ils sont décédés.		51	80	68	62	121	66	55	77	42	146
Morts avant la fin de leur 21e, 22e année, etc., sur 10,805 sépultures.		6480	6569	6637	6699	6820	6886	6941	7018	7060	7206
Nombre des personnes entrées dans leur 21e, 22e année, etc., sur 10,805.		4367	4316	4236	4168	4106	3985	3919	3864	3787	3745
Saint-André.......	1728	9	17	11	9	9	8	17	13	11	21
Saint-Hippolyte....	2516	2	8	7	9	10	13	10	10	9	7
Saint-Nicolas......	8945	31	56	48	41	59	47	53	51	34	63
Total des morts.	13189										
Séparation des 13,189 morts dans les années de la vie où ils sont décédés.		42	81	66	59	78	68	80	74	54	91
Morts avant la fin de leur 21e, 22e année, etc., sur 13,189 sépultures.		6830	6911	6977	7036	7114	7182	7262	7336	7390	7481
Nombre des personnes entrées dans leur 21e, 22e année, etc., sur 13,189.		6401	6359	6278	6212	6153	6075	6007	5927	5853	5799
Séparation des 23,994 morts sur les trois paroisses de Paris, et sur les douze villages.		93	161	134	121	199	134	135	151	96	237
Morts avant la fin de leur 21e, 22e année, etc., sur 23,994 sépultures.		13319	13480	13614	13735	13934	14068	14203	14354	14450	14687
Nombre des personnes entrées dans leur 21e, 22e année, etc., sur 23,994.		10768	10675	10514	10380	10259	10060	9926	9793	9640	9544

DE LA VIEILLESSE

PAROISSES.	MORTS	ANNÉES DE LA VIE.					ANNÉES DE LA VIE.				
		31	32	33	34	35	36	37	38	39	40
Clemont............	1391	4	13	14	8	17	12	18	15	3	41
Brinon............	1141	6	15	3	4	20	8	8	8	6	37
Jouy..............	588	2	5	4	3	13	6	7	4	1	20
Lestiou............	223	4	4	3	1	6	4	4	1	1	4
Vendeuvre.........	672	2	9	1	3	17	5	5	4	0	41
Saint-Agil.........	954	8	7	2	5	18	9	4	5	1	22
Thury.	262	0	3	1	0	7	0	1	2	2	4
Saint-Amant......	748	2	8	6	5	7	4	5	5	3	20
Montigny..........	833	1	10	3	4	8	4	1	2	0	8
Villeneuve.	131	1	2	1	0	6	5	0	5	0	7
Goussainville......	1615	4	14	6	7	8	8	5	2	7	14
Ivry..............	2247	8	11	18	10	19	12	13	23	3	27
Total des morts.	10805										
Séparation des 10,805 morts dans les années de la vie où ils sont décédés.		42	101	62	50	146	77	71	76	27	245
Morts avant la fin de leur 31e, 32e année, etc., sur 10,805 sépultures.		7248	7349	7411	7461	7607	7684	7755	7831	7858	8103
Nombre des personnes entrées dans leur 31e, 32e année, etc., sur 10,805.		3599	3557	3456	3394	3344	3198	3121	3050	2974	2947
Saint-André.......	1728	6	10	17	15	21	14	8	12	4	26
Saint-Hippolyte....	2516	9	12	13	13	16	21	15	13	10	24
Saint-Nicolas......	8945	25	57	41	54	82	75	58	59	46	109
Total des morts.	13189										
Séparation des 13,189 morts dans les années de la vie où ils sont décédés.		40	79	71	82	119	110	81	84	60	159
Morts avant la fin de leur 31e, 32e année, etc., sur 13,189 sépultures.		7521	7600	7671	7753	7872	7982	8063	8147	8207	8366
Nombre des personnes entrées dans leur 31e, 32e année, etc., sur 13,189.		5708	5668	5589	5518	5436	5317	5207	5126	5042	4982
Séparation de 23,994 morts sur les trois paroisses de Paris, et sur les douze villages.		82	180	133	132	265	187	158	160	87	404
Morts avant la fin de leur 31e, 32e année, etc., sur 23,994 sépultures.		14769	14949	15082	15214	15479	15666	15818	15978	16065	16469
Nombre des personnes entrées dans leur 31e, 32e année, etc., sur 23,994.		9307	9245	9045	8912	8770	8515	8328	8176	8016	7929

PAROISSES.	MORTS	ANNÉES DE LA VIE.					ANNÉES DE LA VIE.				
		41	42	43	44	45	46	47	48	49	50
Clemont...........	1391	4	10	10	6	20	5	8	5	6	31
Brinon............	1141	6	8	3	6	11	5	6	9	0	23
Jouy...............	588	0	3	0	4	13	3	4	2	0	20
Lestiou.	223	0	2	2	0	3	3	0	3	3	5
Vandeuvre........	672	1	3	2	2	14	5	3	1	0	31
Saint-Agil.........	954	2	8	7	3	14	1	3	3	0	24
Thury.............	262	1	3	1	4	3	0	0	0	0	3
Saint-Amant.......	748	1	6	2	4	13	3	4	6	0	23
Montigny..........	833	3	6	5	4	13	6	1	6	1	10
Villeneuve.	131	0	3	1	0	2	1	2	3	0	7
Goussainville......	1615	10	11	4	5	11	9	5	12	6	15
Ivry...............	2247	7	19	7	14	22	10	7	12	6	24
Total des morts.	10805										
Séparation des 10,805 morts dans les années de la vie où ils sont décédés.		35	82	44	52	139	51	43	62	22	216
Morts avant la fin de leur 41e, 42e année, etc., sur 10,805 sépultures.		8138	8220	8264	8316	8455	8506	8549	8611	8633	8849
Nombre des personnes entrées dans leur 41e, 42e année, etc., sur 10,805.		2702	2667	2585	2541	2489	2350	2299	2256	2194	2172
Saint-André.......	1728	5	19	12	10	24	21	9	13	10	24
Saint-Hippolyte....	2516	4	18	14	9	33	14	13	15	12	20
Saint-Nicolas......	8945	37	73	58	45	111	54	47	68	50	120
Total des morts.	13189										
Séparation des 13,189 morts dans les années de la vie où ils sont décédés.		46	110	84	64	168	89	69	96	72	164
Morts avant la fin de leur 41e, 42e année, etc., sur 13,189 sépultures.		8412	8522	8606	8670	8838	8927	8996	9092	9164	9328
Nombre des personnes entrées dans leur 41e, 42e année, etc., sur 13,189.		4823	4777	4667	4583	4519	4351	4262	4193	4097	4025
Séparation des 23,994 morts sur les trois paroisses de Paris, et sur les douze villages.		81	192	128	116	307	140	112	158	94	380
Morts avant la fin de leur 41e, 42e année, etc., sur 23,994 sépultures.		16550	16742	16870	16986	17293	17433	17545	17703	17797	18177
Nombre des personnes entrées dans leur 41e, 42e année, etc., sur 23,994.		7525	7444	7252	7124	7008	6701	6561	6449	6291	6197

PAROISSES.	MORTS	ANNÉES DE LA VIE.					ANNÉES DE LA VIE.				
		51	52	53	54	55	56	57	58	59	60
Clemont...........	1391	0	5	5	5	14	5	5	4	4	52
Brinon............	1141	1	3	3	2	10	6	2	3	0	24
Jouy..............	588	2	3	2	5	7	4	5	2	0	20
Lestiou...........	223	1	1	0	0	2	2	0	3	0	2
Vendeuvre........	672	0	2	1	1	13	1	1	2	0	35
Saint-Agil.........	954	3	9	2	2	10	3	5	3	3	22
Thury............	262	0	0	1	1	4	0	1	3	1	6
Saint-Amant......	748	1	4	4	4	6	5	4	7	2	27
Montigny..........	833	2	5	2	5	10	3	4	9	2	13
Villeneuve........	131	2	1	0	1	0	3	1	2	1	4
Goussainville......	1615	4	9	5	9	6	10	10	10	3	24
Ivry..............	2247	6	14	13	9	29	12	13	13	3	40
Total des morts.	10805										
Séparation des 10,805 morts dans les années de la vie où ils sont décédés.		22	56	38	44	111	54	51	61	19	269
Morts avant la fin de leur 51e, 52e année, etc., sur 10,805 sépultures.		8871	8927	8965	9009	9120	9174	9225	9286	9305	9574
Nombre des personnes entrées dans leur 51e, 52e année, etc., sur 10,805.		1956	1934	1878	1840	1796	1685	1631	1580	1519	1500
Saint-André.......	1728	7	18	8	10	19	11	15	17	11	46
Saint-Hippolyte....	2516	10	19	6	10	25	9	15	18	12	35
Saint-Nicolas......	8945	40	59	49	46	125	56	48	86	48	184
Total des morts.	13189										
Séparation des 13,189 morts dans les années de la vie où ils sont décédés.		57	96	63	66	169	76	78	121	71	265
orts avan †la fin de leur 51e, 52e année, etc., sur 13,189 sépultures.		9385	9481	9544	9610	9779	9855	9933	10054	10125	10390
Nombre des personnes entrées dans leur 51e, 52e année, etc., sur 13,189.		3861	3804	3708	3645	3579	3410	3334	3256	3135	3064
Séparation de 23,994 morts sur les trois paroisses de Paris, et sur les douze villages.		79	152	101	110	280	130	129	182	90	534
Morts avant la fin de leur 51e, 52e année, etc., sur 23,994 sépultures.		18256	18408	18509	18619	18899	19029	19158	19340	19430	19964
Nombre des personnes entrées dans leur 51e, 52e année, etc., sur 23,994.		5817	5738	5586	5485	5375	5095	4965	4836	4654	4564

PAROISSES.	MORTS	ANNÉES DE LA VIE.					ANNÉES DE LA VIE.				
		61	62	63	64	65	66	67	68	69	70
Clemont............	1391	2	6	5	2	5	5	3	4	1	11
Brinon............	1141	1	3	4	7	7	6	3	6	0	6
Jouy...............	588	0	5	2	4	5	2	1	1	1	3
Lestiou.	223	0	0	1	0	3	1	1	0	1	0
Vandeuvre........	672	0	0	1	1	5	3	0	2	1	9
Saint-Agil.........	954	3	2	7	5	7	3	6	5	2	19
Thury............	262	0	3	2	2	2	1	3	1	0	7
Saint-Amant.......	748	0	4	3	4	12	7	5	6	6	18
Montigny..........	833	3	7	5	5	7	6	2	5	1	9
Villeneuve........	131	3	0	1	1	2	3	0	1	0	4
Goussainville......	1615	6	9	7	6	13	17	13	15	5	16
Ivry..............	2247	3	12	12	11	14	21	5	23	7	31
Total des morts.	10805										
Séparation des 10,805 morts dans les années de la vie où ils sont décédés.		21	51	50	48	82	75	42	69	25	133
Morts avant la fin de leur 61e, 62e année, etc., sur 10,805 sépultures.		9595	9646	9696	9744	9826	9901	9943	10012	10037	10170
Nombre des personnes entrées dans leur 61e, 62e année, etc., sur 10,805.		1231	1210	1159	1109	1061	979	904	862	793	768
Saint-André.......	1728	11	21	19	17	20	27	21	25	9	36
Saint-Hippolyte....	2516	7	28	21	23	25	19	12	20	13	35
Saint-Nicolas......	8945	42	77	71	73	95	95	67	115	50	177
Total des morts.	13189										
Séparation des 13,189 morts dans les années de la vie où ils sont décédés.		60	126	111	113	140	141	100	160	72	248
Morts avant la fin de leur 61e, 62e année, etc., sur 13,189 sépultures.		10430	10576	10687	10800	10940	11081	11181	11341	11413	11661
Nombre des personnes entrées dans leur 61e, 62e année, etc., sur 13,189.		2799	2739	2613	2502	2389	2249	2108	2008	1848	1776
Séparation des 23,994 morts sur les trois paroisses de Paris, et sur les douze villages.		81	177	161	161	122	216	142	229	97	381
Morts avant la fin de leur 61e, 62e année, etc., sur 23,994 sépultures.		20045	20222	20383	20544	20766	20982	21124	21353	21450	21831
Nombre des personnes entrées dans leur 61e, 62e année, etc., sur 23,994.		4030	3949	3772	3611	3450	3228	3012	2870	2641	2544

PAROISSES.	MORTS	ANNÉES DE LA VIE.					ANNÉES DE LA VIE.				
		71	72	73	74	75	76	77	78	79	80
Clemont............	1391	1	3	1	3	5	1	1	2	2	6
Brinon.............	1141	2	12	2	0	4	2	0	3	0	3
Jouy..............	588	1	2	0	1	1	0	0	0	0	2
Lestiou............	223	0	2	0	0	0	0	0	0	0	1
Vendeuvre.........	672	1	4	0	0	3	0	1	0	0	7
Saint-Agil.........	954	1	11	5	5	8	0	3	4	0	6
Thury,............	262	0	2	1	0	0	0	1	0	0	3
Saint-Amant......	748	3	10	2	2	18	2	4	4	2	17
Montigny..........	833	2	8	3	2	9	1	4	2	0	5
Villeneuve.........	131	0	3	0	0	0	0	2	1	1	1
Goussainville......	1615	8	22	12	12	16	6	6	8	1	17
Ivry..............	2247	6	21	11	19	24	12	11	14	9	19
Total des morts.	10805										
Séparation des 10,805 morts dans les années de la vie où ils sont décédés.		25	100	37	44	88	24	33	38	15	89
Morts avant la fin de leur 71e, 72e année, etc., sur 10,805 sépultures.		10195	10295	10332	10376	10464	10488	10521	10559	10574	10663
Nombre des personnes entrées dans leur 71e, 72e année, etc., sur 10,805.		635	610	510	473	429	341	317	284	246	231
Saint-André.......	1728	9	25	14	19	20	16	10	25	8	17
Saint-Hippolyte....	2516	10	28	5	15	23	11	18	15	8	18
Saint-Nicolas......	8945	64	118	53	90	127	63	59	69	30	121
Total des morts.	13189										
Séparation des 13,189 morts dans les années de la vie où ils sont décédés.		83	171	72	124	170	90	87	109	46	156
Morts avant la fin de leur 71e, 72e année, etc., sur 13,189 sépultures.		11744	11915	11987	12111	12281	12371	12458	12567	12613	12769
Nombre des personnes entrées dans leur 71e, 72e année, etc., sur 13,189.		1528	1445	1274	1202	1078	908	818	731	622	576
Séparation de 23,994 morts sur les trois paroisses de Paris, et sur les douze villages.		108	271	109	168	258	114	120	147	61	245
Morts avant la fin de leur 71e, 72e année, etc., sur 23,994 sépultures.		21939	22210	22319	22487	22745	22859	22979	23126	23187	23432
Nombre des personnes entrées dans leur 71e, 72e année, etc., sur 23,994.		2160	2155	1784	1675	1507	1249	1135	1015	868	807

PAROISSES.	MORTS	ANNÉES DE LA VIE.					ANNÉES DE LA VIE.				
		81	82	83	84	85	86	87	88	89	90
Clemont............	1391	0	0	0	3	0	1	0	0	1	
Brinon............	1141	1									
Jouy..............	588	0	0	0	0	0	0	0	1		
Lestiou...........	223	0	0	0	0	1					
Vendeuvre.........	672	0	0	0	0	0	0	1	1		
Saint-Agil.........	954	0	0	0	0	0	0	0	0	0	2
Thury.............	262										
Saint-Amant......	748	1	3	1	3	4	0	1	2	0	4
Montigny..........	833	1	4	1	1	0	0	0	0	0	1
Villeneuve........	131	0	0	0	0	0	0	0	0	1	
Goussainville......	1615	6	9	5	7	2	4	4	2	2	
Ivry..............	2247	7	14	4	7	5	4	2	3	1	2
Total des morts.	10805										
Séparation des 10,805 morts dans les années de la vie où ils sont décédés.		16	30	11	21	12	9	8	9	5	9
Morts avant la fin de leur 81e, 82e année, etc., sur 10,805 sépultures.		10679	10709	10720	10741	10753	10762	10770	10779	10784	10793
Nombre des personnes entrées dans leur 81e, 82e année, etc., sur 10,805.		142	126	96	85	64	52	43	35	26	21
Saint-André........	1728	4	10	8	7	3	7	4	5	2	4
Saint-Hippolyte....	2516	4	5	16	4	10	4	1	4	2	2
Saint-Nicolas......	8945	32	41	37	25	35	19	20	25	4	17
Total des morts.	13189										
Séparation des 13,189 morts dans les années de la vie où ils sont décédés.		40	56	61	36	48	30	25	34	8	23
Morts avant la fin de leur 81e, 82e année, etc., sur 13,189 sépultures.		12809	12865	12926	12962	13010	13040	13065	13099	13107	13130
Nombre des personnes entrées dans leur 81e, 82e année, etc., sur 13,189.		420	380	324	263	227	179	149	124	90	82
Séparation de 23,994 morts sur les trois paroisses de Paris, et sur les douze villages.		56	86	72	57	50	39	33	43	13	32
Morts avant la fin de leur 81e, 82e année, etc., sur 23,994 sépultures.		23488	23574	23646	23703	23763	23802	23835	23878	23891	23923
Nombre des personnes entrées dans leur 81e, 82e année, etc., sur 23,994.		562	506	420	348	291	231	192	159	116	103

PAROISSES.	MORTS	ANNÉES DE LA VIE.					ANNÉES DE LA VIE.				
		91	92	93	94	95	96	97	98	99	100
Clemont..........	1391										
Brinon...........	1141										
Jouy.............	588										
Lestiou..........	223										
Vandeuvre........	672										
Saint-Agil.......	954	0	0	0	0	0	0	0	0	0	1
Thury............	262										
Saint-Amant......	748	1	1	0	0	2	1	0	3		
Montigny.........	833										
Villeneuve.......	131										
Goussainville....	1615										
Ivry.............	2247	0	2	0	0	1					
Total des morts.	10805										
Séparation des 10,805 morts dans les années de la vie où ils sont décédés.		1	3	0	0	3	1	0	3	0	1
Morts avant la fin de leur 91e, 92e année, etc., sur 10,805 sépultures.		10794	10797	10797	10797	10800	10801	10801	10804	10804	10805
Nombre des personnes entrées dans leur 91e, 92e année, etc., sur 10,805.		12	11	8	8	8	5	4	4	1	1
Saint-André......	1728	0	2	1	2	0	1	1	0	0	0
Saint-Hippolyte....	2516	2	2	1	1	2	1	0	1		
Saint-Nicolas......	8945	5	9	5	4	5	2	1	4	1	4
Total des morts.	13189										
Séparation des 13,189 morts dans les années de la vie où ils sont décédés.		7	13	7	7	7	4	2	5	1	4
Morts avant la fin de leur 91e, 92e année, etc., sur 13,189 sépultures.		13137	13150	13157	13164	13171	13175	13177	13182	13183	13187
Nombre des personnes entrées dans leur 91e, 92e année, etc., sur 13,189.		59	52	39	32	25	18	14	12	7	6
Séparation des 23,994 morts sur les trois paroisses de Paris, et sur les douze villages.		8	16	7	7	10	5	2	8	1	5
Morts avant la fin de leur 91e, 92e année, etc., sur 23,994 sépultures.		23931	23947	23954	23961	23971	23976	23978	23986	23987	23992
Nombre des personnes entrées dans leur 91e, 92e année, etc., sur 23,994.		71	63	47	41	33	23	18	16	8	7

On peut tirer plusieurs connaissances utiles de cette table que M. Dupré a faite avec beaucoup de soin, mais je me bornerai ici à ce qui regarde les degrés de probabilité de la durée de la vie. On peut observer que dans les colonnes qui répondent à 10, 20, 30, 40, 50, 60, 70, 80 ans, et aux autres nombres ronds, comme 25, 35, etc., il y a dans les paroisses de campagne beaucoup plus de morts que dans les colonnes précédentes ou suivantes : cela vient de ce que les curés ne mettent pas sur leurs registres l'âge au juste, mais à peu près ; la plupart des paysans ne savent pas leur âge à deux ou trois années près ; s'ils meurent à 58 ou 59 ans, on écrit 60 ans sur le registre mortuaire; il en est de même des autres termes en nombres ronds, mais cette irrégularité peut aisément s'estimer par la loi de la suite des nombres, c'est-à-dire par la manière dont ils se succèdent dans la table : ainsi cela ne fait pas un grand inconvénient.

Par la table des paroisses de la campagne il paraît que la moitié de tous les enfants qui naissent meurent à peu près avant l'âge de quatre ans révolus; par celle des paroisses de Paris il paraît au contraire qu'il faut seize ans pour éteindre la moitié des enfants qui naissent en même temps . cette grande différence vient de ce qu'on ne nourrit pas à Paris tous les enfants qui y naissent, même à beaucoup près. On les envoie dans les campagnes, où il doit par conséquent mourir plus de personnes en bas âge qu'à Paris; mais en estimant les degrés de mortalité par les deux tables réunies, ce qui me paraît approcher beaucoup de la vérité, j'ai calculé les probabilités de la durée de la vie comme il suit :

DE LA VIEILLESSE

TABLE

DES PROBABILITÉS DE LA DURÉE DE LA VIE.

AGE.	DURÉE DE LA VIE.		AGE.	DURÉE DE LA VIE.		AGE.	DURÉE DE LA VIE.	
ans.	années.	mois.	ans.	années.	mois.	ans.	années.	mois.
0	8	0	29	28	6	58	12	3
1	33	0	30	28	0	59	11	8
2	38	0	31	27	6	60	11	1
3	40	0	32	26	11	61	10	6
4	41	0	33	26	3	62	10	0
5	41	6	34	25	7	63	9	6
6	42	0	35	25	0	64	9	0
7	42	3	36	24	5	65	8	6
8	41	6	37	23	10	66	8	0
9	40	10	38	23	3	67	7	6
10	40	2	39	22	8	68	7	0
11	39	6	40	22	1	69	6	7
12	38	9	41	21	6	70	6	2
13	38	1	42	20	11	71	5	8
14	37	5	43	20	4	72	5	4
15	36	9	44	19	9	73	5	0
16	36	0	45	19	3	74	4	9
17	35	4	46	18	9	75	4	6
18	34	8	47	18	2	76	4	3
19	34	0	48	17	8	77	4	1
20	33	5	49	17	2	78	3	11
21	32	11	50	16	7	79	3	9
22	32	4	51	16	0	80	3	7
23	31	10	52	15	6	81	3	5
24	31	3	53	15	0	82	3	3
25	30	9	54	14	6	83	3	2
26	30	2	55	14	0	84	3	1
27	29	7	56	13	5	85	3	0
28	29	0	57	12	10			

On voit par cette table qu'on peut espérer raisonnablement, c'est-à-dire,
parier un contre un qu'un enfant qui vient de naître, ou qui a zéro d'âge,
vivra huit ans; qu'un enfant qui a déjà vécu un an, ou qui a un an d'âge,
vivra encore trente-trois ans; qu'un enfant de deux ans révolus vivra
encore trente-huit ans; qu'un homme de vingt ans révolus vivra encore
trente-trois ans cinq mois; qu'un homme de trente ans vivra encore vingt-
huit ans, et ainsi de tous les autres âges.

On observera 1° que l'âge auquel on peut espérer une plus longue durée
de vie est l'âge de sept ans, puisqu'on peut parier un contre un qu'un enfant
de cet âge vivra encore 42 ans 3 mois; 2° qu'à l'âge de douze ou treize ans
on a vécu le quart de sa vie, puisqu'on ne peut légitimement espérer que 38
ou 39 ans de plus, et de même qu'à l'âge de 28 ou 29 ans on a vécu la moitié
de sa vie, puisqu'on n'a plus que 28 ans à vivre, et enfin qu'avant 50 ans
on a vécu les trois quarts de sa vie, puisqu'on n'a plus que 16 ou 17 ans à
espérer. Mais ces vérités physiques si mortifiantes en elles-mêmes peuvent se
compenser par des considérations morales : un homme doit regarder comme
nulles les 15 premières années de sa vie; tout ce qui lui est arrivé, tout ce
qui s'est passé dans ce long intervalle de temps est effacé de sa mémoire,
ou du moins a si peu de rapport avec les objets et les choses qui l'ont occupé
depuis, qu'il ne s'y intéresse en aucune façon; ce n'est pas la même succession d'idées, ni, pour ainsi dire, la même vie; nous ne commençons à vivre
moralement que quand nous commençons à ordonner nos pensées, à les
tourner vers un certain avenir, et à prendre une espèce de consistance,
un état relatif à ce que nous devons être dans la suite. En considérant la
durée de la vie sous ce point de vue qui est le plus réel, nous trouverons
dans la table qu'à l'âge de 25 ans on n'a vécu que le quart de sa vie, qu'à
l'âge de 38 ans on n'en a vécu que la moitié, et que ce n'est qu'à l'âge de
56 ans qu'on a vécu les trois quarts de sa vie [1].

1. « Près d'un sixième des enfants meurent dans la première année; un cinquième ne par-
« vient pas à l'âge de deux ans, un quart à l'âge de quatre ans, et un tiers à l'âge de qua-
« torze ans. Il en reste la-moitié à quarante-deux ans, le tiers à soixante-deux ans, le quart à
« soixante-neuf ans, le cinquième à soixante et treize ans, et le sixième à soixante et quinze
« ans... En France, il naît annuellement 970,000 enfants : sur ce nombre, il en parvient à l'âge
« de vingt ans 613,981..... La somme de toutes les populations partielles donne 36,243,357 pour
« la population entière de la France. Cette population correspond aux 970,000 naissances qui
« ont annuellement lieu en France. » (Voyez l'*Ann du Bur. des longit.*)

DES SENS. [1]

DU SENS DE LA VUE.

Après avoir donné la description des différentes parties qui composent le corps humain, examinons ses principaux organes; voyons le développement et les fonctions des sens, cherchons à reconnaître leur usage dans toute son étendue, et marquons en même temps les erreurs auxquelles nous sommes, pour ainsi dire, assujettis par la nature.

Les yeux paraissent être formés de fort bonne heure dans le fœtus ; ce sont même des parties doubles celles qui paraissent se développer les premières dans le petit poulet, et j'ai observé sur des œufs de plusieurs espèces d'oiseaux et sur des œufs de lézards que les yeux étaient beaucoup plus gros et plus avancés dans leur développement que toutes les autres parties doubles de leur corps : il est vrai que dans les vivipares, et en particulier dans le fœtus humain, ils ne sont pas à beaucoup près aussi gros à proportion qu'ils le sont dans les embryons des ovipares, mais cependant ils sont plus formés et ils paraissent se développer plus promptement que toutes les autres parties du corps. Il en est de même de l'organe de l'ouïe : les osselets de l'oreille sont entièrement formés dans le temps que d'autres os qui doivent devenir beaucoup plus grands que ceux-ci n'ont pas encore acquis les premiers degrés de leur grandeur et de leur solidité; dès le cinquième mois, les osselets de l'oreille sont solides et durs ; il ne reste que quelques petites parties qui sont encore cartilagineuses dans le marteau et dans l'enclume; l'étrier achève de prendre sa forme au septième mois, et dans ce peu de temps tous ces osselets ont entièrement acquis dans le fœtus la grandeur, la forme et la dureté qu'ils doivent avoir dans l'adulte.

Il paraît donc que les parties auxquelles il aboutit une plus grande quantité de nerfs sont les premières qui se développent. Nous avons dit que la vésicule qui contient le cerveau, le cervelet et les autres parties simples [2] du milieu de la tête, est ce qui paraît le premier, aussi bien que l'épine du dos, ou plutôt la moelle allongée qu'elle contient : cette moelle allongée, prise dans toute sa longueur, est la partie fondamentale du corps et celle qui est la première formée [3] ; les nerfs sont donc ce qui existe le premier, et les

1. Cette seconde partie de l'*Histoire naturelle de l'homme* forme la seconde partie du troisième volume de l'édition in-4° de l'Imprimerie royale, volume publié en 1749.

2. Voyez la note de la page 628 du Ier volume.

3. Selon Harvey, c'est le *cœur* qui est le premier formé (Ier vol. , p. 483) ; selon Malpighi , c'est la *tête* et l'*épine du dos* (Ier vol., p. 487). On peut croire que les *ébauches* de toutes les parties sont formées en même temps ; mais , de toutes les parties, celle qui m'a paru se développer la première est en effet , comme le dit ici Buffon, après Malpighi, le *système nerveux* central : le *cerveau* et la *moelle épinière*.

organes auxquels il aboutit un grand nombre de différents nerfs, comme les oreilles, ou ceux qui sont eux-mêmes de gros nerfs épanouis, comme les yeux, sont aussi ceux qui se développent le plus promptement et les premiers.

Si l'on examine les yeux d'un enfant quelques heures ou quelques jours après sa naissance, on reconnaît aisément qu'il n'en fait encore aucun usage ; cet organe n'ayant pas encore assez de consistance, les rayons de la lumière ne peuvent arriver que confusément sur la rétine ; ce n'est qu'au bout d'un mois ou environ qu'il paraît que l'œil a pris de la solidité et le degré de tension nécessaire pour transmettre ces rayons dans l'ordre que suppose la vision ; cependant alors même, c'est-à-dire au bout d'un mois, les yeux des enfants ne s'arrêtent encore sur rien : ils les remuent et les tournent indifféremment, sans qu'on puisse remarquer si quelques objets les affectent réellement ; mais bientôt, c'est-à-dire à six ou sept semaines, ils commencent à arrêter leurs regards sur les choses les plus brillantes, à tourner souvent les yeux et à les fixer du côté du jour, des lumières ou des fenêtres ; cependant l'exercice qu'ils donnent à cet organe ne fait que le fortifier sans leur donner encore aucune notion exacte des différents objets, car le premier défaut du sens de la vue est de représenter tous les objets renversés[1]. Les enfants, avant que de s'être assurés par le toucher de la position des choses et de celle de leur propre corps, voient en bas tout ce qui est en haut, et en haut tout ce qui est en bas : ils prennent donc par les yeux une fausse idée de la position des objets. Un second défaut, et qui doit induire les enfants dans une autre espèce d'erreur ou de faux jugement, c'est qu'ils voient d'abord tous les objets doubles[2], parce que dans chaque œil il se forme une image du même objet : ce ne peut encore être que par l'expérience du toucher qu'ils acquièrent la connaissance nécessaire pour rectifier cette erreur et qu'ils apprennent en effet à juger simples les objets qui leur paraissent doubles. Cette erreur de la vue, aussi bien que la première, est dans la suite si bien rectifiée par la vérité du toucher, que, quoique nous voyions en effet tous les

1. Rien n'est moins prouvé que cette assertion. Dans la question, depuis si longtemps agitée, de la *vision droite* ou *renversée*, le premier point est de savoir si nous voyons les objets dans l'œil, ou hors de l'œil.

Condillac prétend que la sensation, produite dans l'œil : « reste dans l'œil, et ne s'étend « point au delà. » (*Traité des sensations.* — *Extrait raisonné.* — *Précis de la première partie.*) Il est facile de s'assurer, par des observations faites sur de jeunes animaux, que dès que le petit animal voit, il voit les objets hors de l'œil, et les voit où ils sont. Le petit poulet, à peine éclos, voit un grain de blé où ce grain se trouve, puisque son bec frappe juste. Un petit ruminant, à peine né, se met à courir et ne se heurte point contre les objets. Le petit cheval fait de même. (Voyez mon livre sur l'*Instinct et l'intelligence des animaux*, au chapitre intitulé : *Rôle des sens.*)

2. Seconde assertion, qui n'est pas mieux prouvée que la première. Toutes les fois que l'obje se peint sur des parties correspondantes des deux rétines, nous voyons l'objet simple. Si nous pressons légèrement de côté l'un des deux yeux, l'objet paraît double, parce que les deux images ne tombent plus sur des parties correspondantes des deux rétines.

objets doubles et renversés, nous nous imaginons cependant les voir réellement simples et droits, et que nous nous persuadons que cette sensation par laquelle nous voyons les objets simples et droits, qui n'est qu'un jugement de notre âme occasionné par le toucher, est une appréhension réelle produite par le sens de la vue : si nous étions privés du toucher, les yeux nous tromperaient donc non-seulement sur la position, mais aussi sur le nombre des objets.

La première erreur est une suite de la conformation de l'œil, sur le fond duquel les objets se peignent dans une situation renversée, parce que les rayons lumineux qui forment les images de ces mêmes objets ne peuvent entrer dans l'œil qu'en se croisant dans la petite ouverture de la pupille. On aura une idée bien claire de la manière dont se fait ce renversement des images, si l'on fait un petit trou dans un lieu fort obscur : on verra que les objets du dehors se peindront sur la muraille de cette chambre obscure dans une situation renversée, parce que tous les rayons qui partent des différents points de l'objet ne peuvent pas passer par le petit trou dans la position et dans l'étendue qu'ils ont en partant de l'objet, puisqu'il faudrait alors que le trou fût aussi grand que l'objet même; mais comme chaque partie, chaque point de l'objet renvoie des images de tous côtés, et que les rayons qui forment ces images partent de tous les points de l'objet comme d'autant de centres, il ne peut passer par le petit trou que ceux qui arrivent dans des directions différentes; le petit trou devient un centre pour l'objet entier, auquel les rayons de la partie d'en haut arrivent aussi bien que ceux de la partie d'en bas, sous des directions convergentes : par conséquent ils se croisent dans ce centre et peignent ensuite les objets dans une situation renversée.

Il est aussi fort aisé de se convaincre que nous voyons réellement tous les objets doubles, quoique nous les jugions simples : il ne faut pour cela que regarder le même objet, d'abord avec l'œil droit, on le verra correspondre à quelque point d'une muraille ou d'un plan que nous supposons au delà de l'objet; ensuite, en le regardant avec l'œil gauche, on verra qu'il correspond à un autre point de la muraille, et enfin, en le regardant des deux yeux, on le verra dans le milieu, entre les deux points auxquels il correspondait auparavant[1] : ainsi, il se forme une image dans chacun de nos yeux, nous voyons l'objet double, c'est-à-dire nous voyons une image de cet objet à droite et une image à gauche, et nous le jugeons simple et dans le milieu parce que nous avons rectifié par le sens du toucher cette erreur de la vue. De même si l'on regarde des deux yeux deux objets qui soient à peu près dans la même

---

1. Dans cette expérience, l'objet est toujours vu à sa place : seulement, chaque œil n'en voit pleinement que la moitié qui est de son côté. Si en effet, tandis que nous regardons un objet avec les deux yeux, nous en fermons un, l'autre est aussitôt obligé de se tourner plus complétement vers l'objet pour le voir tout entier.

direction par rapport à nous, en fixant les yeux sur le premier, qui est le plus voisin, on le verra simple, mais en même temps on verra double celui qui est le plus éloigné ; et au contraire, si l'on fixe ses yeux sur celui-ci, qui est le plus éloigné, on le verra simple, tandis qu'on verra double en même temps l'objet le plus voisin [1] : ceci prouve encore évidemment que nous voyons en effet tous les objets doubles, quoique nous les jugions simples, et que nous les voyons où ils ne sont pas réellement, quoique nous les jugions où ils sont en effet. Si le sens du toucher ne rectifiait donc pas le sens de la vue dans toutes les occasions, nous nous tromperions sur la position des objets, sur leur nombre et encore sur leur lieu [2] ; nous les jugerions renversés, nous les jugerions doubles, et nous les jugerions à droite et à gauche du lieu qu'ils occupent réellement ; et si au lieu de deux yeux nous en avions cent, nous jugerions toujours les objets simples, quoique nous les vissions multipliés cent fois.

Il se forme donc dans chaque œil une image de l'objet, et lorsque ces deux images tombent sur les parties de la rétine qui sont correspondantes, c'est-à-dire qui sont toujours affectées en même temps, les objets nous paraissent simples, parce que nous avons pris l'habitude de les juger tels ; mais si les images des objets tombent sur des parties de la rétine qui ne sont pas ordinairement affectées ensemble et en même temps, alors les objets nous paraissent doubles, parce que nous n'avons pas pris l'habitude de rectifier cette sensation, qui n'est pas ordinaire [3] ; nous sommes alors dans le cas d'un enfant qui commence à voir et qui juge en effet d'abord les objets doubles. M. Cheselden rapporte dans son *Anatomie*, page 342, qu'un homme étant devenu louche par l'effet d'un coup à la tête, vit les objets doubles pendant fort longtemps, mais que peu à peu il vint à juger simples ceux qui lui étaient les plus familiers, et qu'enfin après bien du temps il les jugea tous simples comme auparavant, quoique ses yeux eussent toujours la mauvaise disposition que le coup avait occasionnée. Cela ne prouve-t-il pas encore bien évidemment que nous voyons en effet les objets doubles, et que ce n'est que par l'habitude [4] que nous les jugeons simples ? et si l'on demande

1. Mais, s'il en est ainsi, si le même objet est tantôt vu *simple*, et tantôt vu *double*, que fait donc le *toucher* à la *vue ?* Pourquoi corrige-t-il la *vue* dans un cas, et ne la corrige-t-il pas dans l'autre ? Pourquoi la corrige-t-il une fois pour l'objet le plus éloigné, et une autre fois pour l'objet le plus proche ?

2. Un homme, qui serait privé du sens du toucher, se tromperait donc sur tout, sur la *position* des objets, sur leur *nombre*, sur leur *lieu*. Buffon l'assure. D'Alembert écrivait après Buffon, et voici ce qu'il écrivait : « Rien n'est moins satisfaisant, il faut l'avouer, que les rai-« sonnements des philosophes sur les moyens par lesquels l'œil juge de la distance, de la gran-« deur apparente des objets, etc., etc. » (*Éléments de philosophie*, ch. xviii. *Optique.*)

3. Les objets *paraissent doubles*, et le *paraissent* en dépit du jugement : voilà le fait. Ce qui reste à prouver, c'est l'assertion de Buffon, savoir, que l'*habitude* parviendrait *à rectifier cette sensation*.

4. **Est-ce** par l'*habitude ?* N'est-ce pas, au contraire, parce que l'*œil louche* parvient à se placer de manière que l'image tombe enfin sur les *points correspondants* des deux rétines ?

pourquoi il faut si peu de temps aux enfants pour apprendre à les juger simples, et qu'il en faut tant à des personnes avancées en âge, lorsqu'il leur arrive par accident de les voir doubles, comme dans l'exemple que nous venons de citer, on peut répondre que les enfants n'ayant aucune habitude contraire à celle qu'ils acquièrent, il leur faut moins de temps pour rectifier leurs sensations, mais que les personnes qui ont pendant 20, 30 ou 40 ans vu les objets simples, parce qu'ils tombaient sur deux parties correspondantes de la rétine, et qui les voient doubles parce qu'ils ne tombent plus sur ces mêmes parties, ont le désavantage d'une habitude contraire à celle qu'ils veulent acquérir, et qu'il faut peut-être un exercice de 20, 30 ou 40 ans pour effacer les traces de cette ancienne habitude de juger; et l'on peut croire que s'il arrivait à des gens âgés un changement dans la direction des axes optiques de l'œil, et qu'ils vissent les objets doubles, leur vie ne serait plus assez longue pour qu'ils pussent rectifier leur jugement en effaçant les traces de la première habitude, et que par conséquent ils verraient tout le reste de leur vie les objets doubles.

Nous ne pouvons avoir par le sens de la vue aucune idée des distances; sans le toucher tous les objets nous paraîtraient être dans nos yeux[1], parce que les images de ces objets y sont en effet; et un enfant qui n'a encore rien touché doit être affecté comme si tous ces objets étaient en lui-même ; il les voit seulement plus gros ou plus petits, selon qu'ils s'approchent ou qu'ils s'éloignent de ses yeux; une mouche qui s'approche de son œil doit lui paraître un animal d'une grandeur énorme; un cheval ou un bœuf qui en est éloigné lui paraît plus petit que la mouche : ainsi il ne peut avoir par ce sens aucune connaissance de la grandeur relative des objets, parce qu'il n'a aucune idée de la distance à laquelle il les voit; ce n'est qu'après avoir mesuré la distance en étendant la main ou en transportant son corps d'un lieu à un autre, qu'il peut acquérir cette idée de la distance et de la grandeur des objets : auparavant il ne connaît point du tout cette distance, et il ne peut juger de la grandeur d'un objet que par celle de l'image qu'il forme dans son œil. Dans ce cas le jugement de la grandeur n'est produit que par l'ouverture de l'angle formé par les deux rayons extrêmes de la partie supérieure et de la partie inférieure de l'objet : par conséquent il doit juger grand tout ce qui est près, et petit tout ce qui est loin de lui; mais après avoir acquis par le toucher ces idées de distance, le jugement de la grandeur des objets commence à se rectifier; on ne se fie plus à la première appréhension qui nous vient par les yeux pour juger de cette grandeur, on tâche de connaître la distance, on cherche en même temps à reconnaître l'objet par sa forme, et ensuite on juge de sa grandeur.

Il n'est pas douteux que dans une file de vingt soldats, le premier, dont je suppose qu'on soit fort près, ne nous parût beaucoup plus grand que le

---

1. Voyez la note 1 de la page 101.

dernier si nous en jugions seulement par les yeux, et si par le toucher nous n'avions pas pris l'habitude de juger également grand le même objet, ou des objets semblables, à différentes distances. Nous savons que le dernier soldat est un soldat comme le premier, dès lors nous le jugeons de la même grandeur [1], comme nous jugerions que le premier serait toujours de la même grandeur quand il passerait de la tête à la queue de la file ; et comme nous avons l'habitude de juger le même objet toujours également grand à toutes les distances ordinaires auxquelles nous pouvons en reconnaître aisément la forme, nous ne nous trompons jamais sur cette grandeur que quand la distance devient trop grande, ou bien lorsque l'intervalle de cette distance n'est pas dans la direction ordinaire ; car une distance cesse d'être ordinaire pour nous toutes les fois qu'elle devient trop grande, ou bien qu'au lieu de la mesurer horizontalement nous la mesurons du haut en bas ou du bas en haut. Les premières idées de la comparaison de grandeur entre les objets nous sont venues en mesurant, soit avec la main, soit avec le corps en marchant, la distance de ces objets relativement à nous et entre eux : toutes ces expériences par lesquelles nous avons rectifié les idées de grandeur que nous en donnait le sens de la vue ayant été faites horizontalement, nous n'avons pu acquérir la même habitude de juger de la grandeur des objets élevés ou abaissés au-dessous de nous, parce que ce n'est pas dans cette direction que nous les avons mesurés par le toucher, et c'est par cette raison et faute d'habitude à juger les distances dans cette direction, que lorsque nous nous trouvons au-dessus d'une tour élevée, nous jugeons les hommes et les animaux qui sont au-dessous beaucoup plus petits que nous ne les jugerions en effet à une distance égale qui serait horizontale, c'est-à-dire dans la direction ordinaire. Il en est de même d'un coq ou d'une boule qu'on voit au-dessus d'un clocher ; ces objets nous paraissent être beaucoup plus petits que nous ne les jugerions être en effet si nous les voyions dans la direction ordinaire et à la même distance horizontalement à laquelle nous les voyons verticalement.

Quoique avec un peu de réflexion il soit aisé de se convaincre de la vérité de tout ce que nous venons de dire au sujet du sens de la vue, il ne sera cependant pas inutile de rapporter ici les faits qui peuvent la confirmer. M. Cheselden, fameux chirurgien de Londres, ayant fait l'opération de la cataracte à un jeune homme de treize ans, aveugle de naissance, et ayant réussi à lui donner le sens de la vue, observa la manière dont ce jeune homme commençait à voir, et publia ensuite dans les *Transactions philosophiques*, n° 402, et dans le 55ᵉ article du *Tattler*, les remarques qu'il avait

---

1. Il faut distinguer ici ce qui vient de l'œil de ce qui vient de l'esprit. L'œil *voit*, l'esprit *juge*. De deux hommes, dont l'un est près de nous et l'autre loin, l'œil voit le *dernier* plus petit que le *premier*. Dès que l'esprit a reconnu que le *dernier* est un *homme*, l'esprit le *juge* de grandeur d'*homme*.

faites à ce sujet. Ce jeune homme, quoique aveugle, ne l'était pas absolument et entièrement : comme la cécité provenait d'une cataracte, il était dans le cas de tous les aveugles de cette espèce qui peuvent toujours distinguer le jour de la nuit ; il distinguait même à une forte lumière le noir, le blanc et le rouge vif qu'on appelle écarlate, mais il ne voyait ni n'entrevoyait en aucune façon la forme des choses ; on ne lui fit l'opération d'abord que sur l'un des yeux. Lorsqu'il vit pour la première fois, il était si éloigné de pouvoir juger en aucune façon des distances, qu'il croyait que tous les objets indifféremment touchaient ses yeux (ce fut l'expression dont il se servit) comme les choses qu'il palpait touchaient sa peau. Les objets qui lui étaient le plus agréables étaient ceux dont la forme était unie et la figure régulière, quoiqu'il ne pût encore former aucun jugement sur leur forme, ni dire pourquoi ils lui paraissaient plus agréables que les autres ; il n'avait eu pendant le temps de son aveuglement que des idées si faibles des couleurs qu'il pouvait distinguer alors à une forte lumière, qu'elles n'avaient pas laissé des traces suffisantes pour qu'il pût les reconnaître lorsqu'il les vit en effet ; il disait que ces couleurs qu'il voyait n'étaient pas les mêmes que celles qu'il avait vues autrefois ; il ne connaissait la forme d'aucun objet, et il ne distinguait aucune chose d'une autre, quelque différentes qu'elles pussent être de figure ou de grandeur : lorsqu'on lui montrait les choses qu'il connaissait auparavant par le toucher, il les regardait avec attention, et les observait avec soin pour les reconnaître une autre fois ; mais comme il avait trop d'objets à retenir à la fois, il en oubliait la plus grande partie, et dans le commencement qu'il apprenait (comme il disait) à voir et à connaître les objets, il oubliait mille choses pour une qu'il retenait. Il était fort surpris que les choses qu'il avait le mieux aimées n'étaient pas celles qui étaient le plus agréables à ses yeux ; il s'attendait à trouver les plus belles les personnes qu'il aimait le mieux. Il se passa plus de deux mois avant qu'il pût reconnaître que les tableaux représentaient des corps solides ; jusqu'alors il ne les avait considérés que comme des plans différemment colorés, et des surfaces diversifiées par la variété des couleurs ; mais lorsqu'il commença à reconnaître que ces tableaux représentaient des corps solides, il s'attendait à trouver en effet des corps solides en touchant la toile du tableau, et il fut extrêmement étonné, lorsqu'en touchant les parties qui par la lumière et les ombres lui paraissaient rondes et inégales, il les trouva plates et unies comme le reste ; il demandait quel était donc le sens qui le trompait, si c'était la vue, ou si c'était le toucher. On lui montra alors un petit portrait de son père, qui était dans la boîte de la montre de sa mère ; il dit qu'il connaissait bien que c'était la ressemblance de son père, mais il demandait avec un grand étonnement comment il était possible qu'un visage aussi large pût tenir dans un si petit lieu, que cela lui paraissait aussi impossible que de faire tenir un boisseau dans une pinte. Dans les commence-

ments il ne pouvait supporter qu'une très-petite lumière, et il voyait tous
les objets extrêmement gros; mais à mesure qu'il voyait des choses plus
grosses en effet, il jugeait les premières plus petites : il croyait qu'il n'y
avait rien au delà des limites de ce qu'il voyait; il savait bien que la chambre dans laquelle il était ne faisait qu'une partie de la maison, cependant il
ne pouvait concevoir comment la maison pouvait paraître plus grande que
sa chambre. Avant qu'on lui eût fait l'opération, il n'espérait pas un grand
plaisir du nouveau sens qu'on lui promettait, et il n'était touché que de
l'avantage qu'il aurait de pouvoir apprendre à lire et à écrire ; il disait, par
éxemple, qu'il ne pouvait pas avoir plus de plaisir à se promener dans le
jardin, lorsqu'il aurait ce sens, qu'il en avait, parce qu'il s'y promenait
librement et aisément, et qu'il en connaissait tous les différents endroits; il
avait même très-bien remarqué que son état de cécité lui avait donné un
avantage sur les autres hommes, avantage qu'il conserva longtemps après.
avoir obtenu le sens de la vue, qui était d'aller la nuit plus aisément et plus.
sûrement que ceux qui voient. Mais lorsqu'il eut commencé à se servir de
ce nouveau sens, il était transporté de joie, il disait que chaque nouvel objet
était un délice nouveau, et que son plaisir était si grand qu'il ne pouvait
l'exprimer. Un an après on le mena à Epsom, où la vue est très-belle et
très-étendue; il parut enchanté de ce spectacle, et il appelait ce paysage une
nouvelle façon de voir. On lui fit la même opération sur l'autre œil plus d'un
an après la première, et elle réussit également; il vit d'abord de ce second
œil les objets beaucoup plus grands qu'il ne les voyait de l'autre, mais
cependant pas aussi grands qu'il les avait vus du premier œil; et lorsqu'il
regardait le même objet des deux yeux à la fois, il disait que cet objet lui
paraissait une fois plus grand qu'avec son premier œil tout seul, mais il ne
le voyait pas double [1], ou du moins on ne put pas s'assurer qu'il eût vu
d'abord les objets doubles, lorsqu'on lui eut procuré l'usage de son second
œil.

M. Cheselden rapporte quelques autres exemples d'aveugles qui ne se
souvenaient pas d'avoir jamais vu, et auxquels il avait fait la même opération, et il assure que lorsqu'ils commençaient à apprendre à voir ils avaient
dit les mêmes choses que le jeune homme dont nous venons de parler, mais
à la vérité avec moins de détail, et qu'il avait observé sur tous que comme
ils n'avaient jamais eu besoin de faire mouvoir leurs yeux pendant le temps
de leur cécité, ils étaient fort embarrassés d'abord pour leur donner du
mouvement et pour les diriger sur un objet en particulier, et que ce n'était
que peu à peu, par degrés et avec le temps, qu'ils apprenaient à conduire

---

1. *Il ne le voyait pas double* : ceci ne s'accorde pas trop avec ce qu'assurait tout à l'heure
Buffon (p. 101) : « qu'on voit d'abord tous les objets doubles. » Au reste, toute cette *observation*
de Cheselden aurait grand besoin d'être répétée, et surtout soumise à une analyse nouvelle.
(Voyez, ci-après, la note **2** de la page **109**.)

leurs yeux et à les diriger sur les objets qu'ils désiraient de considérer [a].

Lorsque par des circonstances particulières nous ne pouvons avoir une idée juste de la distance, et que nous ne pouvons juger des objets que par la grandeur de l'angle ou plutôt de l'image qu'ils forment dans nos yeux, nous nous trompons alors nécessairement sur la grandeur de ces objets; tout le monde a éprouvé qu'en voyageant la nuit, on prend un buisson dont on est près pour un grand arbre dont on est loin, ou bien on prend un grand arbre éloigné pour un buisson qui est voisin : de même si on ne connaît pas les objets par leur forme, et qu'on ne puisse avoir par ce moyen aucune idée de distance, on se trompera encore nécessairement; une mouche qui passera avec rapidité à quelques pouces de distance de nos yeux nous paraîtra dans ce cas être un oiseau qui en serait à une très-grande distance; un cheval qui serait sans mouvement dans le milieu d'une campagne, et qui serait dans une attitude semblable, par exemple, à celle d'un mouton, ne nous paraîtra pas plus gros qu'un mouton, tant que nous ne reconnaîtrons pas que c'est un cheval; mais dès que nous l'aurons reconnu, il nous paraîtra dans l'instant gros comme un cheval, et nous rectifierons sur-le-champ notre premier jugement.

Toutes les fois qu'on se trouvera donc la nuit dans des lieux inconnus où l'on ne pourra juger de la distance, et où l'on ne pourra reconnaître la forme des choses à cause de l'obscurité, on sera en danger de tomber à tout instant dans l'erreur au sujet des jugements que l'on fera sur les objets qui se présenteront : c'est de là que vient la frayeur et l'espèce de crainte intérieure que l'obscurité de la nuit fait sentir à presque tous les hommes ; c'est sur cela qu'est fondée l'apparence des spectres et des figures gigantesques et épouvantables que tant de gens disent avoir vues ; on leur répond communément que ces figures étaient dans leur imagination, cependant elles pouvaient être réellement dans leurs yeux, et il est très-possible qu'ils aient en effet vu ce qu'ils disent avoir vu, car il doit arriver nécessairement, toutes les fois qu'on ne pourra juger d'un objet que par l'angle qu'il forme dans l'œil, que cet objet inconnu grossira et grandira à mesure qu'on en sera plus voisin, et que s'il a paru d'abord au spectateur qui ne peut connaître ce qu'il voit, ni juger à quelle distance il le voit, que s'il a paru, dis-je, d'abord de la hauteur de quelques pieds lorsqu'il était à la distance de vingt ou trente pas, il doit paraître haut de plusieurs toises lorsqu'il n'en sera plus éloigné que de quelques pieds, ce qui doit en effet l'étonner et l'effrayer,

---

[a]. On trouvera un grand nombre de faits très-intéressants au sujet des aveugles-nés dans un petit ouvrage qui vient de paraître, et qui a pour titre : *Lettre sur les aveugles, à l'usage de ceux qui voient*. L'auteur [1] y a répandu partout une métaphysique très-fine et très-vraie, par laquelle il rend raison de toutes les différences que doit produire dans l'esprit d'un homme la privation absolue du sens de la vue.

1. Diderot.

jusqu'à ce qu'enfin il vienne à toucher l'objet ou à le reconnaître, car dans l'instant même qu'il reconnaîtra ce que c'est, cet objet qui lui paraissait gigantesque diminuera tout à coup, et ne lui paraîtra plus avoir que sa grandeur réelle[1]; mais si l'on fuit, ou qu'on n'ose approcher, il est certain qu'on n'aura d'autre idée de cet objet que celle de l'image qu'il formait dans l'œil, et qu'on aura réellement vu une figure gigantesque ou épouvantable par la grandeur et par la forme. Le préjugé des spectres est donc fondé dans la nature, et ces apparences ne dépendent pas, comme le croient les philosophes, uniquement de l'imagination.

Lorsque nous ne pouvons prendre une idée de la distance par la comparaison de l'intervalle intermédiaire qui est entre nous et les objets, nous tâchons de reconnaître la forme de ces objets pour juger de leur grandeur ; mais lorsque nous connaissons cette forme, et qu'en même temps nous voyons plusieurs objets semblables et de cette même forme, nous jugeons que ceux qui sont les plus éclairés sont les plus voisins, et que ceux qui nous paraissent les plus obscurs sont les plus éloignés, et ce jugement produit quelquefois des erreurs et des apparences singulières. Dans une file d'objets disposés sur une ligne droite, comme le sont, par exemple, les lanternes sur le chemin de Versailles en arrivant à Paris, de la proximité ou de l'éloignement desquelles nous ne pouvons juger que par le plus ou le moins de lumière qu'elles envoient à notre œil, il arrive souvent que l'on voit toutes ces lanternes à droite au lieu de les voir à gauche, où elles sont réellement, lorsqu'on les regarde de loin, comme d'un demi-quart de lieue. Ce changement de situation de gauche à droite est une apparence trompeuse, et qui est produite par la cause que nous venons d'indiquer ; car, comme le spectateur n'a aucun autre indice de la distance où il est de ces lanternes que la quantité de lumière qu'elles lui envoient, il juge que la plus brillante de ces lumières est la première et celle de laquelle il est le plus voisin : or s'il arrive que les premières lanternes soient plus obscures, ou seulement si dans la file de ces lumières il s'en trouve une seule qui soit plus brillante et plus vive que les autres, cette lumière plus vive paraîtra au spectateur comme si elle était la première de la file, et il jugera dès lors que les autres, qui cependant la précèdent réellement, la suivent au contraire : or cette transposition apparente ne peut se faire, ou plutôt se marquer, que par le changement de leur situation de gauche à droite; car juger devant ce qui est derrière dans une longue file, c'est voir à droite ce qui est à gauche, ou à gauche ce qui est à droite.

Voilà les défauts principaux du sens de la vue, et quelques-unes des erreurs que ces défauts produisent[2]; examinons à présent la nature, les

1. Voyez la note de la page 105.
2. Buffon vient d'exposer sa théorie de la *vision*. Elle est toute empreinte des idées philosophiques qui régnaient à l'époque où il l'écrivait. Condillac fait aussi beaucoup de reproches au

propriétés et l'étendue de cet organe admirable, par lequel nous communiquons avec les objets les plus éloignés. La vue n'est qu'une espèce de toucher, mais bien différente du toucher ordinaire : pour toucher quelque chose avec le corps ou avec la main, il faut ou que nous nous approchions de cette chose ou qu'elle s'approche de nous, afin d'être à portée de pouvoir la palper, mais nous la pouvons toucher des yeux à quelque distance qu'elle soit, pourvu qu'elle puisse renvoyer une assez grande quantité de lumière pour faire impression sur cet organe, ou bien qu'elle puisse s'y peindre sous un angle sensible. Le plus petit angle sous lequel les hommes puissent voir les objets est d'environ une minute : il est rare de trouver des yeux qui puissent apercevoir un objet sous un angle plus petit; cet angle donne, pour la plus grande distance à laquelle les meilleurs yeux peuvent apercevoir un objet, environ 3,436 fois le diamètre de cet objet : par exemple, on cessera de voir à 3,436 pieds de distance un objet haut et large d'un pied ; on cessera de voir un homme haut de cinq pieds à la distance de 17,180 pieds ou d'une lieue et un tiers de lieue, en supposant même que ces objets soient éclairés du soleil. Je crois que cette estimation que l'on a faite de la portée des yeux est plutôt trop forte que trop faible, et qu'il y a en effet peu d'hommes qui puissent apercevoir les objets à d'aussi grandes distances.

Mais il s'en faut bien qu'on ait par cette estimation une idée juste de la force et de l'étendue de la portée de nos yeux, car il faut faire attention à une circonstance essentielle dont la considération prise généralement a, ce me semble, échappé aux auteurs qui ont écrit sur l'optique, c'est que la portée de nos yeux diminue ou augmente à proportion de la quantité de lumière qui nous environne, quoiqu'on suppose que celle de l'objet reste toujours la même; en sorte que si le même objet, que nous voyons pendant le jour à la distance de 3,436 fois son diamètre, restait éclairé pendant la nuit de la même quantité de lumière dont il l'était pendant le jour, nous pourrions l'apercevoir à une distance cent fois plus grande, de la même façon que nous apercevons la lumière d'une chandelle pendant la nuit à

---

sens de la *vue;* il rectifie, de même, la *vue* par le *toucher,* etc. Cette théorie ne repose d'ailleurs que sur des idées philosophiques et des faits physiques. La physiologie ne comptait pas encore ; on connaissait à peine le rôle des organes des sens : de l'*œil,* de l'*oreille,* etc. ; et le rôle du *cerveau* était inconnu.

J'ai prouvé, par mes expériences, qu'il y a, dans la *vision,* deux choses essentiellement distinctes : le rôle du *sens* et celui du *cerveau,* la *sensation* et la *perception.* La *sensation* se fait dans l'*œil,* la *perception* se fait dans le *cerveau.*

A proprement parler, ce n'est pas l'*œil* qui voit, c'est le *cerveau.*

Si on enlève à un animal les *lobes* ou *hémisphères cérébraux* (siége de la *perception,* de l'*intelligence*), rien n'est changé dans l'*œil :* l'objet continue à se peindre sur la *rétine,* l'*iris* reste contractile, le *nerf optique* excitable, et cependant l'animal ne voit plus. Il n'y a plus *vision,* parce qu'il n'y a plus *perception.* (Voyez mes *Recherches expérimentales sur les propriétés et les fonctions du système nerveux.*)

plus de deux lieues, c'est-à-dire, en supposant le diamètre de cette lumière égal à un pouce, à plus de 316,800 fois la longueur de son diamètre, au lieu que pendant le jour, et surtout à midi, on n'apercevra pas cette lumière à plus de dix ou douze mille fois la longueur de son diamètre, c'est-à-dire, à plus de deux cents toises, si nous la supposons éclairée aussi bien que nos yeux par la lumière du soleil. Il en est de même d'un objet brillant sur lequel la lumière du soleil se réfléchit avec vivacité ; on peut l'apercevoir pendant le jour à une distance trois ou quatre fois plus grande que les autres objets, mais si cet objet était éclairé pendant la nuit de la même lumière dont il l'était pendant le jour, nous l'apercevrions à une distance infiniment plus grande que nous n'apercevons les autres objets ; on doit donc conclure que la portée de nos yeux est beaucoup plus grande que nous ne l'avons supposée d'abord, et que ce qui empêche que nous ne distinguions les objets éloignés est moins le défaut de lumière, ou la petitesse de l'angle sous lequel ils se peignent dans notre œil, que l'abondance de cette lumière dans les objets intermédiaires et dans ceux qui sont les plus voisins de notre œil, qui causent une sensation plus vive et empêchent que nous nous apercevions de la sensation plus faible que causent en même temps les objets éloignés. Le fond de l'œil est comme une toile sur laquelle se peignent les objets; ce tableau a des parties plus brillantes, plus lumineuses, plus colorées que les autres parties ; quand les objets sont fort éloignés, ils ne peuvent se représenter que par des nuances très-faibles qui disparaissent lorsqu'elles sont environnées de la vive lumière avec laquelle se peignent les objets voisins ; cette faible nuance est donc insensible et disparaît dans le tableau, mais si les objets voisins et intermédiaires n'envoient qu'une lumière plus faible que celle de l'objet éloigné, comme cela arrive dans l'obscurité lorsqu'on regarde une lumière, alors la nuance de l'objet éloigné étant plus vive que celle des objets voisins, elle est sensible et paraît dans le tableau, quand même elle serait réellement beaucoup plus faible qu'auparavant. De là il suit qu'en se mettant dans l'obscurité, on peut avec un long tuyau noirci faire une lunette d'approche sans verre, dont l'effet ne laisserait pas que d'être fort considérable pendant le jour ; c'est aussi par cette raison que du fond d'un puits ou d'une cave profonde on peut voir les étoiles en plein midi, ce qui était connu des anciens, comme il paraît par ce passage d'Aristote : « Manu enim admotâ aut per fistulam longiùs cernet. Quidam « ex foveis puteisque interdum stellas conspiciunt. »

On peut donc avancer que notre œil a assez de sensibilité pour pouvoir être ébranlé et affecté d'une manière sensible par des objets qui ne formeraient un angle que d'une seconde, et moins d'une seconde, quand ces objets ne réfléchiraient ou n'enverraient à l'œil qu'autant de lumière qu'ils en réfléchissaient lorsqu'ils étaient aperçus sous un angle d'une minute, et que par conséquent la puissance de cet organe est bien plus grande qu'elle ne paraît d'abord; mais si ces objets, sans former un plus grand angle, avaient une plus grande intensité de lumière, nous les apercevrions encore de beaucoup plus loin. Une petite lumière fort vive, comme celle d'une étoile d'artifice, se verra de beaucoup plus loin qu'une lumière plus obscure et plus grande, comme celle d'un flambeau. Il y a donc trois choses à considérer pour déterminer la distance à laquelle nous pouvons apercevoir un objet éloigné : la première est la grandeur de l'angle qu'il forme dans notre œil, la seconde le degré de lumière des objets voisins et intermédiaires que l'on voit en même temps, et la troisième l'intensité de lumière de l'objet lui-même; chacune de ces causes influe sur l'effet de la vision, et ce n'est qu'en les estimant et en les comparant qu'on peut déterminer dans tous les cas la distance à laquelle on peut apercevoir tel ou tel objet particulier[1]. On peut donner une preuve sensible de cette influence qu'a sur la vision l'intensité de lumière. On sait que les lunettes d'approche et les microscopes sont des instruments de même genre, qui tous deux augmentent l'angle sous lequel nous apercevons les objets, soit qu'ils soient en effet très-petits, soit qu'ils nous paraissent être tels à cause de leur éloignement. Pourquoi donc les lunettes d'approche font-elles si peu d'effet en comparaison des microscopes, puisque la plus longue et la meilleure lunette grossit à peine mille fois l'objet, tandis qu'un bon microscope semble le grossir un million de fois et plus[2]? Il est bien clair que cette différence ne vient que de l'intensité de la lumière, et que si l'on pouvait éclairer les objets éloignés avec une lumière additionnelle, comme on éclaire les objets qu'on veut observer au microscope, on les verrait en effet infiniment mieux, quoiqu'on les vît toujours sous le même angle, et que les lunettes feraient sur les objets éloignés le même effet que les microscopes font sur les petits objets; mais ce n'est pas ici le lieu de m'étendre sur les conséquences utiles et pratiques qu'on peut tirer de cette réflexion.

La portée de la vue, ou la distance à laquelle on peut voir le même objet, est assez rarement la même pour chaque œil : il y a peu de gens qui aient les deux yeux également forts; lorsque cette inégalité de force est à un certain degré, on ne se sert que d'un œil, c'est-à-dire de celui dont on voit le mieux : c'est cette inégalité de portée de vue dans les yeux qui produit le regard

---

1. Il faut bien distinguer ici ce qui regarde la *vue nette* de ce qui tient à la *vue distincte*. « La « netteté des images semble être indépendante de la distance des objets ; car nous voyons nette-« ment à quelques pouces de distance, et nous voyons nettement encore à quelques pieds, à « quelques toises, à quelques lieues même, et jusqu'à plusieurs millions de lieues : l'image d'une « étoile est aussi nette que celle d'une étincelle que nous avons sous les yeux..... La distance de la « vision distincte est d'environ 10 pouces pour les vues moyennes; elle est de plusieurs pieds « pour les vues presbytes, et seulement de quelques pouces pour les myopes. » (Pouillet : *Éléments de physique.*)

2. Il est presque inutile de rappeler que le pouvoir grossissant du microscope dépend de la forme, des rapports, etc., des lentilles oculaires et objectives.

louche, comme je l'ai prouvé dans ma dissertation sur le strabisme[1]. (Voyez les *Mémoires de l'Académie*, année 1743.) Lorsque les deux yeux sont d'égale force et que l'on regarde le même objet avec les deux yeux, il semble qu'on devrait le voir une fois mieux qu'avec un seul œil; cependant la sensation qui résulte de ces deux espèces de vision paraît être la même. Il n'y a pas de différence sensible entre les sensations qui résultent de l'une et de l'autre façon de voir, et, après avoir fait sur cela des expériences, on a trouvé qu'avec deux yeux égaux en force on voyait mieux qu'avec un seul œil, mais d'une treizième partie seulement[a], en sorte qu'avec les deux yeux on voit l'objet comme s'il était éclairé de treize lumières égales, au lieu qu'avec un seul œil on ne le voit que comme s'il était éclairé de douze lumières. Pourquoi y a-t-il si peu d'augmentation? pourquoi ne voit-on pas une fois mieux avec les deux yeux qu'avec un seul? comment se peut-il que cette cause, qui est double, produise un effet simple ou presque simple? J'ai cru qu'on pouvait donner une réponse à cette question, en regardant la sensation comme une espèce de mouvement communiqué aux nerfs. On sait que les deux nerfs optiques se portent, au sortir du cerveau, vers la partie anté-rieure de la tête, où ils se réunissent, et qu'ensuite ils s'écartent l'un de l'autre en faisant un angle obtus avant que d'arriver aux yeux. Le mouve-ment, communiqué à ces nerfs par l'impression de chaque image, formée dans chaque œil en même temps, ne peut pas se propager jusqu'au cerveau, où je suppose que se fait le sentiment, sans passer par la partie réunie de ces deux nerfs : dès lors ces deux mouvements se composent et produisent le même effet que deux corps en mouvement sur les deux côtés d'un carré produisent sur un troisième corps, auquel ils font parcourir la diagonale ; or, si l'angle avait environ cent quinze ou cent seize degrés d'ouverture, la diagonale du losange serait au côté comme treize à douze, c'est-à-dire comme la sensation résultante des deux yeux est à celle qui résulte d'un seul œil : les deux nerfs optiques étant donc écartés l'un de l'autre à peu près de cette quantité, on peut attribuer à cette position la perte de mouvement ou de sensation qui se fait dans la vision des deux yeux à la fois, et cette perte doit être d'autant plus grande que l'angle formé par les deux nerfs optiques est plus ouvert.

Il y a plusieurs raisons qui pourraient faire penser que les personnes qui ont la vue courte voient les objets plus grands que les autres hommes ne les voient; cependant c'est tout le contraire : ils les voient certainement plus petits. J'ai la vue courte et l'œil gauche plus fort que l'œil droit ; j'ai mille

---

a. Voyez le Traité de M. Jurin, qui a pour titre : *Essay on distinct and indistinct vision.*

1. On trouvera cette *Dissertation* dans le xı^e volume de cette édition. Selon Buffon, c'est l'*iné-galité de portée de vue dans les yeux* qui produit le regard louche; c'est l'inégalité des muscles qui meuvent l'œil, suivant une opinion récente. On *louche* comme on *boite :* par *inégalité des muscles*. Je reviendrai sur ce point, à propos du mémoire même de Buffon sur le *Strabisme*.

fois éprouvé qu'en regardant le même objet, comme les lettres d'un livre, à la même distance, successivement avec l'un et ensuite avec l'autre œil, celui dont je vois le mieux et le plus loin est aussi celui avec lequel les objets me paraissent les plus grands, et en tournant l'un des yeux pour voir le même objet double, l'image de l'œil droit est plus petite que celle de l'œil gauche ; ainsi je ne puis pas douter que plus on a la vue courte, et plus les objets paraissent être petits. J'ai interrogé plusieurs personnes dont la force ou la portée de chacun de leurs yeux était fort inégale : elles m'ont toutes assuré qu'elles voyaient les objets bien plus grands avec le bon qu'avec le mauvais œil. Je crois que, comme les gens qui ont la vue courte sont obligés de regarder de très-près et qu'ils ne peuvent voir distinctement qu'un petit espace ou un petit objet à la fois, ils se font une unité de grandeur plus petite que les autres hommes dont les yeux peuvent embrasser distinctement un plus grand espace à la fois, et que par conséquent ils jugent relativement à cette unité tous les objets plus petits que les autres hommes ne les jugent. On explique la cause de la vue courte d'une manière assez satisfaisante par le trop grand renflement des humeurs réfringentes de l'œil ; mais cette cause n'est pas unique, et l'on a vu des personnes devenir tout d'un coup myopes par accident, comme le jeune homme dont parle M. Smith dans son *Optique*, page 10 des notes, tome II, qui devint myope tout à coup en sortant d'un bain froid, dans lequel cependant il ne s'était pas entièrement plongé, et depuis ce temps-là il fut obligé de se servir d'un verre concave. On ne dira pas que le cristallin et l'humeur vitrée aient pu tout d'un coup se renfler assez pour produire cette différence dans la vision, et quand même on voudrait le supposer, comment concevra-t-on que ce renflement considérable, et qui a été produit en un instant, ait pu se conserver toujours au même point ? En effet, la vue courte peut provenir aussi bien de la position respective des parties de l'œil, et surtout de la rétine, que de la forme des humeurs réfringentes ; elle peut provenir d'un degré moindre de sensibilité dans la rétine, d'une ouverture moindre dans la pupille, etc.; mais il est vrai que pour ces deux dernières espèces de vues courtes les verres concaves seraient inutiles et même nuisibles. Ceux qui sont dans les deux premiers cas peuvent s'en servir utilement, mais jamais ils ne pourront voir avec le verre concave, qui leur convient le mieux, les objets aussi distinctement ni d'aussi loin que les autres hommes les voient avec les yeux seuls, parce que, comme nous venons de le dire, tous les gens qui ont la vue courte voient les objets plus petits que les autres ; et lorsqu'ils font usage du verre concave, l'image de l'objet diminuant encore, ils cesseront de voir dès que cette image deviendra trop petite pour faire une trace sensible sur la rétine; par conséquent ils ne verront jamais d'aussi loin avec ce verre que les autres hommes voient avec les yeux seuls.

Les enfants, ayant les yeux plus petits que les personnes adultes, doivent aussi voir les objets plus petits, parce que le plus grand angle que puisse faire un objet dans l'œil est proportionné à la grandeur du fond de l'œil, et si l'on suppose que le tableau entier des objets qui se peignent sur la rétine est d'un demi-pouce pour les adultes, il ne sera que d'un tiers ou d'un quart de pouce pour les enfants : par conséquent ils ne verront pas non plus d'aussi loin que les adultes, puisque les objets leur paraissant plus petits, ils doivent nécessairement disparaître plus tôt ; mais comme la pupille des enfants est ordinairement plus large, à proportion du reste de l'œil, que la pupille des personnes adultes, cela peut compenser en partie l'effet que produit la petitesse de leurs yeux et leur faire apercevoir les objets d'un peu plus loin ; cependant il s'en faut bien que la compensation soit complète, car on voit par expérience que les enfants ne lisent pas de si loin et ne peuvent pas apercevoir les objets éloignés d'aussi loin que les personnes adultes. La cornée, étant très très-flexible à cet âge, prend très-aisément la convexité nécessaire pour voir de plus près ou de plus loin, et ne peut par conséquent être la cause de leur vue plus courte, et il me paraît qu'elle dépend uniquement de ce que leurs yeux sont plus petits.

Il n'est donc pas douteux que si toutes les parties de l'œil souffraient en même temps une diminution proportionnelle, par exemple de moitié, on ne vît tous les objets une fois plus petits. Les vieillards, dont les yeux, dit-on, se dessèchent, devraient avoir la vue plus courte ; cependant c'est tout le contraire, ils voient de plus loin et cessent de voir distinctement de près : cette vue plus longue ne provient donc pas uniquement de la diminution ou de l'aplatissement des humeurs de l'œil, mais plutôt d'un changement de position entre les parties de l'œil , comme entre la cornée et le cristallin , ou bien entre l'humeur vitrée et la rétine, ce qu'on peut entendre aisément en supposant que la cornée devienne plus solide à mesure qu'on avance en âge, car alors elle ne pourra pas prêter aussi aisément, ni prendre la plus grande convexité qui est nécessaire pour voir les objets qui sont près, et elle se sera un peu aplatie en se desséchant avec l'âge, ce qui suffit seul pour qu'on puisse voir de plus loin les objets éloignés.

On doit distinguer dans la vision deux qualités qu'on regarde ordinairement comme la même ; on confond mal à propos la vue claire avec la vue distincte[1], quoique réellement l'une soit bien différente de l'autre : on voit clairement un objet toutes les fois qu'il est assez éclairé pour qu'on puisse le reconnaître en général ; on ne le voit distinctement que lorsqu'on approche d'assez près pour en distinguer toutes les parties. Lorsqu'on aperçoit une tour ou un clocher de loin, on voit clairement cette tour ou ce clocher dès qu'on peut assurer que c'est une tour ou un clocher ; mais on ne les voit distinctement que quand on en est assez près pour reconnaître non-seulement

1. Voyez la note 2 de la page 109.

la hauteur, la grosseur, mais les parties mêmes dont l'objet est composé, comme l'ordre d'architecture, les matériaux, les fenêtres, etc. On peut donc voir clairement un objet sans le voir distinctement, et on peut le voir distinctement sans le voir en même temps clairement, parce que la vue distincte ne peut se porter que successivement sur les différentes parties de l'objet. Les vieillards ont la vue claire et non distincte : ils aperçoivent de loin les objets assez éclairés ou assez gros pour tracer dans l'œil une image d'une certaine étendue ; ils ne peuvent, au contraire, distinguer les petits objets, comme les caractères d'un livre, à moins que l'image n'en soit augmentée par le moyen d'un verre qui grossit. Les personnes qui ont la vue courte voient, au contraire, très-distinctement les petits objets et ne voient pas clairement les grands, pour peu qu'ils soient éloignés, à moins qu'ils n'en diminuent l'image par le moyen d'un verre qui rapetisse. Une grande quantité de lumière est nécessaire pour la vue claire ; une petite quantité de lumière suffit pour la vue distincte : aussi les personnes qui ont la vue courte voient-elles à proportion beaucoup mieux la nuit que les autres.

Lorsqu'on jette les yeux sur un objet trop éclatant ou qu'on les fixe et les arrête trop longtemps sur le même objet, l'organe en est blessé et fatigué, la vision devient indistincte, et l'image de l'objet ayant frappé trop vivement ou occupé trop longtemps la partie de la rétine sur laquelle elle se peint, elle y forme une impression durable, que l'œil semble porter ensuite sur tous les autres objets : je ne dirai rien ici des effets de cet accident de la vue ; on en trouvera l'explication dans ma dissertation sur les couleurs accidentelles. (Voyez les *Mémoires de l'Académie,* année 1743.[1]) Il me suffira d'observer que la trop grande quantité de lumière est peut-être tout ce qu'il y a de plus nuisible à l'œil, que c'est une des principales causes qui peuvent occasionner la cécité. On en a des exemples fréquents dans les pays du nord, où la neige, éclairée par le soleil, éblouit les yeux des voyageurs au point qu'ils sont obligés de se couvrir d'un crêpe pour n'être pas aveuglés. Il en est de même des plaines sablonneuses de l'Afrique : la réflexion de la lumière y est si vive qu'il n'est pas possible d'en soutenir l'effet sans courir le risque de perdre la vue ; les personnes qui écrivent ou qui lisent trop longtemps de suite doivent donc, pour ménager leurs yeux, éviter de travailler à une lumière trop forte ; il vaut beaucoup mieux faire usage d'une lumière trop faible, l'œil s'y accoutume bientôt : on ne peut tout au plus que le fatiguer en diminuant la quantité de lumière, et on ne peut manquer de le blesser en la multipliant.

1. Voyez aussi le xie volume de cette édition.

DU SENS DE L'OUIE.

Comme le sens de l'ouïe a de commun avec celui de la vue de nous donner la sensation des choses éloignées, il est sujet à des erreurs semblables et il doit nous tromper toutes les fois que nous ne pouvons pas rectifier par le toucher les idées qu'il produit : de la même façon que le sens de la vue ne nous donne aucune idée de la distance des objets, le sens de l'ouïe ne nous donne aucune idée de la distance des corps qui produisent le son ; un grand bruit fort éloigné et un petit bruit fort voisin produisent la même sensation, et à moins qu'on n'ait déterminé la distance par les autres sens, on ne sait point si ce qu'on a entendu est en effet un grand ou un petit bruit.

Toutes les fois qu'on entend un son inconnu, on ne peut donc pas juger par ce son de la distance, non plus que de la quantité d'action du corps qui le produit ; mais dès que nous pouvons rapporter ce son à une unité connue, c'est-à-dire dès que nous pouvons savoir que ce bruit est de telle ou telle espèce, nous pouvons juger alors à peu près non-seulement de la distance, mais encore de la quantité d'action : par exemple, si l'on entend un coup de canon ou le son d'une cloche, comme ces effets sont des bruits qu'on peut comparer avec des bruits de même espèce qu'on a autrefois entendus, on pourra juger grossièrement de la distance à laquelle on se trouve du canon ou de la cloche, et aussi de leur grosseur, c'est-à-dire de la quantité d'action.

Tout corps qui en choque un autre produit un son, mais ce son est simple dans les corps qui ne sont pas élastiques, au lieu qu'il se multiplie dans ceux qui ont du ressort. Lorsqu'on frappe une cloche ou un timbre de pendule, un seul coup produit d'abord un son qui se répète ensuite par les ondulations du corps sonore et se multiplie réellement autant de fois qu'il y a d'oscillations ou de vibrations dans le corps sonore. Nous devrions donc juger ces sons non pas comme simples, mais comme composés, si par l'habitude nous n'avions pas appris à juger qu'un coup ne produit qu'un son. Je dois rapporter ici une chose qui m'arriva il y a trois ans. J'étais dans mon lit à demi endormi ; ma pendule sonna et je comptai cinq heures, c'est-à-dire j'entendis distinctement cinq coups de marteau sur le timbre : je me levai sur-le-champ, et ayant approché la lumière, je vis qu'il n'était qu'une heure, et la pendule n'avait en effet sonné qu'une heure, car la sonnerie n'était point dérangée ; je conclus, après un moment de réflexion, que si l'on ne savait pas par expérience qu'un coup ne doit produire qu'un son, chaque vibration du timbre serait entendue comme un différent son et comme si plusieurs coups se succédaient réellement sur le corps sonore. Dans le moment que j'entendis sonner ma pendule, j'étais dans le cas où serait quelqu'un qui entendrait pour la première fois et qui, n'ayant aucune idée de la manière dont se produit le son, jugerait de la succession des différents sons sans préjugé aussi bien que sans règle, et par la seule impression qu'ils font sur l'organe, et dans ce cas il entendrait en effet autant de sons distincts qu'il y a de vibrations successives dans le corps sonore.

C'est la succession de tous ces petits coups répétés, ou, ce qui revient au même, c'est le nombre des vibrations du corps élastique qui fait le ton du son; il n'y a point de ton dans un son simple; un coup de fusil, un coup de fouet, un coup de canon, produisent des sons différents qui cependant n'ont aucun ton; il en est de même de tous les autres sons qui ne durent qu'un instant. Le ton consiste donc dans la continuité du même son pendant un certain temps; cette continuité de son peut être opérée de deux manières différentes : la première et la plus ordinaire est la succession des vibrations dans les corps élastiques et sonores, et la seconde pourrait être la répétition prompte et nombreuse du même coup sur les corps qui sont incapables de vibrations[1], car un corps à ressort qu'un seul coup ébranle et met en vibration agit à l'extérieur et sur notre oreille comme s'il était en effet frappé par autant de petits coups égaux qu'il fait de vibrations; chacune de ces vibrations équivaut à un coup, et c'est ce qui fait la continuité de ce son et ce qui lui donne un ton; mais si l'on veut trouver cette même continuité de son dans un corps non élastique et incapable de former des vibrations, il faudra le frapper de plusieurs coups égaux, successifs et très-prompts : c'est le seul moyen de donner un ton au son que produit ce corps, et la répétition de ces coups égaux pourra faire dans ce cas ce que fait dans l'autre la succession des vibrations.

En considérant sous ce point de vue la production du son et des différents tons qui le modifient, nous reconnaîtrons que puisqu'il ne faut que la répétition de plusieurs coups égaux sur un corps incapable de vibrations pour produire un ton, si l'on augmente le nombre de ces coups égaux dans le même temps, cela ne fera que rendre le ton plus égal et plus sensible, sans rien changer ni au son ni à la nature du ton que ces coups produiront, mais qu'au contraire si on augmente la force des coups égaux, le son deviendra plus fort et le ton pourra changer : par exemple, si la force des coups est double de la première elle produira un effet double, c'est-à-dire un son une fois plus fort que le premier, dont le ton sera à l'octave; il sera une fois plus grave, parce qu'il appartient à un son qui est une fois plus fort, et qu'il n'est que l'effet continué d'une force double : si la force, au lieu d'être double de la première, est plus grande dans un autre rapport, elle produira des sons plus forts dans le même rapport, qui par conséquent auront chacun des tons proportionnels à cette quantité de force du son, ou, ce qui revient

---

1. Tout corps est capable de *vibrations;* mais, pour qu'il donne un *son* net et continu, il faut qu'il soit mis dans un certain *état vibratoire.* Si je frappe, par exemple, une table de bois avec mon doigt, je n'obtiens qu'un *bruit* confus et qui ne dure qu'un moment.

au même, de la force des coups qui le produisent, et non pas de la fréquence plus ou moins grande de ces coups égaux.

Ne doit-on pas considérer les corps élastiques qu'un seul coup met en vibration comme des corps dont la figure ou la longueur détermine précisément la force de ce coup, et la borne à ne produire que tel son qui ne peut être ni plus fort ni plus faible? Qu'on frappe sur une cloche un coup une fois moins fort qu'un autre coup, on n'entendra pas d'aussi loin le son de cette cloche, mais on entendra toujours le même ton; il en est de même d'une corde d'instrument, la même longueur donnera toujours le même ton : dès lors ne doit-on pas croire que dans l'explication qu'on a donnée de la production des différents tons par le plus ou le moins de fréquence des vibrations, on a pris l'effet pour la cause? car les vibrations dans les corps sonores ne pouvant faire que ce que font les coups égaux répétés sur des corps incapables de vibrations, la plus grande ou la moindre fréquence de ces vibrations ne doit pas plus faire à l'égard des tons qui en résultent, que la répétition plus ou moins prompte des coups successifs doit faire au ton des corps non sonores : or, cette répétition plus ou moins prompte n'y change rien; la fréquence des vibrations ne doit donc rien changer non plus, et le ton qui dans le premier cas dépend de la force du coup, dépend dans le second de la masse du corps sonore : s'il est une fois plus gros dans la même longueur, ou une fois plus long dans la même grosseur, le ton sera une fois plus grave, comme il l'est lorsque le coup est donné avec une fois plus de force sur un corps incapable de vibrations.

Si donc l'on frappe un corps incapable de vibrations avec une masse double, il produira un son qui sera double, c'est-à-dire, à l'octave en bas du premier, car c'est la même chose que si l'on frappait le même corps avec deux masses égales, au lieu de ne le frapper qu'avec une seule, ce qui ne peut manquer de donner au son une fois plus d'intensité. Supposons donc qu'on frappe deux corps incapables de vibrations, l'un avec une seule masse, et l'autre avec deux masses chacune égale à la première, le premier de ces corps produira un son dont l'intensité ne sera que la moitié de celle du son que produira le second; mais si l'on frappe l'un de ces corps avec deux masses et l'autre avec trois, alors ce premier corps produira un son dont l'intensité sera moindre d'un tiers que celle du son que produira le second corps; et de même si l'on frappe l'un de ces corps avec trois masses égales et l'autre avec quatre, le premier produira un son dont l'intensité sera moindre d'un quart que celle du son produit par le second : or de toutes les comparaisons possibles de nombre à nombre, celles que nous faisons le plus facilement sont celles d'un à deux, d'un à trois, d'un à quatre, etc.; et de tous les rapports compris entre le simple et le double, ceux que nous apercevons le plus aisément sont ceux de deux contre un, de trois contre deux, de quatre contre trois, etc.; ainsi nous ne pouvons pas manquer, en jugeant les sons, de trouver que l'octave est le son qui convient ou qui s'accorde le mieux avec le premier, et qu'ensuite ce qui s'accorde le mieux est la quinte et la quarte, parce que ces tons sont en effet dans cette proportion; car supposons que les parties osseuses de l'intérieur des oreilles soient des corps durs et incapables de vibrations, qui reçoivent les coups frappés par ces masses égales, nous rapporterons beaucoup mieux à une certaine unité de son, produit par une de ces masses, les autres sons qui seront produits par des masses dont les rapports seront à la première masse comme 1 à 2, ou 2 à 3, ou 3 à 4, parce que ce sont en effet les rapports que l'âme aperçoit le plus aisément. En considérant donc le son comme sensation, on peut donner la raison du plaisir que font les sons harmoniques; il consiste dans la proportion du son fondamental aux autres sons : si ces autres sons mesurent exactement et par grandes parties le son fondamental, ils seront toujours harmoniques et agréables; si au contraire ils sont incommensurables ou seulement commensurables par petites parties, ils seront discordants et désagréables.

On pourrait me dire qu'on ne conçoit pas trop comment une proportion peut causer du plaisir, et qu'on ne voit pas pourquoi tel rapport, parce qu'il est exact, est plus agréable que tel autre qui ne peut pas se mesurer exactement. Je répondrai que c'est cependant dans cette justesse de proportion que consiste la cause du plaisir, puisque toutes les fois que nos sens sont ébranlés de cette façon il en résulte un sentiment agréable, et qu'au contraire ils sont toujours affectés désagréablement par la disproportion. On peut se souvenir de ce que nous avons dit au sujet de l'aveugle-né auquel M. Cheselden donna la vue en lui abattant la cataracte : les objets qui lui étaient les plus agréables lorsqu'il commençait à voir étaient les formes régulières et unies; les corps pointus et irréguliers étaient pour lui des objets désagréables; il n'est donc pas douteux que l'idée de la beauté et le sentiment du plaisir, qui nous arrive par les yeux, ne naisse de la proportion et de la régularité; il en est de même du toucher, les formes égales, rondes et uniformes nous font plus de plaisir à toucher que les angles, les pointes et les inégalités des corps raboteux; le plaisir du toucher a donc pour cause, aussi bien que celui de la vue, la proportion des corps et des objets : pourquoi le plaisir de l'oreille ne viendrait-il pas de la proportion des sons?

Le son a, comme la lumière, non-seulement la propriété de se propager au loin, mais encore celle de se réfléchir; les lois de cette réflexion du son ne sont pas à la vérité aussi bien connues que celles de la réflexion de la lumière[1]; on est seulement assuré qu'il se réfléchit à la rencontre des corps durs. Une montagne, un bâtiment, une muraille réfléchissent le son, quel-

---

1. Depuis l'époque où Buffon écrivait ceci, on a fait bien des recherches et bien des découvertes sur toutes les parties de l'*acoustique*. Voyez les *Traités de physique* de MM. Biot, Pouillet, etc., et surtout les belles expériences de M. Savart.

quefois si parfaitement, qu'on croit qu'il vient réellement de ce côté opposé, et lorsqu'il se trouve des concavités dans ces surfaces planes, ou lorsqu'elles sont elles-mêmes régulièrement concaves, elles forment un écho qui est une réflexion du son plus parfaite et plus distincte ; les voûtes dans un bâtiment, les rochers dans une montagne, les arbres dans une forêt, forment presque toujours des échos : les voûtes, parce qu'elles ont une figure concave régulière, les rochers, parce qu'ils forment des voûtes et des cavernes, ou qu'ils sont disposés en forme concave et régulière, et les arbres, parce que dans le grand nombre de pieds d'arbres qui forment la forêt, il y en a presque toujours un certain nombre qui sont disposés et plantés les uns à l'égard des autres, de manière qu'ils forment une espèce de figure concave.

*La cavité intérieure de l'oreille paraît être un écho où le son se réfléchit avec la plus grande précision ; cette cavité est creusée dans la partie pierreuse de l'os temporal, comme une concavité dans un rocher ; le son se répète et s'articule dans cette cavité, et ébranle ensuite la partie solide de la lame du limaçon ; cet ébranlement se communique à la partie membraneuse de cette lame ; cette partie membraneuse est une expansion du nerf auditif, qui transmet à l'âme ces différents ébranlements dans l'ordre où elle les reçoit : comme les parties osseuses sont solides et insensibles, elles ne peuvent servir qu'à recevoir et réfléchir le son ; les nerfs seuls sont capables d'en produire la sensation. Or dans l'organe de l'ouïe la seule partie qui soit nerf[1] est cette portion de la lame spirale ; tout le reste est solide, et c'est par cette raison que je fais consister dans cette partie l'organe immédiat du son : on peut même le prouver par les réflexions suivantes.

L'oreille extérieure n'est qu'un accessoire à l'oreille intérieure : sa concavité, ses plis, peuvent servir à augmenter la quantité du son, mais on entend encore fort bien sans oreilles extérieures ; on le voit par les animaux auxquels on les a coupées. La membrane du tympan, qui est ensuite la partie la plus extérieure de cet organe, n'est pas plus essentielle que l'oreille extérieure à la sensation du son ; il y a des personnes dans lesquelles cette membrane est détruite en tout ou en partie, qui ne laissent pas d'entendre fort distinctement : on voit des gens qui font passer de la bouche dans l'oreille et font sortir au dehors de la fumée de tabac, des cordons de soie, des lames de plomb, etc., et qui cependant ont le sens de l'ouïe tout aussi bon que les autres. Il en est encore à peu près de même des osselets de l'oreille, ils ne sont pas absolument nécessaires à l'exercice du sens de l'ouïe ; il est arrivé plus d'une fois que ces osselets se sont cariés et sont même sortis de l'oreille par morceaux après des suppurations, et ces personnes, qui n'avaient plus

---

1. Le vrai organe de l'ouïe est, en effet, le nerf, ou l'expansion nerveuse, du *limaçon*. (Voyez mon ouvrage intitulé : *Recherches expérimentales sur les propriétés et les fonctions du système nerveux.*)

d'osselets, ne laissaient pas d'entendre [1]; d'ailleurs on sait que ces osselets ne se trouvent pas dans les oiseaux [2], qui cependant ont l'ouïe très-fine et très-bonne ; les canaux semi-circulaires [3] paraissent être plus nécessaires : ce sont des espèces de tuyaux courbés dans l'os pierreux, qui semblent servir à diriger et conduire les parties sonores jusqu'à la partie membraneuse du limaçon sur laquelle se fait l'action du son et la production de la sensation.

Une incommodité des plus communes dans la vieillesse est la surdité : cela se peut expliquer fort naturellement par le plus de densité que doit prendre la partie membraneuse de la lame du limaçon; elle augmente en solidité à mesure qu'on avance en âge : dès qu'elle devient trop solide on a l'oreille dure, et lorsqu'elle s'ossifie [4] on est entièrement sourd, parce qu'alors il n'y a plus aucune partie sensible dans l'organe qui puisse transmettre la sensation du son. La surdité qui provient de cette cause est incurable, mais elle peut aussi quelquefois venir d'une cause plus extérieure ; le canal auditif peut se trouver rempli et bouché par des matières épaisses : dans ce cas il me semble qu'on pourrait guérir la surdité, soit en seringuant des liqueurs ou en introduisant même des instruments dans ce canal ; et il y a un moyen fort simple pour reconnaître si la surdité est intérieure ou si elle n'est qu'extérieure, c'est-à-dire pour reconnaître si la lame spirale est en effet insensible, ou bien si c'est la partie extérieure du canal auditif qui est bouchée ; il ne faut pour cela que prendre une petite montre à répétition, la mettre dans la bouche du sourd et la faire sonner; s'il entend ce son, sa surdité sera certainement causée par un embarras extérieur auquel il est toujours possible de remédier en partie.

J'ai aussi remarqué sur plusieurs personnes qui avaient l'oreille et la voix fausses, qu'elles entendaient mieux d'une oreille que d'une autre : on peut se souvenir de ce que j'ai dit au sujet des yeux louches; la cause de ce défaut est l'inégalité de force ou de portée dans les yeux ; une personne louche ne voit pas d'aussi loin avec l'œil qui se détourne qu'avec l'autre; l'analogie m'a conduit à faire quelques épreuves sur des personnes qui ont

1. Dans mes expériences sur l'*audition*, j'ai enlevé ces *osselets*, et l'animal *n'a pas laissé d'entendre*. (Voyez mon ouvrage, ci-dessus cité.)

2. Il y a, dans les oiseaux, un *osselet* très-remarquable, et qui représente les deux principaux *osselets* des mammifères : le *marteau* et l'*étrier*.

3. La fonction des *canaux semi-circulaires*, demeurée jusqu'à moi tout à fait inconnue, est très-singulière, et se rapporte à la *direction* des mouvements. La section d'un canal *horizontal*, par exemple, détermine un mouvement de droite à gauche et de gauche à droite; la section d'un canal *antéro-postérieur*, un mouvement d'avant en arrière ; la section d'un canal *postéro-antérieur*, un mouvement d'arrière en avant, etc., etc. (Voyez mes *Recherches expérimentales sur les propriétés et les fonctions du système nerveux.*)

4. Le nerf, l'*expansion nerveuse* proprement dite, ne s'ossifie pas. Le nerf *acoustique*, comme le nerf *optique*, comme tous les autres, dépérit à mesure que l'âge avance; et, avec le dépérissement du nerf, la fonction se perd.

la voix fausse, et jusqu'à présent j'ai trouvé qu'elles avaient en effet une oreille meilleure que l'autre[1]; elles reçoivent donc à la fois par les deux oreilles deux sensations inégales, ce qui doit produire une discordance dans le résultat total de la sensation, et c'est par cette raison qu'entendant toujours faux, ils chantent faux nécessairement, et sans pouvoir même s'en apercevoir. Ces personnes, dont les oreilles sont inégales en sensibilité, se trompent souvent sur le côté d'où vient le son; si leur bonne oreille est à droite, le son leur paraîtra venir beaucoup plus souvent du côté droit que du côté gauche. Au reste, je ne parle ici que des personnes nées avec ce défaut; ce n'est que dans ce cas que l'inégalité de sensibilité des deux oreilles leur rend l'oreille et la voix fausses, car ceux auxquels cette différence n'arrive que par accident, et qui viennent avec l'âge à avoir une des oreilles plus dure que l'autre, n'auront pas pour cela l'oreille et la voix fausses, parce qu'ils avaient auparavant les oreilles également sensibles, qu'ils ont commencé par entendre et chanter juste, et que si dans la suite leurs oreilles deviennent inégalement sensibles et produisent une sensation de faux, ils la rectifient sur-le-champ par l'habitude où ils ont toujours été d'entendre juste et de juger en conséquence.

Les cornets ou entonnoirs servent à ceux qui ont l'oreille dure, comme les verres convexes servent à ceux dont les yeux commencent à baisser lorsqu'ils approchent de la vieillesse; ceux-ci ont la rétine et la cornée plus dure et plus solide, et peut-être aussi les humeurs de l'œil plus épaisses et plus denses; ceux-là ont la partie membraneuse de la lame spirale plus solide et plus dure, il leur faut donc des instruments qui augmentent la quantité des parties lumineuses ou sonores qui doivent frapper ces organes: les verres convexes et les cornets produisent cet effet. Tout le monde connaît ces longs cornets avec lesquels on porte la voix à des distances assez grandes; on pourrait aisément perfectionner cette machine, et la rendre à l'égard de l'oreille ce qu'est la lunette d'approche à l'égard des yeux; mais il est vrai qu'on ne pourrait se servir de ce cornet d'approche que dans des lieux solitaires où toute la nature serait dans le silence, car les bruits voisins se confondent avec les sons éloignés beaucoup plus que la lumière des objets qui sont dans le même cas. Cela vient de ce que la propagation de la lumière se fait toujours en ligne droite, et que quand il se trouve un obstacle intermédiaire elle est presque totalement interceptée, au lieu que le son se propage à la vérité en ligne droite, mais quand il rencontre un obstacle intermédiaire, il circule autour de cet obstacle et ne laisse pas d'arriver ainsi

---

1. Personne, en ce cas, n'aurait la voix juste, car il n'est personne, ou presque personne, qui n'ait *une oreille meilleure que l'autre*. Personne ne verrait juste, car il n'est personne qui n'ait un œil plus fort que l'autre. Bichat qui, sur ce point, admire fort Buffon, va bien plus loin que Buffon : on ne déraisonne, selon Bichat, que parce qu'on a les deux hémisphères cérébraux d'une grandeur inégale. (*Rech. phys. sur la vie et la mort*, art. III, *Différence des deux vies.*)

obliquement à l'oreille presque en aussi grande quantité que s'il n'eût pas changé de direction.

L'ouïe est bien plus nécessaire à l'homme qu'aux animaux ; ce sens n'est dans ceux-ci qu'une propriété passive capable seulement de leur transmettre les impressions étrangères. Dans l'homme c'est non-seulement une propriété passive, mais une faculté qui devient active par l'organe de la parole ; c'est en effet par ce sens que nous vivons en société , que nous recevons la pensée des autres, et que nous pouvons leur communiquer la nôtre : les organes de la voix seraient des instruments inutiles s'ils n'étaient mis en mouvement par ce sens ; un sourd de naissance est nécessairement muet, il ne doit avoir aucune connaissance des choses abstraites et générales [1]. Je dois rapporter ici l'histoire abrégée d'un sourd de cette espèce, qui entendit tout à coup pour la première fois à l'âge de vingt-quatre ans, telle qu'on la trouve dans le volume de l'*Académie,* année 1703, page 18.

« M. Félibien, de l'Académie des Inscriptions, fit savoir à l'Académie des
« Sciences un événement singulier, peut-être inouï, qui venait d'arriver à
« Chartres. Un jeune homme de vingt-trois à vingt-quatre ans, fils d'un
« artisan, sourd et muet de naissance , commença tout d'un coup à parler,
« au grand étonnement de toute la ville ; on sut de lui que quelque trois
« ou quatre mois auparavant il avait entendu le son des cloches et avait été
« extrêmement surpris de cette sensation nouvelle et inconnue ; ensuite il
« lui était sorti une espèce d'eau de l'oreille gauche, et il avait entendu par-
« faitement des deux oreilles ; il fut ces trois ou quatre mois à écouter sans
« rien dire, s'accoutumant à répéter tout bas les paroles qu'il entendait, et
« s'affermissant dans la prononciation et dans les idées attachées aux mots ;
« enfin il se crut en état de rompre le silence, et il déclara qu'il parlait,
« quoique ce ne fût encore qu'imparfaitement ; aussitôt des théologiens
« habiles l'interrogèrent sur son état passé, et leurs principales questions
« roulèrent sur Dieu, sur l'âme, sur la bonté ou la malice morale des
« actions ; il ne parut pas avoir poussé ses pensées jusque-là ; quoiqu'il fût
« né de parents catholiques, qu'il assistât à la messe, qu'il fût instruit à
« faire le signe de la croix et à se mettre à genoux dans la contenance d'un
« homme qui prie, il n'avait jamais joint à tout cela aucune intention, ni
« compris celle que les autres y joignaient ; il ne savait pas bien distincte-
« ment ce que c'était que la mort, et il n'y pensait jamais ; il menait une vie
« purement animale, tout occupé des objets sensibles et présents, et du peu
« d'idées qu'il recevait par les yeux ; il ne tirait pas même de la comparaison
« de ces idées tout ce qu'il semble qu'il en aurait pu tirer : ce n'est pas qu'il
« n'eût naturellement de l'esprit, mais l'esprit d'un homme privé du com-
« merce des autres est si peu exercé et si peu cultivé, qu'il ne pense qu'au-

---

1. Proposition très-contestable. La *parole* vient de la *faculté* qu'a l'esprit de *connaître les choses abstraites et générales*, mais cette *faculté* ne vient pas de là *parole.*

« tant qu'il y est indispensablement forcé par les objets extérieurs ; le
« plus grand fonds des idées des hommes est dans leur commerce réci-
« proque. »

Il serait cependant très-possible de communiquer aux sourds ces idées
qui leur manquent, et même de leur donner des notions exactes et précises
des choses abstraites et générales par des signes et par l'écriture[1] ; un sourd
de naissance pourrait avec le temps et des secours assidus lire et comprendre tout ce qui serait écrit, et par conséquent écrire lui-même et se
faire entendre sur les choses même les plus compliquées ; il y en a, dit-on,
dont on a suivi l'éducation avec assez de soin pour les amener à un point
plus difficile encore, qui est de comprendre le sens des paroles par le mouvement des lèvres de ceux qui les prononcent ; rien ne prouverait mieux
combien les sens se ressemblent au fond, et jusqu'à quel point ils peuvent
se suppléer ; cependant il me paraît que comme la plus grande partie des
sons se forment et s'articulent au dedans de la bouche par des mouvements
de la langue qu'on n'aperçoit pas dans un homme qui parle à la manière
ordinaire, un sourd et muet ne pourrait connaître de cette façon que le petit
nombre des syllabes qui sont en effet articulées par le mouvement des lèvres.

Nous pouvons citer à ce sujet un fait tout nouveau, duquel nous venons
d'être témoins. M. Rodrigue Pereire, portugais, ayant cherché les moyens
les plus faciles pour faire parler les sourds et muets de naissance, s'est exercé
assez longtemps dans cet art singulier pour le porter à un grand point
de perfection ; il m'amena il y a environ quinze jours son élève M. d'Azy
d'Étavigny ; ce jeune homme, sourd et muet de naissance, est âgé d'environ 19 ans ; M. Pereire entreprit de lui apprendre à parler, à lire, etc., au
mois de juillet 1746 ; au bout de quatre mois, il prononçait déjà des syllabes
et des mots, et après dix mois il avait l'intelligence d'environ treize cents
mots, et il les prononçait tous assez distinctement. Cette éducation si heureusement commencée fut interrompue pendant neuf mois par l'absence du
maître, et il ne reprit son élève qu'au mois de février 1748 ; il le retrouva
bien moins instruit qu'il ne l'avait laissé ; sa prononciation était devenue
très-vicieuse, et la plupart des mots qu'il avait appris étaient déjà sortis de
sa mémoire, parce qu'il ne s'en était pas servi pendant un assez long temps
pour qu'ils eussent fait des impressions durables et permanentes. M. Pereire
commença donc à l'instruire, pour ainsi dire, de nouveau au mois de
février 1748, et depuis ce temps-là il ne l'a pas quitté jusqu'à ce jour (au
mois de juin 1749). Nous avons vu ce jeune sourd et muet à l'une de nos
assemblées de l'Académie, on lui a fait plusieurs questions par écrit, il y

---

1. Un contemporain de Buffon, l'abbé de l'Épée, jetait déjà les premières bases d'un admirable mode d'instruction, perfectionné de nos jours par l'abbé Sicard.

Qui ne connait les savants élèves de l'abbé Sicard : les Massieu, les Clerc, les Berthier, etc., etc.,
ces hommes qui, par le courage de l'intelligence, ont vaincu la nature ?

a très-bien répondu, tant par l'écriture que par la parole ; il a à la vérité la
prononciation lente et le son de la voix rude, mais cela ne peut guère être
autrement, puisque ce n'est que par l'imitation que nous amenons peu à peu
nos organes à former des sons précis, doux et bien articulés, et comme ce
jeune sourd et muet n'a pas même l'idée d'un son, et qu'il n'a par conséquent jamais tiré aucun secours de l'imitation, sa voix ne peut manquer
d'avoir une certaine rudesse que l'art de son maître pourra bien corriger
peu à peu jusqu'à un certain point. Le peu de temps que le maître a employé
à cette éducation, et les progrès de l'élève qui, à la vérité, paraît avoir de
la vivacité et de l'esprit, sont plus que suffisants pour démontrer qu'on peut
avec de l'art amener tous les sourds et muets de naissance au point de commercer avec les autres hommes, car je suis persuadé que si l'on eût commencé à instruire ce jeune sourd dès l'âge de sept ou huit ans, il serait
actuellement au même point où sont les sourds qui ont autrefois parlé, et
qu'il aurait un aussi grand nombre d'idées que les autres hommes en ont
communément.

DES SENS EN GÉNÉRAL.

Le corps animal est composé de plusieurs matières différentes dont les
unes, comme les os, la graisse, le sang, la lymphe, etc., sont insensibles,
et dont les autres, comme les membranes[1] et les nerfs, paraissent être des
matières actives desquelles dépendent le jeu de toutes les parties et l'action
de tous les membres ; les nerfs surtout sont l'organe immédiat du sentiment
qui se diversifie et change, pour ainsi dire, de nature suivant leur différente
disposition, en sorte que, selon leur position, leur arrangement, leur qualité, ils transmettent à l'âme des espèces différentes de sentiments, qu'on a
distinguées par le nom de sensations, qui semblent, en effet, n'avoir rien de
semblable entre elles. Cependant, si l'on fait attention que tous ces sens
externes ont un sujet commun et qu'ils ne sont tous que des membranes nerveuses différemment disposées et placées, que les nerfs sont l'organe général
du sentiment[2], que, dans le corps animal, nulle autre matière que les nerfs
n'a cette propriété de produire le sentiment, on sera porté à croire que, les
sens ayant tous un principe commun et n'étant que des formes variées de la
même substance, n'étant en un mot que des nerfs différemment ordonnés
et disposés, les sensations qui en résultent ne sont pas aussi essentiellement
différentes entre elles qu'elles le paraissent.

L'œil doit être regardé comme une expansion du nerf optique, ou plutôt
l'œil lui-même n'est que l'épanouissement d'un faisceau de nerfs, qui, étant

1. Les *membranes* ne sont sensibles que par les *nerfs.*
2. Ils en sont non-seulement l'*organe général,* mais l'*organe exclusif.*

exposé à l'extérieur plus qu'aucun autre nerf, est aussi celui qui a le sentiment le plus vif et le plus délicat : il sera donc ébranlé par les plus petites parties de la matière, telles que sont celles de la lumière, et il nous donnera par conséquent une sensation de toutes les substances les plus éloignées, pourvu qu'elles soient capables de produire ou de réfléchir ces petites particules de matière. L'oreille, qui n'est pas un organe aussi extérieur que l'œil, et dans lequel il n'y a pas un aussi grand épanouissement de nerfs, n'aura pas le même degré de sensibilité et ne pourra pas être affectée par des parties de matière aussi petites que celles de la lumière, mais elle le sera par des parties plus grosses, qui sont celles qui forment le son, et nous donnera encore une sensation des choses éloignées qui pourront mettre en mouvement ces parties de matière : comme elles sont beaucoup plus grosses que celles de la lumière et qu'elles ont moins de vitesse, elles ne pourront s'étendre qu'à de petites distances, et par conséquent l'oreille ne nous donnera la sensation que de choses beaucoup moins éloignées que celles dont l'œil nous donne la sensation. La membrane qui est le siége de l'odorat, étant encore moins fournie de nerfs que celle qui fait le siége de l'ouïe, elle ne nous donnera la sensation que des parties de matière qui sont plus grosses et moins éloignées, telles que sont les particules odorantes des corps, qui sont probablement celles de l'huile essentielle qui s'en exhale et surnage, pour ainsi dire, dans l'air, comme les corps légers nagent dans l'eau ; et comme les nerfs sont encore en moindre quantité et qu'ils sont plus divisés sur le palais et sur la langue, les particules odorantes ne sont pas assez fortes pour ébranler cet organe : il faut que ces parties huileuses ou salines se détachent des autres corps et s'arrêtent sur la langue pour produire une sensation qu'on appelle le *goût* et qui diffère principalement de l'odorat, parce que ce dernier sens nous donne la sensation des choses à une certaine distance et que le goût ne peut nous la donner que par une espèce de contact qui s'opère au moyen de la fonte de certaines parties de matière, telles que les sels, les huiles, etc. Enfin, comme les nerfs sont le plus divisés qu'il est possible et qu'ils sont très-légèrement parsemés dans la peau, aucune partie aussi petite que celles qui forment la lumière ou les sons, les odeurs ou les saveurs, ne pourra les ébranler ni les affecter d'une manière sensible, et il faudra de très-grosses parties de matière, c'est-à-dire des corps solides, pour qu'ils puissent en être affectés : aussi le sens du toucher ne nous donne aucune sensation des choses éloignées, mais seulement de celles dont le contact est immédiat.

Il me paraît donc que la différence qui est entre nos sens ne vient que de la position plus ou moins extérieure des nerfs et de leur quantité plus ou moins grande [1] dans les différentes parties qui constituent les organes. C'est par cette

1. Il y a, dans chaque nerf des sens, une *sensibilité propre*. Buffon ne voit ici qu'une ques-

raison qu'un nerf ébranlé par un coup ou découvert par une blessure nous donne souvent la sensation de la lumière sans que l'œil y ait part, comme on a souvent aussi, par la même cause, des tintements et des sensations de sons, quoique l'oreille ne soit affectée par rien d'extérieur [1].

Lorsque les petites particules de la matière lumineuse [2] ou sonore [3] se trouvent réunies en très-grande quantité, elles forment une espèce de corps solide qui produit différentes espèces de sensations, lesquelles ne paraissent avoir aucun rapport avec les premières, car toutes les fois que les parties qui composent la lumière sont en très-grande quantité, alors elles affectent non-seulement les yeux, mais aussi toutes les parties nerveuses de la peau, et elles produisent dans l'œil la sensation de la lumière et dans le reste du corps la sensation de la chaleur, qui est une autre espèce de sentiment différent du premier, quoiqu'il soit produit par la même cause [4]. La chaleur n'est donc que le toucher de la lumière qui agit comme corps solide ou comme une masse de matière en mouvement ; on reconnaît évidemment l'action de cette masse en mouvement lorsqu'on expose des matières légères au foyer d'un bon miroir ardent : l'action de la lumière réunie leur communique, avant même que de les échauffer, un mouvement qui les pousse et les déplace ; la chaleur agit donc comme agissent les corps solides sur les autres corps, puisqu'elle est capable de les déplacer en leur communiquant un mouvement d'impulsion.

De même, lorsque les parties sonores se trouvent réunies en très-grande quantité, elles produisent une secousse et un ébranlement très-sensibles, et cet ébranlement est fort différent de l'action du son sur l'oreille. Une violente explosion, un grand coup de tonnerre ébranle [5] les maisons, nous frappe et communique une espèce de tremblement à tous les corps voisins : le son agit donc aussi comme corps solide [6] sur les autres corps, car ce n'est pas l'agita-

tion de *position*, de *quantité*, de *mécanisme*. Il ne voit pas qu'il s'agit d'une question de *propriété*, de *force*. Il oublie ce qu'il a si éloquemment dit ailleurs : « Il réside des forces intérieures « dans les corps organisés, qui ne suivent point du tout les lois de la mécanique grossière que « nous avons imaginée, et à laquelle nous voudrions tout réduire » (page 52).

1. Ces *étincelles* vues par l'œil, ces *tintements* d'oreille, à l'occasion d'une douleur très-vive, sont l'effet de la sympathie profonde qui unit entre elles toutes les parties sensibles, toutes les *parties nerveuses*.

2. *Matière lumineuse.* Pour expliquer la transmission de la *lumière*, Newton supposait une émanation réelle de *corpuscules matériels*, lancés par les corps lumineux. On explique aujourd'hui cette transmission par les ondulations d'un *fluide élastique* (de l'*éther*), répandu partout.

3. *Matière sonore.* Il n'y a pas de *matière sonore*. La cause du *son* est tout entière dans le *mouvement vibratoire* des corps sonores. Le grand propagateur du *son* est l'air. Si l'on frappe un corps dans le vide, aucun *bruit* ne se fait entendre.

4. La *chaleur* et la *lumière* sont-elles deux matières différentes ? Sont-elles une seule matière ? Sont-elles même de la matière ? C'est ce qui n'est pas, à beaucoup près, décidé encore.

5. Il y a, dans un coup de tonnerre, le *bruit* et l'*ébranlement*. Le *bruit* est l'effet de l'*air* mis en vibration par l'étincelle *électrique*. L'*ébranlement* est l'effet direct de la *force électrique*.

6. Ce n'est pas le *son*, matière particulière, c'est le corps sonore, c'est le corps *vibrant* qui *agit comme corps solide*. (Voyez, ci-dessus, la note 3.)

tion de l'air qui cause cet ébranlement[1], puisque dans le temps qu'il se fait on ne remarque pas qu'il soit accompagné de vent, et que d'ailleurs, quelque violent que fût le vent, il ne produirait pas d'aussi fortes secousses. C'est par cette action des parties sonores qu'une corde en vibration en fait remuer une autre, et c'est par ce toucher du son que nous sentons nous-mêmes, lorsque le bruit est violent, une espèce de trémoussement fort différent de la sensation du son par l'oreille, quoiqu'il dépende de la même cause.

Toute la différence qui se trouve dans nos sensations ne vient donc que du nombre plus ou moins grand et de la position plus ou moins extérieure des nerfs, ce qui fait que les uns de ces sens peuvent être affectés par de petites particules de matière qui émanent des corps, comme l'œil, l'oreille et l'odorat; les autres par des parties plus grosses qui se détachent des corps au moyen du contact, comme le goût, et les autres par les corps ou même par les émanations des corps, lorsqu'elles sont assez réunies et assez abondantes pour former une espèce de masse solide, comme le toucher qui nous donne des sensations de la solidité, de la fluidité et de la chaleur des corps.

Un fluide diffère d'un solide parce qu'il n'a aucune partie assez grosse pour que nous puissions la saisir et la toucher par différents côtés à la fois : c'est ce qui fait aussi que les fluides sont liquides; les particules qui les composent ne peuvent être touchées par les particules voisines que dans un point ou un si petit nombre de points, qu'aucune partie ne peut avoir d'adhérence avec une autre partie. Les corps solides réduits en poudre, même impalpable, ne perdent pas absolument leur solidité parce que les parties, se touchant par plusieurs côtés, conservent de l'adhérence entre elles, et c'est ce qui fait qu'on en peut faire des masses et les serrer pour en palper une grande quantité à la fois.

Le sens du toucher est répandu dans le corps entier, mais il s'exerce différemment dans les différentes parties. Le sentiment qui résulte du toucher ne peut être excité que par le contact et l'application immédiate de la superficie de quelque corps étranger sur celle de notre propre corps : qu'on applique contre la poitrine ou sur les épaules d'un homme un corps étranger, il le sentira, c'est-à-dire il saura qu'il y a un corps étranger qui le touche, mais il n'aura aucune idée de la forme de ce corps parce que la poitrine ou les épaules ne touchant le corps que dans un seul plan, il ne pourra en résulter aucune connaissance de la figure de ce corps; il en est de même de toutes les autres parties du corps qui ne peuvent pas s'ajuster sur la surface des corps étrangers et se plier pour embrasser à la fois plusieurs parties de leur superficie; ces parties de notre corps ne peuvent donc nous donner aucune idée juste de leur forme; mais celles qui, comme la main, sont divi-

1. Voyez la note 5 de la page précédente.

sées en plusieurs petites parties flexibles et mobiles, et qui peuvent par conséquent s'appliquer en même temps sur les différents plans de la superficie des corps, sont celles qui nous donnent en effet les idées de leur forme et de leur grandeur.

Ce n'est donc pas uniquement parce qu'il y a une plus grande quantité de houppes nerveuses à l'extrémité des doigts que dans les autres parties du corps, ce n'est pas, comme on le prétend vulgairement, parce que la main a le sentiment plus délicat qu'elle est en effet le principal organe du toucher : on pourrait dire, au contraire, qu'il y a des parties plus sensibles et dont le toucher est plus délicat, comme les yeux, la langue, etc.; mais c'est uniquement parce que la main est divisée en plusieurs parties toutes mobiles, toutes flexibles, toutes agissantes en même temps et obéissantes à la volonté, qu'elle est le seul organe qui nous donne des idées distinctes de la forme des corps. Le toucher n'est qu'un contact de superficie : qu'on suppute la superficie de la main et des cinq doigts, on la trouvera plus grande à proportion que celle de toute autre partie du corps, parce qu'il n'y en a aucune qui soit autant divisée; ainsi elle a d'abord l'avantage de pouvoir présenter aux corps étrangers plus de superficie; ensuite les doigts peuvent s'étendre, se raccourcir, se plier, se séparer, se joindre et s'ajuster à toutes sortes de surfaces, autre avantage qui suffirait pour rendre cette partie l'organe de ce sentiment exact et précis qui est nécessaire pour nous donner l'idée de la forme des corps. Si la main avait encore un plus grand nombre de parties, qu'elle fût, par exemple, divisée en vingt doigts, que ces doigts eussent un plus grand nombre d'articulations et de mouvements, il n'est pas douteux que le sentiment du toucher ne fût infiniment plus parfait dans cette conformation qu'il ne l'est, parce que cette main pourrait alors s'appliquer beaucoup plus immédiatement et plus précisément sur les différentes surfaces des corps; et si nous supposions qu'elle fût divisée en une infinité de parties toutes mobiles et flexibles, et qui pussent toutes s'appliquer en même temps sur tous les points de la surface des corps, un pareil organe serait une espèce de géométrie universelle (si je puis m'exprimer ainsi) par le secours de laquelle nous aurions, dans le moment même de l'attouchement, des idées exactes et précises de la figure de tous les corps et de la différence, même infiniment petite, de ces figures. Si, au contraire, la main était sans doigts, elle ne pourrait nous donner que des notions très-imparfaites de la forme des choses les plus palpables, et nous n'aurions qu'une connaissance très-confuse des objets qui nous environnent, ou du moins il nous faudrait beaucoup plus d'expériences et de temps pour les acquérir.

Les animaux qui ont des mains paraissent être les plus spirituels [1] : les

1. *Spirituels.* Expression peu juste. Buffon dira ailleurs plus exactement : « L'éléphant « approche de l'homme par l'intelligence, autant au moins que la matière peut approcher de « l'esprit » (*Histoire de l'éléphant*).

singes font des choses si semblables aux actions mécaniques de l'homme,
qu'il semble qu'elles aient pour cause la même suite de sensations corporelles : tous les autres animaux qui sont privés de cet organe ne peuvent
avoir aucune connaissance assez distincte de la forme des choses ; comme
ils ne peuvent rien saisir et qu'ils n'ont aucune partie assez divisée et assez
flexible pour pouvoir s'ajuster sur la superficie des corps, ils n'ont certainement aucune notion précise de la forme non plus que de la grandeur de ces
corps ; c'est pour cela que nous les voyons souvent incertains ou effrayés à
l'aspect des choses qu'ils devraient le mieux connaître et qui leur sont les
plus familières. Le principal organe de leur toucher est dans leur museau,
parce que cette partie est divisée en deux par la bouche et que la langue est
une autre partie qui leur sert en même temps pour toucher les corps qu'on
leur voit tourner et retourner avant que de les saisir avec les dents. On peut
aussi conjecturer que les animaux qui, comme les seiches, les polypes et
d'autres insectes [1], ont un grand nombre de bras ou de pattes [2] qu'ils peuvent
réunir et joindre, et avec lesquels ils peuvent saisir par différents endroits
les corps étrangers , que ces animaux, dis-je, ont de l'avantage sur les autres
et qu'ils connaissent et choisissent beaucoup mieux les choses qui leur conviennent. Les poissons dont le corps est couvert d'écailles et qui ne peuvent
se plier doivent être les plus stupides de tous les animaux, car ils ne peuvent
avoir aucune connaissance de la forme des corps, puisqu'ils n'ont aucun
moyen de les embrasser, et d'ailleurs l'impression du sentiment doit être
très-faible et le sentiment fort obtus, puisqu'ils ne peuvent sentir qu'à travers
les écailles : ainsi tous les animaux dont le corps n'a point d'extrémités
qu'on puisse regarder comme des parties divisées, telles que les bras, les
jambes, les pattes, etc., auront beaucoup moins de sentiment par le toucher
que les autres ; les serpents sont cependant moins stupides que les poissons
parce que, quoiqu'ils n'aient point d'extrémités et qu'ils soient recouverts
d'une peau dure et écailleuse, ils ont la faculté de plier leur corps en plusieurs sens sur les corps étrangers, et par conséquent de les saisir en quelque
façon et de les toucher beaucoup mieux que ne peuvent le faire les poissons
dont le corps ne peut se plier.

'Les deux grands obstacles à l'exercice du sens du toucher sont donc premièrement l'uniformité de la forme du corps de l'animal, ou, ce qui est la
même chose, le défaut de parties différentes, divisées et flexibles, et secondement le revêtement de la peau, soit par du poil, de la plume, des écailles,
des taies, des coquilles, etc.; plus ce revêtement sera dur et solide, et moins
le sentiment du toucher pourra s'exercer ; plus, au contraire, la peau sera
fine et déliée, et plus le sentiment sera vif et exquis. Les femmes ont, entre

1. Voyez la note 2 de la page 153 du Iᵉʳ volume.
2. Idées puériles. L'intelligence ne tient pas aux *bras* ou aux *pattes* : la *seiche* et le *polype* sont
fort au-dessous du *poisson*.

autres avantages sur les hommes, celui d'avoir la peau plus belle et le toucher plus délicat.

Le fœtus, dans le sein de la mère, a la peau très-déliée ; il doit donc sentir vivement toutes les impressions extérieures; mais comme il nage dans une liqueur et que les liquides reçoivent et rompent l'action de toutes les causes qui peuvent occasionner des chocs, il ne peut être blessé que rarement et seulement par des coups ou des efforts très-violents ; il a donc fort peu d'exercice de cette partie même du toucher qui ne dépend que de la finesse de la peau et qui est commune à tout le corps : comme il ne fait aucun usage de ses mains, il ne peut avoir de sensations ni acquérir aucune connaissance dans le sein de sa mère, à moins qu'on ne veuille supposer qu'il peut toucher avec ses mains différentes parties de son corps, comme son visage, sa poitrine, ses genoux, car on trouve souvent les mains du fœtus ouvertes ou fermées, appliquées contre son visage.

Dans l'enfant nouveau-né, les mains restent aussi inutiles que dans le fœtus parce qu'on ne lui donne la liberté de s'en servir qu'au bout de six ou sept semaines : les bras sont emmaillottés avec tout le reste du corps jusqu'à ce terme, et je ne sais pourquoi cette manière est en usage. Il est certain qu'on retarde par là le développement de ce sens important, duquel toutes nos connaissances dépendent, et qu'on ferait bien de laisser à l'enfant le libre usage de ses mains dès le moment de sa naissance : il acquerrait plus tôt les premières notions de la forme des choses, et qui sait jusqu'à quel point ces premières idées influent sur les autres? Un homme n'a peut-être beaucoup plus d'esprit qu'un autre que pour avoir fait, dans sa première enfance, un plus grand et un plus prompt usage de ce sens [1]. Dès que les enfants ont la liberté de se servir de leurs mains, ils ne tardent pas à en faire un grand usage; ils cherchent à toucher tout ce qu'on leur présente ; on les voit s'amuser et prendre plaisir à manier les choses que leur petite main peut saisir : il semble qu'ils cherchent à connaître la forme des corps en les touchant de tous côtés et pendant un temps considérable ; ils s'amusent ainsi, ou plutôt ils s'instruisent de choses nouvelles. Nous-mêmes dans le reste de la vie, si nous y faisons réflexion, nous amusons-nous autrement qu'en faisant ou en cherchant à faire quelque chose de nouveau?

C'est par le toucher seul que nous pouvons acquérir des connaissances complètes et réelles, c'est ce sens qui rectifie tous les autres sens dont les

1. Helvétius prétend que l'homme ne doit qu'à ses mains la supériorité qu'il a sur les bêtes. Buffon devait laisser cette idée à Helvétius. Il disait naguère (page 4), et infiniment mieux : « Un aveugle-né n'a nulle idée de l'objet matériel qui nous représente les images des corps ; « un lépreux dont la peau serait insensible n'aurait *aucune des idées que le toucher fait naître* ; « un sourd ne peut connaître les sons : qu'on détruise successivement ces trois moyens de « sensation dans l'homme qui en est pourvu, l'âme n'en existera pas moins, ses fonctions « intérieures subsisteront, et la pensée se manifestera toujours au dedans de lui-même. »

effets ne seraient que des illusions et ne produiraient que des erreurs dans notre esprit, si le toucher ne nous apprenait à juger. Mais comment se fait le développement de ce sens important? Comment nos premières connaissances arrivent-elles à notre âme? n'avons-nous pas oublié tout ce qui s'est passé dans les ténèbres de notre enfance? Comment retrouverons-nous la première trace de nos pensées? n'y a-t-il pas même de la témérité à vouloir remonter jusque-là? Si la chose était moins importante, on aurait raison de nous blâmer; mais elle est peut-être plus que toute autre digne de nous occuper, et ne sait-on pas qu'on doit faire des efforts toutes les fois qu'on veut atteindre à quelque grand objet?

J'imagine donc un homme tel qu'on peut croire qu'était le premier homme au moment de la création, c'est-à-dire, un homme dont le corps et les organes seraient parfaitement formés, mais qui s'éveillerait tout neuf pour lui-même et pour tout ce qui l'environne. Quels seraient ses premiers mouvements, ses premières sensations, ses premiers jugements? Si cet homme voulait nous faire l'histoire de ses premières pensées, qu'aurait-il à nous dire? quelle serait cette histoire? Je ne puis me dispenser de le faire parler lui-même, afin d'en rendre les faits plus sensibles : ce récit philosophique [1], qui sera court, ne sera pas une digression inutile.

« Je me souviens de cet instant plein de joie et de trouble, où je sentis
« pour la première fois ma singulière existence; je ne savais ce que j'étais,
« où j'étais, d'où je venais. J'ouvris les yeux, quel surcroît de sensation !
« la lumière, la voûte céleste, la verdure de la terre, le cristal des eaux,
« tout m'occupait, m'animait, et me donnait un sentiment inexprimable de
« plaisir; je crus d'abord que tous ces objets étaient en moi et faisaient
« partie de moi-même.

« Je m'affermissais dans cette pensée naissante lorsque je tournai les yeux
« vers l'astre de la lumière; son éclat me blessa, je fermai involontairement
« la paupière, et je sentis une légère douleur. Dans ce moment d'obscurité
« je crus avoir perdu presque tout mon être.

« Affligé, saisi d'étonnement, je pensais à ce grand changement, quand
« tout à coup j'entends des sons; le chant des oiseaux, le murmure des airs,
« formaient un concert dont la douce impression me remuait jusqu'au fond

---

1. Ce *récit philosophique* est le résumé des idées de Buffon sur les sens.

Condillac, philosophe qui a fait un *système*, imagine une *statue* qu'il doue successivement de chaque sens. A chaque sens nouveau, la *statue* raisonne beaucoup, et très-métaphysiquement, très-subtilement, et toujours conformément au *système*.

Buffon imagine un *homme* d'une nature puissante, brillante, plein de feu, de vie, de génie, qui sent sa grandeur, qui s'enchante de son existence, et très-semblable à lui, Buffon : « marchant la tête haute et levée vers le ciel, etc. »

La *statue* de Condillac raisonne trop et trop tôt. L'*homme* de Buffon sent plus qu'il ne raisonne. Ou plutôt Buffon transforme le raisonnement en émotion, en passion, en poétiques images; et c'est ici le cas de dire de lui ce qu'il a si éloquemment dit (t. Ier, page 465) de Platon : *Ce philosophe est un peintre d'idées.*

« de l'âme; j'écoutai longtemps, et je me persuadai bientôt que cette harmo-
« nie était moi.

« Attentif, occupé tout entier de ce nouveau genre d'existence, j'oubliais
« déjà la lumière, cette autre partie de mon être que j'avais connue la pre-
« mière, lorsque je rouvris les yeux. Quelle joie de me retrouver en pos-
« session de tant d'objets brillants! mon plaisir surpassa tout ce que j'avais
« senti la première fois, et suspendit pour un temps le charmant effet des
« sons.

« Je fixai mes regards sur mille objets divers, je m'aperçus bientôt que
« je pouvais perdre et retrouver ces objets, et que j'avais la puissance de
« détruire et de reproduire à mon gré cette belle partie de moi-même, et
« quoiqu'elle me parût immense en grandeur par la quantité des accidents
« de lumière et par la variété des couleurs, je crus reconnaître que tout
« était contenu dans une portion de mon être.

« Je commençais à voir sans émotion et à entendre sans trouble, lors-
« qu'un air léger, dont je sentis la fraîcheur, m'apporta des parfums qui
« me causèrent un épanouissement intime et me donnèrent un sentiment
« d'amour pour moi-même.

« Agité par toutes ces sensations, pressé par les plaisirs d'une si belle
« et si grande existence, je me levai tout d'un coup, et je me sentis trans-
« porté par une force inconnue.

« Je ne fis qu'un pas; la nouveauté de ma situation me rendit immobile,
« ma surprise fut extrême, je crus que mon existence fuyait; le mouvement
« que j'avais fait avait confondu les objets, je m'imaginais que tout était
« en désordre.

« Je portai la main sur ma tête, je touchai mon front et mes yeux, je
« parcourus mon corps, ma main me parut être alors le principal organe
« de mon existence; ce que je sentais dans cette partie était si distinct et si
« complet, la jouissance m'en paraissait si parfaite en comparaison du plai-
« sir que m'avaient causé la lumière et les sons, que je m'attachai tout
« entier à cette partie solide de mon être, et je sentis que mes idées pre-
« naient de la profondeur et de la réalité.

« Tout ce que je touchais sur moi semblait rendre à ma main senti-
« ment pour sentiment, et chaque attouchement produisait dans mon âme
« une double idée.

« Je ne fus pas longtemps sans m'apercevoir que cette faculté de sentir
« était répandue dans toutes les parties de mon être; je reconnus bientôt
« les limites de mon existence, qui m'avait paru d'abord immense en
« étendue.

« J'avais jeté les yeux sur mon corps, je le jugeais d'un volume énorme
« et si grand, que tous les objets qui avaient frappé mes yeux ne me parais-
« saient être en comparaison que des points lumineux.

« Je m'examinai longtemps, je me regardais avec plaisir, je suivais ma
« main de l'œil, et j'observais ses mouvements ; j'eus sur tout cela les idées
« les plus étranges, je croyais que le mouvement de ma main n'était qu'une
« espèce d'existence fugitive, une succession de choses semblables ; je l'ap-
« prochai de mes yeux, elle me parut alors plus grande que tout mon corps,
« et elle fit disparaître à ma vue un nombre infini d'objets.

« Je commençai à soupçonner qu'il y avait de l'illusion dans cette sensa-
« tion qui me venait par les yeux ; j'avais vu distinctement que ma main
« n'était qu'une petite partie de mon corps, et je ne pouvais comprendre
« qu'elle fût augmentée au point de me paraître d'une grandeur démesurée ;
« je résolus donc de ne me fier qu'au toucher, qui ne m'avait pas encore
« trompé , et d'être en garde sur toutes les autres façons de sentir et
« d'être.

« Cette précaution me fut utile ; je m'étais remis en mouvement et je
« marchais la tête haute et levée vers le ciel ; je me heurtai légèrement
« contre un palmier ; saisi d'effroi, je portai ma main sur ce corps étranger,
« je le jugeai tel, parce qu'il ne me rendit pas sentiment pour sentiment ; je
« me détournai avec une espèce d'horreur, et je connus pour la première
« fois qu'il y avait quelque chose hors de moi.

« Plus agité par cette nouvelle découverte que je ne l'avais été par toutes
« les autres, j'eus peine à me rassurer, et après avoir médité sur cet événe-
« ment je conclus que je devais juger des objets extérieurs comme j'avais
« jugé des parties de mon corps, et qu'il n'y avait que le toucher qui pût
« m'assurer de leur existence.

« Je cherchai donc à toucher tout ce que je voyais, je voulais toucher
« le soleil, j'étendais les bras pour embrasser l'horizon, et je ne trouvais
« que le vide des airs.

« A chaque expérience que je tentais, je tombais de surprise en surprise ,
« car tous les objets me paraissaient être également près de moi, et ce ne
« fut qu'après une infinité d'épreuves que j'appris à me servir de mes yeux
« pour guider ma main ; et comme elle me donnait des idées toutes diffé-
« rentes des impressions que je recevais par le sens de la vue, mes sensations
« n'étant pas d'accord entre elles, mes jugements n'en étaient que plus
« imparfaits, et le total de mon être n'était encore pour moi-même qu'une·
« existence en confusion.

« Profondément occupé de moi, de ce que j'étais, de ce que je pouvais
« être, les contrariétés que je venais d'éprouver m'humilièrent ; plus je
« réfléchissais, plus il se présentait de doutes : lassé de tant d'incertitudes ,
« fatigué des mouvements de mon âme, mes genoux fléchirent et je me
« trouvai dans une situation de repos. Cet état de tranquillité donna de
« nouvelles forces à mes sens ; j'étais assis à l'ombre d'un bel arbre, des
« fruits d'une couleur vermeille descendaient en forme de grappe à la portée

« de ma main; je les touchai légèrement, aussitôt ils se séparèrent de la
« branche, comme la figue s'en sépare dans le temps de sa maturité.

« J'avais saisi un de ces fruits, je m'imaginais avoir fait une conquête, et
« je me glorifiais de la faculté que je sentais de pouvoir contenir dans ma
« main un autre être tout entier; sa pesanteur, quoique peu sensible, me
« parut une résistance animée que je me faisais un plaisir de vaincre.

« J'avais approché ce fruit de mes yeux, j'en considérais la forme et les
« couleurs; une odeur délicieuse me le fit approcher davantage, il se trouva
« près de mes lèvres, je tirais à longues inspirations le parfum, et goûtais
« à longs traits les plaisirs de l'odorat; j'étais intérieurement rempli de cet
« air embaumé, ma bouche s'ouvrit pour l'exhaler, elle se rouvrit pour en
« reprendre, je sentis que je possédais un odorat intérieur plus fin, plus
« délicat encore que le premier : enfin je goûtai.

« Quelle saveur ! quelle nouveauté de sensation ! Jusque-là je n'avais eu
« que des plaisirs, le goût me donna le sentiment de la volupté, l'intimité
« de la jouissance fit naître l'idée de la possession, je crus que la substance
« de ce fruit était devenue la mienne, et que j'étais le maître de trans-
« former les êtres.

« Flatté de cette idée de puissance, incité par le plaisir que j'avais senti,
« je cueillis un second et un troisième fruit, et je ne me lassais pas d'exer-
« cer ma main pour satisfaire mon goût; mais une langueur agréable s'em-
« parant peu à peu de tous mes sens, appesantit mes membres et suspendit
« l'activité de mon âme; je jugeai de son inaction par la mollesse de mes
« pensées; mes sensations émoussées arrondissaient tous les objets et ne
« me présentaient que des images faibles et mal terminées; dans cet instant
« mes yeux, devenus inutiles, se fermèrent, et ma tête n'étant plus soutenue
« par la force des muscles, pencha pour trouver un appui sur le gazon.

« Tout fut effacé, tout disparut, la trace de mes pensées fut interrompue,
« je perdis le sentiment de mon existence : ce sommeil fut profond, mais je
« ne sais s'il fut de longue durée, n'ayant point encore l'idée du temps, et
« ne pouvant le mesurer; mon réveil ne fut qu'une seconde naissance, et
« je sentis seulement que j'avais cessé d'être.

« Cet anéantissement que je venais d'éprouver me donna quelque idée de
« crainte, et me fit sentir que je ne devais pas exister toujours.

« J'eus une autre inquiétude : je ne savais si je n'avais pas laissé dans le
« sommeil quelque partie de mon être; j'essayai mes sens, je cherchai à me
« reconnaître.

« Mais tandis que je parcourais des yeux les bornes de mon corps pour
« m'assurer que mon existence m'était demeurée tout entière, quelle fut ma
« surprise de voir à mes côtés une forme semblable à la mienne ! je la pris
« pour un autre moi-même : loin d'avoir rien perdu pendant que j'avais
« cessé d'être, je crus m'être doublé.

« Je portai ma main sur ce nouvel être, quel saisissement ! ce n'était pas
« moi, mais c'était plus que moi, mieux que moi ; je crus que mon existence
« allait changer de lieu et passer tout entière à cette seconde moitié de
« moi-même.

« Je la sentis s'animer sous ma main, je la vis prendre de la pensée dans
« mes yeux ; les siens firent couler dans mes veines une nouvelle source de
« vie, j'aurais voulu lui donner tout mon être ; cette volonté vive acheva
« mon existence, je sentis naître un sixième sens.

« Dans cet instant l'astre du jour, sur la fin de sa course, éteignit son
« flambeau ; je m'aperçus à peine que je perdais le sens de la vue, j'existais
« trop pour craindre de cesser d'être, et ce fut vainement que l'obscurité où
« je me trouvais me rappela l'idée de mon premier sommeil. »

VARIÉTÉS DANS L'ESPÈCE HUMAINE [1].

Tout ce que nous avons dit jusqu'ici de la génération de l'homme, de sa
formation, de son développement, de son état dans les différents âges de sa
vie, de ses sens et de la structure de son corps, telle qu'on la connaît par les
dissections anatomiques, ne fait encore que l'histoire de l'individu ; celle
de l'espèce demande un détail particulier, dont les faits principaux ne peuvent se tirer que des variétés qui se trouvent entre les hommes des différents
climats. La première et la plus remarquable de ces variétés est celle de la
couleur [2] ; la seconde est celle de la forme et de la grandeur, et la troisième
est celle du naturel des différents peuples : chacun de ces objets, considéré
dans toute son étendue, pourrait fournir un ample traité ; mais nous nous
bornerons à ce qu'il y a de plus général et de plus avéré.

En parcourant, dans cette vue, la surface de la terre, et en commençant

---

1. De ce beau chapitre date l'*anthropologie*.

« Avant Buffon , l'*histoire naturelle de l'homme* n'existait pas. On étudiait l'homme *individu ;*
« on n'étudiait pas l'homme *espèce.....* Ici Buffon joint à une érudition admirable une sagacité
« plus admirable encore. « La critique, a dit un écrivain plein de sens, est l'art d'examiner les
« preuves. » Jamais cet art n'avait été porté plus loin. Buffon rassemble tout ce qu'ont dit les
« voyageurs, les naturalistes, les géographes ; il compare entre eux tous ces auteurs, de si
« différente nature ; il les juge, il les corrige ; il démêle, dans leurs récits, le vrai du faux ; ce
« qu'ils n'ont vu qu'avec les yeux du corps, il le voit avec les yeux de l'esprit, et par cela seul
« il le voit mieux ; chacun d'eux n'a vu, d'ailleurs, que quelques traits épars ; Buffon voit tout :
« il rapproche ce qu'ils ont séparé ; il sépare ce qu'ils ont confondu ; et de ces mille faits petits,
« obscurs, perdus dans leurs livres, il tire une science entière, et qui est immense. » (Voyez
mon *Histoire des travaux et des idées de Buffon.*)

2. *La première et la plus remarquable de ces variétés,* ou (comme nous dirions aujourd'hui)
le plus remarquable de ces *caractères,* n'est pas la *couleur ;* c'est la *forme du crâne.* Voyez mon
Histoire des travaux et des idées de Buffon. Voyez aussi mon *Éloge historique de Blumenbach.*

par le Nord, on trouve en Laponie et sur les côtes septentrionales de la Tartarie une race d'hommes de petite stature, d'une figure bizarre, dont la physionomie est aussi sauvage que les mœurs. Ces hommes, qui paraissent avoir dégénéré de l'espèce humaine, ne laissent pas que d'être assez nombreux et d'occuper de très-vastes contrées. Les Lapons danois, suédois, moscovites et indépendants, les Zembliens, les Borandiens, les Samoïèdes, les Tartares septentrionaux, et peut-être les Ostiaques dans l'ancien continent, les Groenlandais et les sauvages au nord des Esquimaux, dans l'autre continent, semblent être tous de la même race qui s'est étendue et multipliée le long des côtes des mers septentrionales, dans des déserts et sous un climat inhabitable pour toutes les autres nations. Tous ces peuples ont le visage large et plat[a], le nez camus et écrasé, l'iris de l'œil jaune-brun et tirant sur le noir[b], les paupières retirées vers les tempes[c], les joues extrêmement élevées, la bouche très-grande, le bas du visage étroit, les lèvres grosses et relevées, la voix grêle, la tête grosse, les cheveux noirs et lisses, la peau basanée; ils sont très-petits, trapus, quoique maigres; la plupart n'ont que quatre pieds de hauteur, et les plus grands n'en ont que quatre et demi. Cette race est, comme l'on voit, bien différente des autres; il semble que ce soit une espèce particulière dont tous les individus ne sont que des avortons, car s'il y a des différences parmi ces peuples, elles ne tombent que sur le plus ou le moins de difformité : par exemple, les Borandiens sont encore plus petits que les Lapons; ils ont l'iris de l'œil de la même couleur, mais le blanc est d'un jaune plus rougeâtre; ils sont aussi plus basanés et ils ont les jambes grosses, au lieu que les Lapons les ont menues. Les Samoïèdes sont plus trapus que les Lapons; ils ont la tête plus grosse, le nez plus large et le teint plus obscur, les jambes plus courtes, les genoux plus en dehors, les cheveux plus longs et moins de barbe. Les Groenlandais ont encore la peau plus basanée qu'aucun des autres; ils sont couleur d'olive foncée : on prétend même qu'il y en a parmi eux d'aussi noirs que les Éthiopiens. Chez tous ces peuples, les femmes sont aussi laides que les hommes et leur ressemblent si fort qu'on ne les distingue pas d'abord : celles de Groenland sont de fort petite taille, mais elles ont le corps bien proportionné; elles ont aussi les cheveux plus noirs et la peau moins douce que les femmes samoïèdes; leurs mamelles sont molles et si longues, qu'elles donnent à téter à leurs enfants par-dessus l'épaule; le bout de ces mamelles est noir comme du charbon, et la peau de leur corps est couleur olivâtre très-foncée. Quelques voyageurs disent qu'elles n'ont de poil que sur la tête et qu'elles ne sont pas sujettes à l'évacuation périodique qui est ordinaire à leur sexe; elles ont le visage large, les

---

a. Voyez le *Voyage de Regnard*, t. I de ses *Œuvres*, page 169. Voyez aussi *Il Genio vagante del conte Aurelio degli Anzi*. In Parma, 1691. Et les Voyages du Nord faits par les Hollandais.

b. Voyez *Linnæi Fauna Suecica*. Stokholm, 1746, page 1.

c. Voyez la Martinière, page 39.

yeux petits, très-noirs et très-vifs, les pieds courts aussi bien que les mains, et elles ressemblent pour le reste aux femmes samoïèdes. Les sauvages qui sont au nord des Esquimaux, et même dans la partie septentrionale de l'île de Terre-Neuve, ressemblent à ces Groenlandais : ils sont, comme eux, de très-petite stature, leur visage est large et plat, ils ont le nez camus, mais les yeux plus gros que les Lapons *a*.

Non-seulement ces peuples se ressemblent par la laideur, la petitesse de la taille, la couleur des cheveux et des yeux, mais ils ont aussi tous à peu près les mêmes inclinations et les mêmes mœurs : ils sont tous également grossiers, superstitieux, stupides. Les Lapons danois ont un gros chat noir auquel ils disent tous leurs secrets et qu'ils consultent dans toutes leurs affaires, qui se réduisent à savoir s'il faut aller ce jour-là à la chasse ou à la pêche. Chez les Lapons suédois, il y a dans chaque famille un tambour pour consulter le diable, et, quoiqu'ils soient robustes et grands coureurs, ils sont si peureux, qu'on n'a jamais pu les faire aller à la guerre. Gustave-Adolphe avait entrepris d'en faire un régiment, mais il ne put jamais en venir à bout : il semble qu'ils ne peuvent vivre que dans leur pays et à leur façon. Ils se servent, pour courir sur la neige, de patins fort épais de bois de sapin, longs d'environ deux aunes et larges d'un demi-pied ; ces patins sont relevés en pointe sur le devant et percés dans le milieu pour y passer un cuir qui tient le pied ferme et immobile ; ils courent sur la neige avec tant de vitesse qu'ils attrapent aisément les animaux les plus légers à la course ; ils portent un bâton ferré, pointu d'un bout et arrondi de l'autre : ce bâton leur sert à se mettre en mouvement, à se diriger, se soutenir, s'arrêter, et aussi à percer les animaux qu'ils poursuivent à la course ; ils descendent avec ces patins les fonds les plus précipités et montent les montagnes les plus escarpées. Les patins dont se servent les Samoïèdes sont bien plus courts et n'ont que deux pieds de longueur. Chez les uns et les autres, les femmes s'en servent comme les hommes ; ils ont aussi tous l'usage de l'arc, de l'arbalète, et on prétend que les Lapons moscovites lancent un javelot avec tant de force et de dextérité, qu'ils sont sûrs de mettre à trente pas dans un blanc de la largeur d'un écu, et qu'à cet éloignement ils perceraient un homme d'outre en outre ; ils vont tous à la chasse de l'hermine, du loup-cervier, du renard, de la marte, pour en avoir les peaux, et ils changent ces pelleteries contre de l'eau-de-vie et du tabac, qu'ils aiment beaucoup. Leur nourriture est du poisson sec, de la chair de renne ou d'ours, leur pain n'est que de la farine d'os de poisson broyée et mêlée avec de l'écorce tendre de pin ou de bouleau ; la plupart ne font aucun usage du sel ; leur boisson est de l'huile de baleine et de l'eau, dans laquelle ils laissent infuser des grains de genièvre. Ils n'ont, pour ainsi dire, aucune idée de religion ni d'un Être suprême ; la

a. Voyez le *Recueil des voyages du Nord*, 1716, t. I, page 130, et t. III, page 6.

plupart sont idolâtres et tous sont très-superstitieux ; ils sont plus grossiers que sauvages, sans courage, sans respect pour soi-même, sans pudeur : ce peuple abject n'a de mœurs qu'assez pour être méprisé. Ils se baignent nus et tous ensemble, filles et garçons, mères et fils, frères et sœurs, et ne craignent point qu'on les voie dans cet état ; en sortant de ces bains extrêmement chauds, ils vont se jeter dans une rivière très-froide. Ils offrent aux étrangers leurs femmes et leurs filles, et tiennent à grand honneur qu'on veuille bien coucher avec elles ; cette coutume est également établie chez les Samoïèdes, les Borandiens, les Lapons et les Groenlandais. Les Lapones sont habillées l'hiver de peaux de rennes, et l'été de peaux d'oiseaux qu'elles ont écorchés ; l'usage du linge leur est inconnu. Les Zembliennes ont le nez et les oreilles percés pour porter des pendants de pierre bleue ; elles se font aussi des raies bleues au front et au menton ; leurs maris se coupent la barbe en rond et ne portent point de cheveux. Les Groenlandaises s'habillent de peaux de chien de mer ; elles se peignent aussi le visage de bleu et de jaune, et portent des pendants d'oreilles. Tous vivent sous terre ou dans des cabanes presque entièrement enterrées et couvertes d'écorces d'arbres ou d'os de poisson ; quelques-uns font des tranchées souterraines pour communiquer de cabane en cabane chez leurs voisins pendant l'hiver. Une nuit de plusieurs mois les oblige à conserver de la lumière dans ce séjour par des espèces de lampes qu'ils entretiennent avec la même huile de baleine qui leur sert de boisson. L'été ils ne sont guère plus à leur aise que l'hiver, car ils sont obligés de vivre continuellement dans une épaisse fumée : c'est le seul moyen qu'ils aient imaginé pour se garantir de la piqûre des moucherons, plus abondants peut-être dans ce climat glacé qu'ils ne le sont dans les pays les plus chauds. Avec cette manière de vivre si dure et si triste, ils ne sont presque jamais malades et ils parviennent tous à une vieillesse extrême : les vieillards sont même si vigoureux qu'on a peine à les distinguer d'avec les jeunes ; la seule incommodité à laquelle ils soient sujets, et qui est fort commune parmi eux, est la cécité ; comme ils sont continuellement éblouis par l'éclat de la neige pendant l'hiver, l'automne et le printemps, et toujours aveuglés par la fumée pendant l'été, la plupart perdent les yeux en avançant en âge.

Les Samoïèdes, les Zembliens, les Borandiens, les Lapons, les Groenlandais et les sauvages du Nord au-dessus des Esquimaux, sont donc tous des hommes de même espèce[1], puisqu'ils se ressemblent par la forme, par la taille, par la couleur, par les mœurs et même par la bizarrerie des coutumes : celle d'offrir aux étrangers leurs femmes et d'être fort flattés qu'on veuille bien en faire usage peut venir de ce qu'ils connaissent leur propre difformité et la laideur de leurs femmes ; ils trouvent apparemment moins

---

1. Le mot précis serait ici : *même race*. Les diverses *races* d'hommes ne font qu'une seule et même *espèce*.

laides celles que les étrangers n'ont pas dédaignées. Ce qu'il y a de certain, c'est que cet usage est général chez tous ces peuples, qui sont cependant fort éloignés les uns des autres et même séparés par une grande mer, et qu'on le retrouve chez les Tartares de Crimée, chez les Calmoucks et plusieurs autres peuples de Sibérie et de Tartarie qui sont presque aussi laids que ces peuples du Nord, au lieu que dans toutes les nations voisines, comme à la Chine, en Perse [a], où les femmes sont belles, les hommes sont jaloux à l'excès.

En examinant tous les peuples voisins de cette longue bande de terre qu'occupe la race lapone, on trouvera qu'ils n'ont aucun rapport avec cette race; il n'y a que les Ostiaques et les Tonguses qui leur ressemblent; ces peuples touchent aux Samoïèdes du côté du midi et du sud-est. Les Samoïèdes et les Borandiens ne ressemblent point aux Russiens; les Lapons ne ressemblent en aucune façon aux Finnois, aux Goths, aux Danois, aux Norvégiens; les Groenlandais sont tout aussi différents des sauvages du Canada; ces autres peuples sont grands, bien faits, et quoiqu'ils soient assez différents entre eux, ils le sont infiniment plus des Lapons. Mais les Ostiaques semblent être des Samoïèdes un peu moins laids et moins raccourcis que les autres, car ils sont petits et mal faits [b]; ils vivent de poisson ou de viande crue, ils mangent la chair de toutes les espèces d'animaux sans aucun apprêt, ils boivent plus volontiers du sang que de l'eau; ils sont pour la plupart idolâtres et errants, comme les Lapons et les Samoïèdes; enfin ils me paraissent faire la nuance entre la race lapone et la race tartare, ou, pour mieux dire, les Lapons, les Samoïèdes, les Borandiens, les Zembliens, et peut-être les Groenlandais et les Pygmées du nord de l'Amérique sont des Tartares dégénérés autant qu'il est possible; les Ostiaques sont des Tartares qui ont moins dégénéré; les Tonguses encore moins que les Ostiaques, parce qu'ils sont moins petits et moins mal faits, quoique tout aussi laids. Les Samoïèdes et les Lapons sont environ sous le 68 ou 69e degré de latitude, mais les Ostiaques et les Tonguses habitent sous le 60e degré; les Tartares, qui sont au 55e degré le long du Volga, sont grossiers, stupides et brutaux; ils ressemblent aux Tonguses, qui n'ont, comme eux, presque aucune idée de religion : ils ne veulent pour femmes que des filles qui ont eu commerce avec d'autres hommes.

La nation tartare [1], prise en général, occupe des pays immenses en Asie;

a. La Boullaye dit qu'après la mort des femmes du Schah l'on ne sait où elles sont enterrées, afin de lui ôter tout sujet de jalousie, de même que les anciens Égyptiens ne voulaient point faire embaumer leurs femmes que quatre ou cinq jours après leur mort, de crainte que les chirurgiens n'eussent quelque tentation. *Voyage de la Boullaye*, page 110.

b. Voyez le *Voyage d'Evertisbrand* [2], pages 212, 217, etc., et les nouveaux *Mémoires sur l'état de la Russie*, 1725, t. I, page 270.

1. La *nation Tartare* est, pour Buffon, le type de la *race jaune* ou *asiatique*, de la *race mongole* ou *mongolique* de Blumenbach, de Cuvier, etc. (Voyez mon *Histoire des travaux et des idées de Buffon*.)

2. Everard Ysbrantz.

elle est répandue dans toute l'étendue de terre qui est depuis la Russie jusqu'à Kamtchatka, c'est-à-dire, dans un espace de onze ou douze cents lieues en longueur sur plus de sept cent cinquante lieues de largeur, ce qui fait un terrain plus de vingt fois plus grand que celui de la France. Les Tartares bornent la Chine du côté du nord et de l'ouest, les royaumes de Boutan, d'Ava, l'empire du Mogol et celui de Perse jusqu'à la mer Caspienne du côté du nord ; ils se sont aussi répandus le long du Volga et de la côte occidentale de la mer Caspienne jusqu'au Daghestan ; ils ont pénétré jusqu'à la côte septentrionale de la mer Noire, et ils se sont établis dans la Crimée et dans la petite Tartarie, près de la Moldavie et de l'Ukraine. Tous ces peuples ont le haut du visage fort large et ridé, même dans leur jeunesse, le nez court et gros, les yeux petits et enfoncés [a], les joues fort élevées, le bas du visage étroit, le menton long et avancé, la mâchoire supérieure enfoncée, les dents longues et séparées, les sourcils gros qui leur couvrent les yeux, les paupières épaisses, la face plate, le teint basané et olivâtre, les cheveux noirs ; ils sont de stature médiocre, mais très-forts et très-robustes ; ils n'ont que peu de barbe, et elle est par petits épis comme celle des Chinois ; ils ont les cuisses grosses et les jambes courtes : les plus laids de tous sont les Calmoucks, dont l'aspect a quelque chose d'effroyable ; ils sont tous errants et vagabonds, habitant sous des tentes de toile, de de feutre, de peaux ; ils mangent la chair de cheval, de chameau, etc., crue ou un peu mortifiée sous la selle de leurs chevaux ; ils mangent aussi du poisson desséché au soleil. Leur boisson la plus ordinaire est du lait de jument fermenté avec de la farine de millet ; ils ont presque tous la tête rasée, à l'exception du toupet qu'ils laissent croître assez pour en faire une tresse de chaque côté du visage. Les femmes, qui sont aussi laides que les hommes, portent leurs cheveux ; elles les tressent et y attachent de petites plaques de cuivre et d'autres ornements de cette espèce ; la plupart de ces peuples n'ont aucune religion, aucune retenue dans leurs mœurs, aucune décence ; ils sont tous voleurs, et ceux du Daghestan qui sont voisins des pays policés font un grand commerce d'esclaves et d'hommes, qu'ils enlèvent par force pour les vendre ensuite aux Turcs et aux Persans. Leurs principales richesses consistent en chevaux : il y en a peut-être plus en Tartarie qu'en aucun autre pays du monde. Ces peuples se font une habitude de vivre avec leurs chevaux, ils s'en occupent continuellement ; ils les dressent avec tant d'adresse et les exercent si souvent, qu'il semble que ces animaux n'aient qu'un même esprit avec ceux qui les manient, car nonseulement ils obéissent parfaitement au moindre mouvement de la bride, mais ils sentent, pour ainsi dire, l'intention et la pensée de celui qui les monte.

---

a. Voyez les Voyages de Rubruquis, de Marc Paul, de Jean Struys, du P. Avril, etc.

Pour connaître les différences particulières qui se trouvent dans cette race tartare, il ne faut que comparer les descriptions que les voyageurs ont faites de chacun des différents peuples qui la composent[1]. Les Calmoucks qui habitent dans le voisinage de la mer Caspienne, entre les Moscovites et les grands Tartares, sont, selon Tavernier, des hommes robustes, mais les plus laids et les plus difformes qui soient sous le ciel; ils ont le visage si plat et si large que d'un œil à l'autre il y a l'espace de cinq ou six doigts; leurs yeux sont extraordinairement petits, et le peu qu'ils ont de nez est si plat qu'on n'y voit que deux trous au lieu de narines; ils ont les genoux tournés en dehors et les pieds en dedans. Les Tartares du Daghestan sont, après les Calmoucks, les plus laids de tous les Tartares; les petits Tartares ou Tartares Nogais, qui habitent près de la mer Noire, sont beaucoup moins laids que les Calmoucks, mais ils ont cependant le visage large, les yeux petits, et la forme du corps semblable à celle des Calmoucks; et on peut croire que cette race de petits Tartares a perdu une partie de sa laideur, parce qu'ils se sont mêlés avec les Circassiens, les Moldaves et les autres peuples dont ils sont voisins. Les Tartares Vagolistes en Sibérie ont le visage large comme les Calmoucks, le nez court et gros, les yeux petits, et, quoique leur langage soit différent de celui des Calmoucks, ils ont tant de ressemblance qu'on doit les regarder comme étant de la même race. Les Tartares Bratski sont, selon le P. Avril, de la même race que les Calmoucks. A mesure qu'on avance vers l'orient dans la Tartarie indépendante, les traits des Tartares se radoucissent un peu, mais les caractères essentiels à leur race restent toujours; et enfin les Tartares Mongoux, qui ont conquis la Chine, et qui de tous ces peuples étaient les plus policés, sont encore aujourd'hui ceux qui sont les moins laids et les moins mal faits; ils ont cependant, comme tous les autres, les yeux petits, le visage large et plat, peu de barbe, mais toujours noire ou rousse [a], le nez écrasé et court, le teint basané, mais moins olivâtre. Les peuples du Thibet et des autres provinces méridionales de la Tartarie sont, aussi bien que les Tartares voisins de la Chine, beaucoup moins laids que les autres. M. Sanchez, premier médecin des armées russiennes, homme distingué par son mérite et par l'étendue de ses connaissances, a bien voulu me communiquer par écrit les remarques qu'il a faites en voyageant en Tartarie.

Dans les années 1735, 1736 et 1737, il a parcouru l'Ukraine, les bords du Don jusqu'à la mer de Zabache et les confins du Cuban jusqu'à Azoff; il a traversé les déserts qui sont entre les pays de Crimée et de Backmut; il a

---

a. Voyez Palafox, page 444.

1. Buffon indique ici, dans un cas particulier, son procédé général, le procédé qu'il emploie partout dans cette *Histoire de l'homme*. Il *compare* (et compare avec une sûreté de discernement merveilleuse) *les descriptions que les voyageurs ont faites de chacun des différents peuples*, de chacune des diverses *races* qui composent l'*espèce humaine*.

vu les Calmoucks qui habitent, sans avoir de demeure fixe, depuis le royaume de Cazan jusqu'aux bords du Don ; il a aussi vu les Tartares de Crimée et de Nogai, qui errent dans les déserts qui sont entre la Crimée et l'Ukraine, et aussi les Tartares Kergissi et Tcheremissi, qui sont au nord d'Astracan, depuis le 50° jusqu'au 60° degré de latitude. Il a observé que les Tartares de Crimée et de la province de Cuban jusqu'à Astracan sont de taille médiocre, qu'ils ont les épaules larges, le flanc étroit, les membres nerveux, les yeux noirs et le teint basané ; les Tartares Kergissi et Tcheremissi sont plus petits et plus trapus, ils sont moins agiles et plus grossiers, ils ont aussi les yeux noirs, le teint basané, le visage encore plus large que les premiers. Il observe que parmi ces Tartares on trouve plusieurs hommes et femmes qui ne leur ressemblent point du tout ou qui ne leur ressemblent qu'imparfaitement, et dont quelques-uns sont aussi blancs que les Polonais. Comme il y a parmi ces nations plusieurs esclaves, hommes et femmes, enlevés en Pologne et en Russie, que leur religion leur permet la polygamie et la multiplicité des concubines, et que leurs sultans ou murzas, qui sont les nobles de ces nations, prennent leurs femmes en Circassie et en Géorgie, les enfants qui naissent de ces alliances sont moins laids et plus blancs que les autres. Il y a même parmi ces Tartares un peuple entier dont les hommes et les femmes sont d'une beauté singulière : ce sont les Kabardinski. M. Sanchez dit en avoir rencontré trois cents à cheval qui venaient au service de la Russie, et il assure qu'il n'a jamais vu de plus beaux hommes, et d'une figure plus noble et plus mâle ; ils ont le visage beau, frais et vermeil, les yeux grands, vifs et noirs, la taille haute et bien prise ; il dit que le lieutenant général de Serapikin, qui avait demeuré longtemps en Kabarda, lui avait assuré que les femmes étaient aussi belles que les hommes ; mais cette nation, si différente des Tartares qui l'environnent, vient originairement de l'Ukraine, à ce que dit M. Sanchez, et a été transportée en Kabarda il y a environ 150 ans.

Ce sang tartare s'est mêlé d'un côté avec les Chinois et de l'autre avec les Russes orientaux ; et ce mélange n'a pas fait disparaître en entier les traits de cette race, car il y a parmi les Moscovites beaucoup de visages tartares, et quoique en général cette nation soit du même sang que les autres nations européennes, on y trouve cependant beaucoup d'individus qui ont la forme du corps carrée, les cuisses grosses et les jambes courtes comme les Tartares ; mais les Chinois ne sont pas à beaucoup près aussi différents des Tartares que le sont les Moscovites, et il n'est pas même sûr qu'ils soient d'une autre race ; la seule chose qui pourrait le faire croire, c'est la différence totale du naturel, des mœurs et des coutumes de ces deux peuples. Les Tartares en général sont naturellement fiers, belliqueux, chasseurs ; ils aiment la fatigue, l'indépendance ; ils sont durs et grossiers jusqu'à la brutalité. Les Chinois ont des mœurs tout opposées ; ce sont des peuples mous, pacifiques, indolents, superstitieux, soumis, dépendants jusqu'à l'esclavage, cérémonieux, complimenteurs jusqu'à la fadeur et à l'excès ; mais si on les compare aux Tartares par la figure et par les traits, on y trouvera des caractères d'une ressemblance non équivoque.

Les Chinois, selon Jean Hugon, ont les membres bien proportionnés, et sont gros et gras ; ils ont le visage large et rond, les yeux petits, les sourcils grands, les paupières élevées, le nez petit et écrasé ; ils n'ont que sept ou huit épis de barbe noire à chaque lèvre, et fort peu au menton : ceux qui habitent les provinces méridionales sont plus bruns et ont le teint plus basané que les autres ; ils ressemblent par la couleur aux peuples de la Mauritanie et aux Espagnols les plus basanés, au lieu que ceux qui habitent les provinces du milieu de l'empire sont blancs comme les Allemands. Selon Dampier et quelques autres voyageurs, les Chinois ne sont pas tous à beaucoup près gros et gras, mais il est vrai qu'ils font grand cas de la grosse taille et de l'embonpoint. Ce voyageur dit même, en parlant des habitants de l'île Saint-Jean sur les côtes de la Chine, que les Chinois sont grands, droits et peu chargés de graisse, qu'ils ont le visage long et le front haut, les yeux petits, le nez assez large et élevé dans le milieu, la bouche ni grande ni petite, les lèvres assez déliées, le teint couleur de cendre, les cheveux noirs, qu'ils ont peu de barbe, qu'ils l'arrachent et n'en laissent venir que quelques poils au menton et à la lèvre supérieure. Selon Le Gentil , les Chinois n'ont rien de choquant dans la physionomie ; ils sont naturellement blancs, surtout dans les provinces septentrionales ; ceux que la nécessité oblige de s'exposer aux ardeurs du soleil sont basanés, surtout dans les provinces du Midi ; ils ont en général les yeux petits et ovales, le nez court, la taille épaisse et d'une hauteur médiocre : il assure que les femmes font tout ce qu'elles peuvent pour faire paraître leurs yeux petits, et que les jeunes filles instruites par leur mère se tirent continuellement les paupières afin d'avoir les yeux petits et longs, ce qui, joint à un nez écrasé et à des oreilles longues, larges, ouvertes et pendantes, les rend beautés parfaites ; il prétend qu'elles ont le teint beau, les lèvres fort vermeilles, la bouche bien faite, les cheveux fort noirs, mais que l'usage du bétel leur noircit les dents, et que celui du fard dont elles se servent leur gâte si fort la peau qu'elles paraissent vieilles avant l'âge de trente ans.

Palafox assure que les Chinois sont plus blancs que les Tartares orientaux leurs voisins, qu'ils ont aussi moins de barbe, mais qu'au reste il y a peu de différence entre les visages de ces deux nations ; il dit qu'il est très-rare de voir à la Chine ou aux Philippines des yeux bleus, et que jamais on n'en a vu dans ce pays qu'aux Européens ou à des personnes nées dans ces climats de parents européens.

Inigo de Biervillas prétend que les femmes chinoises sont mieux faites que les hommes : ceux-ci, selon lui, ont le visage large et le teint assez jaune, le nez gros et fait à peu près comme une nèfle, et pour la plupart écrasé, la taille épaisse à peu près comme celle des Hollandais; les femmes, au contraire, ont la taille dégagée, quoiqu'elles aient presque toutes de l'embonpoint, le teint et la peau admirables, les yeux les plus beaux du monde; mais à la vérité il y en a peu, dit-il, qui aient le nez bien fait, parce qu'on le leur écrase dans leur jeunesse.

Les voyageurs hollandais s'accordent tous à dire que les Chinois ont, en général, le visage large, les yeux petits, le nez camus et presque point de barbe; que ceux qui sont nés à Canton et tout le long de la côte méridionale sont aussi basanés que les habitants de Fez en Afrique, mais que ceux des provinces intérieures sont blancs pour la plupart. Si nous comparons maintenant les descriptions de tous ces voyageurs que nous venons de citer avec celles que nous avons faites des Tartares, nous ne pourrons guère douter que, quoiqu'il y ait de la variété dans la forme du visage et de la taille des Chinois, ils n'aient cependant beaucoup plus de rapport avec les Tartares qu'avec aucun autre peuple, et que ces différences et cette variété ne viennent du climat et du mélange des races : c'est le sentiment de Chardin.

« Les petits Tartares, dit ce voyageur, ont communément la taille plus « petite de quatre pouces que la nôtre, et plus grosse à proportion; leur teint « est rouge et basané; leurs visages sont plats, larges et carrés; ils ont le « nez écrasé et les yeux petits. Or, comme ce sont là tout à fait les traits des « habitants de la Chine, j'ai trouvé, après avoir bien observé la chose durant « mes voyages, qu'il y a la même configuration de visage et de taille dans « tous les peuples qui sont à l'orient et au septentrion de la mer Caspienne « et à l'orient de la presqu'île de Malaca, ce qui depuis m'a fait croire que « ces divers peuples sortent tous d'une même souche, quoiqu'il paraisse des « différences dans leur teint et dans leurs mœurs, car, pour ce qui est du « teint, la différence vient de la qualité du climat et de celle des aliments, « et à l'égard des mœurs la différence vient aussi de la nature du terroir « et de l'opulence plus ou moins grande *a*. »

Le père Parennin, qui, comme l'on sait, a demeuré si longtemps à la Chine et en a si bien observé les peuples et les mœurs, dit que les voisins des Chinois du côté de l'occident depuis le Thibet en allant au nord jusqu'à Chamo, semblent être différents des Chinois par les mœurs, par la langue, par les traits du visage et par la configuration extérieure; que ce sont gens ignorants, grossiers, fainéants, défauts rares parmi les Chinois; que, quand il vient quelqu'un de ces Tartares à Pékin et qu'on demande aux Chinois la raison de cette différence, ils disent que cela vient de l'eau et de la terre, c'est-à-dire de la nature du pays qui opère ce changement sur le corps et même sur l'esprit des habitants. Il ajoute que cela paraît encore plus vrai à la Chine que dans tous les autres pays qu'il ait vus, et qu'il se souvient

a. Voyez les *Voyages de Chardin.* Amsterdam, 1711, t. III, page 86.

qu'ayant suivi l'empereur jusqu'au 48ᵉ degré de latitude nord dans la Tartarie, il y trouva des Chinois de Nankin qui s'y étaient établis, et que leurs enfants y étaient devenus de vrais Mongoux, ayant la tête enfoncée dans les épaules, les jambes cagneuses, et dans tout l'air une grossièreté et une malpropreté qui rebutait. (Voyez la *Lettre du P. Parennin*, datée de Pékin le 28 septembre 1735. Recueil xxiv des *Lettres édifiantes*.)

Les Japonais sont assez semblables aux Chinois pour qu'on puisse les regarder comme ne faisant qu'une seule et même race d'hommes; ils sont seulement plus jaunes ou plus bruns, parce qu'ils habitent un climat plus méridional; en général, ils sont de forte complexion, ils ont la taille ramassée, le visage large et plat, le nez de même, les yeux petits [a], peu de barbe, les cheveux noirs; ils sont d'un naturel fort altier, aguerris, adroits, vigoureux, civils et obligeants, parlant bien, féconds en compliments, mais inconstants et fort vains; ils supportent avec une constance admirable la faim, la soif, le froid, le chaud, les veilles, la fatigue et toutes les incommodités de la vie, de laquelle ils ne font pas grand cas; ils se servent, comme les Chinois, de petits bâtons pour manger, et font aussi plusieurs cérémonies ou plutôt plusieurs grimaces et plusieurs mines fort étranges pendant le repas; ils sont laborieux et très-habiles dans les arts et dans tous les métiers; ils ont, en un mot, à très-peu près le même naturel, les mêmes mœurs et les mêmes coutumes que les Chinois.

L'une des plus bizarres, et qui est commune à ces deux nations, est de rendre les pieds des femmes si petits, qu'elles ne peuvent presque se soutenir. Quelques voyageurs disent qu'à la Chine, quand une fille a passé l'âge de trois ans, on lui casse le pied, en sorte que les doigts sont rabattus sous la plante, qu'on y applique une eau forte qui brûle les chairs et qu'on l'enveloppe de plusieurs bandages jusqu'à ce qu'il ait pris son pli; ils ajoutent que les femmes ressentent cette douleur pendant toute leur vie, qu'elles peuvent à peine marcher, et que rien n'est plus désagréable que leur démarche; que cependant elles souffrent cette incommodité avec joie, et que, comme c'est un moyen de plaire, elles tâchent de se rendre le pied aussi petit qu'il leur est possible. D'autres voyageurs ne disent pas qu'on leur casse le pied dans leur enfance, mais seulement qu'on le serre avec tant de violence qu'on l'empêche de croître, et ils conviennent assez unanimement qu'une femme de condition, ou seulement une jolie femme, à la Chine, doit avoir le pied assez petit pour trouver trop aisée la pantoufle d'un enfant de six ans.

Les Japonais et les Chinois sont donc une seule et même race d'hommes qui se sont très-anciennement civilisés et qui diffèrent des Tartares plus par les mœurs que par la figure. La bonté du terrain, la douceur du climat, le voisinage de la mer ont pu contribuer à rendre ces peuples policés, tndis

a. Voyez les *Voyages de Jean Struys*. Rouen, 1719, t. I, page 112.

que les Tartares, éloignés de la mer et du commerce des autres nations, et séparés des autres peuples du côté du midi par de hautes montagnes, sont demeurés errants dans leurs vastes déserts sous un ciel dont la rigueur, surtout du côté du nord, ne peut être supportée que par des hommes durs et grossiers. Le pays d'Yeço, qui est au nord du Japon, quoique situé sous un climat qui devrait être tempéré, est cependant très-froid, très-stérile et très-montueux : aussi les habitants de cette contrée sont-ils tout différents des Japonais et des Chinois ; ils sont grossiers, brutaux, sans mœurs, sans arts ; ils ont le corps court et gros, les cheveux longs et hérissés, les yeux noirs, le front plat, le teint jaune, mais un peu moins que celui des Japonais ; ils sont fort velus sur le corps et même sur le visage ; ils vivent comme des sauvages et se nourrissent de lard de baleine et d'huile de poisson ; ils sont très-paresseux, très-malpropres dans leurs vêtements : les enfants vont presque nus ; les femmes n'ont trouvé, pour se parer, d'autre moyen que de se peindre de bleu les sourcils et les lèvres ; les hommes n'ont d'autre plaisir que d'aller à la chasse des loups-marins, des ours, des élans, des rennes, et à la pêche de la baleine ; il y en a cependant qui ont quelques coutumes japonaises, comme celle de chanter d'une voix tremblante ; mais, en général, ils ressemblent plus aux Tartares septentrionaux ou aux Samoïèdes qu'aux Japonais.

Maintenant, si l'on examine les peuples voisins de la Chine au midi et à l'occident, on trouvera que les Cochinchinois, qui habitent un pays montueux et plus méridional que la Chine, sont plus basanés et plus laids que les Chinois, et que les Tunquinois, dont le pays est meilleur, et qui vivent sous un climat moins chaud que les Cochinchinois, sont mieux faits et moins laids. Selon Dampier, les Tunquinois sont, en général, de moyenne taille ; ils ont le teint basané comme les Indiens, mais avec cela la peau si belle et si unie qu'on peut s'apercevoir du moindre changement qui arrive sur leur visage lorsqu'ils pâlissent ou qu'ils rougissent, ce qu'on ne peut pas reconnaître sur le visage des autres Indiens. Ils ont communément le visage plat et ovale, le nez et les lèvres assez bien proportionnés, les cheveux noirs, longs et fort épais ; ils se rendent les dents aussi noires qu'il leur est possible. Selon les Relations qui sont à la suite des Voyages de Tavernier, les Tunquinois sont de belle taille et d'une couleur un peu olivâtre ; ils n'ont pas le nez et le visage si plats que les Chinois, et ils sont en général mieux faits.

Ces peuples, comme l'on voit, ne diffèrent pas beaucoup des Chinois : ils ressemblent par la couleur à ceux des provinces méridionales ; s'ils sont plus basanés, c'est parce qu'ils habitent sous un climat plus chaud, et quoiqu'ils aient le visage moins plat et le nez moins écrasé que les Chinois, on peut les regarder comme des peuples de même origine.

Il en est de même des Siamois, des Péguans, des habitants d'Aracan, de

Laos, etc. : tous ces peuples ont les traits assez ressemblants à ceux des Chinois, et quoiqu'ils en diffèrent plus ou moins par la couleur, ils ne diffèrent cependant pas tant des Chinois que des autres Indiens. Selon La Loubère, les Siamois sont plutôt petits que grands, ils ont le corps bien fait; la figure de leur visage tient moins de l'ovale que du losange, il est large et élevé par le haut des joues, et tout d'un coup leur front se rétrécit et se termine autant en pointe que leur menton; ils ont les yeux petits et fendus obliquement, le blanc de l'œil jaunâtre, les joues creuses parce qu'elles sont trop élevées par le haut, la bouche grande, les lèvres grosses et les dents noircies; leur teint est grossier et d'un brun mêlé de rouge, d'autres voyageurs disent d'un gris cendré, à quoi le hâle continuel contribue autant que la naissance; ils ont le nez court et arrondi par le bout, les oreilles plus grandes que les nôtres, et plus elles sont grandes, plus ils les estiment. Ce goût pour les longues oreilles est commun à tous les peuples de l'Orient ; mais les uns tirent leurs oreilles par le bas pour les allonger, sans les percer qu'autant qu'il le faut pour y attacher des boucles; d'autres, comme au pays de Laos, en agrandissant le trou si prodigieusement qu'on pourrait presque y passer le poing, en sorte que leurs oreilles descendent jusque sur les épaules. Pour les Siamois, ils ne les ont qu'un peu plus grandes que les nôtres, et c'est naturellement et sans artifice ; leurs cheveux sont gros, noirs et plats : les hommes et les femmes les portent si courts qu'ils ne leur descendent qu'à la hauteur des oreilles tout autour de la tête. Ils mettent sur leurs lèvres une pommade parfumée qui les fait paraître encore plus pâles qu'elles ne le seraient naturellement; ils ont peu de barbe et ils arrachent le peu qu'ils en ont; ils ne coupent point leurs ongles, etc. Struys dit que les femmes siamoises portent des pendants d'oreilles si massifs et si pesants, que les trous où ils sont attachés deviennent assez grands pour y passer le pouce ; il ajoute que le teint des hommes et des femmes est basané, que leur taille n'est pas avantageuse, mais qu'elle est bien prise et dégagée, et qu'en général les Siamois sont doux et polis. Selon le Père Tachard, les Siamois sont très-dispos : ils ont parmi eux d'habiles sauteurs et des faiseurs de tours d'équilibre aussi agiles que ceux d'Europe; il dit que la coutume de se noircir les dents vient de l'idée qu'ont les Siamois, qu'il ne convient point à des hommes d'avoir les dents blanches comme les animaux, que c'est pour cela qu'ils se les noircissent avec une espèce de vernis qu'il faut renouveler de temps en temps, et que, quand ils appliquent ce vernis, ils sont obligés de se passer de manger pendant quelques jours, afin de donner le temps à cette drogue de s'attacher.

Les habitants des royaumes de Pégu, d'Aracan, ressemblent assez aux Siamois et ne diffèrent pas beaucoup des Chinois par la forme du corps, ni par la physionomie : ils sont seulement plus noirs [a]; ceux d'Aracan estiment

---

a. Vide primam partem Indiæ Orientalis per Pigafettam. Francofurti, 1598, page 46.

un front large et plat, et pour le rendre tel, ils appliquent une plaque de plomb sur le front des enfants qui viennent de naître. Ils ont les narines larges et ouvertes, les yeux petits et vifs, et les oreilles si allongées qu'elles leur pendent jusque sur les épaules; ils mangent sans dégoût des souris, des rats, des serpents et du poisson corrompu[a]. Les femmes y sont passablement blanches, et portent les oreilles aussi allongées que celles des hommes[b]. Les peuples d'Achen, qui sont encore plus au nord que ceux d'Aracan, ont aussi le visage plat et la couleur olivâtre; ils sont grossiers et laissent aller leurs enfants tout nus; les filles ont seulement une plaque d'argent sur leurs parties naturelles. (Voyez le *Recueil des Voyages de la Compagnie Hollandaise*, t. IV, p. 63, et le *Voyage de Mandelslo*, t. II, p. 328.)

Tous ces peuples, comme l'on voit, ne diffèrent pas beaucoup des Chinois et tiennent encore des Tartares les petits yeux, le visage plat, la couleur olivâtre[1]; mais, en descendant vers le midi, les traits commencent à changer d'une manière plus sensible, ou du moins à se diversifier. Les habitants de la presqu'île de Malaca[2] et de l'île de Sumatra sont noirs, petits, vifs et bien proportionnés dans leur petite taille; ils ont même l'air fier, quoiqu'ils soient nus de la ceinture en haut, à l'exception d'une petite écharpe qu'ils portent tantôt sur l'une et tantôt sur l'autre épaule[c]. Ils sont naturellement braves et même redoutables lorsqu'ils ont pris de l'opium, dont ils font souvent usage et qui leur cause une espèce d'ivresse furieuse[d]. Selon Dampier, les habitants de Sumatra et ceux de Malaca sont de la même race; ils parlent à peu près la même langue; ils ont tous l'humeur fière et hautaine, ils ont la taille médiocre, le visage long, les yeux noirs, le nez d'une grandeur médiocre, les lèvres minces et les dents noircies par le fréquent usage du bétel[e]. Dans l'île de Pugniatan ou Pissagan, à seize lieues en deçà de Sumatra, les naturels sont de grande taille et d'un teint jaune, comme celui des Brésiliens; ils portent de longs cheveux fort lisses et vont absolument nus[f]. Ceux des îles Nicobar, au nord de Sumatra, sont d'une couleur basanée et jaunâtre, et ils vont aussi presque nus[g]. Dampier dit que les naturels de ces îles Nicobar sont grands et bien proportionnés, qu'ils ont le visage assez long, les cheveux noirs et lisses, et le nez d'une grandeur médiocre; que les femmes n'ont point de sourcils, qu'apparemment elles se les arrachent, etc.

a. Voyez les *Voyages de Jean Ovington*. Paris, 1725, t. II, p. 274.

b. Voyez le *Recueil des voyages de la Comp. Holl.* Amsterd., 1702. t. VI, p. 251.

c. Voyez les *Voyages de Gherardini*. Paris, 1700, p. 46 et suiv.

d. Voyez les *Lettres édifiantes*, Recueil II, p. 60.

e. Voyez les *Voyages de Guill. Dampier.* Rouen, 1715, t. III, p. 156.

f. Voyez le *Recueil de la Comp. de Holl.* Amsterd., 1702, t. I, p. 281.

g. Voyez les *Lettres édifiantes*, Recueil II, p. 172.

1. Ce sont là les vrais caractères du *sang tartare*, ce type de la grande *race jaune* ou *asiatique*. (Voyez la note 1 de la page 141.)

2. Première indication de la *race malaie* de Blumenbach.

Les habitants de l'île de Sombrero au nord de Nicobar sont fort noirs, et ils
se bigarrent le visage de diverses couleurs, comme de vert, de jaune, etc.
(Voyez l'*Histoire générale des Voyages;* Paris, 1746, t. I, p. 387.) Ces
peuples de Malaca, de Sumatra et des petites îles voisines, quoique différents
entre eux, le sont encore plus des Chinois, des Tartares, etc., et semblent
être issus d'une autre race [1]; cependant les habitants de Java, qui sont voisins de Sumatra et de Malaca, ne leur ressemblent point et sont assez semblables aux Chinois, à la couleur près, qui est, comme celle des Malais,
rouge, mêlée de noir; ils sont assez semblables, dit Pigafetta [a], aux habitants
du Brésil; ils sont d'une forte complexion et d'une taille carrée; ils ne sont
ni trop grands, ni trop petits, mais bien musclés; ils ont le visage plat, les
joues pendantes et gonflées, les sourcils gros et inclinés, les yeux petits, la
barbe noire; ils en ont fort peu et fort peu de cheveux, qui sont très-courts
et très-noirs. Le P. Tachard dit que ces peuples de Java sont bien faits et
robustes, qu'ils paraissent vifs et résolus, et que l'extrême chaleur du climat
les oblige à aller presque nus [b]. Dans les *Lettres édifiantes,* on trouve que
ces habitants de Java ne sont ni noirs ni blancs, mais d'un rouge pourpré,
et qu'ils sont doux, familiers et caressants [c]. François Legat rapporte que
les femmes de Java, qui ne sont pas exposées comme les hommes aux grandes
ardeurs du soleil, sont moins basanées qu'eux, et qu'elles ont le visage beau,
le sein élevé et bien fait, le teint uni et beau, quoique brun, la main belle,
l'air doux, les yeux vifs, le rire agréable, et qu'il y en a qui dansent fort
joliment [d]. La plus grande partie des voyageurs hollandais s'accordent à dire
que les habitants naturels de cette île, dont ils sont actuellement les posses-
seurs et les maîtres, sont robustes, bien faits, nerveux et bien musclés;
qu'ils ont le visage plat, les joues larges et élevées, de grandes paupières, de
petits yeux, les mâchoires grandes, les cheveux longs, le teint basané, et
qu'ils n'ont que peu de barbe, qu'ils portent les cheveux et les ongles fort
longs, et qu'ils se font limer les dents [e]. Dans une petite île qui est en face de
celle de Java, les femmes ont le teint basané, les yeux petits, la bouche
grande, le nez écrasé, les cheveux noirs et longs [f]. Par toutes ces relations,
on peut juger que les habitants de Java ressemblent beaucoup aux Tartares
et aux Chinois, tandis que les Malais et les peuples de Sumatra et des petites
îles voisines en diffèrent et par les traits et par la forme du corps, ce qui a
pu arriver très-naturellement, car la presqu'île de Malaca et les îles de

---

a. *Vid. Indiæ Orientalis*, *partem primam*, p. 51.

b. Voyez le premier ouvrage du P. Tachard. Paris, 1686, p. 134.

c. Voyez les *Lettres édifiantes*, Recueil XVI, p. 13.

d. Voyez les *Voyages de François Legat.* Amsterd., 1708, t. II, p. 130.

e. Voyez le *Recueil des voyages de la Comp. de Holl.* Amsterd., 1702, t. I, p. 392. Voyez
aussi les *Voyages de Mandelslo*, t. II, p. 344.

f. Voyez les *Voyages de Le Gentil.* Paris, 1725, t. III, p. 92.

1. Voyez la note 2 de la page précédente.

Sumatra et de Java, aussi bien que toutes les autres îles de l'Archipel indien, doivent avoir été peuplées par les nations des continents voisins et même par les Européens, qui s'y sont habitués depuis plus de deux cent cinquante ans, ce qui fait qu'on doit y trouver une très-grande variété dans les hommes, soit pour les traits du visage et la couleur de la peau, soit pour la forme du corps et la proportion des membres; par exemple, il y a dans cette île de Java une nation qu'on appelle *Chacrelas* [1], qui est toute différente non-seulement des autres habitants de cette île, mais même de tous les autres Indiens. Ces Chacrelas sont blancs et blonds; ils ont les yeux faibles et ne peuvent supporter le grand jour ; au contraire, ils voient bien la nuit : le jour ils marchent les yeux baissés et presque fermés [a]. Tous les habitants des îles Moluques sont, selon François Pyrard, semblables à ceux de Sumatra et de Java pour les mœurs, la façon de vivre, les armes, les habits, le langage, la couleur, etc. [b]. Selon Mandelslo, les hommes des Moluques sont plutôt noirs que basanés, et les femmes le sont moins; ils ont tous les cheveux noirs et lisses, les yeux gros, les sourcils et les paupières larges, le corps fort et robuste; ils sont adroits et agiles, ils vivent longtemps, quoique leurs cheveux deviennent blancs de bonne heure. Ce voyageur dit aussi que chaque île a son langage particulier, et qu'on doit croire qu'elles ont été peuplées par différentes nations [c]. Selon lui, les habitants de Bornéo et de Baly ont le teint plutôt noir que basané [d]; mais, selon les autres voyageurs, ils sont seulement bruns comme les autres Indiens [e]. Gemelli-Careri dit que les habitants de Ternate sont de la même couleur que les Malais, c'est-à-dire un peu plus bruns que ceux des Philippines ; que leur physionomie est belle, que les hommes sont mieux faits que les femmes, et que les uns et les autres ont grand soin de leurs cheveux [f]. Les voyageurs hollandais rapportent que les naturels de l'île de Banda vivent fort longtemps et qu'ils y ont vu un homme âgé de 130 ans et plusieurs autres qui approchaient de cet âge; qu'en général ces insulaires sont fort fainéants, que les hommes ne font que se promener et que ce sont les femmes qui travaillent [g]. Selon Dampier, les naturels originaires de l'île de Timor, qui est l'une des plus voisines de la Nouvelle-Hollande, ont la taille médiocre, le corps droit, les membres

a. Voyez les *Voyages de François Legat*. Amsterd., 1708, t. II, p. 137.
b. Voyez les *Voyages de François Pyrard*. Paris, 1619, t. II, p. 178.
c. Voyez les *Voyages de Mandelslo*, t. II, p. 378.
d. Voyez *ibid*, t. II, p. 363 et 366.
e. Voyez le *Recueil des Voyages de la Comp. de Holl.*, t. II, p. 120.
f. Voyez les *Voyages de Gemelli-Careri*, t. V, p. 224.
g. Voyez le *Recueil des Voyages de la Comp. de Holl.*, t. I, p. 566.

1. *Chacrelas* ou *Albinos*. L'*albinisme* n'est point un *caractère de race*; c'est une *maladie de la peau*. Il y a des *albinos* dans toutes les *races* : dans la *race jaune*, ce sont les *chacrelas* de Java; dans la *race noire*, ce sont les *albinos* proprement dits, les *nègres-blancs;* il y a des *albinos* dans la *race blanche* elle-même, etc. (Voyez, plus loin, l'*Addition* de Buffon sur les *Blafards* et *Nègres-blancs*.)

déliés, le visage long, les cheveux noirs et pointus, et la peau fort noire ; ils
sont adroits et agiles, mais paresseux au suprême degré[a]. Il dit cependant
que, dans la même île, les habitants de la baie de Laphao sont pour la plupart basanés et de couleur de cuivre jaune, et qu'ils ont les cheveux noirs et
tout plats[b].

Si l'on remonte vers le nord, on trouve Manille et les autres îles Philippines, dont le peuple est peut-être le plus mêlé de l'univers, par les
alliances qu'ont faites ensemble les Espagnols, les Indiens, les Chinois, les
Malabares, les Noirs, etc. Ces Noirs, qui vivent dans les rochers et les bois
de cette île, diffèrent entièrement des autres habitants ; quelques-uns ont
les cheveux crépus, comme les nègres d'Angola, les autres les ont longs ;
la couleur de leur visage est comme celle des autres nègres : quelques-uns
sont un peu moins noirs ; on en a vu plusieurs parmi eux qui avaient des
queues longues de quatre ou cinq pouces[1], comme les insulaires dont parle
Ptolomée. (Voyez les *Voyages de Gemelli-Careri*. Paris, 1719, t. V, p. 68.)
Ce voyageur ajoute que des jésuites, très-dignes de foi, lui ont assuré que
dans l'île de Mindoro, voisine de Manille, il y a une race d'hommes appelés
Manghiens, qui tous ont des queues de quatre ou cinq pouces de longueur,
et même que quelques-uns de ces hommes à queue avaient embrassé la foi
catholique (voyez *id.*, t. V, p. 92), et que ces Manghiens ont le visage de
couleur olivâtre et les cheveux longs (voyez *id.*, t. V, p. 298). Dampier
dit que les habitants de l'île de Mindanao, qui est une des principales et des
plus méridionales des Philippines, sont de taille médiocre, qu'ils ont les
membres petits, le corps droit et la tête menue, le visage ovale, le front plat,
les yeux noirs et peu fendus, le nez court, la bouche assez grande, les lèvres
petites et rouges, les dents noires et fort saines, les cheveux noirs et lisses,
le teint tanné, mais tirant plus sur le jaune clair que celui de certains autres
Indiens ; que les femmes ont le teint plus clair que les hommes ; qu'elles
sont aussi mieux faites, qu'elles ont le visage plus long, et que leurs traits
sont assez réguliers, si ce n'est que leur nez est fort court et tout à fait plat
entre les yeux ; qu'elles ont les membres très-petits, les cheveux noirs et
longs, et que les hommes en général sont spirituels et agiles, mais fainéants
et larrons. On trouve dans les Lettres édifiantes que les habitants des Philippines ressemblent aux Malais, qui ont autrefois conquis ces îles ; qu'ils
ont, comme eux, le nez petit, les yeux grands, la couleur olivâtre-jaune, et
que leurs coutumes et leurs langues sont à peu près les mêmes[c].

Au nord de Manille on trouve l'île Formose, qui n'est pas éloignée de la

a. Voyez les *Voyages de Dampier*. Rouen, 1715, t. V, p. 631.
b. Voyez *ibid*, t. I, p. 52.
c. Voyez les *Lettres édifiantes*, Recueil II, p. 140.

1. Plusieurs voyageurs disent avoir vu des *hommes à queue*. Aucun anatomiste n'en a vu.
Le nombre des vertèbres est fixe dans chaque espèce.

côte de la province de Fokien à la Chine ; ces insulaires ne ressemblent cependant pas aux Chinois. Selon Struys, les hommes y sont de petite taille, particulièrement ceux qui habitent les montagnes : la plupart ont le visage large ; les femmes ont les mamelles grosses et pleines, et de la barbe comme les hommes ; elles ont les oreilles fort longues, et elles en augmentent encore la longueur par certaines grosses coquilles qui leur servent de pendants ; elles ont les cheveux fort noirs et fort longs, le teint jaune-noir : il y en a aussi de jaunes-blanches et de tout à fait jaunes ; ces peuples sont fort fainéants ; leurs armes sont le javelot et l'arc dont ils tirent très-bien ; ils sont aussi excellents nageurs, et ils courent avec une vitesse incroyable. C'est dans cette île où [1] Struys dit avoir vu de ses propres yeux un homme qui avait une queue longue de plus d'un pied, toute couverte d'un poil roux, et fort semblable à celle d'un bœuf ; cet homme à queue assurait que ce défaut, si c'en était un, venait du climat, et que tous ceux de la partie méridionale de cette île avaient des queues comme lui [a]. Je ne sais si ce que dit Struys des habitants de cette île mérite une entière confiance, et surtout si le dernier fait est vrai ; il me paraît au moins exagéré et différent de ce qu'ont dit les autres voyageurs au sujet de ces hommes à queue, et même de ce qu'en ont dit Ptolomée, que j'ai cité ci-dessus, et Marc Paul, dans sa description géographique imprimée à Paris en 1556, où il rapporte que dans le royaume de Lambry il y a des hommes qui ont des queues de la longueur de la main, qui vivent dans les montagnes. Il paraît que Struys s'appuie de l'autorité de Marc Paul, comme Gemelli-Careri de celle de Ptolomée, et la queue qu'il dit avoir vue est fort différente pour les dimensions de celles que les autres voyageurs donnent aux Noirs de Manille, aux habitants de Lambry, etc. L'éditeur des Mémoires de Plasmanasar sur l'île de Formose ne parle point de ces hommes extraordinaires et si différents des autres ; il dit même que, quoiqu'il fasse fort chaud dans cette île, les femmes y sont fort belles et fort blanches, surtout celles qui ne sont pas obligées de s'exposer aux ardeurs du soleil ; qu'elles ont un grand soin de se laver avec certaines eaux préparées pour se conserver le teint ; qu'elles ont le même soin de leurs dents, qu'elles tiennent blanches autant qu'elles le peuvent, au lieu que les Chinois et les Japonais les ont noires par l'usage du bétel ; que les hommes ne sont point de grande taille, mais qu'ils ont en grosseur ce qui leur manque en grandeur ; qu'ils sont communément vigoureux, infatigables, bons soldats, fort adroits, etc. [b]. Les voyageurs hollandais ne s'accordent point, avec ceux que je viens de citer, au sujet des habitants de Formose : Mandelslo, aussi bien que ceux dont les relations

a. Voyez les *Voyages de Jean Struys*. Rouen, 1719, t. I, p. 100.

b. Voyez la *Description de l'île Formose*, dressée sur les Mémoires de George Plasmanasar, par le sieur N. F. D. B. R. Amsterd., 1705, p. 103 et suiv.

1. *C'est dans cette île où…* (Voyez la note de la page 26 du Ier volume.)

ont été publiées dans le Recueil des voyages qui ont servi à l'établissement
de la Compagnie des Indes de Hollande, disent que ces insulaires sont fort
grands et beaucoup plus hauts de taille que les Européens ; que la couleur
de leur peau est entre le blanc et le noir, ou d'un brun tirant sur le noir ;
qu'ils ont le corps velu ; que les femmes y sont de petite taille, mais qu'elles
sont robustes, grasses et assez bien faites. La plupart des écrivains qui ont
parlé de l'île Formose n'ont donc fait aucune mention de ces hommes à
queue, et ils diffèrent beaucoup entre eux dans la description qu'ils donnent
de la forme et des traits de ces insulaires, mais ils semblent s'accorder sur
un fait qui n'est peut-être pas moins extraordinaire que le premier : c'est
que dans cette île il n'est pas permis aux femmes d'accoucher avant trente-
cinq ans, quoiqu'il leur soit libre de se marier longtemps avant cet âge.
Rechteren parle de cette coutume dans les termes suivants : « D'abord que
« les femmes sont mariées, elles ne mettent point d'enfants au monde, il
« faut au moins pour cela qu'elles aient 35 ou 37 ans ; quand elles sont
« grosses, leurs prêtresses vont leur fouler le ventre avec les pieds s'il le
« faut, et les font avorter avec autant ou plus de douleur qu'elles n'en souf-
« friraient en accouchant : ce serait non-seulement une honte, mais même
« un gros péché de laisser venir un enfant avant l'âge prescrit. J'en ai vu
« qui avaient déjà fait quinze ou seize fois périr leur fruit, et qui étaient
« grosses pour la dix-septième fois, lorsqu'il leur était permis de mettre un
« enfant au monde [a]. »

Les îles Marianes ou des Larrons, qui sont, comme l'on sait, les îles les
plus éloignées du côté de l'orient, et, pour ainsi dire, les dernières terres
de notre hémisphère, sont peuplées d'hommes très-grossiers. Le P. Gobien
dit qu'avant l'arrivée des Européens ils n'avaient jamais vu de feu, que cet
élément si nécessaire leur était entièrement inconnu, qu'ils ne furent jamais
si surpris que quand ils en virent pour la première fois, lorsque Magellan
descendit dans l'une de leurs îles ; ils ont le teint basané, mais cependant
moins brun et plus clair que celui des habitants des Philippines ; ils sont
plus forts et plus robustes que les Européens ; leur taille est haute, et leur
corps est bien proportionné ; quoiqu'ils ne se nourrissent que de racines,
de fruits et de poisson, ils ont tant d'embonpoint qu'ils en paraissent
enflés, mais cet embonpoint ne les empêche pas d'être souples et agiles.
Ils vivent longtemps, et ce n'est pas une chose extraordinaire que de voir
chez eux des personnes âgées de cent ans, et cela sans avoir jamais été
malades [b]. Gemelli-Careri dit que les habitants de ces îles sont tous d'une
figure gigantesque, d'une grosse corpulence et d'une grande force ;
qu'ils peuvent aisément lever sur leurs épaules un poids de cinq cents

a. Voyez les Voyages de Rechteren dans le *Recueil des voyages de la Comp. Hollandaise*,
t. V, p. 96.
b. Voyez l'*Histoire des îles Marianes*, par le P. Charles le Gobien, 1700.

livres [a]. Ils ont pour la plupart les cheveux crépus [b], le nez gros, de grands
yeux et la couleur du visage comme les Indiens. Les habitants de Guan,
l'une de ces îles, ont les cheveux noirs et longs, les yeux ni trop gros ni
trop petits, le nez grand, les lèvres grosses, les dents assez blanches, le
visage long, l'air féroce; ils sont très-robustes et d'une taille fort avantageuse : on dit même qu'ils ont jusqu'à sept pieds de hauteur [c].

Au midi des îles Marianes et à l'orient des îles Moluques, on trouve la
terre des Papous [1] et la Nouvelle-Guinée, qui paraissent être les parties les
plus méridionales des terres australes. Selon Argensola, ces Papous sont
noirs comme les Cafres; ils ont les cheveux crépus, le visage maigre et fort
désagréable, et parmi ce peuple si noir on trouve quelques gens qui sont
aussi blancs et aussi blonds que les Allemands; ces blancs ont les yeux très-
faibles et très-délicats [d][2]. On trouve dans la relation de la navigation australe de Le Maire une description des habitants de cette contrée, dont je
vais rapporter les principaux traits. Selon ce voyageur, ces peuples sont
fort noirs, sauvages et brutaux; ils portent des anneaux aux deux oreilles,
aux deux narines, et quelquefois aussi à la cloison du nez, et des bracelets
de nacre de perle au-dessus des coudes et aux poignets, et ils se couvrent la
tête d'un bonnet d'écorce d'arbre peinte de différentes couleurs; ils sont
puissants et bien proportionnés dans leur taille; ils ont les dents noires, assez
de barbe, et les cheveux noirs, courts et crépus, qui n'approchent cependant
pas autant de la laine que ceux des nègres; ils sont agiles à la course, ils se
servent de massues et de lances, de sabres et d'autres armes faites de bois
dur, l'usage du fer leur étant inconnu; ils se servent aussi de leurs dents
comme d'armes offensives, et mordent comme les chiens. Ils mangent du
bétel et du piment mêlé avec de la chaux, qui leur sert aussi à poudrer
leur barbe et leurs cheveux. Les femmes sont affreuses, elles ont de longues mamelles qui leur tombent sur le nombril, le ventre extrêmement
gros, les jambes fort menues, les bras de même, des physionomies de singe,
de vilains traits [e], etc. Dampier dit que les habitants de l'île Sabala dans la
Nouvelle-Guinée sont une sorte d'Indiens fort basanés, qui ont les cheveux
noirs et longs, et qui par les manières ne diffèrent pas beaucoup de ceux de
l'île Mindanao et des autres naturels de ces îles orientales; mais qu'outre

a. Voyez les *Voyages de Gemelli-Careri*, t. V, p. 298.
b. Voyez les *Lettres édifiantes*, Recueil XVIII, p. 198.
c. Voyez les *Voyages de Dampier*, t. I, p. 378. Voyez aussi le *Voyage autour du monde* de
Cowley.
d. Voyez l'*Histoire de la conquête des îles Moluques*. Amsterd., 1706, t. I, p. 148.
e. Voyez la Navigation australe de Jacques Le Maire, t. IV du *Recueil des voyages qui ont
servi à l'établissement de la Compagnie des Indes de Hollande*, p. 648.

1. « Les *Papous* sont-ils des nègres anciennement égarés sur la mer des Indes? » (Cuvier :
Règne animal, t. I, p. 84.)
2. Voyez la note de la page 152.

ceux-là, qui paraissent être les principaux de l'île, il y a aussi des nègres, et que ces nègres de la Nouvelle-Guinée ont les cheveux crépus et cotonnés [a] ; que les habitants d'une autre île qu'il appelle Garret-Denys, sont noirs , vigoureux et bien taillés ; qu'ils ont la tête grosse et ronde, les cheveux frisés et courts ; qu'ils les coupent de différentes manières et les teignent aussi de différentes couleurs : de rouge, de blanc, de jaune ; qu'ils ont le visage rond et large avec un gros nez plat ; que cependant leur physionomie ne serait pas absolument désagréable s'ils ne se défiguraient pas le visage par une espèce de cheville de la grosseur du doigt et longue de quatre pouces, dont ils traversent les deux narines, en sorte que les deux bouts touchent à l'os des joues, qu'il ne paraît qu'un petit brin de nez autour de ce bel ornement, et qu'ils ont aussi de gros trous aux oreilles où ils mettent des chevilles comme au nez [b].

Les habitants de la côte de la Nouvelle-Hollande , qui est à 16 degrés 15 minutes de latitude méridionale et au midi de l'île de Timor, sont peut-être les gens du monde les plus misérables et ceux de tous les humains qui approchent le plus des brutes : ils sont grands, droits et menus ; ils ont les membres longs et déliés, la tête grosse, le frond rond, les sourcils épais ; leurs paupières sont toujours à demi fermées : ils prennent cette habitude dès leur enfance pour garantir leurs yeux des moucherons qui les incommodent beaucoup, et comme ils n'ouvrent jamais les yeux, ils ne sauraient voir de loin, à moins qu'ils ne lèvent la tête comme s'ils voulaient regarder quelque chose au-dessus d'eux. Ils ont le nez gros, les lèvres grosses et la bouche grande ; ils s'arrachent apparemment les deux dents du devant de la mâchoire supérieure, car elles manquent à tous, tant aux hommes qu'aux femmes, aux jeunes et aux vieux ; ils n'ont point de barbe : leur visage est long, d'un aspect très-désagréable, sans un seul trait qui puisse plaire ; leurs cheveux ne sont pas longs et lisses comme ceux de presque tous les Indiens, mais ils sont courts, noirs et crépus comme ceux des nègres ; leur peau est noire comme celle des nègres de Guinée. Ils n'ont point d'habits, mais seulement un morceau d'écorce d'arbre attaché au milieu du corps en forme de ceinture, avec une poignée d'herbes longues au milieu ; ils n'ont point de maisons, ils couchent à l'air sans aucune couverture et n'ont pour lit que la terre ; ils demeurent en troupe de vingt ou trente, hommes, femmes et enfants, tout cela pêle-mêle. Leur unique nourriture est un petit poisson qu'ils prennent en faisant des réservoirs de pierre dans de petits bras de mer; ils n'ont ni pain, ni grains, ni légumes, etc. [c]

Les peuples d'une autre côte de la Nouvelle-Hollande, à 22 ou 23 degrés latitude sud, semblent être de la même race que ceux dont nous venons de

a. Voyez les *Voyages de Dampier*, t. V, p. 82.
b. Voyez *idem*, t. V, p. 102.
c. Voyez *idem*, t. II , p. 171.

parler : ils sont extrêmement laids, ils ont de même le regard de travers, la peau noire, les cheveux crépus, le corps grand et délié [a].

Il paraît, par toutes ces descriptions, que les îles et les côtes de l'océan Indien sont peuplées d'hommes très-différents entre eux. Les habitants de Malaca, de Sumatra et des îles Nicobar semblent tirer leur origine des Indiens de la presqu'île de l'Inde; ceux de Java, des Chinois, à l'exception de ces hommes blancs et blonds qu'on appelle *Chacrelas*, qui doivent venir des Européens [1]; ceux des îles Moluques paraissent aussi venir pour la plupart des Indiens de la presqu'île; mais les habitants de l'île de Timor, qui est la plus voisine de la Nouvelle-Hollande, sont à peu près semblables aux peuples de cette contrée. Ceux de l'île Formose et des îles Marianes se ressemblent par la hauteur de la taille, la force et les traits : ils paraissent former une race à part, différente de toutes les autres qui les avoisinent. Les Papous et les autres habitants des terres voisines de la Nouvelle-Guinée sont de vrais noirs et ressemblent à ceux d'Afrique [2], quoiqu'ils en soient prodigieusement éloignés et que cette terre soit séparée du continent de l'Afrique par un intervalle de plus de 2,200 lieues de mer. Les habitants de la Nouvelle-Hollande ressemblent aux Hottentots; mais avant que de tirer des conséquences de tous ces rapports, et avant que de raisonner sur ces différences, il est nécessaire de continuer notre examen en détail des peuples de l'Asie et de l'Afrique.

Les Mogols et les autres peuples de la presqu'île de l'Inde ressemblent assez aux Européens par la taille et par les traits, mais ils en diffèrent plus ou moins par la couleur. Les Mogols sont olivâtres, quoiqu'en langue indienne *mogol* veuille dire blanc. Les femmes y sont extrêmement propres et elles se baignent très-souvent, elles sont de couleur olivâtre comme les hommes et elles ont les jambes et les cuisses fort longues et le corps assez court, ce qui est le contraire des femmes européennes [b]. Tavernier dit que lorsqu'on a passé Lahor et le royaume de Cachemire, toutes les femmes du Mogol naturellement n'ont de poil en aucune partie du corps, et que les hommes n'ont que très-peu de barbe [c]. Selon Thevenot, les femmes mogoles sont assez fécondes, quoique très-chastes; elles accouchent aussi fort aisément, et on en voit quelquefois marcher par la ville dès le lendemain qu'elles sont accouchées; il ajoute qu'au royaume de Decan on marie les enfants extrêmement jeunes; dès que le mari a dix ans et la femme huit, les parents les laissent coucher ensemble, et il y en a qui ont des enfants à cet âge; mais les femmes qui ont des enfants de si bonne heure cessent ordinairement d'en avoir après l'âge de trente ans, et elles deviennent extrême-

---

a. Voyez les *Voyages de Dampier*, t. IV, p. 134.
b. Voyez les *Voyages de la Boullaye le Gouz*. Paris, 1657, p. 153.
c. Voyez les *Voyages de Tavernier*. Rouen, 1713, t. III, p. 80.

1. Voyez la note de la page 152.
2. Voyez la note 1 de la page 156.

ment ridées[a]. Parmi ces femmes, il y en a qui se font découper la chair en fleurs, comme quand on applique des ventouses ; elles peignent ces fleurs de diverses couleurs avec du jus de racines, de manière que leur peau paraît comme une étoffe à fleurs[b].

Les Bengalais sont plus jaunes que les Mogols ; ils ont aussi des mœurs toutes différentes ; les femmes sont beaucoup moins chastes : on prétend même que, de toutes les femmes de l'Inde, ce sont les plus lascives. On fait à Bengale un grand commerce d'esclaves mâles et femelles; on y fait aussi beaucoup d'eunuques, soit de ceux auxquels on n'ôte que les testicules, soit de ceux à qui on fait l'amputation tout entière. Ces peuples sont beaux et bien faits, ils aiment le commerce et ont beaucoup de douceur dans les mœurs[c]. Les habitants de la côte de Coromandel sont plus noirs que les Bengalais, ils sont aussi moins civilisés ; les gens du peuple vont presque nus. Ceux de la côte de Malabar sont encore plus noirs, ils ont tous les cheveux noirs, lisses et fort longs, ils sont de la taille des Européens ; les femmes portent des anneaux d'or au nez ; les hommes, les femmes et les filles se baignent ensemble et publiquement dans des bassins au milieu des villes ; les femmes sont propres et bien faites, quoique noires, ou du moins très-brunes ; on les marie dès l'âge de huit ans[d]. Les coutumes de ces différents peuples de l'Inde sont toutes fort singulières et même bizarres. Les banians ne mangent de rien de ce qui a eu vie, ils craignent même de tuer le moindre insecte, pas même les poux qui les rongent; ils jettent du riz et des fèves dans la rivière pour nourrir les poissons, et des graines sur la terre pour nourrir les oiseaux et les insectes : quand ils rencontrent ou un chasseur ou un pêcheur, ils le prient instamment de se désister de son entreprise, et si on est sourd à leurs prières, ils offrent de l'argent pour le fusil et pour les filets, et quand on refuse leurs offres, ils troublent l'eau pour épouvanter les poissons et crient de toute leur force pour faire fuir le gibier et les oiseaux[e]. Les naires de Calicut sont des militaires qui sont tous nobles et qui n'ont d'autre profession que celle des armes ; ce sont des hommes beaux et bien faits, quoiqu'ils aient le teint de couleur olivâtre; ils ont la taille élevée et ils sont hardis, courageux et très-adroits à manier les armes; ils s'agrandissent les oreilles au point qu'elles descendent jusque sur leurs épaules et quelquefois plus bas. Ces naires ne peuvent avoir qu'une femme, mais les femmes peuvent prendre autant de maris qu'il leur plaît. Le P. Tachard, dans sa lettre au P. de la Chaise, datée de Pondichéry du 16 février 1702, dit que dans les castes ou tribus nobles une femme peut avoir

a. Voyez les *Voyages de Thevenot*, t. III, p. 246.
b. Voyez les *Voyages de Tavernier*, t. III, p. 34.
c. Voyez les *Voyages de Pyrard*, p. 354.
d. Voyez le *Recueil des Voyages*. Amsterd., 1702, t. VI, p. 461.
e. Voyages de *Jean Struys*, t. II, p. 225.

légitimement plusieurs maris, qu'il s'en est trouvé qui en avaient eu tout à la fois jusqu'à dix, qu'elles regardaient comme autant d'esclaves qu'elles s'étaient soumis par leur beauté [a]. Cette liberté d'avoir plusieurs maris est un privilége de noblesse que les femmes de condition font valoir autant qu'elles peuvent, mais les bourgeoises ne peuvent avoir qu'un mari : il est vrai qu'elles adoucissent la dureté de leur condition par le commerce qu'elles ont avec les étrangers, auxquels elles s'abandonnent sans aucune crainte de leurs maris et sans qu'ils osent leur rien dire. Les mères prostituent leurs filles le plus jeunes qu'elles peuvent. Ces bourgeois de Calicut ou Moucois semblent être d'une autre race que les nobles ou naires, car ils sont, hommes et femmes, plus laids, plus jaunes, plus mal faits et de plus petite taille [b]. Il y a parmi les naires de certains hommes et de certaines femmes qui ont les jambes aussi grosses que le corps d'un autre homme ; cette difformité n'est point une maladie, elle leur vient de naissance ; il y en a qui n'ont qu'une jambe et d'autres qui les ont toutes les deux de cette grosseur monstrueuse ; la peau de ces jambes est dure et rude comme une verrue : avec cela ils ne laissent pas d'être fort dispos. Cette race [1] d'hommes à grosses jambes s'est plus multipliée parmi les naires que dans aucun autre peuple des Indes ; on en trouve cependant quelques-uns ailleurs, et surtout à Ceylan [c], où l'on dit que ces hommes à grosses jambes sont de la race de saint Thomas.

Les habitants de Ceylan ressemblent assez à ceux de la côte de Malabar ; ils ont les oreilles aussi larges, aussi basses et aussi pendantes, ils sont seulement moins noirs [d], quoiqu'ils soient cependant fort basanés ; ils ont l'air doux et sont naturellement fort agiles, adroits et spirituels ; ils ont tous les cheveux très-noirs, les hommes les portent fort courts ; les gens du peuple sont presque nus, les femmes ont le sein découvert : cet usage est même assez général dans l'Inde [e]. Il y a des espèces de sauvages dans l'île de Ceylan, qu'on appelle Bedas ; ils demeurent dans la partie septentrionale de l'île et n'occupent qu'un petit canton ; ces Bedas semblent être une espèce d'hommes toute différente de celle de ces climats, ils habitent un petit pays tout couvert de bois si épais qu'il est fort difficile d'y pénétrer, et ils s'y tiennent si bien cachés qu'on a de la peine à en découvrir quelques-uns ; ils sont blancs comme les Européens, il y en a même quelques-uns qui sont roux ; ils ne parlent pas la langue de Ceylan, et leur langage n'a aucun rapport avec toutes les langues des Indes ; ils n'ont ni villages, ni maisons, ni com-

---

a. Voyez les *Lettres édifiantes.* Recueil II , p. 188.

b. Voyez les *Voyages de François Pyrard*, p. 411 et suiv.

c. Voyez *idem*, p. 416 et suiv. Voyez aussi le *Recueil des Voyages qui ont servi à l'établissement de la Compagnie des Indes de Holl.*, t. IV, p. 362, et le *Voyage de Jean Huguens.*

d. *Vide Philip. Pigafettæ Indiæ Orient. partem primam*, 1598, p. 39.

e. Voyez le *Recueil des voyages*, etc. , t. VII, p. 19.

1. Ce n'est point une *race*. Voyez la note que je place à la fin de ce chapitre.

munication avec personne; leurs armes sont l'arc et les flèches, avec lesquels ils tuent beaucoup de sangliers, de cerfs, etc.; ils ne font jamais cuire leur viande, mais ils la confisent dans du miel, qu'ils ont en abondance. On ne sait point l'origine de cette nation qui n'est pas fort nombreuse, et dont les familles demeurent séparées les unes des autres [a]. Il me paraît que ces Bedas de Ceylan, aussi bien que les *Chacrelas* de Java, pourraient bien être de race européenne, d'autant plus que ces hommes blancs et blonds sont en très-petit nombre. Il est très-possible que quelques hommes et quelques femmes européennes aient été abandonnés autrefois dans ces îles, ou qu'ils y aient abordé dans un naufrage, et que, dans la crainte d'être maltraités des naturels du pays, ils soient demeurés eux et leurs descendants dans les bois et dans les lieux les plus escarpés des montagnes, où ils continuent à mener la vie de sauvages, qui peut-être a ses douceurs lorsqu'on y est accoutumé.

On croit que les Maldivois viennent des habitants de l'île de Ceylan; cependant ils ne leur ressemblent pas, car les habitants de Ceylan sont noirs et mal formés, au lieu que les Maldivois sont bien formés et proportionnés, et qu'il y a peu de différence d'eux aux Européens, à l'exception qu'ils sont d'une couleur olivâtre; au reste, c'est un peuple mêlé de toutes les nations. Ceux qui habitent du côté du nord sont plus civilisés que ceux qui habitent ces îles au sud : ces derniers ne sont pas même si bien faits et sont plus noirs; les femmes y sont assez belles, quoique de couleur olivâtre, il y en a aussi quelques-unes qui sont aussi blanches qu'en Europe; toutes ont les cheveux noirs, ce qu'ils regardent comme une beauté; l'art peut bien y contribuer, car ils tâchent de les faire devenir de cette couleur, en tenant la tête rase à leurs filles jusqu'à l'âge de huit ou neuf ans. Ils rasent aussi leurs garçons, et cela tous les huit jours, ce qui avec le temps leur rend à tous les cheveux noirs, car il est probable que sans cet usage ils ne les auraient pas tous de cette couleur, puisqu'on voit de petits enfants qui les ont à demi blonds. Une autre beauté pour les femmes est de les avoir fort longs et fort épais; ils se frottent la tête et le corps d'huile parfumée : au reste, leurs cheveux ne sont jamais frisés, mais toujours lisses; les hommes y sont velus par le corps plus qu'on ne l'est en Europe. Les Maldivois aiment l'exercice et sont industrieux dans les arts; ils sont superstitieux et fort adonnés aux femmes; elles cachent soigneusement leur sein, quoiqu'elles soient extra-ordinairement débauchées et qu'elles s'abandonnent fort aisément; elles sont fort oisives et se font bercer continuellement; elles mangent à tout moment du bétel, qui est une herbe fort chaude, et beaucoup d'épices à leurs repas; pour les hommes, ils sont beaucoup moins vigoureux qu'il ne conviendrait à leurs femmes. (Voyez les *Voyages de Pyrard*, p. 120 et 324.)

a. Voyez l'*Histoire de Ceylan*, par Ribeyro, 1701, p. 177 et suiv.

Les habitants de Cambaye ont le teint gris ou couleur de cendre, les uns plus, les autres moins, et ceux qui sont voisins de la mer sont plus noirs que les autres [a] : ceux de Guzarate sont jaunâtres [b]. Les Canarins, qui sont les Indiens de Goa et des îles voisines, sont olivâtres [c].

Les voyageurs hollandais rapportent que les habitants de Guzarate sont jaunâtres, les uns plus que les autres; qu'ils sont de même taille que les Européens; que les femmes, qui ne s'exposent que très-rarement aux ardeurs du soleil, sont un peu plus blanches que les hommes, et qu'il y en a quelques-unes qui sont à peu près aussi blanches que les Portugaises [d].

Mandelslo en particulier dit que les habitants de Guzarate sont tous basanés ou de couleur olivâtre plus ou moins foncée, selon le climat où ils demeurent; que ceux du côté du midi le sont le plus, que les hommes y sont forts et bien proportionnés, qu'ils ont le visage large et les yeux noirs; que les femmes sont de petite taille, mais propres et bien faites, qu'elles portent les cheveux longs; qu'elles ont aussi des bagues aux narines et de grands pendants d'oreilles (page 195). Il y a parmi eux fort peu de bossus ou de boiteux; quelques-uns ont le teint plus clair que les autres, mais ils ont tous les cheveux noirs et lisses. Les anciens habitants de Guzarate sont aisés à reconnaître; on les distingue des autres par leur couleur qui est beaucoup plus noire; ils sont aussi plus stupides et plus grossiers. (*Idem*, t. II, p. 222.)

La ville de Goa est, comme l'on sait, le principal établissement des Portugais dans les Indes, et quoiqu'elle soit beaucoup déchue de son ancienne splendeur, elle ne laisse pas d'être encore une ville riche et commerçante; c'est le pays du monde où il se vendait autrefois le plus d'esclaves; on y trouvait à acheter des filles et des femmes fort belles de tous les pays des Indes; ces esclaves savent pour la plupart jouer des instruments, coudre et broder en perfection; il y en a de blanches, d'olivâtres, de basanées, et de toutes couleurs; celles dont les Indiens sont le plus amoureux sont les filles Cafres de Mosambique, qui sont toutes noires. « C'est, dit Pyrard, « une chose remarquable entre tous ces peuples Indiens, tant mâles que « femelles, et que j'ai remarquée, que leur sueur ne pue point où les « nègres d'Afrique, tant en deçà que delà le Cap de Bonne-Espérance, sen- « tent de telle sorte quand ils sont échauffés, qu'il est impossible d'approcher « cher d'eux, tant ils puent et sentent mauvais comme des poireaux verts. » Il ajoute que les femmes indiennes aiment beaucoup les hommes blancs

a. Voyez *Pigafettæ Indiæ Orientalis, partem primam*, p. 34.
b. Voyez les *Voyages de la Boullaye le Gouz*, p. 225.
c. Voyez *idem*, *ibid*.
d. Voyez le *Recueil des Voyages qui ont servi à l'établissement de la Compagnie des Indes de Holl.*, t. VI, p. 405.

d'Europe, et qu'elles les préfèrent aux blancs des Indes, et à tous les autres Indiens [a].

Les Persans sont voisins des Mogols et ils leur ressemblent assez ; ceux surtout qui habitent les parties méridionales de la Perse ne diffèrent presque pas des Indiens ; les habitants d'Ormus, ceux de la province de Bascie et de Balascie sont très-bruns et très-basanés ; ceux de la province de Chesimur et de autres parties de la Perse, où la chaleur n'est pas aussi grande qu'à Ormus, sont moins bruns, et enfin ceux des provinces septentrionales sont assez blancs [b]. Les femmes des îles du golfe Persique sont, au rapport des voyageurs hollandais, brunes ou jaunes et fort peu agréables ; elles ont le visage large et de vilains yeux ; elles ont aussi des modes et des coutumes semblables à celles des femmes indiennes, comme celles de se passer dans le cartilage du nez des anneaux, et une épingle d'or au travers de la peau du nez près des yeux [c] ; mais il est vrai que cet usage de se percer le nez pour porter des bagues et d'autres joyaux s'est étendu beaucoup plus loin, car il y a beaucoup de femmes chez les Arabes qui ont une narine percée pour y passer un grand anneau, et c'est une galanterie chez ces peuples de baiser la bouche de leurs femmes à travers ces anneaux, qui sont quelquefois assez grands pour enfermer toute la bouche dans leur rondeur [d].

Xénophon, en parlant des Persans, dit qu'ils étaient la plupart gros et gras ; Marcellin dit au contraire que de son temps ils étaient maigres et secs. Olearius, qui fait cette remarque, ajoute qu'ils sont aujourd'hui, comme du temps de ce dernier auteur, maigres et secs, mais qu'ils ne laissent pas d'être forts et robustes ; selon lui, ils ont le teint olivâtre, les cheveux noirs et le nez aquilin [e]. Le sang de Perse, dit Chardin, est naturellement grossier ; cela se voit aux Guèbres, qui sont le reste des anciens Persans ; ils sont laids, mal faits, pesants, ayant la peau rude et le teint coloré : cela se voit aussi dans les provinces les plus proches de l'Inde, où les habitants ne sont guère moins mal faits que les Guèbres, parce qu'ils ne s'allient qu'entre eux ; mais dans le reste du royaume le sang persan est présentement devenu fort beau par le mélange du sang géorgien et circassien : ce sont les deux nations du monde où la nature forme de plus belles personnes. Aussi il n'y a presque aucun homme de qualité en Perse qui ne soit né d'une mère géorgienne ou circassienne ; le roi lui-même est ordinairement Géorgien ou Circassien d'origine du côté maternel ; et comme il y a un grand nombre d'années que ce mélange a commencé de se faire, le sexe féminin est embelli

a. Voyez la deuxième partie du *Voyage de Pyrard*, t. II, p. 64 et suiv.

b. Voyez la *Description des provinces orientales*, par Marc Paul. Paris, 1559, p. 22 et 39. Voyez aussi le *Voyage de Pyrard*, t. II, p. 256.

c. Voyez le *Recueil des voyages de la Compagnie de Holl.* Amsterd., 1702, t. V, p. 191.

d. Voyez le *Voyage fait par ordre du roi dans la Palestine*, par M. D. L. R. Paris, 1717, p. 260.

e. Voyez le *Voyage d'Olearius*. Paris, 1656, t. I, p. 501.

comme l'autre, et les Persanes sont devenues fort belles et fort bien faites, quoique ce ne soit pas au point des Géorgiennes. Pour les hommes, ils sont communément hauts, droits, vermeils, vigoureux, de bon air et de belle apparence. La bonne température de leur climat et la sobriété dans laquelle on les élève ne contribuent pas peu à leur beauté corporelle; ils ne la tiennent pas de leurs pères, car, sans le mélange dont je viens de parler, les gens de qualité de Perse seraient les plus laids hommes du monde, puisqu'ils sont originaires de la Tartarie, dont les habitants sont, comme nous l'avons dit, laids, mal faits et grossiers; ils sont au contraire fort polis et ont beaucoup d'esprit; leur imagination est vive, prompte et fertile, leur mémoire aisée et féconde; ils ont beaucoup de disposition pour les sciences et les arts libéraux et mécaniques, ils en ont aussi beaucoup pour les armes; ils aiment la gloire, ou la vanité qui en est la fausse image; leur naturel est pliant et souple, leur esprit facile et intrigant; ils sont galants, même voluptueux; ils aiment le luxe, la dépense, et ils s'y livrent jusqu'à la prodigalité, aussi n'entendent-ils ni l'économie ni le commerce. (Voyez les *Voyages de Chardin*. Amst., 1711, t. II, p. 34.)

Ils sont en général assez sobres, et cependant immodérés dans la quantité de fruits qu'ils mangent; il est fort ordinaire de leur voir manger un *man* de melons, c'est-à-dire douze livres pesant; il y en a même qui en mangent trois ou quatre *mans* : aussi en meurt-il quantité par les excès des fruits [a].

On voit en Perse une grande quantité de belles femmes de toutes couleurs, car les marchands qui les amènent de tous les côtés choisissent les plus belles. Les blanches viennent de Pologne, de Moscovie, de Circassie, de Géorgie et des frontières de la grande Tartarie; les basanées des terres du Grand Mogol et de celles du roi de Golconde et du roi de Visapour; et, pour les noires, elles viennent de la côte de Melinde et de celles de la mer Rouge [b]. Les femmes du peuple ont une singulière superstition : celles qui sont stériles s'imaginent que pour devenir fécondes il faut passer sous les corps morts des criminels qui sont suspendus aux fourches patibulaires; elles croient que le cadavre d'un mâle peut influer, même de loin, et rendre une femme capable de faire des enfants. Lorsque ce remède singulier ne leur réussit pas, elles vont chercher les canaux des eaux qui s'écoulent des bains, elles attendent le temps où il y a dans ces bains un grand nombre d'hommes, alors elles traversent plusieurs fois l'eau qui en sort, et lorsque cela ne leur réussit pas mieux que la première recette, elles se déterminent enfin à avaler la partie du prépuce qu'on retranche dans la circoncision : c'est le souverain remède contre la stérilité [c].

a. Voyez les *Voyages de Thévenot*. Paris, 1664, t. II, p. 181.
b. Voyez les *Voyages de Tavernier*. Rouen, 1713, t. II, p. 368.
c. Voyez les *Voyages de Gemelli-Careri*. Paris, 1719, t. II, p. 200.

Les peuples de la Perse, de la Turquie, de l'Arabie, de l'Égypte et de toute la Barbarie peuvent être regardés comme une même nation qui, dans le temps de Mahomet et de ses successeurs, s'est extrêmement étendue, a envahi des terrains immenses et s'est prodigieusement mêlée avec les peuples naturels de tous ces pays. Les Persans, les Turcs, les Maures, se sont policés jusqu'à un certain point, mais les Arabes sont demeurés pour la plupart dans un état d'indépendance qui suppose le mépris des lois; ils vivent, comme les Tartares, sans règle, sans police et presque sans société; le larcin, le rapt, le brigandage, sont autorisés par leurs chefs; ils se font honneur de leurs vices, ils n'ont aucun respect pour la vertu, et de toutes les conventions humaines ils n'ont admis que celles qu'ont produites le fanatisme et la superstition.

Ces peuples sont fort endurcis au travail; ils accoutument aussi leurs chevaux à la plus grande fatigue, ils ne leur donnent à boire et à manger qu'une seule fois en vingt-quatre heures; aussi ces chevaux sont-ils très-maigres, mais en même temps ils sont très-prompts à la course, et pour ainsi dire infatigables. Les Arabes pour la plupart vivent misérablement : ils n'ont ni pain ni vin, ils ne prennent pas la peine de cultiver la terre; au lieu de pain, ils se nourrissent de quelques graines sauvages qu'ils détrempent et pétrissent avec le lait de leur bétail [a]. Ils ont des troupeaux de chameaux, de moutons et de chèvres qu'ils mènent paître çà et là dans les lieux où ils trouvent de l'herbe; ils y plantent leurs tentes, qui sont faites de poil de chèvre, et ils y demeurent avec leurs femmes et leurs enfants jusqu'à ce que l'herbe soit mangée, après quoi ils décampent pour aller en chercher ailleurs [b]. Avec une manière de vivre aussi dure et une nourriture aussi simple, les Arabes ne laissent pas d'être très-robustes et très-forts; ils sont même d'une assez grande taille et assez bien faits, mais ils ont le visage et le corps brûlés de l'ardeur du soleil, car la plupart vont tout nus ou ne portent qu'une mauvaise chemise [c]. Ceux des côtes de l'Arabie heureuse et de l'île de Socotora sont plus petits; ils ont le teint couleur de cendre ou fort basané et ils ressemblent pour la forme aux Abyssins [d]. Les Arabes sont dans l'usage de se faire appliquer une couleur bleue foncée aux bras, aux lèvres et aux parties les plus apparentes du corps; ils mettent cette couleur par petits points et la font pénétrer dans la chair avec une aiguille faite exprès : la marque en est ineffaçable [e]. Cette coutume singulière se retrouve chez les nègres qui ont eu commerce avec les Mahométans.

Chez les Arabes qui demeurent dans les déserts sur les frontières de Tre-

a. Voyez les *Voyages de Villamont*. Lyon, 1620, p. 603.

b. Voyez les *Voyages de Thévenot*. Paris, 1664, t. I, p. 330.

c. Voyez les *Voyages de Villamont*, p. 604.

d. *Vide Philip. Pigafettœ Ind. Or. part. prim.* Francofurti, 1598, p. 25. Voyez aussi la suite des *Voyages d'Olearius*, t. II, p. 108.

e. Voyez les *Voyages de Pietro della Valle*. Rouen, 1745, t. II, p. 269.

mecen et de Tunis, les filles, pour paraître plus belles, se font des chiffres de couleur bleue sur tout le corps avec la pointe d'une lancette et du vitriol, et les Africaines en font autant à leur exemple, mais non pas celles qui demeurent dans les villes, car elles conservent la même blancheur de visage avec laquelle elles sont venues au monde ; quelques-unes seulement se peignent une petite fleur ou quelque autre chose aux joues, au front ou au menton, avec de la fumée de noix de galle et du safran, ce qui rend la marque fort noire ; elles se noircissent aussi les sourcils. (Voyez l'*Afrique de Marmol*, p. 88, t. I.) La Boullaye dit que les femmes des Arabes du désert ont les mains, les lèvres et le menton peints de bleu, que la plupart ont des anneaux d'or ou d'argent au nez, de trois pouces de diamètre, qu'elles sont assez laides parce qu'elles sont perpétuellement au soleil, mais qu'elles naissent blanches ; que les jeunes filles sont très-agréables, qu'elles chantent sans cesse et que leur chant n'est pas triste comme celui des Turques ou des Persanes, mais qu'il est bien plus étrange parce qu'elles poussent leur haleine de toute leur force et qu'elles articulent extrêmement vite. (Voyez les *Voyages de la Boullaye le Gouz*, p. 318.)

« Les princesses et les dames arabes, dit un autre voyageur, qu'on m'a « montrées par le coin d'une tente, m'ont paru fort belles et bien faites : on « peut juger par celles-ci et par ce qu'on m'en a dit que les autres ne le « sont guère moins ; elles sont fort blanches, parce qu'elles sont toujours à « couvert du soleil. Les femmes du commun sont extrêmement hâlées, outre « la couleur brune et basanée qu'elles ont naturellement ; je les ai trouvées « fort laides dans toute leur figure et je n'ai rien vu en elles que les agré- « ments ordinaires qui accompagnent une grande jeunesse. Ces femmes se « piquent les lèvres avec des aiguilles et mettent par-dessus de la poudre à « canon mêlée avec du fiel de bœuf qui pénètre la peau et les rend bleues et « livides pour tout le reste de leur vie ; elles font des petits points de la même « façon aux coins de leur bouche, aux côtés du menton et sur les joues ; « elles noircissent le bord de leurs paupières d'une poudre noire composée « avec de la tutie, et tirent une ligne de ce noir au dehors du coin de l'œil « pour le faire paraître plus fendu, car en général la principale beauté des « femmes de l'Orient est d'avoir de grands yeux noirs, bien ouverts et rele- « vés à fleur de tête. Les Arabes expriment la beauté d'une femme en disant « qu'elle a les yeux d'une gazelle : toutes leurs chansons amoureuses ne « parlent que des yeux noirs et des yeux de gazelle, et c'est à cet animal « qu'ils comparent toujours leurs maîtresses ; effectivement, il n'y a rien de « si joli que ces gazelles ; on voit surtout en elles une certaine crainte inno- « cente qui ressemble fort à la pudeur et à la timidité d'une jeune fille. Les « dames et les nouvelles mariées noircissent leurs sourcils et les font joindre « sur le milieu du front ; elles se piquent aussi les bras et les mains, formant « plusieurs sortes de figures d'animaux, de fleurs, etc.; elles se peignent les

« ongles d'une couleur rougeâtre, et les hommes peignent aussi de la même
« couleur les crins et la queue de leurs chevaux ; elles ont les oreilles per-
« cées en plusieurs endroits avec autant de petites boucles et d'anneaux ;
« elles portent des bracelets aux bras et aux jambes. » (Voyez le *Voyage fait
par ordre du Roi dans la Palestine*, par M. D. L. R., p. 260.)

Au reste, tous les Arabes sont jaloux de leurs femmes, et quoiqu'ils les
achètent ou qu'ils les enlèvent, ils les traitent avec douceur et même avec
quelque respect.

Les Égyptiens, qui sont si voisins des Arabes, qui ont la même religion et
qui sont comme eux soumis à la domination des Turcs, ont cependant des
coutumes fort différentes de celles des Arabes : par exemple, dans toutes les
villes et villages le long du Nil, on trouve des filles destinées aux plaisirs
des voyageurs, sans qu'ils soient obligés de les payer ; c'est l'usage d'avoir
des maisons d'hospitalité toujours remplies de ces filles, et les gens riches
se font en mourant un devoir de piété de fonder ces maisons et de les peupler de filles qu'ils font acheter dans cette vue charitable : lorsqu'elles accouchent d'un garçon, elles sont obligées de l'élever jusqu'à l'âge de trois ou
quatre ans, après quoi elles le portent au patron de la maison ou à ses héri-
tiers, qui sont obligés de recevoir l'enfant et qui s'en servent dans la suite
comme d'un esclave; mais les petites filles restent toujours avec leur mère
et servent ensuite à les remplacer [a]. Les Égyptiennes sont fort brunes, elles
ont les yeux vifs [b] ; leur taille est au-dessous de la médiocre, la manière dont
elles sont vêtues n'est point du tout agréable, et leur conversation est fort
ennuyeuse [c] ; au reste, elles font beaucoup d'enfants, et quelques voyageurs
prétendent que la fécondité occasionnée par l'inondation du Nil ne se borne
pas à la terre seule, mais qu'elle s'étend aux hommes et aux animaux ; ils
disent qu'on voit, par une expérience qui ne s'est jamais démentie, que les
eaux nouvelles rendent les femmes fécondes, soit qu'elles en boivent, soit
qu'elles se contentent de s'y baigner ; que c'est dans les premiers mois qui
suivent l'inondation, c'est-à-dire aux mois de juillet et d'août, qu'elles con-
çoivent ordinairement et que les enfants viennent au monde dans les mois
d'avril et de mai; qu'à l'égard des animaux, les vaches portent presque toujours deux veaux à la fois, les brebis deux agneaux, etc. [d]. On ne sait pas
trop comment concilier ce que nous venons de dire de ces bénignes influences
du Nil avec les maladies fâcheuses qu'il produit; car M. Granger dit que l'air
de l'Égypte est malsain, que les maladies des yeux y sont très-fréquentes, et
si difficiles à guérir que presque tous ceux qui en sont attaqués perdent la
vue ; qu'il y a plus d'aveugles en Égypte qu'en aucun autre pays, et que,

a. Voyez les *Voyages de Paul Lucas*. Paris, 1704, p. 363, etc.
b. Voyez les *Voyages de Gemelli-Careri*, t. I, p. 190.
c. Voyez les *Voyages du P. Vansleb*. Paris, 1677, p. 43.
d. Voyez les *Voyages du sieur Lucas*. Rouen, 1719, p. 83.

dans le temps de la crue du Nil, la plupart des habitants sont attaqués de dyssenteries opiniâtres causées par les eaux de ce fleuve, qui dans ce temps-là sont fort chargées de sels [a].

Quoique les femmes soient communément assez petites en Égypte, les hommes sont ordinairement de haute taille [b]. Les uns et les autres sont, généralement parlant, de couleur olivâtre, et plus on s'éloigne du Caire en remontant, plus les habitants sont basanés, jusque-là que ceux qui sont aux confins de la Nubie sont presque aussi noirs que les Nubiens mêmes. Les défauts les plus naturels aux Égyptiens sont l'oisiveté et la poltronnerie; ils ne font presque autre chose tout le jour que boire du café, fumer, dormir ou demeurer oisifs en une place, ou causer dans les rues; ils sont fort ignorants, et cependant pleins d'une vanité ridicule. Les Coptes eux-mêmes ne sont pas exempts de ces vices, et quoiqu'ils ne puissent pas nier qu'ils n'aient perdu leur noblesse, les sciences, l'exercice des armes, leur propre histoire et leur langue même, et que d'une nation illustre et vaillante ils ne soient devenus un peuple vil et esclave, leur orgueil va néanmoins jusqu'à mépriser les autres nations et à s'offenser lorsqu'on leur propose de faire voyager leurs enfants en Europe pour y être élevés dans les sciences et dans les arts [c].

Les nations nombreuses qui habitent les côtes de la Méditerranée depuis l'Égypte jusqu'à l'Océan, et toute la profondeur des terres de Barbarie jusqu'au mont Atlas et au delà, sont des peuples de différente origine : les naturels du pays, les Arabes, les Vandales, les Espagnols, et plus anciennement les Romains et les Égyptiens, ont peuplé cette contrée d'hommes assez différents entre eux : par exemple, les habitants des montagnes d'Auress ont un air et une physionomie différente de celle de leurs voisins; leur teint, loin d'être basané, est au contraire blanc et vermeil, et leurs cheveux sont d'un jaune foncé, au lieu que les cheveux de tous les autres sont noirs, ce qui, selon M. Shaw, peut faire croire que ces hommes blonds descendent des Vandales, qui, après avoir été chassés, trouvèrent moyen de se rétablir dans quelques endroits de ces montagnes [d]. Les femmes du royaume de Tripoli ne ressemblent point aux Égyptiennes, dont elles sont voisines : elles sont grandes et elles font même consister la beauté à avoir la taille excessivement longue ; elles se font, comme les femmes arabes, des piqûres sur le visage, principalement aux joues et au menton ; elles estiment beaucoup les cheveux roux, comme en Turquie, et elles font même peindre en vermillon les cheveux de leurs enfants [e].

<hr>

a. Voyez le *Voyage de M. Granger.* Paris, 1745, p. 21.
b. Voyez les *Voyages de Pietro della Valle,* t. I, p. 401.
c. Voyez les *Voyages du sieur Lucas,* t. III, p. 194 ; et la *Relation d'un voyage fait en Égypte,* par le P. Vansleb, p. 42.
d. Voyez les *Voyages de M. Shaw.* La Haye, 1743, t. I, p. 168.
e. Voyez l'*État des royaumes de Barbarie.* La Haye, 1704.

En général, les femmes maures affectent toutes de porter les cheveux longs jusque sur les talons ; celles qui n'ont pas beaucoup de cheveux ou qui ne les ont pas si longs que les autres en portent de postiches, et toutes les tressent avec des rubans ; elles se teignent le poil des paupières avec de la poudre de mine de plomb ; elles trouvent que la couleur sombre que cela donne aux yeux est une beauté singulière. Cette coutume est fort ancienne et assez générale, puisque les femmes grecques et romaines se brunissaient les yeux comme les femmes de l'Orient. (*Voyage de M. Shaw*, t. I, p. 382.)

La plupart des femmes maures passeraient pour belles, même en ce pays-ci ; leurs enfants ont le plus beau teint du monde et le corps fort blanc : il est vrai que les garçons qui sont exposés au soleil brunissent bientôt, mais les filles qui se tiennent à la maison conservent leur beauté jusqu'à l'âge de trente ans qu'elles cessent communément d'avoir des enfants ; en récompense elles en ont souvent à onze ans, et se trouvent quelquefois grand'mères à vingt-deux, et comme elles vivent aussi longtemps que les femmes européennes, elles voient ordinairement plusieurs générations. (*Idem*, t. I, p. 395.)

On peut remarquer, en lisant la description de ces différents peuples dans Marmol, que les habitants des montagnes de la Barbarie sont blancs, au lieu que les habitants des côtes de la mer et des plaines sont basanés et très-bruns. Il dit expressément que les habitants de Capez, ville du royaume de Tunis sur la Méditerranée, sont de pauvres gens fort noirs[a] ; que ceux qui habitent le long de la rivière de Dara dans la province d'Escure, au royaume de Maroc, sont fort basanés[b] ; qu'au contraire les habitants de Zarhou et des montagnes de Fez du côté du mont Atlas, sont fort blancs, et il ajoute que ces derniers sont si peu sensibles au froid qu'au milieu des neiges et des glaces de ces montagnes ils s'habillent très-légèrement et vont tête nue toute l'année[c] ; et à l'égard des habitants de la Numidie, il dit qu'ils sont plutôt basanés que noirs, que les femmes y sont même assez blanches et ont beaucoup d'embonpoint, quoique les hommes soient maigres[d], mais que les habitants du Guaden dans le fond de la Numidie, sur les frontières du Sénégal, sont plutôt noirs que basanés[e], au lieu que dans la province de Dara les femmes sont belles, fraîches, et que partout il y a une grande quantité d'esclaves nègres de l'un et de l'autre sexe[f].

Tous les peuples qui habitent entre le 20ᵉ et le 30ᵉ ou le 35ᵉ degré de latitude nord dans l'ancien continent, depuis l'empire du Mogol jusqu'en Bar-

---

a. Voyez l'*Afrique de Marmol*, t. II, p. 536.
b. Voyez l'*Afrique de Marmol*, t. II, p. 125.
c. *Idem*, t. II, p. 198 et 305.
d. *Idem*, t. III, p. 6.
e. *Idem*, t. III, p. 7.
f. *Idem*, t. III, p. 11.

barie, et même depuis le Gange jusqu'aux côtes occidentales du royaume de
Maroc, ne sont donc pas fort différents les uns des autres, si l'on excepte
les variétés particulières occasionnées par le mélange d'autres peuples plus
septentrionaux qui ont conquis ou peuplé quelques-unes de ces vastes contrées. Cette étendue de terre sous les mêmes parallèles est d'environ deux
mille lieues ; les hommes en général y sont bruns et basanés, mais ils sont
en même temps assez beaux et assez bien faits. Si nous examinons maintenant ceux qui habitent sous un climat plus tempéré, nous trouverons que
les habitants des provinces septentrionales du Mogol et de la Perse, les
Arméniens, les Turcs, les Géorgiens, les Mingréliens, les Circassiens, les
Grecs et tous les peuples de l'Europe, sont les hommes les plus beaux, les
plus blancs et les mieux faits de toute la terre, et que quoiqu'il y ait fort loin
de Cachemire en Espagne, ou de la Circassie à la France, il ne laisse pas d'y
avoir une singulière ressemblance entre ces peuples si éloignés les uns des
autres, mais situés à peu près à une égale distance de l'équateur [1]. Les Cache-
miriens, dit Bernier, sont renommés pour la beauté ; ils sont aussi bien faits
que les Européens et ne tiennent en rien du visage tartare ; ils n'ont point ce
nez écaché et ces petits yeux de cochon qu'on trouve chez leurs voisins ; les
femmes surtout sont très-belles : aussi la plupart des étrangers nouveau-
venus à la cour du Mogol se fournissent de femmes cachemiriennes afin
d'avoir des enfants qui soient plus blancs que les Indiens, et qui puissent
aussi passer pour vrais Mogols [a]. Le sang de Géorgie est encore plus beau
que celui de Cachemire ; on ne trouve pas un laid visage dans ce pays, et la
nature a répandu sur la plupart des femmes des grâces qu'on ne voit pas
ailleurs : elles sont grandes, bien faites, extrêmement déliées à la ceinture,
elles ont le visage charmant [b]. Les hommes sont aussi fort beaux [c]; ils ont
naturellement de l'esprit et ils seraient capables des sciences et des arts, mais
leur mauvaise éducation les rend très-ignorants et très-vicieux, et il n'y a
peut-être aucun pays dans le monde où le libertinage et l'ivrognerie soient à
un si haut point qu'en Géorgie. Chardin dit que les gens d'église, comme les
autres, s'enivrent très-souvent et tiennent chez eux de belles esclaves dont
ils font des concubines; que personne n'en est scandalisé, parce que la coutume en est générale et même autorisée, et il ajoute que le préfet des Capucins lui a assuré avoir ouï dire au *Catholicos* (on appelle ainsi le patriarche
de Géorgie) que celui qui aux grandes fêtes, comme Pâques et Noël, ne
s'enivre pas entièrement, ne passe pas pour chrétien et doit être excom-
munié [d]. Avec tous ces vices, les Géorgiens ne laissent pas d'être civils,

a. Voyez les *Voyages de Bernier*. Amsterdam, 1710, t. II, p. 281.
b. Voyez les *Voyages de Chardin*, première partie. Londres, 1686, p. 204.
c. Voyez *Il Genio vagante del conte Aurelio degli Anzi*. In Parma, 1691, t. I, p. 170.
d. Voyez les *Voyages de Chardin*, p. 205.

1. Buffon vient de terminer l'étude de la race *mongolique* ou *jaune*. Il commence ici l'étude
de la race *caucasique* ou *blanche*.

humains, graves et modérés; ils ne se mettent que très-rarement en colère, quoiqu'ils soient ennemis irréconciliables lorsqu'ils ont conçu de la haine contre quelqu'un.

Les femmes, dit Struys, sont aussi fort belles et fort blanches en Circassie, et elles ont le plus beau teint et les plus belles couleurs du monde; leur front est grand et uni, et sans le secours de l'art elles ont si peu de sourcils qu'on dirait que ce n'est qu'un filet de soie recourbé; elles ont les yeux grands, doux et pleins de feu, le nez bien fait, les lèvres vermeilles, la bouche riante et petite, et le menton comme il doit être pour achever un parfait ovale; elles ont le cou et la gorge parfaitement bien faits, la peau blanche comme neige, la taille grande et aisée, les cheveux du plus beau noir; elles portent un petit bonnet d'étoffe noire, sur lequel est attaché un bourrelet de même couleur; mais ce qu'il y a de ridicule, c'est que les veuves portent à la place de ce bourrelet une vessie de bœuf ou de vache des plus enflées, ce qui les défigure merveilleusement. L'été, les femmes du peuple ne portent qu'une simple chemise qui est ordinairement bleue, jaune ou rouge, et cette chemise est ouverte jusqu'à mi-corps; elles ont le sein parfaitement bien fait, elles sont assez libres avec les étrangers, mais cependant fidèles à leurs maris, qui n'en sont point jaloux. (Voyez les *Voyages de Struys*, t. II, p. 75.)

Tavernier dit aussi que les femmes de la Comanie et de la Circassie sont, comme celles de Géorgie, très-belles et très-bien faites; qu'elles paraissent toujours fraîches jusqu'à l'âge de quarante-cinq ou cinquante ans; qu'elles sont toutes fort laborieuses, et qu'elles s'occupent souvent des travaux les plus pénibles; ces peuples ont conservé la plus grande liberté dans le mariage, car s'il arrive que le mari ne soit pas content de sa femme et qu'il s'en plaigne le premier, le seigneur du lieu envoie prendre la femme, la fait vendre, et en donne une autre à l'homme qui s'en plaint; et de même si la femme se plaint la première, on la laisse libre et on lui ôte son mari [a].

Les Mingréliens sont, au rapport des voyageurs, tout aussi beaux et aussi bien faits que les Géorgiens ou les Circassiens, et il semble que ces trois peuples ne fassent qu'une seule et même race d'hommes. « Il y a en Mingré-
« lie, dit Chardin, des femmes merveilleusement bien faites, d'un air majes-
« tueux, de visage et de taille admirables; elles ont outre cela un regard
« engageant qui caresse tous ceux qui les regardent : les moins belles et
« celles qui sont âgées se fardent grossièrement et se peignent tout le visage,
« sourcils, joues, front, nez, menton; les autres se contentent de se peindre
« les sourcils; elles se parent le plus qu'elles peuvent. Leur habit est sem-
« blable à celui des Persanes; elles portent un voile qui ne couvre que le
« dessus et le derrière de la tête; elles ont de l'esprit, elles sont civiles et

[a] Voyez les *Voyages de Tavernier*. Rouen, 1713, t. I, p. 469.

« affectueuses, mais en même temps très-perfides, et il n'y a point de
« méchanceté qu'elles ne mettent en usage pour se faire des amants, pour
« les conserver ou pour les perdre. Les hommes ont aussi bien de mau-
« vaises qualités : ils sont tous élevés au larcin, ils l'étudient, ils en font
« leur emploi, leur plaisir et leur honneur; ils content avec une satisfaction
« extrême les vols qu'ils ont faits, ils en sont loués, ils en tirent leur plus
« grande gloire; l'assassinat, le vol, le mensonge, c'est ce qu'ils appellent
« de belles actions; le concubinage, la bigamie, l'inceste, sont des habi-
« tudes vertueuses en Mingrélie; l'on s'y enlève les femmes les uns aux
« autres, on y prend sans scrupule sa tante, sa nièce, la tante de sa femme;
« on épouse deux ou trois femmes à la fois, et chacun entretient autant de
« concubines qu'il veut. Les maris sont très-peu jaloux, et quand un homme
« prend sa femme sur le fait avec son galant, il a droit de le contraindre
« à payer un cochon, et d'ordinaire il ne prend pas d'autre vengeance; le
« cochon se mange entre eux trois. Ils prétendent que c'est une très-bonne
« et très-louable coutume d'avoir plusieurs femmes et plusieurs concubines,
« parce qu'on engendre beaucoup d'enfants qu'on vend argent comptant,
« ou qu'on échange pour des hardes et pour des vivres. » (Voyez les *Voyages de Chardin*, p. 77 et suiv.)

Au reste ces esclaves ne sont pas fort chers, car les hommes âgés depuis
vingt-cinq ans jusqu'à quarante ne coûtent que quinze écus ; ceux qui sont
plus âgés, huit ou dix; les belles filles d'entre treize et dix-huit ans, vingt
écus, les autres moins; les femmes douze écus, et les enfants trois ou quatre.
(*Idem*, p. 105.)

Les Turcs, qui achètent un très-grand nombre de ces esclaves, sont un
peuple composé de plusieurs autres peuples : les Arméniens, les Géorgiens,
les Turcomans, se sont mêlés avec les Arabes, les Égyptiens, et même avec
les Européens dans le temps des croisades; il n'est donc guère possible de
reconnaître les habitants naturels de l'Asie Mineure, de la Syrie et du reste
de la Turquie : tout ce qu'on peut dire, c'est qu'en général les Turcs sont
des hommes robustes et assez bien faits; il est même assez rare de trouver
parmi eux des bossus et des boiteux [a]. Les femmes sont aussi ordinairement
belles, bien faites et sans défaut ; elles sont fort blanches parce qu'elles sortent peu, et que quand elles sortent elles sont toujours voilées [b].

« Il n'y a femme de laboureur ou de paysan en Asie, dit Belon, qui n'ait
« le teint frais comme une rose, la peau délicate et blanche, si polie et si
« bien tendue qu'il semble toucher du velours; elles se servent de terre de
« Chio qu'elles détrempent pour en faire une espèce d'onguent dont elles se
« frottent tout le corps en entrant au bain, aussi bien que le visage et les
« cheveux. Elles se peignent aussi les sourcils en noir, d'autres se les font

a. Voyez le *Voyage de Thévenot*. Paris, 1664, t. I, p. 55.
b. *Idem*, t. I, p. 105.

« abattre avec du rusma, et se font de faux sourcils avec de la teinture noire;
« elles les font en forme d'arc et élevés en croissant : cela est beau à voir de
« loin, mais laid lorsqu'on regarde de près; cet usage est pourtant de toute
« ancienneté. » (Voyez les *Observations de Pierre Belon*. Paris, 1555,
page 199.) Il ajoute que les Turcs, hommes et femmes, ne portent de poil
en aucune partie du corps, excepté les cheveux et la barbe; qu'ils se servent
du rusma pour l'ôter, qu'ils mêlent moitié autant de chaux vive qu'il y a de
rusma, et qu'ils détrempent le tout dans de l'eau; qu'en entrant dans le bain
on applique cette pommade, qu'on la laisse sur la peau à peu près autant de
temps qu'il en faut pour cuire un œuf; dès que l'on commence à suer dans
ce bain chaud le poil tombe de lui-même en le lavant seulement d'eau chaude
avec la main, et la peau demeure lisse et polie sans aucun vestige de poil.
(*Idem*, p. 198.) Il dit encore qu'il y a en Égypte un petit arbrisseau nommé
Alcanna, dont les feuilles desséchées et mises en poudre servent à teindre
en jaune; les femmes de toute la Turquie s'en servent pour se teindre les
mains, les pieds et les cheveux en couleur jaune ou rouge; ils teignent aussi
de la même couleur les cheveux des petits enfants, tant mâles que femelles,
et les crins de leurs chevaux; etc. (*Idem*, p. 136.)

Les femmes turques se mettent de la tutie brûlée et préparée dans les
yeux pour les rendre plus noirs; elles se servent pour cela d'un petit poin-
çon d'or ou d'argent qu'elles mouillent de leur salive pour prendre cette
poudre noire et la faire passer doucement entre leurs paupières et leurs
prunelles [a]; elles se baignent aussi très-souvent, elles se parfument tous les
jours, et il n'y a rien qu'elles ne mettent en usage pour conserver ou pour
augmenter leur beauté; on prétend cependant que les Persanes se recherchent encore plus sur la propreté que les Turques; les hommes sont aussi de
différents goûts sur la beauté; les Persans veulent des brunes, et les Turcs
des rousses [b].

On a prétendu que les juifs, qui tous sortent originairement de la Syrie et
de la Palestine, ont encore aujourd'hui le teint brun comme ils l'avaient
autrefois; mais, comme le remarque fort bien Misson, c'est une erreur de
dire que tous les juifs sont basanés; cela n'est vrai que des juifs portugais.
Ces gens-là se mariant toujours les uns avec les autres, les enfants ressemblent à leurs père et mère, et leur teint brun se perpétue ainsi avec peu de
diminution partout où ils habitent, même dans les pays du nord; mais les
juifs allemands, comme, par exemple, ceux de Prague, n'ont pas le teint
plus basané que tous les autres Allemands [c].

Aujourd'hui les habitants de la Judée ressemblent aux autres Turcs;
seulement ils sont plus bruns que ceux de Constantinople ou des côtes de

a. Voyez la *Nouvelle relation du Levant*, par M. P. A. Paris, 1667, p. 355.
b. Voyez le *Voyage de la Boullaye*, p. 110.
c. Voyez les *Voyages de Misson*, 1717, t. II, p. 225.

la mer Noire, comme les Arabes sont aussi plus bruns que les Syriens, parce qu'ils sont plus méridionaux.

Il en est de même chez les Grecs ; ceux de la partie septentrionale de la Grèce sont fort blancs, ceux des îles ou des provinces méridionales sont bruns : généralement parlant, les femmes grecques sont encore plus belles et plus vives que les Turques, et elles ont de plus l'avantage d'une beaucoup plus grande liberté. Gemelli-Careri dit que les femmes de l'île de Chio sont blanches, belles, vives et fort familières avec les hommes, que les filles voient les étrangers fort librement, et que toutes ont la gorge entièrement découverte [a]. Il dit aussi que les femmes grecques ont les plus beaux cheveux du monde, surtout dans le voisinage de Constantinople, mais il remarque que ces femmes, dont les cheveux descendent jusqu'aux talons, n'ont pas les traits aussi réguliers que les autres Grecques [b].

Les Grecs regardent comme une très-grande beauté dans les femmes d'avoir de grands et de gros yeux et les sourcils fort élevés, et ils veulent que les hommes les aient encore plus gros et plus grands [c]. On peut remarquer, dans tous les bustes antiques, les médailles, etc., des anciens Grecs, que les yeux sont d'une grandeur excessive en comparaison de celle des yeux dans les bustes et les médailles romaines.

Les habitants des îles de l'Archipel sont presque tous grands nageurs et très-bons plongeurs. Thévenot dit qu'ils s'exercent à tirer les éponges du fond de la mer, et même les hardes et les marchandises des vaisseaux qui se perdent, et que dans l'île de Samos on ne marie pas les garçons qu'ils ne puissent plonger sous l'eau à huit brasses au moins [d]; Dapper dit vingt brasses [e], et il ajoute que dans quelques îles, comme dans celle de Nicarie, ils ont une coutume assez bizarre qui est de se parler de loin, surtout à la campagne, et que ces insulaires ont la voix si forte qu'ils se parlent ordinairement d'un quart de lieue, et souvent d'une lieue, en sorte que la conversation est coupée par de grands intervalles, la réponse n'arrivant que plusieurs secondes après la question.

Les Grecs, les Napolitains, les Siciliens, les habitants de Corse, de Sardaigne, et les Espagnols étant situés à peu près sous le même parallèle, sont assez semblables pour le teint : tous ces peuples sont plus basanés que les Français, les Anglais, les Allemands, les Polonais, les Moldaves, les Circassiens, et tous les autres habitants du nord de l'Europe jusqu'en Laponie, où, comme nous l'avons dit au commencement, on trouve une autre espèce d'hommes. Lorsqu'on fait le voyage d'Espagne, on commence à s'apercevoir

---

a. Voyez les *Voyages de Gemelli-Careri*. Paris, 1719, t. I, p. 110.
b. *Idem*, t. I, p. 373.
c. Voyez les *Observations de Belon*, p. 200.
d. Voyez le *Voyage de Thévenot*. t. I, p. 206.
e. Voyez la *Description des îles de l'Archipel*, par Dapper. Amsterd., 1703, p. 163.

dès Bayonne de la différence de couleur ; les femmes ont le teint un peu plus brun, elles ont aussi les yeux plus brillants [a].

Les Espagnols sont maigres et assez petits ; ils ont la taille fine, la tête belle, les traits réguliers, les yeux beaux, les dents assez bien rangées, mais ils ont le teint jaune et basané ; les petits enfants naissent fort blancs et sont fort beaux, mais en grandissant leur teint change d'une manière surprenante : l'air les jaunit, le soleil les brûle, et il est aisé de reconnaître un Espagnol de toutes les autres nations européennes [b]. On a remarqué que dans quelques provinces d'Espagne, comme aux environs de la rivière de Bidassoa, les habitants ont les oreilles d'une grandeur démesurée [c].

Les hommes à cheveux noirs ou bruns commencent à être rares en Angleterre, en Flandre, en Hollande et dans les provinces septentrionales de l'Allemagne ; on n'en trouve presque point en Danemark, en Suède, en Pologne. Selon M. Linnæus, les Goths sont de haute taille ; ils ont les cheveux lisses, blonds, argentés, et l'iris de l'œil bleuâtre : *Gothi corpore proceriore, capillis albidis rectis, oculorum iridibus cinereo-cœrulescentibus.* Les Finnois ont le corps musculeux et charnu, les cheveux blonds-jaunes et longs, l'iris de l'œil jaune foncé : *Fennones corpore toroso, capillis flavis prolixis, oculorum iridibus fuscis* [d].

Les femmes sont fort fécondes en Suède ; Rudbeck dit qu'elles y font ordinairement huit, dix ou douze enfants, et qu'il n'est pas rare qu'elles en fassent dix-huit, vingt, vingt-quatre, vingt-huit et jusqu'à trente ; il dit de plus qu'il s'y trouve souvent des hommes qui passent cent ans, que quelques-uns vivent jusqu'à cent quarante ans, et qu'il y en a même eu deux, dont l'un a vécu cent cinquante-six et l'autre cent soixante-un ans [e]. Mais il est vrai que cet auteur est un enthousiaste au sujet de sa patrie, et que, selon lui, la Suède est à tous égards le premier pays du monde. Cette fécondité dans les femmes ne suppose pas qu'elles aient plus de penchant à l'amour ; les hommes mêmes sont beaucoup plus chastes dans les pays froids que dans les climats méridionaux. On est moins amoureux en Suède qu'en Espagne ou en Portugal, et cependant les femmes y font beaucoup plus d'enfants. Tout le monde sait que les nations du Nord ont inondé toute l'Europe au point que les historiens ont appelé le Nord : *officina gentium.*

L'auteur des voyages historiques de l'Europe dit aussi, comme Rudbeck, que les hommes vivent ordinairement en Suède plus longtemps que dans la plupart des autres royaumes de l'Europe, et qu'il en a vu plusieurs qu'on lui assurait avoir plus de cent cinquante ans [f]. Il attribue cette longue durée

a. Voyez la *Relation du voyage d'Espagne.* Paris, 1691, p. 4.
b. Idem, p. 187.
c. Voyez la *Relation du voyage d'Espagne.* Paris, 1691, p. 326.
d. Vide Linnœi Faunam Suecicam. Stockholm, 1746, p. 1.
e. Vide Olaii Rudbekii Atlantica. Upsal, 1684.
f. Voyez les *Voyages historiques de l'Europe.* Paris, 1693, t. VIII, p. 229.

de la vie des Suédois à la salubrité de l'air de ce climat; il dit à peu près la même chose du Danemark : selon lui, les Danois sont grands et robustes, d'un teint vif et coloré, et ils vivent fort longtemps à cause de la pureté de l'air qu'ils respirent; les femmes sont aussi fort blanches, assez bien faites et très-fécondes [a].

Avant le czar Pierre Ier, les Moscovites étaient, dit-on, encore presque barbares; le peuple, né dans l'esclavage, était grossier, brutal, cruel, sans courage et sans mœurs. Ils se baignaient très-souvent hommes et femmes pêle-mêle dans des étuves échauffées à un degré de chaleur insoutenable pour tout autre que pour eux; ils allaient ensuite, comme les Lapons, se jeter dans l'eau froide au sortir de ces bains chauds. Ils se nourrissaient fort mal; leurs mets favoris n'étaient que des concombres ou des melons d'Astracan qu'ils mettaient pendant l'été confire avec de l'eau, de la farine et du sel [b]. Ils se privaient de quelques viandes, comme de pigeons ou de veau, par des scrupules ridicules; cependant, dès ce temps-là même, les femmes savaient se mettre du rouge, s'arracher les sourcils, se les peindre ou s'en former d'artificiels; elles savaient aussi porter des pierreries, parer leurs coiffures de perles, se vêtir d'étoffes riches et précieuses : ceci ne prouve-t-il pas que la barbarie commençait à finir, et que leur souverain n'a pas eu autant de peine à les policer que quelques auteurs ont voulu l'insinuer? Ce peuple est aujourd'hui civilisé, commerçant, curieux des arts et des sciences, aimant les spectacles et les nouveautés ingénieuses. Il ne suffit pas d'un grand homme pour faire ces changements, il faut encore que ce grand homme naisse à propos.

Quelques auteurs ont dit que l'air de Moscovie est si bon qu'il n'y a jamais eu de peste; cependant les annales du pays rapportent qu'en 1421, et pendant les six années suivantes, la Moscovie fut tellement affligée de maladies contagieuses que la constitution des habitants et de leurs descendants en fut altérée, peu d'hommes depuis ce temps arrivant à l'âge de cent ans, au lieu qu'auparavant il y en avait beaucoup qui allaient au delà de ce terme [c].

Les Ingriens et les Caréliens qui habitent les provinces septentrionales de la Moscovie, et qui sont les naturels du pays des environs de Pétersbourg, sont des hommes vigoureux et d'une constitution robuste; ils ont pour la plupart les cheveux blancs ou blonds [d]; ils ressemblent assez aux Finnois et ils parlent la même langue, qui n'a aucun rapport avec toutes les autres langues du Nord.

En réfléchissant sur la description historique que nous venons de faire de tous les peuples de l'Europe et de l'Asie, il paraît que la couleur dépend

a. Voyez les *Voyages historiques de l'Europe*. Paris, 1693, t. VIII, p. 279 et 280.
b. Voyez la *Relation curieuse de Moscovie*. Paris, 1698, p. 181.
c. Voyez le *Voyage d'un ambassadeur de l'empereur Léopold au czar Michaelowits*. Leyde, 1688, p. 220.
d. Voyez les *Nouveaux mémoires sur l'état de la grande Russie*. Paris, 1725, t. II, p. 64.

beaucoup du climat, sans cependant qu'on puisse dire qu'elle en dépende entièrement[1] ; il y a en effet plusieurs causes qui doivent influer sur la couleur et même sur la forme du corps et des traits des différents peuples : l'une des principales est la nourriture, et nous examinerons dans la suite les changements qu'elle peut occasionner. Une autre qui ne laisse pas de produire son effet sont les mœurs ou la manière de vivre ; un peuple policé qui vit dans une certaine aisance, qui est accoutumé à une vie réglée, douce et tranquille, qui par les soins d'un bon gouvernement est à l'abri d'une certaine misère et ne peut manquer des choses de première nécessité, sera par cette seule raison composé d'hommes plus forts, plus beaux et mieux faits qu'une nation sauvage et indépendante, où chaque individu, ne tirant aucun secours de la société, est obligé de pourvoir à sa subsistance, de souffrir alternativement la faim ou les excès d'une nourriture souvent mauvaise, de s'épuiser de travaux ou de lassitude, d'éprouver les rigueurs du climat sans pouvoir s'en garantir, d'agir en un mot plus souvent comme animal que comme homme. En supposant ces deux différents peuples sous un même climat, on peut croire que les hommes de la nation sauvage seraient plus basanés, plus laids, plus petits, plus ridés que ceux de la nation policée. S'ils avaient quelque avantage sur ceux-ci, ce serait par la force ou plutôt par la dureté de leur corps ; il pourrait se faire aussi qu'il y eût dans cette nation sauvage beaucoup moins de bossus, de boiteux, de sourds, de louches, etc. Ces hommes défectueux vivent et même se multiplient dans une nation policée où l'on se supporte les uns les autres, où le fort ne peut rien contre le faible, où les qualités du corps font beaucoup moins que celles de l'esprit ; mais dans un peuple sauvage, comme chaque individu ne subsiste, ne vit, ne se défend que par ses qualités corporelles, son adresse et sa force, ceux qui sont malheureusement nés faibles, défectueux, ou qui deviennent incommodés, cessent bientôt de faire partie de la nation.

J'admettrais donc trois causes qui toutes trois concourent à produire les variétés que nous remarquons dans les différents peuples de la terre. La première est l'influence du climat ; la seconde, qui tient beaucoup à la première, est la nourriture ; et la troisième, qui tient peut-être encore plus à la première et à la seconde, sont les mœurs ; mais avant que d'exposer les raisons sur lesquelles nous croyons devoir fonder cette opinion, il est nécessaire de donner la description des peuples de l'Afrique et de l'Amérique, comme nous avons donné celle des autres peuples de la terre.

Nous avons déjà parlé des nations de toute la partie septentrionale de l'Afrique, depuis la mer Méditerranée jusqu'au tropique ; tous ceux qui sont au delà du tropique depuis la mer Rouge jusqu'à l'Océan, sur une largeur d'environ cent ou cent cinquante lieues, sont encore des espèces de Maures, mais si basanés qu'ils paraissent presque tout noirs ; les hommes surtout

---

1. Voyez, ci-après, une note sur la *structure de la peau* dans les diverses races humaines.

sont extrêmement bruns; les femmes sont un peu plus blanches, bien faites et assez belles; il y a parmi ces Maures une grande quantité de mulâtres qui sont encore plus noirs qu'eux, parce qu'ils ont pour mères des négresses que les Maures achètent, et desquelles ils ne laissent pas d'avoir beaucoup d'enfants [a]. Au delà de cette étendue de terrain, sous le 17° ou 18° degré de latitude nord et au même parallèle, on trouve les nègres du Sénégal et ceux de la Nubie, les uns sur la mer Océane et les autres sur la mer Rouge ; et ensuite tous les autres peuples de l'Afrique qui habitent depuis ce 18° degré de latitude nord jusqu'au 18° degré latitude sud, sont noirs, à l'exception des Éthiopiens ou Abyssins : il paraît donc que la portion du globe, qui est départie par la nature à cette race d'hommes, est une étendue de terrain parallèle à l'équateur, d'environ neuf cents lieues de largeur sur une longueur bien plus grande, surtout au nord de l'équateur; et au delà des 18 ou 20 degrés de latitude sud les hommes ne sont plus des nègres, comme nous le dirons en parlant des Cafres et des Hottentots.

On a été longtemps dans l'erreur au sujet de la couleur et des traits du visage des Éthiopiens, parce qu'on les a confondus avec les Nubiens leurs voisins, qui sont cependant d'une race différente. Marmol dit que les Éthiopiens sont absolument noirs, qu'ils ont le visage large et le nez plat [b]; les voyageurs hollandais disent la même chose [c], cependant la vérité est qu'ils sont différents des Nubiens par la couleur et par les traits : la couleur naturelle des Éthiopiens est brune ou olivâtre, comme celle des Arabes méridionaux, desquels ils ont probablement tiré leur origine. Ils ont la taille haute, les traits du visage bien marqués, les yeux beaux et bien fendus, le nez bien fait, les lèvres petites et les dents blanches ; au lieu que les habitants de la Nubie ont le nez écrasé, les lèvres grosses et épaisses, et le visage fort noir [d]. Ces Nubiens, aussi bien que les Barberins leurs voisins du côté de l'occident, sont des espèces de nègres, assez semblables à ceux du Sénégal.

Les Éthiopiens sont un peuple à demi policé; leurs vêtements sont de toile de coton, et les plus riches en ont de soie; leurs maisons sont basses et mal bâties, leurs terres sont fort mal cultivées, parce que les nobles méprisent, maltraitent et dépouillent, autant qu'ils le peuvent, les bourgeois et les gens du peuple; ils demeurent cependant séparément les uns des autres dans des bourgades ou des hameaux différents, la noblesse dans les uns, la bourgeoisie dans les autres, et les gens du peuple encore dans d'autres endroits. Ils manquent de sel et ils l'achètent au poids de l'or; ils aiment assez la viande crue, et dans les festins le second service, qu'ils regardent

---

a. Voyez *l'Afrique de Marmol*, t. III, p. 29 et 33.
b. Voyez *l'Afrique de Marmol*, t. III, p. 68 et 69.
c. Voyez le *Recueil des Voyages de la Compagnie des Indes de Holl.*, t. IV, p. 33.
d. Voyez les *Lettres édifiantes.* Recueil IV, p. 349.

comme le plus délicat, est en effet de viandes crues ; ils ne boivent point de vin, quoiqu'ils aient des vignes ; leur boisson ordinaire est faite avec des tamarins et a un goût aigrelet. Ils se servent de chevaux pour voyager et de mulets pour porter leurs marchandises ; ils ont très-peu de connaissance des sciences et des arts, car leur langue n'a aucune règle, et leur manière d'écrire est très-peu perfectionnée ; il leur faut plusieurs jours pour écrire une lettre, quoique leurs caractères soient plus beaux que ceux des Arabes *a*. Ils ont une manière singulière de saluer, ils se prennent la main droite les uns aux autres et se la portent mutuellement à la bouche ; ils prennent aussi l'écharpe de celui qu'ils saluent et ils se l'attachent autour du corps, de sorte que ceux qu'on salue demeurent à moitié nus, car la plupart ne portent que cette écharpe avec un caleçon de coton *b*.

On trouve dans la relation du voyage autour du monde, de l'amiral Drack, un fait qui, quoique très-extraordinaire, ne me paraît pas incroyable : il y a, dit ce voyageur, sur les frontières des déserts de l'Éthiopie, un peuple qu'on a appelé Acridophages, ou mangeurs de sauterelles ; ils sont noirs, maigres, très-légers à la course et plus petits que les autres. Au printemps, certains vents chauds qui viennent de l'occident leur amènent un nombre infini de sauterelles ; comme ils n'ont ni bétail ni poisson, ils sont réduits à vivre de ces sauterelles qu'ils ramassent en grande quantité ; ils les saupoudrent de sel et ils les gardent pour se nourrir pendant toute l'année ; cette mauvaise nourriture produit deux effets singuliers : le premier est qu'ils vivent à peine jusqu'à l'âge de quarante ans, et le second c'est que lorsqu'ils approchent de cet âge il s'engendre dans leur chair des insectes ailés qui d'abord leur causent une démangeaison vive, et se multiplient en si grand nombre, qu'en très-peu de temps toute leur chair en fourmille ; ils commencent par leur manger le ventre, ensuite la poitrine, et les rongent jusqu'aux os ; en sorte que tous ces hommes, qui ne se nourrissent que d'insectes, sont à leur tour mangés par des insectes. Si ce fait était bien avéré, il fournirait matière à d'amples réflexions [1].

Il y a de vastes déserts de sable en Éthiopie, et dans cette grande pointe de terre qui s'étend jusqu'au cap Gardafu. Ce pays, qu'on peut regarder comme la partie orientale de l'Éthiopie, est presque entièrement inhabité ; au midi l'Éthiopie est bornée par les Bédouins et par quelques autres peuples qui suivent la loi mahométane, ce qui prouve encore que les Éthiopiens

---

a. Voyez le *Recueil des Voyages de la Compagnie des Indes de Holl.*, t. IV, p. 34.

b. Voyez les *Lettres édifiantes.* Recueil IV, p. 349.

1. Ces *hommes* qui, après s'être nourris *d'insectes*, sont à leur tour mangés par des *insectes*, ressemblent fort à l'*ivrogne* dont le cadavre produisit une foule de *moucherons semblables à ceux qui sortent du marc du vin* (t. Ier p. 671). — *Si ce fait était avéré, il fournirait matière à d'amples réflexions* : c'est-à-dire qu'on en pourrait conclure la *forme* permanente et indestructible des *molécules nutritives* et *organiques*. Buffon n'oublie jamais ses *molécules organiques*.

sont originaires d'Arabie : ils n'en sont en effet séparés que par le détroit de Bab-el-Mandel ; il est donc assez probable que les Arabes auront autrefois envahi l'Éthiopie, et qu'ils en auront chassé les naturels du pays qui auront été forcés de se retirer vers le nord dans la Nubie. Ces Arabes se sont même étendus le long de la côte de Mélinde, car les habitants de cette côte ne sont que basanés et ils sont Mahométans de religion [a]. Ils ne sont pas non plus tout à fait noirs dans le Zanguebar ; la plupart parlent arabe et sont vêtus de toile de coton. Ce pays d'ailleurs, quoique dans la zone torride, n'est pas excessivement chaud ; cependant les naturels ont les cheveux noirs et crépus comme les nègres [b] ; on trouve même sur toute cette côte, aussi bien qu'à Mozambique et à Madagascar, quelques hommes blancs, qui sont, à ce qu'on prétend, Chinois d'origine, et qui s'y sont habitués dans le temps que les Chinois voyageaient dans toutes les mers de l'Orient, comme les Européens y voyagent aujourd'hui : quoi qu'il en soit de cette opinion qui me paraît hasardée, il est certain que les naturels de cette côte orientale de l'Afrique sont noirs d'origine, et que les hommes basanés ou blancs qu'on y trouve viennent d'ailleurs. Mais pour se former une idée juste des différences qui se trouvent entre ces peuples noirs, il est nécessaire de les examiner plus particulièrement.

Il paraît d'abord, en rassemblant les témoignages des voyageurs, qu'il y a autant de variétés dans la race des noirs que dans celle des blancs ; les noirs ont, comme les blancs, leurs Tartares et leurs Circassiens ; ceux de Guinée sont extrêmement laids, et ont une odeur insupportable ; ceux de Sofala et de Mozambique sont beaux et n'ont aucune mauvaise odeur. Il est donc nécessaire de diviser les noirs en différentes races[1], et il me semble qu'on peut les réduire à deux principales, celle des Nègres et celle des Cafres : dans la première je comprends les noirs de Nubie, du Sénégal, du cap Vert, de Gambie, de Sierra-Léona, de la côte des Dents, de la côte d'Or, de celle de Juda, de Bénin, de Gabon, de Lowango, de Congo, d'Angola et de Benguela jusqu'au cap Nègre ; dans la seconde je mets les peuples qui sont au delà du cap Nègre jusqu'à la pointe de l'Afrique, où ils prennent le nom de *Hotten-tots*, et aussi tous les peuples de la côte orientale de l'Afrique, comme ceux de la terre de Natal, de Sofala, du Monomotapa, de Mozambique, de Mélinde ; les noirs de Madagascar et des îles voisines seront aussi des Cafres et non pas des Nègres. Ces deux espèces d'hommes noirs se ressemblent plus par la couleur que par les traits du visage ; leurs cheveux, leur peau, l'odeur de leur corps, leurs mœurs et leur naturel sont aussi très-différents.

Ensuite en examinant en particulier les différents peuples qui composent

---

a. Voyez *Indiæ Orientalis, partem primam, per Philipp. Pigafettam.* Francofurti, 1598, p. 56.
b. Voyez *l'Afrique de Marmol*, p. 107.

1 *Races.* Le mot précis serait ici *sous-races.* (Voyez mon *Histoire des travaux et des idées de Buffon.*)

chacune de ces races noires, nous y verrons autant de variétés que dans les races blanches, et nous y trouverons toutes les nuances du brun au noir, comme nous avons trouvé dans les races blanches toutes les nuances du brun au blanc.

Commençons donc par les pays qui sont au nord du Sénégal ; et en suivant toutes les côtes de l'Afrique, considérons tous les différents peuples que les voyageurs ont reconnus, et desquels ils ont donné quelque description : d'abord il est certain que les naturels des îles Canaries ne sont pas des Nègres, puisque les voyageurs assurent que les anciens habitants de ces îles étaient bien faits, d'une belle taille, d'une forte complexion ; que les femmes étaient belles et avaient les cheveux fort beaux et fort fins, et que ceux qui habitaient la partie méridionale de chacune de ces îles étaient plus olivâtres que ceux qui demeuraient dans la partie septentrionale [a]. Duret, page 72 de la relation de son voyage à Lima, nous apprend que les anciens habitants de l'île de Ténériffe étaient une nation robuste et de haute taille, mais maigre et basanée, que la plupart avaient le nez plat [b]. Ces peuples, comme l'on voit, n'ont rien de commun avec les Nègres, si ce n'est le nez plat ; ceux qui habitent dans le continent de l'Afrique à la même hauteur de ces îles sont des Maures assez basanés, mais qui appartiennent, aussi bien que ces insulaires, à la race des blancs.

Les habitants du cap Blanc sont encore des Maures qui suivent la loi mahométane ; ils ne demeurent pas longtemps dans un même lieu, ils sont errants, comme les Arabes, de place en place, selon les pâturages qu'ils y trouvent pour leur bétail dont le lait leur sert de nourriture ; ils ont des chevaux, des chameaux, des bœufs, des chèvres, des moutons ; ils commercent avec les Nègres, qui leur donnent huit ou dix esclaves pour un cheval, et deux ou trois pour un chameau [c] ; c'est de ces Maures que nous tirons la gomme arabique, ils en font dissoudre dans le lait dont ils se nourrissent, ils ne mangent que très-rarement de la viande, et ils ne tuent guère leurs bestiaux que quand ils les voient près de mourir de vieillesse ou de maladie [d].

Ces Maures s'étendent jusqu'à la rivière du Sénégal, qui les sépare d'avec les Nègres ; les Maures, comme nous venons de le dire, ne sont que basanés, ils habitent au nord du fleuve ; les Nègres sont au midi et sont absolument noirs ; les Maures sont errants dans la campagne ; les Nègres sont sédentaires et habitent dans des villages ; les premiers sont libres et indépendants, les seconds ont des rois qui les tyrannisent et dont ils sont esclaves ; les Maures sont assez petits, maigres et de mauvaise mine, avec de l'esprit

a. Voyez l'*Histoire de la première découverte des Canaries*, par Bontier et Jean le Verrière. Paris, 1630, p. 251.

b. Voyez l'*Histoire générale des voyages*, par M. l'abbé Prévôt. Paris, 1746, t. II, p. 230.

c. Voyez le *Voyage du sieur Le Maire* sous M. Dancourt. Paris, 1695, p. 46 et 47.

d. Idem, p. 66.

et de la finesse ; les Nègres au contraire sont grands, gros, bien faits, mais niais et sans génie; enfin le pays habité par les Maures n'est que du sable si stérile qu'on n'y trouve de la verdure qu'en très-peu d'endroits, au lieu que le pays des Nègres est gras, fécond en pâturages, en millet et en arbres toujours verts qui à la vérité ne portent presque aucun fruit bon à manger.

On trouve en quelques endroits, au nord et au midi du fleuve, une espèce d'hommes qu'on appelle *Foules*, qui semblent faire la nuance entre les Maures et les Nègres, et qui pourraient bien n'être que des mulâtres produits par le mélange des deux nations; ces Foules ne sont pas tout à fait noirs comme les Nègres, mais ils sont bien plus bruns que les Maures et tiennent le milieu entre les deux; ils sont aussi plus civilisés que les Nègres, ils suivent la loi de Mahomet comme les Maures, et reçoivent assez bien les étrangers [a].

Les îles du cap Vert sont de même toutes peuplées de mulâtres venus des premiers Portugais qui s'y établirent, et des Nègres qu'ils y trouvèrent : on les appelle *Nègres couleur de cuivre*, parce qu'en effet, quoiqu'ils ressemblent assez aux Nègres par les traits, ils sont cependant moins noirs, ou plutôt ils sont jaunâtres; au reste ils sont bien faits et spirituels, mais fort paresseux ; ils ne vivent, pour ainsi dire, que de chasse et de pêche ; ils dressent leurs chiens à chasser et à prendre les chèvres sauvages ; ils font part de leurs femmes et de leurs filles aux étrangers, pour peu qu'ils veuillent les payer ; ils donnent aussi pour des épingles, ou d'autres choses de pareille valeur, de fort beaux perroquets très-faciles à apprivoiser, de belles coquilles, appelées Porcelaines, et même de l'ambre gris, etc. [b].

Les premiers Nègres qu'on trouve sont donc ceux qui habitent le bord méridional du Sénégal ; ces peuples, aussi bien que ceux qui occupent toutes les terres comprises entre cette rivière et celle de Gambie s'appellent *Jalofes;* ils sont tous fort noirs, bien proportionnés et d'une taille assez avantageuse : les traits de leur visage sont moins durs que ceux des autres Nègres ; il y en a, surtout des femmes, qui ont les traits fort réguliers; ils ont aussi les mêmes idées que nous de la beauté, car ils veulent de beaux yeux, une petite bouche, des lèvres proportionnées, et un nez bien fait; il n'y a que sur le fond du tableau qu'ils pensent différemment : il faut que la couleur soit très-noire et très-luisante; ils ont aussi la peau très-fine et très-douce, et il y a parmi eux d'aussi belles femmes, à la couleur près, que dans aucun autre pays du monde; elles sont ordinairement très-bien faites, très-gaies, très-vives et très-portées à l'amour; elles ont du goût pour tous les hommes, et particulièrement pour les blancs, qu'elles cherchent avec empressement,

---

a. Voyez le *Voyage du sieur Le Maire* sous M. Dancourt. Paris, 1695, p. 75. Voyez aussi l'*Afrique de Marmol*, t. I, p. 34.

b. .Voyez les *Voyages de Roberts*, p. 387; ceux de Jean Struys, t. I, p. 11; et ceux d'Innigo de Biervillas, p. 15.

tant pour se satisfaire, que pour en obtenir quelque présent ; leurs maris ne s'opposent point à leur penchant pour les étrangers, et ils n'en sont jaloux que quand elles ont commerce avec des hommes de leur nation ; ils se battent même souvent, à ce sujet, à coups de sabre ou de couteau, au lieu qu'ils offrent souvent aux étrangers leurs femmes, leurs filles ou leurs sœurs, et tiennent à honneur de n'être pas refusés. Au reste, ces femmes ont toujours la pipe à la bouche, et leur peau ne laisse pas d'avoir aussi une odeur désagréable lorsqu'elles sont échauffées, quoique l'odeur de ces Nègres du Sénégal soit beaucoup moins forte que celle des autres Nègres ; elles aiment beaucoup à sauter et à danser au bruit d'une calebasse, d'un tambour ou d'un chaudron ; tous les mouvements de leurs danses sont autant de postures lascives et de gestes indécents ; elles se baignent souvent et elles se liment les dents pour les rendre plus égales ; la plupart des filles, avant que de se marier, se font découper et broder la peau de différentes figures d'animaux, de fleurs, etc.

Les Négresses portent presque toujours leurs petits enfants sur le dos pendant qu'elles travaillent ; quelques voyageurs prétendent que c'est par cette raison que les Nègres ont communément le ventre gros et le nez aplati : la mère, en se haussant et baissant par secousses, fait donner du nez contre son dos à l'enfant, qui, pour éviter le coup, se retire en arrière autant qu'il le peut, en avançant le ventre [a]. Ils ont tous les cheveux noirs et crépus comme de la laine frisée ; c'est aussi par les cheveux et par la couleur qu'ils diffèrent principalement des autres hommes, car leurs traits ne sont peut-être pas si différents de ceux des Européens que le visage tartare l'est du visage français. Le P. du Tertre dit expressément que si presque tous les Nègres sont camus, c'est parce que les pères et mères écrasent le nez à leurs enfants, qu'ils leur pressent aussi les lèvres pour les rendre plus grosses, et que ceux auxquels on ne fait ni l'une ni l'autre de ces opérations ont les traits du visage aussi beaux, le nez aussi élevé, et les lèvres aussi minces que les Européens ; cependant ceci ne doit s'entendre que des Nègres du Sénégal, qui sont de tous les Nègres les plus beaux et les mieux faits, et il paraît que dans presque tous les autres peuples nègres les grosses lèvres et le nez large et épaté sont des traits donnés par la nature, qui ont servi de modèle à l'art, qui est chez eux en usage d'aplatir le nez et de grossir les lèvres à ceux qui sont nés avec cette perfection de moins.

Les Négresses sont fort fécondes et accouchent avec beaucoup de facilité et sans aucun secours ; les suites de leurs couches ne sont point fâcheuses, et il ne leur faut qu'un jour ou deux de repos pour se rétablir ; elles sont

---

a. Voyez le *Voyage du sieur Le Maire*, sous M. Dancourt. Paris, 1695, p. 144 jusqu'à 155. Voyez aussi la troisième partie de l'*Histoire des choses mémorables advenues aux Indes*, etc., par le P. du Jaric. Bordeaux, 1614, p. 364 ; et l'*Histoire des Antilles*, par le P. du Tertre. Paris, 1667, p. 493 jusqu'à 537.

très-bonnes nourrices, et elles ont une très-grande tendresse pour leurs enfants ; elles sont aussi beaucoup plus spirituelles et plus adroites que les hommes ; elles cherchent même à se donner des vertus, comme celles de la discrétion et de la tempérance. Le P. du Jaric dit que, pour s'accoutumer à manger et parler peu, les Négresses jalofes prennent de l'eau le matin et la tiennent dans leur bouche pendant tout le temps qu'elles s'occupent à leurs affaires domestiques, et qu'elles ne la rejettent que quand l'heure du premier repas est arrivée [a].

Les Nègres de l'île de Gorée et de la côte du cap Vert sont, comme ceux du bord du Sénégal, bien faits et très-noirs ; ils font un si grand cas de leur couleur, qui est en effet d'un noir d'ébène profond et éclatant, qu'ils méprisent les autres Nègres qui ne sont pas si noirs, comme les blancs méprisent les basanés ; quoiqu'ils soient forts et robustes, ils sont très-paresseux ; ils n'ont point de blé, point de vin, point de fruits, ils ne vivent que de poisson et de millet ; ils ne mangent que très-rarement de la viande, et quoiqu'ils aient fort peu de mets à choisir ils ne veulent point manger d'herbes, et ils comparent les Européens aux chevaux, parce qu'ils mangent de l'herbe ; au reste, ils aiment passionnément l'eau-de-vie, dont ils s'enivrent souvent ; ils vendent leurs enfants, leurs parents, et quelquefois ils se vendent eux-mêmes pour en avoir [b]. Ils vont presque nus, leur vêtement ne consiste que dans une toile de coton qui les couvre depuis la ceinture jusqu'au milieu de la cuisse : c'est tout ce que la chaleur du pays leur permet, disent-ils, de porter sur eux [c] ; la mauvaise chère qu'ils font et la pauvreté dans laquelle ils vivent ne les empêchent pas d'être contents et très-gais ; ils croient que leur pays est le meilleur et le plus beau climat de la terre, qu'ils sont eux-mêmes les plus beaux hommes de l'univers, parce qu'ils sont les plus noirs, et si leurs femmes ne marquaient pas du goût pour les blancs ils en feraient fort peu de cas à cause de leur couleur.

Quoique les Nègres de Sierra-Léona ne soient pas tout à fait aussi noirs que ceux du Sénégal, ils ne sont cependant pas, comme le dit Struys (tome I, page 22), d'une couleur roussâtre et basanée ; ils sont, comme ceux de Guinée, d'un noir un peu moins foncé que les premiers ; ce qui a pu tromper ce voyageur, c'est que ces Nègres de Sierra-Léona et de Guinée se peignent souvent tout le corps de rouge et d'autres couleurs ; ils se peignent aussi le tour des yeux de blanc, de jaune, de rouge, et se font des marques et des raies de différentes couleurs sur le visage ; ils se font aussi les uns et les autres déchiqueter la peau pour y imprimer des figures de bêtes ou de plantes ; les femmes sont encore plus débauchées que celles du Sénégal : il y en a un très-grand nombre qui sont publiques, et cela ne les déshonore en aucune façon; ces Nègres, hommes et femmes, vont toujours la tête découverte; ils se rasent ou se coupent les cheveux, qui sont fort courts, de plusieurs manières différentes, ils portent des pendants d'oreilles qui pèsent jusqu'à trois ou quatre onces : ces pendants d'oreilles sont des dents, des coquilles, des cornes, des morceaux de bois, etc.; il y en a aussi qui se font percer la lèvre supérieure ou les narines pour y suspendre de pareils ornements; leur vêtement consiste en une espèce de tablier fait d'écorce d'arbre et quelques peaux de singe qu'ils portent par-dessus ce tablier; ils attachent à ces peaux des sonnailles semblables à celles que portent nos mulets; ils couchent sur des nattes de jonc, et ils mangent du poisson ou de la viande lorsqu'ils peuvent en avoir; mais leur principale nourriture sont des ignames et des bananes *a*. Ils n'ont aucun goût que celui des femmes, et aucun désir que celui de ne rien faire; leurs maisons ne sont que de misérables chaumières; ils demeurent très-souvent dans des lieux sauvages et dans des terres stériles, tandis qu'il ne tiendrait qu'à eux d'habiter de belles vallées, des collines agréables et couvertes d'arbres, et des campagnes vertes, fertiles et entrecoupées de rivières et de ruisseaux agréables; mais tout cela ne leur fait aucun plaisir, ils ont la même indifférence presque sur tout : les chemins qui conduisent d'un lieu à un autre sont ordinairement deux fois plus longs qu'il ne faut; ils ne cherchent point à les rendre plus courts, et quoiqu'on leur en indique les moyens ils ne pensent jamais à passer par le plus court, ils suivent machinalement le chemin battu *b*, et se soucient si peu de perdre ou d'employer leur temps, qu'ils ne le mesurent jamais.

Quoique les Nègres de Guinée soient d'une santé ferme et très-bonne, rarement arrivent-ils cependant à une certaine vieillesse : un Nègre de cinquante ans est dans son pays un homme fort vieux, ils paraissent l'être dès l'âge de quarante; l'usage prématuré des femmes est peut-être la cause de la brièveté de leur vie : les enfants sont si débauchés et si peu contraints par les pères et mères, que dès leur plus tendre jeunesse ils se livrent à tout ce que la nature leur suggère *c* : rien n'est si rare que de trouver dans ce peuple quelque fille qui puisse se souvenir du temps auquel elle a cessé d'être vierge.

Les habitants de l'île Saint-Thomas, de l'île d'Anabon, etc., sont des Nègres semblables à ceux du continent voisin; ils y sont seulement en bien plus petit nombre, parce que les Européens les ont chassés et qu'ils n'ont gardé que ceux qu'ils ont réduits en esclavage. Ils vont nus, hommes et femmes, à l'exception d'un petit tablier de coton *d*. Mandelslo dit que les

---

a. Vide Indiæ Orientalis, partem secundam, in qua Johannis Hugonis Linstcotani navigatio, etc. Francofurti, 1599, p. 11 et 12.

b. Voyez le *Voyage de Guinée*, par Guill. Bosman. Utrecht, 1705, p. 143.

c. Voyez *idem*, p. 118.

d. Voyez les *Voyages de Pyrard*, p. 16.

Européens qui se sont habitués ou qui s'habituent actuellement dans cette île de Saint-Thomas, qui n'est qu'à un degré et demi de l'équateur, conservent leur couleur et demeurent blancs jusqu'à la troisième génération, et il semble insinuer qu'après cela ils deviennent noirs; mais il ne me paraît pas que ce changement puisse se faire en aussi peu de temps.

Les Nègres de la côte de Juda et d'Arada sont moins noirs que ceux de Sénégal et de Guinée, et même que ceux de Congo ; ils aiment beaucoup la chair de chien et la préfèrent à toutes les autres viandes : ordinairement la première pièce de leurs festins est un chien rôti ; le goût pour la chair de chien n'est pas particulier aux Nègres, les sauvages de l'Amérique septentrionale et quelques nations tartares ont le même goût ; on dit même qu'en Tartarie on châtre les chiens pour les engraisser et les rendre meilleurs à manger. (Voyez les *Nouveaux Voyages des Iles,* Paris, 1722, t. IV, p. 165.)

Selon Pigafetta, et selon l'auteur du Voyage de Drack, qui paraît avoir copié mot à mot Pigafetta sur cet article, les Nègres de Congo sont noirs, mais les uns plus que les autres, et moins que les Sénégalais; ils ont pour la plupart les cheveux noirs et crépus, mais quelques-uns les ont roux; les hommes sont de grandeur médiocre, les uns ont les yeux bruns et les autres couleur de vert de mer; ils n'ont pas les lèvres si grosses que les autres Nègres, et les traits de leur visage sont assez semblables à ceux des Européens [a].

Ils ont des usages très-singuliers dans certaines provinces de Congo : par exemple, lorsque quelqu'un meurt à Lowango ils placent le cadavre sur une espèce d'amphithéâtre élevé de six pieds, dans la posture d'un homme qui est assis les mains appuyées sur les genoux ; ils l'habillent de ce qu'ils ont de plus beau et ensuite ils allument du feu devant et derrière le cadavre ; à mesure qu'il se dessèche et que les étoffes s'imbibent, ils le couvrent d'autres étoffes jusqu'à ce qu'il soit entièrement desséché, après quoi ils le portent en terre avec beaucoup de pompe. Dans celle de Malimba, c'est la femme qui anoblit le mari : quand le roi meurt et qu'il ne laisse qu'une fille, elle est maîtresse absolue du royaume, pourvu néanmoins qu'elle ait atteint l'âge nubile ; elle commence par se mettre en marche pour faire le tour de son royaume ; dans tous les bourgs et villages où elle passe tous les hommes sont obligés à son arrivée de se mettre en haie pour la recevoir, et celui d'entre eux qui lui plaît le plus va passer la nuit avec elle ; au retour de son voyage elle fait venir celui de tous dont elle a été le plus satisfaite, et elle l'épouse ; après quoi elle cesse d'avoir aucun pouvoir sur son peuple, toute l'autorité étant dès lors dévolue à son mari. J'ai tiré ces faits d'une relation qui m'a été communiquée par M. de La Brosse, qui a écrit les principales choses qu'il a remarquées dans un voyage qu'il fit à la côte d'Angola

a. Vide Indiæ Orientalis, partem primam, p. 5. Voyez aussi le *Voyage de l'amiral Drack,* p. 110.

en 1738 ; il ajoute un fait qui n'est pas moins singulier : « Ces Nègres, dit-il,
« sont extrêmement vindicatifs, je vais en donner une preuve convaincante :
« ils envoient à chaque instant à tous nos comptoirs demander de l'eau-
« de-vie pour le roi et pour les principaux du lieu ; un jour qu'on refusa de
« leur en donner on eut tout lieu de s'en repentir, car tous les officiers
« français et anglais ayant fait une partie de pêche dans un petit lac qui est
« au bord de la mer, et ayant fait tendre une tente sur le bord du lac pour y
« manger leur pêche, comme ils étaient à se divertir à la fin du repas, il vint
« sept à huit nègres en palanquins, qui étaient les principaux de Lowango,
« qui leur présentèrent la main pour les saluer selon la coutume du pays ;
« ces nègres avaient frotté leurs mains avec une herbe qui est un poison
« très-subtil, et qui agit dans l'instant lorsque malheureusement on touche
« quelque chose ou que l'on prend du tabac sans s'être auparavant lavé les
« mains ; ces nègres réussirent si bien dans leur mauvais dessein, qu'il
« mourut sur-le-champ cinq capitaines et trois chirurgiens du nombre des-
« quels était mon capitaine, etc. »

Lorsque ces Nègres de Congo sentent de la douleur à la tête ou dans
quelque autre partie du corps, ils font une légère blessure à l'endroit douloureux ; et ils appliquent sur cette blessure une espèce de petite corne
percée, au moyen de laquelle ils sucent comme avec un chalumeau le sang
jusqu'à ce que la douleur soit apaisée [a].

Les Nègres du Sénégal, de Gambie, du cap Vert, d'Angola et de Congo,
sont d'un plus beau noir que ceux de la côte de Juda, d'Issigni, d'Arada et
des lieux circonvoisins : ils sont tous bien noirs quand ils se portent bien,
mais leur teint change dès qu'ils sont malades ; ils deviennent alors couleur
de bistre, ou même couleur de cuivre [b]. On préfère dans nos îles les Nègres
d'Angola à ceux du cap Vert pour la force du corps, mais ils sentent si
mauvais lorsqu'ils sont échauffés, que l'air des endroits par où ils ont passé
en est infecté pendant plus d'un quart d'heure ; ceux du cap Vert n'ont pas
une odeur si mauvaise à beaucoup près que ceux d'Angola, et ils ont aussi
la peau plus belle et plus noire, le corps mieux fait, les traits du visage
moins durs, le naturel plus doux et la taille plus avantageuse [c]. Ceux de
Guinée sont aussi très-bons pour le travail de la terre et pour les autres gros
ouvrages ; ceux du Sénégal ne sont pas si forts, mais ils sont plus propres
pour le service domestique, et plus capables d'apprendre des métiers [d]. Le
P. Charlevoix dit que les Sénégalais sont de tous les Nègres les mieux faits,
les plus aisés à discipliner et les plus propres au service domestique ; que
les Bambaras sont les plus grands, mais qu'ils sont fripons ; que les Aradas

a. *Vide Indiæ Orient.*, *partem primam*, *per Philipp. Pigafettam*, p. 51.
b. Voyez les *Nouveaux voyages aux îles de l'Amérique*. Paris, 1722, t. IV, p. 138.
c. Voyez *l'Histoire des Antilles*, du P. du Tertre. Paris, 1667, p. 493.
d. Voyez les *Nouveaux voyages aux îles*, t. IV, p. 116.

sont ceux qui entendent le mieux la culture des terres ; que les Congos sont les plus petits, qu'ils sont fort habiles pêcheurs, mais qu'ils désertent aisément ; que les Nagos sont les plus humains, les Mondongos les plus cruels, les Mimes les plus résolus, les plus capricieux et les plus sujets à se désespérer, et que les nègres créoles, de quelque nation qu'ils tirent leur origine, ne tiennent de leurs pères et mères que l'esprit de servitude et la couleur, qu'ils sont plus spirituels, plus raisonnables, plus adroits, mais plus fainéants et plus libertins que ceux qui sont venus d'Afrique. Il ajoute que tous les Nègres de Guinée ont l'esprit extrêmement borné, qu'il y en a même plusieurs qui paraissent être tout à fait stupides; qu'on en voit qui ne peuvent jamais compter au delà de trois, que d'eux-mêmes ils ne pensent à rien, qu'ils n'ont point de mémoire, que le passé leur est aussi inconnu que l'avenir; que ceux qui ont de l'esprit font d'assez bonnes plaisanteries et saisissent assez bien le ridicule; qu'au reste ils sont très-dissimulés et qu'ils mourraient plutôt que de dire leur secret ; qu'ils ont communément le naturel fort doux, qu'ils sont humains, dociles, simples, crédules, et même superstitieux ; qu'ils sont assez fidèles, assez braves, et que si on voulait les discipliner et les conduire, on en ferait d'assez bons soldats [a].

Quoique les Nègres aient peu d'esprit, ils ne laissent pas d'avoir beaucoup de sentiment : ils sont gais ou mélancoliques, laborieux ou fainéants, amis ou ennemis, selon la manière dont on les traite ; lorsqu'on les nourrit bien et qu'on ne les maltraite pas, ils sont contents, joyeux, prêts à tout faire, et la satisfaction de leur âme est peinte sur leur visage; mais quand on les traite mal ils prennent le chagrin fort à cœur et périssent quelquefois de mélancolie ; ils sont donc fort sensibles aux bienfaits et aux outrages, et ils portent une haine mortelle contre ceux qui les ont maltraités; lorsqu'au contraire ils s'affectionnent à un maître, il n'y a rien qu'ils ne fussent capables de faire pour lui marquer leur zèle et leur dévouement. Ils sont naturellement compatissants et même tendres pour leurs enfants, pour leurs amis, pour leurs compatriotes [b] ; ils partagent volontiers le peu qu'ils ont avec ceux qu'ils voient dans le besoin, sans même les connaître autrement que par leur indigence. Ils ont donc, comme l'on voit, le cœur excellent, ils ont le germe de toutes les vertus. Je ne puis écrire leur histoire sans m'attendrir sur leur état : ne sont-ils pas assez malheureux d'être réduits à la servitude, d'être obligés de toujours travailler sans pouvoir jamais rien acquérir? faut-il encore les excéder, les frapper, et les traiter comme des animaux? L'humanité se révolte contre ces traitements odieux que l'avidité du gain a mis en usage, et qu'elle renouvellerait peut-être tous les jours, si nos lois n'avaient pas mis un frein à la brutalité des maîtres, et resserré les limites de la misère de leurs esclaves. On les force de travail, on leur épargne la

a. Voyez l'*Histoire de Saint-Domingue*, par le Père Charlevoix. Paris, 1730.
b. Voyez l'*Histoire des Antilles*, p. 483 jusqu'à 533.

nourriture, même la plus commune; ils supportent, dit-on, très-aisément la faim ; pour vivre trois jours il ne leur faut que la portion d'un Européen pour un repas; quelque peu qu'ils mangent et qu'ils dorment, ils sont toujours également durs, également forts au travail [a]. Comment des hommes à qui il reste quelque sentiment d'humanité peuvent-ils adopter ces maximes, en faire un préjugé, et chercher à légitimer par ces raisons les excès que la soif de l'or leur fait commettre? Mais laissons ces hommes durs, et revenons à notre objet.

On ne connaît guère les peuples qui habitent les côtes et l'intérieur des terres de l'Afrique, depuis le cap Nègre jusqu'au cap des Voltes, ce qui fait une étendue d'environ quatre cents lieues : on sait seulement que ces hommes sont beaucoup moins noirs que les autres Nègres, et ils ressemblent assez aux Hottentots, desquels ils sont voisins du côté du midi. Ces Hottentots au contraire sont bien connus, et presque tous les voyageurs en ont parlé : ce ne sont pas des Nègres, mais des Cafres, qui ne seraient que basanés s'ils ne se noircissaient pas la peau avec des graisses et des couleurs. M. Kolbe, qui a fait une description si exacte de ces peuples, les regarde cependant comme des Nègres; il assure qu'ils ont tous les cheveux courts, noirs, frisés et laineux comme ceux des Nègres [b], et qu'il n'a jamais vu un seul Hottentot avec des cheveux longs : cela seul ne suffit pas, ce me semble, pour qu'on doive les regarder comme de vrais Nègres; d'abord ils en diffèrent absolument par la couleur. M. Kolbe dit qu'ils sont couleur d'olive, et jamais noirs, quelque peine qu'ils se donnent pour le devenir ; ensuite, il me paraît assez difficile de prononcer sur leurs cheveux, puisqu'ils ne les peignent ni ne les lavent jamais, qu'ils les frottent tous les jours d'une très-grande quantité de graisse et de suie mêlées ensemble, et qu'il s'y amasse tant de poussière et d'ordure que, se collant à la longue les uns aux autres, ils ressemblent à la toison d'un mouton noir remplie de crotte [c]. D'ailleurs, leur naturel est différent de celui des Nègres : ceux-ci aiment la propreté, sont sédentaires et s'accoutument aisément au joug de la servitude ; les Hottentots au contraire sont de la plus affreuse malpropreté ; il sont errants, indépendants et très-jaloux de leur liberté ; ces différences sont, comme l'on voit, plus que suffisantes pour qu'on doive les regarder comme un peuple différent des Nègres que nous avons décrits.

Gama, qui le premier doubla le cap de Bonne-Espérance et fraya la route des Indes aux nations européennes, arriva à la baie de Sainte-Hélène le 4 novembre 1497; il trouva que les habitants étaient fort noirs, de petite taille et de fort mauvaise mine [d], mais il ne dit pas qu'ils fussent naturelle-

a. Voyez l'*Histoire de Saint-Domingue*, p. 498 et suiv.
b. *Description du Cap de Bonne-Espérance*, par M. Kolbe. Amsterdam, 1741, p. 95.
c. Voyez *idem*, p. 92.
d. Voyez l'*Histoire générale des voyages*, par M. l'abbé Prévôt, t. I, p. 22.

ment noirs comme les Nègres, et sans doute ils ne lui ont paru fort noirs que par la graisse et la suie dont ils se frottent pour tâcher de se rendre tels; ce voyageur ajoute que l'articulation de leurs voix ressemblait à des soupirs, qu'ils étaient vêtus de peaux de bêtes, que leurs armes étaient des bâtons durcis au feu, armés par la pointe d'une corne de quelque animal, etc. [a]; ces peuples n'avaient donc aucun des arts en usage chez les Nègres.

Les voyageurs hollandais disent que les sauvages qui sont au nord du Cap sont des hommes plus petits que les Européens, qu'ils ont le teint roux-brun, quelques-uns plus roux et d'autres moins, qu'ils sont fort laids et qu'ils cherchent à se rendre noirs par de la couleur qu'ils s'appliquent sur le corps et sur le visage, que leur chevelure est semblable à celle d'un pendu qui a demeuré quelque temps au gibet [b]. Ils disent dans un autre endroit que les Hottentots sont de la couleur des mulâtres, qu'ils ont le visage difforme, qu'ils sont d'une taille médiocre, maigres et fort légers à la course; que leur langage est étrange, et qu'ils gloussent comme les coqs-d'Inde [c]. Le P. Tachard dit que quoiqu'ils aient communément les cheveux presque aussi cotonneux que ceux des Nègres, il y en a cependant plusieurs qui les ont plus longs et qui les laissent flotter sur leurs épaules; il ajoute même que parmi eux il s'en trouve d'aussi blancs que les Européens, mais qu'ils se noircissent avec de la graisse et de la poudre d'une certaine pierre noire dont ils se frottent le visage et tout le corps; que leurs femmes sont naturellement fort blanches, mais qu'afin de plaire à leurs maris elles se noircissent comme eux [d]. Owington dit que les Hottentots sont plus basanés que les autres Indiens, qu'il n'y a point de peuple qui ressemble tant aux Nègres par la couleur et par les traits, que cependant ils ne sont pas si noirs, que leurs cheveux ne sont pas si crépus, ni leur nez si plat [e].

Par tous ces témoignages il est aisé de voir que les Hottentots ne sont pas de vrais Nègres, mais des hommes qui dans la race des noirs commencent à se rapprocher du blanc, comme les Maures dans la race blanche commencent à s'approcher du noir; ces Hottentots sont au reste des espèces de sauvages fort extraordinaires; les femmes surtout, qui sont beaucoup plus petites que les hommes, ont une espèce d'excroissance ou de peau dure et large qui leur croît au-dessus de l'os pubis, et qui decend jusqu'au milieu des cuisses en forme de tablier [f] [1]; Thévenot dit la même chose des femmes

a. Voyez l'*Histoire générale des voyages*, par M. l'abbé Prévôt, t. I, p. 22.

b. Voyez le *Recueil des Voyages de la Compagnie de Holl.*, p. 218.

c. Voyez le *Voyage de Spilberg*, p. 443.

d. Voyez le *Premier voyage du P. Tachard*, Paris, 1686, p. 108.

e. Voyez le *Voyage de Jean Ovington*. Paris, 1725, p. 194.

f. Voyez la *Description du Cap*, par M. Kolbe, t. I, p. 91; voy. aussi le *Voyage de Courlai*, p. 291.

1. Ce *tablier* n'appartient point aux femmes *Hottentotes*, mais bien aux femmes *Boschismanes*. (Voyez, dans les *Mém. du Mus. d'hist. nat.*, t. III, une note de M. Cuvier sur une *femme Boschismane*, qui mourut à Paris, et que l'on avait surnommée la *Vénus-Hottentote*.)

égyptiennes, mais qu'elles ne laissent pas croître cette peau et qu'elles la brûlent avec des fers chauds : je doute que cela soit aussi vrai des Égyptiennes que des Hottentotes. Quoi qu'il en soit, toutes les femmes naturelles du Cap sont sujettes à cette monstrueuse difformité, qu'elles découvrent à ceux qui ont assez de curiosité ou d'intrépidité pour demander à la voir ou à la toucher. Les hommes de leur côté sont tous à demi eunuques, mais il est vrai qu'ils ne naissent pas tels et qu'on leur ôte un testicule ordinairement à l'âge de huit ans, et souvent plus tard. M. Kolbe dit avoir vu faire cette opération à un jeune Hottentot de dix-huit ans; les circonstances dont cette cérémonie est accompagnée sont si singulières, que je ne puis m'empêcher de les rapporter ici d'après le témoin oculaire que je viens de citer.

Après avoir bien frotté le jeune homme de la graisse des entrailles d'une brebis qu'on vient de tuer exprès, on le couche à terre sur le dos; on lui lie les mains et les pieds, et trois ou quatre de ses amis le tiennent; alors le prêtre (car c'est une cérémonie religieuse), armé d'un couteau bien tranchant, fait une incision, enlève le testicule gauche [a] et remet à la place une boule de graisse de la même grosseur, qui a été préparée avec quelques herbes médicinales; il coud ensuite la plaie avec l'os d'un petit oiseau qui lui sert d'aiguille et un filet de nerf de mouton ; cette opération étant finie on délie le patient, mais le prêtre avant que de le quitter le frotte avec de la graisse toute chaude de la brebis tuée, ou plutôt il lui en arrose tout le corps avec tant d'abondance, que lorsqu'elle est refroidie elle forme une espèce de croûte; il le frotte en même temps si rudement, que le jeune homme, qui ne souffre déjà que trop, sue à grosses gouttes et fume comme un chapon qu'on rôtit ; ensuite l'opérateur fait avec ses ongles des sillons dans cette croûte de suif d'une extrémité du corps à l'autre, et pisse dessus aussi copieusement qu'il le peut, après quoi il recommence à le frotter encore, et il recouvre avec la graisse les sillons remplis d'urine. Aussitôt chacun abandonne le patient, on le laisse seul plus mort que vif; il est obligé de se traîner comme il peut dans une petite hutte qu'on lui a bâtie exprès tout proche du lieu où s'est faite l'opération ; il y périt ou il y recouvre la santé sans qu'on lui donne aucun secours, et sans aucun autre rafraîchissement ou nourriture que la graisse qui lui couvre tout le corps et qu'il peut lécher s'il le veut : au bout de deux jours il est ordinairement rétabli, alors il peut sortir et se montrer, et pour prouver qu'il est en effet parfaitement guéri, il se met à courir avec autant de légèreté qu'un cerf [b].

Tous les Hottentots ont le nez fort plat et fort large : ils ne l'auraient cependant pas tel si les mères ne se faisaient un devoir de leur aplatir le nez peu de temps après leur naissance; elles regardent un nez proéminent comme une difformité; ils ont aussi les lèvres fort grosses, surtout la supé-

_a._ Tavernier dit que c'est le testicule droit, t. IV, p. 297.
_b._ Voyez la _Description du Cap_, par M. Kolbe, p. 275.

rieure, les dents fort blanches, les sourcils épais, la tête grosse, le corps maigre, les membres menus; ils ne vivent guère passé quarante ans : la malpropreté dans laquelle ils se plaisent et croupissent, et les viandes infectées et corrompues dont ils font leur principale nourriture, sont sans doute les causes qui contribuent le plus au peu de durée de leur vie. Je pourrais m'étendre bien davantage sur la description de ce vilain peuple, mais comme presque tous les voyageurs en ont écrit fort au long, je me contenterai d'y renvoyer [a]. Seulement je ne dois pas passer sous silence un fait rapporté par Tavernier, c'est que les Hollandais ayant pris une petite fille hottentote peu de temps après sa naissance, et l'ayant élevée parmi eux, elle devint aussi blanche qu'une Européenne, et il présume que tout ce peuple serait assez blanc s'il n'était pas dans l'usage de se barbouiller continuellement avec des drogues noires.

En remontant le long de la côte de l'Afrique au delà du cap de Bonne-Espérance, on trouve la terre de Natal; les habitants sont déjà différents des Hottentots, ils sont beaucoup moins malpropres et moins laids, ils sont aussi naturellement plus noirs, ils ont le visage en ovale, le nez bien proportionné, les dents blanches, la mine agréable, les cheveux naturellement frisés, mais ils ont aussi un peu de goût pour la graisse, car ils portent des bonnets faits de suif de bœuf, et ces bonnets ont huit à dix pouces de hauteur; ils emploient beaucoup de temps à les faire, car il faut pour cela que le suif soit bien épuré : ils ne l'appliquent que peu à peu, et le mêlent si bien dans leurs cheveux qu'il ne se défait jamais [b]. M. Kolbe prétend qu'ils ont le nez plat, même de naissance et sans qu'on le leur aplatisse, et qu'ils diffèrent aussi des Hottentots en ce qu'ils ne bégaient point, qu'ils ne frappent pas leur palais de leur langue comme ces derniers, qu'ils ont des maisons, qu'ils cultivent la terre, y sèment une espèce de maïs ou blé de Turquie dont ils font de la bière, boisson inconnue aux Hottentots [c].

Après la terre de Natal on trouve celle de Sofala et du Monomotapa; selon Pigafetta, les peuples de Sofala sont noirs, mais plus grands et plus gros que les autres Cafres. C'est aux environs de ce royaume de Sofala que cet auteur place les Amazones [d], mais rien n'est plus incertain que ce qu'on a débité sur le sujet de ces femmes guerrières. Ceux du Monomotapa sont, au rapport des voyageurs hollandais, assez grands, bien faits dans leur taille, noirs et de bonne complexion; les jeunes filles vont nues et ne portent

---

a. Voyez la *Description du Cap*, par M. Kolbe; le *Recueil des Voyages de la Compagnie Hollandaise*; le *Voyage de Robert Lade*, traduit par M. l'abbé Prévôt, t. I, p. 88; le *Voyage de Jean Ovington;* celui de la Loubère, t. II, p. 134; le *Premier voyage du P. Tachard*, p. 95; celui d'Innigo de Biervillas, première partie, p. 34; ceux de Tavernier, t. IV, p. 296; ceux de François Légat, t. II, p. 154; ceux de Dampier, t. II, p. 255, etc.

b. Voyez les *Voyages de Dampier*, t. II, page 393.

c. *Description du Cap*, t. I, page 136.

d. *Vide Indiæ Orientalis, partem primam*, page 54.

qu'un morceau de toile de coton; mais dès qu'elles sont mariées elles prennent des vêtements [a]. Ces peuples, quoique assez noirs, sont différents des Nègres ; ils n'ont pas les traits si durs ni si laids, leur corps n'a point de mauvaise odeur, et ils ne peuvent supporter la servitude ni le travail. Le P. Charlevoix dit qu'on a vu en Amérique de ces noirs du Monomotapa et de Madagascar, qu'ils n'ont jamais pu servir, et qu'ils y périssent même en fort peu de temps [b].

Ces peuples de Madagascar et de Mozambique sont noirs, les uns plus et les autres moins; ceux de Madagascar ont les cheveux du sommet de la tête moins crépus que ceux de Mozambique : ni les uns ni les autres ne sont de vrais Nègres, et quoique ceux de la côte soient fort soumis aux Portugais, ceux de l'intérieur du continent sont fort sauvages et jaloux de leur liberté ; ils vont tous absolument nus, hommes et femmes; ils se nourrissent de chair d'éléphant et font commerce de l'ivoire [c]. Il y a des hommes de différentes espèces à Madagascar, surtout des noirs et des blancs qui, quoique fort basanés, semblent être d'une autre race; les premiers ont les cheveux noirs et crépus, les seconds les ont moins noirs, moins frisés et plus longs : l'opinion commune des voyageurs est que ces blancs tirent leur origine des Chinois; mais, comme le remarque fort bien François Cauche, il y a plus d'apparence qu'ils sont de race européenne, car il assure que, de tous ceux qu'il a vus, aucun n'avait le nez ni le visage plats comme les Chinois; il dit aussi que ces blancs le sont plus que les Castillans, que leurs cheveux sont longs, et qu'à l'égard des noirs, ils ne sont pas camus comme ceux du continent, et qu'ils ont les lèvres assez minces; il y a aussi dans cette île une grande quantité d'hommes de couleur olivâtre ou basanée ; ils proviennent apparemment du mélange des noirs et des blancs. Le voyageur que je viens de citer dit que ceux de la baie de Saint-Augustin sont basanés, qu'ils n'ont point de barbe, qu'ils ont les cheveux longs et lisses, qu'ils sont de haute taille et bien proportionnés, et enfin qu'ils sont tous circoncis, quoiqu'il y ait grande apparence qu'ils n'ont jamais entendu parler de la loi de Mahomet, puisqu'ils n'ont ni temples, ni mosquées, ni religion [d]. Les Français ont été les premiers qui aient abordé et fait un établissement dans cette île, qui ne fut pas soutenu [e] ; lorsqu'ils y descendirent, ils y trouvèrent les hommes blancs dont nous venons de parler, et ils remarquèrent que les noirs, qu'on doit regarder comme les naturels du pays, avaient du respect pour

a. Voyez le *Recueil des Voyages de la Compagnie Hollandaise*, t. III, page 625; voyez aussi le *Voyage de l'Amiral Drack*, seconde partie, page 99; et celui de Jean Mocquet, page 266.

b. Voyez l'*Histoire de Saint-Domingue*, page 499.

c. Voyez le *Recueil des Voyages*, t. III, page 623; le *Voyage de Mocquet*, page 265; et la *Navigation de Jean Hugues Lintscot* [1], page 20.

d. Voyez le *Voyage de François Cauche*. Paris, 1671, page 45.

e. Voyez le *Voyage de Flacour*. Paris, 1661.

1. Linschoten.

ces blancs *a*. Cette île de Madagascar est extrêmement peuplée et fort abondante en pâturages et en bétail ; les hommes et les femmes sont fort débauchés, et celles qui s'abandonnent publiquement ne sont pas déshonorées ; ils aiment tous beaucoup à danser, à chanter et à se divertir, et, quoiqu'ils soient fort paresseux, ils ne laissent pas d'avoir quelque connaissance des arts mécaniques : ils ont des laboureurs, des forgerons, des charpentiers, des potiers, et même des orfévres ; ils n'ont cependant aucune commodité dans leurs maisons, aucuns meubles ; ils couchent sur des nattes, ils mangent la chair presque crue et dévorent même le cuir de leurs bœufs après avoir fait un peu griller le poil ; ils mangent aussi la cire avec le miel ; les gens du peuple vont presque tout nus ; les plus riches ont des caleçons ou des jupons de coton et de soie *b*.

Les peuples qui habitent l'intérieur de l'Afrique ne nous sont pas assez connus pour pouvoir les décrire : ceux que les Arabes appellent Zingues sont des noirs presque sauvages. Marmol dit qu'ils multiplient prodigieusement et qu'ils inonderaient tous les pays voisins, si de temps en temps il n'y avait pas une grande mortalité parmi eux, causée par des vents chauds.

Il paraît, par tout ce que nous venons de rapporter, que les Nègres proprement dits sont différents des Cafres, qui sont des noirs d'une autre espèce ; mais ce que ces descriptions indiquent encore plus clairement, c'est que la couleur dépend principalement du climat[1], et que les traits dépendent beaucoup des usages où sont les différents peuples de s'écraser le nez, de se tirer les paupières, de s'allonger les oreilles, de se grossir les lèvres, de s'aplatir le visage[2], etc. Rien ne prouve mieux combien le climat influe sur la couleur, que de trouver sous le même parallèle, à plus de mille lieues de distance, des peuples aussi semblables que le sont les Sénégalais et les Nubiens, et de voir que les Hottentots, qui n'ont pu tirer leur origine que de nations noires, sont cependant les plus blancs de tous ces peuples de l'Afrique, parce qu'en effet ils sont dans le climat le plus froid de cette partie du monde ; et si l'on s'étonne de ce que sur les bords du Sénégal on trouve d'un côté une nation basanée et de l'autre côté une nation entièrement noire, on peut se souvenir de ce que nous avons déjà insinué au sujet des effets de la nourriture ; ils doivent influer sur la couleur comme sur les autres

a. Voyez la relation d'un *Voyage fait aux Indes*, par M. Delon. Amsterdam, 1699.

b. Voyez le *Voyage* de Flacour, page 90 ; celui de Struys, t. I, page 32 ; celui de Pyrard, page 38.

1. La *couleur* dépend essentiellement du *climat*, c'est-à-dire de la *chaleur* et de la *lumière*. (Voyez mon *Histoire des travaux et des idées de Buffon*.)

2. Les *traits* ne dépendent point des *usages* ; mais les *usages* viennent souvent renforcer les traits. Buffon disait très-bien, il n'y a qu'un moment : « Les grosses lèvres et le nez large et « épaté sont des traits donnés par la nature, qui ont servi de modèle à l'art, qui est chez ces « peuples en usage, d'aplatir le nez et grossir les lèvres à ceux qui sont nés avec cette perfec- « tion de moins » (p. 183).

habitudes du corps ; et si on en veut un exemple, on peut en donner un tiré
des animaux, que tout le monde est en état de vérifier : les lièvres de plaines
et des endroits aquatiques ont la chair bien plus blanche que ceux de montagnes et des terrains secs; et dans le même lieu ceux qui habitent la prairie
sont tout différents de ceux qui demeurent sur les collines; la couleur de la
chair vient de celle du sang et des autres humeurs du corps sur la qualité
desquelles la nourriture doit nécessairement influer.

L'origine des noirs a dans tous les temps fait une grande question : les
anciens, qui ne connaissaient guère que ceux de Nubie, les regardaient
comme faisant la dernière nuance des peuples basanés [1], et ils les confon-
daient avec les Éthiopiens et les autres nations de cette partie de l'Afrique,
qui, quoique extrêmement bruns, tiennent plus de la race blanche que de
la race noire; ils pensaient donc que la différente couleur des hommes ne
provenait que de la différence du climat, et que ce qui produisait la noirceur
de ces peuples était la trop grande ardeur du soleil, à laquelle ils sont perpétuellement exposés : cette opinion, qui est fort vraisemblable, a souffert
de grandes difficultés lorsqu'on reconnut qu'au delà de la Nubie, dans un
climat encore plus méridional, et sous l'équateur même, comme à Mélinde
et à Mombaze, la plupart des hommes ne sont pas noirs comme les Nubiens,
mais seulement fort basanés, et lorsqu'on eut observé qu'en transportant
des noirs de leur climat brûlant dans des pays tempérés, ils n'ont rien perdu
de leur couleur et l'ont également communiquée à leurs descendants; mais
si l'on fait attention d'un côté à la migration des différents peuples, et de
l'autre au temps qu'il faut peut-être pour noircir ou pour blanchir une race,
on verra que tout peut se concilier avec le sentiment des anciens, car les
habitants naturels de cette partie de l'Afrique sont les Nubiens, qui sont
noirs et originairement noirs, et qui demeureront perpétuellement noirs
tant qu'ils habiteront le même climat et qu'ils ne se mêleront pas avec les
blancs; les Éthiopiens au contraire, les Abyssins, et même ceux de Mélinde,
qui tirent leur origine des blancs, puisqu'ils ont la même religion et les
mêmes usages que les Arabes, et qu'ils leur ressemblent par la couleur, sont
à la vérité encore plus basanés que les Arabes méridionaux, mais cela même
prouve que dans une même race d'hommes le plus ou moins de noir dépend
de la plus ou moins grande ardeur du climat; il faut peut-être plusieurs
siècles et une succession d'un grand nombre de générations pour qu'une
race blanche prenne par nuances la couleur brune et devienne enfin tout à
fait noire; mais il y a apparence qu'avec le temps un peuple blanc transporté du nord à l'équateur pourrait devenir brun et même tout à fait noir [2],

---

1. *La dernière nuance :* expression très-juste. Le peuple, qui fait la *dernière nuance* du
basané, touche au peuple qui commence la *première nuance* du *nègre*.

2. Expérience qui serait très-importante; mais qui, comme le dit Buffon, demanderait en effet
plusieurs siècles et une succession d'un grand nombre de générations.

surtout si ce même peuple changeait de mœurs et ne se servait pour nourriture que des productions du pays chaud dans lequel il aurait été transporté.

L'objection qu'on pourrait faire contre cette opinion, et qu'on voudrait tirer de la différence des traits, ne me paraît pas bien forte, car on peut répondre qu'il y a moins de différence entre les traits d'un Nègre qu'on n'aura pas défiguré dans son enfance et les traits d'un Européen, qu'entre ceux d'un Tartare ou d'un Chinois et ceux d'un Circassien ou d'un Grec; et à l'égard des cheveux, leur nature dépend si fort de celle de la peau, qu'on ne doit les regarder que comme faisant une différence très-accidentelle, puisqu'on trouve dans le même pays et dans la même ville des hommes qui, quoique blancs, ne laissent pas d'avoir les cheveux très-différents les uns des autres, au point qu'on trouve, même en France, des hommes qui les ont aussi courts et aussi crépus que les Nègres, et que d'ailleurs on voit que le climat, le froid et le chaud, influent si fort sur la couleur des cheveux des hommes et du poil des animaux, qu'il n'y a point de cheveux noirs dans les royaumes du Nord, et que les écureuils, les lièvres, les belettes et plusieurs autres animaux y sont blancs ou presque blancs, tandis qu'ils sont bruns ou gris dans les pays moins froids; cette différence qui est produite par l'influence du froid ou du chaud est même si marquée, que dans la plupart des pays du Nord, comme dans la Suède, certains animaux, comme les lièvres, sont tout gris pendant l'été et tout blancs pendant l'hiver [a].

Mais il y a une autre raison beaucoup plus forte contre cette opinion, et qui d'abord paraît invincible, c'est qu'on a découvert un continent entier, un nouveau monde, dont la plus grande partie des terres habitées se trouvent situées dans la zone torride, et où cependant il ne se trouve pas un homme noir [1], tous les habitants de cette partie de la terre étant plus ou moins rouges, plus ou moins basanés ou couleur de cuivre : car on aurait dû trouver aux îles Antilles, au Mexique, au royaume de Santa-Fé, dans la Guyane, dans le pays des Amazones et dans le Pérou, des Nègres ou du moins des peuples noirs, puisque ces pays de l'Amérique sont situés sous la même latitude que le Sénégal, la Guinée et le pays d'Angola en Afrique. On aurait dû trouver au Brésil, au Paraguay, au Chili, des hommes semblables au Cafres, aux Hottentots, si le climat ou la distance du pôle était la cause de la couleur des hommes. Mais avant que d'exposer ce qu'on peut dire sur ce sujet, nous croyons qu'il est nécessaire de considérer tous les

---

a. *Lepus apud nos œstate cinereus, hieme semper albus.* Linnæi Fauna Succica, page 8.

1. *Il ne s'y trouve pas un homme noir;* mais il s'y en trouve de *rouges,* ou plutôt de *cuivrés.* Or, ces hommes *cuivrés,* ces hommes *rouges* ont le même *appareil pigmental,* le même *pigmentum* que les *nègres :* seulement ce *pigmentum* est *rouge* ou *cuivré,* au lieu d'être *noir.* Voyez mes *Recherches sur la structure comparée de la peau dans les diverses races humaines : Compte-rendu des séanc. de l'Acad. des sci.,* t. XVII, p. 335. — Voyez aussi mon *Histoire des travaux et des idées de Buffon.*)

différents peuples de l'Amérique comme nous avons considéré ceux des autres parties du monde ; après quoi nous serons plus en état de faire de justes comparaisons et d'en tirer des résultats généraux.

En commençant par le nord on trouve, comme nous l'avons dit, dans les parties les plus septentrionales de l'Amérique, des espèces de Lapons semblables à ceux d'Europe ou aux Samoïèdes d'Asie ; et quoiqu'ils soient peu nombreux en comparaison de ceux-ci, ils ne laissent pas d'être répandus dans une étendue de terre fort considérable. Ceux qui habitent les terres du détroit de Davis sont petits, d'un teint olivâtre, ils ont les jambes courtes et grosses, ils sont habiles pêcheurs, ils mangent leur poisson et leur viande crus ; leur boisson est de l'eau pure ou du sang de chien de mer ; ils sont fort robustes et vivent fort longtemps [a]. Voilà, comme l'on voit, la figure, la couleur et les mœurs des Lapons, et ce qu'il y a de singulier, c'est que de même qu'on trouve auprès des Lapons en Europe les Finnois, qui sont blancs, beaux, assez grands et assez bien faits, on trouve aussi auprès de ces Lapons d'Amérique une autre espèce d'hommes qui sont grands, bien faits et assez blancs, avec les traits du visage fort réguliers [b]. Les sauvages de la baie d'Hudson et du nord de la terre de Labrador ne paraissent pas être de la même race que les premiers, quoiqu'ils soient laids, petits, mal faits ; ils ont le visage presque entièrement couvert de poil comme les sauvages du pays d'Yéço au nord du Japon ; ils habitent l'été sous des tentes faites de peaux d'orignal ou de caribou [c] ; l'hiver ils vivent sous terre comme les Lapons et les Samoïèdes, et se couchent comme eux tous pêle-mêle sans aucune distinction ; ils vivent aussi fort longtemps, quoiqu'ils ne se nourrissent que de chair ou de poisson crus [d]. Les sauvages de Terre-Neuve ressemblent assez à ceux du détroit de Davis : ils sont de petite taille, ils n'ont que peu ou point de barbe, leur visage est large et plat, leurs yeux gros, et ils sont généralement assez camus. Le voyageur qui en donne cette description dit qu'ils ressemblent assez bien aux sauvages du continent septentrional et des environs du Groenland [e].

Au-dessous de ces sauvages qui sont répandus dans les parties les plus septentrionales de l'Amérique, on trouve d'autres sauvages plus nombreux et tout différents des premiers : ces sauvages sont ceux du Canada et de toute la profondeur des terres jusqu'aux Assiniboïls ; ils sont tous assez grands, robustes, forts et assez bien faits ; ils ont tous les cheveux et les yeux noirs, les dents très-blanches, le teint basané, peu de barbe, et point

---

a. Voyez l'*Histoire naturelle des îles.* Rotterdam, 1558, page 189.

b. *Idem, ibidem.*

c. C'est le nom qu'on donne au Renne en Amérique.

d. Voyez le *Voyage de Robert Lade*, traduit par M. l'abbé Prévôt. Paris, 1744, t. II, page 300 et suivantes.

e. Voyez le *Recueil des voyages au nord.* Rouen, 1716, t. III, page 7.

ou presque point de poil en aucune partie du corps[1]; ils sont durs et infatigables à la marche, très-légers à la course; ils supportent aussi aisément la faim que les plus grands excès de nourriture; ils sont hardis, courageux, fiers, graves et modérés; enfin ils ressemblent si fort aux Tartares orientaux par la couleur de la peau, des cheveux et des yeux, par le peu de barbe et de poil, et aussi par le naturel et les mœurs, qu'on les croirait issus de cette nation, si on ne les regardait pas comme séparés les uns des autres par une vaste mer; ils sont aussi sous la même latitude, ce qui prouve encore combien le climat influe sur la couleur et même sur la figure des hommes. En un mot, on trouve dans le nouveau continent, comme dans l'ancien, d'abord des hommes au nord semblables aux Lapons, et aussi des hommes blancs et à cheveux blonds, semblables aux peuples du nord de l'Europe, ensuite des hommes velus semblables aux sauvages d'Yéço, et enfin les sauvages du Canada et de toute la Terre-Ferme, jusqu'au golfe du Mexique, qui ressemblent aux Tartares par tant d'endroits qu'on ne douterait pas qu'ils ne fussent Tartares en effet, si l'on n'était embarrassé sur la possibilité de la migration; cependant si l'on fait attention au petit nombre d'hommes qu'on a trouvés dans cette étendue immense des terres de l'Amérique septentrionale, et qu'aucun de ces hommes n'était encore civilisé, on ne pourra guère se refuser à croire que toutes ces nations sauvages ne soient de nouvelles peuplades produites par quelques individus échappés d'un peuple plus nombreux. Il est vrai qu'on prétend que dans l'Amérique septentrionale, en la prenant depuis le nord jusqu'aux îles Lucayes et au Mississipi, il ne reste pas actuellement la vingtième partie du nombre des peuples naturels qui y étaient lorsqu'on en fit la découverte, et que ces nations sauvages ont été ou détruites ou réduites à un si petit nombre d'hommes que nous ne devons pas tout à fait en juger aujourd'hui comme nous en aurions jugé dans ce temps; mais quand même on accorderait que l'Amérique septentrionale avait alors vingt fois plus d'habitants qu'il n'en reste aujourd'hui, cela n'empêche pas qu'on ne dût la considérer dès lors comme une terre déserte ou si nouvellement peuplée, que les hommes n'avaient pas encore eu le temps de s'y multiplier. M. Fabry, que j'ai cité [a], et qui a fait un très-long voyage dans la profondeur des terres au nord-ouest du Mississipi où personne n'avait encore pénétré, et où par conséquent les nations sauvages n'ont pas été détruites, m'a assuré que cette partie de l'Amérique est si déserte qu'il a souvent fait cent et deux cents lieues sans trouver une face humaine ni aucun autre vestige qui pût indiquer qu'il y eût quelque habitation voisine

---

a. T. Ier, p. 181.

1. M. Prichard dit très-bien, à cette occasion : « Blumenbach suppose que l'habitude de s'épiler « pendant plusieurs générations peut avoir produit à la fin cette variété (la rareté des poils « sur le corps), mais elle est trop générale pour être attribuée à une cause aussi accidentelle. » (*Hist. nat. de l'homme*, t. I, p. 133, traduc. franç., par M. Roulin.)

des lieux qu'il parcourait, et lorsqu'il rencontrait quelques-unes de ces habitations, c'était toujours à des distances extrêmement grandes les unes des autres, et dans chacune il n'y avait souvent qu'une seule famille, quelquefois deux ou trois, mais rarement plus de vingt personnes ensemble, et ces vingt personnes étaient éloignées de cent lieues de vingt autres personnes. Il est vrai que le long des fleuves et des lacs que l'on a remontés ou suivis, on a trouvé des nations sauvages composées d'un bien plus grand nombre d'hommes, et qu'il en reste encore quelques-unes qui ne laissent pas d'être assez nombreuses pour inquiéter quelquefois les habitants de nos colonies; mais ces nations les plus nombreuses se réduisent à trois ou quatre mille personnes, et ces trois ou quatre mille personnes sont répandues dans un espace de terrain souvent plus grand que tout le royaume de France : de sorte que je suis persuadé qu'on pourrait avancer, sans craindre de se tromper, que dans une seule ville comme Paris il y a plus d'hommes qu'il n'y a de sauvages dans toute cette partie de l'Amérique septentrionale comprise entre la mer du Nord et la mer du Sud, depuis le golfe du Mexique jusqu'au nord, quoique cette étendue de terre soit beaucoup plus grande que toute l'Europe.

La multiplication des hommes tient encore plus à la société qu'à la nature, et les hommes ne sont si nombreux en comparaison des animaux sauvages que parce qu'ils se sont réunis en société, qu'ils se sont aidés, défendus, secourus mutuellement. Dans cette partie de l'Amérique dont nous venons de parler, les bisons[a] sont peut-être plus abondants que les hommes ; mais de la même façon que le nombre des hommes ne peut augmenter considérablement que par leur réunion en société, c'est le nombre des hommes déjà augmenté à un certain point qui produit presque nécessairement la société; il est donc à présumer que, comme l'on n'a trouvé dans toute cette partie de l'Amérique aucune nation civilisée, le nombre des hommes y était encore trop petit, et leur établissement dans ces contrées trop nouveau pour qu'ils aient pu sentir la nécessité ou même les avantages de se réunir en société; car quoique ces nations sauvages eussent des espèces de mœurs ou de coutumes particulières à chacune, et que les unes fussent plus ou moins farouches, plus ou moins cruelles, plus ou moins courageuses, elles étaient toutes également stupides, également ignorantes, également dénuées d'arts et d'industrie.

Je ne crois donc pas devoir m'étendre beaucoup sur ce qui a rapport aux coutumes de ces nations sauvages : tous les auteurs qui en ont parlé n'ont pas fait attention que ce qu'ils nous donnaient pour des usages constants, et pour les mœurs d'une société d'hommes, n'était que des actions particulières à quelques individus souvent déterminés par les circonstances ou

a. Espèce de bœufs sauvages différents de nos bœufs.

par le caprice ; certaines nations, nous disent-ils, mangent leurs ennemis, d'autres les brûlent, d'autres les mutilent, les unes sont perpétuellement en guerre, d'autres cherchent à vivre en paix ; chez les unes on tue son père lorsqu'il a atteint un certain âge, chez les autres les pères et mères mangent leurs enfants. Toutes ces histoires sur lesquelles les voyageurs se sont étendus avec tant de complaisance se réduisent à des récits de faits particuliers, et signifient seulement que tel sauvage a mangé son ennemi, tel autre l'a brûlé ou mutilé, tel autre a tué ou mangé son enfant, et tout cela peut se trouver dans une seule nation de sauvages comme dans plusieurs nations, car toute nation où il n'y a ni règle, ni loi, ni maître, ni société habituelle, est moins une nation qu'un assemblage tumultueux d'hommes barbares et indépendants, qui n'obéissent qu'à leurs passions particulières, et qui, ne pouvant avoir un intérêt commun, sont incapables de se diriger vers un même but et de se soumettre à des usages constants, qui tous supposent une suite de desseins raisonnés et approuvés par le plus grand nombre.

La même nation, dira-t-on, est composée d'hommes qui se reconnaissent, qui parlent la même langue, qui se réunissent, lorsqu'il le faut, sous un chef, qui s'arment de même, qui hurlent de la même façon, qui se barbouillent de la même couleur ; oui, si ces usages étaient constants, s'ils ne se réunissaient pas souvent sans savoir pourquoi, s'ils ne se séparaient pas sans raison, si leur chef ne cessait pas de l'être par son caprice ou par le leur, si leur langue même n'était pas si simple qu'elle leur est presque commune à tous.

Comme ils n'ont qu'un très-petit nombre d'idées, ils n'ont aussi qu'une très-petite quantité d'expressions, qui toutes ne peuvent rouler que sur les choses les plus générales et les objets les plus communs ; et quand même la plupart de ces expressions seraient différentes, comme elles se réduisent à un fort petit nombre de termes, ils ne peuvent manquer de s'entendre en très-peu de temps, et il doit être plus facile à un sauvage d'entendre et de parler toutes les langues des autres sauvages, qu'il ne l'est à un homme d'une nation policée d'apprendre celle d'une autre nation également policée.

Autant il est donc inutile de se trop étendre sur les coutumes et les mœurs de ces prétendues nations, autant il serait peut-être nécessaire d'examiner la nature de l'individu ; l'homme sauvage est en effet de tous les animaux le plus singulier, le moins connu, et le plus difficile à décrire ; mais nous distinguons si peu ce que la nature seule nous a donné, de ce que l'éducation, l'imitation, l'art et l'exemple nous ont communiqué, ou nous le confondons si bien, qu'il ne serait pas étonnant que nous nous méconnussions totalement au portrait d'un sauvage, s'il nous était présenté avec les vraies couleurs et les seuls traits naturels qui doivent en faire le caractère.

Un sauvage absolument sauvage[1], tel que l'enfant élevé avec les ours, dont parle Connor[a], le jeune homme trouvé dans les forêts d'Hanower, ou la petite fille trouvée dans les bois en France, seraient un spectacle curieux pour un philosophe; il pourrait, en observant son sauvage, évaluer au juste la force des appétits de la nature, il y verrait l'âme a découvert, il en distinguerait tous les mouvements naturels, et peut-être y reconnaîtrait-il plus de douceur, de tranquillité et de calme que dans la sienne; peut-être verrait-il clairement que la vertu appartient à l'homme sauvage plus qu'à l'homme civilisé, et que le vice n'a pris naissance que dans la société[2].

Mais revenons à notre principal objet : si l'on n'a rencontré dans toute l'Amérique septentrionale que des sauvages, on a trouvé au Mexique et au Pérou des hommes civilisés, des peuples policés, soumis à des lois et gouvernés par des rois; ils avaient de l'industrie, des arts et une espèce de religion; ils habitaient dans des villes où l'ordre et la police étaient maintenus par l'autorité du souverain. Ces peuples, qui d'ailleurs étaient assez nombreux, ne peuvent pas être regardés comme des nations nouvelles ou des hommes provenus de quelques individus échappés des peuples de l'Europe ou de l'Asie, dont ils sont si éloignés; d'ailleurs, si les sauvages de l'Amérique septentrionale ressemblent aux Tartares parce qu'ils sont situés sous la même latitude, ceux-ci qui sont, comme les Nègres, sous la zone torride, ne leur ressemblent point: quelle est donc l'origine de ces peuples, et quelle est aussi la vraie cause de la différence de couleur dans les hommes , puisque celle de l'influence du climat se trouve ici tout à fait démentie[3]?

Avant que de satisfaire, autànt que je le pourrai, à ces questions , il faut continuer notre examen, et donner la description de ces hommes qui paraissent en effet si différents de ce qu'ils devraient être, si la distance du pôle était la cause principale de la variété qui se trouve dans l'espèce humaine; nous avons déjà donné celle des sauvages du nord et des sauvages du Canada[b]; ceux de la Floride, du Mississipi et des autres parties méridionales

<hr>

a. Évang. med., page 133 , etc.

b. Voyez à ce sujet les *Voyages du baron de la Hontan.* La Haye, 1702; la *Relation de la Gaspésie*, par le P. le Clercq, récollet. Paris, 1691, pages 44 et 392; la *Description de la Nouvelle France* par le P. Charlevoix. Paris, 1744, t. I, pages 16 et suivantes, t. III, pages 24, 302, 310, 323; les *Lettres édifiantes*, Recueil XXIII, pages 203, 242; et le *Voyage au pays des Hurons*, par Gabriel Sabard Théodat, récollet. Paris, 1632, pages 128 et 178; le *Voyage de la Nouvelle France*, par Dierville. Rouen, 1708, page 122 jusqu'à 191, et les *Découvertes de M. de la Salle, publiées par M. le chevalier Tonti*. Paris, 1697, pages 24, 58, etc.

✗ *1. Ces sauvages absolument sauvages*, dont va parler Buffon, n'étaient pas des *sauvages*, mais des *idiots*. Voyez, dans mon *Éloge de Blumenbach*, l'histoire du *jeune homme trouvé dans les forêts de Hanovre.*

2. Buffon oublie ce qu'il vient de dire : que l'*homme sauvage est le plus singulier des animaux.* Il disait tout à l'heure (p. 188) plus justement : *le Nègre a le germe de toutes les vertus.* Oui, sans doute; mais, ce *germe*, c'est la *société*, et la société seule, c'est-à-dire l'humanité réunie et le concert des bons instincts, qui le développe.

3. Elle ne *se trouve* point *démentie.* Voyez la note de la page 196.

du continent de l'Amérique septentrionale sont plus basanés que ceux du Canada, sans cependant qu'on puisse dire qu'ils soient bruns; l'huile et les couleurs dont ils se frottent le corps les font paraître plus olivâtres qu'ils ne le sont en effet. Coréal dit que les femmes de la Floride sont grandes, fortes et de couleur olivâtre comme les hommes, qu'elles ont les bras, les jambes et le corps peints de plusieurs couleurs qui sont ineffaçables, parce qu'elles ont été imprimées dans les chairs par le moyen de plusieurs piqûres, et que la couleur olivâtre des uns et des autres ne vient pas tant de l'ardeur du soleil que de certaines huiles dont, pour ainsi dire, ils se vernissent la peau; il ajoute que ces femmes sont fort agiles, qu'elles passent à la nage de grandes rivières en tenant même leur enfant avec le bras, et qu'elles grimpent avec une pareille agilité sur les arbres les plus élevés *a* : tout cela leur est commun avec les femmes sauvages du Canada et des autres contrées de l'Amérique. L'auteur de l'Histoire naturelle et morale des Antilles dit que les Apalachites, peuples voisins de la Floride, sont des hommes d'une assez grande stature, de couleur olivâtre, et bien proportionnés, qu'ils ont tous les cheveux noirs et longs, et il ajoute que les Caraïbes ou sauvages des îles Antilles sortent de ces sauvages de la Floride, et qu'ils se souviennent même par tradition du temps de leur migration *b*.

Les naturels des îles Lucayes sont moins basanés que ceux de Saint-Domingue et de l'île de Cuba, mais il reste si peu des uns et des autres aujourd'hui, qu'on ne peut guère vérifier ce que nous en ont dit les premiers voyageurs qui ont parlé de ces peuples; ils ont prétendu qu'ils étaient fort nombreux et gouvernés par des espèces de chefs qu'ils appelaient *Caciques*, qu'ils avaient aussi des espèces de prêtres, de médecins ou de devins; mais tout cela est assez apocryphe, et importe d'ailleurs assez peu à notre histoire. Les Caraïbes en général sont, selon le P. du Tertre, des hommes d'une belle taille et de bonne mine; ils sont puissants, forts et robustes, très-dispos et très-sains; il y en a plusieurs qui ont le front plat et le nez aplati; mais cette forme du visage et du nez ne leur est pas naturelle, ce sont les pères et mères qui aplatissent ainsi la tête de l'enfant quelque temps après qu'il est né [1]; cette espèce de caprice qu'ont les sauvages d'altérer la figure naturelle de la tête est assez générale dans toutes les nations sauvages : presque tous les Caraïbes ont les yeux noirs et assez petits, mais la disposition de leur front et de leur visage les fait paraître assez gros; ils ont les dents belles, blanches et bien rangées, les cheveux longs et lisses, et tous les ont noirs, on n'en a jamais vu un seul avec des cheveux blonds; ils ont la peau

---

a. Voyez le *Voyage de Coréal.* Paris, 1722, t. I, page 36.

b. Voyez l'*Histoire naturelle et morale des îles Antilles.* Roterd., 1658, pages 351 et 356.

1. « Le front plat était considéré par un grand nombre de tribus comme une beauté, et cette « étrange idée est ce qui a conduit à l'habitude de mouler la tête au moyen d'une compression « exercée dans l'enfance. » (Prichard : *Hist. nat. de l'homme,* t. II, p. 86; trad. franç.)

basanée ou couleur d'olive, et même le blanc des yeux en tient un peu ; cette couleur basanée leur est naturelle et ne provient pas uniquement, comme quelques auteurs l'ont avancé, du rocou dont ils se frottent continuellement, puisque l'on a remarqué que les enfants de ces sauvages, qu'on a élevés parmi les Européens et qui ne se frottaient jamais de ces couleurs, ne laissaient pas d'être basanés et olivâtres comme leurs pères et mères ; tous ces sauvages ont l'air rêveur, quoiqu'ils ne pensent à rien ; ils ont aussi le visage triste et ils paraissent être mélancoliques ; ils sont naturellement doux et compatissants, quoique très-cruels à leurs ennemis ; ils prennent assez indifféremment pour femmes leurs parentes ou des étrangères ; leurs cousines germaines leur appartiennent de droit, et on en a vu plusieurs qui avaient en même temps les deux sœurs ou la mère et la fille, et même leur propre fille ; ceux qui ont plusieurs femmes les voient tour à tour chacune pendant un mois, ou un nombre de jours égal, et cela suffit pour que ces femmes n'aient aucune jalousie ; ils pardonnent assez volontiers l'adultère à leurs femmes, mais jamais à celui qui les a débauchées. Ils se nourrissent de burgaux, de crabes, de tortues, de lézards, de serpents et de poissons qu'ils assaisonnent avec du piment et de la farine de manioc [a]. Comme ils sont extrêmement paresseux et accoutumés à la plus grande indépendance, ils détestent la servitude, et on n'a jamais pu s'en servir comme on se sert des Nègres ; il n'y a rien qu'ils ne soient capables de faire pour se remettre en liberté, et lorsqu'ils voient que cela leur est impossible, ils aiment mieux se laisser mourir de faim et de mélancolie que de vivre pour travailler ; on s'est quelquefois servi des Arrouagues, qui sont plus doux que les Caraïbes, mais ce n'est que pour la chasse et pour la pêche, exercices qu'ils aiment, et auxquels ils sont accoutumés dans leur pays ; et encore faut-il, si l'on veut conserver ces esclaves sauvages, les traiter avec autant de douceur au moins que nous traitons nos domestiques en France ; sans cela ils s'enfuient ou périssent de mélancolie. Il en est à peu près de même des esclaves brésiliens, quoique ce soient de tous les sauvages ceux qui paraissent être les moins stupides, les moins mélancoliques et les moins paresseux ; cependant on peut en les traitant avec bonté les engager à tout faire, si ce n'est de travailler à la terrre, parce qu'ils s'imaginent que la culture de la terre est ce qui caractérise l'esclavage.

Les femmes sauvages sont toutes plus petites que les hommes ; celles des Caraïbes sont grasses et assez bien faites ; elles ont les yeux et les cheveux noirs, le tour du visage rond, la bouche petite, les dents fort blanches, l'air plus gai, plus riant et plus ouvert que les hommes : elles ont cependant de la modestie et sont assez réservées ; elles se barbouillent de rocou , mais elles ne se font pas des raies noires sur le visage et sur le corps comme les

a. Voyez l'*Histoire générale des Antilles*, par le P. du Tertre, t. II , page 453 jusqu'à 482. Voyez aussi les *Nouveaux voyages aux îles*. Paris , 1722.

hommes ; elles ne portent qu'un petit tablier de huit ou dix pouces de largeur sur cinq à six pouces de hauteur ; ce tablier est ordinairement de toile de coton couverte de petits grains de verre ; ils ont cette toile et cette rassade des Européens, qui en font commerce avec eux. Ces femmes portent aussi plusieurs colliers de rassade qui leur environnent le cou et descendent sur leur sein ; elles ont des bracelets de même espèce aux poignets et au-dessus des coudes, et des pendants d'oreilles de pierre bleue ou de grains de verre enfilés : un dernier ornement qui leur est particulier, et que les hommes n'ont jamais, c'est une espèce de brodequins de toile de coton, garnis de rassade, qui prend depuis la cheville du pied jusqu'au-dessus du gras de la jambe ; dès que les filles ont atteint l'âge de puberté on leur donne un tablier, et on leur fait en même temps des brodequins aux jambes qu'elles ne peuvent jamais ôter ; ils sont si serrés qu'ils ne peuvent ni monter ni descendre, et comme ils empêchent le bas de la jambe de grossir, les mollets deviennent beaucoup plus gros et plus fermes qu'ils ne le seraient naturellement [a].

Les peuples qui habitent actuellement le Mexique et la Nouvelle-Espagne sont si mêlés, qu'à peine trouve-t-on deux visages qui soient de la même couleur ; il y a dans la ville de Mexico des blancs d'Europe, des Indiens du nord et du sud de l'Amérique, des Nègres d'Afrique, des mulâtres, des métis, en sorte qu'on y voit des hommes de toutes les nuances de couleur qui peuvent être entre le blanc et le noir [b]. Les naturels du pays sont fort bruns et de couleur d'olive, bien faits et dispos ; ils ont peu de poil, même aux sourcils, ils ont cependant tous les cheveux fort longs et fort noirs [c].

Selon Wafer, les habitants de l'isthme de l'Amérique sont ordinairement de bonne taille et d'une jolie tournure ; ils ont la jambe fine, les bras bien faits, la poitrine large, ils sont actifs et légers à la course ; les femmes sont petites et ramassées, et n'ont pas la vivacité des hommes, quoique les jeunes aient de l'embonpoint, la taille jolie et l'œil vif : les uns et les autres ont le visage rond, le nez gros et court, les yeux grands, et pour la plupart gris, pétillants et pleins de feu, surtout dans la jeunesse, le front élevé, les dents blanches et bien rangées, les lèvres minces, la bouche d'une grandeur médiocre, et en gros tous les traits assez réguliers. Ils ont aussi tous, hommes et femmes, les cheveux noirs, longs, plats et rudes, et les hommes auraient de la barbe s'ils ne se la faisaient arracher ; ils ont le teint basané, de couleur de cuivre jaune ou d'orange, et les sourcils noirs comme du jais.

Ces peuples que nous venons de décrire ne sont pas les seuls habitants naturels de l'Isthme ; on trouve parmi eux des hommes tout différents ; et

a. Voyez les *Nouveaux voyages aux îles*, t. II, page 8 et suiv.
b. Voyez les *Lettres édifiantes*. Recueil XI, page 119.
c. Voyez les *Voyages de Coréal*, t. I, page 116.

quoiqu'ils soient en très-petit nombre, ils méritent d'être remarqués : ces hommes sont blancs, mais ce blanc n'est pas celui des Européens, c'est plutôt un blanc de lait qui approche beaucoup de la couleur du poil d'un cheval blanc; leur peau est aussi toute couverte, plus ou moins, d'une espèce de duvet court et blanchâtre, mais qui n'est pas si épais sur les joues et sur le front, qu'on ne puisse aisément distinguer la peau; leurs sourcils sont d'un blanc de lait, aussi bien que leurs cheveux, qui sont très-beaux, de la longueur de sept à huit pouces et à demi frisés. Ces Indiens, hommes et femmes, ne sont pas si grands que les autres, et ce qu'ils ont encore de très-singulier, c'est que leurs paupières sont d'une figure oblongue, ou plutôt en forme de croissant dont les pointes tournent en bas; ils ont les yeux si faibles qu'ils ne voient presque pas en plein jour; ils ne peuvent supporter la lumière du soleil, et ne voient bien qu'à celle de la lune : ils sont d'une complexion fort délicate en comparaison des autres Indiens; ils craignent les exercices pénibles; ils dorment pendant le jour et ne sortent que la nuit; et lorsque la lune luit, ils courent dans les endroits les plus sombres des forêts aussi vite que les autres le peuvent faire de jour, à cela près qu'ils ne sont ni aussi robustes ni aussi vigoureux. Au reste, ces hommes ne forment pas une race particulière et distincte, mais il arrive quelquefois qu'un père et une mère qui sont tous deux couleur de cuivre jaune ont un enfant tel que nous venons de le décrire. Wafer, qui rapporte ces faits, dit qu'il a vu lui-même un de ces enfants qui n'avait pas encore un an [a].

Si cela est, cette couleur et cette habitude singulière du corps de ces Indiens blancs ne seraient qu'une espèce de maladie qu'ils tiendraient de leurs pères et mères ; mais en supposant que ce dernier fait ne fût pas bien avéré, c'est-à-dire qu'au lieu de venir des Indiens jaunes ils fissent une race à part, alors ils ressembleraient aux Chacrelas de Java, et aux Bedas de Ceylan, dont nous avons parlé ; ou si ce fait est bien vrai, et que ces blancs naissent en effet de pères et mères couleur de cuivre, on pourra croire que les Chacrelas et les Bedas viennent aussi de pères et mères basanés, et que tous ces hommes blancs qu'on trouve à de si grandes distances les uns des autres sont des individus qui ont dégénéré de leur race par quelque cause accidentelle [1].

J'avoue que cette dernière opinion me paraît la plus vraisemblable, et que si les voyageurs nous eussent donné des descriptions aussi exactes des Bedas et des Chacrelas que Wafer l'a fait des Dariens, nous eussions peut-être reconnu qu'ils ne pouvaient pas, plus que ceux-ci, être d'origine européenne. Ce qui me paraît appuyer beaucoup cette manière de penser, c'est que parmi les Nègres il naît aussi des blancs de pères et mères noirs; on

a. Voyez les *Voyages de Dampier*, t. IV, page 252.

1. Et c'est, en effet, là ce qui est : ces individus *dégénérés* sont des *albinos*. (Voyez la note de la page 152.)

trouve la description de deux de ces Nègres blancs dans l'histoire de l'Académie ; j'ai vu moi-même l'un des deux, et on assure qu'il s'en trouve un assez grand nombre en Afrique parmi les autres Nègres [a]. Ce que j'en ai vu, indépendamment de ce qu'en disent les voyageurs, ne me laisse aucun doute sur leur origine ; ces nègres blancs sont des nègres dégénérés de leur race, ce ne sont pas une espèce d'hommes particulière et constante, ce sont des individus singuliers qui ne font qu'une variété accidentelle : en un mot, ils sont parmi les Nègres ce que Wafer dit que nos Indiens blancs sont parmi les Indiens jaunes, et ce que sont apparemment les Chacrelas et les Bedas parmi les Indiens bruns : ce qu'il y a de plus singulier, c'est que cette variation de la nature ne se trouve que du noir au blanc, et non pas du blanc au noir, car elle arrive chez les Nègres, chez les Indiens les plus bruns, et aussi chez les Indiens les plus jaunes, c'est-à-dire dans toutes les races d'hommes qui sont les plus éloignées du blanc, et il n'arrive jamais chez les blancs qu'il naisse des individus noirs ; une autre singularité, c'est que tous ces peuples des Indes orientales, de l'Afrique et de l'Amérique, chez lesquels on trouve ces hommes blancs, sont tous sous la même latitude : l'isthme de Darien, le pays des Nègres et Ceylan sont absolument sous le même parallèle. Le blanc paraît donc être la couleur primitive de la nature, que le climat, la nourriture et les mœurs altèrent et changent, même jusqu'au jaune, au brun ou au noir, et qui reparaît dans de certaines circonstances, mais avec une si grande altération qu'il ne ressemble point au blanc primitif, qui en effet a été dénaturé par les causes que nous venons d'indiquer.

En tout, les deux extrêmes se rapprochent presque toujours : la nature, aussi parfaite qu'elle peut l'être, a fait les hommes blancs, et la nature altérée autant qu'il est possible les rend encore blancs ; mais le blanc naturel ou blanc de l'espèce est fort différent du blanc individuel ou accidentel ; on en voit des exemples dans les plantes aussi bien que dans les hommes et les animaux : la rose blanche, la giroflée blanche, etc., sont bien différentes, même pour le blanc, des roses ou des giroflées rouges, qui dans l'automne deviennent blanches, lorsqu'elles ont souffert le froid des nuits et les petites gelées de cette saison.

Ce qui peut encore faire croire que ces hommes blancs ne sont en effet que des individus qui ont dégénéré de leur espèce, c'est qu'ils sont tous beaucoup moins forts et moins vigoureux que les autres, et qu'ils ont les yeux extrêmement faibles ; on trouvera ce dernier fait moins extraordinaire, lorsqu'on se rappellera que parmi nous les hommes qui sont d'un blond blanc ont ordinairement les yeux faibles ; j'ai aussi remarqué qu'ils avaient souvent l'oreille dure ; et on prétend que les chiens qui sont absolument

[a]. Voyez la *Vénus physique.* Paris, 1745.

blancs et sans aucune tache sont sourds ; je ne sais si cela est généralement vrai, je puis seulement assurer que j'en ai vu plusieurs qui l'étaient en effet.

Les Indiens du Pérou sont aussi couleur de cuivre comme ceux de l'Isthme, surtout ceux qui habitent le bord de la mer et les terres basses, car ceux qui demeurent dans les pays élevés, comme entre les deux chaînes des Cordillères, sont presque aussi blancs que les Européens : les uns sont à une lieue de hauteur au-dessus des autres, et cette différence d'élévation sur le globe fait autant qu'une différence de mille lieues en latitude pour la température du climat [1]. En effet, tous les Indiens naturels de la Terre-Ferme, qui habitent le long de la rivière des Amazones et le continent de la Guyane, sont basanés et de couleur rougeâtre, plus ou moins claire : la diversité de la nuance, dit M. de la Condamine, a vraisemblablement pour cause principale la différente température de l'air des pays qu'ils habitent, variée depuis la plus grande chaleur de la zone torride jusqu'au froid causé par le voisinage de la neige [a]. Quelques-uns de ces sauvages, comme les Omaguas, aplatissent le visage de leurs enfants, en leur serrant la tête entre deux planches [b] ; quelques autres se percent les narines, les lèvres ou les joues, pour y passer des os de poissons, des plumes d'oiseaux et d'autres ornements : la plupart se percent les oreilles, se les agrandissent prodigieusement, et remplissent le trou du lobe d'un gros bouquet de fleurs ou d'herbes qui leur sert de pendants d'oreilles [c]. Je ne dirai rien de ces amazones dont on a tant parlé, on peut consulter à ce sujet ceux qui en ont écrit, et après les avoir lus, ou n'y trouvera rien d'assez positif pour constater l'existence actuelle de ces femmes [d].

Quelques voyageurs font mention d'une nation dans la Guyane, dont les hommes sont plus noirs que tous les autrés Indiens : les Arras, dit Raleigh, sont presque aussi noirs que les Nègres ; ils sont fort vigoureux, et ils se servent de flèches empoisonnées. Cet auteur parle aussi d'une autre nation

---

a. Voyez le *Voyage de l'Amérique méridionale, en descendant la rivière des Amazones*, par M. de la Condamine. Paris, 1745, page 49.

b. Idem, page 72.

c. Idem, page 48 et suiv.

d. Voyez le *Voyage de M. de la Condamine*, p. 101 jusqu'à 113 ; la Relation de la Guyane par Walter Raleigh, t. II des *Voyages de Coréal* ; p. 25, la *Relation du P. d'Acuña*, traduite par Gomberville. Paris, 1682, vol. I, p. 237 ; les *Lettres édifiantes*, Recueil X, p. 241, et Recueil XII, p. 213 ; les *Voyages de Mocquet*, p. 101 jusqu'à 105, etc.

1. « Lorsque, du niveau de la mer, on s'élève au sommet des hautes montagnes, l'on voit « changer graduellement l'aspect du sol ;..... des végétaux d'une espèce très-différente succèdent « à ceux des plaines.....; avec l'aspect de la végétation varient aussi les formes des animaux...; « tous diffèrent selon la hauteur du sol..... C'est ainsi que l'observateur, s'éloignant du centre « de la terre d'une quantité qui paraît infiniment petite si on la compare au rayon, se trans-« porte, pour ainsi dire, dans un monde nouveau, et découvre plus de variations dans « l'aspect du sol et les modifications de l'atmosphère, qu'il n'en découvrirait en passant d'une « latitude à une autre. » (Humboldt : *Tableau physiq. des rég. équat.*, p. 37 et 89.)

d'Indiens qui ont le cou si court et les épaules si élevées, que leurs yeux paraissent être sur leurs épaules, et leur bouche dans leur poitrine [a]; cette difformité si monstrueuse n'est sûrement pas naturelle, et il y a grande apparence que ces sauvages qui se plaisent tant à défigurer la nature en aplatissant, en arrondissant, en allongeant la tête de leurs enfants, auront aussi imaginé de leur faire rentrer le cou dans les épaules; il ne faut pour donner naissance à toutes ces bizarreries que l'idée de se rendre, par ces difformités, plus effroyables et plus terribles à leurs ennemis. Les Scythes, autrefois aussi sauvages que le sont aujourd'hui les Américains, avaient apparemment les mêmes idées qu'ils réalisaient de la même façon ; et c'est ce qui a sans doute donné lieu à ce que les anciens ont écrit au sujet des hommes acéphales, cynocéphales, etc.

Les sauvages du Brésil sont à peu près de la taille des Européens, mais plus forts, plus robustes et plus dispos ; ils ne sont pas sujets à autant de maladies, et ils vivent communément plus longtemps; leurs cheveux, qui sont noirs, blanchissent rarement dans la vieillesse; ils sont basanés, et d'une couleur brune qui tire un peu sur le rouge; ils ont la tête grosse, les épaules larges et les cheveux longs; ils s'arrachent la barbe, le poil du corps, et même les sourcils et les cils, ce qui leur donne un regard extra-ordinaire et farouche; ils se percent la lèvre de dessous pour y passer un petit os poli comme de l'ivoire, ou une pierre verte assez grosse ; les mères écrasent le nez de leurs enfants peu de temps après la naissance; ils vont tous absolument nus, et se peignent le corps de différentes couleurs [b]. Ceux qui habitent dans les terres voisines des côtes de la mer se sont un peu civi-lisés par le commerce volontaire ou forcé qu'ils ont avec les Portugais; mais ceux de l'intérieur des terres sont encore, pour la plupart, absolument sauvages; ce n'est pas même par la force, et en voulant les réduire à un dur esclavage, qu'on vient à bout de les policer; les Missions ont formé plus d'hommes dans ces nations barbares, que les armées victorieuses des princes qui les ont subjuguées. Le Paraguay n'a été conquis que de cette façon; la douceur, le bon exemple, la charité et l'exercice de la vertu, constamment pratiqués par les missionnaires, ont touché ces sauvages, et vaincu leur défiance et leur férocité; ils sont venus souvent d'eux-mêmes demander à connaître la loi qui rendait les hommes si parfaits; ils se sont soumis à cette loi et réunis en société : rien ne fait plus d'honneur à la religion que d'avoir civilisé ces nations et jeté les fondements d'un empire, sans autres armes que celles de la vertu.

---

a. Voyez le second tome des *Voyages de Coréal*, p. 58 et 59.

b. Voyez le *Voyage fait au Brésil*, par Jean de Léry, Paris, 1578, p. 108; le *Voyage de Coréal*, t. 1, p. 163 et suiv.; les *Mémoires pour servir à l'histoire des Indes*, 1702, p. 287 ; l'*Histoire des Indes* de Maffée. Paris, 1665, p. 71 ; la seconde partie des *Voyages de Pyrard*, t. II, p 337 ; les *Lettres édifiantes*, Recueil XV, p. 351, etc.

Les habitants de cette contrée du Paraguay ont communément la taille
assez belle et assez élevée; ils ont le visage un peu long et la couleur olivâtre [a]. Il règne quelquefois parmi eux une maladie extraordinaire; c'est
une espèce de lèpre qui leur couvre tout le corps, et y forme une croûte
semblable à des écailles de poisson; cette incommodité ne leur cause aucune
douleur, ni même aucun autre dérangement dans la santé [b].

Les Indiens du Chili sont, au rapport de M. Frezier, d'une couleur basanée qui tire un peu sur celle du cuivre rouge, comme celle des Indiens du
Pérou; cette couleur est différente de celle des mulâtres : comme ils viennent d'un blanc et d'une négresse, ou d'une blanche et d'un nègre, leur
couleur est brune, c'est-à-dire mêlée de blanc et de noir, au lieu que dans
tout le continent de l'Amérique méridionale les Indiens sont jaunes, ou
plutôt rougeâtres. Les habitants du Chili sont de bonne taille : ils ont les
membres gros, la poitrine large, le visage peu agréable et sans barbe [1], les
yeux petits, les oreilles longues, les cheveux noirs, plats et gros comme du
crin; ils s'allongent les oreilles, et ils s'arrachent la barbe avec des pinces
faites de coquilles; la plupart vont nus, quoique le climat soit froid; ils
portent seulement sur leurs épaules quelques peaux d'animaux. C'est à
l'extrémité du Chili, vers les terres Magellaniques, que se trouve, à ce
qu'on prétend, une race d'hommes dont la taille est gigantesque; M. Frezier
dit avoir appris de plusieurs Espagnols qui avaient vu quelques-uns de ces
hommes, qu'ils avaient quatre varres de hauteur, c'est-à-dire neuf ou dix
pieds; selon lui, ces géants, appelés Patagons [2], habitent le côté de l'est de la
côte déserte dont les anciennes relations ont parlé, qu'on a ensuite traitées
de fables, parce que l'on a vu au détroit de Magellan des Indiens dont la
taille ne surpassait pas celle des autres hommes. C'est, dit-il, ce qui a pu
tromper Froger dans sa relation du voyage de M. de Gennes; car quelques
vaisseaux ont vu en même temps les uns et les autres : en 1709 les gens du
vaisseau *le Jacques*, de Saint-Malo, virent sept de ces géants dans la baie
Grégoire, et ceux du vaisseau *le Saint-Pierre*, de Marseille, en virent six,
dont ils s'approchèrent pour leur offrir du pain, du vin et de l'eau-de-vie,
qu'ils refusèrent, quoiqu'ils eussent donné à ces matelots quelques flèches,
et qu'ils les eussent aidés à échouer le canot du navire [c]. Au reste, comme

a. Voyez les *Voyages de Coréal*, t. I, p. 240 et 259; les *Lettres édifiantes*, Recueil XI, p. 391;
Recueil XII, p. 6.

b. Voyez les *Lettres édifiantes*, Recueil XXV, p. 122.

c. Voyez le *Voyage de M. Frezier*. Paris, 1732, p. 75 et suiv.

1. La barbe des Américains, dit M. Alc. D'Orbigny, est rare, lisse, noire, et pousse très-tard.
(*L'homme américain*, t. I, p. 245.)

2. « La taille moyenne des Patagons ne s'élève pas au-dessus de cinq pieds quatre pouces,
« et nous n'en avons pas trouvé un seul qui dépassât cinq pieds onze pouces. Les femmes
« sont à proportion aussi grandes et surtout aussi fortes que les hommes. » (Voyez M. Alc.
D'Orbigny : *L'homme américain*, t. II, p. 69.

M. Frezier ne dit pas avoir vu lui-même aucun de ces géants, et que les relations qui en parlent sont remplies d'exagérations sur d'autres choses, on peut encore douter qu'il existe en effet une race d'hommes toute composée de géants, surtout lorsqu'on leur supposera dix pieds de hauteur; car le volume du corps d'un tel homme serait huit fois plus considérable que celui d'un homme ordinaire; il semble que la hauteur ordinaire des hommes étant de cinq pieds, les limites ne s'étendent guère qu'à un pied au-dessus et au-dessous; un homme de six pieds est en effet un très-grand homme, et un homme de quatre pieds est très-petit; les géants et les nains qui sont au-dessus et au-dessous de ces termes de grandeur doivent être regardés comme des variétés individuelles et accidentelles, et non pas comme des différences permanentes qui produiraient des races constantes.

A reste, si ces géants des terres Magellaniques existent, ils sont en fort petit nombre, car les habitants des terres du détroit et des îles voisines sont des sauvages d'une taille médiocre; ils sont de couleur olivâtre, ils ont la poitrine large, le corps assez carré, les membres gros, les cheveux noirs et plats [a]; en un mot, ils ressemblent par la taille à tous les autres hommes, et par la couleur et les cheveux aux autres Américains.

Il n'y a donc, pour ainsi dire, dans tout le nouveau continent, qu'une seule et même race d'hommes [1], qui tous sont plus ou moins basanés; et à l'exception du nord de l'Amérique, où il se trouve des hommes semblables aux Lapons, et aussi quelques hommes à cheveux blonds, semblables aux Européens du Nord, tout le reste de cette vaste partie du monde ne contient que des hommes parmi lesquels il n'y a presque aucune diversité, au lieu que dans l'ancien continent nous avons trouvé une prodigieuse variété dans les différents peuples. Il me paraît que la raison de cette uniformité dans les hommes de l'Amérique vient de ce qu'ils vivent tous de la même façon; tous les Américains naturels étaient, ou sont encore, sauvages ou presque sauvages; les Mexicains et les Péruviens étaient si nouvellement policés qu'ils ne doivent pas faire une exception. Quelle que soit donc l'origine de ces nations sauvages, elle paraît leur être commune à toutes; tous les Américains sortent d'une même souche, et ils ont conservé jusqu'à présent les caractères de leur race sans grande variation, parce qu'ils sont tous demeurés sauvages, qu'ils ont tous vécu à peu près de la même façon, que leur climat n'est pas à beaucoup près aussi inégal pour le froid et

---

a. Voyez le *Voyage du Cap Narbrugh*, second volume de Coréal, p. 231 et 284; l'*Histoire de la conquête des Moluques*, par Argensola, t. I, p. 35 et 255; le *Voyage de M. de Gennes*, par Froger, p. 97; le *Recueil des Voyages qui ont servi à l'établissement de la Comp. de Holl.*, t. I, p. 651; les *Voyages du capitaine Wood*, cinquième volume de Dampier, p. 179, etc.

1. « La race américaine, si l'on excepte les Esquimaux, est partout la même, depuis le « 15ᵉ degré de latitude nord jusqu'au 55ᵉ degré de latitude sud. » (Humboldt : *Tab. de la nat.* t. I, p. 17. Traduction de M. Galuski.)

pour le chaud que celui de l'ancien continent, et qu'étant nouvellement établis dans leur pays, les causes qui produisent des variétés n'ont pu agir assez longtemps pour opérer des effets bien sensibles.

Chacune des raisons que je viens d'avancer mérite d'être considérée en particulier. Les Américains sont des peuples nouveaux : il me semble qu'on n'en peut pas douter lorsqu'on fait attention à leur petit nombre, à leur ignorance et au peu de progrès que les plus civilisés d'entre eux avaient faits dans les arts; car quoique les premières relations de la découverte et des conquêtes de l'Amérique nous parlent du Mexique, du Pérou, de Saint-Domingue, etc., comme de pays très-peuplés, et qu'elles nous disent que les Espagnols ont eu à combattre partout des armées très-nombreuses, il est aisé de voir que ces faits sont fort exagérés, premièrement par le peu de monuments qui restent de la prétendue grandeur de ces peuples; secondement par la nature même de leur pays qui, quoique peuplé d'Européens plus industrieux sans doute que ne l'étaient les naturels, est cependant encore sauvage, inculte, couvert de bois, et n'est d'ailleurs qu'un groupe de montagnes inaccessibles, inhabitables, qui ne laissent par conséquent que de petits espaces propres à être cultivés et habités; troisièmement, par la tradition même de ces peuples sur le temps qu'ils se sont réunis en société : les Péruviens ne comptaient que douze rois, dont le premier avait commencé à les civiliser [a]; ainsi il n'y avait pas trois cents ans qu'ils avaient cessé d'être, comme les autres, entièrement sauvages; quatrièmement, par le petit nombre d'hommes qui ont été employés à faire la conquête de ces vastes contrées : quelque avantage que la poudre à canon pût leur donner, ils n'auraient jamais subjugué ces peuples, s'ils eussent été nombreux; une preuve de ce que j'avance, c'est qu'on n'a jamais pu conquérir le pays des Nègres ni les assujettir, quoique les effets de la poudre fussent aussi nouveaux et aussi terribles pour eux que pour les Américains; la facilité avec laquelle on s'est emparé de l'Amérique me paraît prouver qu'elle était très-peu peuplée, et par conséquent nouvellement habitée.

Dans le nouveau continent la température des différents climats est bien plus égale que dans l'ancien continent; c'est encore par l'effet de plusieurs causes : il fait beaucoup moins chaud sous la zone torride, en Amérique, que sous la zone torride en Afrique; les pays compris sous cette zone, en Amérique, sont le Mexique, la Nouvelle-Espagne, le Pérou, la terre des Amazones, le Brésil et la Guyane. La chaleur n'est jamais fort grande au Mexique, à la Nouvelle-Espagne et au Pérou, parce que ces contrées sont des terres extrêmement élevées au-dessus du niveau ordinaire de la surface du globe; le thermomètre, dans les grandes chaleurs, ne monte pas si haut

a. Voyez l'*Histoire des Incas*, par Garcilasso, etc. Paris, 1744.

au Pérou qu'en France; la neige qui couvre le sommet des montagnes refroidit l'air, et cette cause, qui n'est qu'un effet de la première, influe beaucoup sur la température de ce climat. Aussi les habitants, au lieu d'être noirs ou très-bruns, sont seulement basanés ; dans la terre des Amazones, il y a une prodigieuse quantité d'eaux répandues, de fleuves et de forêts; l'air y est donc extrêmement humide, et par conséquent beaucoup plus frais qu'il ne le serait dans un pays plus sec ; d'ailleurs on doit observer que le vent d'est, qui souffle constamment entre les tropiques, n'arrive au Brésil, à la terre des Amazones et à la Guyane, qu'après avoir traversé une vaste mer sur laquelle il prend de la fraîcheur qu'il porte ensuite sur toutes les terres orientales de l'Amérique équinoxiale ; c'est par cette raison, aussi bien que par la quantité des eaux et des forêts et par l'abondance et la continuité des pluies, que ces parties de l'Amérique sont beaucoup plus tempérées qu'elles ne le seraient en effet sans ces circonstances particulières. Mais lorsque le vent d'est a traversé les terres basses de l'Amérique, et qu'il arrive au Pérou, il a acquis un degré de chaleur plus considérable : aussi ferait-il plus chaud au Pérou qu'au Brésil ou à la Guyane, si l'élévation de cette contrée et les neiges qui s'y trouvent ne refroidissaient pas l'air et n'ôtaient pas au vent d'est toute la chaleur qu'il peut avoir acquise en traversant les terres; il lui en reste cependant assez pour influer sur la couleur des habitants, car ceux qui par leur situation y sont le plus exposés sont les plus jaunes, et ceux qui habitent les vallées entre les montagnes , et qui sont à l'abri de ce vent, sont beaucoup plus blancs que les autres. D'ailleurs ce vent, qui vient frapper contre les hautes montagnes des Cordillères , doit se réfléchir à d'assez grandes distances dans les terres voisines de ces montagnes, et y porter la fraîcheur qu'il a prise sur les neiges qui couvrent leurs sommets : ces neiges elles-mêmes doivent produire des vents froids dans les temps de leur fonte. Toutes ces causes concourant donc à rendre le climat de la zone torride en Amérique beaucoup moins chaud, il n'est point étonnant qu'on n'y trouve pas des hommes noirs, ni même bruns, comme on en trouve sous la zone torride en Afrique et en Asie , où les circonstances sont fort différentes, comme nous le dirons tout à l'heure : soit que l'on suppose donc que les habitants de l'Amérique soient très-anciennement naturalisés dans leur pays, ou qu'ils y soient venus plus nouvellement, on ne devait pas y trouver des hommes noirs, puisque leur zone torride est un climat tempéré.

La dernière raison que j'ai donnée de ce qu'il se trouve peu de variété dans les hommes en Amérique, c'est l'uniformité dans leur manière de vivre ; tous étaient sauvages ou très-nouvellement civilisés, tous vivaient ou avaient vécu de la même façon : en supposant qu'ils eussent tous une origine commune, les races s'étaient dispersées sans s'être croisées; chaque famille faisait une nation toujours semblable à elle-même , et presque semblable aux autres, parce que le climat et la nourriture étaient aussi à peu près semblables ; ils n'avaient aucun moyen de dégénérer ni de se perfectionner, ils ne pouvaient donc que demeurer toujours les mêmes, et partout à peu près les mêmes.

Quant à leur première origine, je ne doute pas, indépendamment même des raisons théologiques, qu'elle ne soit la même que la nôtre ; la ressemblance des sauvages de l'Amérique septentrionale avec les Tartares orientaux doit faire soupçonner qu'ils sortent anciennement de ces peuples ; les nouvelles découvertes que les Russes ont faites, au delà du Kamtschatka, de plusieurs terres et de plusieurs îles qui s'étendent jusqu'à la partie de l'ouest du continent de l'Amérique, ne laisseraient aucun doute sur la possibilité de la communication, si ces découvertes étaient bien constatées et que ces terres fussent à peu près contiguës ; mais en supposant même qu'il y ait des intervalles de mer assez considérables, n'est-il pas très-possible que des hommes aient traversé ces intervalles, et qu'ils soient allés d'eux-mêmes chercher ces nouvelles terres, ou qu'ils y aient été jetés par la tempête? Il y a peut-être un plus grand intervalle de mer entre les îles Marianes et le Japon qu'entre aucune des terres qui sont au delà du Kamtschatka et celle de l'Amérique, et cependant les îles Marianes se sont trouvées peuplées d'hommes qui ne peuvent venir que du continent oriental. Je serais donc porté à croire que les premiers hommes qui sont venus en Amérique ont abordé aux terres qui sont au nord-ouest de la Californie ; que le froid excessif de ce climat les obligea à gagner les parties plus méridionales de leur nouvelle demeure, qu'ils se fixèrent d'abord au Mexique et au Pérou, d'où ils se sont ensuite répandus dans toutes les parties de l'Amérique septentrionale et méridionale ; car le Mexique et le Pérou peuvent être regardés comme les terres les plus anciennes de ce continent, et les plus anciennement peuplées, puisqu'elles sont les plus élevées et les seules où l'on ait trouvé des hommes réunis en société. On peut aussi présumer avec une très-grande vraisemblance que les habitants du nord de l'Amérique au détroit de Davis, et des parties septentrionales de la terre de Labrador, sont venus du Groenland, qui n'est séparé de l'Amérique que par la largeur de ce détroit, qui n'est pas fort considérable ; car, comme nous l'avons dit, ces sauvages du détroit de Davis et ceux du Groenland se ressemblent parfaitement ; et quant à la manière dont le Groenland aura été peuplé, on peut croire, avec tout autant de vraisemblance, que les Lapons y auront passé depuis le cap Nord, qui n'en est éloigné que d'environ cent cinquante lieues ; et d'ailleurs comme l'île d'Islande est presque contiguë au Groenland, que cette île n'est pas éloignée des Orcades septentrionales, qu'elle a été très-anciennement habitée et même fréquentée des peuples de l'Europe, que les Danois avaient même fait des établissements et formé des colonies dans le Groenland, il ne serait pas étonnant qu'on trouvât dans ce pays des hommes blancs et à cheveux blonds, qui tireraient leur origine de ces Danois; et il y a quelque apparence que les hommes blancs qu'on trouve aussi au détroit de Davis viennent de ces blancs d'Europe qui se sont établis dans les terres du Groenland, d'où ils auront aisément passé en Amérique, en traversant le petit intervalle de mer qui forme le détroit de Davis.

Autant il y a d'uniformité dans la couleur et dans la forme des habitants naturels de l'Amérique, autant on trouve de variété dans les peuples de l'Afrique : cette partie du monde est très-anciennement et très-abondamment peuplée ; le climat y est brûlant, et cependant d'une température très-inégale suivant les différentes contrées ; et les mœurs des différents peuples sont aussi toutes différentes, comme on a pu le remarquer par les descriptions que nous en avons données. Toutes ces causes ont donc concouru pour produire en Afrique une variété dans les hommes plus grande que partout ailleurs ; car en examinant d'abord la différence de la température des contrées africaines, nous trouverons que la chaleur n'étant pas excessive en Barbarie et dans toute l'étendue des terres voisines de la mer Méditerranée, les hommes y sont blancs et seulement un peu basanés; toute cette terre de la Barbarie est rafraîchie, d'un côté par l'air de la mer Méditerranée, et de l'autre par les neiges du mont Atlas; elle est d'ailleurs située dans la zone tempérée en deçà du tropique : aussi tous les peuples qui sont depuis l'Égypte jusqu'aux îles Canaries sont seulement un peu plus ou un peu moins basanés. Au delà du tropique, et de l'autre côté du mont Atlas, la chaleur devient beaucoup plus grande et les hommes sont très-bruns, mais ils ne sont pas encore noirs; ensuite, au 17° ou 18° degré de latitude nord, on trouve le Sénégal et la Nubie, dont les habitants sont tout à fait noirs, aussi la chaleur y est-elle excessive; on sait qu'au Sénégal elle est si grande que la liqueur du thermomètre monte jusqu'à 38 degrés, tandis qu'en France elle ne monte que très-rarement à 30 degrés, et qu'au Pérou, quoique situé sous la zone torride, elle est presque toujours au même degré, et ne s'élève presque jamais au-dessus de 25 degrés. Nous n'avons pas d'observations faites avec le thermomètre en Nubie, mais tous les voyageurs s'accordent à dire que la chaleur y est excessive : les déserts sablonneux qui sont entre la haute Égypte et la Nubie échauffent l'air au point que le vent du nord des Nubiens doit être un vent brûlant; d'autre côté, le vent d'est qui règne le plus ordinairement entre les tropiques n'arrive en Nubie qu'après avoir parcouru les terres de l'Arabie, sur lesquelles il prend une chaleur que le petit intervalle de la mer Rouge ne peut guère tempérer; on ne doit donc pas être surpris d'y trouver les hommes tout à fait noirs ; cependant ils doivent l'être encore plus au Sénégal, car le vent d'est ne peut y arriver qu'après avoir parcouru toutes les terres de l'Afrique dans leur plus grande largeur, ce qui doit le rendre d'une chaleur insoutenable. Si l'on prend donc en général

toute la partie de l'Afrique qui est comprise entre les tropiques où le vent
d'est souffle plus constamment qu'aucun autre, on concevra aisément que
toutes les côtes occidentales de cette partie du monde doivent éprouver et
éprouvent en effet une chaleur bien plus grande que les côtes orientales,
parce que le vent d'est arrive sur les côtes orientales avec la fraîcheur
qu'il a prise en parcourant une vaste mer, au lieu qu'il prend une ardeur
brûlante en traversant les terres de l'Afrique avant que d'arriver aux
côtes occidentales de cette partie du monde : aussi les côtes du Sénégal, de
Sierra-Léona, de la Guinée, en un mot, toutes les terres occidentales de
l'Afrique qui sont situées sous la zone torride sont les climats les plus
chauds de la terre, et il ne fait pas à beaucoup près aussi chaud sur les côtes
orientales de l'Afrique, comme à Mozambique, à Mombaze, etc. Je ne doute
donc pas que ce ne soit par cette raison qu'on trouve les vrais Nègres, c'est-
à-dire les plus noirs de tous les Noirs, dans les terres occidentales de
l'Afrique, et qu'au contraire on trouve les Cafres, c'est-à-dire des Noirs
moins noirs, dans les terres orientales : la différence marquée qui est entre
ces deux espèces de Noirs vient de celle de la chaleur de leur climat, qui
n'est que très-grande dans la partie de l'orient, mais excessive dans celle de
l'occident en Afrique. Au delà du tropique du côté du sud la chaleur est
considérablement diminuée, d'abord par la hauteur de la latitude, et aussi
parce que la pointe de l'Afrique se rétrécit, et que cette pointe de terre étant
environnée de la mer de tous côtés, l'air doit y être beaucoup plus tempéré
qu'il ne le serait dans le milieu d'un continent : aussi les hommes de cette
contrée commencent à blanchir, et sont même naturellement plus blancs
que noirs, comme nous l'avons dit ci-dessus. Rien ne me paraît prouver plus
clairement que le climat est la principale cause de la variété dans l'espèce
humaine que cette couleur des Hottentots, dont la noirceur ne peut avoir
été affaiblie que par la température du climat; et si l'on joint à cette preuve
toutes celles qu'on doit tirer des convenances que je viens d'exposer, il me
semble qu'on n'en pourra plus douter.

Si nous examinons tous les autres peuples qui sont sous la zone torride
au delà de l'Afrique, nous nous confirmerons encore plus dans cette opinion : les habitants des Maldives, de Ceylan, de la pointe de la presqu'île de
l'Inde, de Sumatra, de Malaca, de Bornéo, de Célèbes, des Philippines, etc.,
sont tous extrêmement bruns, sans être absolument noirs, parce que toutes
ces terres sont des îles ou des presqu'îles; la mer tempère dans ces climats
l'ardeur de l'air, qui d'ailleurs ne peut jamais être aussi grande que dans
l'intérieur ou sur les côtes occidentales de l'Afrique, parce que le vent d'est
ou d'ouest qui règne alternativement dans cette partie du globe n'arrive sur
ces terres de l'archipel Indien qu'après avoir passé sur des mers d'une très-
vaste étendue. Toutes ces îles ne sont donc peuplées que d'hommes bruns,
parce que la chaleur n'y est pas excessive ; mais dans la Nouvelle-Guinée,

ou terre des Papous [1], on retrouve des hommes noirs et qui paraissent être de vrais Nègres par les descriptions des voyageurs, parce que ces terres forment un continent du côté de l'est, et que le vent qui traverse ces terres est beaucoup plus ardent que celui qui règne dans l'océan Indien. Dans la Nouvelle-Hollande, où l'ardeur du climat n'est pas si grande parce que cette terre commence à s'éloigner de l'équateur, on retrouve des peuples moins noirs et assez semblables aux Hottentots ; ces Nègres et ces Hottentots, que l'on trouve sous la même latitude, à une si grande distance des autres Nègres et des autres Hottentots, ne prouvent-ils pas que leur couleur ne dépend que de l'ardeur du climat [2]? car on ne peut pas soupçonner qu'il y ait jamais eu de communication de l'Afrique à ce continent austral, et cependant on y retrouve les mêmes espèces d'hommes, parce qu'on y trouve les circonstances qui peuvent occasionner les mêmes degrés de chaleur. Un exemple pris des animaux pourra confirmer encore tout ce que je viens de dire : on a observé qu'en Dauphiné tous les cochons sont noirs, et qu'au contraire de l'autre côté du Rhône en Vivarais, où il fait plus froid qu'en Dauphiné, tous les cochons sont blancs ; il n'y a pas d'apparence que les habitants de ces deux provinces se soient accordés pour n'élever les uns que des cochons noirs, et les autres des cochons blancs, et il me semble que cette différence ne peut venir que de celle de la température du climat, combinée peut-être avec celle de la nourriture de ces animaux.

Les Noirs qu'on a trouvés, mais en fort petit nombre, aux Philippines et dans quelques autres îles de l'océan Indien, viennent apparemment de ces Papous ou Nègres de la Nouvelle-Guinée, que les Européens ne connaissent que depuis environ cinquante ans. Dampier découvrit en 1700 la partie la plus orientale de cette terre, à laquelle il donna le nom de Nouvelle-Bretagne, mais on ignore encore l'étendue de cette contrée ; on sait seulement qu'elle n'est pas fort peuplée dans les parties qu'on a reconnues.

On ne trouve donc des Nègres que dans les climats de la terre où toutes les circonstances sont réunies pour produire une chaleur constante et toujours excessive ; cette chaleur est si nécessaire, non-seulement à la production, mais même à la conservation des Nègres, qu'on a observé dans nos îles où la chaleur, quoique très-forte, n'est pas comparable à celle du Sénégal, que les enfants nouveau-nés des Negres sont si susceptibles des impressions de l'air, que l'on est obligé de les tenir pendant les neuf premiers jours après leur naissance dans des chambres bien fermées et bien chaudes; si l'on ne prend pas ces précautions et qu'on les expose à l'air au moment de leur naissance, il leur survient une convulsion à la mâchoire qui les empêche de prendre de la nourriture, et qui les fait mourir. M. Littre, qui fit en 1702 la dissection d'un Nègre, observa que le bout du gland, qui n'était pas cou-

____

1. Voyez la note 1 de la page 156.
2. Voyez la note 1 de la page 194.

vert du prépuce , était noir comme toute la peau , et que le reste, qui était couvert, était parfaitement blanc *a* : cette observation prouve que l'action de l'air est nécessaire pour produire la noirceur de la peau des Nègres ; leurs enfants naissent blancs, ou plutôt rouges, comme ceux des autres hommes, mais deux ou trois jours après qu'ils sont nés la couleur change, ils paraissent d'un jaune basané qui se brunit peu à peu, et au septième ou huitième jour ils sont déjà tout noirs. On sait que deux ou trois jours après la naissance tous les enfants ont une espèce de jaunisse : cette jaunisse dans les blancs n'a qu'un effet passager, et ne laisse à la peau aucune impression ; dans les Nègres, au contraire, elle donne à la peau une couleur ineffaçable, et qui noircit toujours de plus en plus. M. Kolbe dit avoir remarqué que les enfants des Hottentots, qui naissent blancs comme ceux d'Europe, devenaient olivâtres par l'effet de cette jaunisse qui se répand dans toute la peau trois ou quatre jours après la naissance de l'enfant, et qui dans la suite ne disparaît plus. Cependant cette jaunisse et l'impression actuelle de l'air ne me paraissent être que des causes occasionnelles de la noirceur, et non pas la cause première ; car on remarque que les enfants des Nègres ont, dans le moment même de leur naissance, du noir à la racine des ongles et aux parties génitales : l'action de l'air et la jaunisse serviront, si l'on veut, à étendre cette couleur, mais il est certain que le germe de la noirceur est communiqué aux enfants par les pères et mères, qu'en quelque pays qu'un Nègre vienne au monde il sera noir comme s'il était né dans son propre pays , et que s'il y a quelque différence dès la première génération, elle est si insensible qu'on ne s'en est pas aperçu. Cependant cela ne suffit pas pour qu'on soit en droit d'assurer qu'après un certain nombre de générations cette couleur ne changerait pas sensiblement ; il y a au contraire toutes les raisons du monde pour présumer que, comme elle ne vient originairement que de l'ardeur du climat et de l'action longtemps continuée de la chaleur, elle s'effacerait peu à peu par la température d'un climat froid , et que par conséquent si l'on transportait des Nègres dans une province du Nord, leurs descendants à la huitième, dixième ou douzième génération, seraient beaucoup moins noirs que leurs ancêtres, et peut-être aussi blancs que les peuples originaires du climat froid où ils habiteraient [1].

Les anatomistes ont cherché dans quelle partie de la peau résidait la couleur noire des Nègres : les uns prétendent que ce n'est ni dans le corps de la peau ni dans l'épiderme, mais dans la membrane réticulaire qui se trouve entre l'épiderme et la peau *b* ; que cette membrane lavée et tenue dans l'eau tiède pendant fort longtemps ne change pas de couleur et reste toujours noire, au lieu que la peau et la surpeau paraissent être à peu près

a. Voyez l'*Histoire de l'Académie des Sciences*, année 1702, p. 32.

b. Voyez l'*Histoire de l'Académie des Sciences*, année 1702, p. 32.

1. Voyez la note 2 de la page 195.

aussi blanches que celles des autres hommes [1]. Le docteur Towns, et quelques autres, ont prétendu que le sang des Nègres était beaucoup plus noir que celui des Blancs; je n'ai pas été à portée de vérifier ce fait, que je serais assez porté à croire, car j'ai remarqué que les hommes, parmi nous, qui ont le teint basané, jaunâtre et brun, ont le sang plus noir que les autres, et ces auteurs prétendent que la couleur des Nègres vient de celle de leur sang [a]. M. Barrère [2], qui paraît avoir examiné la chose de plus près qu'aucun autre [b], dit, aussi bien que M. Winslow [c], que l'épiderme des Nègres est noir, et que s'il a paru blanc à ceux qui l'ont examiné, c'est parce qu'il est extrêmement mince et transparent, mais qu'il est réellement aussi noir que de la corne noire qu'on aurait réduite à une aussi petite épaisseur : ils assurent aussi que la peau des Nègres est d'un rouge brun approchant du noir; cette couleur de l'épiderme et de la peau des Nègres est produite, selon M. Barrère, par la bile, qui dans les Nègres n'est pas jaune, mais toujours noire comme de l'encre, comme il croit s'en être assuré sur plusieurs cadavres de Nègres qu'il a eu occasion de disséquer à Cayenne : la bile teint en effet la peau des hommes blancs en jaune lorsqu'elle se répand, et il y a apparence que, si elle était noire, elle la teindrait en noir; mais dès que l'épanchement de bile cesse, la peau reprend sa blancheur naturelle : il faudrait donc supposer que la bile est toujours répandue dans les Nègres, ou bien que, comme le dit M. Barrère, elle fût si abondante qu'elle se séparât naturellement dans l'épiderme en assez grande quantité pour lui donner cette couleur noire. Au reste, il est probable que la bile et le sang sont plus bruns dans les Nègres que dans les Blancs, comme la peau est aussi plus noire; mais l'un de ces faits ne peut pas servir à expliquer la cause de l'autre, car si l'on prétend que c'est le sang ou la bile qui, par leur noirceur, donnent cette couleur à la peau, alors au lieu de demander pourquoi les Nègres ont la peau noire, on demandera pourquoi ils ont la bile ou le sang noir; ce n'est donc qu'éloigner la question, au lieu de la résoudre.

a. Voyez l'Écrit du docteur Towns, adressé à la Société royale de Londres.

b. Voyez la *Dissertation sur la couleur des nègres*, par M. Barrère. Paris, 1741.

c. Voyez *Exposition anatomique du corps humain*, par M. Winslow, p. 489.

1. J'ai trouvé dans la peau du Nègre et de l'Américain, entre l'épiderme et le derme, une couche de matière sécrétée ou *pigmentale*, noire dans le Nègre, rouge ou plutôt couleur de cuivre dans l'Américain. Cette couche *pigmentale*, siége de la couleur dans les races humaines colorées, manque dans l'homme de race *blanche*; et cependant telle est ici l'unité profonde des caractères que j'ai retrouvé jusque dans l'homme de race *blanche* un germe de la couche *pigmentale*. Le mamelon de l'homme blanc est coloré, et il doit sa couleur à une couche *pigmentale*, toute semblable à la couche *pigmentale* de l'Américain et du Nègre. Voyez mes *Recherches sur la structure comparée de la peau dans les diverses races humaines*. (*Compte-rendu des séan. de l'Acad. des Sci.*, t. XVII, p. 335.)

2. Pierre Barrère, médecin et naturaliste (déjà cité, p. 322 du Ier volume, pour sa *Dissertation sur l'origine des pierres figurées*, comme il l'est ici pour sa *Dissertation sur la couleur des nègres*.) Il avait séjourné pendant trois années à Cayenne et à la Guyane. Mort en 1755.

Pour moi, j'avoue qu'il m'a toujours paru que la même cause qui nous brunit lorsque nous nous exposons au grand air et aux ardeurs du soleil , cette cause qui fait que les Espagnols sont plus bruns que les Français, et les Maures plus que les Espagnols, fait aussi que les Nègres le sont plus que les Maures : d'ailleurs nous ne voulons pas chercher ici comment cette cause agit, mais seulement nous assurer qu'elle agit, et que ses effets sont d'autant plus grands et plus sensibles qu'elle agit plus fortement et plus longtemps.

La chaleur du climat est la principale cause de la couleur noire[1] : lorsque cette chaleur est excessive, comme au Sénégal et en Guinée, les hommes sont tout à fait noirs ; lorsqu'elle est un peu moins forte , comme sur les côtes orientales de l'Afrique, les hommes sont moins noirs ; lorsqu'elle commence à devenir un peu plus tempérée, comme en Barbarie, au Mogol , en Arabie, etc., les hommes ne sont que bruns ; et enfin lorsqu'elle est tout à fait tempérée , comme en Europe et en Asie , les hommes sont blancs ; on y remarque seulement quelques variétés qui ne viennent que de la manière de vivre ; par exemple, tous les Tartares sont basanés, tandis que les peuples d'Europe qui sont sous la même latitude sont blancs. On doit, ce me semble, attribuer cette différence à ce que les Tartares sont toujours exposés à l'air, qu'ils n'ont ni villes ni demeures fixes , qu'ils couchent sur la terre, qu'ils vivent d'une manière dure et sauvage : cela seul suffit pour qu'ils soient moins blancs que les peuples de l'Europe auxquels il ne manque rien de tout ce qui peut rendre la vie douce. Pourquoi les Chinois sont-ils plus blancs que les Tartares, auxquels ils ressemblent d'ailleurs par tous les traits du visage? c'est parce qu'ils habitent dans des villes , parce qu'ils sont policés , parce qu'ils ont tous les moyens de se garantir des injures de l'air et de la terre, et que les Tartares y sont perpétuellement exposés.

Mais lorsque le froid devient extrême, il produit quelques effets semblables à ceux de la chaleur excessive ; les Samoïèdes, les Lapons, les Groenlandais, sont fort basanés. On assure même , comme nous l'avons dit, qu'il se trouve parmi les Groenlandais des hommes aussi noirs que ceux de l'Afrique ; les deux extrêmes, comme l'on voit, se rapprochent encore ici : un froid très-vif et une chaleur brûlante produisent le même effet sur la peau, parce que l'une et l'autre de ces deux causes agissent par une qualité qui leur est commune. Cette qualité est la sécheresse qui , dans un air très-froid , peut être aussi grande que dans un air chaud ; le froid , comme le chaud, doit dessécher la peau, l'altérer et lui donner cette couleur basanée que l'on trouve dans les Lapons. Le froid resserre, rapetisse et réduit à un moindre volume toutes les productions de la nature ; aussi les Lapons, qui

---

1. « La chaleur du climat est la principale cause de la couleur noire. » Voyez , dans mon *Histoire des travaux et des idées de Buffon* , les raisons sur lesquelles je me fonde pour appuyer et adopter cette opinion.

sont perpétuellement exposés à la rigueur du plus grand froid, sont les plus petits de tous les hommes. Rien ne prouve mieux l'influence du climat que cette race lapone qui se trouve placée tout le long du cercle polaire dans une très-longue zone, dont la largeur est bornée par l'étendue du climat excessivement froid, et finit dès qu'on arrive dans un pays un peu plus tempéré.

Le climat le plus tempéré est depuis le 40° degré jusqu'au 50°; c'est aussi sous cette zone que se trouvent les hommes les plus beaux et les mieux faits; c'est sous ce climat qu'on doit prendre l'idée de la vraie couleur naturelle de l'homme ; c'est là où [1] l'on doit prendre le modèle ou l'unité à laquelle il faut rapporter toutes les autres nuances de couleur et de beauté ; les deux extrêmes sont également éloignés du vrai et du beau : les pays policés situés sous cette zone sont la Géorgie, la Circassie, l'Ukraine, la Turquie d'Europe, la Hongrie, l'Allemagne méridionale, l'Italie, la Suisse, la France et la partie septentrionale de l'Espagne ; tous ces peuples sont aussi les plus beaux et les mieux faits de toute la terre.

On peut donc regarder le climat comme la cause première et presque unique de la couleur des hommes [2]; mais la nourriture, qui fait à la couleur beaucoup moins que le climat, fait beaucoup à la forme. Des nourritures grossières, malsaines ou mal préparées peuvent faire dégénérer l'espèce humaine : tous les peuples qui vivent misérablement sont laids et mal faits ; chez nous-mêmes les gens de la campagne sont plus laids que ceux des villes, et j'ai souvent remarqué que dans les villages où la pauvreté est moins grande que dans les autres villages voisins, les hommes y sont aussi mieux faits et les visages moins laids. L'air et la terre influent beaucoup sur la forme des hommes, des animaux, des plantes : qu'on examine dans le même canton les hommes qui habitent les terres élevées, comme les coteaux ou le dessus des collines, et qu'on les compare avec ceux qui occupent le milieu des vallées voisines, on trouvera que les premiers sont agiles, dispos, bien faits, spirituels, et que les femmes y sont communément jolies, au lieu que dans le plat pays, où la terre est grosse, l'air épais, et l'eau moins pure, les paysans sont grossiers, pesants, mal faits, stupides, et les paysannes presque toutes laides. Qu'on amène des chevaux d'Espagne ou de Barbarie en France, il ne sera pas possible de perpétuer leur race; ils commencent à dégénérer dès la première génération, et à la troisième ou quatrième ces chevaux de race barbe ou espagnole, sans aucun mélange avec d'autres races, ne laisseront pas de devenir des chevaux français [3] : en sorte que, pour perpétuer les beaux chevaux, on est obligé de croiser les races, en

1. *C'est là où...* Voyez la note de la p. 26 du Iᵉʳ vol.
2. Voyez la note de la page précédente.
3. Buffon développera plus complétement, dans la seconde partie de ce volume, ses idées sur l'art de former et de conserver les *races*. J'ajouterai alors quelques notes.

faisant venir de nouveaux étalons d'Espagne ou de Barbarie. Le climat et la nourriture influent donc sur la forme des animaux d'une manière si marquée, qu'on ne peut pas douter de leurs effets; et quoiqu'ils soient moins prompts, moins apparents et moins sensibles sur les hommes, nous devons conclure par analogie que ces effets ont lieu dans l'espèce humaine, et qu'ils se manifestent par les variétés qu'on y trouve.

Tout concourt donc à prouver que le genre humain n'est pas composé d'espèces essentiellement différentes entre elles; qu'au contraire il n'y a eu originairement qu'une seule espèce d'hommes [1], qui, s'étant multipliée et répandue sur toute la surface de la terre, a subi différents changements par l'influence du climat, par la différence de la nourriture, par celle de la manière de vivre, par les maladies épidémiques, et aussi par le mélange varié à l'infini des individus plus ou moins ressemblants; que d'abord ces altérations n'étaient pas si marquées, et ne produisaient que des variétés individuelles; qu'elles sont ensuite devenues variétés de l'espèce, parce qu'elles sont devenues plus générales, plus sensibles et plus constantes par l'action continuée de ces mêmes causes; qu'elles se sont perpétuées et qu'elles se perpétuent de génération en génération, comme les difformités ou les maladies des pères et mères passent à leurs enfants; et qu'enfin, comme elles n'ont été produites originairement que par le concours de causes extérieures et accidentelles, qu'elles n'ont été confirmées et rendues constantes que par le temps et l'action continuée de ces mêmes causes, il est très-probable qu'elles disparaîtraient aussi peu à peu, et avec le temps, ou même qu'elles deviendraient différentes de ce qu'elles sont aujourd'hui, si ces mêmes causes ne subsistaient plus, ou si elles venaient à varier dans d'autres circonstances et par d'autres combinaisons [2].

1. Non-seulement il *n'y a eu originairement qu'une seule espèce d'hommes*, mais *aujourd'hui encore il n'y en a qu'une :* car toutes les *races*, qui composent cette *espèce*, sont fécondes entre elles et d'une fécondité continue. (Voyez mon *Éloge historique de Blumenbach* et mon *Histoire des travaux et des idées de Buffon.*)

2. Buffon vient de rassembler dans ces trois ou quatre dernières pages tout ce que renferme de meilleur et de plus sensé ce beau chapitre de l'*Histoire de l'homme*. Quel que soit le sujet qu'il traite, à mesure qu'il avance, ses idées, de plus en plus travaillées, s'étendent et se rectifient. Il avait le génie des grandes pensées, et c'est par la généralisation que ses conceptions s'épurent. Il ne s'agit plus ici de races d'*hommes à queue* (p. 153), ou *à grosses jambes* (p. 160). Buffon voit clairement que la grande cause des *variétés humaines* est le *climat* (c'est-à-dire la chaleur, la lumière, la nourriture, etc.); il voit que les climats excessifs donnent les races extrêmes; que les climats tempérés donnent seuls le vrai type du *beau humain ;* que les *variétés*, les *races* ne sont donc qu'accidentelles et secondaires; et que par conséquent la primitive et suprême loi est l'*unité physique de l'homme*.

FIN DE L'HISTOIRE NATURELLE DE L'HOMME.

ADDITIONS

A

L'HISTOIRE NATURELLE DE L'HOMME. [1]

ADDITION

A L'ARTICLE DE L'ENFANCE, PAGE 16.

I. — *Enfants nouveau-nés auxquels on est obligé de couper le filet de la langue.*

On doit donner à teter aux enfants dix ou douze heures après leur naissance ; mais il y a quelques enfants qui ont le filet de la langue si court, que cette espèce de bride les empêche de teter, et l'on est obligé de couper ce filet ; ce qui est d'autant plus difficile qu'il est plus court, parce qu'on ne peut pas lever le bout de la langue pour bien voir ce que l'on coupe. Cependant lorsque le filet est coupé, il faut donner à teter à l'enfant tout de suite après l'opération, car il est arrivé quelquefois que faute de cette attention, l'enfant avale sa langue à force de sucer le sang qui coule de la petite plaie qu'on lui a faite [a].

II. — *Sur l'usage du maillot et des corps.*

J'ai dit, page 16, que les bandages du maillot, ainsi que les corps qu'on fait porter aux enfants et aux filles dans leur jeunesse, peuvent corrompre l'assemblage du corps et produire plus de difformités qu'ils n'en préviennent. On commence heureusement à revenir un peu de cet usage préjudiciable, et l'on ne saurait trop répéter ce qui a été dit à ce sujet par les plus savants anatomistes. M. Winslow a observé dans plusieurs femmes et filles de condition, que les côtes inférieures se trouvaient plus basses, et que les portions cartilagineuses de ces côtes étaient plus courbées que dans les filles du bas peuple ; il jugea que cette différence ne pouvait venir que de l'usage habituel des corps qui sont d'ordinaire extrêmement serrés par en bas. Il explique et démontre par de très-bonnes raisons tous les inconvénients qui en résultent ; la respiration gênée par le serrement des côtes inférieures et par la voûte forcée du diaphragme trouble la circulation, occasionne des palpitations, des vertiges, des maladies pulmonaires, etc. ; la compression forcée de l'estomac, du foie et de la rate, peut aussi produire des accidents plus ou moins fâcheux par rapport aux nerfs, comme des faiblesses, des suffocations, des tremblements, etc. [b].

Mais ces maux intérieurs ne sont pas les seuls que l'usage des corps occasionne ; bien loin de redresser les tailles défectueuses, ils ne font qu'en augmenter les défauts, et

a. Voyez les *Observations de M. Petit, sur les maladies des enfants nouveau-nés. Mémoires de l'Académie des Sciences*, année 1742, p. 254.

b. *Mémoires de l'Académie des Sciences*, année 1741, p. 36 et suiv.

1. Ces *Additions* forment la seconde partie du iv⁰ volume des *Suppléments* de l'édition in-4⁰ de l'Imprimerie royale, volume publié en 1777.

toutes les personnes sensées devraient proscrire dans leurs familles l'usage du maillot pour leurs enfants , et plus sévèrement encore l'usage des corps pour leurs filles , surtout avant qu'elles aient atteint leur accroissement en entier.

III. — *Sur l'accroissement successif des enfants, page* 24 *et* 25.

Voici la table de l'accroissement successif d'un jeune homme de la plus belle venue, né le 11 avril 1759, et qui avait,

	Pieds.	Pouces.	Lignes.
Au moment de sa naissance	1	7	»
A six mois, c'est-à-dire, le 11 octobre suivant , il avait	2	»	»

Ainsi son accroissement depuis la naissance dans les premiers six mois a été de cinq pouces.

	Pieds.	Pouces.	Lignes.
A un an, c'est-à-dire, le 11 avril 1760, il avait	2	3	»

Ainsi son accroissement pendant ce second semestre a été de trois pouces.

| A dix-huit mois, c'est-à-dire, le 11 octobre 1760 , il avait | 2 | 6 | » |

Ainsi il avait augmenté dans le troisième semestre de trois pouces.

| A deux ans, c'est-à-dire, le 11 avril 1761, il avait | 2 | 9 | 3 |

Et par conséquent il a augmenté dans le quatrième semestre de trois pouces trois lignes.

| A deux ans et demi, c'est-à-dire, le 11 octobre 1761 , il avait | 2 | 10 | $3\frac{1}{2}$ |

Ainsi il n'a augmenté dans ce cinquième semestre que d'un pouce et une demi-ligne.

| A trois ans , c'est-à-dire, le 11 avril 1762 , il avait | 3 | » | 6 |

Il avait par conséquent augmenté dans ce sixième semestre de deux pouces deux lignes et demie.

| A trois ans et demi, c'est-à-dire, le 11 octobre 1762 , il avait | 3 | 1 | 1 |

Et par conséquent il n'avait augmenté dans ce septième semestre que de sept lignes.

| A quatre ans , c'est-à-dire, le 11 avril 1763 , il avait | 3 | 2 | $10\frac{1}{2}$ |

Il avait donc augmenté dans ce huitième semestre d'un pouce neuf lignes et demie.

| A quatre ans sept mois, c'est-à-dire, le 11 novembre 1763 , il avait | 3 | 4 | $5\frac{1}{2}$ |

Et avait augmenté dans ces sept mois d'un pouce sept lignes.

| A cinq ans , c'est-à-dire, le 11 avril 1764 , il avait | 3 | 5 | 3 |

Il avait donc augmenté dans ces cinq mois de neuf lignes et demie.

| A cinq ans sept mois , c'est-à-dire, le 11 novembre 1764 , il avait | 3 | 6 | 8 |

Il avait donc augmenté dans ces sept mois d'un pouce cinq lignes.

| A six ans, c'est-à-dire, le 11 avril 1765, il avait | 3 | 7 | $6\frac{1}{2}$ |

Il a augmenté dans ces cinq mois de dix lignes et demie.

| A six ans six mois dix-neuf jours , c'est-à-dire, le 30 octobre 1765 , il avait | 3 | 9 | 5 |

Et par conséquent il avait grandi dans ces six mois dix-neuf jours d'un pouce dix lignes et demie.

| A sept ans , c'est-à-dire, le 11 avril 1766 , il avait | 3 | 9 | 11 |

Il n'avait par conséquent grandi dans ces cinq mois onze jours que de six lignes.

| A sept ans trois mois, c'est-à-dire, le 11 juillet 1766 , il avait | 3 | 10 | 11 |

Ainsi dans ces trois mois il a grandi d'un pouce.

| A sept ans et demi, c'est-à-dire, le 11 octobre 1766 , il avait | 3 | 11 | 7 |

Ainsi dans ces trois mois il a grandi de huit lignes.

| A huit ans , c'est-à-dire, le 11 avril 1767 , il avait | 4 | » | 4 |

Et par conséquent il n'a grandi dans ces six mois que de neuf lignes.

| A huit ans et demi, c'est-à-dire, le 11 octobre 1767 , il avait | 4 | 1 | $7\frac{1}{2}$ |

Et par conséquent il avait grandi dans ces six mois d'un pouce trois lignes et demie.

	Pieds.	Pouces.	Lignes.
A neuf ans, c'est-à-dire, le 11 avril 1762, il avait......	4	2	7 $\frac{1}{2}$

Et par conséquent dans ces six mois il a grandi d'un pouce.

	Pieds.	Pouces.	Lignes.
A neuf ans sept mois douze jours, c'est-à-dire, le 23 novembre 1768, il avait.....	4	3	9 $\frac{1}{2}$

Et par conséquent il avait augmenté dans ces sept mois douze jours d'un pouce deux lignes.

	Pieds.	Pouces.	Lignes.
A dix ans, c'est-à-dire, le 11 avril 1769, il avait......	4	4	5 $\frac{1}{2}$

Il avait donc grandi dans ces quatre mois dix-huit jours de huit lignes.

	Pieds.	Pouces.	Lignes.
A onze ans et demi, c'est-à-dire, le 11 octobre 1770, il avait......	4	6	11

Et par conséquent il a grandi dans dix-huit mois de deux pouces cinq lignes et demie.

	Pieds.	Pouces.	Lignes.
A douze ans, c'est-à-dire, le 11 avril 1771, il avait......	4	7	5

Et par conséquent il n'a grandi dans ces six mois que de six lignes.

	Pieds.	Pouces.	Lignes.
A douze ans huit mois, c'est-à-dire, le 11 décembre 1771, il avait......	4	8	11

Et par conséquent il a grandi dans ces huit mois d'un pouce six lignes.

	Pieds.	Pouces.	Lignes.
A treize ans, c'est-à-dire, le 11 avril 1772, il avait......	4	9	4 $\frac{1}{2}$

Ainsi dans ces quatre mois il a grandi de cinq lignes et demie.

	Pieds.	Pouces.	Lignes.
A treize ans et demi, c'est-à-dire, le 11 octobre 1772, il avait......	4	10	7

Il avait donc grandi dans ces six mois d'un pouce deux lignes et demie.

	Pieds.	Pouces.	Lignes.
A quatorze ans, c'est-à-dire, le 11 avril 1773, il avait......	5	»	2

Il avait donc grandi dans ces six mois d'un pouce sept lignes.

	Pieds.	Pouces.	Lignes.
A quatorze ans six mois dix jours, c'est-à-dire, le 21 octobre 1773, il avait.	5	2	6

Et par conséquent il a grandi dans ces six mois dix jours de deux pouces quatre lignes.

	Pieds.	Pouces.	Lignes.
A quinze ans deux jours, c'est-à-dire, le 13 avril 1774, il avait......	5	4	8

Il a donc grandi dans ces cinq mois dix-huit jours de deux pouces deux lignes.

	Pieds.	Pouces.	Lignes.
A quinze ans six mois huit jours, c'est-à-dire, le 19 octobre 1774, il avait...	5	5	7

Il n'a donc grandi dans ces six mois six jours que de onze lignes.

	Pieds.	Pouces.	Lignes.
A seize ans trois mois huit jours, c'est-à-dire, le 19 juillet 1775, il avait....	5	7	» $\frac{1}{2}$

Il a donc grandi dans ces neuf mois d'un pouce cinq lignes et demie.

	Pieds.	Pouces.	Lignes.
A seize ans six mois six jours, c'est-à-dire, le 17 octobre 1775, il avait......	5	7	9

Il a donc grandi dans ces deux mois vingt-huit jours de huit lignes et demie.

	Pieds.	Pouces.	Lignes.
A dix-sept ans deux jours, c'est-à-dire, le 13 avril 1776, il avait......	5	8	2

Il n'avait donc grandi dans ces six mois deux jours que de cinq lignes.

	Pieds.	Pouces.	Lignes.
A dix-sept ans un mois neuf jours, c'est-à-dire, le 20 mai 1776, il avait.....	5	8	5 $\frac{1}{4}$

Il avait donc grandi dans un mois sept jours de trois lignes trois quarts.

	Pieds.	Pouces.	Lignes.
A dix-sept ans cinq mois cinq jours, c'est-à-dire, le 16 septembre 1776, il avait.....	5	8	10 $\frac{1}{2}$

Il avait donc grandi dans ces trois mois vingt-six jours de quatre lignes un quart.

	Pieds.	Pouces.	Lignes.
A dix-sept ans sept mois et quatre jours, c'est-à-dire, le 11 novembre 1776, il avait.....	5	9	»

Toujours mesuré pieds nus et de la même manière, et il n'a par conséquent grandi dans ces deux derniers mois que d'une ligne et demie.

Depuis ce temps, c'est-à-dire depuis quatre mois et demi, la taille de ce grand jeune homme est, pour ainsi dire, stationnaire, et M. son père a remarqué que pour peu qu'il ait voyagé, couru, dansé la veille du jour où l'on prend sa mesure, il est au-dessous des neuf pouces le lendemain matin ; cette mesure se prend toujours avec la même toise, la même équerre et par la même personne. Le 30 janvier dernier, après avoir passé toute la nuit au bal, il avait perdu dix-huit bonnes lignes ; il n'avait dans ce moment que cinq pieds sept pouces six lignes faibles ; diminution bien considérable que néanmoins vingt-quatre heures de repos ont rétablie.

Il paraît, en comparant l'accroissement pendant les semestres d'été à celui des semestres d'hiver, que jusqu'à l'âge de cinq ans, la somme moyenne de l'accroissement pendant l'hiver est égale à la somme de l'accroissement pendant l'été.

Mais en comparant l'accroissement pendant les semestres d'été à l'accroissement des semestres d'hiver, depuis l'âge de cinq ans jusqu'à dix, on trouve une très-grande différence, car la somme moyenne des accroissements pendant l'été est de sept pouces une ligne, tandis que la somme des accroissements pendant l'hiver n'est que de quatre pouces une ligne et demie.

Et lorsque l'on compare, dans les années suivantes, l'accroissement pendant l'hiver à celui de l'été, la différence devient moins grande ; mais il me semble néanmoins qu'on peut conclure de cette observation que l'accroissement du corps est bien plus prompt en été qu'en hiver, et que la chaleur, qui agit généralement sur le développement de tous les êtres organisés, influe considérablement sur l'accroissement du corps humain. Il serait à désirer que plusieurs personnes prissent la peine de faire une table pareille à celle-ci sur l'accroissement de quelques-uns de leurs enfants. On en pourrait déduire des conséquences que je ne crois pas devoir hasarder d'après ce seul exemple ; il m'a été fourni par M. Gueneau de Montbeillard, qui s'est donné le plaisir de prendre toutes ces mesures sur son fils.

On a vu des exemples d'un accroissement très-prompt dans quelques individus ; l'Histoire de l'Académie fait mention d'un enfant des environs de Falaise en Normandie qui, n'étant pas plus gros ni plus grand qu'un enfant ordinaire en naissant, avait grandi d'un demi-pied chaque année, jusqu'à l'âge de quatre ans où il était parvenu à trois pieds et demi de hauteur, et dans les trois années suivantes il avait encore grandi de quatorze pouces quatre lignes, en sorte qu'il avait, à l'âge de sept ans, quatre pieds huit pouces quatre lignes, étant sans souliers [a]. Mais cet accroissement si prompt dans le premier âge de cet enfant s'est ensuite ralenti ; car dans les trois années suivantes il n'a crû que de trois pouces deux lignes, en sorte qu'à l'âge de dix ans il n'avait que quatre pieds onze pouces six lignes, et dans les deux années suivantes il n'a crû que d'un pouce de plus ; en sorte qu'à douze ans il avait en tout cinq pieds six lignes. Mais comme ce grand enfant était en même temps d'une force extraordinaire et qu'il avait des signes de puberté dès l'âge de cinq à six ans, on pourrait présumer qu'ayant abusé des forces prématurées de son tempérament, son accroissement s'était ralenti par cette cause [b].

Un autre exemple d'un très-prompt accroissement est celui d'un enfant né en Angleterre, et dont il est parlé dans les Transactions philosophiques, n° 475, art. II.

Cet enfant, âgé de deux ans et dix mois, avait trois pieds huit pouces et demi.

A trois ans un mois, c'est-à-dire trois mois après, il avait trois pieds onze pouces.

Il pesait alors quatre stones, c'est-à-dire 56 livres.

Le père et la mère étaient de taille commune, et l'enfant, quand il vint au monde, n'avait rien d'extraordinaire : seulement les parties de la génération étaient d'une grandeur remarquable. A trois ans la verge en repos avait trois pouces de longueur, et en action quatre pouces trois dixièmes, et toutes les parties de la génération étaient accompagnées d'un poil épais et frisé.

A cet âge de trois ans il avait la voix mâle, l'intelligence d'un enfant de cinq à six ans, et il battait et terrassait ceux de neuf ou dix ans.

Il eût été à désirer qu'on eût suivi plus loin l'accroissement de cet enfant si précoce, mais je n'ai rien trouvé de plus à ce sujet dans les Transactions philosophiques.

Pline parle d'un enfant de deux ans qui avait trois coudées, c'est-à-dire quatre pieds

a. *Histoire de l'Académie des Sciences*, année 1736, p. 55.
b. *Ibid.* année 1741, p. 21.

et demi ; cet enfant marchait lentement, il était encore sans raison, quoiqu'il fût déjà pubère, avec une voix mâle et forte ; il mourut tout à coup à l'âge de trois ans par une contraction convulsive de tous ses membres. Pline ajoute avoir vu lui-même un accroissement à peu près pareil dans le fils de Corneille Tacite, chevalier romain, à l'exception de la puberté qui lui manquait, et il semble que ces individus précoces fussent plus communs autrefois qu'ils ne le sont aujourd'hui, car Pline dit expressément que les Grecs les appelaient *ectrapelos*, mais qu'ils n'ont point de nom dans la langue latine. *Pline*, lib. VII, cap. 16.

ADDITION

A L'ARTICLE DE LA PUBERTÉ, PAGE 27.

Dans l'histoire de la nature entière, rien ne nous touche de plus près que l'histoire de l'homme, et dans cette histoire physique de l'homme, rien n'est plus agréable et plus piquant que le tableau fidèle de ces premiers moments où l'homme se peut dire homme. L'âge de la première et de la seconde enfance d'abord ne nous présente qu'un état de misère qui demande toute espèce de secours, et ensuite un état de faiblesse qu'il faut soutenir par des soins continuels. Tant pour l'esprit que pour le corps, l'enfant n'est rien ou n'est que peu de chose jusqu'à l'âge de puberté ; mais cet âge est l'aurore de nos premiers beaux jours, c'est le moment où toutes les facultés, tant corporelles qu'intellectuelles, commencent à entrer en plein exercice ; où les organes ayant acquis tout leur développement, le sentiment s'épanouit comme une belle fleur qui bientôt doit produire le fruit précieux de la raison. En ne considérant ici que le corps et les sens, l'existence de l'homme ne nous paraîtra complète que quand il peut la communiquer ; jusqu'alors sa vie n'est pour ainsi dire qu'une végétation, il n'a que ce qu'il faut pour être et pour croître, toutes les puissances intérieures de son corps se réduisent à sa nutrition et à son développement ; les principes de vie qui consistent dans les molécules organiques vivantes qu'il tire des aliments ne sont employés qu'à maintenir la nutrition, et sont tous absorbés par l'accroissement du moule qui s'étend dans toutes ses dimensions ; mais lorsque cet accroissement du corps est à peu près à son point, ces mêmes molécules organiques vivantes, qui ne sont plus employées à l'extension du moule, forment une surabondance de vie qui doit se répandre au dehors pour se communiquer : le vœu de la nature n'est pas de renfermer notre existence en nous-mêmes ; par la même loi qu'elle a soumis tous les êtres à la mort, elle les a consolés par la faculté de se reproduire ; elle veut donc que cette surabondance de matière vivante se répande et soit employée à de nouvelles vies, et quand on s'obstine à contrarier la nature, il en arrive souvent de funestes effets, dont il est bon de donner quelques exemples.

Extrait d'un mémoire adressé à M. de Buffon par M. ***, le 1er octobre 1774.

« Je naquis de parents jeunes et robustes ; je passai du sein de ma mère entre ses
« bras pour y être nourri de son lait ; mes organes et mes membres se développèrent
« rapidement, je n'éprouvai aucune des maladies de l'enfance. J'avais de la facilité pour
« apprendre et beaucoup d'acquis pour mon âge. A peine avais-je onze ans que la force
« et la maturité précoce de mon tempérament me firent sentir vivement les aiguillons
« d'une passion qui communément ne se déclare que plus tard. Sans doute je me serais
« livré dès lors au plaisir qui m'entraînait ; mais prémuni par les leçons de mes parents
« qui me destinaient à l'état ecclésiastique, envisageant ces plaisirs comme des crimes,
« je me contins rigoureusement, en avouant néanmoins à mon père que l'état ecclésias-
« tique n'était point ma vocation ; mais il fut sourd à mes représentations, et il fortifia

« ses vues par le choix d'un directeur, dont l'unique occupation était de former de
« jeunes ecclésiastiques, il me remit entre ses mains ; je ne lui laissai pas ignorer l'op-
« position que je me sentais pour la continence ; il me persuada que je n'en aurais que
« plus de mérite, et je fis de bonne foi le vœu de n'y jamais manquer. Je m'efforçais
« de chasser les idées contraires et d'étouffer mes désirs : je ne me permettais aucun
« mouvement qui eût trait à l'inclination de la nature ; je captivai mes regards et ne les
« portai jamais sur une personne du sexe ; j'imposai la même loi à mes autres sens ;
« cependant le besoin de la nature se faisait sentir si vivement que je faisais des efforts
« incroyables pour y résister, et de cette opposition, de ce combat intérieur, il résul-
« tait une stupeur, une espèce d'agonie qui me rendait semblable à un automate, et
« m'ôtait jusqu'à la faculté de penser. La nature, autrefois si riante à mes yeux, ne
« m'offrait plus que des objets tristes et lugubres ; cette tristesse, dans laquelle je vivais,
« éteignit en moi le désir de m'instruire, et je parvins stupidement à l'âge auquel il fut
« question de se décider pour la prêtrise : cet état n'exigeant pas de moi une pratique
« de la continence plus parfaite que celle que j'avais déjà observée, je me rendis aux
« pieds des autels avec cette pesanteur qui accompagnait toutes mes actions ; après mon
« vœu, je me crus néanmoins lié plus étroitement à celui de chasteté, et à l'observance
« de ce vœu auquel je n'avais ci-devant été obligé que comme simple chrétien. Il y
« avait une chose qui m'avait fait toujours beaucoup de peine ; l'attention avec laquelle
« je veillais sur moi pendant le jour empêchait les images obscènes de faire sur mon
« imagination une impression assez vive et assez longue pour émouvoir les organes de
« la génération au point de procurer l'évacuation de l'humeur séminale ; mais pendant
« le sommeil la nature obtenait son soulagement, ce qui me paraissait un désordre qu
« m'affligeait vivement, parce que je craignais qu'il n'y eût de ma faute, en sorte que je
« diminuai considérablement ma nourriture ; je redoublai surtout mon attention et ma
« vigilance sur moi-même, au point que pendant le sommeil, la moindre disposition
« qui tendait à ce désordre m'éveillait sur-le-champ, et je l'évitais en me levant en
« sursaut. Il y avait un mois que je vivais dans ce redoublement d'attention, et j'étais
« dans la trente-deuxième année de mon âge, lorsque tout à coup cette continence forcée
« porta dans tous mes sens une sensibilité ou plutôt une irritation que je n'avais jamais
« éprouvée : étant allé dans une maison, je portai mes regards sur deux personnes du
« sexe qui firent sur mes yeux et de là dans mon imagination une si forte impression
« qu'elles me parurent vivement enluminées et resplendissantes d'un feu semblable à
« des étincelles électriques ; une troisième femme, qui était auprès des deux autres, ne
« me fit aucun effet, et j'en dirai ci-après la raison ; je la voyais telle qu'elle était, c'est-
« à-dire sans apparence d'étincelles ni de feu. Je me retirai brusquement, croyant que
« cette apparence était un prestige du démon ; dans le reste de la journée, mes regards
« ayant rencontré quelques autres personnes du sexe, j'eus les mêmes illusions. Le
« lendemain je vis dans la campagne des femmes qui me causèrent les mêmes impres-
« sions, et lorsque je fus arrivé à la ville, voulant me rafraîchir à l'auberge, le vin, le
« pain et tous les autres objets me paraissaient troubles et même dans une situation
« renversée. Le jour suivant, environ une demi-heure après le repas, je sentis tout à coup
« dans tous mes membres une contraction et une tension violentes, accompagnées d'un
« mouvement affreux et convulsif, semblable à celui dont sont suivies les attaques
« d'épilepsie les plus violentes. A cet état convulsif succéda le délire ; la saignée ne
« m'apporta aucun soulagement ; les bains froids ne me calmèrent que pour un instant :
« dès que la chaleur fut revenue, mon imagination fut assaillie par une foule d'images
« obscènes que lui suggérait le besoin de la nature. Cet état de délire convulsif dura
« plusieurs jours, et mon imagination toujours occupée de ces mêmes objets, auxquels
« se mêlèrent des chimères de toute espèce, et surtout des fureurs guerrières, dans les-

« quelles je pris les quatre colonnes de mon lit, dont je ne fis qu'un paquet, et en lançai
« une avec tant de force contre la porte de ma chambre, que je la fis sortir des gonds ;
« mes parents m'enchaînèrent les mains et me lièrent le corps. La vue de mes chaînes,
« qui étaient de fer, fit une impression si forte sur mon imagination que je restai plus
« de quinze jours sans pouvoir fixer mes regards sur aucune pièce de fer sans une
« extrême horreur. Au bout de quinze jours, comme je paraissais plus tranquille, on
« me délivra de mes chaînes, et j'eus ensuite un sommeil assez calme, mais qui fut
« suivi d'un accès de délire aussi violent que les précédents. Je sortis de mon lit brus-
« quement, et j'avais déjà traversé les cours et le jardin, lorsque des gens accourus
« vinrent me saisir ; je me laissai ramener sans grande résistance; mon imagination était,
« dans ce moment et les jours suivants, si fort exaltée, que je dessinais des plans et des
« compartiments sur le sol de ma chambre ; j'avais le coup d'œil si juste et la main si
« assurée, que sans aucun instrument je les traçais avec une justesse étonnante ; mes
« parents et d'autres gens simples, étonnés de me voir un talent que je n'avais jamais
« cultivé, et d'ailleurs ayant vu beaucoup d'autres singularités dans le cours de ma
« maladie, s'imaginèrent qu'il y avait dans tout cela du sortilége, et en conséquence ils
« firent venir des charlatans de toute espèce pour me guérir ; mais je les reçus fort
« mal, car quoiqu'il y eût toujours chez moi de l'aliénation, mon esprit et mon carac-
« tère avaient déjà pris une tournure différente de celle que m'avait donnée ma triste
« éducation. Je n'étais plus d'humeur à croire les fadaises dont j'avais été infatué ; je
« tombai donc impétueusement sur ces guérisseurs de sorciers et je les mis en fuite.
« J'eus en conséquence plusieurs accès de fureur guerrière dans lesquelles j'imaginai
« être successivement Achille, César et Henri IV. J'exprimais par mes paroles et par
« mes gestes leurs caractères, leur maintien et leurs principales opérations de guerre,
« au point que tous les gens qui m'environnaient en étaient stupéfiés.

« Peu de temps après je déclarai que je voulais me marier; il me semblait voir devant
« moi des femmes de toutes les nations et de toutes les couleurs : des blanches, des
« rouges, des jaunes, des vertes, des basanées, etc., quoique je n'eusse jamais su qu'il
« y eût des femmes d'autres couleurs que des blanches et des noires; mais j'ai depuis
« reconnu, à ce trait et à plusieurs autres, que par le genre de maladie que j'avais, mes
« esprits exaltés au suprême degré, il se faisait une secrète transmutation d'eux aux
« corps qui étaient dans la nature, ou de ceux-ci à moi, qui semblait me faire deviner
« ce qu'elle avait de secret ; ou peut-être que mon imagination, dans son extrême acti-
« vité, ne laissant aucune image à parcourir, devait rencontrer tout ce qu'il y a dans la
« nature, et c'est ce qui, je pense, aura fait attribuer aux fous le don de la devination.
« Quoi qu'il en soit, le besoin de la nature pressant, et n'étant plus, comme auparavant,
« combattu par mon opinion, je fus obligé d'opter entre toutes ces femmes ; j'en choisis
« d'abord quelques-unes qui répondaient au nombre des différentes nations que j'ima-
« ginais avoir vaincues dans mes accès de fureur guerrière ; il me semblait devoir
« épouser chacune de ces femmes selon les lois et les coutumes de sa nation : il y en
« avait une que je regardais comme la reine de toutes les autres; c'était une jeune
« demoiselle que j'avais vue quatre jours avant le commencement de ma maladie ; j'en
« étais dans ce moment éperdument amoureux, j'exprimais mes désirs tout haut de la
« manière la plus vive et la plus énergique ; je n'avais cependant jamais lu aucun roman
« d'amour, de ma vie je n'avais fait aucune caresse ni même donné un baiser à une
« femme ; je parlais néanmoins très-indécemment de mon amour à tout le monde, sans
« songer à mon état de prêtre : j'étais fort surpris de ce que mes parents blâmaient mes
« propos et condamnaient mon inclination. Un sommeil assez tranquille suivit cet état
« de crise amoureuse, pendant laquelle je n'avais senti que du plaisir, et après ce som-
« meil revinrent le sens et la raison. Réfléchissant alors sur la cause de ma maladie, je

« vis clairement qu'elle avait été causée par la surabondance et la rétention forcée de
« l'humeur séminale, et voici les réflexions que je fis sur le changement subit de mon
« caractère et de toutes mes pensées.

« 1° Une bonne nature et un excellent tempérament, toujours contredits dans leurs
« inclinations et refusés à leurs besoins, durent s'aigrir et s'indisposer, d'où il arriva
« que mon caractère, naturellement porté à la joie et à la gaieté, se tourna au chagrin
« et à la tristesse, qui couvrirent mon âme d'épaisses ténèbres, et, engourdissant toutes
« ses facultés d'un froid mortel, étouffèrent les germes des talents que j'avais senti
« pointer dans ma première jeunesse, dont j'ai dû depuis retrouver les traces, mais,
« hélas ! presque effacées faute de culture.

« 2° J'aurais eu bien plus tôt la maladie différée à l'âge de trente-deux ans, si la nature
« et mon tempérament n'eussent été souvent et comme périodiquement soulagés par
« l'évacuation de l'humeur séminale procurée par l'illusion et les songes de la nuit ; en
« effet, ces sortes d'évacuations étaient toujours précédées d'une pesanteur de corps et
« d'esprit, d'une tristesse et d'un abattement qui m'inspiraient une espèce de fureur,
« qui approchait du désespoir d'Origène, car j'avais été tenté mille fois de me faire la
« même opération.

« 3° Ayant redoublé mes soins et ma vigilance pour éviter l'unique soulagement que
« se procurait furtivement la nature, l'humeur séminale dut augmenter et s'échauffer,
« et, d'après cette abondance et effervescence, se porter aux yeux qui sont le siége et
« les interprètes des passions, surtout de l'amour, comme on le voit dans les animaux,
« dont les yeux, dans l'acte, deviennent étincelants. L'humeur séminale dut produire
« le même effet dans les miens, et les parties de feu dont elle était pleine, portant
« vivement contre la vitre de mes yeux, durent y exciter un mouvement violent et
« rapide, semblable à celui qu'excite la machine électrique, d'où il dut résulter le même
« effet et les objets me paraître enflammés, non pas tous indifféremment, mais ceux
« qui avaient rapport avec mes dispositions particulières, ceux de qui émanaient cer-
« tains corpuscules qui, formant une continuité entre eux et moi, nous mettaient dans
« une espèce de contact ; d'où il arriva que des trois premières femmes que je vis toutes
« trois ensemble, il n'y en eut que deux qui firent sur moi cette impression singulière,
« et c'est parce que la troisième était enceinte qu'elle ne me donna point de désirs, et
« que je ne la vis que telle qu'elle était.

« 4° L'humeur devenant de jour en jour plus abondante, et ne trouvant point d'issue,
« par la résolution constante où j'étais de garder la continence, porta tout d'un coup à
« la tête, et y causa le délire suivi de convulsions.

« On comprendra aisément que cette même humeur trop abondante, jointe à une
« excellente organisation, devait exalter mon imagination ; toute ma vie n'avait été qu'un
« effort vers la vertu de la chasteté ; la passion de l'amour, qui d'après mes disposi-
« tions naturelles aurait dû se faire sentir la première, fut la dernière à me conquérir ;
« ce n'est pas qu'elle n'eût formé la première de violentes attaques contre mon âme ;
« mais mon état, toujours présent à ma mémoire, faisait que je la regardais avec hor-
« reur, et ce ne fut que quand j'eus entièrement oublié mon état, et au bout des six
« mois que dura ma maladie, que je me livrai à cette passion, et que je ne repoussai
« pas les images qui pouvaient la satisfaire.

« Au reste, je ne me flatte pas d'avoir donné une idée juste, ni un détail exact de
« l'excès et de la multiplicité des maux et des douleurs qu'a soufferts en moi la nature
« dans le cours de ma malheureuse jeunesse, ni même dans cette dernière crise ; j'en
« ai rapporté fidèlement les traits principaux ; et après cette étonnante maladie, me
« considérant moi-même, je ne vis qu'un triste et infortuné mortel, honteux et confus
« de son état, mis entre le marteau et l'enclume, en opposition avec les devoirs de

« religion et la nécessité de nature ; menacé de maladie s'il refusait celle-ci , de honte
« et d'ignominie s'il abandonnait celui-là : affreuse alternative ! Aussi fus-je tenté de
« maudire le jour qui m'avait rendu la lumière ; plus d'une fois je m'écriai avec Job :
« *Lux cur data misero !* »

Je termine ici l'extrait de ce mémoire de M.*** , qui m'est venu voir de fort loin pour
m'en certifier les faits ; c'est un homme bien fait, très-vigoureux de corps et en même
temps spirituel, honnête et très-religieux ; je ne puis donc douter de sa véracité. J'ai
vu sous mes yeux l'exemple d'un autre ecclésiastique qui, désespéré de manquer trop
souvent aux devoirs de son état, s'est fait lui-même l'opération d'Origène. La rétention
trop longue de la liqueur séminale peut donc causer de grands maux d'esprit et de
corps, la démence et l'épilepsie ; car la maladie de M. *** n'était qu'un délire épileptique
qui a duré six mois. La plupart des animaux entrent en fureur dans le temps du rut,
ou tombent en convulsion lorsqu'ils ne peuvent satisfaire ce besoin de nature ; les perroquets, les serins, les bouvreuils et plusieurs autres oiseaux éprouvent tous les effets
d'une véritable épilepsie lorsqu'ils sont privés de leurs femelles. On a souvent remarqué dans les serins que c'est au moment qu'ils chantent le plus fort. Or, comme je l'ai
dit [a], le chant est dans les oiseaux l'expression vive du sentiment d'amour ; un serin
séparé de sa femelle, qui la voit sans pouvoir l'approcher, ne cesse de chanter, et tombe
enfin tout à coup faute de jouissance ou plutôt de l'émission de cette liqueur de vie,
dont la nature ne veut pas qu'on renferme la surabondance, et qu'au contraire elle a
destinée à se répandre au dehors, et passer de corps en corps.

Mais ce n'est que dans la force de l'âge et pour les hommes vigoureux que cette évacuation est absolument nécessaire ; elle n'est même salutaire qu'aux hommes qui savent
se modérer ; pour peu qu'on se trompe en prenant ses désirs pour des besoins, il résulte
plus de mal de la jouissance que de la privation : on a peut-être mille exemples de gens
perdus par les excès, pour un seul malade de continence. Dans le commun des hommes,
dès que l'on a passé cinquante-cinq ou soixante ans, on peut garder en conscience et
sans grand tourment cette liqueur, qui, quoique aussi abondante, est bien moins pro-
vocante que dans la jeunesse ; c'est même un baume pour l'âge avancé ; nous finissons
à tous égards comme nous avons commencé. L'on sait que dans l'enfance, et jusqu'à
la pleine puberté, il y a de l'érection sans aucune émission ; la même chose se trouve
dans la vieillesse, l'érection se fait encore sentir assez longtemps après que le besoin
de l'évacuation a cessé, et rien ne fait plus de mal aux vieillards que de se laisser tromper par ce premier signe qui ne devrait pas leur en imposer, car il n'est jamais aussi
plein ni aussi parfait que dans la jeunesse, il ne dure que peu de minutes, il n'est point
accompagné de ces aiguillons de la chair, qui seuls nous font sentir le vrai besoin de
nature dans la vigueur de l'âge ; ce n'est ni le toucher ni la vue qu'on est le plus pressé
de satisfaire, c'est un sens different, un sens intérieur et particulier bien éloigné du
siége des autres sens, par lequel la chair se sent vivante, non-seulement dans les parties de la génération, mais dans toutes celles qui les avoisinent : dès que ce sentiment
n'existe plus, la chair est morte au plaisir, et la continence est plus salutaire que nuisible.

a. *Histoire naturelle des oiseaux*, t. I. Discours sur la nature des oiseaux.

ADDITION

A L'ARTICLE DE LA DESCRIPTION DE L'HOMME, PAGES 66 ET 67.

I. — *Hommes d'une grosseur extraordinaire.*

Il se trouve quelquefois des hommes d'une grosseur extraordinaire : l'Angleterre nous en fournit plusieurs exemples. Dans un voyage que le roi Georges II fit en 1724 pour visiter quelques-unes de ses provinces, on lui présenta un homme du comté de Lincoln, qui pesait cinq cent quatre-vingt-trois livres poids de marc; la circonférence de son corps était de dix pieds anglais, et sa hauteur de six pieds quatre pouces; il mangeait dix-huit livres de bœuf par jour; il est mort avant l'âge de vingt-neuf ans, . et il a laissé sept enfants *a*.

Dans l'année 1750, le 10 novembre, un Anglais nommé Édouard Brimht, marchand, mourut âgé de vingt-neuf ans à Malder en Essex; il pesait six cent neuf livres poids anglais, et cinq cent cinquante-sept livres poids de Nuremberg; sa grosseur était si prodigieuse, que sept personnes d'une taille médiocre pouvaient tenir ensemble dans son habit et le boutonner *b*.

Un exemple encore plus récent est celui qui est rapporté dans la Gazette anglaise du 24 juin 1775, dont voici l'extrait :

« M. Sponer est mort dans la province de Warwick. On le regardait comme l'homme « le plus gros d'Angleterre, car quatre ou cinq semaines avant sa mort il pesait qua- « rante *stones* neuf livres (c'est-à-dire, 649 livres); il était âgé de cinquante-sept ans, « et il n'avait pas pu se promener à pied depuis plusieurs années; mais il prenait l'air « dans une charrette aussi légère qu'il était pesant, attelée d'un bon cheval; mesuré « après sa mort, sa largeur d'une épaule à l'autre était de quatre pieds trois pouces : il « a été amené au cimetière dans sa charrette de promenade. On fit le cercueil beaucoup « trop long, à dessein de donner assez de place aux personnes qui devaient porter le « corps, de la charrette à l'église, et de là à la fosse. Treize hommes portaient ce corps, « six à chaque côté et un à l'extrémité. La graisse de cet homme sauva sa vie il y a « quelques années; il était à la foire d'Atherston, où s'étant querellé avec un juif, celui- « ci lui donna un coup de canif dans le ventre; mais la lame étant courte, ne lui « perça pas les boyaux, et même elle n'était pas assez longue pour passer au travers de « la graisse. »

On trouve encore dans les *Transactions philosophiques*, n° 479, art. 2, un exemple de deux frères, dont l'un pesait trente-cinq stones, c'est-à-dire quatre cent quatre-vingt-dix livres, et l'autre trente-quatre stones, c'est-à-dire quatre cent soixante-seize livres, à quatorze livres le stone.

Nous n'avons pas d'exemples en France d'une grosseur aussi monstrueuse; je me suis informé des plus gros hommes, soit à Paris, soit en province, et jamais leur poids n'a été de plus de trois cent soixante, et tout au plus trois cent quatre-vingts livres, encore ces exemples sont-ils très-rares : le poids d'un homme de cinq pieds six pouces doit être de cent soixante à cent quatre-vingts livres; il est déjà gros s'il pèse deux cents livres, trop gros s'il en pèse deux cent trente, et beaucoup trop épais s'il pèse deux cent cinquante et au-dessus; le poids d'un homme de six pieds de hauteur doit être de deux cent vingt livres; il sera déjà gros, relativement à sa taille, s'il pèse deux

---

a. Voyez les Gazettes anglaises. Décembre 1724.

b. *Linn. Natur. system.* Édit. allemande. Nuremberg, 1773, Ier vol, p. 104, avec la figure de ce très-gros homme, *pl.* 2.

cent soixante, trop gros à deux cent quatre-vingts, énorme à trois cents et au-dessus. Et si l'on suit cette même proportion, un homme de six pieds et demi de hauteur peut peser deux cent quatre-vingt-dix livres sans paraître trop gros, et un géant de sept pieds de grandeur doit pour être bien proportionné peser au moins trois cent cinquante livres ; un géant de sept pieds et demi, plus de quatre cent cinquante livres ; et enfin un géant de huit pieds doit peser cinq cent vingt ou cinq cent quarante livres, si la grosseur de son corps et de ses membres est dans les mêmes proportions que celles d'un homme bien fait.

GÉANTS.

II. — *Exemples de géants d'environ sept pieds de grandeur, et au-dessus.*

Le géant qu'on a vu à Paris en 1735, et qui avait six pieds huit pouces huit lignes, était né en Finlande sur les confins de la Laponie méridionale, dans un village peu éloigné de Tornéo.

Le géant de Toresby en Angleterre, haut de sept pieds cinq pouces anglais.

Le géant, portier du duc de Wurtemberg en Allemagne, de sept pieds et demi du Rhin.

Trois autres géants vus en Angleterre, l'un de sept pieds six pouces, l'autre de sept pieds sept pouces, et le troisième de sept pieds huit pouces.

Le géant Cajanus en Finlande, de sept pieds huit pouces du Rhin, ou huit pieds mesure de Suède.

Un paysan suédois de même grandeur, de huit pieds mesure de Suède.

Un garde du duc de Brunswick-Hanovre, de huit pieds six pouces d'Amsterdam.

Le géant Gilli, de Trente dans le Tyrol, de huit pieds deux pouces, mesure suédoise.

Un Suédois, garde du roi de Prusse, de huit pieds six pouces, mesure de Suède.

Tous ces géants sont cités, avec d'autres moins grands, par M. Schreber, *Hist. des quadrup.* Erlang., 1775, t. I, p. 35 et 36.

Goliath, *de Geth altitudinis sex cubitorum et palmi*, I Reg., c. XVII, v. 4. En donnant à la coudée dix-huit pouces de hauteur, le géant Goliath avait neuf pieds quatre pouces de grandeur.

« Solus quippe Og rex Bazan restiterat de stirpe gigantum : monstratus lectus ejus « ferreus qui est in Rabath..... novem cubitos habens longitudinis et quatuor latitu- « dinis ad mensuram cubiti virilis manus. » Deuteron., c. III, v. 11.

M. Le Cat, dans un mémoire lu à l'Académie de Rouen, fait mention des géants cités dans l'Écriture sainte et par les auteurs profanes. Il dit avoir vu lui-même plusieurs géants de sept pieds, et quelques-uns de huit, entre autres le géant qui se faisait voir à Rouen en 1735, qui avait huit pieds quelques pouces. Il cite la fille géane, vue par Goropius, qui avait dix pieds de hauteur ; le corps d'Oreste, qui, selon les Grecs, avait onze pieds et demi (Pline dit sept coudées, c'est-à-dire dix pieds et demi). — -

Le géant Gabara, presque contemporain de Pline, qui avait plus de dix pieds, aussi bien que le squelette de Secondilla et de Pusio, conservés dans les jardins de Salluste. M. Le Cat cite aussi l'Écossais Funnam, qui avait onze pieds et demi. Il fait ensuite mention des tombeaux où l'on a trouvé des os de géants de quinze, dix-huit, vingt, trente et trente-deux pieds de hauteur ; mais il paraît certain que ces grands ossements ne sont pas des os humains, et qu'ils appartiennent à de grands animaux, tels que l'éléphant, la girafe, le cheval ; car il y a eu des temps où l'on enterrait les guerriers avec leur cheval, peut-être avec leur éléphant de guerre.

III. — *Exemples au sujet des Nains.*

Le nommé Bébé du roi de Pologne (Stanislas) avait trente-trois pouces de Paris, la taille droite et bien proportionnée jusqu'à l'âge de quinze ou seize ans qu'elle commença à devenir contrefaite ; il marquait peu de raison. Il mourut l'an 1764, à l'âge de vingt-trois ans.

Un autre qu'on a vu à Paris en 1760 : c'était un gentilhomme polonais qui, à l'âge de vingt-deux ans, n'avait que la hauteur de vingt-huit pouces de Paris, mais le corps bien fait et l'esprit vif, et il possédait plusieurs langues. Il avait un frère aîné qui n'avait que trente-quatre pouces de hauteur.

Un autre à Bristol, qui, en 1751, à l'âge de quinze ans, n'avait que trente et un pouces anglais ; il était accablé de tous les accidents de la vieillesse ; et de dix-neuf livres qu'il avait pesé dans sa septième année, il n'en pesait plus que treize.

Un paysan de Frise, qui en 1751 se fit voir pour de l'argent à Amsterdam ; il n'avait, à l'âge de vingt-six ans, que la hauteur de vingt-neuf pouces d'Amsterdam.

Un nain de Norfolk, qui se fit voir dans la même année à Londres, avait à l'âge de vingt-deux ans trente-huit pouces anglais, et pesait vingt-sept livres et demie. *Transactions philosophiques*, n° 495.

On a des exemples de nains qui n'avaient que deux pieds [a], vingt et un et dix-huit pouces [b] ; et même d'un qui, à l'âge de trente-sept ans, n'avait que seize pouces [c].

Dans les *Transactions philosophiques*, n° 467, art. 10, il est parlé d'un nain âgé de vingt-deux ans, qui ne pesait que trente-quatre livres étant tout habillé, et qui n'avait que trente-huit pouces de hauteur avec ses souliers et sa perruque.

« Marcum Maximum et Marcum Tullium, equites romanos binum cubitorum fuisse « auctor est M. Varro, et ipsi vidimus in loculis asservatos. » Plin., lib. VII, cap. XVI.

Dans tout ordre de productions, la nature nous offre les mêmes rapports en plus et en moins ; les nains doivent avoir avec l'homme ordinaire les mêmes proportions en diminution que les géants en augmentation. Un homme de quatre pieds et demi de hauteur ne doit peser que quatre-vingt-dix ou quatre-vingt-quinze livres ; un homme de quatre pieds, soixante-cinq ou tout au plus soixante-dix livres ; un nain de trois pieds et demi, quarante-cinq livres ; un de trois pieds, vingt-huit ou trente livres, si leur corps et leurs membres sont bien proportionnés, ce qui est tout aussi rare en petit qu'en grand ; car il arrive presque toujours que les géants sont trop minces et les nains trop épais : ils ont surtout la tête beaucoup trop grosse, les cuisses et les jambes trop courtes, au lieu que les géants ont communément la tête petite, les cuisses et les jambes trop longues. Le géant disséqué en Prusse avait une vertèbre de plus que les autres hommes, et il y a quelque apparence que dans les géants bien faits le nombre des vertèbres est plus grand que dans les autres hommes. Il serait à désirer qu'on fît la même recherche sur les nains, qui peut-être ont quelques vertèbres de moins.

En prenant cinq pieds pour la mesure commune de la taille des hommes, sept pieds pour celle des géants, et trois pieds pour celle des nains, on trouvera encore des géants plus grands et des nains plus petits. J'ai vu moi-même des géants de sept pieds et demi et de sept pieds huit pouces ; j'ai vu des nains qui n'avaient que vingt-huit et trente pouces de haut ; il paraît donc qu'on doit fixer les limites de la nature actuelle, pour

a. **Cardanus**, *De subtil.* p. 357.
b. *Journal de Méd. et Telliamed.*
c. *Birch, Hist. of the R. Soc.*, t. IV, p. 500.

la grandeur du corps hnmain, depuis deux pieds et demi jusqu'à huit pieds de hauteur ; et quoique cet intervalle soit bien considérable, et que la différence paraisse énorme, elle est cependant encore plus grande dans quelques espèces d'animaux, tels que les chiens; un enfant qui vient de naître est plus grand, relativement à un géant, qu'un bichon de Malte adulte ne l'est en comparaison du chien d'Albanie ou d'Irlande.

IV. — *Nourriture de l'homme dans les différents climats.*

En Europe et dans la plupart des climats tempérés de l'un et de l'autre continent, le pain, la viande, le lait, les œufs, les légumes et les fruits, sont les aliments ordinaires de l'homme ; et le vin, le cidre et la bière sa boisson, car l'eau pure ne suffirait pas aux hommes de travail pour maintenir leurs forces.

Dans les climats les plus chauds, le sagou, qui est la moelle d'un arbre, sert de pain, et les fruits des palmiers suppléent au défaut de tous les autres fruits; on mange aussi beaucoup de dattes en Égypte, en Mauritanie, en Perse, et le sagou est d'un usage commun dans les Indes méridionales, à Sumatra, Malacca, etc. Les figues sont l'aliment le plus commun en Grèce, en Morée et dans les îles de l'Archipel, comme les châtaignes dans quelques provinces de France et d'Italie.

Dans la plus grande partie de l'Asie, en Perse, en Arabie, en Égypte, et de là jusqu'à la Chine, le riz fait la principale nourriture.

Dans les parties les plus chaudes de l'Afrique, le grand et le petit millet sont la nourriture des Nègres.

Le maïs dans les contrées tempérées de l'Amérique.

Dans les îles de la mer du Sud, le fruit d'un arbre appelé l'*arbre de pain*.

A Californie, le fruit appelé *Pitahaïa*.

La cassave dans toute l'Amérique méridionale, ainsi que les pommes de terre, les ignames et les patates.

Dans les pays du Nord, la bistorte, surtout chez les Samoïèdes et les Jakutes.

La saranne au Kamtschatka.

En Islande et dans les pays encore plus voisins du Nord, on fait bouillir des mouss et du varec.

Les Nègres mangent volontiers de l'éléphant et des chiens.

Les Tartares de l'Asie et les Patagons de l'Amérique vivent egalement de la chair de leurs chevaux.

Tous les peuples voisins des mers du Nord mangent la chair des phoques, des morses et des ours.

Les Africains mangent aussi la chair des panthères et des lions.

Dans tous les pays chauds de l'un et de l'autre continent, on mange de presque toutes les espèces de singes.

Tous les habitants des côtes de la mer, soit dans les pays chauds, soit dans les climats froids, mangent plus de poisson que de chair. Les habitants des îles Orcades, les Islandais, les Lapons, les Groënlandais, ne vivent pour ainsi dire que de poisson.

Le lait sert de boisson à quantité de peuples ; les femmes Tartares ne boivent que du lait de jument ; le petit-lait, tiré du lait de vache, est la boisson ordinaire en Islande.

Il serait à désirer qu'on rassemblât un plus grand nombre d'observations exactes sur la différence des nourritures de l'homme dans les climats divers, et qu'on pût faire la comparaison du régime ordinaire des différents peuples ; il en résulterait de nouvelles lumières sur la cause des maladies particulières, et pour ainsi dire indigènes dans chaque climat.

ADDITION

J'ai cité, d'après les Transactions philosophiques, deux vieillesses extraordinaires, l'une de cent soixante-cinq ans et l'autre de cent quarante-quatre. On vient d'imprimer en danois la vie d'un Norwégien, Christian-Jacobsen Drachenberg, qui est mort en 1772, âgé de cent quarante-six ans ; il était né le 18 novembre 1626, et pendant presque toute sa vie il a servi et voyagé sur mer, ayant même subi l'esclavage en Barbarie pendant près de seize ans ; il a fini par se marier à l'âge de cent onze ans [a].

Un autre exemple est celui du vieillard de Turin, nommé André-Brisio de Bra, qui a vécu cent vingt-deux ans sept mois et vingt-cinq jours, et qui aurait probablement vécu plus longtemps, car il a péri par accident, s'étant fait une forte contusion à la tête en tombant ; il n'avait à cent vingt-deux ans encore aucune des infirmités de la vieillesse ; c'était un domestique actif, et qui a continué son service jusqu'à cet âge [b].

Un quatrième exemple est celui du sieur de Lahaye qui a vécu cent vingt ans ; il était né en France, il avait fait par terre, et presque toujours à pied, le voyage des Indes, de la Chine, de la Perse et de l'Égypte [c] ; cet homme n'avait atteint la puberté qu'à l'âge de cinquante ans, il s'est marié à soixante-dix ans et a laissé cinq enfants.

Exemple que j'ai pu recueillir de personnes qui ont vécu cent dix ans et au delà.

Guillaume Lecomte, berger de profession, mort subitement le 17 janvier 1776 en la paroisse de Theuville-aux-Maillots, dans le pays de Caux, âgé de cent dix ans ; il s'était marié en secondes noces à quatre-vingts ans. *Journal de Politique et de Littérature*, 15 mars 1776, art. Paris.

Dans la nomenclature d'un professeur de Dantzick, nommé Hanovius, on cite un médecin impérial, nommé Cramers, qui avait vu à Temeswar deux frères, l'un de cent dix ans, l'autre de cent douze ans, qui tous deux devinrent pères à cet âge. *Idem*, 15 février 1775, page 197.

La nommée Marie Cocu, morte vers le nouvel an 1776 à Websboroug, en Irlande, à l'âge de cent douze ans.

Le sieur Istwan Horwaths, chevalier de l'ordre royal et militaire de Saint-Louis, ancien capitaine de hussards au service de France, mort à Sar-Albe, en Lorraine, le 4 décembre 1775, âgé de cent douze ans dix mois et vingt-six jours ; il était né à Raab, en Hongrie, le 8 janvier 1663, et avait passé en France, en 1712, avec le régiment de Berchény ; il se retira du service en 1756. Il a joui jusqu'à la fin de sa vie de la santé la plus robuste, que l'usage peu modéré des liqueurs fortes n'a pu altérer. Les exercices du corps et surtout la chasse, dont il se délassait par l'usage des bains, étaient pour lui des plaisirs vifs ; quelque temps avant sa mort, il entreprit un voyage très-long et le fit à cheval. *Journal de Politique et de Littérature*, 15 mars 1776, art. Paris.

Rosine Jwiwarowska, morte à Minsk, en Lithuanie, âgée de cent treize ans. *Idem*, 5 mai 1776, *ibid.*

Le 26 novembre 1773, il est mort dans la paroisse de Frise, au village d'Oldeborn, une veuve nommée Fockjd Johannes, âgée de cent treize ans seize jours ; elle a conservé tous ses sens jusqu'à sa mort. *Journal Histor. et Polit.*, 30 décembre 1773, p. 47.

La nommée Jenneken Maghbargh, veuve Faus, morte le 2 février 1776 à la maison

a. *Gazette de France*, du vendredi 11 novembre 1774, article de Varsovie.
b. *Ibid.* du lundi 14 novembre 1774, article de Turin.
c. *Ibid.* du 18 février 1774, article de La Haye.

de charité de Zutphen, dans la province de Gueldres, à l'âge de cent treize ans et sept mois ; elle avait toujours joui de la santé la plus ferme, et n'avait perdu la vue qu'un an avant sa mort. *Journal de Politique et de Littérature*, 15 mars 1776, art. Paris.

Le nommé Patrick Meriton, cordonnier à Dublin, paraît encore fort robuste, quoiqu'il soit actuellement (en 1773) âgé de cent quatorze ans : il a été marié onze fois, et la femme qu'il a présentement a soixante-dix-huit ans. *Journal Historique et Politique*, 10 septembre 1773, art. Londres.

Marguerite Bonefaut est morte à Wear-Gifford, au comté de Devon, le 26 mars 1774, âgée de cent quatorze ans. *Idem*, 10 avril 1774, page 59.

M. Eastemann, procureur, mort à Londres, le 11 janvier 1776, à l'âge de cent quinze ans. *Journal de Politique et de Littérature*, 15 mars 1776, art. Paris.

Térence Gallabar, mort le 21 février 1776, dans la paroisse de Killymon, près de Dungannon, en Irlande, âgé de cent seize ans et quelques mois. *Ib.*, 5 mai 1776, art. Paris.

David Bian, mort au mois de mars 1776, à Tismerane, dans le comté de Clark, en Irlande, à l'âge de cent dix-sept ans. *Idem, ibidem.*

A Villejack, en Hongrie, un paysan nommé Marsk Jonas est mort le 20 janvier 1775, âgé de cent dix-neuf ans, sans jamais avoir été malade. Il n'avait été marié qu'une fois, et n'a perdu sa femme qu'il y a deux ans. *Idem*, 15 février 1775, page 197.

Éléonore Spicer est morte au mois de juillet 1773, à Accomak, dans la Virginie, âgée de cent vingt-un ans. Cette femme n'avait jamais bu aucune liqueur spiritueuse, et a conservé l'usage de ses sens jusqu'au dernier terme de sa vie. *Journal Historique et Politique*, 30 décembre 1773, page 47.

Les deux vieillards cités dans les Transactions philosophiques, âgés l'un de cent quarante-quatre ans et l'autre de cent soixante-cinq ans. *Hist. Nat.*, tome II, in-4°, p. 571.

Hanovius, professeur de Dantzick, fait mention dans sa nomenclature d'un vieillard mort à l'âge de cent quatre-vingt-quatre ans.

Et encore d'un vieillard trouvé en Valachie, qui, selon lui, était âgé de cent quatre-vingt dix ans. *Journal de Politique et de Littérature*, 15 février 1775, page 197.

D'après des registres où l'on inscrivait la naissance et la mort de tous les citoyens du temps des Romains, il paraît que l'on trouva dans la moitié seulement du pays, compris entre les Apennins et le Pô, plusieurs vieillards d'un âge fort avancé ; savoir, à Parme, trois vieillards de cent vingt ans et deux de cent trente ; à Brixillun, un de cent vingt-cinq ; à Plaisance, un de cent trente-un ; à Faventin, une femme de cent trente-deux ; à Bologne, un homme de cent cinquante ; à Rimini, un homme et une femme de cent trente-sept ; dans les collines autour de Plaisance, six personnes de cent dix ans, quatre de cent vingt, et une de cent cinquante : enfin, dans la huitième partie de l'Italie seulement, d'après un dénombrement authentique fait par les censeurs, on trouva cinquante-quatre hommes âgés de cent ans ; vingt-sept âgés de cent dix ans ; deux de cent vingt-cinq ; quatre de cent trente ; autant de cent trente-cinq ou cent trente-sept, et trois de cent quarante, sans compter celui de Bologne âgé d'un siècle et demi. Pline observe que l'empereur Claude, alors régnant, fut curieux de constater ce dernier fait : on le vérifia avec le plus grand soin, et, après la plus scrupuleuse recherche, on trouva qu'il était exact. *Journal de Politique et de Littérature*, 15 février 1775, page 197.

Il y a dans les animaux, comme dans l'espèce humaine, quelques individus privilégiés dont la vie s'étend presque au double du terme ordinaire, et je puis citer l'exemple d'un cheval qui a vécu plus de cinquante ans ; la note m'en a été donnée par M. le duc de la Rochefoucault qui non-seulement s'intéresse au progrès des sciences, mais les cultive avec grand succès.

« En 1734, M. le duc de Saint-Simon étant à Frescati en Lorraine vendit à son cousin,

« évêque de Metz, un cheval normand qu'il réformait de son attelage, comme étant plus
« vieux que les autres : ce cheval ne marquant plus à la dent, M. de Saint-Simon
» assura son cousin qu'il n'avait que dix ans, et c'est de cette assurance dont on part
« pour fixer la naissance du cheval à l'année 1724.

« Cet animal était bien proportionné et de belle taille, si ce n'est l'encolure, qu'il
« avait un peu trop épaisse.

« M. l'évêque de Metz (Saint-Simon) employa ce cheval jusqu'en 1760 à traîner une
« voiture dont son maître d'hôtel se servait pour aller à Metz chercher les provisions
« de la table; il faisait tous les jours au moins deux fois, et quelquefois quatre, le
« chemin de Frescati à Metz, qui est de 3600 toises.

« M. l'évêque de Metz étant mort en 1760, ce cheval fut employé jusqu'à l'arrivée
« de M. l'évêque actuel, en 1762, et sans aucun ménagement, à tous les travaux du
« jardin, et à conduire souvent un cabriolet du concierge.

« M. l'évêque actuel, à son arrivée à Frescati, employa ce cheval au même usage que
« son prédécesseur; et comme on le faisait fort souvent courir, on s'aperçut en 1766
« que son flanc commençait à s'altérer, et dès lors M. l'évêque cessa de l'employer à
« conduire la voiture de son maître d'hôtel, et ne le fit plus servir qu'à traîner une
« ratissoire dans les allées du jardin. Il continua ce travail jusqu'en 1772, depuis la
« pointe du jour jusqu'à l'entrée de la nuit, excepté le temps des repas des ouvriers.
« On s'aperçut alors que ce travail lui devenait trop pénible, et on lui fit faire un petit
« tombereau, de moitié moins grand que les tombereaux ordinaires, dans lequel il traî-
« nait tous les jours du sable, de la terre, du fumier, etc. M. l'évêque, qui ne voulait
« pas qu'on laissât cet animal sans rien faire, dans la crainte qu'il ne mourût bientôt,
« et voulant le conserver, recommanda que pour peu que le cheval parût fatigué, on le
« laissât reposer pendant vingt-quatre heures; mais on a été rarement dans ce cas : il
« a continué à bien manger, à se conserver gras, et à se bien porter jusqu'à la fin de
« l'automne 1773, qu'il commença à ne pouvoir presque plus broyer son avoine, et à
« la rendre presque entière dans ses excréments. Il commença à maigrir; M. l'évêque
« ordonna qu'on lui fît concasser son avoine, et le cheval parut reprendre de l'em-
« bonpoint pendant l'hiver; mais au mois de février 1774, il avait beaucoup de peine à
« traîner son petit tombereau deux ou trois heures par jour, et maigrissait à vue d'œil.
« Enfin le mardi de la semaine sainte, dans le moment où on venait de l'atteler, il se
« laissa tomber au premier pas qu'il voulut faire; on eut peine à le relever; on le
« ramena à l'écurie où il se coucha sans vouloir manger, se plaignit, enfla beaucoup et
« mourut le vendredi suivant, répandant une infection horrible.

« Ce cheval avait toujours bien mangé son avoine et fort vite; il n'avait pas, à sa
« mort, les dents plus longues que ne les ont ordinairement les chevaux à douze ou
« quinze ans; les seules marques de vieillesse qu'il donnait étaient les jointures et arti-
« culations des genoux, qu'il avait un peu grosses, beaucoup de poils blancs et les
« salières fort enfoncées : il n'a jamais eu les jambes engorgées. »

Voilà donc, dans l'espèce du cheval, l'exemple d'un individu qui a vécu cinquante
ans, c'est-à-dire le double du temps de la vie ordinaire de ces animaux; l'analogie
confirme en général ce que nous ne connaissions que par quelques faits particuliers,
c'est qu'il doit se trouver dans toutes les espèces, et par conséquent dans l'espèce
humaine comme dans celle du cheval, quelques individus dont la vie se prolonge au
double de la vie ordinaire, c'est-à-dire à cent soixante ans au lieu de quatre-vingts. Ces
priviléges de la nature sont à la vérité placés de loin en loin pour le temps, et à de
grandes distances dans l'espace : ce sont les gros lots dans la loterie universelle de la
vie; néanmoins ils suffisent pour donner aux vieillards, même les plus âgés, l'espérance d'un âge encore plus grand.

Nous avons dit qu'une raison pour vivre est d'avoir vécu, et nous l'avons démontré par l'échelle des probabilités de la durée de la vie; cette probabilité est à la vérité d'autant plus petite que l'âge est plus grand; mais lorsqu'il est complet, c'est-à-dire à quatre-vingts ans, cette même probabilité qui décroît de moins en moins, devient pour ainsi dire stationnaire et fixe. Si l'on peut parier un contre un qu'un homme de quatre-vingts ans vivra trois ans de plus, on peut le parier de même pour un homme de quatre-vingt-trois, de quatre-vingt-six, et peut-être encore de même pour un homme de quatre-vingt-dix ans. Nous avons donc toujours dans l'âge, même le plus avancé, l'espérance légitime de trois années de vie. Et trois années ne sont-elles pas une vie complète, ne suffisent-elles pas à tous les projets d'un homme sage? nous ne sommes donc jamais vieux, si notre moral n'est pas trop jeune; le philosophe doit dès lors regarder la vieillesse comme un préjugé, comme une idée contraire au bonheur de l'homme, et qui ne trouble pas celui des animaux. Les chevaux de dix ans, qui voyaient travailler ce cheval de cinquante ans, ne le jugeaient pas plus près qu'eux de la mort : ce n'est que par notre arithmétique que nous en jugeons autrement; mais cette même arithmétique bien entendue nous démontre que dans notre grand âge nous sommes toujours à trois ans de distance de la mort, tant que nous nous portons bien ; que vous autres jeunes gens vous en êtes souvent bien plus près, pour peu que vous abusiez des forces de votre âge; que d'ailleurs, et tout abus égal, c'est-à-dire proportionnel, nous sommes aussi sûrs à quatre-vingts ans de vivre encore trois ans, que vous l'êtes à trente ans d'en vivre vingt-six. Chaque jour que je me lève en bonne santé, n'ai-je pas la jouissance de ce jour aussi présente, aussi plénière que la vôtre? Si je conforme mes mouvements, mes appétits, mes désirs aux seules impulsions de la sage nature, ne suis-je pas aussi sage et plus heureux que vous? ne suis-je pas même plus sûr de mes projets, puisqu'elle me défend de les étendre au delà de trois ans? et la vue du passé qui cause les regrets des vieux fous ne m'offre-t-elle pas au contraire des jouissances de mémoire, des tableaux agréables, des images précieuses, qui valent bien vos objets de plaisir? car elles sont douces ces images, elles sont pures, elles ne portent dans l'âme qu'un souvenir aimable; les inquiétudes, les chagrins, toute la triste cohorte qui accompagne vos jouissances de jeunesse, disparaissent dans le tableau qui me les représente; les regrets doivent disparaître de même, ils ne sont que les derniers élans de cette folle vanité qui ne vieillit jamais.

N'oublions pas un autre avantage, ou du moins une forte compensation pour le bonheur dans l'âge avancé : c'est qu'il y a plus de gain au moral que de perte au physique; tout au moral est acquis, et si quelque chose au physique est perdu, on en est pleinement dédommagé. Quelqu'un demandait au philosophe Fontenelle, âgé de quatre-vingt-quinze ans, quelles étaient les vingt années de sa vie qu'il regrettait le plus, il répondit qu'il regrettait peu de chose, que néanmoins l'âge où il avait été le plus heureux était de cinquante-cinq à soixante-quinze ans; il fit cet aveu de bonne foi, et il prouva son dire par des vérités sensibles et consolantes. A cinquante-cinq ans la fortune est établie, la réputation faite, la considération obtenue, l'état de la vie fixe, les prétentions évanouies ou remplies, les projets avortés ou mûris, la plupart des passions calmées, ou du moins refroidies, la carrière à peu près remplie pour les travaux que chaque homme doit à la société, moins d'ennemis ou plutôt moins d'envieux nuisibles, parce que le contre-poids du mérite est connu par la voix du public ; tout concourt dans le moral à l'avantage de l'âge, jusqu'au temps où les infirmités et les autres maux physiques viennent à troubler la jouissance tranquille et douce de ces biens acquis par la sagesse, qui seuls peuvent faire notre bonheur.

L'idée la plus triste, c'est-à-dire la plus contraire au bonheur de l'homme, est la vue fixe de sa prochaine fin : cette idée fait le malheur de la plupart des vieillards, même de ceux qui se portent le mieux et qui ne sont pas encore dans un âge fort avancé ; je les prie de s'en rapporter à moi ; ils ont encore à soixante-dix ans l'espérance légitime de six ans deux mois, à soixante-quinze ans l'espérance tout aussi légitime de quatre ans six mois de vie ; enfin, à quatre-vingts et même à quatre-vingt-six ans, celle de trois années de plus ; il n'y a donc de fin prochaine que pour ces âmes faibles qui se plaisent à la rapprocher ; néanmoins le meilleur usage que l'homme puisse faire de la vigueur de son esprit, c'est d'agrandir les images de tout ce qui peut lui plaire en les rapprochant, et de diminuer au contraire, en les éloignant, tous les objets désagréables, et surtout les idées qui peuvent faire son malheur ; et souvent il suffit pour cela de voir les choses telles qu'elles sont en effet. La vie, ou si l'on veut la continuité de notre existence, ne nous appartient qu'autant que nous la sentons ; or, ce sentiment de l'existence n'est-il pas détruit par le sommeil ? Chaque nuit nous cessons d'être, et dès lors nous ne pouvons regarder la vie comme une suite non interrompue d'existences senties, ce n'est point une trame continue, c'est un fil divisé par des nœuds ou plutôt par des coupures qui toutes appartiennent à la mort : chacune nous rappelle l'idée du dernier coup de ciseau, chacune nous représente ce que c'est que de cesser d'être ; pourquoi donc s'occuper de la longueur plus ou moins grande de cette chaîne qui se rompt chaque jour ? Pourquoi ne pas regarder et la vie et la mort pour ce qu'elles sont en effet ? Mais comme il y a plus de cœurs pusillanimes que d'âmes fortes, l'idée de la mort se trouve toujours exagérée, sa marche toujours précipitée, ses approches trop redoutées, et son aspect insoutenable ; on ne pense pas que l'on anticipe malheureusement sur son existence toutes les fois que l'on s'affecte de la destruction de son corps ; car cesser d'être n'est rien, mais la crainte est la mort de l'âme. Je ne dirai pas avec le stoïcien, *Mors homini summum bonum Diis denegatum*, je ne la vois ni comme un grand bien ni comme un grand mal, et j'ai tâché de la représenter telle qu'elle est (page 80 et suiv.) ; j'y renvoie mes lecteurs, par le désir que j'ai de contribuer à leur bonheur.

ADDITION

A L'ARTICLE DU SENS DE LA VUE, PAGE 100, SUR LA CAUSE DU STRABISME
OU DES YEUX LOUCHES [1].

Le strabisme est non-seulement un défaut, mais une difformité qui détruit la physionomie, et rend désagréables les plus beaux visages ; cette difformité consiste dans la fausse direction de l'un des yeux, en sorte que quand un œil pointe à l'objet, l'autre s'en écarte et se dirige vers un autre point. Je dis que ce défaut consiste dans la fausse direction de l'un des yeux, parce qu'en effet les yeux n'ont jamais tous deux ensemble cette mauvaise disposition, et que si on peut mettre les deux yeux dans cet état en quelque cas, cet état ne peut durer qu'un instant et ne peut pas devenir une habitude.

Le strabisme ou le regard louche ne consiste donc que dans l'écart de l'un des yeux, tandis que l'autre paraît agir indépendamment de celui-là.

On attribue ordinairement cet effet à un défaut de correspondance entre les muscles de chaque œil ; la différence du mouvement de chaque œil vient de la différence du mouvement de leurs muscles qui, n'agissant pas de concert, produisent la fausse direction des yeux louches ; d'autres prétendent (et cela revient à peu près au même) qu'il y

1. J'avais eu le projet de réserver le mémoire suivant sur le *strabisme* pour le XIe volume de cette édition, volume dans lequel je me propose de réunir plusieurs mémoires de Buffon sur divers sujets. (Voyez la note de la p. 113.) Je le laisse ici, parce qu'il se lie essentiellement à *l'article du sens de la vue*.

a équilibre entre les muscles des deux yeux, que cette égalité de force est la cause de la direction des deux yeux ensemble vers l'objet, et que c'est par le défaut de cet équilibre que les deux yeux ne peuvent se diriger vers le même point [1].

M. de la Hire et plusieurs autres après lui ont pensé que le strabisme n'est pas causé par le défaut d'équilibre ou de correspondance entre les muscles, mais qu'il provient d'un défaut dans la rétine ; ils ont prétendu que l'endroit de la rétine qui répond à l'extrémité de l'axe optique était beaucoup plus sensible que tout le reste de la rétine. Les objets, ont-ils dit, ne se peignent distinctement que dans cette partie plus sensible, et si cette partie ne se trouve pas correspondre exactement à l'extrémité de l'axe optique, dans l'un ou l'autre des deux yeux, ils s'écarteront et produiront le regard louche par la nécessité où l'on sera dans ce cas de les tourner de façon que leurs axes optiques puissent atteindre cette partie plus sensible et mal placée de la rétine. Mais cette opinion a été réfutée par plusieurs physiciens et en particulier par M. Jurin [a]. En effet il semble que M. de la Hire n'ait pas fait attention à ce qui arrive aux personnes louches lorsqu'elles ferment le bon œil, car alors l'œil louche ne reste pas dans la même situation, comme cela devrait arriver si cette situation était nécessaire pour que l'extrémité de l'axe optique atteignît la partie la plus sensible de la rétine ; au contraire, cet œil se redresse pour pointer directement à l'objet et pour chercher à le voir ; par conséquent l'œil ne s'écarte pas pour trouver cette partie prétendue plus sensible de la rétine, et il faut chercher une autre cause à cet effet. M. Jurin en rapporte quelques causes particulières, et il semble qu'il réduit le strabisme à une simple mauvaise habitude dont on peut se guérir dans plusieurs cas ; il fait voir aussi que le défaut de correspondance ou d'équilibre entre les muscles des deux yeux ne doit pas être regardé comme la cause de cette fausse direction des yeux ; et, en effet, ce n'est qu'une circonstance qui même n'accompagne ce défaut que dans de certains cas.

Mais la cause la plus générale, la plus ordinaire du strabisme, et dont personne que je sache n'a fait mention, c'est l'inégalité de force dans les yeux. Je vais faire voir que cette inégalité, lorsqu'elle est d'un certain degré, doit nécessairement produire le regard louche, et que dans ce cas, qui est assez commun, ce défaut n'est pas une mauvaise habitude dont on puisse se défaire, mais une habitude nécessaire qu'on est obligé de conserver pour pouvoir se servir de ses yeux.

Lorsque les yeux sont dirigés vers le même objet, et qu'on regarde des deux yeux cet objet, si tous deux sont d'égale force, il paraît plus distinct et plus éclairé que quand on le regarde avec un seul œil. Des expériences assez aisées à répéter ont appris à M. Jurin [b] que cette différence de vivacité de l'objet, vu de deux yeux égaux en force ou d'un seul œil, est d'environ une treizième partie, c'est-à-dire qu'un objet vu des deux yeux paraît comme s'il était éclairé de treize lumières égales, et que l'objet vu d'un seul œil paraît comme s'il était éclairé de douze lumières seulement, les deux yeux étant supposés parfaitement égaux en force, mais lorsque les yeux sont de force inégale, j'ai trouvé qu'il en était tout autrement ; un petit degré d'inégalité fera que l'objet vu de l'œil le plus fort sera aussi distinctement aperçu que s'il était vu des deux yeux ; un peu

a. *Essay upon distinct and indistinct vision*, etc. Optique de Smith, à la fin du second volume.

b. *Idem, ibidem.*

1. On est revenu, de nos jours, à l'explication du *strabisme* par l'action musculaire ; mais ce n'est plus par le défaut de *concert* ou d'*équilibre* entre les muscles qu'on l'explique : c'est par l'*inégalité des muscles*. (Voyez la note de la page 113. — Voyez aussi le *Compte-rendu* de l'*Académie des sci.* : t. X, p. 838, et t. XI, p. 87. — Voyez en outre, sur l'ensemble de la théorie de la *vision*, un travail récent et très-remarquable de M. Wheatstone : *Ann. de chim. et de physiq.*, 3e série, t. II, p. 330.)

plus d'inégalité rendra l'objet, quand il sera vu des deux yeux, moins distinct que s'il est vu du seul œil le plus fort ; et enfin une plus grande inégalité rendra l'objet vu des deux yeux si confus, que, pour l'apercevoir distinctement, on sera obligé de tourner l'œil faible et de le mettre dans une situation où il ne puisse pas nuire.

Pour être convaincu de ce que je viens d'avancer, il faut observer que les limites de la vue distincte sont assez étendues dans la vision de deux yeux égaux ; j'entends par limites de la vue distincte les bornes de l'intervalle de distance dans lequel un objet est vu distinctement ; par exemple, si une personne qui a les yeux également forts peut lire un petit caractère d'impression à huit pouces de distance, à vingt pouces et à toutes les distances intermédiaires, et si, en approchant plus près de huit ou en éloignant au delà de vingt pouces, elle ne peut lire avec facilité ce même caractère, dans ce cas les limites de la vue distincte de cette personne seront huit et vingt pouces, et l'intervalle de douze pouces sera l'étendue de la vue distincte. Quand on passe ces limites, soit au-dessus, soit au-dessous, il se forme une pénombre qui rend les caractères confus et quelquefois vacillants, mais avec des yeux de force inégale, ces limites de la vue distincte sont fort resserrées ; car supposons que l'un des yeux soit de moitié plus faible que l'autre, c'est-à-dire que, quand avec un œil on voit distinctement depuis huit jusqu'à vingt pouces, on ne puisse voir avec l'autre œil que depuis quatre pouces jusqu'à dix, alors la vision opérée par les deux yeux sera distincte et confuse depuis dix jusqu'à vingt, et depuis huit jusqu'à quatre, en sorte qu'il ne restera qu'un intervalle de deux pouces, savoir, depuis huit jusqu'à dix, où la vision pourra se faire distinctement, parce que, dans tous les autres intervalles, la netteté de l'image de l'objet vu par le bon œil est ternie par la confusion de l'image du même objet vu par le mauvais œil ; or, cet intervalle de deux pouces de vue distincte, en se servant des deux yeux, n'est que la sixième partie de l'intervalle de douze pouces, qui est l'intervalle de la vue distincte, en ne se servant que du bon œil ; donc il y a un avantage de cinq contre un à se servir du bon œil seul, et par conséquent à écarter l'autre.

On doit considérer les objets qui frappent nos yeux comme placés indifféremment et au hasard à toutes les distances différentes auxquelles nous pouvons les apercevoir ; dans ces distances différentes il faut distinguer celles où ces mêmes objets se peignent distinctement à nos yeux et celles où nous ne les voyons que confusément ; toutes les fois que nous n'apercevons que confusément les objets, les yeux font effort pour les voir d'une manière plus distincte, et quand les distances ne sont pas de beaucoup trop petites ou trop grandes, cet effort ne se fait pas vainement. Mais en ne faisant attention ici qu'aux distances auxquelles on aperçoit distinctement les objets, on sent aisément que plus il y a de ces points de distance, plus aussi la puissance des yeux, par rapport aux objets, est étendue ; et qu'au contraire plus ces intervalles de vue distincte sont petits, et plus la puissance de voir nettement est bornée ; et lorsqu'il y aura quelque cause qui rendra ces intervalles plus petits, les yeux feront effort pour les étendre, car il est naturel de penser que les yeux, comme toutes les autres parties d'un corps organisé, emploient tous les ressorts de leur mécanique pour agir avec le plus grand avantage ; ainsi, dans le cas où les deux yeux sont de force inégale, l'intervalle de vue distincte se trouvant plus petit en se servant des deux yeux qu'en ne se servant que d'un œil, les yeux chercheront à se mettre dans la situation la plus avantageuse, et cette situation la plus avantageuse est que l'œil le plus fort agisse seul et que le plus faible se détourne.

Pour exprimer tous les cas, supposons que $a - c$ exprime l'intervalle de la vision distincte pour le bon œil, et $b - \dfrac{bc}{a}$ l'intervalle de la vision distincte pour l'œil faible, $b - c$ exprimera l'intervalle de la vision distincte des deux yeux ensemble, et l'inégalité de force des yeux sera $1 - \dfrac{b - \dfrac{bc}{a}}{a - c}$, et le nombre des cas où l'on se servira du bon œil sera $a - b$, et le nombre des cas où l'on se servira des deux yeux sera $b - c$; égalant ces deux quantités, on aura $a - b = b - c$ ou $b = \frac{a + c}{2}$. Substituant cette valeur de b dans l'expression de l'inégalité, on aura $1 - \frac{\frac{1}{2}a + c - \frac{1}{2}\overline{a + c}.\frac{c}{a}}{a - c}$ ou $\frac{a - c}{2a}$ pour la mesure de l'inégalité, lorsqu'il y a autant d'avantage à se servir des deux yeux qu'à ne se servir que du bon œil tout seul. Si l'inégalité est plus grande que $\frac{a - c}{2a}$, on doit contracter l'habitude de ne se servir que d'un œil; et si cette inégalité est plus petite, on se servira des deux yeux. Dans l'exemple précédent, $a = 20$, $c = 8$; ainsi l'inégalité des yeux doit être $= \frac{3}{10}$ au plus, pour qu'on puisse se servir ordinairement des deux yeux; si cette inégalité était plus grande, on serait obligé de tourner l'œil faible pour ne se servir que du bon œil seul.

On peut observer que dans toutes les vues dont les intervalles sont proportionnels à ceux de cet exemple, le degré d'inégalité sera toujours $\frac{3}{10}$. Par exemple, si, au lieu d'avoir un intervalle de vue distincte du bon œil depuis huit pouces jusqu'à vingt pouces, cet intervalle n'était que depuis six pouces à quinze pouces, ou depuis quatre pouces à dix, ou etc., ou bien encore si cet intervalle était depuis dix pouces à vingt-cinq, ou depuis douze pouces à trente, ou etc., le degré d'inégalité qui fera tourner l'œil faible sera toujours $\frac{3}{10}$. Mais si l'intervalle absolu de la vue distincte du bon œil augmente des deux côtés, en sorte qu'au lieu de voir depuis six pouces jusqu'à quinze, ou depuis huit jusqu'à vingt, ou depuis dix jusqu'à vingt-cinq, ou etc., on voie distinctement depuis quatre pouces et demi jusqu'à dix-huit, ou depuis six pouces jusqu'à vingt-quatre, ou depuis sept pouces et demi jusqu'à trente, ou etc., alors il faudra un plus grand degré d'inégalité pour faire tourner l'œil; on trouve par la formule que cette inégalité doit être pour tous ces cas $= \frac{3}{8}$.

Il suit de ce que nous venons de dire qu'il y a des cas où un homme peut avoir la vue beaucoup plus courte qu'un autre, et cependant être moins sujet à avoir les yeux louches, parce qu'il faudra une plus grande inégalité de force dans ses yeux que dans ceux d'une personne qui aurait la vue plus longue; cela paraît assez paradoxe, cependant cela doit être : par exemple, à un homme qui ne voit distinctement du bon œil que depuis un pouce et demi jusqu'à six pouces, il faut $\frac{3}{8}$ d'inégalité pour qu'il soit forcé de tourner le mauvais œil, tandis qu'il ne faut que $\frac{3}{10}$ d'inégalité pour mettre dans ce cas un homme qui voit distinctement depuis huit pouces jusqu'à vingt pouces. On en verra aisément la raison si l'on fait attention que dans toutes les vues, soit courtes, soit longues, dont les intervalles sont proportionnels à l'intervalle de huit pouces à vingt pouces, la mesure réelle de cet intervalle est $\frac{12}{20}$ ou $\frac{3}{5}$, au lieu que dans toutes les vues dont les intervalles sont proportionnels à l'intervalle de six pouces à vingt-quatre, ou d'un pouce et demi à six pouces, la mesure réelle est $\frac{3}{4}$, et c'est cette mesure réelle qui produit celle de l'inégalité, car cette mesure étant toujours $\frac{a - c}{a}$, celle de l'inégalité est $\frac{a - c}{2a}$, comme on l'a vu ci-dessus.

Pour avoir la vue parfaitement distincte, il est donc nécessaire que les yeux soient absolument d'égale force, car si les yeux sont inégaux, on ne pourra pas se servir des deux yeux dans un assez grand intervalle, et même dans l'intervalle de vue distincte qui reste en employant les deux yeux, les objets seront moins distincts. On a remarqué au commencement de ce mémoire qu'avec deux yeux égaux on voit plus distinctement qu'avec un œil d'environ une treizième partie; mais au contraire, dans l'intervalle de vue distincte de deux yeux inégaux, les objets, au lieu de paraître plus distincts en employant les deux yeux, paraissent moins nets et plus mal terminés que quand on ne se sert que d'un seul œil ; par exemple, si l'on voit distinctement un petit caractère d'impression depuis huit pouces jusqu'à vingt avec l'œil le plus fort, et qu'avec l'œil faible on ne voie distinctement ce même caractère que depuis huit jusqu'à quinze pouces, on n'aura que sept pouces de vue distincte en employant les deux yeux ; mais comme l'image qui se formera dans le bon œil sera plus forte que celle qui se formera dans l'œil faible, la sensation commune qui résultera de cette vision ne sera pas aussi nette que si on n'avait employé que le bon œil. J'aurai peut-être occasion d'expliquer ceci plus au long, mais il me suffit à présent de faire sentir que cela augmente encore le désavantage des yeux inégaux.

Mais, dira-t-on, il n'est pas sûr que l'inégalité de force dans les yeux doive produire le strabisme ; il peut se trouver des louches dont les deux yeux soient d'égale force ; d'ailleurs cette inégalité répand à la vérité de la confusion sur les objets, mais cette confusion ne doit pas faire écarter l'œil faible, car de quelque côté qu'on le tourne, il reçoit toujours d'autres images qui doivent troubler la sensation autant que la troublerait l'image indistincte de l'objet qu'on regarde directement.

Je vais répondre à la première objection par des faits : j'ai examiné la force des yeux de plusieurs enfants et de plusieurs personnes louches, et comme la plupart des enfants ne savaient pas lire, j'ai présenté à plusieurs distances à leurs yeux des points ronds, des points triangulaires et des point carrés, et en leur fermant alternativement l'un des yeux, j'ai trouvé que tous avaient les yeux de force inégale ; j'en ai trouvé dont les yeux étaient inégaux au point de ne pouvoir distinguer à quatre pieds avec l'œil faible la forme de l'objet qu'ils voyaient distinctement à douze pieds avec le bon œil ; d'autres à la vérité n'avaient pas les yeux aussi inégaux qu'il est nécessaire pour devenir louches, mais aucun n'avait les yeux égaux, et il y avait toujours une différence très-sensible dans la distance à laquelle ils apercevaient les objets, et l'œil louche s'est toujours trouvé le plus faible. J'ai observé constamment que quand on couvre le bon œil, et que ces louches ne peuvent voir que du mauvais, cet œil pointe et se dirige vers l'objet aussi régulièrement et aussi directement qu'un œil ordinaire : d'où il est aisé de conclure qu'il n'y a point de défaut dans les muscles, ce qui se confirme encore par l'observation toute aussi constante que j'ai faite en examinant le mouvement de ce mauvais œil, et en appuyant le doigt sur la paupière du bon œil qui était fermé, et par lequel j'ai reconnu que le bon œil suivait tous les mouvements du mauvais œil, ce qui achève de prouver qu'il n'y a point de défaut de correspondance ou d'équilibre dans les muscles des yeux.

La seconde objection demande un peu plus de discussion : je conviens que de quelque côté qu'on tourne le mauvais œil, il ne laisse pas d'admettre des images qui doivent un peu troubler la netteté de l'image reçue par le bon œil ; mais ces images étant absolument différentes, et n'ayant rien de commun ni par la grandeur ni par la figure avec l'objet sur lequel est fixé le bon œil, la sensation qui en résulte est, pour ainsi dire, beaucoup plus sourde que ne serait celle d'une image semblable. Pour le faire voir bien clairement, je vais rapporter un exemple qui ne m'est que trop familier : j'ai le défaut d'avoir la vue fort courte et les yeux un peu inégaux, mon œil droit étant un peu plus faible que le gauche ; pour lire de petits caractères ou une mauvaise écriture, et même pour voir bien distinctement les petits objets à une lumière faible, je ne me sers que d'un œil ; j'ai observé mille et mille fois qu'en me servant de mes deux yeux pour lire un petit caractère, je vois toutes les lettres mal terminées, et en tournant l'œil droit pour ne me servir que du gauche, je vois l'image de ces lettres tourner aussi et se séparer de l'image de l'œil gauche, en sorte que ces deux images me paraissent dans différents plans : celle de l'œil droit n'est pas plus tôt séparée de celle de l'œil gauche, que celle-ci reste très-nette et très-distincte ; et si l'œil droit reste dirigé sur un autre endroit du livre, cet endroit étant différent du premier, il me paraît dans un différent plan, et n'ayant rien de commun il ne m'affecte point du tout, et ne trouble en aucune façon la vision distincte de l'œil gauche. Cette sensation de l'œil droit est encore plus insensible si mon œil, comme cela m'arrive ordinairement en lisant, se porte au delà de la justification du livre et tombe sur la marge, car dans ce cas l'objet de la marge étant d'un blanc uniforme, à peine puis-je m'apercevoir, en y réfléchissant, que mon œil droit voit quelque chose. Il paraît ici qu'en écartant l'œil faible, l'objet prend plus de netteté; mais ce qui va directement contre l'objection, c'est que les images qui sont différentes de celle de l'objet ne troublent point du tout la sensation, tandis que les images semblables à l'objet la troublent beaucoup, lorsqu'elles ne peuvent pas se réunir entièrement. Au reste, cette impossibilité de réunion parfaite des images des deux yeux dans les vues courtes comme la mienne vient souvent moins de l'inégalité de force dans les yeux que d'une autre cause : c'est la trop grande proximité des deux prunelles, ou, ce qui revient au même, l'angle trop ouvert des deux axes optiques, qui produit en partie ce défaut de réunion. On sent bien que plus on approche un petit objet des yeux, plus aussi l'intervalle des deux prunelles diminue; mais comme il y a des bornes à cette diminution, et que les yeux sont posés de façon qu'ils ne peuvent faire un angle plus grand que de soixante degrés tout au plus par les deux rayons visuels, il suit que toutes les fois qu'on regarde de fort près avec les deux yeux, la vue est fatiguée et moins distincte qu'en ne regardant que d'un seul œil; mais cela n'empêche pas que l'inégalité de force dans les yeux ne produise le même effet, et que par conséquent il n'y ait beaucoup d'avantage à écarter l'œil faible, et l'écarter de façon qu'il reçoive une image différente de celle dont l'œil le plus fort est occupé.

S'il reste encore quelques scrupules à cet égard il est aisé de les lever par une expérience très-facile à faire : je suppose qu'on ait les yeux égaux ou à peu près égaux, il n'y a qu'à prendre un verre convexe et le mettre à un demi-pouce de l'un des yeux, on rendra par là cet œil fort inégal en force à l'autre; si l'on veut lire avec les deux yeux, on s'apercevra d'une confusion dans les lettres, causée par cette inégalité, laquelle confusion disparaîtra dans l'instant qu'on fermera l'œil offusqué par le verre, et qu'on ne regardera plus que d'un œil.

Je sais qu'il y a des gens qui prétendent que quand même on a les yeux parfaitement égaux en force, on ne voit ordinairement que d'un œil, mais c'est une idée sans fondement qui est contraire à l'expérience; on a vu ci-devant qu'on voit mieux des deux yeux que d'un seul lorsqu'on les a égaux; il n'est donc pas naturel de penser qu'on chercherait à mal voir en ne se servant que d'un œil, lorsqu'on peut voir mieux en se servant des deux. Il y a plus, c'est qu'on a un autre avantage très-considérable à se servir des deux yeux lorsqu'ils sont de force égale ou peu inégale; cet avantage consiste à voir une plus grande étendue, une plus grande partie de l'objet qu'on regarde; si on voit un globe d'un seul œil on n'en apercevra que la moitié; si on le regarde avec les deux yeux on en verra plus de la moitié, et il est aisé de donner pour les distances ou les grosseurs différentes la quantité qu'on voit avec les deux yeux de plus qu'avec un seul œil; ainsi on doit se servir, et on se sert en effet dans tous les cas, des deux yeux lorsqu'ils sont égaux ou peu inégaux.

Au reste, je ne prétends pas que l'inégalité de force dans les yeux soit la seule cause du regard louche; il peut y avoir d'autres causes de ce défaut, mais je les regarde comme des causes accidentelles, et je dis seulement que l'inégalité de force dans les yeux est une espèce de strabisme inné, la plus ordinaire de toutes, et si commune que tous les louches que j'ai examinés sont dans le cas de cette inégalité; je dis, de plus, que c'est une cause dont l'effet est nécessaire : de sorte qu'il n'est peut-être pas possible de guérir de ce défaut une personne dont les yeux sont de force trop inégale. J'ai observé, en examinant la portée des yeux de plusieurs enfants qui n'étaient pas louches, qu'ils ne voient pas si loin à beaucoup près que les adultes, et que, proportion gardée, ils ne peuvent voir distinctement d'aussi près : de sorte qu'en avançant en âge, l'intervalle absolu de la vue distincte augmente des deux côtés, et c'est une des raisons pourquoi il y a parmi les enfants plus de louches que parmi les adultes, parce que s'il ne leur faut que $\frac{1}{10}$ ou même beaucoup moins d'inégalité dans les yeux pour les rendre louches, lorsqu'ils n'ont qu'un petit intervalle absolu de vue distincte, il leur faudra une plus grande inégalité, comme $\frac{1}{8}$ ou davantage, pour les rendre louches quand l'intervalle absolu de vue distincte sera augmenté; en sorte qu'ils doivent se corriger de ce défaut en avançant en âge.

Mais quand les yeux, quoique de force inégale, n'ont pas cependant le degré d'inégalité que nous avons déterminé par la formule ci-dessus, on peut trouver un remède au strabisme; il me paraît que le plus simple, le plus naturel et peut-être le plus efficace de tous les moyens, est de couvrir le bon œil pendant un temps : l'œil difforme serait obligé d'agir et de se tourner directement vers les objets, et prendrait en peu de temps ce mouvement habituel. J'ai ouï dire que quelques oculistes s'étaient servis assez heureusement de cette pratique ; mais avant que d'en faire usage sur une personne, il faut s'assurer du degré d'inégalité des yeux, parce qu'elle ne réussira jamais que sur des yeux peu inégaux. Ayant communiqué cette idée à plusieurs personnes, et entre autres à M. Bernard de Jussieu, à qui j'ai lu cette partie de mon mémoire, j'ai eu le plaisir de voir mon opinion confirmée par une expérience qu'il m'indiqua, et qui est rapportée par M. Allen, médecin anglais, dans son *Synopsis universæ Medicinæ*.

Il suit de tout ce que nous venons de dire que, pour avoir la vue parfaitement bonne, il faut avoir les yeux absolument égaux en force; que, de plus, il faut que l'intervalle absolu soit fort grand, en sorte qu'on puisse voir aussi bien de fort près que de fort loin, ce qui dépend de la facilité avec laquelle les yeux se contractent ou se dilatent, et changent de figure selon le besoin; car si les yeux étaient solides, on ne pourrait avoir qu'un très-petit intervalle de vue distincte. Il suit aussi de nos observations qu'un borgne, à qui il reste un bon œil, voit mieux et plus distinctement que le commun des hommes, parce qu'il voit mieux que tous ceux qui ont les yeux un peu inégaux, et défaut pour défaut, il vaudrait mieux être borgne que louche, si ce premier défaut n'était pas accompagné et d'une plus grande difformité et d'autres incommodités. Il suit encore évidemment de tout ce que nous avons dit que les louches ne voient jamais que d'un œil, et qu'ils doivent ordinairement tourner le mauvais œil tout près de leur nez, parce que dans cette situation la direction de ce mauvais œil est aussi écartée qu'elle peut l'être de la direction du bon œil; à la vérité, en écartant ce mauvais œil du côté de l'angle externe, la direction serait aussi éloignée que dans le premier cas; mais il y a un avantage de tourner l'œil du côté du nez, parce que le nez fait un gros objet qui, à à cette très-petite distance de l'œil, paraît uniforme et cache la plus grande partie des objets qui pourraient être aperçus du mauvais œil, et par conséquent cette situation du mauvais œil est la moins désavantageuse de toutes.

On peut ajouter à cette raison, quoique suffisante, une autre raison tirée de l'observation que M. Winslow a faite sur l'inégalité de la largeur de l'iris [a]; il assure que l'iris est plus étroite du côté du nez et plus large du côté des tempes, en sorte que la prunelle n'est point au milieu de l'iris, mais qu'elle est plus près de la circonférence extérieure du côté du nez ; la prunelle pourra donc s'approcher de l'angle interne, et il y aura par conséquent plus d'avantage à tourner l'œil du côté du nez que de l'autre côté, et le champ de l'œil sera plus petit dans cette situation que dans aucune autre.

a. Voyez les *Mémoires de l'Académie des Sciences*, année 1721.

Je ne vois donc pas qu'on puisse trouver de remède aux yeux louches, lorsqu'ils sont tels à cause de leur trop grande inégalité de force; la seule chose qui me paraît raisonnable à proposer serait de raccourcir la vue de l'œil le plus fort, afin que, les yeux se trouvant moins inégaux, on fût en état de les diriger tous deux vers le même point, sans troubler la vision autant qu'elle l'était auparavant; il suffirait, par exemple, à un homme qui a $\frac{4}{10}$ d'inégalité de force dans les yeux, auquel cas il est nécessairement louche, il suffirait, dis-je, de réduire cette inégalité à $\frac{2}{10}$ pour qu'il cessât de l'être. On y parviendrait peut-être en commençant par couvrir le bon œil pendant quelque temps afin de rendre au mauvais œil la direction et toute la force que le défaut d'habitude à s'en servir peut lui avoir ôtée, et ensuite en faisant porter des lunettes dont le verre opposé au mauvais œil sera plan, et le verre du bon œil serait convexe : insensiblement cet œil perdrait de sa force, et serait par conséquent moins en état d'agir indépendamment de l'autre.

En observant les mouvements des yeux de plusieurs personnes louches, j'ai remarqué que dans tous les cas les prunelles des deux yeux ne laissent pas de se suivre assez exactement, et que l'angle d'inclinaison des deux axes de l'œil est presque toujours le même, au lieu que dans les yeux ordinaires, quoiqu'ils se suivent très-exactement, cet angle est plus petit ou plus grand, à proportion de l'éloignement ou de la proximité des objets ; cela seul suffirait pour prouver que les louches ne voient que d'un œil.

Mais il est aisé de s'en convaincre entièrement par une épreuve facile : faites placer la personne louche à un beau jour, vis-à-vis une fenêtre ; présentez à ses yeux un petit objet, comme une plume à écrire, et dites-lui de la regarder ; examinez ses yeux, vous reconnaîtrez aisément l'œil qui est dirigé vers l'objet ; couvrez cet œil avec la main, et sur-le-champ la personne qui croyait voir des deux yeux sera fort étonnée de ne plus voir la plume, et elle sera obligée de redresser son autre œil et de le diriger vers cet objet pour l'apercevoir ; cette observation est générale pour tous les louches : ainsi il est sûr qu'ils ne voient que d'un œil.

Il y a des personnes qui, sans être absolument louches, ne laissent pas d'avoir une fausse direction dans l'un des yeux, qui cependant n'est pas assez considérable pour causer une grande difformité : leurs deux prunelles vont ensemble, mais les deux axes optiques, au lieu d'être inclinés proportionnellement à la distance des objets, demeurent toujours un peu plus ou un peu moins inclinés, ou même presque parallèles ; ce défaut, qui est assez commun et qu'on peut appeler *un faux trait dans les yeux*, a souvent pour cause l'inégalité de force dans les yeux, et s'il provient d'autre chose, comme de quelque accident ou d'une habitude prise au berceau, on peut s'en guérir facilement. Il est à remarquer que ces espèces de louches ont dû voir les objets doubles dans le commencement qu'ils ont contracté cette habitude, de la même façon qu'en voulant tourner les yeux comme les louches, on voit les objets doubles avec deux bons yeux.

En effet tous les hommes voient les objets doubles puisqu'ils ont deux yeux, dans chacun desquels se peint une image, et ce n'est que par expérience et par habitude qu'on apprend à les juger simples [1], de la même façon que nous jugeons droits les objets qui cependant sont renversés sur la rétine [2] ; toutes les fois que les deux images tombent sur les points correspondants des deux rétines sur lesquels elles ont coutume de tomber, nous jugeons les objets simples, mais dès que l'une ou l'autre des images tombe sur un autre point, nous les jugeons doubles. Un homme qui a dans les yeux la fausse direction, ou le faux trait dont nous venons de parler, a dû voir les objets doubles d'abord, et ensuite par l'habitude il les a jugés simples, tout de même que nous jugeons les

1. Voyez la note 2 de la page 101.
2. Voyez la note 1 de la même page.

objets simples, quoique nous les voyions en effet tous doubles : ceci est confirmé par une observation de M Folkes, rapportée dans les notes de M. Smith [a]; il assure qu'un homme, étant devenu louche par un coup violent à la tête, vit les objets doubles pendant quelque temps, mais qu'enfin il était parvenu à les voir simples comme auparavant, quoiqu'il se servît de ses deux yeux à la fois. M. Folkes ne dit pas si cet homme était entièrement louche, il est à croire qu'il ne l'était que légèrement, sans quoi il n'aurait pas pu se servir de ses deux yeux pour regarder le même objet. J'ai fait moi-même une observation à peu près pareille sur une dame qui, à la suite d'une maladie accompagnée de grands maux de tête, a vu les objets doubles pendant près de quatre mois; et cependant elle ne paraissait pas être louche, sinon dans des instants, car comme cette double sensation l'incommodait beaucoup, elle était venue au point d'être louche, tantôt d'un œil et tantôt de l'autre, afin de voir les objets simples, mais peu à peu ses yeux se sont fortifiés avec sa santé, et actuellement elle voit les objets simples, et ses yeux sont parfaitement droits.

Parmi le grand nombre de personnes louches que j'ai examinées, j'en ai trouvé plusieurs dont le mauvais œil, au lieu de se tourner du côté du nez, comme cela arrive le plus ordinairement, se tourne au contraire du côté des tempes; j'ai observé que ces louches n'ont pas les yeux aussi inégaux en force que les louches dont l'œil est tourné vers le nez; cela m'a fait penser que c'est là le cas de la mauvaise habitude prise au berceau, dont parlent les médecins, et en effet on conçoit aisément que si le berceau est tourné de façon qu'il présente le côté au grand jour des fenêtres, l'œil de l'enfant, qui sera du côté de ce grand jour, tournera du côté des tempes pour se diriger vers la lumière, au lieu qu'il est assez difficile d'imaginer comment il pourrait se faire que l'œil se tournât du côté du nez, à moins qu'on ne dît que c'est pour éviter cette trop grande lumière; quoi qu'il en soit, on peut toujours remédier à ce défaut dès que les yeux ne sont pas de force trop inégale, en couvrant le bon œil pendant une quinzaine de jours.

Il est évident, par tout ce que nous avons dit ci-dessus, qu'on ne peut pas être louche des deux yeux à la fois; pour peu qu'on ait réfléchi sur la conformation de l'œil et sur les usages de cet organe, on sera persuadé de l'impossibilité de ce fait, et l'expérience achèvera d'en convaincre; mais il y a des personnes qui, sans être louches des deux yeux à la fois, sont alternativement quelquefois louches de l'un et ensuite de l'autre œil, et j'ai fait cette remarque sur trois personnes différentes : ces trois personnes avaient les yeux de force inégale, mais il ne paraissait pas qu'il y eût plus de $\frac{1}{15}$ d'inégalité de force dans les yeux de la personne qui les avait le plus inégaux. Pour regarder les objets éloignés, elles se servaient de l'œil le plus fort, et l'autre œil tournait vers le nez ou vers les tempes; et pour regarder les objets trop voisins, comme des caractères d'impression à une petite distance, ou des objets brillants, comme la lumière d'une chandelle, elles se servaient de l'œil le plus faible, et l'autre se tournait vers l'un ou l'autre des angles. Après les avoir examinées attentivement, je reconnus que ce défaut provenait d'une autre espèce d'inégalité dans les yeux; ces personnes pouvaient lire très-distinctement à deux et à trois pieds de distance avec l'un des yeux, et ne pouvaient pas lire plus près de quinze ou dix-huit pouces avec ce même œil, tandis qu'avec l'autre œil elles pouvaient lire à quatre pouces de distance et à vingt et trente pouces; cette espèce d'inégalité faisait qu'elles ne se servaient que de l'œil le plus fort, toutes les fois qu'elles voulaient apercevoir des objets éloignés, et qu'elles étaient forcées d'employer l'œil le plus faible pour voir les objets trop voisins. Je ne crois pas qu'on puisse remédier à ce défaut, si ce n'est en portant des lunettes, dont l'un des verres serait

a. *A compleat systhem of Optiks*, vol. II.

convexe et l'autre concave, proportionnellement à la force ou à la faiblesse de chaque œil ; mais il faudrait avoir fait sur cela plus d'expériences que je n'en ai fait, pour être sûr de quelque succès.

J'ai trouvé plusieurs personnes qui, sans être louches, avaient les yeux fort inégaux en force ; lorsque cette inégalité est très-considérable, comme, par exemple, de $\frac{2}{3}$ ou de $\frac{4}{5}$, alors l'œil faible ne se détourne pas, parce qu'il ne voit presque point, et on est dans le cas des borgnes dont l'œil obscurci ou couvert d'une taie ne laisse pas de suivre les mouvements du bon œil ; ainsi, dès que l'inégalité est trop petite ou de beaucoup trop grande, les yeux ne sont pas louches, ou, s'ils le sont, on peut les rendre droits en couvrant, dans les deux cas, le bon œil pendant quelque temps ; mais si l'inégalité est d'un tel degré que l'un des yeux ne serve qu'à offusquer l'autre et en troubler la sensation, on sera louche d'un seul œil sans remède ; et si l'inégalité est telle que l'un des yeux soit presbyte, tandis que l'autre est myope, on sera louche des deux yeux alternativement, et encore sans aucun remède.

J'ai vu quelques personnes que tout le monde disait être louches, qui le paraissaient en effet, et qui cependant ne l'étaient pas réellement, mais dont les yeux avaient un autre défaut, peut-être plus grand et plus difforme : les deux yeux vont ensemble, ce qui prouve qu'ils ne sont pas louches, mais ils sont vacillants, et ils se tournent si rapidement et si subitement qu'on ne peut jamais reconnaître le point vers lequel ils sont dirigés. Cette espèce de vue égarée n'empêche pas d'apercevoir les objets, mais c'est toujours d'une manière indistincte ; ces personnes lisent avec peine, et lorsqu'on les regarde, l'on est fort étonné de n'apercevoir quelquefois que le blanc des yeux, tandis qu'elles disent vous voir et vous regarder, mais ce sont des coups d'œil imperceptibles par lesquels elles aperçoivent ; et quand on les examine de près, on distingue aisément tous les mouvements dont les directions sont inutiles, et tous ceux qui leur servent à reconnaître les objets.

Avant de terminer ce mémoire, il est bon d'observer une chose essentielle au jugement qu'on doit porter sur le degré d'inégalité de force dans les yeux des louches ; j'ai reconnu dans toutes les expériences que j'ai faites que l'œil louche, qui est toujours le plus faible, acquiert de la force par l'exercice, et que plusieurs personnes dont je jugeais le strabisme incurable, parce que par les premiers essais j'avais trouvé un trop grand degré d'inégalité, ayant couvert leur bon œil seulement pendant quelques minutes, et ayant par conséquent été obligées d'exercer le mauvais œil pendant ce petit temps, elles étaient elles-mêmes surprises de ce que ce mauvais œil avait gagné beaucoup de force, en sorte que mesure prise après cet exercice, de la portée de cet œil, je la trouvais plus étendue, et je jugeais le strabisme curable : ainsi, pour prononcer avec quelque espèce de certitude sur le degré d'inégalité des yeux et sur la possibilité de remédier au défaut des yeux louches, il faut auparavant couvrir le bon œil pendant quelque temps, afin d'obliger le mauvais œil à faire de l'exercice et reprendre toutes ses forces ; après quoi on sera bien plus en état de juger des cas où l'on peut espérer que le remède simple que nous proposons pourra réussir.

ADDITION

A L'ARTICLE DU SENS DE L'OUIE, PAGE 120.

J'ai dit dans cet article qu'en considérant le son comme sensation, on peut donner la raison du plaisir que font les sons harmoniques, et qu'ils consistent dans la proportion du son fondamental aux autres sons. Mais je ne crois pas que la nature ait déterminé cette proportion dans le rapport que M. Rameau établit pour principe. Ce grand musicien, dans son Traité de l'harmonie, déduit ingénieusement son système d'une hypothèse qu'il appelle le principe fondamental de la musique : cette hypothèse est que le son n'est pas simple, mais composé, en sorte que l'impression qui résulte dans notre oreille d'un son quelconque n'est jamais une impression simple qui nous fait entendre ce seul son, mais une impression composée qui nous fait entendre plusieurs sons ; que c'est là ce qui fait la différence du son et du bruit ; que le bruit ne produit dans l'oreille qu'une impression simple, au lieu que le son produit toujours une impression composée. « Toute cause, dit l'auteur, qui produit sur mon oreille une impression unique « et simple me fait entendre du bruit ; toute cause qui produit sur mon oreille une « impression composée de plusieurs autres me fait entendre du son. » Et de quoi est composée cette impression d'un seul son, de *ut* par exemple? Elle est composée : 1° du son même de *ut*, que l'auteur appelle le son fondamental ; 2° de deux autres sons très-aigus, dont l'un est la douzième au-dessus du son fondamental, c'est-à-dire l'octave de sa quinte en montant, et l'autre la dix-septième majeure au-dessus de ce même son fondamental, c'est-à-dire la double octave de sa tierce majeure en montant. Cela étant une fois admis, M. Rameau en déduit tout le système de la musique, et il explique la formation de l'échelle diatonique, les règles du mode majeur, l'origine du mode mineur, les différents genres de musique, qui sont le diatonique, le chromatique et l'enharmonique : ramenant tout à ce système, il donne des règles plus fixes et moins arbitraires que toutes celles qu'on a données jusqu'à présent pour la composition.

C'est en cela que consiste la principale utilité du travail de M. Rameau. Qu'il existe en effet dans un son trois sons, savoir, le son fondamental, la douzième et la dix-septième, ou que l'auteur les y suppose, cela revient au même pour la plupart des conséquences qu'on en peut tirer, et je ne serais pas éloigné de croire que M. Rameau, au lieu d'avoir trouvé ce principe dans la nature, l'a tiré des combinaisons de la pratique de son art : il a vu qu'avec cette supposition il pouvait tout expliquer, dès lors il l'a adoptée, et a cherché à la trouver dans la nature. Mais y existe-t-elle ? toutes les fois qu'on entend un son, est-il bien vrai qu'on entend trois sons différents? Personne avant M. Rameau ne s'en était aperçu ; c'est donc un phénomène qui tout au plus n'existe dans la nature que pour des oreilles musiciennes : l'auteur semble en convenir, lorsqu'il dit que ceux qui sont insensibles au plaisir de la musique n'entendent sans doute que le son fondamental, et que ceux qui ont l'oreille assez heureuse pour entendre en même temps le son fondamental et les sons concomitants sont nécessairement très-sensibles aux charmes de l'harmonie. Ceci est une seconde supposition qui, bien loin de confirmer la première hypothèse, ne peut qu'en faire douter. La condition essentielle d'un phénomène physique et réellement existant dans la nature est d'être général et généralement aperçu de tous les hommes ; mais ici on avoue qu'il n'y a qu'un petit nombre de personnes qui soient capables de le reconnaître ; l'auteur dit qu'il est le premier qui s'en soit aperçu, que les musiciens même ne s'en étaient pas doutés. Ce phénomène n'est donc pas général ni réel, il n'existe que pour M. Rameau et pour quelques oreilles également musiciennes.

Les expériences par lesquelles l'auteur a voulu se démontrer à lui-même qu'un son est accompagné de deux autres sons, dont l'un est la douzième et l'autre la dix-septième au-dessus de ce même son, ne me paraissent pas concluantes ; car M. Rameau conviendra que, dans tous les sons aigus et même dans tous les sons ordinaires, il n'est pas possible d'entendre en même temps la douzième et la dix-septième en haut, et il est obligé d'avouer que ces sons concomitants ne s'entendent que dans les sons graves, comme ceux d'une grosse cloche ou d'une longue corde ; l'expérience, comme l'on voit, au lieu de donner ici un fait général, ne donne même pour les oreilles musiciennes qu'un effet particulier, et encore cet effet particulier sera différent de ce que prétend l'auteur ; car un musicien, qui n'aurait jamais entendu parler du système de M. Rameau, pourrait bien ne point entendre la douzième et la dix-septième dans les sons graves ; et quand même on le préviendrait que le son de cette grosse cloche qu'il entend n'est pas un son simple, mais composé de trois sons, il pourrait convenir qu'il entend en effet trois sons, mais il dirait que ces trois sons sont le son fondamental, la tierce et la quinte.

Il aurait donc été plus facile à M. Rameau de faire recevoir ces derniers rapports que ceux qu'il emploie : s'il eût dit que tout son est de sa nature composé de trois sons, savoir, le son fondamental, la tierce et la quinte, cela eût été moins difficile à croire, et plus aisé à juger par l'oreille que ce qu'il affirme, en nous disant que tout son est de sa nature composé du son fondamental, de la douzième et de la dix-septième ; mais comme dans cette première supposition il n'aurait pu expliquer la génération harmonique, il a préféré la seconde, qui s'ajuste mieux avec les règles de son art. Personne ne l'a en effet porté à un plus haut point de perfection dans la théorie et dans la pratique que cet illustre musicien, dont le talent supérieur a mérité les plus grands éloges.

La sensation de plaisir que produit l'harmonie semble appartenir à tous les êtres doués du sens de l'ouïe. Nous avons dit [a] que l'éléphant a le sens de l'ouïe très-bon, qu'il se délecte au son des instruments et paraît aimer la musique, qu'il apprend aisément à marquer la mesure, à se remuer en cadence, et à joindre à propos quelques accents au bruit des tambours et au son des trompettes, et ces faits sont attestés par un grand nombre de témoignages.

J'ai vu aussi quelques chiens qui avaient un goût marqué pour la musique, et qui arrivaient de la basse-cour ou de la cuisine au concert, y restaient tout le temps qu'il durait, et s'en rètournaient ensuite à leur demeure ordinaire. J'en ai vu d'autres prendre assez exactement l'unisson d'un son aigu qu'on leur faisait entendre de près en criant à leur oreille. Mais cette espèce d'instinct ou de faculté n'appartient qu'à quelques individus ; la plus grande partie des chiens sont indifférents aux sons musicaux, quoique presque tous soient vivement agités par un grand bruit, comme celui des tambours, ou des voitures rapidement roulées.

Les chevaux, ânes, mulets, chameaux, bœufs et autres bêtes de somme, paraissent supporter plus volontiers la fatigue, et s'ennuyer moins dans leurs longues marches, lorsqu'on les accompagne avec des instruments ; c'est par la même raison qu'on leur attache des clochettes ou sonnailles : l'on chante ou l'on siffle presque continuellement les bœufs pour les eutretenir en mouvement dans leurs travaux les plus pénibles ; ils s'arrêtent et paraissent découragés dès que leurs conducteurs cessent de chanter ou de siffler ; il y a même certaines chansons rustiques qui conviennent aux bœufs par préférence à toutes autres, et ces chansons renferment ordinairement les noms des quatre ou des six bœufs qui composent l'attelage ; l'on a remarqué que chaque bœuf paraît être excité par son nom prononcé dans la chanson. Les chevaux dressent les oreilles et paraissent se tenir fiers et fermes au son de la trompette, etc., comme les chiens de chasse s'animent aussi par le son du cor.

On prétend que les marsouins, les phoques et les dauphins approchent des vaisseaux, lorsque dans un temps calme on y fait une musique retentissante ; mais ce fait, dont je doute, n'est rapporté par aucun auteur grave.

Plusieurs espèces d'oiseaux, tels que les serins, linottes, chardonnerets, bouvreuils, tarins, sont très-susceptibles des impressions musicales, puisqu'ils apprennent et retien-

a. Dans l'*Histoire de l'éléphant*.

nent des airs assez longs. Presque tous les autres oiseaux sont aussi modifiés par les sons ; les perroquets, les geais, les pies, les sansonnets, les merles, etc., apprennent à imiter le sifflet et même la parole; ils imitent aussi la voix et les cris des chiens, des chats et des autres animaux.

En général, les oiseaux des pays habités et anciennement policés ont la voix plus douce ou le cri moins aigre que dans les climats déserts et chez les nations sauvages. Les oiseaux de l'Amérique, comparés à ceux de l'Europe et de l'Asie, en offrent un exemple frappant : on peut avancer avec vérité que dans le nouveau continent il ne s'est trouvé que des oiseaux criards, et qu'à l'exception de trois ou quatre espèces, telles que celles de l'organiste, du scarlate et du merle moqueur, presque tous les autres oiseaux de cette vaste région avaient et ont encore la voix choquante pour notre oreille.

On sait que la plupart des oiseaux chantent d'autant plus fort qu'ils entendent plus de bruit ou de son dans le lieu qui les renferme. On connaît les assauts du rossignol contre la voix humaine, et il y a mille exemples particuliers de l'instinct musical des oiseaux, dont on n'a pas pris la peine de recueillir les détails.

Il y a même quelques insectes qui paraissent être sensibles aux impressions de la musique : le fait des araignées qui descendent de leur toile et se tiennent suspendues, tant que le son des instruments continue, et qui remontent ensuite à leur place, m'a été attesté par un assez grand nombre de témoins oculaires pour qu'on ne puisse guère le révoquer en doute.

Tout le monde sait que c'est en frappant sur des chaudrons qu'on rappelle les essaims fugitifs des abeilles, et que l'on fait cesser par un grand bruit la strideur incommode des grillons.

Sur la voix des animaux.

Je puis me tromper, mais il m'a paru que le mécanisme par lequel les animaux font entendre leur voix est différent de celui de la voix de l'homme; c'est par l'expiration que l'homme forme sa voix : les animaux au contraire semblent la former par l'inspiration [1]. Les coqs, quand ils chantent, s'étendent autant qu'ils peuvent, leur cou s'allonge, leur poitrine s'élargit, le ventre se rapproche des reins, et le croupion s'abaisse ; tout cela ne convient qu'à une forte inspiration. Un agneau nouvellement né, appelant sa mère, offre une attitude toute semblable; il en est de même d'un veau dans les premiers jours de sa vie : lorsqu'ils veulent former leur voix le cou s'allonge et s'abaisse, de sorte que la trachée-artère est ramenée presque au niveau de la poitrine : celle-ci s'élargit, l'abdomen se relève beaucoup, apparemment parce que les intestins restent presque vides, les genoux se plient, les cuisses s'écartent, l'équilibre se perd, et le petit animal chancelle en formant sa voix : tout cela paraît être l'effet d'une forte inspiration. J'invite les physiciens et les anatomistes à vérifier ces observations, qui me paraissent dignes de leur attention.

Il paraît certain que les loups et les chiens ne hurlent que par inspiration : on peut s'en assurer aisément en faisant hurler un petit chien près du visage; on verra qu'il tire l'air dans sa poitrine au lieu de le pousser au dehors; mais lorsque le chien aboie, il ferme la gueule à chaque coup de voix, et le mécanisme de l'aboiement est différent de celui du hurlement.

1. La *voix* des animaux se forme ordinairement par *expiration*, comme celle de l'homme. Il y a cependant (dans quelques animaux du moins) une *voix inspiratoire*, tout aussi bien qu'une *voix expiratoire*. Le *braiment* de l'âne, par exemple, se forme alternativement par *expiration et inspiration*.

Sur le degré de chaleur que l'homme et les animaux peuvent supporter.

Quelques physiciens se sont convaincus que le corps de l'homme pouvait résister à un degré de chaud fort au-dessus de sa propre chaleur : M. Ellis est, je crois, le premier qui ait fait cette observation en 1758. M. l'abbé Chappe d'Auteroche nous a informé qu'en Russie l'on chauffe les bains à soixante degrés du thermomètre de Réaumur.

Et en dernier lieu le docteur Fordice a construit plusieurs chambres de plain-pied, qu'il a échauffées par des tuyaux de chaleur pratiqués dans le plancher, en y versant encore de l'eau bouillante. Il n'y avait point de cheminée dans ces chambres ni aucun passage à l'air, excepté par les fentes de la porte.

Dans la première chambre, la plus haute élévation du thermomètre était à cent vingt degrés, la plus basse à cent dix. (Il y avait dans cette chambre trois thermomètres placés dans différents endroits.) Dans la seconde chambre, la chaleur était de quatre-vingt-dix à quatre-vingt-cinq degrés. Dans la troisième, la chaleur était modérée, tandis que l'air extérieur était au-dessous du point de la congélation. Environ trois heures après le déjeuné, le docteur Fordice ayant quitté dans la première chambre tous ses vêtements, à l'exception de sa chemise, et ayant pour chaussure des sandales attachées avec des lisières, entra dans la seconde chambre. Il y demeura cinq minutes à quatre-vingt-dix degrés de chaleur, et il commença à suer modérément. Il entra alors dans la première chambre et se tint dans la partie échauffée à cent dix degrés. Au bout d'une demi-minute sa chemise devint si humide qu'il fut obligé de la quitter. Aussitôt l'eau coula comme un ruisseau sur tout son corps. Ayant encore demeuré dix minutes dans cette partie de la chambre échauffée à cent dix degrés, il vint à la partie échauffée à cent vingt degrés, et après y avoir resté vingt minutes, il trouva que le thermomètre, sous sa langue et dans ses mains, était exactement à cent degrés, et que son urine était au même point. Son pouls s'éleva successivement jusqu'à donner cent quarante-cinq battements dans une minute. La circulation extérieure s'accrut grandement. Les veines devinrent grosses, et une rougeur enflammée se répandit sur tout son corps : sa respiration cependant ne fut que peu affectée.

Ici, dit M. Blagden, le docteur Fordice remarque que la condensation de la vapeur sur son corps, dans la première chambre, était très-probablement la principale cause de l'humidité de sa peau. Il revint enfin dans la seconde chambre, où s'étant plongé dans l'eau échauffée à cent degrés, et s'étant bien fait essuyer, il se fit porter en chaise chez lui. La circulation ne s'abaissa entièrement qu'au bout de deux heures. Il sortit alors pour se promener au grand air, et il sentit à peine le froid de la saison [a].

M. Tillet, de l'Académie des Sciences de Paris, a voulu reconnaître par des expériences les degrés de chaleur que l'homme et les animaux peuvent supporter : pour cela il fit entrer dans un four une fille portant un thermomètre; elle soutint pendant assez longtemps la chaleur intérieure du four jusqu'à cent douze degrés [1].

M. de Marantin, ayant répété cette expérience dans le même four, trouva que les sœurs de la fille qu'on vient de citer soutinrent, sans être incommodées, une chaleur de cent quinze à cent vingt degrés pendant quatorze ou quinze minutes, et pendant dix minutes une chaleur de cent trente degrés, enfin, pendant cinq minutes une chaleur

a. *Journal anglais*, mois d'octobre 1775, p. 19 et suiv.

1. Sous l'influence de ces hautes températures, la température propre du corps s'élève. C'est ce que nous ont appris les expériences de MM. Delaroche et Berger. Dans une étuve à 64° cent., ces deux observateurs virent leur température s'élever de 3° environ; et, dans une étuve à 70°, ils la virent s'élever de 4. (Voyez Delaroche, : *Expér. sur les effets qu'une forte chaleur produit dans l'économie animale.*)

de cent quarante degrés. L'une de ces filles, qui a servi à cette opération de M. Marantin, soutenait la chaleur du four dans lequel cuisaient des pommes et de la viande de
boucherie pendant l'expérience. Le thermomètre de M. Marantin était le même que celui
dont s'était servi M. Tillet ; il était à esprit-de-vin [a].

On peut ajouter à ces expériences celles qui ont été faites par M. Boërhave sur quelques oiseaux et animaux, dont le résultat semble prouver que l'homme est plus capable
que la plupart des animaux de supporter un très-grand degré de chaleur. Je dis que la
plupart des animaux, parce que M. Boërhave n'a fait ses expériences que sur des oiseaux
et des animaux de notre climat, et qu'il y a grande apparence que les éléphants, les
rhinocéros et les autres animaux des climats méridionaux pourraient supporter un
plus grand degré de chaleur que l'homme. C'est par cette raison que je ne rapporte pas
ici les expériences de M. Boërhave, ni celles que M. Tillet a faites sur les poulets, les
lapins, etc., quoique très-curieuses.

On trouve dans les eaux thermales des plantes et des insectes qui y naissent et
croissent, et qui par conséquent supportent un très-grand degré de chaleur. Les
Chaudes-Aigues, en Auvergne, ont jusqu'à soixante-cinq degrés de chaleur au thermomètre de Réaumur, et néanmoins il y a des plantes qui croissent dans ces eaux : dans
celles de Plombières, dont la chaleur est de quarante-quatre degrés, on trouve au fond
de l'eau une espèce de *tremella* différente néanmoins de la *tremella* ordinaire, et qui
paraît avoir comme elle un certain degré de sensibilité ou de tremblement.

Dans l'île de Luçon, à peu de distance de la ville de Manille, est un ruisseau considérable d'une eau dont la chaleur est de soixante-neuf degrés, et dans cette eau si chaude
il y a non-seulement des plantes, mais même des poissons de trois à quatre pouces de
longueur. M. Sonnerat, correspondant du Cabinet, m'a assuré qu'il avait vu dans le lieu
même ces plantes et ces poissons, et il m'a écrit ensuite à ce sujet une lettre dont voici
l'extrait :

« En passant dans un petit village situé à environ quinze lieues de Manille, capitale
« des Philippines, sur les bords du grand lac de l'île de Luçon, je trouvai un ruisseau
« d'eau chaude ou plutôt d'eau bouillante ; car la liqueur du thermomètre de M. de
« Réaumur monta à soixante-neuf degrés. Cependant le thermomètre ne fut plongé qu'à
« une lieue de la source : avec un pareil degré de chaleur la plupart des hommes juge-
« ront que toute production de la nature doit s'éteindre ; votre système et ma note sui-
« vante prouveront le contraire. Je trouvai trois arbrisseaux très-vigoureux, dont les
« racines trempaient dans cette eau bouillante, et dont les têtes étaient environnées de
« sa vapeur, si considérable que les hirondelles qui osaient traverser le ruisseau à la
« hauteur de sept à huit pieds tombaient sans mouvement ; l'un de ces trois arbrisseaux
« était un *Agnus castus*, et les deux autres des *Aspalathus*. Pendant mon séjour dans
« ce village, je n'ai bu d'autre eau que celle de ce ruisseau que je faisais refroidir ; je lui
« trouvai un petit goût terreux et ferrugineux : le gouvernement espagnol, ayant cru
« apercevoir des propriétés dans cette eau, a fait construire différents bains, dont le
« degré de chaleur va en gradation, selon qu'ils sont éloignés du ruisseau. Ma surprise
« fut extrême, lorsque je visitai le premier bain, de trouver des êtres vivants dans cette
« eau dont le degré de chaleur ne me permit pas d'y plonger les doigts ; je fis mes
« efforts pour retirer quelques-uns de ces poissons, mais leur agilité et la maladresse
« des sauvages rustiques de ce canton m'empêchèrent de pouvoir en prendre un pour
« reconnaître l'espèce ; je les examinai en nageant, mais les vapeurs de l'eau ne me
« permirent pas de les distinguer assez bien pour les rapprocher de quelque genre ; je
« les reconnus seulement pour des poissons à écailles de couleur brunâtre ; les plus

a. *Mémoires de l'Académie des Sciences*, année 1764, p. 186 et suiv.

« longs avaient environ quatre pouces..... Je laisse au Pline de notre siècle à expliquer
« cette singularité de la nature. Je n'aurais point osé avancer un fait qui paraît si
« extraordinaire à bien des personnes, si je ne pouvais l'appuyer du certificat de M. Pré-
« vost, commissaire de la marine, qui a parcouru avec moi l'intérieur de l'île de Luçon. »

ADDITIONS

A L'ARTICLE QUI A POUR TITRE : VARIÉTÉS DANS L'ESPÈCE HUMAINE , PAGE 137.

Dans la suite entière de mon ouvrage sur l'histoire naturelle, il n'y a peut-être pas un
seul des articles qui soit plus susceptible d'additions et même de corrections que celui
des variétés de l'espèce humaine ; j'ai néanmoins traité ce sujet avec beaucoup d'étendue,
et j'y ai donné toute l'attention qu'il mérite ; mais on sent bien que j'ai été obligé de
m'en rapporter, pour la plupart des faits, aux relations des voyageurs les plus accrédités ; malheureusement ces relations, fidèles à de certains égards, ne le sont pas à
d'autres ; les hommes qui prennent la peine d'aller voir des choses au loin croient se
dédommager de leurs travaux pénibles en rendant ces choses plus merveilleuses ; à quoi
bon sortir de son pays si l'on n'a rien d'extraordinaire à présenter ou à dire à son
retour ? de là les exagérations , les contes et les récits bizarres dont tant de voyageurs
ont souillé leurs écrits en croyant les orner. Un esprit attentif , un philosophe instruit
reconnaît aisément les faits purement controuvés qui choquent la vraisemblance ou
l'ordre de la nature ; il distingue de même le faux du vrai , le merveilleux du vraisemblable, et se met surtout en garde contre l'exagération. Mais dans les choses qui ne sont
que de simple description , dans celles où l'inspection et même le coup d'œil suffirait
pour les désigner, comment distinguer les erreurs qui semblent ne porter que sur des
faits aussi simples qu'indifférents ? comment se refuser à admettre comme vérités tous
ceux que le relateur assure, lorsqu'on n'aperçoit pas la source de ses erreurs, et même
qu'on ne devine pas les motifs qui ont pu le déterminer à dire faux ? ce n'est qu'avec
le temps que ces sortes d'erreurs peuvent être corrigées , c'est-à-dire lorsqu'un grand
nombre de nouveaux témoignages viennent à détruire les premiers. Il y a trente ans
que j'ai écrit cet article des variétés de l'espèce humaine ; il s'est fait dans cet intervalle de temps plusieurs voyages dont quelques-uns ont été entrepris et rédigés par des
hommes instruits ; c'est d'après les nouvelles connaissances qui nous ont été rapportées
que je vais tâcher de réintégrer les choses dans la plus exacte vérité, soit en supprimant
quelques faits que j'ai trop légèrement affirmés sur la foi des premiers voyageurs, soit
en confirmant ceux que quelques critiques ont impugnés et niés mal à propos.

Pour suivre le même ordre que je me suis tracé dans cet article , je commencerai par
les peuples du Nord. J'ai dit que les Lapons, les Zembliens, les Borandiens, les
Samoïèdes, les Tartares septentrionaux, et peut-être les Ostiaques dans l'ancien continent, les Groënlandais et les sauvages au nord des Esquimaux dans l'autre continent,
semblent être tous d'une seule et même race qui s'est étendue et multipliée le long des
côtes des mers septentrionales, etc. [a]. M. Klingstedt, dans un mémoire imprimé en
1762, prétend que je me suis trompé : 1° en ce que les Zembliens n'existent qu'en idée ;
il est certain, dit-il, que le pays qu'on appelle *la nova Zembla, ce qui signifie en langue
russe nouvelle terre, n'a guère d'habitants.* Mais, pour peu qu'il y en ait, ne doit-on
pas les appeler Zembliens ? d'ailleurs les voyageurs hollandais les ont décrits et en ont
même donné les portraits gravés ; ils ont fait un grand nombre de voyages dans cette

a. Voyez p. 138.

Nouvelle-Zemble, et y ont hiverné, dès 1596, sur la côte orientale, à quinze degrés du pôle; ils font mention des animaux et des hommes qu'ils y ont rencontrés; je ne me suis donc pas trompé, et il est plus que probable que c'est M. Klingstedt qui se trompe lui-même à cet égard. Néanmoins je vais rapporter les preuves qu'il donne de son opinion.

« La Nouvelle Zemble est une île[1] séparée du continent par le détroit de Waigats, sous « le soixante-onzième degré, et qui s'étend en ligne droite vers le nord jusqu'au « soixante-quinzième..... L'île est séparée dans son milieu par un canal ou détroit qui « la traverse dans toute son étendue, en tournant vers le nord-ouest, et qui tombe dans « la mer du Nord du côté de l'occident, sous le soixante-treizième degré trois minutes « de latitude. Ce détroit coupe l'île en deux portions presque égales, on ignore s'il est « quelquefois navigable; ce qu'il y a de certain c'est qu'on l'a toujours trouvé couvert « de glaces. Le pays de la Nouvelle Zemble, du moins autant qu'on en connaît, est tout « à fait désert et stérile, il ne produit que très-peu d'herbes, et il est entièrement « dépourvu de bois, jusque-là même qu'il manque de broussailles; il est vrai que personne « n'a encore pénétré dans l'intérieur de l'île au delà de cinquante ou soixante verstes, « et que par conséquent on ignore si dans cet intérieur il n'y a pas quelque terroir « plus fertile, et *peut-être des habitants;* mais comme les côtes sont fréquentées tour « à tour et depuis plusieurs années par un grand nombre de gens que la pêche y attire « sans qu'on ait jamais découvert la moindre trace d'habitants, et qu'on a remarqué « qu'on n'y trouve d'autres animaux que ceux qui se nourrissent des poissons que la « mer jette sur le rivage, ou bien de mousse, tels que les ours blancs, les renards blancs « et les rennes, et peu de ces autres animaux qui se nourrissent de baies, de racines et « bourgeons de plantes et de broussailles, il est très-probable que le pays ne renferme « point d'habitants, et qu'il est aussi peu fourni de bois dans l'intérieur que sur les « côtes. On doit donc présumer que le petit nombre d'hommes que quelques voyageurs « disent y avoir vus, n'étaient pas des naturels du pays, mais des étrangers qui, pour éviter « la rigueur du climat, s'étaient habillés comme les Samoïèdes, parce que les Russes « ont coutume, dans ces voyages, de se couvrir d'habillements à la façon des « Samoïèdes..... Le froid de la Nouvelle Zemble est très-modéré, en comparaison de « celui de Spitzberg; dans cette dernière île on ne jouit pendant les mois de l'hiver « d'aucune lueur ou crépuscule; ce n'est qu'à la seule position des étoiles qui sont con- « tinuellement visibles qu'on peut distinguer le jour de la nuit, au lieu que dans la « Nouvelle Zemble on les distingue par une faible lumière qui se fait toujours remar- « quer aux heures du midi, même dans les temps où le soleil n'y paraît point.

« Ceux qui ont le malheur d'être obligés d'hiverner dans la Nouvelle Zemble ne « périssent pas, comme on le croit, par l'excès du froid, mais par l'effet des brouillards « épais et malsains occasionnés souvent par la putréfaction des herbes et des mousses « du rivage de la mer, lorsque la gelée tarde trop à venir.

« On sait par une ancienne tradition qu'il y a eu quelques familles qui se réfugièrent « et s'établirent avec leurs femmes et enfants dans la Nouvelle Zemble, du temps de « la destruction de *Nowogorod.* Sous le règne du czar Iwan Wasilewitz, un paysan « serf échappé, appartenant à la maison des *Stroganows,* s'y était aussi retiré avec sa « femme et ses enfants, et les Russes connaissent encore jusqu'à présent les endroits « où ces gens-là ont demeuré et les indiquent par leurs noms; mais les descendants de « ces malheureuses familles ont tous péri en un même temps, apparemment par l'in- « fection des mêmes brouillards. »

On voit par ce récit de M. Klingstedt que les voyageurs ont rencontré des hommes

---

1. Voyez la note 2 de la page 113 du 1er volume.

dans la Nouvelle-Zemble; dès lors n'ont-ils pas dû prendre ces hommes pour les naturels du pays, puisqu'ils étaient vêtus à peu près comme les Samoïèdes? ils auront donc appelé *Zembliens* ces hommes qu'ils ont vus dans la Zemble : cette erreur, si c'en est une, est fort pardonnable ; car cette île étant d'une grande étendue et très-voisine du continent, l'on aura bien de la peine à se persuader qu'elle fût entièrement inhabitée avant l'arrivée de ce paysan russe.

2° M. Klingstedt dit *que je ne parais pas mieux fondé à l'égard des Borandiens, dont on ignore jusqu'au nom même dans tout le Nord, et que l'on pourrait d'ailleurs reconnaître difficilement à la description que j'en donne.* Ce dernier reproche ne doit pas tomber sur moi : si la description des Borandiens, donnée par les voyageurs hollandais dans le recueil des Voyages du Nord, n'est pas assez détaillée pour qu'on puisse reconnaître ce peuple, ce n'est pas ma faute ; je n'ai pu rien ajouter à leurs indications. Il en est de même à l'égard du nom, je ne l'ai point imaginé ; je l'ai trouvé, non-seulement dans ce recueil de Voyages que M. Klingstedt aurait dû consulter, mais encore sur des cartes et sur les globes anglais de M. Senex, membre de la Société royale de Londres, dont les ouvrages ont la plus grande réputation, tant pour l'exactitude que que pour la précision. Je ne vois donc pas jusqu'à présent que le témoignage négatif de M. Klingstedt seul doive prévaloir contre les témoignages positifs des auteurs que je viens de citer. Mais pour le mettre plus à portée de reconnaître les Borandiens, je lui dirai que ce peuple dont il nie l'existence occupe néanmoins un vaste terrain qui n'est guère qu'à deux cents lieues d'Archangel à l'orient ; que la bourgade de Boranda, qui a pris ou donné le nom du pays, est située à vingt-deux degrés du pôle sur la côte occidentale d'un petit golfe, dans lequel se décharge la grande rivière de Petzora ; que ce pays, habité par les Borandiens, est borné au nord par la mer Glaciale, vis-à-vis l'île de Kolgo, et les petites îles Toxar et Maurice ; au couchant, il est séparé des terres de la province de Jugori par d'assez hautes montagnes ; au midi, il confine avec les provinces de Zirania et de Permia ; et au levant, avec les provinces de Condoria et de Montizar, lesquelles confinent elles-mêmes avec le pays des Samoïèdes. Je pourrais encore ajouter qu'indépendamment de la bourgade de Boranda il existe dans ce pays plusieurs autres habitations remarquables, telles que Ustzilma, Nicolaï, Issemskaïa et Petzora ; qu'enfin ce même pays est marqué sur plusieurs cartes par le nom de *Petzora sive Borandai.* Je suis étonné que M. Klingstedt et M. de Voltaire, qui l'a copié, aient ignoré tout cela et m'aient également reproché d'avoir décrit un peuple imaginaire et dont on ignorait même le nom. M. Klingstedt a demeuré pendant plusieurs années à Archangel, où les Lapons-Moscovites et les Samoïèdes viennent, dit-il, tous les ans en assez grand nombre avec leurs femmes et enfants, et quelquefois même avec leurs rennes pour y amener des huiles de poisson ; il semble dès lors qu'on devrait s'en rapporter à ce qu'il dit sur ces peuples, et d'autant plus qu'il commence sa critique par ces mots : *M. de Buffon qui s'est acquis un si grand nom dans la république des lettres, et au mérite distingué duquel je rends toute la justice qui lui est due, se trompe, etc.* L'éloge joint à la critique la rend plus plausible, en sorte que M. de Voltaire et quelques autres personnes qui ont écrit d'après M. Klingstedt ont eu quelque raison de croire que je m'étais en effet trompé sur les trois points qu'il me reproche. Néanmoins je crois avoir démontré que je n'ai fait aucune erreur au sujet des Zembliens, et que je n'ai dit que la vérité au sujet des Borandiens. Lorsqu'on veut critiquer quelqu'un dont on estime les ouvrages et dont on fait l'éloge, il faut au moins s'instruire assez pour être de niveau avec l'auteur que l'on attaque. Si M. Klingstedt eût seulement parcouru tous les Voyages du Nord dont j'ai fait l'extrait, s'il eût recherché les journaux des voyageurs hollandais et les globes de M. Senex, il aurait reconnu que je n'ai rien avancé qui ne fût bien fondé. S'il eût consulté la Géographie du roi Ælfred, ouvrage écrit sur les témoignages des anciens voyageurs Othere et Wulfstant [a], il aurait vu que les peuples que j'ai nommés *Borandiens*, d'après les indications modernes, s'appelaient anciennement *Beormas* ou *Boranas*, dans le temps de ce roi géographe; que de Boranas on dérive aisément Boranda, et que c'est par conséquent le vrai et ancien nom de ce même pays qu'on appelle à présent *Petzora*, lequel est situé entre les Lapons-Moscovites et les Samoïèdes, dans la partie de la terre coupée par le cercle polaire, et traversée dans sa longueur du midi au nord par le fleuve Petzora. Si l'on ne connaît pas maintenant à Archangel le nom des Borandiens, il ne fallait pas en conclure que c'était un peuple imaginaire, mais seulement un peuple dont le nom avait changé, ce qui est souvent arrivé, non-seulement pour les nations du Nord, mais pour plusieurs autres, comme nous aurons occasion de le remarquer dans la suite, même pour les peuples d'Amérique, quoiqu'il n'y ait pas deux cents ou deux cent cinquante ans qu'on y ait imposé ces noms qui ne subsistent plus aujourd'hui [b].

3° M. Klingstedt assure que j'ai avancé « une chose destituée de tout fondement, lors-
« que je prends pour une même nation les Lapons, les Samoïèdes et tous les peuples
« tartares du Nord, puisqu'il ne faut que faire attention à la diversité des physiono-
« mies, des mœurs et du langage même de ces peuples, pour se convaincre qu'ils sont
« d'une race différente, comme j'aurai, *dit-il*, occasion de le prouver dans la suite. »
Ma réponse à cette troisième imputation sera satisfaisante pour tous ceux qui, comme moi, ne cherchent que la vérité : je n'ai pas pris pour une même nation les Lapons, les Samoïèdes et les Tartares du Nord, puisque je les ai nommés et décrits séparément, que je n'ai pas ignoré que leurs langues étaient différentes, et que j'ai exposé en particulier leurs usages et leurs mœurs; mais ce que j'ai seulement prétendu et que je soutiens encore, c'est que tous ces hommes du cercle arctique sont à peu près semblables entre eux; que le froid et les autres influences de ce climat les ont rendus très-différents des peuples de la zone tempérée; qu'indépendamment de leur courte taille, ils ont tant d'autres rapports de ressemblance entre eux, qu'on peut les considérer comme étant d'une même nature ou d'une même « race qui s'est étendue et multipliée
« le long des côtes des mers septentrionales, dans des déserts et sous un climat inha-
« bitable pour toutes les autres nations [c]. » J'ai pris ici, comme l'on voit, le mot de race dans le sens le plus étendu, et M. Klingstedt le prend au contraire dans le sens le plus étroit; ainsi sa critique porte à faux. Les grandes différences qui se trouvent entre les hommes dépendent de la diversité des climats [1]; c'est dans ce point de vue général qu'il faut saisir ce que j'en ai dit; et dans ce point de vue il est très-certain que non-seulement les Lapons, les Borandiens, les Samoïèdes et les Tartares du nord de notre continent, mais encore les Groënlandais et les Esquimaux de l'Amérique, sont tous des hommes dont le climat a rendu les races semblables, des hommes d'une nature également rapetissée, dégénérée, et qu'on peut dès lors regarder comme ne faisant qu'une seule et même race dans l'espèce humaine [2].

Maintenant que j'ai répondu à ces critiques, auxquelles je n'aurais fait aucune attention si des gens célèbres par leurs talents ne les eussent pas copiées, je vais rendre

a. Voyez la traduction d'Orosius, par le roi Ælfred. Note sur le premier chapitre du premier livre, par M. Forster, de la Société royale de Londres, 1773, in-8°, p. 241 et suiv.

b. Un exemple remarquable de ces changements de nom, c'est que l'Écosse s'appelait *Iraland* ou *Irland* dans ce même temps où les Borandiens *ou* Borandas étaient nommés *Beormas* ou *Boranas*.

c. Voyez page 138.

1. Voyez la note 2 de la page 221.

2. Chacun de ces mots : *espèce* et *race*, est employé ici dans son acception la plus juste. (Voyez la note de la page 140.)

compte des connaissances particulières que nous devons à M. Klingstedt au sujet de ces peuples du Nord.

« Selon lui, le nom de Samoïède n'est connu que depuis environ cent ans ; le com-
« mencement des habitations des Samoïèdes se trouve au delà de la rivière de Mezène,
« à trois ou quatre cents verstes d'Archangel..... Cette nation sauvage, qui n'est pas
« nombreuse, occupe néanmoins l'étendue de plus de trente degrés en longitude le long
« des côtes de l'océan du Nord et de la mer Glaciale, entre les soixante-sixième et
« soixante-dixième degrés de latitude, à compter depuis la rivière de Mezène jusqu'au
« fleuve Jeniscé, et peut-être plus loin. »

J'observerai qu'il y a trente degrés environ de longitude, pris sur le cercle polaire, depuis le fleuve Jeniscé jusqu'à celui de Petzora : ainsi les Samoïèdes ne se trouvent en effet qu'après les Borandiens, lesquels occupent ou occupaient ci-devant la contrée de Petzora ; on voit que le témoignage même de M. Klingstedt confirme ce que j'ai avancé, et prouve qu'il fallait en effet distinguer les Borandiens, autrement les habitants naturels du district de Petzora, des Samoïèdes qui sont au delà, du côté de l'orient.

« Les Samoïèdes, dit M. Klingstedt, sont communément d'une taille au-dessous de
« la moyenne ; ils ont le corps dur et nerveux, d'une structure large et carrée, les
« jambes courtes et menues, les pieds petits, le cou court et la tête grosse à proportion
« du corps, le visage aplati, les yeux noirs, et l'ouverture des yeux petite mais allongée,
« le nez tellement écrasé que le bout en est à peu près au niveau de l'os de la mâchoire
« supérieure, qu'ils ont très-forte et élevée, la bouche grande et les lèvres minces.
« Leurs cheveux, noirs comme le jais, sont extrêmement durs, fort lisses et pendants
« sur leurs épaules ; leur teint est d'un brun fort jaunâtre, et ils ont les oreilles grandes
« et rehaussées. Les hommes n'ont que très-peu ou point de barbe ni de poil, qu'ils
« s'arrachent, ainsi que les femmes, sur toutes les parties du corps. On marie les filles
« dès l'âge de dix ans, et souvent elles sont mères à onze ou douze ans, mais passé
« l'âge de trente ans elles cessent d'avoir des enfants. La physionomie des femmes res-
« semble parfaitement à celle des hommes, excepté qu'elles ont les traits un peu moins
« grossiers, le corps plus mince, les jambes plus courtes et les pieds très-petits ; elles
« sont sujettes, comme les autres femmes, aux évacuations périodiques, mais faible-
« ment et en très-petite quantité ; toutes ont les mamelles plates et petites, molles en
« tout temps, lors même qu'elles sont encore pucelles, et le bout de ces mamelles est
« toujours noir comme du charbon, défaut qui leur est commun avec les Lapones. »

Cette description de M. Klingstedt s'accorde avec celle des autres voyageurs qui ont parlé des Samoïèdes, et avec ce que j'en ai dit moi-même, page 138 ; elle est seulement plus détaillée et paraît plus exacte : c'est ce qui m'a engagé à la rapporter ici. Le seul fait qui me semble douteux, c'est que dans un climat aussi froid les femmes soient mûres d'aussi bonne heure ; si, comme le dit cet auteur, elles produisent communément dès l'âge de onze ou douze ans, il ne serait pas étonnant qu'elles cessent de produire à trente ans ; mais j'avoue que j'ai peine à me persuader ces faits qui me paraissent contraires à une vérité générale et bien constatée, c'est que plus les climats sont chauds, et plus la production des femmes est précoce, comme toutes les autres productions de la nature.

M. Klingstedt dit encore dans la suite de son mémoire que les Samoïèdes ont la vue perçante, l'ouïe fine et la main sûre ; qu'ils tirent de l'arc avec une justesse admirable, qu'ils sont d'une légèreté extraordinaire à la course, et qu'ils ont au contraire le goût grossier, l'odorat faible, le tact rude et émoussé.

« La chasse leur fournit leur nourriture ordinaire en hiver, et la pêche en été ; leurs
« rennes sont leurs seules richesses ; ils en mangent la chair toujours crue, et en boivent
« avec délices le sang tout chaud ; ils ne connaissent point l'usage d'en tirer le lait ; ils

« mangent aussi le poisson cru. Ils se font des tentes couvertes de peaux de rennes, et
« les transportent souvent d'un lieu à un autre ; ils n'habitent pas sous terre, comme
« quelques écrivains l'ont assuré ; ils se tiennent toujours éloignés à quelque distance
« les uns des autres, sans jamais former de société ; ils donnent des rennes pour avoir
« les filles dont ils font leurs femmes : il leur est permis d'en avoir autant qu'il leur
« plaît; la plupart se bornent à deux femmes, et il est rare qu'ils en aient plus de cinq ;
« il y a des filles pour lesquelles ils paient au père cent et jusqu'à cent cinquante rennes,
« mais ils sont en droit de renvoyer leurs femmes et de reprendre leurs rennes, s'ils
« ont lieu d'en être mécontents ; si la femme confesse qu'elle a eu commerce avec quelque
« homme de nation étrangère, ils la renvoient immédiatement à ses parents : ainsi ils
« n'offrent pas, comme le dit M. de Buffon, leurs femmes et leurs filles aux étrangers. »

Je l'ai dit en effet d'après les témoignages d'un si grand nombre de voyageurs que
le fait ne me paraissait pas douteux. Je ne sais même si M. Klingstedt est en droit de
nier ces témoignages, n'ayant vu des Samoïèdes que ceux qui viennent à Archangel ou
dans les autres lieux de la Russie, et n'ayant pas parcouru leur pays comme les voyageurs dont j'ai tiré les faits que j'ai rapportés fidèlement. Dans un peuple sauvage,
stupide et grossier, tel que M. Klingstedt peint lui-même ces Samoïèdes, lesquels ne
font jamais de société, qui prennent des femmes en tel nombre qu'il leur plaît, qui les
renvoient lorsqu'elles déplaisent, serait-il étonnant de les voir offrir au moins celles-ci
aux étrangers? Y a-t-il dans un tel peuple des lois communes, des coutumes constantes? Les Samoïèdes, voisins de Jeniscé, se conduisent-ils comme ceux des environs
de Petzora, qui sont éloignés de plus de quatre cents lieues? M. Klingstedt n'a vu que
ces derniers, il n'a jugé que sur leur rapport; néanmoins ces Samoïèdes occidentaux
ne connaissent pas ceux qui sont à l'orient, et n'ont pu lui en donner de justes informations, et je persiste à m'en rapporter aux témoignages précis des voyageurs qui ont
parcouru tout le pays ; je puis donner un exemple à ce sujet que M. Klingstedt ne doit
pas ignorer, car je le tire des voyageurs russes. Au nord du Kamtschatka sont les
Koriaques sédentaires et fixes, établis sur toute la partie supérieure du Kamtschatka
depuis la rivière Ouka jusqu'à celle d'Anadir : ces Koriaques sont bien plus semblables
aux Kamtschadales que les Koriaques errants, qui en diffèrent beaucoup par les traits
et par les mœurs. Ces Koriaques errants tuent leurs femmes et leurs amants lorsqu'ils
les surprennent en adultère ; au contraire, les Koriaques fixes offrent par politesse leurs
femmes aux étrangers, et ce serait une injure de leur refuser de prendre leur place
dans le lit conjugal *a*; ne peut-il pas en être de même chez les Samoïèdes, dont d'ailleurs les usages et les mœurs sont à peu près les mêmes que celles des Koriaques?

Voici maintenant ce que M. Klingstedt dit au sujet des Lapons :

« Ils ont la physionomie semblable à celle des Finnois, dont on ne peut guère les
« distinguer, excepté qu'*ils ont l'os de la mâchoire supérieure un peu plus fort et plus*
« *élevé;* outre cela, ils ont les yeux bleus, gris et noirs, ouverts et formés comme ceux
« des autres nations de l'Europe ; leurs cheveux sont de différentes couleurs, quoiqu'ils
« tirent ordinairement sur le brun foncé et sur le noir ; ils ont le corps robuste et bien
« fait ; les hommes ont la barbe fort épaisse, et du poil, ainsi que les femmes, sur toutes
« les parties du corps où la nature en produit ordinairement ; ils sont pour la plupart
« d'*une taille au-dessous de la médiocre :* enfin, comme il y a beaucoup d'affinité
« entre leur langue et celle des Finnois, au lieu qu'à cet égard ils diffèrent entièrement
« des Samoïèdes, c'est une preuve évidente que ce n'est qu'aux Finnois que les Lapons
« doivent leur origine. Quant aux Samoïèdes, ils descendent sans doute de quelque
« race tartare des anciens habitants de Sibérie..... On a débité beaucoup de fables au

a. Histoire générale des voyages, vol. XIX, in-4°, p. 350.

« sujet des Lapons : par exemple, on a dit qu'ils lancent le javelot avec une adresse
« extraordinaire, et il est pourtant certain qu'au moins à présent ils en ignorent entiè-
« rement l'usage, de même que celui de l'arc et des flèches : ils ne se servent que de
« fusils dans leurs chasses. La chair d'ours ne leur sert jamais de nourriture, ils ne
« mangent rien de cru, pas même le poisson, mais c'est ce que font toujours les Samoïè-
« des : ceux-ci ne font aucun usage de sel, au lieu que les Lapons en mettent dans tous
« leurs aliments. Il est encore faux qu'ils fassent de la farine avec des os de poisson
« broyés ; c'est ce qui n'est en usage que chez quelques Finnois, habitants de la Caré-
« lie, au lieu que les Lapons ne se servent que de cette substance douce et tendre, ou
« de cette pellicule fine et déliée qui se trouve sous l'écorce du sapin, et dont ils font
« provision au mois de mai ; après l'avoir bien fait sécher ils la réduisent en poudre,
« et en mêlent avec la farine dont ils font leur pain. L'huile de baleine ne leur sert
« jamais de boisson, mais il est vrai qu'ils emploient aux apprêts de leurs poissons
« l'huile fraîche qu'on tire des foies et des entrailles de la morue, huile qui n'est point
« dégoûtante, et n'a aucune mauvaise odeur tant qu'elle est fraîche. Les hommes et les
« femmes portent des chemises, le reste de leurs habillements est semblable à celui des
« Samoïèdes qui ne connaissent point l'usage du linge..... Dans plusieurs relations il
« est fait mention des Lapons indépendants, quoique je ne sache guère qu'il y en ait,
« à moins qu'on ne veuille faire passer pour tels un petit nombre de familles établies
« sur les frontières, qui se trouvent dans l'obligation de payer le tribut à trois souve-
« rains. Leurs chasses et leurs pêches, dont ils vivent uniquement, demandent qu'ils
« changent souvent de demeure ; ils passent sans façon d'un territoire à l'autre : d'ail-
« leurs, c'est la seule race de Lapons entièrement semblables aux autres qui n'aient pas
« encore embrassé le christianisme, et qui tiennent encore beaucoup du sauvage : ce
« n'est que chez eux que se trouvent la polygamie et des usages superstitieux... Les Fin-
« nois ont habité, dans les temps reculés, la plus grande partie des contrées du Nord. »

En comparant ce récit de M. Klingstedt avec les relations des voyageurs et des témoins
qui l'ont précédé, il est aisé de reconnaître que depuis environ un siècle les Lapons se
sont en partie civilisés ; ceux que l'on appelle *Lapons-Moscovites*, et qui sont les seuls
qui fréquentent à Archangel, les seuls par conséquent que M. Klingstedt ait vus, ont
adopté en entier la religion et en partie les mœurs russes ; il y a eu par conséquent des
alliances et des mélanges. Il n'est donc pas étonnant qu'ils n'aient plus aujourd'hui les
mêmes superstitions, les mêmes usages bizarres qu'ils avaient dans le temps des voyageurs qui ont écrit ; on ne doit donc pas les accuser d'avoir débité des fables ; ils ont
dit, et j'ai dit d'après eux, ce qui était alors et ce qui est encore chez les Lapons sauvages :
on n'a pas trouvé et l'on ne trouvera pas chez eux des yeux bleus et de belles femmes,
et si l'auteur en a vu parmi les Lapons qui viennent à Archangel, rien ne prouve mieux
le mélange qui s'est fait avec les autres nations, car les Suédois et les Danois ont aussi
policé leurs plus proches voisins Lapons ; et dès que la religion s'établit et devient commune à deux peuples, tous les mélanges s'en suivent, soit au moral pour les opinions,.
soit au physique pour les actions.

Tout ce que nous avons dit d'après les relations faites il y a quatre-vingts ou cent
ans ne doit donc s'appliquer qu'aux Lapons qui n'ont pas embrassé le christianisme ;
leurs races sont encore pures et leurs figures telles que nous les avons présentées. Les
Lapons, dit M. Klingstedt, ressemblent par la physionomie aux autres peuples de l'Europe, et particulièrement aux Finnois, à l'exception que les Lapons ont les os et la
mâchoire supérieure plus élevés ; ce dernier trait les rejoint aux Samoïèdes ; leur taille
au-dessous de la médiocre les y réunit encore, ainsi que leurs cheveux noirs ou d'un
brun foncé ; ils ont du poil et de la barbe parce qu'ils ont perdu l'usage de se l'arracher
comme font les Samoïèdes. Le teint des uns et des autres est de la même couleur ;

les mamelles des femmes également molles et les mamelons également noirs dans les deux nations. Les habillements y sont les mêmes ; le soin des rennes, la chasse, la pêche, la stupidité et la paresse la même. J'ai donc bien le droit de persister à dire que les Lapons et les Samoïèdes ne sont qu'une seule et même espèce ou race [1] d'hommes très-différente de ceux de la zone tempérée.

Si l'on prend la peine de comparer la relation récente de M. Hœgstrœm avec le récit de M. Klingstedt, on sera convaincu que, quoique les usages des Lapons aient un peu varié, ils sont néanmoins les mêmes en général qu'ils étaient jadis, et tels que les premiers relateurs les ont représentés :

« Ils sont, dit M. Hœgstrœm, d'une petite taille, d'un teint basané..... Les femmes, « dans le temps de leurs maladies périodiques, se tiennent à la porte des tentes et mangent « seules..... Les Lapons furent de tout temps des hommes pasteurs, ils ont de grands « troupeaux de rennes dont ils font leur nourriture principale ; il n'y a guère de familles « qui ne consomment au moins un renne par semaine, et ces animaux leur fournissent « encore du lait abondamment dont les pauvres se nourrissent. Ils ne mangent pas par « terre comme les Groënlandais et les Kamtschadales, mais dans des plats faits de gros « drap ou dans des corbeilles posées sur une table ; ils préfèrent pour leur boisson l'eau « de neige fondue à celle des rivières..... Des cheveux noirs, des joues enfoncées, le visage « large, le menton pointu, sont les traits communs aux deux sexes. Les hommes ont peu « de barbe et la taille épaisse, cependant ils sont très-légers à la course..... Ils habitent « sous des tentes faites de peaux de rennes ou de drap ; ils couchent sur des feuilles, « sur lesquelles ils étendent une ou plusieurs peaux de rennes..... Ce peuple en général « est errant plutôt que sédentaire ; il est rare que les Lapons restent plus de quinze jours « dans le même endroit ; aux approches du printemps la plupart se transportent avec « leurs familles à vingt ou trente milles de distance dans la montagne pour tâcher « d'éviter de payer le tribut..... Il n'y a aucun siége dans leurs tentes, chacun s'assied « par terre..... ils attellent les rennes à des traîneaux pour transporter leurs tentes et « autres effets, ils ont aussi des bateaux pour voyager sur l'eau et pour pêcher..... Leur « première arme est l'arc simple sans poignée, sans mire, d'environ une toise de lon- « gueur..... Ils baignent leurs enfants au sortir du sein de leur mère dans une décoction « d'écorce d'aulne..... Quand les Lapons chantent, on dirait qu'ils hurlent, ils ne font « aucun usage de la rime, mais ils ont des refrains très-fréquents..... Les femmes « lapones sont robustes, elles enfantent avec peu de douleur, elles baignent souvent leurs « enfants en les plongeant jusqu'au cou dans l'eau froide : toutes les mères nourrissent « leurs enfants, et dans le besoin elles y suppléent par du lait de renne... La superstition « de ce peuple est idiote, puérile, extravagante, basse et honteuse ; chaque personne, « chaque année, chaque mois, chaque semaine a son dieu ; tous, même ceux qui sont « chrétiens, ont des idoles ; ils ont des formules de divination, des tambours magiques, et « certains nœuds avec lesquels ils prétendent lier ou délier les vents [a]. »

On voit par le récit de ce voyageur moderne qu'il a vu et jugé les Lapons différemment de M. Klingstedt, et plus conformément aux anciennes relations ; ainsi la vérité est qu'ils sont encore à très-peu près tels que nous les avons décrits. M. Hœgstrœm dit, avec tous les voyageurs qui l'ont précédé, que les Lapons ont peu de barbe ; M. Klingstedt seul assure qu'ils ont la barbe épaisse et bien fournie, et donne ce fait comme preuve qu'ils diffèrent beaucoup des Samoïèdes ; il en est de même de la couleur des

a. *Histoire générale des voyages*, vol. XIX, p. 496 et suiv.

1. *Espèce* ou *race*. Ces deux mots ne sont point synonymes. Il s'en faut bien. La *race* n'est qu'une *variété* de l'*espèce*. (Voyez la note de la page 140.) Il n'y a qu'une *espèce* humaine ; et, dans cette *espèce* unique, il y a plusieurs *races*. (Voyez la note 2 de la page 221.)

cheveux : tous les relateurs s'accordent à dire que leurs cheveux sont noirs, le seul M. Klingstedt dit qu'il se trouve parmi les Lapons des cheveux de toutes couleurs et des yeux bleus et gris ; si ces faits sont vrais, ils ne démentent pas pour cela les voyageurs, ils indiquent seulement que M. Klingstedt a jugé des Lapons en général par le petit nombre de ceux qu'il a vus, et dont probablement ceux aux yeux bleus et à cheveux blonds proviennent du mélange de quelques Danois, Suédois ou Moscovites blonds, avec les Lapons.

M. Hœgstrœm s'accorde avec M. Klingstedt à dire que les Lapons tirent leur origine des Finnois : cela peut être vrai, néanmoins cette question exige quelque discussion. Les premiers navigateurs qui aient fait le tour entier des côtes septentrionales de l'Europe sont Othère et Wulfstan dans le temps du roi Ælfred, Anglo-Saxon, auquel ils en firent une relation que ce roi géographe nous a conservée, et dont il a donné la carte avec les noms propres de chaque contrée dans ce temps, c'est-à-dire dans le neuvième siècle [a] : cette carte, comparée avec les cartes récentes, démontre que la partie occidentale des côtes de Norwége, jusqu'au soixante-cinquième degré, s'appelait alors *Halgoland*. Le navigateur Othère vécut pendant quelque temps chez ces Norwégiens, qu'il appelle *Northmen*. De là il continua sa route vers le nord, en côtoyant les terres de la Laponie, dont il nomme la partie méridionale *Finna*, et la partie boréale *Terfenna* : il parcourut en six jours de navigation trois cents lieues, jusqu'auprès du cap Nord, qu'il ne put doubler d'abord faute d'un vent d'ouest ; mais après un court séjour dans les terres voisines de ce cap, il le dépassa et dirigea sa navigation à l'est pendant quatre jours, ainsi il côtoya le cap Nord jusqu'au delà de Wardhus ; ensuite par un vent de nord il tourna vers le midi, et ne s'arrêta qu'auprès de l'embouchure d'une grande rivière habitée par des peuples appelés *Beormas*, qui, selon son rapport, furent les premiers habitants sédentaires qu'il eût trouvés dans tout le cours de cette navigation ; n'ayant, dit-il, point vu d'habitants fixes sur les côtes de Finna et de Terfenna (c'est-à-dire sur toutes les côtes de la Laponie), mais seulement des chasseurs et des pêcheurs encore en assez petit nombre. Nous devons observer que la Laponie s'appelle encore aujourd'hui *Finmark* ou *Finnamark* en danois, et que dans l'ancienne langue danoise *mark* signifie *contrée*. Ainsi nous ne pouvons douter qu'autrefois la Laponie ne se soit appelée *Finna* : les Lapons par conséquent étaient alors les Finnois, et c'est probablement ce qui a fait croire que les Lapons tiraient leur origine des Finnois. Mais si l'on fait attention que la Finlande d'aujourd'hui est située entre l'ancienne terre de Finna (ou Laponie méridionale), le golfe de Bothnie, celui de Finlande et le lac Ladoga, et que cette même contrée que nous nommons maintenant Finlande s'appelait alors Cwenland, et non pas Finmark ou Finland, on doit croire que les habitants de Cwenland, aujourd'hui les Finlandais ou Finnois, étaient un peuple différent des vrais et anciens Finnois, qui sont les Lapons ; et de tout temps la Cwenland ou Finlande d'aujourd'hui n'étant séparée de la Suède et de la Livonie que par des bras de mer assez étroits, les habitants de cette contrée ont dû communiquer avec ces deux nations : aussi les Finlandais actuels sont-ils semblables aux habitants de la Suède ou de la Livonie, et en même temps très-différents des Lapons ou Finnois d'autrefois, qui, de temps immémorial, ont formé une espèce ou race particulière d'hommes.

A l'égard des Beormas ou Bormais, il y a, comme je l'ai dit, toute apparence que ce sont les Borandais ou Borandiens, et que la grande rivière dont parlent Othère et Wulfstan est le fleuve Petzora et non la Dwina, car ces anciens voyageurs trouvèrent des vaches marines sur les côtes de ces Beormas, et même ils en rapportèrent des dents

a. Voyez cette carte à la fin des notes, sur le premier chapitre du premier livre d'Ælfred sur *Orosius.* Londres, 1773, in-8°.

au roi Ælfred. Or, il n'y a point de morses ou vaches marines dans la mer Baltique, ni sur les côtes occidentales, septentrionales et orientales de la Laponie; on ne les a trouvées que dans la mer Blanche et au delà d'Archangel, dans les mers de la Sibérie septentrionale, c'est-à-dire, sur les côtes des Borandiens et des Samoïèdes.

Au reste, depuis un siècle, les côtes occidentales de la Laponie ont été bien reconnues et même peuplées par les Danois; les côtes orientales l'ont été par les Russes, et celles du golfe de Bothnie par les Suédois : en sorte qu'il ne reste en propre aux Lapons qu'une petite partie de l'intérieur de leur presqu'île.

« A Égedesminde, dit M. P., au soixante-huitième degré dix minutes de latitude, il « y a un marchand, un assistant et des matelots danois qui y habitent toute l'année. « Les loges des Christians-Haab et de Claus-Haven, quoique situées à soixante-huit « degrés trente-quatre minutes de latitude, sont occupées par deux négociants en chef, « deux aides et un train de mousses; ces loges, dit l'auteur, touchent l'embouchure de « l'Eyssiord..... A Jacob-Haven, au soixante-neuvième degré, cantonnent en tout temps « deux assistants de la compagnie du Groënland, avec deux matelots et un prédicateur « pour le service des sauvages..... A Rittenbenk, au soixante-neuvième degré trente- « sept minutes, est l'établissement fondé en 1755 par le négociant Dalager; il y a un « commis, des pêcheurs, etc..... La maison de pêche de Noogsoack, au soixante- « onzième degré six minutes, est tenue par un marchand avec un train convenable; et « les Danois qui y séjournent depuis ce temps sont sur le point de reculer encore de « quinze lieues vers le nord leur habitation. »

Les Danois se sont donc établis jusqu'au soixante-onzième ou soixante-douzième degré, c'est-à-dire à peu de distance de la pointe septentrionale de la Laponie ; et de l'autre côté les Russes ont les établissements de Waranger et d'Ommegan, sur la côte orientale, à la même hauteur à peu près de soixante-onze et soixante-douze degrés, tandis que les Suédois ont pénétré fort avant dans les terres au-dessus du golfe de Bothnie, en remontant les rivières de Calis, de Tornéo, de Kimi, et jusqu'au soixante-huitième degré, où ils ont les établissements de Lapyerf et Piala. Ainsi les Lapons sont resserrés de toutes parts, et bientôt ce ne sera plus un peuple, si, comme le dit M. Klingstedt, ils sont dès aujourd'hui réduits à douze cents familles.

Quoique depuis longtemps les Russes aillent à la pêche des baleines jusqu'au golfe Linchidolin, et que dans ces dernières trente ou quarante années ils aient entrepris plusieurs grands voyages en Sibérie, jusqu'au Kamtschatka, je ne sache pas qu'ils aient rien publié sur la contrée de la Sibérie septentrionale au delà des Samoïèdes, du côté de l'orient, c'est-à-dire au delà du fleuve Jeniscé; cependant il y a une vaste terre située sous le cercle polaire, et qui s'étend beaucoup au delà vers le nord, laquelle est désignée sous le nom de Piasida, et bornée à l'occident par le fleuve Jeniscé jusqu'à son embouchure, à l'orient par le golfe Linchidolin, au nord par les terres découvertes en 1664 par Jelmorsem, auxquelles on a donné le nom de Jelmorland, et au midi par les Tartares Tunguses : cette contrée, qui s'étend depuis le soixante-troisième jusqu'au soixante-treizième degré de hauteur, contient des habitants qui sont désignés sous le nom de Patati, lesquels, par le climat et par leur situation le long des côtes de la mer, doivent ressembler beaucoup aux Lapons et aux Samoïèdes; ils ne sont même séparés de ces derniers que par le fleuve Jeniscé, mais je n'ai pu me procurer aucune relation ni même aucune notice sur ces peuples Patates, que les voyageurs ont peut-être réunis avec les Samoïèdes ou avec les Tunguses.

En avançant toujours vers l'orient, et sous la même latitude, on trouve encore une grande étendue de terre située sous le cercle polaire, et dont la pointe s'étend jusqu'au soixante-treizième degré ; cette terre forme l'extrémité orientale et septentrionale de l'ancien continent : on y a indiqué des habitants sous le nom de Schelati et Tsuktschi, dont nous ne connaissons presque rien que le nom [a]. Nous pensons néanmoins que comme ces peuples sont au nord de Kamtschatka, les voyageurs russes les ont réunis, dans leurs relations, avec les Kamtschadales et les Koriaques, dont ils nous ont donné de bonnes descriptions qui méritent d'être ici rapportées.

« Les Kamtschadales, dit M. Steller, sont petits et basanés; ils ont les cheveux « noirs, peu de barbe, le visage large et plat, le nez écrasé, les traits irréguliers, les « yeux enfoncés, la bouche grande, les lèvres épaisses, les épaules larges, les jambes « grêles et le ventre pendant [b]. »

Cette description, comme l'on voit, rapproche beaucoup les Kamtschadales des Samoïèdes ou des Lapons, qui néanmoins en sont si prodigieusement éloignés qu'on ne peut pas même soupçonner qu'ils viennent les uns des autres, et leur ressemblance ne peut provenir que de l'influence du climat qui est le.même, et qui par conséquent a formé des hommes de même espèce à mille lieues de distance les uns des autres.

Les Koriaques habitent la partie septentrionale du Kamtschatka; ils sont errants comme les Lapons, et ils ont des troupeaux de rennes qui font toutes leurs richesses. Ils prétendent guérir les maladies en frappant sur des espèces de petits tambours; les plus riches épousent plusieurs femmes qu'ils entretiennent dans des endroits séparés, avec des rennes qu'ils leur donnent. Ces Koriaques errants diffèrent des Koriaques fixes ou sédentaires, non-seulement par les mœurs, mais aussi un peu par les traits; les Koriaques sédentaires ressemblent aux Kamtschadales, mais les Koriaques errants sont encore plus petits de taille, plus maigres, moins robustes, moins courageux; ils ont le visage ovale, les yeux ombragés de sourcils épais, le nez court et la bouche grande; les vêtements des uns et des autres sont de peaux de rennes, et les Koriaques errants vivent sous des tentes et habitent partout où il y a de la mousse pour leurs rennes [c]. Il paraît donc que cette vie errante des Lapons, des Samoïèdes et des Koriaques, tient au pâturage des rennes : comme ces animaux font non-seulement tout leur bien, mais qu'ils leur sont utiles et très-nécessaires, ils s'attachent à les entretenir et à les multiplier : ils sont donc forcés de changer de lieu dès que leurs troupeaux en ont consommé les mousses.

Les Lapons, les Samoïèdes et les Koriaques, si semblables par la taille, la couleur, la figure, le naturel et les mœurs, doivent donc être regardés comme une même espèce d'hommes, une même race dans l'espèce humaine prise en général [1], quoiqu'il soit bien

---

a. « On trouve chez ces peuples Tsuktschi, au nord de l'extrémité de l'Asie, les mêmes « mœurs et les mêmes usages, que Paul dit avoir observés chez les habitants de Camul. Lors- « qu'un étranger arrive, ces peuples viennent lui offrir leurs femmes et leurs filles; si le voya- « geur ne les trouve pas assez belles et assez jeunes, ils en vont chercher dans les villages « voisins..... Du reste ces peuples ont l'âme élevée; ils idolâtrent l'indépendance et la liberté, « ils préfèrent tous la mort à l'esclavage. » Voilà la seule notice sur ces peuples Tsuktschi que j'aie pu recueillir. *Journal étranger.* Juillet 1762. *Extrait du voyage d'Asie en Amérique*, par M. Muller. Londres, 1762.

b. Histoire générale des Voyages, t. XIX, p. 276 et suiv.

c. Ibid., t. XIX, p. 349 et suiv.

1. *Une même espèce d'hommes, une même race dans l'espèce humaine.* On remarquera les hésitations de Buffon. J'ai fixé, dans ces derniers temps, le sens précis de chacun de ces mots collectifs et, si je puis ainsi dire, principaux : *genre, espèce, race*, en attachant à chacun un *fait* distinct et certain.

Le *fait* qui caractérise le *genre* est la *fécondité bornée ;* le *fait* qui caractérise l'*espèce* est la *fécondité continue ;* la *race* n'est qu'une *modification*, qu'une *variété* de l'*espèce*. — Je vois aux races trois sources diverses. — Il y a les races dues aux *accidents*, et, si je puis ainsi dire, aux *hasards* de l'*organisation ;* les *races* dues aux *climats ;* et les *races* dues au *croisement* des diverses *races* entre elles. (Voyez mon livre intitulé : *De l'instinct et de l'intelligence des animaux*, au chapitre sur l'*Hérédité des modifications acquises et sur les races.*)

certain qu'ils ne sont pas de la même nation. Les rennes des Koriaques ne proviennent pas des rennes lapones, et néanmoins ce sont bien des animaux de même espèce; il en est de même des Koriaques et des Lapons, leur espèce ou race [1] est la même, et, sans provenir l'une de l'autre, elles proviennent également de leur climat, dont les influences sont les mêmes.

Cette vérité peut se prouver encore par la comparaison des Groënlandais avec les Koriaques, les Samoïèdes et les Lapons: quoique les Groënlandais paraissent être séparés des uns et des autres par d'assez grandes étendues de mer, ils ne leur ressemblent pas moins, parce que le climat est le même; il est donc très-inutile pour notre objet de rechercher si les Groënlandais tirent leur origine des Islandais ou des Norwégiens, comme l'ont avancé plusieurs auteurs, ou si, comme le prétend M. P. [2], ils viennent des Américains [a]; car de quelque part que les hommes d'un pays quelconque tirent leur première origine, le climat où ils s'habitueront influera si fort, à la longue, sur leur premier état de nature, qu'après un certain nombre de générations tous ces hommes se ressembleront, quand même ils seraient arrivés de différentes contrées fort éloignées les unes des autres, et que primitivement ils eussent été très-dissemblables entre eux [3] : que les Groënlandais soient venus des Esquimaux d'Amérique ou des Islandais; que les Lapons tirent leur origine des Finlandais, des Norwégiens ou des Russes; que les Samoïèdes viennent ou non des Tartares, et les Koriaques des Monguls ou des habitants d'Yeço, il n'en sera pas moins vrai que tous ces peuples distribués sous le cercle arctique ne soient devenus des hommes de même espèce [4] dans toute l'étendue de ces terres septentrionales.

Nous ajouterons à la description que nous avons donnée des Groënlandais quelques traits tirés de la relation récente qu'en a donnée M. Crantz. Ils sont de petite taille; il y en a peu qui aient cinq pieds de hauteur; ils ont le visage large et plat, les joues rondes, mais dont les os s'élèvent en avant; les yeux petits et noirs, le nez peu saillant, la lèvre inférieure un peu plus grosse que celle d'en haut, la couleur olivâtre, les cheveux droits, raides et longs; ils ont peu de barbe, parce qu'ils se l'arrachent; ils ont aussi la tête grosse, mais les mains et les pieds petits, ainsi que les jambes et les bras, la poitrine élevée, les épaules larges et le corps bien musclé [b]. Ils sont tous chasseurs ou pêcheurs et ne vivent que des animaux qu'ils tuent; les veaux marins et les rennes font leur principale nourriture : ils en font dessécher la chair avant de la manger, quoiqu'ils en boivent le sang tout chaud; ils mangent aussi du poisson desséché, des sarcelles et d'autres oiseaux qu'ils font bouillir dans de l'eau de mer; ils font des espèces d'omelettes de leurs œufs, qu'ils mêlent avec des baies de buisson et de l'angélique dans de l'huile de veau marin. Ils ne boivent pas de l'huile de baleine, ils ne s'en servent qu'à brûler, et entretiennent leurs lampes avec cette huile; l'eau pure est leur boisson ordinaire : les mères et les nourrices ont une sorte d'habillement assez ample par derrière pour y porter leurs enfants; ce vêtement, fait de pelleteries, est chaud et tient lieu de linge et de berceau : on y met l'enfant nouveau-né tout nu. Ils sont en général si malpropres qu'on ne peut les approcher sans dégoût, ils sentent le poisson pourri; les femmes, pour corrompre cette mauvaise odeur, se lavent avec de l'urine, et les hommes ne se lavent jamais : ils ont des tentes pour l'été et des espèces de maisonnettes pour l'hiver, et la hauteur de ces habitations n'est que de cinq ou six pieds : elles sont construites ou tapissées de peaux de veaux marins et de rennes; ces

a. *Recherches sur les Américains*, t. I, p. 33.
b. Crantz, *Historie von Groënland*, t. I, p. 178.
1. *Espèce* ou *race*. (Voyez la note précédente.) — 2. Pauw.
3. Voyez la note 2 de la page 221. — 4. Voyez la note de la page 264.

peaux leur servent aussi de lits ; leurs vitres sont des boyaux transparents de poissons de mer. Ils avaient des arcs, et ils ont maintenant des fusils pour la chasse, et pour la pêche, des harpons, des lances et des javelines armées de fer ou d'os de poisson, des bateaux même assez grands, dont quelques-uns portent des voiles faites du chanvre ou du lin qu'ils tirent des Européens, ainsi que le fer et plusieurs autres choses, en échange des pelleteries et des huiles de poisson qu'ils leur donnent. Ils se marient communément à l'âge de vingt ans, et peuvent, s'ils sont aisés, prendre plusieurs femmes. Le divorce, en cas de mécontentement, est non-seulement permis, mais d'un usage commun ; tous les enfants suivent la mère, et même après sa mort ne retournent pas auprès de leur père. Au reste, le nombre des enfants n'est jamais grand ; il est rare qu'une femme en produise plus de trois ou quatre. Elles accouchent aisément et se relèvent dès le jour même pour travailler. Elles laissent teter leurs enfants jusqu'à trois ou quatre ans. Les femmes, quoique chargées de l'éducation de leurs enfants, des soins de la préparation des aliments, des vêtements et des meubles de toute la famille, quoique forcées de conduire les bateaux à la rame, et même de construire les tentes d'été et les huttes d'hiver, ne laissent pas malgré ces travaux continuels de vivre beaucoup plus longtemps que les hommes qui ne font que chasser ou pêcher. M. Crantz dit qu'ils ne parviennent guère qu'à l'âge de cinquante ans, tandis que les femmes vivent soixante et dix à quatre-vingts ans. Ce fait, s'il était général dans ce peuple, serait plus singulier que tout ce que nous venons d'en rapporter.

Au reste, ajoute M. Crantz, je suis assuré par les témoins oculaires que les Groenlandais ressemblent plus aux Kamtschadales, aux Tunguses et aux Calmoucks de l'Asie, qu'aux Lapons d'Europe. Sur la côte occidentale de l'Amérique septentrionale, vis-à-vis de Kamtschatka, on a vu des nations qui, jusqu'aux traits mêmes, ressemblent beaucoup aux Kamtschadales [a]. Les voyageurs prétendent avoir observé en général dans tous les sauvages de l'Amérique septentrionale, qu'ils ressemblent beaucoup aux Tartares orientaux, surtout par les yeux, le peu de poil sur le corps, et la chevelure longue, droite et touffue [b].

Pour abréger, je passe sous silence les autres usages et les superstitions des Groënlandais que M. Crantz expose fort au long ; il suffira de dire que ces usages, soit superstitieux, soit raisonnables, sont assez semblables à ceux des Lapons, des Samoïèdes et des Koriaques ; plus on les comparera et plus on reconnaîtra que tous ces peuples voisins de notre pôle ne forment qu'une seule et même espèce d'hommes, c'est-à-dire, une seule race [1] différente de toutes les autres dans l'espèce humaine, à laquelle on doit encore ajouter celle des Esquimaux du nord de l'Amérique, qui ressemblent aux Groënlandais, et plus encore aux Koriaques du Kamtschatka, selon M. Steller.

Pour peu qu'on descende au-dessous du cercle polaire en Europe, on trouve la plus belle race de l'humanité : les Danois, les Norwégiens, les Suédois, les Finlandais, les Russes, quoiqu'un peu différents entre eux, se ressemblent assez pour ne faire avec les Polonais, les Allemands, et même tous les autres peuples de l'Europe, qu'une seule et même espèce d'hommes diversifiée à l'infini par le mélange des différentes nations. Mais en Asie on trouve au-dessous de la zone froide une race aussi laide que celle de l'Europe est belle : je veux parler de la race tartare qui s'étendait autrefois depuis la Moscovie jusqu'au nord de la Chine ; j'y comprends les Ostiaques, qui occupent de vastes terres au midi des Samoïèdes, les Calmoucks, les Jakutes, les Tunguses, et tous les Tartares septentrionaux, dont les mœurs et les usages ne sont pas les mêmes,

a. Crantz, *Historie von Groënland*, t. I, p. 332 et suiv.

b. *Histoire des Quadrupèdes*, par Schreber, t. I, p. 27.

1. Voyez la note de la page 264.

mais qui se ressemblent tous par la figure du corps et par la difformité des traits. Néanmoins, depuis que les Russes se sont établis dans toute l'étendue de la Sibérie et dans les contrées adjacentes, il y a eu nombre de mélanges entre les Russes et les Tartares, et ces mélanges ont prodigieusement changé la figure et les mœurs de plusieurs peuples de cette vaste contrée. Par exemple, quoique les anciens voyageurs nous représentent les Ostiaques comme ressemblant aux Samoïèdes; quoiqu'ils soient encore errants et qu'ils changent de demeure comme eux, suivant le besoin qu'ils ont de pourvoir à leur subsistance par la chasse ou par la pêche; quoiqu'ils se fassent des tentes et des huttes de la même façon; qu'ils se servent aussi d'arcs, de flèches et de meubles d'écorce de bouleau; qu'ils aient des rennes et des femmes autant qu'ils peuvent en entretenir; qu'ils boivent le sang des animaux tout chaud; qu'en un mot, ils aient presque tous les usages des Samoïèdes, néanmoins MM. Gmelin et Muller assurent que leurs traits diffèrent peu de ceux des Russes, et que leurs cheveux sont toujours ou blonds ou roux. Si les Ostiaques d'aujourd'hui ont les cheveux blonds, ils ne sont plus les mêmes qu'ils étaient ci-devant, car tous avaient des cheveux noirs et les traits du visage à peu près semblables aux Samoïèdes. Au reste, ces voyageurs ont pu confondre le blond avec le roux, et néanmoins dans la nature de l'homme ces deux couleurs doivent être soigneusement distinguées, le roux n'étant que le brun ou le noir trop exalté, au lieu que le blond est le blanc coloré d'un peu de jaune, et l'opposé du noir ou du brun. Cela me paraît d'autant plus vraisemblable, que les Wotjackes ou Tartares vagolisses ont tous les cheveux roux au rapport de ces mêmes voyageurs, et qu'en général les roux sont aussi communs dans l'Orient que les blonds y sont rares.

A l'égard des Tunguses, il paraît, par le témoignage de MM. Gmelin et Muller, qu'ils avaient ci-devant des troupeaux de rennes et plusieurs usages semblables à ceux des Samoïèdes, et qu'aujourd'hui ils n'ont plus de rennes et se servent de chevaux. Ils ont, disent ces voyageurs, assez de ressemblance avec les Calmoucks, quoiqu'ils n'aient pas la face aussi large et qu'ils soient de plus petite taille; ils ont tous les cheveux noirs et peu de barbe, ils l'arrachent aussitôt qu'elle paraît, ils sont errants et transportent leurs tentes et leurs meubles avec eux. Ils épousent autant de femmes qu'il leur plaît; ils ont des idoles de bois ou d'argile, auxquelles ils adressent des prières pour obtenir une bonne pêche ou une chasse heureuse : ce sont les seuls moyens qu'ils aient de se procurer leur subsistance [a]. On peut inférer de ce récit que les Tunguses font la nuance entre la race des Samoïèdes et celle des Tartares, dont le prototype, ou si l'on veut la caricature, se trouve chez les Calmoucks, qui sont les plus laids de tous les hommes. Au reste, cette vaste partie de notre continent, laquelle comprend la Sibérie, et s'étend de Tobolsk à Kamtschatka, et de la mer Caspienne à la Chine, n'est peuplée que de Tartares, les uns indépendants, les autres plus ou moins soumis à l'empire de Russie ou bien à celui de la Chine; mais tous encore trop peu connus pour que nous puissions rien ajouter à ce que nous en avons dit, p. 141 et suiv.

Nous passerons des Tartares aux Arabes qui ne sont pas aussi différents par les mœurs qu'ils le sont par le climat. M. Niebuhr, de la Société royale de Gottingen, a publié une relation curieuse et savante de l'Arabie, dont nous avons tiré quelques faits que nous allons rapporter. Les Arabes ont tous la même religion sans avoir les mêmes mœurs; les uns habitent dans des villes ou villages, les autres sous des tentes en familles séparées. Ceux qui habitent les villes travaillent rarement en été depuis les onze heures du matin jusqu'à trois heures du soir, à cause de la grande chaleur; pour l'ordinaire ils emploient ce temps à dormir dans un souterrain où le vent vient d'en haut par une espèce de tuyau, pour faire circuler l'air. Les Arabes tolèrent toutes les religions et en laissent le libre exercice aux Juifs, aux Chrétiens, aux Banians; ils sont

[a]. Relation de MM. Gmelin et Muller. *Histoire générale des Voyages*, t. XVIII, p. 243.

plus affables pour les étrangers, plus hospitaliers, plus généreux que les Turcs. Quand ils sont à table, ils invitent ceux qui surviennent à manger avec eux; au contraire, les Turcs se cachent pour manger, crainte d'inviter ceux qui pourraient les trouver à table.

La coiffure des femmes Arabes, quoique simple, est galante; elles sont toutes à demi ou au quart voilées. Le vêtement du corps est encore plus piquant; ce n'est qu'une chemise sur un léger caleçon, le tout brodé ou garni d'agréments de différentes couleurs; elles se peignent les ongles de rouge, les pieds et les mains de jaune-brun, et les sourcils et le bord des paupières de noir : celles qui habitent la campagne dans les plaines ont le teint et la peau du corps d'un jaune foncé; mais dans les montagnes on trouve de jolis visages, même parmi les paysannes. L'usage de l'inoculation, si nécessaire pour conserver la beauté, est ancien et pratiqué avec succès en Arabie; les pauvres Arabes-Bédouins qui manquent de tout inoculent leurs enfants avec une épine, faute de meilleurs instruments.

En général les Arabes sont fort sobres, et même ils ne mangent pas de tout à beaucoup près, soit superstition, soit faute d'appétit; ce n'est pas néanmoins délicatesse de goût, car la plupart mangent des sauterelles; depuis Bab-el-Mandel jusqu'à Bara on enfile les sauterelles pour les porter au marché. Ils broient leur blé entre deux pierres, dont la supérieure se tourne avec la main. Les filles se marient de fort bonne heure, à neuf, dix et onze ans dans les plaines, mais dans les montagnes les parents les obligent d'attendre quinze ans.

« Les habitants des villes Arabes, dit M. Niebuhr, surtout de celles qui sont situées
« sur les côtes de la mer, ou sur la frontière, ont, à cause de leur commerce, tellement
« été mêlés avec les étrangers, qu'ils ont perdu beaucoup de leurs mœurs et coutumes
« anciennes; mais les Bédouins, les vrais Arabes, qui ont toujours fait plus de cas de
« leur liberté que de l'aisance et des richesses, vivent en tribus séparées sous des tentes,
« et gardent encore la même forme de gouvernement, les mêmes mœurs et les mêmes
« usages qu'avaient leurs ancêtres dès les temps les plus reculés. Ils appellent en
« général tous leurs nobles *Schechs* ou *Schæch;* quand ces Schechs sont trop faibles
« pour se défendre contre leurs voisins, ils s'unissent avec d'autres, et choisissent un
« d'entre eux pour leur grand Chef. Plusieurs des Grands élisent enfin, de l'aveu des
« petits Schechs, un plus puissant encore, qu'ils nomment *Schech-el-kbir* ou *Schech-es-*
« *Schiúch*, et alors la famille de ce dernier donne son nom à toute la tribu..... L'on
« peut dire qu'ils naissent tous soldats, et qu'ils sont tous pâtres. Les Chefs des grandes
« tribus ont beaucoup de chameaux qu'ils emploient à la guerre, au commerce, etc. ;
« les petites tribus élèvent des troupeaux de moutons; les Schechs vivent sous des
« tentes, et laissent le soin de l'agriculture et des autres travaux pénibles à leurs sujets
« qui logent dans de misérables huttes. Ces Bédouins, accoutumés à vivre en plein air,
« ont l'odorat très-fin : les villes leur plaisent si peu, qu'ils ne comprennent pas comment des gens qui se piquent d'aimer la propreté peuvent vivre au milieu d'un air
« si impur..... Parmi ces peuples, l'autorité reste dans la famille du grand ou du petit
« Schech qui règne, sans qu'ils soient assujettis à en choisir l'aîné; ils élisent le plus
« capable des fils ou des parents, pour succéder au gouvernement; ils paient très-peu
« ou rien à leurs supérieurs. Chacun des petits Schechs porte la parole pour sa famille,
« et il en est le chef et le conducteur : le grand Schech est obligé par là de les regarder
« plus comme ses alliés que comme ses sujets; car si son gouvernement leur déplaît,
« et qu'ils ne puissent pas le déposer, ils conduisent leurs bestiaux dans la possession
« d'une autre tribu, qui d'ordinaire est charmée d'en fortifier son parti. Chaque petit
« Schech est intéressé à bien diriger sa famille, s'il ne veut pas être déposé ou abandonné..... Jamais ces Bédouins n'ont pu être entièrement subjugués par des étran-

« gers....., mais les Arabes d'auprès de Bagdad , Mosul , Orfa , Damask et Haleb, sont
« en apparence soumis au Sultan. »

Nous pouvons ajouter à cette relation de M. Nieburh, que toutes les contrées de
l'Arabie, quoique fort éloignées les unes des autres, sont également sujettes à de
grandes chaleurs, et jouissent constamment du ciel le plus serein; et que tous les
monuments historiques attestent que l'Arabie était peuplée dès la plus haute antiquité.
Les Arabes, avec une assez petite taille , un corps maigre, une voix grêle, ont un
tempérament robuste, le poil brun, le visage basané, les yeux noirs et vifs, une
physionomie ingénieuse, mais rarement agréable : ils attachent de la dignité à leur
barbe, parlent peu, sans gestes, sans s'interrompre, sans se choquer dans leurs
expressions; ils sont flegmatiques, mais redoutables dans la colère; ils ont de l'intelligence, et même de l'ouverture pour les sciences qu'ils cultivent peu : ceux de nos
jours n'ont aucun monument de génie. Le nombre des Arabes établis dans le désert
peut monter à deux millions : leurs habits, leurs tentes, leurs cordages, leurs tapis, tout
se fait avec la laine de leurs brebis, le poil de leurs chameaux et de leurs chèvres [a].

Les Arabes, quoique flegmatiques, le sont moins que leurs voisins les Égyptiens;
M. le chevalier Bruce, qui a vécu longtemps chez les uns et chez les autres, m'assure
que les Égyptiens sont beaucoup plus sobres et plus mélancoliques que les Arabes,
qu'ils se sont fort peu mêlés les uns avec les autres, et que chacun de ces deux peuples
conserve séparément sa langue et ses usages : cet illustre voyageur, M. Bruce, m'a
encore donné les notes suivantes que je me fais un plaisir de publier.

A l'article où j'ai dit qu'en Perse et en Turquie il y a grande quantité de belles
femmes de toutes couleurs, M. Bruce ajoute qu'il se vend tous les ans à Moka plus
de trois mille jeunes Abyssines, et plus de mille dans les autres ports de l'Arabie,
toutes destinées pour les Turcs. Ces Abyssines ne sont que basanées; les femmes
noires arrivent des côtes de la mer Rouge, ou bien on les amène de l'intérieur de
l'Afrique, et nommément du district de Darfour; car quoiqu'il y ait des peuples noirs
sur les côtes de la mer Rouge, ces peuples sont tous Mahométans, et l'on ne vend
jamais les Mahométans, mais seulement les Chrétiens ou Païens, les premiers venant
de l'Abyssinie, et les derniers de l'intérieur de l'Afrique.

J'ai dit (*page* 165), d'après quelques relations, que les Arabes sont fort endurcis au
travail; M. Bruce remarque, avec raison, que les Arabes étant tous pasteurs, ils n'ont
point de travail suivi, et que cela ne doit s'entendre que des longues courses qu'ils
entreprennent, paraissant infatigables, et souffrant la chaleur, la faim et la soif,
mieux que tous les autres hommes.

J'ai dit (*page* 165) que les Arabes, au lieu de pain, se nourrissent de quelques
graines sauvages qu'ils détrempent et pétrissent avec le lait de leur bétail. M. Bruce
m'a appris que tous les Arabes se nourrissent de *couscousoo*, c'est une espèce de farine
cuite à l'eau; ils se nourrissent aussi de lait, et surtout de celui des chameaux; ce
n'est que dans les jours de fêtes qu'ils mangent de la viande, et cette bonne chère
n'est que du chameau et de la brebis. A l'égard de leurs vêtements, M. Bruce dit que
tous les Arabes riches sont vêtus, qu'il n'y a que les pauvres qui soient presque nus,
mais qu'en Nubie la chaleur est si grande en été, qu'on est forcé de quitter ses vêtements, quelque légers qu'ils soient. Au sujet des empreintes que les Arabes se font
sur la peau, il observe qu'ils font ces marques ou empreintes avec de la poudre à tirer
et de la mine de plomb; ils se servent pour cela d'une aiguille et non d'une lancette.
Il n'y a que quelques tribus dans l'Arabie déserte et les Arabes de Nubie qui se peignent les lèvres; mais les Nègres de la Nubie ont tous les lèvres peintes ou les joues

[a]. *Histoire philosophique et politique*. Amsterdam, 1772, t. I, p. 410 et suiv.

cicatrisées et empreintes de cette même poudre noire. Au reste, ces différentes impressions que les Arabes se font sur la peau désignent ordinairement leurs différentes tribus.

Sur les habitants de la Barbarie (*page* 166), M. Bruce assure que non-seulement les enfants des Barbaresques sont fort blancs en naissant, mais il ajoute un fait que je n'ai trouvé nulle part ; c'est que les femmes qui habitent dans les villes de Barbarie sont d'une blancheur presque rebutante, d'un blanc de marbre qui tranche trop avec le rouge très-vif de leurs joues, et que ces femmes aiment la musique et la danse au point d'en être transportées ; il leur arrive même de tomber en convulsion et en syncope, lorsqu'elles s'y livrent avec excès. Ce blanc mat des femmes de Barbarie, se trouve quelquefois en Languedoc et sur toutes nos côtes de la Méditerranée. J'ai vu plusieurs femmes de ces provinces avec le teint blanc mat et les cheveux bruns ou noirs.

Au sujet des Cophtes (*page* 167), M. Bruce observe qu'ils sont les ancêtres des Égyptiens actuels, et qu'ils étaient autrefois Chrétiens et non Mahométans ; que plusieurs de leurs descendants sont encore Chrétiens, et qu'ils sont obligés de porter une sorte de turban différent et moins honorable que celui des Mahométans. Les autres habitants de l'Égypte sont des Arabes-Sarrasins qui ont conquis le pays, et se sont mêlés par force avec les naturels. Ce n'est que depuis très-peu d'années (dit M. Bruce) que ces maisons de piété ou plutôt de libertinage, établies pour le service des voyageurs, ont été supprimées : ainsi cet usage a été aboli de nos jours.

Au sujet de la taille des Égyptiens (*page* 167), M. Bruce observe que la différence de la taille des hommes qui sont assez grands et menus, et des femmes qui généralement sont courtes et trapues en Égypte, surtout dans les campagnes, ne vient pas de la nature, mais de ce que les garçons ne portent jamais de fardeaux sur la tête, au lieu que les jeunes filles de la campagne vont tous les jours plusieurs fois chercher de l'eau du Nil, qu'elles portent toujours dans une jarre sur leur tête, ce qui leur affaisse le cou et la taille, les rend trapues et plus carrées aux épaules ; elles ont néanmoins les bras et les jambes bien faits, quoique fort gros ; elles vont presque nues, ne portant qu'un petit jupon très-court. M. Bruce remarque aussi que, comme je l'ai dit, le nombre des aveugles en Égypte est très-considérable, et qu'il y a vingt-cinq mille personnes aveugles nourries dans les hôpitaux de la seule ville du Caire.

Au sujet du courage des Égyptiens (*page* 168), M. Bruce observe qu'ils n'ont jamais été vaillants, qu'anciennement ils ne faisaient la guerre qu'en prenant à leur solde des troupes étrangères ; qu'ils avaient une si grande peur des Arabes, que pour s'en défendre ils avaient bâti une muraille depuis *Pelusium* jusqu'à *Héliopolis*, mais que ce grand rempart n'a pas empêché les Arabes de les subjuguer. Au reste, les Égyptiens actuels sont très-paresseux, grands buveurs d'eau-de-vie, si tristes et si mélancoliques qu'ils ont besoin de plus de fêtes qu'aucun autre peuple. Ceux qui sont Chrétiens ont beaucoup plus de haine contre les Catholiques romains que contre les Mahométans.

Au sujet des Nègres (*page* 177), M. Bruce m'a fait une remarque de la dernière importance ; c'est qu'il n'y a de Nègres que sur les côtes, c'est-à-dire, sur les terres basses de l'Afrique, et que dans l'intérieur de cette partie du monde, les hommes sont blancs, même sous l'Équateur, ce qui prouve encore plus démonstrativement que je n'avais pu le faire, qu'en général la couleur des hommes dépend entièrement de l'influence et de la chaleur du climat, et que la couleur noire est aussi accidentelle dans l'espèce humaine que le basané, le jaune ou le rouge ; enfin que cette couleur noire ne dépend uniquement, comme je l'ai dit, que des circonstances locales et particulières à certaines contrées où la chaleur est excessive.

Les Nègres de la Nubie (m'a dit M. Bruce) ne s'étendent pas jusqu'à la mer Rouge ; toutes les côtes de cette mer sont habitées ou par les Arabes ou par leurs descendants.

Dès le huitième degré de latitude nord, commence le peuple de Galles[1], divisé en plusieurs tribus, qui s'étendent peut-être de là jusqu'aux Hottentots, et ces peuples de Galles sont pour la plupart blancs[2]. Dans ces vastes contrées, comprises entre le dix-huitième degré de latitude nord et le dix-huitième degré de latitude sud, on ne trouve des Nègres que sur les côtes et dans les pays bas voisins de la mer, mais dans l'intérieur où les terres sont élevées et montagneuses, tous les hommes sont blancs. Ils sont même presque aussi blancs que les Européens, parce que toute cette terre de l'intérieur de l'Afrique est fort élevée sur la surface du globe, et n'est point sujette à d'excessives chaleurs; d'ailleurs il y tombe de grandes pluies continuelles dans certaines saisons qui rafraîchissent encore la terre et l'air, au point de faire de ce climat une région tempérée. Les montagnes, qui s'étendent depuis le tropique du Cancer jusqu'à la pointe de l'Afrique, partagent cette grande presqu'île dans sa longueur, et sont toutes habitées par des peuples blancs, ce n'est que dans les contrées où les terres s'abaissent que l'on trouve des Nègres; or, elles se dépriment beaucoup du côté de l'occident vers les pays de Congo, d'Angole, etc., et tout autant du côté de l'orient vers Mélinde et Zanguebar; c'est dans ces contrées basses, excessivement chaudes, que se trouvent des hommes noirs, les Nègres à l'occident et les Cafres à l'orient. Tout le centre de l'Afrique est un pays tempéré et assez pluvieux, une terre très-élevée et presque partout peuplée d'hommes blancs ou seulement basanés et non pas noirs.

Sur les Barbarins (*page* 1778), M. Bruce fait une observation; il dit que ce nom est équivoque: les habitants de Barberenna, que les voyageurs ont appelés *Barbarins*, et qui habitent le haut du fleuve Niger ou Sénégal, sont en effet des hommes noirs, des Nègres même plus beaux que ceux du Sénégal. Mais les Barbarins proprement dits sont les habitants du pays de Berber ou Barabra, situé entre le seizième et le vingt-deuxième ou le vingt-troisième degrés de latitude nord; ce pays s'étend le long des deux bords du Nil, et comprend la contrée de Dongola. Or, les habitants de cette terre, qui sont les vrais Barbarins voisins des Nubiens, ne sont pas noirs comme eux; ils ne sont que basanés, ils ont des cheveux et non pas de la laine, leur nez n'est point écrasé, leurs lèvres sont minces, enfin ils ressemblent aux Abyssins montagnards, desquels ils ont tiré leur origine.

A l'égard de ce que j'ai dit de la boisson ordinaire des Éthiopiens ou Abyssins, M. Bruce remarque qu'ils n'ont point l'usage des tamarins, que cet arbre leur est même inconnu. Ils ont une graine qu'on appelle *Teef*[3][a], de laquelle ils font du pain;

a. MANIÈRE DE FAIRE LE PAIN AVEC LA GRAINE DE LA PLANTE APPELÉE TEEF, EN ABYSSINIE. — Il faut commencer par tamiser la graine de teef et en ôter tous les corps étrangers, après quoi l'on en fait de la farine; ensuite on prend une cruche dans laquelle on met un morceau de levain de la grosseur d'une noix; ce levain doit être mis dans le milieu de la farine dont la cruche est remplie. Si l'on fait cette opération sur les sept à huit heures du soir, il faudra le lendemain matin, à sept ou huit heures, prendre un morceau de la masse déjà devenue levain, proportionné à la quantité de pain que l'on veut faire. On étend la pâte en l'aplatissant, comme un gâteau fort mince sur une pierre polie, sous laquelle il y a du feu; cette pâte ne doit être ni trop liquide ni trop consistante, et il vaut mieux qu'elle soit un peu trop molle que d'être trop dure. On la couvre ensuite d'un vase ou d'un couvercle élevé de paille, et en huit ou dix minutes et moins encore, selon le feu, le pain est cuit, et on l'expose à l'air. Les Abyssins mettent du levain dans la cruche pour la première fois seulement, après quoi ils n'en mettent plus; la seule chaleur de la cruche suffit pour faire lever le pain. Chaque matin ils font leur pain pour le jour entier. (*Note communiquée par M. le chevalier Bruce à M. de Buffon.*)

1. *Galla.*

2. « L'Afrique n'a que deux grandes familles de peuples..... les peuples noirs et bruns, les « Éthiopiens et les Libyens des anciens, les nègres et les berbers des temps modernes. » (Ritter: *Géog. génér. comp.*, t. III, p. 376.)

3. *Poa abyssinica :* espèce de graminée.

ils en font aussi une espèce de bière en la laissant fermenter dans l'eau, et cette liqueur a un goût aigrelet qui a pu la faire confondre avec la boisson faite de tamarins.

Au sujet de la langue des Abyssins, que j'ai dit (*page* 179) n'avoir aucune règle, M. Bruce observe qu'il y a à la vérité plusieurs langues en Abyssinie, mais que toutes ces langues sont à peu près assujetties aux mêmes règles que les autres langues orientales : la manière d'écrire des Abyssins est plus lente que celle des Arabes, ils écrivent néanmoins presque aussi vite que nous. Au sujet de leurs habillements et de leur manière de se saluer, M. Bruce assure que les Jésuites ont fait des contes dans leurs Lettres édifiantes, et qu'il n'y a rien de vrai de tout ce qu'ils disent sur cela : les Abyssins se saluent sans cérémonie, ils ne portent point d'écharpes, mais des vêtements fort amples, dont j'ai vu les dessins dans les portefeuilles de M. Bruce.

Sur ce que j'ai dit des *Acridophages* ou *mangeurs de sauterelles* (*page* 179), M. Bruce observe qu'on mange des sauterelles, non-seulement dans les déserts voisins de l'Abyssinie, mais aussi dans la Libye intérieure, près le *Palus-Tritonides*, et dans quelques endroits du royaume de Maroc. Ces peuples font frire ou rôtir les sauterelles avec du beurre; ils les écrasent ensuite pour les mêler avec du lait et en faire des gâteaux. M. Bruce dit avoir souvent mangé de ces gâteaux sans en avoir été incommodé.

J'ai dit (*page* 180) que vraisemblablement les Arabes ont autrefois envahi l'Éthiopie ou Abyssinie, et qu'ils en ont chassé les naturels du pays. Sur cela M. Bruce observe que les historiens Abyssins qu'il a lus assurent que de tout temps, ou du moins très-anciennement, l'Arabie Heureuse appartenait au contraire à l'empire d'Abyssinie; et cela s'est en effet trouvé vrai à l'avénement de Mahomet. Les Arabes ont aussi des époques ou dates fort anciennes de l'invasion des Abyssins en Arabie, et de la conquête de leur propre pays. Mais il est vrai qu'après Mahomet les Arabes se sont répandus dans les contrées basses de l'Abyssinie, les ont envahies et se sont étendus le long des côtes de la mer jusqu'à Mélinde, sans avoir jamais pénétré dans les terres élevées de l'Éthiopie ou Haute-Abyssinie : ces deux noms n'expriment que la même région, connue des anciens sous le nom d'Éthiopie, et des modernes sous celui d'Abyssinie.

(Page 195.) J'ai fait une erreur en disant que les Abyssins et les peuples de Mélinde ont la même religion; car les Abyssins sont chrétiens, et les habitants de Mélinde sont mahométans, comme les Arabes qui les ont subjugués; cette différence de religion semble indiquer que les Arabes ne se sont jamais établis à demeure dans la Haute-Abyssinie.

Au sujet des Hottentots et de cette excroissance de peau que les voyageurs ont appelée le tablier des Hottentotes, et que Thévenot dit se trouver aussi chez les Égyptiennes, M. Bruce assure, avec toute raison, que ce fait n'est pas vrai pour les Égyptiennes, et très-douteux pour les Hottentotes. Voici ce qu'en rapporte M. le vicomte de Querhoënt dans le journal de son voyage, qu'il a eu la bonté de me communiquer [a].

« Il est faux que les femmes hottentotes aient un tablier naturel qui recouvre les
« parties de leur sexe; tous les habitants du cap de Bonne-Espérance assurent le con-
« traire, et je l'ai ouï dire au lord Gordon, qui était allé passer quelque temps chez
« ces peuples pour en être certain; mais il m'a assuré en même temps que toutes les
« femmes qu'il avait vues avaient deux protubérances charnues qui sortaient d'entre
« les grandes lèvres au-dessus du clitoris, et tombaient d'environ deux ou trois travers
« de doigt; qu'au premier coup d'œil ces deux excroissances ne paraissaient point sépa-
« rées. Il m'a dit aussi que quelquefois ces femmes s'entouraient le ventre de quelque
« membrane d'animal, et que c'est ce qui aura pu donner lieu à l'histoire du tablier.

---

a. Remarques d'histoire naturelle, faites à bord du vaisseau du Roi *la Victoire*, pendant les années 1773 et 1774, par M. le vicomte de Querhoënt, enseigne de vaisseau.

« Il est fort difficile de faire cette vérification , elles sont naturellement très-modestes,
« il faut les enivrer pour en venir à bout. Ce peuple n'est pas si excessivement laid que
« la plupart des voyageurs veulent le faire accroire ; j'ai trouvé qu'il avait les traits plus
« approchants des Européens que les Nègres d'Afrique. Tous les Hottentots que j'ai vus
« étaient d'une taille très-médiocre ; ils sont peu courageux , aiment avec excès les
« liqueurs fortes et paraissent fort flegmatiques. Un Hottentot et sa femme passaient
« dans une rue l'un auprès de l'autre, et causaient sans paraître émus ; tout d'un coup
« je vis le mari donner à sa femme un soufflet si fort qu'il l'étendit par terre ; il parut
« d'un aussi grand sang-froid après cette action qu'auparavant ; il continua sa route
« sans faire seulement attention à sa femme qui, revenue un instant après de son étour-
« dissement , hâta le pas pour rejoindre son mari. »

Par une lettre que M. de Querhoënt m'a écrite le 15 février 1775, il ajoute :

« J'eusse désiré vérifier par moi-même si le tablier des Hottentotes existe, mais c'est
« une chose très-difficile , premièrement par la répugnance qu'elles ont de se laisser
« voir à des étrangers , et en second lieu par la grande distance qu'il y a entre leurs
« habitations et la ville du Cap dont les Hottentots s'éloignent même de plus en plus ;
« tout ce que je puis vous dire à ce sujet , c'est que les Hollandais du Cap qui m'en ont
« parlé croient le contraire, et M. Bergh , homme instruit , m'a assuré qu'il avait eu la
« curiosité de le vérifier par lui-même. »

Ce témoignage de M. Bergh et celui de M. Gordon me paraissent suffire pour faire
tomber ce prétendu tablier, qui m'a toujours paru contre tout ordre de nature. Le fait ,
quoique affirmé par plusieurs voyageurs, n'a peut-être d'autre fondement que le ventre
pendant de quelques femmes malades ou mal soignées après leurs couches. Mais à
l'égard des protubérances entre les lèvres , lesquelles proviennent du trop grand accroissement des nymphes , c'est un défaut connu et commun au plus grand nombre des
femmes africaines. Ainsi l'on doit ajouter foi à ce que M. de Querhoënt en. dit ici
d'après M. Gordon , d'autant qu'on peut joindre à leurs témoignages celui du capitaine
Cook. Les Hottentotes (dit-il) n'ont pas ce tablier de chair dont on a souvent parlé : un
médecin du Cap , qui a guéri plusieurs de ces femmes de maladies vénériennes , assure
qu'il a seulement vu deux appendices de chair ou plutôt de peau, tenant à la partie
supérieure des lèvres, et qui ressemblaient en quelque sorte aux tettes d'une vache ,
excepté qu'elles étaient plates ; il ajoute qu'elles pendaient devant les parties naturelles
et qu'elles étaient de différentes longueurs dans différentes femmes ; que quelques-unes
n'en avaient que d'un demi-pouce, et d'autres de trois à quatre pouces de long [1] [a].

Sur la couleur des Nègres.

Tout ce que j'ai dit sur la cause de la couleur des Nègres me paraît de la plus grande
vérité : c'est la chaleur excessive dans quelques contrées du globe qui donne cette couleur, ou pour mieux dire cette teinture aux hommes , et cette teinture pénètre à l'intérieur, car le sang des Nègres est plus noir que celui des hommes blancs. Or cette chaleur excessive ne se trouve dans aucune contrée montagneuse , ni dans aucune terre
fort élevée sur le globe , et c'est par cette raison que sous l'équateur même les habitants
du Pérou et ceux de l'intérieur de l'Afrique ne sont pas noirs. De même cette chaleur
excessive ne se trouve point sous l'équateur, sur les côtes ou terres basses voisines de
la mer du côté de l'orient, parce que ces terres basses sont continuellement rafraîchies

a. *Voyage du capitaine Cook* , chap. xii , p. 323 et suiv.

1. Voyez la note de la page 190.

par le vent d'est qui passe sur de grandes mers avant d'y arriver ; et c'est par cette raison que les peuples de la Guyane, les Brésiliens, etc., en Amérique, ainsi que les peuples de Mélinde et des autres côtes orientales de l'Afrique, non plus que les habitants des îles méridionales de l'Asie, ne sont pas noirs. Cette chaleur excessive ne se trouve donc que sur les côtes et terres basses occidentales de l'Afrique, où le vent d'est qui règne continuellement, ayant à traverser une immense étendue de terre, ne peut que s'échauffer en passant, et augmenter par conséquent de plusieurs degrés la température naturelle de ces contrées occidentales de l'Afrique. C'est par cette raison, c'est-à-dire par cet excès de chaleur provenant des deux circonstances combinées de la dépression des terres et de l'action du vent chaud, que sur cette côte occidentale de l'Afrique on trouve les hommes les plus noirs. Les deux mêmes circonstances produisent à peu près le même effet en Nubie et dans les terres de la Nouvelle-Guinée, parce que dans ces deux contrées basses le vent d'est n'arrive qu'après avoir traversé une vaste étendue de terre. Au contraire, lorsque ce même vent arrive après avoir traversé de grandes mers, sur lesquelles il prend de la fraîcheur, la chaleur seule de la zone torride, non plus que celle qui provient de la dépression du terrain, ne suffisent pas pour produire des nègres, et c'est la vraie raison pourquoi il ne s'en trouve que dans ces trois régions sur le globe entier, savoir : 1° le Sénégal, la Guinée et les autres côtes occidentales de l'Afrique ; 2° la Nubie ou Nigritie ; 3° la terre des Papous ou Nouvelle-Guinée ; ainsi le domaine des Nègres n'est pas aussi vaste, ni leur nombre à beaucoup près aussi grand qu'on pourrait l'imaginer, et je ne sais sur quel fondement M. P. prétend que le nombre des Nègres est à celui des Blancs comme un est à vingt-trois [a] ; il ne peut avoir sur cela que des aperçus bien vagues, car, autant que je puis en juger, l'espèce entière des vrais nègres est beaucoup moins nombreuse ; je ne crois pas même qu'elle fasse la centième partie du genre humain, puisque nous sommes maintenant informés que l'intérieur de l'Afrique est peuplé d'hommes blancs.

M. P. prononce affirmativement sur un grand nombre de choses sans citer ses garants ; cela serait pourtant à désirer, surtout pour les faits importants.

« Il faut absolument, dit-il, quatre générations mêlées pour faire disparaître entière-« ment la couleur des Nègres, et voici l'ordre que la nature observe dans les quatre « générations mêlées :

« 1° D'un nègre et d'une femme blanche naît le mulâtre à demi noir, à demi blanc, « à longs cheveux ;

« 2° Du mulâtre et de la femme blanche provient le quarteron basané, à cheveux « longs ;

« 3° Du quarteron et d'une femme blanche sort l'octavon, moins basané que le « quarteron ;

« 4° De l'octavon et d'une femme blanche vient un enfant parfaitement blanc.

« Il faut quatre filiations en sens inverse pour noircir les blancs.

« 1° D'un blanc et d'une négresse sort le mulâtre à longs cheveux ;

« 2° Du mulâtre et de la négresse vient le quarteron, qui a trois quarts de noir et « un quart de blanc ;

« 3° Du quarteron et d'une négresse provient l'octavon, qui a sept huitièmes de « noir et un huitième de blanc ;

« 4° De cet octavon et de la négresse vient enfin le vrai nègre, à cheveux entor-« tillés [b].

a. *Recherches sur les Américains*, t. I, p. 215.
b. *Idem*, *ibid.*, t. I, p. 217.

Je ne veux pas contredire ces assertions de M. P. [1], je voudrais seulement qu'il nous eût appris d'où il a tiré ces observations, d'autant que je n'ai pu m'en procurer d'aussi précises, quelques recherches que j'aie faites. On trouve dans l'*Histoire de l'Académie des Sciences*, année 1724, page 17, l'observation ou plutôt la notice suivante :

« Tout le monde sait que les enfants d'un blanc et d'une noire ou *d'un noir et d'une*
« *blanche, ce qui est égal*, sont d'une couleur jaune, et qu'ils ont des cheveux noirs,
« courts et frisés; on les appelle *mulâtres*. Les enfants d'un mulâtre et d'une noire ou
« *d'un noir ou d'une mulâtresse*, qu'on appelle *griffes*, sont d'un jaune plus noir et
« ont les cheveux noirs, de sorte qu'il semble qu'une nation originairement formée de
« noirs et de mulâtres retournerait au noir parfait. Les enfants des mulâtres et des
« mulâtresses, qu'on nomme *casques*, sont d'un jaune plus clair que les griffes, et
« apparemment une nation qui en serait originairement formée retournerait au blanc. »

Il paraît par cette notice, donnée à l'Académie par M. de Hauterive, que non-seulement tous les mulâtres ont des cheveux et non de la laine, mais que les griffes, nés d'un père nègre et d'une mulâtresse, ont aussi des cheveux et point de laine, ce dont je doute; il est fâcheux que l'on n'ait pas sur ce sujet important un certain nombre d'observations bien faites.

Sur les Nains de Madagascar.

Les habitants des côtes orientales de l'Afrique et de l'île de Madagascar, quoique plus ou moins noirs, ne sont pas nègres, et il y a dans les parties montagneuses de cette grande île, comme dans l'intérieur de l'Afrique, des hommes blancs. On a même nouvellement débité qu'il se trouvait, dans le centre de l'île dont les terres sont les plus élevées, un peuple de nains blancs; M. Meunier, médecin, qui a fait quelque séjour dans cette île, m'a rapporté ce fait, et j'ai trouvé, dans les papiers de feu M. Commerson, la relation suivante :

« Les amateurs du merveilleux, qui nous auront sans doute su mauvais gré d'avoir
« réduit à six pieds de haut la taille prétendue gigantesque des Patagons, accepteront
« peut-être en dédommagem nt une race de pygmées qui donne dans l'excès opposé;
« je veux parler de ces demi-hommes qui habitent les hautes montagnes de l'intérieur
« dans la grande île de Madagascar, et qui y forment un corps de nation considérable
« appelée *Quimos* ou *Kimos* en langue *Madécasse*. Otez-leur la parole ou donnez-la
« aux singes grands et petits, ce serait le passage insensible de l'espèce humaine à la
« gent quadrupède. Le caractère naturel et distinctif de ces petits hommes est d'être
« blancs ou du moins plus pâles en couleur que tous les noirs connus; d'avoir les bras
« très-allongés, de façon que la main atteint au-dessous du genou sans plier le corps, et
« pour les femmes de marquer à peine leur sexe par les mamelles, excepté dans le temps
« qu'elles nourrissent; encore veut-on assurer que la plupart sont forcées de recourir
« au lait de vache pour nourrir leurs nouveaux nés. Quant aux facultés intellectuelles,
« ces Quimos le disputent aux autres Malgaches (c'est ainsi qu'on appelle en général tous
« les naturels de Madagascar) que l'on sait être fort spirituels et fort adroits, quoique
« livrés à la plus grande paresse. Mais on assure que les Quimos, beaucoup plus actifs,
« sont aussi plus belliqueux; de façon que leur courage étant, si je puis m'exprimer

---

1. Pauw n'était qu'un compilateur, et n'est point une autorité : il devait, comme dit Buffon, citer ses *garants*. Cependant je crois que ce qu'il dit ici est fondé. Mes expériences sur le croisement de diverses espèces (expériences que je poursuis depuis plusieurs années) m'ont appris, en effet, qu'il faut *quatre générations* pour faire passer une espèce dans l'autre : l'espèce du *chien*, par exemple, dans celle du *chacal* ou du *loup*, et réciproquement.

« ainsi, en raison double de leur taille, ils n'ont jamais pu être opprimés par leurs
« voisins qui ont souvent maille à partir avec eux. Quoique attaqués avec des forces et
« des armes inégales (car ils n'ont pas l'usage de la poudre et des fusils comme leurs
« ennemis), ils se sont toujours battus courageusement et maintenus libres dans leurs
« rochers, leur difficile accès contribuant sans doute beaucoup à leur conservation ;
« ils y vivent de riz, de différents fruits, légumes et racines, et y élèvent un grand
« nombre de bestiaux (bœufs à bosse et moutons à grosse queue), dont ils empruntent
« aussi en partie leur subsistance. Ils ne communiquent avec les différentes castes
« Malgaches dont ils sont environnés ni par commerce, ni par alliances, ni de quel-
« que autre manière que ce soit, tirant tous leurs besoins du sol qu'ils possèdent.
« Comme l'objet de toutes les petites guerres, qui se font entre eux et les autres habitants
« de cette île, est de s'enlever réciproquement quelque bétail ou quelques esclaves,
« la petitesse de nos Quimos, les mettant presque à l'abri de cette dernière injure, ils
« savent par amour de la paix se résoudre à souffrir la première jusqu'à un certain
« point; c'est-à-dire que, quand ils voient du haut de leurs montagnes quelque for-
« midable appareil de guerre qui s'avance dans la plaine, ils prennent d'eux-mêmes le
« parti d'attacher à l'entrée des défilés, par où il faudrait passer pour aller à eux,
« quelque superflu de leurs troupeaux, dont ils font, disent-ils, volontairement le
« sacrifice à l'indigence de leurs frères aînés; mais avec protestation en même temps
« de se battre à toute outrance, si l'on passe à main armée plus avant sur leur ter-
« rain : preuve que ce n'est pas par sentiment de faiblesse, encore moins par lâcheté
« qu'ils font précéder les présents ; leurs armes sont la zagaie et le trait, qu'ils lancent
« on ne peut pas plus juste; on prétend que s'ils pouvaient, comme ils en ont grande
« envie, s'aboucher avec les Européens et en tirer des fusils et des munitions de guerre,
« ils passeraient volontiers de la défensive à l'offensive contre leurs voisins, qui seraient
« peut-être alors trop heureux de pouvoir entretenir la paix.
« A trois ou quatre journées du fort Dauphin (qui est presque dans l'extrémité du
« sud de Madagascar), les gens du pays montrent avec beaucoup de complaisance une
« suite de petits mondrains ou tertres de terre élevés en forme de tombeaux qu'ils assu-
« rent devoir leur origine à un grand massacre de Quimos défaits en plein champ par
« leurs ancêtres, ce qui semblerait prouver que nos braves petits guerriers ne se sont pas
« toujours tenus cois et rencoignés dans leurs hautes montagnes, qu'ils ont peut-être
« aspiré à la conquête du plat-pays, et que ce n'est qu'après cette défaite calamiteuse
« qu'ils ont été obligés de regagner leurs âpres demeures. Quoi qu'il en soit, cette tradi-
« tion constante dans ces cantons, ainsi qu'une notion généralement répandue par tout
« Madagascar, de l'existence encore actuelle des Quimos, ne permettent pas de douter
« qu'une partie au moins de ce qu'on en raconte ne soit véritable. Il est étonnant que
« tout ce qu'on sait de cette nation ne soit que recueilli des témoignages de celles qui
« les avoisinent, qu'on n'ait encore aucunes observations faites sur les lieux, et que,
« soit les gouverneurs des îles de France et de Bourbon, soit les commandants parti-
« culiers des différents postes que nous avons tenus sur les côtes de Madagascar, n'aient
« pas entrepris de faire pénétrer à l'intérieur des terres dans le dessein de joindre cette
« découverte à tant d'autres qu'on aurait pu faire en même temps. La chose a été tentée
« dernièrement, mais sans succès : l'homme qu'on y envoyait, manquant de résolution,
« abandonna à la seconde journée son monde et ses bagages, et n'a laissé, lorsqu'il a
« fallu réclamer ces derniers, que le germe d'une guerre où il a péri quelques blancs et
« un grand nombre de noirs; la mésintelligence qui, depuis lors, a succédé à la con-
« fiance qui régnait précédemment entre les deux nations, pourrait bien pour la troi-
« sième fois devenir funeste à cette poignée de Français qu'on a laissés au fort Dauphin,
« en retirant ceux qui y étaient anciennement. Je dis pour la troisième fois, parce qu'il

« y a déjà eu deux *Saint-Barthélemi* complétement exercées sur nos garnisons dans
« cette île, sans compter celle des Portugais et des Hollandais qui nous y avaient
« précédés.

« Pour revenir à nos Quimos et en terminer la note, j'attesterai, comme témoin
« oculaire, que dans le voyage que je viens de faire au fort Dauphin (sur la fin de 1770)
« M. le comte de Modave, dernier gouverneur, qui m'avait déjà communiqué une partie
« de ces observations, me procura enfin la satisfaction de me faire voir, parmi ses
« esclaves, une femme Quimose âgée d'environ trente ans, haute de trois pieds sept à
« huit pouces, dont la couleur était en effet de la nuance la plus éclaircie que j'aie vue
« parmi les habitants de cette île; je remarquai qu'elle était très-membrue dans sa petite
« stature, ne ressemblant point aux petites personnes fluettes, mais plutôt à une femme
« de proportions ordinaires dans le détail, mais seulement raccourcie dans sa hau-
« teur.....; que les bras en étaient effectivement très-longs et atteignant, sans qu'elle
« se courbât, à la rotule du genou; que ses cheveux étaient courts et laineux, la phy-
« sionomie assez bonne, se rapprochant plus de l'Européenne que de la Malgache,
« qu'elle avait habituellement l'air riant, l'humeur douce et complaisante, et le bon
« sens commun, à en juger par sa conduite, car elle ne savait pas parler français.
« Quant au fait des mamelles, il fut aussi vérifié, et il ne s'en trouva que le bouton,
« comme dans une fille de dix ans, sans la moindre flaccidité de la peau qui pût faire
« croire qu'elles fussent passées. Mais cette observation seule est bien loin de suffire
« pour établir une exception à la loi commune de la nature : combien de filles et de
« femmes européennes à la fleur de leur âge n'offrent que trop souvent cette défec-
« tueuse conformation... Enfin, peu avant notre départ de Madagascar, l'envie de
« recouvrer sa liberté, autant que la crainte d'un embarquement prochain, portèrent la
« petite esclave à s'enfuir dans les bois; on la ramena bien quelques jours après, mais
« tout exténuée et presque morte de faim, parce que se défiant des noirs comme des
« blancs, elle n'avait vécu pendant son marronnage que de mauvais fruits et de racines
« crues; c'est vraisemblablement autant à cette cause qu'au chagrin d'avoir perdu de
« vue les pointes des montagnes où elle était née, qu'il faut attribuer sa mort, arrivée
« environ un mois après à Saint-Paul, île de Bourbon, où le navire qui nous ramenait
« à l'île de France a relâché pendant quelques jours. M. de Modave avait eu cette
« Quimose en présent d'un chef malgache; elle avait passé par les mains de plusieurs
« maîtres, ayant été ravie fort jeune sur les confins de son pays.

« Tout considéré, je conclus (autant sur cet échantillon que sur les preuves acces-
« soires) par croire assez fermement à cette nouvelle dégradation de l'espèce humaine,
« qui a son signalement caractéristique comme ses mœurs propres..... Et si quelqu'un,
« trop difficile à persuader, ne veut pas se rendre aux preuves alléguées (qu'on désire-
« rait vraiment plus multipliées), qu'il fasse du moins attention qu'il existe des Lapons
« à l'extrémité boréale de l'Europe..... que la diminution de notre taille à celle du
« Lapon est à peu près graduée comme celle du Lapon au Quimos..... que l'un et
« l'autre habitent les zones les plus froides, ou les montagnes les plus élevées de la
« terre..... que celles de Madagascar sont évidemment trois ou quatre fois plus exhaus-
« sées que celles de l'île de France, c'est-à-dire d'environ seize à dix-huit cents toises
« au-dessus du niveau de la mer..... les végétaux qui croissent naturellement sur ces
« plus grandes hauteurs ne semblent être que des avortons, comme le pin et le bou-
« leau nains et tant d'autres, qui de la classe des arbres passent à celle des plus hum-
« bles arbustes, par la seule raison qu'ils sont devenus alpicoles, c'est-à-dire habitants
« des plus hautes montagnes..... qu'enfin ce serait le comble de la témérité que de
« vouloir, avant de connaître toutes les variétés de la nature, en fixer le terme, comme
« si elle ne pouvait pas s'être habituée dans quelques coins de la terre à faire sur toute

« une race ce qu'elle ne nous paraît avoir qu'ébauché, comme par écart, sur cer-
« tains individus qu'on a vus parfois ne s'élever qu'à la taille des poupées ou des
« marionnettes. »

Je me suis permis de donner ici cette relation en entier à cause de la nouveauté, quoique je doute encore beaucoup de la vérité des faits allégués et de l'existence réelle d'un peuple de trois pieds et demi de taille [1], cela est au moins exagéré; il en sera de ces Quimos de trois pieds et demi, comme des Patagons de douze pieds; ils se sont réduits à sept ou huit pieds au plus, et les Quimos s'élèveront au moins à quatre pieds ou quatre pieds trois pouces ; si les montagnes où ils habitent ont seize ou dix-huit cents toises au-dessus du niveau de la mer, il doit y faire assez froid pour les blanchir et rapetisser leur taille à la même mesure que celle des Groënlandais ou des Lapons, et il serait assez singulier que la nature eût placé l'extrême du produit du froid sur l'espèce humaine dans des contrées voisines de l'équateur ; car on prétend qu'il existe dans les montagnes du Tucuman une race de pygmées de trente et un pouces de hauteur, au-dessus du pays habité par les Patagons. On assure même que les Espagnols ont transporté en Europe quatre de ces petits hommes sur la fin de l'année 1755 [a]. Quelques voyageurs parlent aussi d'une autre race d'Américains blancs et sans aucun poil sur le corps, qui se trouve également dans les terres voisines du Tucuman ; mais tous ces faits ont grand besoin d'être vérifiés.

Au reste, l'opinion ou le préjugé de l'existence des pygmées est extrêmement ancien : Homère, Hésiode et Aristote en font également mention. M. l'abbé Banier a fait une savante dissertation sur ce sujet, qui se trouve dans la collection des Mémoires de l'Académie des belles-lettres, tome V, page 101. Après avoir comparé tous les témoignages des anciens sur cette race de petits hommes, il est d'avis qu'ils formaient en effet un peuple dans les montagnes d'Éthiopie, et que ce peuple était le même que celui que les historiens et les géographes ont désigné depuis sous le nom de Péchiniens; mais il pense avec raison que ces hommes, quoique de très-petite taille, avaient bien plus d'une ou deux coudées de hauteur, et qu'ils étaient à peu près de la taille des Lapons. Les Quimos des montagnes de Madagascar et les Péchiniens d'Éthiopie pourraient bien n'être que la même race qui s'est maintenue dans les plus hautes montagnes de cette partie du monde.

Sur les Patagons.

Nous n'avons rien à ajouter à ce que nous avons écrit sur les autres peuples de l'ancien continent ; et comme nous venons de parler des plus petits hommes, il faut aussi faire mention des plus grands : ce sont certainement les Patagons [2] ; mais comme il y a encore beaucoup d'incertitudes sur leur grandeur et sur le pays qu'ils habitent, je crois faire plaisir au lecteur en lui mettant sous les yeux un extrait fidèle de tout ce qu'on en sait.

« Il est bien singulier, dit M. Commerson, qu'on ne veuille pas revenir de l'erreur
« que les Patagons soient des géants, et je ne puis assez m'étonner que des gens que
« j'aurais pris à témoin du contraire, en leur supposant quelque amour pour la vérité,

---

a. Voyez les notes sur la dernière édition de Lamotte-Levayer, t. IX, p. 82.

1. « Les Andrantsais sont des peuples pasteurs, brutes et lâches. Il naît quelquefois des nains
« parmi eux. La position de leur pays correspond à celle qu'on assignait au pays de ces pygmées
« ou *kimos*, dont on a parlé comme d'une nation de nains..... M. Fressange dit qu'il n'a vu
« qu'un seul nain madécasse, et il assure qu'ils n'ont jamais formé de race. » (Prichard : *Hist. nat. de l'homme*, t. II, p. 57.)

2. Voyez la note 2 de la page 209.

« osent, contre leur propre conscience, déposer vis-à-vis du public d'avoir vu au détroit
« de Magellan ces titans prodigieux qui n'ont jamais existé que dans l'imagination
« échauffée des poëtes et des marins..... *Ed io anche* : et moi aussi je les ai vus, ces
« Patagons! je me suis trouvé au milieu de plus d'une centaine d'eux (sur la fin de
« 1769) avec M. de Bougainville et M. le prince de Nassau, que j'accompagnai dans
« la descente qu'on fit à la baie Boucault; je puis assurer, et ces messieurs sont trop
« vrais pour ne le pas certifier de même, que les Patagons ne sont que d'une taille un
« peu au-dessus de la nôtre ordinaire, c'est-à-dire, communément de cinq pieds huit
« pouces à six pieds. J'en ai vu bien peu qui excédassent ce terme, mais aucun qui
« passât six pieds quatre pouces. Il est vrai que dans cette hauteur ils ont presque la
« corpulence de deux Européens, étant très-larges de carrure et ayant la tête et les
« membres en proportion. Il y a encore bien loin de là au gigantisme, si je puis me ser-
« vir de ce terme inusité, mais expressif. Outre ces Patagons avec lesquels nous restâmes
« environ deux heures à nous accabler mutuellement de marques d'amitié, nous en
« avons vu un bien plus grand nombre d'autres nous suivre au galop le long de leurs
« côtes; ils étaient de même acabit que les premiers. Au surplus, il ne sera pas hors
« de propos d'observer, pour porter le dernier coup aux exagérations qu'on a débitées
« sur ces sauvages, qu'ils vont errants comme les Scythes et sont presque sans cesse à
« cheval. Or, leurs chevaux n'étant que de race espagnole, c'est-à-dire de vrais bidets,
« comment est-ce qu'on prétend leur *affourcher* des géants sur le dos ? Déjà même
« nos Patagons, quoique réduits à la simple toise, sont-ils obligés d'étendre les pieds
« en avant, ce qui ne les empêche pas d'aller toujours au galop, soit à la montée, soit
« à la descente, leurs chevaux sans doute étant formés à cet exercice de longue main.
« D'ailleurs l'espèce s'en est si fort multipliée dans les gras pâturages de l'Amérique
« méridionale, qu'on ne cherche pas à les ménager.

M. de Bougainville, dans la curieuse relation de son grand voyage, confirme les faits
que je viens de citer d'après M. Commerson.

« Il paraît attesté, dit ce célèbre voyageur, par le rapport uniforme des Français, qui
« n'eurent que trop le temps de faire leurs observations sur ce peuple des Patagons,
« qu'ils sont, en général, de la stature la plus haute et de la complexion la plus robuste
« qui soient connues parmi les hommes : aucun n'avait au-dessous de cinq pieds cinq à
« six pouces, et plusieurs avaient six pieds. Leurs femmes sont presque blanches et
« d'une figure assez agréable; quelques-uns de nos gens qui ont hasardé d'aller jusqu'à
« leur camp y virent des vieillards qui portaient encore sur leur visage l'apparence de
« la vigueur et de la santé [a]. Dans un autre endroit de sa relation, M. de Bougainville
« dit que ce qui lui a paru être gigantesque dans la stature des Patagons c'est leur
« énorme carrure, la grosseur de leur tête et l'épaisseur de leurs membres; ils sont
« robustes et bien nourris; leurs muscles sont tendus et leur chair ferme et soutenue;
« leur figure n'est ni dure ni désagréable; plusieurs l'ont jolie; leur visage est long et
« un peu plat; leurs yeux sont vifs et leurs dents extrêmement blanches, seulement trop
« larges. Ils portent de longs cheveux noirs, attachés sur le sommet de la tête. Il y en a
« qui ont sous le nez des moustaches qui sont plus longues que bien fournies; leur
« couleur est bronzée comme l'est, sans exception, celle de tous les Américains, tant
« de ceux qui habitent la zone torride que de ceux qui naissent sous les zones tempérées
« et froides de ce même continent; quelques-uns de ces Patagons avaient les joues
« peintes en rouge; leur langue est assez douce et rien n'annonce en eux un caractère
« féroce. Leur habillement est un simple bragué de cuir qui leur couvre les parties
« naturelles, et un grand manteau de peau de guanaque (lama) ou de sourillos (proba-

---

a. *Voyage autour du monde*, par M. de Bougainville, t. I, in-8º, p. 87 et 88.

« blement le zorilla, espèce de moufette); ce manteau est attaché autour du corps avec
« une ceinture, il descend jusqu'aux talons, et ils laissent communément retomber en
« bas la partie faite pour couvrir les épaules; de sorte que, malgré la rigueur du climat,
« ils sont presque toujours nus de la ceinture en haut. L'habitude les a sans doute
« rendus insensibles au froid, car quoique nous fussions ici en été, dit M. de Bougain-
« ville, le thermomètre de Réaumur n'y avait encore monté qu'un seul jour à dix degrés
« au-dessus de la congélation..... Les seules armes qu'on leur ait vues sont deux cail-
« loux ronds attachés aux deux bouts d'un boyau cordonné, semblable à ceux dont on
« se sert dans toute cette partie de l'Amérique. Leurs chevaux petits et fort maigres,
« étaient sellés et bridés à la manière des habitants de la rivière de la Plata. Leur
« nourriture principale paraît être la chair des lamas et des vigognes; plusieurs en
« avaient des quartiers attachés à leurs chevaux; nous leur en avons vu manger des
« morceaux crus. Ils avaient aussi avec eux des chiens petits et vilains, lesquels, ainsi
« que leurs chevaux, boivent de l'eau de mer, l'eau douce étant fort rare sur cette côte
« et même dans les terres. Quelques-uns de ces Patagons nous dirent quelques mots
« espagnols; il semble que, comme les Tartares, ils mènent une vie errante dans les
« plaines immenses de l'Amérique méridionale, sans cesse à cheval, hommes, femmes
« et enfants, suivant le gibier et les bestiaux dont les plaines sont couvertes, se vêtant
« et se cabanant avec des peaux. Je terminerai cet article, ajoute M. de Bougainville, en
« disant que nous avons depuis trouvé dans la mer Pacifique une nation d'une taille
« plus élevée que ne l'est celle des Patagons [a]. » Il veut parler des habitants de l'île
d'Othaïti, dont nous ferons mention ci-après.

Ces récits de MM. Bougainville et Commerson me paraissent très-fidèles, mais il faut
considérer qu'ils ne parlent que des Patagons des environs du détroit, et que peut-être
il y en a d'encore plus grands dans l'intérieur des terres. Le commodore Byron assure
qu'à quatre ou cinq lieues de l'entrée du détroit de Magellan, on aperçut une troupe
d'hommes, les uns à cheval, les autres à pied, qui pouvaient être au nombre de cinq
cents; que ces hommes n'avaient point d'armes, et que les ayant invités par signes, l'un
d'entre eux vint à sa rencontre; que cet homme était d'une taille gigantesque; la peau
d'un animal sauvage lui couvrait les épaules; il avait le corps peint d'une manière
hideuse; l'un de ses yeux était entouré d'un cercle noir et l'autre d'un cercle blanc. Le
reste du visage était bizarrement sillonné par des lignes de diverses couleurs : sa hauteur paraissait avoir sept pieds anglais.

Ayant été jusqu'au gros de la troupe, on vit plusieurs femmes proportionnées aux
hommes pour la taille; tous étaient peints et à peu près de la même grandeur; leurs
dents, qui ont la blancheur de l'ivoire, sont unies et bien rangées. La plupart étaient
nus, à l'exception de cette peau d'animal qu'ils portent sur les épaules avec le poil en
dedans; quelques-uns avaient des bottines, ayant à chaque talon une cheville de bois
qui leur sert d'éperon. Ce peuple paraît docile et paisible. Il avaient avec eux un grand
nombre de chiens et de très-petits chevaux, mais très-vites à la course; les brides sont
des courroies de cuir avec un bâton pour servir de mors; leurs selles ressemblent aux
coussinets dont les paysans se servent en Angleterre. Les femmes montent à cheval
comme les hommes et sans étriers [b]. Je pense qu'il n'y a point d'exagération dans ce
récit, et que ces Patagons, vus par Byron, peuvent être un peu plus grands que ceux
qui ont été vus par MM. de Bougainville et Commerson.

Le même voyageur, Byron, rapporte que, depuis le cap Monday jusqu'à la sortie du
détroit, on voit le long de la baie Tuesday d'autres sauvages très-stupides et nus

a. *Voyage autour du monde*, par le commodore Byron, chap. iii, p. 243 jusqu'à 247.
b. *Idem, ibid.*, p. 34 et suiv.

malgré la rigueur du froid, ne portant qu'une peau de loup de mer sur les épaules ; qu'ils sont doux et dociles ; qu'ils vivent de chair de baleine, etc. [a] ; mais il ne fait aucune mention de leur grandeur, en sorte qu'il est à présumer que ces sauvages sont différents des Patagons, et seulement de la taille ordinaire des hommes.

M. P. observe avec raison le peu de proportion qui se trouve entre les mesures de ces hommes gigantesques, données par différents voyageurs : qui croirait, dit-il, que les différents voyageurs qui parlent des Patagons varient entre eux de quatre-vingt-quatre pouces sur leur taille ? Cela est néanmoins très-vrai.

Selon La Giraudais, ils sont hauts d'environ........	6 pieds.
Selon Pigafetta..................................	8
Selon Byron.....................................	9
Selon Harris....................................	10
Selon Jautzon...................................	11
Selon Argensola.................................	13

Ce dernier serait, suivant M. P., le plus menteur de tous, et M. de La Giraudais le seul des six qui fût véridique ; mais indépendamment de ce que le pied est fort différent chez les différentes nations, je dois observer que Byron dit seulement que le premier Patagon qui s'approcha de lui était d'une taille gigantesque, et que sa hauteur paraissait être de sept pieds anglais ; ainsi la citation de M. P. n'est pas exacte à cet égard. Samuel Wallis, dont on a imprimé la relation à la suite de celle de Byron, s'exprime avec plus de précision. Les plus grands, dit-il, étant mesurés, se trouvèrent avoir six pieds sept pouces ; plusieurs autres avaient six pieds cinq pouces, mais le plus grand nombre n'avaient que cinq pieds dix pouces ; leur teint est couleur de cuivre foncé ; ils ont les cheveux droits et presque aussi durs que les soies de cochon... Ils sont bien faits et robustes ; ils ont de gros os, mais leurs pieds et leurs mains sont d'une petitesse remarquable..... Chacun avait à sa ceinture une arme de trait d'une espèce singulière : c'étaient deux pierres rondes couvertes de cuir et pesant chacune environ une livre, qui étaient attachées aux deux bouts d'une corde d'environ huit pieds de long ; ils s'en servent comme d'une fronde, en tenant une des pierres dans la main et faisant tourner l'autre autour de la tête jusqu'à ce qu'elle ait acquis une force suffisante ; alors ils la lancent contre l'objet qu'ils veulent atteindre ; ils sont si adroits à manier cette arme, qu'à la distance de quinze verges ils peuvent frapper un but qui n'est pas plus grand qu'un schelling. Quand ils sont à la chasse du guanaque (le lama), ils jettent leur fronde de manière que la corde rencontrant les jambes de l'animal, les enveloppe par la force de la rotation et du mouvement des pierres, et l'arrête [b].

Le premier ouvrage où l'on ait fait mention des Patagons est la relation du voyage de Magellan, en 1519, et voici ce qui se trouve sur ce sujet dans l'abrégé qu'Harris a fait de cette relation.

« Lorsqu'ils eurent passé la ligne et qu'ils virent le pôle austral, ils continuèrent « leur route sud et arrivèrent à la côte du Brésil environ au vingt-deuxième degré ; ils « observèrent que tout ce pays était un continent, plus élevé depuis le cap Saint-Au- « gustin. Ayant continué leur navigation encore à deux degrés et demi plus loin, tou- « jours sud, ils arrivèrent à un pays habité par un peuple fort sauvage et d'une stature « prodigieuse ; ces géants faisaient un bruit effroyable, plus ressemblant au mugisse- « ment des bœufs qu'à des voix humaines. Nonobstant leur taille gigantesque, ils étaient « si agiles qu'aucun Espagnol ni Portugais ne pouvait les atteindre à la course. »

a. *Voyage autour du monde*, par le commodore Byron, chap. vii, p. 107.
b. *Voyage de Samuel Wallis*, chap. i, p. 15.

J'observerai que d'après cette relation il semble que ces grands hommes ont été trouvés à vingt-quatre degrés et demi de latitude sud ; cependant à la vue de la carte, il paraît qu'il y a ici de l'erreur, car le cap Saint-Augustin , que la relation place à vingt-deux degrés de latitude sud , se trouve sur la carte à dix degrés , de sorte qu'il est douteux si ces premiers géants ont été rencontrés à douze degrés et demi ou à vingt-quatre degrés et demi ; car si c'est à deux degrés et demi au delà du cap Saint-Augustin , ils ont été trouvés à douze degrés et demi ; mais si c'est à deux degrés et demi au delà de cette partie à l'endroit de la côte du Brésil que l'auteur dit être à vingt-deux degrés, ils ont été trouvés à vingt-quatre degrés et demi : telle est l'exactitude d'Harris. Quoi qu'il en soit, la relation poursuit ainsi :

« Ils poussèrent ensuite jusqu'à quarante-neuf degrés et demi de latitude sud , où la
« rigueur du temps les obligea de prendre des quartiers d'hiver et d'y rester cinq mois.
« Ils crurent longtemps le pays inhabité, mais enfin un sauvage des contrées voisines
« vint les visiter ; il avait l'air vif, gai, vigoureux , chantant et dansant tout le long du
« chemin. Étant arrivé au port, il s'arrêta et répandit de la poussière sur sa tête ; sur
« cela quelques gens du vaisseau descendirent, allèrent à lui, et ayant répandu de même
« de la poussière sur leur tête, il vint avec eux au vaisseau sans crainte ni soupçon : sa
« taille était si haute que la tête d'un homme de taille moyenne de l'équipage de
« Magellan ne lui allait qu'à la ceinture , et il était gros à proportion.....

« Magellan fit boire et manger ce géant, qui fut fort joyeux jusqu'à ce qu'il eût
« regardé par hasard un miroir qu'on lui avait donné avec d'autres bagatelles ; il tres-
« saillit, et reculant d'effroi il renversa deux hommes qui se trouvaient près de lui. Il
« fut longtemps à se remettre de sa frayeur. Nonobstant cela il se trouva si bien avec les
« Espagnols que ceux-ci eurent bientôt la compagnie de plusieurs de ces géants , dont
« l'un surtout se familiarisa promptement, et montra tant de gaieté et de bonne humeur,
« que les Européens se plaisaient beaucoup avec lui.

« Magellan eut envie de faire prisonniers quelques-uns de ces géants ; pour cela on
« leur emplit les mains de divers colifichets dont ils paraissaient curieux , et pendant
« qu'ils les examinaient on leur mit des fers aux pieds ; ils crurent d'abord que c'était
« une autre curiosité, et parurent s'amuser du cliquetis de ces fers, mais quand ils se
« trouvèrent serrés et trahis , ils implorèrent le secours d'un être invisible et supérieur,
« sous le nom de *Setebos*. Dans cette occasion leur force parut proportionnée à leur
« stature , car l'un d'eux surmonta tous les efforts de neuf hommes , quoiqu'ils l'eus-
« sent terrassé et qu'ils lui eussent fortement lié les mains ; il se débarrassa de tous ses
« liens et s'échappa malgré tout ce qu'ils purent faire. Leur appétit était proportionné
« aussi à leur taille ; Magellan les nomma *Patagons*. »

Tels sont les détails que donne Harris touchant les Patagons, après avoir, dit-il, pris les plus grandes peines à comparer les relations des divers écrivains espagnols et portugais.

Il est ensuite question de ces géants dans la relation d'un voyage autour du monde par Thomas Cavendish, dont voici l'abrégé par le même Harris.

« En faisant voile du cap Frio dans le Brésil , ils arrivèrent sur la côte d'Amérique,
« à quarante-sept degrés vingt minutes de latitude sud. Ils avancèrent jusqu'au port
« Desiré, à cinquante degrés de latitude. Là les sauvages leur blessèrent deux hommes
« avec des flèches qui étaient faites de roseau et armées de caillou. C'étaient des gens
« sauvages et grossiers , et, à ce qu'il parut, une race de géants, la mesure d'un de
« leurs pieds ayant dix-huit pouces de long ; ce qui, en suivant la proportion ordinaire ,
« donne environ sept pieds et demi pour leur stature. »

Harris ajoute que cela s'accorde parfaitement avec le récit de Magellan ; mais, dans son abrégé de la relation de Magellan , il dit que la tête d'un homme de taille moyenne de l'équipage de Magellan n'atteignait qu'à la ceinture d'un Patagon. Or, en supposant que cet homme eût seulement cinq pieds ou cinq pieds deux pouces, cela fait au moins huit pieds et demi pour la hauteur du Patagon. Il dit, à la vérité, que Magellan les nomma Patagons, parce que leur stature était de cinq coudées ou sept pieds six pouces ; mais si cela est il y a contradiction dans son propre récit ; il ne dit pas non plus dans quelle langue le mot Patagon exprime cette stature.

Sebald de Veert[1], Hollandais, dans son voyage autour du monde, aperçut dans une île voisine du détroit de Magellan sept canots à bord desquels étaient des sauvages qui lui parurent avoir dix à onze pieds de hauteur.

Dans la relation du voyage de George Spilbergen, il est dit que sur la côte de la Terre-de-Feu, qui est au sud du détroit de Magellan, ses gens virent un homme d'une stature gigantesque, grimpant sur les montagnes pour regarder la flotte ; mais quoiqu'ils allassent sur le rivage ils ne virent point d'autres créatures humaines : seulement ils virent des tombeaux contenant des cadavres de taille ordinaire ou même au-dessous, et les sauvages qu'ils virent de temps à autre dans des canots leur parurent au-dessous de six pieds.

Frézier parle de géants au Chili, de neuf ou dix pieds de hauteur.

M. Le Cat rapporte qu'au détroit de Magellan, le 17 décembre 1615, on vit au port Desiré des tombeaux couverts par des tas de pierres, et qu'ayant écarté ces pierres et ouvert ces tombeaux, on y trouva des squelettes humains de dix à onze pieds.

Le P. d'Acuna parle de géants de seize palmes de hauteur, qui habitent vers la source de la rivière de Cuchigan.

M. de Brosse, premier président du parlement de Bourgogne [a], paraît être du sentiment de ceux qui croient à l'existence des géants patagons, et il prétend avec quelque fondement que ceux qui sont pour la négative n'ont pas vu les mêmes hommes, ni dans les mêmes endroits.

« Observons d'abord, dit-il, que la plupart de ceux qui tiennent pour l'affirmative
« parlent des peuples patagons habitants des côtes de l'Amérique méridionale à l'est et
« à l'ouest, et qu'au contraire la plupart de ceux qui soutiennent la négative parlent des
« habitants du détroit à la pointe de l'Amérique sur les côtes du nord et du sud. Les
« nations de l'un et de l'autre canton ne sont pas les mêmes ; si les premiers ont été
« vus quelquefois dans le détroit, cela n'a rien d'extraordinaire à un si médiocre éloi-
« gnement du port Saint-Julien, où il paraît qu'est leur habitation ordinaire. L'équi-
« page de Magellan les y a vus plusieurs fois, a commercé avec eux, tant à bord des
« navires que dans leurs propres cabanes. »

M. de Brosse fait ensuite mention des voyageurs qui disent avoir vu ces géants patagons ; il nomme Loise, Sarmiente, Nodal parmi les Espagnols ; Cavendish, Hawkins, Knivet parmi les Anglais ; Sebald de Noort[2], Le Maire, Spilberg parmi les Hollandais ; nos équipages des vaisseaux de Marseille et de Saint-Malo parmi les Français ; il cite, comme nous venons de le dire, des tombeaux qui renfermaient des squelettes de dix à onze pieds de haut.

« Ceci, dit-il avec raison, est un examen fait de sang-froid, où l'épouvante n'a pu
« grossir les objets..... Cependant Narbrugh... nie formellement que leur taille soit
« gigantesque... son témoignage est précis à cet égard, ainsi que celui de Jacques l'Her-
« mite, sur les naturels de la Terre-de-Feu, qu'il dit être puissants, bien proportionnés,
« à peu près de la même grandeur que les Européens ; enfin, parmi ceux que M. de
« Gennes vit au port de Famine, aucun n'avait six pieds de haut.

---

a. Histoire des navigations aux terres australes, t. II, p. 327 et suiv.

1. Sebald de Weerdt. — 2. Olivier de Noort.

« En voyant tous ces témoignages pour et contre, on ne peut guère se défendre de
« croire que tous ont dit vrai, c'est-à-dire que chacun a rapporté les choses telles qu'il
« les a vues : d'où il faut conclure que l'existence de cette espèce d'hommes particulière
« est un fait réel, et que ce n'est pas assez, pour les traiter d'apocryphes, qu'une partie
« des marins n'aient pas aperçu ce que les autres ont fort bien vu. C'est aussi l'opinion
« de M. Frézier, écrivain judicieux, qui a été à portée de rassembler les témoignages
« sur les lieux mêmes.....

« Il paraît constant que les habitants des deux rives du détroit sont de taille ordi-
« naire, et que l'espèce particulière (les Patagons gigantesques) faisait il y a deux
« siècles sa demeure habituelle sur les côtes de l'est et de l'ouest, plusieurs degrés
« au-dessus du détroit de Magellan..... Probablement la trop fréquente arrivée des
« vaisseaux sur ce rivage les a déterminés depuis à l'abandonner tout à fait, ou à n'y
« venir qu'en certain temps de l'année, et à faire, comme on nous le dit, leur résidence
« dans l'intérieur du pays. Anson présume qu'ils habitent dans les Cordillères, vers la
« côte d'occident, d'où ils ne viennent sur le bord oriental que par intervalles peu
« fréquents, tellement que si les vaisseaux qui depuis plus de cent ans ont touché sur
« la côte des Patagons n'en ont vu que si rarement, la raison, selon les apparences, est
« que ce peuple farouche et timide s'est éloigné du rivage de la mer depuis qu'il y voit
« venir si fréquemment des vaisseaux d'Europe, et qu'il s'est, à l'exemple de tant d'au-
« tres nations indiennes, retiré dans les montagnes pour se dérober à la vue des étran-
« gers. »

On a pu remarquer dans mon ouvrage que j'ai toujours paru douter de l'existence
réelle de ce prétendu peuple de géants. On ne peut être trop en garde contre les exagérations, surtout dans les choses nouvellement découvertes ; néanmoins je serais fort
porté à croire, avec M. de Brosse, que la différence de grandeur donnée par les voyageurs aux Patagons ne vient que de ce qu'ils n'ont pas vu les mêmes hommes, ni dans
les mêmes contrées, et que tout étant bien comparé, il en résulte que, depuis le vingt-
deuxième degré de latitude sud jusqu'au quarante ou quarante-cinquième, il existe en
effet une race d'hommes plus haute et plus puissante qu'aucune autre dans l'univers.
Ces hommes ne sont pas tous des géants, mais tous sont plus hauts et beaucoup plus
larges et plus carrés que les autres hommes ; et comme il se trouve des géants, presque
dans tous les climats, de sept pieds ou sept pieds et demi de grandeur, il n'est pas étonnant qu'il s'en trouve de neuf et dix pieds parmi les Patagons.

Des Américains.

A l'égard des autres nations qui habitent l'intérieur du nouveau continent, il me
paraît que M. P. prétend et affirme sans aucun fondement, qu'en général tous les
Américains, quoique légers et agiles à la course, étaient destitués de force, qu'ils suc-
combaient sous le moindre fardeau, que l'humidité de leur constitution est cause
qu'ils n'ont point de barbe [1] et qu'ils ne sont chauves que parce qu'ils ont le tempérament froid (page 42); et plus loin il dit que c'est parce que les Américains n'ont point
de barbe qu'ils ont, comme les femmes, de longues chevelures, qu'on n'a pas vu un
seul Américain à cheveux crépus [2] ou bouclés, qu'ils ne grisonnent presque jamais et ne
perdent leurs cheveux à aucun âge (page 60), tandis qu'il vient d'avancer (page 42)
que l'humidité de leur tempérament les rend chauves, tandis qu'il ne devait pas ignorer que les Caraïbes, les Iroquois, les Hurons, les Floridiens, les Mexicains, les Tlas-

1. Voyez la note 1 de la page 209.
2. « Les Américains ont les cheveux épais, noirs, lisses, longs, descendant très-bas sur le
« front et résistant à l'âge. » (Alc. D'Orbigny : *L'homme américain*, t. 1, p. 245.)

calteques, les Péruviens, etc., étaient des hommes nerveux, robustes et même plus courageux que l'infériorité de leurs armes à celles des Européens ne semblait le permettre.

Le même auteur donne un tableau généalogique des générations mêlées des Européens et des Américains, qui, comme celui du mélange des nègres et des blancs, demanderait caution et suppose au moins des garants que M. P. ne cite pas ; il dit :

« 1° D'une femme européenne et d'un sauvage de la Guyane naissent les métis : « deux quarts de chaque espèce ; ils sont basanés, et les garçons de cette première com-« binaison ont de la barbe, quoique le père Américain soit imberbe ; l'hybride tient « donc cette singularité du sang de sa mère seule ;

« 2° D'une femme européenne et d'un métis provient l'espèce quarteronne : elle est « moins basanée, parce qu'il n'y a qu'un quart de l'Américain dans cette génération ;

« 3° D'une femme européenne et d'un quarteron ou quart d'homme vient l'espèce « octavone qui a une huitième partie du sang américain : elle est très-faiblement « hâlée, mais assez pour être reconnue d'avec les véritables hommes blancs de nos cli-« mats , quoiqu'elle jouisse des mêmes priviléges, en conséquence de la bulle du pape « Clément XI ;

« 4° D'une femme européenne et de l'octavon mâle sort l'espèce que les Espagnols « nomment *Puchuella*. Elle est totalement blanche, et l'on ne peut pas la discerner « d'avec les Européens. Cette quatrième race, qui est la race parfaite, a les yeux bleus « ou bruns, les cheveux blonds ou noirs, selon qu'ils ont été de l'une ou de l'autre cou-« leur dans les quatre mères qui ont servi dans cette filiation [1] [a]. »

J'avoue que je n'ai pas assez de connaissances pour pouvoir confirmer ou infirmer ces faits, dont je douterais moins si cet auteur n'en eût pas avancé un très-grand nombre d'autres qui se trouvent démentis ou directement opposés aux choses les plus connues et les mieux constatées ; je ne prendrai la peine de citer ici que les monuments des Mexicains et des Péruviens, dont il nie l'existence, et dont néanmoins les vestiges existent encore et démontrent la grandeur et le génie de ces peuples, qu'il traite comme des êtres stupides, dégénérés de l'espèce humaine, tant pour le corps que pour l'entendement. Il paraît que M. P. a voulu rapporter à cette opinion tous les faits ; il les choisit dans cette vue. Je suis fâché qu'un homme de mérite, et qui d'ailleurs paraît être instruit , se soit livré à cet excès de partialité dans ses jugements, et qu'il les appuie sur des faits équivoques. N'a-t-il pas le plus grand tort de blâmer aigrement les voyageurs et les naturalistes qui ont pu avancer quelques faits suspects, puisque lui-même en donne beaucoup qui sont plus que suspects ? Il admet et avance ces faits, dès qu'ils peuvent favoriser son opinion ; il veut qu'on le croie sur parole et sans citer de garants : par exemple, sur ces grenouilles [2] qui beuglent, dit-il, comme des veaux ; sur la chair de l'iguane qui donne le mal vénérien à ceux qui la mangent ; sur le froid glacial de la terre à un ou deux pieds de profondeur, etc. Il prétend que les Américains, en général , sont des hommes dégénérés ; qu'il n'est pas aisé de concevoir que des êtres, au sortir de leur création, puissent être dans un état de décrépitude ou de caducité [b], et que c'est là l'état des Américains ; qu'il n'y a point de coquilles, ni d'autres débris de la mer sur les hautes montagnes, ni même sur celles de moyenne hauteur [3] [c] ; qu'il n'y

a. *Recherches sur les Américains* , t. I , p. 241.
b. *Idem , ibidem.* , t. I, p. 24.
c. *Idem , ibidem* , p. 25.

1. Voyez la note de la page 275.
2. *Rana mugiens.* C'est la plus grande de toutes les espèces connues. Son mugissement et si fort qu'il lui a valu le nom de *grenouille-taureau.*
3. Voyez la note 2 de la page 39 du 1er volume.

avait point de bœufs [1] en Amérique avant sa découverte [a]; qu'il n'y a que ceux qui n'ont pas assez réfléchi sur la constitution du climat de l'Amérique qui ont cru qu'on pouvait regarder comme très-nouveaux les peuples de ce continent [b]; qu'au delà du quatre-vingtième degré de latitude, des êtres constitués comme nous ne sauraient respirer pendant les douze mois de l'année, à cause de la densité de l'atmosphère [c]; que les Patagons sont d'une taille pareille à celle des Européens, etc. [d]; mais il est inutile de faire un plus long dénombrement de tous les faits faux ou suspects que cet auteur s'est permis d'avancer avec une confiance qui indisposera tout lecteur ami de la vérité.

L'imperfection de nature qu'il reproche gratuitement à l'Amérique en général ne doit porter que sur les animaux de la partie méridionale de ce continent, lesquels se sont trouvés bien plus petits [2] et tous différents [3] de ceux des parties méridionales de l'ancien continent :

« Et cette imperfection, comme le dit très-bien le judicieux [4] et éloquent auteur de
« l'*Histoire des deux Indes*, ne prouve pas la nouveauté de cet hémisphère, mais sa
« renaissance ; il a dû être peuplé dans le même temps que l'ancien, mais il a pu être
« submergé plus tard ; les ossements d'éléphants, de rhinocéros, que l'on trouve en
« Amérique, prouvent que ces animaux y ont autrefois habité [e]. »

Il est vrai qu'il y a quelques contrées de l'Amérique méridionale, surtout dans les parties basses du continent, telles que la Guyane, l'Amazone, les terres basses de l'Isthme, etc., où les naturels du pays paraissent être moins robustes que les Européens ; mais c'est par des causes locales et particulières. A Carthagène, les habitants, soit Indiens, soit étrangers, vivent pour ainsi dire dans un bain chaud pendant six mois de l'été ; une transpiration trop forte et continuelle leur donne la couleur pâle et livide des malades. Leurs mouvements se ressentent de la mollesse du climat, qui relâche les fibres. On s'en aperçoit même par les paroles, qui sortent de leur bouche à voix basse et par de longs et fréquents intervalles [f]. Dans la partie de l'Amérique, située sur les bords de l'Amazone et du Napo, les femmes ne sont pas fécondes et leur stérilité augmente lorsqu'on les fait changer de climat ; elles se font néanmoins avorter assez souvent. Les hommes sont faibles et se baignent trop fréquemment pour pouvoir acquérir des forces ; le climat n'est pas sain et les maladies contagieuses y sont fréquentes [g]. Mais on doit regarder ces exemples comme des exceptions, ou, pour mieux dire, des différences communes aux deux continents ; car, dans l'ancien, les hommes des montagnes et des contrées élevées sont sensiblement plus forts que les habitants des côtes et des autres terres basses. En général, tous les habitants de l'Amérique septentrionale et ceux des terres élevées dans la partie méridionale, telles que le nouveau Mexique, le Pérou, le Chili, etc., étaient des hommes peut-être moins agissants, mais aussi robustes que les Européens. Nous savons par un témoignage respectable, par le célèbre Franklin,

a. *Recherches sur les Américains*, p. 133.

b. *Idem*, *ibidem*, p. 238.

c. *Idem*, *ibidem*, p. 296.

d. *Idem*, *ibidem.*, t. I, p. 351.

e. *Histoire philosophique et politique*, t. VI, p. 292.

f. *Idem*, *ibidem.*, t. III, p. 292.

g. *Idem*, *ibidem*, p. 515.

1. Il y a le *bison* et le *bœuf musqué*, mais il n'y avait point notre *bœuf*.

2. Voyez mes notes sur les *Époques de la nature*.

3. Voyez, plus loin, le chapitre de Buffon sur les animaux propres à chacun des deux continents.

4. *Judicieux* n'est pas l'épithète qui semble convenir le mieux à Raynal ; mais ce qu'il dit ici est très-judicieux.

qu'en vingt-huit ans la population, sans secours étrangers, s'est doublée à Philadelphie ; j'ai donc bien de la peine à me rendre à une espèce d'imputation que M. Kalm fait à cette heureuse contrée. Il dit *a* qu'à Philadelphie on croirait que les hommes ne sont pas de la même nature que les Européens.

« Selon lui, leur corps et leur raison sont bien plus tôt formés : aussi vieillissent-ils « de meilleure heure. Il n'est pas rare d'y voir des enfants répondre avec tout le bon « sens d'un âge mûr, mais il l'est d'y trouver des vieillards octogénaires. Cette der- « nière observation ne porte que sur les colons; car les anciens habitants parvien- « nent à une extrême vieillesse, beaucoup moins pourtant depuis qu'ils boivent des « liqueurs fortes. Les Européens y dégénèrent sensiblement. Dans la dernière guerre, « l'on observa que les enfants des Européens, nés en Amérique, n'étaient pas en état de « supporter les fatigues de la guerre et le changement de climat comme ceux qui avaient « été élevés en Europe. Dès l'âge de trente ans les femmes cessent d'y être fécondes. »

Dans un pays où les Européens multiplient si promptement, où la vie des naturels du pays est plus longue qu'ailleurs, il n'est guère possible que les hommes dégénèrent, et je crains que cette observation de M. Kalm ne soit aussi mal fondée que celle de ces serpents qui, selon lui, enchantent les écureuils et les obligent par la force du charme de venir tomber dans leur gueule [1].

On n'a trouvé que des hommes forts et robustes en Canada et dans toutes les autres contrées de l'Amérique septentrionale; toutes les relations sont d'accord sur cela ; les Californiens, qui ont été découverts les derniers, sont bien faits et fort robustes; ils sont plus basanés que les Mexicains, quoique sous un climat plus tempéré *b* ; mais cette différence provient de ce que les côtes de la Californie sont plus basses que les parties montagneuses du Mexique, où les habitants ont d'ailleurs toutes les commodités de la vie qui manquent aux Californiens.

Au nord de la presqu'île de Californie, s'étendent de vastes terres découvertes par Drake en 1578, auxquelles il a donné le nom de Nouvelle-Albion, et au delà des terres découvertes par Drake, d'autres terres dans le même continent, dont les côtes ont été vues par Martin d'Aguilar en 1603. Cette région a été reconnue depuis en plusieurs endroits dès côtes du quarantième degré de latitude jusqu'au soixante-cinquième, c'est-à-dire à la même hauteur que les terres de Kamtschatka, par les capitaines Tschirikow et Behring : ces voyageurs russes ont découvert plusieurs terres qui s'avancent au delà vers la partie de l'Amérique qui nous est encore très-peu connue. M. Krassinikoff, professeur à Pétersbourg, dans sa description de Kamtschatka, imprimée en 1749, rapporte les faits suivants :

« Les habitants de la partie de l'Amérique la plus voisine de Kamtschatka sont aussi « sauvages que les Koriaques ou les Tsuktschi ; leur stature est avantageuse ; ils ont les « épaules larges et rondes, les cheveux longs et noirs, les yeux aussi noirs que le jais, les « lèvres grosses, la barbe faible et le cou court. Leurs culottes et leurs bottes, qu'ils font « de peaux de veaux marins, et leurs chapeaux faits de plantes pliées en forme de parasols, « ressemblent beaucoup à ceux des Kamtschadales. Ils vivent comme eux de poisson, « de veaux marins et d'herbes douces qu'ils préparent de même ; ils font sécher l'écorce « tendre du peuplier et du pin, qui leur sert de nourriture dans les cas de nécessité ; ces

a. Voyage en Amérique, par M. Kalm. *Journal étranger*, juillet 1761.

b. Histoire philosophique et politique, t. VI, p. 312.

1. « Le *serpent à sonnettes* fait sa principale nourriture d'oiseaux, d'écuréuils, etc. On a cru « longtemps qu'il avait le pouvoir de les engourdir par son haleine ou même de les charmer, « c'est-à-dire de les contraindre par son seul regard à tomber dans sa gueule. Il paraît qu'il lui « arrive seulement de les saisir dans les mouvements désordonnés que la frayeur de son aspect « leur inspire. » (Cuvier : *Règne animal*, t. II, p. 88.)

« mêmes usages sont connus, non-seulement à Kamtschatka, mais aussi dans toute la
« Sibérie et la Russie jusqu'à Viatka; mais les liqueurs spiritueuses et le tabac ne sont
« point connus dans cette partie nord-ouest de l'Amérique, preuve certaine que les habi-
« tants n'ont point eu précédemment de communication avec les Européens. Voici,
« ajoute M. Krassinikoff, les ressemblances qu'on a remarquées entre les Kamtscha-
« dales et les Américains :

« 1° Les Américains ressemblent aux Kamtschadales par la figure;

« 2° Ils mangent de l'herbe douce de la même manière que les Kamtschadales,
« chose qu'on n'a point remarquée ailleurs;

« 3° Ils se servent de la même machine de bois pour allumer le feu;

« 4° On a plusieurs motifs pour imaginer qu'ils se servent de haches faites de pierres
« ou d'os; et ce n'est pas sans fondement que Steller imagine qu'ils avaient autrefois
« communication avec le peuple de Kamtschatka;

« 5° Leurs habits et leurs chapeaux ne diffèrent aucunement de ceux des Kamt-
« schadales;

« 6° Ils teignent les peaux avec le jus de l'aune, ainsi que cela est d'usage à Kamt-
« schatka;

« 7° Ils portent pour armes un arc et des flèches; on ne peut pas dire comment l'arc
« est fait, car jamais on n'en a vu; mais les flèches sont longues et bien polies : ce qui
« fait croire qu'ils se servent d'outils de fer » (Nota. Ceci paraît être en contradiction
avec l'article 4.);

« 8° Ces Américains se servent de canots faits de peaux, comme les Koriaki et Tsuk-
« tschi, qui ont quatorze pieds de long sur deux de haut : les peaux sont de chiens
« marins, teintes d'une couleur rouge; ils se servent d'une seule rame avec laquelle ils
« vont avec tant de vitesse que les vents contraires ne les arrêtent guère, même quand
« la mer est agitée. Leurs canots sont si légers qu'ils les portent d'une seule main;

« 9° Quand les Américains voient sur leurs côtes des gens qu'ils ne connaissent point,
« ils rament vers eux et font un grand discours; mais on ignore si c'est quelque charme
« ou une cérémonie particulière usitée parmi eux à la réception des étrangers, car l'un
« et l'autre usage se trouvent aussi chez les Kuriles. Avant de s'approcher ils se pei-
« gnent le visage avec du crayon noir, et se bouchent les narines avec quelques herbes.
« Quand ils ont quelque étranger parmi eux, ils paraissent affables et veulent converser
« avec lui, sans détourner les yeux de dessus les siens. Ils le traitent avec beaucoup de
« soumission et lui présentent du gras de baleine, et du plomb noir avec lequel ils se
« barbouillent le visage, sans doute parce qu'ils croient que ces choses sont aussi
« agréables aux étrangers qu'à eux-mêmes *a*. »

J'ai cru devoir rapporter ici tout ce qui est parvenu à ma connaissance de ces peuples
septentrionaux de la partie occidentale du nord de l'Amérique, mais j'imagine que les
voyageurs russes, qui ont découvert ces terres en arrivant par les mers au delà de Kamtschatka, ont donné des descriptions plus précises de cette contrée, à laquelle il semble
qu'on pourrait également arriver par l'autre côté, c'est-à-dire par la baie d'Hudson ou
par celle de Baffin. Cette voie a cependant été vainement tentée par la plupart des nations
commerçantes, et surtout par les Anglais et les Danois; et il est à présumer que ce sera
par l'orient qu'on achèvera la découverte de l'occident, soit en partant de Kamtschatka,
soit en remontant du Japon ou des îles des Larrons, vers le nord et le nord-est. Car
l'on peut présumer, par plusieurs raisons que j'ai rapportées ailleurs, que les deux continents sont contigus, ou du moins très-voisins vers le nord à l'orient de l'Asie.

Je n'ajouterai rien à ce que j'ai dit des Esquimaux, nom sous lequel on comprend tous

a. Journal étranger, mois de novembre 1761.

les sauvages qui se trouvent depuis la terre de Labrador jusqu'au nord de l'Amérique, et dont les terres se joignent probablement à celles du Groënland. On a reconnu que les Esquimaux ne diffèrent en rien des Groënlandais, et je ne doute pas, dit M. P., que les Danois, en s'approchant davantage du pôle, ne s'aperçoivent un jour que les Esquimaux et les Groënlandais communiquent ensemble. Ce même auteur présume que les Américains occupaient le Groënland avant l'année 700 de notre ère, et il appuie sa conjecture sur ce que les Islandais et les Norwégiens trouvèrent, dès le viiie siècle, dans le Groënland des habitants qu'ils nommèrent *Skralins*. Ceci me paraît prouver seulement que le Groënland a toujours été peuplé, et qu'il avait comme toutes les autres contrées de la terre ses propres habitants, dont l'espèce ou la race se trouve semblable aux Esquimaux, aux Lapons, aux Samoïèdes et aux Koriaques, parce que tous ces peuples sont sous la même zone, et que tous en ont reçu les mêmes impressions. La seule chose singulière qu'il y ait par rapport au Groënland, c'est, comme je l'ai déjà observé, que cette partie de la terre ayant été connue il y a bien des siècles, et même habitée par des colonies de Norwége du côté oriental qui est le plus voisin de l'Europe, cette même côte est aujourd'hui perdue pour nous, inabordable par les glaces, et quand le Groënland a été une seconde fois découvert dans des temps plus modernes, cette seconde découverte s'est faite par la côte d'occident qui fait face à l'Amérique, et qui est la seule que nos vaisseaux fréquentent aujourd'hui.

Si nous passons de ces habitants des terres arctiques à ceux qui, dans l'autre hémisphère, sont les moins éloignés du cercle antarctique, nous trouverons que sous la latitude de cinquante à cinquante-cinq degrés les voyageurs disent que le froid est aussi grand et les hommes encore plus misérables que les Groënlandais ou les Lapons, qui néanmoins sont de vingt degrés, c'est-à-dire de six cents lieues plus près de leur pôle.

« Les habitants de la Terre-de-Feu, dit M. Cook, logent dans des cabanes faites gros-
« sièrement avec des pieux plantés en terre, inclinés les uns vers les autres par leurs
« sommets, et formant une espèce de cône semblable à nos ruches. Elles sont recou-
« vertes du côté du vent par quelques branchages et par une espèce de foin. Du côté
« sous le vent, il y a une ouverture d'environ la huitième partie du cercle, et qui sert
« de porte et de cheminée... Un peu de foin répandu à terre sert tout à la fois de siéges
« et de lits. Tous leurs meubles consistent en un panier à porter à la main, un sac pen-
« dant sur leur dos, et la vessie de quelque animal pour contenir de l'eau.

« Ils sont d'une couleur approchante de la rouille de fer mêlée avec de l'huile ; ils ont
« de longs cheveux noirs : les hommes sont gros et mal faits ; leur stature est de cinq
« pieds huit à dix pouces, les femmes sont plus petites et ne passent guère cinq pieds ;
« toute leur parure consiste dans une peau de guanaque (lama) ou de veau marin jetée
« sur leurs épaules dans le même état où elle a été tirée de dessus l'animal, un mor-
« ceau de la même peau qui leur enveloppe les pieds et qui se ferme comme une bourse
« au-dessus de la cheville, et un petit tablier qui tient lieu aux femmes de la *feuille de*
« *figuier*. Les hommes portent leur manteau ouvert ; les femmes le lient autour de la
« ceinture avec une courroie ; mais quoiqu'elles soient à peu près nues, elles ont un
« grand désir de paraître belles ; elles peignent leur visage, les parties voisines des yeux
« communément en blanc, et le reste en lignes horizontales rouges et noires ; mais tous
« les visages sont peints différemment.

« Les hommes et les femmes portent des bracelets de grains, tels qu'ils peuvent les
« faire avec de petites coquilles et des os ; les femmes en ont un au poignet et au bas de
« la jambe ; les hommes au poignet seulement.

« Il paraît qu'ils se nourrissent de coquillages ; leurs côtes sont néanmoins abondantes
« en veaux marins, mais ils n'ont point d'instruments pour les prendre. Leurs armes

« consistent en un arc et des flèches qui sont d'un bois bien poli, et dont la pointe est
« de caillou.

« Ce peuple paraît être errant, car auparavant on avait vu des huttes abandonnées, et
« d'ailleurs les coquillages étant une fois épuisés dans un endroit de la côte, ils sont
« obligés d'aller s'établir ailleurs ; de plus, ils n'ont ni bateaux, ni canots, ni rien de
« semblable. En tout, ces hommes sont les plus misérables et les plus stupides des
« créatures humaines ; leur climat est si froid que deux Européens y ont péri au milieu
« de l'été [a]. »

On voit, par ce récit, qu'il fait bien froid dans cette Terre-de-Feu, qui n'a été ainsi
appelée que pour quelques volcans qu'on y a vus de loin. On sait d'ailleurs que l'on
trouve des glaces dans ces mers australes dès le quarante-septième degré en quelques
endroits, et en général on ne peut guère douter que l'hémisphère austral ne soit plus
froid que le boréal, parce que le soleil y fait un peu moins de séjour, et aussi parce que
cet hémisphère austral est composé de beaucoup plus d'eau que de terre, tandis que
notre hémisphère boréal présente plus de terre que d'eau. Quoi qu'il en soit, ces hommes
de la Terre-de-Feu, où l'on prétend que le froid est si grand et où ils vivent plus misérablement qu'en aucun lieu du monde, n'ont pas perdu pour cela les dimensions du
corps : et comme ils n'ont d'autres voisins que les Patagons, lesquels, déduction faite
de toutes les exagérations, sont les plus grands de tous les hommes connus, on doit
présumer que ce froid du continent austral a été exagéré, puisque ses impressions sur
l'espèce humaine ne se sont pas marquées. Nous avons vu, par les observations citées
précédemment, que dans la Nouvelle-Zemble, qui est de vingt degrés plus voisine du
pôle arctique que la Terre-de-Feu ne l'est de l'antarctique ; nous avons vu, dis-je, que
ce n'est pas la rigueur du froid, mais l'humidité malsaine des brouillards qui fait périr
les hommes : il en doit être de même et à plus forte raison dans les terres environnées
des mers australes, où la brume semble voiler l'air dans toutes les saisons, et le rendre
encore plus malsain que froid ; cela me paraît prouvé par le seul fait de la différence
des vêtements ; les Lapons, les Groënlandais, les Samoïèdes et tous les hommes des
contrées vraiment froides à l'excès, se couvrent tout le corps de fourrures, tandis que
les habitants de la Terre-de-Feu et de celles du détroit de Magellan vont presque nus et
avec une simple couverture sur les épaules ; le froid n'y est donc pas aussi grand que
dans les terres arctiques, mais l'humidité de l'air doit y être plus grande, et c'est très-
probablement cette humidité qui a fait périr, même en été, les deux Européens dont
parle M. Cook.

Insulaires de la mer du Sud.

A l'égard des peuplades qui se sont trouvées dans toutes les îles nouvellement découvertes dans la mer du Sud et sur les terres du continent austral, nous rapporterons
simplement ce qu'en ont dit les voyageurs, dont le récit semble nous démontrer que
les hommes de nos antipodes sont, comme les Américains, tout aussi robustes que nous,
et qu'on ne doit pas plus les accuser les uns que les autres d'avoir dégénéré.

Dans les îles de la mer Pacifique, situées à quatorze degrés cinq minutes latitude
sud, et à cent quarante-cinq degrés quatre minutes de longitude ouest du méridien de
Londres, le commodore Byron dit avoir trouvé des hommes armés de piques de seize
pieds au moins de longueur, qu'ils agitaient d'un air menaçant. Ces hommes sont d'une
couleur basanée, bien proportionnés dans leur taille, et paraissent joindre à un air de
vigueur une grande agilité ; je ne sache pas, dit ce voyageur, avoir vu des hommes si

a. *Voyage autour du monde*, par M. Cook, t. II, p. 281 et suiv.

légers à la course. Dans plusieurs autres îles de cette même mer, et particulièrement
dans celles qu'il a nommées îles du prince de Galles, situées à quinze degrés latitude
sud, et cent cinquante et un degrés cinquante-trois minutes longitude ouest; et dans
une autre à laquelle son équipage donna le nom d'île Byron, située à dix-huit degrés
dix-huit minutes latitude sud, et cent soixante-treize degrés quarante-six minutes de
longitude, ce voyageur trouva des peuplades nombreuses. Ces insulaires, dit-il, sont
d'une taille avantageuse, bien pris et bien proportionnés dans tous leurs membres, leur
teint est bronzé, mais clair, les traits de leur visage n'ont rien de désagréable : on y
remarque un mélange d'intrépidité et d'enjouement dont on est frappé; leurs cheveux,
qu'ils laissent croître, sont noirs; on en voit qui portent de longues barbes, d'autres
qui n'ont que des moustaches, et d'autres un seul petit bouquet à la pointe du menton [a].

Dans plusieurs autres îles, toutes situées au delà de l'équateur, dans cette même mer,
le capitaine Carteret dit avoir trouvé des hommes en très-grand nombre, les uns dans
des espèces de villages fortifiés de parapets de pierre, les autres en pleine campagne,
mais tous armés d'arcs, de flèches ou de lances et de massues, tous très-vigoureux et
fort agiles; ces hommes vont nus ou presque nus, et il assure avoir observé dans plusieurs de ces îles, et notamment dans celles qui se trouvent à onze degrés dix minutes
latitude sud, et à cent soixante-quatre degrés quarante-trois minutes de longitude, que
les naturels du pays ont la tête laineuse comme celle des Nègres, mais qu'ils sont moins
noirs que les Nègres de Guinée. Il dit qu'il en est de même des habitants de l'île d'Eg-
mont, qui est à dix degrés quarante minutes latitude sud, et à cent soixante degrés
quarante-neuf minutes de longitude, et encore de ceux qui se trouvent dans les îles
découvertes par Abel Tasman, lesquelles sont situées à quatre degrés trente-six minutes
latitude sud, et cent cinquante-quatre degrés dix-sept minutes de longitude. Elles sont,
dit Carteret, remplies d'habitants noirs qui ont la tête laineuse comme les nègres d'Afrique. Dans les terres de la Nouvelle-Bretagne il trouva de même que les naturels du
pays ont de la laine à la tête comme les Nègres, mais qu'ils n'en ont ni le nez plat ni
les grosses lèvres. Ces derniers, qui paraissent être de la même race que ceux des îles
précédentes, poudrent leurs cheveux de blanc et même leur barbe. J'ai remarqué que
cet usage de la poudre blanche sur les cheveux se trouve chez les Papous, qui sont
aussi des Nègres assez voisins de ceux de la Nouvelle-Bretagne. Cette espèce d'hommes
noirs à tête laineuse semble se trouver dans toutes les îles et terres basses, entre l'équateur et le tropique, dans la mer du Sud. Néanmoins, dans quelques-unes de ces îles,
on trouve des hommes qui n'ont plus de laine sur la tête et qui sont couleur de cuivre,
c'est-à-dire, plutôt rouges que noirs, avec peu de barbe et de grands et longs cheveux
noirs; ceux-ci ne sont pas entièrement nus comme les autres dont nous avons parlé;
ils portent une natte en forme de ceinture, et quoique les îles qu'ils habitent soient
plus voisines de l'équateur, il paraît que la chaleur n'y est pas aussi grande que dans
toutes les terres où les hommes vont absolument nus, et où ils ont en même temps de
la laine au lieu de cheveux [b].

« Les insulaires d'Otahiti (dit Samuel Wallis) sont grands, bien faits, agiles, dispos et
« d'une figure agréable. La taille des hommes est en général de cinq pieds sept pouces à
« cinq pieds dix pouces; celle des femmes est de cinq pieds six pouces. Le teint des
« hommes est basané, leurs cheveux sont noirs ordinairement, et quelquefois bruns,
« roux ou blonds, ce qui est digne de remarque, parce que les cheveux de tous les
« naturels de l'Asie méridionale, de l'Afrique et de l'Amérique sont noirs; les enfants
« des deux sexes les ont ordinairement blonds. Toutes les femmes sont jolies, et quel-

a. *Voyage autour du monde*, par le commodore Byron, t. I, chap. viii et x.
b. *Voyage autour du monde*, par Carteret, chap. iv, v et vii.

« ques-unes d'une très-grande beauté. Ces insulaires ne paraissent pas regarder la con-
« tinence comme une vertu , puisque leurs femmes vendent leurs faveurs librement en
« public. Leurs pères, leurs frères les amenaient souvent eux-mêmes. Ils connaissent
« le prix de la beauté, car la grandeur des clous qu'on demandait pour la jouissance
« d'une femme était toujours proportionnée à ses charmes. L'habillement des hommes
« et des femmes est fait d'une espèce d'étoffe blanche *a* qui ressemble beaucoup au gros
« papier de la Chine ; elle est fabriquée, comme le papier, avec le liber ou écorce inté-
« rieure des arbres qu'on a mise en.macération. Les plumes , les fleurs , les coquillages
« et les perles, font partie de leurs ornements : ce sont les femmes surtout qui portent
« les perles. C'est un usage reçu pour les hommes et pour les femmes de se peindre les
« fesses et le derrière des cuisses avec des lignes noires très-serrées, et qui représentent
« différentes figures. Les garçons et les filles au-dessous de douze ans ne portent point
« ces marques. »

« Il se nourrissent de cochons, de volailles, de chiens et de poissons qu'ils font cuire,
« de *fruits à pain* [1], de bananes, d'ignames, et d'un autre fruit aigre qui n'est pas bon
« en lui-même, mais qui donne un goût fort agréable au fruit à pain grillé, avec lequel
« ils le mangent souvent. Il y a beaucoup de rats dans l'île, mais on ne leur en a point
« vu manger. Ils ont des filets pour la pêche. Les coquilles leur servent de couteaux.
« Ils n'ont point de vases ni poteries qui aillent au feu. Il paraît qu'ils n'ont point
« d'autre boisson que de l'eau. »

M. de Bougainville nous a donné des connaissances encore plus exactes sur ces habitants de l'île d'Otahiti ou Taïti. Il paraît, par tout ce qu'en dit ce célèbre voyageur, que
les Taïtiens parviennent à une grande vieillessse sans aucune incommodité et sans perdre
la finesse de leurs sens.

« Le poisson et les végétaux , dit-il , sont leurs principales nourritures ; ils mangent
« rarement de la viande ; les enfants et les jeunes filles n'en mangent jamais ; ils ne boi-
« vent que de l'eau, l'odeur du vin et de l'eau-de-vie leur donne de la répugnance ; ils
« en témoignent aussi pour le tabac, pour les épiceries et pour toutes les choses fortes.

« Le peuple de Taïti est composé de deux races d'hommes très-différentes, qui cepen-
« dant ont la même langue, les mêmes mœurs, et qui paraissent se mêler ensemble sans
« distinction. La première, et c'est la plus nombreuse, produit des hommes de la plus
« grande taille : il est ordinaire d'en voir de six pieds et plus ; ils sont bien faits et bien
« proportionnés. Rien ne distingue leurs traits de ceux des Européens, et s'ils étaient
« vêtus, s'ils vivaient moins à l'air et au grand soleil, ils seraient aussi blancs que nous ;
« en général leurs cheveux sont noirs.

« La seconde race est d'une taille médiocre , avec les cheveux crépus et durs comme
« du crin , la couleur et les traits peu différents de ceux des mulâtres ; les uns et les
« autres se laissent croître la partie inférieure de la barbe ; mais ils ont tous les mous-
« taches et le haut des joues rasés ; ils laissent aussi toute leur longueur aux ongles,
« excepté à celui du doigt du milieu de la main droite. Ils ont l'habitude de s'oindre les
« cheveux ainsi que la barbe avec l'huile de coco. La plupart vont nus sans autre vête-
« ment qu'une ceinture qui leur couvre les parties naturelles ; cependant les principaux
« s'enveloppent ordinairement dans une grande pièce d'étoffe qu'ils laissent tomber jus-
« qu'aux genoux ; c'est aussi le seul habillement des femmes : comme elles ne vont
« jamais au soleil sans être couvertes, et qu'un petit chapeau de canne garni de fleurs
« défend leur visage de ses rayons, elles sont beaucoup plus blanches que les hommes ;
« elles ont les traits assez délicats ; mais ce qui les distingue c'est la beauté de leur

a. On peut voir au Cabinet du Roi une toilette entière d'une femme d'Otahiti

1. Jaquier à feuilles découpées (*artocarpus incisa*).

« taille et les contours de leur corps, qui ne sont pas déformés comme en Europe par
« quinze ans de la torture du maillot et des corps.

« Au reste, tandis qu'en Europe les femmes se peignent en rouge les joues, celles de
« Taïti se peignent d'un bleu foncé les reins et les fesses ; c'est une parure et en même
« temps une marque de distinction. Les hommes ainsi que les femmes ont les oreilles
« percées pour porter des perles ou des fleurs de toute espèce ; ils sont de la plus grande
« propreté et se baignent sans cesse. Leur unique passion est l'amour : le grand nombre
« de femmes est le seul luxe des riches [a]. »

Voici maintenant l'extrait de la description que le capitaine Cook donne de cette même
île d'Otahiti et de ses habitants ; j'en tirerai les faits qu'on doit ajouter aux relations du
capitaine Wallis et de M. de Bougainville, et qui les confirment au point de n'en pouvoir douter.

« L'île d'Otahiti est environnée par un récif de rochers de corail [b]. Les maisons n'y
« forment pas de villages ; elles sont rangées à environ cinquante verges les unes des
« autres ; cette île, au rapport d'un naturel du pays, peut fournir six mille sept cents
« combattants.

« Ces peuples sont d'une taille et d'une stature supérieure à celle des Européens. Les
« hommes sont grands, forts, bien membrés et bien faits. Les femmes d'un rang dis-
« tingué sont, en général, au-dessus de la taille moyenne de nos Européennes ; mais
« celles d'une classe inférieure sont au-dessous, et quelques-unes même sont très-petites,
« ce qui vient peut-être de leur commerce prématuré avec les hommes.

« Leur teint naturel est un brun clair ou olive ; il est très-foncé dans ceux qui sont
« exposés à l'air ou au soleil. La peau des femmes d'une classe supérieure est délicate,
« douce et polie ; la forme de leur visage est agréable, les os des joues ne sont pas
« élevés ; ils n'ont point les yeux creux, ni le front proéminent ; mais, en général, ils ont
« le nez un peu aplati ; leurs yeux, et surtout ceux des femmes, sont pleins d'expres-
« sion, quelquefois étincelants de feu ou remplis d'une douce sensibilité ; leurs dents
« sont blanches et égales, et leur haleine pure.

« Ils ont les cheveux ordinairement raides et un peu rudes : les hommes portent leur
« barbe de différentes manières ; cependant ils en arrachent toujours une très-grande
« partie, et tiennent le reste très-propre. Les deux sexes ont aussi la coutume d'épiler
« tous les poils qui croissent sous les aisselles. Leurs mouvements sont remplis de
« vigueur et d'aisance, leur démarche agréable, leurs manières nobles et généreuses,
« et leur conduite entre eux et envers les étrangers affable et civile. Il semble qu'ils
« sont d'un caractère brave, sincère, sans soupçon ni perfidie, et sans penchant à la
« vengeance et à la cruauté ; mais ils sont adonnés au vol. On a vu dans cette île des
« personnes dont la peau était d'un blanc mat ; ils avaient aussi les cheveux, la barbe,
« les sourcils et les cils blancs, les yeux rouges et faibles, la vue courte, la peau tei-
« gneuse et revêtue d'une espèce de duvet blanc ; mais il paraît que ce sont de mal-
« heureux individus rendus anomaux par maladies.

« Les flûtes et les tambours sont leurs seuls instruments : ils font peu de cas de la
« chasteté ; les hommes offrent aux étrangers leurs sœurs ou leurs filles par civilité ou
« en forme de récompense. Ils portent la licence des mœurs et de la lubricité à un point
« que les autres nations, dont on a parlé depuis le commencement du monde jusqu'à
« présent, n'avaient pas encore atteint.

« Le mariage chez eux n'est qu'une convention entre l'homme et la femme dont les

---

a. *Voyage autour du monde*, par M. de Bougainville, t. II, in-8°, p. 75 et suiv.

b. Cette expression, *rocher de corail*, ne signifie autre chose qu'une roche rougeâtre comme
le granit.

« prêtres ne se mêlent point. Ils ont adopté la circoncision sans autre motif que celui
« de la propreté ; cette opération, à proprement parler, ne doit pas être appelée circon-
« cision, parce qu'ils ne font pas au prépuce une amputation circulaire ; ils le fendent
« seulement à travers la partie supérieure, pour empêcher qu'il ne se recouvre sur le
« gland, et les prêtres seuls peuvent faire cette opération [a]. »

Selon le même voyageur, les habitants de l'île Huaheine, située à seize degrés quarante-trois minutes latitude sud et à cent cinquante degrés cinquante-deux minutes
longitude ouest, ressemblent beaucoup aux Otahitiens pour la figure, l'habillement, le
langage et toutes les autres habitudes. Leurs habitations, ainsi qu'à Otahiti, sont composées seulement d'un toit soutenu par des poteaux. Dans cette île, qui n'est qu'à trente
lieues d'Otahiti, les hommes semblent être plus vigoureux et d'une stature encore plus
grande : quelques-uns ont jusqu'à six pieds de haut et plus ; les femmes y sont très-
jolies. Tous ces insulaires se nourrissent de cocos, d'ignames, de volailles, de cochons,
qui y sont en grand nombre. Et ils parlent tous la même langue, et cette langue des
îles de la mer du Sud s'est étendue jusqu'à la Nouvelle-Zélande.

Habitants des terres Australes.

Pour ne rien omettre de ce que l'on connaît sur les terres australes, je crois devoir
donner ici par extrait ce qu'il y a de plus avéré dans les découvertes des voyageurs qui
ont successivement reconnu les côtes de ces vastes contrées, et finir par ce qu'en a dit
M. Cook qui, lui seul, a plus fait de découvertes que tous les navigateurs qui l'ont
précédé.

Il paraît, par la déclaration que fit Gonneville en 1503 à l'amirauté [b], que l'Australasie
est divisée en petits cantons gouvernés par des rois absolus, qui se font la guerre et qui
peuvent mettre jusqu'à cinq ou six cents hommes en campagne ; mais Gonneville ne
donne ni la latitude, ni la longitude de cette terre dont il décrit les habitants.

Par la relation de Fernand de Quiros, on voit que les Indiens de l'île appelée île de
la Belle-Nation par les Espagnols, laquelle est située à treize degrés de latitude sud, ont
à peu près les mêmes mœurs que les Otahitiens ; ces insulaires sont blancs, beaux et
très-bien faits ; on ne peut même trop s'étonner, dit-il, de la blancheur extrême de ce
peuple dans un climat où l'air et le soleil devraient les hâler et noircir ; les femmes
effaceraient nos beautés espagnoles si elles étaient parées ; elles sont vêtues de la ceinture en bas de fine natte de palmier, et d'un petit manteau de même étoffe sur les
épaules

Sur la côte orientale de la Nouvelle-Hollande, que Fernand de Quiros appelle terre
du Saint-Esprit, il dit avoir aperçu des habitants de trois couleurs, les uns tout noirs,
les autres fort blancs à cheveux et à barbe rouges, les autres mulâtres, ce qui l'étonna
fort, et lui parut un indice de la grande étendue de cette contrée. Fernand de Quiros
avait bien raison, car par les nouvelles découvertes du grand navigateur M. Cook, l'on
est maintenant assuré que cette contrée de la Nouvelle-Hollande est aussi étendue que
l'Europe entière. Sur la même côte, à quelque distance, Quiros vit une autre nation de
plus haute taille et d'une couleur plus grisâtre, avec laquelle il ne fut pas possible de
conférer ; ils venaient en troupes décocher des flèches sur les Espagnols, et on ne pouvait les faire retirer qu'à coups de mousquet [d].

a. *Voyage autour du monde*, par le capitaine Cook, t. II, chap. xvii et xviii.
b. *Histoire des navigations aux terres australes*, par M. de Brosse, t. I, p. 108 et suiv.
c. *Idem*, t. I, p. 318.
d. *Idem*, t. I, p. 325, 327 et 334.

« Abel Tasman trouva dans les terres voisines d'une baie dans la Nouvelle-Zélande, à
« quarante degrés cinquante minutes latitude sud, et cent quatre-vingt-onze degrés qua-
« rante-une minutes de longitude, des habitants qui avaient la voix rude et la taille
« grosse... Ils étaient d'une couleur entre le brun et le jaune, et avaient les cheveux
« noirs, à peu près aussi longs et aussi épais que ceux des Japonais, attachés au som-
« met de la tête avec une plume longue et épaisse au milieu..... Ils avaient le milieu
« du corps couvert, les uns de nattes, les autres de toile de coton ; mais le reste du corps
« était nu. »

J'ai donné, dans le troisième volume de mon ouvrage, les découvertes de Dampierre
et de quelques autres navigateurs au sujet de la Nouvelle-Hollande et de la Nouvelle-
Zélande ; la première découverte de cette dernière terre australe a été faite en 1642
par Abel Tasman et Diemen, qui ont donné leurs noms à quelques parties des côtes,
mais toutes les notions que nous en avions étaient bien incomplètes avant la belle navigation de M. Cook.

« La taille des habitants de la Nouvelle-Zélande, dit ce grand voyageur, est en géné-
« ral égale à celle des Européens les plus grands, ils ont les membres charnus, forts et
« bien proportionnés ; mais ils ne sont pas aussi gras que les oisifs insulaires de la mer
« du Sud. Ils sont alertes, vigoureux et adroits des mains ; leur teint est en général
« brun ; il y en a peu qui l'aient plus foncé que celui d'un Espagnol qui a été exposé au
« soleil, et celui du plus grand nombre l'est beaucoup moins. »

Je dois observer, en passant, que la comparaison que fait ici M. Cook des Espagnols
aux Zélandais, est d'autant plus juste que les uns sont à très-peu près les antipodes des
autres

« Les femmes, continue M. Cook, n'ont pas beaucoup de délicatesse dans les traits,
« néanmoins leur voix est d'une grande douceur ; c'est par là qu'on les distingue des
« hommes, leurs habillements étant les mêmes : comme les femmes des autres pays,
« elles ont plus de gaieté, d'enjouement et de vivacité que les hommes. Les Zélandais
« ont les cheveux et la barbe noire ; leurs dents sont blanches et régulières ; ils jouis-
« sent d'une santé robuste et il y en a de fort âgés. Leur principale nourriture est le
« poisson, qu'ils ne peuvent se procurer que sur les côtes, lesquelles ne leur en four-
« nissent en abondance que pendant un certain temps. Ils n'ont ni cochons, ni chèvres,
« ni volailles, et ils ne savent pas prendre les oiseaux en assez grand nombre pour se
« nourrir ; excepté les chiens qu'ils mangent, ils n'ont point d'autres subsistances que
« la racine de fougère, les ignames et les patates... Ils sont aussi décents et modestes
« que les insulaires de la mer du Sud sont voluptueux et indécents, mais ils ne sont
« pas aussi propres..., parce que, ne vivant pas dans un climat aussi chaud, ils ne se
« baignent pas si souvent.

« Leur habillement est, au premier coup d'œil, tout à fait bizarre. Il est composé de
« feuilles d'une espèce de glaïeul, qui, étant coupées en trois bandes, sont entrelacées
« les unes dans les autres, et forment une sorte d'étoffe qui tient le milieu entre le
« réseau et le drap ; les bouts des feuilles s'élèvent en saillie, comme de la peluche ou les
« nattes que l'on étend sur nos escaliers. Deux pièces de cette étoffe font un habille-
« ment complet ; l'une est attachée sur les épaules avec un cordon, et pend jusqu'aux
« genoux ; au bout de ce cordon, est une aiguille d'os qui joint ensemble les deux par-
« ties de ce vêtement. L'autre pièce est enveloppée autour de la ceinture, et pend presque
« à terre. Les hommes ne portent que dans certaines occasions cet habit de dessous ;
« ils ont une ceinture, à laquelle pend une petite corde destinée à un usage très-singu-
« lier. Les insulaires de la mer du Sud se fendent le prépuce pour l'empêcher de cou-
« vrir le gland ; les Zélandais ramènent, au contraire, le prépuce sur le gland, et, afin
« de l'empêcher de se retirer, ils en nouent l'extrémité avec le cordon attaché à leur

« ceinture, et le gland est la seule partie de leur corps qu'ils montrent avec une houte
« extrême. »

Cet usage plus que singulier semble être fort contraire à la propreté ; mais il a un
avantage, c'est de maintenir cette partie sensible et fraîche plus longtemps ; car l'on a
observé que tous les circoncis et même ceux qui sans être circoncis ont le prépuce
court perdent dans la partie qu'il couvre la sensibilité plutôt que les autres hommes.

« Au nord de la Nouvelle-Zélande, continue M. Cook, il y a des plantations d'ig-
« names, de pommes de terre et de cocos ; on n'a pas remarqué de pareilles plantations
« au sud, ce qui fait croire que les habitants de cette partie du sud ne doivent vivre
« que de racines de fougère et de poisson. Il paraît qu'ils n'ont pas d'autre boisson que
« de l'eau. Ils jouissent sans interruption d'une bonne santé, et on n'en a pas vu un
« seul qui parût affecté de quelque maladie. Parmi ceux qui étaient entièrement nus,
« on ne s'est pas aperçu qu'aucun eût la plus légère éruption sur la peau, ni aucune
« trace de pustules ou de boutons ; ils ont d'ailleurs un grand nombre de vieillards
« parmi eux, dont aucun n'est décrépit...

« Ils paraissent faire moins de cas des femmes que les insulaires de la mer du Sud :
« cependant ils mangent avec elles, et les Otahitiens mangent toujours seuls ; mais les
« ressemblances qu'on trouve entre ce pays et les îles de la mer du Sud, relativement
« aux autres usages, sont une forte preuve que tous ces insulaires ont la même origine.
« La conformité du langage paraît établir ce fait d'une manière incontestable ; Tupia,
« jeune Otahitien que nous avions avec nous, se faisait parfaitement entendre des
« Zélandais [a]. »

M. Cook pense que ces peuples ne viennent pas de l'Amérique, qui est située à l'est
de ces contrées, et il dit qu'à moins qu'il n'y ait au sud un continent assez étendu, il
s'ensuivra qu'ils viennent de l'ouest. Néanmoins la langue est absolument différente
dans la Nouvelle-Hollande, qui est la terre la plus voisine à l'ouest de la Zélande ; et
comme cette langue d'Otahiti et des autres îles de la mer Pacifique, ainsi que celle
de la Zélande, ont plusieurs rapports avec les langues de l'Inde méridionale, on
peut présumer que toutes ces petites peuplades tirent leur origine de l'Archipel
indien.

« Aucun des habitants de la Nouvelle-Hollande ne porte le moindre vêtement, ajoute
« M. Cook ; ils parlaient dans un langage si rude et si désagréable, que Tupia, jeune
« Otahitien, n'y entendait pas un seul mot. Ces hommes de la Nouvelle-Hollande parais-
« sent hardis ; ils sont armés de lances et semblent s'occuper de la pêche. Leurs lances
« sont de la longueur de six à quinze pieds avec quatre branches, dont chacune est
« très-pointue et armée d'un os de poisson..... En général ils paraissent d'un naturel
« fort sauvage, puisqu'on ne put jamais les engager de se laisser approcher. Cependant
« on parvint pour la première fois à voir de près quelques naturels du pays dans les
« environs de la rivière d'Endeavour. Ceux-ci étaient armés de javelines et de lances,
« avaient les membres d'une petitesse remarquable ; ils étaient cependant d'une taille
« ordinaire pour la hauteur ; leur peau était couleur de suie ou de chocolat foncé ; leurs
« cheveux étaient noirs sans être laineux, mais coupés court : les uns les avaient lisses
« et les autres bouclés... Les traits de leur visage n'étaient pas désagréables ; ils avaient
« les yeux très-vifs, les dents blanches et unies, la voix douce et harmonieuse, et
« répétaient quelques mots, qu'on leur faisait prononcer, avec beaucoup de facilité. Tous
« ont un trou fait à travers le cartilage qui sépare les deux narines, dans lequel ils
« mettent un os d'oiseau de près de la grosseur d'un doigt et de cinq ou six pouces de
« long. Ils ont aussi des trous à leurs oreilles quoiqu'ils n'aient point de pendants :

[a]. *Voyage autour du monde*, par M. Cook, t. III, chap. x.

« peut-être y en mettent-ils que l'on n'a pas vus..... Par après on s'est aperçu que leur
« peau n'était pas aussi brune qu'elle avait paru d'abord : ce que l'on avait pris pour
« leur teint de nature n'était que l'effet de la poussière et de la fumée dans laquelle ils
« sont peut-être obligés de dormir, malgré la chaleur du climat, pour se préserver des
« mosquites, insectes très-incommodes. Ils sont entièrement nus, et paraissent être
« d'une activité et d'une agilité extrêmes...

« Au reste, la Nouvelle-Hollande... est beaucoup plus grande qu'aucune autre contrée
« du monde connu qui ne porte pas le nom de continent. La longueur de la côte sur
« laquelle on a navigué, réduite en ligne droite, ne comprend pas moins de vingt-sept
« degrés ; de sorte que sa surface en carré doit être beaucoup plus grande que celle de
« toute l'Europe.

« Les habitants de cette vaste terre ne paraissent pas nombreux ; les hommes et les
« femmes y sont entièrement nus..... On n'aperçoit sur leur corps aucune trace de
« maladie ou de plaie, mais seulement de grandes cicatrices en lignes irrégulières, qui
« semblaient être les suites des blessures qu'ils s'étaient faites eux-mêmes avec un
« instrument obtus...

« On n'a rien vu dans tout le pays qui ressemblât à un village. Leurs maisons, si
« toutefois on peut leur donner ce nom, sont faites avec moins d'industrie que celles
« de tous les autres peuples que l'on avait vus auparavant, excepté celles des habitants
« de la Terre-de-Feu. Ces habitations n'ont que la hauteur qu'il faut pour qu'un homme
« puisse se tenir debout ; mais elles ne sont pas assez larges pour qu'il puisse s'y
« étendre de sa longueur dans aucun sens. Elles sont construites en forme de four,
« avec des baguettes flexibles à peu près aussi grosses que le pouce ; ils enfoncent les
« deux extrémités de ces baguettes dans la terre, et ils les recouvrent ensuite avec des
« feuilles de palmier et de grands morceaux d'écorce. La porte n'est qu'une ouverture
« opposée à l'endroit où l'on fait le feu. Ils se couchent sous ces hangars en se repliant
« le corps en rond, de manière que les talons de l'un touchent la tête de l'autre ; dans
« cette position forcée une des huttes contient trois ou quatre personnes. En avançant
« au nord, le climat devient plus chaud et les cabanes encore plus minces. Une horde
« errante construit ces cabanes dans les endroits qui lui fournissent de la subsistance
« pour un temps, et elle les abandonne lorsqu'on ne peut plus y vivre. Dans les
« endroits où ils ne sont que pour une nuit ou deux, ils couchent sous les buissons ou
« dans l'herbe, qui a près de deux pieds de hauteur.

« Ils se nourrissent principalement de poisson ; ils tuent quelquefois des kanguros
« (grosses gerboises [1]) et même des oiseaux... Ils font griller la chair sur des charbons,
« ou ils la font cuire dans un trou avec des pierres chaudes, comme les insulaires de la
« mer du Sud. »

J'ai cru devoir rapporter par extrait cet article de la relation du capitaine Cook, parce
qu'il est le premier qui ait donné une description détaillée de cette partie du monde.

La Nouvelle-Hollande est donc une terre peut-être plus étendue que toute notre
Europe, et située sous un ciel encore plus heureux ; elle ne paraît stérile que par le
défaut de population ; elle sera toujours nulle sur le globe tant qu'on se bornera à la
visite des côtes et qu'on ne cherchera pas à pénétrer dans l'intérieur des terres, qui,
par leur position, semblent promettre toutes les richesses que la nature a plus accumu-
lées dans les pays chauds que dans les contrées froides ou tempérées.

Par la description de tous ces peuples nouvellement découverts, et dont nous n'avions

---

1. Les *kanguroos* ressemblent, en effet, aux *gerboises* par leurs longues jambes de derrière ;
mais c'est à peu près là toute la ressemblance. Les *kanguroos* sont des *animaux à bourse* ou
marsupiaux, et propres à la Nouvelle-Hollande.

pu faire l'énumération dans notre article des variétés de l'espèce humaine [a], il paraît
que les grandes différences, c'est-à-dire les principales variétés, dépendent entièrement
de l'influence du climat : on doit entendre par climat non-seulement la latitude plus ou
moins élevée, mais aussi la hauteur ou la dépression des terres, leur voisinage ou leur
éloignement des mers, leur situation par rapport aux vents, et surtout au vent d'est,
toutes les circonstances en un mot qui concourent à former la température de chaque
contrée; car c'est de cette température [1] plus ou moins chaude ou froide, humide ou
sèche, que dépend non-seulement la couleur des hommes, mais l'existence même des
espèces d'animaux et de plantes, qui tous affectent de certaines contrées et ne se trouvent pas dans d'autres ; c'est de cette même température que dépend par conséquent la
différence de la nourriture des hommes, seconde cause qui influe beaucoup sur leur
tempérament, leur naturel, leur grandeur et leur force.

Sur les Blafards et Nègres blancs.

Mais, indépendamment des grandes variétés produites par ces causes générales, il y
en a de particulières, dont quelques-unes me paraissent avoir des caractères fort bizarres,
et dont nous n'avons pas encore pu saisir toutes les nuances. Ces hommes blafards,
dont nous avons parlé, et qui sont différents des blancs, des noirs-nègres, des noirs-
cafres, des basanés, des rouges, etc., se trouvent plus répandus que je ne l'ai dit; on
les connaît à Ceylan sous le nom de Bedas, à Java sous celui de Chacrelas ou Kacrelas,
à l'Ithsme d'Amérique sous le nom d'Albinos, dans d'autres endroits sous celui de
Dondos; on les a aussi appelés *Nègres blancs* [2] : il s'en trouve aux Indes méridionales
en Asie, à Madagascar en Afrique, à Carthagène et dans les Antilles en Amérique;
l'on vient de voir qu'on en trouve aussi dans les îles de la mer du Sud : on serait donc
porté à croire que les hommes de toute race et de toute couleur produisent quelquefois
des individus blafards, et que dans tous les climats chauds il y a des races sujettes à
cette espèce de dégradation; néanmoins, par toutes les connaissances que j'ai pu recueillir,
il me paraît que ces blafards forment plutôt des branches stériles de dégénération qu'une
tige ou vraie race dans l'espèce humaine ; car nous sommes pour ainsi dire assurés que
les blafards mâles sont inhabiles ou très-peu habiles à la génération, et qu'ils ne produisent pas avec leurs femelles blafardes, ni même avec les négresses. Néanmoins on
prétend que les femelles blafardes produisent, avec les nègres, des enfants pies, c'est-
à-dire marqués de taches noires et blanches, grandes et très-distinctes, quoique semées
irrégulièrement. Cette dégradation de nature paraît donc être encore plus grande dans
les mâles que dans les femelles, et il y a plusieurs raisons pour croire que c'est une
espèce de maladie ou plutôt une sorte de détraction dans l'organisation du corps qu'une
affection de nature qui doive se propager ; car il est certain qu'on n'en trouve que des
individus et jamais des familles entières ; et l'on assure que quand par hasard ces individus produisent des enfants, ils se rapprochent de la couleur primitive de laquelle les
pères ou mères avaient dégénéré. On prétend aussi que les Dondos produisent avec les
nègres des enfants noirs, et que les Albinos de l'Amérique avec les Européens produisent des mulâtres. M. Schreber, dont j'ai tiré ces deux derniers faits, ajoute qu'on
peut encore mettre avec les Dondos les nègres jaunes ou rouges qui ont des cheveux de

---

a. Page 137 et suiv.

1. La *température* dépend, en effet, de toutes ces causes réunies; et, à son tour, elle est la
cause non-seulement de la *couleur des hommes*, mais de la *distribution des animaux* sur le
globe. Ceci est une des grandes vues de Buffon. J'y reviendrai plus tard. (A propos des animaux
propres à chacun des deux continents.)

2. Voyez la note de la page 152.

cette même couleur, et dont on ne trouve aussi que quelques individus ; il dit qu'on en a vu en Afrique et dans l'île de Madagascar, mais que personne n'a encore observé qu'avec le temps ils changent de couleur et deviennent noirs ou bruns [a] ; qu'enfin, on les a toujours vus constamment conserver leur première couleur ; mais je doute beaucoup de la réalité de tous ces faits.

« Les blafards du Darien, dit M. P., ont tant de ressemblance avec les nègres blancs « de l'Afrique et de l'Asie, qu'on est obligé de leur assigner une cause commune et « constante. Les Dondos de l'Afrique et les Kakerlaks de l'Asie sont remarquables par « leur taille qui excède rarement quatre pieds cinq pouces ; leur teint est d'un blanc « fade, comme celui du papier ou de la mousseline sans la moindre nuance d'in- « carnat ou de rouge ; mais on y distingue quelquefois de petites taches lenticulaires « grises ; leur épiderme n'est point oléagineux. Ces blafards n'ont pas le moindre vestige « de noir sur toute la surface du corps ; ils naissent blancs et ne noircissent en aucun « âge ; ils n'ont point de barbe, point de poil sur les parties naturelles ; leurs cheveux « sont laineux et frisés en Afrique, longs et traînants en Asie, ou d'une blancheur de « neige, ou d'un roux tirant sur le jaune ; leurs cils et leurs sourcils ressemblent aux « plumes de l'édredon, ou au plus fin duvet qui revêt la gorge des cygnes ; leur iris est « quelquefois d'un bleu mourant et singulièrement pâle : d'autres fois, et dans d'autres « individus de la même espèce, l'iris est d'un jaune vif, rougeâtre et comme sangui- « nolent.

« Il n'est pas vrai que les blafards Albinos aient une membrane clignotante ; la pau- « pière couvre sans cesse une partie de l'iris, et on la croit destituée du muscle élévateur, « ce qui ne leur laisse apercevoir qu'une petite section de l'horizon.

« Le maintien des blafards annonce la faiblesse et le dérangement de leur constitu- « tion viciée ; leurs mains sont si mal dessinées qu'on devrait les nommer des pattes ; « le jeu des muscles de leur mâchoire inférieure ne s'exécute aussi qu'avec difficulté ; le « tissu de leurs oreilles est plus mince et plus membraneux que celui de l'oreille des « autres hommes ; la conque manque aussi de capacité, et le lobe est allongé et pendant.

« Les blafards du nouveau continent ont la taille plus haute que les blafards de l'an- « cien ; leur tête n'est pas garnie de laine, mais de cheveux longs de sept à huit pouces, « blancs et peu frisés ; ils ont l'épiderme chargé de poils follets depuis les pieds jusqu'à « la naissance des cheveux ; leur visage est velu ; leurs yeux sont si mauvais qu'ils ne « voient presque pas en plein jour, et que la lumière leur occasionne des vertiges et « des éblouissements : ces blafards n'existent que dans la zone torride, jusqu'au dixième « degré de chaque côté de l'équateur.

« L'air est très-pernicieux dans toute l'étendue de l'Isthme du nouveau monde ; à « Carthagène et à Panama les négresses accouchent d'enfants blafards plus souvent « qu'ailleurs [b].

« Il existe à Darien (dit l'auteur, vraiment philosophe [1], de l'Histoire philosophique « et politique des deux Indes) une race de petits hommes blancs dont on retrouve l'es- « pèce [2] en Afrique et dans quelques îles de l'Asie ; ils sont couverts d'un duvet d'une « blancheur de lait éclatante ; ils n'ont point de cheveux, mais de la laine ; ils ont la « prunelle rouge ; ils ne voient bien que la nuit ; ils sont faibles, et leur instinct paraît « plus borné que celui des autres hommes [c].

a. Histoire naturelle des Quadrupèdes, par M. Schreber, t. I, p. 14 et 15.

b. Recherches sur les Américains, t. I, p. 410 et suiv.

c. Histoire philosophique et politique des deux Indes, t. III, p. 151.

1. Voilà bien des compliments pour Raynal. Buffon n'en fait pas autant à Voltaire.

2. *Race d'hommes dont l'espèce*. Ce n'est point une *race*, et c'est encore moins une *espèce*. (Voyez la note de la p. 152.)

Nous allons comparer à ces descriptions celle que j'ai faite moi-même d'une négresse blanche que j'ai eu occasion d'examiner et de faire dessiner d'après nature. Cette fille, nommée Geneviève, était âgée de près de dix-huit ans, en avril 1777, lorsque je l'ai décrite; elle est née de parents nègres dans l'île de la Dominique, ce qui prouve qu'il naît des Albinos non-seulement à dix degrés de l'équateur, mais jusqu'à seize et peut-être vingt degrés, car on assure qu'il s'en trouve à Saint-Domingue et à Cuba. Le père et la mère de cette négresse blanche avaient été amenés de la côte d'Or en Afrique, et tous deux étaient parfaitement noirs. Geneviève était blanche sur tout le corps; elle avait quatre pieds onze pouces six lignes de hauteur, et son corps était assez bien proportionné [a] : ceci s'accorde avec ce que dit M. P., que les Albinos d'Amérique sont plus grands que les blafards de l'ancien continent; mais la tête de cette négresse blanche n'était pas aussi bien proportionnée que le corps; en la mesurant, nous l'avons trouvée trop forte, et surtout trop longue; elle avait neuf pouces neuf lignes de hauteur, ce qui fait près d'un sixième de la hauteur entière du corps, au lieu que dans un homme et une femme bien proportionnés, la tête ne doit avoir qu'un septième et demi de la hauteur totale. Le cou au contraire est trop court et trop gros, n'ayant que dix-sept lignes de hauteur, et douze pouces trois lignes de circonférence. La longueur des bras est de deux pieds deux pouces trois lignes; de l'épaule au coude, onze pouces dix lignes; du coude au poignet, neuf pouces dix lignes; du poignet à l'extrémité du doigt du milieu, six pouces six lignes, et en totalité les bras sont trop longs. Tous les traits de la face sont absolument semblables à ceux des négresses noires : seulement les oreilles sont placées trop haut, le haut du cartilage de l'oreille s'élevant au-dessus de la hauteur de l'œil, tandis que le bas du lobe ne descend qu'à la hauteur de la moitié du nez; or le bas de l'oreille doit être au niveau du bas du nez, et le haut de l'oreille au niveau du dessus des yeux; cependant ces oreilles élevées ne paraissaient pas faire une grande difformité, et elles étaient semblables pour la forme et pour l'épaisseur aux oreilles ordinaires; ceci ne s'accorde donc pas avec ce que dit M. P., que le tissu de l'oreille de ces blafards est plus mince et plus membraneux que celui de l'oreille des autres hommes; il en est de même de la conque, elle ne manquait pas de capacité, et le lobe n'était pas allongé ni pendant comme il le dit. Les lèvres et la bouche, quoique conformées comme dans les négresses noires, paraissent singulières par le défaut de couleur; elles sont aussi blanches que le reste de la peau, et sans aucune apparence de rouge; en général la couleur de la peau, tant du visage que du corps de cette négresse blanche, est d'un blanc de suif qu'on n'aurait pas encore épuré, ou si l'on veut, d'un blanc mat blafard et inanimé; cependant on voyait une teinte légère d'incarnat sur les joues lorsqu'elle s'approchait du feu, ou qu'elle était remuée par la honte qu'elle avait de se faire voir nue. J'ai aussi remarqué sur son visage quelques petites taches à peine lenticulaires de couleur roussâtre. Les mamelles étaient grosses, rondes, très-fermes et bien placées; les mamelons d'un rouge assez vermeil; l'aréole qui environne les mamelons a seize lignes de diamètre, et paraît semée de petits tubercules couleur de chair; cette jeune fille n'avait point fait d'enfant, et sa maîtresse assurait qu'elle était pucelle; elle avait très-peu de laine aux environs des parties naturelles, et point du tout sous les aisselles, mais sa tête en était bien garnie; cette laine n'avait guère qu'un pouce et demi de longueur; elle est rude, touffue et frisée naturellement, blanche à la racine, et roussâtre à l'extrémité; il n'y avait pas d'autre laine, poil ou duvet sur aucune partie de

---

a. Circonférence du corps au-dessus des hanches, 2 pieds 2 pouces 6 lignes; circonférence des hanches à la partie la plus charnue, 2 pieds 11 pouces; hauteur depuis le talon au-dessus des hanches, 3 pieds; depuis la hanche au genou, 1 pied 9 pouces 6 lignes; du genou au talon, 1 pied 3 pouces 9 lignes; longueur du pied, 9 pouces 5 lignes, ce qui est une grandeur démesurée en comparaison des mains.

son corps. Les sourcils sont à peine marqués par un petit duvet blanc, et les cils sont un peu plus apparents ; les yeux ont un pouce d'un angle à l'autre, et la distance entre les deux yeux est de quinze lignes, tandis que cet intervalle entre les yeux doit être égal à la grandeur de l'œil.

Les yeux sont remarquables par un mouvement très-singulier : les orbites paraissent inclinées du côté du nez, au lieu que dans la conformation ordinaire les orbites sont plus élevées vers le nez que vers les tempes ; dans cette négresse, au contraire, elles étaient plus élevées du côté des tempes que du côté du nez, et le mouvement de ses yeux, que nous allons décrire, suivait cette direction inclinée ; ses paupières n'étaient pas plus amples qu'elles le sont ordinairement ; elle pouvait les fermer, mais non pas les ouvrir au point de découvrir le dessus de la prunelle, en sorte que le muscle élévateur paraît avoir moins de force dans ces nègres blancs que dans les autres hommes ; ainsi les paupières ne sont pas clignotantes, mais toujours à demi fermées. Le blanc de l'œil est assez pur, la pupille et la prunelle assez larges ; l'iris est composé à l'intérieur, autour de la pupille, d'un cercle jaune indéterminé, et ensuite d'un cercle mêlé de jaune et de bleu, et enfin d'un cercle d'un bleu foncé qui forme la circonférence de la prunelle ; en sorte que, vus d'un peu loin, les yeux paraissent d'un bleu sombre.

Exposée vis-à-vis du grand jour, cette négresse blanche en soutenait la lumière sans clignotement et sans en être offensée, elle resserrait seulement l'ouverture de ses paupières en abaissant un peu plus celle du dessus. La portée de sa vue était fort courte, je m'en suis assuré par des monocles et des lorgnettes : cependant elle voyait distinctement les plus petits objets en les approchant près de ses yeux à trois ou quatre pouces de distance ; comme elle ne sait pas lire, on n'a pas pu en juger plus exactement ; cette vue courte est néanmoins perçante dans l'obscurité au point de voir presque aussi bien la nuit que le jour ; mais le trait le plus remarquable dans les yeux de cette négresse blanche est un mouvement d'oscillation ou de balancement prompt et continuel par lequel les deux yeux s'approchent ou s'éloignent régulièrement tous deux ensemble alternativement du côté du nez et du côté des tempes ; on peut estimer à deux ou deux lignes et demie la différence des espaces que les yeux parcourent dans ce mouvement dont la direction est un peu inclinée en descendant des tempes vers le nez ; cette fille n'est point maîtresse d'arrêter le mouvement de ses yeux, même pour un moment ; il est aussi prompt que celui du balancier d'une montre, en sorte qu'elle doit perdre et retrouver, pour ainsi dire, à chaque instant les objets qu'elle regarde. J'ai couvert successivement l'un et l'autre de ses yeux avec mes doigts pour reconnaître s'ils étaient d'inégale force ; elle en avait un plus faible, mais l'inégalité n'était pas assez grande pour produire le regard louche, et j'ai senti sous mes doigts que l'œil fermé et couvert continuait de balancer comme celui qui était découvert. Elle a les dents bien rangées et du plus bel émail, l'haleine pure, point de mauvaise odeur de transpiration ni d'huileux sur la peau comme les négresses noires ; sa peau est au contraire trop sèche, épaisse et dure. Les mains ne sont pas mal conformées, et seulement un peu grosses ; mais elles sont couvertes, ainsi que le poignet et une partie du bras, d'un si grand nombre de rides, qu'en ne voyant que ses mains on les aurait jugées appartenir à une vieille décrépite de plus de quatre-vingts ans ; les doigts sont gros et assez longs ; les ongles, quoique un peu grands, ne sont pas difformes. Les pieds et la partie basse des jambes sont aussi couverts de rides, tandis que les cuisses et les fesses présentent une peau ferme et assez bien tendue. La taille est même ronde et bien prise, et, si l'on en peut juger par l'habitude entière du corps, cette fille est très en état de produire. L'écoulement périodique n'a paru qu'à seize ans, tandis que dans les négresses noires c'est ordinairement à neuf, dix et onze ans. On assure qu'avec un nègre noir elle produirait un nègre pie, tel que celui dont nous donnerons bientôt la description; mais on prétend en même temps qu'avec un nègre blanc qui lui ressemblerait elle ne produirait rien, parce qu'en général les mâles nègres blancs ne sont pas prolifiques.

Au reste, les personnes auxquelles cette négresse blanche appartient m'ont assuré que presque tous les nègres mâles et femelles qu'on a tirés de la côte d'Or en Afrique pour les îles de la Martinique, de la Guadeloupe et de la Dominique, ont produit dans ces îles des nègres blancs, non pas en grand nombre, mais un sur six ou sept enfants ; le père et la mère de celle-ci n'ont eu qu'elle de blanche, et tous leurs autres enfants étaient noirs. Ces nègres blancs, surtout les mâles, ne vivent pas bien longtemps, et la différence la plus ordinaire entre les femelles et les mâles est que ceux-ci ont les yeux rouges et la peau encore plus blafarde et plus inanimée que les femelles.

Nous croyons devoir inférer de cet examen, et des faits ci-dessus exposés, que ces blafards ne forment point une race réelle, qui, comme celle des nègres et des blancs, puisse également se propager, se multiplier et conserver à perpétuité, par la génération, tous les caractères qui pourraient la distinguer des autres races ; on doit croire au contraire, avec assez de fondement, que cette variété n'est pas spécifique, mais individuelle; et qu'elle subit peut-être autant de changements qu'elle contient d'individus différents, ou tout au moins autant que les divers climats ; mais ce ne sera qu'en multipliant les observations qu'on pourra reconnaître les nuances et les limites de ces différentes variétés.

Au surplus, il paraît assez certain que les négresses blanches produisent avec les nègres noirs des nègres pies, c'est-à-dire, marqués de blanc et de noir par grandes taches. Je donne ici la figure d'un de ces nègres pies né à Carthagène en Amérique, et dont le portrait colorié m'a été envoyé par M. Taverne, ancien bourguemestre et subdélégué de Dunkerque, avec les renseignements suivants, contenus dans une lettre dont voici l'extrait :

« Je vous envoie, Monsieur, un portrait qui s'est trouvé dans une prise anglaise, faite
« dans la dernière guerre par le corsaire *la Royale*, dans lequel j'étais intéressé.
« C'est celui d'une petite fille dont la couleur est mi-partie de noir et de blanc ; les mains
« et les pieds sont entièrement noirs ; la tête l'est également, à l'exception du menton,
« jusques et compris la lèvre inférieure ; partie du front, y compris la naissance des
« cheveux ou laine au-dessus, sont également blancs, avec une tache noire au milieu de
« la tache blanche : tout le reste du corps, bras, jambes et cuisses, sont marqués de
« taches noires plus ou moins grandes, et sur les grandes taches noires il s'en trouve
« de plus petites encore plus noires. On ne peut comparer cet enfant, pour la forme des
« taches, qu'aux chevaux gris ou tigrés ; le noir et le blanc se joignent par des teintes
« imperceptibles de la couleur des mulâtres.

« Je pense, dit M. Taverne, malgré ce que porte la légende anglaise *a* qui est au bas
« du portrait de cet enfant, qu'il est provenu de l'union d'un blanc et d'une négresse,
« et que ce n'est que pour sauver l'honneur de la mère et de la Société dont elle était
« esclave, qu'on a dit cet enfant né de parents nègres. *b*

Réponse de M. de Buffon

Montbard, le 13 octobre 1772.

J'ai reçu, Monsieur, le portrait de l'enfant noir et blanc que vous avez eu la bonté

---

a. Au-dessous du portrait de cette négresse-pie, on lit l'inscription suivante : « *Marie Sabina*,
« née le 12 octobre 1736, à Matuna, plantation appartenant aux jésuites de Carthagène en
« Amérique, de deux nègres esclaves, nommés *Martiniano* et *Padrona.* »

b. Extrait d'une lettre de M. Taverne. Dunkerque, le 10 septembre 1772.

de m'envoyer, et j'en ai été assez émerveillé, car je n'en connaissais pas d'exemple dans
la nature. On serait d'abord porté à croire avec vous, Monsieur, que cet enfant, né d'une
négresse, a eu pour père un blanc, et que de là vient la variété de ses couleurs ; mais
lorsqu'on fait réflexion qu'on a mille et millions d'exemples, que le mélange du sang
nègre avec le blanc n'a jamais produit que du brun, toujours uniformément répandu,
on vient à douter de cette supposition, et je crois qu'en effet on serait moins mal fondé
à rapporter l'origine de cet enfant à des nègres, dans lesquels il y a des individus blancs
ou blafards, c'est-à-dire, d'un blanc tout différent de celui des autres hommes blancs,
car ces nègres blancs dont vous avez peut-être entendu parler, Monsieur, et dont j'ai
fait quelque mention dans mon livre, ont de la laine au lieu de cheveux, et tous les autres attributs des véritables nègres, à l'exception de la couleur de la peau, et de la structure des yeux que ces nègres blancs ont très-faibles. Je penserais donc que si quelqu'un
des ascendants de cet enfant pie était un nègre blanc, la couleur a pu reparaître en
partie et se distribuer comme nous la voyons sur ce portrait.

Réponse de M. Taverne.

Dunkerque, le 29 octobre 1772.

« Monsieur, l'original du portrait de l'enfant noir et blanc a été trouvé à bord du
« navire *le Chrétien*, de Londres, venant de la Nouvelle-Angleterre pour aller à Lon-
« dres ; ce navire fut pris en 1746 par le vaisseau nommé *le comte de Maurepas*, de
« Dunkerque, commandé par le capitaine François Meyne.

« L'origine et la cause de la bigarrure de la peau de cet enfant, que vous avez la
« bonté de m'annoncer par la lettre dont vous m'avez honoré, paraissent très-probables ;
« un pareil phénomène est très-rare et peut-être unique. Il se peut cependant que dans
« l'intérieur de l'Afrique, où il se trouve des nègres noirs et d'autres blancs, le cas y
« soit plus fréquent. Il me reste néanmoins encore un doute sur ce que vous me faites
« l'honneur de me marquer à cet égard, et malgré mille et millions d'exemples que
« vous citez, que le mélange du sang nègre avec le blanc n'a jamais produit que du
« brun toujours uniformément répandu, je crois qu'à l'exemple des quadrupèdes les
« hommes peuvent naître, par le mélange des individus noirs et blancs, tantôt bruns
« comme sont les mulâtres, tantôt tigrés à petites taches noires ou blanchâtres, et tan-
« tôt pies à grandes taches ou bandes comme il est arrivé à l'enfant ci-dessus ; ce que
« nous voyons arriver par le mélange des races noires et blanches, parmi les chevaux,
« les vaches, brebis, porcs, chiens, chats, lapins, etc. pourrait également arriver
« parmi les hommes ; il est même surprenant que cela n'arrive pas plus souvent. La
« laine noire dont la tête de cet enfant est garnie sur la peau noire, et les cheveux blancs
« qui naissent sur les parties blanches de son front, font présumer que les parties noi-
« res proviennent d'un sang nègre et les parties blanches d'un sang blanc, etc. »

S'il était toujours vrai que la peau blanche fît naître des cheveux, et que la peau
noire produisît de la laine, on pourrait croire en effet que ces nègres pies proviendraient
du mélange d'une négresse et d'un blanc ; mais nous ne pouvons savoir par l'inspection
du portrait s'il y a en effet des cheveux sur les parties blanches et de la laine sur les
parties noires ; il y a au contraire toute apparence que les unes et les autres de ces parties sont couvertes de laine ; ainsi je suis persuadé que cet enfant pie doit sa naissance
à un père nègre noir et à une mère négresse blanche [1]. Je le soupçonnais en 1772, lors-

---

1. Ces individus *blancs* ou *blafards* proviennent tout simplement de parents *nègres*. Des
parents nègres produisent quelquefois des individus tout à fait blancs : ce sont les *albinos*, et
quelquefois des individus mi-partis de blanc et de noir : ce sont des *demi-albinos*, des *albinos
incomplets*, ou des *nègres-pies*.

que j'ai écrit à M. Taverne, et j'en suis maintenant presque assuré par les nouvelles informations que j'ai faites à ce sujet.

Dans les animaux, la chaleur du climat change la laine en poil. On peut citer pour exemple les brebis du Sénégal, les bisons ou bœufs à bosse qui sont couverts de laine dans les contrées froides, et qui prennent du poil rude, comme celui de nos bœufs, dans les climats chauds, etc. Mais il arrive tout le contraire dans l'espèce humaine; les cheveux ne deviennent laineux que sur les nègres, c'est-à-dire dans les contrées les plus chaudes de la terre, où tous les animaux perdent leur laine.

On prétend que parmi les blafards des différents climats, les uns ont de la laine, les autres des cheveux, et que d'autres n'ont ni laine ni cheveux, mais un simple duvet; que les uns ont l'iris des yeux rouge, et d'autres d'un bleu faible; que tous, en général, sont moins vifs, moins forts et plus petits que les autres hommes, de quelque couleur qu'ils soient; que quelques-uns de ces blafards ont le corps et les membres assez bien proportionnés; que d'autres paraissent difformes par la longueur des bras, et surtout par les pieds et par les mains dont les doigts sont trop gros ou trop courts. Toutes ces différences rapportées par les voyageurs paraissent indiquer qu'il y a des blafards de bien des espèces, et qu'en général cette dégénération ne vient pas d'un type de nature, d'une empreinte particulière qui doive se propager sans altération et former une race constante, mais plutôt d'une désorganisation de la peau plus commune dans les pays chauds qu'elle ne l'est ailleurs; car les nuances du blanc au blafard se reconnaissent dans les pays tempérés et même froids. Le blanc mat et fade des blafards se trouve dans plusieurs individus de tous les climats; il y a même en France plusieurs personnes des deux sexes dont la peau est de ce blanc inanimé : cette sorte de peau ne produit jamais que des cheveux et des poils blancs ou jaunes. Ces blafards de notre Europe ont ordinairement la vue faible, le tour des yeux rouge, l'iris bleu, la peau parsemée de taches grandes comme des lentilles, non-seulement sur le visage, mais même sur le corps ; et cela me confirme encore dans l'idée que les blafards, en général, ne doivent être regardés que comme des individus plus ou moins disgraciés de la nature, dont le vice principal réside dans la texture de la peau.

Nous allons donner des exemples de ce que peut produire cette désorganisation de la peau. On a vu en Angleterre un homme auquel on avait donné le surnom de *porc-épic* : il est né en 1710 dans la province de Suffolk. Toute la peau de son corps était chargée de petites excroissances ou verrues en forme de piquants gros comme une ficelle. Le visage, la paume des mains, la plante des pieds étaient les seules parties qui n'eussent pas de piquants; ils étaient d'un brun rougeâtre et en même temps durs et élastiques, au point de faire du bruit lorsqu'on passait la main dessus; ils avaient un demi-pouce de longueur dans de certains endroits et moins dans d'autres ; ces excroissances ou piquants n'ont paru que deux mois après sa naissance; ce qu'il y avait encore de singulier, c'est que ces verrues tombaient chaque hiver pour renaître au printemps. Cet homme, au reste, se portait très-bien; il a eu six enfants qui tous six ont été comme leur père couverts de ces mêmes excroissances. On peut voir la main d'un de ces enfants gravée dans les *Glanures* de M. Edwards, planche 212, et la main du père dans les *Transactions philosophiques*, volume XLIX, page 21.

Nous donnons ici la figure d'un enfant que j'ai fait dessiner sous mes yeux, et qui a été vu de tout Paris dans l'année 1774. C'était une petite fille nommée Anne Marie Hérig, née le 11 novembre 1770 à Dackstul, comté de ce nom, dans la Lorraine allemande, à sept lieues de Trèves. Son père, sa mère, ni aucun de ses parents n'avaient de taches sur la peau, au rapport d'un oncle et d'une tante qui la conduisaient; cette petite fille avait néanmoins tout le corps, le visage et les membres parsemés et couverts en beaucoup d'endroits de taches plus ou moins grandes, dont la plupart étaient surmontées d'un poil semblable à du poil de veau ; quelques autres endroits étaient couverts d'un poil plus court et semblable à du poil de chevreuil ; ces taches étaient toutes de couleur fauve, chair et poil ; il y avait aussi des taches sans poil, et la peau dans ces endroits nus ressemblait à du cuir tanné. Telles étaient les petites taches rondes et autres, grosses comme des mouches, que cet enfant avait aux bras, aux jambes, sur le visage et sur quelques endroits du corps : les taches velues étaient bien plus grandes ; il y en avait sur les jambes, les cuisses, les bras et sur le front ; ces taches couvertes de beaucoup de poil étaient proéminentes, c'est-à-dire un peu élevées au-dessus de la peau nue. Au reste, cette petite fille était d'une figure très-agréable ; elle avait de fort beaux yeux, quoique surmontés de sourcils très-extraordinaires, car ils étaient mêlés de poils humains et de poil de chevreuil, la bouche petite, la physio-nomie gaie, les cheveux bruns. Elle n'était âgée que de trois ans et demi lorsque je l'observai au mois de juin 1774, et elle avait deux pieds sept pouces de hauteur, ce qui est la taille ordinaire des filles de cet âge ; seulement elle avait le ventre un peu plus gros que les autres enfants ; elle était très-vive et se portait à merveille, mais mieux en hiver qu'en été ; car la chaleur l'incommodait beaucoup, parce qu'indépendamment des taches que nous venons de décrire, et dont le poil lui échauffait la peau, elle avait encore l'estomac et le ventre couverts d'un poil clair assez long, d'une couleur fauve du côté droit et un peu moins foncée du côté gauche, et son dos semblait être couvert d'une tunique de peau velue qui n'était adhérente au corps que dans quelques endroits, et qui était formée par un grand nombre de petites loupes ou tubercules très-voisins les uns des autres, lesquels prenaient sous les aisselles et lui couvraient toute la partie du dos jusque sur les reins. Ces espèces de loupes ou excroissances d'une peau qui était pour ainsi dire étrangère au corps de cet enfant, ne lui faisaient aucune douleur lors même qu'on les pinçait ; elles étaient de formes différentes, toutes couvertes de poil sur un cuir grenu et ridé dans quelques endroits. Il partait de ces rides des poils bruns assez clair-semés, et les intervalles entre chacune des excroissances étaient garnis d'un poil brun plus long que l'autre ; enfin, le bas des reins et le haut des épaules étaient surmontés d'un poil de plus de deux pouces de longueur : ces deux endroits du corps étaient les plus remarquables par la couleur et la quantité du poil ; car celui du haut des fesses, des épaules et de l'estomac était plus court, et ressemblait à du poil de veau fin et soyeux, tandis que les longs poils du bas des reins et du dessus des épaules étaient rudes et fort bruns : l'intérieur des cuisses, le dessous des fesses et les parties natu-relles, étaient absolument sans poil et d'une chair très-blanche, très-délicate et très-fraîche. Toutes les parties du corps qui n'étaient pas tachées présentaient de même une peau très-fine et même plus belle que celle des autres enfants. Les cheveux étaient châtain brun et fins. Le visage, quoique fort taché, ne laissait pas de paraître agréable par la régularité des traits et par la blancheur de la peau. Ce n'était qu'avec répugnance que cet enfant se laissait habiller, tous les vêtements lui étant incommodes par la grande chaleur qu'ils donnaient à son petit corps déjà vêtu par la nature : aussi n'était-il nullement sensible au froid.

A l'occasion du portrait et de la description de cette petite fille, des personnes dignes de foi m'ont assuré avoir vu à Bar une femme qui, depuis les clavicules jusqu'aux ge-noux, est entièrement couverte d'un poil de veau fauve et touffu : cette femme a aussi plusieurs poils semés sur le visage, mais on n'a pu m'en donner une meilleure descrip-tion. Nous avons vu à Paris, dans l'année 1774, un Russe, dont le front et tout le visage étaient couverts d'un poil noir comme sa barbe et ses cheveux. J'ai dit qu'on trouve de ces hommes à face velue à Yeço et dans quelques autres endroits ; mais, comme ils sont en petit nombre, on doit présumer que ce n'est point une race particulière ou variété constante, et que ces hommes à face velue ne sont, comme les blafards, que des individus dont la peau est organisée différemment de celle des autres hommes ; car le poil et la couleur peuvent être regardés comme des qualités accidentelles produites par des circonstances particulières, que d'autres circonstances particulières, et souvent si légères qu'on ne les devine pas, peuvent néanmoins faire varier et même changer du tout au tout.

Mais, pour en revenir aux nègres, l'on sait que certaines maladies leur donnent communément une couleur jaune ou pâle et quelquefois presque blanche : leurs brûlures et leurs cicatrices restent même assez longtemps blanches ; les marques de leur petite vérole sont d'abord jaunâtres, et elles ne deviennent noires comme le reste de la peau que beaucoup de temps après. Les nègres en vieillissant perdent une partie de leur couleur noire, ils pâlissent ou jaunissent, leur tête et leur barbe grisonnent ; M. Schreber [a] prétend qu'on a trouvé parmi eux plusieurs hommes tachetés, et que même en Afrique les mulâtres sont quelquefois marqués de blanc, de brun et de jaune ; enfin que, parmi ceux qui sont bruns, on en voit quelques-uns qui, sur un fond de cette couleur, sont marqués de taches blanches : ce sont là, dit-il, les véritables chacrelas auxquels la couleur a fait donner ce nom par la ressemblance qu'ils ont avec l'insecte du même nom ; il ajoute qu'on a vu aussi à Tobolsk et dans d'autres contrées de la Sibérie des hommes marquetés de brun et dont les taches étaient d'une peau rude, tandis que le reste de la peau, qui était blanche, était fine et très-douce. Un de ces hommes de Sibérie avait même les cheveux blancs d'un côté de la tête et de l'autre côté ils étaient noirs, et on prétend qu'ils sont les restes d'une nation qui portait le nom de *Piegaga* ou *Piestra-Horda*, la horde bariolée ou tigrée.

Nous croyons qu'on peut rapporter ces hommes tachés de Sibérie à l'exemple que nous venons de donner de la petite fille à poil de chevreuil ; et nous ajouterons à celui des nègres qui perdent leur couleur un fait bien certain, et qui prouve que dans de certaines circonstances la couleur des nègres peut changer du noir au blanc.

« La nommée *Françoise* (*négresse*), cuisinière du colonel Barnet, née en Virginie, âgée d'environ quarante ans, d'une très-bonne santé, d'une constitution forte et « robuste, a eu originairement la peau tout aussi noire que l'Africain le plus brûlé ; « mais, dès l'âge de quinze ans environ, elle s'est aperçue que les parties de sa peau, qui « avoisinent les ongles et les doigts, devenaient blanches. Peu de temps après, le tour de « sa bouche subit le même changement, et le blanc a depuis continué à s'étendre peu à « peu sur le corps, en sorte que toutes les parties de sa surface se sont ressenties plus ou « moins de cette altération surprenante.

« Dans l'état présent, sur les quatre cinquièmes environ de la surface de son corps, « la peau est blanche, douce et transparente comme celle d'une belle Européenne, et « laisse voir agréablement les ramifications des vaisseaux sanguins qui sont dessous. Les « parties qui sont restées noires perdent journellement leur noirceur ; en sorte qu'il est « vraisemblable qu'un petit nombre d'années amènera un changement total.

« Le cou et le dos, le long des vertèbres, ont plus conservé de leur ancienne couleur « que tout le reste, et semblent encore, par quelques taches, rendre témoignage de leur « état primitif. La tête, la face, la poitrine, le ventre, les cuisses, les jambes et les bras, « ont presque entièrement acquis la couleur blanche ; les parties naturelles et les aissel- « les ne sont pas d'une couleur uniforme, et la peau de ces parties est couverte de poil « blanc (*laine*) où elle est blanche, et de poil noir où elle est noire.

« Toutes les fois qu'on a excité en elle des passions, telles que la colère, la honte, etc., « on a vu sur-le-champ son visage et sa poitrine s'enflammer de rougeur. Pareillement « lorsque ces endroits du corps ont été exposés à l'action du feu, on y a vu paraître « quelques marques de rousseur.

a. Histoire naturelle des Quadrupèdes, par M. Schreber. Erlang, 1775, t. I, in-4°.

« Cette femme n'a jamais été dans le cas de se plaindre d'une douleur qui ait duré
« vingt-quatre heures de suite; seulement elle a eu une couche il y a environ dix-sept
« ans. Elle ne se souvient pas que ses règles aient jamais été supprimées, hors le temps
« de sa grossesse. Jamais elle n'a été sujette à aucune maladie de la peau, et n'a usé
« d'aucun médicament appliqué à l'extérieur, auquel on puisse attribuer ce changement
« de couleur. Comme on sait que par la brûlure la peau des nègres devient blanche, et
« que cette femme est tous les jours occupée aux travaux de la cuisine, on pourrait peut-
« être supposer que ce changement de couleur aurait été l'effet de la chaleur; mais il
« n'y a pas moyen de se prêter à cette supposition dans ce cas-ci, puisque cette femme
« a toujours été bien habillée, et que le changement est aussi remarquable dans les
« parties qui sont à l'abri de l'action du feu, que dans celles qui y sont les plus expo-
« sées.

« La peau, considérée comme émonctoire, paraît remplir toutes ses fonctions aussi
« parfaitement qu'il est possible, puisque la sueur traverse indifféremment avec la plus
« grande liberté les parties noires et les parties blanches *a*. »

Mais s'il y a des exemples de femmes ou d'hommes noirs devenus blancs, je ne sache
pas qu'il y en ait d'hommes blancs devenus noirs; la couleur la plus constante dans
l'espèce humaine est donc le blanc, que le froid excessif des climats du pôle change en
gris obscur, et que la chaleur trop forte de quelques endroits de la zone torride change
en noir; les nuances intermédiaires, c'est-à-dire, les teintes de basané, de jaune, de
rouge, d'olive et de brun, dépendent des différentes températures et des autres circonstances locales de chaque contrée; l'on ne peut donc attribuer qu'à ces mêmes causes la
différence dans la couleur des yeux et des cheveux, sur laquelle néanmoins il y a beaucoup plus d'uniformité que dans la couleur de la peau : car presque tous les hommes
de l'Asie, de l'Afrique et de l'Amérique, ont les cheveux noirs ou bruns; et parmi les
Européens, il y a peut-être encore beaucoup plus de bruns que de blonds, lesquels sont
aussi presque les seuls qui aient les yeux bleus [1].

Sur les Monstres.

A ces variétés, tant spécifiques qu'individuelles, dans l'espèce humaine, on pourrait
ajouter les monstruosités, mais nous ne traitons que des faits ordinaires de la nature
et non des accidents; néanmoins nous devons dire qu'on peut réduire à trois classes
tous les monstres possibles : la première est celle des monstres par excès, la seconde des

a. Extrait d'une lettre de Mre Jacques Bate à M. Alexandre Williamson, en date du 26 juin
1760. *Journal étranger*, mois d'août 1760.

1. En résumant les idées de Buffon sur l'*homme*, on voit qu'il compte quatre *races* principales dans une *espèce* unique : la race blanche, la noire, la jaune et la rouge, ou, en
d'autres termes, l'*européenne*, l'*africaine* l'*asiatique*, et l'*américaine*. « L'homme, dira-t-il
« plus loin (*Histoire du lion*), blanc en Europe, noir en Afrique, jaune en Asie, et rouge en
« Amérique, n'est que le même homme teint de la couleur du climat. »
Après Buffon, sont venus Camper, Blumenbach, Cuvier.
Aux caractères indiqués par Buffon, Camper a joint le *caractère* tiré de la *forme des crânes*.
Blumenbach a profondément étudié ce dernier et essentiel *caractère*. Cuvier semble nous ouvrir
la route qui nous permettra de suivre les *rameaux* distincts de chaque grande *race*.
Blumenbach compte cinq *races* : la *caucasique* ou blanche, la *mongolique* ou jaune, l'*éthio-
pique* ou noire, l'*américaine* ou rouge, et la *malaie*.
Camper et Cuvier n'en comptent que trois : celle d'*Europe*, celle d'*Asie* et celle d'*Afrique*.
Cette dernière opinion sur le nombre des *races* humaines est la mieux fondée. (Voyez mon
Histoire des travaux et des idées de Buffon et mon *Éloge historique de Blumenbach.*)

monstres par défaut, et la troisième de ceux qui le sont par le renversement ou la fausse position des parties. Dans le grand nombre d'exemples qu'on a recueillis des différents monstres de l'espèce humaine, nous n'en citerons ici qu'un seul de chacune de ces trois classes.

Dans la première, qui comprend tous les monstres par excès, il n'y en a pas de plus frappants que ceux qui ont un double corps et forment deux personnes. Le 26 octobre 1701, il est né à Tzoni en Hongrie deux filles qui tenaient ensemble par les reins ; elles ont vécu vingt-un ans ; à l'âge de sept ans, on les amena en Hollande, en Angleterre, en France, en Italie, en Russie et presque dans toute l'Europe : âgées de neuf ans, un bon prêtre les acheta pour les mettre au couvent à Pétersbourg, où elles sont restées jusqu'à l'âge de vingt-un ans, c'est-à-dire, jusqu'à leur mort qui arriva le 23 février 1723. M. Justus-Joannes Tortos, docteur en médecine, a donné à la Société royale de Londres, le 3 juillet 1757, une histoire détaillée de ces jumelles, qu'il avait trouvée dans les papiers de son beau-père, Carl. Rayger, qui était le chirurgien ordinaire du couvent où elles étaient.

L'une de ces jumelles se nommait *Hélène*, et l'autre *Judith*. Dans l'accouchement Hélène parut d'abord jusqu'au nombril, et trois heures après on tira les jambes, et avec elle parut Judith. Hélène devint grande et était fort droite, Judith fut plus petite et un peu bossue ; elles étaient attachées par les reins, et pour se voir elles ne pouvaient tourner que la tête. Il n'y avait qu'un anus commun : à les voir chacune par-devant lorsqu'elles étaient arrêtées, on ne voyait rien de différent des autres femmes. Comme l'anus était commun, il n'y avait qu'un même besoin pour aller à la selle ; mais pour le passage des urines, cela était différent ; chacune avait ses besoins, ce qui leur occasionnait de fréquentes querelles, parce que quand le besoin prenait à la plus faible, et que l'autre ne voulait pas s'arrêter, celle-ci l'emportait malgré elle ; pour tout le reste elles s'accordaient, car elles paraissaient s'aimer tendrement. A six ans, Judith devint percluse du côté gauche, et quoique par la suite elle parût guérie, il lui resta toujours une impression de ce mal, et l'esprit lourd et faible. Au contraire, Hélène était belle et gaie, elle avait de l'intelligence et même de l'esprit. Elles ont eu en même temps la petite vérole et la rougeole ; mais toutes leurs autres maladies ou indispositions leur arrivaient séparément, car Judith était sujette à une toux et à la fièvre, au lieu que Hélène était d'une bonne santé ; à seize ans leurs règles parurent presque en même temps, et ont toujours continué de paraître séparément à chacune. Comme elles approchaient de vingt-deux ans, Judith prit la fièvre, tomba en léthargie et mourut le 23 février ; la pauvre Hélène fut obligée de suivre son sort ; trois minutes avant la mort de Judith, elle tomba en agonie et mourut presque en même temps. En les disséquant on a trouvé qu'elles avaient chacune leurs entrailles bien entières, et même que chacune avait un conduit séparé pour les excréments, lequel néanmoins aboutissait au même anus [a].

Les monstres par défaut sont moins communs que les monstres par excès ; nous ne pouvons guère en donner un exemple plus remarquable que celui de l'enfant que nous avons fait représenter d'après une tête en cire qui a été faite par Mlle Biheron, dont on connaît le grand talent pour le dessin et la représentation des sujets anatomiques. Cette tête appartient à M. Dubourg, habile naturaliste et médecin de la Faculté de Paris ; elle a été modelée d'après un enfant femelle qui est venu au monde vivant au mois d'octobre 1766, mais qui n'a vécu que quelques heures. Je n'en donnerai pas la description détaillée, parce qu'elle a été insérée dans les journaux de ce temps, et particulièrement dans le Mercure de France.

Enfin, dans la troisième classe, qui contient les monstres par renversement ou

a *Linn.*, *Sys. nat.*, édition allemande, t. I.

fausse position des parties, les exemples sont encore plus rares, parce que cette espèce de monstruosité étant intérieure ne se découvre que dans les cadavres qu'on ouvre.

« M. Méry fit en 1688, dans l'Hôtel royal des Invalides, l'ouverture du cadavre d'un « soldat qui était âgé de soixante-douze ans, et il y trouva généralement toutes les « parties internes de la poitrine et du bas-ventre situées à contre-sens; celles qui « dans l'ordre commun de la nature occupent le côté droit, étant situées au côté gau- « che, et celles du côté gauche, l'étant au droit; le cœur était transversalement dans « la poitrine; sa base, tournée du côté gauche, occupait justement le milieu, tout son « corps et sa pointe s'avançant dans le côté droit..... La grande oreillette et la veine- « cave étaient placées à la gauche et occupaient aussi le même côté dans le bas-ventre « jusqu'à l'os sacrum..... Le poumon droit n'était divisé qu'en deux lobes, et le gauche « en trois.

« Le foie était placé au côté gauche de l'estomac, son grand lobe occupant entière- « ment l'hypocondre de ce côté-là..... La rate était placée dans l'hypocondre droit, et « le pancréas se portait transversalement de droite à gauche au duodénum [a]. »

M. Winslow cite deux autres exemples d'une pareille transposition de viscères : la première observée en 1650, et rapportée par Riolan [b]; la seconde observée en 1657 sur le cadavre du sieur Audran, commissaire du régiment des Gardes à Paris [c]. Ces renversements ou transpositions sont peut-être plus fréquents qu'on ne l'imagine; mais comme ils sont intérieurs, on ne peut les remarquer que par hasard; je pense néanmoins qu'il en existe quelque indication au dehors : par exemple, les hommes qui naturellement se servent de la main gauche de préférence à la main droite pourraient bien avoir les viscères renversés [1], ou du moins le poumon gauche plus grand et composé de plus de lobes que le poumon droit; car c'est l'étendue plus grande et la supériorité de force dans le poumon droit [2] qui est la cause de ce que nous nous servons de la main, du bras ou de la jambe droite de préférence à la main ou à la jambe gauche.

Nous finirons par observer que quelques anatomistes, préoccupés du système des germes préexistants, ont cru de bonne foi qu'il y avait aussi des germes monstrueux préexistants comme les autres germes, et que Dieu avait créé ces germes monstrueux dès le commencement [3]; mais n'est-ce pas ajouter une absurdité ridicule et indigne du Créateur à un système mal conçu, que nous avons assez réfuté (volume Ier, p. 617), et qui ne peut être adopté ni soutenu dès qu'on prend la peine de l'examiner [4] ?

a. *Mémoires de l'Académie des Sciences*, année 1733, p. 374 et 375.
b. *Disquisitio de transpositione partium naturalium et vitalium in corpore humano.*
c. Journal de dom Pierre de Saint-Romual. Paris, 1661.

1. Idée puérile, et qui n'a pas besoin d'être réfutée.
2. Idée un peu moins puérile, mais qui n'est pas mieux fondée.
3. C'était l'opinion du grand anatomiste Winslow. Il soutint, pendant dix ans, les *germes monstrueux préexistants* contre Lémery qui ne voulut jamais, et avec raison, admettre de *monstres* que par des causes *accidentelles* et *mécaniques*.
4. Voyez, sur les théories nouvelles relatives à la *formation* des *monstres*, mon *Éloge historique de Geoffroy-Saint-Hilaire*.

---

*Résumé des principales idées de Camper, de Blumenbach et de Cuvier sur l'*HOMME.

I. *De Camper et de la ligne faciale.* — Camper est le premier, je l'ai déjà dit (voyez la note de la p. 307), qui ait remarqué les différences physiques qui se trouvent entre les têtes des hommes.

En dessinant, à côté les unes des autres, des têtes d'homme blanc, d'homme noir, d'orang-outang, etc., il vit qu'une ligne, menée du front à la mâchoire supérieure, et tombant sur les dents incisives, s'inclinait de plus en plus (en arrière par le haut, en avant par le bas), à mesure qu'il passait de l'homme blanc à l'homme noir, et de l'homme noir à la brute.

Cette ligne, menée du front à la mâchoire supérieure, est la *ligne faciale :* moyen très-ingénieux, mais très-incomplet, de mesurer les *crânes*, et dont Camper exagéra beaucoup l'importance.

« La ligne faciale, dit très-bien Blumenbach, convient seulement pour les races que carac-
« térise la direction des mâchoires, et ne peut s'admettre quand la largeur de la face forme le
« caractère distinctif. »

II. *De Blumenbach et de l'étude complète du crâne.* — En tirant parti de tous les caractères que peut fournir la forme des têtes osseuses, Blumenbach a établi, comme nous l'avons vu (note de la p. 307), cinq races : la *caucasique*, qui se distingue par la beauté de l'ovale que forme sa tête; la *mongolique*, par ses pommettes saillantes et son visage plat; l'*éthiopique*, par sa tête étroite et son nez écrasé. Blumenbach n'a pu trouver pour ses deux autres *races* (qui, selon moi, ne sont que des *sous-races*), l'*américaine* et la *malaie*, des caractères aussi précis. (Voyez mon *Éloge historique de Blumenbach.*)

III. *De Cuvier et de la filiation des rameaux distincts de chaque race.* — Cuvier est, de tous les hommes de nos jours, celui qui avait le plus médité sur la dernière révolution du globe. Il voit le genre humain, au sortir de l'inondation immense qui marqua cette catastrophe, *se répandre en rayonnant* de trois points culminants, le *Caucase*, les monts *Altaï* et l'*Atlas :*

1° Le *Caucase*, d'où a *rayonné* la *race caucasique*, en donnant ses trois grands *rameaux :* le rameau *araméen*, le rameau *indien*, *germain* et *pélasgique*, le rameau *scythe*, et toutes leurs subdivisions;

2° Les monts *Altaï*, d'où a *rayonné* la race *mongolique*, avec ses divers *rameaux :* les *Calmoucks*, les *Kalkas*, les *Chinois*, les *Japonais*, les *Mantchoux*, etc.;

3° L'*Atlas*, d'où a *rayonné* la race *nègre* ou *éthiopique*, avec ses différentes peuplades, toujours restées barbares. (Voyez *Règne animal*, t. I, p. 80.)

HISTOIRE NATURELLE

DES ANIMAUX.

DISCOURS

SUR LA NATURE DES ANIMAUX [1].

Comme ce n'est qu'en comparant que nous pouvons juger, que nos connaissances roulent même entièrement sur les rapports que les choses ont avec celles qui leur ressemblent ou qui en diffèrent, et que, s'il n'existait point d'animaux, la nature de l'homme serait encore plus incompréhensible, après avoir considéré l'homme en lui-même, ne devons-nous pas nous servir de cette voie de comparaison? Ne faut-il pas examiner la nature des animaux, comparer leur organisation, étudier l'économie animale en général, afin d'en faire des applications particulières, d'en saisir les ressemblances, rapprocher les différences, et de la réunion de ces combinaisons tirer assez de lumières pour distinguer nettement les principaux effets de la mécanique vivante, et nous conduire à la science importante dont l'homme même est l'objet?

Commençons par simplifier les choses, resserrons l'étendue de notre sujet, qui d'abord paraît immense, et tâchons de le réduire à ses justes limites. Les propriétés qui appartiennent à l'animal, parce qu'elles appartiennent à toute matière, ne doivent point être ici considérées, du moins d'une manière absolue. Le corps de l'animal est étendu, pesant, impénétrable, figuré, capable d'être mis en mouvement, ou contraint de demeurer en repos par l'action ou par la résistance des corps étrangers; toutes ces propriétés, qui lui sont communes avec le reste de la matière, ne sont pas celles qui caractérisent la nature des animaux, et ne doivent être employées que d'une manière relative, en comparant, par exemple, la grandeur, le poids, la figure, etc., d'un animal, avec la grandeur, le poids, la figure, etc., d'un autre animal.

De même nous devons séparer, de la nature particulière des animaux, les facultés qui sont communes à l'animal et au végétal: tous deux se nourris-

---

1. Ce Discours sur la nature des animaux ouvre le IVe volume de l'édition in-4° de l'Imprimerie royale, volume publié en 1753.

sent, se développent et se reproduisent; nous ne devons donc pas comprendre dans l'économie animale proprement dite ces facultés qui appartiennent aussi au végétal, et c'est par cette raison que nous avons traité de la nutrition, du développement, de la reproduction, et même de la génération des animaux, avant que d'avoir traité de ce qui appartient en propre à l'animal, ou plutôt de ce qui n'appartient qu'à lui.

Ensuite, comme on comprend dans la classe des animaux plusieurs êtres animés dont l'organisation est très-différente de la nôtre et de celle des animaux dont le corps est à peu près composé comme le nôtre, nous devons éloigner de nos considérations cette espèce de nature animale particulière, et ne nous attacher qu'à celle des animaux qui nous ressemblent le plus [1] : l'économie animale d'une huître [2], par exemple, ne doit pas faire partie de celle dont nous avons à traiter.

Mais comme l'homme n'est pas un simple animal, comme sa nature est supérieure à celle des animaux, nous devons nous attacher à démontrer la cause de cette supériorité, et établir, par des preuves claires et solides, le degré précis de cette infériorité de la nature des animaux, afin de distinguer ce qui n'appartient qu'à l'homme de ce qui lui appartient en commun avec l'animal.

Pour mieux voir notre objet, nous venons de le circonscrire, nous en avons retranché toutes les extrémités excédantes, et nous n'avons conservé que les parties nécessaires. Divisons-le maintenant pour le considérer avec toute l'attention qu'il exige, mais divisons-le par grandes masses : avant d'examiner en détail les parties de la machine animale et les fonctions de chacune de ces parties, voyons en général le résultat de cette mécanique, et sans vouloir d'abord raisonner sur les causes, bornons-nous à constater les effets.

L'animal a deux manières d'être, l'état de mouvement et l'état de repos, la veille et le sommeil, qui se succèdent alternativement pendant toute la vie : dans le premier état, tous les ressorts de la machine animale sont en action; dans le second, il n'y en a qu'une partie, et cette partie, qui est en action pendant le sommeil, est aussi en action pendant la veille. Cette partie est donc d'une nécessité absolue, puisque l'animal ne peut exister d'aucune façon sans elle; cette partie est indépendante de l'autre, puisqu'elle agit seule; l'autre, au contraire, dépend de celle-ci, puisqu'elle ne peut seule exercer son action : l'une est la partie fondamentale de l'économie animale,

---

1. On voit combien, en tout genre, les premières vues (même les premières vues d'un grand génie) sont bornées. Buffon ne concevait encore l'*économie animale* que dans l'homme et dans les animaux voisins de l'homme. L'*anatomie générale*, l'*anatomie comparée*, était à naître.

2. Ce mot de Buffon sur l'*huître (qui ne doit pas faire partie de l'économie animale* dont il traite) justifie bien ce que j'ai dit, dans l'*Éloge de Cuvier*, des *animaux à sang blanc*, avant Cuvier si peu étudiés : « Les animaux à sang blanc formaient en quelque sorte un règne « animal nouveau, à peu près inconnu aux naturalistes..... »

puisqu'elle agit continuellement et sans interruption ; l'autre est une partie moins essentielle, puisqu'elle n'a d'exercice que par intervalles et d'une manière alternative[1].

Cette première division de l'économie animale me paraît naturelle, générale et bien fondée ; l'animal qui dort ou qui est en repos est une machine moins compliquée et plus aisée à considérer que l'animal qui veille ou qui est en mouvement. Cette différence est essentielle, et n'est pas un simple changement d'état, comme dans un corps inanimé qui peut également et indifféremment être en repos ou en mouvement ; car un corps inanimé, qui est dans l'un ou l'autre de ces états, restera perpétuellement dans cet état, à moins que des forces ou des résistances étrangères ne le contraignent à en changer ; mais c'est par ses propres forces que l'animal change d'état ; il passe du repos à l'action, et de l'action au repos, naturellement et sans contrainte : le moment de l'*éveil* revient aussi nécessairement que celui du sommeil, et tous deux arriveraient indépendamment des causes étrangères, puisque l'animal ne peut exister que pendant un certain temps dans l'un ou dans l'autre état, et que la continuité non interrompue de la veille ou du sommeil, de l'action ou du repos, amènerait également la cessation de la continuité du mouvement vital.

Nous pouvons donc distinguer dans l'économie animale deux parties[2], dont la première agit perpétuellement sans aucune interruption, et la seconde n'agit que par intervalles. L'action du cœur et des poumons dans l'animal qui respire, l'action du cœur dans le fœtus, paraissent être cette première partie de l'économie animale : l'action des sens et le mouvement du corps et des membres semblent constituer la seconde.

Si nous imaginions donc des êtres auxquels la nature n'eût accordé que cette première partie de l'économie animale, ces êtres, qui seraient nécessairement privés de sens et de mouvement progressif, ne laisseraient pas d'être des êtres animés, qui ne différeraient en rien des animaux qui dorment. Une huître, un zoophyte[3], qui ne paraît avoir ni mouvement extérieur sensible, ni sens externe, est un être formé pour dormir toujours ; un végétal n'est dans ce sens qu'un animal qui dort, et en général les fonctions de tout être

---

1. On voit ici le premier germe de la grande division, établie plus tard par Bichat, entre la *vie organique* (la vie de *nutrition*, de *conservation*, de *reproduction*) et la *vie animale* (la vie de la *sensibilité*, de l'*instinct*, de la *pensée*, du *mouvement*). (Voyez Bichat : *Rech. physi. sur la vie et la mort.*)

2. On ne pouvait mieux distinguer les *deux parties*, ou, plus exactement, mieux marquer les *organes* propres de chacune des deux vies : dans la *vie organique*, le *cœur*, le *poumon*, etc.; dans la *vie animale*, l'*action des sens* et le *mouvement des membres*.

3. Une *huître* n'est pas, dans le langage précis de nos jours, un *zoophyte*. Le *polype* est un *zoophyte*. L'*huître* est un animal d'une structure beaucoup plus compliquée : c'est un *mollusque*. Une *huître*, un *zoophyte* ont un *mouvement extérieur*, *très-sensible* : le *polype*, par exemple, meut ses *tentacules*, ses *bras*, il se meut lui-même, etc. ; l'*huître* ouvre et ferme ses *valves*, sa fibre musculaire est *très-contractile*, etc., etc.

organisé qui n'aurait ni mouvement, ni sens, pourraient être comparées aux fonctions d'un animal qui serait par sa nature contraint à dormir perpétuellement.

Dans l'animal, l'état de sommeil n'est donc pas un état accidentel, occasionné par le plus ou moins grand exercice de ses fonctions pendant la veille; cet état est au contraire une manière d'être essentielle, et qui sert de base à l'économie animale. C'est par le sommeil que commence notre existence; le fœtus dort presque continuellement, et l'enfant dort beaucoup plus qu'il ne veille.

Le sommeil, qui paraît être un état purement passif, une espèce de mort, est donc au contraire le premier état de l'animal vivant et le fondement de la vie; ce n'est point une privation, un anéantissement, c'est une manière d'être, une façon d'exister tout aussi réelle et plus générale qu'aucune autre; nous existons de cette façon avant d'exister autrement : tous les êtres organisés qui n'ont point de sens n'existent que de cette façon, aucun n'existe dans un état de mouvement continuel, et l'existence de tous participe plus ou moins à cet état de repos.

Si nous réduisons l'animal même le plus parfait à cette partie qui agit seule et continuellement, il ne nous paraîtra pas différent de ces êtres auxquels nous avons peine à accorder le nom d'animal; il nous paraîtra, quant aux fonctions extérieures, presque semblable au végétal; car quoique l'organisation intérieure soit différente dans l'animal et dans le végétal, l'un et l'autre ne nous offriront plus que les mêmes résultats : ils se nourriront, ils croîtront, ils se développeront, ils auront les principes d'un mouvement interne, ils posséderont une vie végétale; mais ils seront également privés de mouvement progressif, d'action, de sentiment, et ils n'auront aucun signe extérieur, aucun caractère apparent de vie animale. Mais revêtons cette partie intérieure d'une enveloppe convenable, c'est-à-dire, donnons-lui des sens et des membres, bientôt la vie animale se manifestera; et plus l'enveloppe contiendra de sens, de membres et d'autres parties extérieures, plus la vie animale nous paraîtra complète, et plus l'animal sera parfait. C'est donc par cette enveloppe que les animaux diffèrent entre eux : la partie intérieure qui fait le fondement de l'économie animale appartient à tous les animaux sans aucune exception, et elle est à peu près la même, pour la forme, dans l'homme et dans les animaux qui ont de la chair et du sang; mais l'enveloppe extérieure est très-différente, et c'est aux extrémités de cette enveloppe que sont les plus grandes différences.

Comparons, pour nous faire mieux entendre, le corps de l'homme avec celui d'un animal, par exemple, avec le corps du cheval, du bœuf, du cochon, etc. : la partie intérieure qui agit continuellement, c'est-à-dire le cœur et les poumons, ou plus généralement les organes de la circulation et de la respiration, sont à peu près les mêmes dans l'homme et dans l'animal;

mais la partie extérieure, l'enveloppe, est fort différente. La charpente du corps de l'animal, quoique composée de parties similaires à celles du corps humain, varie prodigieusement pour le nombre, la grandeur et la position; les os y sont plus ou moins allongés, plus ou moins accourcis, plus ou moins arrondis, plus ou moins aplatis; etc., leurs extrémités sont plus ou moins élevées, plus ou moins cavées : plusieurs sont soudés ensemble; il y en a même quelques-uns qui manquent absolument, comme les clavicules; il y en a d'autres qui sont en plus grand nombre, comme les cornets du nez, les vertèbres, les côtes, etc., d'autres qui sont en plus petit nombre, comme les os du carpe, du métacarpe, du tarse, du métatarse, les phalanges, etc., ce qui produit des différences très-considérables dans la forme du corps de ces animaux, relativement à la forme du corps de l'homme.

De plus, si nous y faisons attention, nous verrons que les plus grandes différences sont aux extrémités, et que c'est par ces extrémités que le corps de l'homme diffère le plus du corps de l'animal; car divisons le corps en trois parties principales, le tronc, la tête et les membres : la tête et les membres, qui sont les extrémités du corps, sont ce qu'il y a de plus différent dans l'homme et dans l'animal. Ensuite, en considérant les extrémités de chacune de ces trois parties principales, nous reconnaîtrons que la plus grande différence dans la partie du tronc se trouve à l'extrémité supérieure et inférieure de cette partie, puisque dans le corps de l'homme il y a des clavicules en haut, au lieu que ces parties manquent dans la plupart des animaux : nous trouverons pareillement à l'extrémité inférieure du tronc un certain nombre de vertèbres extérieures qui forment une queue à l'animal; et ces vertèbres extérieures manquent à cette extrémité inférieure du corps de l'homme. De même l'extrémité inférieure de la tête, les mâchoires, et l'extrémité supérieure de la tête, les os du front, diffèrent prodigieusement dans l'homme et dans l'animal; les mâchoires dans la plupart des animaux sont fort allongées, et les os frontaux sont au contraire fort raccourcis. Enfin, en comparant les membres de l'animal avec ceux de l'homme, nous reconnaîtrons encore aisément que c'est par leurs extrémités qu'ils diffèrent le plus [1], rien ne se ressemblant moins au premier coup d'œil que la main humaine et le pied d'un cheval ou d'un bœuf.

En prenant donc le cœur pour centre dans la machine animale, je vois que l'homme ressemble parfaitement aux animaux par l'économie de cette partie et des autres qui en sont voisines; mais plus on s'éloigne de ce centre, plus les différences deviennent considérables, et c'est aux extrémités où [2] elles sont le plus grandes; et lorsque dans ce centre même il se trouve

1. Tout cela est très-juste. Ce sont les parties *superficielles*, les parties *extérieures*, les *extrémités* qui *varient*, qui *changent* le plus d'un animal à l'autre. Les parties *intérieures*, les parties *centrales* sont les plus *constantes*.

2. Voyez la note de la p. 26 du 1er volume.

quelque différence, l'animal est alors infiniment plus différent de l'homme ; il est, pour ainsi dire, d'une autre nature [1], et n'a rien de commun avec les espèces d'animaux que nous considérons. Dans la plupart des insectes, par exemple, l'organisation de cette principale partie de l'économie animale est singulière ; au lieu de cœur et de poumons on y trouve des parties qui servent de même aux fonctions vitales, et que par cette raison l'on a regardées comme analogues à ces viscères, mais qui réellement en sont très-différentes, tant par la structure que par le résultat de leur action : aussi les insectes diffèrent-ils, autant qu'il est possible, de l'homme et des autres animaux. Une légère différence dans ce centre de l'économie animale est toujours accompagnée d'une différence infiniment plus grande dans les parties extérieures. La tortue, dont le cœur est singulièrement conformé, est aussi un animal extraordinaire, qui ne ressemble à aucun autre animal.

Que l'on considère l'homme, les animaux quadrupèdes, les oiseaux, les cétacés, les poissons, les amphibies, les reptiles : quelle prodigieuse variété dans la figure, dans la proportion de leur corps, dans le nombre et dans la position de leurs membres, dans la substance de leur chair, de leurs os, de leurs téguments ! Les quadrupèdes ont assez généralement des queues, des cornes et toutes les extrémités du corps différentes de celles de l'homme : les cétacés vivent dans un autre élément, et, quoiqu'ils se multiplient par une voie de génération semblable à celle des quadrupèdes, ils en sont très-différents par la forme, n'ayant point d'extrémités inférieures ; les oiseaux semblent en différer encore plus par leur bec, leurs plumes, leur vol, et leur génération par des œufs ; les poissons et les amphibies sont encore plus éloignés de la forme humaine ; les reptiles [2] n'ont point de membres. On trouve donc la plus grande diversité dans toute l'enveloppe extérieure : tous ont au contraire à peu près la même conformation intérieure ; ils ont tous un cœur [3], un foie [4], un estomac, des intestins, des organes pour la génération [5] : ces parties doivent donc être regardées comme les plus essentielles à l'économie animale, puisqu'elles sont de toutes les plus constantes et les moins sujettes à la variété.

1. Les parties *superficielles*, les parties *externes*, peuvent changer sans que la *nature* de l'animal *change :* lorsque le *centre* change, tout le reste change On reconnaît ici le germe de la belle loi de la *subordination* des parties, devenue, par les travaux de Cuvier, la base de toute la *classification*, de toute la *méthode.* (Voyez mon *Histoire des travaux de Cuvier.*)

2. Les *serpents.*

3. *Ils ont tous un cœur.* Rappelons-nous toujours que Buffon ne parle que des *animaux qui nous ressemblent le plus* (p. 312). A prendre les animaux en général, *tous n'ont pas un cœur :* la plupart des *animaux à sang blanc*, les *polypes*, les *oursins*, les *méduses*, etc., n'en ont point ; les insectes mêmes n'en ont qu'un vestige, etc.

4. Il faut dire du *foie* ce qui vient d'être dit du *cœur.* La plupart des *animaux à sang blanc* n'en ont pas.

5. Aristote avait déjà remarqué que la partie la plus persistante dans les animaux était le *canal digestif.* Les *organes de la génération* se retrouvent jusque dans les *végétaux.*

Mais on doit observer que dans l'enveloppe même il y a aussi des parties plus constantes les unes que les autres; les sens, surtout certains sens, ne manquent à aucun de ces animaux. Nous avons expliqué dans l'article des sens quelle peut être leur espèce de toucher : nous ne savons pas de quelle nature est leur odorat et leur goût, mais nous sommes assurés qu'ils ont tous le sens de la vue, et peut-être aussi celui de l'ouïe. Les sens peuvent donc être regardés comme une autre partie essentielle de l'économie animale, aussi bien que le cerveau et ses enveloppes, qui se trouve dans tous les animaux qui ont des sens, et qui en effet est la partie dont les sens tirent leur origine, et sur laquelle ils exercent leur première action. Les insectes même, qui diffèrent si fort des autres animaux par le centre de l'économie animale, ont une partie dans la tête, analogue au cerveau, et des sens dont les fonctions sont semblables à celles des autres animaux; et ceux qui, comme les huîtres, paraissent en être privés, doivent être regardés comme des demi-animaux, comme des êtres qui font la nuance entre les animaux et les végétaux.

Le cerveau et les sens forment donc une seconde partie essentielle à l'économie animale : le cerveau est le centre de l'enveloppe, comme le cœur est le centre de la partie intérieure de l'animal [1]. C'est cette partie qui donne à toutes les autres parties extérieures le mouvement et l'action, par le moyen de la moelle, de l'épine et des nerfs, qui n'en sont que le prolongement; et de la même façon que le cœur et toute la partie intérieure communiquent avec le cerveau et avec toute l'enveloppe extérieure par les vaisseaux sanguins qui s'y distribuent, le cerveau communique aussi avec le cœur et toute la partie intérieure par les nerfs qui s'y ramifient. L'union paraît intime et réciproque; et, quoique ces deux organes aient des fonctions absolument différentes les unes des autres lorsqu'on les considère à part, ils ne peuvent cependant être séparés sans que l'animal périsse à l'instant [2].

Le cœur et toute la partie intérieure agissent continuellement, sans interruption, et, pour ainsi dire, mécaniquement et indépendamment d'aucune cause extérieure; les sens au contraire et toute l'enveloppe n'agissent que par intervalles alternatifs, et par des ébranlements successifs causés par les

---

1. On ne pouvait mieux placer le *centre* de chacune des deux *vies*, et Bichat n'a pu que répéter Buffon : le *centre* de la *vie organique* est le *cœur*; le *cerveau* est le *centre* de la *vie animale*.

2. Il faut distinguer, dans le *cerveau*, les parties qui servent à l'*intelligence*, les parties qui servent aux *mouvements*, et celles qui servent à la *vie*. Le *cerveau* proprement dit (*lobes* ou *hémisphères cérébraux*) est le siége de l'*intelligence*, le *cervelet* est le siége du principe qui coordonne les *mouvements de locomotion*, la *moelle allongée* (et plus particulièrement, dans la *moelle allongée*, ce que j'appelle le *nœud vital*) est le siége du principe des *mouvements de la respiration*, et par suite de la *vie*. La destruction du *nœud vital* abolit sur-le-champ la *respiration* et la *vie*. Un animal peut survivre au contraire, et survit en effet longtemps, au retranchement du *cerveau* et du *cervelet*. (Voyez mes *Rech. expér. sur les propriétés et les fonctions du système nerveux*.)

objets extérieurs. Les objets exercent leur action sur les sens; les sens modifient cette action des objets, et en portent l'impression modifiée dans le cerveau, où cette impression devient ce que l'on appelle sensation; le cerveau, en conséquence de cette impression, agit sur les nerfs et leur communique l'ébranlement qu'il vient de recevoir, et c'est cet ébranlement qui produit le mouvement progressif et toutes les autres actions extérieures du corps et des membres de l'animal. Toutes les fois qu'une cause agit sur un corps, on sait que ce corps agit lui-même par sa réaction sur cette cause : ici les objets agissent sur l'animal par le moyen des sens, et l'animal réagit sur les objets par ses mouvements extérieurs; en général l'action est la cause, et la réaction l'effet.

On me dira peut-être qu'ici l'effet n'est point proportionnel à la cause; que dans les corps solides qui suivent les lois de la mécanique la réaction est toujours égale à l'action; mais que dans le corps animal il paraît que le mouvement extérieur ou la réaction est incomparablement plus grande que l'action, et que par conséquent le mouvement progressif et les autres mouvements extérieurs ne doivent pas être regardés comme de simples effets de l'impression des objets sur les sens. Mais il est aisé de répondre que, si les effets nous paraissent proportionnels à leurs causes dans certains cas et dans certaines circonstances, il y a dans la nature un bien plus grand nombre de cas et de circonstances où les effets ne sont en aucune façon proportionnels à leurs causes apparentes. Avec une étincelle, on enflamme un magasin à poudre et l'on fait sauter une citadelle; avec un léger frottement on produit par l'électricité un coup violent, une secousse vive, qui se fait sentir dans l'instant même à de très-grandes distances, et qu'on n'affaiblit point en la partageant, en sorte que mille personnes qui se touchent ou se tiennent par la main en sont également affectées, et presque aussi violemment que si le coup n'avait porté que sur une seule; par conséquent il ne doit pas paraître extraordinaire qu'une légère impression sur les sens puisse produire dans le corps animal une violente réaction, qui se manifeste par les mouvements extérieurs.

Les causes que nous pouvons mesurer, et dont nous pouvons en conséquence estimer au juste la quantité des effets, ne sont pas en aussi grand nombre que celles dont les qualités nous échappent, dont la manière d'agir nous est inconnue, et dont nous ignorons par conséquent la relation proportionnelle qu'elles peuvent avoir avec leurs effets. Il faut, pour que nous puissions mesurer une cause, qu'elle soit simple, qu'elle soit toujours la même, que son action soit constante, ou, ce qui revient au même, qu'elle ne soit variable que suivant une loi qui nous soit exactement connue. Or, dans la nature, la plupart des effets dépendent de plusieurs causes différemment combinées, de causes dont l'action varie, de causes dont les degrés d'activité ne semblent suivre aucune règle, aucune loi constante, et que nous ne pouvons par conséquent, ni mesurer, ni même estimer que comme on estime des probabilités, en tâchant d'approcher de la vérité par le moyen des vraisemblances.

Je ne prétends donc pas assurer comme une vérité démontrée, que le mouvement progressif et les autres mouvements extérieurs de l'animal aient pour cause, et pour cause unique, l'impression des objets sur les sens : je le dis seulement comme une chose vraisemblable, et qui me paraît fondée sur de bonnes analogies; car je vois que dans la nature tous les êtres organisés, qui sont dénués de sens [1], sont aussi privés du mouvement progressif [2], et que tous ceux qui en sont pourvus ont tous aussi cette qualité active de mouvoir leurs membres et de changer de lieu. Je vois de plus qu'il arrive souvent que cette action des objets sur les sens met à l'instant l'animal en mouvement, sans même que la volonté paraisse y avoir pris part, et qu'il arrive toujours, lorsque c'est la volonté qui détermine le mouvement, qu'elle a été elle-même excitée par la sensation qui résulte de l'impression actuelle des objets sur les sens, ou de la réminiscence d'une impression antérieure.

Pour le faire mieux sentir, considérons-nous nous-mêmes, et analysons un peu le physique de nos actions. Lorsqu'un objet nous frappe par quelque sens que ce soit, que la sensation qu'il produit est agréable, et qu'il fait naître un désir, ce désir ne peut être que relatif à quelques-unes de nos qualités et à quelques-unes de nos manières de jouir; nous ne pouvons désirer cet objet que pour le voir, pour le goûter, pour l'entendre, pour le sentir, pour le toucher; nous ne le désirons que pour satisfaire plus pleinement le sens avec lequel nous l'avons aperçu, ou pour satisfaire quelques-uns de nos autres sens en même temps, c'est-à-dire, pour rendre la première sensation encore plus agréable, ou pour en exciter une autre, qui est une nouvelle manière de jouir de cet objet : car si, dans le moment même que nous l'apercevons, nous pouvions en jouir pleinement et par tous les sens à la fois, nous ne pourrions rien désirer. Le désir ne vient donc que de ce que nous sommes mal situés par rapport à l'objet que nous venons d'apercevoir, nous en sommes trop loin ou trop près : nous changeons donc naturellement de situation, parce qu'en même temps que nous avons aperçu l'objet, nous avons aussi aperçu la distance ou la proximité qui fait l'incommodité de notre situation, et qui nous empêche d'en jouir pleinement. Le mouvement que nous faisons en conséquence du désir, et le désir lui-même, ne viennent donc que de l'impression qu'a faite cet objet sur nos sens.

Que ce soit un objet que nous ayons aperçu par les yeux et que nous désirions toucher, s'il est à notre portée nous étendons le bras pour l'atteindre, et s'il est éloigné nous nous mettons en mouvement pour nous en approcher. Un homme profondément occupé d'une spéculation ne saisira-t-il pas,

---

1. Nul animal n'est absolument dénué de *sens* : ils ont tous le sens du *toucher*.

2. Tout animal a du *mouvement* : le mouvement *progressif* n'est qu'un effet, qu'une suite du mouvement musculaire et intime.

s'il a grand'faim, le pain qu'il trouvera sous sa main? il pourra même le porter à sa bouche et le manger sans s'en apercevoir. Ces mouvements sont une suite nécessaire de la première impression des objets; ces mouvements ne manqueraient jamais de succéder à cette impression, si d'autres impressions qui se réveillent en même temps ne s'opposaient souvent à cet effet naturel, soit en affaiblissant, soit en détruisant l'action de cette première impression.

Un être organisé qui n'a point de sens, une huître, par exemple, qui probablement n'a qu'un toucher fort imparfait[1], est donc un être privé, non-seulement de mouvement progressif, mais même de sentiment[2] et de toute intelligence[3], puisque l'un ou l'autre produiraient également le désir, et se manifesteraient par le mouvement extérieur. Je n'assurerai pas que ces êtres privés de sens soient aussi privés du sentiment même de leur existence[4], mais au moins peut-on dire qu'ils ne la sentent que très-imparfaitement, puisqu'ils ne peuvent apercevoir ni sentir l'existence des autres êtres.

C'est donc l'action des objets sur les sens qui fait naître le désir, et c'est le désir qui produit le mouvement progressif. Pour le faire encore mieux sentir, supposons un homme, qui, dans l'instant où il voudrait s'approcher d'un objet, se trouverait tout à coup privé des membres nécessaires à cette action, cet homme, auquel nous retranchons les jambes, tâcherait de marcher sur ses genoux; ôtons-lui encore les genoux et les cuisses, en lui conservant toujours le désir de s'approcher de l'objet, il s'efforcera alors de marcher sur ses mains; privons-le encore des bras et des mains, il rampera, il se traînera, il emploiera toutes les forces de son corps et s'aidera de toute la flexibilité des vertèbres pour se mettre en mouvement, il s'accrochera par le menton ou avec les dents à quelque point d'appui pour tâcher de changer de lieu; et quand même nous réduirions son corps à un point physique, à un atome globuleux, si le désir subsiste, il emploiera toujours toutes ses forces pour changer de situation; mais comme il n'aurait alors d'autre moyen pour se mouvoir que d'agir contre le plan sur lequel il porte, il ne manquerait pas de s'élever plus ou moins haut pour atteindre à l'objet. Le mouvement extérieur et progressif ne dépend donc point de l'organisation et de la figure du corps et des membres, puisque de quelque manière qu'un être fût extérieurement conformé, il ne pourrait manquer de se mouvoir, pourvu qu'il eût des sens et le désir de les satisfaire.

C'est, à la vérité, de cette organisation extérieure que dépend la facilité, la vitesse, la direction, la continuité, etc., du mouvement; mais la cause, le

---

1. Elle a donc un *sens.*

2. L'huître a la *sensibilité physique.*

3. L'huître n'a point l'*intelligence*, mais elle a des *instincts.*

4. Mais s'ils n'ont point de *sens*, comment peuvent-ils avoir *le sentiment de leur existence ?* Le *sentiment de l'existence* est un fait d'un ordre bien supérieur à la simple *action des sens.*

principe, l'action, la détermination, viennent uniquement du désir occasionné par l'impression des objets sur les sens : car supposons maintenant que, la conformation extérieure étant toujours la même, un homme se trouvât privé successivement de ses sens, il ne changera pas de lieu pour satisfaire ses yeux, s'il est privé de la vue; il ne s'approchera pas pour entendre, si le son ne fait aucune impression sur son organe; il ne fera jamais aucun mouvement pour respirer une bonne odeur ou pour en éviter une mauvaise, si son odorat est détruit; il en est de même du toucher et du goût, si ces deux sens ne sont plus susceptibles d'impression, il n'agira pas pour les satisfaire; cet homme demeurera donc en repos, et perpétuellement en repos, rien ne pourra le faire changer de situation et lui imprimer le mouvement progressif, quoique par sa conformation extérieure il fût parfaitement capable de se mouvoir et d'agir.

Les besoins naturels, celui, par exemple, de prendre de la nourriture, sont des mouvements intérieurs dont les impressions font naître le désir, l'appétit, et même la nécessité; ces mouvements intérieurs pourront donc produire des mouvements extérieurs dans l'animal, et pourvu qu'il ne soit pas privé de tous les sens extérieurs, pourvu qu'il ait un sens relatif à ses besoins, il agira pour les satisfaire. Le besoin n'est pas le désir; il en diffère comme la cause diffère de l'effet, et il ne peut le produire sans le concours des sens. Toutes les fois que l'animal aperçoit quelque objet relatif à ses besoins, le désir ou l'appétit naît, et l'action suit.

Les objets extérieurs exerçant leur action sur les sens, il est donc nécessaire que cette action produise quelque effet, et on concevrait aisément que l'effet de cette action serait le mouvement de l'animal, si toutes les fois que ses sens sont frappés de la même façon, le même effet, le même mouvement succédait toujours à cette impression; mais comment entendre cette modification de l'action des objets sur l'animal, qui fait naître l'appétit ou la répugnance? comment concevoir ce qui s'opère au delà des sens à ce terme moyen entre l'action des objets et l'action de l'animal? opération dans laquelle cependant consiste le principe de la détermination du mouvement, puisqu'elle change et modifie l'action de l'animal, et qu'elle la rend quelquefois nulle malgré l'impression des objets.

Cette question est d'autant plus difficile à résoudre qu'étant, par notre nature, différents des animaux, l'âme a part à presque tous nos mouvements, et peut-être à tous, et qu'il nous est très-difficile de distinguer les effets de l'action de cette substance spirituelle de ceux qui sont produits par les seules forces de notre être matériel : nous ne pouvons en juger que par analogie et en comparant à nos actions les opérations naturelles des animaux; mais comme cette substance spirituelle n'a été accordée qu'à l'homme, et que ce n'est que par elle qu'il pense et qu'il réfléchit; que l'animal est, au contraire, un être purement matériel, qui ne pense ni ne réfléchit, et qui

cependant agit et semble se déterminer, nous ne pouvons pas douter que le principe de la détermination du mouvement ne soit dans l'animal un effet purement mécanique et absolument dépendant de son organisation.

Je conçois donc que dans l'animal l'action des objets sur les sens en produit une autre sur le cerveau, que je regarde comme un sens intérieur et général[1] qui reçoit toutes les impressions que les sens extérieurs lui transmettent. Ce sens interne est non-seulement susceptible d'être ébranlé par l'action des sens et des organes extérieurs, mais il est encore, par sa nature, capable de conserver longtemps l'ébranlement que produit cette action ; et c'est dans la continuité de cet ébranlement que consiste l'impression, qui est plus ou moins profonde à proportion que cet ébranlement dure plus ou moins de temps.

Le sens intérieur diffère donc des sens extérieurs, d'abord par la propriété qu'il a de recevoir généralement toutes les impressions, de quelque nature qu'elles soient ; au lieu que les sens extérieurs ne les reçoivent que d'une manière particulière et relative à leur conformation, puisque l'œil n'est jamais ni pas plus ébranlé par le son que l'oreille par la lumière. Secondement, ce sens intérieur diffère des sens extérieurs par la durée de l'ébranlement que produit l'action des causes extérieures ; mais, pour tout le reste, il est de la même nature que les sens extérieurs. Le sens intérieur de l'animal est, aussi bien que ses sens extérieurs, un organe, un résultat de mécanique, un sens purement matériel. Nous avons, comme l'animal, ce sens intérieur matériel, et nous possédons de plus un sens d'une nature supérieure et bien différente qui réside dans la substance spirituelle qui nous anime et nous conduit.

Le cerveau de l'animal est donc un sens interne, général et commun, qui reçoit également toutes les impressions que lui transmettent les sens externes, c'est-à-dire tous les ébranlements que produit l'action des objets, et ces ébranlements durent et subsistent bien plus longtemps dans ce sens interne que dans les sens externes : on le concevra facilement, si l'on fait attention que même dans les sens externes il y a une différence très-sensible dans la durée de leurs ébranlements. L'ébranlement que la lumière produit dans l'œil subsiste plus longtemps que l'ébranlement de l'oreille par le son ; il ne faut, pour s'en assurer, que réfléchir sur des phénomènes fort connus. Lorsqu'on tourne avec quelque vitesse un charbon allumé, ou que l'on met le feu à une fusée volante, ce charbon allumé forme à nos yeux un cercle de feu, et la fusée volante une longue trace de flamme. On sait que ces apparences viennent de la durée de l'ébranlement que la lumière produit sur l'organe, et de ce que l'on voit en même temps la première et la dernière image du charbon ou de la fusée volante : or, le

---

1. C'est bien là en effet ce qu'est le *cerveau : un sens intérieur et général, qui reçoit toutes les impressions que les sens extérieurs lui transmettent.*

temps entre la première et la dernière impression ne laisse pas d'être sensible. Mesurons cet intervalle, et disons qu'il faut une demi-seconde, ou,
si l'on veut, un quart de seconde pour que le charbon allumé décrive son
cercle et se retrouve au même point de la circonférence ; cela étant, l'ébranlement causé par la lumière dure une demi-seconde ou un quart de seconde
au moins. Mais l'ébranlement que produit le son n'est pas, à beaucoup
près, d'une aussi longue durée, car l'oreille saisit de bien plus petits intervalles de temps ; on peut entendre distinctement trois ou quatre fois le
même son, ou trois ou quatre sons successifs dans l'espace d'un quart de
seconde, et sept ou huit dans une demi-seconde, et la dernière impression
ne se confond point avec la première ; elle en est distincte et séparée ; au
lieu que dans l'œil la première et la dernière impression semblent être
continues, et c'est par cette raison qu'une suite de couleurs, qui se succé-
deraient aussi vite que des sons, doit se brouiller nécessairement, et ne peut
pas nous affecter d'une manière distincte comme le fait une suite de sons.

Nous pouvons donc présumer, avec assez de fondement, que les ébranlements peuvent durer beaucoup plus longtemps dans le sens intérieur qu'ils
ne durent dans les sens extérieurs, puisque dans quelques-uns de ces sens
même l'ébranlement dure plus longtemps que dans d'autres, comme nous
venons de le faire voir de l'œil, dont les ébranlements sont plus durables
que ceux de l'oreille : c'est par cette raison que les impressions que ce sens
transmet au sens intérieur sont plus fortes que les impressions transmises
par l'oreille, et que nous nous représentons les choses que nous avons vues,
beaucoup plus vivement que celles que nous avons entendues. Il paraît
même que de tous les sens l'œil est celui dont les ébranlements ont le plus
de durée, et qui doit par conséquent former les impressions les plus fortes,
quoiqu'en apparence elles soient les plus légères ; car cet organe paraît par
sa nature participer plus qu'aucun autre à la nature de l'organe intérieur.
On pourrait le prouver par la quantité de nerfs qui arrivent à l'œil ; il en
reçoit presque autant lui seul que l'ouïe, l'odorat, et le goût pris ensemble.

L'œil peut donc être regardé comme une continuation du sens intérieur ;
ce n'est, comme nous l'avons dit à l'article des sens, qu'un gros nerf épa-
noui, un prolongement de l'organe dans lequel réside le sens intérieur de
l'animal ; il n'est donc pas étonnant qu'il approche plus qu'aucun autre sens
de la nature de ce sens intérieur : en effet, non-seulement ses ébranlements
sont plus durables, comme dans le sens intérieur, mais il a encore des propriétés éminentes au-dessus des autres sens, et ces propriétés sont semblables à celles du sens intérieur.

L'œil rend au dehors les impressions intérieures ; il exprime le désir que
l'objet agréable qui vient de le frapper a fait naître ; c'est, comme le sens
intérieur, un sens actif ; tous les autres sens au contraire sont presque purement passifs, ce sont de simples organes faits pour recevoir les impressions

extérieures, mais incapables de les conserver, et plus encore de les réfléchir au dehors. L'œil les réfléchit, parce qu'il les conserve; et il les conserve, parce que les ébranlements dont il est affecté sont durables, au lieu que ceux des autres sens naissent et finissent presque dans le même instant.

Cependant, lorsqu'on ébranle très-fortement et très-longtemps quelque sens que ce soit, l'ébranlement subsiste et continue longtemps après l'action de l'objet extérieur. Lorsque l'œil est frappé par une lumière trop vive, ou lorsqu'il se fixe trop longtemps sur un objet, si la couleur de cet objet est éclatante, il reçoit une impression si profonde et si durable, qu'il porte ensuite l'image de cet objet sur tous les autres objets. Si l'on regarde le soleil un instant, on verra pendant plusieurs minutes, et quelquefois pendant plusieurs heures et même plusieurs jours, l'image du disque du soleil sur tous les autres objets. Lorsque l'oreille a été ébranlée pendant quelques heures de suite par le même air de musique, par des sons forts auxquels on aura fait attention, comme par des hautbois ou par des cloches, l'ébranlement subsiste, on continue d'entendre les cloches et les hautbois; l'impression dure quelquefois plusieurs jours, et ne s'efface que peu à peu. De même, lorsque l'odorat et le goût ont été affectés par une odeur très-forte et par une saveur très-désagréable, on sent encore longtemps après cette mauvaise odeur ou ce mauvais goût; et enfin lorsqu'on exerce trop le sens du toucher sur le même objet, lorsqu'on applique fortement un corps étranger sur quelque partie de notre corps, l'impression subsiste aussi pendant quelque temps, et il nous semble encore toucher et être touché.

Tous les sens ont donc la faculté de conserver plus ou moins les impressions des causes extérieures, mais l'œil l'a plus que les autres sens; et le cerveau, où réside le sens intérieur de l'animal, a éminemment cette propriété : non-seulement il conserve les impressions qu'il a reçues, mais il en propage l'action en communiquant aux nerfs les ébranlements. Les organes des sens extérieurs, le cerveau qui est l'organe du sens intérieur, la moelle épinière, et les nerfs qui se répandent dans toutes les parties du corps animal, doivent être regardés comme faisant un corps continu, comme une machine organique dans laquelle les sens sont les parties sur lesquelles s'appliquent les forces ou les puissances extérieures; le cerveau est l'hypomochlion ou la masse d'appui, et les nerfs sont les parties que l'action des puissances met en mouvement. Mais ce qui rend cette machine si différente des autres machines, c'est que l'hypomochlion est non-seulement capable de résistance et de réaction, mais qu'il est lui-même actif, parce qu'il conserve longtemps l'ébranlement qu'il a reçu; et comme cet organe intérieur, le cerveau et les membranes qui l'environnent, est d'une très-grande capacité et d'une très-grande sensibilité [1], il peut recevoir un très-grand nombre d'ébranlements

---

1. Le *cerveau* proprement dit (lobes ou hémisphères cérébraux) est *impassible*, *insensible*. On peut le blesser, le piquer, le brûler, sans que l'animal éprouve aucune douleur. La *sensibi-*

successifs et contemporains, et les conserver dans l'ordre où il les a reçus, parce que chaque impression n'ébranle qu'une partie du cerveau, et que les impressions successives ébranlent différemment la même partie, et peuvent ébranler aussi des parties voisines et contiguës.

Si nous supposions un animal qui n'eût point de cerveau, mais qui eût un sens extérieur fort sensible et fort étendu, un œil, par exemple, dont la rétine eût une aussi grande étendue que celle du cerveau, et eût en même temps cette propriété du cerveau de conserver longtemps les impressions qu'elle aurait reçues, il est certain qu'avec un tel sens l'animal verrait en même temps, non-seulement les objets qui le frapperaient actuellement, mais encore tous ceux qui l'auraient frappé auparavant, parce que dans cette supposition les ébranlements subsistant toujours, et la capacité de la rétine étant assez grande pour les recevoir dans des parties différentes, il apercevrait également et en même temps les premières et les dernières images; et voyant ainsi le passé et le présent du même coup d'œil, il serait déterminé mécaniquement à faire telle ou telle action en conséquence du degré de force et du nombre plus ou moins grand des ébranlements produits par les images relatives ou contraires à cette détermination. Si le nombre des images propres à faire naître l'appétit surpasse celui des images propres à faire naître la répugnance, l'animal sera nécessairement déterminé à faire un mouvement pour satisfaire cet appétit; et si le nombre ou la force des images d'appétit sont égaux au nombre ou à la force des images de répugnance, l'animal ne sera pas déterminé, il demeurera en équilibre entre ces deux puissances égales, et il ne fera aucun mouvement ni pour atteindre, ni pour éviter. Je dis que ceci se fera mécaniquement et sans que la mémoire y ait aucune part; car l'animal voyant en même temps toutes les images, elles agissent par conséquent toutes en même temps : celles qui sont relatives à l'appétit se réunissent et s'opposent à celles qui sont relatives à la répugnance, èt c'est par la prépondérance, ou plutôt par l'excès de la force et du nombre des unes ou des autres, que l'animal serait, dans cette supposition, nécessairement déterminé à agir de telle ou telle façon.

Ceci nous fait voir que dans l'animal le sens intérieur ne diffère des sens extérieurs que par cette propriété qu'a le sens intérieur de conserver les ébranlements [1], les impressions qu'il a reçues; cette propriété seule est suffisante pour expliquer toutes les actions des animaux et nous donner quelque idée de ce qui se passe dans leur intérieur; elle peut aussi servir à

lité réside exclusivement dans la *région postérieure* de la *moelle épinière* et dans les *racines postérieures des nerfs.* Le *cerveau* est, à son tour, le siége exclusif de l'*intelligence.* (Voyez mes *Recherc. expérim. sur les propriétés du système nerveux.*)

1. Descartes expliquait tout par les *esprits animaux*; Buffon va tout expliquer par les *ébranlements.* En philosophie, quand on a un *mot*, on croit souvent avoir une *explication.* (Voyez mon ouvrage intitulé : *De l'instinct et de l'intelligence des animaux.*)

démontrer la différence essentielle et infinie qui doit se trouver entre eux et nous, et en même temps à nous faire reconnaître ce que nous avons de commun avec eux.

Les animaux ont les sens excellents; cependant ils ne les ont pas généralement tous aussi bons que l'homme, et il faut observer que les degrés d'excellence des sens suivent dans l'animal un autre ordre que dans l'homme[1]. Le sens le plus relatif à la pensée et à la connaissance est le toucher; l'homme, comme nous l'avons prouvé [a], a ce sens plus parfait que les animaux. L'odorat est le sens le plus relatif à l'instinct, à l'appétit ; l'animal a ce sens infiniment meilleur que l'homme : aussi l'homme doit plus connaître qu'appéter, et l'animal doit plus appéter que connaître. Dans l'homme, le premier des sens pour l'excellence est le toucher, et l'odorat est le dernier; dans l'animal, l'odorat est le premier des sens, et le toucher est le dernier : cette différence est relative à la nature de l'un et de l'autre. Le sens de la vue ne peut avoir de sûreté et ne peut servir à la connaissance que par le secours du sens du toucher : aussi le sens de la vue est-il plus imparfait, ou plutôt acquiert moins de perfection dans l'animal que dans l'homme. L'oreille, quoique peut-être aussi bien conformée dans l'animal que dans l'homme, lui est cependant beaucoup moins utile par le défaut de la parole, qui dans l'homme est une dépendance du sens de l'ouïe, un organe de communication, organe qui rend ce sens actif, au lieu que dans l'animal l'ouïe est un sens presque entièrement passif. L'homme a donc le toucher, l'œil et l'oreille plus parfaits, et l'odorat plus imparfait que l'animal; et comme le goût est un odorat intérieur, et qu'il est encore plus relatif à l'appétit qu'aucun des autres sens, on peut croire que l'animal a aussi ce sens plus sûr et peut-être plus exquis que l'homme : on pourrait le prouver par la répugnance invincible que les animaux ont pour certains aliments, et par l'appétit naturel qui les porte à choisir, sans se tromper, ceux qui leur conviennent, au lieu que l'homme, s'il n'était averti, mangerait le fruit du mancenillier comme la pomme, et la ciguë comme le persil.

L'excellence des sens vient de la nature, mais l'art et l'habitude peuvent leur donner aussi un plus grand degré de perfection; il ne faut pour cela que les exercer souvent et longtemps sur les mêmes objets : un peintre, accoutumé à considérer attentivement les formes, verra du premier coup d'œil une infinité de nuances et de différences qu'un autre homme ne pourra saisir qu'avec beaucoup de temps, et que même il ne pourra peut-être saisir. Un musicien, dont l'oreille est continuellement exercée à l'harmonie, sera vivement choqué d'une dissonance : une voix fausse, un son

a. Voyez le *Traité des Sens*, p. 126 et suiv.

1. Ces remarques sur l'*excellence* relative des *sens*, dans l'animal et dans l'homme, sont fines, neuves et vraies.

aigre l'offensera, le blessera; son oreille est un instrument qu'un son discordant démonte et désaccorde. L'œil du peintre est un tableau où les nuances les plus légères sont senties, où les traits les plus délicats sont tracés. On perfectionne aussi les sens, et même l'appétit des animaux; on apprend aux oiseaux à répéter des paroles et des chants; on augmente l'ardeur d'un chien pour la chasse en lui faisant curée.

Mais cette excellence des sens et la perfection même qu'on peut leur donner n'ont des effets bien sensibles que dans l'animal : il nous paraîtra d'autant plus actif et plus intelligent que ses sens seront meilleurs ou plus perfectionnés. L'homme, au contraire, n'en est pas plus raisonnable, pas plus spirituel pour avoir beaucoup exercé son oreille et ses yeux. On ne voit pas que les personnes qui ont les sens obtus, la vue courte, l'oreille dure, l'odorat détruit ou insensible, aient moins d'esprit que les autres [1]; preuve évidente qu'il y a dans l'homme quelque chose de plus qu'un sens intérieur animal : celui-ci n'est qu'un organe matériel, semblable à l'organe des sens extérieurs, et qui n'en diffère que parce qu'il a la propriété de conserver les ébranlements qu'il a reçus; l'âme de l'homme, au contraire, est un sens supérieur, une substance spirituelle, entièrement différente, par son essence et par son action, de la nature des sens extérieurs.

Ce n'est pas qu'on puisse nier pour cela qu'il y ait dans l'homme un sens intérieur matériel, relatif, comme dans l'animal, aux sens extérieurs : l'inspection seule le démontre. La conformité des organes dans l'un et dans l'autre, le cerveau qui est dans l'homme comme dans l'animal, et qui même est d'une plus grande étendue [2], relativement au volume du corps, suffisent pour assurer dans l'homme l'existence de ce sens intérieur matériel. Mais ce que je prétends, c'est que ce sens est infiniment subordonné à l'autre; la substance spirituelle le commande, elle en détruit ou en fait naître l'action : ce sens, en un mot, qui fait tout dans l'animal, ne fait dans l'homme que ce que le sens supérieur n'empêche pas; il fait aussi ce que le sens supérieur ordonne. Dans l'animal ce sens est le principe de la détermination du mouvement et de toutes les actions; dans l'homme ce n'en est que le moyen ou la cause secondaire [3].

Développons, autant qu'il nous sera possible, ce point important; voyons ce que ce sens intérieur matériel peut produire : lorsque nous aurons fixé l'étendue de la sphère de son activité, tout ce qui n'y sera pas compris dépendra nécessairement du sens spirituel; l'âme fera tout ce que ce sens

1. Voyez la note de la page 132.
2. Le *cerveau* proprement dit est d'une *plus grande étendue dans l'homme* que dans aucun animal; et, dans les animaux, à mesure que le *cerveau* diminue, l'*intelligence* diminue aussi. (Voyez mes *Recherc. expérim. sur les prop. et les fonct. du syst. nerveux.*)
3. Toutes ces idées sont aussi justes qu'élevées. Dans l'animal, le *cerveau* commande; il obéit dans l'*homme*; il fait tout, dans l'animal; *il ne fait dans l'homme* (distinction profonde) *que ce que le sens supérieur n'empêche pas.*

matériel ne peut faire. Si nous établissons des limites certaines entre ces deux puissances, nous reconnaîtrons clairement ce qui appartient à chacune; nous distinguerons aisément ce que les animaux ont de commun avec nous, et ce que nous avons au-dessus d'eux.

Le sens intérieur matériel reçoit également toutes les impressions que chacun des sens extérieurs lui transmet; ces impressions viennent de l'action des objets; elles ne font que passer par les sens extérieurs, et ne produisent dans ces sens qu'un ébranlement très-peu durable, et, pour ainsi dire, instantané; mais elles s'arrêtent sur le sens intérieur, et produisent dans le cerveau, qui en est l'organe, des ébranlements durables et distincts. Ces ébranlements sont agréables ou désagréables, c'est-à-dire sont relatifs ou contraires à la nature de l'animal, et font naître l'appétit ou la répugnance, selon l'état et la disposition présente de l'animal. Prenons un animal au moment de sa naissance : dès que par les soins de la mère il se trouve débarrassé de ses enveloppes, qu'il a commencé à respirer et que le besoin de prendre de la nourriture se fait sentir, l'odorat, qui est le sens de l'appétit, reçoit les émanations de l'odeur du lait qui est contenu dans les mamelles de la mère; ce sens, ébranlé par les particules odorantes, communique cet ébranlement au cerveau, et le cerveau agissant à son tour sur les nerfs, l'animal fait des mouvements et ouvre la bouche pour se procurer cette nourriture dont il a besoin. Le sens de l'appétit étant bien plus obtus dans l'homme que dans l'animal, l'enfant nouveau-né ne sent que le besoin de prendre de la nourriture; il l'annonce par des cris; mais il ne peut se la procurer seul, il n'est point averti par l'odorat, rien ne peut déterminer ses mouvements pour trouver cette nourriture; il faut l'approcher de la mamelle et la lui faire sentir et toucher avec la bouche; alors ces sens ébranlés communiqueront leur ébranlement à son cerveau, et le cerveau agissant sur les nerfs, l'enfant fera les mouvements nécessaires pour recevoir et sucer cette nourriture. Ce ne peut être que par l'odorat et par le goût, c'est-à-dire par les sens de l'appétit, que l'animal est averti de la présence de la nourriture et du lieu où il faut la chercher : ses yeux ne sont point encore ouverts, et, le fussent-ils, ils seraient, dans ces premiers instants, inutiles à la détermination du mouvement. L'œil, qui est un sens plus relatif à la connaissance qu'à l'appétit, est ouvert dans l'homme au moment de sa naissance, et demeure dans la plupart des animaux fermé pour plusieurs jours. Les sens de l'appétit, au contraire, sont bien plus parfaits et bien plus développés dans l'animal que dans l'enfant : autre preuve que dans l'homme les organes de l'appétit sont moins parfaits que ceux de la connaissance, et que dans l'animal ceux de la connaissance le sont moins que ceux de l'appétit.

Les sens relatifs à l'appétit sont donc plus développés dans l'animal qui vient de naître que dans l'enfant nouveau-né. Il en est de même du mouvement progressif et de tous les autres mouvements extérieurs : l'enfant peut à peine mouvoir ses membres, il se passera beaucoup de temps avant qu'il ait la force de changer de lieu ; le jeune animal, au contraire, acquiert en très-peu de temps toutes ces facultés : comme elles ne sont dans l'animal que relatives à l'appétit, que cet appétit est véhément et promptement développé, et qu'il est le principe unique de la détermination de tous les mouvements ; que dans l'homme, au contraire, l'appétit est faible, ne se développe que plus tard, et ne doit pas influer autant que la connaissance sur la détermination des mouvements, l'homme est à cet égard plus tardif que l'animal.

Tout concourt donc à prouver, même dans le physique, que l'animal n'est remué que par l'appétit, et que l'homme est conduit par un principe supérieur : s'il y a toujours eu du doute sur ce sujet, c'est que nous ne concevons pas bien comment l'appétit seul peut produire dans l'animal des effets si semblables à ceux que produit chez nous la connaissance ; et que d'ailleurs nous ne distinguons pas aisément ce que nous faisons en vertu de la connaissance, de ce que nous ne faisons que par la force de l'appétit. Cependant il me semble qu'il n'est pas impossible de faire disparaître cette incertitude, et même d'arriver à la conviction, en employant le principe que nous avons établi. Le sens intérieur matériel, avons-nous dit, conserve longtemps les ébranlements qu'il a reçus ; ce sens existe dans l'animal, et le cerveau en est l'organe ; ce sens reçoit toutes les impressions que chacun des sens extérieurs lui transmet : lorsqu'une cause extérieure, un objet, de quelque nature qu'il soit, exerce donc son action sur les sens extérieurs, cette action produit un ébranlement durable dans le sens intérieur, cet ébranlement communique du mouvement à l'animal ; ce mouvement sera déterminé, si l'impression vient des sens de l'appétit, car l'animal avancera pour atteindre, ou se détournera pour éviter l'objet de cette impression, selon qu'il en aura été flatté ou blessé ; ce mouvement peut aussi être incertain, lorsqu'il sera produit par les sens qui ne sont pas relatifs à l'appétit, comme l'œil et l'oreille. L'animal qui voit ou qui entend pour la première fois est, à la vérité, ébranlé par la lumière ou par le son ; mais l'ébranlement ne produira d'abord qu'un mouvement incertain, parce que l'impression de la lumière ou du son n'est nullement relative à l'appétit ; ce n'est que par des actes répétés, et lorsque l'animal aura joint aux impressions du sens de la vue ou de l'ouïe celles de l'odorat, du goût ou du toucher, que le mouvement deviendra déterminé, et qu'en voyant un objet ou en entendant un son il avancera pour atteindre, ou reculera pour éviter la chose qui produit ces impressions, devenues par l'expérience relatives à ses appétits.

Pour nous faire mieux entendre, considérons un animal instruit, un chien, par exemple, qui, quoique pressé d'un violent appétit, semble n'oser toucher et ne touche point en effet à ce qui pourrait le satisfaire, mais en même temps fait beaucoup de mouvements pour l'obtenir de la main de son maître ; cet animal ne paraît-il pas combiner des idées? ne paraît-il pas désirer et craindre, en un mot raisonner à peu près comme un homme qui voudrait s'emparer du bien d'autrui, et qui, quoique violemment tenté, est retenu par la crainte du châtiment? voilà l'interprétation vulgaire de la conduite de l'animal. Comme c'est de cette façon que la chose se passe chez nous, il est naturel d'imaginer, et on imagine, en effet, qu'elle se passe de même dans l'animal : l'analogie, dit-on, est bien fondée, puisque l'organisation et la conformation des sens, tant à l'extérieur qu'à l'intérieur, sont semblables dans l'animal et dans l'homme. Cependant ne devrions-nous pas voir que, pour que cette analogie fût en effet bien fondée, il faudrait quelque chose de plus, qu'il faudrait du moins que rien ne pût la démentir, qu'il serait nécessaire que les animaux pussent faire, et fissent, dans quelques occasions, tout ce que nous faisons? Or le contraire est évidemment démontré; ils n'inventent, ils ne perfectionnent rien, ils ne réfléchissent par conséquent sur rien, ils ne font jamais que les mêmes choses, de la même façon : nous pouvons donc déjà rabattre beaucoup de la force de cette analogie, nous pouvons même douter de sa réalité, et nous devons chercher si ce n'est pas par un autre principe différent du nôtre qu'ils sont conduits, et si leurs sens ne suffisent pas pour produire leurs actions, sans qu'il soit nécessaire de leur accorder une connaissance de réflexion.

Tout ce qui est relatif à leur appétit ébranle très-vivement leur sens intérieur, et le chien se jetterait à l'instant sur l'objet de cet appétit, si ce même sens intérieur ne conservait pas les impressions antérieures de douleur dont cette action a été précédemment accompagnée ; les impressions extérieures ont modifié l'animal, cette proie qu'on lui présente n'est pas offerte à un chien simplement, mais à un chien battu ; et comme il a été frappé toutes les fois qu'il s'est livré à ce mouvement d'appétit, les ébranlements de douleur se renouvellent en même temps que ceux de l'appétit se font sentir, parce que ces deux ébranlements se sont toujours faits ensemble. L'animal étant donc poussé tout à la fois par deux impulsions contraires qui se détruisent mutuellement, il demeure en équilibre entre ces deux puissances égales ; la cause déterminante de son mouvement étant contre-balancée, il ne se mouvra pas pour atteindre à l'objet de son appétit. Mais les ébranlements de l'appétit et de la répugnance, ou, si l'on veut, du plaisir et de la douleur, subsistant toujours ensemble dans une opposition qui en détruit les effets, il se renouvelle en même temps dans le cerveau de l'animal un troisième ébranlement, qui a souvent accompagné les deux premiers ; c'est l'ébranlement causé par l'action de son maître, de la main duquel il a souvent reçu ce morceau qui est l'objet de son appétit ; et comme ce troisième ébranlement n'est contre-balancé par rien de contraire, il devient la cause déterminante du mouvement. Le chien sera donc déterminé à se mouvoir vers son maître et à s'agiter jusqu'à ce que son appétit soit satisfait en entier.

On peut expliquer de la même façon et par les mêmes principes toutes les actions des animaux [1], quelque compliquées qu'elles puissent paraître, sans qu'il soit besoin de leur accorder, ni la pensée, ni la réflexion [2] : leur sens intérieur suffit pour produire tous leurs mouvements. Il ne reste plus qu'une chose à éclaircir, c'est la nature de leurs sensations, qui doivent être, suivant ce que nous venons d'établir, bien différentes des nôtres. Les animaux, nous dira-t-on, n'ont-ils donc aucune connaissance? leur ôtez-vous la conscience de leur existence, le sentiment? puisque vous prétendez expliquer mécaniquement toutes leurs actions, ne les réduisez-vous pas à n'être que de simples machines, que d'insensibles automates?

Si je me suis bien expliqué, on doit avoir déjà vu que, bien loin de tout ôter aux animaux, je leur accorde tout, à l'exception de la pensée et de la réflexion : ils ont le sentiment, ils l'ont même à un plus haut degré que nous ne l'avons; ils ont aussi la conscience de leur existence actuelle, mais ils n'ont pas celle de leur existence passée; ils ont des sensations, mais il leur manque la faculté de les comparer, c'est-à-dire, la puissance qui produit les idées; car les idées ne sont que des sensations comparées [3], ou, pour mieux dire, des associations de sensations.

Considérons en particulier chacun de ces objets. Les animaux ont le sentiment, même plus exquis que nous ne l'avons : je crois ceci déjà prouvé par ce que nous avons dit de l'excellence de ceux de leurs sens qui sont relatifs à l'appétit; par la répugnance naturelle et invincible qu'ils ont pour de certaines choses, et l'appétit constant et décidé qu'ils ont pour d'autres choses; par cette faculté qu'ils ont, bien supérieurement à nous, de distinguer sur-le-champ et sans aucune incertitude ce qui leur convient de ce qui leur est nuisible. Les animaux ont donc comme nous de la douleur et du plaisir; ils ne connaissent pas le bien et le mal, mais ils le sentent : ce qui leur est agréable est bon, ce qui leur est désagréable est mauvais; l'un et l'autre ne sont que des rapports convenables ou contraires à leur nature, à leur organisation. Le plaisir que le chatouillement nous donne, la douleur que nous cause une blessure, sont des douleurs et des plaisirs qui nous sont communs avec les animaux, puisqu'ils dépendent absolument d'une cause extérieure matérielle, c'est-à-dire, d'une action plus ou moins forte sur les nerfs qui sont les organes du sentiment. Tout ce qui agit mollement sur ces organes, tout ce qui les remue délicatement, est une cause de plaisir; tout ce qui les

---

1. Oui, sans doute : *expliquer* par une hypothèse, par un mot; mais ôtez le mot, et toute la difficulté, qui n'était que masquée, reparaît.

2. L'animal n'a ni la *pensée*, ni la *réflexion*; il a un certain degré d'*intelligence* et des *instincts*. (Voyez mon livre sur l'*Instinct et l'intelligence des animaux*.)

3. Les *idées* ne sont pas des *sensations comparées* : les *sensations* ne sont que des occasions d'*idées* pour la *puissance* qui *compare* et qui *pense*.

ébranle violemment, tout ce qui les agite fortement, est une cause de douleur. Toutes les sensations sont donc des sources de plaisir tant qu'elles sont douces, tempérées et naturelles; mais dès qu'elles deviennent trop fortes, elles produisent la douleur, qui, dans le physique, est l'extrême plutôt que le contraire du plaisir.

En effet, une lumière trop vive, un feu trop ardeut, un trop grand bruit, une odeur trop forte, un mets insipide ou grossier, un frottement dur, nous blessent ou nous affectent désagréablement; au lieu qu'une couleur tendre, une chaleur tempérée, un son doux, un parfum délicat, une saveur fine, un attouchement léger, nous flattent et souvent nous remuent délicieusement. Tout effleurement des sens est donc un plaisir, et toute secousse forte, tout ébranlement violent, est une douleur; et comme les causes qui peuvent occasionner des commotions et des ébranlements violents se trouvent plus rarement dans la nature que celles qui produisent des mouvements doux et des effets modérés; que d'ailleurs les animaux, par l'exercice de leurs sens, acquièrent en peu de temps les habitudes non-seulement d'éviter les rencontres offensantes, et de s'éloigner des choses nuisibles, mais même de distinguer les objets qui leur conviennent et de s'en approcher; il n'est pas douteux qu'ils n'aient beaucoup plus de sensations agréables que de sensations désagréables, et que la somme du plaisir ne soit plus grande que celle de la douleur.

Si dans l'animal le plaisir n'est autre chose que ce qui flatte les sens, et que dans le physique ce qui flatte les sens ne soit que ce qui convient à la nature; si la douleur au contraire n'est que ce qui blesse les organes et ce qui répugne à la nature; si, en un mot, le plaisir est le bien, et la douleur le mal physique, on ne peut guère douter que tout être sentant n'ait en général plus de plaisir que de douleur : car tout ce qui est convenable à sa nature, tout ce qui peut contribuer à sa conservation, tout ce qui soutient son existence est plaisir; tout ce qui tend au contraire à sa destruction, tout ce qui peut déranger son organisation, tout ce qui change son état naturel, est douleur. Ce n'est donc que par le plaisir qu'un être sentant peut continuer d'exister; et si la somme des sensations flatteuses, c'est-à-dire, des effets convenables à sa nature, ne surpassait pas celle des sensations douloureuses ou des effets qui lui sont contraires, privé de plaisir, il languirait d'abord faute de bien; chargé de douleur, il périrait ensuite par l'abondance du mal.

Dans l'homme le plaisir et la douleur physiques ne font que la moindre partie de ses peines et de ses plaisirs; son imagination qui travaille continuellement fait tout, ou plutôt ne fait rien que pour son malheur; car elle ne présente à l'âme que des fantômes vains ou des images exagérées, et la force à s'en occuper : plus agitée par ces illusions qu'elle ne le peut être par les objets réels, l'âme perd sa faculté de juger, et même son empire, elle ne compare que des chimères, elle ne veut plus qu'en second, et souvent elle veut l'impossible ; sa volonté qu'elle ne détermine plus, lui devient donc à charge, ses désirs outrés sont des peines, et ses vaines espérances sont tout au plus de faux plaisirs qui disparaissent et s'évanouissent dès que le calme succède, et que l'âme reprenant sa place vient à les juger.

Nous nous préparons donc des peines toutes les fois que nous cherchons des plaisirs; nous sommes malheureux dès que nous désirons d'être plus heureux. Le bonheur est au dedans de nous-mêmes, il nous a été donné; le malheur est au dehors et nous l'allons chercher. Pourquoi ne sommes-nous pas convaincus que la jouissance paisible de notre âme est notre seul et vrai bien, que nous ne pouvons l'augmenter sans risque de le perdre, que moins nous désirons et plus nous possédons, qu'enfin tout ce que nous voulons au delà de ce que la nature peut nous donner est peine, et que rien n'est plaisir que ce qu'elle nous offre ?

Or la nature nous a donné et nous offre encore à tout instant des plaisirs sans nombre ; elle a pourvu à nos besoins, elle nous a munis contre la douleur; il y a dans le physique infiniment plus de bien que de mal : ce n'est donc pas la réalité, c'est la chimère qu'il faut craindre ; ce n'est ni la douleur du corps, ni les maladies, ni la mort, mais l'agitation de l'âme, les passions et l'ennui qui sont à redouter.

Les animaux n'ont qu'un moyen d'avoir du plaisir, c'est d'exercer leur sentiment pour satisfaire leur appétit; nous avons cette même faculté, et nous avons de plus un autre moyen de plaisir, c'est d'exercer notre esprit, dont l'appétit est de savoir. Cette source de plaisirs serait la plus abondante et la plus pure si nos passions, en s'opposant à son cours, ne venaient à la troubler; elles détournent l'âme de toute contemplation ; dès qu'elles ont pris le dessus, la raison est dans le silence, ou du moins elle n'élève plus qu'une voix faible et souvent importune, le dégoût de la vérité suit, le charme de l'illusion augmente, l'erreur se fortifie, nous entraîne et nous conduit au malheur : car quel malheur plus grand que de ne plus rien voir tel qu'il est, de ne plus rien juger que relativement à sa passion , de n'agir que par son ordre, de paraître en conséquence injuste ou ridicule aux autres, et d'être forcé de se mépriser soi-même lorsqu'on vient à s'examiner ?

Dans cet état d'illusion et de ténèbres , nous voudrions changer la nature même de notre âme; elle ne nous a été donnée que pour connaître, nous ne voudrions l'employer qu'à sentir; si nous pouvions étouffer en entier sa lumière, nous n'en regretterions pas la perte, nous envierions volontiers le sort des insensés : comme ce n'est plus que par intervalles que nous sommes raisonnables, et que ces intervalles de raison nous sont à charge et se passent en reproches secrets, nous voudrions les supprimer; ainsi marchant toujours d'illusions en illusions, nous cherchons volontairement à nous perdre de vue pour arriver bientôt à ne nous plus connaître, et finir par nous oublier.

Une passion sans intervalles est démence[1], et l'état de démence est pour l'âme un état de mort. De violentes passions avec des intervalles sont des accès de folie, des maladies de l'âme d'autant plus dangereuses qu'elles sont plus longues et plus fréquentes. La sagesse n'est que la somme des intervalles de santé que ces accès nous laissent; cette somme n'est point celle de notre bonheur, car nous sentons alors que notre âme a été malade, nous blâmons nos passions, nous condamnons nos actions. La folie est le germe du malheur, et c'est la sagesse qui le développe[2]; la plupart de ceux qui se disent malheureux sont des hommes passionnés, c'est-à-dire des fous, auxquels il reste quelques intervalles de raison, pendant lesquels ils connaissent leur folie, et sentent par conséquent leur malheur; et comme il y a dans les conditions élevées plus de faux désirs, plus de vaines prétentions, plus de passions désordonnées, plus d'abus de son âme, que dans les états inférieurs, les grands sont sans doute de tous les hommes les moins heureux.

Mais détournons les yeux de ces tristes objets et de ces vérités humiliantes; considérons l'homme sage, le seul qui soit digne d'être considéré : maître de lui-même, il l'est des événements; content de son état, il ne veut être que comme il a toujours été, ne vivre que comme il a toujours vécu; se suffisant à lui-même, il n'a qu'un faible besoin des autres, il ne peut leur être à charge; occupé continuellement à exercer les facultés de son âme, il perfectionne son entendement, il cultive son esprit, il acquiert de nouvelles connaissances, et se satisfait à tout instant sans remords, sans dégoût, il jouit de tout l'univers en jouissant de lui-même.

Un tel homme est sans doute l'être le plus heureux de la nature : il joint aux plaisirs du corps, qui lui sont communs avec les animaux, les joies de l'esprit, qui n'appartiennent qu'à lui : il a deux moyens d'être heureux, qui s'aident et se fortifient mutuellement; et, si par un dérangement de santé ou par quelque autre accident il vient à ressentir de la douleur, il souffre moins qu'un autre, la force de son âme le soutient, la raison le console; il a même de la satisfaction en souffrant, c'est de se sentir assez fort pour souffrir.

La santé de l'homme est moins ferme et plus chancelante que celle d'aucun des animaux; il est malade plus souvent et plus longtemps; il périt à tout âge, au lieu que les animaux semblent parcourir d'un pas égal

---

1. *Ira furor brevis est*, disaient les anciens. Les anciens avaient raison, et Buffon aussi. Dans un *Essai physiologique sur la folie*, je me suis appliqué à développer cette grande vérité, savoir :
Premièrement, que toute passion *inattentive*, *irréfléchie*, marche vers la folie ;
Et, secondement, que l'*attention*, bien gouvernée, est le moyen sûr de prévenir la folie.

2. *Qui le développe :* non ; mais *qui le fait sentir*.

et ferme l'espace de la vie. Cela me paraît venir de deux causes, qui, quoique bien différentes, doivent toutes deux contribuer à cet effet. La première est l'agitation de notre âme; elle est occasionnée par le dérèglement de notre sens intérieur matériel ; les passions et les malheurs qu'elles entraînent influent sur la santé et dérangent les principes qui nous animent : si l'on observait les hommes, on verrait que presque tous mènent une vie timide ou contentieuse, et que la plupart meurent de chagrin. La seconde est l'imperfection de ceux de nos sens qui sont relatifs à l'appétit. Les animaux sentent bien mieux que nous ce qui convient à leur nature, ils ne se trompent pas dans le choix de leurs aliments, ils ne s'excèdent pas dans leurs plaisirs; guidés par le seul sentiment de leurs besoins actuels, ils se satisfont sans chercher à en faire naître de nouveaux. Nous, indépendamment de ce que nous voulons tout à l'excès, indépendamment de cette espèce de fureur avec laquelle nous cherchons à nous détruire en cherchant à forcer la nature, nous ne savons pas trop ce qui nous convient ou ce qui nous est nuisible, nous ne distinguons pas bien les effets de telle ou telle nourriture, nous dédaignons les aliments simples, et nous leur préférons des mets composés, parce que nous avons corrompu notre goût, et que d'un sens de plaisir nous en avons fait un organe de débauche, qui n'est flatté que de ce qui l'irrite.

Il n'est donc pas étonnant que nous soyons, plus que les animaux, sujets à des infirmités, puisque nous ne sentons pas aussi bien qu'eux ce qui nous est bon ou mauvais, ce qui peut contribuer à conserver ou à détruire notre santé; que notre expérience est à cet égard bien moins sûre que leur sentiment; que d'ailleurs nous abusons infiniment plus qu'eux de ces mêmes sens de l'appétit qu'ils ont meilleurs et plus parfaits que nous, puisque ces sens ne sont pour eux que des moyens de conservation et de santé, et qu'ils deviennent pour nous des causes de destruction et de maladies. L'intempérance détruit et fait languir plus d'hommes, elle seule, que tous les autres fléaux de la nature humaine réunis.

Toutes ces réflexions nous portent à croire que les animaux ont le sentiment plus sûr et plus exquis que nous ne l'avons; car, quand même on voudrait m'opposer qu'il y a des animaux qu'on empoisonne aisément, que d'autres s'empoisonnent eux-mêmes, et que par conséquent ces animaux ne distinguent pas mieux que nous ce qui peut leur être contraire ; je répondrai toujours qu'ils ne prennent le poison qu'avec l'appât dont il est enveloppé, ou avec la nourriture dont il se trouve environné; que d'ailleurs ce n'est que quand ils n'ont point à choisir, quand la faim les presse, et quand le besoin devient nécessité, qu'ils dévorent en effet tout ce qu'ils trouvent ou tout ce qui leur est présenté, et encore arrive-t-il que la plupart se laissent consumer d'inanition et périr de faim, plutôt que de prendre des nourritures qui leur répugnent.

Les animaux ont donc le sentiment, même à un plus haut degré que nous ne l'avons; je pourrais le prouver encore par l'usage qu'ils font de ce sens admirable, qui seul pourrait leur tenir lieu de tous les autres sens. La plupart des animaux ont l'odorat si parfait, qu'ils sentent de plus loin qu'ils ne voient; non-seulement ils sentent de très-loin les corps présents et actuels, mais ils en sentent les émanations et les traces longtemps après qu'ils sont absents et passés. Un tel sens est un organe universel de sentiment; c'est un œil qui voit les objets non-seulement où ils sont, mais même partout où ils ont été; c'est un organe de goût par lequel l'animal savoure non-seulement ce qu'il peut toucher et saisir, mais même ce qui est éloigné et qu'il ne peut atteindre; c'est le sens par lequel il est le plus tôt, le plus souvent et le plus sûrement averti, par lequel il agit, il se détermine, par lequel il reconnaît ce qui est convenable ou contraire à sa nature, par lequel enfin il aperçoit, sent et choisit ce qui peut satisfaire son appétit.

Les animaux ont donc les sens relatifs à l'appétit plus parfaits que nous ne les avons, et par conséquent ils ont le sentiment plus exquis et à un plus haut degré que nous ne l'avons; ils ont aussi la conscience de leur existence actuelle, mais ils n'ont pas celle de leur existence passée. Cette seconde proposition mérite, comme la première, d'être considérée; je vais tâcher d'en prouver la vérité.

La conscience de son existence, ce sentiment intérieur qui constitue le *moi*, est composé chez nous de la sensation de notre existence actuelle, et du souvenir de notre existence passée. Ce souvenir est une sensation tout aussi présente que la première, elle nous occupe même quelquefois plus fortement, et nous affecte plus puissamment que les sensations actuelles; et comme ces deux espèces de sensations sont différentes, et que notre âme a la faculté de les comparer et d'en former des idées, notre conscience d'existence est d'autant plus certaine et d'autant plus étendue, que nous nous représentons plus souvent et en plus grand nombre les choses passées, et que par nos réflexions nous les comparons et les combinons davantage entre elles et avec les choses présentes. Chacun conserve dans soi-même un certain nombre de sensations relatives aux différentes existences, c'est-à-dire, aux différents états où l'on s'est trouvé; ce nombre de sensations est devenu une succession et a formé une suite d'idées, par la comparaison que notre âme a faite de ces sensations entre elles. C'est dans cette comparaison de sensations que consiste l'idée du temps, et même toutes les autres idées ne sont, comme nous l'avons déjà dit, que des sensations comparées. Mais cette suite de nos idées, cette chaîne de nos existences, se présente à nous souvent dans un ordre fort différent de celui dans lequel nos sensations nous sont arrivées: c'est l'ordre de nos idées, c'est-à-dire, des comparaisons que notre âme a faites de nos sensations, que nous voyons, et point du tout l'ordre de ces sensations, et c'est en cela principalement que consiste la différence des caractères et des esprits : car de deux hommes que nous supposerons semblablement organisés, et qui auront été élevés ensemble et de la même façon, l'un pourra penser bien différemment de l'autre, quoique tous deux aient reçu leurs sensations dans le même ordre ; mais comme la trempe de leurs âmes est différente, et que chacune de ces âmes a comparé et combiné ces sensations semblables, d'une manière qui lui est propre et particulière, le résultat général de ces comparaisons, c'est-à-dire, les idées, l'esprit et le caractère acquis, seront aussi différents.

Il y a quelques hommes dont l'activité de l'âme est telle qu'ils ne reçoivent jamais deux sensations sans les comparer et sans en former par conséquent une idée : ceux-ci sont les plus spirituels, et peuvent, suivant les circonstances, devenir les premiers des hommes en tout genre. Il y en a d'autres en assez grand nombre dont l'âme moins active laisse échapper toutes les sensations qui n'ont pas un certain degré de force, et ne compare que celles qui l'ébranlent fortement ; ceux-ci ont moins d'esprit que les premiers, et d'autant moins que leur âme se porte moins fréquemment à comparer leurs sensations et à en former des idées ; d'autres enfin, et c'est la multitude, ont si peu de vie dans l'âme, et une si grande indolence à penser, qu'ils ne comparent et ne combinent rien, rien au moins du premier coup d'œil ; il leur faut des sensations fortes et répétées mille et mille fois, pour que leur âme vienne enfin à en comparer quelqu'une et à former une idée : ces hommes sont plus ou moins stupides, et semblent ne différer des animaux que par ce petit nombre d'idées que leur âme a tant de peine à produire.

La conscience de notre existence étant donc composée, non-seulement de nos sensations actuelles, mais même de la suite d'idées qu'a fait naître la comparaison de nos sensations et de nos existences passées, il est évident que plus on a d'idées, et plus on est sûr de son existence ; que plus on a d'esprit, plus on existe ; qu'enfin c'est par la puissance de réfléchir qu'a notre âme, et par cette seule puissance, que nous sommes certains de nos existences passées et que nous voyons nos existences futures, l'idée de l'avenir n'étant que la comparaison inverse du présent au passé, puisque dans cette vue de l'esprit le présent est passé, et l'avenir est présent.

Cette puissance de réfléchir ayant été refusée aux animaux [a], il est donc certain qu'ils ne peuvent former d'idées, et que par conséquent leur conscience d'existence est moins sûre et moins étendue que la nôtre ; car ils ne peuvent avoir aucune idée du temps, aucune connaissance du passé, aucune notion de l'avenir : leur conscience d'existence est simple, elle dépend uniquement des sensations qui les affectent actuellement, et consiste dans le sentiment intérieur que ces sensations produisent.

a. Voyez, ci-devant, page 1 et suiv.

Ne pouvons-nous pas concevoir ce que c'est que cette conscience d'existence dans les animaux, en faisant réflexion sur l'état où nous nous trouvons lorsque nous sommes fortement occupés d'un objet, ou violemment agités par une passion qui ne nous permet de faire aucune réflexion sur nous-mêmes? On exprime l'idée de cet état en disant qu'on est hors de soi, et l'on est en effet hors de soi dès que l'on n'est occupé que des sensations actuelles, et l'on est d'autant plus hors de soi que ces sensations sont plus vives, plus rapides, et qu'elles donnent moins de temps à l'âme pour les considérer: dans cet état nous nous sentons, nous sentons même le plaisir et la douleur dans toutes leurs nuances; nous avons donc alors le sentiment, la conscience de notre existence, sans que notre âme semble y participer. Cet état, où nous ne nous trouvons que par instants, est l'état habituel des animaux : privés d'idées et pourvus de sensations, ils ne savent point qu'ils existent, mais ils le sentent.

Pour rendre plus sensible la différence que j'établis ici entre les sensations et les idées, et pour démontrer en même temps que les animaux ont des sensations et qu'ils n'ont point d'idées, considérons en détail leurs facultés et les nôtres, et comparons leurs opérations à nos actions. Ils ont, comme nous, des sens, et par conséquent ils reçoivent les impressions des objets extérieurs; ils ont, comme nous, un sens intérieur, un organe qui conserve les ébranlements causés par ces impressions, et par conséquent ils ont des sensations qui, comme les nôtres, peuvent se renouveler, et sont plus ou moins fortes et plus ou moins durables; cependant ils n'ont ni l'esprit, ni l'entendement, ni la mémoire comme nous l'avons, parce qu'ils n'ont pas la puissance de comparer leurs sensations, et que ces trois facultés de notre âme dépendent de cette puissance.

Les animaux n'ont pas la mémoire? le contraire paraît démontré, me dira-t-on; ne reconnaissent-ils pas après une absence les personnes auprès desquelles ils ont vécu, les lieux qu'ils ont habités, les chemins qu'ils ont parcourus? ne se souviennent-ils pas des châtiments qu'ils ont essuyés, des caresses qu'on leur a faites, des leçons qu'on leur a données ? Tout semble prouver qu'en leur ôtant l'entendement et l'esprit, on ne peut leur refuser la mémoire, et une mémoire active, étendue, et peut-être plus fidèle que la nôtre. Cependant, quelque grandes que soient ces apparences, et quelque fort que soit le préjugé qu'elles ont fait naître, je crois qu'on peut démontrer qu'elles nous trompent ; que les animaux n'ont aucune connaissance du passé, aucune idée du temps, et que par conséquent ils n'ont pas la mémoire.

Chez nous, la mémoire émane de la puissance de réfléchir, car le souvenir que nous avons des choses passées suppose, non-seulement la durée des ébranlements de notre sens intérieur matériel, c'est-à-dire, le renouvellement de nos sensations antérieures, mais encore les comparaisons que notre âme a faites de ces sensations, c'est-à-dire, les idées qu'elle en a formées.

Si la mémoire ne consistait que dans le renouvellement des sensations passées, ces sensations se représenteraient à notre sens intérieur sans y laisser
une impression déterminée ; elles se présenteraient sans aucun ordre, sans
liaison entre elles, à peu près comme elles se présentent dans l'ivresse ou
dans certains rêves, où tout est si décousu, si peu suivi, si peu ordonné, que
nous ne pouvons en conserver le souvenir ; car nous ne nous souvenons que
des choses qui ont des rapports avec celles qui les ont précédées ou suivies ; et
toute sensation isolée, qui n'aurait aucune liaison avec les autres sensations,
quelque forte qu'elle pût être, ne laisserait aucune trace dans notre esprit :
or c'est notre âme qui établit ces rapports entre les choses, par la comparaison qu'elle fait des unes avec les autres ; c'est elle qui forme la liaison
de nos sensations et qui ourdit la trame de nos existences par un fil continu
d'idées. La mémoire consiste donc dans une succession d'idées, et suppose
nécessairement la puissance qui les produit.

Mais pour ne laisser, s'il est possible, aucun doute sur ce point important,
voyons quelle est l'espèce de souvenir que nous laissent nos sensations,
lorsqu'elles n'ont point été accompagnées d'idées. La douleur et le plaisir
sont de pures sensations, et les plus fortes de toutes, cependant lorsque nous
voulons nous rappeler ce que nous avons senti dans les instants les plus vifs
de plaisir ou de douleur, nous ne pouvons le faire que faiblement, confusément ; nous nous souvenons seulement que nous avons été flattés ou blessés,
mais notre souvenir n'est pas distinct ; nous ne pouvons nous représenter,
ni l'espèce, ni le degré, ni la durée de ces sensations qui nous ont cependant si fortement ébranlés, et nous sommes d'autant moins capables de nous
les représenter, qu'elles ont été moins répétées et plus rares. Une douleur,
par exemple, que nous n'aurons éprouvée qu'une fois, qui n'aura duré que
quelques instants, et qui sera différente des douleurs que nous éprouvons
habituellement, sera nécessairement bientôt oubliée, quelque vive qu'elle
ait été ; et quoique nous nous souvenions que dans cette circonstance nous
avons ressenti une grande douleur, nous n'avons qu'une faible réminiscence de la sensation même, tandis que nous avons une mémoire nette des
circonstances qui l'accompagnaient et du temps où elle nous est arrivée.

Pourquoi tout ce qui s'est passé dans notre enfance est-il presque entièrement oublié ? et pourquoi les vieillards ont-ils un souvenir plus présent
de ce qui leur est arrivé dans le moyen âge que de ce qui leur arrive dans
leur vieillesse ? y a-t-il une meilleure preuve que les sensations toutes seules
ne suffisent pas pour produire la mémoire, et qu'elle n'existe en effet que
dans la suite des idées que notre âme peut tirer de ces sensations ? car dans
l'enfance les sensations sont aussi et peut-être plus vives et plus rapides
que dans le moyen âge, et cependant elles ne laissent que peu ou point de
traces, parce qu'à cet âge la puissance de réfléchir, qui seule peut former
des idées, est dans une inaction presque totale, et que dans les moments où

elle agit elle ne compare que des superficies, elle ne combine que de petites choses pendant un petit temps, elle ne met rien en ordre, elle ne réduit rien en suite. Dans l'âge mûr, où la raison est entièrement développée, parce que la puissance de réfléchir est en entier exercice, nous tirons de nos sensations tout le fruit qu'elles peuvent produire, et nous nous formons plusieurs ordres d'idées et plusieurs chaînes de pensées dont chacune fait une trace durable, sur laquelle nous repassons si souvent qu'elle devient profonde, ineffaçable, et que plusieurs années après, dans le temps de notre vieillesse, ces mêmes idées se présentent avec plus de force que celles que nous pouvons tirer immédiatement des sensations actuelles, parce qu'alors ces sensations sont faibles, lentes, émoussées, et qu'à cet âge l'âme même participe à la langueur du corps. Dans l'enfance le temps présent est tout, dans l'âge mûr on jouit également du passé, du présent et de l'avenir, et dans la vieillesse on sent peu le présent, on détourne les yeux de l'avenir, et on ne vit que dans le passé. Ces différences ne dépendent-elles pas entièrement de l'ordonnance que notre âme a faite de nos sensations, et ne sont-elles pas relatives au plus ou moins de facilité que nous avons dans ces différents âges à former, à acquérir et à conserver des idées? L'enfant qui jase et le vieillard qui radote n'ont ni l'un ni l'autre le ton de la raison, parce qu'ils manquent également d'idées; le premier ne peut encore en former, et le second n'en forme plus.

Un imbécile, dont les sens et les organes corporels nous paraissent sains et bien disposés, a comme nous des sensations de toute espèce; il les aura aussi dans le même ordre, s'il vit en société et qu'on l'oblige à faire ce que font les autres hommes; cependant, comme ces sensations ne lui font point naître d'idées, qu'il n'y a point de correspondance entre son âme et son corps, et qu'il ne peut réfléchir sur rien, il est en conséquence privé de la mémoire et de la connaissance de soi-même. Cet homme ne diffère en rien de l'animal quant aux facultés extérieures, car, quoiqu'il ait une âme, et que par conséquent il possède en lui le principe de la raison, comme ce principe demeure dans l'inaction et qu'il ne reçoit rien des organes corporels avec lesquels il n'a aucune correspondance, il ne peut influer sur les actions de cet homme, qui dès lors ne peut agir que comme un animal uniquement déterminé par ses sensations et par le sentiment de son existence actuelle et de ses besoins présents. Ainsi l'homme imbécile et l'animal sont des êtres dont les résultats et les opérations sont les mêmes à tous égards, parce que l'un n'a point d'âme et que l'autre ne s'en sert point; tous deux manquent de la puissance de réfléchir, et n'ont par conséquent ni entendement, ni esprit, ni mémoire, mais tous deux ont des sensations, du sentiment et du mouvement.

Cependant, me répétera-t-on toujours, l'homme imbécile et l'animal n'agissent-ils pas souvent comme s'ils étaient déterminés par la connaissance des choses passées? ne reconnaissent-ils pas les personnes avec lesquelles ils ont vécu, les lieux qu'ils ont habités, etc.? ces actions ne supposent-elles pas nécessairement la mémoire? et cela ne prouverait-il pas, au contraire, qu'elle n'émane point de la puissance de réfléchir?

Si l'on a donné quelque attention à ce que je viens de dire, on aura déjà senti que je distingue deux espèces de mémoires infiniment différentes l'une de l'autre par leur cause, et qui peuvent cependant se ressembler en quelque sorte par leurs effets; la première est la trace de nos idées, et la seconde, que j'appellerais volontiers réminiscence [1] plutôt que mémoire, n'est que le renouvellement de nos sensations, ou plutôt des ébranlements qui les ont causées; la première émane de l'âme, et, comme je l'ai prouvé, elle est pour nous bien plus parfaite que la seconde; cette dernière, au contraire, n'est produite que par le renouvellement des ébranlements du sens intérieur matériel, et elle est la seule qu'on puisse accorder à l'animal ou à l'homme imbécile : leurs sensations antérieures sont renouvelées par les sensations actuelles; elles se réveillent avec toutes les circonstances qui les accompagnaient, l'image principale et présente appelle les images anciennes et accessoires; ils sentent comme ils ont senti; ils agissent donc comme ils ont agi, ils voient ensemble le présent et le passé, mais sans les distinguer, sans les comparer, et par conséquent sans les connaître.

Une seconde objection qu'on me fera sans doute, et qui n'est cependant qu'une conséquence de la première, mais qu'on ne manquera pas de donner comme une autre preuve de l'existence de la mémoire dans les animaux, ce sont leurs rêves. Il est certain que les animaux se représentent dans le sommeil les choses dont ils ont été occupés pendant la veille; les chiens jappent souvent en dormant, et quoique cet aboiement soit sourd et faible on y reconnaît cependant la voix de la chasse, les accents de la colère, les sons du désir ou du murmure, etc.; on ne peut donc pas douter qu'ils n'aient des choses passées un souvenir très-vif, très-actif, et différent de celui dont nous venons de parler, puisqu'il se renouvelle indépendamment d'aucune cause extérieure qui pourrait y être relative.

Pour éclaircir cette difficulté, et y répondre d'une manière satisfaisante, il faut examiner la nature de nos rêves, et chercher s'ils viennent de notre âme ou s'ils dépendent seulement de notre sens intérieur matériel : si nous pouvions prouver qu'ils y résident en entier, ce serait, non-seulement une réponse à l'objection, mais une nouvelle démonstration contre l'entendement et la mémoire des animaux.

Les imbéciles, dont l'âme est sans action, rêvent comme les autres

---

1. Buffon distingue la *réminiscence* de la *mémoire*, comme il a distingué la *sensation* de l'*idée*. Et toutes ces distinctions secondaires dérivent de la grande et primitive distinction qu'il a si heureusement établie (p. 326) entre la *substance spirituelle*, que l'homme a seul, et le *sens intérieur matériel*, que l'animal a comme l'homme.

hommes : il se produit donc des rêves indépendamment de l'âme, puisque dans les imbéciles l'âme ne produit rien. Les animaux, qui n'ont point d'âme, peuvent donc rêver aussi ; et non-seulement il se produit des rêves indépendamment de l'âme, mais je serais fort porté à croire que tous les rêves en sont indépendants. Je demande seulement que chacun réfléchisse sur ses rêves, et tâche à reconnaître pourquoi les parties en sont si mal liées et les événements si bizarres : il m'a paru que c'était principalement parce qu'ils ne roulent que sur des sensations et point du tout sur des idées. L'idée du temps, par exemple, n'y entre jamais ; on se représente bien les personnes que l'on n'a pas vues, et même celles qui sont mortes depuis plusieurs années, on les voit vivantes et telles qu'elles étaient, mais on les joint aux choses actuelles et aux personnes présentes, ou à des choses et à des personnes d'un autre temps ; il en est de même de l'idée du lieu, on ne voit pas où elles étaient ; les choses qu'on se représente on les voit ailleurs, où elles ne pouvaient être : si l'âme agissait, il ne lui faudrait qu'un instant pour mettre de l'ordre dans cette suite décousue, dans ce chaos de sensations ; mais ordinairement elle n'agit point, elle laisse les représentations se succéder en désordre, et quoique chaque objet se présente vivement, la succession en est souvent confuse et toujours chimérique ; et s'il arrive que l'âme soit à demi réveillée par l'énormité de ces disparates, ou seulement par la force de ces sensations, elle jettera sur-le-champ une étincelle de lumière au milieu des ténèbres, elle produira une idée réelle dans le sein même des chimères ; on rêvera que tout cela pourrait bien n'être qu'un rêve, je devrais dire on pensera, car, quoique cette action ne soit qu'un petit signe de l'âme[1], ce n'est point une sensation ni un rêve, c'est une pensée, une réflexion, mais qui, n'étant pas assez forte pour dissiper l'illusion, s'y mêle, en devient partie, et n'empêche pas les représentations de se succéder ; en sorte qu'au réveil on imagine avoir rêvé cela même qu'on avait pensé.

Dans les rêves on voit beaucoup, on entend rarement, on ne raisonne point, on sent vivement, les images se suivent, les sensations se succèdent sans que l'âme les compare ni les réunisse ; on n'a donc que des sensations et point d'idées, puisque les idées ne sont que les comparaisons des sensations : ainsi les rêves ne résident que dans le sens intérieur matériel, l'âme ne les produit point ; ils feront donc partie de ce souvenir animal, de cette espèce de réminiscence matérielle dont nous avons parlé : la mémoire au contraire ne peut exister sans l'idée du temps, sans la comparaison des idées antérieures et des idées actuelles ; et puisque ces idées n'entrent point dans les rêves, il paraît démontré qu'ils ne peuvent être ni une conséquence, ni un effet, ni une preuve de la mémoire. Mais quand même on voudrait

____

1. Analyse *psychologique*, aussi fine que délicatement exprimée.

soutenir qu'il y a quelquefois des rêves d'idées, quand on citerait pour le prouver les somnambules, les gens qui parlent en dormant et disent des choses suivies, qui répondent à des questions, etc., et que l'on en inférerait que les idées ne sont pas exclues des rêves, du moins aussi absolument que je le prétends, il me suffirait, pour ce que j'avais à prouver, que le renouvellement des sensations puisse les produire ; car dès lors les animaux n'auront que des rêves de cette espèce, et ces rêves, bien loin de supposer la mémoire, n'indiquent au contraire que la réminiscence matérielle.

Cependant je suis bien éloigné de croire que les somnambules, les gens qui parlent en dormant, qui répondent à des questions, etc., soient en effet occupés d'idées : l'âme ne me paraît avoir aucune part à toutes ces actions, car les somnambules vont, viennent, agissent sans réflexion, sans connaissance de leur situation, ni du péril, ni des inconvénients qui accompagnent leurs démarches ; les seules facultés animales sont en exercice, et même elles n'y sont pas toutes ; un somnambule est, dans cet état, plus stupide qu'un imbécile, parce qu'il n'y a qu'une partie de ses sens et de son sentiment qui soit alors en exercice, au lieu que l'imbécile dispose de tous ses sens, et jouit du sentiment dans toute son étendue. Et à l'égard des gens qui parlent en dormant, je ne crois pas qu'ils disent rien de nouveau ; la réponse à certaines questions triviales et usitées, la répétition de quelques phrases communes, ne prouvent pas l'action de l'âme : tout cela peut s'opérer indépendamment du principe de la connaissance et de la pensée. Pourquoi dans le sommeil ne parlerait-on pas sans penser, puisqu'en s'examinant soi-même lorsqu'on est le mieux éveillé, on s'aperçoit, surtout dans les passions, qu'on dit tant de choses sans réflexion ?

A l'égard de la cause occasionnelle des rêves, qui fait que les sensations antérieures se renouvellent sans être excitées par les objets présents ou par des sensations actuelles, on observera que l'on ne rêve point lorsque le sommeil est profond, tout est alors assoupi, on dort en dehors et en dedans ; mais le sens intérieur s'endort le dernier et se réveille le premier, parce qu'il est plus vif, plus actif, plus aisé à ébranler que les sens extérieurs ; le sommeil est dès lors moins complet et moins profond, c'est là le temps des songes illusoires ; les sensations antérieures, surtout celles sur lesquelles nous n'avons pas réfléchi, se renouvellent ; le sens intérieur, ne pouvant être occupé par des sensations actuelles à cause de l'inaction des sens externes, agit et s'exerce sur ses sensations passées ; les plus fortes sont celles qu'il saisit le plus souvent : plus elles sont fortes, plus les situations sont excessives, et c'est par cette raison que presque tous les rêves sont effroyables ou charmants.

Il n'est pas même nécessaire que les sens extérieurs soient absolument assoupis pour que le sens intérieur matériel puisse agir de son propre mouvement, il suffit qu'ils soient sans exercice. Dans l'habitude où nous sommes de nous livrer régulièrement à un repos anticipé, on ne s'endort pas toujours aisément; le corps et les membres mollement étendus sont sans mouvement; les yeux, doublement voilés par la paupière et les ténèbres, ne peuvent s'exercer; la tranquillité du lieu et le silence de la nuit rendent l'oreille inutile; les autres sens sont également inactifs, tout est en repos, et rien n'est encore assoupi : dans cet état, lorsqu'on ne s'occupe pas d'idées et que l'âme est aussi dans l'inaction, l'empire appartient au sens intérieur matériel, il est alors la seule puissance qui agisse, c'est là le temps des images chimériques, des ombres voltigeantes; on veille, et cependant on éprouve les effets du sommeil : si l'on est en pleine santé, c'est une suite d'images agréables, d'illusions charmantes; mais, pour peu que le corps soit souffrant ou affaissé, les tableaux sont bien différents : on voit des figures grimaçantes, des visages de vieilles, des fantômes hideux qui semblent s'adresser à nous, et qui se succèdent avec autant de bizarrerie que de rapidité; c'est la lanterne magique, c'est une scène de chimères qui remplissent le cerveau vide alors de toute autre sensation, et les objets de cette scène sont d'autant plus vifs, d'autant plus nombreux, d'autant plus désagréables, que les autres facultés animales sont plus lésées, que les nerfs sont plus délicats, et que l'on est plus faible, parce que les ébranlements causés par les sensations réelles étant dans cet état de faiblesse ou de maladie beaucoup plus forts et plus désagréables que dans l'état de santé, les représentations de ces sensations, que produit le renouvellement de ces ébranlements, doivent aussi être plus vives et plus désagréables.

Au reste, nous nous souvenons de nos rêves, par la même raison que nous nous souvenons des sensations que nous venons d'éprouver; et la seule différence qu'il y ait ici entre les animaux et nous, c'est que nous distinguons parfaitement ce qui appartient à nos rêves de ce qui appartient à nos idées ou à nos sensations réelles, et ceci est une comparaison, une opération de la mémoire, dans laquelle entre l'idée du temps; les animaux au contraire, qui sont privés de la mémoire et de cette puissance de comparer les temps, ne peuvent distinguer leurs rêves de leurs sensations réelles, et l'on peut dire que ce qu'ils ont rêvé leur est effectivement arrivé.

Je crois avoir déjà prouvé d'une manière démonstrative, dans ce que j'ai écrit [a] sur la nature de l'homme, que les animaux n'ont pas la puissance de réfléchir : or l'entendement est, non-seulement une faculté de cette puissance de réfléchir, mais c'est l'exercice même de cette puissance, c'en est le résultat, c'est ce qui la manifeste; seulement nous devons distinguer dans l'entendement deux opérations différentes, dont la première sert de base à la seconde et la précède nécessairement. Cette première action de

_a._ Page 1 et suiv.

la puissance de réfléchir est de comparer les sensations et d'en former des idées, et la seconde est de comparer les idées mêmes et d'en former des raisonnements : par la première de ces opérations, nous acquérons des idées particulières et qui suffisent à la connaissance de toutes les choses sensibles ; par la seconde, nous nous élevons à des idées générales, nécessaires pour arriver à l'intelligence des choses abstraites. Les animaux n'ont ni l'une ni l'autre de ces facultés, parce qu'ils n'ont point d'entendement , et l'entendement de la plupart des hommes paraît être borné à la première de ces opérations.

Car si tous les hommes étaient également capables de comparer des idées, de les généraliser et d'en former de nouvelles combinaisons, tous manifesteraient leur génie par des productions nouvelles, toujours différentes de celles des autres, et souvent plus parfaites ; tous auraient le don d'inventer, ou du moins les talents de perfectionner. Mais non : réduits à une imitation servile, la plupart des hommes ne font que ce qu'ils voient faire , ne pensent que de mémoire et dans le même ordre que les autres ont pensé ; les formules , les méthodes , les métiers, remplissent toute la capacité de leur entendement, et les dispensent de réfléchir assez pour créer.

L'imagination est aussi une faculté de l'âme : si nous entendons par ce mot *imagination* la puissance que nous avons de comparer des images avec des idées, de donner des couleurs à nos pensées , de représenter et d'agrandir nos sensations, de peindre le sentiment, en un mot de saisir vivement les circonstances et de voir nettement les rapports éloignés des objets que nous considérons , cette puissance de notre âme en est même la qualité la plus brillante et la plus active : c'est l'esprit supérieur, c'est le génie, les animaux en sont encore plus dépourvus que d'entendement et de mémoire ; mais il y a une autre imagination, un autre principe qui dépend uniquement des organes corporels, et qui nous est commun avec les animaux : c'est cette action tumultueuse et forcée qui s'excite au dedans de nous-mêmes par les objets analogues ou contraires à nos appétits ; c'est cette impression vive et profonde des images de ces objets, qui malgré nous se renouvelle à tout instant et nous contraint d'agir comme les animaux , sans réflexion, sans délibération ; cette représentation des objets, plus active encore que leur présence, exagère tout, falsifie tout. Cette imagination est l'ennemie de notre âme, c'est la source de l'illusion, la mère des passions qui nous maîtrisent, nous emportent malgré les efforts de la raison , et nous rendent le malheureux théâtre d'un combat continuel , où nous sommes presque toujours vaincus.

Homo duplex.

L'homme intérieur est double[1]; il est composé de deux principes différents par leur nature, et contraires par leur action. L'âme, ce principe
spirituel, ce principe de toute connaissance, est toujours en opposition
avec cet autre principe animal et purement matériel : le premier est une
lumière pure qu'accompagnent le calme et la sérénité, une source salutaire
dont émanent la science, la raison, la sagesse; l'autre est une fausse lueur
qui ne brille que par la tempête et dans l'obscurité, un torrent impétueux
qui roule et entraîne à sa suite les passions et les erreurs.

Le principe animal se développe le premier : comme il est purement
matériel et qu'il consiste dans la durée des ébranlements et le renouvellement des impressions formées dans notre sens intérieur matériel par les
objets analogues ou contraires à nos appétits, il commence à agir dès que
le corps peut sentir de la douleur ou du plaisir, il nous détermine le premier et aussitôt que nous pouvons faire usage de nos sens. Le principe
spirituel se manifeste plus tard, il se développe, il se perfectionne au moyen
de l'éducation; c'est par la communication des pensées d'autrui que l'enfant
en acquiert et devient lui-même pensant et raisonnable, et sans cette communication il ne serait que stupide ou fantasque, selon le degré d'inaction
ou d'activité de son sens intérieur matériel.

Considérons un enfant lorsqu'il est en liberté et loin de l'œil de ses
maîtres : nous pouvons juger de ce qui se passe au dedans de lui par le
résultat de ses actions extérieures; il ne pense ni ne réfléchit à rien, il suit
indifféremment toutes les routes du plaisir, il obéit à toutes les impressions
des objets extérieurs, il s'agite sans raison, il s'amuse, comme les jeunes
animaux, à courir, à exercer son corps, il va, vient et revient sans dessein,
sans projet, il agit sans ordre et sans suite; mais bientôt, rappelé par la
voix de ceux qui lui ont appris à penser, il se compose, il dirige ses actions,
et donne des preuves qu'il a conservé les pensées qu'on lui a communiquées. Le principe matériel domine donc dans l'enfance, et il continuerait
de dominer et d'agir presque seul pendant toute la vie, si l'éducation ne
venait à développer le principe spirituel et à mettre l'âme en exercice[2].

Il est aisé, en rentrant en soi-même, de reconnaître l'existence de ces
deux principes : il y a des instants dans la vie, il y a même des heures, des

---

1. La profondeur et l'éloquence ont donné à cette proposition, fort ancienne, un aspect nouveau. La distinction des *deux hommes* fait le caractère propre de la philosophie de Buffon.

> Mon Dieu, quelle guerre cruelle!
> Je trouve deux hommes en moi.....
>> RAC. *Cant.* 11, tiré de l'épître de saint Paul aux Rom.

« Voilà deux hommes que je connais bien, » s'écria Louis XIV lorsque Racine lui lut ce
cantique.

2. On n'a jamais fait un plus magnifique éloge de l'éducation.

jours, des saisons où nous pouvons juger, non-seulement de la certitude
de leur existence, mais aussi de leur contrariété d'action. Je veux parler
de ces temps d'ennui, d'indolence, de dégoût, où nous ne pouvons nous
déterminer à rien, où nous voulons ce que nous ne faisons pas, et faisons
ce que nous ne voulons pas[1]; de cet état ou de cette maladie, à laquelle on
a donné le nom de vapeurs, état où se trouvent si souvent les hommes oisifs,
et même les hommes qu'aucun travail ne commande. Si nous nous observons dans cet état, notre *moi* nous paraîtra divisé en deux personnes, dont
la première, qui représente la faculté raisonnable, blâme ce que fait la
seconde, mais n'est pas assez forte pour s'y opposer efficacement et la
vaincre[2]; au contraire, cette dernière étant formée de toutes les illusions de
nos sens et de notre imagination, elle contraint, elle enchaîne, et souvent
elle accable la première et nous fait agir contre ce que nous pensons, ou
nous force à l'inaction, quoique nous ayons la volonté d'agir.

Dans le temps où la faculté raisonnable domine, on s'occupe tranquillement de soi-même, de ses amis, de ses affaires; mais on s'aperçoit encore,
ne fût-ce que par des distractions involontaires, de la présence de l'autre
principe. Lorsque celui-ci vient à dominer à son tour, on se livre ardemment à la dissipation, à ses goûts, à ses passions, et à peine réfléchit-on par
instants sur les objets mêmes qui nous occupent et qui nous remplissent
tout entiers. Dans ces deux états nous sommes heureux; dans le premier nous commandons avec satisfaction, et dans le second nous obéis-
sons encore avec plus de plaisir : comme il n'y a que l'un des deux principes qui soit alors en action, et qu'il agit sans opposition de la part de
l'autre, nous ne sentons aucune contrariété intérieure, notre *moi* nous
paraît simple, parce que nous n'éprouvons qu'une impulsion simple, et
c'est dans cette unité d'action que consiste notre bonheur. Car pour peu
que par des réflexions nous venions à blâmer nos plaisirs, ou que par la
violence de nos passions nous cherchions à haïr la raison, nous cessons
dès lors d'être heureux; nous perdons l'unité de notre existence en quoi
consiste notre tranquillité : la contrariété intérieure se renouvelle, les deux
personnes se représentent en opposition, et les deux principes se font
sentir et se manifestent par les doutes, les inquiétudes et les remords.

De là on peut conclure que le plus malheureux de tous les états est celui
où ces deux puissances souveraines de la nature de l'homme sont toutes
deux en grand mouvement, mais en mouvement égal et qui fait équilibre;
c'est là le point de l'ennui le plus profond et de cet horrible dégoût de

1.   Je ne fais pas le bien que j'aime,
            Et je fais le mal que je hais.
                        RAC. *Cant.* cité.
2.   .....Video meliora, proboque,
            Deteriora sequor.....
                        OVID.

soi-même, qui ne nous laisse d'autre désir que celui de cesser d'être, et ne nous permet qu'autant d'action qu'il en faut pour nous détruire, en tournant froidement contre nous des armes de fureur.

Quel état affreux! je viens d'en peindre la nuance la plus noire; mais combien n'y a-t-il pas d'autres sombres nuances qui doivent la précéder! Toutes les situations voisines de cette situation, tous les états qui approchent de cet état d'équilibre, et dans lesquels les deux principes opposés ont peine à se surmonter, et agissent en même temps et avec des forces presque égales, sont des temps de trouble, d'irrésolution et de malheur; le corps même vient à souffrir de ce désordre et de ces combats intérieurs; il languit dans l'accablement, ou se consume par l'agitation que cet état produit.

Le bonheur de l'homme consistant dans l'unité de son intérieur, il est heureux dans le temps de l'enfance, parce que le principe matériel domine seul et agit presque continuellement. La contrainte, les remontrances, et même les châtiments, ne sont que de petits chagrins, l'enfant ne les ressent que comme on sent les douleurs corporelles, le fond de son existence n'en est point affecté, il reprend, dès qu'il est en liberté, toute l'action, toute la gaieté que lui donnent la vivacité et la nouveauté de ses sensations : s'il était entièrement livré à lui-même, il serait parfaitement heureux; mais ce bonheur cesserait, il produirait même le malheur pour les âges suivants; on est donc obligé de contraindre l'enfant; il est triste, mais nécessaire, de le rendre malheureux par instants, puisque ces instants même de malheur sont les germes de tout son bonheur à venir.

Dans la jeunesse, lorsque le principe spirituel commence à entrer en exercice et qu'il pourrait déjà nous conduire, il naît un nouveau sens matériel qui prend un empire absolu, et commande si impérieusement à toutes nos facultés que l'âme elle-même semble se prêter avec plaisir aux passions impétueuses qu'il produit : le principe matériel domine donc encore, et peut-être avec plus d'avantage que jamais; car, non-seulement il efface et soumet la raison, mais il la pervertit et s'en sert comme d'un moyen de plus; on ne pense et on n'agit que pour approuver et pour satisfaire sa passion. Tant que cette ivresse dure on est heureux; les contradictions et les peines extérieures semblent resserrer encore l'unité de l'intérieur, elles fortifient la passion, elles en remplissent les intervalles languissants, elles réveillent l'orgueil, et achèvent de tourner toutes nos vues vers le même objet et toutes nos puissances vers le même but.

Mais ce bonheur va passer comme un songe; le charme disparaît, le dégoût suit, un vide affreux succède à la plénitude des sentiments dont on était occupé. L'âme, au sortir de ce sommeil léthargique, a peine à se reconnaître; elle a perdu par l'esclavage l'habitude de commander, elle n'en a plus la force, elle regrette même la servitude, et cherche un nouveau maître, un nouvel objet de passion qui disparaît bientôt à son tour, pour être suivi d'un autre qui dure encore moins : ainsi les excès et les dégoûts se multiplient, les plaisirs fuient, les organes s'usent, le sens matériel, loin de pouvoir commander, n'a plus la force d'obéir. Que reste-t-il à l'homme après une telle jeunesse? un corps énervé, une âme amollie, et l'impuissance de se servir de tous deux.

Aussi a-t-on remarqué que c'est dans le moyen âge que les hommes sont le plus sujets à ces langueurs de l'âme, à cette maladie intérieure, à cet état de vapeurs dont j'ai parlé. On court encore à cet âge après les plaisirs de la jeunesse, on les cherche par habitude et non par besoin; et comme à mesure qu'on avance il arrive toujours plus fréquemment qu'on sent moins le plaisir que l'impuissance d'en jouir, on se trouve contredit par soi-même, humilié par sa propre faiblesse, si nettement et si souvent, qu'on ne peut s'empêcher de se blâmer, de condamner ses actions, et de se reprocher même ses désirs.

D'ailleurs, c'est à cet âge que naissent les soucis et que la vie est la plus contentieuse; car on a pris un état, c'est-à-dire qu'on est entré par hasard ou par choix dans une carrière qu'il est toujours honteux de ne pas fournir, et souvent très-dangereux de remplir avec éclat. On marche donc péniblement entre deux écueils également formidables, le mépris et la haine, on s'affaiblit par les efforts qu'on fait pour les éviter, et l'on tombe dans le découragement; car lorsqu'à force d'avoir vécu et d'avoir reconnu, éprouvé les injustices des hommes, on a pris l'habitude d'y compter comme sur un mal nécessaire, lorsqu'on s'est enfin accoutumé à faire moins de cas de leurs jugements que de son repos, et que le cœur endurci par les cicatrices mêmes des coups qu'on lui a portés, est devenu plus insensible, on arrive aisément à cet état d'indifférence, à cette quiétude indolente, dont on aurait rougi quelques années auparavant. La gloire, ce puissant mobile de toutes les grandes âmes, et qu'on voyait de loin comme un but éclatant qu'on s'efforçait d'atteindre par des actions brillantes et des travaux utiles, n'est plus qu'un objet sans attraits pour ceux qui en ont approché, et un fantôme vain et trompeur pour les autres qui sont restés dans l'éloignement. La paresse prend sa place, et semble offrir à tous des routes plus aisées et des biens plus solides; mais le dégoût la précède et l'ennui la suit, l'ennui, ce triste tyran de toutes les âmes qui pensent, contre lequel la sagesse peut moins que la folie.

C'est donc parce que la nature de l'homme est composée de deux principes opposés, qu'il a tant de peine à se concilier avec lui-même; c'est de là que viennent son inconstance, son irrésolution, ses ennuis.

Les animaux au contraire, dont la nature est simple et purement matérielle, ne ressentent, ni combats intérieurs, ni opposition, ni trouble; ils n'ont, ni nos regrets, ni nos remords, ni nos espérances, ni nos craintes.

Séparons de nous tout ce qui appartient à l'âme, ôtons-nous l'entendement, l'esprit et la mémoire; ce qui nous restera sera la partie matérielle par laquelle nous sommes animaux; nous aurons encore des besoins, des sensations, des appétits, nous aurons de la douleur et du plaisir, nous aurons même des passions; car une passion est-elle autre chose qu'une sensation plus forte que les autres, et qui se renouvelle à tout instant? Or, nos sensations pourront se renouveler dans notre sens intérieur matériel; nous aurons donc toutes les passions, du moins toutes les passions aveugles que l'âme, ce principe de la connaissance, ne peut ni produire, ni fomenter.

C'est ici le point le plus difficile : comment pourrons-nous, surtout avec l'abus que l'on a fait des termes, nous faire entendre et distinguer nettement les passions qui n'appartiennent qu'à l'homme, de celles qui lui sont communes avec les animaux ? est-il certain, est-il croyable que les animaux puissent avoir des passions? n'est-il pas au contraire convenu que toute passion est une émotion de l'âme? doit-on par conséquent chercher ailleurs que dans ce principe spirituel les germes de l'orgueil, de l'envie, de l'ambition, de l'avarice et de toutes les passions qui nous commandent?

Je ne sais, mais il me semble que tout ce qui commande à l'âme est hors d'elle; il me semble que le principe de la connaissance n'est point celui du sentiment; il me semble que le germe de nos passions est dans nos appétits, que les illusions viennent de nos sens et résident dans notre sens intérieur matériel, que d'abord l'âme n'y a de part que par son silence, que quand elle s'y prête elle est subjuguée, et pervertie lorsqu'elle s'y complaît.

Distinguons donc, dans les passions de l'homme, le physique et le moral : l'un est la cause, l'autre l'effet; la première émotion est dans le sens intérieur matériel, l'âme peut la recevoir, mais elle ne la produit pas. Distinguons aussi les mouvements instantanés des mouvements durables, et nous verrons d'abord que la peur, l'horreur, la colère, l'amour, ou plutôt le désir de jouir, sont des sentiments qui, quoique durables, ne dépendent que de l'impression des objets sur nos sens, combinée avec les impressions subsistantes de nos sensations antérieures, et que par conséquent ces passions doivent nous être communes avec les animaux. Je dis que les impressions actuelles des objets sont combinées avec les impressions subsistantes de nos sensations antérieures, parce que rien n'est horrible, rien n'est effrayant, rien n'est attrayant, pour un homme ou pour un animal qui voit pour la première fois. On peut en faire l'épreuve sur de jeunes animaux : j'en ai vu se jeter au feu la première fois qu'on les y présentait; ils n'acquièrent de l'expérience que par des actes réitérés, dont les impressions subsistent dans leur sens intérieur; et quoique leur expérience ne soit point raisonnée, elle n'en est pas moins sûre, elle n'en est même que plus circonspecte; car un grand bruit, un mouvement violent, une figure extraordinaire, qui se présente ou se fait entendre subitement et pour la première fois, produit dans l'animal une secousse dont l'effet est semblable aux premiers mouvements de la peur, mais ce sentiment n'est qu'instantané ; comme il ne peut se combiner avec aucune sensation précédente, il ne peut donner à l'animal qu'un ébranlement momentané, et non pas une émotion durable, telle que la suppose la passion de la peur.

Un jeune animal, tranquille habitant des forêts, qui tout à coup entend le son éclatant d'un cor, ou le bruit subit et nouveau d'une arme à feu, tressaillit, bondit, et fuit par la seule violence de la secousse qu'il vient d'éprouver. Cependant si ce bruit est sans effet, s'il cesse, l'animal reconnaît d'abord le silence ordinaire de la nature, il se calme, s'arrête, et regagne à pas égaux sa paisible retraite. Mais l'âge et l'expérience le rendront bientôt circonspect et timide, dès qu'à l'occasion d'un bruit pareil il se sera senti blessé, atteint ou poursuivi : ce sentiment de peine ou cette sensation de douleur se conserve dans son sens intérieur ; et lorsque le même bruit se fait encore entendre elle se renouvelle, et se combinant avec l'ébranlement actuel elle produit un sentiment durable, une passion subsistante, une vraie peur ; l'animal fuit et fuit de toutes ses forces, il fuit très-loin, il fuit longtemps, il fuit toujours, puisque souvent il abandonne à jamais son séjour ordinaire.

La peur est donc une passion dont l'animal est susceptible, quoiqu'il n'ait pas nos craintes raisonnées ou prévues ; il en est de même de l'horreur, de la colère, de l'amour, quoiqu'il n'ait ni nos aversions réfléchies, ni nos haines durables, ni nos amitiés constantes. L'animal a toutes ces passions premières ; elles ne supposent aucune connaissance, aucune idée, et ne sont fondées que sur l'expérience du sentiment, c'est-à-dire, sur la répétition des actes de douleur ou de plaisir, et le renouvellement des sensations antérieures du même genre. La colère, ou, si l'on veut, le courage naturel, se remarque dans les animaux qui sentent leurs forces, c'est-à-dire, qui les ont éprouvées, mesurées, et trouvées supérieures à celles des autres ; la peur est le partage des faibles, mais le sentiment d'amour leur appartient à tous.

Amour ! désir inné ! âme de la nature ! principe inépuisable d'existence ! puissance souveraine qui peut tout et contre laquelle rien ne peut, par qui tout agit, tout respire et tout se renouvelle ! divine flamme ! germe de perpétuité que l'Éternel a répandu dans tout avec le souffle de vie ! Précieux sentiment qui peux seul amollir les cœurs féroces et glacés, en les pénétrant d'une douce chaleur ! cause première de tout bien, de toute société, qui réunis sans contrainte et par tes seuls attraits les natures sauvages et dispersées ! source unique et féconde de tout plaisir, de toute volupté ! Amour ! pourquoi fais-tu l'état heureux de tous les êtres et le malheur de l'homme ?

C'est qu'il n'y a que le physique de cette passion qui soit bon; c'est que, malgré ce que peuvent dire les gens épris, le moral n'en vaut rien. Qu'est-ce en effet que le moral de l'amour? la vanité : vanité dans le plaisir de la conquête, erreur qui vient de ce qu'on en fait trop de cas; vanité dans le désir de la conserver exclusivement, état malheureux qu'accompagne toujours la jalousie, petite passion si basse qu'on voudrait la cacher; vanité dans la manière d'en jouir, qui fait qu'on ne multiplie que ses gestes et ses efforts sans multiplier ses plaisirs; vanité dans la façon même de la perdre, on veut rompre le premier; car si l'on est quitté, quelle humiliation! et cette humiliation se tourne en désespoir lorsqu'on vient à reconnaître qu'on a été longtemps dupe et trompé.

Les animaux ne sont point sujets à toutes ces misères; ils ne cherchent pas des plaisirs où il ne peut y en avoir : guidés par le sentiment seul, ils ne se trompent jamais dans leurs choix, leurs désirs sont toujours proportionnés à la puissance de jouir, ils sentent autant qu'ils jouissent, et ne jouissent qu'autant qu'ils sentent; l'homme au contraire, en voulant inventer des plaisirs, n'a fait que gâter la nature; en voulant se forcer sur le sentiment il ne fait qu'abuser de son être, et creuser dans son cœur un vide que rien ensuite n'est capable de remplir.

Tout ce qu'il y a de bon dans l'amour appartient donc aux animaux tout aussi bien qu'à nous, et même, comme si ce sentiment ne pouvait jamais être pur, ils paraissent avoir une petite portion de ce qu'il y a de moins bon, je veux parler de la jalousie. Chez nous, cette passion suppose toujours quelque défiance de soi-même, quelque connaissance sourde de sa propre faiblesse; les animaux au contraire semblent être d'autant plus jaloux qu'ils ont plus de force, plus d'ardeur et plus d'habitude au plaisir : c'est que notre jalousie dépend de nos idées, et la leur du sentiment; ils ont joui, ils désirent de jouir encore, ils s'en sentent la force, ils écartent donc tous ceux qui veulent occuper leur place; leur jalousie n'est point réfléchie, ils ne la tournent pas contre l'objet de leur amour, ils ne sont jaloux que de leurs plaisirs.

Mais les animaux sont-ils bornés aux seules passions que nous venons de décrire? la peur, la colère, l'horreur, l'amour et la jalousie, sont-elles les seules affections durables qu'ils puissent éprouver? Il me semble qu'indépendamment de ces passions, dont le sentiment naturel, ou plutôt l'expérience du sentiment, rend les animaux susceptibles, ils ont encore des passions qui leur sont communiquées et qui viennent de l'éducation, de l'exemple, de l'imitation et de l'habitude : ils ont leur espèce d'amitié, leur espèce d'orgueil, leur espèce d'ambition; et quoiqu'on puisse déjà s'être assuré, par ce que nous avons dit, que dans toutes leurs opérations et dans tous les actes qui émanent de leurs passions il n'entre ni réflexion, ni pensée, ni même aucune idée, cependant comme les habitudes dont nous parlons sont celles qui semblent le plus supposer quelque degré d'intelligence, et que c'est ici où la nuance entre eux et nous est la plus délicate et la plus difficile à saisir, ce doit être aussi celle que nous devons examiner avec le plus de soin.

Y a-t-il rien de comparable à l'attachement du chien pour la personne de son maître? On en a vu mourir sur le tombeau qui la renfermait; mais (sans vouloir citer les prodiges ni les héros d'aucun genre) quelle fidélité à accompagner, quelle constance à suivre, quelle attention à défendre son maître! quel empressement à rechercher ses caresses! quelle docilité à lui obéir! quelle patience à souffrir sa mauvaise humeur et des châtiments souvent injustes! Quelle douceur et quelle humilité pour tâcher de rentrer en grâce! que de mouvements, que d'inquiétudes, que de chagrin, s'il est absent! que de joie lorsqu'il se retrouve! A tous ces traits peut-on méconnaître l'amitié? se marque-t-elle même parmi nous par des caractères aussi énergiques?

Il en est de cette amitié comme de celle d'une femme pour son serin, d'un enfant pour son jouet, etc. : toutes deux sont aussi peu réfléchies, toutes deux ne sont qu'un sentiment aveugle ; celui de l'animal est seulement plus naturel, puisqu'il est fondé sur le besoin, tandis que l'autre n'a pour objet qu'un insipide amusement auquel l'âme n'a point de part. Ces habitudes puériles ne durent que par le désœuvrement, et n'ont de force que par le vide de la tête; et le goût pour les magots et le culte des idoles, l'attachement en un mot aux choses inanimées n'est-il pas le dernier degré de la stupidité? Cependant que de créateurs d'idoles et de magots dans ce monde ! que de gens adorent l'argile qu'ils ont pétrie! Combien d'autres sont amoureux de la glèbe qu'ils ont remuée !

Il s'en faut donc bien que tous les attachements viennent de l'âme, et que la faculté de pouvoir s'attacher suppose nécessairement la puissance de penser et de réfléchir, puisque c'est lorsqu'on pense et qu'on réfléchit le moins que naissent la plupart de nos attachements , que c'est encore faute de penser et de réfléchir qu'ils se confirment et se tournent en habitude, qu'il suffit que quelque chose flatte nos sens pour que nous l'aimions, et qu'enfin il ne faut que s'occuper souvent et longtemps d'un objet pour en faire une idole.

Mais l'amitié suppose cette puissance de réfléchir : c'est de tous les attachements le plus digne de l'homme et le seul qui ne le dégrade point. L'amitié n'émane que de la raison, l'impression des sens n'y fait rien, c'est l'âme de son ami qu'on aime, et pour aimer une âme il faut en avoir une, il faut en avoir fait usage, l'avoir connue, l'avoir comparée et trouvée de niveau à ce que l'on peut connaître de celle d'un autre : l'amitié suppose donc non-seulement le principe de la connaissance, mais l'exercice actuel et réfléchi de ce principe.

Ainsi l'amitié n'appartient qu'à l'homme, et l'attachement peut appartenir aux animaux : le sentiment seul suffit pour qu'ils s'attachent aux gens
qu'ils voient souvent, à ceux qui les soignent, qui les nourrissent, etc.; le
seul sentiment suffit encore pour qu'ils s'attachent aux objets dont ils sont
forcés de s'occuper. L'attachement des mères pour leurs petits ne vient que
de ce qu'elles ont été fort occupées à les porter, à les produire, à les débarrasser de leurs enveloppes, et qu'elles le sont encore à les allaiter; et si
dans les oiseaux les pères semblent avoir quelque attachement pour leurs
petits et paraissent en prendre soin comme les mères, c'est qu'ils se sont
occupés comme elles de la construction du nid, c'est qu'ils l'ont habité,
c'est qu'ils y ont eu du plaisir avec leurs femelles, dont la chaleur dure
encore longtemps après avoir été fécondées, au lieu que dans les autres
espèces d'animaux où la saison des amours est fort courte, où, passé cette
saison, rien n'attache plus les mâles à leurs femelles, où il n'y a point de
nid, point d'ouvrage à faire en commun, les pères ne sont pères que comme
on l'était à Sparte, ils n'ont aucun souci de leur postérité.

L'orgueil et l'ambition des animaux tiennent à leur courage naturel, c'est-
à-dire au sentiment qu'ils ont de leur force, de leur agilité, etc. : les grands
dédaignent les petits et semblent mépriser leur audace insultante. On augmente même par l'éducation ce sang-froid, cet *à-propos* de courage, on
augmente aussi leur ardeur, on leur donne de l'éducation par l'exemple,
car ils sont susceptibles et capables de tout, excepté de raison; en général,
les animaux peuvent apprendre à faire mille fois tout ce qu'ils ont fait
une fois, à faire de suite ce qu'ils ne faisaient que par intervalles, à faire
pendant longtemps ce qu'ils ne faisaient que pendant un instant, à faire
volontiers ce qu'ils ne faisaient d'abord que par force, à faire par habitude
ce qu'ils ont fait une fois par hasard, à faire d'eux-mêmes ce qu'ils voient
faire aux autres. L'imitation est de tous les résultats de la machine animale
le plus admirable, c'en est le mobile le plus délicat et le plus étendu, c'est
ce qui copie de plus près la pensée; et quoique la cause en soit dans les
animaux purement matérielle et mécanique, c'est par ses effets qu'ils nous
étonnent davantage. Les hommes n'ont jamais plus admiré les singes que
quand ils les ont vus imiter les actions humaines; en effet, il n'est point trop
aisé de distinguer certaines copies de certains originaux; il y a si peu de
gens d'ailleurs qui voient nettement combien il y a de distance entre faire
et contrefaire, que les singes doivent être pour le gros du genre humain
des êtres étonnants, humiliants, au point qu'on ne peut guère trouver mauvais qu'on ait donné sans hésiter plus d'esprit au singe, qui contrefait et
copie l'homme, qu'à l'homme (si peu rare parmi nous) qui ne fait ni ne
copie rien.

Cependant les singes sont tout au plus des gens à talents que nous prenons
pour des gens d'esprit : quoiqu'ils aient l'art de nous imiter, ils n'en sont

pas moins de la nature des bêtes, qui toutes ont plus ou moins le talent de l'imitation. A la vérité, dans presque tous les animaux ce talent est borné à l'espèce même, et ne s'étend point au delà de l'imitation de leurs semblables, au lieu que le singe, qui n'est pas plus de notre espèce que nous ne sommes de la sienne, ne laisse pas de copier quelques-unes de nos actions ; mais c'est parce qu'il nous ressemble à quelques égards, c'est parce qu'il est extérieurement à peu près conformé comme nous, et cette ressemblance grossière suffit pour qu'il puisse se donner des mouvements, et même des suites de mouvements semblables aux nôtres, pour qu'il puisse, en un mot, nous imiter grossièrement ; en sorte que tous ceux qui ne jugent des choses que par l'extérieur trouvent ici comme ailleurs du dessein, de l'intelligence et de l'esprit, tandis qu'en effet il n'y a que des rapports de figure, de mouvement et d'organisation.

C'est par les rapports de mouvement que le chien prend les habitudes de son maître, c'est par les rapports de figure que le singe contrefait les gestes humains, c'est par les rapports d'organisation que le serin répète des airs de musique, et que le perroquet imite le signe le moins équivoque de la pensée, la parole, qui met à l'extérieur autant de différence entre l'homme et l'homme qu'entre l'homme et la bête, puisqu'elle exprime dans les uns la lumière et la supériorité de l'esprit, qu'elle ne laisse apercevoir dans les autres qu'une confusion d'idées obscures ou empruntées, et que dans l'imbécile ou le perroquet elle marque le dernier degré de la stupidité, c'est-à-dire l'impossibilité où ils sont tous deux de produire intérieurement la pensée, quoiqu'il ne leur manque aucun des organes nécessaires pour la rendre au dehors.

Il est aisé de prouver encore mieux que l'imitation n'est qu'un effet mécanique, un résultat purement machinal, dont la perfection dépend de la vivacité avec laquelle le sens intérieur matériel reçoit les impressions des objets, et de la facilité de les rendre au dehors par la similitude et la souplesse des organes extérieurs. Les gens qui ont les sens exquis, délicats, faciles à ébranler, et les membres obéissants, agiles et flexibles, sont, toutes choses égales d'ailleurs, les meilleurs acteurs, les meilleurs pantomimes, les meilleurs singes : les enfants, sans y songer, prennent les habitudes du corps, empruntent les gestes, imitent les manières de ceux avec qui ils vivent ; ils sont aussi très-portés à répéter et à contrefaire. La plupart des jeunes gens les plus vifs et les moins pensants, qui ne voient que par les yeux du corps, saisissent cependant merveilleusement le ridicule des figures ; toute forme bizarre les affecte, toute représentation les frappe, toute nouveauté les émeut ; l'impression en est si forte qu'ils représentent euxmêmes, ils racontent avec enthousiasme, ils copient facilement et avec grâce ; ils ont donc supérieurement le talent de l'imitation, qui suppose l'organisation la plus parfaite, les dispositions du corps les plus heureuses, et auquel rien n'est plus opposé qu'une forte dose de bon sens.

Ainsi, parmi les hommes, ce sont ordinairement ceux qui réfléchissent le moins qui ont le plus ce talent de l'imitation; il n'est donc pas surprenant qu'on le trouve dans les animaux qui ne réfléchissent point du tout; ils doivent même l'avoir à un plus haut degré de perfection, parce qu'ils n'ont rien qui s'y oppose, parce qu'ils n'ont aucun principe par lequel ils puissent avoir la volonté d'être différents les uns des autres. C'est par notre âme que nous différons entre nous, c'est par notre âme que nous sommes nous, c'est d'elle que vient la diversité de nos caractères et la variété de nos actions : les animaux, au contraire, qui n'ont point d'âme, n'ont point le *moi* qui est le principe de la différence, la cause qui constitue la personne; ils doivent donc, lorsqu'ils se ressemblent par l'organisation ou qu'ils sont de la même espèce, se copier tous, faire tous les mêmes choses et de la même façon, s'imiter en un mot beaucoup plus parfaitement que les hommes ne peuvent s'imiter les uns les autres; et par conséquent ce talent d'imitation, bien loin de supposer de l'esprit et de la pensée dans les animaux, prouve, au contraire, qu'ils en sont absolument privés.

C'est par la même raison que l'éducation des animaux, quoique fort courte, est toujours heureuse; ils apprennent en très-peu de temps presque tout ce que savent leurs père et mère, et c'est par l'imitation qu'ils l'apprennent; ils ont donc, non-seulement l'expérience qu'ils peuvent acquérir par le sentiment, mais ils profitent encore, par le moyen de l'imitation, de l'expérience que les autres ont acquise. Les jeunes animaux se modèlent sur les vieux; ils voient que ceux-ci s'approchent ou fuient lorsqu'ils entendent certains bruits, lorsqu'ils aperçoivent certains objets, lorsqu'ils sentent certaines odeurs; ils s'approchent aussi ou fuient d'abord avec eux sans autre cause déterminante que l'imitation, et ensuite ils s'approchent ou fuient d'eux-mêmes et tout seuls, parce qu'ils ont pris l'habitude de s'approcher ou de fuir toutes les fois qu'ils ont éprouvé les mêmes sensations.

Après avoir comparé l'homme à l'animal, pris chacun individuellement, je vais comparer l'homme en société avec l'animal en troupe, et rechercher en même temps quelle peut être la cause de cette espèce d'industrie qu'on remarque dans certains animaux, même dans les espèces les plus viles et les plus nombreuses : que de choses ne dit-on pas de celle de certains insectes ! Nos observateurs admirent à l'envi l'intelligence et les talents des abeilles; elles ont, disent-ils, un génie particulier, un art qui n'appartient qu'à elles, l'art de se bien gouverner. Il faut savoir observer pour s'en apercevoir; mais une ruche est une république où chaque individu ne travaille que pour la société, où tout est ordonné, distribué, réparti avec une prévoyance, une équité, une prudence admirables; Athènes n'était pas mieux conduite ni mieux policée : plus on observe ce panier de mouches et plus on découvre de merveilles, un fond de gouvernement **inaltérable et toujours le même,**

un respect profond pour la personne en place, une vigilance singulière pour
son service, la plus soigneuse attention pour ses plaisirs, un amour constant pour la patrie, une ardeur inconcevable pour le travail, une assiduité
à l'ouvrage que rien n'égale, le plus grand désintéressement joint à la plus
grande économie, la plus fine géométrie employée à la plus élégante architecture, etc. Je ne finirais point si je voulais seulement parcourir les annales
de cette république, et tirer de l'histoire de ces insectes tous les traits qui
ont excité l'admiration de leurs historiens.

C'est qu'indépendamment de l'enthousiasme qu'on prend pour son sujet,
on admire toujours d'autant plus qu'on observe davantage et qu'on raisonne moins. Y a-t-il, en effet, rien de plus gratuit que cette admiration
pour les mouches, et que ces vues morales qu'on voudrait leur prêter, que
cet amour du bien commun qu'on leur suppose, que cet instinct singulier
qui équivaut à la géométrie la plus sublime, instinct qu'on leur a nouvellement accordé, par lequel les abeilles résolvent sans hésiter le problème de
*bâtir le plus solidement qu'il soit possible dans le moindre espace possible,
et avec la plus grande économie possible*[1]*?* que penser de l'excès auquel on
a porté le détail de ces éloges? car enfin une mouche ne doit pas tenir dans
la tête d'un naturaliste plus de place qu'elle n'en tient dans la nature; et
cette république merveilleuse ne sera jamais, aux yeux de la raison, qu'une
foule de petites bêtes qui n'ont d'autre rapport avec nous que celui de nous
fournir de la cire et du miel.

Ce n'est point la curiosité que je blâme ici, ce sont les raisonnements et
les exclamations : qu'on ait observé avec attention leurs manœuvres, qu'on
ait suivi avec soin leurs procédés et leur travail, qu'on ait décrit exactement
leur génération, leur multiplication, leurs métamorphoses, etc., tous ces
objets peuvent occuper le loisir d'un naturaliste; mais c'est la morale,
c'est la théologie[2] des insectes que je ne puis entendre prêcher; ce sont les
merveilles que les observateurs y mettent et sur lesquelles ensuite ils se
récrient, comme si elles y étaient en effet, qu'il faut examiner; c'est cette
intelligence, cette prévoyance, cette connaissance même de l'avenir qu'on
leur accorde avec tant de complaisance, et que cependant on doit leur
refuser rigoureusement, que je vais tâcher de réduire à sa juste valeur.

Les mouches solitaires n'ont, de l'aveu de ces observateurs, aucun esprit
en comparaison des mouches qui vivent ensemble; celles qui ne forment
que de petites troupes en ont moins que celles qui sont en grand nombres
et les abeilles, qui de toutes sont peut-être celles qui forment la société la
plus nombreuse, sont aussi celles qui ont le plus de génie. Cela seul ne

1. Réaumur. Voyez la Préface de son *Histoire des abeilles* (V^e volume de ses *Mém. sur les
insectes*).

2. Lyonnet. Voyez l'ouvrage de Lesser, intitulé : *Théologie des insectes.* Cet ouvrage venait
d'être traduit en français, et Lyonnet y avait joint des *remarques.*

suffit-il pas pour faire penser que cette apparence d'esprit ou de génie n'est qu'un résultat purement mécanique, une combinaison de mouvement proportionnelle au nombre, un rapport qui n'est compliqué que parce qu'il dépend de plusieurs milliers d'individus? Ne sait-on pas que tout rapport, tout désordre même, pourvu qu'il soit constant, nous paraît une harmonie dès que nous en ignorons les causes, et que de la supposition de cette apparence d'ordre à celle de l'intelligence il n'y a qu'un pas, les hommes aimant mieux admirer qu'approfondir?

On conviendra donc d'abord, qu'à prendre les mouches une à une, elles ont moins de génie que le chien, le singe et la plupart des animaux; on conviendra qu'elles ont moins de docilité, moins d'attachement, moins de sentiment, moins, en un mot, de qualités relatives aux nôtres : dès lors on doit convenir que leur intelligence apparente ne vient que de leur multitude réunie; cependant cette réunion même ne suppose aucune intelligence, car ce n'est point par des vues morales qu'elles se réunissent, c'est sans leur consentement qu'elles se trouvent ensemble. Cette société n'est donc qu'un assemblage physique ordonné par la nature, et indépendant de toute vue, de toute connaissance, de tout raisonnement. La mère abeille produit dix mille individus tout à la fois et dans un même lieu; ces dix mille individus, fussent-ils encore mille fois plus stupides que je ne le suppose, seront obligés, pour continuer seulement d'exister, de s'arranger de quelque façon : comme ils agissent tous les uns contre les autres avec des forces égales, eussent-ils commencé par se nuire, à force de se nuire ils arriveront bientôt à se nuire le moins qu'il sera possible, c'est-à-dire à s'aider; ils auront donc l'air de s'entendre et de concourir au même but. L'observateur leur prêtera bientôt des vues et tout l'esprit qui leur manque; il voudra rendre raison de chaque action, chaque mouvement aura bientôt son motif, et de là sortiront des merveilles ou des monstres de raisonnement sans nombre; car ces dix mille individus, qui ont été tous produits à la fois, qui ont habité ensemble, qui se sont tous métamorphosés à peu près en même temps, ne peuvent manquer de faire tous la même chose, et, pour peu qu'ils aient de sentiment, de prendre des habitudes communes, de s'arranger, de se trouver bien ensemble, de s'occuper de leur demeure, d'y revenir après s'en être éloignés, etc., et de là l'architecture, la géométrie, l'ordre, la prévoyance, l'amour de la patrie, la république en un mot, le tout fondé, comme l'on voit, sur l'admiration de l'observateur.

La nature n'est-elle pas assez étonnante par elle-même, sans chercher encore à nous surprendre en nous étourdissant de merveilles qui n'y sont pas et que nous y mettons? Le Créateur n'est-il pas assez grand par ses ouvrages, et croyons-nous le faire plus grand par notre imbécillité? ce serait, s'il pouvait l'être, la façon de le rabaisser. Lequel, en effet, a de l'Être suprême la plus grande idée, celui qui le voit créer l'univers, ordonner les existences, fonder la nature sur des lois invariables et perpétuelles, ou celui qui le cherche et veut le trouver attentif à conduire une république de mouches; et fort occupé de la manière dont se doit plier l'aile d'un scarabée?

Il y a parmi certains animaux une espèce de société qui semble dépendre du choix de ceux qui la composent, et qui par conséquent approche bien davantage de l'intelligence et du dessein, que la société des abeilles, qui n'a d'autre principe qu'une nécessité physique : les éléphants, les castors, les singes, et plusieurs autres espèces d'animaux se cherchent, se rassemblent, vont par troupes, se secourent, se défendent, s'avertissent et se soumettent à des allures communes : si nous ne troublions pas si souvent ces sociétés, et que nous pussions les observer aussi facilement que celles des mouches, nous y verrions sans doute bien d'autres merveilles, qui cependant ne seraient que des rapports et des convenances physiques. Qu'on mette ensemble et dans un même lieu un grand nombre d'animaux de même espèce, il en résultera nécessairement un certain arrangement, un certain ordre, de certaines habitudes communes, comme nous le dirons dans l'histoire du daim, du lapin, etc. Or toute habitude commune, bien loin d'avoir pour cause le principe d'une intelligence éclairée, ne suppose, au contraire, que celui d'une aveugle imitation.

Parmi les hommes, la société dépend moins des convenances physiques que des relations morales. L'homme a d'abord mesuré sa force et sa faiblesse, il a comparé son ignorance et sa curiosité, il a senti que seul il ne pouvait suffire ni satisfaire par lui-même à la multiplicité de ses besoins, il a reconnu l'avantage qu'il aurait à renoncer à l'usage illimité de sa volonté pour acquérir un droit sur la volonté des autres, il a réfléchi sur l'idée du bien et du mal, il l'a gravée au fond de son cœur à la faveur de la lumière naturelle qui lui a été départie par la bonté du Créateur, il a vu que la solitude n'était pour lui qu'un état de danger et de guerre, il a cherché la sûreté et la paix dans la société, il y a porté ses forces et ses lumières pour les augmenter en les réunissant à celles des autres : cette réunion est de l'homme l'ouvrage le meilleur, c'est de sa raison l'usage le plus sage. En effet il n'est tranquille, il n'est fort, il n'est grand, il ne commande à l'univers que parce qu'il a su se commander à lui-même, se dompter, se soumettre et s'imposer des lois; l'homme, en un mot, n'est homme que parce qu'il a su se réunir à l'homme.

Il est vrai que tout a concouru à rendre l'homme sociable; car, quoique les grandes sociétés, les sociétés policées, dépendent certainement de l'usage et quelquefois de l'abus qu'il a fait de sa raison, elles ont sans doute été précédées par de petites sociétés qui ne dépendaient, pour ainsi dire, que de la nature. Une famille est une société naturelle, d'autant plus stable, d'autant mieux fondée, qu'il y a plus de besoins, plus de causes d'attachement. Bien différent des animaux, l'homme n'existe presque pas encore lorsqu'il vient de naître; il est nu, faible, incapable d'aucun mouvement, privé de toute action, réduit à tout souffrir, sa vie dépend des secours qu'on lui donne. Cet état de l'enfance imbécile, impuissante, dure longtemps; la nécessité du secours devient donc une habitude, qui seule serait capable de produire l'attachement mutuel de l'enfant et des père et mère; mais comme à mesure qu'il avance, l'enfant acquiert de quoi se passer plus aisément de secours, comme il a physiquement moins besoin d'aide, que les parents, au contraire, continuent à s'occuper de lui beaucoup plus qu'il ne s'occupe d'eux, il arrive toujours que l'amour descend beaucoup plus qu'il ne remonte : l'attachement des père et mère devient excessif, aveugle, idolâtre, et celui de l'enfant reste tiède et ne reprend des forces que lorsque la raison vient à développer le germe de la reconnaissance.

Ainsi la société, considérée même dans une seule famille, suppose dans l'homme la faculté raisonnable; la société, dans les animaux qui semblent se réunir librement et par convenance, suppose l'expérience du sentiment; et la société des bêtes qui, comme les abeilles, se trouvent ensemble sans s'être cherchées, ne suppose rien : quels qu'en puissent être les résultats, il est clair qu'ils n'ont été ni prévus, ni ordonnés, ni conçus par ceux qui les exécutent, et qu'ils ne dépendent que du mécanisme universel et des lois du mouvement établies par le Créateur. Qu'on mette ensemble dans le même lieu dix mille automates animés d'une force vive et tous déterminés, par la ressemblance parfaite de leur forme extérieure et intérieure, et par la conformité de leurs mouvements, à faire chacun la même chose dans ce même lieu, il en résultera nécessairement un ouvrage régulier; les rapports d'égalité, de similitude, de situation, s'y trouveront, puisqu'ils dépendent de ceux de mouvement que nous supposons égaux et conformes; les rapports de juxtaposition, d'étendue, de figure, s'y trouveront aussi puisque nous supposons l'espace donné et circonscrit; et si nous accordons à ces automates le plus petit degré de sentiment, celui seulement qui est nécessaire pour sentir son existence, tendre à sa propre conservation, éviter les choses nuisibles, appéter les choses convenables, etc., l'ouvrage sera non-seulement régulier, proportionné, situé, semblable, égal, mais il aura encore l'air de la symétrie, de la solidité, de la commodité, etc., au plus haut point de perfection, parce qu'en le formant, chacun de ces dix mille individus a cherché à s'arranger de la manière la plus commode pour lui, et qu'il a en même temps été forcé d'agir et de se placer de la manière la moins incommode aux autres.

Dirai-je encore un mot? ces cellules des abeilles, ces hexagones tant vantés, tant admirés, me fournissent une preuve de plus contre l'enthousiasme et l'admiration [1] : cette figure, toute géométrique et toute régulière qu'elle

---

1. Tous ces petits traits d'ironie sont dirigés contre Réaumur. Réaumur tenait alors, en France, le sceptre de l'histoire naturelle : Buffon allait bientôt le lui ravir.

nous paraît et qu'elle est en effet dans la spéculation, n'est ici qu'un résultat mécanique et assez imparfait qui se trouve souvent dans la nature, et que l'on remarque même dans ses productions les plus brutes ; les cristaux et plusieurs autres pierres, quelques sels, etc., prennent constamment cette figure dans leur formation. Qu'on observe les petites écailles de la peau d'une roussette, on verra qu'elles sont hexagones, parce que chaque écaille croissant en même temps se fait obstacle, et tend à occuper le plus d'espace qu'il est possible dans un espace donné : on voit ces mêmes hexagones dans le second estomac des animaux ruminants, on les trouve dans les graines, dans leurs capsules, dans certaines fleurs, etc. Qu'on remplisse un vaisseau de pois, ou plutôt de quelque autre graine cylindrique, et qu'on le ferme exactement, après y avoir versé autant d'eau que les intervalles qui restent entre ces graines peuvent en recevoir ; qu'on fasse bouillir cette eau, tous ces cylindres deviendront des colonnes à six pans. On en voit clairement la raison, qui est purement mécanique : chaque graine, dont la figure est cylindrique, tend par son renflement à occuper le plus d'espace possible dans un espace donné, elles deviennent donc toutes nécessairement hexagones par la compression réciproque. Chaque abeille cherche à occuper de même le plus d'espace possible dans un espace donné ; il est donc nécessaire aussi, puisque le corps des abeilles est cylindrique, que leurs cellules soient hexagones, par la même raison des obstacles réciproques [1].

On donne plus d'esprit aux mouches dont les ouvrages sont les plus réguliers ; les abeilles sont, dit-on, plus ingénieuses que les guêpes, que les frelons, etc., qui savent aussi l'architecture, mais dont les constructions sont plus grossières et plus irrégulières que celles des abeilles. On ne veut pas voir, ou l'on ne se doute pas que cette régularité plus ou moins grande dépend uniquement du nombre et de la figure, et nullement de l'intelligence de ces petites bêtes : plus elles sont nombreuses, plus il y a de forces qui agissent également et qui s'opposent de même, plus il y a par conséquent de contrainte mécanique, de régularité forcée et de perfection apparente dans leurs productions.

Les animaux qui ressemblent le plus à l'homme par leur figure et par leur organisation seront donc, malgré les apologistes des insectes, maintenus dans la possession où ils étaient, d'êtres supérieurs à tous les autres pour les qualités intérieures ; et quoiqu'elles soient infiniment différentes de celles de l'homme, qu'elles ne soient, comme nous l'avons prouvé, que des résultats de l'exercice et de l'expérience du sentiment, ces animaux sont

1. *Par la raison des obstacles réciproques.....* Voilà bien l'abus du *mécanisme*, porté à sa dernière limite. Mais, quand même la *compression réciproque* expliquerait les *cellules* des abeilles, expliquerait-elle la *toile* de l'araignée, le *cocon* du ver à soie, etc., etc. ? Il faudra toujours en venir à une force particulière et distincte du pur mécanisme, à une force propre à l'animal, en un mot à l'*instinct*. (Voyez mon livre intitulé : *De l'instinct et de l'intelligence des animaux.*)

par ces facultés mêmes fort supérieurs aux insectes; et comme tout se fait et que tout est par nuance dans la nature, on peut établir une échelle pour juger des degrés des qualités intrinsèques de chaque animal, en prenant pour premier terme la partie matérielle de l'homme, et plaçant successivement les animaux à différentes distances, selon qu'en effet ils en approchent ou s'en éloignent davantage, tant par la forme extérieure que par l'organisation intérieure : en sorte que le singe, le chien, l'éléphant et les autres quadrupèdes seront au premier rang; les cétacés, qui, comme les quadrupèdes et l'homme, ont de la chair et du sang, qui sont comme eux vivipares, seront au second, les oiseaux au troisième, parce qu'à tout prendre ils diffèrent de l'homme plus que les cétacés et que les quadrupèdes; et s'il n'y avait pas des êtres qui, comme les huîtres ou les polypes, semblent en différer autant qu'il est possible, les insectes seraient avec raison les bêtes du dernier rang.

Mais, si les animaux sont dépourvus d'entendement, d'esprit et de mémoire, s'ils sont privés de toute intelligence, si toutes leurs facultés dépendent de leurs sens, s'ils sont bornés à l'exercice et à l'expérience du sentiment seul, d'où peut venir cette espèce de prévoyance qu'on remarque dans quelques-uns d'entre eux? Le seul sentiment peut-il faire qu'ils ramassent des vivres pendant l'été pour subsister pendant l'hiver? Ceci ne suppose-t-il pas une comparaison des temps, une notion de l'avenir, une inquiétude raisonnée? Pourquoi trouve-t-on à la fin de l'automne, dans le trou d'un mulot, assez de gland pour le nourrir jusqu'à l'été suivant? Pourquoi cette abondante récolte de cire et de miel dans les ruches? Pourquoi les fourmis font-elles des provisions? Pourquoi les oiseaux feraient-ils des nids, s'ils ne savaient pas qu'ils en auront besoin pour y déposer leurs œufs et y élever leurs petits, etc., et tant d'autres faits particuliers que l'on raconte de la prévoyance des renards, qui cachent leur gibier en différents endroits pour le retrouver au besoin et s'en nourrir pendant plusieurs jours; de la subtilité raisonnée des hiboux, qui savent ménager leur provision de souris en leur coupant les pattes pour les empêcher de fuir [1]; de la pénétration merveilleuse des abeilles, qui savent d'avance que leur reine doit pondre dans un tel temps tel nombre d'œufs d'une certaine espèce dont il doit sortir des vers de mouches mâles, et tel autre nombre d'œufs d'une autre espèce qui doivent produire les mouches neutres, et qui, en conséquence de cette connaissance de l'avenir, construisent tel nombre d'alvéoles plus grandes pour les premières, et tel autre nombre d'alvéoles plus petites pour les secondes? etc., etc., etc.

1. On se souvient de la fable de La Fontaine : *Les souris et le chat-huant*. Le fait était assez prouvé pour un fabuliste.

Voyez que d'arguments il fit :
Quand ce peuple est pris, il s'enfuit;
Donc il faut le croquer aussitôt qu'on le happe.
Tout ! il est impossible.....

Avant que de répondre à ces questions, et même de raisonner sur ces faits, il faudrait être assuré qu'ils sont réels et avérés, il faudrait qu'au lieu d'avoir été racontés par le peuple ou publiés par des observateurs amoureux du merveilleux, ils eussent été vus par des gens sensés, et recueillis par des philosophes : je suis persuadé que toutes les prétendues merveilles disparaîtraient, et qu'en y réfléchissant on trouverait la cause de chacun de ces effets en particulier. Mais admettons pour un instant la vérité de tous ces faits; accordons, avec ceux qui les racontent, le pressentiment, la prévision, la connaissance même de l'avenir aux animaux, en résultera-t-il que ce soit un effet de leur intelligence? Si cela était, elle serait bien supérieure à la nôtre, car notre prévoyance est toujours conjecturale, nos notions sur l'avenir ne sont que douteuses, toute la lumière de notre âme suffit à peine pour nous faire entrevoir les probabilités des choses futures ; dès lors les animaux qui en voient la certitude, puisqu'ils se déterminent d'avance et sans jamais se tromper, auraient en eux quelque chose de bien supérieur au principe de notre connaissance, ils auraient une âme bien plus pénétrante et bien plus clairvoyante que la nôtre. Je demande si cette conséquence ne répugne pas autant à la religion qu'à la raison.

Ce ne peut donc être par une intelligence semblable à la nôtre que les animaux aient une connaissance certaine de l'avenir, puisque nous n'en avons que des notions très-douteuses et très-imparfaites : pourquoi donc leur accorder si légèrement une qualité si sublime? pourquoi nous dégrader mal à propos? ne serait-il pas moins déraisonnable, supposé qu'on ne pût pas douter des faits, d'en rapporter la cause à des lois mécaniques établies, comme toutes les autres lois de la nature, par la volonté du Créateur? La sûreté avec laquelle on suppose que les animaux agissent, la certitude de leur détermination, suffirait seule pour qu'on dût en conclure que ce sont les effets d'un pur mécanisme. Le caractère de la raison le plus marqué, c'est le doute, c'est la délibération, c'est la comparaison; mais des mouvements et des actions qui n'annoncent que la décision et la certitude, prouvent en même temps le mécanisme et la stupidité.

Cependant, comme les lois de la nature, telles que nous les connaissons, n'en sont que les effets généraux, et que les faits dont il s'agit ne sont au contraire que des effets très-particuliers, il serait peu philosophique et peu digne de l'idée que nous devons avoir du Créateur [1], de charger mal à propos sa volonté de tant de petites lois, ce serait déroger à sa toute-puissance et à la noble simplicité de la nature que de l'embarrasser gratuitement de cette quantité de statuts particuliers, dont l'un ne serait fait que pour les

1. C'est parce que nous nous faisons du Créateur une idée trop bornée, c'est parce que nous le jugeons relativement à nous, que nous supposons, *très-gratuitement*, qu'il serait embarrassé par une *grande quantité de statuts*. Il faut bien pourtant qu'il ait fait ces *statuts*, puisque chaque animal a sa *nature propre*, son *caractère particulier*, ses *instincts divers*.

mouches, l'autre pour les hiboux, l'autre pour les mulots, etc. Ne doit-on pas au contraire faire tous ses efforts pour ramener ces effets particuliers aux effets généraux; et, si cela n'était pas possible, mettre ces faits en réserve et s'abstenir de vouloir les expliquer jusqu'à ce que, par de nouveaux faits et par de nouvelles analogies, nous puissions en connaître les causes?

Voyons donc en effet s'ils sont inexplicables, s'ils sont si merveilleux, s'ils sont même avérés. La prévoyance des fourmis n'était qu'un préjugé [1]: on la leur avait accordée en les observant, on la leur a ôtée en les observant mieux; elles sont engourdies tout l'hiver, leurs provisions ne sont donc que des amas superflus, amas accumulés sans vues, sans connaissance de l'avenir, puisque par cette connaissance même elles en auraient prévu toute l'inutilité. N'est-il pas très-naturel que des animaux qui ont une demeure fixe où ils sont accoutumés à transporter les nourritures dont ils ont actuellement besoin et qui flattent leur appétit, en transportent beaucoup plus qu'il ne leur en faut, déterminés par le sentiment seul et par le plaisir de l'odorat ou de quelques autres de leurs sens, et guidés par l'habitude qu'ils ont prise d'emporter leurs vivres pour les manger en repos? Cela même ne démontre-t-il pas qu'ils n'ont que du sentiment et point de raisonnement? C'est par la même raison que les abeilles ramassent beaucoup plus de cire et de miel qu'il ne leur en faut; ce n'est donc point du produit de leur intelligence, c'est des effets de leur stupidité que nous profitons; car l'intelligence les porterait nécessairement à ne ramasser qu'à peu près autant qu'elles ont besoin, et à s'épargner la peine de tout le reste, surtout après la triste expérience que ce travail est en pure perte, qu'on leur enlève tout ce qu'elles ont de trop, qu'enfin cette abondance est la seule cause de la guerre qu'on leur fait, et la source de la désolation et du trouble de leur société. Il est si vrai que ce n'est que par sentiment aveugle qu'elles travaillent, qu'on peut les obliger à travailler, pour ainsi dire, autant que l'on veut : tant qu'il y a des fleurs qui leur conviennent dans le pays qu'elles habitent, elles ne cessent d'en tirer le miel et la cire; elles ne discontinuent leur travail et ne finissent leur récolte que parce qu'elles ne trouvent plus rien à ramasser. On a imaginé de les transporter et de les faire voyager dans d'autres pays où il y a encore des fleurs, alors elles reprennent le travail,

---

1. *La prévoyance des fourmis n'est point un préjugé.* Il est très-vrai que ce n'est pas pour s'en nourrir que les *fourmis* amassent du blé, de l'orge, de l'avoine, etc. Elles se servent de ces grains pour la construction de leur habitation. Mais la merveille n'est pas diminuée pour cela. Au lieu de se faire des provisions de *grains*, elles se font des provisions d'*insectes*, et même d'*insectes vivants*. Elles *amassent* des *pucerons*. « Ces pucerons, dit Pierre Huber (avec ce « ton un peu emphatique qui, selon Buffon, est le ton de tous les observateurs), ces pucerons « sont leur trésor; une fourmilière est plus ou moins riche selon qu'elle a plus ou moins de « pucerons : c'est leur bétail, ce sont leurs vaches et leurs chèvres, etc. » (P. Huber. *Rech. sur les mœurs des fourmis.*)

elles continuent à ramasser, à entasser jusqu'à ce que les fleurs de ce nouveau canton soient épuisées ou flétries; et si on les porte dans un autre qui soit encore fleuri, elles continueront de même à recueillir, à amasser : leur travail n'est donc point une prévoyance ni une peine qu'elles se donnent dans la vue de faire des provisions pour elles, c'est au contraire un mouvement dicté par le sentiment, et ce mouvement dure et se renouvelle autant et aussi longtemps qu'il existe des objets qui y sont relatifs.

Je me suis particulièrement informé des mulots, et j'ai vu quelques-uns de leurs trous; ils sont ordinairement divisés en deux : dans l'un ils font leurs petits, dans l'autre ils entassent tout ce qui flatte leur appétit. Lorsqu'ils font eux-mêmes leurs trous, ils ne les font pas grands, et alors ils ne peuvent y placer qu'une assez petite quantité de graines; mais lorsqu'ils trouvent sous le tronc d'un arbre un grand espace, ils s'y logent et ils le remplissent, autant qu'ils peuvent, de blé, de noix, de noisettes, de glands, selon le pays qu'ils habitent : en sorte que la provision, au lieu d'être proportionnée au besoin de l'animal, ne l'est au contraire qu'à la capacité du lieu.

Voilà donc déjà les provisions des fourmis, des mulots, des abeilles, réduites à des tas inutiles, disproportionnés et ramassés sans vues; voilà les petites lois particulières de leur prévoyance supposée ramenées à la loi réelle et générale du sentiment; il en sera de même de la prévoyance des oiseaux. Il n'est pas nécessaire de leur accorder la connaissance de l'avenir, ou de recourir à la supposition d'une loi particulière que le Créateur aurait établie en leur faveur, pour rendre raison de la construction de leurs nids; ils sont conduits par degrés à les faire, ils trouvent d'abord un lieu qui convient, ils s'y arrangent, ils y portent ce qui le rendra plus commode; ce nid n'est qu'un lieu qu'ils reconnaîtront, qu'ils habiteront sans inconvénient et où ils séjourneront tranquillement : l'amour est le sentiment qui les guide et les excite à cet ouvrage, ils ont besoin mutuellement l'un de l'autre, ils se trouvent bien ensemble, ils cherchent à se cacher, à se dérober au reste de l'univers, devenu pour eux plus incommode et plus dangereux que jamais; ils s'arrêtent donc dans les endroits les plus touffus des arbres, dans les lieux les plus inaccessibles ou les plus obscurs; et pour s'y soutenir, pour y demeurer d'une manière moins incommode, ils entassent des feuilles, ils arrangent de petits matériaux, et travaillent à l'envi à leur habitation commune : les uns, moins adroits ou moins sensuels, ne font que des ouvrages grossièrement ébauchés, d'autres se contentent de ce qu'ils trouvent tout fait, et n'ont pas d'autre domicile que les trous qui se présentent ou les pots qu'on leur offre. Toutes ces manœuvres sont relatives à leur organisation et dépendantes du sentiment qui ne peut, à quelque degré qu'il soit, produire le raisonnement, et encore moins donner cette prévision intuitive, cette connaissance certaine de l'avenir, qu'on leur suppose.

On peut le prouver par des exemples familiers : non-seulement ces animaux ne savent pas ce qui doit arriver, mais ils ignorent même ce qui est arrivé. Une poule ne distingue pas ses œufs de ceux d'un autre oiseau, elle ne voit point que les petits canards qu'elle vient de faire éclore ne lui appartiennent point, elle couve des œufs de craie, dont il ne doit rien résulter, avec autant d'attention que ses propres œufs; elle ne connaît donc ni le passé, ni l'avenir, et se trompe encore sur le présent. Pourquoi les oiseaux de basse-cour ne font-ils pas des nids comme les autres? serait-ce parce que le mâle appartient à plusieurs femelles, ou plutôt n'est-ce pas qu'étant domestiques, familiers et accoutumés à être à l'abri des inconvénients et des dangers, ils n'ont aucun besoin de se soustraire aux yeux, aucune habitude de chercher leur sûreté dans la retraite et dans la solitude? Cela même pourrait encore se prouver par le fait, car, dans la même espèce, l'oiseau sauvage fait souvent ce que l'oiseau domestique ne fait point; la gelinotte et la cane sauvage font des nids, la poule et la cane domestiques n'en font point. Les nids des oiseaux, les cellules des mouches, les provisions des abeilles, des fourmis, des mulots, ne supposent donc aucune intelligence dans l'animal, et n'émanent pas de quelques lois particulièrement établies pour chaque espèce, mais dépendent, comme toutes les autres opérations des animaux, du nombre, de la figure, du mouvement, de l'organisation et du sentiment, qui sont les lois de la nature, générales et communes à tous les êtres animés.

Il n'est pas étonnant que l'homme, qui se connaît si peu lui-même, qui confond si souvent ses sensations et ses idées, qui distingue si peu le produit de son âme de celui de son cerveau, se compare aux animaux, et n'admette entre eux et lui qu'une nuance dépendante d'un peu plus ou d'un peu moins de perfection dans les organes; il n'est pas étonnant qu'il les fasse raisonner, s'entendre et se déterminer comme lui, et qu'il leur attribue, non-seulement les qualités qu'il a, mais encore celles qui lui manquent. Mais que l'homme s'examine, s'analyse et s'approfondisse, il reconnaîtra bientôt la noblesse de son être, il sentira l'existence de son âme, il cessera de s'avilir, et verra d'un coup d'œil la distance infinie que l'Être suprême a mise entre les bêtes et lui.

Dieu seul connaît le passé, le présent et l'avenir; il est de tous les temps, et voit dans tous les temps : l'homme, dont la durée est de si peu d'instants, ne voit que ces instants; mais une puissance vive, immortelle, compare ces instants, les distingue, les ordonne; c'est par elle qu'il connaît le présent, qu'il juge du passé et qu'il prévoit l'avenir. Otez à l'homme cette lumière divine, vous effacez, vous obscurcissez son être, il ne restera que l'animal; il ignorera le passé, ne soupçonnera pas l'avenir, et ne saura même ce que c'est que le présent.

LES ANIMAUX DOMESTIQUES

L'homme change l'état naturel des animaux en les forçant à lui obéir[1], et les faisant servir à son usage : un animal domestique est un esclave dont on s'amuse, dont on se sert, dont on abuse, qu'on altère, qu'on dépayse et que l'on dénature, tandis que l'animal sauvage, n'obéissant qu'à la nature, ne connaît d'autres lois que celles du besoin et de la liberté. L'histoire d'un animal sauvage est donc bornée à un petit nombre de faits émanés de la simple nature, au lieu que l'histoire d'un animal domestique est compliquée de tout ce qui a rapport à l'art que l'on emploie pour l'apprivoiser ou pour le subjuguer ; et comme on ne sait pas assez combien l'exemple, la contrainte, la force de l'habitude, peuvent influer sur les animaux et changer leurs mouvements, leurs déterminations, leurs penchants, le but d'un naturaliste doit être de les observer assez pour pouvoir distinguer les faits qui dépendent de l'instinct, de ceux qui ne viennent que de l'éducation, reconnaître ce qui leur appartient et ce qu'ils ont emprunté, séparer ce qu'ils font de ce qu'on leur fait faire, et ne jamais confondre l'animal avec l'esclave, la bête de somme avec la créature de Dieu.

L'empire de l'homme sur les animaux est un empire légitime qu'aucune révolution ne peut détruire ; c'est l'empire de l'esprit sur la matière, c'est non-seulement un droit de nature, un pouvoir fondé sur des lois inaltérables, mais c'est encore un don de Dieu, par lequel l'homme peut reconnaître à tout instant l'excellence de son être ; car ce n'est pas parce qu'il est le plus parfait, le plus fort ou le plus adroit des animaux qu'il leur commande : s'il n'était que le premier du même ordre, les seconds se réuniraient pour lui disputer l'empire ; mais c'est par supériorité de nature que l'homme règne et commande ; il pense, et dès lors il est maître des êtres qui ne pensent point.

Il est maître des corps bruts, qui ne peuvent opposer à sa volonté qu'une lourde résistance ou qu'une inflexible dureté, que sa main sait toujours surmonter et vaincre en les faisant agir les uns contre les autres ; il est maître des végétaux, que par son industrie il peut augmenter, diminuer, renouveler, dénaturer, détruire ou multiplier à l'infini ; il est maître des animaux, parce que non-seulement il a comme eux du mouvement et du sentiment, mais qu'il a de plus la lumière de la pensée, qu'il connaît les fins et les moyens, qu'il sait diriger ses actions, concerter ses opérations, mesu-

---

1. L'homme ne change pas l'*état naturel* des animaux pour se les soumettre ; il profite, au contraire, de cet *état naturel*. Certains animaux vivent en société et par troupes. L'homme a profité de cet instinct de *sociabilité*. Tous les animaux, devenus *domestiques*, étaient primitivement des animaux *sociables*. (Voyez mon livre intitulé : *De l'instinct et de l'intelligence animaux*, au chapitre sur la *Domesticité*.)

rer ses mouvements, vaincre la force par l'esprit, et la vitesse par l'emploi du temps.

Cependant, parmi les animaux, les uns paraissent être plus ou moins familiers, plus ou moins sauvages, plus ou moins doux, plus ou moins féroces : que l'on compare la docilité et la soumission du chien avec la fierté et la férocité du tigre, l'un paraît être l'ami de l'homme et l'autre son ennemi ; son empire sur les animaux n'est donc pas absolu : combien d'espèces savent se soustraire à sa puissance par la rapidité de leur vol, par la légèreté de leur course, par l'obscurité de leur retraite, par la distance que met entre eux et l'homme l'élément qu'ils habitent ! Combien d'autres espèces lui échappent par leur seule petitesse ! et enfin combien y en a-t-il qui, bien loin de reconnaître leur souverain, l'attaquent à force ouverte ! sans parler de ces insectes qui semblent l'insulter par leurs piqûres, de ces serpents dont la morsure porte le poison et la mort, et de tant d'autres bêtes immondes, incommodes, inutiles, qui semblent n'exister que pour former la nuance entre le mal et le bien, et faire sentir à l'homme combien, depuis sa chute, il est peu respecté.

C'est qu'il faut distinguer l'empire de Dieu du domaine de l'homme : Dieu, créateur des êtres, est seul maître de la nature ; l'homme ne peut rien sur le produit de la création, il ne peut rien sur les mouvements des corps célestes, sur les révolutions de ce globe qu'il habite ; il ne peut rien sur les animaux, les végétaux, les minéraux en général ; il ne peut rien sur les espèces, il ne peut que sur les individus ; car les espèces en général et la matière en bloc appartiennent à la nature, ou plutôt la constituent ; tout se passe, se suit, se succède, se renouvelle et se meut par une puissance irrésistible ; l'homme, entraîné lui-même par le torrent des temps, ne peut rien pour sa propre durée ; lié par son corps à la matière, enveloppé dans le tourbillon des êtres, il est forcé de subir la loi commune, il obéit à la même puissance, et, comme tout le reste, il naît, croît et périt.

Mais le rayon divin dont l'homme est animé l'ennoblit et l'élève au-dessus de tous les êtres matériels ; cette substance spirituelle, loin d'être sujette à la matière, a le droit de la faire obéir, et quoiqu'elle ne puisse pas commander à la nature entière, elle domine sur les êtres particuliers. Dieu, source unique de toute lumière et de toute intelligence, régit l'univers et les espèces entières avec une puissance infinie : l'homme, qui n'a qu'un rayon de cette intelligence, n'a de même qu'une puissance limitée à de petites portions de matière, et n'est maître que des individus.

C'est donc par les talents de l'esprit, et non par la force et par les autres qualités de la matière, que l'homme a su subjuguer les animaux : dans les premiers temps ils devaient être tous également indépendants ; l'homme, devenu criminel et féroce, était peu propre à les apprivoiser, il a fallu du temps pour les approcher, pour les reconnaitre, pour les choisir, pour les dompter; il a fallu qu'il fût civilisé lui-même pour savoir instruire et commander, et l'empire sur les animaux , comme tous les autres empires , n'a été fondé qu'après la société.

C'est d'elle que l'homme tient sa puissance, c'est par elle qu'il a perfectionné sa raison , exercé son esprit et réuni ses forces ; auparavant l'homme était peut-être l'animal le plus sauvage et le moins redoutable de tous : nu, sans armes et sans abri, la terre n'était pour lui qu'un vaste désert peuplé de monstres, dont souvent il devenait la proie; et même longtemps après, l'histoire nous dit que les premiers héros n'ont été que des destructeurs de bêtes.

Mais lorsque avec le temps l'espèce humaine s'est étendue , multipliée, répandue, et qu'à la faveur des arts et de la société l'homme a pu marcher en force pour conquérir l'univers, il a fait reculer peu à peu les bêtes féroces, il a purgé la terre de ces animaux gigantesques dont nous trouvons encore les ossements énormes[1], il a détruit ou réduit à un petit nombre d'individus les espèces voraces et nuisibles, il a opposé les animaux aux animaux, et subjuguant les uns par adresse , domptant les autres par la force, ou les écartant par le nombre, et les attaquant tous par des moyens raisonnés, il est parvenu à se mettre en sûreté et à établir un empire qui n'est borné que par les lieux inaccessibles, les solitudes reculées, les sables brûlants, les montagnes glacées, les cavernes obscures, qui servent de retraites au petit nombre d'espèces d'animaux indomptables.

LE CHEVAL. *

La plus noble conquête que l'homme ait jamais faite est celle de ce fier et fougueux animal qui partage avec lui les fatigues de la guerre et la gloire des combats: aussi intrépide que son maître, le cheval voit le péril et l'affronte, il se fait au bruit des armes, il l'aime, il le cherche et s'anime de la même ardeur; il partage aussi ses plaisirs ; à la chasse, aux tournois, à la course, il brille, il étincelle ; mais docile autant que courageux, il ne se laisse point emporter à son feu , il sait réprimer ses mouvements, non-seulement il fléchit sous la main de celui qui le guide, mais il semble consulter ses désirs, et obéissant toujours aux impressions qu'il en reçoit, il se précipite, se modère ou s'arrête, et n'agit que pour y satisfaire; c'est une créature qui

1. *Les animaux gigantesques dont nous trouvons encore les ossements énormes* ont été détruits par les révolutions du globe et non par la force de l'homme. (Voyez mes notes sur les *Époques de la nature.*)

* *Equus caballus.* (Linn.) — Ordre des *Pachydermes ;* famille des *Solipèdes*; genre *Cheval.* (Cuv.)

renonce à son être pour n'exister que par la volonté d'un autre, qui sait
même la prévenir, qui par la promptitude et la précision de ses mouvements l'exprime et l'exécute, qui sent autant qu'on le désire, et ne rend
qu'autant qu'on veut; qui se livrant sans réserve ne se refuse à rien, sert
de toutes ses forces, s'excède, et même meurt pour mieux obéir.

Voilà le cheval dont les talents sont développés, dont l'art a perfectionné
les qualités naturelles, qui dès le premier âge a été soigné et ensuite exercé,
dressé au service de l'homme; c'est par la perte de sa liberté que commence
son éducation, et c'est par la contrainte qu'elle s'achève : l'esclavage ou la
domesticité de ces animaux est même si universelle, si ancienne, que nous
ne les voyons que rarement dans leur état naturel; ils sont toujours couverts de harnais dans leurs travaux; on ne les délivre jamais de tous leurs
liens, même dans les temps du repos, et si on les laisse quelquefois errer en
liberté dans les pâturages, ils y portent toujours les marques de la servitude, et souvent les empreintes cruelles du travail et de la douleur; la
bouche est déformée par les plis que le mors a produits, les flancs sont
entamés par des plaies, ou sillonnés de cicatrices faites par l'éperon; la
corne des pieds est traversée par des clous, l'attitude du corps est encore
gênée par l'impression subsistante des entraves habituelles, on les en déli-
vrerait en vain, ils n'en seraient pas plus libres : ceux même dont l'esclavage est le plus doux, qu'on ne nourrit, qu'on n'entretient que pour le luxe
et la magnificence, et dont les chaînes dorées servent moins à leur parure
qu'à la vanité de leur maître, sont encore plus déshonorés par l'élégance
de leur toupet, par les tresses de leurs crins, par l'or et la soie dont on les
couvre, que par les fers qui sont sous leurs pieds.

La nature est plus belle que l'art, et dans un être animé la liberté des
mouvements fait la belle nature : voyez ces chevaux qui se sont multipliés
dans les contrées de l'Amérique Espagnole, et qui y vivent en chevaux
libres : leur démarche, leur course, leurs sauts, ne sont ni gênés ni mesurés; fiers de leur indépendance, ils fuient la présence de l'homme, ils dédaignent ses soins, ils cherchent et trouvent eux-mêmes la nourriture qui leur
convient; ils errent, ils bondissent en liberté dans des prairies immenses,
où ils cueillent les productions nouvelles d'un printemps toujours nouveau;
sans habitation fixe, sans autre abri que celui d'un ciel serein, ils respirent
un air plus pur que celui de ces palais voûtés où nous les renfermons en
pressant les espaces qu'ils doivent occuper; aussi ces chevaux sauvages sont-
ils beaucoup plus forts, plus légers, plus nerveux que la plupart des chevaux domestiques [1]; ils ont ce que donne la nature, la force et la noblesse,

1. Buffon est emporté ici par le mouvement de sa phrase. On verra tout à l'heure (p. 372)
que les chevaux, redevenus sauvages en Amérique, *ont dégénéré*. L'action de la domesticité
tend toujours, en effet, à développer : elle accroît la taille de tous les animaux qu'on soumet à
son influence, etc., etc.

les autres n'ont que ce que l'art peut donner, l'adresse et l'agrément.

Le naturel de ces animaux n'est point féroce[1], ils sont seulement fiers et sauvages ; quoique supérieurs par la force à la plupart des autres animaux, jamais ils ne les attaquent, et s'ils en sont attaqués ils les dédaignent, les écartent ou les écrasent ; ils vont aussi par troupes et se réunissent pour le seul plaisir d'être ensemble, car ils n'ont aucune crainte, mais ils prennent de l'attachement les uns pour les autres : comme l'herbe et les végétaux suffisent à leur nourriture, qu'ils ont abondamment de quoi satisfaire leur appétit, et qu'ils n'ont aucun goût pour la chair des animaux[2], ils ne leur font point la guerre, ils ne se la font point entre eux, ils ne se disputent pas leur subsistance, ils n'ont jamais occasion de ravir une proie ou de s'arracher un bien, sources ordinaires de querelles et de combats parmi les autres animaux carnassiers[3] ; ils vivent donc en paix, parce que leurs appétits sont simples et modérés, et qu'ils ont assez pour ne se rien envier.

Tout cela peut se remarquer dans les jeunes chevaux qu'on élève ensemble et qu'on mène en troupeaux ; ils ont les mœurs douces et les qualités sociales, leur force et leur ardeur ne se marquent ordinairement que par des signes d'émulation ; ils cherchent à se devancer à la course, à se faire et même s'animer au péril en se défiant à traverser une rivière, sauter un fossé, et ceux qui dans ces exercices naturels donnent l'exemple, ceux qui d'eux-mêmes vont les premiers, sont les plus généreux, les meilleurs, et souvent les plus dociles et les plus souples lorsqu'ils sont une fois domptés.

Quelques anciens auteurs parlent des chevaux sauvages, et citent même les lieux où ils se trouvaient ; Hérodote dit que sur les bords de l'Hypanis en Scythie il y avait des chevaux sauvages qui étaient blancs, et que dans la partie septentrionale de la Thrace, au delà du Danube, il y en avait d'autres qui avaient le poil long de cinq doigts par tout le corps ; Aristote cite la Syrie, Pline les pays du Nord, Strabon les Alpes et l'Espagne comme des lieux où l'on trouvait des chevaux sauvages. Parmi les modernes, Cardan dit la même chose de l'Écosse et des Orcades [a], Olaüs de la Moscovie, Dapper de l'île de Chypre, où il y avait, dit-il [b], des chevaux sauvages qui étaient beaux et qui avaient de la force et de la vitesse, Struys [c] de l'île de May au cap Vert, où il y avait des chevaux sauvages fort petits ; Léon l'Africain [d] rapporte aussi qu'il y avait des chevaux sauvages dans les déserts de l'Afrique et de l'Arabie, et il assure qu'il a vu lui-même dans les solitudes de

a. *Vid. Aldrovand. de quadrupedib. soliped.* lib., i, p. 19.
b. Voyez la *Description des îles de l'Archipel*, p. 50.
c. Voyez les *Voyages de Jean Struys.* Rouen, 1719, t. I, p. 11.
d. *De Africæ descriptione*, part. ii, vol. II, p. 750 et 751.

1. *Féroce :* non, sans doute.
2. On dirait que Buffon leur en fait un mérite. Mais ni la conformation de leurs dents, ni celle de leur estomac et de leurs intestins ne comporteraient *ce goût pour la chair des animaux.*
3. *Autres animaux carnassiers :* mais le cheval n'est pas un *animal carnassier.*

Numidie un poulain dont le poil était blanc et la crinière crépue. Marmol [a] confirme ce fait en disant qu'il y en a quelques-uns dans les déserts de l'Arabie et de la Libye, qu'ils sont petits et de couleur cendrée, qu'il y en a aussi de blancs, qu'ils ont la crinière et les crins fort courts et hérissés, et que les chiens ni les chevaux domestiques ne peuvent les atteindre à la course; on trouve aussi dans les Lettres édifiantes [b] qu'à la Chine il y a des chevaux sauvages fort petits.

Comme toutes les parties de l'Europe sont aujourd'hui peuplées et presque également habitées, on n'y trouve plus de chevaux sauvages, et ceux que l'on voit en Amérique sont des chevaux domestiques et européens d'origine, que les Espagnols y ont transportés, et qui se sont multipliés dans les vastes déserts de ces contrées inhabitées ou dépeuplées; car cette espèce d'animaux manquait au Nouveau-Monde. L'étonnement et la frayeur que marquèrent les habitants du Mexique et du Pérou à l'aspect des chevaux et des cavaliers firent assez voir aux Espagnols que ces animaux étaient absolument inconnus dans ces climats; ils en transportèrent donc un grand nombre, tant pour leur service et leur utilité particulière, que pour en propager l'espèce, ils en lâchèrent dans plusieurs îles, et même dans le continent, où ils se sont multipliés comme les autres animaux sauvages. M. de la Salle [c] en a vu en 1685 dans l'Amérique septentrionale, près de la baie Saint-Louis; ces chevaux paissaient dans les prairies, et ils étaient si farouches, qu'on ne pouvait les approcher. L'auteur [d] de l'Histoire des aventuriers flibustiers dit « qu'on voit quelquefois dans l'île Saint-Domingue des « troupes de plus de cinq cents chevaux qui courent tous ensemble, et que « lorsqu'ils aperçoivent un homme ils s'arrêtent tous, que l'un d'eux s'ap- « proche à une certaine distance, souffle des naseaux, prend la fuite, et « que tous les autres le suivent; » il ajoute qu'il ne sait si ces chevaux ont dégénéré en devenant sauvages, mais qu'il ne les a pas trouvés aussi beaux que ceux d'Espagne, quoiqu'ils soient de cette race; « ils ont, dit-il, la tête « fort grosse aussi bien que les jambes, qui de plus sont raboteuses; ils « ont aussi les oreilles et le cou longs; les habitants du pays les appri- « voisent aisément et les font ensuite travailler, les chasseurs leur font « porter leurs cuirs; on se sert pour les prendre de lacs de corde qu'on « tend dans les endroits où ils fréquentent; ils s'y engagent aisément, et « s'ils se prennent par le cou ils s'étranglent eux-mêmes, à moins qu'on « n'arrive assez tôt pour les secourir; on les arrête par le corps et les jambes, « et on les attache à des arbres, où on les laisse pendant deux jours sans

a. Voyez l'*Afrique de Marmol*. Paris, 1667, t. I, p. 50.

b. Voyez les *Lettres édifiantes*, Recueil XXVI, p. 371.

c. Voyez les *Dernières découvertes dans l'Amérique septentrionale de M. de la Salle*, mises au jour par M. le chevalier Tonti. Paris, 1697, p. 250.

d. Voyez l'*Histoire des aventuriers flibustiers*, par Oexmelin. Paris, 1686, t. I, p. 110 et 111.

« boire ni manger : cette épreuve suffit pour commencer à les rendre dociles,
« et avec le temps ils le deviennent autant que s'ils n'eussent jamais été
« farouches, et même, si par quelque hasard ils se retrouvent en liberté,
« ils ne deviennent pas sauvages une seconde fois, ils reconnaissent leurs
« maîtres, et se laissent approcher et reprendre aisément [a]. »

Cela prouve que ces animaux sont naturellement doux et très-disposés
à se familiariser avec l'homme et à s'attacher à lui : aussi n'arrive-t-il
jamais qu'aucun d'eux quitte nos maisons pour se retirer dans les forêts ou
dans les déserts; ils marquent au contraire beaucoup d'empressement pour
revenir au gîte, où cependant ils ne trouvent qu'une nourriture grossière,
toujours la même, et ordinairement mesurée sur l'économie beaucoup plus
que sur leur appétit; mais la douceur de l'habitude leur tient lieu de ce
qu'ils perdent d'ailleurs ; après avoir été excédés de fatigue, le lieu du repos
est un lieu de délices, ils le sentent de loin, ils savent le reconnaître au
milieu des plus grandes villes, et semblent préférer en tout l'esclavage à
la liberté; ils se font même une seconde nature des habitudes auxquelles
on les a forcés ou soumis, puisqu'on a vu des chevaux, abandonnés dans
les bois, hennir continuellement pour se faire entendre, accourir à la voix
des hommes, et en même temps maigrir et dépérir en peu de temps, quoiqu'ils eussent abondamment de quoi varier leur nourriture et satisfaire
leur appétit.

Leurs mœurs viennent donc presque en entier de leur éducation, et
cette éducation suppose des soins et des peines que l'homme ne prend pour
aucun autre animal, mais dont il est dédommagé par les services continuels
que lui rend celui-ci. Dès le temps du premier âge on a soin de séparer les
poulains de leur mère ; on les laisse teter pendant cinq, six ou tout au plus
sept mois, car l'expérience a fait voir que ceux qu'on laisse teter dix ou
onze mois ne valent pas ceux qu'on sèvre plus tôt, quoiqu'ils prennent ordinairement plus de chair et de corps : après ces six ou sept mois de lait, on
les sèvre pour leur faire prendre une nourriture plus solide que le lait, on
leur donne du son deux fois par jour et un peu de foin, dont on augmente
la quantité à mesure qu'ils avancent en âge, et on les garde dans l'écurie

a. M. de Garsault donne un autre moyen d'apprivoiser les chevaux farouches. « Quand on n'a
« point apprivoisé, dit-il, les poulains dès leur tendre jeunesse, il arrive souvent que l'approche
« et l'attouchement de l'homme leur causent tant de frayeur, qu'ils s'en défendent à coups de
« dents et de pieds, de façon qu'il est presque impossible de les panser et de les ferrer; si la
« patience et la douceur ne suffisent pas, il faut, pour les apprivoiser, se servir du moyen qu'on
« emploie en fauconnerie pour priver un oiseau qu'on vient de prendre et qu'on veut dresser au
« vol, c'est de l'empêcher de dormir jusqu'à ce qu'il tombe de faiblesse ; il faut en user de
« même à l'égard d'un cheval farouche, et pour cela il faut le tourner à sa place le derrière à
« la mangeoire, et avoir un homme toute la nuit et tout le jour à sa tête, qui lui donne de
« temps en temps une poignée de foin et l'empêche de se coucher, on verra avec étonnement
« comme il sera subitement adouci; il y a cependant des chevaux qu'il faut veiller ainsi pen-
« dant huit jours. » Voyez le *Nouveau parfait maréchal*, p. 89.

tant qu'ils marquent de l'inquiétude pour retourner à leur mère ; mais lorsque cette inquiétude est passée, on les laisse sortir par le beau temps et on les conduit aux pâturages : seulement il faut prendre garde de les laisser paître à jeun, il faut leur donner le son et les faire boire une heure avant de les mettre à l'herbe, et ne jamais les exposer au grand froid ou à la pluie ; ils passent de cette façon le premier hiver : au mois de mai suivant, non-seulement on leur permettra de pâturer tous les jours, mais on les laissera coucher à l'air dans les pâturages pendant tout l'été et jusqu'à la fin d'octobre, en observant seulement de ne leur pas laisser paître les regains ; s'ils s'accoutumaient à cette herbe trop fine ils se dégoûteraient du foin, qui doit cependant faire leur principale nourriture pendant le second hiver avec du son mêlé d'orge ou d'avoine moulus ; on les conduit de cette façon en les laissant pâturer le jour pendant l'hiver, et la nuit pendant l'été jusqu'à l'âge de quatre ans, qu'on les retire du pâturage pour les nourrir à l'herbe sèche : ce changement de nourriture demande quelques précautions ; on ne leur donnera pendant les premiers huit jours que de la paille, et on fera bien de leur faire prendre quelques breuvages contre les vers, que les mauvaises digestions d'une herbe trop crue peuvent avoir produits. M. de Garsault [a], qui recommande cette pratique, est sans doute fondé sur l'expérience : cependant on verra qu'à tout âge et dans tous les temps l'estomac de tous les chevaux est farci d'une si prodigieuse quantité de vers, qu'ils semblent faire partie de leur constitution ; nous les avons trouvés dans les chevaux sains comme dans les chevaux malades, dans ceux qui paissaient l'herbe comme dans ceux qui ne mangeaient que de l'avoine et du foin ; et les ânes, qui de tous les animaux sont ceux qui approchent le plus de la nature du cheval, ont aussi cette prodigieuse quantité de vers dans l'estomac, et n'en sont pas plus incommodés ; ainsi l'on ne doit pas regarder les vers, du moins ceux dont nous parlons [1], comme une maladie accidentelle, causée par les mauvaises digestions d'une herbe crue, mais plutôt comme un effet dépendant de la nourriture et de la digestion ordinaire de ces animaux.

Il faut avoir attention, lorsqu'on sèvre les jeunes poulains, de les mettre dans une écurie propre, qui ne soit pas trop chaude, crainte de les rendre trop délicats et trop sensibles aux impressions de l'air ; on leur donnera souvent de la litière fraîche, on les tiendra propres en les bouchonnant de temps en temps ; mais il ne faudra ni les attacher ni les panser à la main qu'à l'âge de deux ans et demi ou trois ans : ce frottement trop rude leur causerait de la douleur, leur peau est encore trop délicate pour le souffrir, et ils dépériraient au lieu de profiter ; il faut aussi avoir soin que le râtelier et la mangeoire ne soient pas trop élevés ; la nécessité de lever la tête trop haut pour prendre leur nourriture pourrait leur donner l'habitude de la

a. Voyez le *Nouveau parfait maréchal*, par M. de Garsault. Paris, 1746, p. 84 et 85.

1. Ces *vers* sont les *larves* d'un *œstre* : l'*œstre du cheval*.

porter de cette façon, ce qui leur gâterait l'encolure. Lorsqu'ils auront un an ou dix-huit mois, on leur tondra la queue, les crins repousseront et deviendront plus forts et plus touffus. Dès l'âge de deux ans il faut séparer les poulains, mettre les mâles avec les chevaux, et les femelles avec les juments ; sans cette précaution les jeunes poulains se fatigueraient autour des poulines, et s'énerveraient sans aucun fruit.

A l'âge de trois ans ou de trois ans et demi on doit commencer à les dresser et à les rendre dociles ; on leur mettra d'abord une selle légère et aisée, et on les laissera sellés pendant deux ou trois heures chaque jour ; on les accoutumera de même à recevoir un bridon dans la bouche et à se laisser lever les pieds, sur lesquels on frappera quelques coups comme pour les ferrer, et si ce sont des chevaux destinés au carrosse ou au trait, on leur mettra un harnais sur le corps et un bridon : dans les commencements il ne faut point de bride ni pour les uns ni pour les autres ; on les fera trotter ensuite à la longe avec un caveçon sur le nez, sur un terrain uni, sans être montés, et seulement avec la selle ou le harnais sur le corps ; et lorsque le cheval de selle tournera facilement et viendra volontiers auprès de celui qui tient la longe, on le montera et descendra dans la même place, et sans le faire marcher, jusqu'à ce qu'il ait quatre ans, parce qu'avant cet âge il n'est pas encore assez fort pour n'être pas, en marchant, surchargé du poids du cavalier ; mais à quatre ans on le montera pour le faire marcher au pas ou au trot, et toujours à petites reprises [a] : quand le cheval de carrosse sera accoutumé au harnais, on l'attellera avec un autre cheval fait, en lui mettant une bride, et on le conduira avec une longe passée dans la bride, jusqu'à ce qu'il commence à être sage au trait ; alors le cocher essaiera de le faire reculer, ayant pour aide un homme devant, qui le poussera en arrière avec douceur, et même lui donnera de petits coups pour l'obliger à reculer : tout cela doit se faire avant que les jeunes chevaux aient changé de nourriture, car quand une fois ils sont ce qu'on appelle engrainés, c'est-à-dire, lorsqu'ils sont au grain et à la paille, comme ils sont plus vigoureux, on a remarqué qu'ils étaient aussi moins dociles, et plus difficiles à dresser [b].

Le mors et l'éperon sont deux moyens qu'on a imaginés pour les obliger à recevoir le commandement : le mors pour la précision, et l'éperon pour la promptitude des mouvements. La bouche ne paraissait pas destinée par la nature à recevoir d'autres impressions que celle du goût et de l'appétit ; cependant elle est d'une si grande sensibilité dans le cheval, que c'est à la bouche, par préférence à l'œil et à l'oreille, qu'on s'adresse pour transmettre au cheval les signes de la volonté ; le moindre mouvement ou la plus petite pression du mors suffit pour avertir et déterminer l'animal, et cet

a. Voyez les *Éléments de cavalerie* de M. de la Guérinière. Paris, 1741, t. I, p. 140 et suiv.
b. Voyez le *Nouveau parfait maréchal*, par M. de Garsault, p. 86.

organe de sentiment n'a d'autre défaut que celui de sa perfection même; sa trop grande sensibilité veut être ménagée, car si on en abuse, on gâte la bouche du cheval en la rendant insensible à l'impression du mors. Les sens de la vue et de l'ouïe ne seraient pas sujets à une telle altération, et ne pourraient être émoussés de cette façon; mais apparemment on a trouvé des inconvénients à commander aux chevaux par ces organes, et il est vrai que les signes transmis par le toucher font beaucoup plus d'effet sur les animaux en général, que ceux qui leur sont transmis par l'œil ou par l'oreille; d'ailleurs, la situation des chevaux par rapport à celui qui les monte ou qui les conduit rend les yeux presque inutiles à cet effet, puisqu'ils ne voient que devant eux, et que ce n'est qu'en tournant la tête qu'ils pourraient apercevoir les signes qu'on leur ferait; et quoique l'oreille soit un sens par lequel on les anime et on les conduit souvent, il paraît qu'on a restreint et laissé aux chevaux grossiers l'usage de cet organe, puisqu'au manége, qui est le lieu de la plus parfaite éducation, l'on ne parle presque point aux chevaux, et qu'il ne faut pas même qu'il paraisse qu'on les conduise : en effet, lorsqu'ils sont bien dressés, la moindre pression des cuisses, le plus léger mouvement du mors, suffit pour les diriger; l'éperon est même inutile, ou du moins on ne s'en sert que pour les forcer à faire des mouvements violents; et lorsque, par l'ineptie du cavalier, il arrive qu'en donnant de l'éperon il retient la bride, le cheval, se trouvant excité d'un côté et retenu de l'autre, ne peut que se cabrer en faisant un bond sans sortir de sa place.

On donne à la tête du cheval, par le moyen de la bride, un air avantageux et relevé; on la place comme elle doit être, et le plus petit signe ou le plus petit mouvement du cavalier suffit pour faire prendre au cheval ses différentes allures; la plus naturelle est peut-être le trot, mais le pas et même le galop sont plus doux pour le cavalier, et ce sont aussi les deux allures qu'on s'applique le plus à perfectionner. Lorsque le cheval lève la jambe de devant pour marcher, il faut que ce mouvement soit fait avec hardiesse et facilité, et que le genou soit assez plié; la jambe levée doit paraître soutenue un instant, et lorsqu'elle retombe, le pied doit être ferme et appuyer également sur la terre, sans que la tête du cheval reçoive aucune impression de ce mouvement; car lorsque la jambe retombe subitement et que la tête baisse en même temps, c'est ordinairement pour soulager promptement l'autre jambe, qui n'est pas assez forte pour supporter seule tout le poids du corps; ce défaut est très-grand, aussi bien que celui de porter le pied en dehors ou en dedans, car il retombe dans cette même direction : l'on doit observer aussi que lorsqu'il appuie sur le talon, c'est une marque de faiblesse, et que quand il pose sur la pince, c'est une attitude fatigante et forcée que le cheval ne peut soutenir longtemps.

Le pas, qui est la plus lente de toutes les allures, doit cependant être

prompt; il faut qu'il ne soit ni trop allongé ni trop accourci, et que la
démarche du cheval soit légère : cette légèreté dépend beaucoup de la liberté
des épaules, et se reconnaît à la manière dont il porte la tête en marchant;
s'il la tient haute et ferme, il est ordinairement vigoureux et léger. Lorsque
le mouvement des épaules n'est pas assez libre, la jambe ne se lève point
assez, et le cheval est sujet à faire des faux pas et à heurter du pied contre
les inégalités du terrain; et lorsque les épaules sont encore plus serrées et
que le mouvement des jambes en paraît indépendant, le cheval se fatigue,
fait des chutes, et n'est capable d'aucun service : le cheval doit être sur la
hanche, c'est-à-dire, hausser les épaules et baisser la hanche en marchant;
il doit aussi soutenir sa jambe et la lever assez haut, mais s'il la soutient
trop longtemps, s'il la laisse retomber trop lentement, il perd tout l'avantage de la légèreté, il devient dur, et n'est bon que pour l'appareil et pour
piaffer.

Il ne suffit pas que les mouvements du cheval soient légers; il faut encore
qu'ils soient égaux et uniformes dans le train du devant et dans celui du
derrière, car si la croupe balance tandis que les épaules se soutiennent, le
mouvement se fait sentir au cavalier par secousses et lui devient incommode; la même chose arrive lorsque le cheval allonge trop de la jambe
de derrière, et qu'il la pose au delà de l'endroit où le pied de devant a porté :
les chevaux dont le corps est court sont sujets à ce défaut; ceux dont les
jambes se croisent ou s'atteignent n'ont pas la démarche sûre, et en général
ceux dont le corps est long sont les plus commodes pour le cavalier, parce
qu'il se trouve plus éloigné des deux centres de mouvement, les épaules
et les hanches, et qu'il en ressent moins les impressions et les secoussses.

Les quadrupèdes marchent ordinairement en portant à la fois en avant
une jambe de devant et une jambe de derrière; lorsque la jambe droite de
devant part, la jambe gauche de derrière suit et avance en même temps,
et ce pas étant fait, la jambe gauche de devant part à son tour conjointement
avec la jambe droite de derrière, et ainsi de suite : comme leur corps porte
sur quatre points d'appui qui forment un carré long, la manière la plus
commode de se mouvoir est d'en changer deux à la fois en diagonale, de
façon que le centre de gravité du corps de l'animal ne fasse qu'un petit mouvement et reste toujours à peu près dans la direction des deux points d'appui
qui ne sont pas en mouvement; dans les trois allures naturelles du cheval,
le pas, le trot et le galop, cette règle de mouvement s'observe toujours,
mais avec des différences. Dans le pas il y a quatre temps dans le mouvement : si la jambe droite de devant part la première, la jambe gauche de
derrière suit un instant après; ensuite la jambe gauche de devant part à son
tour pour être suivie un instant après de la jambe droite de derrière; ainsi
le pied droit de devant pose à terre le premier, le pied gauche de derrière
pose à terre le second, le pied gauche de devant pose à terre le troisième,

et le pied droit de derrière pose à terre le dernier, ce qui fait un mouvement à quatre temps et à trois intervalles, dont le premier et le dernier sont plus courts que celui du milieu. Dans le trot il n'y a que deux temps dans le mouvement : si la jambe droite de devant part, la jambe gauche de derrière part aussi en même temps, et sans qu'il y ait aucun intervalle entre le mouvement de l'une et le mouvement de l'autre; ensuite la jambe gauche de devant part avec la droite de derrière aussi en même temps, de sorte qu'il n'y a dans ce mouvement du trot que deux temps et un intervalle ; le pied droit de devant et le pied gauche de derrière posent à terre en même temps, et ensuite le pied gauche de devant et le droit de derrière posent aussi à terre en même temps. Dans le galop il y a ordinairement trois temps, mais comme dans ce mouvement, qui est une espèce de saut, les parties antérieures du cheval ne se meuvent pas d'abord d'elles-mêmes, et qu'elles sont chassées par la force des hanches et des parties postérieures, si des deux jambes de devant la droite doit avancer plus que la gauche, il faut auparavant que le pied gauche de derrière pose à terre pour servir de point d'appui à ce mouvement d'élancement : ainsi c'est le pied gauche de derrière qui fait le premier temps du mouvement et qui pose à terre le premier ; ensuite la jambe droite de derrière se lève conjointement avec la gauche de devant, et elles retombent à terre en même temps, et enfin la jambe droite de devant, qui s'est levée un instant après la gauche de devant et la droite de derrière, se pose à terre la dernière, ce qui fait le troisième temps : ainsi dans ce mouvement du galop il y a trois temps et deux intervalles, et dans le premier de ces intervalles, lorsque le mouvement se fait avec vitesse, il y a un instant où les quatre jambes sont en l'air en même temps, et où l'on voit les quatre fers du cheval à la fois. Lorsque le cheval a les hanches et les jarrets souples et qu'il les remue avec vitesse et agilité, ce mouvement du galop est plus parfait, et la cadence s'en fait à quatre temps ; il pose d'abord le pied gauche de derrière qui marque le premier temps, ensuite le pied droit de derrière retombe le premier et marque le second temps ; le pied gauche de devant tombant un instant après marque le troisième temps, et enfin le pied droit de devant, qui retombe le dernier, marque le quatrième temps.

Les chevaux galopent ordinairement sur le pied droit ; de la même manière qu'ils partent de la jambe droite de devant pour marcher et pour trotter, ils entament aussi le chemin en galopant par la jambe droite de devant, qui est plus avancée que la gauche ; et de même la jambe droite de derrière, qui suit immédiatement la droite de devant, est aussi plus avancée que la gauche de derrière, et cela constamment tant que le galop dure : de là il résulte que la jambe gauche, qui porte tout le poids et qui pousse les autres en avant, est la plus fatiguée, en sorte qu'il serait bon d'exercer les chevaux à galoper alternativement sur le pied gauche aussi

bien que sur le droit ; ils suffiraient plus longtemps à ce mouvement violent, et c'est aussi ce que l'on fait au manége, mais peut-être par une autre
raison, qui est que comme on les fait souvent changer de main, c'est-à-dire,
décrire un cercle dont le centre est tantôt à droite, tantôt à gauche, on les
oblige aussi à galoper tantôt sur le pied droit, tantôt sur le gauche.

Dans le pas, les **jambes** du cheval ne se lèvent qu'à une petite hauteur, et
les pieds rasent **la** terre d'assez près ; au trot elles s'élèvent davantage, et
les pieds sont **entièrement** détachés de terre ; dans le galop, les jambes s'élèvent encore **plus** haut, et les pieds semblent bondir sur la terre ; le pas,
pour être bon, doit être prompt, léger, doux et sûr ; le trot doit être ferme,
prompt et également soutenu ; il faut que le derrière chasse bien le devant :
le cheval dans cette allure doit porter la tête haute et avoir les reins droits ;
car si les hanches haussent et baissent alternativement à chaque temps du
trot, si la croupe balance et si le cheval se berce, il trotte mal par faiblesse ;
s'il jette en dehors les jambes de devant c'est un autre défaut ; les jambes
de devant doivent être sur la même ligne que celles de derrière, et toujours
les effacer. Lorsqu'une des jambes de derrière se lance, si la jambe de
devant du même côté reste en place un peu trop longtemps, le mouvement
devient plus dur par cette résistance ; et c'est pour cela que l'intervalle
entre les deux temps du trot doit être court ; mais, quelque court qu'il
puisse être, cette résistance suffit pour rendre cette allure plus dure que le
pas et le galop, parce que dans le pas le mouvement est plus liant, plus
doux, et la résistance moins forte, et que dans le galop il n'y a presque
point de résistance horizontale, qui est la seule incommode pour le cavalier,
la réaction du mouvement des jambes de devant se faisant presque toute
de bas en haut dans la direction perpendiculaire.

Le ressort des jarrets contribue autant au mouvement du galop que celui
des reins ; tandis que les reins font effort pour élever et pousser en avant
les parties antérieures, le pli du jarret fait ressort, rompt le coup et adoucit
la secousse : aussi plus ce ressort du jarret est liant et souple, plus le mouvement du galop est doux ; il est aussi d'autant plus prompt et plus rapide,
que les jarrets sont plus forts, et d'autant plus soutenu que le cheval porte
plus sur les hanches, et que les épaules sont plus soutenues par la force des
reins. Au reste, les chevaux qui dans le galop lèvent bien haut les jambes
de devant ne sont pas ceux qui galopent le mieux ; ils avancent moins que
les autres et se fatiguent davantage, et cela vient ordinairement de ce qu'ils
n'ont pas les épaules assez libres.

Le pas, le trot et le galop sont donc les allures naturelles les plus ordinaires ; mais il y a quelques chevaux qui ont naturellement une autre allure
qu'on appelle l'amble, qui est très-différente des trois autres, et qui du
premier coup d'œil paraît contraire aux lois de la mécanique et très-fati-
gante pour l'animal, quoique dans cette allure la vitesse du mouvement ne

soit pas si grande que dans le galop ou dans le grand trot : dans cette allure
le pied du cheval rase la terre encore de plus près que dans le pas, et chaque
démarche est beaucoup plus allongée ; mais ce qu'il y a de singulier, c'est
que les deux jambes du même côté, par exemple celle de devant et de derrière du côté droit, partent en même temps pour faire un pas, et qu'ensuite les deux jambes du côté gauche partent aussi en même temps pour en
faire un autre, et ainsi de suite : en sorte que les deux côtés du corps manquent alternativement d'appui, et qu'il n'y a point d'équilibre de l'un à
l'autre, ce qui ne peut manquer de fatiguer beaucoup le cheval, qui est
obligé de se soutenir dans un balancement forcé par la rapidité d'un mouvement qui n'est presque pas détaché de terre ; car s'il levait les pieds dans
cette allure autant qu'il les lève dans le trot ou même dans le bon pas, le
balancement serait si grand qu'il ne pourrait manquer de tomber sur le
côté ; et ce n'est que parce qu'il rase la terre de très-près, et par des alternatives promptes de mouvement qu'il se soutient dans cette allure, où la
jambe de derrière doit, non-seulement partir en même temps que la jambe
de devant du même côté, mais encore avancer sur elle et poser un pied ou
un pied et demi au delà de l'endroit où celle-ci a posé : plus cet espace dont
la jambe de derrière avance de plus que la jambe de devant est grand,
mieux le cheval marche l'amble, et plus le mouvement total est rapide. Il
n'y a donc dans l'amble, comme dans le trot, que deux temps dans le mouvement ; et toute la différence est que dans le trot les deux jambes qui vont
ensemble sont opposées en diagonale, au lieu que dans l'amble ce sont les
deux jambes du même côté qui vont ensemble : cette allure, qui est très-
fatigante pour le cheval, et qu'on ne doit lui laisser prendre que dans les
terrains unis, est fort douce pour le cavalier ; elle n'a pas la dureté du trot,
qui vient de la résistance que fait la jambe de devant lorsque celle de derrière se lève, parce que dans l'amble cette jambe de devant se lève en même
temps que celle de derrière du même côté ; au lieu que dans le trot, cette
jambe de devant du même côté demeure en repos et résiste à l'impulsion
pendant tout le temps que se meut celle de derrière. Les connaisseurs assurent que les chevaux qui naturellement vont l'amble ne trottent jamais, et
qu'ils sont beaucoup plus faibles que les autres ; en effet, les poulains prennent assez souvent cette allure, surtout lorsqu'on les force à aller vite, et
qu'ils ne sont pas encore assez forts pour trotter ou pour galoper ; et l'on
observe aussi que la plupart des bons chevaux, qui ont été trop fatigués et
qui commencent à s'user, prennent eux-mêmes cette allure, lorsqu'on les
force à un mouvement plus rapide que celui du pas [a].

L'amble peut donc être regardé comme une allure défectueuse, puisqu'elle n'est pas ordinaire et qu'elle n'est naturelle qu'à un petit nombre de

---

a. Voyez l'*École de cavalerie* de M. de la Guérinière, Paris, 1751, in-folio, p. 77.

chevaux; que ces chevaux sont presque toujours plus faibles que les autres; et que ceux qui paraissent les plus forts sont ruinés en moins de temps que ceux qui trottent et galopent; mais il y a encore deux autres allures, l'entre-pas et l'aubin, que les chevaux faibles ou excédés prennent d'eux-mêmes, qui sont beaucoup plus défectueuses que l'amble; on a appelé ces mauvaises allures des trains rompus, désunis ou composés: l'entre-pas tient du pas et de l'amble, et l'aubin tient du trot et du galop; l'un et l'autre viennent des excès d'une longue fatigue ou d'une grande faiblesse de reins; les chevaux de messagerie qu'on surcharge commencent à aller l'entre-pas au lieu du trot à mesure qu'ils se ruinent, et les chevaux de poste ruinés, qu'on presse de galoper, vont l'aubin au lieu du galop.

Le cheval est de tous les animaux celui qui, avec une grande taille, a le plus de proportion et d'élégance dans les parties de son corps; car en lui comparant les animaux qui sont immédiatement au-dessus et au-dessous, on verra que l'âne est mal fait, que le lion a la tête trop grosse, que le bœuf a les jambes trop minces et trop courtes pour la grosseur de son corps, que le chameau est difforme, et que les plus gros animaux, le rhinocéros et l'éléphant, ne sont pour ainsi dire que des masses informes. Le grand allongement des mâchoires est la principale cause de la différence entre la tête des quadrupèdes et celle de l'homme, c'est aussi le caractère le plus ignoble de tous; cependant, quoique les mâchoires du cheval soient fort allongées, il n'a pas, comme l'âne, un air d'imbécillité, ou de stupidité comme le bœuf; la régularité des proportions de sa tête lui donne au contraire un air de légèreté qui est bien soutenu par la beauté de son encolure. Le cheval semble vouloir se mettre au-dessus de son état de quadrupède en élevant sa tête; dans cette noble attitude il regarde l'homme face à face; ses yeux sont vifs et bien ouverts, ses oreilles sont bien faites et d'une juste grandeur, sans être courtes comme celles du taureau, ou trop longues comme celles de l'âne; sa crinière accompagne bien sa tête, orne son cou, et lui donne un air de force et de fierté; sa queue traînante et touffue couvre et termine avantageusement l'extrémité de son corps : bien différente de la courte queue du cerf, de l'éléphant, etc., et de la queue nue de l'âne, du chameau, du rhinocéros, etc., la queue du cheval est formée par des crins épais et longs qui semblent sortir de la croupe, parce que le tronçon dont ils sortent est fort court; il ne peut relever sa queue comme le lion, mais elle lui sied mieux quoique abaissée; et comme il peut la mouvoir de côté, il s'en sert utilement pour chasser les mouches qui l'incommodent; car quoique sa peau soit très-ferme, et qu'elle soit garnie partout d'un poil épais et serré, elle est cependant très-sensible.

L'attitude de la tête et du cou contribue plus que celle de toutes les autres parties du corps à donner au cheval un noble maintien; la partie supérieure de l'encolure, dont sort la crinière, doit s'élever d'abord en ligne droite en sortant du garrot, et former ensuite, en approchant de la tête, une courbe à peu près semblable à celle du cou d'un cygne ; la partie inférieure de l'encolure ne doit former aucune courbure, il faut que sa direction soit en ligne droite depuis le poitrail jusqu'à la ganache, et un peu penchée en avant ; et si elle était perpendiculaire, l'encolure serait fausse. Il faut aussi que la partie supérieure du cou soit mince, et qu'il y ait peu de chair auprès de la crinière, qui doit être médiocrement garnie de crins longs et déliés : une belle encolure doit être longue et relevée, et cependant proportionnée à la taille du cheval ; lorsqu'elle est trop longue et trop menue, les chevaux donnent ordinairement des coups de tête, et quand elle est trop courte et trop charnue, ils sont pesants à la main ; et pour que la tête soit le plus avantageusement placée, il faut que le front soit perpendiculaire à l'horizon.

La tête doit être sèche et menue sans être trop longue, les oreilles peu distantes, petites, droites, immobiles, étroites, déliées et bien plantées sur le haut de la tête, le front étroit et un peu convexe, les salières remplies, les paupières minces, les yeux clairs, vifs, pleins de feu, assez gros et avancés à fleur de tête, la prunelle grande, la ganache décharnée et peu épaisse, le nez un peu arqué, les naseaux bien ouverts et bien fendus, la cloison du nez mince, les lèvres déliées, la bouche médiocrement fendue, le garrot élevé et tranchant, les épaules sèches, plates et peu serrées, le dos égal, uni, insensiblement arqué sur la longueur, et relevé des deux côtés de l'épine qui doit paraître enfoncée, les flancs pleins et courts, la croupe ronde et bien fournie, la hanche bien garnie, le tronçon de la queue épais et ferme, les bras et les cuisses gros et charnus, le genou rond en devant, le jarret ample et évidé, les canons minces sur le devant et larges sur les côtés, le nerf bien détaché, le boulet menu, le fanon peu garni, le paturon gros et d'une médiocre longueur, la couronne peu élevée, la corne noire, unie et luisante, le sabot haut, les quartiers ronds, les talons larges et médiocrement élevés, la fourchette menue et maigre, et la sole épaisse et concave.

Mais il y a peu de chevaux dans lesquels on trouve toutes ces perfections rassemblées : les yeux sont sujets à plusieurs défauts qu'il est quelquefois difficile de reconnaître ; dans un œil sain on doit voir à travers la cornée deux ou trois taches couleur de suie au-dessus de la prunelle, car pour voir ces taches il faut que la cornée soit claire, nette et transparente ; si elle paraît double ou de mauvaise couleur, l'œil n'est pas bon ; la prunelle petite, longue et étroite, ou environnée d'un cercle blanc, désigne aussi un mauvais œil ; et lorsqu'elle a une couleur de bleu verdâtre, l'œil est certainement mauvais et la vue trouble.

Je renvoie à l'article des descriptions [1] l'énumération détaillée des défauts du cheval, et je me contenterai d'ajouter encore quelques remarques par

---

1. Les *descriptions* sont de Daubenton.

lesquelles, comme par les précédentes, on pourra juger de la plupart des perfections ou des imperfections d'un cheval. On juge assez bien du naturel et de l'état actuel de l'animal par le mouvement des oreilles; il doit, lorsqu'il marche, avoir la pointe des oreilles en avant : un cheval fatigué a les oreilles basses, ceux qui sont colères et malins portent alternativement l'une des oreilles en avant et l'autre en arrière; tous portent les oreilles du côté où ils entendent quelque bruit; et lorsqu'on les frappe sur le dos ou sur la croupe, ils tournent les oreilles en arrière. Les chevaux qui ont les yeux enfoncés, ou un œil plus petit que l'autre, ont ordinairement la vue mauvaise ; ceux dont la bouche est sèche ne sont pas d'un aussi bon tempérament que ceux dont la bouche est fraîche et devient écumeuse sous la bride. Le cheval de selle doit avoir les épaules plates, mobiles et peu chargées; le cheval de trait au contraire doit les avoir grosses, rondes et charnues : si cependant les épaules d'un cheval de selle sont trop sèches, et que les os paraissent trop avancer sous la peau, c'est un défaut qui désigne que les épaules ne sont pas libres, et que par conséquent le cheval ne pourra supporter la fatigue. Un autre défaut pour le cheval de selle est d'avoir le poitrail trop avancé et les jambes de devant retirées en arrière, parce qu'alors il est sujet à s'appuyer sur la main en galopant, et même à broncher et à tomber : la longueur des jambes doit être proportionnée à la taille du cheval ; lorsque celles de devant sont trop longues, il n'est pas assuré sur ses pieds; si elles sont trop courtes, il est pesant à la main. On a remarqué que les juments sont plus sujettes que les chevaux à être basses du devant, et que les chevaux entiers ont le cou plus gros que les juments et les hongres.

Une des choses les plus importantes à connaître, c'est l'âge du cheval; les vieux chevaux ont ordinairement les salières creuses, mais cet indice est équivoque, puisque de jeunes chevaux, engendrés de vieux étalons, ont aussi les salières creuses : c'est par les dents qu'on peut avoir une connaissance plus certaine de l'âge ; le cheval en a quarante, vingt-quatre mâchelières, quatre canines et douze incisives; les juments n'ont pas de dents canines, ou les ont fort courtes; les mâchelières ne servent point à la connaissance de l'âge, c'est par les dents de devant et ensuite par les canines qu'on en juge. Les douze dents de devant commencent à pousser quinze jours après la naissance du poulain ; ces premières dents sont rondes, courtes, peu solides, et tombent en différents temps pour être remplacées par d'autres : à deux ans et demi les quatre de devant du milieu tombent les premières, deux en haut, deux en bas ; un an après il en tombe quatre autres, une de chaque côté des premières qui sont déjà remplacées ; à quatre ans et demi environ il en tombe quatre autres, toujours à côté de celles qui sont tombées et remplacées ; ces quatre dernières dents de lait sont remplacées par quatre autres, qui ne croissent pas à beaucoup près aussi vite que celles qui ont remplacé les huit premières; et ce sont ces quatre dernières dents, qu'on appelle les coins, et qui remplacent les quatre dernières dents de lait, qui marquent l'âge du cheval; elles sont aisées à reconnaître, puisqu'elles sont les troisièmes tant en haut qu'en bas, à les compter depuis le milieu de l'extrémité de la mâchoire; ces dents sont creuses et ont une marque noire dans leur concavité; à quatre ans et demi ou cinq ans elles ne débordent presque pas au-dessus de la gencive, et le creux est fort sensible; à six ans et demi il commence à se remplir, la marque commence aussi à diminuer et à se rétrécir, et toujours de plus en plus jusqu'à sept ans et demi ou huit ans, que le creux est tout à fait rempli et la marque noire effacée; après huit ans, comme ces dents ne donnent plus connaissance de l'âge, on cherche à en juger par les dents canines ou crochets; ces quatre dents sont à côté de celles dont nous venons de parler : ces dents canines, non plus que les mâchelières, ne sont pas précédées par d'autres dents qui tombent; les deux de la mâchoire inférieure poussent ordinairement, les premières à trois ans et demi, et les deux de la mâchoire supérieure à quatre ans, et jusqu'à l'âge de six ans ces dents sont fort pointues; à dix ans celles d'en haut paraissent déjà émoussées, usées et longues, parce qu'elles sont déchaussées, la gencive se retirant avec l'âge, et plus elles le sont, plus le cheval est âgé : de dix jusqu'à treize ou quatorze ans, il y a peu d'indice de l'âge, mais alors quelques poils des sourcils commencent à devenir **blancs**; cet indice est cependant aussi équivoque que celui qu'on tire des salières creuses, puisqu'on a remarqué que les chevaux engendrés de vieux étalons et de vieilles juments ont des poils blancs aux sourcils dès l'âge de **neuf ou dix** ans. Il y a des chevaux dont les dents sont si dures qu'elles ne s'usent point, et sur lesquelles la marque noire subsiste et ne s'efface jamais; mais ces chevaux, qu'on appelle *béguts,* sont aisés à reconnaître par le creux de la dent, qui est absolument rempli, et aussi par la longueur des dents canines [a] : au reste, on a remarqué qu'il y a plus de juments que de chevaux béguts. On peut aussi connaître, quoique moins précisément, l'âge d'un cheval par les sillons du palais, qui s'effacent à mesure que le cheval vieillit.

Dès l'âge de deux ans ou deux ans et demi le cheval est en état d'engendrer, et les juments, comme toutes les autres femelles, sont encore plus précoces que les mâles; mais ces jeunes chevaux ne produisent que des poulains mal conformés ou mal constitués : il faut que le cheval ait au moins quatre ans ou quatre ans et demi avant que de lui permettre l'usage de la jument, et encore ne le permettra-t-on de si bonne heure qu'aux chevaux de trait et aux gros chevaux, qui sont ordinairement formés plus tôt que les chevaux fins; car pour ceux-ci il faut attendre jusqu'à six ans, et même jusqu'à sept pour les beaux étalons d'Espagne; les juments peuvent avoir un an de moins : elles sont ordinairement en chaleur au printemps depuis

---

a. Voyez l'*École de cavalerie* de M. de la Guérinière, p. **25** et suiv.

la fin de mars jusqu'à la fin de juin; mais le temps de la plus forte chaleur ne dure guère que quinze jours ou trois semaines, et il faut être attentif à profiter de ce temps pour leur donner l'étalon; il doit être bien choisi, beau, bien fait, relevé du devant, vigoureux, sain par tout le corps, et surtout de bonne race et de bon pays. Pour avoir de beaux chevaux de selle fins et bien faits, il faut prendre des étalons étrangers; les arabes, les turcs, les barbes et les chevaux d'Andalousie sont ceux qu'on doit préférer à tous les autres; et à leur défaut on se servira de beaux chevaux anglais, parce que ces chevaux viennent des premiers, et qu'ils n'ont pas beaucoup dégénéré, la nourriture étant excellente en Angleterre, où l'on a aussi très-grand soin de renouveler les races : les étalons d'Italie, surtout les napolitains, sont aussi fort bons, et ils ont le double avantage de produire des chevaux fins de monture lorsqu'on leur donne des juments fines, et de beaux chevaux de carrosse avec des juments étoffées et de bonne taille. On prétend qu'en France, en Angleterre, etc., les chevaux arabes et barbes engendrent ordinairement des chevaux plus grands qu'eux, et qu'au contraire les chevaux d'Espagne n'en produisent que de plus petits qu'eux. Pour avoir de beaux chevaux de carrosse, il faut se servir d'étalons napolitains, danois, ou de chevaux de quelques endroits d'Allemagne et de Hollande, comme du Holstein et de Frise. Les étalons doivent être de belle taille, c'est-à-dire, de quatre pieds huit, neuf et dix pouces pour les chevaux de selle, et de cinq pieds au moins pour les chevaux de carrosse : il faut aussi qu'un étalon soit d'un bon poil, comme noir de jais, beau gris, bai, alezan, isabelle doré avec la raie de mulet, les crins et les extrémités noires; tous les poils qui sont d'une couleur lavée et qui paraissent mal teints doivent être bannis des haras, aussi bien que les chevaux qui ont les extrémités blanches. Avec un très-bel extérieur, l'étalon doit avoir encore toutes les bonnes qualités intérieures, du courage, de la docilité, de l'ardeur, de l'agilité, de la sensibilité dans la bouche, de la liberté dans les épaules, de la sûreté dans les jambes, de la souplesse dans les hanches, du ressort par tout le corps, et surtout dans les jarrets, et même il doit avoir été un peu dressé et exercé au manége. Le cheval est de tous les animaux celui qu'on a le plus observé, et on a remarqué qu'il communique, par la génération, presque toutes ses bonnes et mauvaises qualités naturelles et acquises : un cheval naturellement hargneux, ombrageux, rétif, etc., produit des poulains qui ont le même naturel; et comme les défauts de conformation et les vices des humeurs se perpétuent encore plus sûrement que les qualités du naturel, il faut avoir grand soin d'exclure du haras tout cheval difforme, morveux, poussif, lunatique, etc.

Dans ces climats, la jument contribue moins que l'étalon à la beauté du poulain, mais elle contribue peut-être plus à son tempérament et à sa taille; ainsi il faut que les juments aient du corps, du ventre, et qu'elles soient bonnes nourrices. Pour avoir de beaux chevaux fins, on préfère les juments espagnoles et italiennes, et pour des chevaux de carrosse les juments anglaises et normandes; cependant, avec de beaux étalons, des juments de tout pays pourront donner de beaux chevaux, pourvu qu'elles soient elles-mêmes bien faites et de bonne race; car si elles ont été engendrées d'un mauvais cheval, les poulains qu'elles produiront seront souvent eux-mêmes de mauvais chevaux. Dans cette espèce d'animaux, comme dans l'espèce humaine, la progéniture ressemble assez souvent aux ascendants paternels ou maternels : seulement il semble que dans les chevaux la femelle ne contribue pas à la génération tout à fait autant que dans l'espèce humaine; le fils ressemble plus souvent à sa mère que le poulain ne ressemble à la sienne; et lorsque le poulain ressemble à la jument qui l'a produit, c'est ordinairement par les parties antérieures du corps, et par la tête et l'encolure.

Au reste, pour bien juger de la ressemblance des enfants à leurs parents, il ne faudrait pas les comparer dans les premières années, mais attendre l'âge où, tout étant développé, la comparaison en serait plus certaine et plus sensible : indépendamment du développement dans l'accroissement, qui souvent altère ou change en bien les formes, les proportions et la couleur des cheveux, il se fait, dans le temps de la puberté, un développement prompt et subit, qui change ordinairement les traits, la taille, l'attitude des jambes, etc.; le visage s'allonge, le nez grossit et grandit, la mâchoire s'avance ou se charge, la taille s'élève ou se courbe, les jambes s'allongent et souvent deviennent cagneuses ou effilées : en sorte que la physionomie et le maintien du corps changent quelquefois si fort, qu'il serait très-possible de méconnaître, au moins du premier coup d'œil, après la puberté, une personne qu'on aurait bien connue avant ce temps, et qu'on n'aurait pas vue depuis. Ce n'est donc qu'après cet âge qu'on doit comparer l'enfant à ses parents, si l'on veut juger exactement de la ressemblance; et alors on trouve dans l'espèce humaine que souvent le fils ressemble à son père, et la fille à sa mère; que plus souvent ils ressemblent à l'un et à l'autre à la fois, et qu'ils tiennent quelque chose de tous deux; qu'assez souvent ils ressemblent aux grands-pères ou aux grand'mères; que quelquefois ils ressemblent aux oncles ou aux tantes; que presque toujours les enfants du même père et de la même mère se ressemblent plus entre eux qu'ils ne ressemblent à leurs ascendants, et que tous ont quelque chose de commun et un air de famille. Dans les chevaux, comme le mâle contribue plus à la génération que la femelle, les juments produisent des poulains qui sont assez souvent semblables en tout à l'étalon, ou qui toujours lui ressemblent plus qu'à la mère; elles en produisent aussi qui ressemblent aux grands-pères, et lorsque la jument mère a été elle-même engendrée d'un mauvais cheval, il arrive assez souvent que, quoiqu'elle ait eu un bel étalon et qu'elle soit belle elle-même, elle ne produit qu'un poulain qui, quoiqu'en apparence beau et bien fait dans sa première jeunesse, décline toujours en croissant, tandis qu'une jument qui sort d'une bonne race donne des poulains qui, quoique de mauvaise apparence d'abord, embellissent avec l'âge.

Au reste, ces observations que l'on a faites sur le produit des juments, et qui semblent concourir toutes à prouver que dans les chevaux le mâle influe beaucoup plus que la femelle sur la progéniture, ne me paraissent pas encore suffisantes pour établir ce fait d'une manière indubitable et irrévocable; il ne serait pas impossible que ces observations subsistassent, et qu'en même temps et en général les juments contribuassent autant que les chevaux au produit de la génération : il ne me paraît pas étonnant que des étalons, toujours choisis dans un grand nombre de chevaux tirés ordinairement de pays chauds, nourris dans l'abondance, entretenus et ménagés avec grand soin, dominent dans la génération sur des juments communes, nées dans un climat froid, et souvent réduites à travailler; et comme dans les observations tirées des haras il y a toujours plus ou moins de cette supériorité de l'étalon sur la jument, on peut très-bien imaginer que ce n'est que par cette raison qu'elles sont vraies et constantes; mais en même temps il pourrait être tout aussi vrai que de très-belles juments des pays chauds, auxquelles on donnerait des chevaux communs, influeraient peut-être beaucoup plus qu'eux sur leur progéniture, et qu'en général, dans l'espèce des chevaux comme dans l'espèce humaine, il y eût égalité dans l'influence du mâle et de la femelle sur leur progéniture[1]; cela me paraît naturel et d'autant plus probable, qu'on a remarqué, même dans les haras, qu'il naissait à peu près un nombre égal de poulains et de poulines : ce qui prouve qu'au moins pour le sexe la femelle influe pour sa moitié.

Mais ne suivons pas plus loin ces considérations, qui nous éloigneraient de notre sujet : lorsque l'étalon est choisi et que les juments qu'on veut lui donner sont rassemblées, il faut avoir un autre cheval entier qui ne servira qu'à faire connaître les juments qui seront en chaleur, et qui même contribuera par ses attaques à les y faire entrer; on fait passer toutes les juments l'une après l'autre devant ce cheval entier, qui doit être ardent et hennir fréquemment; il veut les attaquer toutes : celles qui ne sont point en chaleur se défendent, et il n'y a que celles qui y sont qui se laissent approcher; mais au lieu de le laisser approcher tout à fait, on le retire et on lui substitue le véritable étalon. Cette épreuve est utile pour reconnaître le

---

1. En laissant de côté les *ressemblances* superficielles, sur lesquelles il sera toujours très-difficile de prononcer, et en s'en tenant aux rapports profonds, il y a, dans toutes les espèces, *égalité d'influence du mâle et de la femelle sur leur progéniture.* C'est ce que me démontrent, chaque jour, les expériences sur le *croisement des espèces*, que je poursuis depuis plusieurs années. (Voyez la note de la p. 275.) L'union du *chacal* et de la *chienne* produit un *métis* qui est moitié *chacal* et moitié *chien;* l'union du *chien* et de la *louve* produit un *métis* qui est moitié *chien* et moitié *loup*, etc., etc.

vrai temps de la chaleur des juments, et surtout de celles qui n'ont pas encore produit; car celles qui viennent de pouliner entrent ordinairement en chaleur neuf jours après leur accouchement, ainsi on peut les mener à l'étalon dès ce jour même et les faire couvrir; ensuite essayer neuf jours après, au moyen de l'épreuve ci-dessus, si elles sont encore en chaleur; et si elles y sont en effet, les faire couvrir une seconde fois, et ainsi de suite une fois tous les neuf jours tant que leur chaleur dure, car lorsqu'elles sont pleines la chaleur diminue et cesse peu de jours après.

Mais pour que tout cela puisse se faire aisément, commodément, avec succès et fruit, il faut beaucoup d'attention, de dépense et de précautions; il faut établir le haras dans un bon terrain et dans un lieu convenable et proportionné à la quantité de juments et d'étalons qu'on veut employer; il faut partager ce terrain en plusieurs parties, fermées de palis ou de fossés avec de bonnes haies, mettre les juments pleines et celles qui allaitent leurs poulains dans la partie où le pâturage est le plus gras, séparer celles qui n'ont pas conçu ou qui n'ont pas encore été couvertes, et les mettre avec les jeunes poulines dans un autre parquet où le pâturage soit moins gras, afin qu'elles n'engraissent pas trop, ce qui s'opposerait à la génération; et enfin il faut mettre les jeunes poulains entiers ou hongres dans la partie du terrain la plus sèche et la plus inégale, pour qu'en montant et en descendant les collines ils acquièrent de la liberté dans les jambes et les épaules : ce dernier parquet, où l'on met les poulains mâles, doit être séparé de ceux des juments avec grand soin, de peur que ces jeunes chevaux ne s'échappent et ne s'énervent avec les juments. Si le terrain est assez grand pour qu'on puisse partager en deux parties chacun de ces parquets pour y mettre alternativement des chevaux et des bœufs l'année suivante, le fond du pâturage durera bien plus longtemps que s'il était continuellement mangé par les chevaux; le bœuf répare le pâturage, et le cheval l'amaigrit : il faut aussi qu'il y ait des mares dans chacun de ces parquets; les eaux dormantes sont meilleures pour les chevaux que les eaux vives, qui leur donnent souvent des tranchées; et s'il y a quelques arbres dans ce terrain il ne faut pas les détruire : les chevaux sont bien aises de trouver cette ombre dans les grandes chaleurs; mais s'il y a des troncs, des chicots ou des trous, il faut arracher, combler, aplanir, pour prévenir tout accident. Ces pâturages serviront à la nourriture de votre haras pendant l'été ; et il faudra pendant l'hiver mettre les juments à l'écurie et les nourrir avec du foin, aussi bien que les poulains, qu'on ne mènera pâturer que dans les beaux jours d'hiver. Les étalons doivent être toujours nourris à l'écurie avec plus de paille que de foin, et entretenus dans un exercice modéré jusqu'au temps de la monte, qui dure ordinairement depuis le commencement d'avril jusqu'à la fin de juin : on ne leur fera faire aucun autre exercice pendant ce temps, et on les nourrira largement, mais avec les mêmes nourritures qu'à l'ordinaire.

Lorsqu'on mènera l'étalon à la jument, il faudra le panser auparavant,
cela ne fera qu'augmenter son ardeur; il faut aussi que la jument soit
propre et déferrée des pieds de derrière, car il y en a qui sont chatouilleuses
et qui ruent à l'approche de l'étalon; un homme tient la jument par le
licol, et deux autres conduisent l'étalon par des longes; lorsqu'il est en
situation, on aide à l'accouplement en le dirigeant et en détournant la
queue de la jument; car un seul crin qui s'opposerait pourrait le blesser,
même dangereusement : il arrive quelquefois que dans l'accouplement
l'étalon ne consomme pas l'acte de la génération, et qu'il sort de dessus la
jument sans lui avoir rien laissé; il faut donc être attentif à observer si
dans les derniers moments de la copulation le tronçon de la queue de l'é-
talon n'a pas un mouvement de balancier près de la croupe, car ce mouvement accompagne toujours l'émission de la liqueur séminale : s'il a
consommé, il ne faut pas lui laisser réitérer l'accouplement, il faut au
contraire le ramener tout de suite à l'écurie et le laisser jusqu'au surlen-
demain; car, quoiqu'un bon étalon puisse suffire à couvrir tous les jours
une fois pendant les trois mois que dure le temps de la monte, il vaut mieux
le ménager davantage et ne lui donner une jument que tous les deux jours,
il dépensera moins et produira davantage : dans les premiers sept jours
on lui donnera donc successivement quatre juments différentes, et le neuvième jour on lui ramènera la première, et ainsi des autres, tant qu'elles
seront en chaleur; mais dès qu'il y en aura quelqu'une dont la chaleur sera
passée, on lui en substituera une nouvelle pour la faire couvrir à son tour
aussi tous les neuf jours; et comme il y en a plusieurs qui retiennent dès la
première, seconde ou troisième fois, on compte qu'un étalon ainsi conduit
peut couvrir quinze ou dix-huit juments, et produire dix ou douze poulains
dans les trois mois que dure cet exercice. Dans ces animaux, la quantité de
la liqueur séminale est très-grande, et dans l'émission ils en répandent
fort abondamment : on verra dans les descriptions la grande capacité des
réservoirs qui la contiennent, et les inductions qu'on peut tirer de l'étendue
et de la forme de ces réservoirs. Dans les juments il se fait aussi une émission, ou plutôt une stillation de la liqueur séminale pendant tout le temps
qu'elles sont en amour; car elles jettent au dehors une liqueur gluante et
blanchâtre qu'on appelle des chaleurs, et dès qu'elles sont pleines ces émis-
sions cessent : c'est cette liqueur que les Grecs ont appelée l'*hippomanès* de
la jument, et dont ils prétendent qu'on peut faire des philtres, surtout pour
rendre un cheval frénétique d'amour : cet hippomanès est bien différent de
celui qui se trouve dans les enveloppes du poulain, dont M. Daubenton [a] a
le premier connu et si bien décrit la nature, l'origine et la situation : cette
liqueur que la jument jette au dehors est le signe le plus certain de sa cha-

a. Voyez les *Mémoires de l'Académie royale des Sciences*, année 1751.

leur; mais on le reconnaît encore au gonflement de la partie inférieure de la vulve et aux fréquents hennissements de la jument, qui dans ce temps cherche à s'approcher des chevaux : lorsqu'elle a été couverte par l'étalon, il faut simplement la mener au pâturage sans aucune autre précaution. Le premier poulain d'une jument n'est jamais si étoffé que ceux qu'elle produit par la suite; ainsi on observera de lui donner la première fois un étalon plus gros, afin de compenser le défaut de l'accroissement par la grandeur même de la taille; il faut aussi avoir grande attention à la différence ou à la réciprocité des figures du cheval et de la jument, afin de corriger les défauts de l'un par les perfections de l'autre, et surtout ne jamais faire d'accouplements disproportionnés, comme d'un petit cheval avec une grosse jument, ou d'un grand cheval avec une petite jument, parce que le produit de cet accouplement serait petit ou mal proportionné : pour tâcher d'approcher de la belle nature, il faut aller par nuances; donner, par exemple, à une jument un peu trop épaisse un cheval étoffé, mais fin, à une petite jument un cheval un peu plus haut qu'elle, à une jument qui pèche par l'avant-main un cheval qui ait la tête belle et l'encolure noble, etc.

On a remarqué que les haras établis dans des terrains secs et légers produisaient des chevaux sobres, légers et vigoureux, avec la jambe nerveuse et la corne dure, tandis que dans les lieux humides et dans les pâturages les plus gras ils ont presque tous la tête grosse et pesante, le corps épais, les jambes chargées, la corne mauvaise et les pieds plats : ces différences viennent de celles du climat et de la nourriture, ce qui peut s'entendre aisément; mais ce qui est plus difficile à comprendre, et qui est encore plus essentiel que tout ce que nous venons de dire, c'est la nécessité où l'on est de toujours croiser les races, si l'on veut les empêcher de dégénérer.

Il y a dans la nature un prototype général dans chaque espèce sur lequel chaque individu est modelé, mais qui semble, en se réalisant, s'altérer ou se perfectionner par les circonstances; en sorte que, relativement à de certaines qualités, il y a une variation bizarre en apparence dans la succession des individus, et en même temps une constance qui paraît admirable dans l'espèce entière : le premier animal, le premier cheval, par exemple, a été le modèle extérieur et le moule intérieur sur lequel tous les chevaux qui sont nés, tous ceux qui existent et tous ceux qui naîtront ont été formés; mais ce modèle, dont nous ne connaissons que les copies, a pu s'altérer ou se perfectionner en communiquant sa forme et se multipliant : l'empreinte originaire subsiste en son entier dans chaque individu; mais quoiqu'il y en ait des millions, aucun de ces individus n'est cependant semblable en tout à un autre individu, ni par conséquent au modèle dont il porte l'empreinte. Cette différence qui prouve combien la nature est éloignée de rien faire d'absolu, et combien elle sait nuancer ses ouvrages, se trouve dans l'espèce humaine, dans celles de tous les animaux, de tous les végétaux, de tous les êtres en un mot qui se reproduisent; et ce qu'il y a de singulier, c'est qu'il semble que le modèle du beau et du bon soit dispersé par toute la terre, et que dans chaque climat il n'en réside qu'une portion qui dégénère toujours, à moins qu'on ne la réunisse avec une autre portion prise au loin ; en sorte que pour avoir de bon grain, de belles fleurs, etc., il faut en échanger les graines et ne jamais les semer dans le même terrain qui les a produits; et de même, pour avoir de beaux chevaux, de bons chiens, etc., il faut donner aux femelles du pays des mâles étrangers, et réciproquement aux mâles du pays des femelles étrangères; sans cela les grains, les fleurs, lés animaux dégénèrent, ou plutôt prennent une si forte teinture du climat, que la matière domine sur la forme et semble l'abâtardir : l'empreinte reste, mais défigurée par tous les traits qui ne lui sont pas essentiels; en mêlant au contraire les races, et surtout en les renouvelant toujours par des races étrangères, la forme semble se perfectionner, et la nature se relever et donner tout ce qu'elle peut produire de meilleur.

Ce n'est point ici le lieu de donner les raisons générales de ces effets, mais nous pouvons indiquer les conjectures qui se présentent au premier coup d'œil; on sait par expérience que des animaux ou des végétaux, transplantés d'un climat lointain, souvent dégénèrent, et quelquefois se perfectionnent en peu de temps, c'est-à-dire en un très-petit nombre de générations. Il est aisé de concevoir que ce qui produit cet effet est la différence du climat et de la nourriture: l'influence de ces deux causes doit à la longue rendre ces animaux exempts ou susceptibles de certaines affections, de certaines maladies; leur tempérament doit changer peu à peu; le développement de la forme, qui dépend en partie de la nourriture et de la qualité des humeurs, doit donc changer aussi dans les générations : ce changement est, à la vérité, presque insensible à la première génération, parce que les deux animaux, mâle et femelle, que nous supposons être les souches de cette race, ont pris leur consistance et leur forme avant d'avoir été dépaysés, et que le nouveau climat et la nourriture nouvelle peuvent, à la vérité, changer leur tempérament, mais ne peuvent pas influer assez sur les parties solides et organiques pour en altérer la forme, surtout si l'accroissement de leur corps était pris en entier; par conséquent la première génération ne sera point altérée, la première progéniture de ces animaux ne dégénérera pas, l'empreinte de la forme sera pure, il n'y aura aucun vice de souche au moment de la naissance; mais le jeune animal essuiera, dans un âge tendre et faible, les influences du climat; elles lui feront plus d'impression qu'elles n'en ont pu faire sur le père et la mère ; celles de la nourriture seront aussi bien plus grandes et pourront agir sur les parties organiques dans le temps de l'accroissement, en altérer un peu la forme originaire, et y produire des germes de défectuosités qui se manifesteront ensuite d'une manière très-sensible dans la seconde génération, où la progéniture a non-seulement ses propres défauts, c'est-à-dire ceux qui lui viennent de son accroissement, mais encore les vices de la seconde souche, qui ne s'en développeront qu'avec plus d'avantage ; et enfin à la troisième génération, les vices de la seconde et de la troisième souche, qui proviennent de cette influence du climat et de la nourriture, se trouvant encore combinés avec ceux de l'influence actuelle dans l'accroissement, deviendront si sensibles que les caractères de la première souche en seront effacés : ces animaux de race étrangère n'auront plus rien d'étranger, ils ressembleront en tout à ceux du pays. Des chevaux d'Espagne ou de Barbarie, dont on conduit ainsi les générations, deviennent en France des chevaux français, souvent dès la seconde génération, et toujours à la troisième ; on est donc obligé de croiser les races au lieu de les conserver ; on renouvelle la race à chaque génération en faisant venir des chevaux barbes ou d'Espagne pour les donner aux juments du pays, et ce qu'il y a de singulier, c'est que ce renouvellement de race, qui ne se fait qu'en partie, et, pour ainsi dire, à moitié, produit cependant de bien meilleurs effets que si le renouvellement était entier. Un cheval et une jument d'Espagne ne produiront pas ensemble d'aussi beaux chevaux en France que ceux qui viendront de ce même cheval d'Espagne avec une jument du pays ; ce qui se concevra encore aisément si l'on fait attention à la compensation nécessaire des défauts qui doit se faire lorsqu'on met ensemble un mâle et une femelle de différents pays. Chaque climat, par ses influences et par celles de la nourriture, donne une certaine conformation qui pèche par quelque excès ou par quelque défaut ; mais dans un climat chaud il y aura en excès ce qui sera en défaut dans un climat froid, et réciproquement ; de manière qu'il doit se faire une compensation du tout lorsqu'on joint ensemble des animaux de ces climats opposés ; et comme ce qui a le plus de perfection dans la nature est ce qui a le moins de défauts, et que les formes les plus parfaites sont seulement celles qui ont le moins de difformités, le produit de deux animaux, dont les défauts se compenseraient exactement, serait la production la plus parfaite de cette espèce. Or, ils se compensent d'autant mieux qu'on met ensemble des animaux de pays plus éloignés, ou plutôt de climats plus opposés : le composé qui en résulte est d'autant plus parfait que les excès ou les défauts de l'habitude du père sont plus opposés aux défauts ou aux excès de l'habitude de la mère [1].

Dans le climat tempéré de la France, il faut donc, pour avoir de beaux chevaux, faire venir des étalons de climats plus chauds ou plus froids : les

1. J'ai déjà dit, dans la note de la page 264, qu'il y a trois grandes causes de *variétés* ou de *races* : le *climat*, le *croisement des races* et les *accidents organiques*. Buffon vient d'expliquer ici ce qui tient à la première de ces causes : le *climat* ; il touche même un peu, dans cette dernière page, à ce qui tient à la seconde : le *croisement des races ;* il développera ailleurs (*Histoire du chien*) ce qui tient à la troisième : les *accidents organiques*.

chevaux arabes, si l'on en peut avoir, et les barbes doivent être pré-
férés, et ensuite les chevaux d'Espagne et du royaume de Naples; et pour
les climats froids, ceux de Danemarck, et ensuite ceux du Holstein et de la
Frise. Tous ces chevaux produiront en France, avec les juments du pays,
de très-bons chevaux, qui seront d'autant meilleurs et d'autant plus beaux
que la température du climat sera plus éloignée de celle du climat de la
France, en sorte que les arabes feront mieux que les barbes, les barbes
mieux que ceux d'Espagne, et de même les chevaux tirés de Danemarck
produiront de plus beaux chevaux que ceux de la Frise. Au défaut de ces
chevaux de climats beaucoup plus froids ou plus chauds, il faudra faire
venir des étalons anglais ou allemands, ou même des provinces méridionales de la France dans les provinces septentrionales : on gagnera toujours à donner aux juments des chevaux étrangers; et, au contraire, on
perdra beaucoup à laisser multiplier ensemble dans un haras des chevaux
de même race, car ils dégénèrent infailliblement et en très-peu de temps.

Dans l'espèce humaine, le climat et la nourriture n'ont pas d'aussi
grandes influences que dans les animaux, et la raison en est assez simple:
l'homme se défend mieux que l'animal de l'intempérie du climat; il se loge,
il se vêtit convenablement aux saisons; sa nourriture est aussi beaucoup
plus variée, et par conséquent elle n'influe pas de la même façon sur tous
les individus; les défauts ou les excès qui viennent de ces deux causes, et
qui sont si constants et si sensibles dans les animaux, le sont beaucoup
moins dans les hommes; d'ailleurs, comme il y a eu de fréquentes migrations de peuples, que les nations se sont mêlées, et que beaucoup d'hommes
voyagent et se répandent de tous côtés, il n'est pas étonnant que les races
humaines paraissent être moins sujettes au climat, et qu'il se trouve des
hommes forts, bien faits, et même spirituels dans tous les pays. Cependant
on peut croire que, par une expérience dont on a perdu toute mémoire, les
hommes ont autrefois connu le mal qui résultait des alliances du même
sang, puisque chez les nations les moins policées il a rarement été permis
au frère d'épouser sa sœur : cet usage, qui est pour nous de droit divin, et
qu'on ne rapporte chez les autres peuples qu'à des vues politiques, a peut-
être été fondé sur l'observation ; la politique ne s'étend pas d'une manière
si générale et si absolue, à moins qu'elle ne tienne au physique; mais si les
hommes ont une fois connu par expérience que leur race dégénérait toutes
les fois qu'ils ont voulu la conserver sans mélange dans une même famille,
ils auront regardé comme une loi de la nature celle de l'alliance avec des
familles étrangères, et se seront tous accordés à ne pas souffrir de mélange
entre leurs enfants. Et, en effet, l'analogie peut faire présumer que dans
la plupart des climats les hommes dégénéreraient, comme les animaux,
après un certain nombre de générations.

Une autre influence du climat et de la nourriture est la variété des couleurs dans la robe des animaux; ceux qui sont sauvages et qui vivent dans le même climat sont d'une même couleur, qui devient seulement un peu plus claire ou plus foncée dans les différentes saisons de l'année; ceux, au contraire, qui vivent sous des climats différents, sont de couleurs différentes, et les animaux domestiques varient prodigieusement par les couleurs, en sorte qu'il y a des chevaux, des chiens, etc., de toute sorte de poils, au lieu que les cerfs, les lièvres, etc., sont tous de la même couleur : les injures du climat toujours les mêmes, la nourriture toujours la même, produisent dans les animaux sauvages cette uniformité; le soin de l'homme, la douceur de l'abri, la variété dans la nourriture, effacent et font varier cette couleur dans les animaux domestiques, aussi bien que le mélange des races étrangères, lorsqu'on n'a pas soin d'assortir la couleur du mâle avec celle de la femelle, ce qui produit quelquefois de belles singularités, comme on le voit sur les chevaux pies, où le blanc et le noir sont appliqués d'une manière si bizarre et tranchent l'un sur l'autre si singulièrement qu'il semble que ce ne soit pas l'ouvrage de la nature, mais l'effet du caprice d'un peintre.

Dans l'accouplement des chevaux on assortira donc le poil et la taille, on contrastera les figures, on croisera les races en opposant les climats, et on ne joindra jamais ensemble les chevaux et les juments nés dans le même haras; toutes ces conditions sont essentielles, et il y a encore quelques autres attentions qu'il ne faut pas négliger : par exemple, il ne faut point, dans un haras, de juments à queue courte, parce que ne pouvant se défendre des mouches, elles en sont beaucoup plus tourmentées que celles qui ont tous leurs crins, et l'agitation continuelle que leur cause la piqûre de ces insectes fait diminuer la quantité de leur lait, ce qui influe beaucoup sur le tempérament et la taille du poulain qui, toutes choses égales d'ailleurs, sera d'autant plus vigoureux que sa mère sera meilleure nourrice. Il faut tâcher de n'avoir pour son haras que des juments qui aient toujours pâturé et qui n'aient point fatigué; les juments qui ont toujours été à l'écurie nourries au sec, et qu'on met ensuite au pâturage, ne produisent pas d'abord; il leur faut du temps pour s'accoutumer à cette nouvelle nourriture.

Quoique la saison ordinaire de la chaleur des juments soit depuis le commencement d'avril jusqu'à la fin de juin, il arrive assez souvent que dans un grand nombre il y en a quelques-unes qui sont en chaleur avant ce temps : on fera bien de laisser passer cette chaleur sans les faire couvrir, parce que le poulain naîtrait en hiver, souffrirait de l'intempérie de la saison, et ne pourrait sucer qu'un mauvais lait; et de même lorsqu'une jument ne vient en chaleur qu'après le mois de juin, on ne devrait pas la laisser couvrir, parce que le poulain, naissant alors en été, n'a pas le temps d'acquérir assez de force pour résister aux injures de l'hiver suivant.

Beaucoup de gens, au lieu de conduire l'étalon à la jument pour la faire couvrir, le lâchent dans le parquet où les juments sont rassemblées, et l'y laissent en liberté choisir lui-même celles qui ont besoin de lui, et les satisfaire à son gré ; cette manière est bonne pour les juments, elles produiront même plus sûrement que de l'autre façon , mais l'étalon se ruine plus en six semaines qu'il ne ferait en plusieurs années par un exercice modéré et conduit comme nous l'avons dit.

Lorsque les juments sont pleines et que leur ventre commence à s'appesantir, il faut les séparer des autres qui ne le sont point, et qui pourraient les blesser ; elles portent ordinairement onze mois et quelques jours ; elles accouchent debout, au lieu que presque tous les autres quadrupèdes se couchent : on aide celles dont l'accouchement est difficile, on y met la main, on remet le poulain en situation, et quelquefois même, lorsqu'il est mort , on le tire avec des cordes. Le poulain se présente ordinairement la tête la première, comme dans toutes les autres espèces d'animaux ; il rompt ses enveloppes en sortant de la matrice, et les eaux abondantes qu'elles contiennent s'écoulent ; il tombe en même temps un ou plusieurs morceaux solides formés par le sédiment de la liqueur épaissie de l'allantoïde ; ce morceau , que les anciens ont appelé l'hippomanès [1] du poulain , n'est pas, comme ils le disent , un morceau de chair attaché à la tête du poulain, il en est au contraire séparé par la membrane amnios ; la jument lèche le poulain après sa naissance, mais elle ne touche pas à l'hippomanès , et les anciens se sont encore trompés lorsqu'ils ont assuré qu'elle le dévorait à l'instant.

L'usage ordinaire est de faire couvrir une jument neuf jours après qu'elle a pouliné ; c'est pour ne point perdre de temps , et pour tirer de son haras tout le produit que l'on peut en attendre ; cependant il est sûr que la jument ayant ensemble à nourrir son poulain né et son poulain à naître, ses forces sont partagées, et qu'elle ne peut leur donner autant que si elle n'avait que l'un ou l'autre à nourrir : il serait donc mieux, pour avoir d'excellents chevaux, de ne laisser couvrir les juments que de deux années l'une ; elles dureraient plus longtemps et retiendraient plus sûrement ; car dans les haras ordinaires il s'en faut bien que toutes les juments qui ont été couvertes produisent tous les ans ; c'est beaucoup lorsque dans la même année il s'en trouve la moitié ou les deux tiers qui donnent des poulains.

Les juments , quoique pleines, peuvent souffrir l'accouplement, et cependant il n'y a jamais de superfétation ; elles produisent ordinairement jusqu'à l'âge de quatorze ou quinze ans , et les plus vigoureuses ne produisent guère au delà de dix-huit ans : les chevaux, lorsqu'ils ont été ménagés, peuvent engendrer jusqu'à l'âge de vingt et même au delà, et l'on a fait sur ces animaux la même remarque que sur les hommes, c'est que ceux qui ont commencé de bonne heure finissent aussi plus tôt ; car les gros chevaux, qui sont plus tôt formés que les chevaux fins, et dont on fait des étalons

---

1. *Hippomanès :* concrétions qui , comme le dit Buffon , se forment dans la *liqueur épaisse* de *l'allantoïde.* Voyez la *description du cheval* par Daubenton.

dès l'âge de quatre ans, ne durent pas si longtemps, et sont communément hors d'état d'engendrer avant l'âge de quinze ans [a].

La durée de la vie des chevaux est, comme dans toutes les autres espèces d'animaux, proportionnée à la durée du temps de leur accroissement; l'homme, qui est quatorze ans à croître [1], peut vivre six ou sept fois autant de temps, c'est-à-dire, quatre-vingt-dix ou cent ans; le cheval, dont l'accroissement se fait en quatre ans [2], peut vivre six ou sept fois autant, c'est-à-dire, vingt-cinq ou trente ans : les exemples qui pourraient être contraires à cette règle sont si rares, qu'on ne doit pas même les regarder comme une exception dont on puisse tirer des conséquences; et comme les gros chevaux prennent leur entier accroissement en moins de temps que les chevaux fins, ils vivent aussi moins de temps, et sont vieux dès l'âge de quinze ans.

Il paraîtrait au premier coup d'œil que dans les chevaux et la plupart des autres animaux quadrupèdes, l'accroissement des parties postérieures est d'abord plus grand que celui des parties antérieures, tandis que dans l'homme les parties inférieures croissent moins d'abord que les parties supérieures ; car dans l'enfant les cuisses et les jambes sont, à proportion du corps, beaucoup moins grandes que dans l'adulte : dans le poulain au contraire les jambes de derrière sont assez longues pour qu'il puisse atteindre à sa tête avec le pied de derrière, au lieu que le cheval adulte ne peut plus y atteindre ; mais cette différence vient moins de l'inégalité de l'accroissement total des parties antérieures et postérieures que de l'inégalité des pieds de devant et de ceux de derrière, qui est constante dans toute la nature, et plus sensible dans les animaux quadrupèdes ; car dans l'homme les pieds sont plus gros que les mains, et sont aussi plus tôt formés; et dans le cheval, dont une grande partie de la jambe de derrière n'est qu'un pied, puisqu'elle n'est composée que des os relatifs au tarse, au métatarse, etc., il n'est pas étonnant que ce pied soit plus étendu et plus tôt développé que la jambe de devant, dont toute la partie inférieure représente la main, puisqu'elle n'est composée que des os du carpe, du métacarpe, etc. Lorsqu'un poulain vient de naître on remarque aisément cette différence; les jambes de devant comparées à celles de derrière paraissent, et sont en effet beaucoup plus courtes alors qu'elles ne le seront dans la suite, et d'ailleurs l'épaisseur que le corps acquiert, quoique indépendante des proportions de l'accrois-

---

a. Voyez le *Nouveau parfait maréchal*, de M. de Garsault, p. 68 et suivantes.

1. L'homme est vingt ans à croître (car ce n'est qu'à cet âge que se fait, dans l'homme, la réunion des *os* et des *épiphyses*), et il vit ou peut vivre à peu près cent ans, c'est-à-dire *cinq* fois vingt ans. Je crois qu'en général le nombre *cinq* se rapproche plus du rapport réel entre la *durée de l'accroissement* et la *durée de la vie*, que les nombres six ou sept que Buffon propose. (Voyez la note de la page 77.)

2. Le cheval est plus de quatre ans à croître , car j'ai pu déjà m'assurer qu'à cet âge *toutes* les *épiphyses* ne sont pas encore *soudées*. Très-probablement, le cheval met cinq ans à croître : aussi vit-il vingt-cinq ans, ou à peu près. (Voyez la note de la page 77.)

sement en longueur, met cependant plus de distance entre les pieds de
derrière et la tète, et contribue par conséquent à empêcher le cheval d'y
atteindre lorsqu'il a pris son accroissement.

Dans tous les animaux, chaque espèce est variée suivant les différents
climats, et les résultats généraux de ces variétés forment et constituent
les différentes races [1], dont nous ne pouvons saisir que celles qui sont les
plus marquées, c'est-à-dire celles qui diffèrent sensiblement les unes des
autres, en négligeant toutes les nuances intermédiaires qui sont ici, comme
en tout, infinies; nous en avons même encore augmenté le nombre et la
confusion en favorisant le mélange de ces races, et nous avons, pour ainsi
dire, brusqué la nature en amenant en ces climats des chevaux d'Afrique ou
d'Asie ; nous avons rendu méconnaissables les races primitives de France
en y introduisant des chevaux de tout pays ; et il ne nous reste, pour distinguer les chevaux, que quelques légers caractères, produits par l'influence
actuelle du climat : ces caractères seraient bien plus marqués et les différences seraient bien plus sensibles, si les races de chaque climat s'y fussent
conservées sans mélange; les petites variétés auraient été moins nuancées,
moins nombreuses, mais il y aurait eu un certain nombre de grandes variétés bien caractérisées, que tout le monde aurait aisément distinguées, au
lieu qu'il faut de l'habitude, et même une assez longue expérience, pour
connaître les chevaux des différents pays; nous n'avons sur cela que les
lumières que nous avons pu tirer des livres des voyageurs, des ouvrages des
plus habiles écuyers, tels que MM. de Newcastle, de Garsault, de la Guérinière, etc., et de quelques remarques que M. de Pignerolles, écuyer du roi,
et chef de l'Académie d'Angers, a eu la bonté de nous communiquer.

Les chevaux arabes sont les plus beaux que l'on connaisse en Europe;
ils sont plus grands et plus étoffés que les barbes, et tout aussi bien faits;
mais comme il en vient rarement en France, les écuyers n'ont pas d'observations détaillées de leurs perfections et de leurs défauts.

Les chevaux barbes sont plus communs; ils ont l'encolure longue, fine,
peu chargée de crins et bien sortie du garrot, la tête belle, petite et assez
ordinairement moutonnée, l'oreille belle et bien placée, les épaules légères
et plates, le garrot mince et bien relevé, les reins courts et droits, le flanc et
les côtes rondes sans trop de ventre, les hanches bien effacées, la croupe
le plus souvent un peu longue et la queue placée un peu haut, la cuisse
bien formée et rarement plate, les jambes belles, bien faites et sans poil,
le nerf bien détaché, le pied bien fait, mais souvent le paturon long ; on en
voit de tous poils, mais plus communément de gris : les barbes ont un peu
de négligence dans leur allure, ils ont besoin d'être recherchés, et on leur
trouve beaucoup de vitesse et de nerf; ils sont fort légers et très-propres

---

1. On ne peut définir plus exactement les *variétés* ou *races*, dues à l'influence des climats.

à la course : ces chevaux paraissent être les plus propres pour en tirer race ; il serait seulement à souhaiter qu'ils fussent de plus grande taille ; les plus grands sont de quatre pieds huit pouces, et il est rare d'en trouver qui aient quatre pieds neuf pouces ; il est confirmé par expérience qu'en France, en Angleterre, etc., ils engendrent des poulains qui sont plus grands qu'eux. On prétend que parmi les barbes, ceux du royaume de Maroc sont les meilleurs, ensuite les barbes de montagne ; ceux du reste de la Mauritanie sont au-dessous, aussi bien que ceux de Turquie, de Perse et d'Arménie : tous ces chevaux des pays chauds ont le poil plus ras que les autres. Les chevaux turcs ne sont pas si bien proportionnés que les barbes ; ils ont pour l'ordinaire l'encolure effilée, le corps long, les jambes trop menues ; cependant ils sont grands travailleurs et de longue haleine : on n'en sera pas étonné, si l'on fait attention que dans les pays chauds les os des animaux sont plus durs que dans les climats froids, et c'est par cette raison que, quoiqu'ils aient le canon plus menu que ceux de ce pays-ci, ils ont cependant plus de force dans les jambes.

Les chevaux d'Espagne, qui tiennent le second rang après les barbes, ont l'encolure longue, épaisse et beaucoup de crins, la tête un peu grosse, et quelquefois moutonnée, les oreilles longues, mais bien placées, les yeux pleins de feu, l'air noble et fier, les épaules épaisses et le poitrail large, les reins assez souvent un peu bas, la côte ronde, et souvent un peu trop de ventre, la croupe ordinairement ronde et large, quoique quelques-uns l'aient un peu longue, les jambes belles et sans poil, le nerf bien détaché, le paturon quelquefois un peu long, comme les barbes, le pied un peu allongé comme celui d'un mulet, et souvent le talon trop haut : les chevaux d'Espagne de belle race sont épais, bien étoffés, bas de terre ; ils ont aussi beaucoup de mouvement dans leur démarche, beaucoup de souplesse, de feu et de fierté ; leur poil le plus ordinaire est noir ou bai-marron, quoiqu'il y en ait quelques-uns de toutes sortes de poils ; ils ont très-rarement des jambes blanches et des nez blancs ; les Espagnols, qui ont de l'aversion pour ces marques, ne tirent point race des chevaux qui les ont ; ils ne veulent qu'une étoile au front ; ils estiment même les chevaux zains autant que nous les méprisons : l'un et l'autre de ces préjugés, quoique contraires, sont peut-être tout aussi mal fondés, puisqu'il se trouve de très-bons chevaux avec toutes sortes de marques, et de même d'excellents chevaux qui sont zains ; cette petite différence dans la robe d'un cheval ne semble en aucune façon dépendre de son naturel ou de sa constitution intérieure, puisqu'elle dépend en effet d'une qualité extérieure, et si superficielle que par une légère blessure dans la peau on produit une tache blanche : au reste, les chevaux d'Espagne, zains ou autres, sont tous marqués à la cuisse hors le montoir de la marque du haras dont ils sont sortis ; ils ne sont pas communément de grande taille ; cependant on en trouve quelques-uns de quatre pieds neuf ou dix pouces; ceux de la haute Andalousie passent pour être les meilleurs de tous, quoiqu'ils soient assez sujets à avoir la tête trop longue, mais on leur fait grâce de ce défaut en faveur de leurs rares qualités; ils ont du courage, de l'obéissance, de la grâce, de la fierté, et plus de souplesse que les barbes; c'est par tous ces avantages qu'on les préfère à tous les autres chevaux du monde pour la guerre, pour la pompe et pour le manége.

Les plus beaux chevaux anglais sont, pour la conformation, assez semblables aux arabes et aux barbes, dont ils sortent en effet; ils ont cependant la tête plus grande, mais bien faite et moutonnée, et les oreilles plus longues, mais bien placées : par les oreilles seules on pourrait distinguer un cheval anglais d'un cheval barbe; mais la grande différence est dans la taille; les anglais sont bien étoffés et beaucoup plus grands; on en trouve communément de quatre pieds dix pouces et même de cinq pieds de hauteur; il y en a de tous poils et de toutes marques; ils sont généralement forts, vigoureux, hardis, capables d'une grande fatigue, excellents pour la chasse et la course; mais il leur manque la grâce et la souplesse, ils sont durs et ont peu de liberté dans les épaules.

On parle souvent de courses de chevaux en Angleterre, et il y a des gens extrêmement habiles dans cette espèce d'art gymnastique. Pour en donner une idée, je ne puis mieux faire que de rapporter ce qu'un homme respectable [a], que j'ai déjà eu occasion de citer dans le premier volume de cet ouvrage, m'a écrit de Londres le 18 février 1748. M. Thornhill, maître de poste à Stilton, fit gageure de courir à cheval trois fois de suite le chemin de Stilton à Londres, c'est-à-dire de faire deux cent quinze milles d'Angleterre (environ soixante-douze lieues de France) en quinze heures. Le 29 avril 1745, vieux style, il se mit en course, partit de Stilton, fit la première course jusqu'à Londres en trois heures cinquante-une minutes, et monta huit différents chevaux dans cette course; il repartit sur-le-champ et fit la seconde course, de Londres à Stilton, en trois heures cinquante-deux minutes, et ne monta que six chevaux; il se servit pour la troisième course des mêmes chevaux qui lui avaient déjà servi; dans les quatorze il en monta sept, et il acheva cette dernière course en trois heures quarante-neuf minutes; en sorte que, non-seulement il remplit la gageure, qui était de faire ce chemin en quinze heures, mais il le fit en onze heures trente-deux minutes : je doute que dans les jeux Olympiques il se soit jamais fait une course aussi rapide que cette course de M. Thornhill.

Les chevaux d'Italie étaient autrefois plus beaux qu'ils ne le sont aujourd'hui, parce que depuis un certain temps on y a négligé les haras; cependant il se trouve encore de beaux chevaux napolitains, surtout pour les

<hr>

a. Mylord comte de Morton.

attelages; mais, en général, ils ont la tête grosse et l'encolure épaisse, ils sont indociles, et par conséquent difficiles à dresser : ces défauts sont compensés par la richesse de leur taille, par leur fierté et par la beauté de leurs mouvements; ils sont excellents pour l'appareil, et ont beaucoup de disposition à piaffer.

Les chevaux danois sont de si belle taille et si étoffés qu'on les préfère à tous les autres pour en faire des attelages : il y en a de parfaitement bien moulés, mais en petit nombre, car le plus souvent ces chevaux n'ont pas une conformation fort régulière; la plupart ont l'encolure épaisse, les épaules grosses, les reins un peu longs et bas, la croupe trop étroite pour l'épaisseur du devant; mais ils ont tous de beaux mouvements, et en général ils sont très-bons pour la guerre et pour l'appareil; ils sont de tous poils; et même les poils singuliers, comme pie et tigre, ne se trouvent guère que dans les chevaux danois.

Il y a en Allemagne de fort beaux chevaux; mais en général ils sont pesants et ont peu d'haleine, quoiqu'ils viennent, pour la plupart, de chevaux turcs et barbes dont on entretient les haras, aussi bien que de chevaux d'Espagne et d'Italie; ils sont donc peu propres à la chasse et à la course de vitesse, au lieu que les chevaux hongrois, transylvains, etc., sont au contraire légers et bons coureurs : les Housards et les Hongrois leur fendent les naseaux, dans la vue, dit-on, de leur donner plus d'haleine, et aussi pour les empêcher de hennir à la guerre. On prétend que les chevaux auxquels on a fendu les naseaux ne peuvent plus hennir : je n'ai pas été à portée de vérifier ce fait, mais il me semble qu'ils doivent seulement hennir plus faiblement : on a remarqué que les chevaux hongrois, cravates et polonais sont fort sujets à être bégus.

Les chevaux de Hollande sont fort bons pour le carrosse, et ce sont ceux dont on se sert le plus communément en France; les meilleurs viennent de la province de Frise; il y en a aussi de fort bons dans le pays de Bergues et de Juliers. Les chevaux flamands sont fort au-dessous des chevaux de Hollande; ils ont presque tous la tête grosse, les pieds plats, les jambes sujettes aux eaux; et ces deux derniers défauts sont essentiels dans des chevaux de carrosse.

Il y a en France des chevaux de toute espèce, mais les beaux sont en petit nombre; les meilleurs chevaux de selle viennent du Limousin; ils ressemblent assez aux barbes, et sont comme eux excellents pour la chasse, mais ils sont tardifs dans leur accroissement; il faut les ménager dans leur jeunesse, et même ne s'en servir qu'à l'âge de huit ans : il y a aussi de très-bons bidets en Auvergne, en Poitou, dans le Morvan, en Bourgogne; mais, après le Limousin, c'est la Normandie qui fournit les plus beaux chevaux; ils ne sont pas si bons pour la chasse, mais ils sont meilleurs pour la guerre; ils sont plus étoffés et plus tôt formés. On tire de la basse Normandie et du Cotentin de très-beaux chevaux de carrosse, qui ont plus de légèreté et de ressource que les chevaux de Hollande; la Franche-Comté et le Boulonais fournissent de très-bons chevaux de tirage : en général les chevaux français pèchent par avoir de trop grosses épaules, au lieu que les barbes pèchent par les avoir trop serrées.

Après l'énumération de ces chevaux qui nous sont le mieux connus, nous rapporterons ce que les voyageurs disent des chevaux étrangers que nous connaissons peu. Il y a de fort bons chevaux dans toutes les îles de l'Archipel; ceux de l'île de Crète [a] étaient en grande réputation chez les anciens pour l'agilité et la vitesse; cependant aujourd'hui on s'en sert peu dans le pays même à cause de la trop grande aspérité du terrain, qui est presque partout fort inégal et fort montueux : les beaux chevaux de ces îles, et même ceux de Barbarie, sont de race arabe. Les chevaux naturels du royaume de Maroc sont beaucoup plus petits que les arabes, mais très-légers et très-vigoureux [b]. M. Shaw prétend [c] que les haras d'Égypte et de Tingitanie l'emportent aujourd'hui sur tous ceux des pays voisins; au lieu qu'on trouvait, il y a environ un siècle, d'aussi bons chevaux dans tout le reste de la Barbarie : l'excellence de ces chevaux barbes consiste, dit-il, à ne s'abattre jamais, et à se tenir tranquilles lorsque le cavalier descend ou laisse tomber la bride; ils ont un grand pas et un galop rapide, mais on ne les laisse point trotter ni marcher l'amble : les habitants du pays regardent ces allures du cheval comme des mouvements grossiers et ignobles. Il ajoute que les chevaux d'Égypte sont supérieurs à tous les autres pour la taille et pour la beauté; mais ces chevaux d'Égypte, aussi bien que la plupart des chevaux de Barbarie, viennent des chevaux arabes qui sont, sans contredit, les premiers et les plus beaux chevaux du monde.

Selon Marmol [d], ou plutôt selon Léon l'Africain [e], car Marmol l'a ici copié presque mot à mot, les chevaux arabes viennent des chevaux sauvages des déserts d'Arabie, dont on a fait très-anciennement des haras, qui les ont tant multipliés que toute l'Asie et l'Afrique en sont pleines; ils sont si légers, que quelques-uns d'entre eux devancent les autruches à la course : les Arabes du désert et les peuples de Libye élèvent une grande quantité de ces chevaux pour la chasse , ils ne s'en servent ni pour voyager ni pour combattre, ils les font pâturer lorsqu'il y a de l'herbe; et lorsque l'herbe manque, ils ne les nourrissent que de dattes et de lait de chameau, ce qui les rend nerveux, légers et maigres. Ils tendent des piéges aux chevaux sauvages, ils en mangent la chair, et disent que celle des jeunes est

<hr>

a. Voyez la *Description des îles de l'Archipel*, par Dapper, p. 462.
b. Voyez l'*Afrique de Marmol*. Paris, 1667 , t. II , p. 124.
c. Voyez les *Voyages de M. Shaw*, traduits en français. La Haye , 1748, t I , p. 308.
d. Voyez l'*Afrique de Marmol*, t. I , p. 50.
e. *Vide Leonis Afric. de Africæ descript.*, t. II , p. 750 et 751.

fort délicate : ces chevaux sauvages sont plus petits que les autres, ils sont communément de couleur cendrée, quoiqu'il y en ait aussi de blancs, et ils ont le crin et le poil de la queue fort court et hérissé. D'autres voyageurs [a] nous ont donné sur les chevaux arabes des relations curieuses, dont nous ne rapporterons ici que les principaux faits.

Il n'y a point d'Arabe, quelque misérable qu'il soit, qui n'ait des chevaux ; ils montent ordinairement les juments, l'expérience leur ayant appris qu'elles résistent mieux que les chevaux à la fatigue, à la faim et à la soif ; elles sont aussi moins vicieuses, plus douces, et hennissent moins fréquemment que les chevaux : ils les accoutument si bien à être ensemble qu'elles demeurent en grand nombre, quelquefois des jours entiers, abandonnées à elles-mêmes sans se frapper les unes les autres, et sans se faire aucun mal. Les Turcs au contraire n'aiment point les juments, et les Arabes leur vendent les chevaux qu'ils ne veulent pas garder pour étalons ; ils conservent avec grand son, et depuis très-longtemps, les races de leurs chevaux ; ils en connaissent les générations, les alliances et toute la généalogie ; ils distinguent les races par des noms différents, et ils en font trois classes : la première est celle des chevaux nobles, de race pure et ancienne des deux côtés ; la seconde est celle des chevaux de race ancienne, mais qui se sont mésalliés, et la troisième est celle des chevaux communs : ceux-ci se vendent à bas prix, mais ceux de la première classe, et même ceux de la seconde, parmi lesquels il s'en trouve d'aussi bons que ceux de la première, sont excessivement chers ; ils ne font jamais couvrir les juments de cette première classe noble que par des étalons de la même qualité ; ils connaissent par une longue expérience toutes les races de leurs chevaux et de ceux de leurs voisins, ils en connaissent en particulier le nom, le surnom, le poil, les marques, etc. Quand ils n'ont pas des étalons nobles, ils en empruntent chez leurs voisins, moyennant quelque argent, pour faire couvrir leurs juments, ce qui se fait en présence de témoins qui en donnent une attestation signée et scellée par-devant le secrétaire de l'émir, ou quelque autre personne publique ; et dans cette attestation, le nom du cheval et de la jument est cité, et toute leur génération exposée ; lorsque la jument a pouliné, on appelle encore des témoins, et l'on fait une autre attestation dans laquelle on fait la description du poulain qui vient de naître, et on marque le jour de sa naissance. Ces billets donnent le prix aux chevaux, et on les remet à ceux qui les achètent. Les moindres juments de cette première classe sont de cinq cents écus, et il y en a beaucoup qui se vendent mille écus, et même quatre, cinq et six mille livres. Comme les Arabes n'ont qu'une tente pour maison, cette tente leur sert aussi d'écurie ; la jument, le poulain, le mari, la femme et les enfants couchent tous pêle-mêle les uns

a. Voyez le *Voyage de M. de la Roque*, fait par ordre de Louis XIV. Paris, 1714, p. 194 et suiv., et aussi l'*Histoire générale des voyages*. Paris, 1746, t. II, p. 626.

avec les autres : on y voit les petits enfants sur le corps, sur le cou de la jument et du poulain, sans que ces animaux les blessent ni les incommodent; on dirait qu'ils n'osent se remuer, de peur de leur faire du mal : ces juments sont si accoutumées à vivre dans cette familiarité, qu'elles souffrent toute sorte de badinage. Les Arabes ne les battent point, ils les traitent doucement, ils parlent et raisonnent avec elles, ils en prennent un très-grand soin, ils les laissent toujours aller au pas, et ne les piquent jamais sans nécessité; mais aussi dès qu'elles se sentent chatouiller le flanc avec le coin de l'étrier, elles partent subitement et vont d'une vitesse incroyable; elles sautent les haies et les fossés aussi légèrement que des biches, et si leur cavalier vient à tomber, elles sont si bien dressées qu'elles s'arrêtent tout court, même dans le galop le plus rapide. Tous les chevaux des Arabes sont d'une taille médiocre, fort dégagés, et plutôt maigres que gras; ils les pansent soir et matin fort régulièrement et avec tant de soin qu'ils ne leur laissent pas la moindre crasse sur la peau; ils leur lavent les jambes, le crin et la queue, qu'ils laissent toute longue et qu'ils peignent rarement pour ne pas rompre le poil; ils ne leur donnent rien à manger de tout le jour, ils leur donnent seulement à boire deux ou trois fois, et au coucher du soleil ils leur passent un sac à la tête, dans lequel il y a environ un demi-boisseau d'orge bien nette : ces chevaux ne mangent donc que pendant la nuit, et on ne leur ôte le sac que le lendemain matin lorsqu'ils ont tout mangé : on les met au vert au mois de mars, quand l'herbe est assez grande; c'est dans cette même saison que l'on fait couvrir les juments, et on a grand soin de leur jeter de l'eau froide sur la croupe, immédiatement après qu'elles ont été couvertes : lorsque la saison du printemps est passée, on retire les chevaux du pâturage, et on ne leur donne ni herbe ni foin de tout le reste de l'année, ni même de paille que très-rarement; l'orge est leur unique nourriture. On ne manque pas de couper aussi les crins aux poulains dès qu'ils ont un an ou dix-huit mois, afin qu'ils deviennent plus touffus et plus longs; on les monte dès l'âge de deux ans ou deux ans et demi tout au plus tard, on ne leur met la selle et la bride qu'à cet âge; et tous les jours, du matin jusqu'au soir, tous les chevaux des Arabes demeurent sellés et bridés à la porte de la tente.

La race de ces chevaux s'est étendue en Barbarie, chez les Maures, et même chez les Nègres de la rivière de Gambie et du Sénégal; les seigneurs du pays en ont quelques-uns qui sont d'une grande beauté; au lieu d'orge ou d'avoine on leur donne du maïs concassé ou réduit en farine, qu'on mêle avec du lait lorsqu'on veut les engraisser, et dans ce climat si chaud on ne les laisse boire que rarement [a]. D'un autre côté, les chevaux arabes ont peuplé l'Égypte, la Turquie, et peut-être la Perse, où il y avait autrefois des

a. Voyez *Histoire générale des voyages*, t. III, p. 297.

haras très-considérables : Marc Paul [a] cite un haras de dix mille juments blanches, et il dit que dans la province de Balascie il y avait une grande quantité de chevaux grands et légers, avec la corne du pied si dure qu'il était inutile de les ferrer.

Tous les chevaux du Levant ont, comme ceux de Perse et d'Arabie, la corne fort dure; on les ferre cependant, mais avec des fers minces, légers, et qu'on peut clouer partout : en Turquie, en Perse et en Arabie, on a aussi les mêmes usages pour les soigner, les nourrir, et leur faire de la litière de leur fumier, qu'on fait auparavant sécher au soleil pour en ôter l'odeur; et ensuite on le réduit en poudre et on en fait une couche, dans l'écurie ou dans la tente, d'environ quatre ou cinq pouces d'épaisseur : cette litière sert fort longtemps, car quand elle est infectée de nouveau, on la relève pour la faire sécher au soleil une seconde fois, et cela lui fait perdre entièrement sa mauvaise odeur.

Il y a en Turquie des chevaux arabes, des chevaux tartares, des chevaux hongrois et des chevaux de race du pays; ceux-ci sont beaux et très-fins [b], ils ont beaucoup de feu, de vitesse, et même d'agrément, mais ils sont trop délicats, ils ne peuvent supporter la fatigue, ils mangent peu, ils s'échauffent aisément, et ont la peau si sensible qu'ils ne peuvent supporter le frottement de l'étrille; on se contente de les frotter avec l'époussette et de les laver : ces chevaux, quoique beaux, sont, comme l'on voit, fort au-dessous des arabes, ils sont même au-dessous des chevaux de Perse, qui sont, après les arabes [c], les plus beaux et les meilleurs chevaux de l'Orient; les pâturages des plaines de Médie, de Persépolis, d'Ardebil, de Derbent, sont admirables, et on y élève par les ordres du gouvernement une prodigieuse quantité de chevaux, dont la plupart sont très-beaux, et presque tous excellents : Pietro della Valle [d] préfère les chevaux communs de Perse aux chevaux d'Italie, et même, dit-il, aux plus excellents chevaux du royaume de Naples; communément ils sont de taille médiocre [e]; il y en a même de fort petits [f], qui n'en sont pas moins bons ni moins forts, mais il s'en trouve aussi beaucoup de bonne taille, et plus grands que les chevaux de selle anglais [g]. Ils ont tous la tête légère, l'encolure fine, le poitrail étroit, les oreilles bien faites et bien placées, les jambes menues, la croupe belle et la corne dure; ils sont dociles, vifs, légers, hardis, courageux, et capables de supporter une

<hr>

a. Voyez la *Description géogr. de l'Inde*, par Marc Paul, vénitien. Paris, 1566, t. I, p. 41, et liv. I, p. 21.

b. Voyez le *Voyage de M. Dumont*. La Haye, 1699, t. III, p. 253 et suiv.

c. Voyez les *Voyages de Thévenot*. Paris, 1664, t. II, p. 220; de Chardin. Amst. 1711, t. II, p. 25 et suiv.; d'Adam Olearius. Paris, 1656, t. I, p. 560 et suiv.

d. Voyez les *Voyages de Pietro della Valle*. Rouen, 1745, in-12, t. V, p. 284 et suiv.

e. Voyez les *Voyages de Tavernier*. Rouen, 1713, t. II, p. 19 et 20.

f. Voyez les *Voyages de Thévenot*, t. II, p. 220.

g. Voyez les *Voyages de Chardin*, t. II, p. 25 et suiv.

grande fatigue; ils courent d'une très-grande vitesse, sans jamais s'abattre ni s'affaisser; ils sont robustes et très-aisés à nourrir, on ne leur donne que de l'orge mêlée avec de la paille hachée menu, dans un sac qu'on leur passe à la tête, et on ne les met au vert que pendant six semaines au printemps; on leur laisse la queue longue, on ne sait ce que c'est que de les faire hongres; on leur donne des couvertures pour les défendre des injures de l'air; on les soigne avec une attention particulière, on les conduit avec un simple bridon et sans éperon, et on en transporte une très-grande quantité en Turquie et surtout aux Indes : ces voyageurs, qui font tous l'éloge des chevaux de Perse, s'accordent cependant à dire que les chevaux arabes sont encore supérieurs pour l'agilité, le courage et la force, et même la beauté, et qu'ils sont beaucoup plus recherchés, en Perse même, que les plus beaux chevaux du pays.

Les chevaux qui naissent aux Indes ne sont pas bons [a]; ceux dont se servent les grands du pays y sont transportés de Perse et d'Arabie; on leur donne un peu de foin le jour, et le soir on leur fait cuire des pois avec du sucre et du beurre au lieu d'avoine ou d'orge; cette nourriture les soutient et leur donne un peu de force; sans cela ils dépériraient en très-peu de temps, le climat leur étant contraire. Les chevaux naturels du pays sont, en général, fort petits; il y en a même de si petits que Tavernier rapporte que le jeune prince du Mogol, âgé de sept ou huit ans, montait ordinairement un petit cheval très-bien fait, dont la taille n'excédait pas celle d'un grand lévrier [b]. Il semble que les climats excessivement chauds soient contraires aux chevaux : ceux de la côte d'Or, de celle de Juida, de Guinée, etc., sont, comme ceux des Indes, fort mauvais; ils portent la tête et le cou fort bas; leur marche est si chancelante qu'on les croit toujours prêts à tomber; ils ne se remueraient pas si on ne les frappait continuellement, et la plupart sont si bas que les pieds de ceux qui les montent touchent presque à terre [c]; ils sont de plus fort indociles, et propres seulement à servir de nourriture aux Nègres, qui en aiment la chair autant que celle des chiens [d] : ce goût pour la chair du cheval est donc commun aux Nègres et aux Arabes; il se retrouve en Tartarie et même à la Chine [e]. Les chevaux chinois ne valent pas mieux que ceux des Indes [f]; ils sont faibles, lâches, mal faits et fort petits; ceux de la Corée n'ont que trois pieds de hauteur : à la Chine

a. Voyez le *Voyage de La Boullaye le Gouz.* Paris, 1657, p. 256; et le *Recueil des Voyages qui ont servi à l'établissement de la Compagnie des Indes.* Amsterd., 1702, t. IV, p. 424.

b. Voyez les *Voyages de Tavernier*, t. III, p. 334.

c. Voyez *Histoire générale des voyages*, t. IV, p. 228.

d. Idem, t. IV, p. 353.

e. Voyez le *Voyage de M. Le Gentil.* Paris, 1725, t. II, p. 24.

f. Voyez les *Anciennes relations des Indes et de la Chine*, traduites de l'arabe. Paris 1718, p. 204; l'*Histoire générale des voyages*, t. VI, p. 492 et 535; l'*Histoire de la conquête de la Chine*, par Palafox. Paris, 1670, p. 426.

presque tous les chevaux sont hongres, et ils sont si timides qu'on ne peut s'en servir à la guerre; aussi peut-on dire que ce sont les chevaux tartares qui ont fait la conquête de la Chine : ces chevaux sont très-propres pour la guerre, quoique communément ils ne soient que de taille médiocre; ils sont forts, vigoureux, fiers, ardents, légers et grands coureurs; ils ont la corne du pied fort dure, mais trop étroite, la tête fort légère, mais trop petite, l'encolure longue et raide, les jambes trop hautes; avec tous ces défauts ils peuvent passer pour de très-bons chevaux; ils sont infatigables et courent d'une vitesse extrême. Les Tartares vivent avec leurs chevaux à peu près comme les Arabes; ils les font monter dès l'âge de sept ou huit mois par de jeunes enfants qui les promènent et les font courir à petites reprises; ils les dressent ainsi peu à peu et leur font souffrir de grandes diètes; mais ils ne les montent pour aller en course que quand ils ont six ou sept ans, et ils leur font supporter alors des fatigues incroyables [a], comme de marcher deux ou trois jours sans s'arrêter, d'en passer quatre ou cinq sans autre nourriture qu'une poignée d'herbe de huit heures en huit heures, et d'être en même temps vingt-quatre heures sans boire, etc. Ces chevaux, qui paraissent, et qui sont en effet si robustes dans leur pays, dépérissent dès qu'on les transporte à la Chine et aux Indes, mais ils réussissent assez en Perse et en Turquie. Les Petits-Tartares ont aussi une race de petits chevaux dont ils font tant de cas qu'ils ne se permettent jamais de les vendre à des étrangers : ces chevaux ont toutes les bonnes et mauvaises qualités de ceux de la grande Tartarie, ce qui prouve combien les mêmes mœurs et la même éducation donnent le même naturel et la même habitude à ces animaux. Il y a aussi en Circassie et en Mingrélie beaucoup de chevaux qui sont même plus beaux que les chevaux tartares; on trouve encore d'assez beaux chevaux en Ukraine, en Valachie, en Pologne et en Suède; mais nous n'avons pas d'observations particulières de leurs qualités et de leurs défauts.

Maintenant, si l'on consulte les anciens sur la nature et les qualités des chevaux des différents pays, on trouvera [b] que les chevaux de Grèce, et surtout ceux de la Thessalie et de l'Épire, avaient de la réputation et étaient très-bons pour la guerre; que ceux de l'Achaïe étaient les plus grands que l'on connût; que les plus beaux de tous étaient ceux d'Égypte, où il y en avait une très-grande quantité, et où Salomon envoyait en acheter à un très-grand prix; qu'en Éthiopie les chevaux réussissaient mal à cause de la trop grande chaleur du climat; que l'Arabie et l'Afrique fournissaient les chevaux les mieux faits, et surtout les plus légers et les plus propres à la monture et à la course; que ceux d'Italie, et surtout de la Pouille, étaient

<hr>

a. Voyez Palafox. p. 427; le *Recueil des voyages du Nord.* Rouen, 1716, t. III, p. 156; *Tavernier*, t. I, p. 472 et suiv.; *Histoire générale des voyages*, t. VI, p. 603, et t. VII, p. 214.
b. Voyez Aldrovand. *Hist. nat. des solipèdes*, p. 48 et 63.

aussi très-bons; qu'en Sicile, Cappadoce, Syrie, Arménie, Médie et Perse, il
y avait d'excellents chevaux, et recommandables par leur vitesse et leur
légèreté; que ceux de Sardaigne et de Corse étaient petits, mais vifs et courageux; que ceux d'Espagne ressemblaient à ceux des Parthes, et étaient
excellents pour la guerre; qu'il y avait aussi en Transylvanie et en Valachie
des chevaux à tête légère, à grands crins pendants jusqu'à terre, et à queue
touffue, qui étaient très-prompts à la course; que les chevaux danois étaient
bien faits et bons sauteurs; que ceux de Scandinavie étaient petits, mais bien
moulés et fort agiles; que les chevaux de Flandre étaient forts; que les Gau-
lois fournissaient aux Romains de bons chevaux pour la monture et pour
porter des fardeaux; que les chevaux des Germains étaient mal faits et si
mauvais qu'ils ne s'en servaient pas; que les Suisses en avaient beaucoup et
de très-bons pour la guerre; que les chevaux de Hongrie étaient aussi fort
bons; et, enfin, que les chevaux des Indes étaient fort petits et très-faibles.

Il résulte de tous ces faits que les chevaux arabes ont été de tous temps et
sont encore les premiers chevaux du monde, tant pour la beauté que pour
la bonté; que c'est d'eux que l'on tire, soit immédiatement, soit médiate-
ment, par le moyen des barbes, les plus beaux chevaux qui soient en
Europe, en Afrique et en Asie; que le climat de l'Arabie est peut-être le
vrai climat des chevaux et le meilleur de tous les climats, puisqu'au lieu d'y
croiser les races par des races étrangères on a grand soin de les conserver
dans toute leur pureté; que si ce climat n'est pas par lui-même le meilleur
climat pour les chevaux, les Arabes l'ont rendu tel par les soins particuliers
qu'ils nt pris de tous les temps d'anoblir les races, en ne mettant ensemble
que les individus les mieux faits et de la première qualité; que par cette
attention, suivie pendant des siècles, ils nt pu perfectionner l'espèce au.
delà de ce que la nature aurait fait dans le meilleur climat : on peut encore
en conclure que les climats plus chauds que froids, et surtout les pays secs,
sont ceux qui conviennent le mieux à la nature de ces animaux; qu'en général les petits chevaux sont meilleurs que les grands; que le soin leur est
aussi nécessaire à tous que la nourriture; qu'avec de la familiarité et des
caresses on en tire beaucoup plus que par la force et les châtiments; que
les chevaux des pays chauds ont les os, la corne, les muscles plus durs que
ceux de nos climats; que quoique la chaleur convienne mieux que le froid à
ces animaux, cependant le chaud excessif ne leur convient pas; que le grand
froid leur est contraire; qu'enfin, leur habitude et leur naturel dépendent
presque en entier du climat, de la nourriture, des soins et de l'éducation.

En Perse, en Arabie, et dans plusieurs autres lieux de l'Orient, on n'est
pas dans l'usage de hongrer les chevaux, comme on le fait si généralement
en Europe et à la Chine : cette opération leur ôte beaucoup de force, de courage, de fierté, etc., mais leur donne de la douceur, de la tranquillité, de la
docilité. Pour la faire, on leur attache les jambes avec des cordes on les

renverse sur le dos, on ouvre les bourses avec un bistouri, on en tire les testicules, on coupe les vaisseaux qui y aboutissent et les ligaments qui les soutiennent, et, après les avoir enlevés on referme la plaie, et on a soin de faire baigner le cheval deux fois par jour pendant quinze jours, ou de l'étuver souvent avec de l'eau fraîche et de le nourrir pendant ce temps avec du son détrempé dans beaucoup d'eau, afin de le rafraîchir : cette opération se doit faire au printemps ou en automne, le grand chaud et le grand froid y étant également contraires. A l'égard de l'âge auquel on doit la faire, il y a des usages différents : dans certaines provinces on hongre les chevaux dès l'âge d'un an ou dix-huit mois, aussitôt que les testicules sont bien apparents au dehors ; mais l'usage le plus général et le mieux fondé est de ne les hongrer qu'à deux et même à trois ans, parce qu'en les hongrant tard ils conservent un peu plus des qualités attachées au sexe masculin. Pline [a] dit que les dents de lait ne tombent point à un cheval qu'on fait hongre avant qu'elles soient tombées : j'ai été à portée de vérifier ce fait, et il ne s'est pas trouvé vrai ; les dents de lait tombent également aux jeunes chevaux hongres et aux jeunes chevaux entiers, et il est probable que les anciens n'ont hasardé ce fait que parce qu'ils l'ont cru fondé sur l'analogie de la chute des cornes du cerf, du chevreuil, etc., qui, en effet, ne tombent point lorsque l'animal a été coupé. Au reste, un cheval hongre n'a plus la puissance d'engendrer, mais il peut encore s'accoupler, et l'on en a vu des exemples.

Les chevaux, de quelque poil qu'ils soient, muent comme presque tous les autres animaux couverts de poil, et cette mue se fait une fois l'an, ordinairement au printemps, et quelquefois en automne ; ils sont alors plus faibles que dans les autres temps, il faut les ménager, les soigner davantage, et les nourrir un peu plus largement. Il y a aussi des chevaux qui muent de corne : cela arrive surtout à ceux qui ont été élevés dans des pays humides et marécageux, comme en Hollande.

Les chevaux hongres et les juments hennissent moins fréquemment que les chevaux entiers, ils ont aussi la voix moins pleine et moins grave : on peut distinguer dans tous cinq [b] sortes de hennissements différents, relatifs à différentes passions : le hennissement d'allégresse, dans lequel la voix se fait entendre assez longuement, monte et finit à des sons plus aigus ; le cheval rue en même temps, mais légèrement, et ne cherche point à frapper ; le hennissement du désir, soit d'amour, soit d'attachement, dans lequel le cheval ne rue point, et la voix se fait entendre longuement et finit par des sons plus graves ; le hennissement de la colère, pendant lequel le cheval rue et frappe dangereusement, est très-court et aigu ; celui de la crainte, pendant lequel il rue aussi, n'est guère plus long que celui de la colère, la voix est grave, rauque, et semble sortir en entier des naseaux : ce hennissement est

a. Voyez Plin. *Hist. nat.*, in-8°. Paris, 1685, t. II, liv. II, parag. 74, p. 558.
b. *Vide Cardan : De rerum varietate*, lib. VII, cap. 32

assez semblable au rugissement d'un lion; celui de la douleur est moins un
hennissement qu'un gémissement ou ronflement d'oppression qui se fait à
voix grave, et suit les alternatives de la respiration. Au reste, on a remarqué que les chevaux qui hennissent le plus souvent, surtout d'allégresse et
de désir, sont les meilleurs et les plus généreux : les chevaux entiers ont
aussi la voix plus forte que les hongres et les juments; dès la naissance, le
mâle a la voix plus forte que la femelle; à deux ans ou deux ans et demi,
c'est-à-dire à l'âge de puberté, la voix des mâles et des femelles devient plus
forte et plus grave, comme dans l'homme et dans la plupart des autres
animaux. Lorsque le cheval est passionné d'amour, de désir, d'appétit, il
montre les dents et semble rire, il les montre aussi dans la colère et lorsqu'il veut mordre; il tire quelquefois la langue pour lécher, mais moins
fréquemment que le bœuf, qui lèche beaucoup plus que le cheval, et qui
cependant est moins sensible aux caresses : le cheval se souvient aussi beaucoup plus longtemps des mauvais traitements, et il se rebute bien plus aisément que le bœuf; son naturel ardent et courageux lui fait donner d'abord
tout ce qu'il possède de forces, et lorsqu'il sent qu'on exige encore davantage, il s'indigne et refuse, au lieu que le bœuf, qui de sa nature est lent et
paresseux, s'excède et se rebute moins aisément.

Le cheval dort beaucoup moins que l'homme; lorsqu'il se porte bien il
ne demeure guère que deux ou trois heures de suite couché, il se relève
ensuite pour manger, et lorsqu'il a été trop fatigué il se couche une seconde
fois après avoir mangé, mais en tout il ne dort guère que trois ou quatre
heures en vingt-quatre : il y a même des chevaux qui ne se couchent jamais
et qui dorment toujours debout; ceux qui se couchent dorment aussi quelquefois sur leurs pieds : on a remarqué que les hongres dorment plus souvent et plus longtemps que les chevaux entiers.

Les quadrupèdes ne boivent pas tous de la même manière, quoique tous
soient également obligés d'aller chercher avec la tête la liqueur qu'ils ne
peuvent saisir autrement, à l'exception du singe, du maki et de quelques
autres qui ont des mains, et qui par conséquent peuvent boire comme
l'homme, lorsqu'on leur donne un vase qu'ils peuvent tenir; car ils le portent à leur bouche, l'inclinent, versent la liqueur, et l'avalent par le simple
mouvement de la déglutition : l'homme boit ordinairement de cette manière,
parce que c'est en effet la plus commode; mais il peut encore boire de plusieurs autres façons, en approchant les lèvres et les contractant pour aspi-
rer la liqueur, ou bien en y enfonçant le nez et la bouche assez profondément pour que la langue en soit environnée et n'ait d'autres mouvements à
faire que celui qui est nécessaire pour la déglutition, ou encore en mor-
dant, pour ainsi dire, la liqueur avec les lèvres, ou enfin, quoique plus difficilement, en tirant la langue, l'élargissant et formant une espèce de petit
godet qui rapporte un peu d'eau dans la bouche : la plupart des quadru-

pèdes pourraient aussi chacun boire de plusieurs manières, mais ils font comme nous, ils choisissent celle qui leur est la plus commode et la suivent constamment. Le chien, dont la gueule est fort ouverte et la langue longue et mince, boit en lapant, c'est-à-dire en léchant la liqueur, et formant avec la langue un godet qui se remplit à chaque fois et rapporte une assez grande quantité de liqueur ; il préfère cette façon à celle de se mouiller le nez : le cheval au contraire, qui a la bouche plus petite et la langue trop épaisse et trop courte pour former un grand godet, et qui d'ailleurs boit encore plus avidement qu'il ne mange, enfonce la bouche et le nez brusquement et profondément dans l'eau, qu'il avale abondamment par le simple mouvement de la déglutition ; mais cela même le force à boire tout d'une haleine, au lieu que le chien respire à son aise pendant qu'il boit : aussi doit-on laisser aux chevaux la liberté de boire à plusieurs reprises, surtout après une course, lorsque le mouvement de la respiration est court et pressé ; on ne doit pas non plus leur laisser boire de l'eau trop froide, parce que, indépendamment des coliques que l'eau froide cause souvent, il leur arrive aussi, par la nécessité où ils sont d'y tremper les naseaux, qu'ils se refroidissent le nez, s'enrhument, et prennent peut-être les germes de cette maladie à laquelle on a donné le nom de morve, la plus formidable de toutes pour cette espèce d'animaux ; car on sait depuis peu que le siége de la morve est dans la membrane pituitaire [a], que c'est par conséquent un vrai rhume, qui à la longue cause une inflammation dans cette membrane ; et d'autre côté les voyageurs qui rapportent dans un assez grand détail les maladies des chevaux dans les pays chauds, comme l'Arabie, la Perse, la Barbarie, ne disent pas que la morve y soit aussi fréquente que dans les climats froids ; ainsi je crois être fondé à conjecturer que l'une des causes de cette maladie est la froideur de l'eau, parce que ces animaux sont obligés d'y enfoncer et d'y tenir le nez et les naseaux pendant un temps considérable, ce que l'on préviendrait en ne leur donnant jamais d'eau froide, et en leur essuyant toujours les naseaux après qu'ils ont bu. Les ânes, qui craignent le froid beaucoup plus que les chevaux, et qui leur ressemblent si fort par la structure intérieure, ne sont cependant pas si sujets à la morve, ce qui ne vient peut-être que de ce qu'ils boivent différemment des chevaux ; car au lieu d'enfoncer profondément la bouche et le nez dans l'eau, ils ne font presque que l'atteindre des lèvres.

Je ne parlerai pas des autres maladies des chevaux : ce serait trop étendre l'Histoire naturelle que de joindre à l'histoire d'un animal celle de ses maladies ; cependant je ne puis terminer l'histoire du cheval, sans marquer quelques regrets de ce que la santé de cet animal utile et précieux a été jusqu'à présent abandonnée aux soins et à la pratique, souvent aveugles, de gens

---

a. M. de la Fosse, maréchal du Roi, a le premier démontré que le siége de la morve est dans la membrane pituitaire, et il a essayé de guérir des chevaux en les trépanant.

sans connaissances et sans lettres. La médecine, que les anciens ont appelée
médecine vétérinaire, n'est presque connue que de nom : je suis persuadé
que si quelque médecin tournait ses vues de ce côté-là, et faisait de cette
étude son principal objet, il en serait bientôt dédommagé par d'amples succès; que non-seulement il s'enrichirait, mais même qu'au·lieu·de se dégrader il s'illustrerait beaucoup, et cette médecine ne serait pas si conjecturale
et si difficile que l'autre; la nourriture, les mœurs, l'influence du sentiment, toutes les causes en un mot étant plus simples dans l'animal que
dans l'homme, les maladies doivent aussi être moins compliquées, et par
conséquent plus faciles à juger et à traiter avec succès; sans compter la
liberté qu'on aurait tout entière de faire des expériences, de tenter de nouveaux remèdes, et de pouvoir arriver sans crainte et sans reproches à une
grande étendue de connaissances en ce genre, dont on pourrait même par
analogie tirer des inductions utiles à l'art de guérir les hommes.

L'ÂNE. *

A considérer cet animal, même avec des yeux attentifs et dans un assez
grand détail, il paraît n'être qu'un cheval dégénéré : la parfaite similitude
de conformation dans le cerveau, les poumons, l'estomac, le conduit intestinal, le cœur, le foie, les autres viscères, et la grande ressemblance du
corps, des jambes, des pieds et du squelette en entier, semblent fonder cette
opinion; l'on pourrait attribuer les légères différences qui se trouvent entre
ces deux animaux à l'influence très-ancienne du climat, de la nourriture,
et à la succession fortuite de plusieurs générations de petits chevaux sauvages à demi dégénérés, qui peu à peu auraient encore dégénéré davantage,
se seraient ensuite dégradés autant qu'il est possible, et auraient à la fin
produit à nos yeux une espèce nouvelle et constante, ou plutôt une succession d'individus semblables, tous constamment viciés de la même façon, et
assez différents des chevaux pour pouvoir être regardés comme formant
une autre espèce. Ce qui paraît favoriser cette idée, c'est que les chevaux
varient beaucoup plus que les ânes par la couleur de leur poil; qu'ils sont
par conséquent plus anciennement domestiques, puisque tous les animaux
domestiques varient par la couleur beaucoup plus que les animaux sauvages
de la même espèce; que la plupart des chevaux sauvages dont parlent les
voyageurs sont de petite taille et ont, comme les ânes, le poil gris, la queue
nue, hérissée à l'extrémité, et qu'il y a des chevaux sauvages, et même des
chevaux domestiques qui ont la raie noire sur le dos, et d'autres caractères

* *Equus asinus* (Linn.). — Ordre des *Pachydermes*, famille des *Solipèdes*, genre *Cheval* (Cuv.).

qui les rapprochent encore des ânes sauvages ou domestiques. D'autre côté, si l'on considère les différences du tempérament, du naturel, des mœurs, du résultat, en un mot de l'organisation de ces deux animaux, et surtout l'impossibilité de les mêler pour en faire une espèce commune, ou même une espèce intermédiaire qui puisse se renouveler, on paraît encore mieux fondé à croire que ces deux animaux sont chacun d'une espèce aussi ancienne l'une que l'autre, et originairement aussi essentiellement différentes qu'elles le sont aujourd'hui, d'autant plus que l'âne ne laisse pas de différer matériellement du cheval par la petitesse de la taille, la grosseur de la tête, la longueur des oreilles, la dureté de la peau, la nudité de la queue, la forme de la croupe, et aussi par les dimensions des parties qui en sont voisines, par la voix, l'appétit, la manière de boire, etc. L'âne et le cheval viennent-ils donc originairement de la même souche? sont-ils, comme le disent les nomenclateurs [a], de la même *famille?* ou ne sont-ils pas, et n'ont-ils pas toujours été des animaux différents?

Cette question, dont les physiciens sentiront bien la généralité, la difficulté, les conséquences, et que nous avons cru devoir traiter dans cet article, parce qu'elle se présente pour la première fois, tient à la production des êtres de plus près qu'aucune autre, et demande, pour être éclaircie, que nous considérions la nature sous un nouveau point de vue. Si, dans l'immense variété que nous présentent tous les êtres animés qui peuplent l'univers, nous choisissons un animal, ou même le corps de l'homme pour servir de base à nos connaissances, et y rapporter, par la voie de la comparaison, les autres êtres organisés, nous trouverons que, quoique tous ces êtres existent solitairement, et que tous varient par des différences graduées à l'infini, il existe en même temps un dessein primitif et général qu'on peut suivre très-loin, et dont les dégradations sont bien plus lentes que celles des figures et des autres rapports apparents; car, sans parler des organes de la digestion, de la circulation et de la génération, qui appartiennent à tous les animaux, et sans lesquels l'animal cesserait d'être animal et ne pourrait ni subsister ni se reproduire, il y a, dans les parties mêmes qui contribuent le plus à la variété de la forme extérieure, une prodigieuse ressemblance qui nous rappelle nécessairement l'idée d'un premier dessein, sur lequel tout semble avoir été conçu : le corps du cheval, par exemple, qui du premier coup d'œil paraît si différent du corps de l'homme, lorsqu'on vient à le comparer en détail et partie par partie, au lieu de surprendre par la différence, n'étonne plus que par la ressemblance singulière et presque complète qu'on y trouve : en effet, prenez le squelette de l'homme, inclinez les os du bassin, accourcissez les os des cuisses, des jambes et des bras, allongez ceux des pieds et des mains, soudez ensemble les phalanges, allongez les mâchoires

a. *Equus caudâ undique setosâ*, le cheval. *Equus caudâ extremâ setosâ*, l'âne. **Linnœi Systema naturœ**. Class. 1, ord. 4.

en raccourcissant l'os frontal, et, enfin, allongez aussi l'épine du dos, ce squelette cessera de représenter la dépouille d'un homme et sera le squelette d'un cheval; car on peut aisément supposer qu'en allongeant l'épine du dos et les mâchoires on augmente en même temps le nombre des vertèbres, des côtes et des dents; et ce n'est en effet que par le nombre de ces os, qu'on peut regarder comme accessoires, et par l'allongement, le raccourcissement ou la jonction des autres, que la charpente du corps de cet animal diffère de la charpente du corps humain. On vient de voir, dans la description du cheval[1], ces faits trop bien établis pour pouvoir en douter; mais, pour suivre ces rapports encore plus loin, que l'on considère séparément quelques parties essentielles à la forme, les côtes, par exemple : on les trouvera dans l'homme, dans tous les quadrupèdes, dans les oiseaux, dans les poissons, et on en suivra les vestiges jusque dans la tortue, où elles paraissent encore dessinées par les sillons qui sont sous son écaille; que l'on considère, comme l'a remarqué M. Daubenton, que le pied d'un cheval, en apparence si différent de la main de l'homme, est cependant composé des mêmes os, et que nous avons à l'extrémité de chacun de nos doigts le même osselet en fer à cheval qui termine le pied de cet animal; et l'on jugera si cette ressemblance cachée n'est pas plus merveilleuse que les différences apparentes, si cette conformité constante et ce dessein suivi de l'homme aux quadrupèdes, des quadrupèdes aux cétacés, des cétacés aux oiseaux, des oiseaux aux reptiles, des reptiles aux poissons, etc., dans lesquels les parties essentielles comme le cœur, les intestins, l'épine du dos, les sens, etc., se trouvent toujours, ne semblent pas indiquer qu'en créant les animaux l'Être suprême n'a voulu employer qu'une idée, et la varier en même temps de toutes les manières possibles, afin que l'homme pût admirer également et la magnificence de l'exécution et la simplicité du dessein[2].

Dans ce point de vue, non-seulement l'âne et le cheval, mais même l'homme, le singe, les quadrupèdes et tous les animaux, pourraient être regardés comme ne faisant que la même *famille;* mais en doit-on conclure que dans cette grande et nombreuse famille, que Dieu seul a conçue et tirée du néant, il y ait d'autres petites familles projetées par la nature et pro-

---

1. Par Daubenton.

2. « Buffon avait dit, avec une rare éloquence, qu'il existe une *conformité constante*, un « *dessein suivi*, une *ressemblance cachée* plus merveilleuse que les *différences apparentes*..... « L'unité de dessein, de plan, d'*idée* avait donc été vue par Buffon; elle le fut, après Buffon, « par Vicq-d'Azyr, par Camper. M. Geoffroy la vit à son tour.....

« Ici la science profonde devient naturellement la plus haute philosophie. Lorsque Newton, « parvenu à la dernière page de son livre immortel, eut reconnu que chaque globe, que « chaque monde n'a pas sa loi propre et distincte, qu'ils sont tous soumis, au contraire, à la « même loi, à une loi unique, il écrivit cette phrase, si digne de l'admiration recueillie de « de tous ceux qui pensent : *Il est certain que, tout portant l'empreinte d'un même dessein, « tout doit être soumis à un seul et même Être.* » (Voyez mon *Éloge historique de Geoffroy-Saint-Hilaire.*)

duites par le temps, dont les unes ne seraient composées que de deux individus, comme le cheval et l'âne; d'autres de plusieurs individus, comme celle de la belette, de la martre, du furet, de la fouine, etc., et, de même que dans les végétaux, il y ait des familles de dix, vingt, trente, etc., plantes? Si ces familles existaient, en effet, elles n'auraient pu se former que par le mélange, la variation successive et la dégénération des espèces originaires; et si l'on admet une fois qu'il y ait des familles dans les plantes et dans les animaux, que l'âne soit de la famille du cheval, et qu'il n'en diffère que parce qu'il a dégénéré, on pourra dire également que le singe est de la famille de l'homme, que c'est un homme dégénéré, que l'homme et le singe ont eu une origine commune comme le cheval et l'âne, que chaque famille, tant dans les animaux que dans les végétaux, n'a eu qu'une seule souche[1], et même que tous les animaux sont venus d'un seul animal, qui, dans la succession des temps, a produit, en se perfectionnant et en dégénérant, toutes les races des autres animaux.

Les naturalistes, qui établissent si légèrement des familles dans les animaux et dans les végétaux, ne paraissent pas avoir assez senti toute l'étendue de ces conséquences qui réduiraient le produit immédiat de la création à un nombre d'individus aussi petit que l'on voudrait : car s'il était une fois prouvé qu'on pût établir ces familles avec raison, s'il était acquis que dans les animaux, et même dans les végétaux, il y eût, je ne dis pas plusieurs espèces, mais une seule qui eût été produite par la dégénération d'une autre espèce; s'il était vrai que l'âne ne fût qu'un cheval dégénéré, il n'y aurait plus de bornes à la puissance de la nature, et l'on n'aurait pas tort de supposer que d'un seul être elle a su tirer avec le temps tous les autres êtres organisés.

Mais non : il est certain, par la révélation, que tous les animaux ont également participé à la grâce de la création, que les deux premiers de chaque espèce et de toutes les espèces sont sortis tout formés des mains du Créateur, et l'on doit croire qu'ils étaient tels alors, à peu près, qu'ils nous sont aujourd'hui représentés par leurs descendants; d'ailleurs, depuis qu'on observe la nature, depuis le temps d'Aristote jusqu'au nôtre, l'on n'a pas vu paraître d'espèces nouvelles, malgré le mouvement rapide qui entraîne, amoncelle ou dissipe les parties de la matière, malgré le nombre infini de combinaisons qui ont dû se faire pendant ces vingt siècles, malgré les accouplements fortuits ou forcés des animaux d'espèces éloignées ou voisines, dont il n'a jamais résulté que des individus viciés et stériles, et qui n'ont

---

1. *Une seule souche.* Dans le langage des naturalistes, *famille* ne signifie pas *souche.* Buffon critique à tort Linné. Quand les naturalistes disent que deux animaux sont de la même *famille*, ils n'entendent pas dire que l'*un vient de l'autre;* ils entendent seulement que ces deux animaux ont une *organisation semblable.* Le cheval et l'âne, en tout si semblables, sont néanmoins deux *espèces distinctes*, mais deux *espèces* du même *genre*, et, à plus forte raison, de la même *famille;* car qui dit *genre* dit réunion d'*espèces*, et qui dit *famille* dit réunion de *genres*.

pu faire souche pour de nouvelles générations. La ressemblance, tant extérieure qu'intérieure, fût-elle dans quelques animaux encore plus grande qu'elle ne l'est dans le cheval et dans l'âne, ne doit donc pas nous porter à confondre ces animaux dans la même famille, non plus qu'à leur donner une commune origine ; car s'ils venaient de la même souche , s'ils étaient en effet de la même famille, on pourrait les rapprocher, les allier de nouveau, et défaire avec le temps ce que le temps aurait fait.

Il faut de plus considérer que, quoique la marche de la nature se fasse par nuances et par degrés souvent imperceptibles, les intervalles de ces degrés ou de ces nuances ne sont pas tous égaux à beaucoup près ; que plus les espèces sont élevées, moins elles sont nombreuses, et plus les intervalles des nuances qui les séparent y sont grands ; que les petites espèces au contraire sont très-nombreuses, et en même temps plus voisines les unes des autres, en sorte qu'on est d'autant plus tenté de les confondre ensemble dans une même famille qu'elles nous embarrassent et nous fatiguent davantage par leur multitude et par leurs petites différences, dont nous sommes obligés de nous charger la mémoire : mais il ne faut pas oublier que ces familles sont notre ouvrage, que nous ne les avons faites que pour le soulagement de notre esprit, que s'il ne peut comprendre la suite réelle de tous les êtres, c'est notre faute et non pas celle de la nature, qui ne connaît point ces prétendues familles, et ne contient en effet que des individus.

Un individu est un être à part, isolé, détaché, et qui n'a rien de commun avec les autres êtres, sinon qu'il leur ressemble ou bien qu'il en diffère : tous les individus semblables qui existent sur la surface de la terre sont regardés comme composant l'espèce de ces individus; cependant ce n'est ni le nombre ni la collection des individus semblables qui fait l'espèce, c'est la succession constante et le renouvellement non interrompu de ces individus qui la constituent; car un être qui durerait toujours ne ferait pas une espèce , non plus qu'un million d'êtres semblables qui dureraient aussi toujours : l'espèce est donc un mot abstrait et général, dont la chose n'existe qu'en considérant la nature dans la succession des temps et dans la destruction constante et le renouvellement tout aussi constant des êtres : c'est en comparant la nature d'aujourd'hui à celle des autres temps , et les individus actuels aux individus passés, que nous avons pris une idée nette de ce que l'on appelle espèce, et la comparaison du nombre ou de la ressemblance[1] des individus n'est qu'une idée accessoire, et souvent indépendante de la première ; car l'âne ressemble au cheval plus que le barbet au lévrier, et cependant le barbet et le lévrier ne font qu'une même espèce, puisqu'ils produisent ensemble des individus qui peuvent eux-mêmes en produire

---

1. Buffon distingue très-bien ici, dans la définition de l'espèce, le fait essentiel : la *fécondité continue*, du fait accessoire : la *ressemblance*. (Voyez mon *Histoire des travaux de Cuvier*.)

d'autres, au lieu que le cheval et l'âne sont certainement de différentes espèces , puisqu'ils ne produisent ensemble que des individus viciés et inféconds.

C'est donc dans la diversité caractéristique des espèces que les intervalles des nuances de la nature sont le plus sensibles et le mieux marqués; on pourrait même dire que ces intervalles entre les espèces sont les plus égaux et les moins variables de tous, puisqu'on peut toujours tirer une ligne de séparation entre deux espèces, c'est-à-dire entre deux successions d'individus qui se reproduisent et ne peuvent se mêler, comme l'on peut aussi réunir en une seule espèce deux successions d'individus qui se reproduisent en se mêlant : ce point est le plus fixe que nous ayons en histoire naturelle ; toutes les autres ressemblances et toutes les autres différences que l'on pourrait saisir dans la comparaison des êtres ne seraient ni si constantes , ni si réelles, ni si certaines ; ces intervalles seront aussi les seules lignes de séparation que l'on trouvera dans notre ouvrage; nous ne diviserons pas les êtres autrement qu'ils le sont en effet; chaque espèce , chaque succession d'individus qui se reproduisent et ne peuvent se mêler sera considérée à part et traitée séparément, et nous ne nous servirons des familles, des genres, des ordres et des classes, pas plus que ne s'en sert la nature [1].

L'espèce n'étant donc autre chose qu'une succession constante d'individus semblables et qui se reproduisent [2], il est clair que cette dénomination ne doit s'étendre qu'aux animaux et aux végétaux, et que c'est par un abus des termes ou des idées que les nomenclateurs l'ont employée pour désigner les différentes sortes de minéraux : on ne doit donc pas regarder le fer comme une espèce, et le plomb comme une autre espèce, mais seulement comme deux métaux différents ; et l'on verra, dans notre discours sur les minéraux, que les lignes de séparation que nous emploierons dans la division des matières minérales seront bien différentes de celles que nous employons pour les animaux et pour les végétaux.

Mais, pour en revenir à la dégénération des êtres, et particulièrement à celle des animaux , observons et examinons encore de plus près les mouvements de la nature dans les variétés qu'elle nous offre; et comme l'espèce humaine nous est la mieux connue, voyons jusqu'où s'étendent ces mouvements de variation. Les hommes diffèrent du blanc au noir par la couleur, du double au simple par la hauteur de la taille, la grosseur, la légèreté, la force, etc., et du tout au rien pour l'esprit ; mais cette dernière qualité n'appartenant point à la matière, ne doit point être ici considérée; les autres sont les variations ordinaires de la nature, qui viennent de l'influence du climat et de la nourriture; mais ces différences de couleur et de dimen-

1. Voyez la note de la page 6 du Ier volume.
2. *L'espéce* est en effet , comme le dit Buffon, *la succession constante d'individus semblables et qui se reproduisent.*

sion dans la taille n'empêchent pas que le nègre et le blanc, le Lapon et le
Patagon, le géant et le nain, ne produisent ensemble des individus qui peuvent eux-mêmes se reproduire, et que par conséquent ces hommes, si différents en apparence, ne soient tous d'une seule et même espèce, puisque
cette reproduction constante est ce qui constitue l'espèce[1]. Après ces variations générales, il y en a d'autres qui sont plus particulières, et qui ne laissent pas de se perpétuer, comme les énormes jambes des hommes qu'on
appelle de la race de Saint-Thomas [a], dans l'île de Ceylan, les yeux rouges
et les cheveux blancs des dariens et des chacrelas, les six [b] doigts aux mains
et aux pieds dans certaines familles, etc. Ces variétés singulières sont des
défauts ou des excès accidentels qui, s'étant d'abord trouvés dans quelques
individus, se sont ensuite propagés de race en race, comme les autres vices
et maladies héréditaires ; mais ces différences, quoique constantes, ne doivent être regardées que comme des variétés individuelles qui ne séparent
pas ces individus de leur espèce, puisque les races extraordinaires de ces
hommes à grosses jambes ou à six doigts peuvent se mêler avec la race
ordinaire, et produire des individus qui se reproduisent eux-mêmes. On
doit dire la même chose de toutes les autres difformités ou monstruosités
qui se communiquent des pères et mères aux enfants : voilà jusqu'où s'étendent les erreurs de la nature, voilà les plus grandes limites de ses variétés
dans l'homme; et s'il y a des individus qui dégénèrent encore davantage,
ces individus, ne reproduisant rien, n'altèrent ni la constance ni l'unité de
l'espèce; ainsi il n'y a dans l'homme qu'une seule et même espèce, et quoique cette espèce soit peut-être la plus nombreuse et la plus abondante en
individus, et en même temps la plus inconséquente et la plus irrégulière
dans toutes ses actions, on ne voit pas que cette prodigieuse diversité de
mouvements, de nourriture, de climat et de tant d'autres combinaisons que
l'on peut supposer, ait produit des êtres assez différents des autres pour
faire de nouvelles souches, et en même temps assez semblables à nous pour
ne pouvoir nier de leur avoir appartenu.

Si le nègre et le blanc ne pouvaient produire ensemble, si même leur
production demeurait inféconde, si le mulâtre était un vrai mulet, il y
aurait alors deux espèces bien distinctes : le nègre serait à l'homme ce
que l'âne est au cheval, ou plutôt si le blanc était homme, le nègre ne
serait plus un homme, ce serait un animal à part comme le singe, et nous
serions en droit de penser que le blanc et le nègre n'auraient point eu une
origine commune; mais cette supposition même est démentie par le fait,
et puisque tous les hommes peuvent communiquer et produire ensemble,

a. Voyez, ci-devant, l'article *Variétés dans l'espèce humaine.*

b. Voyez cette observation curieuse dans les lettres de M. de Maupertuis, où vous trouverez
aussi plusieurs idées philosophiques très-élevées sur la génération et sur différents autres sujets.

1. Voyez la note de la page 415.

tous les hommes viennent de la même souche et sont de la même famille.

Que deux individus ne puissent produire ensemble, il ne faut pour cela que quelques légères disconvenances dans le tempérament, ou quelque défaut accidentel dans les organes de la génération de l'un ou de l'autre de ces deux individus; que deux individus de différentes espèces, et que l'on joint ensemble, produisent d'autres individus qui, ne ressemblant ni à l'un ni à l'autre, ne ressemblent à rien de fixe, et ne peuvent par conséquent rien produire de semblable à eux, il ne faut pour cela qu'un certain degré de convenance entre la forme du corps et les organes de la génération de ces animaux différents ; mais quel nombre immense et peut-être infini de combinaisons ne faudrait-il pas pour pouvoir seulement supposer que deux animaux, mâle et femelle, d'une certaine espèce, ont non-seulement assez dégénéré pour n'être plus de cette espèce, c'est-à-dire pour ne pouvoir plus produire avec ceux auxquels ils étaient semblables, mais encore dégénéré tous deux précisément au même point, et à ce point nécessaire pour ne pouvoir produire qu'ensemble! et ensuite quelle autre prodigieuse immensité de combinaisons ne faudrait-il pas encore pour que cette nouvelle production de ces deux animaux dégénérés suivit exactement les mêmes lois qui s'observent dans la production des animaux parfaits! car un animal dégénéré est lui-même une production viciée; et comment se pourrait-il qu'une origine viciée, qu'une dépravation, une négation, pût faire souche, et non-seulement produire une succession d'êtres constants, mais même les produire de la même façon et suivant les mêmes lois que se reproduisent en effet les animaux dont l'origine est pure?

Quoiqu'on ne puisse donc pas démontrer que la production d'une espèce par la dégénération soit une chose impossible à la nature, le nombre des probabilités contraires est si énorme que philosophiquement même on n'en peut guère douter; car si quelque espèce a été produite par la dégénération d'une autre, si l'espèce de l'âne vient de l'espèce du cheval, cela n'a pu se faire que successivement et par nuances, il y aurait eu entre le cheval et l'âne un grand nombre d'animaux intermédiaires, dont les premiers se seraient peu à peu éloignés de la nature du cheval, et les derniers se seraient approchés peu à peu de celle de l'âne; et pourquoi ne verrions-nous pas aujourd'hui les représentants, les descendants de ces espèces intermédiaires? pourquoi n'en est-il demeuré que les deux extrêmes?

L'âne est donc un âne, et n'est point un cheval dégénéré, un cheval à queue nue; il n'est ni étranger, ni intrus, ni bâtard ; il a, comme tous les autres animaux, sa famille, son espèce [1] et son rang ; son sang est pur, et

---

1. L'*espèce* de l'*âne* est particulière et propre, puisque, même avec l'*espèce* du cheval, qui en est la plus voisine, l'âne ne produit que des *individus viciés et inféconds*. (Voyez la page 416.) L'*espèce* de l'âne, réunie à celles du cheval, du zèbre, de l'hémione, etc. , etc., forme la *famille* des *solipèdes*.

quoique sa noblesse soit moins illustre, elle est tout aussi bonne, tout aussi ancienne que celle du cheval; pourquoi donc tant de mépris pour cet animal, si bon, si patient, si sobre, si utile? Les hommes mépriseraient-ils jusque dans les animaux ceux qui les servent trop bien et à trop peu de frais? On donne au cheval de l'éducation, on le soigne, on l'instruit, on l'exerce, tandis que l'âne, abandonné à la grossièreté du dernier des valets, ou à la malice des enfants, bien loin d'acquérir, ne peut que perdre par son éducation; et s'il n'avait pas un grand fonds de bonnes qualités il les perdrait en effet par la manière dont on le traite : il est le jouet, le plastron, le bardot des rustres qui le conduisent le bâton à la main, qui le frappent, le surchargent, l'excèdent, sans précaution, sans ménagement; on ne fait pas attention que l'âne serait par lui-même, et pour nous, le premier, le plus beau, le mieux fait, le plus distingué des animaux si dans le monde il n'y avait point de cheval; il est le second au lieu d'être le premier, et par cela seul il semble n'être plus rien : c'est la comparaison qui le dégrade; on le regarde, on le juge, non pas en lui-même, mais relativement au cheval; on oublie qu'il est âne, qu'il a toutes les qualités de sa nature, tous les dons attachés à son espèce, et on ne pense qu'à la figure et aux qualités du cheval, qui lui manquent, et qu'il ne doit pas avoir.

Il est de son naturel aussi humble, aussi patient, aussi tranquille que le cheval est fier, ardent, impétueux; il souffre avec constance, et peut-être avec courage, les châtiments et les coups; il est sobre et sur la quantité et sur la qualité de la nourriture; il se contente des herbes les plus dures, les plus désagréables, que le cheval et les autres animaux lui laissent et dédaignent; il est fort délicat sur l'eau, il ne veut boire que de la plus claire et aux ruisseaux qui lui sont connus; il boit aussi sobrement qu'il mange, et n'enfonce point du tout son nez dans l'eau par la peur que lui fait, dit-on, l'ombre de ses oreilles [a] : comme l'on ne prend pas la peine de l'étriller, il se roule souvent sur le gazon, sur les chardons, sur la fougère, et sans se soucier beaucoup de ce qu'on lui fait porter, il se couche pour se rouler toutes les fois qu'il le peut, et semble par là reprocher à son maître le peu de soin qu'on prend de lui; car il ne se vautre pas comme le cheval dans la fange et dans l'eau, il craint même de se mouiller les pieds, et se détourne pour éviter la boue; aussi a-t-il la jambe plus sèche et plus nette que le cheval; il est susceptible d'éducation, et l'on en a vu d'assez bien dressés [b] pour faire curiosité de spectacle.

Dans la première jeunesse, il est gai, et même assez joli : il a de la légèreté et de la gentillesse; mais il la perd bientôt, soit par l'âge, soit par les mauvais traitements, et il devient lent, indocile et têtu; il n'est ardent que pour le plaisir, ou plutôt il en est furieux au point que rien ne peut le retenir, et

a. Voyez Cardan *de subtilitate*, lib. x.
b. *Vide Aldrovand. de quadrup. solidiped.*, lib. i, p. 308.

que l'on en a vu s'excéder et mourir quelques instants après ; et comme il aime avec une espèce de fureur, il a aussi pour sa progéniture le plus fort attachement. Pline nous assure que lorsqu'on sépare la mère de son petit, elle passe à travers les flammes pour aller le rejoindre ; il s'attache aussi à son maître, quoiqu'il en soit ordinairement maltraité ; il le sent de loin et le distingue de tous les autres hommes ; il reconnaît aussi les lieux qu'il a coutume d'habiter, les chemins qu'il a fréquentés ; il a les yeux bons, l'odorat admirable, surtout pour les corpuscules de l'ânesse, l'oreille excellente, ce qui a encore contribué à le faire mettre au nombre des animaux timides, qui ont tous, à ce qu'on prétend, l'ouïe très-fine et les oreilles longues : lorsqu'on le surcharge, il le marque en inclinant la tête et baissant les oreilles ; lorsqu'on le tourmente trop il ouvre la bouche et retire les lèvres d'une manière très-désagréable, ce qui lui donne l'air moqueur et dérisoire ; si on lui couvre les yeux, il reste immobile ; et lorsqu'il est couché sur le côté, si on lui place la tête de manière que l'œil soit appuyé sur la terre, et qu'on couvre l'autre œil avec une pierre ou un morceau de bois, il restera dans cette situation sans faire aucun mouvement et sans se secouer pour se relever : il marche, il trotte et il galope comme le cheval, mais tous ses mouvements sont petits et beaucoup plus lents ; quoiqu'il puisse d'abord courir avec assez de vitesse, il ne peut fournir qu'une petite carrière pendant un petit espace de temps ; et, quelque allure qu'il prenne, si on le presse, il est bientôt rendu.

Le cheval hennit, l'âne brait, ce qui se fait par un grand cri très-long, très-désagréable, et discordant par dissonances alternatives de l'aigu au grave, et du grave à l'aigu ; ordinairement il ne crie que lorsqu'il est pressé d'amour ou d'appétit : l'ânesse a la voix plus claire et plus perçante ; l'âne qu'on a fait hongre ne brait qu'à basse voix, et quoiqu'il paraisse faire autant d'effort et les mêmes mouvements de la gorge, son cri ne se fait pas entendre de loin.

De tous les animaux couverts de poil, l'âne est celui qui est le moins sujet à la vermine ; jamais il n'a de poux, ce qui vient apparemment de la dureté et de la sécheresse de sa peau, qui est en effet plus dure que celle de la plupart des autres quadrupèdes ; et c'est par la même raison qu'il est bien moins sensible que le cheval au fouet et à la piqûre des mouches.

A deux ans et demi les premières dents incisives du milieu tombent, et ensuite les autres incisives à côté des premières tombent aussi et se renouvellent dans le même temps et dans le même ordre que celles du cheval ; l'on connaît aussi l'âge de l'âne par les dents : les troisièmes incisives de chaque côté le marquent comme dans le cheval.

Dès l'âge de deux ans, l'âne est en état d'engendrer ; la femelle est encore plus précoce que le mâle, et elle est tout aussi lascive ; c'est par cette raison qu'elle est très-peu féconde ; elle rejette au dehors la liqueur qu'elle vient de recevoir dans l'accouplement, à moins qu'on n'ait soin de lui ôter promptement la sensation du plaisir, en lui donnant des coups pour calmer la suite des convulsions et des mouvements amoureux : sans cette précaution elle ne retiendrait que très-rarement. Le temps le plus ordinaire de la chaleur est le mois de mai et celui de juin; lorsqu'elle est pleine, la chaleur cesse bientôt, et dans le dixième mois le lait paraît dans les mamelles; elle met bas dans le douzième mois, et souvent il se trouve des morceaux solides dans la liqueur de l'amnios, semblables à l'hippomanès du poulain; sept jours après l'accouchement la chaleur se renouvelle, et l'ânesse est en état de recevoir le mâle : en sorte qu'elle peut, pour ainsi dire, continuellement engendrer et nourrir; elle ne produit qu'un petit, et si rarement deux qu'à peine en a-t-on des exemples : au bout de cinq ou six mois on peut sevrer l'ânon, et cela est même nécessaire, si la mère est pleine, pour qu'elle puisse mieux nourrir son fœtus. L'âne étalon doit être choisi parmi les plus grands et les plus forts de son espèce; il faut qu'il ait au moins trois ans et qu'il n'en passe pas dix, qu'il ait les jambes hautes, le corps étoffé, la tête élevée et légère, les yeux vifs, les naseaux gros, l'encolure un peu longue, le poitrail large, les reins charnus, la côte large, la croupe plate, la queue courte, le poil luisant, doux au toucher et d'un gris foncé.

L'âne, qui comme le cheval est trois ou quatre ans à croître, vit aussi comme lui vingt-cinq ou trente ans[1] ; on prétend seulement que les femelles vivent ordinairement plus longtemps que les mâles, mais cela ne vient peut-être que de ce qu'étant souvent pleines, elles sont un peu plus ménagées, au lieu qu'on excède continuellement les mâles de fatigues et de coups; ils dorment moins que les chevaux, et ne se couchent pour dormir que quand ils sont excédés : l'âne étalon dure aussi plus longtemps que le cheval étalon; plus il est vieux, plus il paraît ardent, et en général la santé de cet animal est bien plus ferme que celle du cheval; il est moins délicat, et il n'est pas sujet, à beaucoup près, à un aussi grand nombre de maladies; les anciens même ne lui en connaissaient guère d'autre que celle de la morve, à laquelle il est, comme nous l'avons dit, encore bien moins sujet que le cheval.

Il y a parmi les ânes différentes races comme parmi les chevaux, mais que l'on connaît moins, parce qu'on ne les a ni soignés ni suivis avec la même attention : seulement on ne peut guère douter que tous ne soient originaires des climats chauds. Aristote[a] assure qu'il n'y en avait point de son temps en Scythie, ni dans les autres pays septentrionaux qui avoisinent la Scythie, ni même dans les Gaules, dont le climat, dit-il, ne laisse pas d'être froid; et il ajoute que le climat froid, ou les empêche de produire,

a. *Vide Aristot. de generat. animal.*, lib. II.

1. Voyez la note 1 de la page 396.

ou les fait dégénérer, et que c'est par cette dernière raison que dans l'Illyrie, la Thrace et l'Épire, ils sont petits et faibles ; ils sont encore tels en France, quoiqu'ils y soient déjà assez anciennement naturalisés, et que le froid du climat soit bien diminué depuis deux mille ans par la quantité de forêts abattues et de marais desséchés; mais ce qui paraît encore plus certain, c'est qu'ils sont nouveaux [a] pour la Suède et pour les autres pays du Nord; ils paraissent être venus originairement d'Arabie, et avoir passé d'Arabie en Égypte, d'Égypte en Grèce, de Grèce en Italie, d'Italie en France, et ensuite en Allemagne, en Angleterre, et enfin en Suède, etc. , car ils sont en effet d'autant moins forts et d'autant plus petits, que les climats sont plus froids.

Cette migration paraît assez bien prouvée par le rapport des voyageurs. Chardin [b] dit « qu'il y a de deux sortes d'ânes en Perse, les ânes du pays, « qui sont lents et pesants, et dont on ne se sert que pour porter des far- « deaux, et une race d'ânes d'Arabie, qui sont de fort jolies bêtes et les pre- « miers ânes du monde; ils ont le poil poli, la tête haute, les pieds légers, « ils les lèvent avec action, marchant bien, et l'on ne s'en sert que pour « montures ; les selles qu'on leur met sont comme des bâts ronds et plats « par-dessus, elles sont de drap ou de tapisserie avec les harnais et les « étriers; on s'assied dessus plus vers la croupe que vers le col : il y a de « ces ânes qu'on achète jusqu'à quatre cents livres, et l'on n'en saurait avoir « à moins de vingt-cinq pistoles ; on les panse comme les chevaux, mais on « ne leur apprend autre chose qu'à aller l'amble, et l'art de les y dresser « est de leur attacher les jambes, celles de devant et celles de derrière du « même côté, par deux cordes de coton, qu'on fait de la mesure du pas de « l'âne qui va l'amble, et qu'on suspend par une autre corde passée dans la « sangle à l'endroit de l'étrier; des espèces d'écuyers les montent soir et « matin et les exercent à cette allure; on leur fend les naseaux afin de leur « donner plus d'haleine, et ils vont si vite qu'il faut galoper pour les « suivre. »

Les Arabes, qui sont dans l'habitude de conserver avec tant de soin et depuis si longtemps les races de leurs chevaux, prendraient-ils la même peine pour les ânes? ou plutôt ceci ne semble-t-il pas prouver que le climat d'Arabie est le premier et le meilleur climat pour les uns et pour les autres? de là ils ont passé en Barbarie [c], en Égypte, où ils sont beaux et de grande taille, aussi bien que dans les climats excessivement chauds, comme aux Indes et en Guinée [d], où ils sont plus grands, plus forts et meilleurs que les chevaux du pays; ils sont même en grand honneur à Maduré [e], où l'une des

a. *Vide Linnæi Faunam Suecicam.*
b. Voyez le *Voyage de Chardin*, t. II, p. 26 et 27.
c. Voyez le *Voyage de Shaw*, t. I, p. 308.
d. Voyez le *Voyage de Guinée de Bosman*. Utrecht, 1705, p. 239 et 240.
e. Voyez les *Lettres édifiantes*, XIIᵉ Recueil, p. 96.

plus considérables et des plus nobles tribus des Indes les révère particulièrement, parce qu'ils croient que les âmes de toute la noblesse passent dans le
corps des ânes ; enfin l'on trouve les ânes en plus grande quantité que les
chevaux dans tous les pays méridionaux, depuis le Sénégal jusqu'à la Chine ;
on y trouve aussi des ânes sauvages plus communément que des chevaux
sauvages : les Latins, d'après les Grecs, ont appelé l'âne sauvage *onager*,
onagre, qu'il ne faut pas confondre, comme l'ont fait quelques naturalistes
et plusieurs voyageurs, avec le zèbre, dont nous donnerons l'histoire à part,
parce que le zèbre est un animal d'une espèce différente de celle de l'âne.
L'onagre, ou l'âne sauvage, n'est point rayé comme le zèbre, et il n'est pas,
à beaucoup près, d'une figure aussi élégante : on trouve des ânes sauvages
dans quelques îles de l'Archipel, et particulièrement dans celle de Cérigo [a] ;
il y en a beaucoup dans les déserts de Libye et de [b] Numidie ; ils sont gris et
courent si vite, qu'il n'y a que les chevaux barbes qui puissent les atteindre
à la course ; lorsqu'ils voient un homme, ils jettent un cri, font une ruade,
s'arrêtent, et ne fuient que lorsqu'on les approche ; on les prend dans des
piéges et dans des lacs de corde ; ils vont par troupes pâturer et boire, on en
mange la chair. Il y avait aussi du temps de Marmol, que je viens de citer,
des ânes sauvages dans l'île de Sardaigne, mais plus petits que ceux d'Afrique ; et Pietro della Valle dit [c] avoir vu un âne sauvage à Bassora ; sa figure
n'était point différente de celle des ânes domestiques ; il était seulement
d'une couleur plus claire, et il avait, depuis la tête jusqu'à la queue, une
raie de poil blond ; il était aussi beaucoup plus vif et plus léger à la course
que les ânes ordinaires. Olearius [d] rapporte qu'un jour le roi de Perse le fit
monter avec lui dans un petit bâtiment en forme de théâtre, pour faire col-
lation de fruits et de confitures ; qu'après le repas on fit entrer trente-deux
ânes sauvages sur lesquels le roi tira quelques coups de fusil et de flèche,
et qu'il permit ensuite aux ambassadeurs et autres seigneurs de tirer ; que
ce n'était pas un petit divertissement de voir ces ânes, chargés qu'ils étaient
quelquefois de plus de dix flèches, dont ils incommodaient et blessaient les
autres quand ils se mêlaient avec eux, de sorte qu'ils se mettaient à se
mordre et à ruer les uns contre les autres d'une étrange façon, et que quand
on les eut tous abattus et couchés de rang devant le roi, on les envoya à
Ispahan à la cuisine de la cour ; les Persans faisaient un si grand état de la
chair de ces ânes sauvages, qu'ils en ont fait un proverbe, etc. Mais il n'y
a pas apparence que ces trente-deux ânes sauvages fussent tous pris dans
les forêts, et c'étaient probablement des ânes qu'on élevait dans de grands
parcs pour avoir le plaisir de les chasser et de les manger.

a. Voyez le *Recueil de Dapper*, p. 185 et 378.
b. *Vide Leonis Afric. de Afric. descript.*, t. II, p. 52 ; et l'*Afrique de Marmol*, t. I, p. 53.
c. Voyez les *Voyages de Pietro della Valle*, t. VIII, p. 49.
d. Voyez le *Voyage d'Adam Olearius*. Paris, 1656, t. I, p. 511.

On n'a point trouvé d'ânes en Amérique, non plus que de chevaux, quoique le climat, surtout celui de l'Amérique méridionale, leur convienne autant qu'aucun autre; ceux que les Espagnols y ont transportés d'Europe, et qu'ils ont abandonnés dans les grandes îles et dans le continent, y ont beaucoup multiplié, et l'on y trouve [a] en plusieurs endroits des ânes sauvages qui vont par troupes, et que l'on prend dans des piéges comme les chevaux sauvages.

L'âne avec la jument produit les grands mulets; le cheval avec l'ânesse produit les petits mulets, différents des premiers à plusieurs égards; mais nous nous réservons de traiter en particulier de la génération des mulets, des jumars, etc., et nous terminerons l'histoire de l'âne par celle de ses propriétés et des usages auxquels nous pouvons l'employer.

Comme les ânes sauvages sont inconnus dans ces climats, nous ne pouvons pas dire si leur chair est en effet bonne à manger; mais ce qu'il y a de sûr c'est que celle des ânes domestiques est très-mauvaise, et plus mauvaise, plus dure, plus désagréablement insipide que celle du cheval; Galien [b] dit même que c'est un aliment pernicieux et qui donne des maladies : le lait d'ânesse, au contraire, est un remède éprouvé et spécifique pour certains maux, et l'usage de ce remède s'est conservé depuis les Grecs jusqu'à nous; pour l'avoir de bonne qualité il faut choisir une ânesse jeune, saine, bien en chair, qui ait mis bas depuis peu de temps, et qui n'ait pas été couverte depuis; il faut lui ôter l'ânon qu'elle allaite, la tenir propre, la bien nourrir de foin, d'avoine, d'orge et d'herbes dont les qualités salutaires puissent influer sur la maladie; avoir attention de ne pas laisser refroidir le lait, et même ne le pas exposer à l'air, ce qui le gâterait en peu de temps.

Les anciens attribuaient aussi beaucoup de vertus médicinales au sang, à l'urine, etc., de l'âne, et beaucoup d'autres qualités spécifiques à la cervelle, au cœur, au foie, etc., de cet animal; mais l'expérience a détruit, ou du moins n'a pas confirmé ce qu'ils nous en disent.

Comme la peau de l'âne est très-dure et très-élastique, on l'emploie utilement à différents usages; on en fait des cribles, des tambours et de très-bons souliers; on en fait du gros parchemin pour les tablettes de poche, que l'on enduit d'une couche légère de plâtre; c'est aussi avec le cuir de l'âne que les Orientaux font le sagri [c], que nous appelons *chagrin*. Il y a apparence que les os, comme la peau de cet animal, sont aussi plus durs que les os des autres animaux, puisque les anciens en faisaient des flûtes, et qu'ils les trouvaient plus sonnants que tous les autres os.

L'âne est peut-être de tous les animaux celui qui, relativement à son volume, peut porter les plus grands poids; et comme il ne coûte presque

a. Voyez le *Nouveau voyage aux îles de l'Amérique.* Paris, 1722, t. II, p. 293.
b. *Vide Galen. de aliment. facult.*, lib. III.
c. Voyez le *Voyage de Thévenot*, t. II, p. 64.

rien à nourrir, et qu'il ne demande, pour ainsi dire, aucun soin, il est d'une grande utilité à la campagne, au moulin, etc. ; il peut aussi servir de monture, toutes ses allures sont douces, et il bronche moins que le cheval ; on le met souvent à la charrue dans les pays où le terrain est léger, et son fumier est un excellent engrais pour les terres fortes et humides.

LE BŒUF. *

La surface de la terre, parée de sa verdure, est le fonds inépuisable et commun duquel l'homme et les animaux tirent leur subsistance ; tout ce qui a vie dans la nature vit sur ce qui végète, et les végétaux vivent à leur tour des débris de tout ce qui a vécu et végété : pour vivre il faut détruire, et ce n'est en effet qu'en détruisant des êtres que les animaux peuvent se nourrir et se multiplier. Dieu, en créant les premiers individus de chaque espèce d'animal et de végétal, a non-seulement donné la forme à la poussière de la terre, mais il l'a rendue vivante et animée, en renfermant dans chaque individu une quantité plus ou moins grande de principes actifs, de molécules organiques vivantes [1], indestructibles [a], et communes à tous les êtres organisés : ces molécules passent de corps en corps, et servent également à la vie actuelle et à la continuation de la vie, à la nutrition, à l'accroissement de chaque individu ; et après la dissolution du corps, après sa destruction, sa réduction en cendres, ces molécules organiques, sur lesquelles la mort ne peut rien, survivent, circulent dans l'univers, passent dans d'autres êtres, et y portent la nourriture et la vie : toute production, tout renouvellement, tout accroissement par la génération, par la nutrition, par le développement, supposent donc une destruction précédente, une conversion de substance, un transport de ces molécules organiques qui ne se multiplient pas, mais qui, subsistant toujours en nombre égal, rendent la nature toujours également vivante, la terre également peuplée, et toujours également resplendissante de la première gloire de celui qui l'a créée.

A prendre les êtres en général, le total de la quantité de vie est donc toujours le même, et la mort, qui semble tout détruire, ne détruit rien de cette vie primitive et commune à toutes les espèces d'êtres organisés : comme

a. Voyez le chapitre VI et suivants de la seconde partie du Ier volume.

* *Bos taurus* (Linn.). — Ordre des *Ruminants* ; Genre *Bœuf* (Cuv.).

1. J'ai assez parlé des *molécules organiques* dans les notes du Ier volume pour n'y pas revenir une fois encore. D'ailleurs, les *molécules organiques* ne figurent ici que comme *dénominations*, comme *mots*, comme noms arbitraires des principes réels qui servent à la *nutrition* et à la *reproduction*. Ce qui inspire Buffon dans ces belles pages, c'est la vue profonde de ce *fonds commun* de vie qui est éternel sur la terre : la petite hypothèse disparaît et se perd dans le magnifique tableau qu'il nous trace.

toutes les autres puissances subordonnées et subalternes, la mort n'attaque que les individus, ne frappe que la surface, ne détruit que la forme, ne peut rien sur la matière, et ne fait aucun tort à la nature qui n'en brille que davantage, qui ne lui permet pas d'anéantir les espèces, mais la laisse moissonner les individus et les détruire avec le temps, pour se montrer elle-même indépendante de la mort et du temps, pour exercer à chaque instant sa puissance toujours active, manifester sa plénitude par sa fécondité, et faire de l'univers, en reproduisant, en renouvelant les êtres, un théâtre toujours rempli, un spectacle toujours nouveau.

Pour que les êtres se succèdent, il est donc nécessaire qu'ils se détruisent entre eux ; pour que les animaux se nourrissent et subsistent, il faut qu'ils détruisent des végétaux ou d'autres animaux ; et comme avant et après la destruction la quantité de vie reste toujours la même, il semble qu'il devrait être indifférent à la nature que telle ou telle espèce détruisît plus ou moins ; cependant, comme une mère économe, au sein même de l'abondance, elle a fixé des bornes à la dépense et prévenu le dégât apparent, en ne donnant qu'à peu d'espèces d'animaux l'instinct de se nourrir de chair ; elle a même réduit à un assez petit nombre d'individus ces espèces voraces et carnassières, tandis qu'elle a multiplié bien plus abondamment et les espèces et les individus de ceux qui se nourrissent de plantes, et que dans les végétaux elle semble avoir prodigué les espèces, et répandu dans chacune avec profusion le nombre et la fécondité. L'homme a peut-être beaucoup contribué à seconder ses vues, à maintenir et même à établir cet ordre sur la terre, car dans la mer on retrouve cette indifférence que nous supposions : toutes les espèces sont presque également voraces, elles vivent sur elles-mêmes ou sur les autres, et s'entre-dévorent perpétuellement sans jamais se détruire, parce que la fécondité y est aussi grande que la déprédation, et que presque toute la nourriture, toute la consommation tourne au profit de la reproduction.

L'homme sait user en maître de sa puissance sur les animaux ; il a choisi ceux dont la chair flatte son goût, il en a fait des esclaves domestiques, il les a multipliés plus que la nature ne l'aurait fait, il en a formé des troupeaux nombreux, et par les soins qu'il prend de les faire naître, il semble avoir acquis le droit de se les immoler ; mais il étend ce droit bien au delà de ses besoins, car, indépendamment de ces espèces qu'il s'est assujetties et dont il dispose à son gré, il fait aussi la guerre aux animaux sauvages, aux oiseaux, aux poissons ; il ne se borne pas même à ceux du climat qu'il habite, il va chercher au loin, et jusqu'au milieu des mers, de nouveaux mets, et la nature entière semble suffire à peine à son intempérance et à l'inconstante variété de ses appétits ; l'homme consomme, engloutit lui seul plus de chair que tous les animaux ensemble n'en dévorent ; il est donc le plus grand destructeur, et c'est plus par abus que par nécessité ; au lieu de jouir modérément des biens qui lui sont offerts, au lieu de les dispenser avec équité, au lieu de réparer à mesure qu'il détruit, de renouveler lorsqu'il anéantit, l'homme riche met toute sa gloire à consommer, toute sa grandeur à perdre en un jour à sa table plus de biens qu'il n'en faudrait pour faire subsister plusieurs familles; il abuse également et des animaux et des hommes, dont le reste demeure affamé, languit dans la misère, et ne travaille que pour satisfaire à l'appétit immodéré et à la vanité encore plus insatiable de cet homme, qui, détruisant les autres par la disette, se détruit lui-même par les excès.

Cependant l'homme pourrait, comme l'animal, vivre de végétaux; la chair, qui paraît être si analogue à la chair, n'est pas une nourriture meilleure que les graines ou le pain; ce qui fait la vraie nourriture, celle qui contribue à la nutrition, au développement, à l'accroissement et à l'entretien du corps, n'est pas cette matière brute qui compose à nos yeux la texture de la chair ou de l'herbe, mais ce sont les molécules organiques que l'une et l'autre contiennent, puisque le bœuf, en paissant l'herbe, acquiert autant de chair que l'homme ou que les animaux qui ne vivent que de chair et de sang : la seule différence réelle qu'il y ait entre ces aliments, c'est qu'à volume égal la chair, le blé, les graines contiennent beaucoup plus de molécules organiques que l'herbe, les feuilles, les racines, et les autres parties des plantes, comme nous nous en sommes assurés en observant les infusions de ces différentes matières; en sorte que l'homme et les animaux, dont l'estomac et les intestins n'ont pas assez de capacité pour admettre un très-grand volume d'aliments, ne pourraient pas prendre assez d'herbe pour en tirer la quantité de molécules organiques nécessaire à leur nutrition; et c'est par cette raison que l'homme et les autres animaux qui n'ont qu'un estomac, ne peuvent vivre que de chair ou de graines, qui dans un petit volume contiennent une très-grande quantité de ces molécules organiques nutritives, tandis que le bœuf et les autres animaux ruminants, qui ont plusieurs estomacs, dont l'un est d'une très-grande capacité, et qui par conséquent peuvent se remplir d'un grand volume d'herbe, en tirent assez de molécules organiques pour se nourrir, croître et multiplier; la quantité compense ici la qualité de la nourriture, mais le fonds en est le même, c'est la même matière, ce sont les mêmes molécules organiques qui nourrissent le bœuf, l'homme et tous les animaux.

On ne manquera pas de m'opposer que le cheval n'a qu'un estomac, et même assez petit; que l'âne, le lièvre et d'autres animaux qui vivent d'herbe n'ont aussi qu'un estomac, et que par conséquent cette explication, quoique vraisemblable, n'en est peut-être ni plus vraie ni mieux fondée; cependant, bien loin que ces exceptions apparentes la détruisent, elles me paraissent au contraire la confirmer; car quoique le cheval et l'âne n'aient qu'un estomac, ils ont des poches dans les intestins d'une si grande capacité, qu'on peut les comparer à la panse des animaux ruminants, et les lièvres ont l'intestin cœcum d'une si grande longueur et d'un tel diamètre, qu'il équivaut au moins à un second estomac : ainsi il n'est pas étonnant que ces animaux puissent se nourrir d'herbes, et en général on trouvera toujours que c'est de la capacité totale de l'estomac et des intestins que dépend dans les animaux la diversité de leur manière de se nourrir [1]; car les ruminants, comme le bœuf, le bélier, le chameau, etc., ont quatre estomacs et des intestins d'une longueur prodigieuse : aussi vivent-ils d'herbe, et l'herbe seule leur suffît; les chevaux, les ânes, les lièvres, les lapins, les cochons d'Inde, etc., n'ont qu'un estomac, mais ils ont un cœcum qui équivaut à un second estomac, et ils vivent d'herbe et de graines; les sangliers, les hérissons [2], les écureuils, etc., dont l'estomac et les boyaux sont d'une moindre capacité, ne mangent que peu d'herbe et vivent de graines, de fruits et de racines; et ceux qui, comme les loups, les renards, les tigres, etc., ont l'estomac et les intestins d'une plus petite capacité que tous les autres, relativement au volume de leur corps, sont obligés, pour vivre, de choisir les nourritures les plus succulentes, les plus abondantes en molécules organiques, et de manger de la chair et du sang, des graines et des fruits.

C'est donc sur ce rapport physique et nécessaire, beaucoup plus que sur la convenance du goût, qu'est fondée la diversité que nous voyons dans les appétits des animaux; car si la nécessité ne les déterminait pas plus souvent que le goût, comment pourraient-ils dévorer la chair infecte et corrompue avec autant d'avidité que la chair succulente et fraîche? pourquoi mangeraient-ils également de toutes sortes de chair? Nous voyons que les chiens domestiques qui ont de quoi choisir refusent assez constamment certaines viandes, comme la bécasse, la grive, le cochon, etc., tandis que les chiens sauvages, les loups, les renards, etc., mangent également et la chair du cochon, et la bécasse, et les oiseaux de toutes espèces, et même les grenouilles, car nous en avons trouvé deux dans l'estomac d'un loup; et lorsque la chair ou le poisson leur manque, ils mangent des fruits, des graines, des raisins, etc.; et ils préfèrent toujours tout ce qui, dans un petit volume,

---

1. C'est, en effet, de la *capacité totale* de l'estomac et des intestins que dépend le *régime* de l'animal. L'*organisation* tout entière répond au *régime*. Tout, dans l'*animal carnivore*, est disposé pour le *régime carnivore :* les *dents* sont tranchantes, l'*estomac* simple, l'*intestin* court, les *pieds* divisés et armés de griffes, etc. Tout, dans l'*animal herbivore*, est disposé pour le *régime herbivore :* des *pieds* à sabots, des *dents* à couronne plate, un *intestin* long, un *estomac* vaste ou multiple, etc. Aussi toutes ces parties : les *pieds*, les *dents*, l'*intestin*, etc., se donnent-elles réciproquement, et d'une seule peut-on conclure toutes les autres. « Quelqu'un « qui voit seulement la piste d'un pied fourchu, dit M. Cuvier, peut en conclure que l'animal « qui a laissé cette empreinte ruminait..... Cette seule piste donne donc à celui qui l'observe, et « la forme des dents, et la forme des mâchoires et la forme de tous les os des jambes..... de « l'animal qui vient de passer. C'est une marque plus sûre que toutes celles de Zadig. » (*Discours sur les révol. de la surf. du globe.*)

2 Le *hérisson* est principalement *insectivore*.

contient une grande quantité de parties nutritives, c'est-à-dire de molécules organiques propres à la nutrition et à l'entretien du corps.

Si ces preuves ne paraissent pas suffisantes, que l'on considère encore la manière dont on nourrit le bétail que l'on veut engraisser : on commence par la castration, ce qui supprime la voie par laquelle les molécules organiques s'échappent en plus grande abondance; ensuite, au lieu de laisser le bœuf à sa pâture ordinaire et à l'herbe pour toute nourriture, on lui donne du son, du grain, des navets, des aliments en un mot plus substantiels que l'herbe, et en très-peu de temps la quantité de la chair de l'animal augmente, les sucs et la graisse abondent, et font d'une chair assez dure et assez sèche par elle-même, une viande succulente et si bonne qu'elle fait la base de nos meilleurs repas.

Il résulte aussi de ce que nous venons de dire, que l'homme, dont l'estomac et les intestins ne sont pas d'une très-grande capacité relativement au volume de son corps, ne pourrait pas vivre d'herbe seule; cependant il est prouvé par les faits qu'il pourrait bien vivre de pain, de légumes et d'autres graines de plantes, puisqu'on connaît des nations entières et des ordres d'hommes auxquels la religion défend de manger de rien qui ait eu vie ; mais ces exemples, appuyés même de l'autorité de Pythagore et recommandés par quelques médecins trop amis de la diète, ne me paraissent pas suffisants pour nous convaincre qu'il y eût à gagner pour la santé des hommes et pour la multiplication du genre humain à ne vivre que de légumes et de pain, d'autant plus que les gens de la campagne, que le luxe des villes et la somptuosité de nos tables réduisent à cette façon de vivre, languissent et dépérissent plus tôt que les hommes de l'état mitoyen, auxquels l'inanition et les excès sont également inconnus.

Après l'homme, les animaux qui ne vivent que de chair sont les plus grands destructeurs ; ils sont en même temps et les ennemis de la nature et les rivaux de l'homme : ce n'est que par une attention toujours nouvelle et par des soins prémédités et suivis qu'il peut conserver ses troupeaux, ses volailles, etc., en les mettant à l'abri de la serre de l'oiseau de proie, et de la dent carnassière du loup, du renard, de la fouine, de la belette, etc. Ce n'est que par une guerre continuelle qu'il peut défendre son grain, ses fruits, toute sa subsistance, et même ses vêtements, contre la voracité des rats, des chenilles, des scarabées, des mites, etc., car les insectes sont aussi de ces bêtes qui dans le monde font plus de mal que de bien [1]; au lieu que le bœuf, le mouton et les autres animaux qui paissent l'herbe, non-seulement sont les meilleurs, les plus utiles, les plus précieux pour l'homme, puisqu'ils le nourrissent, mais sont encore ceux qui consomment et dépensent le moins; le bœuf surtout est à cet égard l'animal par excellence, car il rend

___

1. Buffon ne pardonne pas aux *insectes* la réputation de Réaumur

à la terre tout autant qu'il en tire, et même il améliore le fonds sur lequel
il vit, il engraisse son pâturage, au lieu que le cheval et la plupart des autres
animaux amaigrissent en peu d'années les meilleures prairies.

Mais ce ne sont pas là les seuls avantages que le bétail procure à l'homme :
sans le bœuf, les pauvres et les riches auraient beaucoup de peine à vivre,
la terre demeurerait inculte, les champs et même les jardins seraient secs et
stériles; c'est sur lui que roulent tous les travaux de la campagne, il est le
domestique le plus utile de la ferme, le soutien du ménage champêtre, il
fait toute la force de l'agriculture; autrefois il faisait toute la richesse des
hommes, et aujourd'hui il est encore la base de l'opulence des États, qui ne
peuvent se soutenir et fleurir que par la culture des terres et par l'abondance du bétail, puisque ce sont les seuls biens réels, tous les autres, et
même l'or et l'argent, n'étant que des biens arbitraires, des représentations,
des monnaies de crédit, qui n'ont de valeur qu'autant que le produit de la
terre leur en donne.

Le bœuf ne convient pas autant que le cheval, l'âne, le chameau, etc.,
pour porter des fardeaux, la forme de son dos et de ses reins le démontre;
mais la grosseur de son cou et la largeur de ses épaules indiquent assez
qu'il est propre à tirer et à porter le joug : c'est aussi de cette manière qu'il
tire le plus avantageusement, et il est singulier que cet usage ne soit pas
général, et que dans des provinces entières on l'oblige à tirer par les cornes;
la seule raison qu'on ait pu m'en donner, c'est que quand il est attelé par
les cornes on le conduit plus aisément; il a la tête très-forte, et il ne laisse
pas de tirer assez bien de cette façon, mais avec beaucoup moins d'avantage
que quand il tire par les épaules; il semble avoir été fait exprès pour la
charrue; la masse de son corps, la lenteur de ses mouvements, le peu de
hauteur de ses jambes, tout, jusqu'à sa tranquillité et à sa patience dans le
travail, semble concourir à le rendre propre à la culture des champs, et
plus capable qu'aucun autre de vaincre la résistance constante et toujours
nouvelle que la terre oppose à ses efforts; le cheval, quoique peut-être aussi
fort que le bœuf, est moins propre à cet ouvrage, il est trop élevé sur ses
jambes, ses mouvements sont trop grands, trop brusques, et d'ailleurs il
s'impatiente et se rebute trop aisément; on lui ôte même toute la légèreté,
toute la souplesse de ses mouvements, toute la grâce de son attitude et de
sa démarche, lorsqu'on le réduit à ce travail pesant, pour lequel il faut plus
de constance que d'ardeur, plus de masse que de vitesse, et plus de poids
que de ressort.

Dans les espèces d'animaux dont l'homme a fait des troupeaux et où la
multiplication est l'objet principal, la femelle est plus nécessaire, plus utile
que le mâle; le produit de la vache est un bien qui croît et qui se renouvelle
à chaque instant; la chair du veau est une nourriture aussi abondante que
saine et délicate, le lait est l'aliment des enfants, le beurre l'assaisonnement

de la plupart de nos mets, le fromage la nourriture la plus ordinaire des
habitants de la campagne : que de pauvres familles sont aujourd'hui réduites
à vivre de leur vache[1] ! Ces mêmes hommes qui tous les jours, et du matin
au soir, gémissent dans le travail et sont courbés sur la charrue, ne tirent
de la terre que du pain noir, et sont obligés de céder à d'autres la fleur,
la substance de leur grain, c'est par eux et ce n'est pas pour eux que les
moissons sont abondantes; ces mêmes hommes qui élèvent, qui multiplient
le bétail, qui le soignent et s'en occupent perpétuellement, n'osent jouir du
fruit de leurs travaux; la chair de ce bétail est une nourriture dont ils sont
forcés de s'interdire l'usage, réduits par la nécessité de leur condition, c'est-
à-dire par la dureté des autres hommes, à vivre, comme les chevaux, d'orge
et d'avoine, ou de légumes grossiers et de lait aigre.

On peut aussi faire servir la vache à la charrue, et quoiqu'elle ne soit
pas aussi forte que le bœuf, elle ne laisse pas de le remplacer souvent;
mais lorsqu'on veut l'employer à cet usage il faut avoir attention de l'assortir, autant qu'on le peut, avec un bœuf de sa taille et de sa force, ou avec
une autre vache, afin de conserver l'égalité du trait et de maintenir le soc
en équilibre entre ces deux puissances; moins elles sont inégales, et plus
le labour de la terre est facile et régulier; au reste, on emploie souvent six
et jusqu'à huit bœufs dans les terrains fermes, et surtout dans les friches,
qui se lèvent par grosses mottes et par quartiers, au lieu que deux vaches
suffisent pour labourer les terrains meubles et sablonneux ; on peut aussi
dans ces terrains légers pousser à chaque fois le sillon beaucoup plus loin
que dans les terrains forts : les anciens avaient borné à une longueur de
cent vingt pas la plus grande étendue du sillon que le bœuf devait tracer
par une continuité non interrompue d'efforts et de mouvements, après quoi,
disaient-ils, il faut cesser de l'exciter et le laisser reprendre haleine pendant quelques moments avant de poursuivre le même sillon ou d'en commencer un autre; mais les anciens faisaient leurs délices de l'étude de
l'agriculture, et mettaient leur gloire à labourer eux-mêmes, ou du moins
à favoriser le laboureur, à épargner la peine du cultivateur et du bœuf;
et parmi nous ceux qui jouissent le plus des biens de cette terre sont ceux
qui savent le moins estimer, encourager, soutenir l'art de la cultiver.

Le taureau sert principalement à la propagation de l'espèce, et quoiqu'on
puisse aussi le soumettre au travail, on est moins sûr de son obéissance, et
il faut être en garde contre l'usage qu'il peut faire de sa force; la nature a
fait cet animal indocile et fier : dans le temps du rut il devient indomptable,
et souvent furieux; mais par la castration l'on détruit la source de ces mouvements impétueux et l'on ne retranche rien à sa force ; il n'en est que plus

---

1.

Il n'a sans mes bienfaits passé nulles journées
Tout n'est que pour lui seul ; mon lait et mes enfants.....
                    LA FONT.

gros, plus massif, plus pesant et plus propre à l'ouvrage auquel on le destine; il devient aussi plus traitable, plus patient, plus docile et moins incommode aux autres : un troupeau de taureaux ne serait qu'une troupe effrénée
que l'homme ne pourrait ni dompter, ni conduire.

La manière dont se fait cette opération est assez connue des gens de la
campagne; cependant il y a sur cela des usages très-différents dont on n'a
peut-être pas assez observé les différents effets; en général, l'âge le plus
convenable à la castration est l'âge qui précède immédiatement la puberté:
pour le bœuf c'est dix-huit mois ou deux ans; ceux qu'on y soumet plus tôt
périssent presque tous; cependant les jeunes veaux auxquels on ôte les testicules quelque temps après leur naissance, et qui survivent à cette opération
si dangereuse à cet âge, deviennent des bœufs plus grands, plus gros, plus
gras que ceux auxquels on ne fait la castration qu'à deux, trois ou quatre
ans; mais ceux-ci paraissent conserver plus de courage et d'activité, et ceux
qui ne la subissent qu'à l'âge de six, sept ou huit ans ne perdent presque
rien des autres qualités du sexe masculin; ils sont plus impétueux, plus
indociles que les autres bœufs, et dans le temps de la chaleur des femelles
ils cherchent encore à s'en approcher, mais il faut avoir soin de les en écarter; l'accouplement et même le seul attouchement du bœuf fait naître à la
vulve de la vache des espèces de carnosités ou de verrues qu'il faut détruire
et guérir en y appliquant un fer rouge; ce mal peut provenir de ce que ces
bœufs, qu'on n'a que *bistournés*, c'est-à-dire auxquels on a seulement comprimé les testicules et serré et tordu les vaisseaux qui y aboutissent, ne laissent pas de répandre une liqueur apparemment à demi purulente, et qui
peut causer des ulcères à la vulve de la vache, lesquels dégénèrent ensuite
en carnosités.

Le printemps est la saison où les vaches sont le plus communément en
chaleur; la plupart, dans ce pays-ci, reçoivent le taureau et deviennent
pleines depuis le 15 avril jusqu'au 15 juillet, mais il ne laisse pas d'y en
avoir beaucoup dont la chaleur est plus tardive, et d'autres dont la chaleur
est plus précoce; elles portent neuf mois, et mettent bas au commencement
du dixième; on a donc des veaux en quantité depuis le 15 janvier jusqu'au
15 avril; on en a aussi pendant tout l'été assez abondamment, et l'automne
est le temps où ils sont le plus rares. Les signes de la chaleur de la vache ne
sont point équivoques; elle mugit alors très-fréquemment et plus violemment que dans les autres temps, elle saute sur les vaches, sur les bœufs et
même sur les taureaux, la vulve est gonflée et proéminente au dehors; il
faut profiter du temps de cette forte chaleur pour lui donner le taureau; si
on laissait diminuer cette ardeur, la vache ne retiendrait pas aussi sûrement.

Le taureau doit être choisi, comme le cheval étalon, parmi les plus beaux
de son espèce; il doit être gros, bien fait et en bonne chair; il doit avoir
l'œil noir, le regard fier, le front ouvert, la tête courte, les cornes grosses,

courtes et noires, les oreilles longues et velues, le mufle grand , le nez court
et droit, le col charnu et gros, les épaules et la poitrine larges, les reins
fermes, le dos droit, les jambes grosses et charnues, la queue longue et bien
couverte de poil, l'allure ferme et sûre, et le poil rouge [a]. Les vaches retiennent souvent dès la première, seconde ou troisième fois, et sitôt qu'elles
sont pleines le taureau refuse de les couvrir, quoiqu'il y ait encore apparence de chaleur ; mais ordinairement la chaleur cesse presque aussitôt
qu'elles ont conçu, et elles refusent aussi elles-mêmes les approches du
taureau.

Les vaches sont assez sujettes à avorter lorsqu'on ne les ménage pas et
qu'on les met à la charrue, au charroi, etc. ; il faut même les soigner davantage et les suivre de plus près lorsqu'elles sont pleines que dans les autres
temps, afin de les empêcher de sauter des haies, des fossés, etc. ; il faut aussi
les mettre dans les pâturages les plus gras , et dans un terrain qui , sans
être trop humide et marécageux, soit cependant très-abondant en herbe :
six semaines ou deux mois avant qu'elles mettent bas, on les nourrira plus
largement qu'à l'ordinaire, en leur donnant à l'étable de l'herbe pendant
l'été, et pendant l'hiver du son le matin ou de la luzerne, du sainfoin, etc. ;
on cessera aussi de les traire dans ce même temps, le lait leur est alors plus
nécessaire que jamais pour la nourriture de leur fœtus; aussi y a-t-il des
vaches dont le lait tarit absolument un mois ou six semaines avant qu'elles
mettent bas; celles qui ont du lait jusqu'aux derniers jours sont les meilleures mères et les meilleures nourrices; mais ce lait des derniers temps est
généralement mauvais et peu abondant. Il faut les mêmes attentions pour
l'accouchement de la vache que pour celui de la jument, et même il paraît
qu'il en faut davantage, car la vache qui met bas paraît être plus épuisée,
plus fatiguée que la jument; on ne peut se dispenser de la mettre dans une
étable séparée, où il faut qu'elle soit chaudement et commodément sur de
la bonne litière, et de la bien nourrir, en lui donnant pendant dix ou douze
jours de la farine de fèves, de blé ou d'avoine, etc., délayée avec de l'eau
salée, et abondamment de la luzerne, du sainfoin ou de bonne herbe bien
mûre; ce temps suffit ordinairement pour la rétablir, après quoi on la remet
par degrés à la vie commune et au pâturage; seulement il faut encore avoir
l'attention de lui laisser tout son lait pendant les deux premiers mois, le veau
profitera davantage, et d'ailleurs le lait de ces premiers temps n'est pas de
bonne qualité.

On laisse le jeune veau auprès de sa mère pendant les cinq ou six premiers
jours, afin qu'il soit toujours chaudement et qu'il puisse teter aussi souvent
qu'il en a besoin; mais il croît et se fortifie assez dans ces cinq ou six jours
pour qu'on soit dès lors obligé de l'en séparer si l'on veut la ménager, car il

a. Voyez la *Nouvelle maison Rustique.* Paris, 1749 , t. I , p. 298.

l'épuiserait s'il était toujours auprès d'elle; il suffira de le laisser teter deux
ou trois fois par jour; et si l'on veut lui faire une bonne chair et l'engraisser
promptement on lui donnera tous les jours des œufs crus, du lait bouilli, de
la mie de pain; au bout de quatre ou cinq semaines ce veau sera excellent à
manger : on pourra donc ne laisser teter que trente ou quarante jours les
veaux qu'on voudra livrer au boucher, mais il faudra laisser au lait pendant
deux mois au moins ceux qu'on voudra nourrir; plus on les laissera teter,
plus ils deviendront gros et forts; on préférera pour les élever ceux qui
seront nés aux mois d'avril, mai et juin; les veaux qui naissent plus tard ne
peuvent acquérir assez de force pour résister aux injures de l'hiver suivant,
ils languissent par le froid et périssent presque tous. A deux, trois ou quatre
mois on sèvrera donc les veaux qu'on veut nourrir, et avant de leur ôter le
lait absolument, on leur donnera un peu de bonne herbe ou de foin fin pour
qu'ils commencent à s'accoutumer à cette nouvelle nourriture; après quoi
on les séparera tout à fait de leur mère, et on ne les en laissera point approcher ni à l'étable ni au pâturage, où cependant on les mènera tous les jours,
et où on les laissera du matin au soir pendant l'été; mais dès que le froid
commencera à se faire sentir en automne, il ne faudra les laisser sortir que
tard dans la matinée et les ramener de bonne heure le soir; et pendant
l'hiver, comme le grand froid leur est extrêmement contraire, on les tiendra
chaudement dans une étable bien fermée et bien garnie de litière; on leur
donnera, avec l'herbe ordinaire, du sainfoin, de la luzerne, etc., et on ne
les laissera sortir que par les temps doux; il leur faut beaucoup de soins pour
passer ce premier hiver : c'est le temps le plus dangereux de leur vie, car ils
se fortifieront assez pendant l'été suivant pour ne plus craindre le froid du
second hiver.

La vache est à dix-huit mois en pleine puberté, et le taureau à deux ans;
mais quoiqu'ils puissent déjà engendrer à cet âge, on fera bien d'attendre
jusqu'à trois ans avant de leur permettre de s'accoupler; ces animaux sont
dans leur grande force depuis trois ans jusqu'à neuf; après cela les vaches
et les taureaux ne sont plus propres qu'à être engraissés et livrés au boucher : comme ils prennent en deux ans la plus grande partie de leur accroissement, la durée de leur vie est aussi, comme dans la plupart des autres
espèces d'animaux, à peu près de sept fois deux ans, et communément ils
ne vivent guère que quatorze ou quinze ans [1].

Dans tous les animaux quadrupèdes la voix du mâle est plus forte et
plus grave que celle de la femelle, et je ne crois pas qu'il y ait d'exception
à cette règle : quoique les anciens aient écrit que la vache, le bœuf et même
le veau avaient la voix plus grave que le taureau, il est très-certain que
le taureau a la voix beaucoup plus forte, puisqu'il se fait entendre de bien

1. Voyez la note 1 de la page 396.

plus loin que la vache, le bœuf ou le veau : ce qui a fait croire qu'il avait la voix moins grave, c'est que son mugissement n'est pas un son simple, mais un son composé de deux ou trois octaves, dont la plus élevée frappe le plus l'oreille ; et en y faisant attention, l'on entend en même temps un son grave, et plus grave que celui de la voix de la vache, du bœuf et du veau, dont les mugissements sont aussi bien plus courts : le taureau ne mugit que d'amour, la vache mugit plus souvent de peur et d'horreur que d'amour, et le veau mugit de douleur, de besoin de nourriture et de désir de sa mère.

Les animaux les plus pesants et les plus paresseux ne sont pas ceux qui dorment le plus profondément ni le plus longtemps : le bœuf dort, mais d'un sommeil court et léger, il se réveille au moindre bruit; il se couche ordinairement sur le côté gauche, et le rein ou rognon de ce côté gauche est toujours plus gros et plus chargé de graisse que le rognon du côté droit.

Les bœufs, comme les autres animaux domestiques, varient pour la couleur; cependant le poil roux paraît être le plus commun, et plus il est rouge, plus il est estimé : on fait cas aussi du poil noir, et l'on prétend que les bœufs sous poil bai durent longtemps; que les bruns durent moins et se rebutent de bonne heure ; que les gris, les pommelés et les blancs ne valent rien pour le travail et ne sont propres qu'à être engraissés; mais de quelque couleur que soit le poil du bœuf, il doit être luisant, épais et doux au toucher, car s'il est rude, mal uni ou dégarni, on a raison de supposer que l'animal souffre, ou du moins qu'il n'est pas d'un fort tempérament : un bon bœuf pour la charrue ne doit être ni trop gras ni trop maigre, il doit avoir la tête courte et ramassée, les oreilles grandes, bien velues et bien unies, les cornes fortes, luisantes et de moyenne grandeur, le front large, les yeux gros et noirs, le mufle gros et camus, les naseaux bien ouverts, les dents blanches et égales, les lèvres noires, le cou charnu, les épaules grosses et pesantes, la poitrine large, le fanon, c'est-à-dire, la peau du devant pendante jusque sur les genoux, les reins fort larges, le ventre spacieux et tombant, les flancs grands, les hanches longues, la croupe épaisse, les jambes et les cuisses grosses et nerveuses, le dos droit et plein, la queue pendante jusqu'à terre, et garnie de poils touffus et fins, les pieds fermes, le cuir grossier et maniable, les muscles élevés et l'ongle court et large [a] ; il faut aussi qu'il soit sensible à l'aiguillon, obéissant à la voix et bien dressé; mais ce n'est que peu à peu et en s'y prenant de bonne heure qu'on peut accoutumer le bœuf à porter le joug volontiers et à se laisser conduire aisément : dès l'âge de deux ans et demi ou trois ans au plus tard, il faut commencer à l'apprivoiser et à le subjuguer ; si l'on attend

---

a. Voyez la *Nouvelle maison Rustique*, t. I, p. 279.

plus tard il devient indocile, et souvent indomptable ; la patience, la douceur
et même les caresses, sont les seuls moyens qu'il faut employer, la force et
les mauvais traitements ne serviraient qu'à le rebuter pour toujours ; il faut
donc lui frotter le corps, le caresser, lui donner de temps en temps de l'orge
bouillie, des fèves concassées, et d'autres nourritures de cette espèce, dont
il est le plus friand, et toutes mêlées de sel qu'il aime beaucoup ; en même
temps on lui liera souvent les cornes, quelques jours après on le mettra au
joug, et on lui fera traîner la charrue avec un autre bœuf de même taille, et
qui sera tout dressé ; on aura soin de les attacher ensemble à la mangeoire,
de les mener de même au pâturage, afin qu'ils se connaissent et s'habituent
à n'avoir que des mouvements communs, et l'on n'emploiera jamais l'aiguillon dans les commencements, il ne servirait qu'à le rendre plus intrai-
table ; il faudra aussi le ménager et ne le faire travailler qu'à petites reprises,
car il se fatigue beaucoup tant qu'il n'est pas tout à fait dressé, et par la
même raison, on le nourrira plus largement alors que dans les autres
temps.

Le bœuf ne doit servir que depuis trois ans jusqu'à dix ; on fera bien de
le tirer alors de la charrue pour l'engraisser et le vendre, la chair en sera
meilleure que si l'on attendait plus longtemps. On connaît l'âge de cet animal
par les dents et par les cornes : les premières dents du devant tombent à
dix mois, et sont remplacées par d'autres qui ne sont pas si blanches et qui
sont plus larges ; à seize mois, les dents voisines de celles du milieu tombent
et sont aussi remplacées par d'autres, et à trois ans toutes les dents incisives
sont renouvelées, elles sont alors égales, longues et assez blanches ; à
mesure que le bœuf avance en âge elles s'usent et deviennent inégales et
noires : c'est la même chose pour le taureau et pour la vache, ainsi la castration ni le sexe ne changent rien à la crue et à la chute des dents ; cela
ne change rien non plus à la chute des cornes [1], car elles tombent également
à trois ans au taureau, au bœuf et à la vache, et elles sont remplacées par
d'autres cornes qui, comme les secondes dents, ne tombent plus ; celles du
bœuf et de la vache deviennent seulement plus grosses et plus longues que
celles du taureau. L'accroissement de ces secondes cornes ne se fait pas
d'une manière uniforme et par un développement égal ; la première année,
c'est-à-dire la quatrième année de l'âge du bœuf, il lui pousse deux petites
cornes pointues, nettes, unies, et terminées vers la tête par une espèce de

---

1. *Chute des cornes.* Singulière inadvertance ! Buffon se corrigera lui-même dans ses *Addi-*
tions. Les cornes des bœufs ne tombent pas. Les *ruminants* se partagent en trois catégories.
Les uns n'ont pas de *cornes :* le *chameau*, le *dromadaire*, le *lama*, la *vigogne*, les *chevro-*
tains, etc. ; les autres ont des *cornes* ou *bois* qui tombent : l'*élan*, le *renne*, le *daim*, le *che-*
vreuil, les *cerfs*, etc. ; les autres ont des *cornes* qui ne tombent jamais : les *bœufs*, les *mou-*
tons, les *chèvres*, les *antilopes*, etc. La *girafe* forme comme une petite catégorie à part ; elle
a des *cornes* recouvertes d'une peau velue, comme celles du *cerf*, comme celles du *renne*, etc.,
et qui, comme celles des *bœufs*, des *chèvres*. etc., ne tombent jamais.

bourrelet; l'année suivante ce bourrelet s'éloigne de la tête, poussé par un cylindre de corne qui se forme et qui se termine aussi par un autre bourrelet et ainsi de suite, car tant que l'animal vit les cornes croissent; ces bourrelets deviennent des nœuds annulaires, qu'il est aisé de distinguer dans la corne, et par lesquels l'âge se peut aisément compter, en prenant pour trois ans la pointe de la corne jusqu'au premier nœud, et pour un an de plus chacun des intervalles entre les autres nœuds.

Le cheval mange nuit et jour, lentement, mais presque continuellement; le bœuf au contraire mange vite et prend en assez peu de temps toute la nourriture qu'il lui faut, après quoi il cesse de manger et se couche pour ruminer. Cette différence vient de la différente conformation de l'estomac de ces animaux : le bœuf, dont les deux premiers estomacs ne forment qu'un même sac d'une très-grande capacité, peut sans inconvénient prendre à la fois beaucoup d'herbe et le remplir en peu de temps pour ruminer ensuite et digérer à loisir; le cheval, qui n'a qu'un petit estomac, ne peut y recevoir qu'une petite quantité d'herbe et le remplir successivement à mesure qu'elle s'affaisse et qu'elle passe dans les intestins, où se fait principalement la décomposition de la nourriture; car ayant observé dans le bœuf et dans le cheval le produit successif de la digestion et surtout la décomposition du foin, nous avons vu dans le bœuf qu'au sortir de la partie de la panse, qui forme le second estomac et qu'on appelle le bonnet, il est réduit en une espèce de pâte verte, semblable à des épinards hachés et bouillis ; que c'est sous cette forme qu'il est retenu et contenu dans les plis ou livrets du troisième estomac, qu'on appelle le feuillet; que la décomposition en est entière dans le quatrième estomac, qu'on appelle la caillette; et que ce n'est, pour ainsi dire, que le marc qui passe dans les intestins ; au lieu que dans le cheval le foin ne se décompose guère ni dans l'estomac , ni dans les premiers boyaux, où il devient seulement plus souple et plus flexible, comme ayant été macéré et pénétré de la liqueur active dont il est environné; qu'il arrive au cœcum et au colon sans grande altération ; que c'est principalement dans ces deux intestins, dont l'énorme capacité répond à celle de la panse des ruminants, que se fait dans le cheval la décomposition de la nourriture ; et que cette décomposition n'est jamais aussi entière que celle qui se fait dans le quatrième estomac du bœuf.

Par ces mêmes considérations et par la seule inspection des parties, il me semble qu'il est aisé de concevoir comment se fait la rumination [1], et pour-

---

1. L'estomac des animaux *ruminants* se compose de quatre poches : la *panse*, le *bonnet*, le *feuillet* et la *caillette.*

A la *première déglutition*, les aliments, à peine *mâchés*, tombent dans les deux premières poches. Après s'y être ramollis, ils sont ramenés à la bouche par portions séparées, par *pelotes*. Il y a un petit appareil, une sorte de *bouche intérieure,* qui détache ces *pelotes* et les pousse dans l'œsophage. Les aliments, revenus à la bouche, y sont soumis à une seconde

quoi le cheval ne rumine ni ne vomit, au lieu que le bœuf et les autres animaux qui ont plusieurs estomacs semblent ne digérer l'herbe qu'à mesure qu'ils ruminent. La rumination n'est qu'un vomissement sans effort, occasionné par la réaction du premier estomac sur les aliments qu'il contient. Le bœuf remplit ses deux premiers estomacs, c'est-à-dire la panse et le bonnet, qui n'est qu'une portion de la panse, tout autant qu'ils peuvent l'être; cette membrane tendue réagit donc alors avec force sur l'herbe qu'elle contient, qui n'est que très-peu mâchée, à peine hachée, et dont le volume augmente beaucoup par la fermentation : si l'aliment était liquide, cette force de contraction le ferait passer dans le troisième estomac, qui ne communique à l'autre que par un conduit étroit, dont même l'orifice est situé à la partie supérieure du premier, et presque aussi haut que celui de l'œsophage; ainsi ce conduit ne peut pas admettre cet aliment sec, ou du moins il n'en admet que la partie la plus coulante; il est donc nécessaire que les parties les plus sèches remontent dans l'œsophage, dont l'orifice est plus large que celui du conduit; elles y remontent en effet, l'animal les remâche, les macère, les imbibe de nouveau de sa salive, et rend ainsi peu à peu l'aliment plus coulant, il le réduit en pâte assez liquide pour qu'elle puisse couler dans ce conduit qui communique au troisième estomac, où elle se macère encore avant de passer dans le quatrième, et c'est dans ce dernier estomac que s'achève la décomposition du foin qui y est réduit en parfait mucilage : ce qui confirme la vérité de cette explication, c'est que tant que ces animaux tettent ou sont nourris de lait et d'autres aliments liquides et coulants ils ne ruminent pas, et qu'ils ruminent beaucoup plus en hiver et lorsqu'on les nourrit d'aliments secs qu'en été, pendant lequel ils paissent l'herbe tendre; dans le cheval, au contraire, l'estomac est très-petit, l'orifice de l'œsophage est fort étroit, et celui du pylore est fort large; cela seul suffirait pour rendre impossible la rumination, car l'aliment contenu dans ce petit estomac, quoique peut-être plus fortement comprimé que dans le grand estomac du bœuf, ne doit pas remonter, puisqu'il peut aisément descendre par le pylore qui est fort large; il n'est pas même nécessaire que le foin soit réduit en pâte molle et coulante pour y entrer; la force de contraction de l'estomac y pousse l'aliment encore presque sec, et il ne peut remonter par l'œsophage, parce que ce conduit est fort petit en comparaison de celui du pylore; c'est donc par cette différence générale de conformation que le bœuf rumine et que le cheval ne peut ruminer; mais il y a encore une différence particulière dans le cheval, qui fait que non-seulement il ne peut ruminer, c'est-à-dire vomir sans effort, mais même qu'il ne peut absolument vomir,

---

mastication. Après quoi, ils sont *déglutis* de nouveau, et passent directement, en suivant un *canal particulier*, dans les deux dernières poches : le *feuillet* et la *caillette*. C'est dans la *caillette* que se fait la digestion. (Voyez, dans mes *Mémoires de physiol. et d'anat. comp.*, l'article intitulé : *Expériences sur le mécanisme de la rumination*.)

quelque effort qu'il puisse faire[1] ; c'est que le conduit de l'œsophage arrivant très-obliquement dans l'estomac du cheval, dont les membranes forment une épaisseur considérable, ce conduit fait dans cette épaisseur une espèce de gouttière si oblique qu'il ne peut que se serrer davantage au lieu de s'ouvrir par les convulsions de l'estomac [a]. Quoique cette différence, aussi bien que les autres différences de conformation qu'on peut remarquer dans le corps des animaux, dépendent toutes de la nature lorsqu'elles sont constantes, cependant il y a dans le développement, et surtout dans celui des parties molles, des différences constantes en apparence, qui néanmoins pourraient varier, et qui même varient par les circonstances : la grande capacité de la panse du bœuf, par exemple, n'est pas due en entier à la nature ; la panse n'est pas telle par sa conformation primitive, elle ne le devient que successivement et par le grand volume des aliments ; car dans le veau qui vient de naître, et même dans le veau qui est encore au lait et qui n'a pas mangé d'herbe, la panse, comparée à la caillette, est beaucoup plus petite que dans le bœuf : cette grande capacité de la panse ne vient donc que de l'extension qu'occasionne le grand volume des aliments ; j'en ai été convaincu par une expérience qui me paraît décisive. J'ai fait nourrir deux agneaux du même âge et sevrés en même temps, l'un de pain et l'autre d'herbe ; les ayant ouverts au bout d'un an, j'ai vu que la panse de l'agneau qui avait vécu d'herbe était devenue plus grande de beaucoup que la panse de celui qui avait été nourri de pain.

On prétend que les bœufs qui mangent lentement résistent plus longtemps au travail que ceux qui mangent vite ; que les bœufs des pays élevés et secs sont plus vifs, plus vigoureux et plus sains que ceux des pays bas et humides ; que tous deviennent plus forts lorsqu'on les nourrit de foin sec que quand on ne leur donne que de l'herbe molle ; qu'ils s'accoutument plus difficilement que les chevaux au changement de climat, et que par cette raison l'on ne doit jamais acheter que dans son voisinage des bœufs pour le travail.

En hiver, comme les bœufs ne font rien, il suffira de les nourrir de paille et d'un peu de foin ; mais dans le temps des ouvrages on leur donnera beaucoup plus de foin que de paille, et même un peu de son ou d'avoine avant de les faire travailler ; l'été, si le foin manque, on leur donnera de l'herbe fraîchement coupée, ou bien de jeunes pousses et des feuilles de frêne, d'orme, de chêne, etc., mais en petite quantité, l'excès de cette nourriture, qu'ils aiment beaucoup, leur causant quelquefois un pissement de sang ; la luzerne, le sainfoin, la vesce, soit en vert ou en sec, les lupins, les navets,

a. Voyez le mémoire de M. Bertin dans le volume de l'Académie des Sciences, année 1746.

1. Voyez mon mémoire sur les causes du *non-vomissement* du cheval. (*Ann. des sci. nat.*, année 1848, p. 145.)

l'orge bouillie, etc., sont aussi de très-bons aliments pour les bœufs ; il n'est pas nécessaire de régler la quantité de leur nourriture, ils n'en prennent jamais plus qu'il ne leur en faut, et l'on fera bien de leur en donner toujours assez pour qu'ils en laissent ; on ne les mettra au pâturage que vers le 15 de mai, les premières herbes sont trop crues, et quoiqu'ils les mangent avec avidité, elles ne laissent pas de les incommoder ; on les fera pâturer pendant tout l'été, et vers le 15 octobre on les remettra au fourrage, en observant de ne les pas faire passer brusquement du vert au sec et du sec au vert, mais de les amener par degrés à ce changement de nourriture.

La grande chaleur incommode ces animaux peut-être plus encore que le grand froid ; il faut pendant l'été les mener au travail dès la pointe du jour, les ramener à l'étable ou les laisser dans les bois pâturer à l'ombre pendant la grande chaleur, et ne les remettre à l'ouvrage qu'à trois ou quatre heures du soir ; au printemps, en hiver et en automne on pourra les faire travailler sans interruption depuis huit ou neuf heures du matin jusqu'à cinq ou six heures du soir. Ils ne demandent pas autant de soin que les chevaux ; cependant si l'on veut les entretenir sains et vigoureux on ne peut guère se dispenser de les étriller tous les jours, de les laver, de leur graisser la corne des pieds, etc. ; il faut aussi les faire boire au moins deux fois par jour, ils aiment l'eau nette et fraîche, au lieu que le cheval l'aime trouble et tiède.

La nourriture et le soin sont à peu près les mêmes et pour la vache et pour le bœuf ; cependant la vache à lait exige des attentions particulières, tant pour la bien choisir que pour la bien conduire : on dit que les vaches noires sont celles qui donnent le meilleur lait, et que les blanches sont celles qui en donnent le plus ; mais, de quelque poil que soit la vache à lait, il faut qu'elle soit en bonne chair, qu'elle ait l'œil vif, la démarche légère, qu'elle soit jeune, et que son lait soit, s'il se peut, abondant et de bonne qualité ; on la traira deux fois par jour en été et une fois seulement en hiver ; et si l'on veut augmenter la quantité du lait il n'y aura qu'à la nourrir avec des aliments plus succulents que l'herbe.

Le bon lait n'est ni trop épais ni trop clair ; sa consistance doit être telle que, lorsqu'on en prend une petite goutte, elle conserve sa rondeur sans couler ; il doit aussi être d'un beau blanc ; celui qui tire sur le jaune ou sur le bleu ne vaut rien ; sa saveur doit être douce, sans aucune amertume et sans âcreté ; il faut aussi qu'il soit de bonne odeur ou sans odeur ; il est meilleur au mois de mai et pendant l'été que pendant l'hiver, et il n'est parfaitement bon que quand la vache est en bon âge et en bonne santé ; le lait des jeunes génisses est trop clair, celui des vieilles vaches est trop sec, et pendant l'hiver il est trop épais : ces différentes qualités du lait sont relatives à la quantité plus ou moins grande des parties butireuses, caséeuses et séreuses qui le composent ; le lait trop clair est celui qui abonde trop en parties séreuses, le lait trop épais est celui qui en manque, et le lait trop

sec n'a pas assez de parties butireuses et séreuses; le lait d'une vache
en chaleur n'est pas bon, non plus que celui d'une vache qui approche
de son terme ou qui a mis bas depuis peu de temps. On trouve dans le
troisième et dans le quatrième estomac du veau qui tette des grumeaux
de lait caillé; ces grumeaux de lait séchés à l'air sont la présure dont on
se sert pour faire cailler le lait; plus on garde cette présure, meilleure elle
est, et·il n'en faut qu'une très-petite quantité pour faire un grand volume de
fromage.

Les vaches et les bœufs aiment beaucoup le vin, le vinaigre, le sel; ils
dévorent avec avidité une salade assaisonnée : en Espagne et dans quelques
autres pays on met auprès du jeune veau à l'étable une de ces pierres qu'on
appelle *salègres,* et qu'on trouve dans les mines de sel gemme; il lèche cette
pierre salée pendant tout le temps que sa mère est au pâturage, ce qui excite
si fort l'appétit ou la soif qu'au moment que la vache arrive le jeune veau se
jette à la mamelle, en tire avec avidité beaucoup de lait, s'engraisse et croît
bien plus vite que ceux auxquels on ne donne point de sel; c'est par la
même raison, que quand les bœufs ou les vaches sont dégoûtés, on leur donne
de l'herbe trempée dans du vinaigre ou saupoudrée d'un peu de sel; on
peut leur en donner aussi lorsqu'ils se portent bien et que l'on veut exciter
leur appétit pour les engraisser en peu de temps; c'est ordinairement à l'âge
de dix ans qu'on les met à l'engrais; si l'on attend plus tard on est moins sûr
de réussir et leur chair n'est pas si bonne; on peut les engraisser en toutes
saisons, mais l'été est celle qu'on préfère parce que l'engrais se fait à moins
de frais, et qu'en commençant au mois de mai ou de juin on est presque sûr
de les voir gras avant la fin d'octobre : dès qu'on voudra les engraisser, on
cessera de les faire travailler, on les fera boire beaucoup plus souvent, on .
leur donnera des nourritures succulentes en abondance, quelquefois mêlées
d'un peu de sel, et on les laissera ruminer à loisir et dormir à l'étable pendant les grandes chaleurs; en moins de quatre ou cinq mois ils deviendront
si gras qu'ils auront de la peine à marcher, et qu'on ne pourra les conduire
au loin qu'à très-petites journées. Les vaches, et même les taureaux bistournés, peuvent s'engraisser aussi, mais la chair de la vache est plus sèche
et celle du taureau bistourné est plus rouge et plus dure que la chair du
bœuf, et elle a toujours un goût désagréable et fort.

Les taureaux, les vaches et les bœufs sont fort sujets à se lécher, surtout dans le temps qu'ils sont en plein repos; et comme l'on croit que cela
les empêche d'engraisser, on a soin de frotter de leur fiente tous les endroits
de leur corps auxquels ils peuvent atteindre; lorsqu'on ne prend pas cette
précaution, ils s'enlèvent le poil avec la langue, qu'ils ont fort rude, et ils
avalent ce poil en grande quantité; comme cette substance ne peut se digérer, elle reste dans leur estomac et y forme des pelotes rondes qu'on a
appelées *égagropiles,* et qui sont quelquefois d'une grosseur si considérable

qu'elles doivent les incommoder par leur volume, et les empêcher de digérer par leur séjour dans l'estomac : ces pelotes se revêtent avec le temps
d'une croûte brune assez solide, qui n'est cependant qu'un mucilage épaissi,
mais qui par le frottement et la coction devient dur et luisant; elles ne se
trouvent jamais que dans la panse, et s'il entre du poil dans les autres estomacs, il n'y séjourne pas, non plus que dans les boyaux; il passe apparemment avec le marc des aliments.

Les animaux qui ont des dents incisives, comme le cheval et l'âne, aux
deux mâchoires, broutent plus aisément l'herbe courte que ceux qui manquent de dents incisives à la mâchoire supérieure; et si le mouton et la
chèvre la coupent de très-près, c'est parce qu'ils sont petits et que leurs
lèvres sont minces; mais le bœuf, dont les lèvres sont épaisses, ne peut
brouter que l'herbe longue, et c'est par cette raison qu'il ne fait aucun tort
au pâturage sur lequel il vit; comme il ne peut pincer que l'extrémité des
jeunes herbes, il n'en ébranle point la racine, et n'en retarde que très-peu
l'accroissement; au lieu que le mouton et la chèvre les coupent de si près,
qu'ils détruisent la tige et gâtent la racine : d'ailleurs, le cheval choisit
l'herbe la plus fine, et laisse grener et se multiplier la grande herbe, dont
les tiges sont dures, au lieu que le bœuf coupe ces grosses tiges et détruit
peu à peu l'herbe la plus grossière, ce qui fait qu'au bout de quelques années
la prairie sur laquelle le cheval a vécu n'est plus qu'un mauvais pré, au
lieu que celle que le bœuf a broutée devient un pâturage fin.

L'espèce de nos bœufs, qu'il ne faut pas confondre avec celles de l'au-
rochs, du buffle et du bison, paraît être originaire de nos climats tempérés,
la grande chaleur les incommodant autant que le froid excessif; d'ailleurs
cette espèce, si abondante en Europe, ne se trouve point dans les pays
méridionaux, et ne s'est pas étendue au delà de l'Arménie et de la Perse [a]
en Asie, et au delà de l'Égypte et de la Barbarie en Afrique; car aux Indes,
aussi bien que dans le reste de l'Afrique, et même en Amérique, ce sont
des bisons qui ont une bosse sur le dos, ou d'autres animaux auxquels les
voyageurs ont donné le nom de *bœuf*, mais qui sont d'une espèce différente de celle de nos bœufs; ceux qu'on trouve au cap de Bonne-Espérance
et en plusieurs contrées de l'Amérique y ont été transportés d'Europe par
les Hollandais et par les Espagnols : en général, il paraît que les pays un peu
froids conviennent mieux à nos bœufs que les pays chauds, et qu'ils sont
d'autant plus gros et plus grands, que le climat est plus humide et plus
abondant en pâturages. Les bœufs de Danemarck, de la Podolie, de l'U-
kraine, et de la Tartarie qu'habitent les Calmoucks [b], sont les plus grands
de tous; ceux d'Irlande, d'Angleterre, de Hollande et de Hongrie sont aussi

a. Voyez le *Voyage de Chardin*, t. II, p. 28.
b. Voyez le *Voyage de Regnard*. Paris, 1742, t. I, p. 217; et l'*Histoire générale des Voyages*,
t. VII, p. 13.

plus grands que ceux de Perse, de Turquie, de Grèce, d'Italie, de France et d'Espagne, et ceux de Barbarie sont les plus petits de tous ; on assure même que les Hollandais tirent tous les ans du Danemarck un grand nombre de vaches grandes et maigres, et que ces vaches donnent en Hollande beaucoup plus de lait que les vaches de France : c'est apparemment cette même race de vaches à lait qu'on a transportée et multipliée en Poitou, en Aunis et dans les marais de Charente, où on les appelle vaches flandrines ; ces vaches sont en effet beaucoup plus grandes et plus maigres que les vaches communes, et elles donnent une fois autant de lait et de beurre ; elles donnent aussi des veaux beaucoup plus grands et plus forts, elles ont du lait en tout temps, et on peut les traire toute l'année, à l'exception de quatre ou cinq jours avant qu'elles mettent bas, mais il faut pour ces vaches des pâturages excellents : quoiqu'elles ne mangent guère plus que les vaches communes, comme elles sont toujours maigres, toute la surabondance de la nourriture se tourne en lait, au lieu que les vaches ordinaires deviennent grasses et cessent de donner du lait dès qu'elles ont vécu pendant quelque temps dans des pâturages trop gras. Avec un taureau de cette race et des vaches communes, on fait une autre race qu'on appelle bâtarde, et qui est plus féconde et plus abondante en lait que la race commune; ces vaches bâtardes donnent souvent deux veaux à la fois, et fournissent aussi du lait pendant toute l'année : ce sont ces bonnes vaches à lait qui font une partie des richesses de la Hollande, d'où il sort tous les ans pour des sommes considérables de beurre et de fromage ; ces vaches, qui fournissent une ou deux fois autant de lait que les vaches de France, en donnent six fois autant que celles de Barbarie [a].

En Irlande, en Angleterre, en Hollande, en Suisse et dans le Nord, on sale et on fume la chair du bœuf en grande quantité, soit pour l'usage de la marine, soit pour l'avantage du commerce ; il sort aussi de ces pays une grande quantité de cuirs : la peau du bœuf et même celle du veau servent, comme l'on sait, à une infinité d'usages; la graisse est aussi une matière utile, on la mêle avec le suif du mouton; le fumier du bœuf est le meilleur engrais pour les terres sèches et légères ; la corne de cet animal est le premier vaisseau dans lequel on ait bu, le premier instrument dans lequel on ait soufflé pour augmenter le son, la première matière transparente que l'on ait employée pour faire des vitres, des lanternes, et que l'on ait ramollie, travaillée, moulée pour faire des boîtes, des peignes et mille autres ouvrages; mais finissons, car l'histoire naturelle doit finir où commence l'histoire des arts.

a. Voyez le *Voyage de M. Shaw*, t. I, p. 311.

LA BREBIS. * 1

L'on ne peut guère douter que les animaux actuellement domestiques n'aient été sauvages auparavant : ceux dont nous avons donné l'histoire en ont fourni la preuve, et l'on trouve encore aujourd'hui des chevaux, des ânes et des taureaux sauvages. Mais l'homme, qui s'est soumis tant de millions d'individus, peut-il se glorifier d'avoir conquis une seule espèce entière? Comme toutes ont été créées sans sa participation, ne peut-on pas croire que toutes ont eu ordre de croître et de multiplier sans son secours? Cependant, si l'on fait attention à la faiblesse et à la stupidité de la brebis, si l'on considère en même temps que cet animal sans défense ne peut même trouver son salut dans la fuite, qu'il a pour ennemis tous les animaux carnassiers, qui semblent le chercher de préférence et le dévorer par goût, que d'ailleurs cette espèce produit peu, que chaque individu ne vit que peu de temps, etc., on serait tenté d'imaginer que dès les commencements la brebis a été confiée à la garde de l'homme, qu'elle a eu besoin de sa protection pour subsister et de ses soins pour se multiplier, puisqu'en effet on ne trouve point de brebis sauvages dans les déserts; que dans tous les lieux où l'homme ne commande pas, le lion, le tigre, le loup, règnent par la force et par la cruauté; que ces animaux de sang et de carnage vivent plus longtemps et multiplient tous beaucoup plus que la brebis; et qu'enfin, si l'on abandonnait encore aujourd'hui dans nos campagnes les troupeaux nombreux de cette espèce que nous avons tant multipliée, ils seraient bientôt détruits sous nos yeux, et l'espèce entière anéantie par le nombre et la voracité des espèces ennemies.

Il paraît donc que ce n'est que par notre secours et par nos soins que cette espèce a duré, dure, et pourra durer encore : il paraît qu'elle ne subsisterait pas par elle-même. La brebis est absolument sans ressource et sans défense ; le bélier n'a que de faibles armes, son courage n'est qu'une pétulance inutile pour lui-même, incommode pour les autres, et qu'on détruit par la castration : les moutons sont encore plus timides que les brebis; c'est par crainte qu'ils se rassemblent si souvent en troupeaux, le moindre bruit extraordinaire suffit pour qu'ils se précipitent et se serrent les uns contre les autres, et cette crainte est accompagnée de la plus grande stupidité, car ils ne savent pas fuir le danger, ils semblent même ne pas sentir l'incommodité de leur situation; ils restent où ils se trouvent, à la pluie, à la neige, ils y demeurent opiniâtrément, et pour les obliger à changer de lieu et à prendre une route il leur faut un chef qu'on instruit à marcher le premier, et dont ils suivent

---

* *Ovis aries* (Linn.). — Ordre des **Ruminants**; Genre *Mouton* (Cuv.).

1. L'*histoire de la brebis* commence le V⁰ volume de l'édition in-4° de l'Imprimerie royale, volume publié en 1755.

tous les mouvements pas à pas : ce chef demeurerait lui-même avec le reste
du troupeau, sans mouvement, dans la même place, s'il n'était chassé par le
berger ou excité par le chien commis à leur garde, lequel sait en effet
veiller à leur sûreté, les défendre, les diriger, les séparer, les rassembler et
leur communiquer les mouvements qui leur manquent.

Ce sont donc de tous les animaux quadrupèdes les plus stupides, ce sont
ceux qui ont le moins de ressource et d'instinct : les chèvres, qui leur ressemblent à tant d'autres égards, ont beaucoup plus de sentiment; elles
savent se conduire, elles évitent les dangers, elles se familiarisent aisément
avec les nouveaux objets, au lieu que la brebis ne sait ni fuir, ni s'approcher; quelque besoin qu'elle ait de secours, elle ne vient point à l'homme
aussi volontiers que la chèvre, et, ce qui dans les animaux paraît être le dernier degré de la timidité ou de l'insensibilité, elle se laisse enlever son
agneau sans le défendre, sans s'irriter, sans résister et sans marquer sa douleur par un cri différent du bêlement ordinaire.

Mais cet animal, si chétif en lui-même, si dépourvu de sentiment, si dénué
de qualités intérieures, est pour l'homme l'animal le plus précieux, celui
dont l'utilité est la plus immédiate et la plus étendue : seul il peut suffire aux
besoins de première nécessité; il fournit tout à la fois de quoi se nourrir et
se vêtir, sans compter les avantages particuliers que l'on sait tirer du suif,
du lait, de la peau, et même des boyaux, des os et du fumier de cet animal,
auquel il semble que la nature n'ait, pour ainsi dire, rien accordé en propre,
rien donné que pour le rendre à l'homme.

L'amour, qui dans les animaux est le sentiment le plus vif et le plus général, est aussi le seul qui semble donner quelque vivacité, quelque mouvement au bélier; il devient pétulant, il se bat, il s'élance contre les autres
béliers, quelquefois même il attaque son berger; mais la brebis, quoiqu'en
chaleur, n'en paraît pas plus animée, pas plus émue, elle n'a qu'autant
d'instinct qu'il en faut pour ne pas refuser les approches du mâle, pour
choisir sa nourriture et pour reconnaître son agneau. L'instinct est d'autant
plus sûr qu'il est plus machinal, et, pour ainsi dire, plus inné : le jeune
agneau cherche lui-même dans un nombreux troupeau, trouve et saisit la
mamelle de sa mère sans jamais se méprendre. L'on dit aussi que les moutons sont sensibles aux douceurs du chant, qu'ils paissent avec plus d'assiduité, qu'ils se portent mieux, qu'ils engraissent au son du chalumeau, que
la musique a pour eux des attraits; mais l'on dit encore plus souvent, et
avec plus de fondement, qu'elle sert au moins à charmer l'ennui du berger,
et que c'est à ce genre de vie oisive et solitaire que l'on doit rapporter l'origine de cet art.

Ces animaux, dont le naturel est si simple, sont aussi d'un tempérament
très-faible; ils ne peuvent marcher longtemps, les voyages les affaiblissent
et les exténuent; dès qu'ils courent, ils palpitent et sont bientôt essoufflés; la

grande chaleur, l'ardeur du soleil les incommodent autant que l'humidité, le froid et la neige : ils sont sujets à grand nombre de maladies, dont la plupart sont contagieuses; la surabondance de la graisse les fait quelquefois mourir, et toujours elle empêche les brebis de produire; elles mettent bas difficilement, elles avortent fréquemment et demandent plus de soin qu'aucun des autres animaux domestiques.

Lorsque la brebis est prête à mettre bas, il faut la séparer du reste du troupeau et la veiller afin d'être à portée d'aider à l'accouchement: l'agneau se présente souvent de travers ou par les pieds, et dans ces cas la mère court risque de la vie si elle n'est aidée ; lorsqu'elle est délivrée, on lève l'agneau et on le met droit sur ses pieds; on tire en même temps le lait qui est contenu dans les mamelles de la mère; ce premier lait est gâté et ferait beaucoup de mal à l'agneau; on attend donc qu'elles se remplissent d'un nouveau lait avant que de lui permettre de teter ; on le tient chaudement, et on l'enferme pendant trois ou quatre jours avec sa mère pour qu'il apprenne à la connaître : dans ces premiers temps, pour rétablir la brebis, on la nourrit de bon foin et d'orge moulue ou de son mêlé d'un peu de sel ; on lui fait boire de l'eau un peu tiède et blanchie avec de la farine de blé, de fèves ou de millet; au bout de quatre ou cinq jours on pourra la remettre par degrés à la vie commune et la faire sortir avec les autres; on observera seulement de ne la pas mener trop loin pour ne pas échauffer son lait; quelque temps après, lorsque l'agneau qui la tette aura pris de la force et qu'il commencera à bondir on pourra le laisser suivre sa mère aux champs.

On livre ordinairement au boucher tous les agneaux qui paraissent faibles, et l'on ne garde, pour les élever, que ceux qui sont les plus vigoureux, les plus gros et les plus chargés de laine; les agneaux de la première portée ne sont jamais si bons que ceux des portées suivantes : si l'on veut élever ceux qui naissent aux mois d'octobre, novembre, décembre, janvier, février, on les garde à l'étable pendant l'hiver, on ne les en fait sortir que le soir et le matin pour teter, et on ne les laisse point aller aux champs avant le commencement d'avril ; quelque temps auparavant on leur donne tous les jours un peu d'herbe, afin de les accoutumer peu à peu à cette nouvelle nourriture. On peut les sevrer à un mois, mais il vaut mieux ne le faire qu'à six semaines ou deux mois : on préfère toujours les agneaux blancs et sans taches aux agneaux noirs ou tachés, la laine blanche se vendant mieux que la laine noire ou mêlée.

La castration doit se faire à l'âge de cinq ou six mois, ou même un peu plus tard, au printemps ou en automne, dans un temps doux. Cette opération se fait de deux manières : la plus ordinaire est l'incision; on tire les testicules par l'ouverture qu'on vient de faire, et on les enlève aisément; l'autre se fait sans incision; on lie seulement, en serrant fortement avec une corde, les bourses au-dessus des testicules, et l'on détruit par cette compression les vaisseaux qui y aboutissent. La castration rend l'agneau malade et triste, et l'on fera bien de lui donner du son mêlé d'un peu de sel pendant deux ou trois jours, pour prévenir le dégoût qui souvent succède à cet état.

A un an, les béliers, les brebis et les moutons perdent les deux dents du devant de la mâchoire inférieure ; ils manquent, comme l'on sait, de dents incisives à la mâchoire supérieure : à dix-huit mois les deux dents voisines des deux premières tombent aussi, et à trois ans elles sont toutes remplacées ; elles sont alors égales et assez blanches ; mais, à mesure que l'animal vieillit, elles se déchaussent, s'émoussent et deviennent inégales et noires. On connaît aussi l'âge du bélier par les cornes ; elles paraissent dès la première année, souvent dès la naissance, et croissent tous les ans d'un anneau jusqu'à l'extrémité de la vie. Communément les brebis n'ont pas de cornes, mais elles ont sur la tête des proéminences osseuses aux mêmes endroits où naissent les cornes des béliers. Il y a cependant quelques brebis qni ont deux et même quatre cornes : ces brebis sont semblables aux autres, leurs cornes sont longues de cinq ou six pouces, moins contournées que celles des béliers ; et lorsqu'il y a quatre cornes, les deux cornes extérieures sont plus courtes que les deux autres.

Le bélier est en état d'engendrer dès l'âge de dix-huit mois, et à un an la brebis peut produire ; mais on fera bien d'attendre que la brebis ait deux ans et que le bélier en ait trois avant de leur permettre de s'accoupler ; le produit trop précoce, et même le premier produit de ces animaux est toujours faible et mal conditionné. Un bélier peut aisément suffire à vingt-cinq ou trente brebis ; on le choisit parmi les plus forts et les plus beaux de son espèce : il faut qu'il ait des cornes, car il y a des béliers qui n'en ont pas, et ces béliers sans cornes sont, dans ces climats, moins vigoureux et moins propres à la propagation. Un beau et bon bélier doit avoir la tête forte et grosse, le front large, les yeux gros et noirs, le nez camus, les oreilles grandes, le col épais, le corps long et élevé, les reins et la croupe larges, les testicules gros et la queue longue : les meilleurs de tous sont les blancs, bien chargés de laine sur le ventre, sur la queue, sur la tête, sur les oreilles, et jusque sur les yeux. Les brebis dont la laine est la plus abondante, la plus touffue, la plus longue, la plus soyeuse et la plus blanche, sont aussi les meilleures pour la propagation, surtout si elles ont en même temps le corps grand, le col épais et la démarche légère. On observe aussi que celles qui sont plutôt maigres que grasses produisent plus sûrement que les autres.

La saison de la chaleur des brebis est depuis le commencement de novembre jusqu'à la fin d'avril : cependant elles ne laissent pas de concevoir en tout temps si on leur donne, aussi bien qu'au bélier, des nourritures qui les échauffent, comme de l'eau salée et du pain de chènevis. On les laisse couvrir trois ou quatre fois chacune, après quoi on les sépare du bélier, qui s'attache de préférence aux brebis âgées et dédaigne les plus jeunes. L'on a soin de ne les pas exposer à la pluie ou aux orages dans le temps de l'accouplement ; l'humidité les empêche de retenir, et un coup de tonnerre suffit pour les faire avorter. Un jour ou deux après qu'elles ont été couvertes , on les remet à la vie commune, et l'on cesse de leur donner de l'eau salée , dont l'usage continuel, aussi bien que celui du pain de chènevis et des autres nourritures chaudes, ne manquerait pas de les faire avorter. Elles portent cinq mois, et mettent bas au commencement du sixième ; elles ne produisent ordinairement qu'un agneau, et quelquefois deux : dans les climats chauds, elles peuvent produire deux fois par an, mais en France et dans les pays plus froids, elles ne produisent qu'une fois l'année. On donne le bélier à quelques-unes vers la fin de juillet et au commencement d'août, afin d'avoir des agneaux dans le mois de janvier ; on le donne ensuite à un plus grand nombre dans les mois de septembre, d'octobre et de novembre, et l'on a des agneaux abondamment aux mois de février, de mars et d'avril : on peut aussi en avoir en quantité aux mois de mai, juin, juillet, août et septembre, et ils ne sont rares qu'aux mois d'octobre, novembre et décembre. La brebis a du lait pendant sept ou huit mois, et en grande abondance ; ce lait est une assez bonne nourriture pour les enfants et pour les gens de la campagne; on en fait aussi de fort bons fromages, surtout en le mêlant avec celui de vache. L'heure de traire les brebis est immédiatement avant qu'elles aillent aux champs, ou aussitôt après qu'elles en sont revenues ; on peut les traire deux fois par jour en été, et une fois en hiver.

Les brebis engraissent dans le temps qu'elles sont pleines, parce qu'elles mangent plus alors que dans les autres temps : comme elles se blessent souvent et qu'elles avortent fréquemment, elles deviennent quelquefois stériles et font assez souvent des monstres; cependant, lorsqu'elles sont bien soignées, elles peuvent produire pendant toute leur vie, c'est-à-dire, jusqu'à l'âge de dix ou douze ans; mais ordinairement elles sont vieilles et maléficiées dès l'âge de sept ou huit ans. Le bélier, qui vit douze ou quatorze ans, n'est bon que jusqu'à huit pour la propagation; il faut le bistourner à cet âge et l'engraisser avec les vieilles brebis. La chair du bélier, quoique bistourné et engraissé, a toujours un mauvais goût ; celle de la brebis est mollasse et insipide, au lieu que celle du mouton est la plus succulente et la meilleure de toutes les viandes communes.

Les gens qui veulent former un troupeau et en tirer du profit achètent des brebis et des moutons de l'âge de dix-huit mois ou deux ans ; on en peut mettre cent sous la conduite d'un seul berger : s'il est vigilant et aidé d'un bon chien, il en perdra peu ; il doit les précéder lorsqu'il les conduit aux champs, et les accoutumer à entendre sa voix, à le suivre sans s'arrêter et sans s'écarter dans les blés, dans les vignes, dans les bois et dans les terres cultivées, où ils ne manqueraient pas de causer du dégât. Les coteaux et les plaines élevées au-dessus des collines sont les lieux qui

leur conviennent le mieux; on évite de les mener paître dans les endroits
bas, humides et marécageux. On les nourrit pendant l'hiver, à l'étable, de
son, de navets, de foin, de paille, de luzerne, de sainfoin, de feuilles d'orme,
de frêne, etc. On ne laisse pas de les faire sortir tous les jours, à moins que
le temps ne soit fort mauvais, mais c'est plutôt pour les promener que pour
les nourrir; et dans cette mauvaise saison on ne les conduit aux champs
que sur les dix heures du matin ; on les y laisse pendant quatre ou cinq
heures, après quoi on les fait boire et on les ramène vers les trois heures
après midi. Au printemps et en automne au contraire, on les fait sortir
aussitôt que le soleil a dissipé la gelée ou l'humidité, et on ne les ramène
qu'au soleil couchant : il suffit aussi dans ces deux saisons de les faire boire
une seule fois par jour avant de les ramener à l'étable, où il faut qu'ils trouvent toujours du fourrage, mais en plus petite quantité qu'en hiver. Ce
n'est que pendant l'été qu'ils doivent prendre aux champs toute leur nourriture, on les y mène deux fois par jour, et on les fait boire aussi deux fois ;
on les fait sortir de grand matin, on attend que la rosée soit tombée pour
les laisser paître pendant quatre ou cinq heures, ensuite on les fait boire
et on les ramène à la bergerie ou dans quelque autre endroit à l'ombre :
sur les trois ou quatre heures du soir, lorsque la grande chaleur commence
à diminuer, on les mène paître une seconde fois jusqu'à la fin du jour; il
faudrait même les laisser passer toute la nuit aux champs comme on le fait
en Angleterre, si l'on n'avait rien à craindre du loup; ils n'en seraient que
plus vigoureux, plus propres et plus sains. Comme la chaleur trop vive les
incommode beaucoup, et que les rayons du soleil leur étourdissent la tête
et leur donnent des vertiges, on fera bien de choisir les lieux opposés au
soleil, et de les mener le matin sur des coteaux exposés au levant, et l'après-
midi sur des coteaux exposés au couchant, afin qu'ils aient en paissant la
tête à l'ombre de leur corps; enfin il faut éviter de les faire passer par des
endroits couverts d'épines, de ronces, d'ajoncs, de chardons, si l'on veut
qu'ils conservent leur laine.

Dans les terrains secs, dans les lieux élevés où le serpolet et les autres
herbes odoriférantes abondent, la chair de mouton est de bien meilleure
qualité que dans les plaines basses et dans les vallées humides, à moins que
ces plaines ne soient sablonneuses et voisines de la mer, parce qu'alors
toutes les herbes sont salées, et la chair du mouton n'est nulle part aussi
bonne que dans ces pacages ou prés salés; le lait des brebis y est aussi plus
abondant et de meilleur goût. Rien ne flatte plus l'appétit de ces animaux
que le sel, rien aussi ne leur est plus salutaire, lorsqu'il leur est donné
modérément; et dans quelques endroits on met dans la bergerie un sac de
sel ou une pierre salée qu'ils vont tous lécher tour à tour.

Tous les ans il faut trier dans le troupeau les bêtes qui commencent à
vieillir, et qu'on veut engraisser : comme elles demandent un traitement

différent de celui des autres, on doit en faire un troupeau séparé; et si c'est en été, on les mènera aux champs avant le lever du soleil, afin de leur faire paître l'herbe humide et chargée de rosée. Rien ne contribue plus à l'engrais des moutons que l'eau prise en grande quantité, et rien ne s'y oppose davantage que l'ardeur du soleil; ainsi on les ramènera à la bergerie sur les huit ou neuf heures du matin avant la grande chaleur, et on leur donnera du sel pour les exciter à boire : on les mènera une seconde fois sur les quatre heures du soir dans les pacages les plus frais et les plus humides. Ces petits soins continués pendant deux ou trois mois suffisent pour leur donner toutes les apparences de l'embonpoint, et même pour les engraisser autant qu'ils peuvent l'être, mais cette graisse qui ne vient que de la grande quantité d'eau qu'ils ont bue n'est, pour ainsi dire, qu'une bouffissure, un œdème qui les ferait périr de pourriture en peu de temps, et qu'on ne prévient qu'en les tuant immédiatement après qu'ils se sont chargés de cette fausse graisse; leur chair même, loin d'avoir acquis des sucs et pris de la fermeté, n'en est souvent que plus insipide et plus fade : il faut, lorsqu'on veut leur faire une bonne chair, ne se pas borner à leur laisser paître la rosée et boire beaucoup d'eau, mais leur donner en même temps des nourritures plus succulentes que l'herbe. On peut les engraisser en hiver et dans toutes les saisons, en les mettant dans une étable à part, et en les nourrissant de farines d'orge, d'avoine, de froment, de fèves, etc., mêlées de sel, afin de les exciter à boire plus souvent et plus abondamment; mais de quelque manière et dans quelque saison qu'on les ait engraissés, il faut s'en défaire aussitôt, car on ne peut jamais les engraisser deux fois, et ils périssent presque tous par des maladies du foie.

On trouve souvent des vers [1] dans le foie des animaux : on peut voir la description des vers du foie des moutons et des bœufs dans le Journal des savants [a] et dans les Éphémérides d'Allemagne [b]. On croyait que ces vers singuliers ne se trouvaient que dans le foie des animaux ruminants, mais M. Daubenton en a trouvé de tout semblables dans le foie de l'âne, et il est probable qu'on en trouvera de semblables aussi dans le foie de plusieurs autres animaux. Mais on prétend encore avoir trouvé des papillons dans le foie des moutons : M. Rouillé, ministre et secrétaire d'État des affaires étrangères, a eu la bonté de me communiquer une lettre qui lui a été écrite en 1749 par M. Gachet de Beausort, docteur en médecine à Moutiers-en-Tarentaise, dont voici l'extrait. « L'on a remarqué depuis longtemps que « les moutons (qui dans nos Alpes sont les meilleurs de l'Europe) maigris- « sent quelquefois à vue d'œil, ayant les yeux blancs, chassieux et concen-

<hr>

a. Année 1668.
b. T. V, années 1675 et 1676.

1. La *douve du foie* (*fasciola hepatica*. Linn.) Ce *ver parasite* se trouve, ou, plus exactement, *habite* dans les *vaisseaux hépatiques* des *moutons*, des *bœufs*, etc.

« trés, le sang séreux, sans presque aucune partie rouge sensible, la langue
« aride et resserrée, le nez rempli d'un mucus jaunâtre, glaireux et puru-
« lent, avec une débilité extrême, quoique mangeant beaucoup, et qu'enfin
« toute l'économie animale tombait en décadence. Plusieurs recherches
« exactes ont appris que ces animaux avaient dans le foie des papillons blancs
« ayant des ailes assorties, la tête semi-ovale, velue, et de la grosseur de
« ceux des vers à soie : plus de soixante-dix que j'ai fait sortir en compri-
« mant les deux lobes, m'ont convaincu de la réalité du fait ; le foie se dila-
« niait en même temps sur toute la partie convexe ; l'on n'en a remarqué
« que dans les veines, et jamais dans les artères ; on en a trouvé de petits,
« avec de petits vers, dans le conduit cystique. La veine-porte et la capsule
« de Glisson, qui paraissent s'y manifester comme dans l'homme, cédaient
« au toucher le plus doux. Le poumon et les autres viscères étaient sains, etc. »
Il serait à désirer que M. le docteur Gachet de Beausort nous eût donné une
description plus détaillée de ces papillons, afin d'ôter le soupçon qu'on
doit avoir que ces animaux qu'il a vus ne sont que les vers ordinaires du
foie[1] de mouton, qui sont fort plats, fort larges, et d'une figure si singulière,
que du premier coup d'œil on les prendrait plutôt pour des feuilles que
pour des vers.

Tous les ans on fait la tonte de la laine des moutons, des brebis et des
agneaux : dans les pays chauds, où l'on ne craint pas de mettre l'animal
tout à fait nu, l'on ne coupe pas la laine, mais on l'arrache, et on fait souvent deux récoltes par an ; en France, et dans les climats plus froids, on se
contente de la couper une fois par an avec de grands ciseaux, et on laisse
aux moutons une partie de leur toison, afin de les garantir de l'intempérie
du climat. C'est au mois de mai que se fait cette opération, après les avoir
bien lavés, afin de rendre la laine aussi nette qu'elle peut l'être : au mois
d'avril il fait encore trop froid, et si l'on attendait les mois de juin et de
juillet, la laine ne croîtrait pas assez pendant le reste de l'été pour les garantir du froid pendant l'hiver. La laine des moutons est ordinairement plus
abondante et meilleure que celle des brebis ; celle du cou et du dessus du
dos est la laine de la première qualité ; celle des cuisses, de la queue, du
ventre, de la gorge, etc., n'est pas si bonne, et celle que l'on prend sur des
bêtes mortes ou malades est la plus mauvaise. On préfère aussi la laine
blanche à la grise, à la brune et à la noire, parce qu'à la teinture elle peut
prendre toutes sortes de couleurs : pour la qualité, la laine lisse vaut mieux
que la laine crépue ; on prétend même que les moutons dont la laine est
trop frisée ne se portent pas aussi bien que les autres. On peut encore tirer
des moutons un avantage considérable en les faisant parquer, c'est-à-dire,
en les laissant séjourner sur les terres qu'on veut améliorer : il faut pour

---

1. C'est-à-dire la douce. Voyez la note de la page précédente.

cela enclore le terrain et y renfermer le troupeau toutes les nuits pendant l'été; le fumier, l'urine et la chaleur du corps de ces animaux ranimeront en peu de temps les terres épuisées, ou froides et infertiles; cent moutons amélioreront, en un été, huit arpents de terre pour six ans.

Les anciens ont dit que tous les animaux ruminants avaient du suif; cependant cela n'est exactement vrai que de la chèvre et du mouton, et celui du mouton est plus abondant, plus blanc, plus sec, plus ferme et de meilleure qualité qu'aucun autre. La graisse diffère du suif en ce qu'elle reste toujours molle, au lieu que le suif durcit en se refroidissant. C'est surtout autour des reins que le suif s'amasse en grande quantité, et le rein gauche en est toujours plus chargé que le droit; il y en a aussi beaucoup dans l'épiploon et autour des intestins, mais ce suif n'est pas à beaucoup près aussi ferme ni aussi bon que celui des reins, de la queue et des autres parties du corps. Les moutons n'ont pas d'autre graisse que le suif, et cette matière domine si fort dans l'habitude de leur corps, que toutes les extrémités de la chair en sont garnies; le sang même en contient une assez grande quantité, et la liqueur séminale en est si fort chargée, qu'elle paraît être d'une consistance différente de celle de la liqueur séminale des autres animaux : la liqueur de l'homme, celle du chien, du cheval, de l'âne, et probablement celle de tous les animaux qui n'ont pas de suif, se liquéfie par le froid, se délaie à l'air, et devient d'autant plus fluide qu'il y a plus de temps qu'elle est sortie du corps de l'animal; la liqueur séminale du bélier, et probablement celle du bouc et des autres animaux qui ont du suif, au lieu de se délayer à l'air, se durcit comme le suif, et perd toute sa liquidité avec sa chaleur. J'ai reconnu cette différence en observant au microscope ces liqueurs séminales; celle du bélier se fige quelques secondes après qu'elle est sortie du corps, et pour y voir les molécules organiques vivantes qu'elle contient en prodigieuse quantité, il faut chauffer le porte-objet du microscope, afin de la conserver dans son état de fluidité.

Le goût de la chair du mouton, la finesse de la laine, la quantité du suif, et même la grandeur et la grosseur du corps de ces animaux, varient beaucoup suivant les différents pays. En France, le Berri est la province où ils sont plus abondants; ceux des environs de Beauvais sont les plus gras et les plus chargés de suif, aussi bien que ceux de quelques autres endroits de la Normandie; ils sont très-bons en Bourgogne, mais les meilleurs de tous sont ceux des côtes sablonneuses de nos provinces maritimes. Les laines d'Italie, d'Espagne, et même d'Angleterre, sont plus fines que les laines de France. Il y a en Poitou, en Provence, aux environs de Bayonne et dans quelques autres endroits de la France, des brebis qui paraissent être de races étrangères, et qui sont plus grandes, plus fortes et plus chargées de laine que celles de la race commune : ces brebis produisent aussi beaucoup plus que les autres, et donnent souvent deux agneaux à la fois, ou deux agneaux par an; les béliers de cette race engendrent avec les brebis ordinaires, ce qui produit une race intermédiaire qui participe des deux dont elle sort. En Italie et en Espagne il y a encore un plus grand nombre de variétés dans les races des brebis, mais toutes doivent être regardées comme ne formant qu'une seule et même espèce avec nos brebis, et cette espèce si abondante et si variée ne s'étend guère au delà de l'Europe. Les animaux à longue et large queue, qui sont communs en Afrique et en Asie, et auxquels les voyageurs ont donné le nom de moutons de Barbarie, paraissent être d'une espèce différente [1] de nos moutons, aussi bien que la vigogne et le lama d'Amérique.

Comme la laine blanche est plus estimée que la noire, on détruit presque partout avec soin les agneaux noirs ou tachés; cependant il y a des endroits où presque toutes les brebis sont noires, et partout on voit souvent naître d'un bélier blanc et d'une brebis blanche des agneaux noirs. En France, il n'y a que des moutons blancs, bruns, noirs et tachés; en Espagne, il y a des moutons roux; en Écosse, il y en a de jaunes; mais ces différences et ces variétés dans la couleur sont encore plus accidentelles que les différences et les variétés des races, qui ne viennent cependant que de la différence de la nourriture et de l'influence du climat.

LA CHÈVRE. *

Quoique les espèces dans les animaux soient toutes séparées par un intervalle que la nature ne peut franchir, quelques-unes semblent se rapprocher par un si grand nombre de rapports qu'il ne reste, pour ainsi dire, entre elles que l'espace nécessaire pour tirer la ligne de séparation; et lorsque nous comparons ces espèces voisines, et que nous les considérons relativement à nous, les unes se présentent comme des espèces de première utilité, et les autres semblent n'être que des espèces auxiliaires, qui pourraient, à bien des égards, remplacer les premières, et nous servir aux mêmes usages. L'âne pourrait presque remplacer le cheval; et de même, si l'espèce de la brebis venait à nous manquer, celle de la chèvre pourrait y suppléer. La chèvre fournit du lait comme la brebis, et même en plus grande abondance; elle donne aussi du suif en quantité; son poil, quoique plus rude que la laine, sert à faire de très-bonnes étoffes; sa peau vaut mieux que celle du mouton; la chair du chevreau approche assez de celle de l'agneau, etc. Ces espèces auxiliaires sont plus agrestes, plus robustes que les espèces princi-

---

1. Le *mouton de Barbarie* n'est qu'une *variété* de nos *moutons* ordinaires. La *vigogne* et le *lama* diffèrent des *moutons*, non-seulement par l'*espèce*, mais par le *genre*.

* *Capra hircus* (Linn.). — Ordre des *Ruminants*; Genre *Chèvre* (Cuv.).

pales ; l'âne et la chèvre ne demandent pas autant de soin que le cheval et la brebis ; partout ils trouvent à vivre et broutent également les plantes de toute espèce, les herbes grossières, les arbrisseaux chargés d'épines ; ils sont moins affectés de l'intempérie du climat, ils peuvent mieux se passer du secours de l'homme : moins ils nous appartiennent, plus ils semblent appartenir à la nature ; et au lieu d'imaginer que ces espèces subalternes n'ont été produites que par la dégénération des espèces premières, au lieu de regarder l'âne comme un cheval dégénéré, il y aurait plus de raison de dire que le cheval est un âne perfectionné, que la brebis n'est qu'une espèce de chèvre plus délicate que nous avons soignée, perfectionnée, propagée pour notre utilité, et qu'en général les espèces les plus parfaites, surtout dans les animaux domestiques, tirent leur origine de l'espèce moins parfaite des animaux sauvages qui en approchent le plus, la nature seule ne pouvant faire autant que la nature et l'homme réunis.

Quoi qu'il en soit, la chèvre est une espèce distincte, et peut-être encore plus éloignée de celle de la brebis que l'espèce de l'âne ne l'est de celle du cheval. Le bouc s'accouple volontiers avec la brebis, comme l'âne avec la jument, et le bélier se joint avec la chèvre comme le cheval avec l'ânesse ; mais, quoique ces accouplements soient assez fréquents, et quelquefois prolifiques, il ne s'est point formé d'espèce intermédiaire entre la chèvre et la brebis ; ces deux espèces sont distinctes, demeurent constamment séparées et toujours à la même distance l'une de l'autre ; elles n'ont donc point été altérées par ces mélanges, elles n'ont point fait de nouvelles souches, de nouvelles races d'animaux mitoyens, elles n'ont produit que des différences individuelles qui n'influent pas sur l'unité de chacune des espèces primitives, et qui confirment, au contraire, la réalité de leur différence caractéristique.

Mais il y a bien des cas où nous ne pouvons ni distinguer ces caractères, ni prononcer sur leurs différences avec autant de certitude ; il y en a beaucoup d'autres où nous sommes obligés de suspendre notre jugement, et encore une infinité d'autres sur lesquels nous n'avons aucune lumière ; car, indépendamment de l'incertitude où nous jette la contrariété des témoignages sur les faits qui nous ont été transmis, indépendamment du doute qui résulte du peu d'exactitude de ceux qui ont observé la nature, le plus grand obstacle qu'il y ait à l'avancement de nos connaissances est l'ignorance presque forcée dans laquelle nous sommes d'un très-grand nombre d'effets que le temps seul n'a pu présenter à nos yeux, et qui ne se dévoileront même à ceux de la postérité que par des expériences et des observations combinées : en attendant, nous errons dans les ténèbres, ou nous marchons avec perplexité entre des préjugés et des probabilités, ignorant même jusqu'à la possibilité des choses, et confondant à tout moment les opinions des hommes avec les actes de la nature. Les exemples se présentent en foule ; mais, sans en prendre ailleurs que dans notre sujet, nous savons que le bouc et la brebis s'accouplent et produisent ensemble, mais personne ne nous a dit encore s'il en résulte un mulet stérile ou un animal fécond qui puisse faire souche pour des générations nouvelles ou semblables aux premières : de même, quoique nous sachions que le bélier s'accouple avec la chèvre, nous ignorons s'ils produisent ensemble [1] et quel est ce produit ; nous croyons que les mulets en général, c'est-à-dire les animaux qui viennent du mélange de deux espèces différentes, sont stériles, parce qu'il ne paraît pas que les mulets qui viennent de l'âne et de la jument, non plus que ceux qui viennent du cheval et de l'ânesse, produisent rien entre eux ou avec ceux dont ils viennent ; cependant cette opinion est mal fondée peut-être ; les anciens disent positivement que le mulet peut produire à l'âge de sept ans, et qu'il produit avec la jument [2] [a] : ils nous disent que la mule peut concevoir, quoiqu'elle ne puisse perfectionner son fruit [b] ; il serait donc nécessaire de détruire ou de confirmer ces faits, qui répandent de l'obscurité sur la distinction réelle des animaux et sur la théorie de la génération : d'ailleurs, quoique nous connaissions assez distinctement les espèces de tous les animaux qui nous avoisinent, nous ne savons pas ce que produirait leur mélange entre eux ou avec des animaux étrangers : nous ne sommes que très-mal informés des jumarts [3], c'est-à-dire du produit de la vache et de l'âne, ou de la jument et du taureau : nous ignorons si le zèbre [4] ne produirait pas avec le cheval ou l'âne ; si l'animal à large queue, auquel on a donné le nom de mouton de Barbarie [5], ne produirait pas avec notre brebis ; si le chamois n'est pas une chèvre sauvage [6] ; s'il ne formerait pas avec nos chèvres quelque race intermédiaire ; si les singes [7] diffèrent réellement par les espèces, ou

a. « Mulus septennis implere potest, et jam cum equâ conjunctus hinnum procreavit. » Arist. *Hist. animal.*, lib. vi, cap. xxiv.

b. « Itaque concipere quidem aliquando mula potest, quod jam factum est ; sed enutrire « atque in finem perducere non potest. Mas generare interdum potest. » Arist. *de Generat. animal.*, lib. ii, cap. vi.

1. Le *bélier* produit avec la *chèvre*, comme le *bouc* avec la *brebis*. J'ai vu, dans mes expériences, deux *produits* moins connus : celui de l'union croisée du *mouflon* avec la *brebis*, et celui de ce même *mouflon* avec la *chèvre*.

2. On a quelques exemples de l'union prolifique de la *mule* avec le *cheval*, ou du *mulet* avec la *jument* ; mais en a-t-on de la *mule* avec le *mulet* ? Ce serait là le fait important.

3. Il n'y a point de *jumart*. La *jument* et le *taureau* appartiennent à deux *ordres* différents. De nombreuses expériences m'ont prouvé que deux *espèces* distinctes ne produisent ensemble qu'autant qu'elles sont du même *genre*.

4. Le *zèbre* a produit avec le *cheval* et avec l'*âne*, dans notre ménagerie. Tout récemment l'*hémione* y a produit avec l'*âne*.

5. Le *bélier de Barbarie* produit avec nos *brebis*, dont il n'est qu'une *variété*. (Voyez la note 1 de la page 453.)

6. Le *chamois* n'est pas une *chèvre sauvage*. La *chèvre sauvage* est l'*ægagre*. Le *chamois* fait comme le passage des *chèvres* aux *antilopes*. L'expérience indiquée par Buffon a été tentée, mais d'une manière imparfaite. Elle mérite d'être reprise.

7. Les *singes* forment un grand *ordre* : l'*ordre* des *quadrumanes* ; et cet *ordre* se compose non-seulement de plusieurs *espèces*, mais de plusieurs *genres*. Ici, comme dans tout le reste du *règne animal*, les seules *espèces* du même *genre* sont fécondes entre elles. Nous avons eu,

s'ils ne font, comme les chiens [1], qu'une seule et même espèce, mais variée par un grand nombre de races différentes; si le chien peut produire avec le renard et le loup [2]; si le cerf produit avec la vache, la biche avec le daim [3], etc. Notre ignorance sur tous ces faits est, comme je l'ai dit, presque forcée, les expériences qui pourraient les décider demandant plus de temps, de soins et de dépense que la vie et la fortune d'un homme ordinaire ne peuvent le permettre. J'ai employé quelques années à faire des tentatives [4] de cette espèce : j'en rendrai compte lorsque je parlerai des mulets; mais je conviendrai d'avance qu'elles ne m'ont fourni que peu de lumières, et que la plupart de ces épreuves ont été sans succès.

De là dépendent cependant la connaissance entière des animaux, la division exacte de leurs espèces, et l'intelligence parfaite de leur histoire; de là dépendent aussi la manière de l'écrire et l'art de la traiter ; mais, puisque nous sommes privés de ces connaissances si nécessaires à notre objet, puisqu'il ne nous est pas possible, faute de faits, d'établir des rapports et de fonder nos raisonnements, nous ne pouvons pas mieux faire que d'aller pas à pas, de considérer chaque animal individuellement, de regarder comme des espèces différentes toutes celles qui ne se mêlent pas sous nos yeux, et d'écrire leur histoire par articles séparés, en nous réservant de les joindre ou de les fondre ensemble, dès que, par notre propre expérience, ou par celle des autres, nous serons plus instruits.

C'est par cette raison que, quoiqu'il y ait plusieurs animaux qui ressemblent à la brebis et à la chèvre, nous ne parlons ici que de la chèvre et de la brebis domestiques. Nous ignorons si les espèces étrangères pourraient produire et former de nouvelles races avec ces espèces communes. Nous sommes donc fondés à les regarder comme des espèces différentes, jusqu'à ce qu'il soit prouvé par le fait que les individus de chacune de ces espèces étrangères peuvent se mêler avec l'espèce commune, et produire d'autres indi-

dans notre ménagerie, un *mulet* provenant de l'union croisée de deux espèces du genre *macaque :* le *macaque* proprement dit et le *bonnet chinois.*

1. Les *chiens* ne forment qu'une seule et même *espèce*, mais variée par un grand nombre de *races.*

2. Le *chien* produit avec le *loup* et ne produit point avec le *renard.* (Voyez mon livre intitulé : *De l'instinct et de l'intelligence des animaux*, à l'article de la *Distinction positive des espèces.*)

3. Le *cerf* ne produirait sûrement pas avec la *vache :* le *cerf* et la *vache* appartiennent à des *genres* différents; et, je viens de le dire, il n'y a que les *espèces* de même *genre* qui produisent ensemble. La *biche* et le *daim* sont deux *espèces* beaucoup plus rapprochées; et l'expérience peut être tentée.

4. Buffon ne s'est pas borné à *faire quelques tentatives.* Le développement, que lui doit le *Jardin des plantes*, a mis à la disposition de ses successeurs *le temps, les soins et la dépense que demandent ces expériences.* Je viens de rappeler quelques-uns des résultats obtenus depuis lui. Je poursuis, depuis plusieurs années, un ensemble d'expériences qui me permettront, je l'espère, d'éclaircir ces grandes et fondamentales questions du *genre*, de *l'espèce* et des *races.* (Voyez la note de la page 273 et celle de la page 387.)

vidus qui produiraient entre eux , ce caractère seul constituant la réalité et
l'unité de ce que l'on doit appeler espèce[1], tant dans les animaux que dans
les végétaux.

La chèvre a de sa nature plus de sentiment et de ressource que la brebis ;
elle vient à l'homme volontiers, elle se familiarise aisément, elle est sensible aux caresses et capable d'attachement; elle est aussi plus forte, plus
légère, plus agile et moins timide que la brebis ; elle est vive, capricieuse,
lascive et vagabonde. Ce n'est qu'avec peine qu'on la conduit et qu'on peut
la réduire en troupeau : elle aime à s'écarter dans les solitudes, à grimper
sur les lieux escarpés, à se placer, et même à dormir sur la pointe des
rochers et sur le bord des précipices; elle cherche le mâle avec empressement, elle s'accouple avec ardeur et produit de très-bonne heure; elle est
robuste, aisée à nourrir : presque toutes les herbes lui sont bonnes, et il y
en a peu qui l'incommodent. Le tempérament, qui dans tous les animaux
influe beaucoup sur le naturel, ne paraît cependant pas dans la chèvre différer essentiellement de celui de la brebis. Ces deux espèces d'animaux,
dont l'organisation intérieure est presque entièrement semblable, se nourrissent, croissent et multiplient de la même manière, et se ressemblent
encore par le caractère des maladies, qui sont les mêmes, à l'exception de
quelques-unes auxquelles la chèvre n'est pas sujette; elle ne craint pas,
comme la brebis, la trop grande chaleur; elle dort au soleil, et s'expose
volontiers à ses rayons les plus vifs sans en être incommodée , et sans que
cette ardeur lui cause ni étourdissements ni vertiges; elle ne s'effraie point
des orages, ne s'impatiente pas à la pluie , mais elle paraît être sensible à la
rigueur du froid. Les mouvements extérieurs , lesquels, comme nous l'avons
dit, dépendent beaucoup moins de la conformation du corps que de la force .
et de la variété des sensations relatives à l'appétit et au désir, sont par cette
raison beaucoup moins mesurés, beaucoup plus vifs dans la chèvre que dans
la brebis. L'inconstance de son naturel se marque par l'irrégularité de ses
actions; elle marche, elle s'arrête, elle court, elle bondit, elle saute, s'approche, s'éloigne, se montre, se cache ou fuit, comme par caprice et sans
autre cause déterminante que celle de la vivacité bizarre de son sentiment
intérieur; et toute la souplesse des organes, tout le nerf du corps suffisent à
peine à la pétulance et à la rapidité de ces mouvements, qui lui sont naturels.

On a des preuves que ces animaux sont naturellement amis de l'homme,
et que dans les lieux inhabités ils ne deviennent point sauvages. En 1698,
un vaisseau anglais ayant relâché à l'île de Bonavista, deux Nègres se présentèrent à bord et offrirent gratis aux Anglais autant de boucs qu'ils en
voudraient emporter. A l'étonnement que le capitaine marqua de cette offre,
les Nègres répondirent qu'il n'y avait que douze personnes dans toute l'île,

. Voyez la note de la page 415.

que les boucs et les chèvres s'y étaient multipliés jusqu'à devenir incommodes, et que loin de donner beaucoup de peine à les prendre, ils sui-
vaient les hommes avec une sorte d'obstination , comme les animaux domestiques [a].

Le bouc peut engendrer à un an, et la chèvre dès l'âge de sept mois;
mais les fruits de cette génération précoce sont faibles et défectueux, et
l'on attend ordinairement que l'un et l'autre aient dix-huit mois ou deux
ans avant de leur permettre de se joindre. Le bouc est un assez bel animal,
très-vigoureux et très-chaud : un seul peut suffire à plus de cent cinquante
chèvres pendant deux ou trois mois; mais cette ardeur qui le consume ne
dure que trois ou quatre ans, et ces animaux sont énervés , et même vieux
dès l'âge de cinq ou six ans. Lorsque l'on veut donc faire choix d'un bouc
pour la propagation, il faut qu'il soit jeune et de bonne figure, c'est-à-dire,
âgé de deux ans, la taille grande, le cou court et charnu, la tête légère, les
oreilles pendantes, les cuisses grosses, les jambes fermes, le poil noir, épais
et doux, la barbe longue et bien garnie. Il y a moins de choix à faire pour
les chèvres : seulement on peut observer que celles dont le corps est grand,
la croupe large, les cuisses fournies, la démarche légère, les mamelles
grosses, les pis longs, le poil doux et touffu, sont les meilleures. Elles sont
ordinairement en chaleur aux mois de septembre, octobre et novembre, et
même pour peu qu'elles approchent du mâle en tout autre temps, elles sont
bientôt disposées à le recevoir, et elles peuvent s'accoupler et produire dans
toutes les saisons : cependant elles retiennent plus sûrement en automne,
et l'on préfère encore les mois d'octobre et de novembre par une autre
raison , c'est qu'il est bon que les jeunes chevreaux trouvent de l'herbe
tendre lorsqu'ils commencent à paître pour la première fois. Les chèvres
portent cinq mois, et mettent bas au commencement du sixième ; elles allaitent leur petit pendant un mois ou cinq semaines ; ainsi l'on doit compter
environ six mois et demi entre le temps auquel on les aura fait couvrir , et
celui où le chevreau pourra commencer à paître.

Lorsqu'on les conduit avec les moutons, elles ne restent pas à leur suite,
elles précèdent toujours le troupeau; il vaut mieux les mener séparément
paître sur les collines ; elles aiment les lieux élevés et les montagnes, même
les plus escarpées; elles trouvent autant de nourriture qu'il leur en faut,
dans les bruyères, dans les friches, dans les terrains incultes et dans les
terres stériles : il faut les éloigner des endroits cultivés, les empêcher d'entrer dans les blés, dans les vignes, dans les bois ; elles font un grand dégât
dans les taillis ; les arbres, dont elles broutent avec avidité les jeunes pousses
et les écorces tendres, périssent presque tous ; elles craignent les lieux
humides, les prairies marécageuses, les pâturages gras : on en élève rare-

a. Voyez l'*Histoire générale des Voyages*, t. I, p. 518.

ment dans les pays de plaines, elles s'y portent mal et leur chair est de mauvaise qualité. Dans la plupart des climats chauds, l'on nourrit des chèvres en grande quantité, et on ne leur donne point d'étable : en France, elles périraient si on ne les mettait pas à l'abri pendant l'hiver. On peut se dispenser de leur donner de la litière en été, mais il leur en faut pendant l'hiver; et comme toute humidité les incommode beaucoup, on ne les laisse pas coucher sur leur fumier, et on leur donne souvent de la litière fraîche. On les fait sortir de grand matin pour les mener aux champs; l'herbe chargée de rosée, qui n'est pas bonne pour les moutons, fait grand bien aux chèvres. Comme elles sont indociles et vagabondes, un homme, quelque robuste et quelque agile qu'il soit, n'en peut guère conduire que cinquante. On ne les laisse pas sortir pendant les neiges et les frimas ; on les nourrit à l'étable d'herbes et de petites branches d'arbres cueillies en automne, ou de choux, de navets et d'autres légumes. Plus elles mangent, plus la quantité de leur lait augmente; et pour entretenir ou augmenter encore cette abondance de lait, on les fait beaucoup boire et on leur donne quelquefois du salpêtre ou de l'eau salée. On peut commencer à les traire quinze jours après qu'elles ont mis bas; elles donnent du lait en quantité pendant quatre à cinq mois, et elles en donnent soir et matin.

La chèvre ne produit ordinairement qu'un chevreau, quelquefois deux , très-rarement trois, et jamais plus de quatre ; elle ne produit que depuis l'âge d'un an ou dix-huit mois, jusqu'à sept ans. Le bouc pourrait engendrer jusqu'à cet âge, et peut-être au delà, si on le ménageait davantage; mais communément il ne sert que jusqu'à l'âge de cinq ans. On le réforme alors pour l'engraisser avec les vieilles chèvres et les jeunes chevreaux mâles que l'on coupe à l'âge de six mois, afin de rendre leur chair plus succulente et plus tendre. On les engraisse de la même manière que l'on engraisse les moutons; mais, quelque soin qu'on prenne, et quelque nourriture qu'on leur donne, leur chair n'est jamais aussi bonne que celle du mouton, si ce n'est dans les climats très-chauds, où la chair du mouton est fade et de mauvais goût. L'odeur forte du bouc ne vient pas de sa chair, mais de sa peau. On ne laisse pas vieillir ces animaux, qui pourraient peut-être vivre dix ou douze ans : on s'en défait dès qu'ils cessent de produire, et plus ils sont vieux, plus leur chair est mauvaise. Communément les boucs et les chèvres ont des cornes; cependant il y a, quoiqu'en moindre nombre, des chèvres et des boucs sans cornes. Ils varient aussi beaucoup par la couleur du poil : on dit que les blanches, et celles qui n'ont point de cornes, sont celles qui donnent le plus de lait, et que les noires sont les plus fortes et les plus robustes de toutes. Ces animaux, qui ne coûtent presque rien à nourrir, ne laissent pas de faire un produit assez considérable; on en vend la chair, le suif, le poil et la peau. Leur lait est plus sain et meilleur que celui de la brebis ; il est d'usage dans la médecine, il se caille aisément, et l'on en fait de très-bons fromages : comme il ne contient que peu de parties butyreuses, l'on ne doit pas en séparer la crème. Les chèvres se laissent teter aisément, même par les enfants, pour lesquels leur lait est une très-bonne nourriture ; elles sont, comme les vaches et les brebis, sujettes à être tetées par la couleuvre, et encore par un oiseau connu sous le nom de tette-chèvre ou crapaud volant[1], qui s'attache à leur mamelle pendant la nuit, et leur fait, dit-on, perdre leur lait.

Les chèvres n'ont point de dents incisives à la mâchoire supérieure ; celles de la mâchoire inférieure tombent et se renouvellent dans le même temps et dans le même ordre que celles des brebis : les nœuds des cornes et les dents peuvent indiquer l'âge. Le nombre des dents n'est pas constant dans les chèvres ; elles en ont ordinairement moins que les boucs, qui ont aussi le poil plus rude, la barbe et les cornes plus longues que les chèvres. Ces animaux, comme les bœufs et les moutons, ont quatre estomacs et ruminent : l'espèce en est plus répandue que celle de la brebis; on trouve des chèvres semblables aux nôtres dans plusieurs parties du monde; elles sont seulement plus petites en Guinée et dans les autres pays chauds; elles sont plus grandes en Moscovie et dans les autres climats froids. Les chèvres d'Angora ou de Syrie, à oreilles pendantes, sont de la même espèce que les nôtres; elles se mêlent et produisent ensemble, même dans nos climats : le mâle a les cornes à peu près aussi longues que le bouc ordinaire, mais dirigées et contournées d'une manière différente; elles s'étendent horizontalement de chaque côté de la tête, et forment des spirales à peu près comme un tire-bourre. Les cornes de la femelle sont courtes et se recourbent en arrière, en bas et en avant, de sorte qu'elles aboutissent auprès de l'œil, et il paraît que leur contour et leur direction varient. Le bouc et la chèvre d'Angora, que nous avons vus à la ménagerie du roi, les avaient telles que nous venons de les décrire; et ces chèvres ont, comme presque tous les autres animaux de Syrie, le poil très-long, très-fourni et si fin qu'on en fait des étoffes aussi belles et aussi lustrées que nos étoffes de soie.

LE COCHON[*], LE COCHON DE SIAM[**], ET LE SANGLIER[***].

Nous mettons ensemble le cochon, le cochon de Siam et le sanglier, parce que tous trois ne font qu'une seule et même espèce; l'un est l'animal sauvage, les deux autres sont l'animal domestique : et quoiqu'ils diffèrent

1. *L'engoulevent. L'engoulevent* ne tette pas plus les *chèvres* que ne le fait la *couleuvre.*
* *Cochon domestique. — Sus domesticus* (Linn.).
** *Variété* du *cochon domestique.*
*** *Sus scropha* (Linn.). — Ordre des *pachydermes;* Genre *Cochon* (Cuv.). — *Le sanglier* est la souche de nos *Cochons domestiques.*

par quelques marques extérieures, peut-être aussi par quelques habitudes,
comme ces différences ne sont pas essentielles, qu'elles sont seulement relatives à leur condition, que leur naturel n'est pas même fort altéré par l'état
de domesticité, qu'enfin ils produisent ensemble des individus qui peuvent
en produire d'autres, caractère qui constitue l'unité et la constance de
l'espèce, nous n'avons pas dû les séparer.

Ces animaux sont singuliers : l'espèce en est, pour ainsi dire, unique ; elle
est isolée, elle semble exister plus solitairement qu'aucune autre, elle n'est
voisine d'aucune espèce [1] qu'on puisse regarder comme principale ni comme
accessoire, telle que l'espèce du cheval relativement à celle de l'âne, ou
l'espèce de la chèvre relativement à la brebis ; elle n'est pas sujette à une
grande variété de races [2] comme celle du chien, elle participe de plusieurs
espèces, et cependant elle diffère essentiellement de toutes. Que ceux qui
veulent réduire la nature à de petits systèmes [3], qui veulent renfermer son
immensité dans les bornes d'une formule, considèrent avec nous cet animal, et voient s'il n'échappe pas à toutes leurs méthodes [4]. Par les extrémités
il ne ressemble point à ceux qu'ils ont appelés *solipèdes*, puisqu'il a le pied
divisé ; il ne ressemble point à ceux qu'ils ont appelés *pieds fourchus*, puisqu'il a réellement quatre doigts au dedans, quoiqu'il n'en paraisse que deux
à l'extérieur ; il ne ressemble point à ceux qu'ils ont appelés *fissipèdes*,
puisqu'il ne marche que sur deux doigts, et que les deux autres ne sont ni
développés, ni posés comme ceux des fissipèdes, ni même assez allongés
pour qu'il puisse s'en servir. Il a donc des caractères équivoques, des caractères ambigus, dont les uns sont apparents et les autres obscurs. Dira-t-on
que c'est une erreur de la nature [5]? que ces phalanges, ces doigts, qui ne
sont pas assez développés à l'extérieur, ne doivent point être comptés? Mais
cette erreur est constante [6] : d'ailleurs, cet animal ne ressemble point aux
pieds fourchus par les autres os du pied, et il en diffère encore par les caractères les plus frappants ; car ceux-ci ont des cornes et manquent de dents
incisives à la mâchoire supérieure ; ils ont quatre estomacs, ils ruminent, etc.
Le cochon n'a point de cornes, il a des dents en haut comme en bas, il n'a
qu'un estomac, il ne rumine point ; il est donc évident qu'il n'est ni du
genre des solipèdes, ni de celui des pieds fourchus ; il n'est pas non plus

1. L'espèce du *sanglier* proprement dit, de notre *sanglier*, est *voisine* de plusieurs autres : du
sanglier à masque ou d'Afrique, du *babiroussa*, des *sangliers d'Éthiopie* et du *Cap-Vert* ou
phacochères, etc. Le *pécari*, le *tapir* sont comme des espèces *accessoires du sanglier*, etc.

2. Il y a un grand nombre de *variétés* ou *races* de *cochons domestiques*.

3. Le petit plaisir de combattre *ceux qui veulent réduire la nature à de petits systèmes*,
c'est-à-dire Linné, jette ici Buffon dans une foule de subtilités, souvent puériles.

4. Et comment cela ? à moins qu'il ne s'agisse de *méthodes*, fausses et incomplètes. La vraie
méthode n'est que l'expression des faits : elle se règle sur les faits, et non les faits sur elle.

5. Personne ne dira cela.

6. Rien ici n'est *erreur* : tout est *caractère*, caractère *constant*, et qui différencie, qui distingue le genre *cochon* de tous les autres genres.

de celui des fissipèdes, puisqu'il diffère de ces animaux non-seulement par l'extrémité du pied, mais encore par les dents, par l'estomac, par les intestins, par les parties intérieures de la génération, etc. Tout ce que l'on pourrait dire, c'est qu'il fait la nuance, à certains égards, entre les solipèdes et les pieds fourchus, et à d'autres égards entre les pieds fourchus et les fissipèdes ; car il diffère moins des solipèdes.que des autres, par l'ordre et le nombre des dents ; il leur ressemble encore par l'allongement des mâchoires, il n'a comme eux qu'un estomac, qui seulement est beaucoup plus grand ; mais par un appendice qui y tient, aussi bien que par la position des intestins, il semble se rapprocher des pieds fourchus ou ruminants ; il leur ressemble encore par les parties extérieures de la génération, et en même temps il ressemble aux fissipèdes par la forme des jambes, par l'habitude du corps, par le produit nombreux de la génération. Aristote est le premier [a] qui ait divisé les animaux quadrupèdes en *solipèdes*, pieds *fourchus* et *fissipèdes*, et il convient que le cochon est d'un genre ambigu ; mais la seule raison qu'il en donne, c'est que dans l'Illyrie, la Péonie et dans quelques autres lieux, il se trouve des cochons solipèdes. Cet animal est encore une espèce d'exception à deux règles générales de la nature, c'est que plus les animaux sont gros, moins ils produisent, et que les fissipèdes sont de tous les animaux ceux qui produisent le plus ; le cochon, quoique d'une taille fort au-dessus de la médiocre, produit plus qu'aucun des animaux fissipèdes ou autres ; par cette fécondité, aussi bien que par la conformation des testicules ou ovaires de la truie, il semble même faire l'extrémité des espèces vivipares, et s'approcher des espèces ovipares. Enfin il est en tout d'une nature équivoque, ambiguë, ou, pour mieux dire, il paraîtra tel à ceux qui croient que l'ordre hypothétique de leurs idées fait l'ordre réel des choses, et qui ne voient dans la chaîne infinie des êtres que quelques points apparents auxquels ils veulent tout rapporter.

Ce n'est point en resserrant la sphère de la nature et en la renfermant dans un cercle étroit, qu'on pourra la connaître ; ce n'est point en la faisant agir par des vues particulières qu'on saura la juger, ni qu'on pourra la deviner ; ce n'est point en lui prêtant nos idées qu'on approfondira les desseins de son auteur : au lieu de resserrer les limites de sa puissance, il faut les reculer, les étendre jusque dans l'immensité ; il faut ne rien voir d'impossible, s'attendre à tout, et supposer que tout ce qui peut être est. Les espèces ambiguës, les productions irrégulières, les êtres anomaux, ces-

---

a. « Quadrupedum autem, quæ sanguine constant, eadem quæ animal generant, alia mul-
« tifida sunt, quales hominis manus pedesque habentur. Sunt enim quæ multiplici pedum
« fissurà digitentur, ut canis, leo, panthera. Alia bisulca sunt, quæ forcipem pro ungula
« habeant, ut oves, capræ, cervi, equi fluviatiles. Alia infisso sunt pede, ut quæ solipedes
« nominantur, ut equus, mulus. Genus sanè suillum ambiguum est; nam *et in terra* Illyrio-
« rum, et in Pæonia, et nonnullis aliis locis, sues solipedes gignuntur. » Aristote, *de Hist.
animal.*, lib. ii, cap. i.

seront dès lors de nous étonner, et se trouveront aussi nécessairement que les autres dans l'ordre infini des choses ; ils remplissent les intervalles de la chaîne, ils en forment les nœuds, les points intermédiaires, ils en marquent aussi les extrémités : ces êtres sont pour l'esprit humain des exemplaires précieux, uniques, où la nature, paraissant moins conforme à elle-même, se montre plus à découvert ; où nous pouvons reconnaître des caractères singuliers et des traits fugitifs qui nous indiquent que ses fins sont bien plus générales [1] que nos vues, et que, si elle ne fait rien en vain, elle ne fait rien non plus dans les desseins que nous lui supposons.

En effet, ne doit-on pas faire des réflexions sur ce que nous venons d'exposer ? ne doit-on pas tirer des inductions de cette singulière conformation du cochon ? il ne paraît pas avoir été formé sur un plan original, particulier et parfait, puisqu'il est un composé des autres animaux ; il a évidemment des parties inutiles, ou plutôt des parties dont il ne peut faire usage, des doigts dont tous les os sont parfaitement formés, et qui cependant ne lui servent à rien. La nature est donc bien éloignée de s'assujettir à des causes finales [2] dans la composition des êtres ; pourquoi n'y mettrait-elle pas quelquefois des parties surabondantes, puisqu'elle manque si souvent d'y mettre des parties essentielles [3] ? Combien n'y a-t-il pas d'animaux privés de sens et de membres ! Pourquoi veut-on que dans chaque individu toute partie soit utile aux autres et nécessaire au tout ? Ne suffit-il pas pour qu'elles se trouvent ensemble qu'elles ne se nuisent pas, qu'elles puissent croître sans obstacle et se développer sans s'oblitérer mutuellement ? Tout ce qui ne se nuit point assez pour se détruire, tout ce qui peut subsister ensemble subsiste ; et peut-être y a-t-il dans la plupart des êtres moins de parties relatives, utiles ou nécessaires, que de parties indifférentes, inutiles ou surabondantes. Mais comme nous voulons toujours tout rapporter à un certain but, lorsque les parties n'ont pas des usages apparents, nous leur supposons des usages cachés, nous imaginons des rapports qui n'ont aucun fondement, qui n'existent point dans la nature des choses, et qui ne servent qu'à l'obscurcir : nous ne faisons pas attention que nous altérons la philosophie [4], que nous en dénaturons l'objet, qui est de connaître le *comment* des choses, la manière dont la nature agit ; et que nous substituons à cet objet réel une idée vaine, en cherchant à deviner le *pourquoi* des faits, la fin qu'elle se propose en agissant.

C'est pour cela qu'il faut recueillir avec soin les exemples qui s'opposent

---

1. *Que ses fins sont bien plus générales.* Il y a donc des *fins.*
2. Mais, tout à l'heure, il y avait des *fins générales.*
3. Les *parties* ne sont *essentielles* que relativement, et selon les *espèces.*
4. *Altérer la philosophie*, c'est raisonner contre le fait. Et c'est raisonner contre le fait que de nier le rapport patent de l'*œil* à la *vision*, de l'*oreille* à l'*audition*, etc., de la *structure* à l'*usage*, de la *cause* à la *fin*, c'est-à-dire la *cause finale.*

à cette prétention, qu'il faut insister sur les faits capables de détruire un préjugé général auquel nous nous livrons par goût, une erreur de méthode que nous adoptons par choix, quoiqu'elle ne tende qu'à voiler notre ignorance, et qu'elle soit inutile, et même opposée à la recherche et à la découverte des effets de la nature. Nous pouvons, sans sortir de notre sujet, donner d'autres exemples par lesquels ces fins que nous supposons si vainement à la nature sont évidemment démenties.

Les phalanges ne sont faites, dit-on, que pour former des doigts; cependant il y a dans le cochon des phalanges inutiles, puisqu'elles ne forment pas des doigts dont il puisse se servir; et dans les animaux à pied fourchu il y a de petits os [a] qui ne forment pas même des phalanges. Si c'est là le but de la nature, n'est-il pas évident que dans le cochon elle n'a exécuté que la moitié de son projet, et que dans les autres à peine l'a-t-elle commencé?

L'allantoïde est une membrane qui se trouve dans le produit de la génération de la truie, de la jument, de la vache et de plusieurs autres animaux; cette membrane tient au fond de la vessie du fœtus; elle est faite, dit-on, pour recevoir l'urine qu'il rend pendant son séjour dans le ventre de la mère : et en effet on trouve à l'instant de la naissance de l'animal une certaine quantité de liqueur dans cette membrane; mais cette quantité n'est pas considérable : dans la vache, où elle est peut-être plus abondante que dans tout autre animal, elle se réduit à quelques pintes, et la capacité de l'allantoïde est si grande, qu'il n'y a aucune proportion entre ces deux objets. Cette membrane, lorsqu'on la remplit d'air, forme une espèce de double poche en forme de croissant, longue de treize à quatorze pieds sur neuf, dix, onze, et même douze pouces de diamètre. Faut-il, pour ne recevoir que trois ou quatre pintes de liqueur, un vaisseau dont la capacité contient plusieurs pieds cubes? La vessie seule du fœtus, si elle n'eût pas été percée par le fond, suffisait pour contenir cette petite quantité de liqueur; comme elle suffit en effet dans l'homme et dans les espèces d'animaux où l'on n'a pas encore découvert l'allantoïde. Cette membrane n'est donc pas faite dans la vue de recevoir l'urine du fœtus [1], ni même dans aucune autre de nos vues; car cette grande capacité est non-seulement inutile pour cet objet, mais aussi pour tout autre, puisqu'on ne peut pas même supposer qu'il soit possible qu'elle se remplisse, et que si cette membrane était pleine, elle formerait un volume presque aussi gros que le corps de l'animal qui la contient, et ne pourrait par conséquent y être contenue : et comme elle se déchire au moment de la naissance, et qu'on la jette avec les autres membranes qui servaient d'enveloppe au fœtus, il est évident qu'elle est encore plus inutile alors qu'elle ne l'était auparavant.

a. M. Daubenton est le premier qui ait fait cette découverte.

1 Pourquoi donc la reçoit-elle? L'*allantoïde* est la *vessie temporaire* du *fœtus*.

Le nombre de mamelles est, dit-on, relatif dans chaque espèce d'animal au nombre de petits que la femelle doit produire et allaiter : mais pourquoi le mâle, qui ne doit rien produire, a-t-il ordinairement le même nombre de mamelles? et pourquoi dans la truie, qui souvent produit dix-huit, et même vingt petits, n'y a-t-il que douze mamelles, souvent moins, et jamais plus [1] ? Ceci ne prouve-t-il pas que ce n'est point par des causes finales que nous pouvons juger des ouvrages de la nature [2], que nous ne devons pas lui prêter d'aussi petites vues, la faire agir par des convenances morales [3] ; mais examiner comment elle agit en effet, et employer pour la connaître tous les rapports physiques [4] que nous présente l'immense variété de ses productions? J'avoue que cette méthode, la seule qui puisse nous conduire à quelques connaissances réelles, est incomparablement plus difficile que l'autre, et qu'il y a une infinité de faits dans la nature auxquels, comme aux exemples précédents, il ne paraît guère possible de l'appliquer avec succès : cependant, au lieu de chercher à quoi sert la grande capacité de l'allantoïde, et de trouver qu'elle ne sert et ne peut servir à rien, il est clair qu'on ne doit s'appliquer qu'à rechercher les rapports physiques qui peuvent nous indiquer quelle en peut être l'origine. En observant, par exemple, que dans le produit de la génération des animaux qui n'ont pas une grande capacité d'estomac et d'intestins, l'allantoïde est ou très-petite ou nulle; que par conséquent la production de cette membrane a quelque rapport avec cette grande capacité d'intestins, etc. ; de même en considérant que le nombre des mamelles n'est point égal au nombre des petits, et en convenant seulement que les animaux qui produisent le plus sont aussi ceux qui ont des mamelles en plus grand nombre, on pourra penser que cette production nombreuse dépend de la conformation des parties intérieures de la génération; et que les mamelles étant aussi des dépendances extérieures de ces mêmes parties de la génération, il y a entre le nombre ou l'ordre de ces parties et celui des mamelles un rapport physique qu'il faut tâcher de découvrir.

Mais je ne fais ici qu'indiquer la vraie route, et ce n'est pas le lieu de la suivre plus loin ; cependant je ne puis m'empêcher d'observer en passant que j'ai quelque raison de supposer que la production nombreuse dépend plutôt

1. En général, le nombre des *petits* répond à celui des *mamelles ;* mais cela ne va pas à ce point qu'il n'y ait jamais qu'un *petit*, ou qu'il y ait toujours un *petit* par *mamelle.*

2. Non ; et c'est précisément tout le contraire qu'il faut faire. Il faut juger des *causes finales* par les *ouvrages de la nature.*

3. *Convenances morales.* Il ne s'agit ici que de *convenances physiques*, mais *convenances physiques* qui démontrent une intelligence infinie, l'intelligence

De celui qui fait tout, et rien qu'avec dessein.
La Font.

4. Ces *rapports physiques* entre l'*organe* et la *fonction*, la *structure* et l'*usage*, la *cause* et la *fin*, sont les causes finales.

de la conformation des parties intérieures de la génération que d'aucune autre cause [1] : car ce n'est point de la quantité plus abondante des liqueurs séminales que dépend le grand nombre dans la production, puisque le cheval, le cerf, le bélier, le bouc, et les autres animaux qui ont une très-grande abondance de liqueur séminale, ne produisent qu'en petit nombre; tandis que le chien, le chat, et d'autres animaux, qui n'ont qu'une moindre quantité de liqueur séminale, relativement à leur volume, produisent en grand nombre. Ce n'est pas non plus de la fréquence des accouplements que ce nombre dépend; car l'on est assuré que le cochon et le chien n'ont besoin que d'un seul accouplement pour produire, et produire en grand nombre. La longue durée de l'accouplement, ou, pour mieux dire, du temps de l'émission de la liqueur séminale, ne paraît pas non plus être la cause à laquelle on doive rapporter cet effet; car le chien ne demeure accouplé longtemps que parce qu'il est retenu par un obstacle qui naît de la conformation même des parties; et quoique le cochon n'ait point cet obstacle, et qu'il demeure accouplé plus longtemps que la plupart des autres animaux, on ne peut en rien conclure pour la nombreuse production, puisqu'on voit qu'il ne faut au coq qu'un instant pour féconder tous les œufs qu'une poule peut produire en un mois. J'aurai occasion de développer davantage les idées que j'accumule ici dans la seule vue de faire sentir qu'une simple probabilité, un soupçon, pourvu qu'il soit fondé sur des rapports physiques, répand plus de lumière et produit plus de fruit que toutes les causes finales réunies [2].

Aux singularités que nous avons déjà rapportées, nous devons en ajouter une autre; c'est que la graisse du cochon est différente de celle de presque tous les autres animaux quadrupèdes, non-seulement par sa consistance et sa qualité, mais aussi par sa position dans le corps de l'animal. La graisse de l'homme et des animaux qui n'ont point de suif, comme le chien, le cheval, etc., est mêlée avec la chair assez également; le suif dans le bélier, le bouc, le cerf, etc., ne se trouve qu'aux extrémités de la chair; mais le lard du cochon n'est ni mêlé avec la chair, ni ramassé aux extrémités de la chair; il la recouvre partout et forme une couche épaisse, distincte et continue entre la chair et la peau. Le cochon a cela de commun avec la baleine et les autres animaux cétacés, dont la graisse n'est qu'une espèce de lard à peu près de la même consistance, mais plus huileux que celui du cochon : ce lard, dans les animaux cétacés, forme aussi sous la peau une couche de plusieurs pouces d'épaisseur qui enveloppe la chair.

---

1. Ainsi, Buffon rejette le *rapport extérieur* des *mamelles* et des *petits*, et veut découvrir le *rapport intérieur* des *parties de la génération* avec la *production*. C'est toujours un *rapport* qu'il cherche.

2. Il y a des *causes finales physiques*, comme il y a des *causes finales morales*, et toute l'erreur est de s'y méprendre, de vouloir expliquer le *physique* par le *moral*, ou le *moral* par le *physique*. La philosophie qui ne voit pas les deux ordres de *causes* est une philosophie incomplète, et celle qui les confond, une philosophie peu sensée.

Encore une singularité, même plus grande que les autres, c'est que le cochon ne perd aucune de ses premières dents : les autres animaux, comme le cheval, l'âne, le bœuf, la brebis, la chèvre, le chien, et même l'homme, perdent tous leurs premières dents incisives; ces dents de lait tombent avant la puberté, et sont bientôt remplacées par d'autres : dans le cochon, au contraire, les dents de lait ne tombent jamais [1], elles croissent même pendant toute la vie. Il a six dents au devant de la mâchoire inférieure qui sont incisives et tranchantes; il a aussi à la mâchoire supérieure six dents correspondantes ; mais, par une imperfection qui n'a pas d'exemple dans la nature, ces six dents de la mâchoire supérieure sont d'une forme très-différente de celle des dents de la mâchoire inférieure : au lieu d'être incisives et tranchantes, elles sont longues, cylindriques et émoussées à la pointe; en sorte qu'elles forment un angle presque droit avec celles de la mâchoire supérieure, et qu'elles ne s'appliquent que très-obliquement les unes contre les autres par leurs extrémités.

Il n'y a que le cochon et deux ou trois autres espèces d'animaux qui aient des défenses ou des dents canines [2] très-allongées; elles diffèrent des autres dents en ce qu'elles sortent au dehors et qu'elles croissent pendant toute la vie. Dans l'éléphant[3] et la vache marine [4] elles sont cylindriques et longues de quelques pieds; dans le sanglier et le cochon mâle elles se courbent en portion de cercle; elles sont plates et tranchantes, et j'en ai vu de neuf à dix pouces de longueur : elles sont enfoncées très-profondément dans l'alvéole, et elles ont aussi, comme celles de l'éléphant, une cavité à leur extrémité supérieure. Mais l'éléphant et la vache marine n'ont des défenses qu'à la mâchoire supérieure, ils manquent même de dents canines à la mâchoire inférieure; au lieu que le cochon mâle et le sanglier en ont aux deux mâchoires, et celles de la mâchoire inférieure sont plus utiles à l'animal; elles sont aussi plus dangereuses, car c'est avec les défenses d'en bas que le sanglier blesse.

La truie, la laie et le cochon coupé ont aussi ces quatre dents canines à la mâchoire inférieure; mais elles croissent beaucoup moins que celles du mâle, et ne sortent presque point au dehors. Outre ces seize dents, savoir, douze incisives et quatre canines, ils ont encore vingt-huit dents mâchelières, ce qui fait en tout quarante-quatre dents. Le sanglier a les défenses plus grandes, le boutoir plus fort et la hure plus longue que le cochon domestique; il a aussi les pieds plus gros, les pinces plus séparées et le poil toujours noir.

1. Les *dents de lait* tombent et sont remplacées par d'autres, dans le *cochon* comme dans tous les autres animaux.

2. Les *défenses* du sanglier sont, en effet, des *canines*.

3. Les *défenses* de l'*éléphant* sont des *incisives*, c'est-à-dire des dents implantées dans l'*os incisif*.

4. Les *défenses* du *morse* ou *vache marine* sont des *canines*.

De tous les quadrupèdes, le cochon paraît être l'animal le plus brut : les imperfections de la forme semblent influer sur le naturel; toutes ses habitudes sont grossières, tous ses goûts sont immondes, toutes ses sensations se réduisent à une luxure furieuse et à une gourmandise brutale, qui lui fait dévorer indistinctement tout ce qui se présente, et même sa progéniture au moment qu'elle vient de naître. Sa voracité dépend apparemment du besoin continuel qu'il a de remplir la grande capacité de son estomac; et la grossièreté de ses appétits, de l'hébétation du sens du goût et du toucher. La rudesse du poil, la dureté de la peau, l'épaisseur de la graisse, rendent ces animaux peu sensibles aux coups : l'on a vu des souris se loger sur leur dos et leur manger le lard et la peau sans qu'ils parussent le sentir. Ils ont donc le toucher fort obtus, et le goût aussi grossier que le toucher : leurs autres sens sont bons; les chasseurs n'ignorent pas que les sangliers voient, entendent et sentent de fort loin, puisqu'ils sont obligés, pour les surprendre, de les attendre en silence pendant la nuit, et de se placer au-dessous du vent pour dérober à leur odorat les émanations qui les frappent de loin, et toujours assez vivement pour leur faire sur-le-champ rebrousser chemin.

Cette imperfection dans les sens du goût et du toucher est encore augmentée par une maladie qui les rend ladres, c'est-à-dire presque absolument insensibles, et de laquelle il faut peut-être moins chercher la première origine dans la texture de la chair ou de la peau de cet animal que dans sa malpropreté naturelle, et dans la corruption qui doit résulter des nourritures infectes dont il se remplit quelquefois; car le sanglier, qui n'a point de pareilles ordures à dévorer, et qui vit ordinairement de grain, de fruits, de gland et de racines, n'est point sujet à cette maladie, non plus que le jeune cochon pendant qu'il tette : on ne la prévient même qu'en tenant le cochon domestique dans une étable propre et en lui donnant abondamment des nourritures saines. Sa chair deviendra même excellente au goût, et le lard ferme et cassant, si, comme je l'ai vu pratiquer, on le tient, pendant quinze jours ou trois semaines avant de le tuer, dans une étable pavée et toujours propre, sans litière, en ne lui donnant alors pour toute nourriture que du grain de froment pur et sec, et ne le laissant boire que très-peu. On choisit pour cela un jeune cochon d'un an, en bonne chair et à moitié gras.

La manière ordinaire de les engraisser est de leur donner abondamment de l'orge, du gland, des choux, des légumes cuits et beaucoup d'eau mêlée de son : en deux mois ils sont gras, le lard est abondant et épais, mais sans être bien ferme ni bien blanc; et la chair, quoique bonne, est toujours un peu fade. On peut encore les engraisser avec moins de dépenses dans les campagnes où il y a beaucoup de glands, en les menant dans les forêts pendant l'automne lorsque les glands tombent et que la châtaigne et la faine quittent leurs enveloppes : ils mangent également de tous les fruits sauvages et ils engraissent en peu de temps, surtout si le soir, à leur retour, on leur donne de l'eau tiède mêlée d'un peu de son et de farine d'ivraie ; cette boisson les fait dormir et augmente tellement leur embonpoint qu'on en a vu ne pouvoir plus marcher ni presque se remuer. Ils engraissent aussi beaucoup plus promptement en automne dans le temps des premiers froids, tant à cause de l'abondance des nourritures que parce qu'alors la transpiration est moindre qu'en été.

On n'attend pas, comme pour le reste du bétail, que le cochon soit âgé pour l'engraisser : plus il vieillit, plus cela est difficile et moins sa chair est bonne. La castration, qui doit toujours précéder l'engrais, se fait ordinairement à l'âge de six mois, au printemps ou en automne, et jamais dans le temps des grandes chaleurs ou des grands froids, qui rendraient également la plaie dangereuse ou difficile à guérir ; car c'est ordinairement par incision que se fait cette opération, quoiqu'on la fasse aussi quelquefois par une simple ligature, comme nous l'avons dit au sujet des moutons. Si la castration a été faite au printemps, on les met à l'engrais dès l'automne suivant, et il est assez rare qu'on les laisse vivre deux ans ; cependant ils croissent encore beaucoup pendant la seconde, et ils continueraient de croître pendant la troisième, la quatrième, la cinquième, etc., année. Ceux que l'on remarque parmi les autres par la grandeur et la grosseur de leur corpulence ne sont que des cochons plus âgés que l'on a mis plusieurs fois à la glandée. Il parait que la durée de leur accroissement ne se borne pas à quatre ou cinq ans : les *verrats* ou *cochons mâles*, que l'on garde pour la propagation de l'espèce, grossissent encore à cinq ou six ans ; et plus un sanglier est vieux, plus il est gros, dur et pesant.

La durée de la vie du sanglier peut s'étendre jusqu'à vingt-cinq ou trente ans [a]. Aristote dit vingt ans pour les cochons en général, et il ajoute que les mâles engendrent et que les femelles produisent jusqu'à quinze. Ils peuvent s'accoupler dès l'âge de neuf mois ou d'un an ; mais il vaut mieux attendre qu'ils aient dix-huit mois ou deux ans. La première portée de la truie n'est pas nombreuse, les petits sont faibles et même imparfaits quand elle n'a pas un an. Elle est en chaleur, pour ainsi dire, en tout temps ; elle recherche les approches du mâle, quoiqu'elle soit pleine : ce qui peut passer pour un excès parmi les animaux, dont la femelle, dans presque toutes les espèces, refuse le mâle aussitôt qu'elle a conçu. Cette chaleur de la truie, qui est presque continuelle, se marque cependant par des accès et aussi par des mouvements immodérés, qui finissent toujours par se vautrer dans la boue ; elle répand dans ce temps une liqueur blanchâtre assez épaisse et assez abondante ; elle porte quatre mois, met bas au commencement du cinquième, et bientôt elle recherche le mâle, devient pleine une seconde

<hr>

a. Voyez la *Vénerie de du Fouilloux*. Paris, 1614, p. 57.

fois, et produit par conséquent deux fois l'année. La laie, qui ressemble à tous autres égards à la truie, ne porte qu'une fois l'an, apparemment par la disette de nourriture et par la nécessité où elle se trouve d'allaiter et de nourrir pendant longtemps tous les petits qu'elle a produits; au lieu qu'on ne souffre pas que la truie domestique nourrisse tous ses petits pendant plus de quinze jours ou trois semaines : on ne lui en laisse alors que huit ou neuf à nourrir, on vend les autres; à quinze jours ils sont bons à manger ; et comme l'on n'a pas besoin de beaucoup de femelles, et que ce sont les cochons coupés qui rapportent le plus de profit et dont la chair est la meilleure, on se défait des cochons de lait femelles, et on ne laisse à la mère que deux femelles avec sept ou huit mâles.

Le mâle qu'on choisit pour propager l'espèce doit avoir le corps court, ramassé, et plutôt carré que long, la tête grosse, le groin court et camus, les oreilles grandes et pendantes, les yeux petits et ardents, le cou grand et épais, le ventre avalé, les fesses larges, les jambes courtes et grosses, les soies épaisses et noires : les cochons blancs ne sont jamais aussi forts que les noirs. La truie doit avoir le corps long, le ventre ample et large, les mamelles longues : il faut qu'elle soit aussi d'un naturel tranquille et d'une race féconde. Dès qu'elle est pleine on la sépare du mâle, qui pourrait la blesser ; et lorsqu'elle met bas, on la nourrit largement, on la veille pour l'empêcher de dévorer quelques-uns de ses petits, et l'on a grand soin d'en éloigner le père, qui les ménagerait encore moins. On la fait couvrir au commencement du printemps, afin que les petits naissant en été aient le temps de grandir, de se fortifier et d'engraisser avant l'hiver : mais lorsqu'on veut la faire porter deux fois par an, on lui donne le mâle au mois de novembre afin qu'elle mette bas au mois de mars, et on la fait couvrir une seconde fois au commencement de mai; il y a même des truies qui produisent régulièrement tous les cinq mois. La laie, qui, comme nous l'avons dit, ne produit qu'une fois par an, reçoit le mâle aux mois de janvier ou de février, et met bas en mai ou juin; elle allaite ses petits pendant trois ou quatre mois, elle les conduit, elle les suit et les empêche de se séparer ou de s'écarter, jusqu'à ce qu'ils aient deux ou trois ans, et il n'est pas rare de voir des laies accompagnées en même temps de leurs petits de l'année et de ceux de l'année précédente. On ne souffre pas que la truie domestique allaite ses petits pendant plus de deux mois; on commence même, au bout de trois semaines, à les mener aux champs avec la mère pour les accoutumer peu à peu à se nourrir comme elle : on les sèvre cinq semaines après, et on leur donne soir et matin du petit-lait mêlé de son, ou seulement de l'eau tiède avec des légumes bouillis.

Ces animaux aiment beaucoup les vers de terre et certaines racines, comme celles de la carotte sauvage : c'est pour trouver ces vers et pour couper ces racines qu'ils fouillent la terre avec leur boutoir. Le sanglier, dont la hure est plus longue et plus forte que celle du cochon, fouille plus profondément; il fouille aussi presque toujours en ligne droite dans le même sillon, au lieu que le cochon fouille çà et là, et plus légèrement. Comme il fait beaucoup de dégât, il faut l'éloigner des terrains cultivés, et ne le mener que dans les bois et sur les terres qu'on laisse reposer.

On appelle, en termes de chasse, *bêtes de compagnie*, les sangliers qui n'ont pas passé trois ans, parce que jusqu'à cet âge ils ne se séparent pas les uns des autres, et qu'ils suivent tous leur mère commune; ils ne vont seuls que quand ils sont assez forts pour ne plus craindre les loups. Ces animaux forment donc d'eux-mêmes des espèces de troupes, et c'est de là que dépend leur sûreté : lorsqu'ils sont attaqués, ils résistent par le nombre, ils se secourent, se défendent, les plus gros font face en se pressant en rond les uns contre les autres, et en mettant les plus petits au centre. Les cochons domestiques se défendent aussi de la même manière, et l'on n'a pas besoin de chiens pour les garder : mais comme ils sont indociles et durs, un homme agile et robuste n'en peut guère conduire que cinquante. En automne et en hiver, on les mène dans les forêts où les fruits sauvages sont abondants; l'été, on les conduit dans les lieux humides et marécageux, où ils trouvent des vers et des racines en quantité; et au printemps, on les laisse aller dans les champs et sur les terres en friche : on les fait sortir deux fois par jour, depuis le mois de mars jusqu'au mois d'octobre; on les laisse paître depuis le matin, après que la rosée est dissipée, jusqu'à dix heures, et depuis deux heures après midi jusqu'au soir. En hiver, on ne les mène qu'une fois par jour dans les beaux temps : la rosée, la neige et la pluie leur sont contraires. Lorsqu'il survient un orage, ou seulement une pluie fort abondante, il est assez ordinaire de les voir déserter le troupeau les uns après les autres, et s'enfuir en courant et toujours criant jusqu'à la porte de leur étable : les plus jeunes sont ceux qui crient le plus, et le plus haut; ce cri est différent de leur grognement ordinaire, c'est un cri de douleur semblable aux premiers cris qu'ils jettent lorsqu'on les garrotte pour les égorger. Le mâle crie moins que la femelle. Il est rare d'entendre le sanglier jeter un cri, si ce n'est lorsqu'il se bat et qu'un autre le blesse; la laie crie plus souvent : et quand ils sont surpris et effrayés subitement, ils soufflent avec tant de violence, qu'on les entend à une grande distance.

Quoique ces animaux soient fort gourmands, ils n'attaquent ni ne dévorent pas, comme les loups, les autres animaux; cependant ils mangent quelquefois de la chair corrompue : on a vu des sangliers manger de la chair de cheval, et nous avons trouvé dans leur estomac de la peau de chevreuil et des pattes d'oiseaux; mais c'est peut-être plutôt nécessité qu'instinct. Cependant on ne peut nier qu'ils ne soient avides de sang et de chair sanguinolente et fraîche, puisque les cochons mangent leurs petits, et même des enfants au berceau : dès qu'ils trouvent quelque chose de succulent,

d'humide, de gras ou d'onctueux, ils le lèchent et finissent bientôt par
l'avaler. J'ai vu plusieurs fois un troupeau entier de ces animaux s'arrêter,
à leur retour des champs, autour d'un monceau de terre glaise nouvellement tirée; tous léchaient cette terre, qui n'était que très-légèrement onctueuse, et quelques-uns en avalaient une assez grande quantité. Leur gourmandise est, comme l'on voit, aussi grossière que leur naturel est brutal;
ils n'ont aucun sentiment bien distinct; les petits reconnaissent à peine leur
mère, ou du moins sont fort sujets à se méprendre et à teter la première
truie qui leur laisse saisir ses mamelles. La crainte et la nécessité donnent
apparemment un peu plus de sentiment et d'instinct aux cochons sauvages;
il semble que les petits soient fidèlement attachés à leur mère, qui paraît être
aussi plus attentive à leurs besoins que ne l'est la truie domestique. Dans le
temps du rut, le mâle cherche, suit la femelle, et demeure ordinairement
trente jours avec elle dans les bois les plus épais, les plus solitaires et les
plus reculés. Il est alors plus farouche que jamais, et il devient même
furieux lorsqu'un autre mâle veut occuper sa place; ils se battent, se blessent, et se tuent quelquefois. Pour la laie, elle ne devient furieuse que
quand on attaque ses petits; et, en général, dans presque tous les animaux
sauvages, le mâle devient plus ou moins féroce lorsqu'il cherche à s'accoupler, et la femelle lorsqu'elle a mis bas.

On chasse le sanglier à force ouverte avec des chiens, ou bien on le tue
par surprise pendant la nuit au clair de la lune : comme il ne fuit que lentement, qu'il laisse une odeur très-forte, qu'il se défend contre les chiens et
les blesse toujours dangereusement, il ne faut pas le chasser avec les bons
chiens courants destinés pour le cerf et le chevreuil; cette chasse leur gâterait le nez et les accoutumerait à aller lentement : des mâtins un peu dressés
suffisent pour la chasse du sanglier. Il ne faut attaquer que les plus vieux;
on les connaît aisément aux traces : un jeune sanglier de trois ans est difficile à forcer, parce qu'il court très-loin sans s'arrêter, au lieu qu'un sanglier
plus âgé ne fuit pas loin, se laisse chasser de près, n'a pas grand'peur des
chiens, et s'arrête souvent pour leur faire tête. Le jour, il reste ordinairement dans sa bauge, au plus épais et dans le plus fort du bois; le soir, à la
nuit, il en sort pour chercher sa nourriture : en été, lorsque les grains sont
mûrs, il est assez facile de le surprendre dans les blés et dans les avoines où
il fréquente toutes les nuits. Dès qu'il est tué, les chasseurs ont grand soin de
lui couper les suites, c'est-à-dire les testicules, dont l'odeur est si forte que
si l'on passe seulement cinq ou six heures sans les ôter toute la chair en est
infectée. Au reste, il n'y a que la hure qui soit bonne dans un vieux sanglier,
au lieu que toute la chair du marcassin, et celle du jeune sanglier qui n'a
pas encore un an, est délicate et même assez fine. Celle du verrat, ou cochon
domestique mâle, est encore plus mauvaise que celle du sanglier; ce n'est
que par la castration et l'engrais qu'on la rend bonne à manger. Les

anciens [a] étaient dans l'usage de faire la castration aux jeunes marcassins qu'on pouvait enlever à leur mère, après quoi on les reportait dans les bois : ces sangliers coupés grossissent beaucoup plus que les autres, et leur chair est meilleure que celle des cochons domestiques.

Pour peu qu'on ait habité la campagne, on n'ignore pas les profits qu'on tire du cochon ; sa chair se vend à peu près autant que celle du bœuf, le lard se vend au double, et même au triple ; le sang, les boyaux, les viscères, les pieds, la langue, se préparent et se mangent. Le fumier du cochon est plus froid que celui des autres animaux, et l'on ne doit s'en servir que pour les terres trop chaudes et trop sèches. La graisse des intestins et de l'épiploon, qui est différente du lard, fait le saindoux et le vieux-oing. La peau a ses usages ; on en fait des cribles, comme l'on fait aussi des vergettes, des brosses, des pinceaux avec les soies. La chair de cet animal prend mieux le sel, le salpêtre, et se conserve salée plus longtemps qu'aucune autre.

Cette espèce, quoique abondante et fort répandue en Europe, en Afrique et en Asie, ne s'est point trouvée dans le continent du nouveau monde : elle y a été transportée par les Espagnols, qui ont jeté des cochons noirs dans le continent et dans presque toutes les grandes îles de l'Amérique ; ils se sont multipliés et sont devenus sauvages en beaucoup d'endroits ; ils ressemblent à nos sangliers, ils ont le corps plus court, la hure plus grosse et la peau plus épaisse [b] que les cochons domestiques, qui, dans les climats chauds, sont tous noirs comme les sangliers.

Par un de ces préjugés ridicules que la seule superstition peut faire subsister, les Mahométans sont privés de cet animal utile : on leur a dit qu'il était immonde, ils n'osent donc ni le toucher, ni s'en nourrir. Les Chinois, au contraire, ont beaucoup de goût pour la chair du cochon ; ils en élèvent de nombreux troupeaux, c'est leur nourriture la plus ordinaire, et c'est ce qui les a empêchés, dit-on, de recevoir la loi de Mahomet. Ces cochons de la Chine, qui sont aussi ceux de Siam et de l'Inde, sont un peu différents de ceux de l'Europe ; ils sont plus petits et ils ont les jambes beaucoup plus courtes ; leur chair est plus blanche et plus délicate : on les connaît en France, et quelques personnes en élèvent ; ils se mêlent et produisent avec les cochons de la race commune. Les Nègres élèvent aussi une grande quantité de cochons, et quoiqu'il y en ait peu chez les Maures et dans tous les pays habités par les Mahométans, on trouve en Afrique et en Asie des sangliers aussi abondamment qu'en Europe.

Ces animaux n'affectent donc point de climat particulier ; seulement il paraît que dans les pays froids le sanglier, en devenant animal domestique, a plus dégénéré que dans les pays chauds : un degré de température de plus

<hr>

a. *Vide Arist. hist. animal.*, lib. vi, cap. xxviii.
b. Voyez l'*Histoire générale des Antilles*, par le P. du Tertre. Paris, 1667, t. II, p. 295.

suffit pour changer leur couleur; les cochons sont communément blancs
dans nos provinces septentrionales de France, et même en Vivarais, tandis
que dans la province du Dauphiné, qui en est très-voisine, ils sont tous noirs;
ceux de Languedoc, de Provence, d'Espagne, d'Italie, des Indes, de la
Chine et de l'Amérique, sont aussi de la même couleur : le cochon de Siam
ressemble plus que le cochon de France au sanglier. Un des signes les plus
évidents de la dégénération sont les oreilles; elles deviennent d'autant plus
souples, d'autant plus molles, plus inclinées et plus pendantes, que l'animal
est plus altéré, ou, si l'on veut, plus adouci par l'éducation et par l'état de
domesticité; et, en effet, le cochon domestique a les oreilles beaucoup moins
raides, beaucoup plus longues et plus inclinées que le sanglier, qu'on doit
regarder comme le modèle de l'espèce.

LE CHIEN. *

La grandeur de la taille, l'élégance de la forme, la force du corps, la
liberté des mouvements, toutes les qualités extérieures, ne sont pas ce qu'il
y a de plus noble dans un être animé : et comme nous préférons dans
l'homme l'esprit à la figure, le courage à la force, les sentiments à la beauté,
nous jugeons aussi que les qualités intérieures sont ce qu'il y a de plus relevé
dans l'animal; c'est par elles qu'il diffère de l'automate, qu'il s'élève au-
dessus du végétal et s'approche de nous; c'est le sentiment qui ennoblit
son être, qui le régit, qui le vivifie, qui commande aux organes, rend les
membres actifs, fait naître le désir, et donne à la matière le mouvement
progressif, la volonté, la vie.

La perfection de l'animal dépend donc de la perfection du sentiment :
plus il est étendu, plus l'animal a de facultés et de ressources, plus il existe,
plus il a de rapports avec le reste de l'univers; et lorsque le sentiment est
délicat, exquis, lorsqu'il peut encore être perfectionné par l'éducation,
l'animal devient digne d'entrer en société avec l'homme; il sait concourir
à ses desseins, veiller à sa sûreté, l'aider, le défendre, le flatter; il sait, par
des services assidus, par des caresses réitérées, se concilier son maître, le
captiver, et de son tyran se faire un protecteur.

Le chien, indépendamment de la beauté de sa forme, de la vivacité, de la
force, de la légèreté, a par excellence toutes les qualités intérieures qui
peuvent lui attirer les regards de l'homme. Un naturel ardent, colère, même
féroce et sanguinaire, rend le chien sauvage redoutable à tous les animaux,
et cède dans le chien domestique aux sentiments les plus doux, au plaisir

---

* *Canis familiaris* (Linn.). — Ordre des *Carnassiers;* famille des *Carnivores;* Tribu des
Digitigrades; Genre *Chien* (Cuv.).

de s'attacher et au désir de plaire; il vient en rampant mettre aux pieds de son maître son courage, sa force, ses talents ; il attend ses ordres pour en faire usage, il le consulte, il l'interroge, il le supplie, un coup d'œil suffit, il entend les signes de sa volonté ; sans avoir, comme l'homme, la lumière de la pensée, il a toute la chaleur du sentiment; il a de plus que lui la fidélité, la constance dans ses affections : nulle ambition, nul intérêt, nul désir de vengeance, nulle crainte que celle de déplaire; il est tout zèle, tout ardeur et tout obéissance; plus sensible au souvenir des bienfaits qu'à celui des outrages, il ne se rebute pas par les mauvais traitements, il les subit, les oublie, ou ne s'en souvient que pour s'attacher davantge; loin de s'irriter ou de fuir, il s'expose de lui-même à de nouvelles épreuves, il lèche cette main, instrument de douleur, qui vient de le frapper, il ne lui oppose que la plainte, et la désarme enfin par la patience et la soumission.

Plus docile que l'homme, plus souple qu'aucun des animaux, non-seulement le chien s'instruit en peu de temps, mais même il se conforme aux mouvements, aux manières, à toutes les habitudes de ceux qui lui commandent; il prend le ton de la maison qu'il habite; comme les autres domestiques, il est dédaigneux chez les grands et rustre à la campagne : toujours empressé pour son maître et prévenant pour ses seuls amis, il ne fait aucune attention aux gens indifférents, et se déclare contre ceux qui par état ne sont faits que pour importuner; il les connaît aux vêtements, à la voix, à leurs gestes, et les empêche d'approcher. Lorsqu'on lui a confié pendant la nuit la garde de la maison, il devient plus fier, et quelquefois féroce; il veille, il fait la ronde; il sent de loin les étrangers, et pour peu qu'ils s'arrêtent ou tentent de franchir les barrières, il s'élance, s'oppose, et par des aboiements réitérés, des efforts et des cris de colère, il donne l'alarme, avertit et combat : aussi furieux contre les hommes de proie que contre les animaux carnassiers, il se précipite sur eux, les blesse, les déchire, leur ôte ce qu'ils s'efforçaient d'enlever ; mais content d'avoir vaincu il se repose sur les dépouilles, n'y touche pas, même pour satisfaire son appétit, et donne en même temps des exemples de courage, de tempérance et de fidélité.

On sentira de quelle importance cette espèce est dans l'ordre de la nature, en supposant un instant qu'elle n'eût jamais existé. Comment l'homme aurait-il pu, sans le secours du chien, conquérir, dompter, réduire en esclavage les autres animaux? Comment pourrait-il encore aujourd'hui découvrir, chasser, détruire les bêtes sauvages et nuisibles? Pour se mettre en sûreté, et pour se rendre maître de l'univers vivant , il a fallu commencer par se faire un parti parmi les animaux, se concilier avec douceur et par caresses ceux qui se sont trouvés capables de s'attacher et d'obéir, afin de les opposer aux autres : le premier art de l'homme a donc été l'éducation du chien, et le fruit de cet art la conquête et la possession paisible de la terre.

La plupart des animaux ont plus d'agilité, plus de vitesse, plus de force, et même plus de courage que l'homme; la nature les a mieux munis, mieux armés; ils ont aussi les sens, et surtout l'odorat, plus parfaits. Avoir gagné une espèce courageuse et docile comme celle du chien, c'est avoir acquis de nouveaux sens et les facultés qui nous manquent. Les machines, les instruments que nous avons imaginés pour perfectionner nos autres sens, pour en augmenter l'étendue, n'approchent pas, même pour l'utilité, de ces machines toutes faites que la nature nous présente, et qui en suppléant à l'imperfection de notre odorat, nous ont fourni de grands et d'éternels moyens de vaincre et de régner : et le chien, fidèle à l'homme, conservera toujours une portion de l'empire, un degré de supériorité sur les autres animaux; il leur commande, il règne lui-même à la tête d'un troupeau, il s'y fait mieux entendre que la voix du berger; la sûreté, l'ordre et la discipline sont les fruits de sa vigilance et de son activité; c'est un peuple qui lui est soumis, qu'il conduit, qu'il protége, et contre lequel il n'emploie jamais la force que pour y maintenir la paix.

Mais c'est surtout à la guerre, c'est contre les animaux ennemis ou indépendants qu'éclate son courage, et que son intelligence se déploie tout entière : les talents naturels se réunissent ici aux qualités acquises. Dès que le bruit des armes se fait entendre, dès que le son du cor ou la voix du chasseur a donné le signal d'une guerre prochaine, brûlant d'une ardeur nouvelle, le chien marque sa joie par les plus vifs transports, il annonce par ses mouvements et par ses cris l'impatience de combattre et le désir de vaincre; marchant ensuite en silence, il cherche à reconnaître le pays, à découvrir, à surprendre l'ennemi dans son fort; il recherche ses traces, il les suit pas à pas, et par des accents différents indique le temps, la distance, l'espèce, et même l'âge de celui qu'il poursuit.

Intimidé, pressé, désespérant de trouver son salut dans la fuite, l'animal [a] se sert aussi de toutes ses facultés, il oppose la ruse à la sagacité; jamais les ressources de l'instinct ne furent plus admirables : pour faire perdre sa trace, il va, vient et revient sur ses pas; il fait des bonds, il voudrait se détacher de la terre et supprimer les espaces; il franchit d'un saut les routes, les haies, passe à la nage les ruisseaux, les rivières; mais toujours poursuivi, et ne pouvant anéantir son corps, il cherche à en mettre un autre à sa place; il va lui-même troubler le repos d'un voisin plus jeune et moins expérimenté, le faire lever, marcher, fuir avec lui; et lorsqu'ils ont confondu leurs traces, lorsqu'il croit l'avoir substitué à sa mauvaise fortune, il le quitte plus brusquement encore qu'il ne l'a joint, afin de le rendre seul l'objet et la victime de l'ennemi trompé.

a. Voyez, plus loin, l'*Histoire du cerf.*

Mais le chien, par cette supériorité que donnent l'exercice et l'éducation, par cette finesse de sentiment qui n'appartient qu'à lui, ne perd pas l'objet de sa poursuite ; il démêle les points communs, délie les nœuds du fil tortueux qui seul peut y conduire ; il voit de l'odorat tous les détours du labyrinthe, toutes les fausses routes où l'on a voulu l'égarer ; et, loin d'abandonner l'ennemi pour un indifférent, après avoir triomphé de la ruse, il s'indigne, il redouble d'ardeur, arrive enfin, l'attaque, et, le mettant à mort, étanche dans le sang sa soif et sa haine.

Le penchant pour la chasse ou la guerre nous est commun avec les animaux : l'homme sauvage ne sait que combattre et chasser. Tous les animaux qui aiment la chair, et qui ont de la force et des armes, chassent naturellement : le lion, le tigre, dont la force est si grande qu'ils sont sûrs de vaincre, chassent seuls et sans art ; les loups, les renards, les chiens sauvages se réunissent, s'entendent, s'aident, se relaient et partagent la proie ; et lorsque l'éducation a perfectionné ce talent naturel dans le chien domestique, lorsqu'on lui a appris à réprimer son ardeur, à mesurer ses mouvements, qu'on l'a accoutumé à une marche régulière et à l'espèce de discipline nécessaire à cet art, il chasse avec méthode, et toujours avec succès.

Dans les pays déserts, dans les contrées dépeuplées, il y a des chiens sauvages qui, pour les mœurs, ne diffèrent des loups que par la facilité qu'on trouve à les apprivoiser ; ils se réunissent aussi en plus grandes troupes pour chasser et attaquer en force les sangliers, les taureaux sauvages, et même les lions et les tigres. En Amérique, ces chiens sauvages sont de race anciennement domestique, ils y ont été transportés d'Europe ; et quelques-uns, ayant été oubliés ou abandonnés dans ces déserts, s'y sont multipliés au point qu'ils se répandent par troupes dans les contrées habitées, où ils attaquent le bétail et insultent même les hommes : on est donc obligé de les écarter par la force et de les tuer comme les autres bêtes féroces ; et les chiens sont tels en effet, tant qu'ils ne connaissent pas les hommes : mais lorsqu'on les approche avec douceur, ils s'adoucissent, deviennent bientôt familiers, et demeurent fidèlement attachés à leurs maîtres ; au lieu que le loup, quoique pris jeune et élevé dans les maisons, n'est doux que dans le premier âge, ne perd jamais son goût pour la proie, et se livre tôt ou tard à son penchant pour la rapine et la destruction.

L'on peut dire que le chien est le seul animal dont la fidélité soit à l'épreuve ; le seul qui connaisse toujours son maître et les amis de la maison ; le seul qui, lorsqu'il arrive un inconnu, s'en aperçoive ; le seul qui entende son nom et qui reconnaisse la voix domestique ; le seul qui ne se confie point à lui-même ; le seul qui, lorsqu'il a perdu son maître et qu'il ne peut le retrouver, l'appelle par ses gémissements ; le seul qui, dans un voyage long qu'il n'aura fait qu'une fois, se souvienne du chemin et retrouve la route; le seul enfin dont les talents naturels soient évidents et l'éducation toujours heureuse.

Et de même que de tous les animaux le chien est celui dont le naturel est le plus susceptible d'impression, et se modifie le plus aisément par les causes morales, il est aussi de tous celui dont la nature est le plus sujette aux variétés et aux altérations causées par les influences physiques : le tempérament, les facultés, les habitudes du corps varient prodigieusement; la forme même n'est pas constante : dans le même pays un chien est très-différent d'un autre chien, et l'espèce est, pour ainsi dire, toute différente d'elle-même dans les différents climats. De là cette confusion, ce mélange et cette variété de races si nombreuses qu'on ne peut en faire l'énumération ; de là ces différences si marquées pour la grandeur de la taille, la figure du corps, l'allongement du museau, la forme de la tête, la longueur et la direction des oreilles et de la queue, la couleur, la qualité, la quantité du poil, etc., en sorte qu'il ne reste rien de constant, rien de commun à ces animaux que la conformité de l'organisation intérieure et la faculté de pouvoir tous produire ensemble. Et comme ceux qui diffèrent le plus les uns des autres à tous égards ne laissent pas de produire des individus qui peuvent se perpétuer en produisant eux-mêmes d'autres individus, il est évident que tous les chiens, quelque différents, quelque variés qu'ils soient, ne font qu'une seule et même espèce.

Mais ce qui est difficile à saisir dans cette nombreuse variété de races différentes, c'est le caractère de la race primitive, de la race originaire, de la race mère de toutes les autres races; comment reconnaître les effets produits par l'influence du climat, de la nourriture, etc.? comment les distinguer encore des autres effets, ou plutôt des résultats qui proviennent du mélange de ces différentes races entre elles, dans l'état de liberté ou de domesticité? En effet, toutes ces causes altèrent, avec le temps, les formes les plus constantes, et l'empreinte de la nature ne conserve pas toute sa pureté dans les objets que l'homme a beaucoup maniés. Les animaux assez indépendants pour choisir eux-mêmes leur climat et leur nourriture sont ceux qui conservent le mieux cette empreinte originaire; et l'on peut croire que, dans ces espèces, le premier, le plus ancien de tous, nous est encore aujourd'hui assez fidèlement représenté par ses descendants : mais ceux que l'homme s'est soumis, ceux qu'il a transportés de climats en climats, ceux dont il a changé la nourriture, les habitudes et la manière de vivre, ont aussi dû changer pour la forme plus que tous les autres; et l'on trouve en effet bien plus de variété dans les espèces d'animaux domestiques que dans celles des animaux sauvages. Et comme parmi les animaux domestiques le chien est, de tous, celui qui s'est attaché à l'homme de plus près; celui qui, vivant comme l'homme, vit aussi le plus irrégulièrement; celui dans lequel le sentiment domine assez pour le rendre docile, obéissant et susceptible de toute impression, et même de toute contrainte, il n'est pas étonnant que de tous les animaux ce soit aussi celui dans lequel on trouve les plus grandes variétés pour la figure, pour la taille, pour la couleur et pour les autres qualités.

Quelques circonstances concourent encore à cette altération : le chien vit assez peu de temps, il produit souvent et en assez grand nombre; et comme il est perpétuellement sous les yeux de l'homme, dès que, par un hasard assez ordinaire à la nature, il se sera trouvé dans quelques individus des singularités ou des variétés apparentes, on aura tâché de les perpétuer en unissant ensemble ces individus singuliers, comme on le fait encore aujourd'hui lorsqu'on veut se procurer de nouvelles races de chiens et d'autres animaux [1]. D'ailleurs, quoique toutes les espèces soient également anciennes, le nombre des générations, depuis la création, étant beaucoup plus grand dans les espèces dont les individus ne vivent que peu de temps, les variétés, les altérations, la dégénération même doivent en être devenues plus sensibles, puisque ces animaux sont plus loin de leur souche que ceux qui vivent plus longtemps. L'homme est aujourd'hui huit fois plus près d'Adam que le chien ne l'est du premier chien, puisque l'homme vit quatre-vingts ans et que le chien n'en vit que dix : si donc, par quelque cause que ce puisse être, ces deux espèces tendaient également à dégénérer, cette altération serait aujourd'hui huit fois plus marquée dans le chien que dans l'homme.

Les petits animaux éphémères, ceux dont la vie est si courte qu'ils se renouvellent tous les ans par la génération, sont infiniment plus sujets que les autres animaux aux variétés et aux altérations de tout genre : il en est de même des plantes annuelles en comparaison des autres végétaux; il y en a même dont la nature est, pour ainsi dire, artificielle et factice. Le blé [2], par exemple, est une plante que l'homme a changée au point qu'elle n'existe nulle part dans l'état de nature : on voit bien qu'il a quelque rapport avec l'ivraie, avec les gramens, les chiendents, et quelques autres herbes des prairies; mais on ignore à laquelle de ces herbes on doit le rapporter ; et comme il se renouvelle tous les ans, et que, servant de nourriture à l'homme, il est de toutes les plantes celle qu'il a le plus travaillée, il est aussi de toutes celle dont la nature est le plus altérée. L'homme peut donc non-seulement faire servir à ses besoins, à son usage, tous les individus de l'univers; mais il peut encore, avec le temps, changer, modifier et perfectionner les espèces; c'est même le plus beau droit qu'il ait sur la nature. . Avoir transformé une herbe stérile en blé est une espèce de création dont

1. Buffon nous a indiqué (p. 392) une première source d'où dérivent les *races* : le *climat;* il nous en indique ici une seconde : les *accidents organiques*, ou, comme il dit, les *hasards de la nature*. (Voyez la note de la page 264 et celle de la page 392.)

2. On a perdu toute trace de l'origine du *blé*, comme de la plupart des *espèces*, tant dans les végétaux que dans les animaux, que l'homme, selon l'expression de Buffon, a *beaucoup travaillées.*

cependant il ne doit pas s'enorgueillir, puisque ce n'est qu'à la sueur de son front et par des cultures réitérées qu'il peut tirer du sein de la terre ce pain souvent amer, qui fait sa subsistance.

Les espèces que l'homme a beaucoup travaillées, tant dans les végétaux que dans les animaux, sont donc celles qui de toutes sont le plus altérées; et comme quelquefois elles le sont au point qu'on ne peut reconnaître leur forme primitive, comme dans le blé, qui ne ressemble plus à la plante dont il a tiré son origine, il ne serait pas impossible que dans la nombreuse variété des chiens que nous voyons aujourd'hui, il n'y en eût pas un seul de semblable au premier chien, ou plutôt au premier animal de cette espèce, qui s'est peut-être beaucoup altérée depuis la création, et dont la souche a pu par conséquent être très-différente des races qui subsistent actuellement, quoique ces races en soient originairement toutes également provenues.

La nature cependant ne manque jamais de reprendre ses droits, dès qu'on la laisse agir en liberté : le froment, jeté sur une terre inculte, dégénère à la première année; si l'on recueillait ce grain dégénéré pour le jeter de même, le produit de cette seconde génération serait encore plus altéré; et, au bout d'un certain nombre d'années et de reproductions, l'homme verrait reparaître la plante originaire du froment, et saurait combien il faut de temps à la nature pour détruire le produit d'un art qui la contraint, et pour se réhabiliter. Cette expérience serait assez facile à faire sur le blé et sur les autres plantes qui tous les ans se reproduisent, pour ainsi dire, d'elles-mêmes, dans le même lieu ; mais il ne serait guère possible de la tenter, avec quelque espérance de succès, sur les animaux qu'il faut rechercher, appareiller, unir, et qui sont difficiles à manier, parce qu'ils nous échappent tous plus ou moins par leur mouvement, et par la répugnance souvent invincible qu'ils ont pour les choses qui sont contraires à leurs habitudes ou à leur naturel. On ne peut donc pas espérer de savoir jamais par cette voie quelle est la race primitive des chiens, non plus que celle des autres animaux qui, comme le chien, sont sujets à des variétés permanentes; mais, au défaut de ces connaissances de faits qu'on ne peut acquérir, et qui cependant seraient nécessaires pour arriver à la vérité, on peut rassembler des indices et en tirer des conséquences vraisemblables.

Les chiens qui ont été abandonnés dans les solitudes de l'Amérique [1], et qui vivent en chiens sauvages depuis cent cinquante ou deux cents ans, quoique originaires de races altérées, puisqu'ils sont provenus des chiens domestiques, ont dû, pendant ce long espace de temps, se rapprocher au moins en partie de leur forme primitive; cependant les voyageurs nous

---

1. Voyez, sur le *chien*, redevenu sauvage en Amérique, les détails curieux que nous devons à M. Roulin. (*Recherc. concernant les anim. domest. transportés de l'Anc. dans le Nouv. Monde. — Mém. de l'Acad. des Sci. — Sav. étrang.*, t. VI, année 1835.)

disent qu'ils ressemblent à nos lévriers [a]; ils disent la même chose des chiens sauvages ou devenus sauvages au Congo [b], qui, comme ceux d'Amérique, se rassemblent par troupes pour faire la guerre aux tigres, aux lions, etc. ; mais d'autres, sans comparer les chiens sauvages de Saint-Domingue aux lévriers, disent seulement [c] qu'ils ont pour l'ordinaire la tête plate et longue, le museau effilé, l'air sauvage, le corps mince et décharné; qu'ils sont très-légers à la course, qu'ils chassent en perfection, qu'ils s'apprivoisent aisément en les prenant tout petits : ainsi ces chiens sauvages sont extrêmement maigres et légers; et comme le lévrier ne diffère d'ailleurs qu'assez peu du mâtin, ou du chien que nous appelons chien de berger, on peut croire que ces chiens sauvages sont plutôt de cette espèce que de vrais lévriers , parce que d'autre côté les anciens voyageurs ont dit que les chiens naturels du Canada avaient les oreilles droites comme les renards, et ressemblaient aux mâtins de médiocre grandeur [d] de nos villageois, c'est-à-dire à nos chiens de berger ; que ceux des sauvages des Antilles avaient aussi la tête et les oreilles fort longues, et approchaient de la forme des renards [e]; que les Indiens du Pérou n'avaient pas toutes les espèces de chiens que nous avons en Europe, qu'ils en avaient seulement de grands et de petits qu'ils nommaient Alco [f]; que ceux de l'isthme de l'Amérique étaient laids, qu'ils avaient le poil rude et long, ce qui suppose aussi les oreilles droites [g]. Ainsi on ne peut guère douter que les chiens originaires d'Amérique [1], et qui avant la découverte de ce nouveau monde n'avaient eu aucune communication avec ceux de nos climats, ne fussent tous, pour ainsi dire, d'une seule et même race, et que de toutes les races de nos chiens, celle qui en approche le plus ne soit celle des chiens à museau effilé, à oreilles droites et à long poil rude comme les chiens de berger ; et ce qui me fait croire encore que les chiens devenus sauvages à Saint-Domingue ne sont pas de vrais lévriers, c'est que comme les lévriers sont assez rares en France, on en tire, pour le roi, de Constantinople et des autres endroits du Levant, et que je ne sache pas qu'on en ait jamais fait venir de Saint-Domingue ou de nos autres colonies d'Amérique. D'ailleurs, en recherchant dans la même vue ce que les voyageurs ont dit de la forme des chiens

a. *Histoire des aventuriers flibustiers*. par Oexmelin. Paris, 1686 , in-12 , t. I, p. 112.

b. *Histoire générale des Voyages*, par M. l'abbé Prévost, in-4°, t. I, p. 86.

c. *Nouveaux voyages aux isles de l'Amérique*. Paris , 1722 , t. V, p. 195.

d. *Voyage au pays des Hurons*, par Sabard Théodat, récollet. Paris , 1672 , p. 310 et 311.

e. *Histoire générale des Antilles* , par le P. du Tertre. Paris , 1667, t. II, p. 306.

f. *Histoire des Incas*. Paris, 1744 , t. I, p. 265. *Voyage de Wafer*, imprimé à la suite de ceux de Dampier, t. IV, p. 223.

g *Nouveaux voyages aux isles de l'Amérique*. Paris , 1722, t. V, p. 195.

1. Le *chien* proprement dit , notre *chien*, s'est-il trouvé dans le Nouveau-Monde? Ici Buffon l'admet ; il en doute ailleurs (au chapitre sur les *animaux propres à chacun des deux continents*). Voyez dans les *Tableaux de la nature*, de M. de Humboldt, une note sur l'*alco*, ou *chien indien* (t. 1, p. 128. — Traduct. de M. Galuski).

des différents pays, on trouve que les chiens des pays froids ont tous le museau long et les oreilles droites; que ceux de la Laponie [a] sont petits, qu'ils ont le poil long, les oreilles droites, et le museau pointu; que ceux de Sibérie et ceux que l'on appelle chiens-loups sont plus gros que ceux de Laponie, mais qu'ils ont de même les oreilles droites, le poil rude et le museau pointu; que ceux d'Islande sont aussi, à très-peu près, semblables àceux de Sibérie, et que de même, dans les climats chauds, comme au cap de Bonne-Espérance [b], les chiens naturels du pays ont le museau pointu, les oreilles droites, la queue longue et traînante à terre, le poil clair, mais long et toujours hérissé; que ces chiens sont excellents pour garder les troupeaux, et que par conséquent ils ressemblent non-seulement par la figure, mais encore par l'instinct, à nos chiens de berger; que dans d'autres climats encore plus chauds, comme à Madagascar [c], à Maduré [d], à Calicut [e], à Malabar [f], les chiens originaires de ces pays ont tous le museau long, les oreilles droites, et ressemblent encore à nos chiens de berger; que quand même on y transporte des mâtins, des épagneuls, des barbets, des dogues, des chiens courants, des lévriers, etc., ils dégénèrent à la seconde ou à la troisième génération; qu'enfin dans les pays excessivement chauds, comme en Guinée [g], cette dégénération est encore plus prompte, puisqu'au bout de trois ou quatre ans ils perdent leur voix, qu'ils n'aboient plus, mais hurlent tristement, qu'ils ne produisent plus que des chiens à oreilles droites comme celles des renards; que les chiens du pays sont fort laids, qu'ils ont le museau pointu, les oreilles longues et droites, la queue longue et pointue, sans aucun poil, la peau du corps nue, ordinairement tachetée, et quelquefois d'une seule couleur, qu'enfin ils sont désagréables à la vue, et plus encore au toucher.

On peut donc déjà présumer avec quelque vraisemblance que le chien de berger est, de tous les chiens, celui qui approche le plus de la race primitive de cette espèce, puisque dans tous les pays habités par des hommes sauvages, ou même à demi civilisés, les chiens ressemblent à cette sorte de chiens plus qu'à aucune autre; que dans le continent entier du nouveau monde il n'y en avait pas d'autres[1]; qu'on les retrouve seuls de même au

a. Voyage de La Martinière. Paris, 1671, p. 75. *Il Genio vagante.* Parma, 1691, vol. II, page 13.

b. Description du Cap de Bonne-Espérance, par Kolbe. Amsterdam, 1741, première partie, p. 304.

c. Voyage de Flacourt. Paris, 1661, p. 152.

d. Voyage d'Innigo de Biervillas. Paris, 1736, première partie, p. 178.

e. Voyage de François Pyrard. Paris, 1619, t. I, p. 426.

f. Voyage de Jean Ovington. Paris, 1725, t. I, p. 276.

g. Voyez l'*Histoire générale des voyages,* par M. l'abbé Prévost, t. IV, p. 229.

1. « Le *runa-allco* (*chien indien*) ne paraît être qu'une variété du chien de berger. » (M. de Humboldt : *Tableaux de la nature,* t. I, p. 128.)

nord et au midi de notre continent, et qu'en France, où on les appelle
communément chiens de Brie, et dans les autres climats tempérés ils sont
encore en grand nombre, quoiqu'on se soit beaucoup plus occupé à faire
naître ou à multiplier les autres races qui avaient plus d'agrément, qu'à
conserver celle-ci qui n'a que de l'utilité, et qu'on a par cette raison
dédaignée et abandonnée aux paysans chargés du soin des troupeaux. Si
l'on considère aussi que ce chien, malgré sa laideur et son air triste et
sauvage, est cependant supérieur par l'instinct à tous les autres chiens,
qu'il a un caractère décidé auquel l'éducation n'a point de part, qu'il
est le seul qui naisse, pour ainsi dire, tout élevé, et que guidé par le
seul naturel, il s'attache de lui-même à la garde des troupeaux avec
une assiduité, une vigilance, une fidélité singulières; qu'il les conduit
avec une intelligence admirable et non communiquée, que ses talents
font l'étonnement et le repos de son maître, tandis qu'il faut au contraire
beaucoup de temps et de peines pour instruire les autres chiens et les
dresser aux usages auxquels on les destine; on se confirmera dans l'opinion que ce chien est le vrai chien de la nature, celui qu'elle nous a donné
pour la plus grande utilité, celui qui a le plus de rapport avec l'ordre
général des êtres vivants, qui ont mutuellement besoin les uns des autres,
celui enfin qu'on doit regarder comme la souche et le modèle de l'espèce
entière.

Et de même que l'espèce humaine paraît agreste, contrefaite et rapetissée dans les climats glacés du Nord; qu'on ne trouve d'abord que de petits
hommes fort laids en Laponie, en Groënland et dans tous les pays où le
froid est excessif; mais qu'ensuite dans le climat voisin et moins rigoureux
on voit tout à coup paraître la belle race des Finlandais, des Danois, etc.,
qui par leur figure, leur couleur et leur grande taille, sont peut-être les
plus beaux de tous les hommes; on trouve aussi dans l'espèce des chiens
le même ordre et les mêmes rapports. Les chiens de Laponie sont très-
laids, très-petits, et n'ont pas plus d'un pied de longueur [a]. Ceux de Sibérie,
quoique moins laids, ont encore les oreilles droites et l'air agreste et sauvage, tandis que dans le climat voisin où l'on trouve les beaux hommes
dont nous venons de parler, on trouve aussi les chiens de la plus belle et
de la plus grande taille. Les chiens de Tartarie, d'Albanie, du nord de la
Grèce, du Danemark, de l'Irlande, sont les plus grands, les plus forts et
les plus puissants de tous les chiens : on s'en sert pour tirer des voitures.
Ces chiens, que nous appelons chiens d'Irlande, ont une origine très-ancienne et se sont maintenus, quoiqu'en petit nombre, dans le climat dont
ils sont originaires. Les anciens les appelaient chiens d'Épire, chiens d'Albanie, et Pline rapporte, en termes aussi élégants qu'énergiques, le combat

a. *Il Genio vagante*, vol. II, p. 13.

d'un de ces chiens contre un lion, et ensuite contre un éléphant *a*. Ces chiens sont beaucoup plus grands que nos plus grands mâtins : comme ils sont fort rares en France, je n'en ai jamais vu qu'un, qui me parut avoir, tout assis, près de cinq pieds de hauteur, et ressembler pour la forme au chien que nous appelons grand danois ; mais il en différait beaucoup par l'énormité de sa taille, il était tout blanc et d'un naturel doux et tranquille. On trouve ensuite dans les endroits plus tempérés, comme en Angleterre, en France, en Allemagne, en Espagne, en Italie, des hommes et des chiens de toutes sortes de races : cette variété provient en partie de l'influence du climat, et en partie du concours et du mélange des races étrangères ou différentes entre elles, qui ont produit en très-grand nombre des races métives ou mélangées dont nous ne parlerons point ici, parce que M. Daubenton [1] les a décrites et rapportées chacune aux races pures dont elles proviennent ; mais nous observerons, autant qu'il nous sera possible, les ressemblances et les différences que l'abri, le soin, la nourriture et le climat ont produites parmi ces animaux.

Le grand danois, le mâtin et le lévrier, quoique différents au premier coup d'œil, ne font cependant que le même chien : le grand danois n'est qu'un mâtin plus fourni, plus étoffé ; le lévrier un mâtin plus délié, plus effilé, et tous deux plus soignés ; et il n'y a pas plus de différence entre un chien grand danois, un mâtin et un lévrier, qu'entre un Hollandais, un Français et un Italien. En supposant donc le mâtin originaire ou plutôt naturel de France, il aura produit le grand danois dans un climat plus froid et le lévrier dans un climat plus chaud : et c'est ce qui se trouve aussi vérifié par le fait, car les grands danois nous viennent du nord, et les lévriers nous viennent de Constantinople et du Levant. Le chien de berger, le chien-loup, et l'autre espèce de chien-loup, que nous appellerons chien de Sibérie, ne font aussi tous trois qu'un même chien : on pourrait même y joindre le chien de Laponie, celui de Canada, celui des Hottentots, et tous les autres chiens qui ont les oreilles droites ; ils ne diffèrent en effet du chien de berger que par la taille, et parce qu'ils sont plus ou moins étoffés,

---

a. « Indiam petenti Alexandro magno, Rex Albaniæ dono dederat inusitatæ magnitudinis
« unum, cujus specie delectatus, jussit ursos, mox apros et deinde damas emitti, contemptu
« immobili jacente eo ; quâ segnitie tanti corporis offensus imperator generosi spiritûs, eum
« interimi jussit. Nunciavit hoc fama regi ; itaque alterum mittens, addidit mandata ne in
« parvis experiri vellet, sed in leone, elephantove ; duos sibi fuisse hoc interempto, preterea
« nullum fore. Nec distulit Alexander, leonemque fractum protinùs vidit. Posteà elephantum
« jussit induci, haud alio magis spectaculo lætatus. Horrentibus quippe per totum corpus villis,
« ingenti primùm latratu intonuit, moxque increvit assultans, contraque belluam exsurgens
« hinc et illinc artifici dimicatione, quâ maximè opus esset, infestans atque evitans, donec
« assiduâ rotatam vertigine afflixit, ad casum ejus tellure concussâ. » Plin. *Hist. natur.*,
lib. VIII.

1. Voyez Daubenton : *Description du chien.* Voyez aussi Fréd. Cuvier : *Mém. sur nos races de chiens domestiques* (*Ann. du Mus.*, t. XVIII, p. 333).

et que leur poil est plus ou moins rude, plus ou moins long et plus ou moins fourni. Le chien courant, le braque, le basset, le barbet, et même l'épagneul, peuvent encore être regardés comme ne faisant tous qu'un même chien; leur forme et leur instinct sont à peu près les mêmes, et ils ne diffèrent entre eux que par la hauteur des jambes et par l'ampleur des oreilles, qui dans tous sont cependant longues, molles et pendantes : ces chiens sont naturels à ce climat, et je ne crois pas qu'on doive en séparer le braque qu'on appelle chien de Bengale, qui ne diffère de notre braque que par la robe. Ce qui me fait penser que ce chien n'est pas originaire de Bengale ou de quelque autre endroit des Indes, et que ce n'est pas, comme quelques-uns le prétendent, le chien indien dont les anciens ont parlé, et qu'ils disaient être engendré d'un tigre et d'une chienne, c'est que ce même chien était connu en Italie il y a plus de cent cinquante ans, et qu'on ne le regardait pas comme un chien venu des Indes, mais comme un braque ordinaire : « Canis sagax (vulgò brachus), *dit Aldrovande*, an « unius vel varii coloris sit parum refert; in Italiâ eligitur varius et macu- « losæ lynci persimilis, cum tamen niger color vel albus aut fulvus non sit « spernendus [a]. »

L'Angleterre, la France, l'Allemagne, etc., paraissent avoir produit le chien courant, le braque et le basset; ces chiens mêmes dégénèrent dès qu'ils sont portés dans des climats plus chauds, comme en Turquie, en Perse; mais les épagneuls et les barbets sont originaires d'Espagne et de Barbarie, où la température du climat fait que le poil de tous les animaux est plus long, plus soyeux et plus fin que dans tous les autres pays. Le dogue, le chien que l'on appelle petit danois (mais fort improprement, puisqu'il n'a d'autre rapport avec le grand danois que d'avoir le poil court), le chien turc, et, si l'on veut encore, le chien d'Islande, ne font aussi qu'un même chien qui, transporté dans un climat très-froid comme l'Islande, aura pris une forte fourrure de poil, et dans les climats très-chauds de l'Afrique et des Indes aura quitté sa robe; car le chien sans poil, appelé chien turc, est encore mal nommé; ce n'est point dans le climat tempéré de la Turquie que les chiens perdent leur poil, c'est en Guinée et dans les climats les plus chauds des Indes que ce changement arrive; et le chien turc n'est autre chose qu'un petit danois qui, transporté dans les pays excessivement chauds, aura perdu son poil, et dont la race aura ensuite été transportée en Turquie, où l'on aura eu soin de les multiplier. Les premiers que l'on ait vus en Europe, au rapport d'Aldrovande, furent apportés de son temps en Italie, où cependant ils ne purent, dit-il, ni durer, ni multiplier, parce que le climat était beaucoup trop froid pour eux; mais comme il ne donne pas la description de ces chiens nus, nous ne savons pas

---

[a]. *Ulyssis Aldrovandi*, *de quadruped. digitat. vivip.*, lib. III, p. 552.

s'ils étaient semblables à ceux que nous appelons aujourd'hui chiens turcs, et si l'on peut par conséquent les rapporter au petit danois, parce que tous les chiens, de quelque race et de quelque pays qu'ils soient, perdent leur poil dans les climats excessivement chauds [a]; et, comme nous l'avons dit, il perdent aussi leur voix; dans de certains pays ils sont tout à fait muets, dans d'autres ils ne perdent que la faculté d'aboyer, ils hurlent comme les loups, ou glapissent comme les renards; ils semblent par cette altération se rapprocher de leur état de nature; car ils changent aussi pour la forme et pour l'instinct : ils deviennent laids [b], et prennent tous des oreilles droites et pointues. Ce n'est aussi que dans les climats tempérés que les chiens conservent leur ardeur, leur courage, leur sagacité, et les autres talents qui leur sont naturels ; ils perdent donc tout lorsqu'on les transporte dans des climats trop chauds ; mais, comme si la nature ne voulait jamais rien faire d'absolument inutile, il se trouve que dans ces mêmes pays où les chiens ne peuvent plus servir à aucun des usages auxquels nous les employons, on les recherche pour la table, et que les nègres en préfèrent la chair à celle de tous les autres animaux : on conduit les chiens au marché pour les vendre; on les achète plus cher que le mouton, le chevreau, plus cher même que tout autre gibier; enfin, le mets le plus délicieux d'un festin chez les Nègres est un chien rôti. On pourrait croire que le goût si décidé qu'ont ces peuples pour la chair de cet animal vient du changement de qualité de cette même chair qui, quoique très-mauvaise à manger dans nos climats tempérés, acquiert peut-être un autre goût dans ces climats brûlants ; mais ce qui me fait penser que cela dépend plutôt de la nature de l'homme que de celle du chien, c'est que les sauvages du Canada, qui habitent un pays froid, ont le même goût que les Nègres pour la chair du chien, et que nos missionnaires en ont quelquefois mangé sans dégoût. « Les « chiens servent en guise de mouton pour être mangés en festin (dit le « P. Sabard Théodat) : je me suis trouvé diverses fois à des festins de chien ; « j'avoue véritablement que du commencement cela me faisait horreur, « mais je n'en eus pas mangé deux fois que j'en trouvai la chair bonne, et « de goût un peu approchant de celle du porc [c]. »

Dans nos climats, les animaux sauvages qui approchent le plus du chien, et surtout du chien à oreilles droites, du chien de berger, que je regarde comme la souche et le type de l'espèce entière, sont le renard et le loup; et comme la conformation intérieure est presque entièrement la même, et

a. *Histoire générale des voyages*, par M. l'abbé Prévost, t. IV, p. 229.

b. *Voyage de La Boullaye-le-Gouz*. Paris, 1657, p. 257; *Voyages de Jean Ovington*. Paris, 1725, t. I, p. 276 ; *Histoire universelle des voyages*, par du Perrier de Montfrasier. Paris, 1707, p. 344 et suivantes ; *Vie de Christophe Colomb*. Paris, 1681, partie première, p. 106 ; *Voyage de Bosman en Guinée*, etc. Utrecht, 1705, p. 240 ; *Histoire générale des voyages*, par M. l'abbé Prévost, t. IV, p. 229.

c. *Voyage au pays des Hurons*, par le P. Sabard Théodat, récollet. Paris, 1632, p. 311.

que les différences extérieures sont assez légères, j'ai voulu essayer s'ils pourraient produire ensemble : j'espérais qu'au moins on parviendrait à les faire accoupler, et que s'ils ne produisaient pas des individus féconds, ils engendreraient des espèces de mulets qui auraient participé de la nature des deux. Pour cela, j'ai fait élever une louve prise dans les bois à l'âge de deux ou trois mois, avec un mâtin de même âge; ils étaient enfermés ensemble et seuls dans une assez grande cour où aucune autre bête ne pouvait entrer, et où ils avaient un abri pour se retirer; ils ne connaissaient ni l'un ni l'autre aucun individu de leur espèce, ni même aucun homme que celui qui était chargé du soin de leur porter tous les jours à manger : on les a gardés trois ans, toujours avec la même attention, et sans les contraindre ni les enchaîner. Pendant la première année ces jeunes animaux jouaient perpétuellement ensemble et paraissaient s'aimer beaucoup; à la seconde année ils commencèrent par se disputer la nourriture, quoiqu'on leur en donnât plus qu'il ne leur en fallait. La querelle venait toujours de la louve : on leur portait de la viande et des os sur un grand plat de bois que l'on posait à terre ; dans l'instant même la louve, au lieu de se jeter sur la viande, commençait par écarter le chien, et prenait ensuite le plat par la tranche si adroitement qu'elle ne laissait rien tomber de ce qui était dessus, et emportait le tout en fuyant; et comme elle ne pouvait sortir, je l'ai vue souvent faire cinq ou six fois de suite le tour de la cour tout le long des murailles, toujours tenant le plat de niveau entre ses dents, et ne le reposer à terre que pour reprendre haleine et pour se jeter sur la viande avec voracité, et sur le chien avec fureur lorsqu'il voulait approcher. Le chien était plus fort que la louve; mais comme il était plus doux, ou plutôt moins féroce, on craignit pour sa vie et on lui mit un collier. Après la deuxième . année les querelles étaient encore plus vives et les combats plus fréquents, et on mit aussi un collier à la louve, que le chien commençait à ménager beaucoup moins que dans les premiers temps. Pendant ces deux ans il n'y eut pas le moindre signe de chaleur ou de désir ni dans l'un ni dans l'autre ; ce ne fut qu'à la fin de la troisième année que ces animaux commencèrent à ressentir les impressions de l'ardeur du rut, mais sans amour ; car loin que cet état les adoucît ou les rapprochât l'un de l'autre, ils n'en devinrent que plus intraitables et plus féroces ; ce n'était plus que des hurlements de douleur mêlés à des cris de colère ; ils maigrirent tous deux en moins de trois semaines, sans jamais s'approcher autrement que pour se déchirer; enfin, ils s'acharnèrent si fort l'un contre l'autre que le chien tua la louve, qui était devenue la plus maigre et la plus faible, et l'on fut obligé de tuer le chien quelques jours après, parce qu'au moment qu'on voulut le mettre en liberté il fit un grand dégât en se lançant avec fureur sur les volailles, sur les chiens, et même sur les hommes.

J'avais dans le même temps des renards, deux mâles et une femelle, que l'on avait pris dans des piéges, et que je faisais garder loin les uns des autres dans des lieux séparés : j'avais fait attacher l'un de ces renards avec une chaîne légère, mais assez longue, et on lui avait bâti une petite hutte où il se mettait à l'abri. Je le gardai pendant plusieurs mois, il se portait bien ; et quoiqu'il eût l'air ennuyé et les yeux toujours fixés sur la campagne, qu'il voyait de sa hutte, il ne laissait pas de manger de très-grand appétit. On lui présenta une chienne en chaleur que l'on avait gardée, et qui n'avait pas été couverte ; et comme elle ne voulait pas rester auprès du renard, on prit le parti de l'enchaîner dans le même lieu et de leur donner largement à manger. Le renard ne la mordit ni ne la maltraita point : pendant dix jours qu'ils demeurèrent ensemble il n'y eut pas la moindre querelle ni le jour, ni la nuit, ni aux heures du repas ; le renard s'approchait même assez familièrement ; mais dès qu'il avait flairé de trop près sa compagne, le signe du désir disparaissait, et il s'en retournait tristement dans sa hutte ; il n'y eut donc point d'accouplement. Lorsque la chaleur de cette chienne fut passée, on lui en substitua une autre qui venait d'entrer en chaleur, et ensuite une troisième et une quatrième ; le renard les traita toutes avec la même douceur, mais avec la même indifférence ; et afin de m'assurer si c'était la répugnance naturelle ou l'état de contrainte où il était qui l'empêchait de s'accoupler, je lui fis amener une femelle de son espèce ; il la couvrit dès le même jour plus d'une fois, et nous trouvâmes, en la disséquant quelques semaines après, qu'elle était pleine et qu'elle aurait produit quatre petits renards. On présenta de même successivement à l'autre renard plusieurs chiennes en chaleur, on les enfermait avec lui dans une cour où ils n'étaient point enchaînés ; il n'y eut ni haine, ni amour, ni combat, ni caresses, et ce renard mourut, au bout de quelques mois, de dégoût ou d'ennui.

Ces épreuves nous apprennent au moins que le renard et le loup ne sont pas tout à fait de la même nature que le chien [1] ; que ces espèces non-seulement sont différentes, mais séparées et assez éloignées pour ne pouvoir les rapprocher, du moins dans ces climats ; que par conséquent le chien ne tire pas son origine du renard ou du loup [2], et que les nomenclateurs [a] qui ne regardent ces deux animaux que comme des chiens sauvages,

---

a. Canis caudâ (sinistrorsum) recurvâ, le chien. *Canis caudâ incurvâ*, le loup. *Canis caudâ rectâ*, le renard. Linnæi *Syst. nat.*

1. Le *chien* produit avec le *loup*, et Buffon en a connu plus tard un exemple. (Voyez les *Additions*); mais il ne produit pas avec le *renard*. (Voyez mon livre sur l'*instinct et l'intelligence des animaux*, au chapitre de la *Parenté des espèces*.)

2. Le *chien* ne vient sûrement pas du *renard*, car les deux espèces ne produisent point ensemble ; il ne vient pas, non plus, du *loup*, quoique l'union du *loup* et du *chien* soit féconde ; le naturel de ces deux animaux est trop dissemblable : le *loup* évite l'homme et vit *solitaire*, le *chien* est essentiellement *sociable*. Ou le *chien* est une espèce primitive et propre, ou il vient du *chacal*, comme je l'expliquerai tout à l'heure.

ou qui ne prennent le chien que pour un loup ou un renard devenu domestique, et qui leur donnent à tous trois le nom commun de chien, se trompent, pour n'avoir pas assez consulté la nature.

Il y a dans les climats plus chauds que le nôtre une espèce d'animal féroce et cruel, moins différent du chien que ne le sont le renard ou le loup : cet animal, qui s'appelle adive ou chacal, a été remarqué et assez bien décrit par quelques voyageurs; on en trouve en grand nombre en Asie et en Afrique, aux environs de Trébisonde [a], autour du mont Caucase, en Mingrélie [b], en Natolie [c], en Hyrcanie [d], en Perse, aux Indes, à Surate [e], à Goa, à Guzarat, à Bengale, au Congo [f], en Guinée, et en plusieurs autres endroits : et quoique cet animal soit regardé, par les naturels des pays qu'il habite, comme un chien sauvage, et que son nom même le désigne, comme il est très-douteux qu'il se mêle avec les chiens et qu'il puisse engendrer ou produire avec eux [1], nous en ferons l'histoire à part, comme nous ferons aussi celle du loup, celle du renard, et celle de tous les autres animaux qui, ne se mêlant point ensemble, font autant d'espèces distinctes et séparées.

Ce n'est pas que je prétende d'une manière décisive et absolue que l'adive, et même que le renard et le loup ne se soient jamais, dans aucun temps ni dans aucun climat, mêlés avec les chiens [2]. Les anciens l'assurent assez positivement pour qu'on puisse encore avoir sur cela quelques doutes, malgré les épreuves que je viens de rapporter; et j'avoue qu'il faudrait un plus grand nombre de pareilles épreuves pour acquérir sur ce fait une certitude entière. Aristote, dont je suis très-porté à respecter le témoignage, dit précisément [g] qu'il est rare que les animaux qui sont d'espèces différentes se mêlent ensemble; que cependant il est certain que cela arrive dans les chiens, les renards et les loups; que les chiens indiens proviennent d'une autre bête sauvage semblable et d'un chien. On pourrait croire que cette bête

a. *Voyages de Gemelli-Careri.* Paris, 1719, t. I, p. 419.

b. *Voyage de Chardin.* Londres, 1686, p. 76.

c. *Voyage de Dumont.* La Haye, 1699, t. IV, p. 28 et suiv.

d. *Voyage de Chardin.* Amsterdam, 1711, t. II, p. 29.

e. *Voyage d'Innigo de Biervillas.* Paris, 1736, part. I, p. 178.

f. *Voyage de Bosman*, p. 241, 331 et 332; *Voyage du P. Zuchel*, capucin, p. 293.

g. *Aristot. de Generatione animal.*, lib. II, cap. V.

1. Le *chacal* se mêle avec le *chien* et produit avec lui. J'ai obtenu, dans mes expériences, des *métis* de la *chacale* avec le *chien*, comme de la *chienne* avec le *chacal*.

Une *première* génération de *métis* de *chien* et de *chacal* m'en a donné une *seconde*, laquelle m'en a donné une *troisième*. Celle-ci m'en donnera-t-elle une *quatrième* ?

Ainsi que je l'ai dit dans la note 2 de la page 488, ou le *chien* est une espèce primitive et propre, ou il vient du *chacal* : le *chien* produit avec le *chacal* et avec le *loup*; il a la même organisation que le *chacal* et le *loup*; mais il a non-seulement l'organisation du *chacal*, il en a les mœurs. Dès que les *chiens* rentrent dans l'état sauvage, ils forment des troupes nombreuses, ils se creusent des terriers, ils chassent de concert, comme les *chacals*, etc., etc. (Voyez mon livre intitulé : *De l'instinct et de l'intelligence des animaux.*)

2. Voyez la note précédente et la note 2 de la page 456.

sauvage, à laquelle il ne donne point de nom, est l'adive ; mais il dit dans un autre endroit [a] que ces chiens indiens viennent du tigre [1] et d'un chien, ce qui me paraît encore plus difficile à croire, parce que le tigre est d'une nature et d'une forme bien plus différentes de celles du chien que le loup, le renard ou l'adive. Il faut convenir qu'Aristote semble lui-même infirmer son témoignage à cet égard, car après avoir dit que les chiens indiens viennent d'une bête sauvage semblable au loup ou au renard, il dit ailleurs qu'ils viennent du tigre, et sans énoncer si c'est du tigre et de la chienne, ou du chien et de la tigresse, il ajoute seulement que la chose ne réussit pas d'abord, mais seulement à la troisième portée ; que de la première fois il ne résulte encore que des tigres ; qu'on attache les chiens dans les déserts, et qu'à moins que le tigre ne soit en chaleur, ils sont souvent dévorés ; que ce qui fait que l'Afrique produit souvent des prodiges et des monstres, c'est que l'eau y étant très-rare et la chaleur fort grande, les animaux de différentes espèces se rencontrent assemblés en grand nombre dans le même lieu pour boire ; que c'est là qu'ils se familiarisent, s'accouplent et produisent. Tout cela me paraît conjectural, incertain, et même assez suspect pour n'y pas ajouter foi ; car plus on observe la nature des animaux, plus on voit que l'indice le plus sûr pour en juger c'est l'instinct. L'examen le plus attentif des parties intérieures ne nous découvre que les grosses différences ; le cheval et l'âne, qui se ressemblent parfaitement par la conformation des parties intérieures, sont cependant des animaux d'une nature différente ; le taureau, le bélier et le bouc, qui ne diffèrent en rien les uns des autres pour la conformation intérieure de tous les viscères, sont d'espèces encore plus éloignées que l'âne et le cheval, et il en est de même du chien, du renard et du loup. L'inspection de la forme extérieure nous éclaire davantage ; mais comme dans plusieurs espèces, et surtout dans celles qui ne sont pas éloignées, il y a, même à l'extérieur, beaucoup plus de ressemblance que de différence, cette inspection ne suffit pas encore pour décider si ces espèces sont différentes ou les mêmes : enfin lorsque les nuances sont encore plus légères, nous ne pouvons les saisir qu'en combinant les rapports de l'instinct ; c'est en effet par le naturel des animaux qu'on doit juger de leur nature ; et si l'on supposait deux animaux tout semblables pour la forme, mais tout différents pour le naturel, ces deux animaux qui ne voudraient pas se joindre, et qui ne pourraient produire ensemble, seraient, quoique semblables, de deux espèces différentes [2].

a. Aristot., *Hist. anim.*, lib. viii, cap. xxviii.

1. Le *tigre* et le *chien* ne peuvent produire ensemble (voyez la note 7 de la page 455 et la note 3 de la page 456). Aristote ne connaissait pas encore ces rapports intimes, profonds, qui lient les *espèces* entre elles, et que nous ne découvrons que par des expériences suivies : Buffon les cherchait.

2. Tout ce passage est excellent. L'*instinct* est l'indice le plus sûr de la nature de l'animal. Deux animaux, qui ne produisent point ensemble, ne sont pas de la même *espéce.* Et même il

Ce même moyen, auquel on est obligé d'avoir recours pour juger de la différence des animaux dans les espèces voisines, est, à plus forte raison, celui qu'on doit employer de préférence à tous autres, lorsqu'on veut ramener à des points fixes les nombreuses variétés que l'on trouve dans la même espèce : nous en connaissons trente dans celle du chien, et assurément nous ne les connaissons pas toutes. De ces trente variétés il y en a dix-sept que l'on doit rapporter à l'influence du climat, savoir, le chien de berger, le chien-loup, le chien de Sibérie, le chien d'Islande et le chien de Laponie, le mâtin, les lévriers, le grand danois et le chien d'Irlande, le chien courant, les braques, les bassets, les épagneuls et le barbet, le petit danois, le chien turc et le dogue ; les treize autres, qui sont le chien turc métis, le lévrier à poil de loup, le chien-bouffe, le chien de Malte ou bichon, le roquet, le dogue de forte race, le doguin ou mopse, le chien de Calabre, le burgos, le chien d'Alicante, le chien-lion, le petit barbet, et le chien qu'on appelle artois, islois ou quatre-vingt, ne sont que des métis qui proviennent du mélange des premiers ; et, en rapportant chacun de ces chiens métis aux deux races dont ils sont issus, leur nature est dès lors assez connue ; mais, à l'égard des dix-sept premières races, si l'on veut connaître les rapports qu'elles peuvent avoir entre elles, il faut avoir égard à l'instinct, à la forme et à plusieurs autres circonstances. J'ai mis ensemble le chien de berger, le chien-loup, le chien de Sibérie, le chien de Laponie et le chien d'Islande, parce qu'ils se ressemblent plus qu'ils ne ressemblent aux autres par la figure et par le poil, qu'ils ont tous cinq le museau pointu à peu près comme le renard, qu'ils sont les seuls qui aient les oreilles droites, et que leur instinct les porte à suivre et garder les troupeaux. Le mâtin, le lévrier, le grand danois et le chien d'Irlande ont, outre la ressemblance de la forme et du long museau, le même naturel ; ils aiment à courir, à suivre les chevaux, les équipages ; ils ont peu de nez, et chassent plutôt à vue qu'à l'odorat. Les vrais chiens de chasse sont les chiens courants, les braques, les bassets, les épagneuls et les barbets : quoiqu'ils diffèrent un peu par la forme du corps, ils ont cependant tous le museau gros ; et comme leur instinct est le même, on ne peut guère se tromper en les mettant ensemble. L'épagneul, par exemple, a été appelé, par quelques naturalistes, *canis aviarius terrestris*, et le barbet, *canis aviarius aquaticus;* et en effet, la seule différence qu'il y ait dans le naturel de ces deux chiens, c'est que le barbet, avec son poil touffu, long et frisé, va plus volontiers à l'eau que l'épagneul, qui a le poil lisse et moins fourni, ou que les trois autres, qui l'ont trop court et trop clair pour ne pas craindre de se mouiller la peau. Enfin, le petit danois et le chien turc ne peuvent manquer d'aller

ne suffit pas qu'ils s'accouplent et produisent ensemble pour qu'on puisse les regarder comme étant de la même *espèce ;* car la *fécondité bornée* ne donne que le *genre :* la seule *fécondité continue* donne l'*espèce.* (Voyez la note de la page 264 et celle de la page 415.)

ensemble, puisqu'il est avéré que le chien turc n'est qu'un petit danois qui a perdu son poil. Il ne reste que le dogue, qui, par son museau court, semble se rapprocher du petit danois plus que d'aucun autre chien, mais qui en diffère à tant d'autres égards qu'il paraît seul former une variété différente de toutes les autres, tant pour la forme que pour l'instinct : il semble aussi affecter un climat particulier, il vient d'Angleterre, et l'on a peine à en maintenir la race en France ; les métis qui en proviennent, et qui sont le dogue de forte race et le doguin, y réussissent mieux : tous ces chiens ont le nez si court qu'ils ont peu d'odorat, et souvent beaucoup d'odeur : il paraît aussi que la finesse de l'odorat, dans les chiens, dépend de la grosseur plus que de la longueur du museau, parce que le lévrier, le mâtin et le grand danois, qui ont le museau fort allongé, ont beaucoup moins de nez que le chien courant, le braque et le basset, et même que l'épagneul et le barbet, qui ont tous, à proportion de leur taille, le museau moins long, mais plus gros que les premiers.

La plus ou moins grande perfection des sens, qui ne fait pas dans l'homme une qualité éminente, ni même remarquable, fait dans les animaux tout leur mérite[1], et produit, comme cause, tous les talents dont leur nature peut être susceptible. Je n'entreprendrai pas de faire ici l'énumération de toutes les qualités d'un chien de chasse : on sait assez combien l'excellence de l'odorat, jointe à l'éducation, lui donne d'avantage et de supériorité sur les autres animaux ; mais ces détails n'appartiennent que de loin à l'histoire naturelle ; et d'ailleurs les ruses et les moyens, quoique émanés de la simple nature, que les animaux sauvages mettent en œuvre pour se dérober à la recherche, ou pour éviter la poursuite et les atteintes des chiens, sont peut-être plus merveilleux que les méthodes les plus fines de l'art de la chasse.

Le chien, lorsqu'il vient de naître, n'est pas encore entièrement achevé : dans cette espèce, comme dans celles de tous les animaux qui produisent en grand nombre, les petits, au moment de leur naissance, ne sont pas aussi parfaits que dans les animaux qui n'en produisent qu'un ou deux. Les chiens naissent communément avec les yeux fermés ; les deux paupières ne sont pas simplement collées, mais adhérentes par une membrane qui se déchire lorsque le muscle de la paupière supérieure est devenu assez fort pour la relever et vaincre cet obstacle, et la plupart des chiens n'ont les yeux ouverts qu'au dixième ou douzième jour. Dans ce même temps, les os du crâne ne sont pas achevés, le corps est bouffi, le museau gonflé, et leur forme n'est pas encore bien dessinée ; mais en moins d'un mois ils apprennent à faire usage de tous leurs sens, et prennent ensuite de la force et un prompt accroissement. Au quatrième mois ils perdent quelques-unes de

---

1. Remarque aussi juste qu'élevée, et qui contredit toute une philosophie : la *supériorité* de l'homme ne vient pas *de ses sens*.

leurs dents, qui, comme dans les autres animaux, sont bientôt remplacées par d'autres qui ne tombent plus : ils ont en tout quarante-deux dents, savoir, six incisives en haut et six en bas, deux canines en haut et deux en bas, quatorze mâchelières en haut et douze en bas; mais cela n'est pas constant, et il se trouve des chiens qui ont plus ou moins de dents mâchelières [1]. Dans ce premier âge les mâles comme les femelles s'accroupissent un peu pour pisser ; ce n'est qu'à neuf ou dix mois que les mâles, et même quelques femelles, commencent à lever la cuisse, et c'est dans ce même temps qu'ils commencent à être en état d'engendrer. Le mâle peut s'accoupler en tout temps, mais la femelle ne le reçoit que dans des temps marqués; c'est ordinairement deux fois par an, et plus fréquemment en hiver qu'en été; sa chaleur dure dix, douze, et quelquefois quinze jours; elle se marque par des signes extérieurs; les parties de la génération sont humides, gonflées et proéminentes au dehors; il y a un petit écoulement de sang tant que cette ardeur dure, et cet écoulement, aussi bien que le gonflement de la vulve, commence quelques jours avant l'accouplement : le mâle sent de loin la femelle dans cet état et la recherche, mais ordinairement elle ne se livre que six ou sept jours après qu'elle a commencé à entrer en chaleur. On a reconnu qu'un seul accouplement suffit pour qu'elle conçoive, même en grand nombre; cependant, lorsqu'on la laisse en liberté, elle s'accouple plusieurs fois par jour avec tous les chiens qui se présentent : on observe seulement que lorsqu'elle peut choisir elle préfère toujours ceux de la plus grosse et de la plus grande taille, quelque laids et quelque disproportionnés qu'ils puissent être ; aussi arrive-t-il assez souvent que de petites chiennes qui ont reçu des mâtins périssent en faisant leurs petits.

Une chose que tout le monde sait, et qui cependant n'en est pas moins une singularité de la nature, c'est que dans l'accouplement ces animaux ne peuvent se séparer, même après la consommation de l'acte de la génération : tant que l'état d'érection et de gonflement subsiste, ils sont forcés de demeurer unis, et cela dépend sans doute de leur conformation. Le chien a non-seulement, comme plusieurs autres animaux, un os dans la verge, mais les corps caverneux forment dans le milieu une espèce de bourrelet fort apparent, et qui se gonfle beaucoup dans l'érection : la chienne, qui de toutes les femelles est peut-être celle dont le clitoris est le plus considérable et le plus gros dans le temps de la chaleur, présente de son côté un bourrelet, ou plutôt une tumeur ferme et saillante, dont le gonflement, aussi bien que celui des parties voisines, dure peut-être bien plus longtemps que celui du mâle, et suffit peut-être aussi pour le retenir malgré

1. F. Cuvier, en comparant les unes aux autres les diverses races de *chiens*, a trouvé des races à une dent de plus, soit à l'une, soit à l'autre mâchoire, et jusqu'à des races à un doigt de plus, soit au pied de devant, soit à celui de derrière.

lui ; car, au moment que l'acte est consommé, il change de position, il se remet à pied pour se reposer sur ses quatre jambes, il a même l'air triste, et les efforts pour se séparer ne viennent jamais de la femelle.

Les chiennes portent neuf semaines, c'est-à-dire soixante-trois jours, quelquefois soixante-deux ou soixante-un, et jamais moins de soixante ; elles produisent six, sept, et quelquefois jusqu'à douze petits ; celles qui sont de la plus grande et de la plus forte taille produisent en plus grand nombre que les petites, qui souvent ne font que quatre ou cinq, et quelquefois qu'un ou deux petits, surtout dans les premières portées, qui sont toujours moins nombreuses que les autres dans tous les animaux.

Les chiens, quoique très-ardents en amour, ne laissent pas de durer ; il ne paraît pas même que l'âge diminue leur ardeur, ils s'accouplent et produisent pendant toute la vie, qui est ordinairement bornée à quatorze ou quinze ans, quoiqu'on en ait gardé quelques-uns jusqu'à vingt. La durée de la vie est dans le chien, comme dans les autres animaux, proportionnelle au temps de l'accroissement ; il est environ deux ans à croître, il vit aussi sept fois deux ans. L'on peut connaître son âge par les dents, qui dans la jeunesse sont blanches, tranchantes et pointues, et qui, à mesure qu'il vieillit, deviennent noires, mousses et inégales : on le connaît aussi par le poil, car il blanchit sur le museau, sur le front et autour des yeux.

Ces animaux, qui de leur naturel sont très-vigilants, très-actifs, et qui sont faits pour le plus grand mouvement, deviennent dans nos maisons, par la surcharge de la nourriture, si pesants et si paresseux qu'ils passent toute leur vie à ronfler, dormir et manger. Ce sommeil, presque continuel, est accompagné de rêves, et c'est peut-être une douce manière d'exister ; ils sont naturellement voraces ou gourmands, et cependant ils peuvent se passer de nourriture pendant longtemps. Il y a, dans les Mémoires de l'Académie des Sciences [a], l'histoire d'une chienne, qui ayant été oubliée dans une maison de campagne, a vécu quarante jours sans autre nourriture que l'étoffe ou la laine d'un matelas qu'elle avait déchiré. Il paraît que l'eau leur est encore plus nécessaire que la nourriture, ils boivent souvent et abondamment ; on croit même vulgairement que quand ils manquent d'eau pendant longtemps ils deviennent enragés. Une chose qui leur est particulière, c'est qu'ils paraissent faire des efforts et souffrir toutes les fois qu'ils rendent leurs excréments : ce n'est pas, comme le dit Aristote [b], parce que les intestins deviennent plus étroits en approchant de l'anus ; il est certain au contraire que dans le chien, comme dans les autres animaux, les gros boyaux s'élargissent toujours de plus en plus, et que le rectum est plus large que le colon : la sécheresse du tempérament de cet animal suffit pour produire cet effet, et les étranglements qui se trouvent dans le

<hr>

a. *Mémoires de l'Académie des Sciences*, année 1706, p. 5.
b. Aristot. *de partibus animal.* capite ultimo.

colon sont trop loin pour qu'on puisse l'attribuer à la conformation des intestins.

Pour donner une idée plus nette de l'ordre des chiens, de leur dégénération dans les différents climats, et du mélange de leurs races, je joins ici une table, ou, si l'on veut, une espèce d'arbre généalogique où l'on pourra voir d'un coup d'œil toutes ces variétés : cette table est orientée comme les cartes géographiques, et l'on a suivi, autant qu'il était possible, la position respective des climats.

Le chien de berger est la souche de l'arbre [1] : ce chien, transporté dans les climats rigoureux du Nord, s'est enlaidi et rapetissé chez les Lapons, et paraît s'être maintenu et même perfectionné en Islande, en Russie, en Sibérie, dont le climat est un peu moins rigoureux, et où les peuples sont un peu plus civilisés. Ces changements sont arrivés par la seule influence de ces climats, qui n'a pas produit une grande altération dans la forme, car tous ces chiens ont les oreilles droites, le poil épais et long, l'air sauvage, et ils n'aboient pas aussi fréquemment ni de la même manière que ceux qui, dans des climats plus favorables, se sont perfectionnés davantage. Le chien d'Islande est le seul qui n'ait pas les oreilles entièrement droites, elles sont un peu pliées par leur extrémité : aussi l'Islande est, de tous ces pays du Nord, l'un des plus anciennement habités par des hommes à demi civilisés.

Le même chien de berger, transporté dans des climats tempérés et chez des peuples entièrement policés, comme en Angleterre, en France, en Allemagne, aura perdu son air sauvage, ses oreilles droites, son poil rude, épais et long, et sera devenu dogue, chien courant et mâtin, par la seule influence de ces climats. Le mâtin et le dogue ont encore les oreilles en partie droites, elles ne sont qu'à demi pendantes, et ils ressemblent assez, par leurs mœurs et par leur naturel sanguinaire, au chien duquel ils tirent leur origine. Le chien courant est celui des trois qui s'en éloigne le plus ; les oreilles longues, entièrement pendantes, la douceur, la docilité, et, si on peut le dire, la timidité de ce chien, sont autant de preuves de la grande dégénération, ou, si l'on veut, de la grande perfection qu'a produite une longue domesticité, jointe à une éducation soignée et suivie.

Le chien courant, le braque et le basset ne font qu'une seule et même

---

1. « Le *chien* nous a donné son espèce entière, et à ce point que le type de cette espèce semble « avoir disparu..... A défaut du *chien primitif*, F. Cuvier remonte jusqu'au *chien* le moins « modifié par l'homme, c'est-à-dire jusqu'au *chien* de l'homme le plus grossier, le moins « industrieux de la terre, jusqu'au *chien* de l'habitant de la Nouvelle-Hollande. C'est ce *chien* « qu'il prend pour type de l'espèce. Après le *chien* de la Nouvelle-Hollande, celui qui se rap- « proche le plus de l'état sauvage est le *chien* des Esquimaux..... Ils n'ont, ni l'un ni l'autre, « l'aboiement net et distinct de nos *chiens* domestiques ; et ils ont, l'un et l'autre, sous leur « poil soyeux, une sorte de poil laineux ou de duvet que nos *chiens* domestiques ont entière- « ment perdu. » (Voyez mon ouvrage intitulé : *De l'instinct et de l'intelligence des animaux.*)

race de chiens; car l'on a remarqué que dans la même portée il se trouve assez souvent des chiens courants, des braques et des bassets, quoique la lice n'ait été couverte que par l'un de ces trois chiens. J'ai accolé le braque de Bengale au braque commun, parce qu'il n'en diffère en effet que par la robe, qui est mouchetée; et j'ai joint de même le basset à jambes torses au basset ordinaire, parce que le défaut dans les jambes de ce chien ne vient originairement que d'une maladie semblable au rachitis, dont quelques individus ont été attaqués et dont ils ont transmis le résultat, qui est la déformation des os, à leurs descendants.

Le chien courant, transporté en Espagne et en Barbarie, où presque tous les animaux ont le poil fin, long et fourni, sera devenu épagneul et barbet; le grand et le petit épagneul, qui ne diffèrent que par la taille, transportés en Angleterre, ont changé de couleur du blanc au noir, et sont devenus, par l'influence du climat, grand et petit gredins, auxquels on doit joindre le pyrame, qui n'est qu'un gredin noir comme les autres, mais marqué de feu aux quatre pattes, aux yeux et au museau.

Le mâtin, transporté au Nord, est devenu grand danois, et, transporté au Midi, est devenu lévrier : les grands lévriers viennent du Levant, ceux de taille médiocre, d'Italie; et ces lévriers d'Italie, transportés en Angleterre, sont devenus levrons, c'est-à-dire lévriers encore plus petits.

Le grand danois, transporté en Irlande, en Ukraine, en Tartarie, en Épire, en Albanie, est devenu chien d'Irlande, et c'est le plus grand de tous les chiens.

Le dogue, transporté d'Angleterre en Danemark, est devenu petit danois, et ce même petit danois, transporté dans les climats chauds, est devenu chien turc. Toutes ces races, avec leurs variétés, n'ont été produites que par l'influence du climat, jointe à la douceur de l'abri, à l'effet de la nourriture et au résultat d'une éducation soignée ; les autres chiens ne sont pas de races pures, et proviennent du mélange de ces premières races : j'ai marqué par des lignes ponctuées la double origine de ces races métives.

Le lévrier et le mâtin ont produit le lévrier métis, que l'on appelle aussi lévrier à poil de loup; ce métis a le museau moins effilé que le franc lévrier, qui est très-rare en France.

Le grand danois et le grand épagneul ont produit ensemble le chien de Calabre, qui est un beau chien à longs poils touffus, et plus grand par la taille que les plus gros mâtins.

L'épagneul et le basset produisent un autre chien que l'on appelle burgos.

L'épagneul et le petit danois produisent le chien-lion, qui est maintenant fort rare.

Les chiens à longs poils fins et frisés, que l'on appelle bouffes et qui sont de la taille des plus grands barbets, viennent du grand épagneul et du barbet.

Le petit barbet vient du petit épagneul et du barbet.

Le dogue produit avec le mâtin un chien métis que l'on appelle dogue de forte race, qui est beaucoup plus gros que le vrai dogue, ou dogue d'Angleterre, et qui tient plus du dogue que du mâtin.

Le doguin vient du dogue d'Angleterre et du petit danois.

Tous ces chiens sont des métis simples, et viennent du mélange de deux races pures; mais il y a encore d'autres chiens qu'on pourrait appeler doubles métis, parce qu'ils viennent du mélange d'une race pure et d'une race déjà mêlée.

Le roquet est un double métis qui vient du doguin et du petit danois.

Le chien d'Alicante est aussi un double métis, qui vient du doguin et du petit épagneul.

Le chien de Malte, ou bichon, est encore un double métis qui vient du petit épagneul et du petit barbet.

Enfin il y a des chiens qu'on pourrait appeler triples métis, parce qu'ils viennent du mélange de deux races déjà mêlées toutes deux; tel est le chien artois, islois ou quatre-vingt, qui vient du doguin et du roquet; tels sont encore les chiens que l'on appelle vulgairement chiens des rues, qui ressemblent à tous les chiens en général sans ressembler à aucun en particulier, parce qu'ils proviennent du mélange de races déjà plusieurs fois mêlées [1].

LE CHAT * [2].

Le chat est un domestique infidèle qu'on ne garde que par nécessité, pour l'opposer à un autre ennemi domestique encore plus incommode et qu'on ne peut chasser : car nous ne comptons pas les gens qui, ayant du goût pour toutes les bêtes, n'élèvent des chats que pour s'en amuser; l'un est l'usage, l'autre l'abus; et quoique ces animaux, surtout quand ils sont jeunes, aient de la gentillesse, ils ont en même temps une malice innée, un caractère faux, un naturel pervers que l'âge augmente encore et que l'éducation ne fait que masquer. De voleurs déterminés ils deviennent seulement, lorsqu'ils sont bien élevés, souples et flatteurs comme les fripons; ils ont la même adresse, la même subtilité, le même goût pour faire le mal, le même

---

1. Le lecteur pourra rapprocher, de ce premier travail sur les races des *chiens*, celui de F. Cuvier, que j'ai déjà cité. (Voyez les *Ann. du Mus.*, t. XVIII, p. 333.)

* *Felis catus* (Linn.). — Ordre des *Carnassiers*; famille des *Carnivores*; tribu des *Digitigrades*; genre *Chat* (Cuv.).

2. L'histoire du *Chat* ouvre le VI° volume de l'édition in-4° de l'Imprimerie royale, volume publié en 1756.

penchant à la petite rapine ; comme eux ils savent couvrir leur marche, dissimuler leur dessein, épier les occasions, attendre, choisir, saisir l'instant de faire leur coup, se dérober ensuite au châtiment, fuir et demeurer éloignés jusqu'à ce qu'on les rappelle. Ils prennent aisément des habitudes de société, mais jamais des mœurs : ils n'ont que l'apparence de l'attachement ; on le voit à leurs mouvements obliques, à leurs yeux équivoques ; ils ne regardent jamais en face la personne aimée ; soit défiance ou fausseté, ils prennent des détours pour en approcher, pour chercher des caresses auxquelles ils ne sont sensibles que pour le plaisir qu'elles leur font. Bien différent de cet animal fidèle, dont tous les sentiments se rapportent à la personne de son maître, le chat paraît ne sentir que pour soi, n'aimer que sous condition, ne se prêter au commerce que pour en abuser ; et, par cette convenance de naturel, il est moins incompatible avec l'homme qu'avec le chien, dans lequel tout est sincère.

La forme du corps et le tempérament sont d'accord avec le naturel : le chat est joli, léger, adroit, propre et voluptueux ; il aime ses aises, il cherche les meubles les plus mollets pour s'y reposer et s'ébattre ; il est aussi très-porté à l'amour, et, ce qui est rare dans les animaux, la femelle paraît être plus ardente que le mâle ; elle l'invite, elle le cherche, elle l'appelle, elle annonce par de hauts cris la fureur de ses désirs, ou plutôt l'excès de ses besoins, et lorsque le mâle la fuit ou la dédaigne, elle le poursuit, le mord, et le force pour ainsi dire à la satisfaire, quoique les approches soient toujours accompagnées d'une vive douleur. La chaleur dure neuf ou dix jours, et n'arrive que dans des temps marqués ; c'est ordinairement deux fois par an, au printemps et en automne, et souvent aussi trois fois, et même quatre. Les chattes portent cinquante-cinq ou cinquante-six jours ; elles ne produisent pas en aussi grand nombre que les chiennes ; les portées ordinaires sont de quatre, de cinq ou de six. Comme les mâles sont sujets à dévorer leur progéniture, les femelles se cachent pour mettre bas, et lorsqu'elles craignent qu'on ne découvre ou qu'on n'enlève leurs petits, elles les transportent dans des trous et dans d'autres lieux ignorés ou inaccessibles ; et, après les avoir allaités pendant quelques semaines, elles leur apportent des souris, de petits oiseaux, et les accoutument de bonne heure à manger de la chair : mais, par une bizarrerie difficile à comprendre, ces mêmes mères, si soigneuses et si tendres, deviennent quelquefois cruelles, dénaturées, et dévorent aussi leurs petits qui leur étaient si chers.

Les jeunes chats sont gais, vifs, jolis, et seraient aussi très-propres à amuser les enfants, si les coups de patte n'étaient pas à craindre ; mais leur badinage, quoique toujours agréable et léger, n'est jamais innocent, et bientôt il se tourne en malice habituelle ; et comme ils ne peuvent exercer ces talents avec quelque avantage que sur les plus petits animaux, ils se mettent à l'affût près d'une cage, ils épient les oiseaux, les souris, les rats, et deviennent d'eux-mêmes, et sans y être dressés, plus habiles à la chasse que les chiens les mieux instruits. Leur naturel, ennemi de toute contrainte, les rend incapables d'une éducation suivie. On raconte néanmoins que des moines grecs [a] de l'île de Chypre avaient dressé des chats à chasser, prendre et tuer les serpents dont cette île était infestée ; mais c'était plutôt par le goût général qu'ils ont pour la destruction que par obéissance qu'ils chassaient ; car ils se plaisent à épier, attaquer et détruire assez indifféremment tous les animaux faibles, comme les oiseaux, les jeunes lapins, les levrauts, les rats, les souris, les mulots, les chauves-souris, les taupes, les crapauds, les grenouilles, les lézards et les serpents. Ils n'ont aucune docilité, ils manquent aussi de la finesse de l'odorat, qui, dans le chien, sont deux qualités éminentes ; aussi ne poursuivent-ils pas les animaux qu'ils ne voient plus, ils ne les chassent pas, mais ils les attendent, les attaquent par surprise, et après s'en être joués longtemps ils les tuent sans aucune nécessité, lors même qu'ils sont le mieux nourris et qu'ils n'ont aucun besoin de cette proie pour satisfaire leur appétit.

La cause physique la plus immédiate de ce penchant qu'ils ont à épier et surprendre les autres animaux vient de l'avantage que leur donne la conformation particulière de leurs yeux. La pupille, dans l'homme, comme dans la plupart des animaux, est capable d'un certain degré de contraction et de dilatation ; elle s'élargit un peu lorsque la lumière manque, et se rétrécit lorsqu'elle devient trop vive. Dans l'œil du chat et des oiseaux de nuit, cette contraction et cette dilatation sont si considérables que la pupille, qui dans l'obscurité est ronde et large, devient au grand jour longue et étroite comme une ligne, et dès lors ces animaux voient mieux la nuit que le jour, comme on le remarque dans les chouettes, les hiboux, etc., car la forme de la pupille est toujours ronde dès qu'elle n'est pas contrainte. Il y a donc contraction continuelle dans l'œil du chat pendant le jour, et ce n'est, pour ainsi dire, que par effort qu'il voit à une grande lumière ; au lieu que dans le crépuscule, la pupille reprenant son état naturel, il voit parfaitement, et profite de cet avantage pour reconnaître, attaquer et surprendre les autres animaux.

On ne peut pas dire que les chats, quoique habitants de nos maisons, soient des animaux entièrement domestiques ; ceux qui sont le mieux apprivoisés n'en sont pas plus asservis [1] : on peut même dire qu'ils sont entiè-

a. *Description des isles de l'Archipel*, par Dapper, p. 51.

1. « Le *chat* semble, au premier coup d'œil, faire une exception à la loi que j'ai précédemment posée (voyez la note de la page 367), savoir, que la *domesticité* dépend de la *sociabilité*. L'espèce du *chat* est, en effet, *solitaire*, comme celles du *lion*, du *tigre*, de la *panthère*, etc., comme toutes les espèces du genre *Chat*. Mais le *chat* est-il réellement domestique ? Il vit auprès de nous ; mais s'associe-t-il à nous ? Il reçoit nos bienfaits, mais nous rend-il, en échange, la soumission, la docilité, les services des espèces vraiment domestiques ? Le temps, les soins, l'habitude ne peuvent donc rien sans une nature primitivement sociable »

rement libres; ils ne font que ce qu'ils veulent, et rien au monde ne serait capable de les retenir un instant de plus dans un lieu dont ils voudraient s'éloigner. D'ailleurs, la plupart sont à demi sauvages, ne connaissent pas leurs maîtres, ne fréquentent que les greniers et les toits, et quelquefois la cuisine et l'office, lorsque la faim les presse. Quoiqu'on en élève plus que de chiens, comme on les rencontre rarement ils ne font pas sensation pour le nombre; aussi prennent-ils moins d'attachement pour les personnes que pour les maisons : lorsqu'on les transporte à des distances assez considérables, comme à une lieue ou deux, ils reviennent d'eux-mêmes à leur grenier, et c'est apparemment parce qu'ils en connaissent toutes les retraites à souris, toutes les issues, tous les passages, et que la peine du voyage est moindre que celle qu'il faudrait prendre pour acquérir les mêmes facilités dans un nouveau pays. Ils craignent l'eau, le froid et les mauvaises odeurs; ils aiment à se tenir au soleil, ils cherchent à se gîter dans les lieux les plus chauds, derrière les cheminées ou dans les fours; ils aiment aussi les parfums, et se laissent volontiers prendre et caresser par les personnes qui en portent : l'odeur de cette plante que l'on appelle l'*herbe-aux-chats* [1] les remue si fortement et si délicieusement qu'ils en paraissent transportés de plaisir. On est obligé, pour conserver cette plante dans les jardins, de l'entourer d'un treillage fermé; les chats la sentent de loin, accourent pour s'y frotter, passent et repassent si souvent par-dessus qu'ils la détruisent en peu de temps.

A quinze ou dix-huit mois, ces animaux ont pris tout leur accroissement; ils sont aussi en état d'engendrer avant l'âge d'un an, et peuvent s'accoupler pendant toute leur vie, qui ne s'étend guère au delà de neuf ou dix ans; ils sont cependant très-durs, très-vivaces, et ont plus de nerf et de ressort que d'autres animaux qui vivent plus longtemps.

Les chats ne peuvent mâcher que lentement et difficilement; leurs dents sont si courtes et si mal posées qu'elles ne leur servent qu'à déchirer et non pas à broyer les aliments : aussi cherchent-ils de préférence les viandes les plus tendres; ils aiment le poisson et le mangent cuit ou cru; ils boivent fréquemment; leur sommeil est léger, et ils dorment moins qu'ils ne font semblant de dormir; ils marchent légèrement, presque toujours en silence et sans faire aucun bruit; ils se cachent et s'éloignent pour rendre leurs excréments, et les recouvrent de terre. Comme ils sont propres, et que leur robe est toujours sèche et lustrée, leur poil s'électrise aisément, et l'on en voit sortir des étincelles dans l'obscurité lorsqu'on le frotte avec la main : leurs yeux brillent aussi dans les ténèbres, à peu près comme les

---

« et l'exemple même du chat en est la preuve la plus formelle. » (Voyez mon livre sur l'*instinct et l'intelligence des animaux.*)

1. *Nepeta cataria* (Linn.). — Une espèce de *Germandrée*, le *teucrium marum*, a porté aussi le nom d'*herbe-aux-chats*.

diamants, qui réfléchissent au dehors pendant la nuit la lumière dont ils se sont, pour ainsi dire, imbibés pendant le jour [1].

Le chat sauvage produit avec le chat domestique, et tous deux ne font par conséquent qu'une seule et même espèce : il n'est pas rare de voir des chats mâles et femelles quitter les maisons dans le temps de la chaleur pour aller dans les bois chercher les chats sauvages, et revenir ensuite à leur habitation; c'est par cette raison que quelques-uns de nos chats domestiques ressemblent tout à fait aux chats sauvages ; la différence la plus réelle est à l'intérieur : le chat domestique a ordinairement les boyaux beaucoup plus longs que le chat sauvage ; cependant le chat sauvage est plus fort et plus gros que le chat domestique, il a toujours les lèvres noires, les oreilles plus raides, la queue plus grosse et les couleurs constantes. Dans ce climat on ne connaît qu'une espèce de chat sauvage, et il paraît par le témoignage des voyageurs que cette espèce se retrouve aussi dans presque tous les climats sans être sujette à de grandes variétés; il y en avait dans le continent du Nouveau Monde avant qu'on en eût fait la découverte [2]; un chasseur en porta un, qu'il avait pris dans les bois, à Christophe Colomb [a] : ce chat était d'une grosseur ordinaire, il avait le poil gris-brun, la queue très-longue et très-forte. Il y avait aussi de ces chats sauvages au Pérou [b] [3], quoiqu'il n'y en eût point de domestiques; il y en a en Canada [c], dans le pays des Illinois, etc. On en a vu dans plusieurs endroits de l'Afrique, comme en Guinée [d], à la côte d'Or, à Madagascar [e], où les naturels du pays avaient même des chats domestiques, au cap de Bonne-Espérance [f], où Kolbe dit qu'il se trouve aussi des chats sauvages de couleur bleue, quoiqu'en petit nombre : ces chats bleus, ou plutôt couleur d'ardoise, se retrouvent en Asie. « Il y a en Perse, dit Pietro della Valle [g], une espèce de chats qui
« sont proprement de la province du Chorazan; leur grandeur et leur forme
« sont comme celles du chat ordinaire; leur beauté consiste dans leur cou-
« leur et dans leur poil, qui est gris sans aucune moucheture et sans nulle
« tache, d'une même couleur par tout le corps, si ce n'est qu'elle est un peu
« plus obscure sur le dos et sur la tête, et plus claire sur la poitrine et sur

a. Vie de Christophe Colomb, deuxième partie, p. 167.

b. Histoire des Incas, t. II, p. 121.

c. Histoire de la Nouvelle-France, par le P. Charlevoix, t. III, p. 407.

d. Histoire générale des voyages, par M. l'abbé Prévost, t. IV, p. 230.

e. Relation de François Cauche. Paris, 1651, p. 225.

f. Description du Cap de Bonne-Espérance, par Kolbe, p. 49.

g. Voyage de Pietro della Valle, t. V, p. 98 et 99.

1. L'éclat singulier, que les yeux des *chats* jettent dans l'obscurité, tient au *tapis* (ou *partie brillante*) de leur *choroïde*, et non à ce qu'*ils se sont imbibés de lumière pendant le jour*.

2. Le *chat* ne s'est point trouvé dans le Nouveau-Monde; et c'est ce que Buffon nous dira plus tard. (Voyez l'article sur les *animaux propres à chacun des deux continents.*) Les *felis* ou *chats* du nouveau continent diffèrent tous, comme *espèces*, de ceux de l'ancien.

3. Voyez la note précédente.

« le ventre, qui va quelquefois jusqu'à la blancheur, avec ce tempérament
« agréable de clair-obscur, comme parlent les peintres, qui, mêlés l'un
« dans l'autre, font un merveilleux effet : de plus, leur poil est délié, fin,
« lustré, mollet, délicat comme la soie, et si long que, quoiqu'il ne soit pas
« hérissé, mais couché, il est annelé en quelques endroits, et particulière-
« ment sous la gorge. Ces chats sont entre les autres chats ce que les bar-
« bets sont entre les chiens : le plus beau de leur corps est la queue, qui
« est fort longue et toute couverte de poils longs de cinq ou six doigts;
« ils l'étendent et la renversent sur leur dos comme font les écureuils, la
« pointe en haut en forme de panache; ils sont fort privés : les Portugais
« en ont porté de Perse jusqu'aux Indes. » Pietro della Valle ajoute qu'il
en avait quatre couples, qu'il comptait porter en Italie. On voit par cette
description que ces chats de Perse ressemblent par la couleur à ceux que
nous appelons chats chartreux, et qu'à la couleur près ils ressemblent parfaitement à ceux que nous appelons chats d'Angora. Il est donc vraisemblable que les chats du Chorazan en Perse, le chat d'Angora en Syrie [1] et le
chat chartreux ne font qu'une même race, dont la beauté vient de l'influence particulière du climat de Syrie [2], comme les chats d'Espagne, qui
sont rouges, blancs et noirs, et dont le poil est aussi très-doux et très-lustré,
doivent cette beauté à l'influence du climat de l'Espagne. On peut dire en
général que, de tous les climats de la terre habitable, celui d'Espagne
et celui de Syrie sont les plus favorables à ces belles variétés de la nature :
les moutons, les chèvres, les chiens, les chats, les lapins, etc., ont en
Espagne et en Syrie la plus belle laine, les plus beaux et les plus longs poils,
les couleurs les plus agréables et les plus variées; il semble que ce climat
adoucisse la nature et embellisse la forme de tous les animaux. Le chat
sauvage a les couleurs dures et le poil un peu rude, comme la plupart
des autres animaux sauvages; devenu domestique, le poil s'est radouci, les
couleurs ont varié, et dans le climat favorable du Chorazan et de la Syrie
le poil est devenu plus long, plus fin, plus fourni, et les couleurs se sont
uniformément adoucies; le noir et le roux sont devenus d'un brun-clair, le
gris-brun est devenu gris-cendré, et en comparant un chat sauvage de nos
forêts avec un chat chartreux, on verra qu'ils ne diffèrent en effet que par
cette dégradation nuancée de couleurs; ensuite, comme ces animaux ont
plus ou moins de blanc sous le ventre et aux côtés, on concevra aisément
que pour avoir des chats tout blancs et à longs poils, tels que ceux que nous
appelons proprement chats d'Angora, il n'a fallu que choisir dans cette race

---

1. *Angora*, en *Anatolie*.
2. La localité, très-circonscrite, dans laquelle se fait sentir l'influence du *climat d'Angora* sur
le poil des animaux, est comprise entre la mer Noire et le fleuve Halys. (Voyez, dans la *Revue
des deux mondes*, année 1850, un article, très-intéressant, de M. Tchihatchef sur l'*Asie mineure
et l'empire ottoman.*)

adoucie ceux qui avaient le plus de blanc aux côtés et sous le ventre, et qu'en les unissant ensemble on sera parvenu à leur faire produire des chats entièrement blancs, comme on l'a fait aussi pour avoir des lapins blancs, des chiens blancs, des chèvres blanches, des cerfs blancs, des daims blancs, etc. Dans le chat d'Espagne, qui n'est qu'une autre variété du chat sauvage, les couleurs, au lieu de s'être affaiblies par nuances uniformes comme dans le chat de Syrie, se sont, pour ainsi dire, exaltées dans le climat d'Espagne et sont devenues plus vives et plus tranchées; le roux est devenu presque rouge, le brun est devenu noir, et le gris est devenu blanc. Ces chats, transportés aux îles de l'Amérique, ont conservé leurs belles couleurs et n'ont pas dégénéré : « Il y a aux Antilles, dit le P. du Tertre, grand « nombre de chats, qui vraisemblablement y ont été apportés par les Espa- « gnols; la plupart sont marqués de roux, de blanc et de noir : plusieurs « de nos Français, après en avoir mangé la chair, emportent les peaux en « France pour les vendre. Ces chats, au commencement que nous fûmes « dans la Guadeloupe, étaient tellement accoutumés à se repaître de per- « drix, de tourterelles, de grives et d'autres petits oiseaux, qu'ils ne dai- « gnaient pas regarder les rats; mais le gibier étant actuellement fort dimi- « nué, ils ont rompu la trêve avec les rats, ils leur font bonne guerre, etc. [a] » En général les chats ne sont pas, comme les chiens, sujets à s'altérer et à dégénérer lorsqu'on les transporte dans les climats chauds. « Les chats « d'Europe, dit Bosman, transportés en Guinée, ne sont pas sujets à chan- « ger comme les chiens, ils gardent la même figure, etc. [b] » Ils sont en effet d'une nature beaucoup plus constante, et comme leur domesticité n'est ni aussi entière, ni aussi universelle, ni peut-être aussi ancienne que celle du chien, il n'est pas surprenant qu'ils aient moins varié. Nos chats domes- tiques, quoique différents les uns des autres par les couleurs, ne forment point de races distinctes et séparées; les seuls climats d'Espagne et de Syrie, ou du Chorazan, ont produit des variétés constantes et qui se sont perpé- tuées : on pourrait encore y joindre le climat de la province de Pe-chi-ly à la Chine, où il y a des chats à longs poils avec les oreilles pendantes, que les dames chinoises aiment beaucoup [c]. Ces chats domestiques à oreilles pendantes, dont nous n'avons pas une plus ample description, sont sans doute encore plus éloignés que les autres, qui ont les oreilles droites, de la race du chat sauvage, qui néanmoins est la race originaire et primitive de tous les chats.

Nous terminerons ici l'histoire du chat, et en même temps l'histoire des animaux domestiques. Le cheval, l'âne, le bœuf, la brebis, la chèvre, le cochon, le chien et le chat, sont nos seuls animaux domestiques : nous n'y

a. *Histoire générale des Antilles*, par le P. du Tertre, t. II, p. 306.
b. *Voyage de Guinée*, par Bosman, p. 2403.
c. *Histoire générale des Voyages*, par M. l'abbé Prévost, t. VI, p. 10.

joignons pas le chameau, l'éléphant, le renne et les autres, qui, quoique domestiques ailleurs, n'en sont pas moins étrangers pour nous, et ce ne sera qu'après avoir donné l'histoire des animaux sauvages de notre climat que nous parlerons des animaux étrangers. D'ailleurs, comme le chat n'est, pour ainsi dire, qu'à demi domestique [1], il fait la nuance entre les animaux domestiques et les animaux sauvages; car on ne doit pas mettre au nombre des domestiques des voisins incommodes tels que les souris, les rats, les taupes, qui, quoique habitants de nos maisons ou de nos jardins, n'en sont pas moins libres et sauvages, puisqu'au lieu d'être attachés et soumis à l'homme ils le fuient, et que dans leurs retraites obscures ils conservent leurs mœurs, leurs habitudes et leur liberté tout entière.

On a vu dans l'histoire de chaque animal domestique combien l'éducation, l'abri, le soin, la main de l'homme, influent sur le naturel, sur les mœurs, et même sur la forme des animaux. On a vu que ces causes, jointes à l'influence du climat, modifient, altèrent et changent les espèces au point d'être différentes de ce qu'elles étaient originairement, et rendent les individus si différents entre eux, dans le même temps et dans la même espèce, qu'on aurait raison de les regarder comme des animaux différents, s'ils ne conservaient pas la faculté de produire ensemble des individus féconds, ce qui fait le caractère essentiel et unique de l'espèce. On a vu que les différentes races de ces animaux domestiques suivent dans les différents climats le même ordre à peu près que les races humaines; qu'ils sont, comme les hommes, plus forts, plus grands et plus courageux dans les pays froids, plus civilisés, plus doux dans le climat tempéré, plus lâches, plus faibles et plus laids dans les climats trop chauds; que c'est encore dans les climats tempérés et chez les peuples les plus policés que se trouvent la plus grande diversité, le plus grand mélange et les plus nombreuses variétés dans chaque espèce; et, ce qui n'est pas moins digne de remarque, c'est qu'il y a dans les animaux plusieurs signes évidents de l'ancienneté de leur esclavage : les oreilles pendantes, les couleurs variées, les poils longs et fins, sont autant d'effets produits par le temps, ou plutôt par la longue durée de leur domesticité. Presque tous les animaux libres et sauvages ont les oreilles droites; le sanglier les a droites et raides, le cochon domestique les a inclinées et demi-pendantes. Chez les Lapons, chez les sauvages de l'Amérique, chez les Hottentots, chez les Nègres et les autres peuples non policés, tous les chiens ont les oreilles droites; au lieu qu'en Espagne, en France, en Angleterre, en Turquie, en Perse, à la Chine, et dans tous les pays civilisés, la plupart les ont molles et pendantes. Les chats domestiques n'ont pas les oreilles si raides que les chats sauvages, et l'on voit qu'à la Chine, qui est un empire très-anciennement policé et où le climat est fort doux, il

---

1. Remarque très-juste. (Voyez la note de la page 499.)

y a des chats domestiques à oreilles pendantes. C'est par cette même raison
que la chèvre d'Angora, qui a les oreilles pendantes, doit être regardée,
entre toutes les chèvres, comme celle qui s'éloigne le plus de l'état de
nature : l'influence si générale et si marquée du climat de Syrie, jointe à la
domesticité de ces animaux chez un peuple très-anciennement policé, aura
produit avec le temps cette variété, qui ne se maintiendrait pas dans un
autre climat. Les chèvres d'Angora, nées en France, n'ont pas les oreilles
aussi longues ni aussi pendantes qu'en Syrie, et reprendraient vraisemblablement les oreilles et le poil de nos chèvres après un certain nombre de
générations.

LES ANIMAUX SAUVAGES

Dans les animaux domestiques, et dans l'homme, nous n'avons vu la nature
que contrainte, rarement perfectionnée, souvent altérée, défigurée, et toujours environnée d'entraves ou chargée d'ornements étrangers : maintenant elle va paraître nue, parée de sa seule simplicité, mais plus piquante
par sa beauté naïve, sa démarche légère, son air libre, et par les autres
attributs de la noblesse et de l'indépendance. Nous la verrons, parcourant
en souveraine la surface de la terre, partager son domaine entre les animaux, assigner à chacun son élément, son climat, sa subsistance : nous la
verrons dans les forêts, dans les eaux, dans les plaines, dictant ses lois
simples, mais immuables, imprimant sur chaque espèce ses caractères inaltérables, et dispensant avec équité ses dons, compenser le bien et le mal ;
donner aux uns la force et le courage, accompagnés du besoin et de la voracité ; aux autres, la douceur, la tempérance, la légèreté du corps, avec la
crainte, l'inquiétude et la timidité ; à tous la liberté avec des mœurs constantes ; à tous des désirs et de l'amour toujours aisés à satisfaire, et toujours
suivis d'une heureuse fécondité.

Amour et liberté, quels bienfaits! Ces animaux que nous appelons sauvages, parce qu'ils ne nous sont pas soumis, ont-ils besoin de plus pour être
heureux? ils ont encore l'égalité, ils ne sont ni les esclaves, ni les tyrans de
leurs semblables ; l'individu n'a pas à craindre, comme l'homme, tout le
reste de son espèce ; ils ont entre eux la paix, et la guerre ne leur vient que
des étrangers ou de nous. Ils ont donc raison de fuir l'espèce humaine, de
se dérober à notre aspect, de s'établir dans les solitudes éloignées de nos
habitations, de se servir de toutes les ressources de leur instinct pour se
mettre en sûreté, et d'employer, pour se soustraire à la puissance de

l'homme, tous les moyens de liberté que la nature leur a fournis en même temps qu'elle leur a donné le désir de l'indépendance.

Les uns, et ce sont les plus doux, les plus innocents, les plus tranquilles, se contentent de s'éloigner, et passent leur vie dans nos campagnes; ceux qui sont plus défiants, plus farouches, s'enfoncent dans les bois; d'autres, comme s'ils savaient qu'il n'y a nulle sûreté sur la surface de la terre, se creusent des demeures souterraines, se réfugient dans des cavernes, ou gagnent les sommets des montagnes les plus inaccessibles; enfin, les plus féroces, ou plutôt les plus fiers, n'habitent que les déserts, et règnent en souverains dans ces climats brûlants, où l'homme aussi sauvage qu'eux ne peut leur disputer l'empire.

Et comme tout est soumis aux lois physiques, que les êtres même les plus libres y sont assujettis, et que les animaux éprouvent, comme l'homme, les influences du ciel et de la terre, il semble que les mêmes causes qui ont adouci, civilisé l'espèce humaine dans nos climats, ont produit de pareils effets sur toutes les autres espèces : le loup, qui dans cette zone tempérée est peut-être de tous les animaux le plus féroce, n'est pas à beaucoup près aussi terrible, aussi cruel, que le tigre, la panthère, le lion de la zone torride, ou l'ours blanc, le loup-cervier, l'hyène de la zone glacée. Et non-seulement cette différence se trouve en général, comme si la nature, pour mettre plus de rapport et d'harmonie dans ses productions, eût fait le climat pour les espèces, ou les espèces pour le climat, mais même on trouve dans chaque espèce en particulier le climat fait pour les mœurs, et les mœurs pour le climat.

En Amérique, où les chaleurs sont moindres, où l'air et la terre sont plus doux qu'en Afrique, quoique sous la même ligne, le tigre, le lion, la panthère, n'ont rien de redoutable que le nom[1]; ce ne sont plus ces tyrans des forêts, ces ennemis de l'homme aussi fiers qu'intrépides, ces monstres altérés de sang et de carnage; ce sont des animaux qui fuient d'ordinaire devant les hommes, qui loin de les attaquer de front, loin même de faire la guerre à force ouverte aux autres bêtes sauvages, n'emploient le plus souvent que l'artifice et la ruse pour tâcher de les surprendre; ce sont des animaux qu'on peut dompter comme les autres, et presque apprivoiser. Ils ont donc dégénéré, si leur nature était la férocité jointe à la cruauté, ou plutôt ils n'ont qu'éprouvé l'influence du climat : sous un ciel plus doux, leur naturel s'est adouci; ce qu'ils avaient d'excessif s'est tempéré, et par les changements qu'ils ont subis ils sont seulement devenus plus conformes à la terre qu'ils ont habitée.

Les végétaux qui couvrent cette terre, et qui y sont encore attachés de

---

1. Buffon ne savait pas encore que le *tigre*, le *lion*, la *panthère*, etc., ne se trouvent point en Amérique. A la place de ces *felis* de l'ancien continent, l'Amérique a le *jaguar*, le *couguar*, l'*ocelot*, etc. (Voyez la note 2 de la page 501.)

plus près que l'animal qui broute, participent aussi plus que lui à la nature du climat ; chaque pays, chaque degré de température a ses plantes particulières ; on trouve au pied des Alpes celles de France et d'Italie ; on trouve à leur sommet celles des pays du nord ; on retrouve ces mêmes plantes du nord sur les cimes glacées des montagnes d'Afrique [1]. Sur les monts qui séparent l'empire du Mogol du royaume de Cachemire, on voit du côté du midi toutes les plantes des Indes, et l'on est surpris de ne voir de l'autre côté que des plantes d'Europe. C'est aussi des climats excessifs que l'on tire les drogues, les parfums, les poisons, et toutes les plantes dont les qualités sont excessives : le climat tempéré ne produit, au contraire, que des choses tempérées ; les herbes les plus douces, les légumes les plus sains, les fruits les plus suaves, les animaux les plus tranquilles, les hommes les plus polis, sont l'apanage de cet heureux climat. Ainsi la terre fait les plantes, la terre et les plantes font les animaux, la terre, les plantes et les animaux font l'homme ; car les qualités des végétaux viennent immédiatement de la terre et de l'air ; le tempérament et les autres qualités relatives des animaux qui paissent l'herbe tiennent de près à celles des plantes dont ils se nourrissent ; enfin, les qualités physiques de l'homme et des animaux, qui vivent sur les autres animaux autant que sur les plantes, dépendent, quoique de plus loin, de ces mêmes causes, dont l'influence s'étend jusque sur leur naturel et sur leurs mœurs. Et ce qui prouve encore mieux que tout se tempère dans un climat tempéré, et que tout est excès dans un climat excessif, c'est que la grandeur et la forme, qui paraissent être des qualités absolues, fixes et déterminées, dépendent cependant, comme les qualités relatives, de l'influence du climat : la taille de nos animaux quadrupèdes n'approche pas de celle de l'éléphant, du rhinocéros, de l'hippopotame ; nos plus gros oiseaux sont fort petits, si on les compare à l'autruche, au condor, au casoar ; et quelle comparaison des poissons, des lézards, des serpents de nos climats avec les baleines, les cachalots, les narvals, qui peuplent les mers du nord, et avec les crocodiles, les grands lézards et les couleuvres énormes qui infestent les terres et les eaux du midi ? Et si l'on considère encore chaque espèce dans différents climats, on y trouvera [a] des variétés sensibles pour la grandeur et pour la forme ; toutes prennent une teinture plus ou moins forte du climat. Ces changements ne se font que lentement, imperceptiblement ; le grand ouvrier de la nature est le temps : comme il marche toujours d'un pas égal, uniforme et réglé, il ne fait rien par sauts ; mais par degrés, par nuances, par succession, il fait tout ; et ces changements, d'abord imperceptibles, deviennent peu à peu sensibles, et se marquent enfin par des résultats auxquels on ne peut se méprendre.

a. Voyez l'Histoire du cheval, de la chèvre, du cochon, du chien.

1. Voyez la note 1 de la page 207.

Cependant les animaux sauvages et libres sont peut-être, sans même en excepter l'homme, de tous les êtres vivants les moins sujets aux altérations, aux changements, aux variations de tout genre : comme ils sont absolument les maîtres de choisir leur nourriture et leur climat, et qu'ils ne se contraignent pas plus qu'on les contraint, leur nature varie moins que celle des animaux domestiques, que l'on asservit, que l'on transporte, que l'on maltraite, et qu'on nourrit sans consulter leur goût. Les animaux sauvages vivent constamment de la même façon; on ne les voit pas errer de climats en climats; le bois où ils sont nés est une patrie à laquelle ils sont fidèlement attachés, ils s'en éloignent rarement, et ne la quittent jamais que lorsqu'ils sentent qu'ils ne peuvent y vivre en sûreté. Et ce sont moins leurs ennemis qu'ils fuient, que la présence de l'homme; la nature leur a donné des moyens et des ressources contre les autres animaux; ils sont de pair avec eux, ils connaissent leur force et leur adresse, ils jugent leurs desseins, leurs démarches, et s'ils ne peuvent les éviter, au moins ils se défendent corps à corps : ce sont, en un mot, des espèces de leur genre. Mais que peuvent-ils contre des êtres qui savent les trouver sans les voir, et les abattre sans les approcher?

C'est donc l'homme qui les inquiète, qui les écarte, qui les disperse, et qui les rend mille fois plus sauvages qu'ils ne le seraient en effet; car la plupart ne demandent que la tranquillité, la paix et l'usage aussi modéré qu'innocent de l'air et de la terre; ils sont même portés par la nature à demeurer ensemble, à se réunir en familles, à former des espèces de sociétés. On voit encore des vestiges de ces sociétés dans les pays dont l'homme ne s'est pas totalement emparé : on y voit même des ouvrages faits en commun, des espèces de projets qui, sans être raisonnés [1], paraissent être fondés sur des convenances raisonnables, dont l'exécution suppose au moins l'accord, l'union et le concours de ceux qui s'en occupent; et ce n'est point par force ou par nécessité physique, comme les fourmis, les abeilles, etc., que les castors travaillent et bâtissent; car ils ne sont contraints ni par l'espace, ni par le temps, ni par le nombre; c'est par choix qu'ils se réunissent, ceux qui se conviennent demeurent ensemble, ceux qui ne se conviennent pas s'éloignent, et l'on en voit quelques-uns qui, toujours rebutés par les autres, sont obligés de vivre solitaires. Ce n'est aussi que dans les pays reculés, éloignés, et où ils craignent peu la rencontre des hommes, qu'ils cherchent à s'établir et à rendre leur demeure plus fixe et plus commode, en y construisant des habitations, des espèces de bourgades, qui représentent assez bien les faibles travaux et les premiers efforts d'une république naissante. Dans les pays, au contraire, où les hommes se

---

1. *Sans être raisonnés.* Les ouvrages des *castors* ne sont que le résultat d'un *pur instinct.* (Voyez mon livre sur l'*instinct et l'intelligence des animaux.*)

sont répandus, la terreur semble habiter avec eux, il n'y a plus de société parmi les animaux, toute industrie cesse, tout art est étouffé, ils ne songent plus à bâtir, ils négligent toute commodité; toujours pressés par la crainte et la nécessité, ils ne cherchent qu'à vivre, ils ne sont occupés qu'à fuir et se cacher; et si, comme on doit le supposer, l'espèce humaine continue dans la suite des temps à peupler également toute la surface de la terre, on pourra dans quelques siècles regarder comme une fable l'histoire de nos castors.

On peut donc dire que les animaux, loin d'aller en augmentant, vont au contraire en diminuant de facultés et de talents; le temps même travaille contre eux : plus l'espèce humaine se multiplie, se perfectionne, plus ils sentent le poids d'un empire aussi terrible qu'absolu, qui, leur laissant à peine leur existence individuelle, leur ôte tout moyen de liberté, toute idée de société, et détruit jusqu'au germe de leur intelligence. Ce qu'ils sont devenus, ce qu'ils deviendront encore, n'indique peut-être pas assez ce qu'ils ont été, ni ce qu'ils pourraient être. Qui sait, si l'espèce humaine était anéantie, auquel d'entre eux appartiendrait le sceptre de la terre?

LE CERF. [*]

Voici l'un de ces animaux innocents, doux et tranquilles, qui ne semblent être faits que pour embellir, animer la solitude des forêts, et occuper loin de nous les retraites paisibles de ces jardins de la nature. Sa forme élégante et légère, sa taille aussi svelte que bien prise, ses membres flexibles et nerveux, sa tête parée plutôt qu'armée d'un bois vivant, et qui, comme la cime des arbres, tous les ans se renouvelle, sa grandeur, sa légèreté, sa force, le distinguent assez des autres habitants des bois; et comme il est le plus noble d'entre eux, il ne sert aussi qu'aux plaisirs des plus nobles des hommes; il a dans tous les temps occupé le loisir des héros : l'exercice de la chasse doit succéder aux travaux de la guerre, il doit même les précéder : savoir manier les chevaux et les armes sont des talents communs au chasseur, au guerrier; l'habitude au mouvement, à la fatigue, l'adresse, la légèreté du corps, si nécessaires pour soutenir et même pour seconder le courage, se prennent à la chasse et se portent à la guerre; c'est l'école agréable d'un art nécessaire; c'est encore le seul amusement qui fasse diversion entière aux affaires, le seul délassement sans

---

[*] *Cervus elaphus* (Linn.). — Ordre des *Ruminants*; genre *Cerf* (Cuv.).

mollesse, le seul qui donne un plaisir vif sans langueur, sans mélange et sans satiété.

Que peuvent faire de mieux les hommes qui, par état, sont sans cesse fatigués de la présence des autres hommes ? Toujours environnés, obsédés et gênés, pour ainsi dire, par le nombre, toujours en butte à leurs demandes, à leur empressement, forcés de s'occuper de soins étrangers et d'affaires, agités par de grands intérêts, et d'autant plus contraints qu'ils sont plus élevés, les grands ne sentiraient que le poids de la grandeur, et n'existeraient que pour les autres, s'ils ne se dérobaient par instants à la foule même des flatteurs. Pour jouir de soi-même, pour rappeler dans l'âme les affections personnelles, les désirs secrets, ces sentiments intimes mille fois plus précieux que les idées de la grandeur, ils ont besoin de solitude ; et quelle solitude plus variée, plus animée que celle de la chasse? quel exercice plus sain pour le corps? quel repos plus agréable pour l'esprit ?

Il serait aussi pénible de toujours représenter, que de toujours méditer. L'homme n'est pas fait par la nature pour la contemplation des choses abstraites ; et de même que s'occuper sans relâche d'études difficiles, d'affaires épineuses, mener une vie sédentaire et faire de son cabinet le centre de son existence est un état peu naturel, il semble que celui d'une vie tumultueuse, agitée, entraînée, pour ainsi dire, par le mouvement des autres hommes, et où l'on est obligé de s'observer, de se contraindre et de représenter continuellement à leurs yeux, est une situation encore plus forcée. Quelque idée que nous voulions avoir de nous-mêmes, il est aisé de sentir que représenter n'est pas être, et aussi que nous sommes moins faits pour penser que pour agir, pour raisonner que pour jouir : nos vrais plaisirs consistent dans le libre usage de nous-mêmes ; nos vrais biens sont ceux de la nature : c'est le ciel, c'est la terre, ce sont ces campagnes, ces plaines, ces forêts dont elle nous offre la jouissance utile, inépuisable. Aussi le goût de la chasse, de la pêche, des jardins, de l'agriculture, est un goût naturel à tous les hommes ; et dans les sociétés plus simples que la nôtre il n'y a guère que deux ordres, tous deux relatifs à ce genre de vie : les nobles, dont le métier est la chasse et les armes ; et les hommes en sous-ordre, qui ne sont occupés qu'à la culture de la terre.

Et comme dans les sociétés policées on agrandit, on perfectionne tout, pour rendre le plaisir de la chasse plus vif et plus piquant, pour ennoblir encore cet exercice le plus noble de tous, on en a fait un art. La chasse du cerf demande des connaissances qu'on ne peut acquérir que par l'expérience ; elle suppose un appareil royal, des hommes, des chevaux, des chiens tous exercés, stylés, dressés, qui par leurs mouvements, leurs recherches et leur intelligence, doivent aussi concourir au même but. Le veneur doit juger l'âge et le sexe ; il doit savoir distinguer et reconnaître

précisément si le cerf qu'il a détourné *a* avec son limier *b* est un daguet *c*,
un jeune cerf *d*, un cerf de dix cors jeunement *e*, un cerf de dix cors *f*, ou
un vieux cerf *g* ; et les principaux indices qui peuvent donner cette connaissance sont le pied *h* et les fumées *i*. Le pied du cerf est mieux fait que celui
de la biche ; sa jambe *j* est plus grosse et plus près du talon, ses voies *k* sont
mieux tournées et ses allures plus grandes *l* ; il marche plus régulièrement, il porte le pied de derrière dans celui du devant, au lieu que la biche
a le pied plus mal fait, les allures plus courtes, et ne pose pas régulièrement le pied de derrière dans la trace de celui du devant. Dès que le cerf
est à sa quatrième tête *m* il est assez reconnaissable pour ne s'y pas méprendre, mais il faut de l'habitude pour distinguer le pied du jeune cerf
de celui de la biche ; et, pour être sûr, on doit y regarder de près et en
revoir souvent *n*. Les cerfs de dix cors jeunement, de dix cors, etc., sont
encore plus aisés à reconnaître ; ils ont le pied de devant beaucoup plus
gros que celui de derrière, et plus ils sont vieux, plus les côtés des pieds
sont gros et usés *o* : ce qui se juge aisément par les allures, qui sont aussi
plus régulières que celles des jeunes cerfs, le pied de derrière posant toujours assez exactement sur le pied de devant, à moins qu'ils n'aient mis bas
leurs têtes, car alors les vieux cerfs se méjugent *p* presque autant que les
jeunes, mais d'une manière différente, et avec une sorte de régularité que
n'ont ni les jeunes cerfs, ni les biches ; ils posent le pied de derrière à côté
de celui du devant, et jamais au delà ni en deçà.

Lorsque le veneur, dans les sécheresses de l'été, ne peut juger par le

a. Détourner le cerf, c'est tourner tout autour de l'endroit où un cerf est entré, et s'assurer
qu'il n'en est pas sorti.

b. Limier, chien que l'on choisit ordinairement parmi les chiens-courants, et que l'on dresse
pour détourner le cerf, le chevreuil, le sanglier, etc.

c. Daguet, c'est un jeune cerf portant les dagues, et les *dagues* sont la première tête ou le
premier bois du cerf, qui lui vient au commencement de la seconde année.

d. Jeune cerf, cerf qui est dans la troisième, quatrième ou cinquième année de sa vie.

e. Cerf de dix cors jeunement, cerf qui est dans la sixième année de sa vie.

f. Cerf de dix cors, cerf qui est dans la septième année de sa vie.

g. Vieux cerf, cerf qui est dans la huitième, neuvième, dixième, etc., année de sa vie.

h. Pied, empreinte du pied du cerf sur la terre.

i. Fumées, fiente du cerf.

j. On appelle jambe les deux os qui sont en bas à la partie postérieure, et qui font trace sur
la terre avec le pied.

k. Voies, ce sont les pas du cerf.

l. Allures du cerf, distance de ses pas.

m. Tête, bois ou cornes du cerf.

n. En revoir, c'est avoir des indices du cerf par le pied.

o. Nota que, comme le pied du cerf s'use plus ou moins suivant la nature des terrains qu'il
habite, il ne faut entendre ceci que de la comparaison entre cerfs du même pays, et que par
conséquent il faut avoir d'autres connaissances, parce que dans le temps du rut on court souvent
des cerfs venus de loin.

p. Se méjuger, c'est, pour le cerf, mettre le pied de derrière hors de la trace de celui de
devant.

pied, il est obligé de suivre le contre-pied [a] de la bête pour tâcher de trouver les fumées et de la reconnaître par cet indice, qui demande autant et peut-être plus d'habitude que la connaissance du pied; sans cela, il ne lui serait pas possible de faire un rapport juste à l'assemblée des chasseurs. Et lorsque sur ce rapport l'on aura conduit les chiens à ses brisées [b], il doit encore savoir animer son limier, et le faire appuyer sur les voies jusqu'à ce que le cerf soit lancé : dans cet instant, celui qui laisse courre [c] sonne pour faire découpler [d] les chiens, et, dès qu'ils le sont, il doit les appuyer de la voix et de la trompe; il doit aussi être connaisseur, et bien remarquer le pied de son cerf, afin de le reconnaître dans le change [e] ou dans le cas qu'il soit accompagné. Il arrive souvent alors que les chiens se séparent et font deux chasses : les piqueurs [f] doivent se séparer aussi et rompre [g] les chiens qui se sont fourvoyés [h], pour les ramener et les rallier à ceux qui chassent le cerf de meute. Le piqueur doit bien accompagner ses chiens, toujours piquer à côté d'eux, toujours les animer sans trop les presser, les aider sur le change, sur un retour, et, pour ne se pas méprendre, tâcher de revoir du cerf aussi souvent qu'il est possible; car il ne manque jamais de faire des ruses, il passe et repasse souvent deux ou trois fois sur sa voie, il cherche à se faire accompagner d'autres bêtes pour donner le change, et alors il perce et s'éloigne tout de suite, ou bien il se jette à l'écart, se cache et reste sur le ventre. Dans ce cas, lorsqu'on est en défaut [i], on prend les devants, on retourne sur les derrières; les piqueurs et les chiens travaillent de concert : si l'on ne retrouve pas la voie du cerf, on juge qu'il est resté dans l'enceinte dont on vient de faire le tour, on la foule de nouveau; et lorsque le cerf ne s'y trouve pas, il ne reste d'autre moyen que d'imaginer la refuite qu'il peut avoir faite, vu le pays où l'on est, et d'aller l'y chercher. Dès qu'on sera retombé sur les voies, et que les chiens auront relevé le défaut [j], ils chasseront avec plus d'avantage, parce qu'ils sentent bien que le cerf est déjà fatigué; leur ardeur augmente à mesure qu'il s'affaiblit, et leur sentiment est d'autant plus distinct et plus vif que le cerf est plus échauffé; aussi redoublent-ils et de jambes et de voix, et quoiqu'il fasse alors plus de ruses que jamais, comme il ne peut plus courir aussi vite, ni par conséquent s'éloigner beaucoup des chiens, ses ruses et ses détours sont inutiles, il n'a

a. Suivre le contre-pied, c'est suivre les traces à rebours.

b. Brisées, endroit où le cerf est entré, et où l'on a rompu des branches pour le remarquer.

c. Laisser courre un cerf, c'est le lancer avec le limier, c'est-à-dire le faire partir.

d. Découpler les chiens, c'est détacher les chiens l'un d'avec l'autre pour les faire chasser.

e. Change, c'est lorsque le cerf en va chercher un autre pour le substituer à sa place.

f. Les piqueurs sont ceux qui courent à cheval après les chiens, et qui les accompagnent pour les faire chasser.

g. Rompre les chiens, c'est les rappeler et leur faire quitter ce qu'ils chassent

h. Se fourvoyer, c'est s'écarter de la voie et chasser quelque autre cerf que celui de la meute.

i. Être en défaut, c'est lorsque les chiens ont perdu la voie du cerf.

j. Relever le défaut, c'est retrouver les voies du cerf, et le lancer une seconde fois.

d'autre ressource que de fuir la terre qui le trahit, et de se jeter à l'eau pour
dérober son sentiment aux chiens. Les piqueurs traversent ces eaux, ou
bien ils tournent autour, et remettent ensuite les chiens sur la voie du cerf,
qui ne peut aller loin dès qu'il a battu *a* l'eau, et qui bientôt est aux abois *b*,
où il tâche encore de défendre sa vie, et blesse souvent de coups d'andouillers les chiens et même les chevaux des chasseurs trop ardents, jusqu'à ce
que l'un d'entre eux lui coupe le jarret pour le faire tomber, et l'achève
ensuite en lui donnant un coup de couteau au défaut de l'épaule. On célèbre
en même temps la mort du cerf par des fanfares, on le laisse fouler aux
chiens, et on les fait jouir pleinement de leur victoire en leur faisant curée *c*.

Toutes les saisons, tous les temps ne sont pas également bons pour courre
le cerf *d* : au printemps, lorsque les feuilles naissantes commencent à parer
les forêts, que la terre se couvre d'herbes nouvelles et s'émaille de fleurs,
leur parfum rend moins sûr le sentiment des chiens; et comme le cerf est
alors dans sa plus grande vigueur, pour peu qu'il ait d'avance, ils ont beaucoup de peine à le joindre. Aussi les chasseurs conviennent-ils que la saison
où les biches sont prêtes à mettre bas est celle de toutes où la chasse est la
plus difficile, et que dans ce temps les chiens quittent souvent un cerf mal
mené pour tourner à une biche qui bondit devant eux; et de même, au commencement de l'automne, lorsque le cerf est en rut *e*, les limiers quêtent sans
ardeur; l'odeur forte du rut leur rend peut-être la voie plus indifférente;
peut-être aussi tous les cerfs ont-ils dans ce temps à peu près la même
odeur. En hiver, pendant la neige, on ne peut pas courre le cerf, les limiers
n'ont point de sentiment, et semblent suivre les voies plutôt à l'œil qu'à
l'odorat. Dans cette saison, comme les cerfs ne trouvent pas à viander *f* dans
les forts, ils en sortent, vont et viennent dans les pays plus découverts,
dans les petits taillis, et même dans les terres ensemencées; ils se mettent
en hardes *g* dès le mois de décembre, et pendant les grands froids ils cherchent à se mettre à l'abri des côtes, ou dans des endroits bien fourrés où ils
se tiennent serrés les uns contre les autres, et se réchauffent de leur haleine.
A la fin de l'hiver, ils gagnent le bord des forêts et sortent dans les blés.
Au printemps ils mettent bas *h*, la tête se détache d'elle-même, ou par un
petit effort qu'ils font en s'accrochant à quelque branche : il est rare que
les deux côtés tombent précisément en même temps, et souvent il y a un

a. Battre l'eau, battre les eaux, c'est traverser, après avoir été longtemps chassé, une
rivière ou un étang.

b. Abois, c'est lorsque le cerf est à l'extrémité et tout à fait épuisé de forces.

c. Faire curée, donner la curée, c'est faire manger aux chiens le cerf ou la bête qu'ils ont
prise.

d. Courre le cerf, chasser le cerf avec des chiens-courants.

e. Rut, chaleur, ardeur d'amour.

f. Viander, brouter, manger.

g. Harde, troupe de cerfs.

h. Mettre bas, c'est lorsque le bois des cerfs tombe.

jour ou deux d'intervalle entre la chute de chacun des côtés de la tête. Les vieux cerfs sont ceux qui mettent bas les premiers, vers la fin de février ou au commencement de mars; les cerfs de dix cors ne mettent bas que vers le milieu ou la fin de mars; ceux de dix cors jeunement dans le mois d'avril; les jeunes cerfs au commencement, et les daguets vers le milieu et la fin de mai; mais il y a sur tout cela beaucoup de variétés, et l'on voit quelquefois de vieux cerfs mettre bas plus tard que d'autres qui sont plus jeunes. Au reste, la mue de la tête des cerfs avance lorsque l'hiver est doux, et retarde lorsqu'il est rude et de longue durée.

Dès que les cerfs ont mis bas, ils se séparent les uns des autres, et il n'y a plus que les jeunes qui demeurent ensemble; ils ne se tiennent pas dans les forts, mais ils gagnent les beaux pays, les buissons, les taillis clairs, où ils demeurent tout l'été pour y refaire leur tête; et dans cette saison ils marchent la tête basse, crainte de la froisser contre les branches, car elle est sensible tant qu'elle n'a pas pris son entier accroissement. La tête des plus vieux cerfs n'est encore qu'à moitié refaite vers le milieu du mois de mai, et n'est tout à fait allongée et endurcie que vers la fin de juillet : celle des plus jeunes cerfs, tombant plus tard, repousse et se refait aussi plus tard; mais dès qu'elle est entièrement allongée et qu'elle a pris de la solidité, les cerfs la frottent contre les arbres pour la dépouiller de la peau dont elle est revêtue; et comme ils continuent à la frotter pendant plusieurs jours de suite, on prétend [a] qu'elle se teint de la couleur de la sève du bois auquel ils touchent, qu'elle devient rousse contre les hêtres et les bouleaux, brune contre les chênes, et noirâtre contre les charmes et les trembles. On dit aussi que les têtes des jeunes cerfs, qui sont lisses et peu perlées, ne se teignent pas à beaucoup près autant que celles des vieux cerfs, dont les perlures sont fort près les unes des autres, parce que ce sont ces perlures qui retiennent la sève qui colore le bois; mais je ne puis me persuader que ce soit là la vraie cause de cet effet, ayant eu des cerfs privés et enfermés dans des enclos où il n'y avait aucun arbre, et où par conséquent ils n'avaient pu toucher au bois, desquels cependant la tête était colorée comme celle des autres.

Peu de temps après que les cerfs ont bruni leur tête, ils commencent à ressentir les impressions du rut; les vieux sont les plus avancés : dès la fin d'août et le commencement de septembre, ils quittent les buissons, reviennent dans les forts, et commencent à chercher les bêtes [b]; ils raient [c] d'une voix forte, le cou et la gorge leur enflent, ils se tourmentent, ils traversent en plein jour les guérets et les plaines, ils donnent de la tête contre les arbres et les cépées, enfin ils paraissent transportés, furieux,

---

a. Voyez le *Nouveau traité de la Vénerie.* Paris, 1750, p. 27.

b. Les bêtes, en terme de chasse, signifient *les biches.*

c. Raire, crier.

et courent de pays en pays jusqu'à ce qu'ils aient trouvé des bêtes, qu'il
ne suffit pas de rencontrer, mais qu'il faut encore poursuivre, contraindre,
assujettir; car elles les évitent d'abord, elles fuient et ne les attendent qu'a-
près avoir été longtemps fatiguées de leur poursuite. C'est aussi par les plus
vieilles que commence le rut; les jeunes biches n'entrent en chaleur que
plus tard; et lorsque deux cerfs se trouvent auprès de la même, il faut
encore combattre avant que de jouir : s'ils sont d'égale force, ils se mena-
cent, ils grattent la terre, ils raient d'un cri terrible, et, se précipitant l'un
sur l'autre, ils se battent à outrance et se donnent des coups de tête et
d'andouillers *a* si forts, que souvent ils se blessent à mort. Le combat ne
finit que par la défaite ou la fuite de l'un des deux, et alors le vainqueur
ne perd pas un instant pour jouir de sa victoire et de ses désirs, à moins
qu'un autre ne survienne encore, auquel cas il part pour l'attaquer et le
faire fuir comme le premier. Les plus vieux cerfs sont toujours les maîtres,
parce qu'ils sont plus fiers et plus hardis que les jeunes, qui n'osent approcher d'eux ni de la bête, et qui sont obligés d'attendre qu'ils l'aient quittée
pour l'avoir à leur tour : quelquefois cependant ils sautent sur la biche
pendant que les vieux combattent, et après avoir joui fort à la hâte, ils
fuient promptement. Les biches préfèrent les vieux cerfs, non pas parce
qu'ils sont plus courageux, mais parce qu'ils sont beaucoup plus ardents
et plus chauds que les jeunes; ils sont aussi plus inconstants, ils ont souvent plusieurs bêtes à la fois; et, lorsqu'ils n'en ont qu'une, ils ne s'y attachent pas, ils ne la gardent que quelques jours, après quoi ils s'en séparent et vont en chercher une autre auprès de laquelle ils demeurent en
core moins, et passent ainsi successivement à plusieurs jusqu'à ce qu'ils
soient tout à fait épuisés.

Cette fureur amoureuse ne dure que trois semaines; pendant ce temps
ils ne mangent que très-peu, ne dorment ni ne reposent; nuit et jour ils
sont sur pied, et ne font que marcher, courir, combattre et jouir : aussi
sortent-ils de là si défaits, si fatigués, si maigres, qu'il leur faut du temps
pour se remettre et reprendre des forces ; ils se retirent ordinairement
alors sur le bord des forêts, le long des meilleurs gagnages, où ils peuvent
trouver une nourriture abondante, et ils y demeurent jusqu'à ce qu'ils
soient rétablis. Le rut, pour les vieux cerfs, commence au 1er de septembre, et finit vers le 20; pour les cerfs de dix cors, et de dix cors jeunement, il commence vers le 10 de septembre et finit dans les premiers jours
d'octobre; pour les jeunes cerfs, c'est depuis le 20 septembre jusqu'au
15 octobre; et sur la fin de ce même mois il n'y a plus que les daguets qui
soient en rut, parce qu'ils y sont entrés les derniers de tous : les plus jeunes
biches sont de même les dernières en chaleur. Le rut est donc entièrement

a. Andouillers, cornichons du bois de cerf.

fini au commencement de novembre, et les cerfs, dans ce temps de faiblesse, sont faciles à forcer. Dans les années abondantes en gland, ils se rétablissent en peu de temps par la bonne nourriture, et l'on remarque souvent un second rut à la fin d'octobre, mais qui dure beaucoup moins que le premier.

Dans les climats plus chauds que celui de la France, comme les saisons sont plus avancées, le rut est aussi plus précoce. En Grèce [a], par exemple, il paraît, par ce qu'en dit Aristote, qu'il commence dans les premiers jours d'août, et qu'il finit à la fin de septembre. Les biches portent huit mois et quelques jours ; elles ne produisent ordinairement qu'un faon [b], et très-rarement deux ; elles mettent bas au mois de mai et au commencement de juin ; elles ont grand soin de dérober leur faon à la poursuite des chiens, elles se présentent et se font chasser elles-mêmes pour les éloigner, après quoi elles viennent le rejoindre. Toutes les biches ne sont pas fécondes ; il y en a qu'on appelle brehaignes, qui ne portent jamais ; ces biches sont plus grosses et prennent beaucoup plus de venaison que les autres, aussi sont-elles les premières en chaleur : on prétend aussi qu'il se trouve quelquefois des biches qui ont un bois comme le cerf, et cela n'est pas absolument contre toute vraisemblance. Le faon ne porte ce nom que jusqu'à six mois environ ; alors les bosses commencent à paraître, et il prend le nom de hère jusqu'à ce que ces bosses allongées en dagues lui fassent prendre le nom de daguet. Il ne quitte pas sa mère dans les premiers temps, quoiqu'il prenne un assez prompt accroissement ; il la suit pendant tout l'été. En hiver, les biches, les hères, les daguets et les jeunes cerfs se rassemblent en hardes et forment des troupes d'autant plus nombreuses que la saison est plus rigoureuse. Au printemps ils se divisent, les biches se recèlent pour mettre bas, et dans ce temps il n'y a guère que les daguets et les jeunes cerfs qui aillent ensemble. En général, les cerfs sont portés à demeurer les uns avec les autres, à marcher de compagnie, et ce n'est que la crainte ou la nécessité qui les disperse ou les sépare.

Le cerf est en état d'engendrer à l'âge de dix-huit mois, car on voit des daguets, c'est-à-dire des cerfs nés au printemps de l'année précédente, couvrir des biches en automne, et l'on doit présumer que ces accouplements sont prolifiques. Ce qui pourrait peut-être en faire douter, c'est qu'ils n'ont encore pris alors qu'environ la moitié ou les deux tiers de leur accroissement, que les cerfs croissent et grossissent jusqu'à l'âge de huit ans, et que leur tête va toujours en augmentant tous les ans jusqu'au même âge : mais il faut observer que le faon qui vient de naître se fortifie en peu de temps, que son accroissement est prompt dans la première année et ne se ralentit pas dans la seconde, qu'il y a même déjà surabondance de nourriture,

a. Aristot. *Hist. animal.*, lib. vi, c. xxix.
b. *Faon*, c'est le petit cerf qui vient de naître.

puisqu'il pousse des dagues, et c'est là le signe le plus certain de la puissance d'engendrer. Il est vrai que les animaux en général ne sont en état d'engendrer que lorsqu'ils ont pris la plus grande partie de leur accroissement; mais ceux qui ont un temps marqué pour le rut, ou pour le frai semblent faire une exception à cette loi. Les poissons fraient et produisent avant que d'avoir pris le quart, ou même la huitième partie de leur accroissement ; et dans les animaux quadrupèdes, ceux qui, comme le cerf, l'élan, le daim, le renne, le chevreuil, etc. , ont un rut bien marqué, engendrent aussi plus tôt que les autres animaux.

Il y a tant de rapports entre la nutrition, la production du bois, le rut et la génération dans ces animaux, qu'il est nécessaire, pour en bien concevoir les effets particuliers, de se rappeler ici ce que nous avons établi de plus général et de plus certain au sujet de la génération [1] : elle dépend en entier de la surabondance de la nourriture. Tant que l'animal croît (et c'est toujours dans le premier âge que l'accroissement est le plus prompt), la nourriture est entièrement employée à l'extension, au développement du corps ; il n'y a donc nulle surabondance, par conséquent nulle production, nulle sécrétion de liqueur séminale, et c'est par cette raison que les jeunes animaux ne sont pas en état d'engendrer ; mais lorsqu'ils ont pris la plus grande partie de leur accroissement, la surabondance commence à se manifester par de nouvelles productions. Dans l'homme, la barbe, le poil, le gonflement des mamelles, l'épanouissement des parties de la génération, précèdent la puberté. Dans les animaux en général, et dans le cerf en particulier, la surabondance se marque par des effets encore plus sensibles; elle produit la tête, le gonflement des daintiers [a], l'enflure du cou et de la gorge, la venaison [b], le rut, etc. Et comme le cerf croît fort vite dans le premier âge, il ne se passe qu'un an depuis sa naissance jusqu'au temps où cette surabondance commence à se marquer au dehors par la production du bois : s'il est né au mois de mai, on verra paraître dans le même mois de l'année suivante les naissances du bois qui commence à pousser sur le têt [c]. Ce sont deux dagues qui croissent, s'allongent et s'endurcissent à mesure que l'animal prend de la nourriture ; elles ont déjà vers la fin d'août pris leur entier accroissement, et assez de solidité pour qu'il cherche à les dépouiller de leur peau en les frottant contre les arbres; et dans le même temps il achève de se charger de venaison, qui est une graisse abondante produite aussi par le superflu de la nourriture, qui dès lors commence à se

a. Les *daintiers du cerf* sont ses testicules.

b. Venaison, c'est la graisse du cerf, qui augmente pendant l'été, et dont il est surchargé au commencement de l'automne, dans le temps du rut.

c. Le *têt* est la partie de l'os frontal sur laquelle appuie le bois du cerf.

1. Voyez les chapitres II, III, IV de l'*histoire générale des animaux* (Ier volume de cette édition).

déterminer vers les parties de la génération, et à exciter le cerf à cette
ardeur du rut qui le rend furieux. Et ce qui prouve évidemment que la
production du bois et celle de la liqueur séminale dépendent de la même
cause, c'est que, si vous détruisez la source de la liqueur séminale en supprimant par la castration les organes nécessaires pour cette sécrétion, vous
supprimez en même temps la production du bois; car si l'on fait cette opération dans le temps qu'il a mis bas sa tête, il ne s'en forme pas une nouvelle; et si on ne la fait au contraire que dans le temps qu'il a refait sa
tête, elle ne tombe plus; l'animal, en un mot, reste pour toute la vie dans
l'état où il était lorsqu'il a subi la castration; et comme il n'éprouve plus
les ardeurs du rut, les signes qui l'accompagnent disparaissent aussi; il n'y
a plus de venaison, plus d'enflure au cou ni à la gorge, et il devient d'un
naturel plus doux et plus tranquille. Ces parties que l'on a retranchées
étaient donc nécessaires, non-seulement pour faire la sécrétion de la nourriture surabondante, mais elles servaient encore à l'animer, à la pousser au
dehors dans toutes les parties du corps sous la forme de la venaison, et en
particulier au sommet de la tête, où elle se manifeste plus que partout ailleurs par la production du bois. Il est vrai que les cerfs coupés ne laissent
pas de devenir gras, mais ils ne produisent plus de bois; jamais la gorge ni
le cou ne leur enflent, et leur graisse ne s'exalte ni ne s'échauffe pas comme
la venaison des cerfs entiers, qui, lorsqu'ils sont en rut, ont une odeur si forte
qu'elle infecte de loin; leur chair même en est si fort imbue et pénétrée
qu'on ne peut ni la manger, ni la sentir, et qu'elle se corrompt en peu de
temps, au lieu que celle du cerf coupé se conserve fraîche et peut se manger dans tous les temps. Une autre preuve que la production du bois vient
uniquement de la surabondance de la nourriture, c'est la différence qui se
trouve entre les têtes des cerfs de même âge, dont les unes sont très-grosses,
très-fournies, et les autres grêles et menues, ce qui dépend absolument de
la quantité de la nourriture; car un cerf qui habite un pays abondant, où
il viande à son aise, où il n'est troublé ni par les chiens, ni par les hommes,
où, après avoir repu tranquillement, il peut ensuite ruminer en repos, aura
toujours la tête belle, haute, bien ouverte, l'empaumure *a* large et bien
garnie, le merrain *b* gros et bien perlé, avec grand nombre d'andouillers
forts et longs; au lieu que celui qui se trouve dans un pays où il n'a ni
repos, ni nourriture suffisante, n'aura qu'une tête mal nourrie, dont l'empaumure sera serrée, le merrain grêle et les andouillers menus et en petit
nombre; en sorte qu'il est toujours aisé de juger par la tête d'un cerf s'il
habite un pays abondant et tranquille, et s'il a été bien ou mal nourri.
Ceux qui se portent mal, qui ont été blessés, ou seulement qui ont été

a. Empaumure, c'est le haut de la tête du cerf, qui s'élargit comme une main, et où il y a
plusieurs andouillers rangés inégalement comme des doigts.

b. Merrain, c'est le tronc, la tige du bois de cerf.

inquiétés et courus, prennent rarement une belle tête et une bonne venaison; ils n'entrent en rut que plus tard; il leur a fallu plus de temps pour refaire leur tête, et ils ne la mettent bas qu'après les autres; ainsi tout concourt à faire voir que ce bois n'est, comme la liqueur séminale, que le superflu, rendu sensible, de la nourriture organique qui ne peut être employée tout entière au développement, à l'accroissement ou à l'entretien du corps de l'animal.

La disette retarde donc l'accroissement du bois, et en diminue le volume très-considérablement; peut-être même ne serait-il pas impossible, en retranchant beaucoup la nourriture, de supprimer en entier cette production, sans avoir recours à la castration : ce qu'il y a de sûr, c'est que les cerfs coupés mangent moins que les autres; et ce qui fait que dans cette espèce, aussi bien que dans celle du daim, du chevreuil et de l'élan, les femelles n'ont point de bois, c'est qu'elles mangent moins que les mâles, et que, quand même il y aurait de la surabondance, il arrive que dans le temps où elle pourrait se manifester au dehors, elles deviennent pleines; par conséquent le superflu de la nourriture étant employé à nourrir le fœtus et ensuite à allaiter le faon, il n'y a jamais rien de surabondant. Et l'exception que peut faire ici la femelle du renne, qui porte un bois comme le mâle, est plus favorable que contraire à cette explication; car de tous les animaux qui portent un bois, le renne est celui qui, proportionnellement à sa taille, l'a d'un plus gros et d'un plus grand volume, puisqu'il s'étend en avant et en arrière, souvent tout le long de son corps : c'est aussi de tous celui qui se charge le plus abondamment [a] de venaison; et d'ailleurs le bois que portent les femelles est fort petit en comparaison de celui des mâles. Cet exemple prouve donc seulement que, quand la surabondance est si grande qu'elle ne peut être épuisée dans la gestation par l'accroissement du fœtus, elle se répand au dehors et forme dans la femelle, comme dans le mâle, une production semblable, un bois qui est d'un plus petit volume, parce que cette surabondance est aussi en moindre quantité.

Ce que je dis ici de la nourriture ne doit pas s'entendre de la masse ni du volume des aliments, mais uniquement de la quantité des molécules organiques que contiennent ces aliments : c'est cette seule matière qui est vivante, active et productrice; le reste n'est qu'un marc, qui peut être plus ou moins abondant sans rien changer à l'animal. Et comme le lichen, qui est la nourriture ordinaire du renne, est un aliment plus substantiel que les feuilles, les écorces ou les boutons des arbres dont le cerf se nourrit, il n'est pas étonnant qu'il y ait plus de surabondance de cette nourriture orga-

---

a. Le rangier (*c'est le renne*), est une bête semblable au cerf, et a sa tête diverse, plus grande et chevillée; il porte bien quatre-vingts cors, aucune fois moins, sa tête lui couvre le corps; il a plus grande venaison que n'a un cerf en sa saison. Voyez la Chasse du roi Phœbus, imprimée à la suite de la *Vénerie de du Fouilloux*. Rouen, 1650, p. 97.

nique, et par conséquent plus de bois et plus de venaison dans le renne que dans le cerf. Cependant il faut convenir que la matière organique, qui forme le bois dans ces espèces d'animaux, n'est pas parfaitement dépouillée des parties brutes auxquelles elle était jointe, et qu'elle conserve encore, après avoir passé par le corps de l'animal, des caractères de son premier état dans le végétal. Le bois du cerf pousse, croît et se compose comme le bois d'un arbre : sa substance est peut-être moins osseuse que ligneuse [1]; c'est, pour ainsi dire, un végétal greffé sur un animal, et qui participe de la nature des deux, et forme une de ces nuances auxquelles la nature aboutit toujours dans les extrêmes, et dont elle se sert pour rapprocher les choses les plus éloignées.

Dans l'animal, comme nous l'avons dit [a], les os croissent par leurs deux extrémités à la fois; le point d'appui contre lequel s'exerce la puissance de leur extension en longueur est dans le milieu de la longueur de l'os : cette partie du milieu est aussi la première formée, la première ossifiée, et les deux extrémités vont toujours en s'éloignant de la partie du milieu, et restent molles jusqu'à ce que l'os ait pris son entier accroissement dans cette dimension. Dans le végétal, au contraire, le bois ne croît que par une seule de ses extrémités; le bouton qui se développe et qui doit former la branche est attaché au vieux bois par l'extrémité inférieure, et c'est sur ce point d'appui que s'exerce la puissance de son extension en longueur. Cette différence si marquée entre la végétation des os des animaux et des parties solides des végétaux ne se trouve point dans le bois qui croît sur la tête des cerfs; au contraire, rien n'est plus semblable à l'accroissement du bois d'un arbre : le bois du cerf ne s'étend que par l'une de ses extrémités, l'autre lui sert de point d'appui; il est d'abord tendre comme l'herbe, et se durcit ensuite comme le bois; la peau qui s'étend et qui croît avec lui est son écorce, et il s'en dépouille lorsqu'il a pris son entier accroissement; tant qu'il croît, l'extrémité supérieure demeure toujours molle; il se divise aussi en plusieurs rameaux; le merrain est l'arbre, les andouillers en sont les branches; en un mot, tout est semblable, tout est conforme dans le développement et dans l'accroissement de l'un et de l'autre; et dès lors les molécules organiques qui constituent la substance vivante du bois de cerf retiennent encore l'empreinte du végétal, parce qu'elles s'arrangent de la même façon que dans les végétaux. La matière domine donc ici sur la forme : le cerf, qui n'habite que dans les bois et qui ne se nourrit que des rejetons des arbres, prend une si forte teinture de bois, qu'il produit lui-même une espèce de bois [2] qui conserve assez les caractères de son origine pour qu'on ne puisse s'y méprendre; et cet effet, quoique très-

---

a. Voyez l'article de la Vieillesse et de la Mort, p. 68.

1. Le *bois*, la *corne* du *cerf* n'a rien de *ligneux*. Cette *corne* est un *os*.
2. Voyez la note précédente.

singulier, n'est cependant pas unique ; il dépend d'une cause générale que j'ai déjà eu occasion d'indiquer plus d'une fois dans cet ouvrage.

Ce qu'il y a de plus constant, de plus inaltérable dans la nature, c'est l'empreinte ou le moule de chaque espèce, tant dans les animaux que dans les végétaux ; ce qu'il y a de plus variable et de plus corruptible, c'est la substance qui les compose[1]. La matière, en général, paraît être indifférente à recevoir telle ou telle forme, et capable de porter toutes les empreintes possibles : les molécules organiques, c'est-à-dire les parties vivantes de cette matière, passent des végétaux aux animaux, sans destruction, sans altération, et forment également la substance vivante de l'herbe, du bois, de la chair et des os. Il paraît donc, à cette première vue, que la matière ne peut jamais dominer sur la forme, et que, quelque espèce de nourriture que prenne un animal, pourvu qu'il puisse en tirer les molécules organiques qu'elle contient, et se les assimiler par la nutrition, cette nourriture ne pourra rien changer à sa forme, et n'aura d'autre effet que d'entretenir ou faire croître son corps, en se modelant sur toutes les parties du moule intérieur, et en les pénétrant intimement : ce qui le prouve, c'est qu'en général les animaux qui ne vivent que d'herbe, qui paraît être une substance très-différente de celle de leur corps, tirent de cette herbe de quoi faire de la chair et du sang ; que même ils se nourrissent, croissent et grossissent autant et plus que les animaux qui ne vivent que de chair. Cependant, en observant la nature plus particulièrement, on s'apercevra que quelquefois ces molécules organiques ne s'assimilent pas parfaitement au moule intérieur, et que souvent la matière ne laisse pas d'influer sur la forme d'une manière assez sensible : la grandeur, par exemple, qui est un des attributs de la forme, varie dans chaque espèce suivant les différents climats ; la qualité, la quantité de la chair, qui sont d'autres attributs de la forme, varient suivant les différentes nourritures. Cette matière organique que l'animal assimile à son corps par la nutrition n'est donc pas absolument indifférente à recevoir telle ou telle modification ; elle n'est pas absolument dépouillée de la forme qu'elle avait auparavant, et elle retient quelques caractères de l'empreinte de son premier état ; elle agit donc elle-même par sa propre forme sur celle du corps organisé qu'elle nourrit ; et quoique cette action soit presque insensible, que même cette puissance d'agir soit infiniment petite en comparaison de la force qui contraint cette matière nutritive à s'assimiler au moule qui la reçoit, il doit en résulter avec le temps des effets très-sensibles. Le cerf, qui n'habite que les

1. Idée très-belle et très-vraie. Ce qu'il y a de permanent dans les êtres vivants, c'est la *forme* ; ce qu'il y a de variable et de corruptible, c'est la *matière*. J'ai prouvé, par mes expériences sur le développement des *os*, que toute la *matière* de l'*os* change et se renouvelle pendant qu'il s'accroît. (Voyez mon ouvrage intitulé : *Théorie expérimentale de la formation des os.*)

forêts, et qui ne vit, pour ainsi dire, que de bois, porte une espèce de bois qui n'est qu'un résidu de cette nourriture ; le castor, qui habite les eaux et qui se nourrit de poisson, porte une queue couverte d'écailles ; la chair de la loutre et de la plupart des oiseaux de rivière est un aliment de carême, une espèce de chair de poisson. L'on peut donc présumer que des animaux auxquels on ne donnerait jamais que la même espèce de nourriture prendraient en assez peu de temps une teinture des qualités de cette nourriture, et que, quelque forte que soit l'empreinte de la nature, si l'on continuait toujours à ne leur donner que le même aliment, il en résulterait avec le temps une espèce de transformation par une assimilation toute contraire à la première : ce ne serait plus la nourriture qui s'assimilerait en entier à la forme de l'animal, mais l'animal qui s'assimilerait en partie à la forme de la nourriture, comme on le voit dans le bois du cerf et dans la queue du castor.

Le bois, dans le cerf, n'est donc qu'une partie accessoire, et, pour ainsi dire, étrangère à son corps, une production qui n'est regardée comme partie animale que parce qu'elle croît sur un animal, mais qui est vraiment végétale, puisqu'elle retient les caractères du végétal dont elle tire sa première origine, et que ce bois ressemble au bois des arbres par la manière dont il croît, dont il se développe, se ramifie, se durcit, se sèche et se sépare ; car il tombe de lui-même après avoir pris son entière solidité, et dès qu'il cesse de tirer de la nourriture, comme un fruit dont le pédicule se détache de la branche dans le temps de sa maturité : le nom même qu'on lui a donné dans notre langue prouve bien qu'on a regardé cette production comme un bois, et non pas comme une corne, un os, une défense, une dent, etc. Et quoique cela me paraisse suffisamment indiqué et même prouvé par tout ce que je viens de dire, je ne dois pas oublier un fait cité par les anciens. Aristote [a], Théophraste [b], Pline [c], disent [1] tous que l'on a vu du lierre s'attacher, pousser et croître sur le bois des cerfs lorsqu'il est encore tendre : si ce fait est vrai, et il serait facile de s'en assurer par l'expérience, il prouverait encore mieux l'analogie intime de ce bois avec le bois des arbres.

Non-seulement les cornes et les défenses des autres animaux sont d'une substance très-différente de celle du bois du cerf, mais leur développement, leur texture, leur accroissement, et leur forme tant extérieure qu'intérieure, n'ont rien de semblable ni même d'analogue au bois. Ces parties, comme

---

a. « Captus jam cervus est, hederam suis enatam cornibus gerens viridem, quæ cornu adhuc « tenello forte inserta, quasi ligno viridi coaluerit. » Arist. *Hist. animal.*, l., ix, c. v.

b. « Hedera in multis creatur, et, quod mirabilius, visa est in cornibus cervi etiam aliquando. « Commovit (*inquit Jul. Scaliger apud Theophrastum*) virum accuratum cervi cornibus « hærens hedera : quid enim eò seminium detulit, etc. » Lib. ii, *de Caus. Plant.*, cap. xxiii.

c. « In mollioribus cervorum cornibus hedera coalescit, dùm ex arborum attritu illa experiun- « tur. » Plin. *de Admirand. auditionibus.* — 1. Pure fable que ce qu'ils disent.

les ongles, les cheveux, les crins, les plumes, les écailles, croissent à la vérité par une espèce de végétation, mais bien différente de la végétation du bois. Les cornes dans les bœufs, les chèvres, les gazelles, etc., sont creuses en dedans, au lieu que le bois du cerf est solide dans toute son épaisseur : la substance de ces cornes est la même que celle des ongles, des ergots, des écailles ; celle du bois de cerf, au contraire, ressemble plus au bois qu'à toute autre substance. Toutes ces cornes creuses [1] sont revêtues en dedans d'un périoste, et contiennent dans leur cavité un os [2] qui les soutient et leur sert de noyau ; elles ne tombent jamais, et elles croissent pendant toute la vie de l'animal, en sorte qu'on peut juger son âge par les nœuds ou cercles annuels de ses cornes. Au lieu de croître, comme le bois du cerf, par leur extrémité supérieure, elles croissent au contraire comme les ongles, les plumes, les cheveux, par leur extrémité inférieure. Il en est de même des défenses de l'éléphant, de la vache marine, du sanglier et de tous les autres animaux, elles sont creuses en dedans, et elles ne croissent que par leur extrémité inférieure ; ainsi les cornes et les défenses n'ont pas plus de rapport que les ongles, le poil ou les plumes, avec le bois du cerf.

Toutes les végétations peuvent donc se réduire à trois espèces : la première, où l'accroissement se fait par l'extrémité supérieure, comme dans les herbes, les plantes, les arbres, le bois du cerf, et tous les autres végétaux ; la seconde, où l'accroissement se fait, au contraire, par l'extrémité inférieure, comme dans les cornes, les ongles, les ergots, le poil, les cheveux, les plumes, les écailles, les défenses, les dents [3], et les autres parties extérieures du corps des animaux ; la troisième est celle où l'accroissement se fait à la fois par les deux extrémités, comme dans les os, les cartilages, les muscles, les tendons et les autres parties intérieures du corps des animaux : toutes trois n'ont pour cause matérielle que la surabondance de la nourriture organique, et pour effet que l'assimilation de cette nourriture au moule qui la reçoit. Ainsi l'animal croît plus ou moins vite à proportion de la quantité de cette nourriture, et lorsqu'il a pris la plus grande partie

1. *Cornes creuses.* On nomme également *corne*, et la *proéminence osseuse*, l'*os*, qui constitue le *noyau* de toutes les *cornes*, et l'*étui épidermique*, l'*étui corné*, qui, dans certaines *cornes* (celles des *bœufs*, celles des *chèvres*, etc.), enveloppe le *noyau*, l'*os*. Cet *étui* est la *corne creuse*.

2. L'*os* est la partie commune de toutes les *cornes*, ainsi que je viens de le dire. Il se retrouve, tant dans les animaux à *bois* ou *cornes tombantes* (les *cerfs*, les *daims*, les *chevreuils*, etc.), que dans les animaux à *cornes creuses* ou *persistantes* (les *bœufs*, les *chèvres*, les *antilopes*, etc.) : la seule différence est que, dans les premiers, l'*os* est revêtu de *peau*, tandis que, dans les seconds, il est revêtu d'*épiderme*, d'*ongle*, en un mot, de cette substance élastique, qu'on nomme aussi *corne*.

3. Ici Buffon mêle et confond tout. Les *défenses* de l'éléphant sont des *dents* ; toutes les *dents* sont des *os* ; les *cornes creuses*, les *ongles*, les *poils*, etc., sont de nature *épidermique* ; dans la *corne creuse* il y a la *corne solide*, qui est un *os* ; le *bois* du cerf est un *os*, etc.

de son accroissement elle se détermine vers les réservoirs séminaux, et cherche à se répandre au dehors et à produire, au moyen de la copulation, d'autres êtres organisés. La différence qui se trouve entre les animaux qui, comme le cerf, ont un temps marqué pour le rut, et les autres animaux qui peuvent engendrer en tout temps, ne vient encore que de la manière dont ils se nourrissent. L'homme et les animaux domestiques, qui tous les jours prennent à peu près une égale quantité de nourriture, souvent même trop abondante, peuvent engendrer en tout temps : le cerf, au contraire, et la plupart des autres animaux sauvages, qui souffrent pendant l'hiver une grande disette, n'ont rien alors de surabondant [1], et ne sont en état d'engendrer qu'après s'être refaits pendant l'été; et c'est aussi immédiatement après cette saison que commence le rut, pendant lequel le cerf s'épuise si fort qu'il reste pendant tout l'hiver dans un état de langueur; sa chair est même alors si dénuée de bonne substance, et son sang est si fort appauvri, qu'il s'engendre des vers [2] sous sa peau, lesquels augmentent encore sa misère, et ne tombent qu'au printemps lorsqu'il a repris, pour ainsi dire, une nouvelle vie par la nourriture active que lui fournissent les productions nouvelles de la terre.

Toute sa vie se passe donc dans des alternatives de plénitude et d'inanition, d'embonpoint et de maigreur, de santé, pour ainsi dire, et de maladie, sans que ces oppositions si marquées, et cet état toujours excessif, altèrent sa constitution : il vit aussi longtemps que les autres animaux qui ne sont pas sujets à ces vicissitudes. Comme il est cinq ou six ans à croître, il vit aussi sept fois cinq ou six ans, c'est-à-dire trente-cinq ou quarante ans [3] [a]. Ce que l'on a débité sur la longue vie des cerfs n'est appuyé sur aucun fondement; ce n'est qu'un préjugé populaire qui régnait dès le temps d'Aristote, et ce philosophe dit, avec raison [b], que cela ne lui paraît pas vraisemblable, attendu que le temps de la gestation et celui de l'accroissement du jeune cerf n'indiquent rien moins qu'une très-longue vie. Cependant, malgré cette autorité, qui seule aurait dû suffire pour détruire ce préjugé, il s'est renouvelé dans des siècles d'ignorance par une histoire ou une fable que l'on a faite d'un cerf qui fut pris par Charles VI dans la forêt de Senlis, et qui portait un collier sur lequel était écrit, *Cæsar hoc me donavit;* et l'on

a. Pour moi, sans entrer dans aucune discussion à ce sujet, mon sentiment est que les cerfs ne peuvent vivre plus de quarante ans. *Nouveau traité de la Vénerie*, p. 141.

b. « Vitâ esse perquam longâ hoc animal fertur, sed nihil certi ex iis quæ narrantur videmus; « nec gestatio aut incrementum hinnulli ita evenit quasi vita esset prælonga. » Arist. *Hist. animal.*, lib. vi, c. xxix.

1. Le plus ou moins de *surabondance* de nourriture n'est ici qu'une cause très-secondaire : le temps du *rut*, la durée de la *gestation*, le terme de l'*accroissement*, celui de la *vie*, etc., sont toutes choses déterminées et réglées, dans chaque espèce, par des lois primitives et constitutives.

2. *Larves* d'une espèce d'œstre.

3 Voyez la note de la page 77.

a mieux aimé supposer mille ans de vie à cet animal et faire donner ce collier par un empereur romain, que de convenir que ce cerf pouvait venir
d'Allemagne, où les empereurs ont dans tous les temps pris le nom de
César.

La tête des cerfs va tous les ans en augmentant en grosseur et en hauteur, depuis la seconde année de leur vie jusqu'à la huitième ; elle se soutient toujours belle et à peu près la même pendant toute la vigueur de
l'âge ; mais, lorsqu'ils deviennent vieux, leur tête décline aussi. On peut
voir, dans la description du cerf [1], celle de sa tête dans les différents âges.
Il est rare que nos cerfs portent plus de vingt ou vingt-deux andouillers,
lors même que leur tête est le plus belle ; et ce nombre n'est rien moins
que constant ; car il arrive souvent que le même cerf aura dans une année
un certain nombre d'andouillers, et que l'année suivante il en aura plus
ou moins, selon qu'il aura eu plus ou moins de nourriture et de repos ; et
de même que la grandeur de la tête ou du bois du cerf dépend de la quantité de la nourriture, la qualité de ce même bois dépend aussi de la différente qualité des nourritures ; il est, comme le bois des forêts, grand,
tendre et assez léger dans les pays humides et fertiles ; il est, au contraire,
court, dur et pesant dans les pays secs et stériles.

Il en est de même encore de la grandeur et de la taille de ces animaux ;
elle est fort différente selon les lieux qu'ils habitent : les cerfs de plaines,
de vallées ou de collines abondantes en grains, ont le corps beaucoup plus
grand et les jambes plus hautes que les cerfs des montagnes sèches, arides
et pierreuses ; ceux-ci ont le corps bas, court et trapu ; ils ne peuvent courir
aussi vite, mais ils vont plus longtemps que les premiers ; ils sont plus
méchants, ils ont le poil plus long sur le massacre ; leur tête est ordinairement basse et noire, à peu près comme un arbre rabougri, dont l'écorce
est rembrunie, au lieu que la tête des cerfs de plaines est haute et d'une
couleur claire et rougeâtre comme le bois et l'écorce des arbres qui croissent en bon terrain. Ces petits cerfs trapus n'habitent guère les futaies, et
se tiennent presque toujours dans les taillis, où ils peuvent se soustraire
plus aisément à la poursuite des chiens : leur venaison est plus fine et leur
chair est de meilleur goût que celle des cerfs de plaine. Le cerf de Corse
paraît être le plus petit de tous ces cerfs de montagne ; il n'a guère que la
moitié de la hauteur des cerfs ordinaires ; c'est, pour ainsi dire, un basset
parmi les cerfs ; il a le pelage [a] brun, le corps trapu, les jambes courtes. Et
ce qui m'a convaincu que la grandeur et la taille des cerfs, en général,
dépendait absolument de la quantité et de la qualité de la nourriture, c'est
qu'en ayant fait élever un chez moi et l'ayant nourri largement pendant
quatre ans, il était à cet âge beaucoup plus haut, plus gros, plus étoffé que

a. *Pelage*, c'est la couleur du poil du cerf, du daim, du chevreuil.
1. Par Daubenton.

les plus vieux cerfs de mes bois, qui cependant sont de la belle taille.

Le pelage le plus ordinaire pour le cerf est le fauve ; cependant il se trouve, même en assez grand nombre, des cerfs bruns, et d'autres qui sont roux : les cerfs blancs sont bien plus rares, et semblent être des cerfs devenus domestiques, mais très-anciennement, car Aristote et Pline parlent des cerfs blancs, et il paraît qu'ils n'étaient pas alors plus communs qu'ils ne le sont aujourd'hui. La couleur du bois, comme la couleur du poil, semble dépendre en particulier de l'âge et de la nature de l'animal, et, en général, de l'impression de l'air : les jeunes cerfs ont le bois plus blanchâtre et moins teint que les vieux. Les cerfs, dont le pelage est d'un fauve clair et délayé, ont souvent la tête pâle et mal teinte; ceux qui sont d'un fauve vif l'ont ordinairement rouge; et les bruns, surtout ceux qui ont du poil noir sur le cou, ont aussi la tête noire. Il est vrai qu'à l'intérieur le bois de tous les cerfs est à peu près également blanc; mais ces bois diffèrent beaucoup les uns des autres en solidité, et par leur texture plus ou mois serrée; il y en a qui sont fort spongieux, et où même il se trouve des cavités assez grandes : cette différence dans la texture suffit pour qu'ils puissent se colorer différemment, et il n'est pas nécessaire d'avoir recours à la sève des arbres pour produire cet effet, puisque nous voyons tous les jours l'ivoire le plus blanc jaunir ou brunir à l'air, quoiqu'il soit d'une matière bien plus compacte et moins poreuse que celle du bois du cerf.

Le cerf paraît avoir l'œil bon, l'odorat exquis et l'oreille excellente. Lorsqu'il veut écouter, il lève la tête, dresse les oreilles, et alors il entend de fort loin; lorsqu'il sort dans un petit taillis ou dans quelque autre endroit à demi découvert, il s'arrête pour regarder de tous côtés, et cherche ensuite le dessous du vent pour sentir s'il n'y a pas quelqu'un qui puisse l'inquiéter. Il est d'un naturel assez simple, et cependant il est curieux et rusé : lorsqu'on le siffle ou qu'on l'appelle de loin, il s'arrête tout court et regarde fixement et avec une espèce d'admiration les voitures, le bétail, les hommes; et, s'ils n'ont ni armes, ni chiens, il continue à marcher d'assurance *a* et passe son chemin fièrement et sans fuir : il paraît aussi écouter avec autant de tranquillité que de plaisir le chalumeau ou le flageolet des bergers, et les veneurs se servent quelquefois de cet artifice pour le rassurer. En général, il craint beaucoup moins l'homme que les chiens, et ne prend de la défiance et de la ruse qu'à mesure et qu'autant qu'il aura été inquiété : il mange lentement, il choisit sa nourriture; et, lorsqu'il a viandé, il cherche à se reposer pour ruminer à loisir, mais il paraît que la rumination ne se fait pas avec autant de facilité que dans le bœuf; ce n'est, pour ainsi dire, que par secousses que le cerf peut faire remonter l'herbe contenue dans son premier estomac. Cela vient de la longueur et de la direction du chemin

a. Marcher d'assurance, aller d'assurance, c'est lorsque le cerf va d'un pas réglé et tranquille.

qu'il faut que l'aliment parcoure : le bœuf a le cou court et droit, le cerf
l'a long et arqué ; il faut donc beaucoup plus d'effort pour faire remonter
l'aliment, et cet effort se fait par une espèce de hoquet dont le mouvement
se marque au dehors et dure pendant tout le temps de la rumination. Il a
la voix d'autant plus forte, plus grosse et plus tremblante qu'il est plus âgé ;
la biche a la voix plus faible et plus courte, elle ne rait pas d'amour mais
de crainte : le cerf rait d'une manière effroyable dans le temps du rut ; il
est alors si transporté qu'il ne s'inquiète ni ne s'effraie de rien ; on peut
donc le surprendre aisément, et, comme il est surchargé de venaison, il ne
tient pas longtemps devant les chiens ; mais il est dangereux aux abois, et
il se jette sur eux avec une espèce de fureur. Il ne boit guère en hiver, et
encore moins au printemps ; l'herbe tendre et chargée de rosée lui suffit ;
mais dans les chaleurs et les sécheresses de l'été il va boire aux ruisseaux,
aux mares, aux fontaines, et dans le temps du rut il est si fort échauffé
qu'il cherche l'eau partout, non-seulement pour apaiser sa soif brûlante,
mais pour se baigner et se rafraîchir le corps. Il nage parfaitement bien,
et plus légèrement alors que dans tout autre temps, à cause de la venaison
dont le volume est plus léger qu'un pareil volume d'eau : on en a vu traverser de très-grandes rivières ; on prétend même qu'attirés par l'odeur des
biches, les cerfs se jettent à la mer dans le temps du rut et passent d'une
île à une autre à des distances de plusieurs lieues ; ils sautent encore plus
légèrement qu'ils ne nagent, car, lorsqu'ils sont poursuivis, ils franchissent
aisément une haie et même un palis d'une toise de hauteur. Leur nourriture est différente suivant les différentes saisons ; en automne, après le
rut, ils cherchent les boutons des arbustes verts, les fleurs de bruyères,
les feuilles de ronces, etc. ; en hiver, lorsqu'il neige, ils pèlent les arbres et
se nourrisent d'écorces, de mousse, etc. ; et, lorsqu'il fait un temps doux, ils
vont viander dans les blés ; au commencement du printemps, ils cherchent
les chatons des trembles, des marsaules, des coudriers, les fleurs et les
boutons du cornouiller, etc. ; en été, ils ont de quoi choisir, mais ils préfèrent les seigles à tous les autres grains, et la bourgène à tous les autres
bois. La chair du faon est bonne à manger, celle de la biche et du daguet
n'est pas absolument mauvaise, mais celle des cerfs a toujours un goût
désagréable et fort : ce que cet animal fournit de plus utile, c'est son bois
et sa peau ; on la prépare, et elle fait un cuir souple et très-durable ; le
bois s'emploie par les couteliers, les fourbisseurs, etc. ; et l'on en tire, par
la chimie, des esprits alcali-volatils, dont la médecine fait un fréquent
usage.

LE DAIM *.

Aucune espèce n'est plus voisine d'une autre que l'espèce du daim l'est de celle du cerf[1] ; cependant ces animaux, qui se ressemblent à tant d'égards, ne vont point ensemble, se fuient, ne se mêlent jamais[2], et ne forment par conséquent aucune race intermédiaire : il est même rare de trouver des daims dans les pays qui sont peuplés de beaucoup de cerfs, à moins qu'on ne les y ait apportés ; ils paraissent être d'une nature moins robuste et moins agreste que celle du cerf, ils sont aussi beaucoup moins communs dans les forêts ; on les élève dans des parcs où ils sont, pour ainsi dire, à demi domestiques. L'Angleterre est le pays de l'Europe où il y en a le plus, et l'on y fait grand cas de cette venaison ; les chiens la préfèrent aussi à la chair de tous les autres animaux, et, lorsqu'ils ont une fois mangé du daim, ils ont beaucoup de peine à garder le change sur le cerf ou sur le chevreuil. Il y a des daims aux environs de Paris et dans quelques provinces de France ; il y en a en Espagne et en Allemagne ; il y en a aussi en Amérique[3], qui peut-être y ont été transportés d'Europe : il semble que ce soit un animal des climats tempérés, car il n'y en a point en Russie, et l'on n'en trouve que très-rarement dans les forêts [a] de Suède et des autres pays du Nord.

Les cerfs sont bien plus généralement répandus ; il y en a partout en Europe, même en Norvége et dans tout le Nord, à l'exception peut-être de la Laponie ; on en trouve aussi beaucoup en Asie, surtout en Tartarie [b] et dans les provinces septentrionales de la Chine. On les retrouve en Amérique[4], car ceux du Canada[5] [c] ne diffèrent des nôtres que par la hauteur du bois, par le nombre et par la direction des andouillers [d], qui quelquefois n'est pas droite en avant comme dans les têtes de nos cerfs, mais qui re-

---

a. Linn. *Fauna Suecica.*

b. Description de l'Inde, par Marc Paul, liv. i, p. 38. *Lettres édifiantes*, XXVI⁰ recueil, p. 371.

c. Le cerf du Canada est absolument le même qu'en France. *Description de la Nouvelle-France*, par le P. Charlevoix, t. III, p. 129.

d. Voyez, dans les *Mémoires pour servir à l'histoire des animaux*, par M. Perrault, la planche du cerf de Canada.

* *Cervus dama* (Linn.). — Ordre des *Ruminants;* genre *Cerf* (Cuv.).

1. Les espèces du genre *cerf* se partagent en espèces à *bois aplati*, et en espèces à *bois rond.* Le *daim* a le *bois aplati*, et le *cerf* a le *bois rond :* les espèces de *cerf* à bois rond (le *cerf du Canada*, le *cerf de Virginie*, l'*axis*, le *chevreuil*, etc.) sont donc plus voisines du *cerf* proprement dit, de notre *cerf*, que ne l'est le *daim.*

2. Voyez la note 3 de la page 456.

3. Notre *daim* ne s'est point trouvé en Amérique. « Cette espèce, qui est le *platyceros* des « anciens, est devenue commune dans tous les pays d'Europe, mais elle paraît originaire de « Barbarie. » (Cuvier : *Règne animal*, t. I, p. 262.)

4. Les *cerfs* de l'Amérique sont tous différents, comme *espèces*, de ceux de l'Europe

5. Le *cerf* du Canada est une espèce particulière et propre à l'Amérique.

tourne en arrière par une inflexion bien marquée, en sorte que la pointe
de chaque andouiller regarde le merrain; et cette forme de tête n'est pas
absolument particulière aux cerfs de Canada, car on trouve une pareille
tête gravée dans la Vénerie de du Fouilloux [a], et le bois du cerf de Canada
que nous avons fait graver a les andouillers droits, ce qui prouve assez
que ce n'est qu'une variété qui se rencontre quelquefois dans les cerfs
de tous les pays. Il en est de même de ces têtes qui ont au-dessus de l'empaumure un grand nombre d'andouillers en forme de couronne, que l'on
ne trouve que très-rarement en France, et qui viennent, dit du Fouilloux [b],
du pays des Moscovites et d'Allemagne; ce n'est qu'une autre variété qui
n'empêche pas que ces cerfs ne soient de la même espèce que les nôtres.
En Canada, comme en France, la plupart des cerfs ont donc les andouillers
droits; mais leur bois en général est plus grand et plus gros, parce qu'ils
trouvent dans ces pays inhabités plus de nourriture et de repos que dans
les pays peuplés de beaucoup d'hommes. Il y a de grands et de petits cerfs
en Amérique comme en Europe; mais, quelque répandue que soit cette
espèce, il semble cependant qu'elle soit bornée aux climats froids et tempérés [1] : les cerfs du Mexique et des autres parties de l'Amérique méridionale, ceux que l'on appelle biches des bois, et biches des palétuviers à
Cayenne, ceux que l'on appelle cerfs du Gange, et que l'on trouve dans
les mémoires dressés par M. Perrault sous le nom de biches de Sardaigne,
ceux enfin auxquels les voyageurs donnent le nom de cerfs au cap de Bonne-
Espérance, en Guinée et dans les autres pays chauds, ne sont pas de l'espèce de nos cerfs, comme on le verra dans l'histoire particulière de chacun
de ces animaux.

Et comme le daim est un animal moins sauvage, plus délicat, et, pour
ainsi dire, plus domestique que le cerf, il est aussi sujet à un plus grand
nombre de variétés. Outre les daims communs et les daims blancs, l'on
en connaît encore plusieurs autres : les daims d'Espagne, par exemple,
qui sont presque aussi grands que des cerfs. mais qui ont le cou moins
gros et la couleur plus obscure, avec la queue noirâtre, non blanche
par-dessous, et plus longue que celle des daims communs; les daims de
Virginie [2], qui sont presque aussi grands que ceux d'Espagne, et qui sont
remarquables par la grandeur du membre génital et la grosseur des testicules; d'autres qui ont le front comprimé, aplati entre les yeux, les
oreilles et la queue plus longues que le daim commun, et qui sont marqués d'une tache blanche sur les ongles des pieds de derrière ; d'autres
qui sont tachés ou rayés de blanc, de noir et de fauve-clair; et d'autres

---

a. Voyez la *Vénerie de Jacques du Fouilloux*, fol. 22, verso.
b. Idem, fol. 20, verso.

1. Notre *cerf* est *originaire* de l'Europe et de toute l'Asie tempérée.
2. Le *daim*, ou, plus exactement, le *cerf de Virginie*. (Voyez Cuvier : *Règne anim.*, t. I, p. 263.

enfin qui sont entièrement noirs : tous ont le bois plus veule, plus aplati, plus étendu en largeur, et à proportion plus garni d'andouillers que celui du cerf; il est aussi plus courbé en dedans, et il se termine par une large et longue empaumure, et quelquefois, lorsque leur tête est forte et bien nourrie, les plus grands andouillers se terminent eux-mêmes par une petite empaumure. Le daim commun a la queue plus longue que le cerf, et le pelage plus clair. La tête de tous les daims mue comme celle des cerfs, mais elle tombe plus tard; ils sont à peu près le même temps à la refaire, aussi leur rut arrive quinze jours ou trois semaines après celui du cerf : les daims raient alors assez fréquemment, mais d'une voix basse et comme entrecoupée ; ils ne s'excèdent pas autant que le cerf, ni ne s'épuisent par le rut; ils ne s'écartent pas de leur pays pour aller chercher les femelles, cependant ils se les disputent et se battent à outrance. Ils sont portés à demeurer ensemble, ils se mettent en hardes, et restent presque toujours les uns avec les autres. Dans les parcs, lorsqu'ils se trouvent en grand nombre, ils forment ordinairement deux troupes qui sont bien distinctes, bien séparées, et qui bientôt deviennent ennemies, parce qu'ils veulent également occuper le même endroit du parc : chacune de ces troupes a son chef, qui marche le premier, et c'est le plus fort et le plus âgé; les autres suivent, et tous se disposent à combattre pour chasser l'autre troupe du bon pays. Ces combats sont singuliers par la disposition qui paraît y régner; ils s'attaquent avec ordre, se battent avec courage, se soutiennent les uns les autres, et ne se croient pas vaincus par un seul échec, car le combat se renouvelle tous les jours, jusqu'à ce que les plus forts chassent les plus faibles et les relèguent dans le mauvais pays. Ils aiment les terrains élevés et entrecoupés de petites collines : ils ne s'éloignent pas comme le cerf, lorsqu'on les chasse; ils ne font que tourner, et cherchent seulement à se dérober des chiens par la ruse et par le change; cependant, lorsqu'ils sont pressés, échauffés et épuisés, ils se jettent à l'eau comme le cerf, mais ils ne se hasardent pas à la traverser dans une aussi grande étendue; ainsi la chasse du daim et celle du cerf n'ont entre elles aucune différence essentielle. Les connaissances du daim sont, en plus petit, les mêmes que celles du cerf; les mêmes ruses leur sont communes, seulement elles sont plus répétées par le daim : comme il est moins entreprenant, et qu'il ne se forlonge pas tant, il a plus souvent besoin de s'accompagner, de revenir sur ses voies, etc., ce qui rend en général la chasse du daim plus sujette aux inconvénients que celle du cerf; d'ailleurs, comme il est plus petit et plus léger, ses voies laissent sur la terre et aux portées une impression moins forte et moins durable; ce qui fait que les chiens gardent moins le change, et qu'il est plus difficile de rapprocher lorsqu'on a un défaut à relever.

Le daim s'apprivoise très-aisément; il mange de beaucoup de choses que le cerf refuse : aussi conserve-t-il mieux sa venaison, car il ne paraît pas

que le rut, suivi des hivers les plus rudes et les plus longs, le maigrisse et
l'altère, il est presque dans le même état pendant toute l'année; il broute
de plus près que le cerf, et c'est ce qui fait que le bois coupé par la dent
du daim repousse beaucoup plus difficilement que celui qui ne l'a été que
par le cerf; les jeunes mangent plus vite et plus avidement que les vieux ;
ils ruminent, ils cherchent les femelles dès la seconde année de leur vie,
ils ne s'attachent pas à la même comme le chevreuil, mais ils en changent
comme le cerf : la daine porte huit mois et quelques jours comme la biche;
elle produit de même ordinairement un faon, quelquefois deux, et très-
rarement trois; ils sont en état d'engendrer et de produire depuis l'âge de
deux ans jusqu'à quinze ou seize; enfin ils ressemblent aux cerfs par presque toutes les habitudes naturelles, et la plus grande différence qu'il y ait
entre ces animaux, c'est dans la durée de la vie. Nous avons dit, d'après
le témoignage des chasseurs, que les cerfs vivent trente-cinq ou quarante
ans, et l'on nous a assuré que les daims ne vivent qu'environ vingt ans :
comme ils sont plus petits, il y a apparence que leur accroissement est
encore plus prompt que celui du cerf; car dans tous les animaux la durée
de la vie est proportionnelle à celle de l'accroissement et non pas au temps
de la gestation, comme on pourrait le croire, puisqu'ici le temps de la gestation est le même, et que dans d'autres espèces, comme celle du bœuf, on
trouve que, quoique le temps de la gestation soit fort long, la vie n'en est
pas moins courte; par conséquent on ne doit pas en mesurer la durée sur
celle du temps de la gestation, mais uniquement sur le temps de l'accroissement, à compter depuis la naissance jusqu'au développement presque
entier du corps de l'animal [1].

LE CHEVREUIL. *

Le cerf, comme le plus noble des habitants des bois, occupe dans les
forêts les lieux ombragés par les cimes élevées des plus hautes futaies : le
chevreuil, comme étant d'une espèce inférieure, se contente d'habiter sous

[1]. Il y a un rapport entre la *durée de l'accroissement* et la *durée* de la *vie*. (Voyez la note
de la page 77). Il y en a un autre entre la *durée* de la *gestation* et la *durée* de l'*accroissement*.
Et ces deux dernières *durées* semblent se compenser l'une par l'autre. La femelle du *lapin* ne
porte que trente jours, et ses petits naissent impuissants à marcher, la peau nue, les yeux
fermés, etc. ; la femelle du *cochon d'Inde* porte soixante jours, et ses petits naissent la peau
couverte de poils, les yeux ouverts, etc. : à peine nés, ils marchent, ils courent, ils sautent, etc. — Tous les phénomènes de l'économie animale tiennent les uns aux autres par une
chaîne de rapports suivis : la durée de la *vie* est donnée par la durée de l'*accroissement*; la
durée de l'*accroissement*, par la durée de la *gestation*, etc., etc.

* *Cervus capreolus* (Linn.). — Ordre des *Ruminants*; genre *Cerf* (Cuv.).

des lambris plus bas, et se tient ordinairement dans le feuillage épais des plus jeunes taillis; mais s'il a moins de noblesse, moins de force, et beaucoup moins de hauteur de taille, il a plus de grâce, plus de vivacité, et même plus de courage que le cerf[a]; il est plus gai, plus leste, plus éveillé; sa forme est plus arrondie, plus élégante, et sa figure plus agréable; ses yeux surtout sont plus beaux, plus brillants, et paraissent animés d'un sentiment plus vif; ses membres sont plus souples, ses mouvements plus prestes, et il bondit, sans effort, avec autant de force que de légèreté. Sa robe est toujours propre, son poil net et lustré; il ne se roule jamais dans la fange comme le cerf; il ne se plaît que dans les pays les plus élevés, les plus secs, où l'air est le plus pur; il est encore plus rusé, plus adroit à se dérober, plus difficile à suivre; il a plus de finesse, plus de ressources d'instinct. Car, quoiqu'il ait le désavantage mortel de laisser après lui des impressions plus fortes, et qui donnent aux chiens plus d'ardeur et plus de véhémence d'appétit que l'odeur du cerf, il ne laisse pas de savoir se soustraire à leur poursuite par la rapidité de sa première course et par ses détours multipliés; il n'attend pas, pour employer la ruse, que la force lui manque; dès qu'il sent, au contraire, que les premiers efforts d'une fuite rapide ont été sans succès, il revient sur ses pas, retourne, revient encore, et lorsqu'il a confondu par ses mouvements opposés la direction de l'aller avec celle du retour, lorsqu'il a mêlé les émanations présentes avec les émanations passées, il se sépare de la terre par un bond, et, se jetant à côté, il se met ventre à terre, et laisse, sans bouger, passer près de lui la troupe entière de ses ennemis ameutés.

Il diffère du cerf et du daim par le naturel, par le tempérament, par les mœurs, et aussi par presque toutes les habitudes de nature : au lieu de se mettre en hardes comme eux et de marcher par grandes troupes, il demeure en famille; le père, la mère et les petits vont ensemble, et on ne les voit jamais s'associer avec des étrangers; ils sont aussi constants dans leurs amours que le cerf l'est peu; comme la chevrette produit ordinairement deux faons, l'un mâle et l'autre femelle, ces jeunes animaux, élevés, nourris ensemble, prennent une si forte affection l'un pour l'autre qu'ils ne se quittent jamais, à moins que l'un des deux n'ait éprouvé l'injustice du sort, qui ne devrait jamais séparer ce qui s'aime; et c'est attachement encore plutôt qu'amour, car, quoiqu'ils soient toujours ensemble, ils ne ressentent les ardeurs du rut qu'une seule fois par an, et ce temps ne dure que quinze jours; c'est à la fin d'octobre qu'il commence et il finit avant le 15 de novembre. Ils ne sont point alors chargés, comme le cerf, d'une venaison surabondante; ils n'ont point d'odeur forte, point de fureur,

---

a. Lorsque les faons sont attaqués, le chevreuil qui les reconnaît pour être à lui prend leur défense; et quoique ce soit un animal assez petit, il est assez fort pour battre un jeune cerf et le faire fuir. *Nouveau traité de la Vénerie.* Paris, 1750, p. 178.

rien en un mot qui les altère et qui change leur état; seulement ils ne souffrent pas que leurs faons restent avec eux pendant ce temps; le père les chasse, comme pour les obliger à céder leur place à d'autres qui vont venir et à former eux-mêmes une nouvelle famille : cependant, après que le rut est fini, les faons reviennent auprès de leur mère et ils y demeurent encore quelque temps, après quoi ils la quittent pour toujours, et vont tous deux s'établir à quelque distance des lieux où ils ont pris naissance.

La chevrette porte cinq mois et demi; elle met bas vers la fin d'avril, ou au commencement de mai. Les biches, comme nous l'avons dit, portent plus de huit mois, et cette différence seule suffirait pour prouver que ces animaux sont d'une espèce assez éloignée pour ne pouvoir jamais se rapprocher, ni se mêler, ni produire ensemble une race intermédiaire : par ce rapport, aussi bien que par la figure et par la taille, ils se rapprochent de l'espèce de la chèvre [1] autant qu'ils s'éloignent de l'espèce du cerf; car la chèvre porte à peu près le même temps, et le chevreuil peut être regardé comme une chèvre sauvage, qui, ne vivant que de bois, porte du bois au lieu de cornes [2]. La chevrette se sépare du chevreuil lorsqu'elle veut mettre bas; elle se recèle dans le plus fort du bois pour éviter le loup, qui est son plus dangereux ennemi. Au bout de dix ou douze jours les jeunes faons ont déjà pris assez de force pour la suivre : lorsqu'elle est menacée de quelque danger, elle les cache dans quelque endroit fourré, elle fait face, se laisse chasser pour eux; mais tous ses soins n'empêchent pas que les hommes, les chiens, les loups, ne les lui enlèvent souvent, c'est là leur temps le plus critique et celui de la grande destruction de cette espèce, qui n'est déjà pas trop commune : j'en ai la preuve par ma propre expérience. J'habite souvent une campagne dans un pays [a] dont les chevreuils ont une grande réputation; il n'y a point d'année qu'on ne m'apporte au printemps plusieurs faons, les uns vivants pris par les hommes, d'autres tués par les chiens; en sorte que, sans compter ceux que les loups dévorent, je vois qu'on en détruit plus dans le seul mois de mai que dans le cours de tout le reste de l'année; et ce que j'ai remarqué depuis plus de vingt-cinq ans, c'est que, comme s'il y avait en tout un équilibre parfait entre les causes de destruction et de renouvellement, ils sont toujours, à très-peu près, en même nombre dans les mêmes cantons. Il n'est pas difficile de les compter, parce qu'ils ne sont nulle part bien nombreux, qu'ils marchent en famille, et que chaque famille habite séparément; en sorte que, par exemple, dans un taillis de cent arpents il y en aura une famille,

a. A Montbard en Bourgogne.

1. La *chèvre* est un *ruminant* à *cornes creuses* ou *persistantes*, et le *chevreuil* un *ruminant* à *bois* ou *cornes tombantes*. (Voyez la note de la page 436.) Il y a donc plus loin de la *chèvre* au *chevreuil* que du *chevreuil* au *cerf*.

2. Voyez la note 1 de la page 520.

c'est-à-dire trois, quatre ou cinq ; car la chevrette, qui produit ordinairement deux faons, quelquefois n'en fait qu'un, et quelquefois en fait trois, quoique très-rarement. Dans un autre canton, qui sera du double plus étendu, il y en aura sept ou huit, c'est-à-dire deux familles ; et j'ai observé que dans chaque canton cela se soutient toujours au même nombre, à l'exception des années où les hivers ont été trop rigoureux et les neiges abondantes et de longue durée ; souvent alors la famille entière est détruite ; mais, dès l'année suivante, il en revient une autre, et les cantons qu'ils aiment de préférence sont toujours à peu près également peuplés. Cependant on prétend qu'en général le nombre en diminue , et il est vrai qu'il y a des provinces en France où l'on n'en trouve plus ; que, quoique communs en Écosse, il n'y en a point en Angleterre ; qu'il n'y en a que peu en Italie ; qu'ils sont bien plus rares en Suède [a] qu'ils ne l'étaient autrefois, etc. Mais cela pourrait venir ou de la diminution des forêts, ou de l'effet de quelque grand hiver, comme celui de 1709, qui les fit presque tous périr en Bourgogne, en sorte qu'il s'est passé plusieurs années avant que l'espèce se soit rétablie : d'ailleurs ils ne se plaisent pas également dans tous les pays, puisque dans le même pays ils affectent encore des lieux particuliers ; ils aiment les collines ou les plaines élevées au-dessus des montagnes ; ils ne se tiennent pas dans la profondeur des forêts, ni dans le milieu des bois d'une vaste étendue ; ils occupent plus volontiers les pointes des bois qui sont environnées de terres labourables, les taillis clairs et en mauvais terrain, où croissent abondamment la bourgène, la ronce, etc.

Les faons restent avec leurs père et mère huit ou neuf mois en tout ; et lorsqu'ils se sont séparés, c'est-à-dire vers la fin de la première année de leur âge , leur première tête commence à paraître sous la forme de deux dagues beaucoup plus petites que celles du cerf ; mais ce qui marque encore une grande différence entre ces animaux, c'est que le cerf ne met bas sa tête qu'au printemps, et ne la refait qu'en été, au lieu que le chevreuil la met bas à la fin de l'automne, et la refait pendant l'hiver. Plusieurs causes concourent à produire ces effets différents. Le cerf prend en été beaucoup de nourriture , il se charge d'une abondante venaison, ensuite il s'épuise par le rut au point qu'il lui faut tout l'hiver pour se rétablir et pour reprendre ses forces ; loin donc qu'il y ait alors aucune surabondance, il y a disette et défaut de substance, et par conséquent sa tête ne peut pousser qu'au printemps, lorsqu'il a repris assez de nourriture pour qu'il y en ait de superflue. Le chevreuil au contraire, qui ne s'épuise pas tant, n'a pas besoin d'autant de réparation ; et comme il n'est jamais chargé de venaison, qu'il est toujours presque le même, que le rut ne change rien à son état, il a dans tous les temps la même surabondance ; en sorte qu'en hiver

<hr>

a. Linn. *Faun. Suec.*

même, et peu de temps après le rut, il met bas sa tête et la refait. Ainsi,
dans tous ces animaux, le superflu de la nourriture organique, avant de se
déterminer vers les réservoirs séminaux et de former la liqueur séminale,
se porte vers la tête, et se manifeste à l'extérieur par la production du bois,
de la même manière que dans l'homme le poil et la barbe annoncent et
précèdent la liqueur séminale; et il paraît que ces productions, qui sont
pour ainsi dire végétales[1], sont formées d'une matière organique, surabondante, mais encore imparfaite et mêlée de parties brutes, puisqu'elles conservent dans leur accroissement et dans leur substance les qualités du végétal, au lieu que la liqueur séminale, dont la production est plus tardive,
est une matière purement organique, entièrement dépouillée des parties
brutes, et parfaitement assimilée au corps de l'animal.

Lorsque le chevreuil a refait sa tête, il touche au bois, comme le cerf,
pour la dépouiller de la peau dont elle est revêtue, et c'est ordinairement
dans le mois de mars, avant que les arbres commencent à pousser; ce n'est
donc pas la sève du bois qui teint la tête du chevreuil : cependant elle
devient brune à ceux qui ont le pelage brun, et jaune à ceux qui sont roux,
car il y a des chevreuils de ces deux pelages, et par conséquent cette couleur du bois ne vient, comme je l'ai dit[a], que de la nature de l'animal et
de l'impression de l'air. A la seconde tête, le chevreuil porte déjà deux ou
trois andouillers sur chaque côté; à la troisième, il en a trois ou quatre; à
la quatrième, quatre ou cinq, et il est bien rare d'en trouver qui en aient
davantage : on reconnaît seulement qu'ils sont vieux chevreuils à l'épaisseur du merrain, à la largeur de la meule, à la grosseur des perlures, etc.
Tant que leur tête est molle, elle est extrêmement sensible : j'ai été témoin
d'un coup de fusil, dont la balle coupa net l'un des côtés du refait de la
tête, qui commençait à pousser; le chevreuil fut si fort étourdi du coup,
qu'il tomba comme mort : le tireur, qui en était près, se jeta dessus et le
saisit par le pied; mais le chevreuil, ayant repris tout d'un coup le sentiment et les forces, l'entraîna par terre à plus de trente pas dans le bois,
quoique ce fût un homme très-vigoureux; enfin ayant été achevé d'un
coup de couteau, nous vîmes qu'il n'avait eu d'autre blessure que le refait
coupé par la balle. L'on sait d'ailleurs que les mouches sont une des plus
grandes incommodités du cerf, lorsqu'il refait sa tête; il se recèle alors
dans le plus fort du bois où il y a le moins de mouches, parce qu'elles lui
sont insupportables lorsqu'elles s'attachent à sa tête naissante : ainsi, il y
a une communication intime entre les parties molles de ce bois vivant,
et tout le système nerveux[2] du corps de l'animal. Le chevreuil, qui n'a pas

a. Voyez ci-devant l'histoire du cerf.

1. Voyez la note 1 de la page 520.

2. Il n'y a pas de *communication intime* entre ces *parties molles* et le *système nerveux :*
seulement tous ces tissus, alors *naissants*, sont extrêmement sensibles.

à craindre les mouches parce qu'il refait sa tête en hiver, ne se recèle pas, mais il marche avec précaution et porte la tête basse pour ne pas toucher aux branches.

Dans le cerf, le daim et le chevreuil, l'os frontal a deux apophyses ou éminences sur lesquelles porte le bois : ces deux éminences osseuses commencent à pousser à cinq ou six mois, et prennent en peu de temps leur entier accroissement ; et loin de continuer à s'élever davantage à mesure que l'animal avance en âge, elles s'abaissent et diminuent de hauteur chaque année ; en sorte que les meules, dans un vieux cerf ou dans un vieux chevreuil, appuient d'assez près sur l'os frontal, dont les apophyses sont devenues fort larges et fort courtes : c'est même l'indice le plus sûr pour reconnaître l'âge avancé dans tous ces animaux. Il me semble que l'on peut aisément rendre raison de cet effet, qui d'abord paraît singulier, mais qui cesse de l'être, si l'on fait attention que le bois qui porte sur cette éminence presse ce point d'appui pendant tout le temps de son accroissement ; que par conséquent il le comprime avec une grande force tous les ans pendant plusieurs mois ; et comme cet os, quoique dur, ne l'est pas plus que les autres os, il ne peut manquer de céder un peu à la force qui le comprime, en sorte qu'il s'élargit, se rabaisse et s'aplatit toujours de plus en plus par cette même compression réitérée à chaque tête que forment ces animaux. Et c'est ce qui fait que quoique les meules et le merrain grossissent toujours, et d'autant plus que l'animal est plus âgé, la hauteur de la tête et le nombre des andouillers diminuent si fort, qu'à la fin, lors-qu'ils parviennent à un très-grand âge, ils n'ont plus que deux grosses dagues, ou des têtes bizarres et contrefaites dont le merrain est fort gros, et dont les andouillers sont très-petits.

Comme la chevrette ne porte que cinq mois et demi, et que l'accroisse-ment du jeune chevreuil est plus prompt que celui du cerf, la durée de sa vie est plus courte, et je ne crois pas qu'elle s'étende à plus de douze ou quinze ans tout au plus. J'en ai élevé plusieurs, mais je n'ai jamais pu les garder plus de cinq ou six ans ; ils sont très-délicats sur le choix de la nourriture ; ils ont besoin de mouvement, de beaucoup d'air, de beaucoup d'espace, et c'est ce qui fait qu'ils ne résistent que pendant les premières années de leur jeunesse aux inconvénients de la vie domestique. Il leur faut une femelle et un parc de cent arpents, pour qu'ils soient à leur aise : on peut les apprivoiser, mais non pas les rendre obéissants, ni même fami-liers ; ils retiennent toujours quelque chose de leur naturel sauvage ; ils s'épouvantent aisément, et ils se précipitent contre les murailles avec tant de force, que souvent ils se cassent les jambes. Quelque privés qu'ils puis-sent être, il faut s'en défier ; les mâles surtout sont sujets à des caprices dangereux, à prendre certaines personnes en aversion, et alors ils s'élan-cent et donnent des coups de tête assez forts pour renverser un homme, et ils le foulent encore avec les pieds lorsqu'ils l'ont renversé. Les chevreuils ne raient pas si fréquemment, ni d'un cri aussi fort que le cerf; les jeunes ont une petite voix courte et plaintive, *mi.....mi*, par laquelle ils marquent le besoin qu'ils ont de nourriture : ce son est aisé à imiter, et la mère, trompée par l'appeau, arrive jusque sous le fusil du chasseur.

En hiver, les chevreuils se tiennent dans les taillis les plus fourrés, et ils vivent de ronces, de genêt, de bruyère et de chatons de coudrier, de marsaule, etc. Au printemps, ils vont dans les taillis plus clairs, et broutent les boutons et les feuilles naissantes de presque tous les arbres : cette nourriture chaude fermente dans leur estomac et les enivre de manière qu'il est alors très-aisé de les surprendre; ils ne savent où ils vont; ils sortent même assez souvent hors du bois, et quelquefois ils approchent du bétail et des endroits habités. En été, ils restent dans les taillis élevés, et n'en sortent que rarement pour aller boire à quelque fontaine dans les grandes sécheresses; car pour peu que la rosée soit abondante, ou que les feuilles soient mouillées de la pluie, ils se passent de boire. Ils cherchent les nourritures les plus fines; ils ne viandent pas avidement comme le cerf, ils ne broutent pas indifféremment toutes les herbes, ils mangent délicatement, et ils ne vont que rarement aux gagnages, parce qu'ils préfèrent la bourgène et la ronce aux grains et aux légumes.

La chair de ces animaux est, comme l'on sait, excellente à manger; cependant il y a beaucoup de choix à faire; la qualité dépend principalement du pays qu'ils habitent, et dans le meilleur pays il s'en trouve encore de bons et de mauvais : les bruns ont la chair plus fine que les roux; tous les chevreuils mâles qui ont passé deux ans, et que nous appelons vieux brocards, sont durs et d'assez mauvais goût : les chevrettes, quoique du même âge, ou plus âgées, ont la chair plus tendre; celle des faons, lorsqu'ils sont trop jeunes, est mollasse; mais elle est parfaite lorsqu'ils ont un an ou dix-huit mois; ceux des pays de plaines et de vallées ne sont pas bons; ceux des terrains humides sont encore plus mauvais; ceux qu'on élève dans des parcs ont peu de goût; enfin, il n'y a de bien bons chevreuils que ceux des pays secs et élevés, entrecoupés de collines, de bois, de terres labourables, de friches, où ils ont autant d'air, d'espace, de nourriture, et même de solitude qu'il leur en faut; car ceux qui ont été souvent inquiétés sont maigres, et ceux que l'on prend après qu'ils ont été courus ont la chair insipide et flétrie.

Cette espèce, qui est moins nombreuse que celle du cerf, et qui est même fort rare dans quelques parties de l'Europe, paraît être beaucoup plus abondante en Amérique[1]. Ici nous n'en connaissons que deux variétés, les roux qui sont les plus gros, et les bruns qui ont une tache blanche au

---

1. Ce sont d'autres *espèces*. Notre *chevreuil* est propre à l'Europe.

derrière, et qui sont les plus petits; et comme il s'en trouve dans les pays septentrionaux aussi bien que dans les contrées méridionales de l'Amérique, on doit présumer qu'ils diffèrent les uns des autres peut-être plus qu'ils ne diffèrent de ceux d'Europe[1] : par exemple, ils sont extrêmement communs à la Louisiane [a], et ils y sont plus grands qu'en France; ils se retrouvent au Brésil, car l'animal que l'on appelle *cujuacu-apara* ne diffère pas plus de notre chevreuil que le cerf de Canada diffère de notre cerf; il y a seulement quelque différence dans la forme de leur bois, comme on peut le voir dans la planche du cerf de Canada donnée par M. Perrault, et dans la planche XXXVII, figures 1, 2 [2] où nous avons fait représenter deux bois de ces chevreuils du Brésil, que nous avons aisément reconnus par la description et la figure qu'en a données Pison. « Il y « a, dit-il [b], au Brésil des espèces de chevreuils dont les uns n'ont point de « cornes et s'appellent *cujuacu-été*, et les autres ont des cornes et s'appel- « lent *cujuacu-apara* : ceux-ci, qui ont des cornes, sont plus petits que les « autres; les poils sont luisants, polis, mêlés de brun et de blanc, surtout « quand l'animal est jeune; car le blanc s'efface avec l'âge. Le pied est « divisé en deux ongles noirs, sur chacun desquels il y en a un plus petit « qui est comme superposé; la queue courte, les yeux grands et noirs, les « narines ouvertes, les cornes médiocres, à trois branches, et qui tombent « tous les ans; les femelles portent cinq ou six mois; on peut les appri- « voiser, etc. Margrave ajoute que l'*apara* a des cornes à trois branches, « et que la branche inférieure de ces cornes est la plus longue et se divise « en deux. » L'on voit bien, par ces descriptions, que l'*apara* n'est qu'une variété de l'espèce de nos chevreuils, et Ray soupçonne [c] que le *cujuacu-été* n'est pas d'une espèce différente de celle du *cujuacu-apara*, et que celui-ci est le mâle et l'autre la femelle. Je serais tout à fait de son avis, si Pison ne disait pas précisément que ceux qui ont des cornes sont plus petits que les autres : il ne me paraît pas probable que les femelles soient plus grosses que les mâles dans cette espèce au Brésil, puisqu'ici elles sont plus petites. Ainsi, en même temps que nous croyons que le *cujuacu-apara* n'est qu'une variété de notre chevreuil, à laquelle on doit même rapporter le *capreolus marinus* de Jonston, nous ne déciderons rien sur ce que peut être le *cujuacu-été*, jusqu'à ce que nous en soyons mieux informés.

a. On fait aussi beaucoup d'usage, à la Louisiane, de la chair de chevreuil : cet animal y est un peu plus grand qu'en Europe, et porte des cornes semblables à celles du cerf, mais il n'en a pas le poil ni la couleur; il sert aux habitants ainsi que le mouton ailleurs. *Mém. sur la Louisiane*, par M. Dumont, t. Ier, p. 75.

b. Pison. Hist. Brasil., p. 98, où l'on en voit aussi la figure.

c. Ray. *Synops. animal. quadr.*, p. 90.

1. Il y a en effet, en Amérique, plusieurs *espèces* distinctes de *cerfs* et de *chevreuils :* le *cerf du Canada*, le *cerf de la Louisiane* ou *de Virginie*, le *Guazou-Poucou* ou *grand cerf rouge*, le *Gouazouti*, le *Gouazoupita*, etc. (Voyez Cuvier : *Règne animal*, t. I, p. 263 et suiv.)

2. De l'édition in-4° de l'Imprimerie royale.

LE LIÈVRE. *

Les espèces d'animaux les plus nombreuses ne sont pas les plus utiles : rien n'est même plus nuisible que cette multitude de rats, de mulots, de sauterelles, de chenilles, et de tant d'autres insectes dont il semble que la nature permette et souffre, plutôt qu'elle ne l'ordonne, la trop nombreuse multiplication. Mais l'espèce du lièvre et celle du lapin ont pour nous le double avantage du nombre et de l'utilité : les lièvres sont universellement et très-abondamment répandus dans tous les climats de la terre ; les lapins, quoique originaires de climats particuliers, multiplient si prodigieusement dans presque tous les lieux où l'on veut les transporter, qu'il n'est plus possible de les détruire, et qu'il faut même employer beaucoup d'art pour en diminuer la quantité, quelquefois incommode.

Lorsqu'on réfléchit donc sur cette fécondité sans bornes donnée à chaque espèce, sur le produit innombrable qui doit en résulter, sur la prompte et prodigieuse multiplication de certains animaux qui pullulent tout à coup et viennent par milliers désoler les campagnes et ravager la terre, on est étonné qu'ils n'envahissent pas la nature, on craint qu'ils ne l'oppriment par le nombre, et qu'après avoir dévoré sa substance ils ne périssent eux-mêmes avec elle.

L'on voit en effet, avec effroi, arriver ces nuages épais, ces phalanges ailées d'insectes affamés qui semblent menacer le globe entier, et qui, se rabattant sur les plaines fécondes de l'Égypte, de la Pologne ou de l'Inde, détruisent en un instant les travaux, les espérances de tout un peuple, et, n'épargnant ni les grains, ni les fruits, ni les herbes, ni les racines, ni les feuilles, dépouillent la terre de sa verdure, et changent en un désert aride les plus riches contrées. L'on voit descendre des montagnes du Nord des rats en multitude innombrable, qui, comme un déluge ou plutôt un débor-dement de substance vivante, viennent inonder les plaines, se répandent jusque dans les provinces du Midi, et après avoir détruit sur leur passage tout ce qui vit ou végète, finissent par infecter la terre et l'air de leurs cadavres. L'on voit, dans les pays méridionaux, sortir tout à coup du désert des myriades de fourmis, lesquelles, comme un torrent dont la source serait intarissable, arrivent en colonnes pressées, se succèdent, se renouvellent sans cesse, s'emparent de tous les lieux habités, en chassent les animaux et les hommes, et ne se retirent qu'après une dévastation générale. Et dans les temps où l'homme, encore à demi sauvage, était, comme les animaux, sujet à toutes les lois et même aux excès de la nature, n'a-t-on pas vu de

* *Lepus midus* (Linn.). — Ordre des *Rongeurs* ; genre *Lièvre* (Cuv.).

ces débordements de l'espèce humaine, des Normands, des Alains, des Huns, des Goths, des peuples, ou plutôt des peuplades d'animaux à face humaine, sans domicile et sans nom, sortir tout à coup de leurs antres, marcher par troupeaux effrénés, tout opprimer sans autre force que le nombre, ravager les cités, renverser les empires, et après avoir détruit les nations et dévasté la terre, finir par la repeupler d'hommes aussi nouveaux et plus barbares qu'eux ?

Ces grands événements, ces époques si marquées dans l'histoire du genre humain, ne sont cependant que de légères vicissitudes dans le cours ordinaire de la nature vivante ; il est en général toujours constant, toujours le même ; son mouvement, toujours réglé, roule sur deux pivots inébranlables : l'un la fécondité sans bornes donnée à toutes les espèces, l'autre les obstacles sans nombre qui réduisent le produit de cette fécondité à une mesure déterminée, et ne laissent en tout temps qu'à peu près la même quantité d'individus dans chaque espèce. Et comme ces animaux, en multitude innombrable, qui paraissent tout à coup, disparaissent de même, et que le fonds de ces espèces n'en est point augmenté, celui de l'espèce humaine demeure aussi toujours le même ; les variations en sont seulement un peu plus lentes, parce que la vie de l'homme étant plus longue que celle de ces petits animaux, il est nécessaire que les alternatives d'augmentation et de diminution se préparent de plus loin et ne s'achèvent qu'en plus de temps ; et ce temps même n'est qu'un instant dans la durée, un moment dans la suite des siècles, qui nous frappe plus que les autres, parce qu'il a été accompagné d'horreur et de destruction : car, à prendre la terre entière et l'espèce humaine en général, la quantité des hommes doit, comme celle des animaux, être en tout temps à très-peu près la même, puisqu'elle dépend de l'équilibre des causes physiques, équilibre auquel tout est parvenu depuis longtemps, et que les efforts des hommmes, non plus que toutes les circonstances morales, ne peuvent rompre, ces circonstances dépendant elles-mêmes de ces causes physiques, dont elles ne sont que des effets particuliers. Quelque soin que l'homme puisse prendre de son espèce, il ne la rendra jamais plus abondante en un lieu que pour la détruire ou la diminuer dans un autre. Lorsqu'une portion de la terre est surchargée d'hommes, ils se dispersent, ils se répandent, ils se détruisent, et il s'établit en même temps des lois et des usages qui souvent ne préviennent que trop cet excès de multiplication. Dans les climats excessivement féconds, comme à la Chine, en Égypte, en Guinée, on relègue, on mutile, on vend, on noie les enfants ; ici on les condamne à un célibat perpétuel. Ceux qui existent s'arrogent aisément des droits sur ceux qui n'existent pas ; comme êtres nécessaires, ils anéantissent les êtres contingents, ils suppriment pour leur aisance, pour leur commodité, les générations futures. Il se fait sur les hommes, sans qu'on s'en aperçoive, ce qui se fait sur les animaux : on les soigne, on les multiplie, on les néglige, on les détruit selon le besoin, les avantages, l'incommodité, les désagréments qui en résultent ; et comme tous ces effets moraux dépendent eux-mêmes des causes physiques qui, depuis que la terre a pris sa consistance, sont dans un état fixe et dans un équilibre permanent, il paraît que pour l'homme, comme pour les animaux, le nombre d'individus dans l'espèce ne peut qu'être constant. Au reste, cet état fixe et ce nombre constant ne sont pas des quantités absolues : toutes les causes physiques et morales, tous les effets qui en résultent, sont compris et balancent entre certaines limites plus ou moins étendues, mais jamais assez grandes pour que l'équilibre se rompe. Comme tout est en mouvement dans l'univers, et que toutes les forces répandues dans la matière agissent les unes contre les autres et se contre-balancent, tout se fait par des espèces d'oscillations, dont les points milieux sont ceux auxquels nous rapportons le cours ordinaire de la nature, et dont les points extrêmes en sont les périodes les plus éloignées. En effet, tant dans les animaux que dans les végétaux, l'excès de la multiplication est ordinairement suivi de la stérilité ; l'abondance et la disette se présentent tour à tour, et souvent se suivent de si près, que l'on pourrait juger de la production d'une année par le produit de celle qui la précède. Les pommiers, les pruniers, les chênes, les hêtres et la plupart des autres arbres fruitiers et forestiers, ne portent abondamment que de deux années l'une ; les chenilles, les hannetons, les mulots et plusieurs autres animaux qui dans de certaines années se multiplient à l'excès, ne paraissent qu'en petit nombre l'année suivante. Que deviendraient en effet tous les biens de la terre, que deviendraient les animaux utiles et l'homme lui-même, si dans ces années excessives chacun de ces insectes se reproduisait pour l'année suivante par une génération proportionnelle à leur nombre? Mais non : les causes de destruction, d'anéantissement et de stérilité suivent immédiatement celles de la trop grande multiplication ; et indépendamment de la contagion, suite nécessaire des trop grands amas de toute matière vivante dans un même lieu, il y a dans chaque espèce des causes particulières de mort et de destruction, que nous indiquerons dans la suite, et qui seules suffisent pour compenser les excès des générations précédentes.

Au reste, je le répète encore, ceci ne doit pas être pris dans un sens absolu ni même strict, surtout pour les espèces qui ne sont pas abandonnées en entier à la nature seule : celles dont l'homme prend soin, à commencer par la sienne, sont plus abondantes qu'elles ne le seraient sans ces soins ; mais comme ces soins ont eux-mêmes des limites, l'augmentation qui en résulte est aussi limitée et fixée depuis longtemps par des bornes immuables ; et quoique dans les pays policés l'espèce de l'homme et celles de tous les animaux utiles soient plus nombreuses que dans les autres climats, elles ne le sont jamais à l'excès, parce que la même puissance qui les fait naître les détruit, dès qu'elles deviennent incommodes.

Dans les cantons conservés pour le plaisir de la chasse, on tue quelquefois quatre ou cinq cents lièvres dans une seule battue. Ces animaux multiplient beaucoup; ils sont en état d'engendrer en tout temps, et dès la première année de leur vie; les femelles ne portent que trente ou trente-un jours; elles produisent trois ou quatre petits, et dès qu'elles ont mis bas elles reçoivent le mâle; elles le reçoivent aussi lorsqu'elles sont pleines, et par la conformation particulière de leurs parties génitales il y a souvent superfétation, car le vagin et le corps de la matrice sont continus, et il n'y a point d'orifice ni de col de matrice comme dans les autres animaux, mais les cornes de la matrice ont chacune un orifice qui déborde dans le vagin et qui se dilate dans l'accouchement; ainsi ces deux cornes sont deux matrices distinctes, séparées, et qui peuvent agir indépendamment l'une de l'autre, en sorte que les femelles dans cette espèce peuvent concevoir et accoucher en différents temps par chacune de ces matrices; et par conséquent les superfétations doivent être aussi fréquentes dans ces animaux, qu'elles sont rares dans ceux qui n'ont pas ce double organe [1].

Ces femelles peuvent donc être en chaleur et pleines en tout temps, et ce qui prouve assez qu'elles sont aussi lascives que fécondes, c'est une autre singularité dans leur conformation : elles ont le gland du clitoris proéminent, et presque aussi gros que le gland de la verge du mâle; et comme la vulve n'est presque pas apparente, et que d'ailleurs les mâles n'ont au dehors ni bourses ni testicules dans leur jeunesse, il est souvent assez difficile de distinguer le mâle de la femelle. C'est aussi ce qui a fait dire que dans les lièvres il y avait beaucoup d'hermaphrodites, que les mâles produisaient quelquefois des petits comme les femelles, qu'il y en avait qui étaient tour à tour mâles et femelles, et qui en faisaient alternativement les fonctions, parce qu'en effet ces femelles, souvent plus ardentes que les mâles, les couvrent avant d'en être couvertes, et que d'ailleurs elles leur ressemblent si fort à l'extérieur, qu'à moins d'y regarder de très-près, on prend la femelle pour le mâle, ou le mâle pour la femelle.

Les petits ont les yeux ouverts en naissant; la mère les allaite pendant vingt jours, après quoi ils s'en séparent et trouvent eux-mêmes leur nourriture : ils ne s'écartent pas beaucoup les uns des autres, ni du lieu où ils sont nés; cependant ils vivent solitairement, et se forment chacun un gîte à une petite distance, comme de soixante ou quatre-vingts pas; ainsi lorsqu'on trouve un jeune levraut dans un endroit, on est presque sûr d'en trouver encore un ou deux autres aux environs. Ils paissent pendant la nuit plutôt que pendant le jour ; ils se nourrissent d'herbes, de racines, de

---

[1] Voyez la note 4 de la page 633 du Ier volume.

feuilles, de fruits, de graines, et préfèrent les plantes dont la sève est laiteuse ; ils rongent même l'écorce des arbres pendant l'hiver, et il n'y a guère que l'aune et le tilleul auxquels ils ne touchent pas. Lorsqu'on en élève, on les nourrit avec de la laitue et des légumes; mais la chair de ces lièvres nourris est toujours de mauvais goût.

Ils dorment ou se reposent au gîte pendant le jour, et ne vivent, pour ainsi dire, que la nuit : c'est pendant la nuit qu'ils se promènent, qu'ils mangent et qu'ils s'accouplent ; on les voit au clair de la lune jouer ensemble, sauter et courir les uns après les autres; mais le moindre mouvement, le bruit d'une feuille qui tombe, suffit pour les troubler; ils fuient, et fuient chacun d'un côté différent.

Quelques auteurs ont assuré que les lièvres ruminent; cependant je ne crois pas cette opinion fondée, puisqu'ils n'ont qu'un estomac [1], et que la conformation des estomacs et des autres intestins est toute différente dans les animaux ruminants : le cœcum de ces animaux est petit, celui du lièvre est extrêmement ample, et si l'on ajoute à la capacité de son estomac celle de ce grand cœcum, on concevra aisément que, pouvant prendre un grand volume d'aliments, cet animal peut vivre d'herbes seules, comme le cheval et l'âne, qui ont aussi un grand cœcum, qui n'ont de même qu'un estomac, et qui par conséquent ne peuvent ruminer.

Les lièvres dorment beaucoup, et dorment les yeux ouverts [2] ; ils n'ont pas de cils aux paupières [3], et ils paraissent avoir les yeux mauvais; ils ont, comme par dédommagement, l'ouïe très-fine et l'oreille d'une grandeur démesurée, relativement à celle de leur corps; ils remuent ces longues oreilles avec une extrême facilité ; ils s'en servent comme de gouvernail pour se diriger dans leur course, qui est si rapide, qu'ils devancent aisément tous les autres animaux. Comme ils ont les jambes de devant beaucoup plus courtes que celles de derrière, il leur est plus commode de courir en montant qu'en descendant : aussi, lorsqu'ils sont poursuivis, commencent-ils toujours par gagner la montagne; leur mouvement dans leur course est une espèce de galop, une suite de sauts très-prestes et très-pressés; ils marchent sans faire aucun bruit, parce qu'ils ont les pieds couverts et garnis de poils, même par-dessous : ce sont aussi peut-être les seuls animaux qui aient des poils au dedans de la bouche [4].

Les lièvres ne vivent que sept ou huit ans au plus *a*, et la durée de la vie est, comme dans les autres animaux, proportionnelle au temps de l'en-

a. Voyez la *Vénerie de du Fouilloux*, Paris, 1614, fol. 65, recto.

1. Le *lièvre* ne rumine point. Il n'a pas ces estomacs multiples et cette conformation singulière que demande le mécanisme, très-compliqué, de la *rumination*. (Voyez la note de la page 437.)

2. Le *lièvre* dort les yeux fermés.

3. Le *lièvre* a des *cils* aux paupières.

4. Toutes les espèces du genre *lièvre* ont des *poils au dedans de la bouche*.

tier développement du corps ; ils prennent presque tout leur accroissement en un an, et vivent environ sept fois un an ; on prétend seulement que les mâles vivent plus longtemps que les femelles, mais je doute que cette observation soit fondée. Ils passent leur vie dans la solitude et dans le silence, et l'on n'entend leur voix que quand on les saisit avec force, qu'on les tourmente et qu'on les blesse : ce n'est point un cri aigre, mais une voix assez forte, dont le son est presque semblable à celui de la voix humaine. Ils ne sont pas aussi sauvages que leurs habitudes et leurs mœurs paraissent l'indiquer ; ils sont doux et susceptibles d'une espèce d'éducation ; on les apprivoise aisément, ils deviennent même caressants, mais ils ne s'attachent jamais assez pour pouvoir devenir animaux domestiques ; car ceux mêmes qui ont été pris tout petits et élevés dans la maison, dès qu'ils en trouvent l'occasion, se mettent en liberté et s'enfuient à la campagne. Comme ils ont l'oreille bonne, qu'ils s'asseyent volontiers sur leurs pattes de derrière, et qu'ils se servent de celles de devant comme de bras, on en a vu qu'on avait dressés à battre du tambour, à gesticuler en cadence, etc.

En général, le lièvre ne manque pas d'instinct pour sa propre conservation, ni de sagacité pour échapper à ses ennemis ; il se forme un gîte, il choisit en hiver les lieux exposés au midi, et en été il se loge au nord ; il se cache, pour n'être pas vu, entre des mottes qui sont de la couleur de son poil. « J'ai vu, dit du Fouilloux [a], un lièvre si malicieux, que depuis « qu'il oyoit la trompe il se levoit du gîte, et eût-il été à un quart de lieue « de là, il s'en alloit nager en un étang, se relaissant au milieu d'icelui sur « des joncs, sans être aucunement chassé des chiens. J'ai vu courir un « lièvre bien deux heures devant les chiens, qui après avoir couru venoit « pousser un autre et se mettoit en son gîte. J'en ai vu d'autres qui na- « geoient deux ou trois étangs, dont le moindre avoit quatre-vingts pas de « large. J'en ai vu d'autres qui, après avoir été bien courus l'espace de « deux heures, entroient par-dessous la porte d'un tect à brebis et se relais- « soient parmi le bétail. J'en ai vu, quand les chiens les couroient, qui s'al- « loient mettre parmi un troupeau de brebis qui passoit par les champs, « ne les voulant abandonner ne laisser. J'en ai vu d'autres qui quand ils « oyoient les chiens courants se cachoient en terre. J'en ai vu d'autres qui « alloient par un côté de haie et retournoient par l'autre, en sorte qu'il n'y « avoit que l'épaisseur de la haie entre les chiens et le lièvre. J'en ai vu « d'autres qui, quand ils avoient couru une demi-heure, s'en alloient mon- « ter sur une vieille muraille de six pieds de haut, et s'alloient relaisser en « un pertuis de chauffant couvert de lierre. J'en ai vu d'autres qui nageoient « une rivière qui pouvoit avoir huit pas de large, et la passoient et repas- « soient en la longueur de deux cents pas, plus de vingt fois devant moi. »

a. Fol. 64 verso, et 65 recto.

Mais ce sont là sans doute les plus grands efforts de leur instinct; car leurs ruses ordinaires sont moins fines et moins recherchées : ils se contentent, lorsqu'ils sont lancés et poursuivis, de courir rapidement et ensuite de tourner et retourner sur leurs pas; ils ne dirigent pas leur course contre le vent, mais du côté opposé : les femelles ne s'éloignent pas tant que les mâles et tournoient davantage. En général, tous les lièvres qui sont nés dans le lieu même où on les chasse ne s'en écartent guère; ils reviennent au ·gîte, et si on les chasse deux jours de suite, ils font le lendemain les mêmes tours et détours qu'ils ont faits la veille. Lorsqu'un lièvre va droit et s'éloigne beaucoup du lieu où il a été lancé, c'est une preuve qu'il est étranger, et qu'il n'était en ce lieu qu'en passant. Il vient en effet, surtout dans le temps le plus marqué du rut, qui est aux mois de janvier, de février et de mars, des lièvres mâles qui, manquant de femelles en leur pays, font plusieurs lieues pour en trouver, et s'arrêtent auprès d'elles ; mais dès qu'ils sont lancés par les chiens, ils regagnent leur pays natal et ne reviennent pas. Les femelles ne sortent jamais; elles sont plus grosses que les mâles, et cependant elles ont moins de force et d'agilité et plus de timidité, car elles n'attendent pas au gîte les chiens de si près que les mâles, et elles multiplient davantage leurs ruses et leurs détours; elles sont aussi plus délicates et plus susceptibles des impressions de l'air; elles craignent l'eau et la rosée , au lieu que parmi les mâles il s'en trouve plusieurs, qu'on appelle lièvres ladres, qui cherchent les eaux et se font chasser dans les étangs, les marais et autres lieux fangeux. Ces lièvres ladres ont la chair de fort mauvais goût, et en général tous les lièvres qui habitent les plaines basses ou les vallées ont la chair insipide et blanchâtre , au lieu que dans les pays de collines élevées ou de plaines en montagne, où le serpolet et les autres herbes fines abondent, les levrauts, et même les vieux lièvres, sont excellents au goût. On remarque seulement que ceux qui habitent le fond des bois dans ces mêmes pays ne sont pas à beaucoup près aussi bons que ceux qui en habitent les lisières ou qui se tiennent dans les champs et dans les vignes, et que les femelles ont toujours la chair plus délicate que les mâles.

La nature du terroir influe sur ces animaux comme sur tous les autres : les lièvres de montagne sont plus grands et plus gros que les lièvres de plaine; ils sont aussi de couleur différente; ceux de montagne sont plus bruns sur le corps et ont plus de blanc sous le cou que ceux de plaine, qui sont presque rouges. Dans les hautes montagnes, et dans les pays du nord, ils deviennent blancs pendant l'hiver et reprennent en été leur couleur ordinaire[1]; il n'y en a que quelques-uns, et ce sont peut-être les plus vieux, qui restent toujours blancs, car tous le deviennent plus ou moins en vieil-

1. C'est le *lièvre variable* (*Lepus variabilis.* Pallas).

lissant. Les lièvres des pays chauds, d'Italie, d'Espagne, de Barbarie, sont plus petits que ceux de France et des autres pays plus septentrionaux : selon Aristote, ils étaient aussi plus petits en Égypte qu'en Grèce. Ils sont également répandus dans tous ces climats : il y en a beaucoup en Suède, en Danemark, en Pologne, en Moscovie; beaucoup en France, en Angleterre, en Allemagne; beaucoup en Barbarie, en Égypte, dans les îles de l'Archipel, surtout à Délos [a], aujourd'hui Idilis, qui fut appelée par les anciens Grecs *Lagia*, à cause du grand nombre de lièvres qu'on y trouvait. Enfin, il y en a aussi beaucoup en Laponie [b], où ils sont blancs pendant dix mois de l'année, et ne reprennent leur couleur fauve que pendant les deux mois les plus chauds de l'été. Il paraît donc que les climats leur sont à peu près égaux; cependant on remarque qu'il y a moins de lièvres en Orient qu'en Europe, et peu ou point dans l'Amérique méridionale[1], quoiqu'il y en ait en Virginie, en Canada [c], et jusque dans les terres qui avoisinent la baie de Hudson [d] et le détroit de Magellan; mais ces lièvres de l'Amérique septentrionale[2] sont peut-être d'une espèce différente de celle de nos lièvres, car les voyageurs disent que non-seulement ils sont beaucoup plus gros, mais que leur chair est blanche et d'un goût tout différent de celui de la chair de nos lièvres [e]; ils ajoutent que le poil de ces lièvres du nord de l'Amérique ne tombe jamais, et qu'on en fait d'excellentes fourrures. Dans les pays excessivement chauds, comme au Sénégal, à Gambie, en Guinée [f], et surtout dans les cantons de Fida, d'Apam, d'Acra, et dans quelques autres pays situés sous la zone torride en Afrique et en Amérique, comme dans la Nouvelle-Hollande et dans les terres de l'isthme de Panama, on trouve aussi des animaux que les voyageurs ont pris pour des lièvres, mais qui sont plutôt des espèces de lapins [g]; car le lapin est originaire des pays chauds, et ne se trouve pas dans les climats septentrionaux[3], au lieu que le lièvre est d'autant plus fort et plus grand qu'il habite un climat plus froid.

a. Voyez la *Description des isles de l'Archipel de Dapper.* Amsterd., 1730, p. 875.

b. Voyez les *œuvres de Regnard.* Paris, 1742, t. I, p. 180. *Il Genio vagante.* Parma, 1691, t. II, p. 46. *Voyage de la Martinière.* Paris, 1671, p. 74.

c. Voyez la *Relation de la Gaspésie,* par le P. le Clercq. Paris, 1691, pages 488, 489, 491, 492.

d. Voyez le *Voyage de Robert Lade.* Paris, 1744, t. II, p. 317 ; et la suite des *Voyages de Dampier,* t. V, p. 167.

e. *Idem., ibid. Idem, ibid.*

f. Voyez l'*Histoire générale des Voyages,* par M. l'abbé Prévost, t. III, pages 235 et 296.

g. Voyez le *Voyage de Dampier aux terres Australes,* t. IV, p. 111; et le *Voyage de Wafer,* imprimé à la suite de celui de Dampier, t. IV, p. 224.

1. L'Amérique méridionale a le *tapeti* (*Lepus brasiliensis.* Gmelin).

2. L'Amérique septentrionale a le *lièvre d'Amérique* (*Lepus hudsonius.* Pallas).

3. Il y a le *lapin de Sibérie* (*Lepus tolai.* Gmelin). Voyez, sur toutes ces espèces de *lièvres* et de *lapins,* mieux connues ou mieux démêlées depuis Buffon, le *Règne animal* de M. Cuvier, 1, p. 216 et suiv.

Cet animal, si recherché pour la table en Europe, n'est pas du goût des
Orientaux : il est vrai que la loi de Mahomet, et plus anciennement la loi
des juifs, a interdit l'usage de la chair du lièvre comme de celle du cochon;
mais les Grecs et les Romains en faisaient autant de cas que nous : *inter
quadrupedes gloria prima Lepus*, dit Martial. En effet, sa chair est excellente, son sang même est très-bon à manger et est le plus doux de tous
les sangs; la graisse n'a aucune part à la délicatesse de la chair, car le
lièvre ne devient jamais gras tant qu'il est à la campagne en liberté; et
cependant il meurt souvent de trop de graisse, lorsqu'on le nourrit à la
maison.

La chasse du lièvre est l'amusement et souvent la seule occupation des
gens oisifs de la campagne : comme elle se fait sans appareil et sans
dépense, et qu'elle est même utile, elle convient à tout le monde; on va le
matin et le soir au coin du bois attendre le lièvre à sa rentrée ou à sa
sortie; on le cherche pendant le jour dans les endroits où il se gîte. Lorsqu'il y a de la fraîcheur dans l'air par un soleil brillant, et que le lièvre
vient de se gîter après avoir couru, la vapeur de son corps forme une
petite fumée que les chasseurs aperçoivent de fort loin, surtout si leurs
yeux sont exercés à cette espèce d'observation : j'en ai vu qui, conduits
par cet indice, partaient d'une demi-lieue pour aller tuer le lièvre au gîte.
Il se laisse ordinairement approcher de fort près, surtout si l'on ne fait pas
semblant de le regarder, et si, au lieu d'aller directement à lui, on tourne
obliquement pour l'approcher. Il craint les chiens plus que les hommes, et
lorsqu'il sent ou qu'il entend un chien, il part de plus loin : quoiqu'il
coure plus vite que les chiens, comme il ne fait pas une route droite, qu'il
tourne et retourne autour de l'endroit où il a été lancé, les lévriers, qui le
chassent à vue plutôt qu'à l'odorat, lui coupent le chemin, le saisissent et
le tuent. Il se tient volontiers en été dans les champs, en automne dans
les vignes, et en hiver dans les buissons ou dans les bois, et l'on peut en
tout temps, sans le tirer, le forcer à la course avec des chiens courants;
on peut aussi le faire prendre par des oiseaux de proie; les ducs, les buses,
les aigles, les renards, les loups, les hommes, lui font également la guerre :
il a tant d'ennemis qu'il ne leur échappe que par hasard, et il est bien
rare qu'ils le laissent jouir du petit nombre de jours que la nature lui a
comptés.

LE LAPIN. *

Le lièvre et le lapin, quoique fort semblables tant à l'extérieur qu'à l'intérieur, ne se mêlant point ensemble, font deux espèces distinctes et séparées : cependant, comme les chasseurs [a] disent que les lièvres mâles, dans le temps du rut, courent les lapines et les couvrent, j'ai cherché à savoir ce qui pourrait résulter de cette union, et pour cela j'ai fait élever des lapins avec des hases, et des lièvres avec des lapines; mais ces essais n'ont rien produit [1], et m'ont seulement appris que ces animaux, dont la forme est si semblable, sont cependant de nature assez différente pour ne pas même produire des espèces de mulets. Un levraut et une jeune lapine, à peu près du même âge, n'ont pas vécu trois mois ensemble; dès qu'ils furent un peu forts ils devinrent ennemis, et la guerre continuelle qu'ils se faisaient finit par la mort du levraut. De deux lièvres plus âgés que j'avais mis chacun avec une lapine, l'un eut le même sort, et l'autre, qui était très-ardent et très-fort, qui ne cessait de tourmenter la lapine en cherchant à la couvrir, la fit mourir à force de blessures ou de caresses trop dures. Trois ou quatre lapins de différents âges, que je fis de même appareiller avec des hases, les firent mourir en plus ou moins de temps; ni les uns ni les autres n'ont produit : je crois cependant pouvoir assurer qu'ils se sont quelquefois réellement accouplés; au moins y a-t-il eu souvent certitude que, malgré la résistance de la femelle, le mâle s'était satisfait; et il y avait plus de raison d'attendre quelque produit de ces accouplements que des amours du lapin et de la poule dont on nous a fait l'histoire [b], et dont, suivant l'auteur, le fruit devait être *des poulets couverts de poils, ou des lapins couverts de plumes;* tandis que ce n'était qu'un lapin vicieux ou trop ardent, qui, faute de femelle, se servait de la poule de la maison comme il se serait servi de tout autre meuble, et qu'il est hors de toute vraisemblance de s'attendre à quelque production entre deux animaux d'espèces si éloignées, puisque de l'union du lièvre et du lapin, dont les espèces sont tout à fait voisines, il ne résulte rien.

La fécondité du lapin est encore plus grande que celle du lièvre; et sans ajouter foi à ce que dit Wotten, que d'une seule paire qui fut mise dans une île il s'en trouva six mille au bout d'un an, il est sûr que ces animaux multiplient si prodigieusement dans les pays qui leur conviennent, que la

a. Voyez la *Vénerie de du Fouilloux.* Paris, 1614, folio 100, recto.
b. Voyez l'*Art d'élever des poulets* [2].

* *Lepus cuniculus* (Linn.). — Ordre des *Rongeurs;* genre *lièvre* (Cuv.).
1. J'ai répété cette expérience. J'ai fait élever ensemble des *lièvres* avec des *lapines* et des *lapins* avec des *hases. Ces essais n'ont rien produit.*
2. Par Réaumur.

terre ne peut fournir à leur subsistance; ils détruisent les herbes, les racines, les grains, les fruits, les légumes, et même les arbrisseaux et les arbres; et, si l'on n'avait pas contre eux le secours des furets et des chiens, ils feraient déserter les habitants de ces campagnes. Non-seulement le lapin s'accouple plus souvent et produit plus fréquemment et en plus grand nombre que le lièvre, mais il a aussi plus de ressources pour échapper à ses ennemis; il se soustrait aisément aux yeux de l'homme; les trous qu'il se creuse dans la terre, où il se retire pendant le jour et où il fait ses petits, le mettent à l'abri du loup, du renard et de l'oiseau de proie; il y habite avec sa famille en pleine sécurité; il y élève et nourrit ses petits jusqu'à l'âge d'environ deux mois, et il ne les fait sortir de leur retraite pour les amener au dehors que quand ils sont tout élevés; il leur évite par là tous les inconvénients du bas âge, pendant lequel, au contraire, les lièvres périssent en plus grand nombre et souffrent plus que dans tout le reste de la vie.

Cela seul suffit aussi pour prouver que le lapin est supérieur au lièvre par la sagacité; tous deux sont conformés de même, et pourraient également se creuser des retraites; tous deux sont également timides à l'excès, mais l'un, plus imbécile, se contente de se former un gîte à la surface de la terre, où il demeure continuellement exposé, tandis que l'autre, par un instinct plus réfléchi, se donne la peine de fouiller la terre et de s'y pratiquer un asile; et il est si vrai que c'est par sentiment qu'il travaille, que l'on ne voit pas le lapin domestique faire le même ouvrage; il se dispense de se creuser une retraite, comme les oiseaux domestiques se dispensent de faire des nids, et cela parce qu'ils sont également à l'abri des inconvénients auxquels sont exposés les lapins et les oiseaux sauvages. L'on a souvent remarqué que, quand on a voulu peupler une garenne avec des lapins clapiers, ces lapins et ceux qu'ils produisaient restaient, comme les lièvres, à la surface de la terre; et que ce n'était qu'après avoir éprouvé bien des inconvénients, et au bout d'un certain nombre de générations, qu'ils commençaient à creuser la terre pour se mettre en sûreté [1].

Ces lapins clapiers, ou domestiques, varient pour les couleurs, comme tous les autres animaux domestiques; le blanc, le noir et le gris [a] sont cependant les seules qui entrent ici dans le jeu de la nature : les lapins noirs sont les plus rares; mais il y en a beaucoup de tout blancs, beaucoup de tout gris, et beaucoup de mêlés. Tous les lapins sauvages sont gris, et,

a. J'appelle gris ce mélange de couleurs fauves, noires et cendrées, qui fait la couleur ordinaire des lapins et des lièvres.

1. J'ai fait mettre en liberté, dans un parc, des *lapins*, nés de *parents* qui, pendant plusieurs générations, avaient vécu dans des conditions à ne pouvoir fouir. Dès que ces *lapins* ont été libres, ils ont creusé des terriers. (Voyez mon livre sur l'*Instinct et l'intelligence des animaux*.)

parmi les lapins domestiques, c'est encore la couleur dominante, car dans toutes les portées il se trouve toujours des lapins gris, et même en plus grand nombre, quoique le père et la mère soient tous deux blancs, ou tous deux noirs, ou l'un noir et l'autre blanc; il est rare qu'ils en fassent plus de deux ou trois qui leur ressemblent; au lieu que les lapins gris, quoique domestiques, ne produisent d'ordinaire que des lapins de cette même couleur, et que ce n'est que très-rarement et comme par hasard qu'ils en produisent de blancs, de noirs et de mêlés.

Ces animaux peuvent engendrer et produire à l'âge de cinq ou six mois : on assure qu'ils sont constants dans leurs amours, et que communément ils s'attachent à une seule femelle et ne la quittent pas; elle est presque toujours en chaleur, ou du moins en état de recevoir le mâle; elle porte trente ou trente-un jours, et produit quatre, cinq ou six, et quelquefois sept et huit petits : elle a, comme la femelle du lièvre, une double matrice, et peut, par conséquent, mettre bas en deux temps; cependant il paraît que les superfétations sont moins fréquentes dans cette espèce que dans celle du lièvre; peut-être par cette même raison que les femelles changent moins souvent, qu'il leur arrive moins d'aventures, et qu'il y a moins d'accouplements hors de saison.

Quelques jours avant de mettre bas, elles se creusent un nouveau terrier, non pas en ligne droite, mais en zigzag, au fond duquel elles pratiquent une excavation, après quoi elles s'arrachent sous le ventre une assez grande quantité de poils, dont elles font une espèce de lit pour recevoir leurs petits. Pendant les deux premiers jours elles ne les quittent pas, elles ne sortent que lorsque le besoin les presse, et reviennent, dès qu'elles ont pris de la nourriture : dans ce temps elles mangent beaucoup et fort vite; elles soignent ainsi et allaitent leurs petits pendant plus de six semaines. Jusqu'alors le père ne les connaît point, il n'entre pas dans ce terrier qu'a pratiqué la mère; souvent même, quand elle en sort et qu'elle y laisse ses petits, elle en bouche l'entrée avec de la terre détrempée de son urine; mais lorsqu'ils commencent à venir au bord du trou, et à manger du séneçon et d'autres herbes que la mère leur présente, le père semble les reconnaître, il les prend entre ses pattes, il leur lustre le poil, il leur lèche les yeux, et tous, les uns après les autres, ont également part à ses soins : dans ce même temps la mère lui fait beaucoup de caresses, et souvent devient pleine peu de jours après.

Un gentilhomme [a] de mes voisins, qui pendant plusieurs années s'est amusé à élever des lapins, m'a communiqué ces remarques : « J'ai com « mencé, dit-il, par avoir un mâle et une femelle seulement; le mâle était « tout blanc et la femelle toute grise, et dans leur postérité, qui fut très-

a. M. le Chapt du Moutier.

« nombreuse, il y en eut beaucoup plus de gris que d'autres ; un assez bon
« nombre de blancs et de mêlés, et quelques-uns de noirs....... Quand la
« femelle est en chaleur le mâle ne la quitte presque point ; son tempéra-
« ment est si chaud, que je l'ai vu se lier avec elle cinq ou six fois en
« moins d'une heure....... La femelle, dans le temps de l'accouplement, se
« couche sur le ventre à plate terre, les quatre pattes allongées, elle fait
« de petits cris qui annoncent plutôt le plaisir que la douleur : leur façon
« de s'accoupler ressemble assez à celle des chats, à la différence pourtant
« que le mâle ne mord que très-peu la femelle sur le chignon....... La
« paternité, chez ces animaux, est très-respectée ; j'en juge ainsi par la
« grande déférence que tous mes lapins ont eue pour leur premier père,
« qu'il m'était aisé de reconnaître à cause de sa blancheur, et qui est le
« seul mâle que j'aie conservé de cette couleur : la famille avait beau
« s'augmenter, ceux qui devenaient pères à leur tour lui étaient toujours
« subordonnés ; dès qu'ils se battaient, soit pour des femelles soit parce
« qu'ils se disputaient la nourriture, le grand-père, qui entendait du bruit,
« accourait de toute sa force, et, dès qu'on l'apercevait, tout rentrait dans
« l'ordre, et s'il en attrapait quelqu'un aux prises, il les séparait et en fai-
« sait sur-le-champ un exemple de punition. Une autre preuve de sa domi-
« nation sur toute sa postérité, c'est que les ayant accoutumés à rentrer
« tous à un coup de sifflet, lorsque je donnais ce signal, et quelque éloi-
« gnés qu'ils fussent, je voyais le grand-père se mettre à leur tête, et,
« quoique arrivé le premier, les laisser tous défiler devant lui et ne rentrer
« que le dernier....... Je les nourrissais avec du son de froment, du foin
« et beaucoup de genièvre ; il leur en fallait plus d'une voiture par semaine ;
« ils en mangeoient toutes les baies, les feuilles et l'écorce, et ne laissaient
« que le gros bois : cette nourriture leur donnait du fumet, et leur chair
« était aussi bonne que celle des lapins sauvages. »

Ces animaux vivent huit ou neuf ans : comme ils passent la plus grande
partie de leur vie dans leurs terriers, où ils sont en repos et tranquilles,
ils prennent un peu plus d'embonpoint que les lièvres ; leur chair est aussi
fort différente par la couleur et par le goût ; celle des jeunes lapereaux est
très-délicate, mais celle des vieux lapins est toujours sèche et dure. Ils
sont, comme je l'ai dit, originaires des climats chauds : les Grecs [a] les connaissaient, et il paraît que les seuls endroits de l'Europe où il y en eût
anciennement étaient la Grèce et l'Espagne [b][1] ; de là on les a transportés
dans des climats plus tempérés, comme en Italie, en France, en Allemagne, où ils se sont naturalisés ; mais dans les pays plus froids, comme en

a. Vid. Aristot. Hist. animal., lib. 1, cap. 1.
b. Vid. Plin. Hist. natural., lib. viii.

1. Le *lapin* passe pour être originaire d'Espagne. (Voyez Cuvier : *Règne animal*, t. I
page 217.)

Suède [a] et dans le reste du Nord, on ne peut les élever que dans les maisons, et ils périssent lorsqu'on les abandonne à la campagne. Ils aiment, au contraire, le chaud excessif, car on en trouve dans les contrées les plus méridionales de l'Asie et de l'Afrique, comme au golfe Persique [b], à la baie de Saldanha [c], en Libye, au Sénégal, en Guinée [d]; et on en trouve aussi dans nos îles de l'Amérique [e], qui y ont été transportés de l'Europe et qui y ont très-bien réussi.

LES ANIMAUX CARNASSIERS [1]

Jusqu'ici nous n'avons parlé que des animaux utiles; les animaux nuisibles sont en bien plus grand nombre; et quoiqu'en tout ce qui nuit paraisse plus abondant que ce qui sert, cependant tout est bien, parce que dans l'univers physique le mal concourt au bien, et que rien en effet ne nuit à la nature. Si nuire est détruire des êtres animés, l'homme, considéré comme faisant partie du système général de ces êtres, n'est-il pas l'espèce la plus nuisible de toutes? Lui seul immole, anéantit plus d'individus vivants que tous les animaux carnassiers n'en dévorent. Ils ne sont donc nuisibles que parce qu'ils sont rivaux de l'homme, parce qu'ils ont les mêmes appétits, le même goût pour la chair, et que, pour subvenir à un besoin de première nécessité, ils lui disputent quelquefois une proie qu'il réservait à ses excès; car nous sacrifions plus encore à notre intempérance, que nous ne donnons à nos besoins. Destructeurs-nés des êtres qui nous sont subordonnés, nous épuiserions la nature si elle n'était inépuisable, si par une fécondité aussi grande que notre déprédation, elle ne savait se réparer elle-même et se renouveler. Mais il est dans l'ordre que la mort serve à la vie, que la reproduction naisse de la destruction : quelque grande, quelque prématurée que soit donc la dépense de l'homme et des animaux carnassiers, le fonds, la quantité totale de substance vivante n'est point diminuée; et s'ils précipitent les destructions, ils hâtent en même temps des naissances nouvelles.

a. *Vid. Linnœi Faun. Suec.*, p. 8.

b. Voyez l'*Histoire générale des voyages*, par M. l'abbé Prévost, t. II, p. 354.

c. *Idem*, t. I, p. 449.

d. *Vid. Leon. Afric. de Afric. descript.* Lugd. Bat. 1632. Part. II, p. 257. Voyez aussi le *Voyage de Guill. Bosman.* Utrecht, 1705, p. 232.

e. Voyez l'*Histoire générale des Antilles*, par le P. du Tertre. Paris, 1667, t. II, p. 297.

1. L'histoire des *animaux carnassiers* commence le VIIe volume de l'édition in-4° de l'Imprimerie royale, volume publié en 1758.

Les animaux qui par leur grandeur figurent dans l'univers, ne font que la plus petite partie des substances vivantes ; la terre fourmille de petits animaux. Chaque plante, chaque graine, chaque particule de matière organique contient des milliers d'atomes animés. Les végétaux paraissent être le premier fonds de la nature ; mais ce fonds de subsistance, tout abondant, tout inépuisable qu'il est, suffirait à peine au nombre encore plus abondant d'insectes de toute espèce. Leur pullulation, toute aussi nombreuse et souvent plus prompte que la reproduction des plantes, indique assez combien ils sont surabondants ; car les plantes ne se reproduisent que tous les ans, il faut une saison entière pour en former la graine, au lieu que dans les insectes, et surtout dans les plus petites espèces, comme celle des pucerons, une seule saison suffit à plusieurs générations. Ils multiplieraient donc plus que les plantes, s'ils n'étaient détruits par d'autres animaux dont ils paraissent être la pâture naturelle, comme les herbes et les graines semblent être la nourriture préparée pour eux-mêmes. Aussi parmi les insectes y en a-t-il beaucoup qui ne vivent que d'autres insectes ; il y en a même quelques espèces qui, comme les araignées, dévorent indifféremment les autres espèces et la leur : tous servent de pâture aux oiseaux, et les oiseaux domestiques et sauvages nourrissent l'homme ou deviennent la proie des animaux carnassiers.

Ainsi la mort violente est un usage presque aussi nécessaire que la loi de la mort naturelle : ce sont deux moyens de destruction et de renouvellement, dont l'un sert à entretenir la jeunesse perpétuelle de la nature, et dont l'autre maintient l'ordre de ses productions, et peut seul limiter le nombre dans les espèces. Tous deux sont des effets dépendants des causes générales ; chaque individu qui naît tombe de lui-même au bout d'un temps, ou, lorsqu'il est prématurément détruit par les autres, c'est qu'il était surabondant. Eh combien n'y en a-t-il pas de supprimés d'avance ! que de fleurs moissonnées au printemps ! que de races éteintes au moment de leur naissance ! que de germes anéantis avant leur développement ! L'homme et les animaux carnassiers ne vivent que d'individus tout formés, ou d'individus prêts à l'être ; la chair, les œufs, les graines, les germes de toute espèce font leur nourriture ordinaire : cela seul peut borner l'exubérance de la nature. Que l'on considère un instant quelqu'une de ces espèces inférieures qui servent de pâture aux autres, celle des harengs, par exemple ; ils viennent par milliers s'offrir à nos pêcheurs, et après avoir nourri tous les monstres des mers du nord, ils fournissent encore à la subsistance de tous les peuples de l'Europe pendant une partie de l'année. Quelle pullulation prodigieuse parmi ces animaux ! et s'ils n'étaient en grande partie détruits par les autres, quels seraient les effets de cette immense multiplication ! eux seuls couvriraient la surface entière de la mer ; mais bientôt se nuisant par le nombre, ils se corrompraient, ils se détruiraient eux-mêmes ; faute de nourriture suffisante, leur fécondité diminuerait ; la contagion et la disette feraient ce que fait la consommation : le nombre de ces animaux ne serait guère augmenté, et le nombre de ceux qui s'en nourrissent serait diminué. Et comme l'on peut dire la même chose de toutes les autres espèces, il est donc nécessaire que les unes vivent sur les autres ; et dès lors la mort violente des animaux est un usage légitime, innocent, puisqu'il est fondé dans la nature, et qu'ils ne naissent qu'à cette condition.

Avouons cependant que le motif par lequel on voudrait en douter fait honneur à l'humanité : les animaux, du moins ceux qui ont des sens, de la chair et du sang, sont des êtres sensibles ; comme nous ils sont capables de plaisir et sujets à la douleur. Il y a donc une espèce d'insensibilité cruelle à sacrifier sans nécessité ceux surtout qui nous approchent, qui vivent avec nous, et dont le sentiment se réfléchit vers nous en se marquant par les signes de la douleur ; car ceux dont la nature est différente de la nôtre ne peuvent guère nous affecter. La pitié naturelle est fondée sur les rapports que nous avons avec l'objet qui souffre ; elle est d'autant plus vive que la ressemblance, la conformité de nature est plus grande ; on souffre en voyant souffrir son semblable. *Compassion*, ce mot exprime assez que c'est une souffrance, une passion qu'on partage ; cependant c'est moins l'homme qui souffre, que sa propre nature qui pâtit, qui se révolte machinalement et se met d'elle-même à l'unisson de douleur. L'âme a moins de part que le corps à ce sentiment de pitié naturelle, et les animaux en sont susceptibles comme l'homme ; le cri de la douleur les émeut ; ils accourent pour se secourir, ils reculent à la vue d'un cadavre de leur espèce. Ainsi l'horreur et la pitié sont moins des passions de l'âme que des affections naturelles, qui dépendent de la sensibilité du corps et de la similitude de la conformation ; ce sentiment doit donc diminuer à mesure que les natures s'éloignent. Un chien qu'on frappe, un agneau qu'on égorge, nous font quelque pitié ; un arbre que l'on coupe, une huître qu'on mord, ne nous en font aucune.

Dans le réel, peut-on douter que les animaux dont l'organisation est semblable à la nôtre, n'éprouvent des sensations semblables ? Ils sont sensibles, puisqu'ils ont des sens, et ils le sont d'autant plus que ces sens sont plus actifs et plus parfaits : ceux au contraire dont les sens sont obtus ont-ils un sentiment exquis ? et ceux auxquels il manque quelque organe, quelque sens, ne manquent-ils pas de toutes les sensations qui y sont relatives ? Le mouvement est l'effet nécessaire de l'exercice du sentiment. Nous avons prouvé [1] que de quelque manière qu'un être fût organisé, s'il a du senti-

---

1. Voyez le Discours sur la nature des animaux.

ment, il ne peut manquer de le marquer au dehors par des mouvements extérieurs. Ainsi les plantes, quoique bien organisées, sont des êtres insensibles, aussi bien que les animaux qui, comme elles, n'ont nul mouvement apparent. Ainsi parmi les animaux, ceux qui n'ont, comme la plante appelée sensitive, qu'un mouvement sur eux-mêmes, et qui sont privés du mouvement progressif, n'ont encore que très-peu de sentiment; et enfin ceux même qui ont un mouvement progressif, mais qui, comme des automates, ne font qu'un petit nombre de choses, et les font toujours de la même façon, n'ont qu'une faible portion de sentiment, limitée à un petit nombre d'objets. Dans l'espèce humaine, que d'automates! combien l'éducation, la communication respective des idées n'augmentent-elles pas la quantité, la vivacité du sentiment! Quelle différence à cet égard entre l'homme sauvage et l'homme policé, la paysanne et la femme du monde! Et de même parmi les animaux, ceux qui vivent avec nous deviennent plus sensibles par cette communication, tandis que ceux qui demeurent sauvages n'ont que la sensibilité naturelle, souvent plus sûre, mais toujours moindre que l'acquise.

Au reste, en ne considérant le sentiment que comme une faculté naturelle, et même indépendamment de son résultat apparent, c'est-à-dire, des mouvements qu'il produit nécessairement dans tous les êtres qui en sont doués, on peut encore le juger, l'estimer et en déterminer à peu près les différents degrés par des rapports physiques auxquels il me paraît qu'on n'a pas fait assez d'attention. Pour que le sentiment soit au plus haut degré dans un corps animé, il faut que ce corps fasse un tout, lequel soit non-seulement sensible dans toutes ses parties, mais encore composé de manière que toutes ces parties sensibles aient entre elles une correspondance intime, en sorte que l'une ne puisse être ébranlée sans communiquer une partie de cet ébranlement à chacune des autres. Il faut de plus qu'il y ait un centre principal et unique auquel puissent aboutir ces différents ébranlements, et sur lequel, comme sur un point d'appui général et commun, se fasse la réaction de tous ces mouvements. Ainsi l'homme, et les animaux qui par leur organisation ressemblent le plus à l'homme, seront les êtres les plus sensibles; ceux au contraire qui ne font pas un tout aussi complet, ceux dont les parties ont une correspondance moins intime, ceux qui ont plusieurs centres de sentiment, et qui, sous une même enveloppe, semblent moins renfermer un tout unique, un animal parfait, que contenir plusieurs centres d'existence séparés ou différents les uns des autres, seront des êtres beaucoup moins sensibles. Un polype que l'on coupe, et dont les parties divisées vivent séparément; une guêpe dont la tête, quoique séparée du corps, se meut, vit, agit, et même mange comme auparavant; un lézard auquel, en retranchant une partie de son corps, on n'ôte ni le mouvement ni le sentiment; une écrevisse, dont les membres amputés se renouvellent;

, une tortue, dont le cœur [1] bat longtemps après avoir été arraché; tous les insectes dans lesquels les principaux viscères, comme le cœur et les poumons, ne forment pas un tout au centre de l'animal, mais sont divisés en plusieurs parties, s'étendent le long du corps, et font, pour ainsi dire, une suite de viscères, de cœurs et de trachées; tous les poissons, dont les organes de la circulation et de la respiration n'ont que peu d'action et diffèrent beaucoup de ceux des quadrupèdes, et même de ceux des cétacés; enfin tous les animaux dont l'organisation s'éloigne de la nôtre ont peu de sentiment, et d'autant moins qu'elle en diffère plus.

Dans l'homme et dans les animaux qui lui ressemblent, le diaphragme paraît être le centre du sentiment [2]; c'est sur cette partie nerveuse que portent les impressions de la douleur et du plaisir ; c'est sur ce point d'appui que s'exercent tous les mouvements du système sensible. Le diaphragme sépare transversalement le corps entier de l'animal, et le divise assez exactement en deux parties égales, dont la supérieure renferme le cœur et les poumons, et l'inférieure contient l'estomac et les intestins. Cette membrane est douée d'une extrême sensibilité ; elle est d'une si grande nécessité pour la propagation et la communication du mouvement et du sentiment, que la plus légère blessure, soit au centre nerveux [3], soit à la circonférence, ou même aux attaches du diaphragme, est toujours accompagnée de convulsions [4], et souvent suivie d'une mort violente. Le cerveau, qu'on a dit être le siége des sensations, n'est donc pas le centre du sentiment, puisqu'on peut au contraire le blesser, l'entamer, sans que la mort suive [5], et qu'on a l'expérience qu'après avoir enlevé une portion considérable de la cervelle, l'animal n'a pas cessé de vivre, de se mouvoir, et de sentir dans toutes ses parties.

Distinguons donc la sensation du sentiment : la sensation n'est qu'un ébranlement dans le sens, et le sentiment est cette même sensation devenue agréable ou désagréable par la propagation de cet ébranlement dans

1. Le cœur est un muscle : il bat par *irritabilité*, par *contractilité musculaire*, et non par *sensibilité*. Haller a nettement séparé la *contractilité* de la *sensibilité*. Le *muscle* seul est *contractile*, et le *nerf* seul est *sensible*.

2. Le *diaphragme* n'est point le *centre du sentiment*. (Voyez la note de la page 55.)

3. Le *centre* du *diaphragme* n'est point *nerveux* : il est *tendineux*. L'ancienne anatomie appelait *nerveuses* toutes les parties *blanches* du corps animal, c'est-à-dire toutes les parties *fibreuses* ou *tendineuses*.

4. Erreur de la vieille physiologie. Les blessures des parties *tendineuses* ne sont pas, par elles-mêmes, suivies de *convulsions :* le *tendon* n'est sensible que par les *nerfs* qu'il reçoit.

5. C'est selon la partie du *cerveau* que l'on blesse. On peut enlever le *cerveau* proprement dit (*lobes* ou *hémisphères cérébraux*) tout entier, sans que l'animal meure. Le *cerveau* n'est l'organe, ni de la *sensibilité*, ni de la *vie :* il est l'organe de l'*intelligence*. En le perdant, l'animal ne perd que l'*intelligence*. Au contraire, si l'on pique le point de la *moelle allongée* que j'appelle le *nœud vit..l* (point qui n'est pas plus gros qu'une *tête d'épingle*), l'animal meurt sur-le-champ. (Voyez mes *Recherches expérim. sur les propriétés et les fonctions du système nerveux.*)

tout le système sensible : je dis la sensation devenue agréable ou désagréable, car c'est là ce qui constitue l'essence du sentiment; son caractère unique est le plaisir ou la douleur, et tous les mouvements qui ne tiennent ni de l'une ni de l'autre, quoiqu'ils se passent au dedans de nous-mêmes, nous sont indifférents et ne nous affectent point. C'est du sentiment que dépend tout le mouvement extérieur et l'exercice de toutes les forces de l'animal; il n'agit qu'autant qu'il est affecté, c'est-à-dire autant qu'il sent; et cette même partie, que nous regardons comme le centre du sentiment, sera aussi le centre des forces, ou, si l'on veut, le point d'appui commun sur lequel elles s'exercent. Le diaphragme est dans l'animal ce que le collet est dans la plante : tous deux les divisent transversalement, tous deux servent de point d'appui aux forces opposées; car les forces qui, dans un arbre, poussent en haut les parties qui doivent former le tronc et les branches, portent et appuient sur le collet, aussi bien que les forces opposées qui poussent en bas les parties qui forment les racines.

Pour peu qu'on s'examine, on s'apercevra aisément que toutes les affections intimes, les émotions vives, les épanouissements de plaisir, les saisissements, les douleurs, les nausées, les défaillances, toutes les impressions fortes des sensations, devenues agréables ou désagréables, se font sentir au dedans du corps, à la région même du diaphragme. Il n'y a, au contraire, nul indice de sentiment dans le cerveau, et l'on n'a dans la tête que les sensations pures, ou plutôt les représentations de ces mêmes sensations simples et dénuées des caractères du sentiment; seulement on se souvient, on se rappelle que telle ou telle sensation nous a été agréable ou désagréable; et si cette opération, qui se fait dans la tête, est suivie d'un sentiment vif et réel, alors on en sent l'impression au dedans du corps et toujours à la région du diaphragme[1]. Ainsi dans le fœtus, où cette membrane est sans exercice, le sentiment est nul, ou si faible qu'il ne peut rien produire; aussi les petits mouvements que le fœtus se donne sont plutôt machinaux que dépendants des sensations et de la volonté.

Quelle que soit la matière qui sert de véhicule au sentiment, et qui produit le mouvement musculaire, il est sûr qu'elle se propage par les nerfs et se communique dans un instant indivisible d'une extrémité à l'autre du système sensible. De quelque manière que ce mouvement s'opère, que ce soit par des vibrations, comme dans des cordes élastiques, que ce soit par un feu subtil, par une matière semblable à celle de l'électricité, laquelle non-seulement réside dans les corps animés, comme dans tous les autres corps, mais y est même continuellement régénérée par le mouvement du cœur et des poumons, par le frottement du sang dans les artères, et aussi

---

1. Il faut distinguer les parties où siègent les passions (le *cerveau*) des parties qu'elles affectent (le *diaphragme*, le *cœur*, etc.). C'est dans le *cerveau* que la passion réside; mais c'est sur le *diaphragme*, c'est sur le *cœur*, etc., que la passion agit.

par l'action des causes extérieures sur les organes des sens, il est encore sûr que les nerfs et les membranes [1] sont les seules parties sensibles dans le corps animal. Le sang, la lymphe, toutes les autres liqueurs, les graisses, les os, les chairs, tous les autres solides, sont par eux-mêmes insensibles : la cervelle [2] l'est aussi; c'est une substance molle et sans élasticité, incapable dès lors de produire, de propager ou de rendre le mouvement, les vibrations ou les ébranlements du sentiment. Les méninges [3], au contraire, sont très-sensibles, ce sont les enveloppes de tous les nerfs; elles prennent, comme eux, leur origine dans la tête, elles se divisent comme les branches des nerfs, et s'étendent jusqu'à leurs plus petites ramifications; ce sont, pour ainsi dire, des nerfs aplatis, elles sont de la même substance, elles ont à peu près le même degré d'élasticité, elles font partie, et partie nécessaire du système sensible. Si l'on veut donc que le siége des sensations soit dans la tête il sera dans les méninges, et non dans la partie médullaire du cerveau, dont la substance est toute différente.

Ce qui a pu donner lieu à cette opinion, que le siége de toutes les sensations et le centre de toute sensibilité étaient dans le cerveau, c'est que les nerfs, qui sont les organes du sentiment, aboutissent tous à la cervelle, qu'on a regardée dès lors comme la seule partie commune qui pût en recevoir tous les ébranlements, toutes les impressions. Cela seul a suffi pour faire du cerveau le principe du sentiment, l'organe essentiel des sensations, en un mot, le *sensorium* commun [4]. Cette supposition a paru si simple et si naturelle qu'on n'a fait aucune attention à l'impossibilité physique qu'elle renferme, et qui cependant est assez évidente; car comment se peut-il qu'une partie insensible, une substance molle et inactive, telle qu'est la cervelle, soit l'organe même du sentiment et du mouvement? comment se peut-il que cette partie molle et insensible, non-seulement reçoive ces impressions, mais les conserve longtemps et en propage les ébranlements dans toutes les parties solides et sensibles? L'on dira peut-être, d'après Descartes, ou d'après M. de la Peyronie, que ce n'est point dans la cer-

---

1. *Les nerfs et les membranes.* Les *nerfs* sont des parties *sensibles* par elles-mêmes ; les *membranes* ne sont *sensibles* que par les *nerfs*.

2. Le *cerveau*, ou (comme l'appelle ici Buffon, avec un ton curieux de dédain) la *cervelle*, a des parties *insensibles* et des parties *sensibles*. Le *cerveau* proprement dit (*lobes* ou *hémisphères cérébraux*) est *insensible*, *impassible*. Il est le siége de l'*intelligence*, faculté très-distincte de la *sensibilité : la moelle allongée*, au contraire, est éminemment et essentiellement *sensible*. La plus légère blessure, faite à la *moelle allongée*, produit des *douleurs* horribles et des *convulsions*. (Voyez mon livre intitulé : *Recherc. expérim. sur les propriétés et les fonctions du système nerveux.*)

3. Il faut dire, des *méninges* (*membranes* qui enveloppent le *cerveau*), ce que je viens de dire de toutes les autres *membranes :* les *méninges* ne sont *sensibles* que par leurs *nerfs*.

4. Le *cerveau* est, en effet, le *sensorium commun.* Tous les nerfs s'y *rendent* ou plutôt en *partent*, soit directement, soit par l'intermédiaire de la *moelle allongée* et de la *moelle épinière*, lesquelles ne sont que la continuation du *cerveau.*

velle, mais dans la glande pinéale [1] ou dans le corps calleux[2], que réside ce principe ; mais il suffit de jeter les yeux sur la conformation du cerveau pour reconnaître que ces parties, la glande pinéale, le corps calleux, dans lesquelles on a voulu mettre le siége des sensations, ne tiennent point aux nerfs, qu'elles sont tout environnées de la substance [3] insensible de la cervelle, et séparées des nerfs de manière qu'elles ne peuvent en recevoir les mouvements, et dès lors ces suppositions tombent aussi bien que la première.

Mais quel sera donc l'usage, quelles seront les fonctions de cette partie si noble, si capitale? Le cerveau ne se trouve-t-il pas dans tous les animaux? n'est-il pas, dans l'homme, dans les quadrupèdes, dans les oiseaux, qui tous ont beaucoup de sentiment, plus étendu, plus grand, plus considérable que dans les poissons, les insectes et les autres animaux, qui en ont peu? Dès qu'il est comprimé, tout mouvement n'est-il pas suspendu? toute action ne cesse-t-elle pas? Si cette partie n'est pas le principe du mouvement, pourquoi y est-elle si nécessaire, si essentielle? pourquoi même est-elle proportionnelle, dans chaque espèce d'animal, à la quantité de sentiment dont il est doué?

Je crois pouvoir répondre d'une manière satisfaisante à ces questions, quelque difficiles qu'elles paraissent ; mais pour cela il faut se prêter un instant à ne voir avec moi le cerveau que comme de la cervelle[4], et n'y rien supposer que ce que l'on peut y apercevoir par une inspection attentive et par un examen réfléchi. La cervelle, aussi bien que la moelle allongée et la moelle épinière, qui n'en sont que la prolongation, est une espèce de mucilage à peine organisé[5] ; on y distingue seulement les extrémités des petites artères qui y aboutissent en très-grand nombre et qui n'y portent pas du sang[6], mais une lymphe blanche et nourricière : ces mêmes petites artères, ou vaisseaux lymphatiques, paraissent dans toute leur longueur en forme de filets très-déliés, lorsqu'on désunit les parties de la cervelle par la macération. Les nerfs, au contraire, ne pénètrent point la substance

1. La *glande pinéale* n'est qu'un petit tubercule du *cerveau*, tubercule très-accessoire. L'*intelligence* réside dans l'organe principal, dans le *cerveau*. (Voyez la note 5 de la page 556.)

2. Le *corps calleux* n'est que la *commissure*, la *jonction* des deux moitiés du grand organe de l'*intelligence*, des deux moitiés du *cerveau*.

3. Le *cerveau* est à la fois le *principe du mouvement*, par la partie antérieure de la *moelle allongée ;* le principe du *sentiment*, par la partie postérieure de cette *moelle ;* le principe de la coordination des mouvements de locomotion, par le *cervelet ;* le principe de la vie, par le *nœud vital ;* le siége de l'*intelligence* par les *lobes* ou *hémisphères*. (Voyez mon livre intitulé : *Recherc. expérim. sur les propriétés et les fonctions du système nerveux.*)

4. Buffon était bien peu en droit de traiter si mal sa *cervelle*.

5. Ainsi, selon Buffon, le *cerveau*, cet organe si prodigieusement compliqué, cet organe dont la structure, étudiée depuis vingt siècles, n'est pas encore clairement comprise, n'est qu'une *espèce de mucilage à peine organisé*.

6. Elles y portent du sang, comme dans tous les autres organes. Le *sang* est le vrai *fluide nourricier*, et non la *lymphe*. C'est par le *sang* que tous les organes sont nourris.

de la cervelle, ils n'aboutissent qu'à la surface [1]; ils perdent auparavant leur solidité, leur élasticité; et les dernières extrémités des nerfs, c'est-à-dire les extrémités les plus voisines du cerveau sont molles et presque mucilagineuses. Par cette exposition, dans laquelle il n'entre rien d'hypothétique [2], il paraît que le cerveau, qui est nourri par les artères lymphatiques, fournit à son tour la nourriture aux nerfs, et que l'on doit les considérer comme une espèce de végétation qui part du cerveau par troncs et par branches, lesquelles se divisent ensuite en une infinité de rameaux. Le cerveau est aux nerfs ce que la terre est aux plantes; les dernières extrémités des nerfs sont les racines qui, dans tout végétal, sont plus tendres et plus molles que le tronc ou les branches; elles contiennent une matière ductile propre à faire croître et à nourrir l'arbre des nerfs; elles tirent cette matière ductile de la substance même du cerveau, auquel les artères rapportent continuellement la lymphe nécessaire pour y suppléer. Le cerveau, au lieu d'être le siége des sensations, le principe du sentiment, ne sera donc qu'un organe de sécrétion et de nutrition [3], mais un organe très-essentiel, sans lequel les nerfs ne pourraient ni croître ni s'entretenir.

Cet organe est plus grand dans l'homme, dans les quadrupèdes, dans les oiseaux, parce que le nombre ou le volume des nerfs, dans ces animaux, est plus grand que dans les poissons et les insectes, dont le sentiment est faible par cette même raison; ils n'ont qu'un petit cerveau proportionné à la petite quantité de nerfs qu'il nourrit. Et je ne puis me dispenser de remarquer à cette occasion que l'homme n'a pas, comme on l'a prétendu, le cerveau plus grand qu'aucun des animaux; car il y a des espèces de singes et de cétacés qui, proportionnellement au volume de leur corps, ont plus de cerveau que l'homme [4] : autre fait qui prouve que le cerveau n'est ni le siége des sensations, ni le principe du sentiment, puisque alors ces animaux auraient plus de sensations et plus de sentiment que l'homme.

Si l'on considère la manière dont se fait la nutrition des plantes, on observera qu'elles ne tirent pas les parties grossières de la terre ou de l'eau; il faut que ces parties soient réduites par la chaleur en vapeurs ténues, pour que les racines puissent les pomper. De même, dans les nerfs, la nutrition ne se fait qu'au moyen des parties les plus subtiles de l'humidité du cerveau, qui sont pompées par les extrémités ou racines des nerfs, et de là sont portées dans toutes les branches du système sensible : ce système fait,

---

1. Loin de *n'aboutir qu'à la surface* du *cerveau*, de la *moelle épinière*, de la *moelle allongée*, des *centres nerveux*, en un mot, les nerfs *viennent* de ces centres; ils en *naissent;* ils ne sont que la continuation des *filets*, des *fibres* qui les composent.

2. Au contraire, il n'y entre rien que d'hypothétique, et de l'hypothétique le plus étrange.

3. Le *cerveau* n'est donc qu'un *organe de nutrition :* il *nourrit les nerfs;* il est aux *nerfs* ce que la *terre est aux plantes*, etc. Buffon ne juge pas mieux ici des *fonctions* du *cerveau* qu'il ne jugeait, tout à l'heure, de sa *structure*. (Voyez la note 5 de la page précédente.)

4. Nul animal n'a, à beaucoup près, le *cerveau* aussi grand que l'homme.

comme nous l'avons dit, un tout dont les parties ont une connexion si serrée, une correspondance si intime, qu'on ne peut en blesser une sans
ébranler violemment toutes les autres; la blessure, le simple tiraillement
du plus petit nerf, suffit pour causer une vive irritation dans tous les autres,
et mettre le corps en convulsion; et l'on ne peut faire cesser la douleur et
les convulsions qu'en coupant ce nerf au-dessus de l'endroit lésé; mais dès
lors toutes les parties auxquelles le nerf aboutissait deviennent à jamais
immobiles, insensibles. Le cerveau ne doit pas être considéré comme partie
du même genre, ni comme portion organique du système des nerfs, puisqu'il n'a pas les mêmes propriétés ni la même substance, n'étant ni solide,
ni élastique, ni sensible. J'avoue que, lorsqu'on le comprime, on fait cesser
l'action du sentiment; mais cela même prouve que c'est un corps étranger [1]
à ce système, qui, agissant alors par son poids sur les extrémités des nerfs,
les presse et les engourdit, de la même manière qu'un poids appliqué sur le
bras, la jambe, ou sur quelque autre partie du corps, en engourdit les nerfs
et en amortit le sentiment [2]. Il est si vrai que cette cessation de sentiment
par la compression n'est qu'une suspension, un engourdissement, qu'à
l'instant où le cerveau cesse d'être comprimé le sentiment renaît et le mou- .
vement se rétablit. J'avoue encore qu'en déchirant la substance médullaire
et en blessant le cerveau jusqu'au corps calleux, la convulsion, la privation
de sentiment, et la mort [3] même suit; mais c'est qu'alors les nerfs sont entièrement dérangés, qu'ils sont, pour ainsi dire, déracinés et blessés tous
ensemble et dans leur origine.

Je pourrais ajouter à toutes ces raisons des faits particuliers, qui prouvent également que le cerveau n'est ni le centre du sentiment, ni le siége
des sensations [4]. On a vu des animaux, et même des enfants, naître sans tête
et sans cerveau, qui cependant avaient sentiment, mouvement et vie [5]. Il y a
des classes entières d'animaux, comme les insectes et les vers, dans lesquels

1. Le *cerveau*, étranger au système nerveux! Ceci est le dernier degré de l'absurde.

2 Point du tout. C'est, tout simplement, parce que le *cerveau*, siége du *sentiment* (c'est-
à-dire ici de l'*intelligence*, de la *connaissance*), est comprimé.

3. La *privation de sentiment*, la *convulsion*, la *mort*, sont trois effets très-distincts de la
lésion de trois parties très-différentes. On peut blesser le *cerveau jusqu'au corps calleux*, on
peut enlever le *cerveau* tout entier (le *cerveau proprement dit*), sans produire la *convulsion*,
sans abolir la vie. La lésion, l'ablation du *cerveau proprement dit* n'entraîne que la *privation
du sentiment*, de l'*intelligence*. La lésion de la *moelle allongée* produit la *convulsion*; la lésion
du *nœud vital* abolit la *vie*. (Voyez la note 5 de la page 556.)

4. *Centre du sentiment, siége des sensations*. Le *sentiment* (c'est-à-dire, l'*intelligence*) tient
au *cerveau proprement dit*; les *sensations* viennent de la *moelle allongée*, de la *moelle épinière*, *des nerfs*.

5. Le *sentiment*, c'est-à-dire ici la *sensibilité* (Buffon mêle et confond, sous le mot *sentiment*, deux choses essentiellement distinctes: l'*intelligence* et la *sensibilité*), la *sensibilité* ne
dépend pas du *cerveau* proprement dit. (Voyez la note précédente.) Les enfants *nés sans
cerveau* n'avaient pas l'*intelligence*; mais ils avaient la *sensibilité*, le *mouvement* et la *vie*, soit
une *vie* dépendante des rapports du *fœtus* avec la *mère*, soit une *vie propre*, s'ils conservaient
encore le *nœud vital*. (Voyez, ci-dessus, la note 3.)

le cerveau ne fait point une masse distincte ni un volume sensible ; ils ont seulement une partie correspondante à la moelle allongée et à la moelle épinière[1]. Il y aurait donc plus de raison de mettre le siége des sensations et du sentiment dans la moelle épinière, qui ne manque à aucun animal, que dans le cerveau[2], qui n'est pas une partie générale et commune à tous les êtres sensibles.

Le plus grand obstacle à l'avancement des connaissances de l'homme est moins dans les choses mêmes, que dans la manière dont il les considère ; quelque compliquée que soit la machine de son corps, elle est encore plus simple que ses idées. Il est moins difficile de voir la nature telle qu'elle est, que de la reconnaître telle qu'on nous la présente ; elle ne porte qu'un voile, nous lui donnons un masque, nous la couvrons de préjugés, nous supposons qu'elle agit, qu'elle opère comme nous agissons et pensons. Cependant ses actes sont évidents, et nos pensées sont obscures ; nous portons dans ses ouvrages les abstractions de notre esprit, nous lui prêtons nos moyens, nous ne jugeons de ses fins que par nos vues, et nous mêlons perpétuellement à ses opérations, qui sont constantes, à ses faits, qui sont toujours certains, le produit illusoire et variable de notre imagination[3].

Je ne parle point de ces systèmes purement arbitraires, de ces hypothèses frivoles, imaginaires, dans lesquelles on reconnaît à la première vue qu'on nous donne la chimère au lieu de la réalité ; j'entends les méthodes par lesquelles on recherche la nature. La route expérimentale elle-même a produit moins de vérités que d'erreurs : cette voie, quoique la plus sûre, ne l'est néanmoins qu'autant qu'elle est bien dirigée ; pour peu qu'elle soit oblique, on arrive à des plages stériles où l'on ne voit obscurément que quelques objets épars ; cependant on s'efforce de les rassembler, en leur supposant des rapports entre eux et des propriétés communes ; et comme l'on passe et repasse avec complaisance sur les pas tortueux qu'on a faits, le chemin paraît frayé, et quoiqu'il n'aboutisse à rien, tout le monde le suit, on adopte la méthode, et l'on en reçoit les conséquences comme principes. Je pourrais en donner la preuve en exposant à nu l'origine de ce que l'on appelle principes dans toutes les sciences, abstraites ou réelles : dans les premières, la base générale des principes est l'abstraction, c'est-à-dire, une ou plusieurs suppositions [a] ; dans les autres, les principes ne

a. Voyez les preuves que j'en donne, vol. I de cet ouvrage, à la fin du premier Discours.

1. Les *insectes* et les *vers* ont un *cerveau* : c'est le *ganglion nerveux* placé au-dessus de l'*œsophage*, et une *moelle épinière* : c'est la série des *ganglions* placés sous le *canal digestif*.

2. Les *mollusques* ont encore un *cerveau*, et n'ont plus de *moelle épinière*, ou n'ont qu'une *moelle épinière* infiniment réduite.

3. Tout cela est très-bien dit, et, en thèse générale, très-vrai. Dans la thèse particulière, Buffon ne connaissait rien du tout des *fonctions du cerveau*, et ses contemporains, même les plus instruits en ce genre, n'en connaissaient que très-peu de chose.

sont que les conséquences, bonnes ou mauvaises, des méthodes que l'on
a suivies. Et pour ne parler ici que de l'anatomie, le premier qui, surmon-
tant la répugnance naturelle, s'avisa d'ouvrir un corps humain, ne crut-il
pas qu'en le parcourant, en le disséquant, en le divisant dans toutes ses
parties, il en connaîtrait bientôt la structure, le mécanisme et les fonctions? Mais ayant trouvé la chose infiniment plus compliquée qu'on ne
pensait, il fallut bientôt renoncer à ces prétentions, et l'on fut obligé de
faire une méthode , non pas pour connaître et juger, mais seulement pour
voir, et voir avec ordre. Cette méthode ne fut pas l'ouvrage d'un seul
homme, puisqu'il a fallu tous les siècles pour la perfectionner, et qu'encore
aujourd'hui elle occupe seule nos plus habiles anatomistes; cependant cette
méthode n'est pas la science; ce n'est que le chemin qui devrait y conduire, et qui peut-être y aurait conduit en effet si, au lieu de toujours
marcher sur la même ligne dans un sentier étroit, on eût étendu la voie et
mené de front l'anatomie de l'homme et celle des animaux [1]. Car quelle
connaissance réelle peut-on tirer d'un objet isolé? Le fondement de toute
science n'est-il pas dans la comparaison que l'esprit humain sait faire des
objets semblables et différents, de leurs propriétés analogues ou contraires,
et de toutes leurs qualités relatives? L'absolu, s'il existe, n'est pas du
ressort de nos connaissances ; nous ne jugeons et ne pouvons juger des
choses que par les rapports qu'elles ont entre elles; ainsi, toutes les
fois que dans une méthode on ne s'occupe que du sujet, qu'on le considère
seul et indépendamment de ce qui lui ressemble et de ce qui en diffère, on
ne peut arriver à aucune connaissance réelle, encore moins s'élever à aucun
principe général; on ne pourra donner que des noms et faire des descriptions de la chose et de toutes ses parties : aussi, depuis trois mille ans [2] que
l'on dissèque des cadavres humains, l'anatomie n'est encore qu'une nomenclature, et à peine a-t-on fait quelques pas vers son objet réel, qui est la
science de l'économie animale. De plus, que de défauts dans la méthode
elle-même, qui cependant devrait être claire et simple, puisqu'elle dépend
de l'inspection et n'aboutit qu'à des dénominations! Comme l'on a pris
cette connaissance nominale pour la vraie science, on ne s'est occupé qu'à
augmenter, à multiplier le nombre des noms, au lieu de limiter celui des
choses; on s'est appesanti sur les détails, on a voulu trouver des différences
où tout était semblable; en créant de nouveaux noms, on a cru donner
des choses nouvelles ; on a décrit avec une exactitude minutieuse les plus
petites parties, et la description de quelque partie encore plus petite,

1. Mots remarquables. Buffon semble pressentir le grand essor que va prendre l'*anatomie
comparée.*

2. Buffon parle bien légèrement, et en homme qui s'y entendait bien peu, des prodigieux
efforts, faits par les Vésale, les Fallope, les Eustachi, les Harvey, les Pecquet, les Malpighi,
les Ruysch, etc. , pour constituer l'*anatomie humaine,* la première et la plus difficile de toutes
les *anatomies.*

oubliée ou négligée par les anatomistes précédents, s'est appelée découverte : les dénominations elles-mêmes, ayant souvent été prises d'objets qui n'avaient aucun rapport avec ceux qu'on voulait désigner, n'ont servi qu'à augmenter la confusion. Ce que l'on appelle *testes* et *nates* dans le cerveau, qu'est-ce autre chose, sinon des parties de cervelle semblables au tout, et qui ne méritaient pas un nom [1] ? Ces noms empruntés à l'aventure, ou donnés par préjugé, ont ensuite produit eux-mêmes de nouveaux préjugés et des opinions de hasard ; d'autres noms donnés à des parties mal vues, ou qui même n'existaient pas, ont été de nouvelles sources d'erreurs. Que de fonctions et d'usages n'a-t-on pas voulu donner à la glande pinéale, à l'espace prétendu vide qu'on appelle la *voûte* [2] dans le cerveau, tandis que l'une n'est qu'une glande, et qu'il est fort douteux que l'autre existe, puisque cet espace vide n'est peut-être produit que par la main de l'anatomiste et la méthode de dissection [a] !

Ce qu'il y a de plus difficile dans les sciences n'est donc pas de connaître les choses qui en font l'objet direct, mais c'est qu'il faut auparavant les dépouiller d'une infinité d'enveloppes dont on les a couvertes, leur ôter toutes les fausses couleurs dont on les a masquées, examiner le fondement et le produit de la méthode par laquelle on les recherche, en séparer ce que l'on y a mis d'arbitraire, et enfin tâcher de reconnaître les préjugés et les erreurs adoptées que ce mélange de l'arbitraire au réel a fait naître ; il faut tout cela pour retrouver la nature ; mais ensuite, pour la connaître, il ne faut plus que la comparer avec elle-même. Dans l'économie animale, elle nous paraît très-mystérieuse et très-cachée, non-seulement parce que le sujet en est fort compliqué, et que le corps de l'homme est de toutes ses productions la moins simple, mais surtout parce qu'on ne l'a pas comparée avec elle-même, et qu'ayant négligé ces moyens de comparaison, qui seuls pouvaient nous donner des lumières, on est resté dans l'obscurité du doute ou dans le vague des hypothèses. Nous avons des milliers de volumes sur la description du corps humain, et à peine a-t-on quelques mémoires [3] commencés sur celle des animaux : dans l'homme on a reconnu, nommé, décrit les plus petites parties, tandis que l'on ignore si dans les animaux l'on retrouve, non-seulement ces petites parties, mais même les plus grandes ; on attribue certaines fonctions à de certains organes, sans être informé si dans d'autres êtres, quoique privés de ces organes, les mêmes fonctions ne s'exercent pas ; en sorte que dans toutes ces explications qu'on

a. Voyez à ce sujet le Discours de Sténon.

1. Ces parties (les *tubercules quadrijumeaux*) méritaient un nom. On a seulement eu tort de leur en donner un ridicule.

2. La *voûte* est un repli de *substance médullaire* ou *nerveuse*, et non un *espace vide*. Les *espaces vides* sont les *ventricules*.

3. Les *Mémoires* de Perrault et de Duverney sur l'*anatomie des animaux*. C'est par ces *Mémoires* que commence l'*anatomie comparée* moderne.

a voulu donner des différentes parties de l'économie animale on a eu le
double désavantage d'avoir d'abord attaqué le sujet le plus compliqué, et
ensuite d'avoir raisonné sur ce même sujet sans fondement de relation et
sans le secours de l'analogie.

Nous avons suivi partout, dans le cours de cet ouvrage, une méthode
très-différente : comparant toujours la nature avec elle-même, nous l'avons
considérée dans ses rapports, dans ses opposés, dans ses extrêmes ; et pour
ne citer ici que les parties relatives à l'économie animale, que nous avons
eu occasion de traiter, comme la génération, les sens, le mouvement, le
sentiment, la nature des animaux, il sera aisé de reconnaître qu'après le
travail, quelquefois long, mais toujours nécessaire, pour écarter les fausses
idées, détruire les préjugés, séparer l'arbitraire du réel de la chose, le
seul art que nous ayons employé est la comparaison[1] : si nous avons réussi
à répandre quelque lumière sur ces sujets, il faut moins l'attribuer au
génie qu'à cette méthode que nous avons suivie constamment, et que nous
avons rendue aussi générale, aussi étendue que nos connaissances nous
l'ont permis. Et comme tous les jours nous en acquérons de nouvelles par
l'examen et la dissection des parties intérieures des animaux, et que pour
bien raisonner sur l'économie animale, il faut avoir vu de cette façon au
moins tous les genres d'animaux différents, nous ne nous presserons pas
de donner des idées générales avant d'avoir présenté les résultats particuliers.

Nous nous contenterons de rappeler certains faits qui, quoique dépendants de la théorie du sentiment et de l'appétit, sur laquelle nous ne voulons pas, quant à présent, nous étendre davantage, suffiront cependant
seuls pour prouver que l'homme, dans l'état de nature, ne s'est jamais
borné à vivre d'herbes, de graines ou de fruits, et qu'il a dans tous les
temps, aussi bien que la plupart des animaux, cherché à se nourrir de
chair.

La diète pythagorique, préconisée par des philosophes anciens et nouveaux, recommandée même par quelques médecins, n'a jamais été indiquée par la nature. Dans le premier âge, au siècle d'or, l'homme,
innocent comme la colombe, mangeait du gland, buvait de l'eau ; trouvant
partout sa subsistance, il était sans inquiétude, vivait indépendant, toujours en paix avec lui-même, avec les animaux ; mais, dès qu'oubliant sa
noblesse, il sacrifia sa liberté pour se réunir aux autres, la guerre, l'âge

---

1. *La comparaison.* Perrault et Duverney n'avaient fait que des *anatomies individuelles :*
ils étudient, ils décrivent chaque animal, pris à part, et sans le comparer aux autres. Daubenton (et non pas Buffon) a commencé les *anatomies comparatives ;* il étudie la *chèvre* à côté
de la *brebis,* le *lion* à côté du *tigre,* etc. ; il compare les *espèces.* Vicq-d'Azyr et Cuvier ont
comparé les *organes :* le *cerveau* au *cerveau,* le *cœur* au *cœur,* etc., dans toute la série des
espèces ; et ceci est le véritable *ordre de comparaison,* en anatomie. (Voyez mon *Histoire es
travaux de Cuvier.*)

de fer, prirent la place de l'or et de la paix ; la cruauté, le goût de la chair et du sang furent les premiers fruits d'une nature dépravée, que les mœurs et les arts achevèrent de corrompre.

Voilà ce que dans tous les temps certains philosophes austères, sauvages par tempérament, ont reproché à l'homme en société : rehaussant leur orgueil individuel par l'humiliation de l'espèce entière, ils ont exposé ce tableau, qui ne vaut que par le contraste, et peut-être parce qu'il est bon de présenter quelquefois aux hommes des chimères de bonheur.

Cet état idéal d'innocence, de haute tempérance, d'abstinence entière de la chair, de tranquillité parfaite, de paix profonde, a-t-il jamais existé? n'est-ce pas un apologue, une fable, où l'on emploie l'homme comme un animal pour nous donner des leçons ou des exemples? peut-on même supposer qu'il y eût des vertus avant la société[1]? peut-on dire de bonne foi que cet état sauvage mérite nos regrets, que l'homme animal farouche fut plus digne que l'homme citoyen civilisé? Oui, car tous les malheurs viennent de la société; et qu'importe qu'il y eût des vertus dans l'état de nature, s'il y avait du bonheur, si l'homme dans cet état était seulement moins malheureux qu'il ne l'est? la liberté, la santé, la force, ne sont-elles pas préférables à la mollesse, à la sensualité, à la volupté même, accompagnées de l'esclavage? La privation des peines vaut bien l'usage des plaisirs; et, pour être heureux, que faut-il, sinon de ne rien désirer?

Si cela est, disons en même temps qu'il est plus doux de végéter que de vivre, de ne rien appéter que de satisfaire son appétit, de dormir d'un sommeil apathique que d'ouvrir les yeux pour voir et pour sentir; consentons à laisser notre âme dans l'engourdissement, notre esprit dans les ténèbres, à ne nous jamais servir ni de l'une ni de l'autre, à nous mettre au-dessous des animaux, à n'être enfin que des masses de matière brute attachées à la terre.

Mais, au lieu de disputer, discutons; après avoir dit des raisons, donnons des faits. Nous avons sous les yeux, non l'état idéal, mais l'état réel de nature : le sauvage habitant les déserts est-il un animal tranquille? est-il un homme heureux? Car nous ne supposerons pas avec un philosophe, l'un des plus fiers censeurs de notre humanité [a], qu'il y a une plus grande distance de l'homme en pure nature au sauvage que du sauvage à nous, que les âges qui se sont écoulés avant l'invention de l'art de la parole ont été bien plus longs que les siècles qu'il a fallu pour perfectionner les signes et les langues, parce qu'il me paraît que, lorsqu'on veut raisonner sur des faits, il faut éloigner les suppositions et se faire une loi

a. M. Rousseau.

1. Tout ceci est très-sensé; et le Buffon de cette page réfute admirablement le Buffon de la page 201 : « Peut-être verrait-on clairement que la vertu appartient à l'homme sauvage plus qu'à l'homme civilisé, etc., etc. »

de n'y remonter qu'après avoir épuisé tout ce que la nature nous offre.
Or nous voyons qu'on descend par degrés assez insensibles des nations les
plus éclairées, les plus polies, à des peuples moins industrieux ; de ceux-ci
à d'autres plus grossiers, mais encore soumis à des rois, à des lois ; de ces
hommes grossiers aux sauvages, qui ne se ressemblent pas tous, mais
chez lesquels on trouve autant de nuances différentes que parmi les peuples
policés ; que les uns forment des nations assez nombreuses soumises à des
chefs ; que d'autres, en plus petite société, ne sont soumis qu'à des usages ;
qu'enfin les plus solitaires, les plus indépendants, ne laissent pas de former des familles et d'être soumis à leurs pères. Un empire, un monarque,
une famille, un père, voilà les deux extrêmes de la société : ces extrêmes
sont aussi les limites de la nature ; si elles s'étendaient au delà, n'aurait-on
pas trouvé, en parcourant toutes les solitudes du globe, des animaux
humains privés de la parole, sourds à la voix comme aux signes, les
mâles et les femelles dispersés, les petits abandonnés, etc.? Je dis même
qu'à moins de prétendre que la constitution du corps humain fût toute
différente de ce qu'elle est aujourd'hui, et que son accroissement fût bien
plus prompt, il n'est pas possible de soutenir que l'homme ait jamais existé
sans former des familles, puisque les enfants périraient s'ils n'étaient
secourus et soignés pendant plusieurs années ; au lieu que les animaux
nouveau-nés n'ont besoin de leur mère que pendant quelques mois. Cette
nécessité physique sufût donc seule pour démontrer que l'espèce humaine
n'a pu durer et se multiplier qu'à la faveur de la société ; que l'union des
pères et mères aux enfants est naturelle puisqu'elle est nécessaire. Or cette
union ne peut manquer de produire un attachement respectif et durable
entre les parents et l'enfant, et cela seul suffit encore pour qu'ils s'accoutument entre eux à des gestes, à des signes, à des sons, en un mot à
toutes les expressions du sentiment et du besoin ; ce qui est aussi prouvé
par le fait, puisque les sauvages les plus solitaires ont, comme les autres
hommes, l'usage des signes et de la parole.

Ainsi l'état de pure nature est un état connu ; c'est le sauvage vivant
dans le désert, mais vivant en famille, connaissant ses enfants, connu d'eux,
usant de la parole et se faisant entendre. La fille sauvage ramassée dans
les bois de Champagne, l'homme trouvé dans les forêts de Hanovre [1], ne
prouvent pas le contraire ; ils avaient vécu dans une solitude absolue, ils
ne pouvaient donc avoir aucune idée de société, aucun usage des signes
ou de la parole ; mais s'ils se fussent seulement rencontrés, la pente de
nature les aurait entraînés, le plaisir les aurait réunis ; attachés l'un à
l'autre, ils se seraient bientôt entendus ; ils auraient d'abord parlé la
langue de l'amour entre eux, et ensuite celle de la tendresse entre eux et

1. Voyez la note 1 de la page 201.

leurs enfants; et d'ailleurs ces deux sauvages étaient issus d'hommes en société et avaient sans doute été abandonnés dans les bois, non pas dans le premier âge, car ils auraient péri, mais à quatre, cinq ou six ans, à l'âge, en un mot, auquel ils étaient déjà assez forts de corps pour se procurer leur subsistance, et encore trop faibles de tête pour conserver les idées qu'on leur avait communiquées.

Examinons donc cet homme en pure nature, c'est-à-dire ce sauvage en famille. Pour peu qu'elle prospère, il sera bientôt le chef d'une société plus nombreuse, dont tous les membres auront les mêmes manières, suivront les mêmes usages et parleront la même langue; à la troisième, ou tout au plus tard à la quatrième génération, il y aura de nouvelles familles qui pourront demeurer séparées, mais qui, toujours réunies par les liens communs des usages et du langage, formeront une petite nation, laquelle, s'augmentant avec le temps, pourra, suivant les circonstances, ou devenir un peuple ou demeurer dans un état semblable à celui des nations sauvages que nous connaissons. Cela dépendra surtout de la proximité ou de l'éloignement où ces hommes nouveaux se trouveront des hommes policés : si sous un climat doux, dans un terrain abondant, ils peuvent en liberté occuper un espace considérable au delà duquel ils ne rencontrent que des solitudes ou des hommes tout aussi neufs qu'eux, ils demeureront sauvages et deviendront, suivant d'autres circonstances, ennemis ou amis de leurs voisins; mais lorsque sous un ciel dur, dans une terre ingrate, ils se trouveront gênés entre eux par le nombre et serrés par l'espace, ils feront des colonies ou des irruptions, ils se répandront, ils se confondront avec les autres peuples dont ils seront devenus les conquérants ou les esclaves. Ainsi l'homme, en tout état, dans toutes les situations et sous tous les climats, tend également à la société; c'est un effet constant d'une cause nécessaire, puisqu'elle tient à l'essence même de l'espèce, c'est-à-dire à sa propagation.

Voilà pour la société : elle est, comme l'on voit, fondée sur la nature. Examinant de même quels sont les appétits, quel est le goût de nos sauvages, nous trouverons qu'aucun ne vit uniquement de fruits, d'herbes ou de graines, que tous préfèrent la chair et le poisson aux autres aliments, que l'eau pure leur déplaît, et qu'ils cherchent les moyens de faire eux-mêmes ou de se procurer d'ailleurs une boisson moins insipide. Les sauvages du Midi boivent l'eau du palmier ; ceux du Nord avalent à longs traits l'huile dégoûtante de la baleine; d'autres font des boissons fermentées, et tous en général ont le goût le plus décidé, la passion la plus vive pour les liqueurs fortes. Leur industrie, dictée par les besoins de première nécessité, excitée par leurs appétits naturels, se réduit à faire des instruments pour la chasse et pour la pêche. Un arc, des flèches, une massue, des filets, un canot, voilà le sublime de leurs arts, qui tous n'ont pour objet que les moyens de se procurer une subsistance convenable à leur goût. Et ce qui convient à leur goût convient à la nature; car, comme nous l'avons déjà dit [a], l'homme ne pourrait pas se nourrir d'herbe seule [1], il périrait d'inanition s'il ne prenait des aliments plus substantiels; n'ayant qu'un estomac et des intestins courts, il ne peut pas, comme le bœuf qui a quatre estomacs et des boyaux très-longs, prendre à la fois un grand volume de cette maigre nourriture, ce qui serait cependant absolument nécessaire pour compenser la qualité par la quantité. Il en est à peu près de même des fruits et des graines, elles ne lui suffiraient pas, il en faudrait encore un trop grand volume pour fournir la quantité de molécules organiques nécessaire à la nutrition; et quoique le pain soit fait de ce qu'il y a de plus pur dans le blé, que le blé même et nos autres grains et légumes, ayant été perfectionnés par l'art, soient plus substantiels et plus nourrissants que les graines qui n'ont que leurs qualités naturelles, l'homme, réduit au pain et aux légumes pour toute nourriture, traînerait à peine une vie faible et languissante.

Voyez ces pieux solitaires qui s'abstiennent de tout ce qui a eu vie, qui, par de saints motifs, renoncent aux dons du Créateur, se privent de la parole, fuient la société, s'enferment dans des murs sacrés contre lesquels se brise la nature : confinés dans ces asiles, ou plutôt dans ces tombeaux vivants où l'on ne respire que la mort, le visage mortifié, les yeux éteints, ils ne jettent autour d'eux que des regards languissants, leur vie semble ne se soutenir que par efforts; ils prennent leur nourriture sans que le besoin cesse ; quoique soutenus par leur ferveur (car l'état de la tête fait à celui du corps) ils ne résistent que pendant peu d'années à cette abstinence cruelle; ils vivent moins qu'ils ne meurent chaque jour par une mort anticipée, et ne s'éteignent pas en finissant de vivre, mais en achevant de mourir.

Ainsi l'abstinence de toute chair, loin de convenir à la nature, ne peut que la détruire : si l'homme y était réduit, il ne pourrait, du moins dans ces climats, ni subsister, ni se multiplier. Peut-être cette diète serait possible dans les pays méridionaux, où les fruits sont plus cuits, les plantes plus substantielles, les racines plus succulentes, les graines plus nourries; cependant les brachmanes font plutôt une secte qu'un peuple, et leur religion, quoique très-ancienne, ne s'est guère étendue au delà de leurs écoles, et jamais au delà de leur climat.

a. Voyez l'article du bœuf.

1. « L'homme paraît fait pour se nourrir principalement de fruits, de racines et d'autres « parties succulentes des végétaux;..... mais une fois qu'il a possédé le feu, et que ses arts « l'ont aidé à saisir ou à tuer de loin les animaux, tous les êtres vivants ont pu servir à sa « nourriture, ce qui lui a donné les moyens de multiplier infiniment son espèce. » (Cuvier : *Règne animal*, t. I, p. 73.)

Cette religion, fondée sur la métaphysique, est un exemple frappant du sort des opinions humaines. On ne peut pas douter, en ramassant les débris qui nous restent, que les sciences n'aient été très-anciennement cultivées et perfectionnées peut-être au delà de ce qu'elles le sont aujourd'hui. On a su avant nous que tous les êtres animés contenaient des molécules indestructibles, toujours vivantes, et qui passaient de corps en corps. Cette vérité, adoptée par les philosophes et ensuite par un grand nombre d'hommes, ne conserva sa pureté que pendant les siècles de lumière : une révolution de ténèbres ayant succédé, on ne se souvint des molécules organiques vivantes que pour imaginer que ce qu'il y avait de vivant dans l'animal était apparemment un tout indestructible qui se séparait du corps après la mort. On appela ce tout idéal une âme, qu'on regarda bientôt comme un être réellement existant dans tous les animaux ; et joignant à cet être fantastique l'idée réelle, mais défigurée, du passage des molécules vivantes, on dit qu'après la mort cette âme [1] passait successivement et perpétuellement de corps en corps. On n'excepta pas l'homme ; on joignit bientôt le moral au métaphysique ; on ne douta pas que cet être survivant ne conservât, dans sa transmigration, ses sentiments, ses affections, ses désirs : les têtes faibles frémirent ! Quelle horreur en effet pour cette âme, lorsqu'au sortir d'un domicile agréable, il fallait aller habiter le corps infect d'un animal immonde ! On eut d'autres frayeurs (chaque crainte produit sa superstition), on eut peur, en tuant un animal, d'égorger sa maîtresse ou son père ; on respecta toutes les bêtes, on les regarda comme son prochain ; on dit enfin qu'il fallait, par amour, par devoir, s'abstenir de tout ce qui avait eu vie. Voilà l'origine et le progrès de cette religion, la plus ancienne du continent des Indes, origine qui indique assez que la vérité livrée à la multitude est bientôt défigurée ; qu'une opinion philosophique ne devient opinion populaire qu'après avoir changé de forme ; mais qu'au moyen de cette préparation elle peut devenir une religion d'autant mieux fondée, que le préjugé sera plus général, et d'autant plus respectée, qu'ayant pour base des vérités mal entendues, elle sera nécessairement environnée d'obscurités, et par conséquent paraîtra mystérieuse, auguste, incompréhensible ; qu'ensuite, la crainte se mêlant au respect, cette religion dégénérera en superstitions, en pratiques ridicules, lesquelles cependant prendront racine, produiront des usages qui seront d'abord scrupuleusement suivis, mais qui, s'altérant peu à peu, changeront tellement avec le temps, que l'opinion même dont ils ont pris naissance ne se conservera plus que par de fausses traditions, par des proverbes, et finira par des contes puérils et des absurdités ; d'où l'on doit conclure que toute religion fondée sur des opinions humaines est fausse et variable, et qu'il n'a jamais appar-

---

1. Voilà donc les *molécules organiques* devenues l'*âme* des brahmanes, et **Buffon** charmé de retrouver, ou plutôt de fourrer ces *molécules*, jusque dans la religion des Indes.

tenu qu'à Dieu de nous donner la vraie religion, qui, ne dépendant pas de nos opinions, est inaltérable, constante, et sera toujours la même.

Mais revenons à notre sujet. L'abstinence entière de la chair ne peut qu'affaiblir la nature. L'homme, pour se bien porter, a non-seulement besoin d'user de cette nourriture solide, mais même de la varier. S'il veut acquérir une vigueur complète, il faut qu'il choisisse ce qui lui convient le mieux; et comme il ne peut se maintenir dans un état actif qu'en se procurant des sensations nouvelles, il faut qu'il donne à ses sens toute leur étendue, qu'il se permette la variété des mets comme celle des autres objets, et qu'il prévienne le dégoût qu'occasionne l'uniformité de nourriture, mais qu'il évite les excès, qui sont encore plus nuisibles que l'abstinence.

Les animaux qui n'ont qu'un estomac et les intestins courts sont forcés, comme l'homme, à se nourrir de chair. On s'assurera de ce rapport et de cette vérité en comparant le volume relatif du canal intestinal dans les animaux carnassiers et dans ceux qui ne vivent que d'herbes : on trouvera toujours que cette différence dans leur manière de vivre dépend de leur conformation, et qu'ils prennent une nourriture plus ou moins solide, relativement à la capacité plus ou moins grande du magasin qui doit la recevoir.

Cependant il n'en faut pas conclure que les animaux qui ne vivent que d'herbes soient, par nécessité physique, réduits à cette seule nourriture, comme les animaux carnassiers sont, par cette même nécessité, forcés à se nourrir de chair; nous disons seulement que ceux qui ont plusieurs estomacs, ou des boyaux très-amples, peuvent se passer de cet aliment substantiel et nécessaire aux autres; mais nous ne disons pas qu'ils ne pussent en user, et que si la nature leur eût donné des armes, non-seulement pour se défendre, mais pour attaquer et pour saisir, ils n'en eussent fait usage et ne se fussent bientôt accoutumés à la chair et au sang, puisque nous voyons que les moutons, les veaux, les chèvres, les chevaux, mangent avidement le lait, les œufs, qui sont des nourritures animales, et que, sans être aidés de l'habitude, ils ne refusent pas la viande hachée et assaisonnée de sel. On pourrait donc dire que le goût pour la chair et pour les autres nourritures solides est l'appétit général de tous les animaux, qui s'exerce avec plus ou moins de véhémence ou de modération, selon la conformation particulière de chaque animal, puisqu'à prendre la nature entière, ce même appétit se trouve non-seulement dans l'homme et dans les animaux quadrupèdes, mais aussi dans les oiseaux, dans les poissons, dans les insectes et dans les vers, auxquels en particulier il semble que toute chair ait été ultérieurement destinée.

La nutrition, dans tous les animaux, se fait par les molécules organiques, qui, séparées du marc de la nourriture au moyen de la digestion, se mêlent avec le sang et s'assimilent à toutes les parties du corps. Mais indépendamment de ce grand effet, qui paraît être le principal but de la nature, et qui est proportionnel à la qualité des aliments, ils en produisent un autre qui ne dépend que de leur quantité, c'est-à-dire, de leur masse et de leur volume. L'estomac et les boyaux sont des membranes souples qui forment au dedans du corps une capacité très-considérable; ces membranes, pour se soutenir dans leur état de tension, et pour contre-balancer les forces des autres parties qui les avoisinent, ont besoin d'être toujours remplies en partie : si, faute de prendre de la nourriture, cette grande capacité se trouve entièrement vide, les membranes, n'étant plus soutenues au dedans, s'affaissent, se rapprochent, se collent l'une contre l'autre, et c'est ce qui produit l'affaissement et la faiblesse, qui sont les premiers symptômes de l'extrême besoin. Les aliments, avant de servir à la nutrition du corps, lui servent donc de lest; leur présence, leur volume, est nécessaire pour maintenir l'équilibre entre les parties intérieures qui agissent et réagissent toutes les unes contre les autres. Lorsqu'on meurt par la faim, c'est donc moins parce que le corps n'est pas nourri, que parce qu'il n'est plus lesté; aussi les animaux, surtout les plus gourmands, les plus voraces, lorsqu'ils sont pressés par le besoin, ou seulement avertis par la défaillance qu'occasionne le vide intérieur, ne cherchent qu'à le remplir, et avalent de la terre [1] et des pierres : nous avons trouvé de la glaise dans l'estomac d'un loup; j'ai vu des cochons en manger; la plupart des oiseaux avalent des cailloux [2], etc. Et ce n'est point par goût, mais par nécessité, et parce que le plus pressant n'est pas de rafraîchir le sang par un chyle nouveau, mais de maintenir l'équilibre des forces dans les grandes parties de la machine animale.

LE LOUP. *

Le loup est l'un de ces animaux dont l'appétit pour la chair est le plus véhément; et quoique avec ce goût il ait reçu de la nature les moyens de le satisfaire, qu'elle lui ait donné des armes, de la ruse, de l'agilité, de la force, tout ce qui est nécessaire en un mot pour trouver, attaquer, vaincre, saisir et dévorer sa proie, cependant il meurt souvent de faim, parce que l'homme lui ayant déclaré la guerre, l'ayant même proscrit en mettant sa

---

1. Voyez, dans les *Tableaux de la nature* de M. de Humboldt, t. I, p. 223, une note sur les *Otomaques*, peuples des bords de l'*Orénoque*, qui, dit M. de Humboldt, *dévorent*, en certains temps, *des quantités énormes de terre*. Cette terre, que mangent les *Otomaques*, est une *glaise onctueuse et grasse*.

2. Les *oiseaux* granivores avalent de petites pierres non pour se nourrir, mais pour augmenter la force triturante de leur *estomac musculeux*, ou *gésier*.

* *Canis lupus* (Linn.). — Ordre des *Carnassiers*; famille des *Carnivores*; tribu des *Digitigrades*; genre *Chien* (Cuv.).

tête à prix, le force à fuir, à demeurer dans les bois, où il ne trouve que quelques animaux sauvages qui lui échappent par la vitesse de leur course, et qu'il ne peut surprendre que par hasard ou par patience, en les attendant longtemps, et souvent en vain, dans les endroits où ils doivent passer. Il est naturellement grossier et poltron, mais il devient ingénieux par besoin, et hardi par nécessité; pressé par la famine, il brave le danger, vient attaquer les animaux qui sont sous la garde de l'homme, ceux surtout qu'il peut emporter aisément, comme les agneaux, les petits chiens, les chevreaux; et lorsque cette maraude lui réussit, il revient souvent à la charge, jusqu'à ce qu'ayant été blessé ou chassé et maltraité par les hommes et les chiens, il se recèle pendant le jour dans son fort, n'en sort que la nuit, parcourt la campagne, rôde autour des habitations, ravit les animaux abandonnés, vient attaquer les bergeries, gratte et creuse la terre sous les portes, entre furieux, met tout à mort avant de choisir et d'emporter sa proie. Lorsque ces courses ne lui produisent rien, il retourne au fond des bois, se met en quête, cherche, suit à la piste, chasse, poursuit les animaux sauvages dans l'espérance qu'un autre loup pourra les arrêter, les saisir dans leur fuite, et qu'ils en partageront la dépouille. Enfin, lorsque le besoin est extrême, il s'expose à tout, attaque les femmes et les enfants, se jette même quelquefois sur les hommes, devient furieux par ces excès, qui finissent ordinairement par la rage et la mort.

Le loup, tant à l'extérieur qu'à l'intérieur, ressemble si fort au chien, qu'il paraît être modelé sur la même forme; cependant il n'offre tout au plus que le revers de l'empreinte, et ne présente les mêmes caractères que sous une face entièrement opposée : si la forme est semblable, ce qui en résulte est bien contraire; le naturel est si différent que, non-seulement ils sont incompatibles, mais antipathiques par nature, ennemis par instinct. Un jeune chien frissonne au premier aspect du loup; il fuit à l'odeur seule, qui quoique nouvelle, inconnue, lui répugne si fort, qu'il vient en tremblant se ranger entre les jambes de son maître : un mâtin qui connaît ses forces se hérisse, s'indigne, l'attaque avec courage, tâche de le mettre en fuite, et fait tous ses efforts pour se délivrer d'une présence qui lui est odieuse; jamais ils ne se rencontrent sans se fuir ou sans combattre, et combattre à outrance, jusqu'à ce que la mort suive. Si le loup est le plus fort, il déchire, il dévore sa proie; le chien au contraire, plus généreux, se contente de la victoire, et ne trouve pas que *le corps d'un ennemi mort sente bon;* il l'abandonne pour servir de pâture aux corbeaux, et même aux autres loups; car ils s'entre-dévorent, et lorsqu'un loup est grièvement blessé, les autres le suivent au sang, et s'attroupent pour l'achever.

Le chien, même sauvage, n'est pas d'un naturel farouche; il s'apprivoise aisément, s'attache et demeure fidèle à son maître. Le loup, pris jeune, se prive, mais ne s'attache point, la nature est plus forte que l'éducation; il reprend avec l'âge son caractère féroce, et retourne, dès qu'il le peut, à son état sauvage. Les chiens, même les plus grossiers, cherchent la compagnie des autres animaux; ils sont naturellement portés à les suivre, à les accompagner, et c'est par instinct seul et non par éducation qu'ils savent conduire et garder les troupeaux. Le loup est, au contraire, l'ennemi de toute société [1], il ne fait pas même compagnie à ceux de son espèce; lorsqu'on les voit plusieurs ensemble, ce n'est point une société de paix, c'est un attroupement de guerre, qui se fait à grand bruit avec des hurlements affreux, et qui dénote un projet d'attaquer quelque gros animal, comme un cerf, un bœuf, ou de se défaire de quelque redoutable mâtin. Dès que leur expédition militaire est consommée, ils se séparent et retournent en silence à leur solitude. Il n'y a pas même une grande habitude entre le mâle et la femelle; ils ne se cherchent qu'une fois par an, et ne demeurent que peu de temps ensemble. C'est en hiver que les louves deviennent en chaleur : plusieurs mâles suivent la même femelle, et cet attroupement est encore plus sanguinaire que le premier; car ils se la disputent cruellement, ils grondent, ils frémissent, ils se battent, ils se déchirent, et il arrive souvent qu'ils mettent en pièces celui d'entre eux qu'elle a préféré. Ordinairement elle fuit longtemps, lasse tous ses aspirants, et se dérobe, pendant qu'ils dorment, avec le plus alerte ou le mieux aimé.

La chaleur ne dure que douze ou quinze jours, et commence par les plus vieilles louves; celle des plus jeunes n'arrive que plus tard. Les mâles n'ont point de rut marqué, ils pourrraient s'accoupler en tout temps; ils passent successivement de femelles en femelles à mesure qu'elles deviennent en état de les recevoir; ils ont des vieilles à la fin de décembre, et finissent par les jeunes au mois de février et au commencement de mars. Le temps de la gestation est d'environ trois mois et demi [a], et l'on trouve des louveteaux nouveau-nés depuis la fin d'avril jusqu'au mois de juillet. Cette différence dans la durée de la gestation entre les louves, qui portent plus de cent jours [2], et les chiennes, qui n'en portent guère plus de soixante, prouve que le loup et le chien, déjà si différents par le naturel, le sont aussi par le tempérament et par l'un des principaux résultats des fonctions de l'économie animale. Aussi le loup et le chien n'ont jamais été pris pour le même animal que par les nomenclateurs en histoire naturelle qui, ne connaissant la nature que superficiellement, ne la considèrent jamais pour lui donner

a. Voyez le *Nouveau traité de Vénerie.* Paris, 1750, pages 75 et 76.

1. Buffon caractérise très-bien ici le *naturel* du *chien,* animal essentiellement *sociable,* et celui du *loup,* « ennemi de toute *société.* » Aussi le *chien* est-il devenu domestique et non le *loup.* (Voyez la note de la page 367.)

2. La *louve* porte de soixante à soixante-quatre jours, comme la *chienne* : aussi produit-elle avec le *chien.*

toute son étendue, mais seulement pour la resserrer et la réduire à leur méthode, toujours fautive, et souvent démentie par les faits. Le chien et la louve ne peuvent ni s'accoupler [a], ni produire ensemble [1]; il n'y a pas de races intermédiaires entre eux; ils sont d'un naturel tout opposé, d'un tempérament différent; le loup vit plus longtemps que le chien, les louves ne portent qu'une fois par an, lés chiennes portent deux ou trois fois [2]. Ces différences si marquées sont plus que suffisantes pour démontrer que ces animaux sont d'espèces assez éloignées : d'ailleurs, en y regardant de près, on reconnaît aisément que, même à l'extérieur, le loup diffère du chien par des caractères essentiels et constants. L'aspect de la tête est différent, la forme des os l'est aussi; le loup a la cavité de l'œil obliquement posée, l'orbite inclinée, les yeux étincelants [3], brillants pendant la nuit; il a le hurlement au lieu de l'aboiement, les mouvements différents, la démarche plus égale, plus uniforme, quoique plus prompte et plus précipitée, le corps beaucoup plus fort et bien moins souple [b], les membres plus fermes, les mâchoires et les dents plus grosses, le poil plus rude et plus fourré.

Mais ces animaux se ressemblent beaucoup par la conformation des parties intérieures. Les loups s'accouplent comme les chiens; ils ont comme eux la verge osseuse environnée d'un bourlet qui se gonfle et les empêche de se séparer. Lorsque les louves sont prêtes à mettre bas, elles cherchent au fond du bois un fort, un endroit bien fourré, au milieu duquel elles aplanissent un espace assez considérable en coupant, en arrachant les épines avec les dents; elles y apportent ensuite une grande quantité de mousse, et préparent un lit commode pour leurs petits; elles en font ordinairement cinq ou six, quelquefois sept, huit et même neuf, et jamais moins de trois; ils naissent les yeux fermés comme les chiens; la mère les allaite pendant quelques semaines et leur apprend bientôt à manger de la chair qu'elle leur prépare en la mâchant. Quelque temps après elle leur apporte des mulots, des levrauts, des perdrix, des volailles vivantes; les louveteaux commencent par jouer avec elles et finissent par les étrangler; la louve ensuite les déplume, les écorche, les déchire et en donne une part à chacun. Ils ne sortent du fort où ils ont pris naissance qu'au bout de six semaines ou deux mois; ils suivent alors leur mère, qui les mène boire

a. Voyez à l'article du chien les expériences que j'ai faites à ce sujet.

b. Aristote a dit mal à propos que le loup avait dans le cou un seul os continu; le loup a, comme le chien et comme les autres animaux quadrupèdes, plusieurs vertèbres dans le cou, et il peut le fléchir et le plier de la même façon : on trouve seulement quelquefois une des vertèbres lombaires adhérente à la vertèbre voisine.

1. Voyez la note 1 de la page 488.

2. C'est que le *chien* est devenu un animal *domestique*. La domesticité augmente beaucoup la fécondité.

3. Voyez la note 1 de la page 501. — Voyez aussi, dans la *Bibliothèque britannique*, t. XLVe, p. 196, un article de M. Bénédict Prévost, sur le *brillant des yeux du chat et de quelques autres animaux*.

dans quelque tronc d'arbre ou à quelque mare voisine; elle les ramène au gîte ou les oblige à se recéler ailleurs, lorsqu'elle craint quelque danger. Ils la suivent ainsi pendant plusieurs mois. Quand on les attaque elle les défend de toutes ses forces, et même avec fureur, quoique dans les autres temps elle soit, comme toutes les femelles, plus timide que le mâle; lorsqu'elle a des petits, elle devient intrépide, semble ne rien craindre pour elle, et s'expose à tout pour les sauver : aussi ne l'abandonnent-ils que quand leur éducation est faite, quand ils se sentent assez forts pour n'avoir plus besoin de secours; c'est ordinairement à dix mois ou un an, lorsqu'ils ont refait leurs premières dents, qui tombent à six mois [a], et lorsqu'ils ont acquis de la force, des armes et des talents pour la rapine.

Les mâles et les femelles sont en état d'engendrer à l'âge d'environ deux ans. Il est à croire que les femelles, comme dans presque toutes les autres espèces, sont à cet égard plus précoces que les mâles : ce qu'il y a de sûr, c'est qu'elles ne deviennent en chaleur tout au plus tôt qu'au second hiver de leur vie, ce qui suppose dix-huit ou vingt mois d'âge, et qu'une louve que j'ai fait élever n'est entrée en chaleur qu'au troisième hiver, c'est-à-dire à plus de deux ans et demi. Les chasseurs [b] assurent que dans toutes les portées il y a plus de mâles que de femelles; cela confirme cette observation qui paraît générale, du moins dans ces climats, que dans toutes les espèces, à commencer par celle de l'homme, la nature produit plus de mâles que de femelles. Ils disent aussi qu'il y a des loups qui dès le temps de la chaleur s'attachent à leur femelle, l'accompagnent toujours jusqu'à ce qu'elle soit sur le point de mettre bas; qu'alors elle se dérobe, cache soigneusement ses petits de peur que leur père ne les dévore en naissant; mais que, lorsqu'ils sont nés, il prend de l'affection pour eux, leur apporte à manger, et que si la mère vient à manquer il la remplace et en prend soin comme elle. Je ne puis assurer ces faits, qui me paraissent même un peu contradictoires. Ces animaux, qui sont deux ou trois ans à croître, vivent quinze ou vingt ans; ce qui s'accorde encore avec ce que nous avons observé sur beaucoup d'autres espèces, dans lesquelles le temps de l'accroissement fait la septième partie de la durée totale de la vie. Les loups blanchissent dans la vieillesse; ils ont alors toutes les dents usées. Ils dorment lorsqu'ils sont rassasiés ou fatigués, mais plus le jour que la nuit, et toujours d'un sommeil léger; ils boivent fréquemment, et dans les temps de sécheresse, lorsqu'il n'y a point d'eau dans les ornières ou dans les vieux troncs d'arbres, ils viennent plus d'une fois par jour aux mares et aux ruisseaux. Quoique très-voraces ils supportent aisément la diète; ils peuvent passer quatre ou cinq jours sans manger, pourvu qu'ils ne manquent pas d'eau.

a. Voyez la *Vénerie de du Fouilloux*. Paris, 1613, p. 100, verso.
b. Voyez le *Nouveau traité de la Vénerie*, p. 276.

Le loup a beaucoup de force, surtout dans les parties antérieures du corps, dans les muscles du cou et de la mâchoire. Il porte avec sa gueule un mouton sans le laisser toucher à terre, et court en même temps plus vite que les bergers; en sorte qu'il n'y a que les chiens qui puissent l'atteindre et lui faire lâcher prise. Il mord cruellement, et toujours avec d'autant plus d'acharnement qu'on lui résiste moins; car il prend des précautions avec les animaux qui peuvent se défendre. Il craint pour lui et ne se bat que par nécessité, et jamais par un mouvement de courage : lorsqu'on le tire et que la balle lui casse quelque membre il crie, et cependant lorsqn'on l'achève à coups de bâton il ne se plaint pas comme le chien; il est plus dur, moins sensible, plus robuste; il marche, court, rôde des jours entiers et des nuits; il est infatigable, et c'est peut-être de tous les animaux le plus difficile à forcer à la course. Le chien est doux et courageux; le loup, quoique féroce, est timide. Lorsqu'il tombe dans un piége, il est si fort et si longtemps épouvanté qu'on peut ou le tuer sans qu'il se défende, ou le prendre vivant sans qu'il résiste; on peut lui mettre un collier, l'enchaîner, le museler, le conduire ensuite partout où l'on veut sans qu'il ose donner le moindre signe de colère ou même de mécontentement. Le loup a les sens très-bons, l'œil, l'oreille, et surtout l'odorat; il sent souvent de plus loin qu'il ne voit; l'odeur du carnage l'attire de plus d'une lieue; il sent aussi de loin les animaux vivants, il les chasse même assez longtemps en les suivant aux portées. Lorsqu'il veut sortir du bois, jamais il ne manque de prendre le vent; il s'arrête sur la lisière, évente de tous côtés, et reçoit ainsi les émanations des corps morts ou vivants que le vent lui apporte de loin. Il préfère la chair vivante à la chair morte, et cependant il dévore les voiries les plus infectes. Il aime la chair humaine, et, peut-être, s'il était le plus fort, n'en mangerait-il pas d'autre. On a vu des loups suivre les armées, arriver en nombre à des champs de bataille où l'on n'avait enterré que négligemment les corps, les découvrir, les dévorer avec une insatiable avidité; et ces mêmes loups, accoutumés à la chair humaine, se jeter ensuite sur les hommes, attaquer le berger plutôt que le troupeau, dévorer des femmes, emporter des enfants, etc. L'on a appelé ces mauvais loups *loups-garous* [a], c'est-à-dire loups dont il faut se garer.

On est donc obligé quelquefois d'armer tout un pays pour se défaire des loups. Les princes ont des équipages pour cette chasse, qui n'est point désagréable, qui est utile et même nécessaire. Les chasseurs distinguent les loups en *jeunes loups, vieux loups* et *grands vieux loups;* ils les connaissent par les *pieds*, c'est-à-dire par les *voies*, les traces qu'ils laissent sur la terre : plus le loup est âgé, plus il a le pied gros; la louve l'a plus long et plus étroit; elle a aussi le talon plus petit et les ongles plus minces.

a. Voyez la chasse du loup de Gaston Phœbus.

On a besoin d'un bon limier pour la quête du loup, il faut même l'animer, l'encourager lorsqu'il tombe sur la voie; car tous les chiens ont de la répugnance pour le loup et se rabattent froidement. Quand le loup est détourné, on amène les lévriers qui doivent le chasser, on les partage en deux ou trois laisses, on n'en garde qu'une pour le lancer, et on mène les autres en avant pour servir de relais. On lâche donc d'abord les premiers à sa suite; un homme à cheval les appuie; on lâche les seconds à sept ou huit cents pas plus loin, lorsque le loup est prêt à passer, et ensuite les troisièmes lorsque les autres chiens commencent à le joindre et à le harceler. Tous ensemble le réduisent bientôt aux dernières extrémités, et le veneur l'achève en lui donnant un coup de couteau. Les chiens n'ont nulle ardeur pour le fouler, et répugnent si fort à manger de sa chair qu'il faut la préparer et l'assaisonner, lorsqu'on veut leur en faire curée. On peut aussi le chasser avec des chiens courants; mais comme il perce toujours droit en avant, et qu'il court tout un jour sans être rendu, cette chasse est ennuyeuse, à moins que les chiens courants ne soient soutenus par des lévriers qui le saisissent, le harcèlent et leur donnent le temps de l'approcher.

Dans les campagnes, on fait des battues à force d'hommes et de mâtins, on tend des piéges, on présente des appâts, on fait des fosses, on répand des boulettes empoisonnées; tout cela n'empêche pas que ces animaux ne soient toujours en même nombre, surtout dans les pays où il y a beaucoup de bois. Les Anglais prétendent en avoir purgé leur île; cependant on m'a assuré qu'il y en avait en Écosse. Comme il y a peu de bois dans la partie méridionale de la Grande-Bretagne on a eu plus de facilité pour les détruire.

La couleur et le poil de ces animaux changent suivant les différents climats, et varie quelquefois dans le même pays. On trouve en France et en Allemagne, outre les loups ordinaires, quelques loups à poil plus épais et tirant sur le jaune. Ces loups, plus sauvages et moins nuisibles que les autres, n'approchent jamais ni des maisons ni des troupeaux, et ne vivent que de chasse et non pas de rapine. Dans les pays du nord, on en trouve de tout blancs et de tout noirs; ces derniers sont plus grands et plus forts que les autres. L'espèce commune est très-généralement répandue; on l'a trouvée en Asie [a], en Afrique [b] et en Amérique [1] [c] comme en Europe. Les loups

a. Voyez le *Voyage de Pietro della Valle*. Rouen, 1745, vol. IV, p. 4 et 5.
b. Voyez l'*Histoire générale des voyages*, par M. l'abbé Prévost, t. V, p. 85
c. Voyez le *Voyage du P. le Clercq*. Paris, 1691, pages 488 et 489.

1. « On trouve le *loup* depuis l'Égypte jusqu'en Laponie, et il paraît être passé en Amérique. » (Cuvier : *Règne animal*, t. I, p. 150.) L'Amérique a, en outre, le *loup du Mexique* (*canis mexicanus*. Linn.), le *loup rouge* (*canis jubatus*. Cuv.), etc. — Le *loup noir* d'Europe (*canis lycaon*. Linn.) n'est qu'une *variété* du *loup* ordinaire, etc.

du Sénégal *a* ressemblent à ceux de France ; cependant ils sont un peu plus gros et beaucoup plus cruels ; ceux d'Égypte sont *b* plus petits que ceux de Grèce. En Orient, et surtout en Perse, on fait servir les loups à des spectacles *c* pour le peuple ; on les exerce de jeunesse à la danse, ou plutôt à une espèce de lutte contre un grand nombre d'hommes. On achète jusqu'à cinq cents écus, dit Chardin, un loup bien dressé à la danse. Ce fait prouve au moins qu'à force de temps et de contrainte ces animaux sont susceptibles de quelque espèce d'éducation. J'en ai fait élever et nourrir quelques-uns chez moi : tant qu'ils sont jeunes, c'est-à-dire dans la première et la seconde année, ils sont assez dociles ; ils sont même caressants ; et, s'ils sont bien nourris, ils ne se jettent ni sur la volaille, ni sur les autres animaux ; mais à dix-huit mois ou deux ans ils reviennent à leur naturel ; on est forcé de les enchaîner pour les empêcher de s'enfuir et de faire du mal. J'en ai eu un qui, ayant été élevé en toute liberté dans une basse-cour avec des poules pendant dix-huit ou dix-neuf mois, ne les avait jamais attaquées ; mais, pour son coup d'essai, il les tua toutes en une nuit sans en manger aucune ; un autre qui, ayant rompu sa chaîne à l'âge d'environ deux ans, s'enfuit après avoir tué un chien avec lequel il était familier ; une louve que j'ai gardée trois ans, et qui, quoique enfermée toute jeune et seule avec un mâtin de même âge dans une cour assez spacieuse, n'a pu pendant tout ce temps s'accoutumer à vivre avec lui, ni le souffrir, même quand elle devint en chaleur. Quoique plus faible, elle était la plus méchante ; elle provoquait, elle attaquait, elle mordait le chien, qui d'abord ne fit que se défendre, mais qui finit par l'étrangler.

Il n'y a rien de bon dans cet animal que sa peau ; on en fait des fourrures grossières, qui sont chaudes et durables. Sa chair est si mauvaise qu'elle répugne à tous les animaux, et il n'y a que le loup qui mange volontiers du loup. Il exhale une odeur infecte par la gueule : comme, pour assouvir sa faim, il avale indistinctement tout ce qu'il trouve, des chairs corrompues, des os, du poil, des peaux à demi tannées et encore toutes couvertes de chaux, il vomit fréquemment, et se vide encore plus souvent qu'il ne se remplit. Enfin, désagréable en tout, la mine basse, l'aspect sauvage, la voix effrayante, l'odeur insupportable, le naturel pervers, les mœurs féroces, il est odieux, nuisible de son vivant, inutile après sa mort.

a. Voyez l'*Histoire générale des Voyages*, par M. l'abbé Prévost, t. III, p. 285. Voyez aussi le *Voyage du sieur le Maire aux isles Canaries, Cap Vert, Sénégal*, etc. Paris, 1695, p. 100.

b. Vide Aristotel. *Hist. animal.*, lib. viii, cap. xxviii.

c. Voyez le *Voyage de Chardin*. Londres, 1686, p. 291. Voyez aussi le *Voyage de Pietro de la Valle*. Rouen, 1745, vol. IV, p. 4.

LE RENARD. *

Le renard est fameux par ses ruses, et mérite en partie sa réputation ;
ce que le loup ne fait que par la force, il le fait par adresse, et réussit plus
souvent. Sans chercher à combattre les chiens ni les bergers, sans attaquer
les troupeaux, sans traîner les cadavres, il est plus sûr de vivre. Il emploie
plus d'esprit que de mouvement, ses ressources semblent être en lui-même :
ce sont, comme l'on sait, celles qui manquent le moins. Fin autant que
circonspect, ingénieux et prudent, même jusqu'à la patience, il varie sa
conduite, il a des moyens de réserve qu'il sait n'employer qu'à propos. Il
veille de près à sa conservation; quoique aussi infatigable, et même plus
léger que le loup, il ne se fie pas entièrement à la vitesse de sa course ; il
sait se mettre en sûreté en se pratiquant un asile où il se retire dans les
dangers pressants, où il s'établit, où il élève ses petits : il n'est point animal vagabond, mais animal domicilié.

Cette différence, qui se fait sentir même parmi les hommes, a de bien
plus grands effets, et suppose de bien plus grandes causes parmi les animaux. L'idée seule du domicile présuppose une attention singulière sur soi-
même ; ensuite le choix du lieu, l'art de faire son manoir, de le rendre
commode, d'en dérober l'entrée, sont autant d'indices d'un sentiment supérieur. Le renard en est doué, et tourne tout à son profit; il se loge au bord
des bois, à portée des hameaux ; il écoute le chant des coqs et le cri des
volailles ; il les savoure de loin ; il prend habilement son temps, cache son
dessein et sa marche, se glisse, se traîne, arrive, et fait rarement des tentatives inutiles. S'il peut franchir les clôtures, ou passer par-dessous, il ne
perd pas un instant ; il ravage la basse-cour, il y met tout à mort, se retire
ensuite lestement en emportant sa proie, qu'il cache sous la mousse, ou
porte à son terrier ; il revient quelques moments après en chercher une.
autre, qu'il emporte et cache de même, mais dans un autre endroit, ensuite
une troisième, une quatrième, etc., jusqu'à ce que le jour ou le mouvement dans la maison l'avertisse qu'il faut se retirer et ne plus revenir. Il
fait la même manœuvre dans les pipées et dans les boqueteaux où l'on prend
les grives et les bécasses au lacet; il devance le pipeur, va de très-grand
matin, et souvent plus d'une fois par jour, visiter les lacets, les gluaux,
emporte successivement les oiseaux qui se sont empêtrés, les dépose tous
en différents endroits, surtout au bord des chemins, dans les ornières, sous
de la mousse, sous un genièvre, les y laisse quelquefois deux ou trois jours,
et sait parfaitement les retrouver au besoin. Il chasse les jeunes levrauts

---

* *Canis vulpes* (Linn.). — Ordre des *Carnassiers;* famille des *Carnivores;* tribu des *Digitigrades;* genre *Chien* (Cuv.).

en plaine, saisit quelquefois les lièvres au gîte, ne les manque jamais lorsqu'ils sont blessés, déterre les lapereaux dans les garennes, découvre les
nids de perdrix, de cailles, prend la mère sur les œufs, et détruit une
quantité prodigieuse de gibier. Le loup nuit plus au paysan, le renard nuit
plus au gentilhomme.

La chasse du renard demande moins d'appareil que celle du loup; elle
est plus·facile et plus amusante. Tous les chiens ont de la répugnance pour
le loup, tous les chiens au contraire chassent le renard volontiers, et même
avec plaisir; car, quoiqu'il ait l'odeur très-forte, ils le préfèrent souvent
au cerf, au chevreuil et au lièvre. On peut le chasser avec des bassets, des
chiens courants, des briquets : dès qu'il se sent poursuivi, il court à son
terrier ; les bassets à jambes torses sont ceux qui s'y glissent le plus aisément : cette manière est bonne pour prendre une portée entière de renards,
la mère avec les petits ; pendant qu'elle se défend et combat les bassets, on
tâche de découvrir le terrier par-dessus, et on la tue ou on la saisit vivante
avec des pinces. Mais comme les terriers sont souvent dans des rochers,
sous des troncs d'arbres, et quelquefois trop enfoncés sous terre, on ne
réussit pas toujours. La façon la plus ordinaire, la plus agréable et la plus
sûre de chasser le renard est de commencer par boucher les terriers ; on
place les tireurs à portée, on quête alors avec les briquets ; dès qu'ils sont
tombés sur la voie, le renard gagne son gîte, mais en arrivant il essuie
une première décharge : s'il échappe à la balle, il fuit de toute sa vitesse,
fait un grand tour, et revient encore à son terrier, où on le tire une seconde
fois, et où trouvant l'entrée fermée, il prend le parti de se sauver au loin
en perçant droit en avant pour ne plus revenir. C'est alors qu'on se sert
des chiens courants, lorsqu'on veut le poursuivre : il ne laissera pas de les
fatiguer beaucoup, parce qu'il passe à dessein dans les endroits les plus
fourrés, où les chiens ont grand'peine à le suivre, et que, quand il prend la
plaine, il va très-loin sans s'arrêter.

Pour détruire les renards, il est encore plus commode de tendre des piè-
ges, où l'on met de la chair pour appât, un pigeon, une volaille vivante, etc.
Je fis un jour suspendre à neuf pieds de hauteur sur un arbre les débris
d'une halte de chasse, de la viande, du pain, des os; dès la première nuit,
les renards s'étaient si fort exercés à sauter, que le terrain autour de l'arbre
était battu comme une aire de grange. Le renard est aussi vorace que carnassier; il mange de tout avec une égale avidité, des œufs, du lait, du fromage, des fruits, et surtout des raisins : lorsque les levrauts et les perdrix
lui manquent, il se rabat sur les rats, les mulots, les serpents, les lézards,
les crapauds, etc.; il en détruit un grand nombre : c'est là le seul bien
qu'il procure. Il est très-avide de miel; il attaque les abeilles sauvages,
les guêpes, les frelons, qui d'abord tâchent de le mettre en fuite, en le
perçant de mille coups d'aiguillon ; il se retire en effet, mais c'est en

se roulant pour les écraser, et il revient si souvent à la charge qu'il les
oblige à abandonner le guêpier; alors il le déterre et en mange et le miel
et la cire. Il prend aussi les hérissons, les roule avec ses pieds, et les
force à s'étendre. Enfin il mange du poisson, des écrevisses, des hannetons, des sauterelles, etc.

Cet animal ressemble beaucoup au chien, surtout par les parties intérieures; cependant il en diffère par la tête, qu'il a plus grosse à proportion de son corps; il a aussi les oreilles plus courtes, la queue beaucoup
plus grande, le poil plus long et plus touffu, les yeux plus inclinés [1]; il en
diffère encore par une mauvaise odeur très-forte qui lui est particulière,
et enfin par le caractère le plus essentiel, par le naturel [2], car il ne s'apprivoise pas aisément, et jamais tout à fait : il languit lorsqu'il n'a pas la
liberté, et meurt d'ennui quand on veut le garder trop longtemps en domesticité. Il ne s'accouple point avec la chienne [a][3]; s'ils ne sont pas antipathiques, ils sont au moins indifférents. Il produit en moindre nombre, et
une seule fois par an; les portées sont ordinairement de quatre ou cinq,
rarement de six, et jamais moins de trois. Lorsque la femelle est pleine,
elle se recèle, sort rarement de son terrier, dans lequel elle prépare un lit
à ses petits. Elle devient en chaleur en hiver, et l'on trouve déjà de petits
renards au mois d'avril : lorsqu'elle s'aperçoit que sa retraite est découverte, et qu'en son absence ses petits ont été inquiétés, elle les transporte
tous les uns après les autres, et va chercher un autre domicile. Ils naissent
les yeux fermés; ils sont, comme les chiens, dix-huit mois ou deux ans à
croître, et vivent de même treize ou quatorze ans.

Le renard a les sens aussi bons que le loup, le sentiment plus fin, et l'organe de la voix plus souple et plus parfait. Le loup ne se fait entendre que
par des hurlements affreux; le renard glapit, aboie, et pousse un son triste,
semblable au cri du paon; il a des tons différents selon les sentiments différents dont il est affecté; il a la voix de la chasse, l'accent du désir, le son
du murmure, le ton plaintif de la tristesse, le cri de la douleur, qu'il ne
fait jamais entendre qu'au moment où il reçoit un coup de feu qui lui casse
quelque membre; car il ne crie point pour toute autre blessure, et il se
laisse tuer à coups de bâton, comme le loup, sans se plaindre, mais toujours en se défendant avec courage. Il mord dangereusement, opiniâtrément, et l'on est obligé de se servir d'un ferrement ou d'un bâton pour le
faire démordre. Son glapissement est une espèce d'aboiement qui se fait

a. Voyez, à l'article du chien, les expériences que j'ai faites à ce sujet.

1. Ce qui fait le caractère différentiel le plus tranché entre le *chien* et le *renard*, c'est que le
chien a la *pupille* ronde, et que le *renard* a la pupille allongée : le *chien* est un animal diurne;
le *renard* voit mieux la nuit que le jour.

2. Voyez la note 2 de la page 490.

3. Voyez la note 2 de la page 488.

par des sons semblables et très-précipités. C'est ordinairement à la fin du glapissement qu'il donne un coup de voix plus fort, plus élevé, et semblable au cri du paon. En hiver, surtout pendant la neige et la gelée, il ne cesse de donner de la voix, et il est au contraire presque muet en été. C'est dans cette saison que son poil tombe et se renouvelle; l'on fait peu de cas de la peau des jeunes renards, ou des renards pris en été. La chair du renard est moins mauvaise que celle du loup; les chiens et même les hommes en mangent en automne, surtout lorsqu'il s'est nourri et engraissé de raisins, et sa peau d'hiver fait de bonnes fourrures. Il a le sommeil profond, on l'approche aisément sans l'éveiller : lorsqu'il dort, il se met en rond comme les chiens; mais lorsqu'il ne fait que se reposer, il étend les jambes de derrière et demeure étendu sur le ventre; c'est dans cette posture qu'il épie les oiseaux le long des haies. Ils ont pour lui une si grande antipathie que, dès qu'ils l'aperçoivent, ils font un petit cri d'avertissement : les geais, les merles surtout, le conduisent du haut des arbres, répètent souvent le petit cri d'avis, et le suivent quelquefois à plus de deux ou trois cents pas.

J'ai fait élever quelques renards pris jeunes : comme ils ont une odeur très-forte, on ne peut les tenir que dans des lieux éloignés, dans des écuries, des étables, où l'on n'est pas à portée de les voir souvent; et c'est peut-être par cette raison qu'ils s'apprivoisent moins que le loup, qu'on peut garder plus près de la maison. Dès l'âge de cinq à six mois les jeunes renards couraient après les canards et les poules, et il fallut les enchaîner. J'en fis garder trois pendant deux ans, une femelle et deux mâles : on tenta inutilement de les faire accoupler avec des chiennes; quoiqu'ils n'eussent jamais vu de femelles de leur espèce, et qu'ils parussent pressés du besoin de jouir, ils ne purent s'y déterminer ; ils refusèrent constamment toutes les chiennes; mais dès qu'on leur présenta leur femelle légitime, ils la couvrirent quoique enchaînés, et elle produisit quatre petits. Ces mêmes renards, qui se jetaient sur les poules lorsqu'ils étaient en liberté, n'y touchaient plus dès qu'ils avaient leur chaîne : on attachait souvent auprès d'eux une poule vivante, on les laissait passer la nuit ensemble, on les faisait même jeûner auparavant; malgré le besoin et la commodité, ils n'oubliaient pas qu'ils étaient enchaînés et ne touchaient point à la poule.

Cette espèce est une des plus sujettes aux influences du climat, et l'on y trouve presque autant de variétés que dans les espèces d'animaux domestiques. La plupart de nos renards sont roux, mais il s'en trouve aussi dont le poil est gris argenté; tous deux ont le bout de la queue blanc. Les derniers s'appellent en Bourgogne renards *charbonniers,* parce qu'ils ont les pieds plus noirs que les autres. Ils paraissent aussi avoir le corps plus court, parce que leur poil est plus fourni. Il y en a d'autres qui ont le corps réellement plus long que les autres, et qui sont d'un gris sale, à peu près de la couleur des vieux loups; mais je ne puis décider si cette différence de couleur est une vraie variété ou si elle n'est produite que par l'âge de l'animal, qui peut-être blanchit en vieillissant. Dans les pays du Nord, il y en a de toutes couleurs, des noirs, des bleus, des gris, des gris de fer, des gris argentés, des blancs, des blancs à pieds fauves, des blancs à tête noire, des blancs avec le bout de la queue noir, des roux avec la gorge et le ventre entièrement blancs, sans aucun mélange de noir, et enfin des croisés qui ont une ligne noire le long de l'épine du dos, et une autre ligne noire sur les épaules, qui traverse la première : ces derniers sont plus grands que les autres et ont la gorge noire [1]. L'espèce commune est plus généralement répandue qu'aucune des autres [2] ; on la trouve partout, en Europe [a], dans l'Asie [b] septentrionale et tempérée; on la retrouve de même en Amérique [3] [c], mais elle est fort rare en Afrique et dans les pays voisins de l'équateur. Les voyageurs qui disent en avoir vu à Calicut [d] et dans les autres provinces méridionales des Indes ont pris les chacals pour des renards. Aristote lui-même est tombé dans une erreur semblable, lorsqu'il a dit [e] que les renards d'Égypte étaient plus petits que ceux de Grèce; ces petits renards d'Égypte sont des putois [f], dont l'odeur est insupportable. Nos renards, originaires des climats froids, sont devenus naturels aux pays tempérés, et ne se sont pas étendus vers le Midi au delà de l'Espagne et du Japon [g]. Ils sont originaires des pays froids, puisqu'on y trouve toutes les variétés de l'espèce, et qu'on ne les trouve que là : d'ailleurs, ils supportent aisément le froid le plus extrême; il y en a du côté du pôle [h] antarctique comme vers le pôle [i] arctique. La fourrure des renards blancs n'est pas fort estimée, parce que le poil tombe aisément; les gris argentés sont meilleurs; les bleus et les croisés sont recherchés à cause de leur rareté; mais les noirs sont les plus précieux de tous; c'est, après la zibe-

a. Voyez les *Œuvres de Regnard.* Paris, 1742, t. I, p. 175.

b. Voyez la *Relation du voyage d'Adam Olearius.* Paris, 1656, t. I, p. 368.

c. Voyez le *Voyage de la Hontan*, t. II, p. 42.

d. Voyez les *Voyages de François Pyrard.* Paris, 1619, t. I, p. 427.

e. Aristot., *Hist. animal.*, lib. VIII, cap. XVIII.

f. Aldrovande, *Quadrup. hist.*, p. 197.

g. Voyez l'*Histoire du Japon*, par Kœmpfer. La Haye, 1719, t. I, p. 110.

h. Voyez le *Voyage de Narborough à la mer du Sud.* Second volume des *Voyages de Coréal.* Paris, 1722, t. II, p. 184.

i. Voyez le *Recueil des voyages du Nord.* Rouen, 1716, t. II, pages 113 et 114. Voyez aussi le *Recueil des voyages qui ont servi à l'établissement de la Compagnie des Indes orientales.* Amsterdam, 1702, t. I, pages 39 et 40.

1. Plusieurs de ces *renards* ne sont que des *variétés* du *renard* commun : par exemple, le *charbonnier*, le *croisé*, etc. D'autres sont des *espèces* distinctes : le *corsac* ou *petit renard jaune* de l'Asie, le *renard bleu* ou *isatis* du nord des deux continents, le *fennec* de la Nubie, petite espèce très-jolie, et que notre ménagerie possède en ce moment, le *renard du Cap*, etc.

2. Le *renard* ordinaire est répandu depuis la Suède jusqu'en Égypte.

3. L'Amérique a ses espèces propres : le *renard du Brésil*, le *renard tricolore*, le *renard argenté*, etc., etc.—Voyez, sur toutes ces espèces (ou nouvelles, ou, depuis Buffon, mieux connues), Cuvier, *Règne animal*, t. I, p. 152.

line, la fourrure la plus belle et la plus chère. On en trouve au Spitzberg *a*,
en Groënland *b*, en Laponie, en Canada *c*, où il y en a aussi de croisés, et
où l'espèce commune est moins rousse qu'en France, et a le poil plus long
et plus fourni.

LE BLAIREAU. *

Le blaireau est un animal paresseux, défiant, solitaire, qui se retire
dans les lieux les plus écartés, dans les bois les plus sombres, et s'y creuse
une demeure souterraine; il semble fuir la société, même la lumière, et
passe les trois quarts de sa vie dans ce séjour ténébreux, dont il ne sort
que pour chercher sa subsistance. Comme il a le corps allongé, les jambes
courtes, les ongles, surtout ceux des pieds de devant, très-longs et très-
fermes, il a plus de facilité qu'un autre pour ouvrir la terre, y fouiller, y
pénétrer, et jeter derrière lui les déblais de son excavation, qu'il rend tortueuse, oblique, et qu'il pousse quelquefois fort loin. Le renard, qui n'a
pas la même facilité pour creuser la terre, profite de ses travaux : ne pouvant le contraindre par la force, il l'oblige par adresse à quitter son domicile en l'inquiétant, en faisant sentinelle à l'entrée, en l'infectant même de
ses ordures; ensuite il s'en empare, l'élargit, l'approprie et en fait son
terrier. Le blaireau, forcé à changer de manoir, ne change pas de pays; il
ne va qu'à quelque distance travailler sur nouveaux frais à se pratiquer
un autre gîte, dont il ne sort que la nuit, dont il ne s'écarte guère, et où
il revient dès qu'il sent quelque danger. Il n'a que ce moyen de se mettre
en sûreté, car il ne peut échapper par la fuite; il a les jambes trop courtes
pour pouvoir bien courir. Les chiens l'atteignent promptement, lorsqu'ils le surprennent à quelque distance de son trou : cependant il est rare
qu'ils l'arrêtent tout à fait et qu'ils en viennent à bout, à moins qu'on ne
les aide. Le blaireau a le poil très-épais, les jambes, la mâchoire et les
dents très-fortes, aussi bien que les ongles; il se sert de toute sa force,
de toute sa résistance et de toutes ses armes en se couchant sur le dos, et

a. Voyez *id. ibid.*

b. Les renards abondent dans toute la Laponie. Ils sont presque tous blancs, quoiqu'il s'en
rencontre de la couleur ordinaire. Les blancs sont les moins estimés; mais il s'en trouve quelquefois de noirs, et ceux-là sont les plus rares et les plus chers; leurs peaux sont quelquefois
vendues quarante ou cinquante écus, et le poil en est si fin et si long qu'il pend de tel côté
que l'on veut, en sorte que prenant la peau par la queue, le poil tombe du côté des oreilles, etc.
OEuvres de Regnard, t. I, p. 175.

c. Voyez le *Voyage du pays des Hurons*, par Sagard Théodat. Paris, 1632, pages 304 et 305.

* *Ursus meles* (Linn.). — Ordre des *Carnassiers*; famille des *Carnivores*; tribu des *Plantigrades*; genre *Blaireau* (Cuv.).

il fait aux chiens de profondes blessures. Il a d'ailleurs la vie très-dure;
il combat longtemps, se défend courageusement et jusqu'à la dernière
extrémité.

Autrefois que ces animaux étaient plus communs qu'ils ne le sont aujour-
d'hui, on dressait des bassets pour les chasser et les prendre dans leurs
terriers. Il n'y a guère que les bassets à jambes torses qui puissent y entrer
aisément; le blaireau se défend en reculant, éboule de la terre, afin d'arrêter ou d'enterrer les chiens. On ne peut le prendre qu'en faisant ouvrir
le terrier par-dessus, lorsqu'on juge que les chiens l'ont acculé jusqu'au
fond; on le serre avec des tenailles, et ensuite on le musèle pour l'empêcher de mordre : on m'en a apporté plusieurs qui avaient été pris de cette
façon, et nous en avons gardé quelques-uns longtemps. Les jeunes s'apprivoisent aisément, jouent avec les petits chiens, et suivent comme eux la
personne qu'ils connaissent et qui leur donne à manger; mais ceux que
l'on prend vieux demeurent toujours sauvages : ils ne sont ni malfaisants
ni gourmands comme le renard et le loup, et cependant ils sont animaux
carnassiers; ils mangent de tout ce qu'on leur offre, de la chair, des œufs,
du fromage, du beurre, du pain, du poisson, des fruits, des noix, des
graines, des racines, etc., et ils préfèrent la viande crue à tout le reste.
Ils dorment la nuit entière et les trois quarts du jour, sans cependant
être sujets à l'engourdissement pendant l'hiver, comme les marmottes ou
les loirs. Ce sommeil fréquent fait qu'ils sont toujours gras, quoiqu'ils ne
mangent pas beaucoup ; et c'est par la même raison qu'ils supportent aisément la diète, et qu'ils restent souvent dans leur terrier trois ou quatre jours
sans en sortir, surtout dans les temps de neige.

Ils tiennent leur domicile propre; ils n'y font jamais leurs ordures. On
trouve rarement le mâle avec la femelle : lorsqu'elle est prête à mettre bas,
elle coupe de l'herbe, en fait une espèce de fagot qu'elle traîne entre ses
jambes jusqu'au fond du terrier, où elle fait un lit commode pour elle et
ses petits. C'est en été qu'elle met bas, et la portée est ordinairement de
trois ou de quatre. Lorsqu'ils sont un peu grands, elle leur apporte à manger ; elle ne sort que la nuit, va plus au loin que dans les autres temps ;
elle déterre les nids des guêpes, en emporte le miel, perce les rabouillères
des lapins, prend les jeunes lapereaux, saisit aussi les mulots, les lézards,
les serpents, les sauterelles, les œufs des oiseaux, et porte tout à ses
petits, qu'elle fait sortir souvent sur le bord du terrier soit pour les allaîter,
soit pour leur donner à manger.

Ces animaux sont naturellement frileux; ceux qu'on élève dans la maison
ne veulent pas quitter le coin du feu, et souvent s'en approchent de si
près qu'ils se brûlent les pieds, et ne guérissent pas aisément. Ils sont
aussi fort sujets à la gale; les chiens qui entrent dans leurs terriers prennent le même mal, à moins qu'on n'ait grand soin de les laver. Le blai-

reau a toujours le poil gras et malpropre : il a entre l'anus et la queue une
ouverture assez large, mais qui ne communique point à l'intérieur et ne
pénètre guère qu'à un pouce de profondeur; il en suinte continuellement
une liqueur onctueuse, d'assez mauvaise odeur, qu'il se plaît à sucer. Sa
chair n'est pas absolument mauvaise à manger, et l'on fait de sa peau
des fourrures grossières, des colliers pour les chiens, des couvertures pour
les chevaux, etc.

Nous ne connaissons point de variétés dans cette espèce, et nous avons
fait chercher partout le blaireau-cochon dont parlent les chasseurs, sans
pouvoir le trouver. Du Fouilloux *a* dit qu'il y a deux espèces de *tessons* ou
bléreaux, les *porchins* et les *chenins;* que les porchins sont un peu plus
gras, un peu plus blancs, un peu plus gros de corps et de tête que les chenins. Ces différences sont, comme l'on voit, assez légères ; et il avoue lui-
même qu'elles sont peu apparentes, à moins *b* qu'on n'y regarde de bien
près. Je crois donc que cette distinction du blaireau, en *blaireau-chien* et
blaireau-cochon [1], n'est qu'un préjugé fondé sur ce que cet animal a deux
noms, en latin *meles* et *taxus,* en français *blaireau* et *taisson* [2], etc., et que
c'est une de ces erreurs produites par la nomenclature, dont nous avons
parlé dans le discours sur les *animaux carnassiers.* D'ailleurs, les espèces
qui ont des variétés sont ordinairement très-abondantes et très-généralement répandues : celle du blaireau est, au contraire, une des moins nombreuses et des plus confinées. On n'est pas sûr qu'elle se trouve en Amérique [3], à moins que l'on ne regarde comme une nouvelle variété de l'espèce
l'animal envoyé de la Nouvelle-York, dont M. Brisson *c* a donné une courte
description, sous le nom de blaireau blanc [4]. Elle n'est point en Afrique,
car l'animal du cap de Bonne-Espérance, décrit *d* par Kolbe sous le nom

a. Voyez la *Vénerie de du Fouilloux.* Paris, 1613, p. 72 verso et 73 recto.

b. Voyez *id. ibid.*

c. *Meles suprà alba, infrà ex albo flavicans... Meles alba.* Il a, depuis le bout du museau
jusqu'à l'origine de la queue, un pied neuf pouces de long; sa queue est longue de neuf
pouces. Ses yeux sont petits à proportion de la grandeur de son corps, ses oreilles courtes,
ses jambes très-courtes, ses ongles blancs. Tout son corps est couvert de poils très-épais,
blancs dans toute la partie supérieure du corps, et d'un blanc jaunâtre dans la partie inférieure. On le trouve dans la Nouvelle-York, d'où il a été apporté à M. de Réaumur. Brisson,
Regn. animal., p. 255. On doit ajouter à cette description, qu'il est en tout plus petit, et
qu'il a le nez plus court que notre blaireau ; et d'ailleurs on ne voit pas sur la peau, qui est
empaillée, s'il y a une bourse sous la queue.

d. Voyez la *Description du Cap de Bonne-Espérance,* par Kolbe, Amsterdam, 1741, t. III,
page 64.

1. Cette distinction du *blaireau,* en *blaireau-chien* et en *blaireau-cochon,* n'est effectivement point fondée.

2. Le *taisson* est une variété du *blaireau.*

3. « Le *blaireau d'Amérique* ne diffère pas beaucoup de celui d'Europe. » (Cuvier : *Règne
animal,* t. I, p. 140.) — Voyez, dans les *Additions,* l'article *carcajou.*

4. « Le *blaireau blanc* de Brisson paraît n'être qu'une variété albine du *raton.* » (Fréd.
Cuvier : *Dict. des sc. nat.,* art. *Blaireau.*)

de blaireau puant [1] est un animal différent; et nous doutons que le *Fossa* [2] de Madagascar, dont parle Flacourt dans sa relation, page 152, et qu'il dit ressembler au blaireau de France, soit en effet un blaireau. Les autres voyageurs n'en parlent pas : le docteur Shaw dit [a] même qu'il est entièrement inconnu en Barbarie. Il paraît aussi qu'il ne se trouve point en Asie; il n'était pas connu des Grecs, puisque Aristote n'en fait aucune mention, et que le blaireau n'a pas même de nom dans la langue grecque. Ainsi cette espèce, originaire du climat tempéré de l'Europe, ne s'est guère répandue au delà de l'Espagne, de la France, de l'Italie, de l'Allemagne, de l'Angleterre, de la Pologne et de la Suède, et elle est partout assez rare. Et non-seulement il n'y a que peu ou point de variétés [3] dans l'espèce, mais même elle n'approche d'aucune autre : le blaireau a des caractères tranchés et fort singuliers : les bandes alternatives qu'il a sur la tête, l'espèce de poche qu'il a sous la queue, n'appartiennent qu'à lui, et il a le corps presque blanc par-dessus et presque noir par-dessous, ce qui est tout le contraire des autres animaux, dont le ventre est toujours [4] d'une couleur moins foncée que le dos.

LA LOUTRE. [*]

La loutre est un animal vorace, plus avide de poisson que de chair, qui ne quitte guère le bord des rivières ou des lacs, et qui dépeuple quelquefois les étangs; elle a plus de facilité qu'un autre pour nager, plus même que le castor, car il n'a des membranes qu'aux pieds de derrière, et il a les doigts séparés dans les pieds de devant, tandis que la loutre a des membranes à tous les pieds; elle nage presque aussi vite qu'elle marche; elle ne va point à la mer, comme le castor, mais elle parcourt les eaux douces et remonte ou descend les rivières à des distances considérables : souvent elle nage entre deux eaux et y demeure assez longtemps; elle vient ensuite à la surface, afin de respirer. A parler exactement, elle n'est point animal amphibie, c'est-à-dire animal qui peut vivre également et dans l'air et dans l'eau; elle n'est pas conformée pour demeurer dans ce dernier élément, et elle a besoin de respirer à peu près comme tous les autres ani-

---

a. Voyez les *Voyages de M. Shaw.* La Haye, 1743, t. I, p. 320.

1. Le *blaireau puant* est le *zorille* ou *putois du Cap.*

2. Le *fossa* ou *fossane* de Madagascar est une espèce de *genette* (*viverra fossa*).

3. Voyez les notes 2 et 3 de la page précédente.

4. *Toujours.* Plus exactement, en général : le *ratel* a le dos *gris* et le ventre noir, etc.

* *Mustela lutra* (Linn.). — Ordre des *Carnassiers;* famille des *Carnivores;* tribu des *Digitigrades;* genre *Loutre* (Cuv.).

maux terrestres : si même il arrive qu'elle s'engage dans une nasse à la poursuite d'un poisson, on la trouve noyée, et l'on voit qu'elle n'a pas eu le temps d'en couper tous les osiers pour en sortir. Elle a les dents comme la fouine, mais plus grosses et plus fortes relativement au volume de son corps. Faute de poisson, d'écrevisses, de grenouilles, de rats d'eau, ou d'autre nourriture, elle coupe les jeunes rameaux et mange l'écorce des arbres aquatiques; elle mange aussi de l'herbe nouvelle au printemps; elle ne craint pas plus le froid que l'humidité; elle devient en chaleur en hiver et met bas au mois de mars : on m'a souvent apporté des petits au commencement d'avril; les portées sont de trois ou quatre. Ordinairement les jeunes animaux sont jolis, les jeunes loutres sont plus laides que les vieilles. La tête mal faite, les oreilles placées bas, des yeux trop petits et couverts, l'air obscur, les mouvements gauches, toute la figure ignoble, informe, un cri qui paraît machinal, et qu'elles répètent à tout moment, sembleraient annoncer un animal stupide; cependant la loutre devient industrieuse avec l'âge, au moins assez pour faire la guerre avec grand avantage aux poissons, qui pour l'instinct et le sentiment sont très-inférieurs aux autres animaux; mais j'ai grand'peine à croire qu'elle ait, je ne dis pas les talents du castor, mais même les habitudes qu'on lui suppose, comme celle de commencer toujours par remonter les rivières, afin de revenir plus aisément et de n'avoir *a* plus qu'à se laisser entraîner au fil de l'eau, lorsqu'elle s'est rassasiée ou chargée de proie; celle d'approprier son domicile et d'y faire un plancher pour n'être point incommodée de l'humidité; celle d'y faire une ample provision de poisson, afin de n'en pas manquer; et enfin la docilité et la facilité de s'apprivoiser au point de pêcher pour son maître, et d'apporter le poisson jusque dans la cuisine. Tout ce que je sais, c'est que les loutres ne creusent point leur domicile elles-mêmes, qu'elles se gîtent dans le premier trou qui se présente, sous les racines des peupliers, des saules, dans les fentes des rochers, et même dans les piles de bois à flotter; qu'elles y font aussi leurs petits sur un lit fait de bûchettes et d'herbes; que l'on trouve dans leur gîte des têtes et des arêtes de poisson; qu'elles changent souvent de lieu; qu'elles emmènent ou dispersent leurs petits au bout de six semaines ou de deux mois; que ceux que j'ai voulu priver cherchaient à mordre, même en prenant du lait et avant que d'être assez forts pour mâcher du poisson; qu'au bout de quelques jours ils devenaient plus doux, peut-être parce qu'ils étaient malades et faibles; que, loin de s'accoutumer aisément à la vie domestique, tous ceux que j'ai essayé de faire élever sont morts dans le premier âge; qu'enfin la loutre est, de son naturel, sauvage et cruelle; que, quand elle peut entrer dans un vivier, elle y fait ce que le putois fait dans un poulailler; qu'elle

a. *Vid. Gessner, Hist. quad.,* p. 685, *ex Alberto, Bellonio, Scaligero, Olao magno,* etc.

tue beaucoup plus de poissons qu'elle ne peut en manger, et qu'ensuite elle en emporte un dans sa gueule.

Le poil de la loutre ne mue guère; sa peau d'hiver est cependant plus brune et se vend plus cher que celle d'été; elle fait une très-bonne fourrure. Sa chair se mange en maigre et a, en effet, un mauvais goût de poisson, ou plutôt de marais. Sa retraite est infectée de la mauvaise odeur des débris du poisson qu'elle y laisse pourrir; elle sent elle-même assez mauvais : les chiens la chassent volontiers et l'atteignent aisément, lorsqu'elle est éloignée de son gîte et de l'eau; mais quand ils la saisissent, elle se défend, les mord cruellement, et quelquefois avec tant de force et d'acharnement qu'elle leur brise les os des jambes, et qu'il faut la tuer pour la faire démordre. Le castor cependant, qui n'est pas un animal bien fort, chasse la loutre et ne lui permet pas d'habiter sur les bords qu'il fréquente.

Cette espèce, sans être en très-grand nombre, est généralement répandue en Europe, depuis la Suède jusqu'à Naples, et se retrouve dans l'Amérique septentrionale [a][1]; elle était bien connue des Grecs [b], et se trouve vraisemblablement dans tous les climats tempérés, surtout dans les lieux où il y a beaucoup d'eau; car la loutre ne peut habiter ni les sables brûlants ni les déserts arides; elle fuit également les rivières stériles et les fleuves trop fréquentés. Je ne crois pas qu'elle se trouve dans les pays très-chauds; car le jiya ou carigueibeju [c], qu'on a appelé *loutre du Brésil*, et qui se trouve aussi à Cayenne [d], paraît être d'une espèce voisine, mais différente [2]; au lieu que la loutre de l'Amérique septentrionale [e] ressemble en tout à celle d'Europe, si ce n'est que la fourrure est encore plus noire et plus belle que celle de la loutre de Suède ou de Moscovie.

a. Voyez le *Voyage de la Hontan*, t. II, p. 38.

b. Vide Aristotelem, Hist. animal., lib. viii, cap. v.

c. Jiya quæ et carigueibeju appellatur a Brasiliensibus. Marcg. *Hist. Brasil.*, p. 234.

d. Barrère, Hist. de la France équinoxiale, p. 155.

e. Voyez le *Voyaye de la Hontan*, t. I, p. 84.

1. Quelques *loutres* d'Amérique diffèrent peu, en effet, de la nôtre : celle du *Canada*, celle de la *Caroline*, etc.

2. La *loutre du Brésil* (*Lutra brasiliensis*) est une espèce propre, et qui se distingue des autres, parce que le bout de son nez n'est pas nu, mais garni de poils. (Voyez, sur les diverses espèces de *loutres*, aujourd'hui connues, Cuvier : *Régne animal*, t. I, p. 147.)

LA FOUINE. *

La plupart des naturalistes ont écrit que la fouine et la marte étaient des animaux de la même espèce. Gessner *a* et Ray ont dit, d'après Albert, qu'ils se mêlaient ensemble. Cependant ce fait, qui n'est appuyé par aucun autre témoignage, nous paraît au moins douteux, et nous croyons, au contraire, que ces animaux, ne se mêlant point ensemble, font deux espèces distinctes et séparées [1]. Je puis ajouter, aux raisons qu'en donne M. Daubenton *b*, des exemples qui rendront la chose plus sensible. Si la marte était la fouine sauvage, ou la fouine la marte domestique, il en serait de ces deux animaux comme du chat sauvage et du chat domestique; le premier conserverait constamment les mêmes caractères, et le second varierait, comme on le voit dans le chat sauvage, qui demeure toujours le même, et dans le chat domestique, qui prend toutes sortes de couleurs. Au contraire, la fouine, ou si l'on veut la marte domestique, ne varie point; elle a ses caractères propres, particuliers, et tous aussi constants que ceux de la marte sauvage; ce qui suffirait seul pour prouver que ce n'est pas une pure variété, une simple différence produite par l'état de domesticité : d'ailleurs, c'est sans aucun fondement qu'on appelle la fouine *marte domestique*, puisqu'elle n'est pas plus domestique que le renard, le putois, qui, comme elle, s'approchent des maisons pour y trouver leur proie, et qu'elle n'a pas plus d'habitude, pas plus de communication avec l'homme que les autres animaux que nous appelons sauvages. Elle diffère donc de la marte par le naturel et par le tempérament, puisque celle-ci fuit les lieux découverts, habite au fond des bois, demeure sur les arbres, ne se trouve en grand nombre que dans les climats froids, au lieu que la fouine s'approche des habitations, s'établit même dans les vieux bâtiments, dans les greniers à foin, dans des trous de murailles; qu'enfin l'espèce en est généralement répandue en grand nombre dans tous les pays tempérés, et même dans les climats chauds, comme à Madagascar *c*, aux Maldives *d*, et qu'elle ne se trouve pas dans les pays du Nord.

a. Gessner, *Hist. animal. quadrup.*, p. 76. Ray, *Synops. animal. quadrup.*, p. 200.
b. Voyez la Description de la marte, par Daubenton.
c. Voyez les *Voyages de Jean Struys*. Rouen, 1719, t. I, p. 30.
d. Voyez le *Voyage de François Pyrard*. Paris, 1619, t. I, p. 132.

* *Mustela foina* (Linn.). — Ordre des *Carnassiers*; famille des *Carnivores*; tribu des *Digitigrades*; genre *Marte* (Cuv.).

1. La *marte* et la *fouine* sont deux *espèces distinctes et séparées*. « Une légère nuance « dans la couleur suffit quelquefois pour la distinction de deux êtres, comme cela se voit à « l'égard de la *fouine* et de la *marte*, deux espèces que l'on ne confond jamais, et qui cepen- « dant ne diffèrent que par la teinte de leur gorge : jaune dans la *marte*, et blanche dans la « *fouine*. » (Geoffroy-Saint-Hilaire : *Principes de philosophie zoologique*, p. 83.)

La fouine a la physionomie très-fine, l'œil vif, le saut léger, les membres souples, le corps flexible, tous les mouvements très-prestes; elle saute et bondit plutôt qu'elle ne marche; elle grimpe aisément contre les murailles qui ne sont pas bien enduites, entre dans les colombiers, les poulaillers, etc., mange les œufs, les pigeons, les poules, etc., en tue quelquefois un grand nombre et les porte à ses petits; elle prend aussi les souris, les rats, les taupes, les oiseaux dans leurs nids. Nous en avons élevé une que nous avons gardée longtemps : elle s'apprivoise à un certain point; mais elle ne s'attache pas, et demeure toujours assez sauvage pour qu'on soit obligé de la tenir enchaînée; elle faisait la guerre aux chats; elle se jetait aussi sur les poules, dès qu'elle se trouvait à portée; elle s'échappait souvent, quoique attachée par le milieu du corps; les premières fois elle ne s'éloignait guère et revenait au bout de quelques heures, mais sans marquer de la joie, sans attachement pour personne. Elle demandait cependant à manger comme le chat et le chien; peu après elle fit des absences plus longues, et, enfin, ne revint plus. Elle avait alors un an et demi, l'âge apparemment auquel la nature avait pris le dessus. Elle mangeait de tout ce qu'on lui donnait, à l'exception de la salade et des herbes; elle aimait beaucoup le miel, et préférait le chènevis à toutes les autres graines : on a remarqué qu'elle buvait fréquemment, qu'elle dormait quelquefois deux jours de suite, et qu'elle était aussi quelquefois deux ou trois jours sans dormir; qu'avant le sommeil elle se mettait en rond, cachait sa tête et l'enveloppait de sa queue; que, tant qu'elle ne dormait pas, elle était dans un mouvement continuel si violent et si incommode que, quand même elle ne se serait pas jetée sur les volailles, on aurait été obligé de l'attacher pour l'empêcher de tout briser. Nous avons eu quelques autres fouines plus âgées, que l'on avait prises dans des piéges; mais celles-là demeurèrent tout à fait sauvages; elles mordaient ceux qui voulaient les toucher, et ne voulaient manger que de la chair crue.

Les fouines, dit-on, portent autant de temps que les chats. On trouve des petits depuis le printemps jusqu'en automne, ce qui doit faire présumer qu'elles produisent plus d'une fois par an; les plus jeunes ne font que trois ou quatre petits; les plus âgées en font jusqu'à sept. Elles s'établissent pour mettre bas dans un magasin à foin, dans un trou de muraille, où elles poussent de la paille et des herbes; quelquefois dans une fente de rocher ou dans un tronc d'arbre, où elles portent de la mousse, et lorsqu'on les inquiète, elles déménagent et transportent ailleurs leurs petits, qui grandissent assez vite; car celle que nous avons élevée avait au bout d'un an presque atteint sa grandeur naturelle, et de là on peut inférer que ces animaux ne vivent que huit ou dix ans. Ils ont une odeur de faux musc qui n'est pas absolument désagréable; les martes et les fouines, comme beaucoup d'autres animaux, ont des vésicules intérieures qui

contiennent une matière odorante, semblable à celle que fournit la civette :
leur chair a un peu de cette odeur ; cependant celle de la marte n'est pas
mauvaise à manger ; celle de la fouine est plus désagréable, et sa peau est
aussi beaucoup moins estimée.

LA MARTE. *

La marte, originaire du Nord, est naturelle à ce climat, et s'y trouve en
si grand nombre qu'on est étonné de la quantité de fourrures de cette
espèce qu'on y consomme et qu'on en tire. Elle est, au contraire, en petit
nombre dans les climats tempérés, et ne se trouve point dans les pays
chauds *a* : nous en avons quelques-unes dans nos bois de Bourgogne ; il
s'en trouve aussi dans la forêt de Fontainebleau ; mais en général elles
sont aussi rares en France que la fouine y est commune. Il n'y en a point
du tout en Angleterre, parce qu'il n'y a pas de bois ; elle fuit également les
pays habités et les lieux découverts ; elle demeure au fond des forêts, ne
se cache point dans les rochers, mais parcourt les bois et grimpe au-dessus des arbres ; elle vit de chasse et détruit une quantité prodigieuse d'oiseaux, dont elle cherche les nids pour en sucer les œufs ; elle prend les
écureuils, les mulots, les lérots, etc. ; elle mange aussi du miel comme la
fouine et le putois. On ne la trouve pas en pleine campagne, dans les prairies, dans les champs, dans les vignes ; elle ne s'approche jamais des
habitations, et elle diffère encore de la fouine par la manière dont elle se
fait chasser ; dès que la fouine se sent poursuivre par un chien, elle se
soustrait en gagnant promptement son grenier ou son trou : la marte, au
contraire, se fait suivre assez longtemps par les chiens, avant de grimper
sur un arbre ; elle ne se donne pas la peine de monter jusqu'au-dessus des
branches, elle se tient sur la tige, et de là les regarde passer ; la trace que
la marte laisse sur la neige paraît être celle d'une grande bête, parce qu'elle
ne va qu'en sautant et qu'elle marque toujours de deux pieds à la fois ;
elle est un peu plus grosse que la fouine, et cependant elle a la tête plus
courte ; elle a les jambes plus longues, et court par conséquent plus aisément ; elle a la gorge jaune, au lieu que la fouine l'a blanche[1] ; son poil est
aussi bien plus fin, bien plus fourni et moins sujet à tomber ; elle ne prépare pas, comme la fouine, un lit à ses petits : néanmoins elle les loge

a. Il y a toute apparence que les martes du pays des Anzicos (voisin du royaume de Congo)
dont il est fait mention dans l'*Histoire générale des voyages*, t. V, p. 87, sont des fouines,
et non pas des martes.

* *Mustela martes* (Linn.). — Ordre des *Carnassiers;* famille des *Carnivores;* tribu des
Digitigrades; genre *Marte* (Cuv.).

1. Voyez la note de la page 591.

encore plus commodément. Les écureuils font, comme l'on sait, des nids au-dessus des arbres avec autant d'art que les oiseaux ; lorsque la marte est prête à mettre bas, elle grimpe au nid de l'écureuil, l'en chasse, en élargit l'ouverture, s'en empare et y fait ses petits ; elle se sert aussi des anciens nids de ducs et de buses, et des trous des vieux arbres, dont elle déniche les pics-de-bois et les autres oiseaux ; elle met bas au printemps : la portée n'est que de deux ou trois ; les petits naissent les yeux fermés, et cependant grandissent en peu de temps ; elle leur apporte bientôt des oiseaux, des œufs, et les mène ensuite à la chasse avec elle. Les oiseaux connaissent si bien leurs ennemis, qu'ils font pour la marte comme pour le renard le même petit cri d'avertissement ; et une preuve que c'est la haine qui les anime, plutôt encore que la crainte, c'est qu'ils les suivent assez loin, et qu'ils font ce cri contre tous les animaux voraces et carnassiers, tels que le loup, le renard, la marte, le chat sauvage, la belette, et jamais contre le cerf, le chevreuil, le lièvre, etc.

Les martes sont aussi communes dans le nord de l'Amérique [1] que dans le nord de l'Europe et de l'Asie : on en apporte beaucoup du Canada ; il y en a dans toute l'étendue des terres septentrionales de l'Amérique jusqu'à la baie d'Hudson [a], et en Asie, jusqu'au nord du royaume de Tunquin [b] et de l'empire de la Chine [c]. Il ne faut pas la confondre avec la marte zibeline [2], qui est un autre animal dont la fourrure est bien plus précieuse. La zibeline est noire, la marte n'est que brune et jaune ; la partie de la peau qui est la plus estimée dans la marte est celle qui est la plus brune, et qui s'étend tout le long du dos jusqu'au bout de la queue.

LE PUTOIS. [*]

Le putois ressemble beaucoup à la fouine par le tempérament, par le naturel, par les habitudes ou les mœurs, et aussi par la forme du corps.

a. Voyez le *Voyage du capitaine Robert Lade*, traduit par M. l'abbé Prévost. Paris, 1744, t. II, p. 227.

b. Voyez les *Voyages de Tavernier*. Rouen, 1713, t. IV, p. 182. Voyez aussi l'*Histoire générale des voyages*, par M. l'abbé Prévost, t. VII, p. 117.

c. Voyez l'*Histoire générale des voyages*, t. VI, p. 562.

1. L'Amérique du Nord a plusieurs *martes* qui lui sont propres : le *vison blanc*, le *pékan*, etc.

2. La *zibeline* se distingue de la *marte* et de la *fouine*, parce qu'elle a du poil jusque sous les doigts..... « Sa chasse, au milieu de l'hiver, dans des neiges affreuses, est une des plus « pénibles que l'on connaisse. C'est la recherche des zibelines qui a fait découvrir les contrées « orientales de la Sibérie. » (Cuvier : *Règne animal*, t. 1, p. 145.)

* *Mustela putorius* (Linn.). — Ordre des *Carnassiers* ; famille des *Carnivores* ; tribu des *Digitigrades* ; genre *Marte* (Cuv.).

Comme elle, il s'approche des habitations, monte sur les toits, s'établit dans les greniers à foin, dans les granges et dans les lieux peu fréquentés, d'où il ne sort que la nuit pour chercher sa proie. Il se glisse dans les basses-cours, monte aux volières, aux colombiers, où, sans faire autant de bruit que la fouine, y fait plus de dégât; il coupe ou écrase la tête à toutes les volailles, et ensuite il les transporte une à une et en fait magasin; si, comme il arrive souvent, il ne peut les emporter entières, parce que le trou par où il est entré se trouve trop étroit, il leur mange la cervelle et emporte les têtes. Il est aussi fort avide de miel; il attaque les ruches en hiver et force les abeilles à les abandonner. Il ne s'éloigne guère des lieux habités; il entre en amour au printemps; les mâles se battent sur les toits et se disputent la femelle; ensuite ils l'abandonnent et vont passer l'été à la campagne ou dans les bois; la femelle au contraire reste dans son grenier jusqu'à ce qu'elle ait mis bas, et n'emmène ses petits que vers le milieu ou la fin de l'été; elle en fait trois ou quatre et quelquefois cinq, ne les allaite pas longtemps, et les accoutume de bonne heure à sucer du sang et des œufs.

A la ville ils vivent de proie, et de chasse à la campagne; ils s'établissent, pour passer l'été, dans des terriers de lapins, dans des fentes de rochers, dans des troncs d'arbres creux, d'où ils ne sortent guère que la nuit pour se répandre dans les champs, dans les bois; ils cherchent les nids des perdrix, des alouettes et des cailles; ils grimpent sur les arbres pour prendre ceux des autres oiseaux; ils épient les rats, les taupes, les mulots, et font une guerre continuelle aux lapins, qui ne peuvent leur échapper, parce qu'ils entrent aisément dans leurs trous; une seule famille de putois suffit pour détruire une garenne. Ce serait le moyen le plus simple pour diminuer le nombre des lapins dans les endroits où ils deviennent trop abondants.

Le putois est un peu plus petit que la fouine; il a la queue plus courte, le museau plus pointu, le poil plus épais et plus noir; il a du blanc sur le front, aussi bien qu'aux côtés du nez et autour de la gueule. Il en diffère encore par la voix; la fouine a le cri aigu et assez éclatant; le putois a le cri plus obscur; ils ont tous deux, aussi bien que la marte et l'écureuil, un grognement d'un ton grave et colère, qu'ils répètent souvent lorsqu'on les irrite; enfin le putois ne ressemble point à la fouine par l'odeur, qui, loin d'être agréable, est au contraire si fétide qu'on l'a d'abord distingué et dénommé par là. C'est surtout lorsqu'il est échauffé, irrité, qu'il exhale et répand au loin une odeur insupportable. Les chiens ne veulent point manger de sa chair, et sa peau même, quoique bonne, est à vil prix, parce qu'elle ne perd jamais entièrement son odeur naturelle. Cette odeur vient de deux follicules ou vésicules que ces animaux ont auprès de l'anus, et qui filtrent et contiennent une matière onctueuse dont l'odeur est très-désagréable dans le putois, le furet, la belette, le blaireau, etc. , et qui n'est au contraire qu'une espèce de parfum dans la civette, la fouine, la marte, etc.

Le putois paraît être un animal des pays tempérés : on n'en trouve que peu ou point dans les pays du Nord, et ils sont plus rares que la fouine dans les climats méridionaux. Le puant d'Amérique[1] est un animal différent, et l'espèce du putois paraît être confinée en Europe, depuis l'Italie jusqu'à la Pologne. Il est sûr que ces animaux craignent le froid, puisqu'ils se retirent dans les maisons pour y passer l'hiver, et qu'on ne voit jamais de leurs traces sur la neige , dans les bois ou dans les champs éloignés des maisons, et peut-être aussi craignent-ils la trop grande chaleur, puisqu'on n'en trouve point dans les pays méridionaux.

LE FURET. *

Quelques auteurs ont douté si le furet et le putois étaient des animaux d'espèces différentes [a]. Ce doute est peut-être fondé sur ce qu'il y a des furets qui ressemblent aux putois par la couleur du poil : cependant le putois, naturel aux pays tempérés, est un animal sauvage comme la fouine, et le furet, originaire des climats chauds, ne peut subsister en France que comme animal domestique. On ne se sert point du putois, mais du furet, pour la chasse du lapin, parce qu'il s'apprivoise plus aisément , car d'ailleurs il a, comme le putois, l'odeur très-forte et très-désagréable; mais ce qui prouve encore mieux que ce sont des animaux différents, c'est qu'ils ne se mêlent point ensemble, et qu'ils diffèrent d'ailleurs par un grand nombre de caractères essentiels [2]. Le furet a le corps plus allongé et plus mince, la tête plus étroite, le museau plus pointu que le putois; il n'a pas le même instinct pour trouver sa subsistance; il faut en avoir soin, le nourrir à la maison , du moins dans ces climats; il ne va pas s'établir à la campagne ni dans les bois ; et ceux que l'on perd dans les trous de lapins, et qui ne reviennent pas, ne se sont jamais multipliés dans les champs ni dans les bois; ils périssent apparemment pendant l'hiver : le furet varie aussi par la couleur du poil comme les autres animaux domestiques, et

---

a. Vid. Linnæi Syst. nat. *Mustela flavescente nigricans, ore albo, collari flavescente putorius..... Mustela sylvestris viverra dicta,* an distincta ?

1. Le *puant d'Amérique* est une *mouffette.*

* *Mustela furo* (Linn.). — Ordre des *Carnassiers;* famille des *Carnivores;* tribu des *Digitigrades;* genre *Marte* (Cuv.).

2. « Le *furet* n'est qu'une *variété* du *putois.* » (Cuvier : *Règne animal,* t. I, p. 143.)

il est aussi commun dans les pays chauds [a], que le putois y est rare.

La femelle est dans cette espèce sensiblement plus petite que le mâle : lorsqu'elle est en chaleur, elle le recherche ardemment, et l'on assure [b] qu'elle meurt, si elle ne trouve pas à se satisfaire; aussi a-t-on soin de ne les pas séparer. On les élève dans des tonneaux ou dans des caisses où on leur fait un lit d'étoupes; ils dorment presque continuellement : ce sommeil si fréquent ne leur tient lieu de rien; car, dès qu'ils s'éveillent, ils cherchent à manger; on les nourrit de son, de pain, de lait, etc.; ils produisent deux fois par an; les femelles portent six semaines : quelques-unes dévorent leurs petits presque aussitôt qu'elles ont mis bas, et alors elles deviennent de nouveau en chaleur et font trois portées, lesquelles sont ordinairement de cinq ou six, et quelquefois de sept, huit, et même neuf.

Cet animal est naturellement ennemi mortel du lapin; lorsqu'on présente un lapin, même mort, à un jeune furet qui n'en a jamais vu, il se jette dessus et le mord avec fureur; s'il est vivant, il le prend par le cou, par le nez, et lui suce le sang; lorsqu'on le lâche dans les trous des lapins on le musèle, afin qu'il ne les tue pas dans le fond du terrier, et qu'il les oblige seulement à sortir et à se jeter dans le filet dont on couvre l'entrée. Si on laisse aller le furet sans muselière, on court risque de le perdre, parce qu'après avoir sucé le sang du lapin il s'endort, et la fumée qu'on fait dans le terrier n'est pas toujours un moyen sûr pour le ramener, parce que souvent il y a plusieurs issues, et qu'un terrier communique à d'autres, dans lesquels le furet s'engage à mesure que la fumée le gagne. Les enfants se servent aussi du furet pour dénicher des oiseaux; il entre aisément dans les trous des arbres et des murailles, et il les apporte au dehors.

Selon le témoignage de Strabon, le furet a été apporté d'Afrique en Espagne; et cela ne me paraît pas sans fondement, parce que l'Espagne est le climat naturel des lapins, et le pays où ils étaient autrefois le plus abondants : on peut donc présumer que pour en diminuer le nombre, devenu peut-être très-incommode, on fit venir des furets avec lesquels on fait une chasse utile, au lieu qu'en multipliant les putois on ne pourrait que détruire les lapins, mais sans aucun profit, et les détruire peut-être beaucoup au delà de ce que l'on voudrait.

Le furet, quoique facile à apprivoiser, et même assez docile, ne laisse pas d'être fort colère; il a une mauvaise odeur en tout temps, qui devient bien plus forte, lorsqu'il s'échauffe ou qu'on l'irrite; il a les yeux vifs, le regard enflammé, tous les mouvements très-souples, et il est en même

a. Le furet se trouve en Barbarie, et se nomme *Nimse*. Voyez les *Voyages du docteur Shaw*, Amsterdam, 1743, t. I, p. 322.

b. *Vide* Gessner, *Hist. animal. quadrup.*, p. 763.

temps si vigoureux, qu'il vient aisément à bout d'un lapin qui est au moins quatre fois plus gros que lui.

Malgré l'autorité des interprètes et des commentateurs, nous doutons que le furet soit l'*ictis* des Grecs. « L'ictis, dit Aristote, est une espèce de belette « sauvage, plus petite qu'un petit chien de Malte, mais semblable à la belette « par le poil, par la forme, par la blancheur de la partie inférieure, et aussi « par l'astuce des mœurs; il s'apprivoise beaucoup; il fait grand tort aux « ruches, étant avide de miel; il attaque aussi les oiseaux; il a, comme le « chat, le membre génital osseux. *Hist. animal.*, lib. ix, cap. vi. » Il paraît, 1° qu'il y a une espèce de contradiction ou de malentendu à dire que l'ictis est une espèce de belette sauvage qui s'apprivoise beaucoup, puisque la belette ordinaire, qui est ici la moins sauvage des deux, ne s'apprivoise point. 2° Le furet, quoique plus gros que la belette, n'est pas trop comparable au petit épagneul ou au chien bichon, dont il n'approche pas pour la grosseur. 3° Il ne paraît pas que le furet ait l'astuce de mœurs de la belette, ni même aucune ruse : enfin, il ne fait aucun tort aux ruches, et n'est nullement avide de miel. J'ai prié M. le Roy, inspecteur des chasses du roi, de vérifier ce dernier fait, et voici sa réponse : « M. de Buffon peut « être assuré que les furets n'ont pas, à la vérité, un goût décidé pour le « miel, mais qu'avec un peu de diète on leur en fait manger; nous en avons « nourri pendant quatre jours avec du pain trempé dans de l'eau miellée; « ils en ont mangé, et même en assez grande quantité, les deux derniers « jours; il est vrai que les plus faibles de ceux-là commençaient à maigrir « d'une manière sensible. » Ce n'est pas la première fois que M. le Roy, qui joint à beaucoup d'esprit [1] un grand amour pour les sciences, nous a donné des faits plus ou moins importants, et dont nous avons fait usage. J'ai essayé moi-même, n'ayant pas de furets sous ma main, de faire la même épreuve sur une hermine, en ne lui donnant que du miel pur à manger, et en même temps du lait à boire, elle en est morte au bout de quelques jours; ainsi ni l'hermine ni le furet ne sont avides de miel comme l'*ictis* des anciens, et c'est ce qui me fait croire que ce mot *ictis* n'est peut-être qu'un nom générique, ou que, s'il désigne une espèce particulière, c'est plutôt la fouine ou le putois, qui tous deux, en effet, ont l'astuce de la belette, entrent dans les ruches, et sont très-avides de miel.

1. George Leroy, l'auteur ingénieux des *Lettres philosophiques sur les animaux*, avait, en effet, *beaucoup d'esprit*. C'était aussi un excellent observateur. Son livre est plein d'intérêt.

LA BELETTE. *

La belette ordinaire est aussi commune dans les pays tempérés et chauds *a* qu'elle est rare dans les climats froids; l'hermine, au contraire, très-abondante dans le nord, n'est qu'en petit nombre dans les régions tempérées, et ne se trouve point vers le midi. Ces animaux forment donc deux espèces distinctes et séparées[1]; ce qui a pu donner lieu de les confondre et de les prendre pour le même animal, c'est que parmi les belettes ordinaires il y en a quelques-unes qui, comme l'hermine, deviennent blanches pendant l'hiver, même dans notre climat : mais, si ce caractère leur est commun, elles en ont d'autres qui sont très-différents; l'hermine, rousse en été, blanche en hiver, a en tout temps le bout de la queue noire; la belette, même celle qui blanchit en hiver, a le bout de la queue jaune; elle est d'ailleurs sensiblement plus petite et a la queue beaucoup plus courte que l'hermine; elle ne demeure pas, comme elle, dans les déserts et dans les bois, elle ne s'écarte guère des habitations : nous avons eu les deux espèces, et il n'y a nulle apparence que ces animaux, qui diffèrent par le climat, par le tempérament, par le naturel et par la taille, se mêlent ensemble; il est vrai que, parmi les belettes, il y en a de plus grandes et de plus petites; mais cette différence ne va guère qu'à un pouce sur la longueur entière du corps; au lieu que l'hermine est de deux pouces plus longue que la belette la plus grande : ni l'une ni l'autre ne s'apprivoisent, elles demeurent toujours très-sauvages dans les cages de fer où l'on est obligé de les garder; ni l'une ni l'autre ne veulent manger de miel; elles n'entrent pas dans les ruches comme le putois et la fouine; ainsi l'hermine n'est pas la belette sauvage, l'*ictis* d'Aristote[2], puisqu'il dit qu'elle devient fort privée et qu'elle est fort avide de miel; la belette et l'hermine, loin de s'apprivoiser, sont si sauvages qu'elles ne veulent pas manger lorsqu'on les regarde; elles sont dans une agitation continuelle, cherchent toujours à se cacher; et, si l'on veut les conserver, il faut leur donner un paquet d'étoupes dans lequel elles puissent se fourrer; elles y traînent tout ce qu'on leur donne, ne mangent guère que la nuit, et laissent pendant deux ou trois jours la viande fraîche se corrompre avant que d'y toucher; elles passent les trois quarts du jour à dormir; celles qui sont en liberté atten-

a. La belette se trouve en Barbarie; on la nomme *Fert-el Steile*. Voyez les *Voyages du docteur Shaw*. La Haye, 1743, t. I, p. 322.

* *Mustela vulgaris* (Linn.). — Ordre des *Carnassiers*; famille des *Carnivores*; tribu des *Digitigrades*; genre *Marte* (Cuv.).

1. La *belette* et l'*hermine* sont, en effet, deux espèces distinctes.

2. On ne sait pas bien ce qu'était l'*ictis* d'Aristote. Ce n'était, très-probablement, qu'une *variété* de la *belette*.

dent aussi la nuit pour chercher leur proie. Lorsqu'une belette peut entrer dans un poulailler, elle n'attaque pas les coqs ou les vieilles poules ; elle choisit les poulettes, les petits poussins, les tue par une seule blessure qu'elle leur fait à la tête, et ensuite les emporte tous les uns après les autres ; elle casse aussi les œufs et les suce avec une incroyable avidité ; en hiver, elle demeure ordinairement dans les greniers, dans les granges ; souvent même elle y reste au printemps pour y faire ses petits dans le foin ou la paille ; pendant tout ce temps, elle fait la guerre, avec encore plus de succès que le chat, aux rats et aux souris, parce qu'ils ne peuvent lui échapper et qu'elle entre après eux dans leurs trous ; elle grimpe aux colombiers, prend les pigeons, les moineaux, etc. ; en été, elle va à quelque distance des maisons, surtout dans les lieux bas, autour des moulins, le long des ruisseaux, des rivières, se cache dans les buissons pour attraper des oiseaux, et souvent s'établit dans le creux d'un vieux saule pour y faire ses petits ; elle leur prépare un lit avec de l'herbe, de la paille, des feuilles, des étoupes ; elle met bas au printemps ; les portées sont quelquefois de trois, et ordinairement de quatre ou de cinq ; les petits naissent les yeux fermés, aussi bien que ceux du putois, de la marte, de la fouine, etc. ; mais en peu de temps ils prennent assez d'accroissement et de force pour suivre leur mère à la chasse ; elle attaque les couleuvres, les rats d'eau, les taupes, les mulots, etc., parcourt les prairies, dévore les cailles et leurs œufs. Elle ne marche jamais d'un pas égal, elle ne va qu'en bondissant par petits sauts inégaux et précipités, et lorsqu'elle veut monter sur un arbre elle fait un bond par lequel elle s'élève tout d'un coup à plusieurs pieds de hauteur ; elle bondit de même, lorsqu'elle veut attraper un oiseau.

Ces animaux ont, aussi bien que le putois et le furet, l'odeur si forte qu'on ne peut les garder dans une chambre habitée ; ils sentent plus mauvais en été qu'en hiver, et lorsqu'on les poursuit ou qu'on les irrite ils infectent de loin. Ils marchent toujours en silence, ne donnent jamais de voix qu'on ne les frappe ; ils ont un cri aigre et enroué qui exprime bien le ton de la colère. Comme ils sentent eux-mêmes fort mauvais, ils ne craignent pas l'infection. Un paysan de ma campagne prit un jour trois belettes nouvellement nées dans la carcasse d'un loup qu'on avait suspendu à un arbre par les pieds de derrière ; le loup était presque entièrement pourri, et la mère belette avait apporté des herbes, des pailles et des feuilles pour faire un lit à ses petits dans la cavité du thorax.

L'HERMINE OU LE ROSELET.*

La belette à queue noire s'appelle hermine et roselet : hermine lorsqu'elle est blanche, roselet lorsqu'elle est rousse ou jaunâtre. Quoique moins commune que la belette ordinaire, on ne laisse pas d'en trouver beaucoup, surtout dans les anciennes forêts, et quelquefois pendant l'hiver dans les champs voisins des bois; il est aisé de la distinguer en tout temps de la belette commune, parce qu'elle a toujours le bout de la queue d'un noir foncé, le bord des oreilles et l'extrémité des pieds blancs.

Nous avons peu de chose à ajouter à ce que nous avons déjà dit de cet animal *a*, et à ce que M. Daubenton en a écrit dans sa description *b*; nous observerons seulement que, comme d'ordinaire l'hermine change de couleur en hiver, il y a toute apparence que celle dont il parle, et que nous avions encore au mois d'avril 1758, serait devenue blanche et telle qu'elle était l'année passée lorsqu'on la prit au 1er mars 1757, si elle fût demeurée libre; mais comme elle a été enfermée depuis ce temps dans une cage de fer, qu'elle se frotte continuellement contre les barreaux, et que d'ailleurs elle n'a pas essuyé toute la rigueur du froid, ayant toujours été à l'abri sous une arcade contre un mur, il n'est pas surprenant qu'elle ait gardé son poil d'été; elle est toujours extrêmement sauvage; elle n'a rien perdu de sa mauvaise odeur; à cela près, c'est un joli petit animal, les yeux vifs, la physionomie fine, et les mouvements si prompts qu'il n'est pas possible de les suivre de l'œil; on l'a toujours nourrie avec des œufs et de la viande, mais elle la laisse corrompre avant que d'y toucher; elle n'a jamais voulu manger du miel qu'après avoir été privée pendant trois jours de toute autre nourriture, et elle est morte après en avoir mangé. La peau de cet animal est précieuse; tout le monde connaît les fourrures d'hermine, elles sont bien plus belles et d'un blanc plus mat que celles du lapin blanc; mais elles jaunissent avec le temps, et même les hermines de ce climat ont toujours une légère teinte de jaune.

Les hermines sont très-communes dans tout le Nord, surtout en Russie, en Norwége, en Laponie *c* : elles y sont, comme ailleurs, rousses en été et blanches en hiver; elles se nourrissent de petits-gris et d'une espèce de

a. Voyez l'article de la belette.
b. Voyez la Description de l'hermine, par Daubenton [1].
c. Voyez les *Œuvres de Regnard*, Paris, 1742, t. I, p. 178.

* *Mustela erminea* (Linn.). — Ordre des *Carnassiers;* famille des *Carnivores;* tribu des *Digitigrades;* genre *Marte* (Cuv.).

1. Après avoir comparé ensemble tous ces animaux (l'*hermine*, la *belette*, le *furet*, le *putois*, la *marte* et la *fouine*), Daubenton rapproche, très-judicieusement, l'*hermine* de la *belette*, le *furet* du *putois*, et la *marte* de la *fouine*.

rats dont nous parlerons dans la suite de cet ouvrage, et qui est très-abondante en Norwége et en Laponie; les hermines sont rares dans les pays tempérés, et ne se trouvent point dans les pays chauds. L'animal du cap de Bonne-Espérance, que Kolbe [a] appelle hermine, et duquel il dit que la chair est saine et agréable au palais, n'est point une hermine, ni même rien d'approchant; les belettes de Cayenne, dont parle M. Barrère [b], et les hermines grises de la Tartarie orientale et du nord de la Chine, dont il est fait mention par quelques voyageurs [c], sont aussi des animaux différents de nos belettes et de nos hermines.

L'ÉCUREUIL. [*]

L'écureuil est un joli petit animal qui n'est qu'à demi sauvage, et qui, par sa gentillesse, par sa docilité, par l'innocence même de ses mœurs, mériterait d'être épargné; il n'est ni carnassier ni nuisible, quoiqu'il saisisse quelquefois des oiseaux; sa nourriture ordinaire sont des fruits, des amandes, des noisettes, de la faîne et du gland; il est propre, leste, vif, très-alerte, très-éveillé, très-industrieux; il a les yeux pleins de feu, la physionomie fine, le corps nerveux, les membres très-dispos : sa jolie figure est encore rehaussée, parée par une belle queue en forme de panache, qu'il relève jusque dessus sa tête, et sous laquelle il se met à l'ombre; le dessous de son corps est garni d'un appareil tout aussi remarquable, et qui annonce de grandes facultés pour l'exercice de la génération; il est, pour ainsi dire, moins quadrupède que les autres; il se tient ordinairement assis presque debout, et se sert de ses pieds de devant, comme d'une main, pour porter à sa bouche; au lieu de se cacher sous terre, il est toujours en l'air; il approche des oiseaux par sa légèreté ; il demeure comme eux sur la cime des arbres, parcourt les forêts en sautant de l'un à l'autre, y fait aussi son nid, cueille les graines, boit la rosée, et ne descend à terre que quand les arbres sont agités par la violence des vents. On ne le trouve point dans les champs, dans les lieux découverts, dans les pays de plaine; il n'approche jamais des habitations, il ne reste point dans les taillis, mais dans les bois de hauteur, sur les vieux arbres des plus belles futaies. Il craint l'eau plus

a. *Description du Cap de Bonne-Espérance*, par Kolbe. Amsterdam, 1741, partie III, chap. VI, p. 54.
b. *Description de la France équinoxiale*, par M. Barrère.
c. Voyez l'*Histoire générale des voyages*, par M. l'abbé Prévost, t. VI, pages 565 et 603.

* *Sciurus vulgaris* (Linn.). — Ordre des *Rongeurs;* genre *Écureuil* (Cuv.).

encore que la terre, et l'on assure *a* que, lorsqu'il faut la passer, il se sert d'une écorce pour vaisseau, et de sa queue pour voiles et pour gouvernail[1]. Il ne s'engourdit pas comme le loir pendant l'hiver; il est en tout temps très-éveillé, et pour peu que l'on touche au pied de l'arbre sur lequel il repose, il sort de sa petite bauge, fuit sur un autre arbre, ou se cache à l'abri d'une branche. Il ramasse des noisettes pendant l'été, en remplit les troncs, les fentes d'un vieux arbre, et a recours en hiver à sa provision; il les cherche aussi sous la neige, qu'il détourne en grattant. Il a la voix éclatante, et plus perçante encore que celle de la fouine; il a de plus un murmure à bouche fermée, un petit grognement de mécontentement qu'il fait entendre toutes les fois qu'on l'irrite. Il est trop léger pour marcher, il va ordinairement par petits sauts et quelquefois par bonds; il a les ongles si pointus et les mouvements si prompts, qu'il grimpe en un instant sur un hêtre dont l'écorce est fort lisse.

On entend les écureuils, pendant les belles nuits d'été, crier en courant sur les arbres les uns après les autres; ils semblent craindre l'ardeur du soleil, ils demeurent pendant le jour à l'abri dans leur domicile, dont ils sortent le soir pour s'exercer, jouer, faire l'amour et manger; ce domicile est propre, chaud et impénétrable à la pluie; c'est ordinairement sur l'enfourchure d'un arbre qu'ils l'établissent; ils commencent par transporter des bûchettes qu'ils mêlent, qu'ils entrelacent avec de la mousse; ils la serrent ensuite, ils la foulent, et donnent assez de capacité et de solidité à leur ouvrage pour y être à l'aise et en sûreté avec leurs petits; il n'y a qu'une ouverture vers le haut, juste, étroite, et qui suffit à peine pour passer; au-dessus de l'ouverture est une espèce de couvert en cône qui met le tout à l'abri et fait que la pluie s'écoule par les côtés et ne pénètre pas. Ils produisent ordinairement trois ou quatre petits; ils entrent en amour au printemps et mettent bas au mois de mai ou au commencement de juin; ils muent au sortir de l'hiver; le poil nouveau est plus roux que celui qui tombe. Ils se peignent, ils se polissent avec les mains et les dents; ils sont propres, ils n'ont aucune mauvaise odeur; leur chair est assez bonne à manger. Le poil de la queue sert à faire des pinceaux; mais leur peau ne fait pas une bonne fourrure.

Il y a beaucoup d'espèces voisines de celle de l'écureuil, et peu de variétés dans l'espèce même; il s'en trouve quelques-uns de cendrés; tous

a. « Rei veritate nititur quod Gesnerus ex Vincentio Belvacensi et Olao magno refert : « sciuros, quando aquam transire cupiunt, lignum levissimum aquæ imponere; eique insi- « dentes et caudâ, non tamen ut vult, erectâ, sed continuo motâ, velificantes neque flante « vento, sed tranquillo æquore transvehi, quod fide dignus, fidusque meus emissarius ad « insulas Gothlandiæ, plus simplici vice observavit, et cum spoliis in littoribus ibidem col- « lectis redux mirabundus mihi retulit. » *Dissert. de Sciuro volante. Phil. trans.* n° 97, p. 38 Klein, *de quadrup.*, p. 53.

1. Petite fable qui n'a pas besoin d'être réfutée.

les autres sont roux. Les petits-gris, qui sont d'une espèce[1] différente, demeurent toujours gris. Et sans citer les écureuils volants[2], qui sont bien différents des autres, l'écureuil blond de Cambaye [a], qui est fort petit et qui a la queue semblable à l'écureuil d'Europe, celui de Madagascar [b], nommé tsitsihi, qui est gris, et qui n'est, dit Flacourt, ni beau ni bon à apprivoiser, l'écureuil blanc de Siam [c], l'écureuil gris [d] un peu tacheté de Bengale, l'écureuil-rayé de Canada [e], l'écureuil noir [f], le grand écureuil gris de Virginie [g], l'écureuil de la Nouvelle-Espagne à raies blanches [h], l'écureuil blanc de Sibérie [i], l'écureuil varié ou le *mus ponticus*, le petit écureuil d'Amérique, celui du Brésil, celui de Barbarie, le rat palmiste, etc., forment autant d'espèces distinctes et séparées[3].

LE RAT.[*]

Descendant par degrés du grand au petit, du fort au faible, nous trouverons que la nature a su tout compenser; qu'uniquement attentive à la conservation de chaque espèce, elle fait profusion d'individus, et se soutient par le nombre dans toutes celles qu'elle a réduites au petit, ou qu'elle a laissées sans forces, sans armes et sans courage : et non-seulement elle a voulu que ces espèces inférieures fussent en état de résister ou durer par le nombre, mais il semble qu'elle ait en même temps donné des suppléments à chacune, en multipliant les espèces voisines. Le rat, la souris, le mulot, le rat d'eau, le campagnol, le loir, le lérot, le muscardin, la musaraigne, beaucoup d'autres que je ne cite point parce qu'ils sont étrangers à notre climat, forment autant d'espèces distinctes et séparées, mais assez peu différentes pour pouvoir en quelque sorte se suppléer et faire que, si

a. Voyez les *Voyages de Pietro della Valle.* Rouen, 1745, t. VI, p. 368.
b. Voyez le *Voyage de Flacourt.* Paris, 1661, p. 164.
c. Voyez le *Second voyage de P. Tachard.* Paris, 1689, p. 249.
d. Voyez le *Recueil des voyages de la Compagnie des Indes de Holland.* Amsterdam, 1711, t. VII.
e. Voyez le *Voyage de Sabard Théodat.* Paris, 1632, p. 305 et 306.
f. Voyez l'*Histoire naturelle de la Caroline*, par Catesby. Londres, 1743, t. II, p. 73.
g. Idem, ibidem., p. 76.
h. Vide Albert Seba, vol. I, p. 76.
i. Vide Brisson, *Regn. animal.*, p. 151.

1. Le *petit-gris* du Nord n'est qu'une *variété* de notre *écureuil.* Le *petit-gris* de Buffon est l'*écureuil gris de la Caroline.*
2. Les *écureuils volants* sont les *polatouches.*
3. Voyez, sur toutes ces *espèces* ou *variétés* d'*écureuils* : Cuvier, *Règne animal*, t. I, p. 192.
[*] *Mus rattus* (Linn.). — Ordre des *Rongeurs*; genre *Rat* (Cuv.).

l'une d'entre elles venait à manquer, le vide en ce genre serait à peine sensible; c'est ce grand nombre d'espèces voisines qui a donné l'idée des genres aux naturalistes; idée que l'on ne peut employer qu'en ce sens, lorsqu'on ne voit les objets qu'en gros, mais qui s'évanouit dès qu'on l'applique à la réalité, et qu'on vient à considérer la nature en détail.

Les hommes ont commencé par donner différents noms aux choses qui leur ont paru distinctement différentes, et en même temps ils ont fait des dénominations générales pour tout ce qui leur paraissait à peu près semblable. Chez les peuples grossiers et dans toutes les langues naissantes il n'y a presque que des noms généraux, c'est-à-dire des expressions vagues et informes de choses du même ordre, et cependant très-différentes entre elles; un chêne, un hêtre, un tilleul, un sapin, un if, un pin, n'auront d'abord eu d'autre nom que celui d'*arbre;* ensuite le chêne, le hêtre, le tilleul se seront tous trois appelés *chêne,* lorsqu'on les aura distingués du sapin, du pin, de l'if, qui tous trois se seront appelés *sapin.* Les noms particuliers ne sont venus qu'à la suite de la comparaison et de l'examen détaillé qu'on a fait de chaque espèce de choses : on a augmenté le nombre de ces noms à mesure qu'on a plus étudié et mieux connu la nature; plus on l'examinera, plus on la comparera, plus il y aura de noms propres et de dénominations particulières. Lorsqu'on nous la présente donc aujourd'hui par des dénominations générales, c'est-à-dire par des genres, c'est nous renvoyer à l'A B C de toute connaissance, et rappeler les ténèbres de l'enfance des hommes : l'ignorance a fait les genres, la science a fait et fera les noms propres, et nous ne craindrons pas d'augmenter le nombre des dénominations particulières, toutes les fois que nous voudrons désigner des espèces différentes [1].

L'on a compris et confondu, sous ce nom générique de rat, plusieurs espèces de petits animaux; nous ne donnerons ce nom qu'au rat commun qui est noirâtre et qui habite dans les maisons; chacune des autres espèces aura sa dénomination particulière parce que, ne se mêlant point ensemble, chacune est différente de toutes les autres. Le rat est assez connu par l'incommodité qu'il nous cause; il habite ordinairement les greniers où l'on entasse le grain, où l'on serre les fruits, et de là descend et se répand dans la maison. Il est carnassier, et même omnivore; il semble seulement préférer les choses dures aux plus tendres; il ronge la laine, les étoffes, les meubles, perce le bois, fait des trous dans les murs, se loge dans l'épaisseur des planchers, dans les vides de la charpente ou de la boiserie; il en sort pour chercher sa subsistance, et souvent il y transporte tout ce

---

1. Il faut une *dénomination particulière* pour chaque *espèce* distincte; et il faut réunir en *genres* déterminés toutes les *espèces* vo'sines. (Voyez, touchant les préventions de Buffon contre la *méthode,* la note de la page 6 du 1er volume. — Voyez en outre, sur le mot *genre,* la note de la page 264 de ce volume-ci.)

qu'il peut traîner; il y fait même quelquefois magasin, surtout lorsqu'il a des petits. Il produit plusieurs fois par an, presque toujours en été; les portées ordinaires sont de cinq ou six. Il cherche les lieux chauds et se niche en hiver auprès des cheminées ou dans le foin, dans la paille. Malgré les chats, le poison, les piéges, les appâts, ces animaux pullulent si fort qu'ils causent souvent de grands dommages; c'est surtout dans les vieilles maisons à la campagne, où l'on garde du blé dans les greniers, et où le voisinage des granges et des magasins à foin facilite leur retraite et leur multiplication, qu'ils sont en si grand nombre qu'on serait obligé de démeubler, de déserter, s'ils ne se détruisaient eux-mêmes; mais nous avons vu par expérience qu'ils se tuent, qu'ils se mangent entre eux pour peu que la faim les presse; en sorte que, quand il y a disette à cause du trop grand nombre, les plus forts se jettent sur les plus faibles, leur ouvrent la tête et mangent d'abord la cervelle, et ensuite le reste du cadavre; le lendemain la guerre recommence, et dure ainsi jusqu'à la destruction du plus grand nombre; c'est par cette raison qu'il arrive ordinairement, qu'après avoir été infesté de ces animaux pendant un temps, ils semblent souvent disparaître tout à coup et quelquefois pour longtemps. Il en est de même des mulots, dont la pullulation prodigieuse n'est arrêtée que par les cruautés qu'ils exercent entre eux dès que les vivres commencent à leur manquer. Aristote a attribué cette destruction subite à l'effet des pluies; mais les rats n'y sont point exposés, et les mulots savent s'en garantir; car les trous qu'ils habitent sous terre ne sont pas même humides.

Les rats sont aussi lascifs que voraces; ils glapissent dans leurs amours et crient quand ils se battent; ils préparent un lit à leurs petits et leur apportent bientôt à manger; lorsqu'ils commencent à sortir de leur trou, la mère les veille, les défend, et se bat même contre les chats pour les sauver. Un gros rat est plus méchant et presque aussi fort qu'un jeune chat; il a les dents de devant longues et fortes; le chat mord mal, et comme il ne se sert guère que de ses griffes, il faut qu'il soit non-seulement vigoureux, mais aguerri. La belette, quoique plus petite, est un ennemi plus dangereux, et que le rat redoute parce qu'elle le suit dans son trou : le combat dure quelquefois longtemps; la force est au moins égale, mais l'emploi des armes est différent : le rat ne peut blesser qu'à plusieurs reprises et par les dents de devant, lesquelles sont plutôt faites pour ronger que pour mordre, et qui étant posées à l'extrémité du levier de la mâchoire ont peu de force; tandis que la belette mord de toute la mâchoire avec acharnement, et qu'au lieu de démordre, elle suce le sang de l'endroit entamé ; aussi le rat succombe-t-il toujours.

On trouve des variétés dans cette espèce comme dans toutes celles qui sont très-nombreuses en individus; outre les rats ordinaires, qui sont noirâtres, il y en a de bruns, de presque noirs, d'autres d'un gris plus blanc ou plus roux, et d'autres tout à fait blancs : ces rats blancs ont les yeux rouges comme le lapin blanc, la souris blanche, et comme tous les autres animaux qui sont tout à fait blancs. L'espèce entière, avec ses variétés, paraît être naturelle aux climats tempérés de notre continent, et s'est beaucoup plus répandue dans les pays chauds que dans les pays froids. Il n'y en avait point en Amérique [a], et ceux qui y sont aujourd'hui, et en très-grand nombre, y ont débarqué avec les Européens; ils multiplièrent d'abord si prodigieusement, qu'ils ont été pendant longtemps le fléau des colonies, où ils n'avaient guère d'autres ennemis que les grosses couleuvres qui les avalent tout vivants : les navires les ont aussi portés aux Indes orientales et dans toutes les îles [b] de l'archipel indien : il s'en trouve aussi beaucoup en Afrique [c]. Dans le Nord, au contraire, ils ne se sont guère multipliés au delà de la Suède, et ce qu'on appelle des rats en Norwége [1], en Laponie, etc., sont des animaux différents de nos rats.

LA SOURIS. *

La souris, beaucoup plus petite que le rat, est aussi plus nombreuse, plus commune et plus généralement répandue; elle a le même instinct, le même tempérament, le même naturel, et n'en diffère guère que par la faiblesse et par les habitudes qui l'accompagnent; timide par nature, familière par nécessité, la peur ou le besoin font tous ses mouvements; elle ne sort de son trou que pour chercher à vivre; elle ne s'en écarte guère, y rentre à la première alerte, ne va pas, comme le rat, de maisons en maisons à moins qu'elle n'y soit forcée, fait aussi beaucoup moins de dégât, a les mœurs plus douces et s'apprivoise jusqu'à un certain point, mais sans s'attacher : comment aimer en effet ceux qui nous dressent des embûches? Plus faible, elle a plus d'ennemis auxquels elle ne peut échapper, ou plutôt se soustraire que par son agilité, sa petitesse même. Les chouettes, tous les oiseaux de nuit, les chats, les fouines, les belettes, les rats même lui font la guerre; on l'attire, on la leurre aisément par des appâts, on la détruit à milliers; elle ne subsiste enfin que par son immense fécondité.

---

a. Voyez la *Description des Antilles*, par le P. du Tertre. Paris, 1667, t. II, p. 303; l'*Histoire naturelle des îles Antilles*. Rotterdam, 1658, p. 261; *Nouveaux voyages aux îles de l'Amérique*. Paris, 1722, t. III, p. 160; *Voyage de Dampier*. Rouen, 1715, t. IV, p. 225.

b. Voyez les *Lettres édifiantes*, Recueil XVIII, p. 161.

c. Voyez le *Voyage de Guinée*, par Bosman. Utrecht, 1705, p. 241. Voyez aussi l'*Histoire générale des Voyages*, par M. l'abbé Prévost, t. IV, p. 238.

1. Le *lemming* (*Mus lemmus*. Linn.), si singulier par ses migrations.

* *Mus musculus* (Linn.). — Ordre des *Rongeurs*; genre *Rat* (Cuv.).

J'en ai vu qui avaient mis bas dans des souricières; elles produisent dans toutes les saisons, et plusieurs fois par an; les portées ordinaires sont de cinq ou six petits; en moins de quinze jours ils prennent assez de force et de croissance pour se disperser et aller chercher à vivre : ainsi la durée de la vie de ces petits animaux est fort courte, puisque leur accroissement est si prompt; et cela augmente encore l'idée qu'on doit avoir de leur prodigieuse multiplication. Aristote [a] dit, qu'ayant mis une souris pleine dans un vase à serrer du grain, il s'y trouva peu de temps après cent vingt souris toutes issues de la même mère.

Ces petits animaux ne sont point laids, ils ont l'air vif et même assez fin; l'espèce d'horreur qu'on a pour eux n'est fondée que sur les petites surprises et sur l'incommodité qu'ils causent. Toutes les souris sont blanchâtres sous le ventre, et il y en a de blanches sur tout le corps; il y en a aussi de plus ou moins brunes et de plus ou moins noires. L'espèce est généralement répandue en Europe, en Asie, en Afrique; mais on prétend qu'il n'y en avait point en Amérique, et que celles qui y sont actuellement en grand nombre viennent originairement de notre continent : ce qu'il y a de vrai, c'est qu'il paraît que ce petit animal suit l'homme et fuit les pays inhabités, par l'appétit naturel qu'il a pour le pain, le fromage, le lard, l'huile, le beurre et les autres aliments que l'homme prépare pour lui-même.

LE MULOT. [*]

Le mulot est plus petit que le rat et plus gros que la souris; il n'habite jamais les maisons et ne se trouve que dans les champs et dans les bois; il est remarquable par les yeux qu'il a gros et proéminents, et il diffère encore du rat et de la souris par la couleur du poil qui est blanchâtre sous le ventre et d'un roux brun sur le dos : il est très-généralement et très-abondamment répandu, surtout dans les terres élevées. Il paraît qu'il est longtemps à croître, parce qu'il varie considérablement pour la grandeur; les grands ont quatre pouces deux ou trois lignes de longueur depuis le bout du nez jusqu'à l'origine de la queue; les petits, qui paraissent adultes comme les autres, ont un pouce de moins. Et, comme il s'en trouve de toutes les grandeurs intermédiaires, on ne peut pas douter que les grands et les petits ne soient tous de la même espèce; il y a grande apparence que c'est faute d'avoir connu ce fait que quelques naturalistes en ont fait deux

_a._ _Vide_ Aristotel. _Hist. animal._, lib. VI, cap. XXXVII.

[*] _Mus sylvaticus_ (Gmel.). — Ordre des _Rongeurs_; genre _Rat_ (Cuv.).

espèces : l'une qu'ils ont appelée le *grand rat des champs* [a], et l'autre le *mulot* [b]; Ray, qui le premier est tombé dans cette erreur en les indiquant sous deux dénominations, semble avouer qu'il n'en connaît [c] qu'une espèce. Et quoique les courtes descriptions qu'il donne de l'une et de l'autre espèce paraissent différer, on ne doit pas en conclure qu'elles existent toutes deux : 1° parce qu'il n'en connaissait lui-même qu'une; 2° parce que nous n'en connaissons qu'une, et que, quelques recherches que nous ayons faites, nous n'en avons trouvé qu'une; 3° parce que Gessner et les autres anciens naturalistes ne parlent que d'une sous le nom de *mus agrestis major*, qu'ils disent être très-commune, et que Ray dit aussi que l'autre, qu'il donne sous le nom de *mus domesticus medius*, est très-commune : ainsi il serait impossible que les uns ou les autres de ces auteurs ne les eussent pas vues toutes deux, puisque de leur aveu toutes deux sont si communes; 4° parce que, dans cette seule et même espèce, comme il s'en trouve de plus grands et de plus petits, il est probable qu'on a été induit en erreur et qu'on a fait une espèce des plus grands et une autre espèce des plus petits; 5° enfin, parce que les descriptions de ces deux prétendues espèces n'étant nulle part ni exactes ni complètes, on ne doit pas tabler sur les caractères vagues et sur les différences qu'elles indiquent.

Les anciens, à la vérité, font mention de deux espèces, l'une sous la dénomination de *mus agrestis major*, et l'autre sous celle de *mus agrestis minor;* ces deux espèces sont fort communes, et nous les connaissons comme les anciens : la première est notre mulot; mais la seconde n'est pas le *mus domesticus medius* de Ray, c'est un autre animal qui est connu sous le nom de *mulot à courte queue*, ou de *petit rat des champs* [1]; et comme il est fort différent du rat ou du mulot, nous n'adoptons pas le nom générique de *petit rat des champs*, ni celui de *mulot à courte queue*, parce qu'il n'est ni rat ni mulot, et nous lui donnerons un nom particulier [d]. Il en est

---

a. *Mus agrestis major, macrouros Gessneri.* Ray, *Synops. animal. quadrup.*, p. 219.

Le grand rat des champs. *Mus caudâ longissimâ fuscus, ad latera rufus .... Mus campestris major.* Brisson, *Regn. animal.*, p. 171.

b. *Mus domesticus medius.* Ray, *Synops. animal. quadrup.*, p. 218.

Le mulot. *Mus caudâ longâ, supra fusco flavescens, infra ex albo cinerascens.* Brisson, *Regn. animal*, p. 274.

c. *De hac specie mihi non undequaque satisfactum est.* Ray, *Synops. quadrup.*, p. 219.

d. Je l'appelle Campagnol, de son nom en italien *Campagnoli* [2].

1. Il y a deux espèces de *mulots : le mulot* proprement dit (le *mulot* de Buffon, *mus sylvaticus* de Gmelin, *mus domesticus medius* de Ray), et le *mulot nain* de Fréd. Cuvier (*mus campestris* de Desmarest.) Ces deux *mulots* diffèrent par la taille et les proportions : dans le premier, la queue est plus courte que le corps, elle est plus longue que le corps dans le second, etc.

2. Le *campagnol* diffère du *mulot* surtout par sa queue, qui est très-courte et toute velue. Il en diffère aussi par ses dents molaires, qui offrent des lignes d'émail transversales, au lieu de tubercules mousses, etc. (Voyez, plus loin, l'histoire du *campagnol*.)

de même d'une espèce nouvelle[1] qui s'est répandue depuis quelques années, et qui s'est beaucoup multipliée autour de Versailles et dans quelques provinces voisines de Paris, qu'on appelle *rats des bois, rats sauvages, gros rats des champs*, qui sont très-voraces, très-méchants, très-nuisibles, et beaucoup plus grands que nos rats; nous lui donnerons aussi un nom particulier, parce qu'elle diffère de toutes les autres, et que, pour éviter toute confusion, il faut donner à chaque espèce un nom. Comme le mulot et le mulot à courte queue, que nous appellerons *campagnol*, sont tous deux très-communs dans les champs et dans les bois, les gens de la campagne les ont désignés par la différence qui les a le plus frappés : nos paysans, en Bourgogne, appellent le mulot la *ratte à la grande queue*, et le campagnol la *raite couette;* dans d'autres provinces on appelle le mulot le *rat sauterelle*, parce qu'il va toujours par sauts; ailleurs on l'appelle *souris de terre* lorsqu'il est petit, et *mulot* lorsqu'il est grand; ainsi on se souviendra que la souris de terre, le rat sauterelle, la ratte à la grande queue, le grand rat des champs, le rat domestique moyen, ne sont que des dénominations différentes de l'animal que nous appelons *mulot*.

Il habite, comme je l'ai dit, les terres sèches et élevées; on le trouve en grande quantité dans les bois et dans les champs qui en sont voisins. Il se retire dans des trous qu'il trouve tout faits, ou qu'il se pratique sous des buissons et des troncs d'arbres; il y amasse une quantité prodigieuse de gland, de noisettes ou de faîne; on en trouve quelquefois jusqu'à un boisseau dans un seul trou, et cette provision, au lieu d'être proportionnée à ses besoins, ne l'est qu'à la capacité du lieu; ces trous sont ordinairement de plus d'un pied sous terre, et souvent partagés en deux loges, l'une où il habite avec ses petits, et l'autre où il fait son magasin. J'ai souvent éprouvé le dommage très-considérable que ces animaux causent aux plantations; ils emportent les glands nouvellement semés, ils suivent le sillon tracé par la charrue, déterrent chaque gland l'un après l'autre et n'en laissent pas un : cela arrive surtout dans les années où le gland n'est pas fort abondant; comme ils n'en trouvent pas assez dans les bois, ils viennent le chercher dans les terres semées, ne le mangent pas sur le lieu, mais l'emportent dans leur trou, où ils l'entassent et le laissent souvent sécher et pourrir. Eux seuls font plus de tort à un *semis* de bois que tous les oiseaux et tous les autres animaux ensemble : je n'ai trouvé d'autre moyen pour éviter ce grand dommage que de tendre des piéges de dix pas en dix pas dans toute l'étendue de la terre semée; il ne faut qu'une noix grillée pour appât sous une pierre plate soutenue par une bûchette; ils viennent pour manger la noix qu'ils préfèrent au gland; comme elle est attachée à la bûchette, dès qu'ils y touchent la pierre leur tombe sur le corps et les étouffe ou les

---

1. Le *surmulot*.

écrase : je me suis servi du même expédient contre les campagnols qui détruisent aussi les glands ; et comme l'on avait soin de m'apporter tout ce qui se trouvait sous les piéges, j'ai vu les premières fois, avec étonnement que chaque jour on prenait une centaine, tant de mulots que de campagnols, et cela dans une pièce de terre d'environ quarante arpents : j'en ai eu plus de deux milliers en trois semaines, depuis le 15 novembre jusqu'au 8 décembre, et ensuite en moindre nombre jusqu'aux grandes gelées, pendant lesquelles ils se recèlent et se nourrissent dans leur trou. Depuis que j'ai fait cette épreuve, il y a plus de vingt ans, je n'ai jamais manqué, toutes les fois que j'ai semé du bois, de me servir du même expédient, et jamais on n'a manqué de prendre des mulots en très-grand nombre; c'est surtout en automne qu'ils sont en si grande quantité; il y en a beaucoup moins au printemps, car ils se détruisent eux-mêmes pour peu que les vivres viennent à leur manquer pendant l'hiver; les gros mangent les petits. Ils mangent aussi les campagnols et même les grives, les merles et les autres oiseaux qu'ils trouvent pris aux lacets; ils commencent par la cervelle et finissent par le reste du cadavre. Nous avons mis dans un même vase douze de ces mulots vivants; on leur donnait à manger à huit heures du matin; un jour qu'on les oublia d'un quart d'heure, il y en eut un qui servit de pâture aux autres, le lendemain ils en mangèrent un autre, et, enfin, au bout de quelques jours il n'en resta qu'un seul; tous les autres avaient été tués et dévorés en partie, et celui qui resta le dernier avait lui-même les pattes et la queue mutilées.

Le rat pullule beaucoup, le mulot pullule encore davantage ; il produit plus d'une fois par an, et les portées sont souvent de neuf et dix , au lieu que celles du rat ne sont que de cinq ou six : un homme de ma campagne en prit un jour vingt-deux dans un seul trou; il y avait deux mères et et vingt petits. Il est très-généralement répandu dans toute l'Europe; on le trouve en Suède, et c'est celui que M. Linnæus appelle *a* *Mus caudâ longâ, corpore nigro flavescente, abdomine albo.* Il est très-commun en France, en Italie, en Suisse; Gessner l'a appelé *mus agrestis major b.* Il est aussi en Allemagne et en Angleterre, où on le nomme *feld-musz, field-mause*, c'est-à-dire *rat des champs :* il a pour ennemis les loups, les renards, les martes, les oiseaux de proie et lui-même.

a. Vide Linnæi, *Faun. Suecic.* Stockolmiæ, 1746 , p. 11.
b. Gessner, *Hist. quadrup.* , p. 733. *Icon. animal. quadrup.*, p. 116.

LE RAT D'EAU. *

Le rat d'eau est un petit animal de la grosseur d'un rat, mais qui, par le naturel et par les habitudes, ressemble beaucoup plus à la loutre qu'au rat ; comme elle, il ne fréquente que les eaux douces, et on le trouve communément sur les bords des rivières, des ruisseaux, des étangs ; comme elle, il ne vit guère que de poissons : les goujons, les mouteilles, les vérons, les ablettes, le frai de la carpe, du brochet, du barbeau, sont sa nourriture ordinaire ; il mange aussi des grenouilles, des insectes d'eau, et quelquefois des racines et des herbes. Il n'a pas, comme la loutre, des membranes entre les doigts des pieds ; c'est une erreur de Willugby, que Ray et plusieurs autres naturalistes ont copiée ; il a tous les doigts des pieds séparés, et cependant il nage facilement, se tient sous l'eau longtemps, et rapporte sa proie pour la manger à terre, sur l'herbe ou dans son trou ; les pêcheurs l'y surprennent quelquefois en cherchant des écrevisses, il leur mord les doigts, et cherche à se sauver en se jetant dans l'eau. Il a la tête plus courte, le museau plus gros, le poil plus hérissé, et la queue beaucoup moins longue que le rat. Il fuit, comme la loutre, les grands fleuves, ou plutôt les rivières trop fréquentées. Les chiens le chassent avec une espèce de fureur. On ne le trouve jamais dans les maisons, dans les granges ; il ne quitte pas le bord des eaux, ne s'en éloigne même pas autant que la loutre, qui quelquefois s'écarte et voyage en pays sec à plus d'une lieue. Le rat d'eau ne va point dans les terres élevées ; il est fort rare dans les hautes montagnes, dans les plaines arides, mais très-nombreux dans tous les vallons humides et marécageux. Les mâles et les femelles se cherchent sur la fin de l'hiver, elles mettent bas au mois d'avril ; les portées ordinaires sont de six ou sept. Peut-être ces animaux produisent-ils plusieurs fois par an, mais nous n'en sommes pas informés ; leur chair n'est pas absolument mauvaise, les paysans la mangent les jours maigres comme celle de la loutre. On les trouve partout en Europe, excepté dans le climat trop rigoureux du Pôle : on les retrouve en Égypte sur les bords du Nil, si l'on en croit Belon ; cependant la figure [1] qu'il en donne ressemble si peu à notre rat d'eau, que l'on peut soupçonner, avec quelque fondement, que ces rats du Nil sont des animaux différents.

---

* *Mus amphibius* (Linn.). — Ordre des *Rongeurs* ; genre *Rat* ; sous-genre des *campagnols* (Cuv.).

1. La figure donnée par Belon est celle de l'*ichneumon* (*rat de Pharaon*).

LE CAMPAGNOL.*

Le campagnol est encore plus commun, plus généralement répandu que le mulot; celui-ci ne se trouve guère que dans les terres élevées, le campagnol se trouve partout, dans les bois, dans les champs, dans les prés, et même dans les jardins; il est remarquable par la grosseur de sa tête, et aussi par sa queue courte et tronquée, qui n'a guère qu'un pouce de long; il se pratique des trous en terre où il amasse du grain, des noisettes et du gland; cependant il paraît qu'il préfère le blé à toutes les autres nourritures. Dans le mois de juillet, lorsque les blés sont mûrs, les campagnols arrivent de tous côtés et font souvent de grands dommages en coupant les tiges du blé pour en manger l'épi; ils semblent suivre les moissonneurs, ils profitent de tous les grains tombés et des épis oubliés; lorsqu'ils ont tout glané, ils vont dans les terres nouvellement semées, et détruisent d'avance la récolte de l'année suivante. En automne et en hiver, la plupart se retirent dans les bois où ils trouvent de la faîne, des noisettes et du gland. Dans certaines années, ils paraissent en si grand nombre qu'ils détruiraient tout, s'ils subsistaient longtemps; mais ils se détruisent euxmêmes et se mangent dans les temps de disette : ils servent d'ailleurs de pâture aux mulots, et de gibier ordinaire au renard, au chat sauvage, à la marte et aux belettes.

Le campagnol ressemble plus au rat d'eau qu'à aucun animal par les parties intérieures, comme on peut le voir par ce qu'en dit M. Daubenton [a]; mais à l'extérieur il en diffère par plusieurs caractères essentiels : 1° par la grandeur : il n'a guère que trois pouces de longueur depuis le bout du nez jusqu'à l'origine de la queue, et le rat d'eau en a sept; 2° par les dimensions de la tête et du corps : le campagnol est, proportionnellement à la longueur de son corps, plus gros que le rat d'eau, et il a aussi la tête proportionnellement plus grosse; 3° par la longueur de la queue, qui dans le campagnol ne fait tout au plus que le tiers de la longueur de l'animal entier, et qui dans le rat d'eau fait près des deux tiers de cette même longueur; 4° enfin par le naturel et les mœurs; les campagnols ne se nourrissent pas de poisson et ne se jettent point à l'eau; ils vivent de gland dans les bois, de blé dans les champs, et dans les prés de racines tuberculeuses, comme celle du chiendent. Leurs trous ressemblent à ceux des mulots, et sont souvent divisés en deux loges, mais ils sont moins spacieux et beaucoup moins enfoncés sous terre : ces petits animaux y habitent quelquefois plusieurs ensemble. Lorsque les femelles sont prêtes à mettre bas, elles y

---

a. Voyez la Description du campagnol, par Daubenton.

* *Mus arvalis* (Linn.). — Ordre des *Rongeurs;* genre *Rat;* sous-genre des *campagnols* (Cuv.).

portent des herbes pour faire un lit à leurs petits : elles produisent au printemps et en été; les portées ordinaires sont de cinq ou six, et quelquefois de sept ou huit.

LE COCHON D'INDE. *[1]

Ce petit animal, originaire des climats chauds du Brésil et de la Guinée[2], ne laisse pas de vivre et de produire dans le climat tempéré, et même dans les pays froids, en le soignant et le mettant à l'abri de l'intempérie des saisons. On élève des cochons d'Inde en France, et quoiqu'ils multiplient prodigieusement, ils n'y sont pas en grand nombre, parce que les soins qu'ils demandent ne sont pas compensés par le profit qu'on en tire. Leur peau n'a presque aucune valeur, et leur chair, quoique mangeable, n'est pas assez bonne pour être recherchée : elle serait meilleure, si on les élevait dans des espèces de garennes où ils auraient de l'air, de l'espace et des herbes à choisir. Ceux qu'on garde dans les maisons ont à peu près le même mauvais goût que les lapins clapiers, et ceux qui ont passé l'été dans un jardin ont toujours un goût fade, mais moins désagréable.

Ces animaux sont d'un tempérament si précoce et si chaud, qu'ils se recherchent et s'accouplent cinq ou six semaines après leur naissance; ils ne prennent cependant leur accroissement entier qu'en huit ou neuf mois, mais il est vrai que c'est en grosseur apparente et en graisse qu'ils augmentent le plus, et que le développement des parties solides est fait avant l'âge de cinq ou six mois. Les femelles ne portent que trois semaines[3], et nous en avons vu mettre bas à deux mois d'âge. Ces premières portées ne sont pas si nombreuses que les suivantes, elles sont de quatre ou cinq; la seconde portée est de cinq ou six, et les autres de sept ou huit, et même de dix ou onze. La mère n'allaite ses petits que pendant douze ou quinze jours; elle les chasse dès qu'elle reprend le mâle; c'est au plus tard trois semaines après qu'elle a mis bas; et, s'ils s'obstinent à demeurer auprès d'elle, leur père les maltraite et les tue. Ainsi ces animaux produisent au moins tous les deux mois, et ceux qui viennent de naître

* *Mus porcellus* (Linn.). *Cavia cobaia* (Pall.). — Ordre des *Rongeurs*; genre *Cobaye* (Cuv.).

1. L'Histoire du *cochon d'Inde* commence le VIIIᵉ volume de l'édition in-4ᵒ de l'Imprimerie royale, volume publié en 1760.

2. Le *Cochon d'Inde* est originaire du *Brésil*, du *Paraguay*, en un mot, du *Nouveau continent*, et non de la *Guinée*. (Voyez, au reste, là-dessus Buffon lui-même, au chapitre sur les Animaux du *Nouveau-Monde*.)

3. La femelle du *cochon d'Inde* porte soixante jours. (Voyez la note de la p. 531.)

produisant de même, l'on est étonné de leur prompte et prodigieuse multiplication. Avec un seul couple, on pourrait en avoir un millier dans un
an; mais ils se détruisent aussi vite qu'ils pullulent, le froid et l'humidité
les font mourir, ils se laissent manger par les chats sans se défendre; les
mères même ne s'irritent pas contre eux : n'ayant pas le temps de s'attacher à leurs petits, elles ne font aucun effort pour les sauver. Les mâles
se soucient encore moins des petits, et se laissent manger eux-mêmes sans
résistance; ils n'ont de sentiment bien distinct que celui de l'amour; ils
sont alors susceptibles de colère, ils se battent cruellement, ils se tuent
même quelquefois entre eux lorsqu'il s'agit de se satisfaire et d'avoir la
femelle. Ils passent leur vie à dormir, jouir et manger; leur sommeil est
court, mais fréquent; ils mangent à toute heure du jour et de la nuit, et
cherchent à jouir aussi souvent qu'ils mangent; ils ne boivent jamais,
cependant ils urinent à tout moment. Ils se nourrissent de toutes sortes
d'herbes, et surtout de persil; ils le préfèrent même au son, à la farine,
au pain; ils aiment aussi beaucoup les pommes et les autres fruits. Ils
mangent précipitamment, à peu près comme les lapins, peu à la fois, mais
très-souvent. Ils ont un grognement semblable à celui d'un petit cochon
de lait; ils ont aussi une espèce de gazouillement qui marque leurs plaisirs,
lorsqu'ils sont auprès de leur femelle, et un cri fort aigu lorsqu'ils ressentent
de la douleur. Ils sont délicats, frileux, et l'on a de la peine à leur faire
passer l'hiver; il faut les tenir dans un endroit sain, sec et chaud. Lorsqu'ils sentent le froid, ils se rassemblent et se serrent les uns contre les
autres, et il arrive souvent que, saisis par le froid, ils meurent tous ensemble.
Ils sont naturellement doux et privés, ils ne font aucun mal, mais ils sont
également incapables de bien, ils ne s'attachent point : doux par tempérament, dociles par faiblesse, presque insensibles à tout, ils ont l'air d'automates montés pour la propagation, faits seulement pour figurer une espèce.

LE HÉRISSON. *

Πολλ' οἶδ' ἀλώπηξ, ἀλλ ἐχῖνός ἕν μέγα : le renard sait beaucoup de choses,
le hérisson n'en sait qu'une grande, disaient proverbialement les anciens [a].
Il sait se défendre sans combattre, et blesser sans attaquer : n'ayant que
peu de force et nulle agilité pour fuir, il a reçu de la nature une armure
épineuse, avec la facilité de se resserrer en boule et de présenter de tous

[a]. *Zenodotus, Plutarchus et alii ex Archilocho.*

* *Erinaceus europæus* (Linn.). — Ordre des *Carnassiers;* famille des *insectivores;* genre
Hérisson (Cuv.).

côtés des armes défensives, poignantes, et qui rebutent ses ennemis; plus ils le tourmentent, plus il se hérisse et se resserre. Il se défend encore par l'effet même de la peur, il lâche son urine, dont l'odeur et l'humidité, se répandant sur tout son corps, achèvent de les dégoûter. Aussi la plupart des chiens se contentent de l'aboyer et ne se soucient pas de le saisir : cependant il y en a quelques-uns qui trouvent moyen, comme le renard, d'en venir à bout en se piquant les pieds et se mettant la gueule en sang; mais il ne craint ni la fouine, ni la marte, ni le putois, ni le furet, ni la belette, ni les oiseaux de proie. La femelle et le mâle sont également couverts d'épines depuis la tête jusqu'à la queue, et il n'y a que le dessous du corps qui soit garni de poil; ainsi ces mêmes armes qui leur sont si utiles contre les autres, leur deviennent très-incommodes lorsqu'ils veulent s'unir: ils ne peuvent s'accoupler à la manière des autres quadrupèdes [1], il faut qu'ils soient face à face, debout ou couchés. C'est au printemps qu'ils se cherchent, et ils produisent au commencement de l'été. On m'a souvent apporté la mère et les petits au mois de juin : il y en a ordinairement trois ou quatre, et quelquefois cinq; ils sont blancs dans ce premier temps, et l'on voit seulement sur leur peau la naissance des épines. J'ai voulu en élever quelques-uns; on a mis plus d'une fois la mère et les petits dans un tonneau avec une abondante provision, mais au lieu de les allaiter, elle les a dévorés les uns après les autres. Ce n'était pas par le besoin de nourriture, car elle mangeait de la viande, du pain, du son, des fruits, et l'on n'aurait pas imaginé qu'un animal aussi lent, aussi paresseux, auquel il ne manquait rien que la liberté, fût de si mauvaise humeur et si fâché d'être en prison; il a même de la malice, et de la même sorte que celle du singe. Un hérisson qui s'était glissé dans la cuisine découvrit une petite marmite, en tira la viande et y fit ses ordures. J'ai gardé des mâles et des femelles ensemble dans une chambre; ils ont vécu, mais ils ne se sont point accouplés. J'en ai lâché plusieurs dans mes jardins, ils n'y font pas grand mal, et à peine s'aperçoit-on qu'ils y habitent; ils vivent de fruits tombés; ils fouillent la terre avec le nez à une petite profondeur; ils mangent les hannetons, les scarabées, les grillons, les vers et quelques racines; ils sont aussi très-avides de viande, et la mangent cuite ou crue. A la campagne, on les trouve fréquemment dans les bois, sous les troncs des vieux arbres, et aussi dans les fentes de rochers, et surtout dans les monceaux de pierres qu'on amasse dans les champs et dans les vignes. Je ne crois pas qu'ils montent sur les arbres, comme le disent les naturalistes [a], ni qu'ils se servent de leurs épines pour emporter des fruits ou des grains de raisin; c'est avec la gueule qu'ils prennent ce qu'ils veulent saisir, et quoiqu'il y en ait

a. *Arbores ascendit, poma et pira decutit, in istis sese volutat ut spinis hæreant.* Sperling. Zoologia. Lipsiæ, 1661, p. 281.

1. Les *hérissons* s'accouplent à la manière des autres quadrupèdes.

un grand nombre dans nos forêts, nous n'en avons jamais vu sur les arbres ; ils se tiennent toujours au pied dans un creux ou sous la mousse ; ils ne bougent pas tant qu'il est jour, mais ils courent, ou plutôt ils marchent pendant toute la nuit ; ils approchent rarement des habitations, ils préfèrent les lieux élevés et secs, quoiqu'ils se trouvent aussi quelquefois dans les prés. On les prend à la main, ils ne fuient pas, ils ne se défendent ni des pieds ni des dents, mais ils se mettent en boule dès qu'on les touche, et pour les faire étendre il faut les plonger dans l'eau. Ils dorment pendant l'hiver ; ainsi les provisions qu'on dit qu'ils font pendant l'été leur seraient bien inutiles. Ils ne mangent pas beaucoup, et peuvent se passer assez longtemps de nourriture. Ils ont le sang froid [1] à peu près comme les autres animaux qui dorment en hiver. Leur chair n'est pas bonne à manger, et leur peau, dont on ne fait maintenant aucun usage, servait autrefois de vergette et de frottoir pour serancer le chanvre.

Il en est des deux espèces de hérisson, l'un à groin de cochon, et l'autre à museau de chien, dont parlent quelques auteurs, comme des deux espèces de blaireau ; nous n'en connaissons qu'une seule, et qui n'a même aucune variété dans ces climats ; elle est assez généralement répandue ; on en trouve partout en Europe, à l'exception des pays les plus froids, comme la Laponie, la Norwége, etc. Il y a, dit Flacourt [a], des hérissons à Madagascar comme en France, et on les appelle *Sora* [2]. Le hérisson de Siam, dont parle le P. Tachard [b], nous paraît être un autre animal, et le hérisson d'Amérique [c] [3], le hérisson de Sibérie [d] [4], sont les espèces les plus voisines du hérisson commun ; enfin, le hérisson de Malacca [e] semble plus approcher de l'espèce du porc-épic que de celle du hérisson.

a. Voyez le *Voyage de Flacourt.* Paris, 1661, p. 152.

b. Voyez le *Second voyage du P. Tachard.* Paris, 1689, p. 272.

c. Echinus Indicus albus. Ray, *Synops'. anim. quadr.*, p. 232. *Echinus Americanus albus.* Albert Seba, vol. I, p. 78. *Acanthion echinatus, Erinaceus Americanus albus Surinamensis.* Klein, *de quadrup.*, p. 66.

d. Erinaceus Sibericus. Albert Saba, vol. I, p. 66.

e. Porcus aculeatus seu Histrix Malaccensis. Albert Seba, vol. I, p. 81. *Acanthion aculeis' longissimis. Histrix genuina. Porcus aculeatus Malaccensis.* Klein, *de quadrup.* p. 66. *Histrix pedibus pentadactylis, caudâ truncatâ.* Linnæus. *Erinaceus auriculis pendulis.....* Brisson, *Reg. anim.*, p. 183.

1. Ils ont le sang aussi chaud que les autres quadrupèdes. Ce n'est que pendant leur *sommeil d'hiver* que leur température s'abaisse.

2. Les *tenrecs.*

3. Le *coendou.*

4. Simple *variété* de notre *hérisson.*

LA MUSARAIGNE. *

La musaraigne semble faire une nuance dans l'ordre des petits animaux, et remplir l'intervalle qui se trouve entre le rat et la taupe, qui, se ressemblant par leur petitesse, diffèrent beaucoup par la forme, et sont en tout d'espèces très-éloignées. La musaraigne, plus petite encore que la souris, ressemble à la taupe par le museau, ayant le nez beaucoup plus allongé que les mâchoires ; par les yeux qui, quoique un peu plus gros que ceux de la taupe, sont cachés de même et sont beaucoup plus petits que ceux de la souris ; par le nombre des doigts, dont elle a cinq à tous les pieds ; par la queue, par les jambes, surtout celles de derrière qu'elle a plus courtes que la souris ; par les oreilles, et enfin par les dents. Ce très-petit animal a une odeur forte qui lui est particulière, et qui répugne aux chats ; ils chassent, ils tuent la musaraigne, mais ils ne la mangent pas comme la souris. C'est apparemment cette mauvaise odeur et cette répugnance des chats qui a fondé le préjugé du venin de cet animal et de sa morsure dangereuse pour le bétail, et surtout pour les chevaux ; cependant il n'est ni venimeux, ni même capable de mordre, car il n'a pas l'ouverture de la gueule assez grande pour pouvoir saisir la double épaisseur de la peau d'un autre animal, ce qui cependant est absolument nécessaire pour mordre ; et la maladie des chevaux, que le vulgaire attribue à la dent de la musaraigne, est une enflure, une espèce d'anthrax, qui vient d'une cause interne, et qui n'a nul rapport avec la morsure, ou, si l'on veut, la piqûre de ce petit animal. Il habite assez communément, surtout pendant l'hiver, dans les greniers à foin, dans les écuries, dans les granges, dans les cours à fumier ; il mange du grain, des insectes et des chairs pourries : on le trouve aussi fréquemment à la campagne, dans les bois, où il vit de graines ; et il se cache sous la mousse, sous les feuilles, sous les troncs d'arbres, et quelquefois dans les trous abandonnés par les taupes, ou dans d'autres trous plus petits qu'il se pratique lui-même, en fouillant avec les ongles et le museau. La musaraigne produit en grand nombre, autant, dit-on, que la souris, quoique moins fréquemment. Elle a le cri beaucoup plus aigu que la souris, mais elle n'est pas aussi agile à beaucoup près : on la prend aisément, parce qu'elle voit et court mal. La couleur ordinaire de la musaraigne est d'un brun mêlé de roux, mais il y en a aussi de cendrées, de presque noires, et toutes sont plus ou moins blanchâtres sous le ventre. Elles sont très-communes dans toute l'Europe, mais il ne paraît pas qu'on les retrouve en Amérique. L'animal du Brésil dont Marcgrave [a] parle sous

---

a. Vid. Marcgravii, *Hist. Brasil.*, 229.

* *Sorex araneus* (Linn.). — *Musaraigne commune* ou *musette* (Cuv.). — Ordre des *Carnassiers;* famille des *Insectivores;* genre *Musaraigne* (Cuv.).

le nom de musaraigne, qui a, dit-il, le museau très-pointu et trois bandes
noires sur le dos, est plus gros, et paraît être d'une autre espèce que notre
musaraigne.

LA MUSARAIGNE D'EAU.[*]

Comme cet animal, quoique naturel à ce climat, n'était connu d'aucun
naturaliste, et que c'est M. Daubenton qui le premier en a fait la découverte, nous renvoyons entièrement ce que l'on en peut dire à la description très-exacte qu'il en a donnée [a][1]. J'aurai souvent occasion d'en user
de même dans la suite de cet ouvrage, attendu la diligence infinie avec
laquelle il recherche les animaux, et les découvertes qu'il a faites de plusieurs espèces auparavant inconnues, ou confondues avec celles que l'on
connaissait. Tout ce que je puis assurer au sujet de la musaraigne d'eau,
c'est qu'on la prend à la source des fontaines, au lever et au coucher du
soleil; que dans le jour elle reste cachée dans des fentes de rochers ou
dans des trous sous terre, le long des petits ruisseaux; qu'elle met bas au
printemps, et qu'ordinairement elle produit neuf petits.

LA TAUPE.[*]

La taupe, sans être aveugle, a les yeux si petits, si couverts, qu'elle ne
peut faire grand usage du sens de la vue : en dédommagement la nature
lui a donné avec magnificence l'usage du sixième sens, un appareil remarquable de réservoirs et de vaisseaux, une quantité prodigieuse de liqueur
séminale, des testicules énormes, le membre génital excessivement long;
tout cela secrètement caché à l'intérieur, et par conséquent plus actif et
plus chaud. La taupe, à cet égard, est de tous les animaux le plus avantageusement doué, le mieux pourvu d'organes, et par conséquent de sensa-

---

[*] *Sorex fodiens* (Gmel.). — *Sorex Daubentonii* (Blumenb.). — Ordre des *Carnassiers;*
famille des *Insectivores;* genre *Musaraigne* (Cuv.).

a. *Mémoires de l'Académie des Sciences*, année 1756. *Mémoire sur les Musaraignes*, par
M. Daubenton.

1. « Un peu plus grande que la commune. Noire dessus, blanche dessous, à queue com-
« primée au bout..... Son oreille entourée de blanc, et en grande partie cachée dans le poil,
« peut se fermer hermétiquement quand l'animal plonge; les cils raides qui bordent ses pieds
« lui donnent de la facilité pour nager..... » Cuvier : *Règne animal*, t. I, p. 127.

[*] *Talpa europœa* (Linn.). — Ordre des *Carnassiers;* famille des *Insectivores;* genre
Taupe (Cuv.).

tions qui y sont relatives : elle a de plus le toucher délicat; son poil est doux comme la soie; elle a l'ouïe très-fine et de petites mains à cinq doigts, bien différentes de l'extrémité des pieds des autres animaux, et presque semblables aux mains de l'homme; beaucoup de force pour le volume de son corps, le cuir ferme, un embonpoint constant, un attachement vif et réciproque du mâle et de la femelle, de la crainte ou du dégoût pour toute autre société, les douces habitudes du repos et de la solitude, l'art de se mettre en sûreté, de se faire en un instant un asile, un domicile, la facilité de l'étendre, et d'y trouver, sans en sortir, une abondante subsistance. Voilà sa nature, ses mœurs et ses talents, sans doute préférables à des qualités plus brillantes et plus incompatibles avec le bonheur, que l'obscurité la plus profonde.

Elle ferme l'entrée de sa retraite, n'en sort presque jamais qu'elle n'y soit forcée par l'abondance des pluies d'été, lorsque l'eau la remplit ou lorsque le pied du jardinier en affaisse le dôme; elle se pratique une voûte en rond dans les prairies, et assez ordinairement un boyau long dans les jardins, parce qu'il y a plus de facilité à diviser et à soulever une terre meuble et cultivée qu'un gazon ferme et tissu de racines; elle ne demeure ni dans la fange ni dans les terrains durs, trop compactes ou trop pierreux; il lui faut une terre douce, fournie de racines esculentes, et surtout bien peuplée d'insectes et de vers, dont elle fait sa principale nourriture.

Comme les taupes ne sortent que rarement de leur domicile souterrain, elles ont peu d'ennemis, et échappent aisément aux animaux carnassiers; leur plus grand fléau est le débordement des rivières; on les voit, dans les inondations, fuir en nombre à la nage, et faire tous leurs efforts pour gagner les terres plus élevées; mais la plupart périssent aussi bien que leurs petits qui restent dans les trous; sans cela, les grands talents qu'elles ont pour la multiplication nous deviendraient trop incommodes. Elles s'accouplent vers la fin de l'hiver; elles ne portent pas longtemps, car on trouve déjà beaucoup de petits au mois de mai; il y en a ordinairement quatre ou cinq dans chaque portée, et il est assez aisé de distinguer, parmi les mottes qu'elles élèvent, celles sous lesquelles elles mettent bas : ces mottes sont faites avec beaucoup d'art, et sont ordinairement plus grosses et plus élevées que les autres. Je crois que ces animaux produisent plus d'une fois par an, mais je ne puis l'assurer; ce qu'il y a de certain, c'est qu'on trouve des petits depuis le mois d'avril jusqu'au mois d'août : peut-être aussi que les unes s'accouplent plus tard que les autres.

Le domicile où elles font leurs petits mériterait une description particulière. Il est fait avec une intelligence singulière; elles commencent par pousser, par élever la terre et former une voûte assez élevée; elles laissent des cloisons, des espèces de piliers de distance en distance; elles pressent et battent la terre, la mêlent avec des racines et des herbes, et la rendent si dure et si solide par dessous, que l'eau ne peut pénétrer la voûte à cause de sa convexité et de sa solidité; elles élèvent ensuite un tertre par dessous, au sommet duquel elles apportent de l'herbe et des feuilles pour faire un lit à leurs petits; dans cette situation, ils se trouvent au-dessus du niveau du terrain, et par conséquent à l'abri des inondations ordinaires, et en même temps à couvert de la pluie par la voûte qui recouvre le tertre sur lequel ils reposent. Ce tertre est percé tout autour de plusieurs trous en pente, qui descendent plus bas et s'étendent de tous côtés, comme autant de routes souterraines par où la mère taupe peut sortir et aller chercher la subsistance nécessaire à ses petits; ces sentiers souterrains sont fermes et battus, s'étendent à douze ou quinze pas, et partent tous du domicile comme des rayons d'un centre. On y trouve, aussi bien que sous la voûte, des débris d'oignons de colchique, qui sont apparemment la première nourriture qu'elle donne à ses petits. On voit bien, par cette disposition, qu'elle ne sort jamais qu'à une distance considérable de son domicile, et que la manière la plus simple et la plus sûre de la prendre avec ses petits est de faire autour une tranchée qui l'environne en entier et qui coupe toutes les communications; mais comme la taupe fuit au moindre bruit et qu'elle tâche d'emmener ses petits, il faut trois ou quatre hommes qui, travaillant ensemble avec la bêche, enlèvent la motte tout entière ou fassent une tranchée presque dans un moment, et qui ensuite les saisissent ou les attendent aux issues.

Quelques auteurs ont dit mal à propos que la taupe et le blaireau [a] dormaient sans manger pendant l'hiver entier. Le blaireau, comme nous l'avons dit [b], sort de son trou en hiver comme en été, pour chercher sa subsistance, et il est aisé de s'en assurer par les traces qu'il laisse sur la neige. La taupe dort si peu pendant tout l'hiver, qu'elle pousse la terre comme en été, et que les gens de la campagne disent, comme par proverbe : *Les taupes poussent, le dégel n'est pas loin.* Elles cherchent, à la vérité, les endroits les plus chauds : les jardiniers en prennent souvent autour de leurs couches aux mois de décembre, de janvier et de février.

La taupe ne se trouve guère que dans les pays cultivés; il n'y en a point dans les déserts arides ni dans les climats froids, où la terre est gelée pendant la plus grande partie de l'année. L'animal qu'on a appelé taupe de Sibérie [e][1], qui a le poil vert et or, est d'une espèce différente de nos taupes, qui ne sont en abondance que depuis la Suède [d] jusqu'en Barbarie [e]; car le

<hr>

a. *Ursus, Meles, Erinaceus, Talpa, Vespertilio per hyemem dormiunt abstemii.* Linnæi *Fauna suecica.* Stockolmiæ, 1746, p. 8.

b. Voyez l'article du Blaireau.

c. *Vid.* Albert. Seba. Amstelædami, 1734, vol. I, p. 5.

d. *Vid.* Linnæi *Faun. suecic.* Stockolm., 1746, p. 7.

e. Voyez les *Voyages du docteur Shaw.* Amsterdam, 1743, t. I, p. 322.

1. Le zocor (*mus aspalax.* Gmel.).

silence des voyageurs nous fait présumer qu'elles ne se trouvent point dans les climats plus chauds. Celles d'Amérique sont aussi différentes : la taupe de Virginie [a] [1] est cependant assez semblable à la nôtre, à l'exception de la couleur du poil, qui est mêlée de pourpre foncé; mais la taupe rouge d'Amérique [b] [2] est un autre animal. Il y a seulement deux ou trois variétés dans l'espèce commune de nos taupes; on en trouve de plus ou moins brunes et de plus ou moins noires : nous en avons vu de toutes blanches, et Séba fait mention [c] et donne la figure d'une taupe tachée de noir et de blanc, qui se trouve en Ost-Frise, et qui est un peu plus grosse que la taupe ordinaire [3].

LA CHAUVE-SOURIS. [*]

Quoique tout soit également parfait en soi, puisque tout est sorti des mains du Créateur, il est cependant, relativement à nous, des êtres accomplis, et d'autres qui semblent être imparfaits ou difformes. Les premiers sont ceux dont la figure nous paraît agréable et complète, parce que toutes les parties sont bien ensemble, que le corps et les membres sont proportionnés, les mouvements assortis, toutes les fonctions faciles et naturelles. Les autres, qui nous paraissent hideux, sont ceux dont les qualités nous sont nuisibles, ceux dont la nature s'éloigne de la nature commune, et dont la forme est trop différente des formes ordinaires desquelles nous avons reçu les premières sensations, et tiré les idées qui nous servent de modèles pour juger. Une tête humaine sur un cou de cheval, le corps couvert de plumes, et terminé par une queue de poisson, n'offrent un tableau d'une énorme difformité que parce qu'on y réunit ce que la nature a de plus éloigné. Un animal qui, comme la chauve-souris, est à demi quadrupède, à demi volatile, et qui n'est en tout ni l'un ni l'autre, est, pour ainsi

a. Voyez Albert Seba, vol. I, p. 5.

b. Ibid.

c. Cette taupe a été trouvée en Ost-Frise, dans le grand chemin. Elle est un peu plus longue que les taupes ordinaires, dont au reste elle ne diffère que par sa peau, qui est toute marbrée sur le dos et sous le ventre de taches blanches et noires, dans lesquelles pourtant on distingue comme un mélange de poils gris aussi fins que de la soie. Le museau de cet animal est long et hérissé d'un long poil; les yeux sont si petits, que l'on a de la peine à découvrir l'ouverture des paupières. Albert Seba, vol. I, p. 68.

1. Espèce douteuse.

2. La *chrysochlore du Cap,* ou *taupe dorée.*

3. Il y a des *taupes* toutes blanches : c'est l'*albinisme complet;* et des *taupes* tachées de noir et de blanc : c'est le *demi-albinisme.*

* *Vespertilio murinus* (Linn.). — Ordre des *Carnassiers;* famille des *Chéiroptères;* genre *Chauve-souris* (Cuv.).

dire, un être monstre, en ce que, réunissant les attributs de deux genres si
différents, il ne ressemble à aucun des modèles que nous offrent les
grandes classes de la nature. Il n'est qu'imparfaitement quadrupède, et il
est encore plus imparfaitement oiseau. Un quadrupède doit avoir quatre
pieds, un oiseau a des plumes et des ailes; dans la chauve-souris, les pieds
de devant ne sont ni des pieds ni des ailes, quoiqu'elle s'en serve pour
voler, et qu'elle puisse aussi s'en servir pour se traîner : ce sont, en effet,
des extrémités difformes dont les os sont monstrueusement allongés, et
réunis par une membrane qui n'est couverte ni de plumes, ni même de
poils, comme le reste du corps : ce sont des espèces d'ailerons, ou, si l'on
veut, des pattes ailées où l'on ne voit que l'ongle d'un pouce court, et dont
les quatre autres doigts très-longs ne peuvent agir qu'ensemble, et n'ont
point de mouvements propres, ni de fonctions séparées : ce sont des espèces
de mains dix fois plus grandes que les pieds, et en tout quatre fois plus
longues que le corps entier de l'animal : ce sont, en un mot, des parties
qui ont plutôt l'air d'un caprice que d'une production régulière. Cette
membrane couvre les bras, forme les ailes ou les mains de l'animal, se
réunit à la peau de son corps, et enveloppe en même temps ses jambes, et
même sa queue qui, par cette jonction bizarre, devient, pour ainsi dire,
l'un de ses doigts. Ajoutez à ces disparates et à ces disproportions du corps
et des membres les difformités de la tête, qui souvent sont encore plus
grandes; car, dans quelques espèces, le nez est à peine visible, les yeux
sont enfoncés tout près de la conque de l'oreille, et se confondent avec les
joues; dans d'autres, les oreilles sont aussi longues que le corps, ou bien
la face est tortillée en forme de fer à cheval, et le nez recouvert par une
espèce de crête. La plupart ont la tête surmontée par quatre oreillons;
toutes ont les yeux petits, obscurs et couverts, le nez ou plutôt les naseaux
informes, la gueule fendue de l'une à l'autre oreille; toutes aussi cherchent à se cacher, fuient la lumière, n'habitent que les lieux ténébreux,
n'en sortent que la nuit, y rentrent au point du jour pour demeurer collées
contre les murs. Leur mouvement dans l'air est moins un vol qu'une
espèce de voltigement incertain qu'elles semblent n'exécuter que par effort
et d'une manière gauche; elles s'élèvent de terre avec peine, elles ne
volent jamais à une grande hauteur, elles ne peuvent qu'imparfaitement
précipiter, ralentir, ou même diriger leur vol; il n'est ni très-rapide ni
bien direct, il se fait par des vibrations brusques dans une direction oblique
et tortueuse; elles ne laissent pas de saisir en passant les moucherons, les
cousins, et surtout les papillons phalènes qui ne volent que la nuit; elles
les avalent, pour ainsi dire, tout entiers, et l'on voit dans leurs excréments
les débris des ailes et des autres parties sèches qui ne peuvent se digérer.
Étant un jour descendu dans les grottes d'Arcy pour en examiner les sta-
lactites, je fus surpris de trouver sur un terrain tout couvert d'albâtre, et

dans un lieu si ténébreux et si profond, une espèce de terre qui était d'une toute autre nature : c'était un tas épais et large de plusieurs pieds d'une matière noirâtre, presque entièrement composée de portions d'ailes et de pattes de mouches et de papillons, comme si ces insectes se fussent rassemblés en nombre immense et réunis dans ce lieu pour y périr et pourrir ensemble. Ce n'était cependant autre chose que de la fiente de chauves-souris, amoncelée probablement pendant plusieurs années dans l'endroit de ces voûtes souterraines, qu'elles habitaient de préférence; car dans toute l'étendue de ces grottes, qui est de plus d'un demi-quart de lieue, je ne vis aucun autre amas d'une pareille matière, et je jugeai que les chauves-souris avaient fixé dans cet endroit leur demeure commune, parce qu'il y parvenait encore une très-faible lumière par l'ouverture de la grotte, et qu'elles n'allaient pas plus avant pour ne pas s'enfoncer dans une obscurité trop profonde.

Les chauves-souris sont de vrais quadrupèdes; elles n'ont rien de commun que le vol avec les oiseaux; mais comme l'action de voler suppose une très-grande force dans la partie supérieure du corps et dans les membres antérieurs, elle ont les muscles pectoraux beaucoup plus forts et plus charnus qu'aucun des quadrupèdes, et l'on peut dire que par là elles ressemblent encore aux oiseaux: elles en diffèrent par tout le reste de la conformation, tant extérieure qu'intérieure; les poumons, le cœur, les organes de la génération, tous les autres viscères, sont semblables à ceux des quadrupèdes, à l'exception de la verge qui est pendante et détachée, ce qui est particulier à l'homme, aux singes et aux chauves-souris; elles produisent, comme les quadrupèdes, leurs petits vivants ; enfin elles ont, comme eux, des dents et des mamelles : l'on assure qu'elles ne portent que deux petits, qu'elles les allaitent et les transportent même en volant. C'est en été qu'elles s'accouplent et qu'elles mettent bas, car elles sont engourdies pendant l'hiver : les unes se recouvrent de leurs ailes comme d'un manteau, s'accrochent à la voûte de leur souterrain par les pieds de derrière, et demeurent ainsi suspendues; les autres se collent contre les murs ou se recèlent dans des trous; elles sont toujours en nombre pour se défendre du froid : toutes passent l'hiver sans bouger, sans manger, ne se réveillent qu'au printemps, et se recèlent de nouveau vers la fin de l'automne. Elles supportent plus aisément la diète que le froid, elles peuvent passer plusieurs jours sans manger, et cependant elles sont du nombre des animaux carnassiers; car lorsqu'elles peuvent entrer dans une office, elles s'attachent aux quartiers de lard qui y sont suspendus, et elles mangent aussi de la viande crue ou cuite, fraîche ou corrompue.

Les naturalistes qui nous ont précédés ne connaissaient que deux espèces de chauve-souris. M. Daubenton en a trouvé cinq autres qui sont, aussi bien que les deux premières espèces, naturelles à notre climat; elles y sont même aussi communes, aussi abondantes, et il est assez étonnant qu'aucun observateur ne les eût remarquées. Ces sept espèces sont très-distinctes, très-différentes les unes des autres, et n'habitent même jamais ensemble dans le même lieu.

La première, qui était connue, est la chauve-souris commune, ou la chauve-souris proprement dite [1].

La seconde est la chauve-souris à grandes oreilles, que nous nommerons l'*oreillard* [2], qui a aussi été reconnue par les naturalistes et indiquée par les nomenclateurs [a]. L'oreillard est peut-être plus commun que la chauve-souris : il est bien plus petit de corps; il a aussi les ailes beaucoup plus courtes, le museau moins gros et plus pointu, les oreilles d'une grandeur démesurée.

La troisième espèce, que nous appellerons la *noctule* [3], du mot italien *nottula*, n'était pas connue, cependant elle est très-commune en France, et on la rencontre même plus fréquemment que les deux espèces précédentes. On la trouve sous les toits, sous les gouttières de plomb des châteaux, des églises, et aussi dans les vieux arbres creux. Elle est presque aussi grosse que la chauve-souris; elle a les oreilles courtes et larges, le poil roussâtre, la voix aigre, perçante, et assez semblable au son d'un timbre de fer.

Nous nommerons *sérotine* [4] la quatrième espèce, qui n'était nullement connue; elle est plus petite que la chauve-souris et que la noctule; elle est à peu près de la grandeur de l'oreillard, mais elle en diffère par les oreilles qu'elle a courtes et pointues, et par la couleur du poil; elle a les ailes plus noires et le poil d'un brun plus foncé.

Nous appellerons la cinquième espèce, qui n'était pas connue, la *pipistrelle* [5], du mot italien *pipistrello*, qui signifie aussi chauve-souris. La pipistrelle n'est pas, à beaucoup près, aussi grosse que la chauve-souris ou la noctule, ni même que la sérotine ou l'oreillard : de toutes les chauves-souris, c'est la plus petite et la moins laide, quoiqu'elle ait la lèvre supérieure fort renflée, les yeux très-petits, très-enfoncés, et le front très-couvert de poil.

La sixième espèce, qui n'était pas connue, sera nommée *barbastelle* [6], du mot italien *barbastello*, qui signifie encore chauve-souris. Cet animal est à peu près de la grosseur de l'oreillard; il a les oreilles aussi larges, mais bien moins longues : le nom de barbastelle lui convient d'autant mieux qu'il

---

a. Vespertilio. Aldrovand. *Avi.*, p. 571.
Vespertilio auriculis quaternis. Jonst. *Avi.*, p. 34.
Vespertilio vulgaris, auriculis duplicibus. Klein, *de quadrup.*, p. 61.
La petite chauve-souris de notre pays. *Vespertilio murini coloris, pedibus omnibus pentadactylis, auriculis duplicibus..... Vespertilio minor.* Brisson, *Règn. anim.*, p. 226.

1. *Vespertilio Murinus* (Linn.). — 2. *Vespertilio auritus* (Linn.)
3. *Vespertilio noctula* (Linn.). — 4. *Vespertilio serotinus* (Linn.).
5. *Vespertilio pipistrelus* (Gmel.). — 6. *Vespertilio barbastelus* (Gmel.).

paraît avoir une grosse moustache, ce qui cependant n'est qu'une apparence occasionnée par le renflement des joues qui forment un bourrelet au-dessus des lèvres; il a le museau très-court, le nez fort aplati et les yeux presque dans les oreilles.

Enfin, nous nommerons *fer-à-cheval*[1] une septième espèce qui n'était nullement connue; elle est très-frappante par la singulière difformité de sa face, dont le trait le plus apparent et le plus marqué est un bourrelet en forme de fer à cheval autour du nez et sur la lèvre supérieure; on la trouve très-communément en France, dans les murs et dans les caveaux des vieux châteaux abandonnés. Il y en a de petites et de grosses, mais qui sont au reste si semblables par la forme, que nous les avons jugées de la même espèce; seulement, comme nous en avons beaucoup vu sans en trouver de grandeur moyenne entre les grosses et les petites, nous ne décidons pas si l'âge seul produit cette différence, ou si c'est une variété constante dans la même espèce[2].

LE LOIR.*

Nous connaissons trois espèces de loirs, qui, comme la marmotte, dorment pendant l'hiver : le loir, le lérot et le muscardin; le loir est le plus gros des trois, le muscardin est le plus petit. Plusieurs auteurs ont confondu l'une de ces espèces avec les deux autres, quoiqu'elles soient toutes trois très-distinctes, et par conséquent très-aisées à reconnaître et à distinguer. Le loir est à peu près de la grandeur de l'écureuil; il a, comme lui, la queue couverte de longs poils; le lérot n'est pas si gros que le rat, il a la queue couverte de poils très-courts, avec un bouquet de poils longs à l'extrémité; le muscardin n'est pas plus gros que la souris, il a la queue couverte de poils plus longs que le lérot, mais plus courts que le loir, avec un gros bouquet de longs poils à l'extrémité. Le lérot diffère des deux autres par les marques noires qu'il a près des yeux, et le muscardin par la couleur blonde de son poil sur le dos. Tous trois sont blancs ou blan-

1. Il y a deux espèces de *chauves-souris fer-à-cheval* : le *grand fer-à-cheval* (*Vespertilio ferrum equinum.* Linn. — *Rhinolophus unihastatus.* Geoff.), et le *petit fer-à-cheval* (*Rhinolophus bihastatus.* Geoff.).

2. Voyez la note précédente. — Buffon ne comptait encore que sept espèces de *chauves-souris.* Depuis Buffon, le nombre des espèces connues s'est singulièrement accru. Dans Cuvier, les *chauves-souris* forment une grande *famille*, laquelle comprend jusqu'à quinze ou seize *genres* ou *sous-genres :* les *Roussettes*, les *Molosses*, les *Noctilions*, les *Phylostomes*, les *Mégadermes*, les *Rhinolophes*, les *Nyctères*, les *Rhinopomes*, les *Vespertilions*, les *Oreillards*, etc., etc. Aujourd'hui chacun de ces *genres* est devenu une *famille*, et la *famille* un *ordre :* l'ordre des *chéiroptères.*

* *Mus glis* (Linn.). — *Myoxus glis* (Gmel.). — Ordre des *Rongeurs; genre Loir* (Cuv.).

châtres sous la gorge et le ventre; mais le lérot est d'un assez beau blanc,
le loir n'est que blanchâtre, et le muscardin est plutôt jaunâtre que blanc
dans toutes les parties inférieures.

C'est improprement que l'on dit que ces animaux dorment pendant
l'hiver : leur état n'est point celui d'un sommeil naturel, c'est une torpeur,
un engourdissement des membres et des sens, et cet engourdissement est
produit par le refroidissement du sang. Ces animaux ont si peu de chaleur
intérieure, qu'elle n'excède guère celle de la température de l'air [1]. Lorsque
la chaleur de l'air est au thermomètre de dix degrés au-dessus de la congélation, celle de ces animaux n'est aussi que de dix degrés. Nous avons
plongé la boule d'un petit thermomètre dans le corps de plusieurs lérots
vivants : la chaleur de l'intérieur de leur corps était à peu près égale à la
température de l'air ; quelquefois même, le thermomètre plongé, et, pour
ainsi dire, appliqué sur le cœur, a baissé d'un demi-degré ou d'un degré,
la température de l'air étant à onze. Or, l'on sait que la chaleur de
l'homme, et de la plupart des animaux qui ont de la chair et du sang,
excède en tout temps trente degrés [2]; il n'est donc pas étonnant que ces animaux, qui ont si peu de chaleur en comparaison des autres, tombent dans
l'engourdissement dès que cette petite quantité de chaleur intérieure cesse
d'être aidée par la chaleur extérieure de l'air, et cela arrive lorsque le
thermomètre n'est plus qu'à dix ou onze degrés au-dessus de la congélation. C'est là la vraie cause de l'engourdissement de ces animaux [3]; cause
que l'on ignorait, et qui cependant s'étend généralement sur tous les animaux qui dorment pendant l'hiver; car nous l'avons reconnue dans les
loirs, dans les hérissons, dans les chauves-souris; et, quoique nous n'ayons
pas eu occasion de l'éprouver sur la marmotte, je suis persuadé qu'elle a
le sang froid comme les autres, puisqu'elle est comme eux sujette à l'engourdissement pendant l'hiver.

Cet engourdissement dure autant que la cause qui le produit, et cesse
avec le froid; quelques degrés de chaleur au-dessus de dix ou onze suffisent pour ranimer ces animaux, et, si on les tient pendant l'hiver dans

1. Il faut distinguer la température de l'animal à l'*état de veille* de la température de l'animal à l'*état d'hibernation*, de *sommeil d'hiver*. A l'*état de veille*, la température du *loir*, du
lérot, de la *marmotte*, etc., est la même que celle de tous les autres mammifères; à l'*état
d'hibernation*, la température de l'animal *engourdi* n'excède guère celle de l'air. (Voyez la
note de la page 617.)

2. La température de l'*homme* et des *mammifères* est de 32° Réaumur (38° cent.). — Et
cette température est *constante*, c'est-à-dire *indépendante* de la température extérieure.—Ce qui
est particulier aux animaux *hibernants*, c'est que leur température, qui est aussi de 38°, tant
qu'ils sont éveillés, tombe au degré de la température extérieure, dès qu'ils sont plongés dans
leur *sommeil* d'hiver. (Voyez Saissy : *Recherches sur les animaux hibernants*, p. 14 et suiv.)

3. L'abaissement de la *température extérieure* est la *cause* provocatrice de l'*engourdissement*. — L'abaissement de la *température propre* de l'animal est l'*effet* et non la *cause* de
l'*engourdissement*.

un lieu bien chaud, ils ne s'engourdissent point du tout; ils vont et viennent, ils mangent et dorment seulement de temps en temps, comme tous les autres animaux. Lorsqu'ils sentent le froid, ils se serrent et se mettent en boule pour offrir moins de surface à l'air et se conserver un peu de chaleur : c'est ainsi qu'on les trouve en hiver dans les arbres creux, dans les trous des murs exposés au midi; ils y gisent en boule, et sans aucun mouvement, sur de la mousse et des feuilles : on les prend, on les tient, on les roule sans qu'ils remuent, sans qu'ils s'étendent; rien ne peut les faire sortir de leur engourdissement qu'une chaleur douce et graduée [1]; ils meurent lorsqu'on les met tout à coup près du feu; il faut, pour les dégourdir, les en approcher par degrés. Quoique dans cet état ils soient sans aucun mouvement, qu'ils aient les yeux fermés et qu'ils paraissent privés de tout usage des sens, ils sentent cependant la douleur lorsqu'elle est très-vive; une blessure [2], une brûlure leur fait faire un mouvement de contraction et un petit cri sourd qu'ils répètent même plusieurs fois : la sensibilité intérieure subsiste donc aussi bien que l'action du cœur et des poumons. Cependant il est à présumer que ces mouvements vitaux ne s'exercent pas dans cet état de torpeur avec la même force, et n'agissent pas avec la même puissance que dans l'état ordinaire; la circulation [3] ne se fait probablement que dans les plus gros vaisseaux, la respiration est faible et lente, les sécrétions sont très-peu abondantes, les déjections nulles; la transpiration est presque nulle aussi, puisqu'ils passent plusieurs mois sans manger, ce qui ne pourrait être, si dans ce temps de diète ils perdaient de leur substance autant, à proportion, que dans les autres temps où ils la réparent en prenant de la nourriture. Ils en perdent cependant, puisque dans les hivers trop longs ils meurent dans leurs trous : peut-être aussi n'est-ce pas la durée, mais la rigueur du froid qui les fait périr; car, lorsqu'on les expose à une forte gelée, ils meurent en peu de temps [4]. Ce qui me ferait croire que ce n'est pas la trop grande déperdition de substance qui les fait mourir dans les grands hivers, c'est qu'en automne ils sont excessivement gras, et qu'ils le sont encore lorsqu'ils se raniment au printemps : cette abondance de graisse est une nourriture intérieure qui suffit pour les entretenir et pour suppléer à ce qu'ils perdent par la transpiration.

1. Une excitation extérieure quelconque suffit pour les réveiller; mais il ne sortent jamais de leur léthargie qu'au bout d'un certain temps et qu'après de grands efforts d'*inspiration*.

2. On peut couper un membre à un *loir* ou à un *lérot* engourdi, sans que l'animal paraisse en souffrir, sans qu'il s'éveille *immédiatement*, et sans que le sang coule. Je me suis assuré, par mes expériences sur ces animaux, que la cicatrisation s'opère parfaitement pendant l'*hibernation*.

3. La *circulation* est presque entièrement suspendue ; la *respiration* alternativement cesse et renaît; les déjections sont abondantes.

4. J'ai toujours vu, au contraire, qu'*un froid très-vif* et soudain les réveille.

Au reste, comme le froid est la seule cause de leur engourdissement, et qu'ils ne tombent dans cet état que quand la température de l'air est au-dessous de dix ou onze degrés, il arrive souvent qu'ils se raniment même pendant l'hiver; car il y a des heures, des jours, et même des suites de jours, dans cette saison, où la liqueur du thermomètre se soutient à douze, treize, quatorze, etc. degrés, et, pendant ce temps doux, les loirs sortent de leurs trous pour chercher à vivre, ou plutôt ils mangent les provisions qu'ils ont ramassées pendant l'automne, et qu'ils y ont transportées. Aristote a dit [a], et tous les naturalistes ont dit après Aristote, que les loirs passent tout l'hiver sans manger, et que dans ce temps même de diète ils deviennent extrêmement gras, que le sommeil seul les nourrit plus que les aliments ne nourrissent les autres animaux. Le fait non-seulement n'est pas vrai, mais la supposition même du fait n'est pas possible. Le loir engourdi pendant quatre ou cinq mois ne pourrait s'engraisser que de l'air qu'il res- pire [1] : accordons si l'on veut (et c'est beaucoup trop accorder) qu'une partie de cet air se tourne en nourriture, en résultera-t-il une augmenta- tion si considérable? cette nourriture si légère pourra-t-elle même suffire à la déperdition continuelle qui se fait par la transpiration? Ce qui a pu faire tomber Aristote dans cette erreur, c'est qu'en Grèce, où les hivers sont tempérés, les loirs ne dorment pas continuellement, et que prenant de la nourriture, peut-être abondamment, toutes les fois que la chaleur les ranime, il les aura trouvés très-gras, quoique engourdis. Ce qu'il y a de vrai, c'est qu'ils sont gras en tout temps, et plus gras en automne qu'en été : leur chair est assez semblable à celle du cochon d'Inde. Les loirs fai- saient partie de la bonne chère chez les Romains; ils en élevaient en quan- tité. Varron donne la manière de faire des garennes de loirs, et Apicius celle d'en faire des ragoûts : cet usage n'a point été suivi, soit qu'on ait eu du dégoût pour ces animaux, parce qu'ils ressemblent aux rats, soit qu'en effet leur chair ne soit pas de bien bon goût. J'ai ouï dire à des paysans qui en avaient mangé qu'elle n'était guère meilleure que celle du rat d'eau. Au reste, il n'y a que le loir qui soit mangeable; le lérot a la chair mau- vaise et d'une odeur désagréable.

Le loir ressemble assez à l'écureuil par les habitudes naturelles; il habite comme lui les forêts, il grimpe sur les arbres, saute de branche en branche, moins légèrement à la vérité que l'écureuil, qui a les jambes plus longues, le ventre bien moins gros, et qui est aussi maigre que le loir est gras : cependant ils vivent tous deux des mêmes aliments; de la faîne, des noi- settes, de la châtaigne, d'autres fruits sauvages, font leur nourriture ordinaire. Le loir mange aussi de petits oiseaux qu'il prend dans les nids;

---

a. Hist. animal., lib. viii, cap. xvii.

1. Aristote s'est tout simplement trompé : les animaux *hibernants* sortent toujours très-amaigris de leur *sommeil* d'hiver.

il ne fait point de bauge au-dessus des arbres comme l'écureuil, mais.il se fait un lit de mousse dans le tronc de ceux qui sont creux; il se gîte aussi dans les fentes des rochers élevés, et toujours dans des lieux secs; il craint l'humidité, boit peu et descend rarement à terre; il diffère encore de l'écureuil en ce que celui-ci s'apprivoise, et que l'autre demeure toujours sauvage. Les loirs s'accouplent sur la fin du printemps, ils font leurs petits en été, les portées sont ordinairement de quatre ou de cinq; ils croissent vite, et l'on assure qu'ils ne vivent que six ans. En Italie, où l'on est encore dans l'usage de les manger, on fait des fosses dans les bois, que l'on tapisse de mousse, qu'on recouvre de paille, et où l'on jette de la faîne; on choisit un lieu sec à l'abri d'un rocher exposé au midi, les loirs s'y rendent en nombre, et on les y trouve engourdis vers la fin de l'automne; c'est le temps où ils sont les meilleurs à manger. Ces petits animaux sont courageux, et défendent leur vie jusqu'à la dernière extrémité; ils ont les dents de devant très-longues et très-fortes, aussi mordent-ils violemment; ils ne craignent ni la belette ni les petits oiseaux de proie, ils échappent au renard, qui ne peut les suivre au-dessus des arbres; leurs plus grands ennemis sont les chats sauvages et les martes.

Cette espèce n'est pas extrêmement répandue; on ne la trouve point dans les climats très-froids, comme la Laponie, la Suède, du moins les naturalistes du Nord n'en parlent point : l'espèce de loir qu'ils indiquent est le muscardin, la plus petite des trois. Je présume aussi qu'on ne les trouve pas dans les climats très-chauds, puisque les voyageurs n'en font aucune mention : il n'y a que peu ou point de loirs dans les pays découverts, comme l'Angleterre, il leur faut un climat tempéré et un pays couvert de bois; on en trouve en Espagne, en France, en Grèce, en Italie, en Allemagne, en Suisse, où ils habitent dans les forêts, sur les collines, et non pas au-dessus des hautes montagnes, comme les marmottes, qui, quoique sujettes à s'engourdir par le froid, semblent chercher la neige et les frimas.

LE LÉROT. *

Le loir demeure dans les forêts, et semble fuir nos habitations; le lérot, au contraire, habite nos jardins et se trouve quelquefois dans nos maisons; l'espèce en est aussi plus nombreuse, plus généralement répandue, et il y a peu de jardins qui n'en soient infestés. Ils se nichent dans les trous des murailles, ils courent sur les arbres en espalier, choisissent les meilleurs

* *Myoxus nitela* (Gmel.). — Ordre des *Rongeurs;* genre *Loir* (Cuv.).

fruits, et les entament tous dans le temps qu'ils commencent à mûrir ; ils semblent aimer les pêches de préférence, et si, l'on veut en conserver, il faut avoir grand soin de détruire les lérots ; ils grimpent aussi sur les poiriers, les abricotiers, les pruniers ; et si les fruits doux leur manquent, ils mangent des amandes, des noisettes, des noix, et même des graines légumineuses ; ils en transportent en grande quantité dans leurs retraites, qu'ils pratiquent en terre, surtout dans les jardins soignés, car dans les anciens vergers on les trouve souvent dans de vieux arbres creux ; ils se font un lit d'herbes, de mousse et de feuilles. Le froid les engourdit, et la chaleur les ranime ; on en trouve quelquefois huit ou dix dans le même lieu, tous engourdis, tous resserrés en boule au milieu de leurs provisions de noix et de noisettes.

Ils s'accouplent au printemps, produisent en été, et font cinq ou six petits qui croissent promptement, mais qui cependant ne produisent euxmêmes que dans l'année suivante. Leur chair n'est pas mangeable comme celle du loir ; ils ont même la mauvaise odeur du rat domestique, au lieu que le loir ne sent rien ; ils ne deviennent pas aussi gras, et manquent des feuillets graisseux qui se trouvent dans le loir, et qui enveloppent la masse entière des intestins. On trouve des lérots dans tous les climats tempérés de l'Europe, et même en Pologne, en Prusse, mais il ne paraît pas qu'il y en ait en Suède ni dans les pays septentrionaux.

LE MUSCARDIN. *

Le muscardin est le moins laid de tous les rats : il a les yeux brillants, la queue touffue et le poil d'une couleur distinguée ; il est plus blond que roux ; il n'habite jamais dans les maisons, rarement dans les jardins, et se trouve, comme le loir, plus souvent dans les bois, où il se retire dans les vieux arbres creux. L'espèce n'en est pas, à beaucoup près, aussi nombreuse que celle du lérot : on trouve le muscardin presque toujours seul dans son trou, et nous avons eu beaucoup de peine à nous en procurer quelques-uns ; cependant il paraît qu'il est assez commun en Italie, que même il se trouve dans les climats du Nord, puisque M. Linnæus l'a compris dans la liste [a] qu'il a donnée des animaux de Suède ; et en même temps il semble qu'il ne se trouve point en Angleterre, car M. Ray [b], qui l'avait vu en Italie, dit que le petit *rat dormeur* qui se trouve en Angle-

a. *Vid.* Linnæi, *Faun. Suec.*, p. 11.
b. *Vid.* Ray, *Synops. anim. quadrup.*, p. 220.
* *Myoxus avellanarius* (Gmel.). — Ordre des *Rongeurs* ; genre *Loir* (Cuv.).

terre n'est pas roux sur le dos comme celui d'Italie, et qu'il pourrait bien être d'une autre espèce. En France il est le même qu'en Italie, et nous avons trouvé qu'Aldrovande [a] l'avait bien indiqué; mais cet auteur ajoute qu'il y en a deux espèces en Italie, l'une rare dont l'animal a l'odeur du musc, l'autre plus commune dont l'animal n'a point d'odeur, et qu'à Bologne on les appelle tous deux muscardins à cause de leur ressemblance tant par la figure que par la grosseur. Nous ne connaissons que l'une de ces espèces, et c'est la seconde, car notre muscardin n'a point d'odeur, ni bonne ni mauvaise. Il manque, comme le lérot, des feuillets graisseux qui enveloppent les intestins dans le loir : aussi ne devient-il pas si gras, et quoiqu'il n'ait point de mauvaise odeur, il n'est pas bon à manger.

Le muscardin s'engourdit par le froid et se met en boule comme le loir et le lérot; il se ranime comme eux dans les temps doux, et fait aussi provision de noisettes et d'autres fruits secs. Il fait son nid sur les arbres, comme l'écureuil, mais il le place ordinairement plus bas, entre les branches d'un noisetier, dans un buisson, etc. Le nid est fait d'herbes entrelacées; il a environ six pouces de diamètre, et n'est ouvert que par le haut. Bien des gens de la campagne m'ont assuré qu'ils avaient trouvé de ces nids dans des bois taillis, dans des haies, qu'ils sont environnés de feuilles et de mousse, et que dans chaque nid il y avait trois ou quatre petits. Ils abandonnent le nid dès qu'ils sont grands, et cherchent à se giter dans le creux ou sous le tronc des vieux arbres; et c'est là qu'ils reposent, qu'ils font leur provision, et qu'ils s'engourdissent.

LE SURMULOT. [*]

Nous donnons le nom de Surmulot à une nouvelle espèce de mulot qui n'est connue que depuis quelques années. Aucun naturaliste n'a parlé de cet animal, à l'exception de M. Brisson, qui, le comprenant dans le genre des rats, l'a appelé *rat des bois*. Mais comme il diffère autant du rat que le mulot ou la souris, qui ont leurs noms propres, il doit avoir aussi un nom particulier, *surmulot*, comme qui dirait gros, grand mulot, auquel en effet il ressemble plus qu'au rat par la couleur et par les habitudes naturelles. Le surmulot est plus fort et plus méchant que le rat; il a le poil roux, la queue extrêmement longue et sans poil, l'épine du dos arquée comme l'écureuil, et le corps beaucoup plus épais, des moustaches comme le chat. Ce n'est que depuis neuf ou dix ans que cette espèce s'est répandue dans

---

a. *Vid.* Aldrov., *Hist. quadrup. digit.*, p. 440.

[*] *Mus decumanus* (Pall.). — Ordre des *Rongeurs*; genre *Rat* (Cuv.).

les environs de Paris : l'on ne sait d'où ces animaux sont venus [1], mais ils ont prodigieusement multiplié, et l'on n'en sera pas étonné, lorsqu'on saura qu'ils produisent ordinairement douze ou quinze petits, souvent seize, dix-sept, dix-huit, et même jusqu'à dix-neuf. Les endroits où ils ont paru pour la première fois, et où ils se sont bientôt fait remarquer par leurs dégâts, sont Chantilly, Marly-la-Ville et Versailles. M. Leroy, inspecteur du parc, a eu la bonté de nous en envoyer en grande quantité, vivants et morts ; il nous a même communiqué les remarques qu'il a faites sur cette nouvelle espèce. Les mâles sont plus gros, plus hardis et plus méchants que les femelles : lorsqu'on les poursuit et qu'on veut les saisir, ils se retournent et mordent le bâton ou la main qui les frappe ; leur morsûre est non-seulement cruelle, mais dangereuse, elle est promptement suivie d'une enflure assez considérable, et la plaie, quoique petite, est longtemps à se fermer. Ils produisent trois fois par an : ainsi deux individus de cette espèce en font tout au moins trois douzaines en un an ; les mères préparent un lit à leurs petits. Comme il y en avait quelques-unes de pleines dans le nombre de celles qu'on nous avait envoyées vivantes, et que nous les gardions dans des cages, nous avons vu les femelles, deux ou trois jours avant de mettre bas, ronger la planche de leur cage, en faire de petits copeaux en quantité, les disposer, les étendre, et ensuite les faire servir de lit à leurs petits.

Les surmulots ont quelques qualités naturelles qui semblent les rapprocher des rats d'eau : quoiqu'ils s'établissent partout, ils paraissent préférer le bord des eaux ; les chiens les chassent comme ils chassent les rats d'eau, c'est-à-dire avec un acharnement qui tient de la fureur. Lorsqu'ils se sentent poursuivis, et qu'ils ont le choix de se jeter à l'eau ou de se fourrer dans un buisson d'épines, à égale distance, ils choisissent l'eau, y entrent sans crainte, et nagent avec une merveilleuse facilité. Cela arrive surtout lorsqu'ils ne peuvent regagner leurs terriers, car ils se creusent, comme les mulots, des retraites sous terre, ou bien ils se gîtent dans celles des lapins. On peut, avec les furets, prendre les surmulots dans leurs terriers ; ils les poursuivent comme des lapins, et semblent même les chercher avec plus d'ardeur.

Ces animaux passent l'été dans la campagne, et quoiqu'ils se nourrissent principalement de fruits et de grain, ils ne laissent pas d'être aussi très-carnassiers ; ils mangent les lapereaux, les perdreaux, la jeune volaille, et quand ils entrent dans un poulailler ils font comme le putois ; ils en égorgent beaucoup plus qu'ils ne peuvent en manger. Vers le mois de novembre, les mères, les petits et tous les jeunes surmulots quittent la campagne et vont en troupe dans les granges, où ils font un dégât infini ; ils hachent la

---

1. « Le *surmulot* paraît naturel de Perse où il habite dans des terriers. C'est en 1727 seule-
« ment qu'il arriva à Astracan, après un tremblement de terre, en traversant le Volga. »
(Cuvier : *Règne animal*, t. 1, p. 201.)

paille, consomment beaucoup de grain, et infectent le tout de leur ordure. Les vieux mâles restent à la campagne; chacun d'eux habite seul dans son trou; ils y font, comme les mulots, provision pendant l'automne de gland, de faîne, etc.; ils le remplissent jusqu'au bord, et demeurent eux-mêmes au fond du trou. Ils ne s'y engourdissent pas comme les loirs; ils en sortent en hiver, surtout dans les beaux jours. Ceux qui vivent dans les granges en chassent les souris et les rats : l'on a même remarqué, depuis que les surmulots se sont si fort multipliés aux environs de Paris, que les rats y sont beaucoup moins communs qu'ils ne l'étaient autrefois [1].

LA MARMOTTE. [*]

De tous les auteurs modernes qui ont écrit sur l'histoire naturelle, Gessner est celui qui, pour le détail, a le plus avancé la science; il joignait à une grande érudition un sens droit et des vues saines : Aldrovande n'est guère que son commentateur, et les naturalistes de moindre nom ne sont que ses copistes. Nous n'hésiterons pas à emprunter de lui des faits au sujet des marmottes, animaux de son pays [a], qu'il connaissait mieux que nous, quoique nous en ayons nourri comme lui quelques-unes à la maison. Ce que nous avons observé se trouvant d'accord avec ce qu'il en dit, nous ne doutons pas que ce qu'il a observé de plus ne soit également vrai.

La marmotte, prise jeune, s'apprivoise plus qu'aucun animal sauvage, et presque autant que nos animaux domestiques; elle apprend aisément à saisir un bâton, à gesticuler, à danser, à obéir en tout à la voix de son maître; elle est, comme le chat, antipathique avec le chien : lorsqu'elle commence à être familière dans la maison, et qu'elle se croit appuyée par son maître, elle attaque et mord en sa présence les chiens les plus redoutables. Quoiqu'elle ne soit pas tout à fait aussi grande qu'un lièvre, elle est bien plus trapue, et joint beaucoup de force à beaucoup de souplesse : elle a les quatre dents du devant des mâchoires assez longues et assez fortes pour blesser cruellement; cependant elle n'attaque que les chiens, et ne fait mal à personne à moins qu'on ne l'irrite. Si l'on n'y prend pas garde, elle ronge les meubles, les étoffes, et perce même le bois lorsqu'elle est renfermée. Comme elle a les cuisses très-courtes, et les doigts des pieds faits à peu près comme ceux de l'ours, elle se tient souvent assise, et

a. Gessner était Suisse, et c'est un des hommes qui font le plus d'honneur à la nation.

1. « Le *surmulot* est aujourd'hui plus commun que le *rat* à Paris et dans quelques autres « grandes villes. » Cuvier : *Règne animal*, t. I, p. 201.

* *Mus alpinus* (Linn.). — *Arctomys marmotta* (Gmel.). — Ordre des *Rongeurs*; genre *Marmotte* (Cuv.).

marche comme lui aisément sur ses pieds de derrière; elle porte à sa gueule ce qu'elle saisit avec ceux de devant, et mange debout comme l'écureuil; elle court assez vite en montant, mais assez lentement en plaine; elle grimpe sur les arbres, elle monte entre deux parois de rochers, entre deux murailles voisines, et c'est des marmottes, dit-on, que les Savoyards ont appris à grimper pour ramoner les cheminées. Elles mangent de tout ce qu'on leur donne, de la viande, du pain, des fruits, des racines, des herbes potagères, des choux, des hannetons, des sauterelles, etc., mais elles sont plus avides de lait et de beurre que de tout autre aliment. Quoique moins enclines que le chat à dérober, elles cherchent à entrer dans les endroits où l'on renferme le lait, et elles le boivent en grande quantité en marmottant, c'est-à-dire en faisant comme le chat une espèce de murmure de contentement. Au reste, le lait est la seule liqueur qui leur plaise; elles ne boivent que très-rarement de l'eau et refusent le vin.

La marmotte tient un peu de l'ours et un peu du rat pour la forme du corps; ce n'est cependant pas l'*arctomys* ou le *rat-ours* des anciens, comme l'ont cru quelques auteurs, et entre autres Perrault. Elle a le nez, les lèvres et la forme de la tête comme le lièvre, le poil et les ongles du blaireau, les dents du castor, la moustache du chat, les yeux du loir, les pieds de l'ours, la queue courte et les oreilles tronquées. La couleur de son poil sur le dos est d'un roux brun, plus ou moins foncé; ce poil est assez rude, mais celui du ventre est roussâtre, doux et touffu. Elle a la voix et le murmure d'un petit chien, lorsqu'elle joue ou quand on la caresse; mais lorsqu'on l'irrite ou qu'on l'effraie, elle fait entendre un sifflet si perçant et si aigu, qu'il blesse le tympan. Elle aime la propreté, et se met à l'écart, comme le chat, pour faire ses besoins; mais elle a, comme le rat, surtout en été, une odeur forte qui la rend très-désagréable; en automne, elle est très-grasse : outre un très-grand épiploon, elle a, comme le loir, deux feuillets graisseux fort épais; cependant elle n'est pas également grasse sur toutes les parties du corps; le dos et les reins sont plus chargés que le reste d'une graisse ferme et solide, assez semblable à la chair des tétines du bœuf. Aussi la marmotte serait assez bonne à manger, si elle n'avait pas toujours un peu d'odeur, qu'on ne peut masquer que par des assaisonnements très-forts.

Cet animal, qui se plaît dans la région de la neige et des glaces, qu'on ne trouve que sur les plus hautes montagnes, est cependant sujet plus qu'un autre à s'engourdir par le froid. C'est ordinairement à la fin de septembre ou au commencement d'octobre qu'elle se recèle dans sa retraite pour n'en sortir qu'au commencement d'avril : cette retraite est faite avec précaution et meublée avec art; elle est d'abord d'une grande capacité, moins large que longue et très-profonde, au moyen de quoi elle peut contenir une ou plusieurs marmottes sans que l'air s'y corrompe : leurs pieds et leurs ongles paraissent être faits pour fouiller la terre, et elles la creusent en effet avec une merveilleuse célérité; elles jettent au dehors, derrière elles, les déblais de leur excavation : ce n'est pas un trou, un boyau droit ou tortueux, c'est une espèce de galerie faite en forme d'Y grec, dont les deux branches ont chacune une ouverture, et aboutissent toutes deux à un cul-de-sac qui est le lieu du séjour. Comme le tout est pratiqué sur le penchant de la montagne, il n'y a que le cul-de-sac qui soit de niveau; la branche inférieure de l'Y grec est en pente au-dessous du cul-de-sac, et c'est dans cette partie, la plus basse du domicile, qu'elles font leurs excréments, dont l'humidité s'écoule aisément au dehors; la branche supérieure de l'Y grec est aussi un peu en pente, et plus élevée que tout le reste; c'est par là qu'elles entrent et qu'elles sortent. Le lieu du séjour est non-seulement jonché, mais tapissé fort épais de mousse et de foin; elles en font ample provision pendant l'été : on assure même que cela se fait à frais ou travaux communs, que les unes coupent les herbes les plus fines, que d'autres les ramassent, et que tour à tour elles servent de voitures pour les transporter au gîte; l'une, dit-on, se couche sur le dos, se laisse charger de foin, étend ses pattes en haut pour servir de ridelles, et ensuite se laisse traîner par les autres, qui la tirent par la queue, et prennent garde en même temps que la voiture ne verse[1]. C'est, à ce qu'on prétend, par ce frottement trop souvent réitéré qu'elles ont presque toutes le poil rongé sur le dos. On pourrait cependant en donner une autre raison : c'est qu'habitant sous la terre, et s'occupant sans cesse à la creuser, cela seul suffit pour leur peler le dos[2]. Quoi qu'il en soit, il est sûr qu'elles demeurent ensemble et qu'elles travaillent en commun à leur habitation; elles y passent les trois quarts de leur vie, elles s'y retirent pendant l'orage, pendant la pluie ou dès qu'il y a quelque danger; elles n'en sortent même que dans les plus beaux jours, et ne s'en éloignent guère; l'une fait le guet, assise sur une roche élevée, tandis que les autres s'amusent à jouer sur le gazon, ou s'occupent à le couper pour en faire du foin; et lorsque celle qui fait sentinelle aperçoit un homme, un aigle, un chien, etc., elle avertit les autres par un coup de sifflet, et ne rentre elle-même que la dernière.

Elles ne font pas de provisions pour l'hiver, il semble qu'elles devinent qu'elles seraient inutiles; mais lorsqu'elles sentent les premières approches de la saison qui doit les engourdir, elles travaillent à fermer les deux portes de leur domicile, et elles le font avec tant de soin et de solidité, qu'il est plus aisé d'ouvrir la terre partout ailleurs que dans l'endroit qu'elles ont muré. Elles sont alors très-grasses : il y en a qui pèsent jusqu'à vingt livres; elles le sont encore trois mois après, mais peu à peu leur embonpoint diminue, et elles sont maigres sur la fin de l'hiver. Lorsqu'on

1. Ceci n'est qu'un conte.
2. Et cette raison est très-bonne.

découvre leur retraite, on les trouve resserrées en boule et fourrées dans le foin; on les emporte tout engourdies, on peut même les tuer sans qu'elles paraissent le sentir; on choisit les plus grasses pour les manger, et les plus jeunes pour les apprivoiser. Une chaleur graduée les ranime comme les loirs, et celles qu'on nourrit à la maison, en les tenant dans des lieux chauds, ne s'engourdissent pas, et sont même aussi vives que dans les autres temps. Nous ne répéterons pas, au sujet de l'engourdissement de la marmotte, ce que nous avons dit à l'article du loir; le refroidissement du sang en est la seule cause [1], et l'on avait observé avant nous que, dans cet état de torpeur, la circulation était très-lente, aussi bien que toutes les sécrétions, et que leur sang, n'étant pas renouvelé par un chyle nouveau, était sans aucune sérosité. Voyez les *Transactions philosophiques,* nº 397. Au reste, il n'est pas sûr qu'elles soient toujours et constamment engour-dies pendant sept ou huit mois, comme presque tous les auteurs le pré-tendent. Leurs terriers sont profonds, elles y demeurent en nombre, il doit donc s'y conserver de la chaleur dans les premiers temps, et elles y peu-vent manger de l'herbe qu'elles y ont amassée. M. Altmann dit même, dans son Traité sur les animaux de Suisse, que les chasseurs laissent les mar-mottes trois semaines ou un mois dans leur caveau avant que d'aller trou-bler leur repos; qu'ils ont soin de ne point creuser lorsqu'il fait un temps doux ou qu'il souffle un vent chaud; que, sans ces précautions, les mar-mottes se réveillent et creusent plus avant; mais qu'en ouvrant leurs retraites dans le temps des grands froids, on les trouve tellement assoupies qu'on les emporte facilement. On peut donc dire qu'à tous égards elles sont comme les loirs, et que si elles sont engourdies plus longtemps, c'est qu'elles habitent un climat où l'hiver est plus long.

Ces animaux ne produisent qu'une fois l'an; les portées ordinaires ne sont que de trois ou quatre petits; leur accroissement est prompt, et la durée de leur vie n'est que de neuf ou dix ans; aussi l'espèce n'en est ni nombreuse, ni bien répandue. Les Grecs ne la connaissaient pas, ou du moins ils n'en ont fait aucune mention. Chez les Latins, Pline est le premier qui l'ait indiquée sous le nom de *mus Alpinus,* rat des Alpes; et en effet, quoiqu'il y ait dans les Alpes plusieurs autres espèces de rats, aucune n'est plus remarquable que la marmotte, aucune n'habite comme elle les som-mets des plus hautes montagnes; les autres se tiennent dans les vallons, ou bien sur la croupe des collines et des premières montagnes, mais il n'y en a point qui monte aussi haut que la marmotte; d'ailleurs elle ne descend jamais des hauteurs, et paraît être particulièrement attachée à la chaîne des Alpes, où elle semble choisir l'exposition du midi et du levant, de pré-férence à celle du nord ou du couchant. Cependant il s'en trouve dans les

---

1. Voyez la note 1 de la page 617. — Voyez aussi les notes 1, 2 et 3 de la page 627.

Apennins, dans les Pyrénées et dans les plus hautes montagnes de l'Allemagne. Le *bobak* de Pologne [a], auquel M. Brisson [b], et d'après lui MM.'Arnault de Nobleville et Salerne [c] ont donné le nom de *marmotte*, diffère de cet animal, non-seulement par les couleurs du poil, mais aussi par le nombre des doigts, car il a cinq doigts aux pieds de devant; l'ongle du pouce paraît au dehors de la peau, et l'on trouve au dedans les deux phalanges de ce cinquième doigt qui manque en entier dans la marmotte [1]. Ainsi le *bobak* ou marmotte de Pologne, le *monax* ou marmotte de Canada, le *cavia* ou marmotte de Bahama, et le *cricet* ou marmotte de Strasbourg, sont tous les quatre des espèces différentes de la marmotte des Alpes [2].

L'OURS. *

Il n'y a aucun animal, du moins de ceux qui sont assez généralement connus, sur lequel les auteurs d'histoire naturelle aient autant varié que sur l'ours : leurs incertitudes, et même leurs contradictions sur la nature et les mœurs de cet animal, m'ont paru venir de ce qu'ils n'en ont pas distingué les espèces, et qu'ils rapportent quelquefois de l'une ce qui appartient à l'autre. D'abord il ne faut pas confondre l'ours de terre avec l'ours de mer, appelé communément *ours blanc, ours de la mer Glaciale* [3] : ce sont deux animaux très-différents, tant pour la forme du corps que pour les habitudes naturelles ; ensuite il faut distinguer deux espèces dans les ours terrestres, les bruns et les noirs [d][4], lesquels n'ayant pas les mêmes

a Vid. Auctuarium hist. nat. Poloniæ, auth. *Rzaczynski*, p. 327.

b. Brisson, *Regn. anim.*, p. 165.

c. Histoire naturelle des animaux, par MM. Arnault de Nobleville et Salerne. Paris , 1756. Ouvrage utile, et où les faits sont rassemblés avec autant de soin que de discernement.

d. Nota que nous comprenons ici, sous la dénomination d'ours bruns , ceux qui sont bruns , fauves, roux, rougeâtres, et par celle d'ours noirs ceux qui sont noirâtres, aussi bien que tout à fait noirs.

1. Les marmottes ont quatre doigts et un tubercule au lieu de pouce aux pieds de devant, et cinq doigts à ceux de derrière.

2. Le *bobak* ou *marmotte de Pologne*, et le *monax* ou *marmotte du Canada* sont deux *espèces* de *marmottes*, distinctes de celle des *Alpes*. Le *cricet* ou *marmotte de Strasbourg* est le *hamster*. Le *cavia* est le *cabiai*.

* *Ursus arctos* (Linn.). — *Ours brun d'Europe* (Cuv.). — Ordre des *Carnassiers ;* famille des *Carnivores ;* tribu des *Plantigrades ;* genre *Ours* (Cuv.).

3. L'*ours blanc de la mer Glaciale* (*Ursus maritimus.* Linn.) est une espèce bien distincte. Sa tête est allongée et aplatie , son pelage blanc et lisse , etc.

4. L'*ours brun d'Europe* a le front convexe, le pelage brun , etc. — « On croit pouvoir en « distinguer l'*ours noir d'Europe :* ceux qu'on nous a donnés pour tels avaient le front plat « et le pelage laineux et noirâtre ; mais leur origine ne nous paraît pas bien authentique. » (Cuvier, *Règne animal.* t. I , p. 136.)

inclinations, les mêmes appétits naturels, ne peuvent pas être regardés comme des variétés d'une seule et même espèce, mais doivent être considérés comme deux espèces distinctes et séparées. De plus, il y a encore des ours de terre qui sont blancs, et qui, quoique ressemblants par la couleur aux ours de mer, en diffèrent par tout le reste autant que les autres ours. On trouve ces ours blancs terrestres dans la grande Tartarie [a], en Moscovie, en Lithuanie et dans les autres provinces du Nord. Ce n'est pas la rigueur du climat qui les fait blanchir pendant l'hiver, comme les hermines ou les lièvres ; ces ours naissent blancs et demeurent blancs en tout temps : il faudrait donc encore les regarder comme une quatrième espèce, s'il ne se trouvait aussi des ours à poil mêlé de brun et de blanc, ce qui désigne une race intermédiaire entre cet ours blanc terrestre et l'ours brun ou noir ; par conséquent l'ours blanc terrestre n'est qu'une variété de l'une ou de l'autre de ces espèces [1].

On trouve dans les Alpes l'ours brun assez communément, et rarement l'ours noir, qui se trouve au contraire en grand nombre dans les forêts des pays septentrionaux de l'Europe et de l'Amérique [2]. Le brun est féroce et carnassier, le noir n'est que farouche, et refuse constamment de manger de la chair. Nous ne pouvons pas en donner un témoignage plus net et plus récent que celui de M. du Pratz. Voici ce qu'il en dit dans son Histoire de la Louisiane [b] : « L'ours paraît [c] l'hiver dans la Louisiane, parce que les « neiges qui couvrent les terres du nord, l'empêchant de trouver sa nour- « riture, le chassent des pays septentrionaux ; il vit de fruits, entre autres « de glands et de racines, et ses mets les plus délicieux sont le miel et le « lait : lorsqu'il en rencontre, il se laisserait plutôt tuer que de quitter « prise. Malgré la prévention où l'on est que l'ours est carnassier, je pré- « tends, avec tous ceux de cette province et des pays circonvoisins, qu'il « ne l'est nullement. Il n'est jamais arrivé que ces animaux aient dévoré « des hommes, malgré leur multitude et la faim extrême qu'ils souffrent « quelquefois, puisque même dans ce cas ils ne mangent point la viande « de boucherie qu'ils rencontrent. Dans le temps que je demeurais aux

a. Voyez *Relation de la grande Tartarie.* Amsterdam, 1737, in-12, p. 8.

b. Voyez l'*Histoire de la Louisiane*, par M. le Page du Pratz. Paris, 1758, in-12, t. II, p. 77 et suiv.

c. Observez qu'il s'agit ici de l'ours noir, et non de l'ours brun.

1. *L'ours blanc d'Europe* n'est que l'*ours ordinaire*, l'*ours brun*, à l'état d'*albinisme*.

2. « *L'ours noir de l'Amérique Septentrionale* (*Ursus americanus*, Gmel.) est une espèce « bien distincte, à front plat, à pelage noir et lisse, à museau fauve..... — Il y a, dans les « Cordillères, un autre *ours noir*, à gorge et museau blanc, et à grands sourcils fauves qui « s'unissent sur le chanfrein (*Ursus ornatus*). — Il n'est pas encore bien prouvé que l'*ours* « *cendré*, l'*ours terrible de l'Amérique septentrionale*, soit différent, par l'espèce, de l'*ours* « *brun d'Europe*. (Cuvier : *Règne animal*, t. I, p. 136.) — A ces *ours* d'Europe et d'Amé- rique, il faut joindre plusieurs *ours* d'Asie, l'*ours Malais*, l'*ours du Thibet*, l'*ours jongleur* ou du Bengale, etc.

« Natchez, il y eut un hiver si rude dans les terres du nord, que ces ani-
« maux descendirent en grande quantité; ils étaient si communs qu'ils
« s'affamaient les uns les autres, et étaient très-maigres; la grande faim les
« faisait sortir des bois qui bordent le fleuve; on les voyait courir la nuit
« dans les habitations et entrer dans les cours qui n'étaient pas bien fer-
« mées; ils y trouvaient des viandes exposées au frais; ils n'y touchaient
« point, et mangeaient seulement les grains qu'ils pouvaient rencontrer.
« C'était assurément dans une pareille occasion, et dans un besoin aussi
« pressant, qu'ils auraient dû manifester leur fureur carnassière, si peu
« qu'ils eussent été de cette nature. Ils n'ont jamais tué d'animaux pour
« les dévorer, et pour peu qu'ils fussent carnassiers, ils n'abandonne-
« raient pas les pays couverts de neige, où ils trouveraient des hommes et
« des animaux à discrétion, pour aller au loin chercher des fruits et des
« racines, nourriture que les bêtes carnassières refusent de manger. »
M. du Pratz ajoute dans une note que depuis qu'il a écrit cet article il a
appris avec certitude que dans les montagnes de Savoie il y a deux sortes
d'ours, les uns noirs comme ceux de la Louisiane, qui ne sont point carnassiers, les autres rouges, qui sont aussi carnassiers que les loups. Le
baron de la Hontan dit (tome Ier de ses *Voyages,* page 86) que les ours du
Canada sont extrêmement noirs et peu dangereux; qu'ils n'attaquent jamais
les hommes, à moins qu'on ne tire dessus et qu'on ne les blesse. Et il dit
aussi (tome II, page 40) que les ours rougeâtres sont méchants, qu'ils
viennent effrontément attaquer les chasseurs, au lieu que les noirs s'enfuient.

Wormius a écrit [a] qu'on connaît trois ours en Norwége : le premier
(*Bressdiur*) très-grand, qui n'est pas tout à fait noir, mais brun, et qui
n'est pas si nuisible que les autres, ne vivant que d'herbes et de feuilles
d'arbres; le second (*Ildgiersdiur*) plus petit, plus noir, carnassier, et attaquant souvent les chevaux et les autres animaux, surtout en automne; le
troisième (*Myrebiorn*) qui est le plus petit de tous, et qui ne laisse pas
d'être nuisible; il se nourrit, dit-il, de fourmis, et se plaît à renverser les
fourmilières. On a remarqué (ajoute-t-il sans preuve) que ces trois espèces
se mêlent, et produisent ensemble des espèces intermédiaires; que ceux
qui sont carnassiers attaquent les troupeaux, foulent toutes les bêtes
comme le loup, et n'en dévorent qu'une ou deux; que, quoique carnassiers, ils mangent des fruits sauvages, et que, quand il y a une grande
quantité de sorbes, ils sont plus à craindre que jamais, parce que ce fruit
acerbe leur agace si fort les dents, qu'il n'y a que le sang et la graisse qui
puissent leur ôter cet agacement qui les empêche de manger. Mais la plupart de ces faits, rapportés par Wormius, me paraissent fort équivoques, car

a. *Vid. Mus. Worm.*, p. 318.

il n'y a point d'exemple que des animaux dont les appétits **sont** constamment différents, comme dans les deux premières espèces, dont les uns ne mangent que de l'herbe et des feuilles, et les autres de la chair et du sang, se mêlent ensemble et produisent une espèce intermédiaire; d'ailleurs, ce sont ici les ours noirs qui sont carnassiers, et les bruns qui sont frugivores, ce qui est absolument contraire à la vérité. De plus, le P. Rzaczynski [a], Polonais, et M. Klein, de Dantzick [b], qui ont parlé des ours de leur pays, n'en admettent que deux espèces, les noirs et les bruns ou roux, et, parmi ces derniers, des grands et des petits : ils disent que les ours noirs sont les plus rares, que les bruns sont au contraire fort communs, que ce sont les ours noirs qui sont les plus grands et qui mangent les fourmis, et enfin que les grands ours bruns ou roux sont les plus nuisibles et les plus carnassiers [1]. Ces témoignages, aussi bien que ceux de M. du Pratz et du baron de La Hontan, sont, comme l'on voit, tout à fait opposés à celui de Wormius, que je viens de citer. En effet, il paraît certain que les ours rouges, roux ou bruns, qui se trouvent non-seulement en Savoie, mais dans les hautes montagnes, dans les vastes forêts et dans presque tous les déserts de la terre, dévorent les animaux vivants, et mangent même les voiries les plus infectes. Les ours noirs n'habitent guère que les pays froids; mais on trouve des ours bruns ou roux dans les climats froids et tempérés, et même dans les régions du midi. Ils étaient communs chez les Grecs; les Romains en faisaient venir de Libye [c] pour servir à leurs spectacles; il s'en trouve à la Chine [d], au Japon [e], en Arabie, en Égypte et jusque dans l'île de Java [f][2]. Aristote [g] parle aussi des ours blancs terrestres, et regarde cette différence de couleur comme accidentelle, et provenant, dit-il, d'un défaut dans la génération. Il y a donc des ours dans tous les pays déserts, escarpés ou couverts; mais on n'en trouve point dans les royaumes bien peuplés, ni dans les terres découvertes et cultivées; il n'y en a point en France, non plus qu'en Angleterre, si ce n'est peut-être quelques-uns dans les montagnes les moins fréquentées.

a. Auctuar. Hist. nat., p. 32.

b. De quadrup., p. 82.

c. Herodot. Solin. Crinit. et *alii. Quod freno Libyci domantur ursi*, dit Martial.

d. Histoire générale des voyages, par M. l'abbé Prévost, t. III, p. 492. *Histoire naturelle du Japon*, par Kœmpfer, t. I, p. 109.

e. Strabo, lib. xvi. Prosp. Alpin., p. 233.

f. Voyage autour du monde de Le Gentil. Paris, 1725, t. III, p. 85.

g. Aristot., *de admir.*, cap. cxl. *Idem, de gen. anim.*, lib. v, cap. vi.

1. « Les *ours* ont presque toutes leurs dents tuberculeuses.,.,.. Cette dentition, presque de « frugivore, fait que, malgré leur extrême force, ils ne mangent guère de chair que par néces- « sité. » (Cuvier : *Règne animal*, t. I, p. 133.)

J'ai fait nourrir, pendant plusieurs années, un *ours brun* avec du pain bis et des carottes seulement. — Un autre *ours brun*, que je fais nourrir de la même manière depuis quatre ans, en est venu au point de ne plus vouloir toucher à la chair.

2. Ce ne sont pas les mêmes espèces. (Voyez la note 2 de la p. 639.)

L'ours est non-seulement sauvage, mais solitaire; il fuit par instinct toute société, il s'éloigne des lieux où les hommes ont accès, il ne se trouve à son aise que dans les endroits qui appartiennent encore à la vieille nature; une caverne antique dans des rochers inaccessibles, une grotte formée par le temps dans le tronc d'un vieux arbre, au milieu d'une épaisse forêt, lui servent de domicile; il s'y retire seul, y passe une partie de l'hiver sans provisions, sans en sortir pendant plusieurs semaines. Cependant il n'est point engourdi ni privé de sentiment, comme le loir ou la marmotte; mais comme il est naturellement gras, et qu'il l'est excessivement sur la fin de l'automne, temps auquel il se recèle, cette abondance de graisse lui fait supporter l'abstinence, et il ne sort de sa bauge que lorsqu'il se sent affamé. On prétend que c'est au bout d'environ quarante jours [a] que les mâles sortent de leurs retraites, mais que les femelles y restent quatre mois, parce qu'elles y font leurs petits. J'ai peine à croire qu'elles puissent non-seulement subsister, mais encore nourrir leurs petits, sans prendre elles-mêmes aucune nourriture pendant un aussi long espace de temps. On convient qu'elles sont excessivement grasses lorsqu'elles sont pleines, que d'ailleurs, étant vêtues d'un poil très-épais, dormant la plus grande partie du temps, et ne se donnant aucun mouvement, elles doivent perdre très-peu par la transpiration; mais s'il est vrai que les mâles sortent au bout de quarante jours, pressés par le besoin de prendre de la nourriture, il n'est pas naturel d'imaginer que les femelles ne soient pas encore plus pressées du même besoin après qu'elles ont mis bas, et lorsque, allaitant leurs petits, elles se trouvent doublement épuisées; à moins que l'on ne veuille supposer qu'elles en dévorent quelques-uns avec les enveloppes, et tout le reste du produit superflu de leur accouchement, ce qui ne me paraît pas vraisemblable, malgré l'exemple des chattes, qui mangent quelquefois leurs petits. Au reste, nous ne parlons ici que de l'espèce des ours bruns, dont les mâles dévorent en effet les oursons nouveau-nés, lorsqu'ils les trouvent dans leurs nids, mais les femelles, au contraire, semblent les aimer jusqu'à la fureur; elles sont, lorsqu'elles ont mis bas, plus féroces, plus dangereuses que les mâles; elles combattent et s'exposent à tout pour sauver leurs petits, qui ne sont point informes en naissant [1], comme l'ont dit les anciens, et qui, lorsqu'ils sont nés, croissent à peu près aussi vite que les autres animaux; ils sont parfaitement formés [b] dans le sein de leur mère, et si les

a. Aristot. *Hist. anim.*, lib. viii, cap. xvii.

b. « In Museo Illust. Senatûs Bononiensis ursulum a cæso matris utero extractum, et omni- « bus suis partibus formatum, in vase vitreo adhuc servamus. » Aldrov. *de quadrup. digit.*, p. 120.

1. « La femelle fait depuis un jusqu'à trois petits : leur poil court et lustré, les fait paraître « beaucoup plus jolis que les adultes, ce qui réfute la fable adoptée par les anciens, que ces « petits naissent informes, et ne prennent la figure de leur espèce qu'à force d'être léchés par « leur mère. » (Cuvier : *Ménag. du Mus.*).

fœtus ou les jeunes oursons ont paru informes au premier coup d'œil, c'est
que l'ours adulte l'est lui-même par la masse, la grosseur et la disproportion du corps et des membres; et l'on sait que, dans toutes les espèces,
le fœtus ou le petit nouveau-né est plus disproportionné que l'animal
adulte.

Les ours se recherchent en automne; la femelle est, dit-on, plus ardente
que le mâle : on prétend qu'elle se couche sur le dos pour le recevoir,
qu'elle l'embrasse étroitement, qu'elle le retient longtemps, etc., mais il est
plus certain qu'ils s'accouplent à la manière des quadrupèdes. L'on a vu des
ours captifs s'accoupler, et produire; seulement on n'a pas observé combien dure le temps de la gestation [1]. Aristote [a] dit qu'il n'est que de trente
jours; comme personne n'a contredit ce fait, et que nous n'avons pu le
vérifier, nous ne pouvons aussi ni le nier ni l'assurer; nous remarquerons
seulement qu'il nous paraît douteux : 1° parce que l'ours est un gros animal, et que, plus les animaux sont gros, plus il faut de temps pour les
former dans le sein de la mère; 2° parce que les jeunes ours croissent assez
lentement; ils suivent leur mère, et ont besoin de ses secours pendant un an
ou deux; 3° parce que l'ours ne produit qu'en petit nombre, un deux,
trois, quatre, et jamais plus de cinq; propriété commune avec tous les gros
animaux, qui ne produisent pas beaucoup de petits, et qui les portent longtemps; 4° parce que l'ours vit vingt ou vingt-cinq ans, et que le temps de la
gestation et celui de l'accroissement sont ordinairement proportionnés à la
durée de la vie [2]. A ne raisonner que sur ces analogies, qui me paraissent
assez fondées, je croirais donc que le temps de la gestation dans l'ours est
au moins de quelques mois : quoi qu'il en soit, il paraît que la mère a le
plus grand soin de ses petits; elle leur prépare un lit de mousse et d'herbes
dans le fond de sa caverne, et les allaite jusqu'à ce qu'ils puissent sortir
avec elle : elle met bas en hiver, et ses petits commencent à la suivre au
printemps. Le mâle et la femelle n'habitent point ensemble, ils ont chacun
leur retraite séparée, et même fort éloignée : lorsqu'ils ne peuvent trouver
une grotte pour se gîter, ils cassent et ramassent du bois pour se faire
une loge qu'ils recouvrent d'herbes et de feuilles, au point de la rendre
impénétrable à l'eau.

La voix de l'ours est un grondement, un gros murmure, souvent mêlé
d'un frémissement de dents qu'il fait surtout entendre lorsqu'on l'irrite;
il est très-susceptible de colère, et sa colère tient toujours de la fureur, et
souvent du caprice : quoiqu'il paraisse doux pour son maître, et même
obéissant lorsqu'il est apprivoisé, il faut toujours s'en défier et le traiter
avec circonspection, surtout ne le pas frapper au bout du nez, ni le toucher

[a]. Aristot. *Hist. anim.*, lib. vi, cap. xxx.

1. La *gestation* de l'*ours* dure sept mois. L'*ours* a souvent produit dans notre ménagerie.
2 Voyez la note de la page 531.

aux parties de la génération. On lui apprend à se tenir debout, à gesticuler, à danser; il semble même écouter le son des instruments et suivre
grossièrement la mesure; mais pour lui donner cette espèce d'éducation
il faut le prendre jeune, et le contraindre pendant toute sa vie; l'ours qui
a de l'âge ne s'apprivoise ni ne se contraint plus; il est naturellement
intrépide, ou tout au moins indifférent au danger. L'ours sauvage ne se
détourne pas de son chemin, ne fuit pas à l'aspect de l'homme; cependant on prétend que par un coup de sifflet [a] on le surprend, on l'étonne au
point qu'il s'arrête et se lève sur les pieds de derrière. C'est le temps qu'il
faut prendre pour le tirer, et tâcher de le tuer; car, s'il n'est que blessé,
il vient de furie se jeter sur le tireur, et l'embrassant des pattes de devant,
il l'étoufferait [b], s'il n'était secouru.

On chasse et on prend les ours de plusieurs façons en Suède, en Norwége, en Pologne, etc. La manière, dit-on, la moins dangereuse de les
prendre [c] est de les enivrer en jetant de l'eau-de-vie sur le miel, qu'ils
aiment beaucoup, et qu'ils cherchent dans les troncs d'arbres. A la Louisiane et en Canada, où les ours noirs sont très-communs, et où ils ne
nichent pas dans des cavernes, mais dans de vieux arbres morts sur pied,
et dont le cœur est pourri, on les prend en mettant le feu dans leurs
maisons [d] : comme ils montent très-aisément sur les arbres, ils s'établissent
rarement à rez de terre, et quelquefois ils sont nichés à trente et quarante
pieds de hauteur. Si c'est une mère avec ses petits, elle descend la première, on la tue avant qu'elle soit à terre; les petits descendent ensuite,
on les prend en leur passant une corde au cou, et on les emmène pour les
élever ou pour les manger, car la chair de l'ourson est délicate et bonne;
celle de l'ours est mangeable, mais comme elle est mêlée d'une graisse
huileuse, il n'y a guère que les pieds, dont la substance est plus ferme,
qu'on puisse regarder comme une viande délicate.

La chasse de l'ours, sans être fort dangereuse, est très-utile lorsqu'on la
fait avec quelque succès; la peau est de toutes les fourrures grossières
celle qui a le plus de prix, et la quantité d'huile que l'on tire d'un seul
ours est fort considérable. On met d'abord la chair et la graisse cuire ensemble dans une chaudière, la graisse se sépare; « ensuite, dit M. du
« Pratz [e], on la purifie en y jetant, lorsqu'elle est fondue et très-chaude,
« du sel en bonne quantité et de l'eau par aspersion : il se fait une détona-
« tion, et il s'en élève une fumée épaisse qui emporte avec elle la mauvaise
« odeur de la graisse : la fumée étant passée, et la graisse étant encore plus

a. *Voyages de Regnard*, t. I, pages 37 et 38.
b. *Id. ibid. Histoire de la Louisiane*, par M. le Page du Pratz, t. II, p. 81.
c. *Voyages de Regnard*, t. I, p. 53.
d. *Mémoires sur la Louisiane*, par M. Dumont. Paris, 1753, p. 75 et suiv. *Histoire de la
Louisiane*, par M. le Page du Pratz, t. II, p. 87.
e. T. II, pages 89 et 90.

« que tiède, on la verse dans un pot où on la laisse reposer huit ou dix
« jours; au bout de ce temps on voit nager dessus une huile claire, qu'on
« enlève avec une cuiller; cette huile est aussi bonne que la meilleure
« huile d'olive, et sert aux mêmes usages. Au-dessous on trouve un sain-
« doux aussi blanc, mais un peu plus mou que le saindoux de porc; il sert
« au besoin de la cuisine, et il ne lui reste aucun goût désagréable, ni
« aucune mauvaise odeur. » M. Dumont, dans ses *Mémoires sur la Louisiane*, s'accorde avec M. du Pratz, et il dit, de plus, que d'un seul ours on
tire quelquefois plus de cent vingt pots de cette huile ou graisse; que les
sauvages en traitent beaucoup avec les Français; qu'elle est très-belle, très-
saine et très-bonne; qu'elle ne se fige guère que par un grand froid, que,
quand cela arrive, elle est toute en grumeaux et d'une blancheur à éblouir;
qu'on la mange alors sur le pain en guise de beurre. Nos épiciers-droguistes
ne tiennent point d'huile d'ours, mais ils font venir de Savoie, de Suisse ou
de Canada, de la graisse ou axonge qui n'est pas purifiée. L'auteur du Dic-
tionnaire du Commerce dit même que, pour que la graisse d'ours soit bonne,
il faut qu'elle soit grisâtre, gluante et de mauvaise odeur, et que celle qui
est trop blanche est sophistiquée et mêlée de suif. On se sert de cette
graisse comme de topique pour les hernies, les rhumatismes, etc., et beaucoup de gens assurent en avoir ressenti de bons effets.

La quantité de graisse dont l'ours est chargé le rend très-léger à la nage,
aussi traverse-t-il sans fatigue des fleuves et des lacs. « Les ours de la Loui-
« siane, dit M. Dumont [a], qui sont d'un très-beau noir, traversent le fleuve
« malgré sa grande largeur; ils sont très-friands du fruit des plaquemi-
« niers; ils montent sur ces arbres, se mettent à califourchon sur une bran-
« che, s'y tiennent avec une de leurs pattes, et se servent de l'autre pour ·
« plier les autres branches et approcher d'eux les plaquemines; ils sortent
« aussi très-souvent des bois pour venir dans les habitations manger les
« patates et le maïs. » En automne, lorsqu'ils se sont bien engraissés, ils
n'ont presque pas la force de marcher [b], ou du moins ils ne peuvent courir [c]
aussi vite qu'un homme. Ils ont quelquefois plus de dix doigts d'épaisseur [d]
de graisse aux côtes et aux cuisses; le dessous de leurs pieds est gros et
enflé; lorsqu'on le coupe, il en sort un suc blanc et laiteux : cette partie
paraît composée de petites glandes qui sont comme des mamelons, et c'est
ce qui fait que pendant l'hiver, dans leurs retraites, ils sucent continuellement leurs pattes.

L'ours a les sens de la vue, de l'ouïe et du toucher très-bons, quoiqu'il

---

a. *Mémoire sur la Louisiane*, p. 76.
b. *Voyage du baron de la Hontan*, p. 86.
c. *Histoire de la Louisiane*, par M. du Pratz, p. 83.
d. Extrait d'un ouvrage danois cité par MM. Arnault de Nobleville et Salerne. *Hist. nat.
des animaux.* Paris, 1757, t. VI, p. 374.

ait l'œil très-petit, relativement au volume de son corps, les oreilles courtes, la peau épaisse et le poil fort touffu : il a l'odorat excellent, et peut-être plus exquis qu'aucun autre animal, car la surface intérieure de cet organe se trouve extrêmement étendue : on y compte [a] quatre rangs de plans de lames osseuses, séparés les uns des autres par trois plans perpendiculaires, ce qui multiplie prodigieusement les surfaces propres à recevoir les impressions des odeurs. Il a les jambes et les bras charnus comme l'homme, l'os du talon court et formant une partie de la plante du pied, cinq orteils opposés au talon dans les pieds de derrière, les os du carpe égaux dans les pieds de devant; mais le pouce n'est pas séparé, et le plus gros doigt est en dehors de cette espèce de main, au lieu que dans celle de l'homme il est en dedans; ses doigts sont gros, courts et serrés l'un contre l'autre, aux mains comme aux pieds; les ongles sont noirs, et d'une substance homogène fort dure. Il frappe avec ses poings, comme l'homme avec les siens; mais ces ressemblances grossières avec l'homme ne le rendent que plus difforme, et ne lui donnent aucune supériorité sur les autres animaux.

LE CASTOR. *

Autant l'homme s'est élevé au-dessus de l'état de nature, autant les animaux se sont abaissés au-dessous : soumis et réduits en servitude, ou traités comme rebelles et dispersés par la force, leurs sociétés se sont évanouies, leur industrie est devenue stérile, leurs faibles arts ont disparu, chaque espèce a perdu ses qualités générales, et tous n'ont conservé que leurs propriétés individuelles, perfectionnées dans les uns par l'exemple, l'imitation, l'éducation, et dans les autres par la crainte et par la nécessité où ils sont de veiller continuellement à leur sûreté. Quelles vues, quels desseins, quels projets peuvent avoir des esclaves sans âme, ou des relégués sans puissance? ramper ou fuir, et toujours exister d'une manière solitaire, ne rien édifier, ne rien produire, ne rien transmettre, et toujours languir dans la calamité, déchoir, se perpétuer sans se multiplier, perdre, en un mot, par la durée autant et plus qu'ils n'avaient acquis par le temps.

Aussi ne reste-t-il quelques vestiges de leur merveilleuse industrie que dans ces contrées éloignées et désertes, ignorées de l'homme pendant une longue suite de siècles, où chaque espèce pouvait manifester en liberté ses talents naturels et les perfectionner dans le repos en se réunissant en

---

a. Étienne Lorentinus, *Éphém. d'Allem.* Décur. i, ann. ix et x, p. 403, cité par MM. Arnault de Nobleville et Salerne. *Hist. nat. des anim.*, t. VI, p. 366.

* *Castor fiber* (Linn.). Ordre des *Rongeurs*; genre *Castor* (Cuv.).

société durable. Les castors sont peut-être le seul exemple qui subsiste comme un ancien monument de cette espèce d'intelligence des brutes [1], qui, quoique infiniment inférieure par son principe à celle de l'homme, suppose cependant des projets communs et des vues relatives; projets qui ayant pour base la société, et pour objet une digue à construire, une bourgade à élever, une espèce de république à fonder, supposent aussi une manière quelconque de s'entendre et d'agir de concert.

Les castors, dira-t-on, sont parmi les quadrupèdes ce que les abeilles sont parmi les insectes. Quelle différence! Il y a dans la nature, telle qu'elle nous est parvenue, trois espèces de sociétés qu'on doit considérer avant de les comparer : la société libre de l'homme, de laquelle, après Dieu, il tient toute sa puissance; la société gênée des animaux, toujours fugitive devant celle de l'homme; et, enfin, la société forcée de quelques petites bêtes, qui, naissant toutes en même temps dans le même lieu, sont contraintes d'y demeurer ensemble. Un individu, pris solitairement et au sortir des mains de la nature, n'est qu'un être stérile, dont l'industrie se borne au simple usage des sens; l'homme lui-même, dans l'état de pure nature, dénué de lumières et de tous les secours de la société, ne produit rien, n'édifie rien. Toute société, au contraire, devient nécessairement féconde, quelque fortuite, quelque aveugle qu'elle puisse être, pourvu qu'elle soit composée d'êtres de même nature : par la seule nécessité de se chercher ou de s'éviter, il s'y formera des mouvements communs dont le résultat sera souvent un ouvrage qui aura l'air d'avoir été conçu, conduit et exécuté avec intelligence. Ainsi l'ouvrage des abeilles qui, dans un lieu donné, tel qu'une ruche ou le creux d'un vieux arbre, bâtissent chacune leur cellule [2]; l'ouvrage des mouches de Cayenne, qui non-seulement font aussi leurs cellules, mais construisent même la ruche qui doit les contenir, sont des travaux purement mécaniques qui ne supposent aucune intelligence, aucun projet concerté, aucune vue générale; des travaux qui n'étant que le produit d'une nécessité physique, un résultat de mouvements communs [a], s'exercent toujours de la même façon, dans tous les temps et dans tous les lieux, par une multitude qui ne s'est point assemblée par choix, mais qui se trouve réunie par force de nature. Ce n'est donc pas la société, c'est le nombre seul qui opère ici; c'est une puissance aveugle qu'on ne peut comparer à la lumière qui dirige toute société : je ne parle point de cette lumière pure, de ce rayon divin qui n'a été départi qu'à l'homme seul; les castors en sont assurément privés, comme tous les autres animaux; mais leur société

a. Voyez les preuves que j'en ai données dans le Discours sur la nature des animaux.

1. Il y a, en effet, dans certains animaux, dans le *chien*, dans le *cheval*, dans l'*éléphant*, par exemple, une *espèce d'intelligence*; le *castor* n'a que de l'*instinct*.

2. Voyez la note de la page 361.

n'étant point une réunion forcée [1], se faisant au contraire par une espèce de choix, et supposant au moins un concours général et des vues communes dans ceux qui la composent, suppose au moins aussi une lueur d'intelligence qui, quoique très-différente de celle de l'homme par le principe, produit cependant des effets assez semblables pour qu'on puisse les comparer, non pas dans la société plénière et puissante, telle qu'elle existe parmi les peuples anciennement policés, mais dans la société naissante chez des hommes sauvages, laquelle seule peut, avec équité, être comparée à celle des animaux.

Voyons donc le produit de l'une et l'autre de ces sociétés; voyons jusqu'où s'étend l'art du castor, et où se borne celui du sauvage. Rompre une branche pour s'en faire un bâton, se bâtir une hutte, la couvrir de feuillages pour se mettre à l'abri, amasser de la mousse ou du foin pour se faire un lit, sont des actes communs à l'animal et au sauvage; les ours font des huttes, les singes ont des bâtons, plusieurs autres animaux se pratiquent un domicile propre, commode, impénétrable à l'eau. Frotter une pierre pour la rendre tranchante et s'en faire une hache, s'en servir pour couper, pour écorcer du bois, pour aiguiser des flèches, pour creuser un vase, écorcher un animal pour se revêtir de sa peau, en prendre les nerfs pour faire une corde d'arc, attacher ces mêmes nerfs à une épine dure, et se servir de tous deux comme de fil et d'aiguille, sont des actes purement individuels que l'homme en solitude peut tous exécuter sans être aidé des autres, des actes qui dépendent de sa seule conformation, puisqu'ils ne supposent que l'usage de la main; mais couper et transporter un gros arbre, élever un carbet, construire une pirogue, sont, au contraire, des opérations qui supposent nécessairement un travail commun et des vues concertées. Ces ouvrages sont aussi les seuls résultats de la société naissante chez des nations sauvages, comme les ouvrages des castors sont les fruits de la société perfectionnée parmi ces animaux : car il faut observer qu'ils ne songent point à bâtir, à moins qu'ils n'habitent un pays libre [2] et qu'ils n'y soient parfaitement tranquilles. Il y a des castors en Languedoc, dans les îles du Rhône; il y en a en plus grand nombre dans les provinces du nord de l'Europe; mais comme toutes ces contrées sont habitées, ou du moins fort fréquentées par les hommes, les castors y sont, comme tous les autres animaux, dispersés, solitaires, fugitifs, ou cachés dans un terrier; on ne les a jamais vus se réunir, se rassembler, ni rien entreprendre, ni rien construire; au lieu que dans ces terres désertes, où l'homme en

---

1. La *société* des *castors* n'est qu'une réunion machinale, aveugle, purement *instinctive*. A ce premier fonds, à ce premier germe de *société*, dû à l'*instinct*, l'homme a joint tout ce qui constitue sa nature supérieure, son intelligence progressive et réfléchie, sa raison.

2. Un castor, pris tout jeune sur les bords du Rhône, et élevé dans notre Jardin des plantes, y a *bâti*, quoiqu'il y fût isolé, solitaire et même en cage. (Voyez mon livre sur l'*Instinct et l'intelligence des animaux*.)

société n'a pénétré que bien tard, et où l'on ne voyait auparavant que quelques vestiges de l'homme sauvage, on a partout trouvé les castors réunis, formant des sociétés, et l'on n'a pu s'empêcher d'admirer leurs ouvrages. Nous tâcherons de ne citer que des témoins judicieux, irréprochables, et nous ne donnerons pour certains que les faits sur lesquels ils s'accordent : moins portés peut-être que quelques-uns d'entre eux à l'admiration, nous nous permettrons le doute, et même la critique sur tout ce qui nous paraîtra trop difficile à croire.

Tous conviennent que le castor, loin d'avoir une supériorité marquée sur les autres animaux, paraît au contraire être au-dessous de quelques-uns d'entre eux pour les qualités purement individuelles; et nous sommes en état de confirmer ce fait, ayant encore actuellement un jeune castor vivant qui nous a été envoyé de Canada [a], et que nous gardons depuis près d'un an. C'est un animal assez doux, assez tranquille, assez familier, un peu triste, même un peu plaintif, sans passions violentes, sans appétits véhéments, ne se donnant que peu de mouvement, ne faisant d'efforts pour quoi que ce soit, cependant occupé sérieusement du désir de sa liberté, rongeant de temps en temps les portes de sa prison, mais sans fureur, sans précipitation, et dans la seule vue d'y faire une ouverture pour en sortir; au reste assez indifférent, ne s'attachant pas volontiers [b], ne cherchant point à nuire et assez peu à plaire. Il paraît inférieur au chien par les qualités relatives qui pourraient l'approcher de l'homme; il ne semble fait ni pour servir, ni pour commander, ni même pour commercer avec une autre espèce que la sienne : son sens, renfermé dans lui-même, ne se manifeste en entier qu'avec ses semblables; seul, il a peu d'industrie personnelle, encore moins de ruses, pas même assez de défiance pour éviter des piéges grossiers : loin d'attaquer les autres animaux, il ne sait pas même se bien défendre; il préfère la fuite au combat, quoiqu'il morde cruellement et avec acharnement, lorsqu'il se trouve saisi par la main du chasseur. Si l'on considère donc cet animal dans l'état de nature, ou plutôt dans son état de solitude et de dispersion, il ne paraîtra pas, pour les qualités intérieures, au-dessus des autres animaux; il n'a pas plus d'esprit que le chien, de sens que l'éléphant, de finesse que le renard [1], etc.; il est plutôt remarquable par des singularités de conformation extérieure que par la supériorité apparente de ses qualités intérieures. Il est le seul parmi les quadrupèdes qui ait la queue plate, ovale et couverte d'écailles, de laquelle il se sert comme d'un

a. Ce castor, qui a été pris jeune, m'a été envoyé au commencement de l'année 1758, par M. de Montbelliard, capitaine dans royal-artillerie.

b. M. Klein a cependant écrit qu'il en avait nourri un pendant plusieurs années, qui le suivait et l'allait chercher comme les chiens vont chercher leurs maîtres.

1. Voyez la note 1 de la page 647. Le *castor*, si merveilleux par l'*instinct*, appartient à l'ordre des quadrupèdes les plus dénués d'*intelligence*, à l'ordre des *rongeurs*.

gouvernail pour se diriger dans l'eau ; le seul qui ait des nageoires aux pieds de derrière, et en même temps les doigts séparés dans ceux du devant, qu'il emploie comme des mains pour porter à sa bouche ; le seul qui, ressemblant aux animaux terrestres par les parties antérieures de son corps, paraisse en même temps tenir des animaux aquatiques par les parties postérieures : il fait la nuance des quadrupèdes aux poissons, comme la chauvesouris fait celle des quadrupèdes aux oiseaux. Mais ces singularités seraient plutôt des défauts que des perfections, si l'animal ne savait tirer de cette cenformation, qui nous paraît bizarre, des avantages uniques, et qui le rendent supérieur à tous les autres.

Les castors commencent par s'assembler au mois de juin ou de juillet pour se réunir en société; ils arrivent en nombre et de plusieurs côtés, et forment bientôt une troupe de deux ou trois cents : le lieu du rendez-vous est ordinairement le lieu de l'établissement, et c'est toujours au bord des eaux. Si ce sont des eaux plates, et qui se soutiennent à la même hauteur comme dans un lac, ils se dispensent d'y construire une digue ; mais dans les eaux courantes, et qui sont sujettes à hausser ou baisser, comme sur les ruisseaux, les rivières, ils établissent une chaussée, et par cette retenue ils forment une espèce d'étang ou de pièce d'eau, qui se soutient toujours à la même hauteur : la chaussée traverse la rivière comme une écluse, et va d'un bord à l'autre ; elle a souvent quatre-vingts ou cent pieds de longueur sur dix ou douze pieds d'épaisseur à sa base. Cette construction paraît énorme pour des animaux de cette taille, et suppose en effet un travail immense [a]; mais la solidité avec laquelle l'ouvrage est construit étonne encore plus que sa grandeur. L'endroit de la rivière où ils établissent cette digue est ordinairement peu profond; s'il se trouve sur le bord un gros arbre qui puisse tomber dans l'eau, ils commencent par l'abattre pour en faire la pièce principale de leur construction : cet arbre est souvent plus gros que le corps d'un homme; ils le scient, ils le rongent au pied, et sans autre instrument que leurs quatre dents incisives ils le coupent en assez peu de temps, et le font tomber du côté qu'il leur plaît, c'est-à-dire en travers sur la rivière ; ensuite ils coupent les branches de la cime de cet arbre tombé pour le mettre de niveau et le faire porter partout également. Ces opérations se font en commun ; plusieurs castors rongent ensemble le pied de l'arbre pour l'abattre, plusieurs aussi vont ensemble pour en couper les branches lorsqu'il est abattu ; d'autres parcourent en même temps les bords de la rivière et coupent de moindres arbres, les uns gros comme la jambe, les autres comme la cuisse; ils les dépècent et les scient à une certaine hauteur pour en faire des pieux ; ils amènent ces pièces de bois d'abord par terre jusqu'au bord de la rivière, et ensuite par eau jusqu'au lieu de leur

---

a. Les plus grands castors pèsent cinquante ou soixante livres, et n'ont guère que trois pieds de longueur depuis le bout du museau jusqu'à l'origine de la queue.

construction; ils en font une espèce de pilotis serré, qu'ils enfoncent encore
en entrelaçant des branches entre les pieux. Cette opération suppose bien
des difficultés vaincues; car pour dresser ces pieux et les mettre dans une
situation à peu près perpendiculaire, il faut qu'avec les dents ils élèvent le
gros bout contre le bord de la rivière, ou contre l'arbre qui la traverse;
que d'autres plongent en même temps jusqu'au fond de l'eau pour y creuser
avec les pieds de devant un trou dans lequel ils font entrer la pointe du
pieu, afin qu'il puisse se tenir debout. A mesure que les uns plantent ainsi
leurs pieux, les autres vont chercher de la terre qu'ils gâchent avec leurs
pieds et battent avec leur queue; ils la portent dans leur gueule et avec les
pieds de devant, et ils en transportent une si grande quantité, qu'ils en
remplissent tous les intervalles de leur pilotis. Ce pilotis est composé de
plusieurs rangs de pieux, tous égaux en hauteur, et tous plantés les uns
contre les autres; il s'étend d'un bord à l'autre de la rivière, il est rempli
et maçonné partout : les pieux sont plantés verticalement du côté de la
chute de l'eau; tout l'ouvrage est au contraire en talus du côté qui en soutient la charge, en sorte que la chaussée, qui a dix ou douze pieds de largeur
à sa base, se réduit à deux ou trois pieds d'épaisseur au sommet; elle a
donc non-seulement toute l'étendue, toute la solidité nécessaire, mais encore
la forme la plus convenable pour retenir l'eau, l'empêcher de passer, en
soutenir le poids et en rompre les efforts. Au haut de la chaussée, c'est-à-
dire dans la partie où elle a le moins d'épaisseur, ils pratiquent deux ou trois
ouvertures en pente, qui sont autant de décharges de superficie qu'ils élargissent ou rétrécissent selon que la rivière vient à hausser ou baisser; et
lorsque par des inondations trop grandes ou trop subites il se fait quelques
brèches à leur digue ils savent les réparer, et travaillent de nouveau dès
que les eaux sont baissées.

Il serait superflu, après cette exposition de leurs travaux pour un
ouvrage public, de donner encore le détail de leurs constructions particulières, si dans une histoire l'on ne devait pas compte de tous les faits, et si
ce premier grand ouvrage n'était pas fait dans la vue de rendre plus commodes leurs petites habitations : ce sont des cabanes, ou plutôt des espèces
de maisonnettes bâties dans l'eau sur un pilotis plein tout près du bord de
leur étang avec deux issues, l'une pour aller à terre, l'autre pour se jeter
à l'eau. La forme de cet édifice est presque toujours ovale ou ronde; il y
en a de plus grands et de plus petits, depuis quatre ou cinq jusqu'à huit ou
dix pieds de diamètre; il s'en trouve aussi quelquefois qui sont à deux ou
trois étages; les murailles ont jusqu'à deux pieds d'épaisseur; elles sont
élevées à plomb sur le pilotis plein, qui sert en même temps de fondement
et de plancher à la maison. Lorsqu'elle n'a qu'un étage, les murailles ne
s'élèvent droites qu'à quelques pieds de hauteur, au-dessus de laquelle
elles prennent la courbure d'une voûte en anse de panier; cette voûte

termine l'édifice et lui sert de couvert; il est maçonné avec solidité et enduit avec propreté en dehors et en dedans; il est impénétrable à l'eau des pluies et résiste aux vents les plus impétueux; les parois en sont revêtues d'une espèce de stuc si bien gâché et si proprement appliqué, qu'il semble que la main de l'homme y ait passé; aussi la queue leur sert-elle de truelle pour appliquer ce mortier qu'ils gâchent avec leurs pieds. Ils mettent en œuvre différentes espèces de matériaux, des bois, des pierres et des terres sablonneuses qui ne sont point sujettes à se délayer par l'eau : les bois qu'ils emploient sont presque tous légers et tendres; ce sont des aunes, des peupliers, des saules, qui naturellement croissent au bord des eaux et qui sont plus faciles à écorcer, à couper, à voiturer que des arbres dont le bois serait plus pesant et plus dur. Lorsqu'ils attaquent un arbre ils ne l'abandonnent pas qu'il ne soit abattu, dépecé, transporté; ils le coupent toujours à un pied ou un pied et demi de hauteur de terre; ils travaillent assis, et, outre l'avantage de cette situation commode, ils ont le plaisir de ronger continuellement de l'écorce et du bois dont le goût leur est fort agréable, car ils préfèrent l'écorce fraîche et le bois tendre à la plupart des aliments ordinaires; ils en font ample provision pour se nourrir pendant l'hiver [a]; ils n'aiment pas le bois sec. C'est dans l'eau et près de leurs habitations qu'ils établissent leur magasin; chaque cabane a le sien proportionné au nombre de ses habitants, qui tous y ont un droit commun et ne vont jamais piller leurs voisins. On a vu des bourgades composées de vingt ou de vingt-cinq cabanes; ces grands établissements sont rares, et cette espèce de république est ordinairement moins nombreuse; elle n'est le plus souvent composée que de dix ou douze tribus, dont chacune a son quartier, son magasin, son habitation séparée; ils ne souffrent pas que des étrangers viennent s'établir dans leurs enceintes. Les plus petites cabanes contiennent deux, quatre, six, et les plus grandes dix-huit, vingt, et même, dit-on, jusqu'à trente castors, presque toujours en nombre pair, autant de femelles que de mâles; ainsi, en comptant même au rabais, on peut dire que leur société est souvent composée de cent cinquante ou deux cents ouvriers associés, qui tous ont travaillé d'abord en corps pour élever le grand ouvrage public, et ensuite par compagnies pour édifier des habitations particulières. Quelque nombreuse que soit cette société, la paix s'y maintient sans altération; le travail commun a resserré leur union; les commodités qu'ils se sont procurées, l'abondance des vivres qu'ils amassent et consomment ensemble, servent à l'entretenir; des

---

a. La provision pour huit ou dix castors est de vingt-cinq ou trente pieds en quarré, sur huit ou dix pieds de profondeur; ils n'en apportent dans leurs cabanes que quand ils sont coupés menu, et tout prêts à manger; ils aiment mieux le bois frais que le bois flotté, et vont de temps en temps pendant l'hiver en manger dans les bois. *Mémoires de l'Académie des Sciences,* année 1704. *Mémoire de M. Sarrasin.*

appétits modérés, des goûts simples, de l'aversion pour la chair et le sang, leur ôtent jusqu'à l'idée de rapine et de guerre : ils jouissent de tous les biens que l'homme ne fait que désirer. Amis entre eux, s'ils ont quelques ennemis au dehors, ils savent les éviter ; ils s'avertissent en frappant avec leur queue sur l'eau un coup qui retentit au loin dans toutes les voûtes des habitations ; chacun prend son parti, ou de plonger dans le lac ou de se recéler dans leurs murs qui ne craignent que le feu du ciel ou le fer de l'homme, et qu'aucun animal n'ose entreprendre d'ouvrir ou renverser. Ces asiles sont non-seulement très-sûrs, mais encore très-propres et très-commodes ; le plancher est jonché de verdure ; des rameaux de buis et de sapin leur servent de tapis, sur lequel ils ne font ni ne souffrent jamais aucune ordure ; la fenêtre qui regarde sur l'eau leur sert de balcon pour se tenir au frais et prendre le bain pendant la plus grande partie du jour ; ils s'y tiennent debout, la tête et les parties antérieures du corps élevées, et toutes les parties postérieures plongées dans l'eau : cette fenêtre est percée avec précaution ; l'ouverture en est assez élevée pour ne pouvoir jamais être fermée par les glaces qui, dans le climat de nos castors ; ont quelquefois deux ou trois pieds d'épaisseur ; ils en abaissent alors la tablette, coupent en pente les pieux sur lesquels elle était appuyée, et se font une issue jusqu'à l'eau sous la glace. Cet élément liquide leur est si nécessaire, ou plutôt leur fait tant de plaisir, qu'ils semblent ne pouvoir s'en passer ; ils vont quelquefois assez loin sous la glace : c'est alors qu'on les prend aisément en attaquant d'un côté la cabane et les attendant en même temps à un trou qu'on pratique dans la glace à quelque distance, et où ils sont obligés d'arriver pour respirer. L'habitude qu'ils ont de tenir continuellement la queue et toutes les parties postérieures du corps dans l'eau, paraît avoir changé la nature de leur chair ; celle des parties anté-rieures jusqu'aux reins a la qualité, le goût, la consistance de la chair des animaux de la terre et de l'air ; celle des cuisses et de la queue a l'odeur, la saveur et toutes les qualités de celle du poisson : cette queue longue d'un pied, épaisse d'un pouce, et large de cinq ou six, est même une extré-mité, une vraie portion de poisson attachée au corps d'un quadrupède ; elle est entièrement recouverte d'écailles et d'une peau toute semblable à celle des gros poissons : on peut enlever ces écailles en les raclant au cou-teau, et, lorsqu'elles sont tombées, l'on voit encore leur empreinte sur la peau comme dans tous nos poissons.

C'est au commencement de l'été que les castors se rassemblent ; ils em-ploient les mois de juillet et d'août à construire leur digue et leurs cabanes ; ils font leur provision d'écorce et de bois dans le mois de septembre, ensuite ils jouissent de leurs travaux, ils goûtent les douceurs domestiques ; c'est le temps du repos, c'est mieux, c'est la saison des amours. Se con-naissant, prévenus l'un pour l'autre par l'habitude, par les plaisirs et les peines d'un travail commun, chaque couple ne se forme point au hasard, ne se joint pas par pure nécessité de nature, mais s'unit par choix et s'assortit par goût : ils passent ensemble l'automne et l'hiver; contents l'un de l'autre, ils ne se quittent guère; à l'aise dans leur domicile, ils n'en sortent que pour faire des promenades agréables et utiles; ils en rapportent des écorces fraîches qu'ils préfèrent à celles qui sont sèches ou trop imbibées d'eau. Les femelles portent, dit-on, quatre mois; elles mettent bas sur la fin de l'hiver, et produisent ordinairement deux ou trois petits; les mâles les quittent à peu près dans ce temps, ils vont à la campagne jouir des douceurs et des fruits du printemps; ils reviennent de temps en temps à la cabane, mais ils n'y séjournent plus : les mères y demeurent occupées à allaiter, à soigner, à élever leurs petits, qui sont en état de les suivre au bout de quelques semaines; elles vont à leur tour se promener, se rétablir à l'air, manger du poisson, des écrevisses, des écorces nouvelles, et passent ainsi l'été sur les eaux, dans les bois. Ils ne se rassemblent qu'en automne, à moins que les inondations n'aient renversé leur digue ou détruit leurs cabanes, car alors ils se réunissent de bonne heure pour en réparer les brèches.

Il y a des lieux qu'ils habitent de préférence, où l'on a vu qu'après avoir détruit plusieurs fois leurs travaux, ils venaient tous les étés pour les réédifier, jusqu'à ce qu'enfin, fatigués de cette persécution et affaiblis par la perte de plusieurs d'entre eux, ils ont pris le parti de changer de demeure et de se retirer au loin dans les solitudes les plus profondes. C'est principalement en hiver que les chasseurs les cherchent, parce que leur fourrure n'est parfaitement bonne que dans cette saison; et lorsque après avoir ruiné leurs établissements il arrive qu'ils en prennent en grand nombre, la société trop réduite ne se rétablit point, le petit nombre de ceux qui ont échappé à la mort ou à la captivité se disperse; ils deviennent fuyards, leur génie flétri par la crainte ne s'épanouit plus, ils s'enfouissent eux et tous leurs talents dans un terrier, où, rabaissés à la condition des autres animaux, ils mènent une vie timide, ne s'occupent plus que des besoins pressants, n'exercent que leurs facultés individuelles, et perdent sans retour les qualités sociales que nous venons d'admirer.

Quelque admirables en effet, quelque merveilleuses que puissent paraître les choses que nous venons d'exposer au sujet de la société et des travaux de nos castors, nous osons dire qu'on ne peut douter de leur réalité[1]. Toutes les relations, faites en différents temps par un grand nombre de

---

1. Il y a sans doute, dans ces récits, un certain fonds de *réalité*, mais Buffon les embellit beaucoup par la forme, par cette allusion continuelle des qualités, des défauts, des mœurs des animaux au *moral* de l'homme : c'est là une partie de son art, et c'est par ce tour ingénieux qu'il attache.

témoins oculaires [a], s'accordent sur tous les faits que nous avons rapportés ;
et si notre récit diffère de celui de quelques-uns d'entre eux , ce n'est que
dans les points où ils nous ont paru enfler le merveilleux , aller au delà du
vrai , et quelquefois même de toute vraisemblance. Car on ne s'est pas
borné à dire que les castors avaient des mœurs sociales et des talents évidents pour l'architecture, mais on a assuré qu'on ne pouvait leur refuser
des idées générales de police et de gouvernement ; que leur société étant
une fois formée, ils savaient réduire en esclavage les voyageurs, les étrangers ; qu'ils s'en servaient pour porter leur terre, traîner leur bois ; qu'ils
traitaient de même les paresseux d'entre eux qui ne voulaient et les vieux
qui ne pouvaient pas travailler ; qu'ils les renversaient sur le dos, les faisaient servir de charrette pour voiturer leurs matériaux ; que ces républi-
cains ne s'assemblaient jamais qu'en nombre impair, pour que dans leurs
conseils il y eût toujours une voix prépondérante ; que la société entière
avait un président ; que chaque tribu avait son intendant ; qu'ils avaient
des sentinelles établies pour la garde publique ; que, quand ils étaient poursuivis, ils ne manquaient pas de s'arracher les testicules pour satisfaire à la
cupidité des chasseurs ; qu'ils se montraient ainsi mutilés pour trouver
grâce à leurs yeux, etc., etc. [b]. Autant nous sommes éloignés de croire à
ces fables, ou de recevoir ces exagérations, autant il nous paraît difficile
de se refuser à admettre des faits constatés, confirmés et moralement très-
certains. On a mille fois vu, revu, détruit, renversé leurs ouvrages ; on les
a mesurés, dessinés, gravés ; enfin, ce qui ne laisse aucun doute, ce qui est
plus fort que tous les témoignages passés, c'est que nous en avons de récents
et d'actuels ; c'est qu'il en subsiste encore de ces ouvrages singuliers qui,
quoique moins communs que dans les premiers temps de la découverte de
l'Amérique septentrionale , se trouvent cependant en assez grand nombre
pour que tous les missionnaires, tous les voyageurs, même les plus nouveaux,
qui se sont avancés dans les terres du nord assurent en avoir rencontré.

a. Voyez sur l'histoire des castors, Olaüs Magnus dans sa *Description des pays septentrionaux ;* les *Voyages du baron de la Hontan,* t. II, p. 155 et suiv.; le *Musœum Wormianum,*
p. 320; l'*Histoire de l'Amérique septentrionale,* par Bacqueville de la Poterie. Rouen, 1722,
t. I, p. 133; *Mémoire sur le castor,* par M. Sarrasin, inséré dans les *Mémoires de l'Académie
des Sciences,* année 1704; la *Relation d'un voyage en Acadie,* par Dierville. Rouen, 1708,
p. 126 et suiv.; les *Nouvelles découvertes dans l'Amérique septentrionale.* Paris, 1697, p. 133;
l'*Histoire de la Nouvelle-France,* par le P. Charlevoix. Paris, 1744, t. II, p. 98 et suiv.; le
Voyage de Robert Lade, traduit de l'anglais par M. l'abbé Prévost, t. II, p. 226; le *Grand
voyage au pays des Hurons,* par Sagard Théodat. Paris, 1632, p. 319 et suiv. ; le *Voyage à
la baie de Hudson,* par Ellis. Paris, 1749, t. II, p. 61 et 62. Voyez aussi Gessner, Aldrovande,
Jonston, Klein, etc., à l'article du castor; le *Traité du Castor,* par Jean Marius. Paris, 1746;
l'*Histoire de la Virginie,* traduite de l'anglais. Orléans, 1707, p. 406; l'*Histoire naturelle* du
P. Rzaczynsky, à l'article du castor, etc., etc.

b. Voyez Ælien et tous les anciens, à l'exception de Pline, qui nie ce fait avec raison.
Voyez aussi, sur les autres faits, la plupart des auteurs que nous avons cités dans la note précédente.

Tous s'accordent à dire qu'outre les castors qui sont en société, on rencontre partout, dans le même climat, des castors solitaires, lesquels rejetés, disent-ils, de la société pour leurs défauts, ne participent à aucun de ses avantages, n'ont ni maison ni magasin, et demeurent, comme le blaireau, dans un boyau sous terre : on a même appelé ces castors solitaires, *castors terriers;* ils sont aisés à reconnaître : leur robe est sale, le poil est rongé sur le dos par le frottement de la terre; ils habitent comme les autres assez volontiers au bord des eaux, où quelques-uns mêmes creusent un fossé de quelques pieds de profondeur, pour former un petit étang qui arrive jusqu'à l'ouverture de leur terrier, qui s'étend quelquefois à plus de cent pieds en longueur, et va toujours en s'élevant, afin qu'ils aient la facilité de se retirer en haut à mesure que l'eau s'élève dans les inondations; mais il s'en trouve aussi, de ces castors solitaires, qui habitent assez loin des eaux dans les terres. Toutes nos bièvres d'Europe sont des castors terriers et solitaires, dont la fourrure n'est pas à beaucoup près aussi belle que celle des castors qui vivent en société. Tous diffèrent par la couleur, suivant le climat qu'ils habitent; dans les contrées du nord les plus reculées, ils sont tout noirs, et ce sont les plus beaux; parmi ces castors noirs, il s'en trouve quelquefois de tout blancs, ou de blancs tachés de gris et mêlés de roux sur le chignon et sur la croupe [a]. A mesure qu'on s'éloigne du nord, la couleur s'éclaircit et se mêle; ils sont couleur de marron dans la partie septentrionale du Canada, châtains vers la partie méridionale, et jaunes ou couleur de paille chez les Illinois [b]. On trouve des castors en Amérique [1], depuis le trentième degré de latitude nord jusqu'au soixantième et au delà; ils sont très-communs vers le nord, et toujours en moindre nombre à mesure qu'on avance vers le midi : c'est la même chose dans l'ancien continent; on n'en trouve en quantité que dans les contrées les plus septentrionales, et ils sont très-rares en France, en Espagne, en Italie, en Grèce et en Égypte. Les anciens les connaissaient; il était défendu de les tuer dans la religion des mages; ils étaient communs sur les rives du Pont-Euxin; on a même appelé le castor *canis ponticus,* mais apparemment que ces animaux n'étaient pas assez tranquilles sur les bords de cette mer, qui en effet sont fréquentés par les hommes de temps immémorial, puisque aucun des anciens ne parle de leur société ni de leurs travaux. Ælien surtout, qui marque un si grand faible pour le merveilleux, et qui, je crois, a écrit le premier que le castor se coupe les testicules pour les laisser ramasser au chasseur [c], n'aurait pas manqué de parler des merveilles de leur république, en exagérant leur génie et leurs talents pour

a. *Castor albus caudâ horisontaliter planâ.* Brisson, *Régn. animal.*, p. 94 et suiv.
b. *Histoire de la Nouvelle-France*, par le P. Charlevoix. Paris, 1744, t. II, p. 94 et suiv.
c. *Hist. animal.*, lib. vi, cap. xxxiv.

1. On ne sait pas bien encore si le *castor* d'Europe diffère, par l'espèce, de celui d'Amérique.

l'architecture. Pline lui-même, Pline, dont l'esprit fier, triste et sublime, déprise toujours l'homme pour exalter la nature, se serait-il abstenu de comparer les travaux de Romulus à ceux de nos castors! Il paraît donc certain qu'aucun des anciens n'a connu leur industrie pour bâtir, et quoiqu'on ait trouvé dans les derniers siècles des castors cabanés en Norwége et dans les autres provinces les plus septentrionales de l'Europe, et qu'il y ait apparence que les anciens castors bâtissaient aussi bien que les castors modernes, comme les Romains n'avaient pas pénétré jusque-là, il n'est pas surprenant que leurs écrivains n'en fassent aucune mention.

Plusieurs auteurs ont écrit que le castor étant un animal aquatique, il ne pouvait vivre sur terre et sans eau : cette opinion n'est pas vraie, car le castor que nous avons vivant ayant été pris tout jeune en Canada, et ayant été toujours élevé dans la maison, ne connaissait pas l'eau lorsqu'on nous l'a remis, il craignait et refusait d'y entrer; mais l'ayant une fois plongé et retenu d'abord par force dans un bassin, il s'y trouva si bien au bout de quelques minutes, qu'il ne cherchait point à en sortir, et lorsqu'on le laissait libre, il y retournait très-souvent de lui-même; il se vautrait aussi dans la boue et sur le pavé mouillé. Un jour il s'échappa, et descendit par un escalier de cave dans les voûtes des carrières qui sont sous le terrain du Jardin royal; il s'enfuit assez loin, en nageant sur les mares d'eau qui sont au fond de ces carrières; cependant, dès qu'il vit la lumière des flambeaux que nous y fîmes porter pour le chercher, il revint à ceux qui l'appelaient, et se laissa prendre aisément. Il est familier sans être caressant; il demande à manger à ceux qui sont à table; ses instances sont un petit cri plaintif et quelques gestes de la main; dès qu'on lui donne un morceau, il l'emporte, et se cache pour le manger à son aise; il dort assez souvent, et se repose sur le ventre; il mange de tout, à l'exception de la viande, qu'il refuse constamment, cuite ou crue; il ronge tout ce qu'il trouve, les étoffes, les meubles, le bois, et l'on a été obligé de doubler de fer-blanc le tonneau dans lequel il a été transporté.

Les castors habitent de préférence sur les bords des lacs, des rivières et des autres eaux douces; cependant il s'en trouve au bord de la mer, mais c'est principalement sur les mers septentrionales, et surtout dans les golfes méditerranés qui reçoivent de grands fleuves, et dont les eaux sont peu salées. Ils sont ennemis de la loutre; ils la chassent, et ne lui permettent pas de paraître sur les eaux qu'ils fréquentent. La fourrure du castor est encore plus belle et plus fournie que celle de la loutre : elle est composée de deux sortes de poils; l'un plus court, mais très-touffu, fin comme le duvet, impénétrable à l'eau, revêt immédiatement la peau; l'autre plus long, plus ferme, plus lustré, mais plus rare, recouvre ce premier vêtement, lui sert, pour ainsi dire, de surtout, le défend des ordures, de la poussière, de la fange : ce second poil n'a que peu de valeur, ce n'est que le premier que l'on emploie dans nos manufactures. Les fourrures les plus noires sont ordinairement les plus fournies, et par conséquent les plus estimées; celles des castors terriers sont fort inférieures à celles des castors cabanés. Les castors sont sujets à la mue pendant l'été, comme tous les autres quadrupèdes; aussi la fourrure de ceux qui sont pris dans cette saison n'a que peu de valeur. La fourrure des castors blancs est estimée à cause de sa rareté, et les parfaitement noirs sont presque aussi rares que les blancs.

Mais indépendamment de la fourrure, qui est ce que le castor fournit de plus précieux, il donne encore une matière dont on a fait un grand usage en médecine. Cette matière, que l'on a appelée *castoreum*, est contenue dans deux grosses vésicules que les anciens avaient prises pour les testicules de l'animal : nous n'en donnerons pas la description ni les usages [a], parce qu'on les trouve dans toutes les pharmacopées [b]. Les sauvages tirent, dit-on, de la queue du castor une huile dont ils se servent comme de topique pour différents maux. La chair du castor, quoique grasse et délicate, a toujours un goût amer assez désagréable : on assure qu'il a les os excessivement durs, mais nous n'avons pas été à portée de vérifier ce fait, n'en ayant disséqué qu'un jeune : ses dents sont très-dures, et si tranchantes qu'elles servent de couteau aux sauvages pour couper, creuser et polir le bois. Ils s'habillent de peaux de castors, et les portent en hiver le poil contre la chair : ce sont ces fourrures imbibées de la sueur des sauvages que l'on appelle *castor gras,* dont on ne se sert que pour les ouvrages les plus grossiers.

Le castor se sert de ses pieds de devant comme de mains, avec une adresse au moins égale à celle de l'écureuil; les doigts en sont bien séparés, bien divisés, au lieu que ceux des pieds de derrière sont réunis entre eux par une forte membrane; ils lui servent de nageoires, et s'élargissent comme ceux de l'oie, dont le castor a aussi en partie la démarche sur la terre. Il nage beaucoup mieux qu'il ne court : comme il a les jambes de devant bien plus courtes que celles de derrière, il marche toujours la tête baissée et le dos arqué. Il a les sens très-bons, l'odorat très-fin, et même susceptible; il paraît qu'il ne peut supporter ni la malpropreté, ni les mauvaises odeurs : lorsqu'on le retient trop longtemps en prison, et qu'il se trouve forcé d'y faire ses ordures, il les met près du seuil de la porte, et dès qu'elle est ouverte il les pousse dehors. Cette habitude de propreté leur est naturelle, et notre jeune castor ne manquait jamais de

a. Voyez le *Traité du Castor*, par Marius et Francus. Paris, 1746, in-12.

b. On prétend que les castors font sortir la liqueur de leurs vésicules en les pressant avec le pied, qu'elle leur donne de l'appétit lorsqu'ils sont dégoûtés, et que les sauvages en frottent les piéges qu'ils leur tendent pour les y attirer. Ce qui paraît plus certain, c'est qu'il se sert de cette liqueur pour se graisser le poil.

nettoyer ainsi sa chambre. A l'âge d'un an, il a donné des signes de chaleur, ce qui paraît indiquer qu'il avait pris dans cet espace de temps la plus grande partie de son accroissement; ainsi la durée de sa vie ne peut être bien longue, et c'est peut-être trop que de l'étendre à quinze ou vingt ans. Ce castor était très-petit pour son âge, et l'on ne doit pas s'en étonner : ayant presque dès sa naissance toujours été contraint, élevé, pour ainsi dire, à sec, ne connaissant pas l'eau jusqu'à l'âge de neuf mois, il n'a pu ni croître, ni se développer comme les autres, qui jouissent de leur liberté et de cet élément qui paraît leur être presque aussi nécessaire que l'usage de la terre.

LE RATON. *

Quoique plusieurs auteurs aient indiqué sous le nom de *coati* l'animal dont il est ici question, nous avons cru devoir adopter le nom qu'on lui a donné en Angleterre, afin d'ôter toute équivoque, et de ne le pas confondre avec le vrai coati, dont nous donnerons la description dans l'article suivant, non plus qu'avec le *coati-mondi*, qui cependant ne nous paraît être qu'une variété de l'espèce du coati.

Le raton que nous avons eu vivant, et que nous avons gardé pendant plus d'un an, était de la grosseur et de la forme d'un petit blaireau; il a le corps court et épais, le poil doux, long, touffu, noirâtre par la pointe, et gris par-dessous; la tête comme le renard, mais les oreilles rondes et beaucoup plus courtes; les yeux grands, d'un vert jaunâtre; un bandeau noir et transversal au-dessus des yeux; le museau effilé, le nez un peu retroussé, la lèvre inférieure moins avancée que la supérieure; les dents comme le chien, six incisives et deux canines en haut et en bas; la queue touffue, longue au moins comme le corps, marquée par des anneaux alternativement noirs et blancs dans toute son étendue; les jambes de devant beaucoup plus courtes que celles de derrière, et cinq doigts à tous les pieds, armés d'ongles fermes et aigus , les pieds de derrière portant assez sur le talon pour que l'animal puisse s'élever et soutenir son corps dans une situation inclinée en avant. Il se sert de ses pieds de devant pour porter à sa gueule; mais comme ses doigts sont peu flexibles, il ne peut, pour ainsi dire, rien saisir d'une seule main; il se sert des deux à la fois, et les joint ensemble pour prendre ce qu'on lui donne. Quoiqu'il soit gros et trapu, il est cependant fort agile; ses ongles, pointus comme des épingles, lui don-

* *Ursus lotor* (Linn.). — *Procyon lotor* (Cuv.). — Ordre des *Carnassiers ;* famille des *Carnivores ;* tribu des *Plantigrades ;* genre *Raton* (Cuv.).

nent la facilité de grimper aisément sur les arbres ; il monte légèrement jusqu'au-dessus de la tige, et court jusqu'à l'extrémité des branches ; il va toujours par sauts, il gambade plutôt qu'il ne marche, et ses mouvements, quoique obliques, sont tous prompts et légers.

Cet animal est originaire des contrées méridionales de l'Amérique : on ne le trouve pas dans l'ancien continent, au moins les voyageurs qui ont parlé des animaux de l'Afrique et des Indes orientales n'en font aucune mention ; il est au contraire très-commun dans le climat chaud de l'Amérique, et surtout à la Jamaïque [a], où il habite dans les montagnes et en descend pour manger des cannes de sucre. On ne le trouve pas en Canada, ni dans les autres parties septentrionales de ce continent, cependant il ne craint pas excessivement le froid ; M. Klein [b] en a nourri un à Dantzick, et celui que nous avions a passé une nuit entière les pieds pris dans de la glace, sans qu'il ait été incommodé.

Il trempait dans l'eau, ou plutôt il détrempait tout ce qu'il voulait manger ; il jetait son pain dans sa terrine d'eau, et ne l'en retirait que quand il le voyait bien imbibé, à moins qu'il ne fût pressé par la faim, car alors il prenait la nourriture sèche, et telle qu'on la lui présentait ; il furetait partout, mangeait aussi de tout, de la chair crue ou cuite, du poisson, des œufs, des volailles vivantes, des grains, des racines, etc. ; il mangeait aussi de toutes sortes d'insectes ; il se plaisait à chercher les araignées, et lorsqu'il était en liberté dans un jardin il prenait les limaçons, les hannetons, les vers. Il aimait le sucre, le lait, et les autres nourritures douces pardessus toute chose, à l'exception des fruits, auxquels il préférait la chair, et surtout le poisson. Il se retirait au loin pour faire ses besoins ; au reste il était familier et même caressant, sautant sur les gens qu'il aimait, jouant volontiers et d'assez bonne grâce, leste, agile, toujours en mouvement ; il m'a paru tenir beaucoup de la nature du maki, et un peu des qualités du chien.

LE COATI. *

Plusieurs auteurs ont appelé *coati-mondi* l'animal dont il est ici question : nous l'avons eu vivant, et après l'avoir comparé au coati indiqué par Thevet et décrit par Marcgrave, nous avons reconnu que c'était le même animal qu'ils ont appelé *coati* tout court, et il y a toute apparence que le

a. Voyez l'*Histoire naturelle de la Jamaïque*, par Hans Sloane. Londres, 1725, in-folio, t. II, p. 329, en anglais.

b. Klein, *De quadrup.*, p. 62.

* M. Cuvier admet deux espèces de *coati :* le *roux* (*viverra nasua*, Linn.), et le *brun* (*viverra narica*. Linn.).

coati-mondi n'est pas un animal d'une autre espèce, mais une simple variété de celle-ci; car Marcgrave, après avoir donné la description du coati, dit précisément qu'il y a d'autres coatis qui sont d'un brun noirâtre, que l'on appelle au Brésil *coati-mondi* pour les distinguer des autres : il n'admet donc d'autre différence entre le coati et le coati-mondi que celle de la couleur du poil, et dès lors on ne doit pas les considérer comme deux espèces distinctes, mais les regarder comme des variétés [1] dans la même espèce.

Le coati est très-différent du raton que nous avons décrit dans l'article précédent; il est de plus petite taille; il a le corps et le cou beaucoup plus allongés, la tête aussi plus longue, ainsi que le museau, dont la mâchoire supérieure est terminée par une espèce de groin mobile qui déborde d'un pouce ou d'un pouce et demi au delà de l'extrémité de la mâchoire inférieure : ce groin, retroussé en haut, joint au grand allongement des mâchoires, fait paraître le museau courbé et relevé en haut. Le coati a aussi les yeux beaucoup plus petits que le raton, les oreilles encore plus courtes, le poil moins long, plus rude et moins peigné, les jambes plus courtes, les pieds plus longs et plus appuyés sur le talon; il avait, comme le raton, la queue annelée [a], et cinq doigts à tous les pieds.

Quelques personnes pensent que le blaireau cochon pourrait bien être le coati, et l'on a rapporté [b] à cet animal le *taxus suillus*, dont Aldrovande donne la figure; mais si l'on fait attention que le blaireau-cochon dont parlent les chasseurs est supposé se trouver en France, et même dans des climats plus froids de notre Europe, qu'au contraire le coati ne se trouve que dans les climats méridionaux de l'autre continent, on rejettera aisément cette idée, qui d'ailleurs n'est nullement fondée [c]; car la figure donnée par Aldrovande n'est autre chose qu'un blaireau auquel on a fait un groin de cochon. L'auteur ne dit pas qu'on ait dessiné cet animal d'après nature, et il n'en donne aucune description. Le museau très-allongé et le groin mobile en tous sens suffisent pour faire distinguer le coati de tous les autres animaux; il a, comme l'ours, une grande facilité à se tenir debout sur les pieds de derrière, qui portent en grande partie sur le talon, lequel même est terminé par de grosses callosités qui semblent le prolonger au dehors, et augmenter l'étendue de l'assiette du pied.

Le coati est sujet à manger sa queue, qui, lorsqu'elle n'a pas été tronquée, est plus longue que son corps; il la tient ordinairement élevée, la

---

a. Il y a aussi des *Coatis* dont la queue est d'une seule couleur; mais comme ils ne diffèrent des autres que par ce seul caractère, cette différence ne nous paraît pas suffire pour en faire deux espèces, et nous estimons que ce n'est qu'une variété dans la même espèce.

b. Vid. Brisson. *Règn. animal.*, p. 263.

c. Voyez ce que nous avons dit du blaireau-cochon, à l'article du blaireau.

1. On vient de voir que ces deux *variétés* de Buffon sont deux *espèces* pour M. Cuvier.

fléchit en tous sens, et la promène avec facilité. Ce goût singulier, et qui
paraît contre nature, n'est cependant pas particulier aux coatis ; les singes,
les makis et quelques autres animaux à queue longue, rongent le bout de
leur queue, en mangent la chair et les vertèbres, et la raccourcissent peu
à peu d'un quart ou d'un tiers. On peut tirer de là une induction générale, c'est que dans les parties très-allongées, et dont les extrémités sont
par conséquent très-éloignées des sens et du centre du sentiment, ce même
sentiment est faible, et d'autant plus faible que la distance est plus grande
et la partie plus menue : car si l'extrémité de la queue de ces animaux
était une partie fort sensible, la sensation de la douleur serait plus forte que
celle de cet appétit, et ils conserveraient leur queue avec autant de soin que
les autres parties de leur corps. Au reste, le coati est un animal de proie
qui se nourrit de chair et de sang, qui, comme le renard ou la fouine,
égorge les petits animaux, les volailles [a], mange les œufs, cherche les nids
des oiseaux [b] ; et c'est probablement par cette conformité de naturel, plutôt
que par la ressemblance de la fouine, qu'on a regardé le coati comme une
espèce de petit renard [c].

a. Vid. Marcgrav. *Hist. Brasil.*, p. 228.
b. Voyez les *Singularités de la France antarctique*, par Thevet, p. 96.
c. Vulpes minor, etc., Barrère, *Hist. nat. de la France équinoxiale.*

Nota. On trouve, dans le septième volume de l'Académie royale des Sciences de Suède, un
Mémoire de M. Linnæus sur le *Coati-mondi.* Nous croyons devoir rapporter ici l'extrait que
l'auteur de la *Bibliothèque raisonnée* a fait de ce Mémoire, sans prétendre garantir les faits qui
y sont rapportés.

« M. Linnæus donne, dans un Mémoire, l'histoire naturelle du *Coati-mondi.* Cet animal se
« trouve également dans l'Amérique méridionale et dans la septentrionale. Il approche de
« l'ours par la longueur de ses jambes de derrière, sa tête penchée, son poil épais, et par ses
« pattes ; mais il est petit et familier, et sa queue est fort longue, et rayée de différentes cou-
« leurs. M. le Prince successeur de Suède avait fait présent d'un de ces animaux à M. Linnæus,
« qui l'a entretenu assez longtemps dans sa maison aux dépens des douceurs qu'il pouvait
« attraper, et quelquefois de ceux de sa basse-cour, où le Coati-mondi, malgré le droit de
« l'hospitalité, emportait des têtes à coup de dent, et humait le sang. Il est remarquable par
« son extrême opiniâtreté à ne rien faire contre son gré. Malgré sa petitesse, il se défendait
« avec une force extraordinaire lorsqu'on le faisait marcher malgré lui, et se cramponnait
« contre les jambes des personnes dont il allait familièrement ravager les poches et confisquer
« ce qu'il y trouvait à sa bienséance. Cette opiniâtreté a son remède ; le Coati craint extrê-
« mement les soies de cochon, la moindre brosse lui faisait quitter prise. Un mâtin l'étrangla
« un jour qu'il s'était sauvé dans un jardin du voisinage, et M. Linnæus en donne l'anatomie.
« Son genre de vie était assez extraordinaire ; il dormait depuis minuit jusqu'à midi, veillait
« le reste du jour, et se promenait régulièrement depuis six heures du soir jusqu'à minuit,
« quelque temps qu'il fît. C'est apparemment le temps que la nature a assigné à cette espèce
« d'animaux dans leur patrie, pour pourvoir à leurs besoins, et pour aller à la chasse des
« oiseaux et à la découverte de leurs œufs, qui font leur principale nourriture. » *Bibliothèque
raisonnée*, t. XLI, partie première, p. 25.

L'AGOUTI. *

Cet animal est de la grosseur d'un lièvre, et a été regardé comme une espèce de lapin ou de gros rat par la plupart des auteurs de nomenclature en histoire naturelle ; cependant il ne leur ressemble que par de très-petits caractères, et il en diffère essentiellement par les habitudes naturelles. Il a la rudesse de poil et le grognement du cochon, il a aussi sa gourmandise ; il mange de tout avec voracité, et lorsqu'il est rassasié, rempli, il cache, comme le renard, en différents endroits, ce qui lui reste d'aliments pour le trouver au besoin ; il se plaît à faire du dégât, à couper, à ronger tout ce qu'il trouve ; lorsqu'on l'irrite, son poil se hérisse sur la croupe, et il frappe fortement la terre de ses pieds de derrière ; il mord cruellement [a] ; il ne se creuse pas un trou comme le lapin, ni ne se tient pas sur terre à découvert comme le lièvre ; il habite ordinairement dans le creux des arbres et dans les souches pourries. Les fruits, les patates, le manioc, sont la nourriture ordinaire de ceux qui fréquentent autour des habitations ; les feuilles et les racines des plantes et des arbrisseaux sont les aliments des autres qui demeurent dans les bois et les savanes. L'agouti se sert, comme l'écureuil, de ses pieds de devant pour saisir et porter à sa gueule ; il court d'une très-grande vitesse en plaine et en montant ; mais comme il a les jambes de devant plus courtes que celles de derrière, il ferait la culbute s'il ne ralentissait sa course en descendant. Il a la vue bonne et l'ouïe très-fine ; lorsqu'on le pipe, il s'arrête pour écouter. La chair de ceux qui sont gras et bien nourris n'est pas mauvaise à manger, quoiqu'elle ait un petit goût sauvage et qu'elle soit un peu dure : on échaude l'agouti comme le cochon de lait, et on l'apprête de même. On le chasse avec des chiens ; lorsqu'on peut le faire entrer dans des cannes de sucre coupées, il est bientôt rendu, parce qu'il y a ordinairement dans ces terrains de la paille et des feuilles de canne d'un pied d'épaisseur, et qu'à chaque saut qu'il fait il enfonce dans cette litière, en sorte qu'un homme peut souvent l'atteindre et le tuer avec un bâton. Ordinairement il s'enfuit d'abord très-vite devant les chiens, et gagne ensuite sa retraite, où il se tapit et demeure obstinément caché : le chasseur, pour l'obliger à en sortir, la remplit de fumée ; l'animal, à demi suffoqué, jette des cris douloureux et plaintifs, et ne paraît qu'à toute extrémité. Son cri, qu'il répète souvent lorsqu'on l'inquiète ou qu'on l'irrite, est semblable à celui d'un petit cochon. Pris jeune, il s'apprivoise aisément, il reste à la maison, en sort seul et revient de lui-même. Ces ani-

---

a. Cet animal est fort méchant ; les capucins d'Olinde au Brésil en élevaient un à qui ils avaient arraché les dents dans sa jeunesse, et malgré cette précaution il étendait son désordre aussi loin que le permettait sa chaîne. *Histoire des Indes*, par Souchu de Rennefort, p. 203.

* *Cavia acuti* (Linn.). — Ordre des *Rongeurs ;* genre *Agouti* (Cuv.).

maux demeurent ordinairement dans les bois, dans les haies; les femelles y cherchent un endroit fourré pour préparer un lit à leurs petits; elles font ce lit avec des feuilles et du foin; elles produisent deux ou trois fois par an; chaque portée n'est, dit-on [a], que de deux; elles transportent leurs petits, comme les chattes, deux ou trois jours après leur naissance; elles les portent dans des trous d'arbres, où elles ne les allaitent que pendant peu de temps : les jeunes agoutis sont bientôt en état de suivre leur mère et de chercher à vivre. Ainsi le temps de l'accroissement de ces animaux est assez court, et par conséquent leur vie n'est pas bien longue.

Il paraît que l'agouti est un animal particulier à l'Amérique; il ne se trouve pas dans l'ancien continent, il semble être originaire des parties méridionales de ce nouveau monde : on le trouve très-communément au Brésil, à la Guyane, à Saint-Domingue et dans toutes les îles; il a besoin d'un climat chaud pour subsister et se multiplier; il peut cependant vivre en France, pourvu qu'on le tienne à l'abri du froid dans un lieu sec et chaud, surtout pendant l'hiver : aussi n'habite-t-il en Amérique que les contrées méridionales, et il ne s'est pas répandu dans les pays froids et tempérés. Aux îles, il n'y a qu'une espèce d'agouti, qui est celui que nous décrivons; mais à Cayenne, dans la terre ferme de la Guyane [b] et au Brésil, on assure qu'il y en a deux espèces, et que cette seconde espèce, qu'on appelle *agouchi* [1], est constamment plus petite que la première. Celle dont nous parlons est certainement l'agouti; nous en sommes assurés par le témoignage de gens qui ont demeuré longtemps à Cayenne, et qui connaissent également l'agouti et l'agouchi, que nous n'avons pas encore pu nous procurer. L'agouti que nous avons eu vivant, et dont nous donnons ici la description et la figure, était gros comme un lapin; son poil était rude et de couleur brune un peu mêlée de roux; il avait la lèvre supérieure fendue comme le lièvre, la queue encore plus courte que le lapin, les oreilles aussi courtes que larges, la mâchoire supérieure avancée au delà de l'inférieure, le museau comme le loir, les dents comme la marmotte, le cou long, les jambes grêles, quatre doigts aux pieds de devant, et trois à ceux de derrière. Marcgrave, et presque tous les naturalistes après lui, ont dit que l'agouti avait six doigts aux pieds de derrière : M. Brisson est le seul qui n'ait pas copié cette erreur de Marcgrave; ayant fait sa description sur l'animal même, il n'a vu, comme nous, que trois doigts aux pieds de derrière.

a. Voyez l'*Histoire générale des isles Antilles*, par le P. du Tertre. Paris, 1667, t. II, p. 296.
a. *Voyage de Des Marchais*, t. III, p. 23.

1. *Cavia acuchi* (Gmel.). — La queue de l'*agouti* est réduite à un simple tubercule; celle de l'*acouchi* a six ou sept vertèbres : l'*agouti* est grand comme un lièvre, et l'*acouchi* comme un lapin.

FIN DU TOME DEUXIÈME.

TABLE DES MATIÈRES

DU TOME DEUXIÈME.

HISTOIRE NATURELLE DE L'HOMME.

DE LA NATURE DE L'HOMME.. 1
  De l'enfance.. 9
  De la puberté.. 27
DESCRIPTION DE L'HOMME... 47
  De l'âge viril... 47
  De la vieillesse et de la mort... 68
  Tables de la mortalité, etc., etc.. 87
DES SENS... 100
  Du sens de la vue.. 100
  Du sens de l'ouïe.. 117
  Des sens en général.. 126
VARIÉTÉS DANS L'ESPÈCE HUMAINE... 137

ADDITIONS A L'HISTOIRE NATURELLE DE L'HOMME.

DE L'ENFANCE... 222
  I. — Enfants nouveau-nés auxquels on est obligé de couper le filet de la langue.. 222
  II. — Sur l'usage du maillot et des corps................................ 222
  III. — Sur l'accroissement successif des enfants........................ 223
DE LA PUBERTÉ.. 226
DE LA DESCRIPTION DE L'HOMME... 231
  I. — Hommes d'une grosseur extraordinaire............................... 231
  II. — GÉANTS. — Exemples de géants d'environ sept pieds de grandeur, et au-dessus... 232
  III. — NAINS. — Exemples au sujet des nains............................. 233
  IV. — Nourriture de l'homme dans les différents climats................ 234
DE LA VIEILLESSE ET DE LA MORT... 235
DU SENS DE LA VUE, SUR LA CAUSE DU STRABISME OU DES YEUX LOUCHES.......... 239
DU SENS DE L'OUIE.. 248
  Sur la voix des animaux.. 251
  Sur le degré de chaleur que l'homme et les animaux peuvent supporter..... 252

Variétés dans l'espèce humaine. ... 254
   Sur la couleur des Nègres. ... 273
   Sur les nains de Madagascar. ... 275
   Sur les Patagons. ... 278
   Des Américains. ... 284
   Insulaires de la mer du Sud. ... 290
   Habitants des terres Australes. ... 294
   Sur les Blafards et Nègres blancs. ... 298
   Sur les monstres. ... 307

HISTOIRE NATURELLE DES ANIMAUX.

Discours sur la nature des animaux. ... 344
   Homo duplex. ... 346
Les animaux domestiques. ... 367
   Le cheval. ... 369
   L'âne. ... 411
   Le bœuf. ... 425
   La brebis. ... 444
   La chèvre. ... 453
   Le cochon, le cochon de Siam et le sanglier. ... 460
   Le chien. ... 474
   Le chat. ... 497
Les animaux sauvages. ... 505
   Le cerf. ... 509
   Le daim. ... 528
   Le chevreuil. ... 531
   Le lièvre. ... 539
   Le lapin. ... 548
Les animaux carnassiers. ... 552
   Le loup. ... 572
   Le renard. ... 580
   Le blaireau. ... 585
   La loutre. ... 588
   La fouine. ... 591
   La marte. ... 593
   Le putois. ... 594
   Le furet. ... 596
   La belette. ... 599
   L'hermine ou le rosclet. ... 601
   L'écureuil. ... 602
   Le rat. ... 604
   La souris. ... 607
   Le mulot. ... 608
   Le rat d'eau. ... 612

Le campagnol.. 613
Le cochon d'Inde... 614
Le hérisson.. 615
La musaraigne.. 618
La musaraigne d'eau.. 619
La taupe... 619
La chauve-souris... 622
Le loir.. 626
Le lérot... 630
Le muscardin... 631
Le surmulot.. 632
La marmotte.. 634
L'ours... 638
Le castor.. 646
Le raton... 659
Le coati... 660
L'agouti... 663

FIN DU TOME DEUXIÈME.

PARIS. — IMPRIMERIE J. CLAYE ET Cᵉ, RUE SAINT-BENOÎT, 7.

ERRATA.

PAGE 77, note 1, ligne 3 en remontant :

Au lieu de : durées comparées de l'accroissement de la vie.

Lisez : durées comparées de l'accroissement ET de la vie.

PAGE 395, note 1, ligne 1 :

Au lieu de : épaisse.

Lisez : ÉPAISSIE.

Cheval Arabe.

Jument Anglaise.

Jument normande et son Poulain.

Cheval de trait (Franche-Comté).

Le Taureau.

L'Ane.

N°19

Le Veau, la Vache.

Le Bélier, la Brebis, l'Agneau.

Le Bouc, les Chèvres.

Le Cochon.

N° 2.

Le Sanglier.

Le Cochon de Siam, mâle et femelle.

Nº 22

Le Mâtin, le Chien de Berger.

Le Dogue, le Doguin.

N° 25

Le grand Danois.

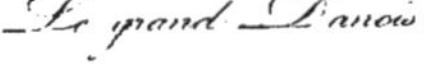

Le Chien Courant, le Chien Courant métis.

N° 26

Paris, Imp. Lemercier et de Sorbonne 6

Le Chien de Sibérie.

Le Bichon, le Chien Lion.

Le Basset à jambes torses, Basset à jambes droite.

l'Épagneul français, le grand Barbet.

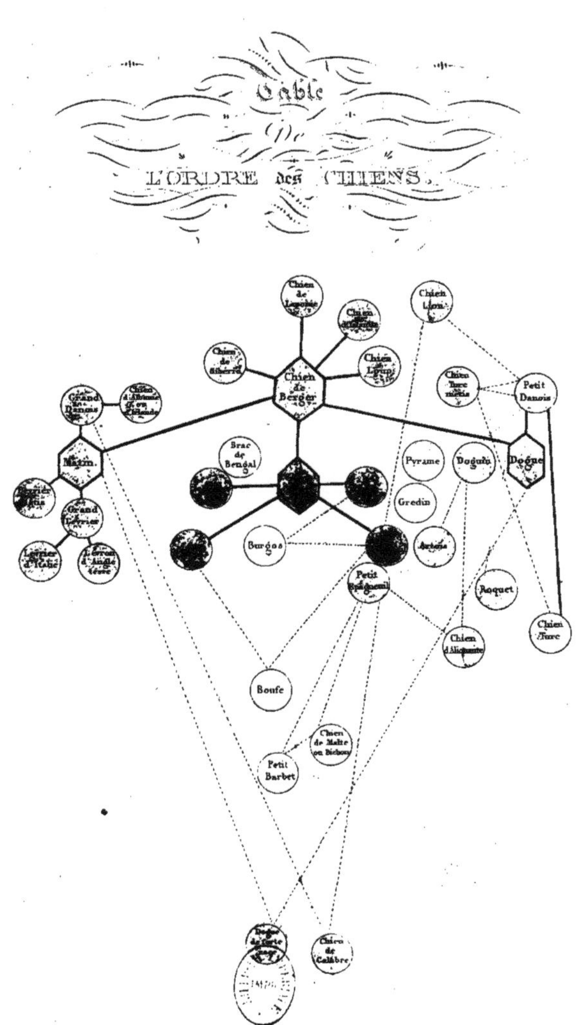

Table
de
L'ORDRE des CHIENS
Chien de Berger
Chien de Laconie
Chien d'Artois
Chien de Siberie
Chien Lévrier
Chien Lion
Chien Turc metis
Petit Danois
Grand Danois
Chien d'Albanie d'ou d'Islande
Matin
Brac de Bengal
Pyrame
Doguin
Dogue
Gredin
Levrier attaché
Grand Levrier
Burgos
Artois
Levrier d'Italie
Levrier d'Attaché Levre
Petit Braqueul
Roquet
Chien Turc
Chien d'Alicante
Boufe
Petit Barbet
Chien de Malte ou Bichon
Roquet de Barle
Chien de Calabre
N.º 24

Le Chat domestique, le Chat d'Angora.

Le Chat Sauvage.

N° 30

Le Cerf.

La Biche et son faon.

Le Daim.

Le Chevreuil.

N.º 22

Le Lièvre.

Le Lapin.

N° 33

Le Loup.

Le Renard.

N° 34

N° 36

Les Loutres.

La Loutre de la Guyane.

N.° 37

La Marmotte. La Fouine.

La Marte. Le Putois.

Le Furet. Le Putois rayé des Indes.

La Belette. L'Hermine.

Le Mulot, le Rat, la Souris.

Le Rat Perchal, le Champagnol, le Rat d'eau.

Le Hérisson.

Le Tanrec, le Tendrac.

_ Le Lemming, le Schermaus.

_ Le Loir, le Lérot.

N.º 12

Le Rat à queue dorée, le Muscardin.

La Musaraigne, la Musaraigne d'eau.

N° 4?

La Marmotte

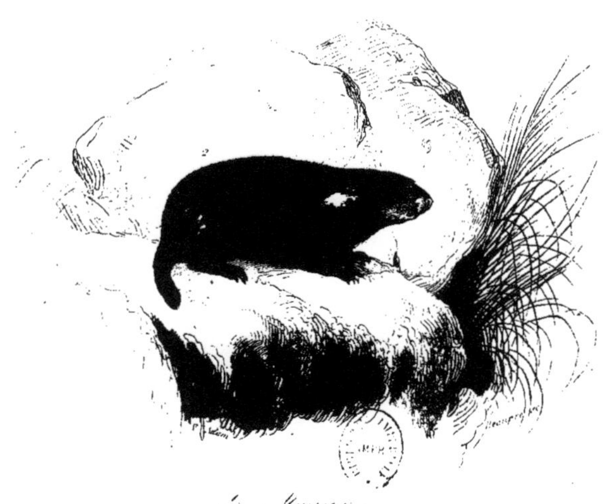

Le Mulot

N° 45

L'Échidné épineux. Vautour du Darfour.

Ours noir de Sibérie. Ours aux grandes lèvres.

9 782329 591056